U0932168

车钳工技能训练

主　编　杨　和
副主编　范文蔚　张选民
张海南　安立平

天津大学出版社

内容简介

本书是根据国家教委1994年12月审定的《机械制造工艺教育专业本科教学方案(试行)》和国家教委指导下的职业高师工科教材编审委员会审定的《车钳工技能训练》课程教学基本要求编写的。

本书共分三篇。第一篇为基础知识;第二篇为车工技能训练,包括初级、中级、高级各阶段的训练课题。第三篇为钳工技能训练,包括钳工初、中、高级的训练课题。

本书由职业高师工科教材编审委员会推荐作为职业高师机械类技能培训教材,也可作职业大学、高级技工学校和中、高级工短期培训材料,并可作为指导教师的学习参考书。

图书在版编目(CIP)数据

车钳工技能训练/杨和主编. —天津:天津大学出版社,2000.10 (2011.7重印)

ISBN 978-7-5618-1355-3

Ⅰ.车... Ⅱ.杨... Ⅲ.①车削-技能-训练 ②钳工-技能-训练 Ⅳ.TG510.6

中国版本图书馆CIP数据核字(2000)第70483号

出 版 天津大学出版社
出版人 杨 欢
地 址 天津市卫津路92号天津大学内(邮编:300072)
电 话 发行部:022—27403647 邮购部:022—27402742
印 刷 天津泰宇印务有限公司
发 行 新华书店天津发行所
开 本 787mm×1092mm 1/16
印 张 33.75
字 数 844千
版 次 2000年10月第1版
印 次 2011年7月第3次
印 数 8 001—11 000
定 价 48.00元

序

根据国家教委1994年12月审定的《机械制造工艺教育专业本科教学方案(试行)》,在国家教委师范司综合处和高师处的指导下,职业技术师范教育委员分会责成职业高师工科教材编审委员会组织了配套教材的编写工作。经过1993年常州会议、1994年上海及天津会议、1995年常州及河北会议等多次全国性职业高师会议的研究、讨论和修改,于1996年产生了部分主干课程(12门)的教学基本要求。通过招标方式,于1995年确定了这些课程教材的主编及参编人员。经过最近两年的继续努力,这12门课程的教材相继出版了。这些教材在总结教学经验的基础上,结合职业高师的培养目标和办学特色,落实《机械制造工艺教育专业本科教学方案(试行)》的要求,在突出职业性、应用性、技术性方面,在教学内容的改革与选排方面,在教材的适用性方面,都取得了明显的进展,是职业高师几年来改革与协作的成果。职业技术师范教育委员会支持职业高师工科教材编审委员会推荐这套教材作为职业高师机械类专业的适用教材。希望这套教材的出版,对提高教学质量、深化教学改革、培养合格人才起到促进作用。同时,要求编者在使用这套教材的过程中,结合21世纪对人才培养的要求,继续探索教学内容和教材的改革,不断改进教材质量,努力使之成为具有先进性、科学性、适用性的优秀教材。

中国职业技术教育学会
职业技术师范教育委员会
2000.3

前　言

本书是根据国家教委1994年12月审定的《机械制造工艺教育专业本科教学方案(试行)》和国家教委指导下的职业高师工科教材编审委员会审定的《车钳工技能训练》课程基本要求编写的。

在编写本书时从以下几方面做了一定的努力和考虑:

1.从我国机械制造工艺教育专业的培养目标和规格要求考虑,本书主要阐述了与机械加工相关的基础知识、车钳工初级技能训练课题、车钳工中级技能训练课题、车钳工高级技能训练课题,对课题训练中常出现或可能出现的问题也做了详细论述;

2.本书是指导技能训练的实践课,故遵循由浅入深、由简单至复杂的培养训练过程,使学生逐步掌握初级、中级、高级各阶段的操作技能;

3.为了培养学生对较复杂件的加工能力,本书选取了各工级相适应的典型试件,并列出考试评分标准,作为训练或考工时的参考。

本书由天津职业技术师范学院杨和任主编;上海技术师范学院范文蔚、湖南师范大学职业技术学院张选民、河北职业技术师范学院张海南、天津职业技术师范学院安立平任副主编。参加编写的有杨和(第二篇第十章、第十二章)、范文蔚(第二篇第一、二、三章)、张选民(第三篇第六、十一、十二、十三、十四章)、张海南(第三篇第一、二、三、四章)、安立平(第一篇、第三篇第十章)、湖南师大职业技术学院崔荣烈(第二篇第四、八、十一章)、河南职业技术师范学院张学良(第二篇第五、六、七章)、安徽省农业技术师范学院李立和(第三篇七、八、九章)、天津职业技术师范学院尚德香(第三篇第五、十五、十六章)、天津职业技术师范学院牛凯(第二篇第九、十三章,第三篇第十七章)。全书由杨和统稿。

本书在出版过程中,天津职业技术师范学院教材科的胡振武同志做了大量工作,在此表示感谢。

由于编者水平有限,编写时间仓促,书中不足之处在所难免,恳切希望广大读者批评指正。

编者

2000.3

目　录

第一篇　基础知识

第二篇　车工技能训练

第三篇 钳工技能训练

第一篇　基础知识

第一章　入门知识

1-1　实习任务及作用

一、实习任务

生产实习是职业技术师范院校机械制造工艺教育专业教学计划中的一个重要的实践性教育环节,是理论联系实际进行本专业综合技能教育的必要途径。生产实习的总任务是培养学生循序渐进地掌握本专业基本职业技能,最终达到中、高级职业技术水平和掌握一至二个其他通用工种的基本职业技能,从而造就一支高水平的教师队伍,实现手脑并用,文能上讲台,武能上机台,以适应我国技工教育和中等职业教育发展的需要。结合车工生产实习和钳工生产实习,提出如下具体任务。

1)在专业基础理论的指导下,全面掌握职业技能、技巧　通过生产实习要完成基本职业技能、中级职业技能和高级职业技能的学习任务,从而掌握正确的操作姿势和操作方法以及工具的使用与维护和设备的使用、维护、调整、故障排除等基本功。要在这个基础上,逐步做到得心应手、运用自如,并不断巩固、提高和扩展,从而具有独立的操作技能和较高的操作技巧与工艺知识,能完成制件加工;要综合运用基本知识、专业知识、相关知识和实践经验编制工艺、确定测量方法、设计工装与制造;要应用和推广新技术、新工艺、新设备、新材料,开展技术改造和质量攻关。总之,应能全面地掌握本专业的职业技能,并具有较强的工艺分析和技术应变能力,解决关键性或具有相当难度的技术问题。

2)在专业基础理论的指导下,全面掌握生产实习的教学方法　在生产实习中注意观察和分析生产实习指导教师的教学方法,进一步掌握辨证唯物主义的认识论和方法论,运用职业教育心理学原理,在总结生产实习教学的基础上探讨生产实习教学的规律、原则和方法。

3)在生产实习中培养学生的能力　在生产实习中,要达到完成学习任务、工作任务和生产任务的目的,就必须不断提高认识能力和操作能力,科学地认识客观事物,善于运用知识,独立地去发现问题、分析问题和解决问题。随着社会实践范围的不断扩大,现代科学技术的高速发展,确定了大力发展职业教育在国民经济发展中的特殊意义。当前,职业教育已进入一个迅速发展的新时期,这就要求高等职业教育所培养出来的学生,要成为富有创造才能的具有大学毕业证书和职业技术等级证书的新型一体化教师,因此要在生产实习中发展自己的工艺分析能力、计算能力、画图能力、改进和革新能力以及生产实习教学能力等。总之,要把学习职业技能和发展自己的能力统一起来。只有这样,毕业后才能适应经济发展和社会发展的需要。

4)在生产实习中增强学生的体力　在生产实习过程中注意劳逸结合和体力劳动与脑力劳动相互交替的作用,以促进身体各器官及其机能的正常发育,提高身体素质,为智力发展和职业技能、技巧的形成奠定生理基础。

5)在生产实习中培养学生的共产主义道德品质　实践是人类情感发生的物质基础和思想基础。在生产实习中要努力学习工人阶级的优良品质,陶冶共产主义道德情操,树立劳动观念和辩证唯物主义观念,树立正确的职业观,养成良好的职业道德,遵纪守法。同时确立为建设具有中国特色社会主义的学习目的;热爱祖国,热爱人民,热爱社会主义,永远保持艰苦朴素、勤俭节约的光荣传统,永远保持严谨的科学态度。在生产实习中做到文明实习、安全实习和按计划有秩序地完成各项任务,勇于克服困难,积极向上,刻苦钻研技术,搞好经济建设和精神文明建设,全面推进改革开放和社会主义现代化进程。

二、实习作用

生产实习是专业基础知识、专业知识、相关知识、操作技能与技巧和力量的结合。通过生产实习使学生了解和掌握本专业的生产知识和生产实习教学的过程,从而印证和巩固已学过的专业基础课和专业课。在生产实习过程中,培养学生在生产实践中调查研究、观察问题的能力和运用所学知识分析问题、解决问题的能力,进一步开阔学生的专业视野,拓宽专业知识面,从这里学到更多书本上学不到的知识,为今后的学习和工作打下良好的基础。同时,培养学生热爱劳动、热爱集体、文明生产、遵守纪律等工人阶级的优秀品质。把脑力劳动与体力劳动紧密结合在一起,培养社会主义、共产主义新人。正如邓小平同志《在全国教育工作会议上的讲话》中说:“马克思、恩格斯、列宁和毛泽东同志都非常重视教育与生产的结合,认为在资本主义社会里是改造社会的最有力的手段之一,在无产阶级取得政权之后,这是培养理论与实际结合,学用一致,全面发展的新人的根本途径,是逐步消灭脑力劳动和体力劳动差别的重要措施。”由此可见,生产实习的作用是十分重要的,这是职业技术师范教育成败的关键,是最终实现既有本、专科学历,又具有高级工技术水平的“双高”人才的正确途径。

1-2　实习工厂的规章制度

生产实习工厂组织管理工作的重要内容,就是按照教育方针和有关政策,根据高等职业技术师范院校培养目标的要求,结合生产实习工厂的实际情况,制定以岗位责任制为中心的各项规章制度,使生产实习组织管理工作规范化和制度化,全面地完成生产实习教学和生产任务。

一、生产实习工厂职责

①根据国家主管部门和地方教育行政机关颁发的生产实习教学大纲,编制学期生产实习教学进度计划和生产计划,并组织生产实习指导教师、学生和工人积极完成计划规定的各项教学、生产任务。

②通过生产实习教学,对学生进行共产主义道德教育、劳动纪律教育和安全文明生产教育。

③在完成生产实习教学任务的前提下,努力增加生产,创造产值、利润,增加院校收入。

④负责做好生产实习设备、技术资料、工具材料等的准备工作和产品的经营销售工作。

⑤负责做好生产实习教学的新产品开发和对外加工任务的承揽工作。

⑥负责学生生产实习成绩的考核工作和产品质量的管理工作。

二、生产实习教研组职责

①认真执行生产实习教学进度计划和生产实习教学大纲，严格执行生产实习教学的各项规章制度，组织本组教师完成教学、生产任务。

②组织全组教师认真编制学期教学进度计划和授课计划，填好生产实习记录，做好生产实习成绩考核和产品质量检验工作。

③积极开展教学研究活动，总结推广教学经验，做好教师工作量的确定和考核统计工作。

④加强对生产实习指导教师和学生的思想政治工作。

⑤完成领导交给的与教学、生产有关的其他任务。

三、生产实习指导教师岗位职责

①热爱职业技术教育，认真执行生产实习教学计划和生产实习教学大纲，编制学期授课计划，努力完成生产实习教学任务。

②认真进行生产实习课的备课和写好课日授课计划，做好生产实习课的课前准备工作。

③搞好生产实习课的课堂教学，力求标准化、规范化。做好组织教学、入门指导、巡回指导、结束指导四个环节，填好教学日志，搞好产训结合，完成生产任务。

④负责学生平时、期末操作技能生产实习成绩考核工作，认真检测评分并做好成绩登记和结果处理。

⑤做好毕业职业技能鉴定前的准备工作。

⑥刻苦学习，钻研业务，努力提高生产实习教学水平。推广应用新技术、新工艺、新设备、新材料，进一步提高学生操作技能与技巧，启发学生的创造力。

⑦严格要求学生遵守生产实习工厂各项规章制度，经常教育学生加强劳动纪律，爱护国家财产，节约原材物料，注意安全文明生产等。对违反规章制度规定的学生进行批评教育。

⑧加强政治学习，注意言传身教，坚持做好学生的思想政治工作，关心和热爱学生。

四、生产实习教室规则

①新生在生产实习前要进行安全技术操作和文明生产实习培训，经考核合格后方可进行生产实习。

②不准穿高跟鞋、凉鞋、拖鞋进入生产实习教室，生产实习时必须更换工作服，女生还需戴好工作帽。

③严格遵守安全技术操作规程，防止发生人身、设备事故。对于造成人身、设备事故的责任者，按有关规定进行处理。

④严格遵守生产实习工厂考勤规定，准时进入生产实习岗位并做好生产实习前的准备工作。

⑤听从生产实习指导教师的指导，听课时要精神集中，操作时要仔细认真，通过勤学苦练，巩固和提高操作技能与技巧，提高生产实习工件的质量和加工效率。

⑥生产实习教室物品，不准随意变动位置，或将物品私自携带出教室。未经他人许可，不准动用他人物品。对于损坏和丢失公物的责任者，应按有关规定进行赔偿。

⑦生产实习教室严禁吸烟。生产实习中，不准说笑、打逗和加工非生产实习工件，不得擅自脱离工作岗位或进入其他生产实习教室。

五、生产实习成绩考核制度

1)考核内容　生产实习成绩考核形式分为平时考查、期末考试和毕业考试。生产实习成绩考核内容包括操作技能水平(完成生产实习工作、部件和成品等的质量、实用工时等)、设备和工具的使用与维护、安全文明生产及职业道德素质、生产实习态度等。生产实习成绩考核的命题范围,应严格依据生产实习教学大纲的要求确定。

2)平时考查　在日常教学中,生产实习指导教师应根据学生在生产实习中应用专业基础知识、专业知识、相关知识的程度和掌握操作技能与技巧的程度以及对设备和工具的使用与维护、安全文明生产等情况,做好观察和记录,在完成每个生产实习课题后,要进行成绩评定。在全面的考查后,确定成绩。学生生产实习平时成绩,一般约占学期总评成绩的40%。

3)期末考试　期末考试一般于期末和学年末进行。生产实习考试的命题范围,是依据生产实习教学大纲所规定的本学期或本学年所学的内容。由院校统一命题,统一制定评分标准,统一安排考试时间。考试前,应进行系统复习和复合作业。考试结束后,由实习工厂组织阅卷(检测)评分。期末考试成绩,一般约占本学期或本学年总成绩的60%。

4)毕业考试　毕业考试是在毕业学年其他各门课程学习结束后进行。生产实习考核命题范围是根据生产实习教学大纲规定的培养目标,依据劳动部、机械工业部1995年联合颁布的《工人技术等级标准》中有关工种的标准,委托经政府批准的职业技能鉴定所,按照《中华人民共和国职业技能鉴定规范(考核大纲)》进行。考试前,应在《规范》所界定的范围内进行复习和参照技能要求试题样例进行复合作业。

六、产品质量管理制度

①操作者应仔细看清图纸与工艺文件中的各项说明,严格按照设计图纸、工艺规程和技术标准进行零部件等加工,不得随意更改。

②实行产品三检制,做到学生自检、生产实习指导教师抽检、专职检验人员专检。

③严格执行“首件”检查制。加工第一个工件后,要仔细检查,再交给生产实习指导教师复检,防止成批废品的出现。

④实行工件互检制。在生产实习过程中,学生之间相互检查各自完成的工件,做到互相学习、互相促进,保证质量。

⑤建立和健全质量责任制。做到原材料不合格不投产,毛坯不合格不加工,加工不合格不转序,零件不合格不入库、不装配,成品不合格不出厂。严格执行每加工一个工件后,要自打标记,防止出现质量责任不清的现象。

⑥质量管理部门定期召开产品质量分析会,做好质量指标月统计和产品质量月分析工作,并向上级报告。当出现质量事故时,应立即召开现场会,找出原因,提出改进措施,防止再发生。

⑦认真学习贯彻执行党和国家有关产品质量的方针、政策和指示,贯彻执行技术质量标准,推行全面质量管理,坚持“质量第一”的方针。

七、设备管理制度

①生产实习工厂的设备,由设备管理部门统一管理。该部门负责确定生产实习工厂设备的配备和选择,并上报设备购置计划。负责编制设备的大、中修和一、二级保养计划,经上级批准后,组织实施。

②生产实习指导教师应根据生产实习教学计划的安排,合理确定学生自用设备,并在生产实习指导教师的指导下,做到会使用、会调整、会保养、会排除一般故障。

③严格执行安全技术操作规程,坚持文明生产,做好交接班工作。出现设备事故后,要保

护现场，如实填写事故报告单，并及时报告。设备管理部门要组织生产实习指导教师和学生共同分析设备事故发生的原因，提出预防措施。对造成设备事故的责任者，按有关规定，给予处理。

④设备管理部门应加强设备巡回检查和定期检查工作，消除隐患，预防事故的发生。

⑤设备管理部门严格按技术标准验收购置和大修后的设备，合格后方可使用。并建立设备管理档案，其中包括随机全套图纸文件，安装调试文件材料，为维护使用索取的图纸文件，自制备件图、设备改装图文件，验收和大、中修记录及精度检查记录，事故报告等。

第二章　切 削 原 理

在机床上，由于具有适当几何参数和一定切削性能的切削刀具和工件之间的相对运动，刀具从工件上切除多余的金属，从而使工件的尺寸、形位误差以及表面粗糙度符合技术要求，这个过程称为金属切削过程。在切削过程中，机床、夹具、刀具和工件构成了金属切削加工的工艺系统。切削过程中的各种现象和规律，都要在这个工艺系统的运动状态中观察和认识。因此在技能训练中要不断总结经验，逐步提高解决实际问题的能力。

2-1　切削用量及切削运动

一、切削运动

切削运动是指在刀具和工件相互作用的过程中，刀具相对于工件的运动。车削加工是一种常见的、典型的切削加工方法。现以它为例来分析刀具与工件间的切削运动。图 1-2-1 表示普通外圆车削加工时的情况。按作用切削运动可以分为主运动和进给运动。在车削加工中的切削运动一般是由这两种运动单元组合而成的，它保证了切削工作的连续进行。

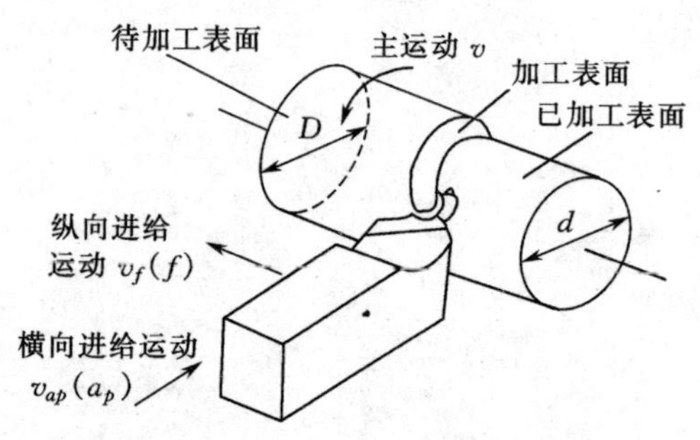

图 1-2-1　车削运动和工件上的表面

1. 主运动

使刀具与工件产生相对运动，并切除多余金属以形成已加工表面的基本运动，称为主运动。如车削加工时的工件旋转运动即是主运动。通常它的速度最高，消耗功率最大。主运动只有一个。

2. 进给运动

配合主运动保持切除多余金属的状态，以便形成全部已加工表面的运动，称为进给运动。如车削加工时的车刀纵向或横向连续直线运动即是进给运动。通常它的速度很低，消耗功率较少。进给运动包括纵向进给运动和横向进给运动。

3. 合成切削运动

切削加工中同时存在主运动和进给运动时，刀具切削刃上选定点(由于切削刃上各点运动情况不一定相同，在研究问题时，应选取切削刃上某一适宜点，该点称为切削刃选定点)相对于工件的运动，称为合成切削运动。

二、切削用量

切削用量用来表示切削加工中主运动及进给运动参数的数量，以便于加工前调整机床。它包括切削速度、进给量和背吃刀量三要素。

1. 切削速度 v

切削刃上选定点相对于工件的主运动速度，称为切削速度。一般切削刃上各点的切削速度是不同的，考虑到刀具的磨损和已加工表面质量等因素，在计算时，应取最大切削速度。外圆车削加工时，切削速度由下式确定：

$$v=\frac{\pi d_{\mathrm{w}} n}{60\ 000}\ (\mathrm{m/s})$$

式中　d_{w}——待加工表面直径，mm；

n——工件的转速，r/min。

2. 进给量 f 和进给速度 v_f

进给量即工件旋转 1 周时，刀具沿进给运动方向上相对于工件的移动量，其单位是 mm/r。

进给速度是单位时间里的进给量，故车削加工时进给速度为

$$v_f=nf\ (\mathrm{mm/min})$$

3. 背吃刀量 a_p（通常称切深或吃刀深度）

一般指工件已加工表面和待加工表面间的垂直距离。外圆车削加工时，背吃刀量可用下式计算：

$$a_p=\frac{d_{\mathrm{w}}-d_{\mathrm{m}}}{2}\ (\mathrm{mm})$$

式中　d_{w}——待加工表面直径，mm；

d_{m}——已加工表面直径，mm。

4. 合成切削速度 $\boldsymbol{v}_e$

合成切削速度即切削刃选定点相对于工件的合成切削运动的瞬时速度。合成切削速度等于主运动和进给运动速度的向量和（图 1-2-2），即

$$\boldsymbol{v}_e=\boldsymbol{v}+\boldsymbol{v}_f$$

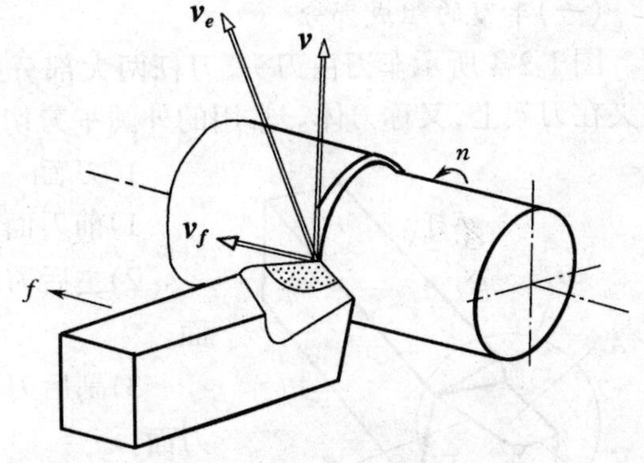

图 1-2-2　切削时合成切削速度

二、切削层横截面要素

切削时，在一次进给运动中，刀具的切削刃从工件待加工表面切下的金属层，称为切削层。如图 1-2-3 所示的外圆车削加工，工件每转一周，车刀沿工件轴线移动一个进给量。这时切削刃从刀具的位置Ⅰ移至位置Ⅱ。位置Ⅰ和Ⅱ之间的一层金属被切除，该切削层的形状、尺寸直接影响着车刀承受负荷。为简化计算，切削层截面形状、尺寸，通过在车刀基面，即在通过切削刃选定点并垂直于该点的切削速度方向的平面中测量，或称在切削层横截面中测量。

1. 切削厚度 a_{c}

垂直于加工表面测得的切削层尺寸，称为切削厚度。在外圆车削加工时，当车刀的刃倾角，即主切削刃与基面的夹角等于 0°时，有

$$a_{\mathrm{c}}=f\sin\kappa_r\ (\mathrm{mm})$$

式中　κ_r——主切削刃在基面上的投影与进给运动方向之间的夹角，即主偏角。

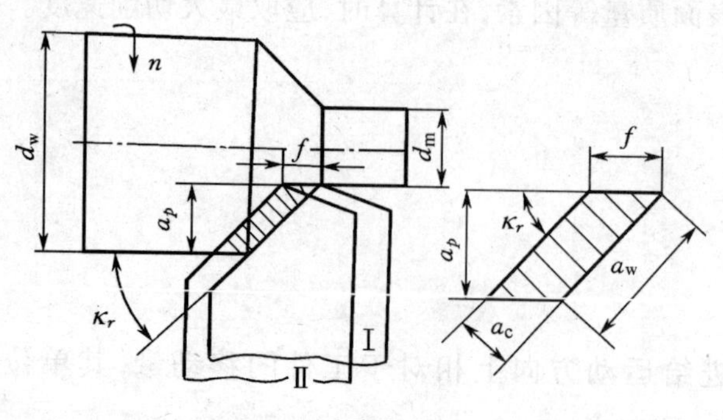

图 1-2-3　切削层参数

由上式可知，f 或 κ_r 增大，则 a_c 增大。

2. 切削宽度 a_w

沿加工表面测得的切削层尺寸，称为切削宽度。在外圆车削加工时，当车刀的刃倾角等于 0°时，有

$$a_w = a_p / \sin\kappa_r$$

由上式可知，a_p 增大或 κ_r 减小，则 a_w 增大。

3. 切削面积 A_c

切削层在基面内的面积，称为切削面积。切削面积可用下式近似计算：

$$A_c = a_c a_w = f a_p (\mathrm{mm}^2)$$

2-2　切削刀具

金属切削刀具的种类虽然很多，但它们切削部分的几何特征都有共性。外圆车刀的切削部分可以看作各类刀具切削部分的基本形态。本节将以车刀为例，给出几何参数方面的定义。

一、车刀静态角度

(一)车刀的组成部分

图 1-2-4 所示车刀由刀头、刀杆两大部分组成。刀头用于切削，又称切削部分；刀杆用来装夹在刀架上，又称刀体。常用的外圆车刀切削部分由一个刀尖、两个刀刃和三个刀面组成。

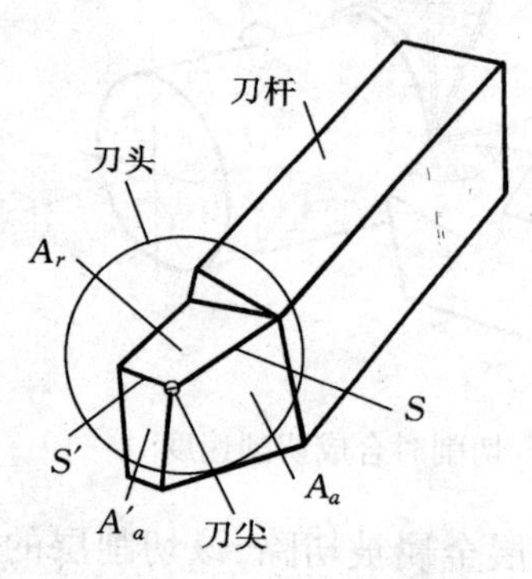

图 1-2-4　车刀的组成

1. 刀面

1)前刀面 A_r　切屑流出时经过的刀具表面，称前刀面。

2)主后刀面 A_a　与加工表面相对的刀具表面，称主后刀面。

3)副后刀面 A'_a　与已加工表面相对的刀具表面，称副后刀面。

前刀面与后刀面之间所包含的刀具实体部分称刀楔。

2. 切削刃

1)主切削刃 S　前刀面与主后刀面的相交部位，称主切削刃。主切削刃用于形成工件上的加工表面，承担主要的切削工作。

2)副切削刃 S'　前刀面与副后刀面的相交部位，称副切削刃。它承担少量的切削工作。

3. 刀尖

主副切削刃连接部位，称为刀尖。刀尖可以是主切削刃和副切削刃的实际交点；也可以是连接主、副切削刃的圆弧；还可以是连结主、副切削刃的一条折线段。通常都将它们称为过渡刃，见图 1-2-5 所示。

(二)车刀的静态角度

车刀的静态角度或称标注角度，是制造、刃磨和测量车刀所需要的，并标注在车刀设计图上的角度。标注角度是在假定只有主运动，且主切削刃对准工件中心的条件下定义的，是不随车刀工作条件变化而变化的角度。

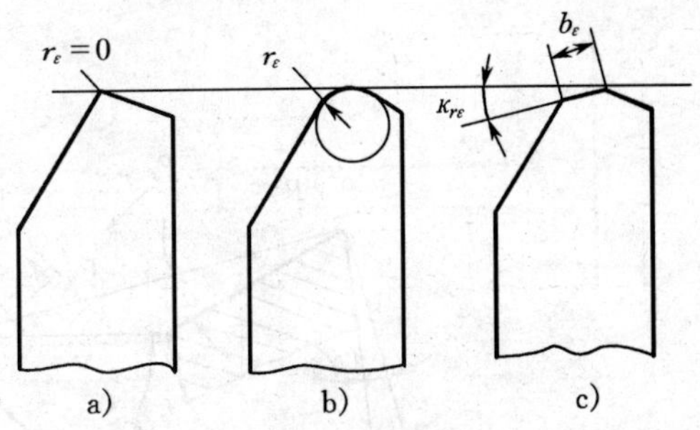

图 1-2-5　刀尖形状

a)切削刃实际交点　b)圆弧刀尖　c)倒棱刀尖

1. 确定车刀标注角度的坐标系

为了便于确定车刀上的几何角度，规定了一系列平面，由这些平面组成的平面系称为坐标系，也称参考系。车刀几何角度即是刀面和切削刃相对坐标系的角度。标注坐标系是定义标注角度的坐标系。常用的刀具标注坐标系由下列诸平面构成(见图 1-2-6)。

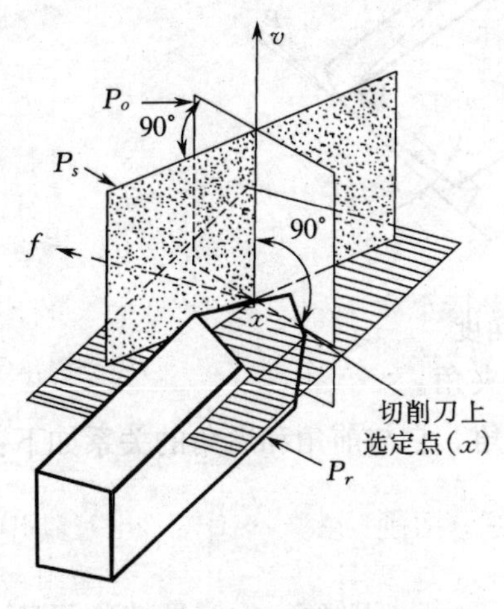

图 1-2-6　主剖面坐标系

1)基面 P_r　通过切削刃选定点，并垂直于该点假定主运动方向的平面，称为基面。车刀的基面平行车刀的底面。

2)切削平面 P_s　通过切削刃选定点，与切削刃相切，且垂直于该点基面的平面，称为切削平面。显然，切削刃同一点的基面和切削平面是相互垂直的。

3)主剖面 P_o　过主切削刃上选定点，同时垂直于该点基面和切削平面的平面，称为主剖面。显然主剖面是垂直于主切削刃在基面上投影的平面。

上述各平面的定义，适用于主、副切削刃。为了有所区别，对副切削刃的相应平面可称副剖面 P_o'、副切削平面 P_s' 等。

图 1-2-6 表示 P_r—P_s—P_o 组成一个正交的主剖面坐标系。这是目前生产中最常用的刀具标注坐标系。

2. 车刀的静态角度

车刀切削部分的几何角度如图 1-2-7 所示。

(1)在基面内测量的角度

1)主偏角 κ_r　主编角是主切削刃在基面上的投影与进给运动方向之间的夹角。主偏角总是正值。

2)副偏角 κ_r'　是副切削刃在基面上的投影与背进给运动方向之间的夹角。副偏角总是正值。

3)刀尖角 ε_r　刀尖角是主切削刃与副切削刃在基面上的投影之间的夹角。它与主偏角和副偏角的关系如下

$$\varepsilon_r = 180° - (\kappa_r + \kappa_r')$$

(2)在主剖面内测量的角度

1)前角 γ_o　前角是主剖面内前刀面与基面之间的夹角。

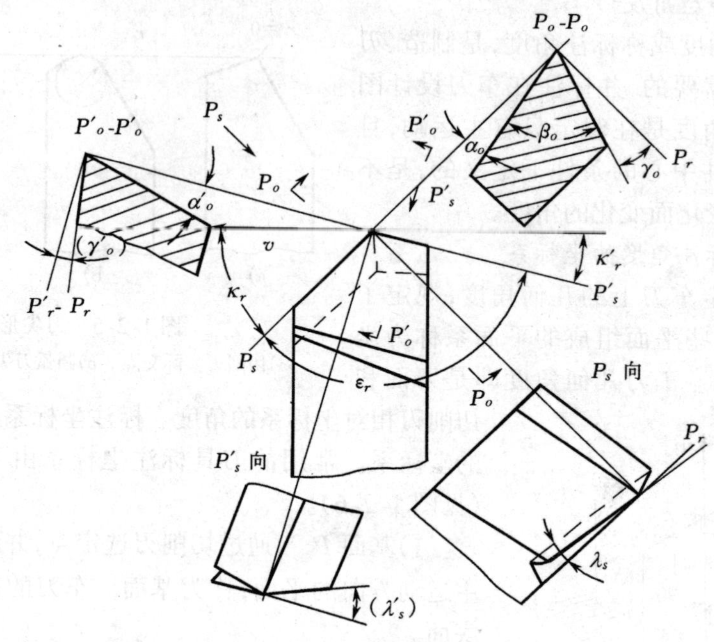

图 1-2-7 主剖面系标注的刀具角度

2)后角 α_o 后角是主剖面内后刀面与切削平面之间的夹角。

3)楔角 β_o 楔角是主剖面内，前刀面与后刀面之间的夹角。它与前角和后角的关系如下：

$$\beta_o = 90° - (\gamma_o + \alpha_o)$$

(3)在切削平面内测量的角度

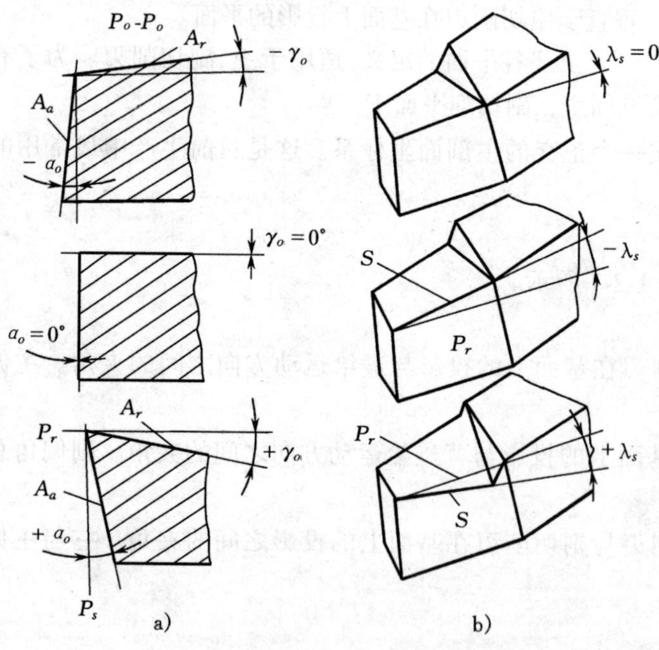

图 1-2-8 车刀角度正负的规定方法

a)前、后角 b)刃倾角

刃倾角 λ_o 是切削平面内主切削刃与基面之间的夹角。

(4)在副剖面内测量的角度

1)副前角 γ'_o 是在副剖面内，前刀面与基面之间的夹角。

2)副后角 α'_o 是在副剖面内，副后刀面与副切削平面之间的夹角。

上述的几何角度中，最基本和常用的是前角、后角、主偏角、刃倾角、副后角和副偏角，其余角度可以通过计算而得，称派生角。

3. 前角、后角、刃倾角正负值的规定

1)前角正负值的规定 如图 1-2-8a 所示，在主剖面(P_o -

P_o)中，前刀面与基面平行时，前角为零值；前刀面与切削平面之间的夹角小于90°时，前角为正值；大于90°时，前角为负值。

2)后角正负值的规定　后刀面与基面之间的夹角等于90°时，后角为零值；小于90°时，后角为正值；大于90°时，后角为负值。

3)刃倾角正负值的规定　如图1-2-8b所示，当刀尖在主切削刃上为最高点时，刃倾角为正值；反之，刀尖在主切削刃上为最低点时，刃倾角为负值；主切削刃平行于底面时，刃倾角为零值。

二、车刀的工作角度及计算

在车削加工时，由于合成切削运动方向的变化和车刀实际安装位置，则车刀的坐标系将发生变化。其差别在于两个基准平面的变化，即：

①工作基面 P_{re} 是过切削刃上选定点，垂直于合成切削运动方向的平面；

②工作切削平面 P_{se} 是过切削刃上选定点，与切削刃相切，垂直于工作基面 P_{re} 的平面。

因为基准平面的变化，所以车刀工作角度就有别于标注角度了。因此研究切削过程中的车刀角度，必须以车刀与工件相对位置、相对运动为基础建立坐标系。这种坐标系称工作坐标系，也称动态参考系。用工作坐标系定义的车刀角度称工作角度。

由于通常进给速度远小于主运动速度，因此在一般的安装条件下，车刀的工作角度近似地等于标注角度(误差不超过1°)。这样，在普通车削加工中不必进行工作角度的计算。现仅就刀具安装对工作角度的影响加以分析。

1.刀杆中心线与进给方向不垂直时对工作角度的影响

如图1-2-9所示，当车刀刀杆中心线与进给方向不垂直时，工作主偏角 κ_{re} 和工作副偏角 κ'_{re} 将发生变化。

$$\begin{cases}\kappa_{re}=\kappa_r \pm G\\ \kappa'_{re}=\kappa'_r \mp G\end{cases}$$

式中　G——是进给运动方向的垂线与刀杆中心线之间的夹角。

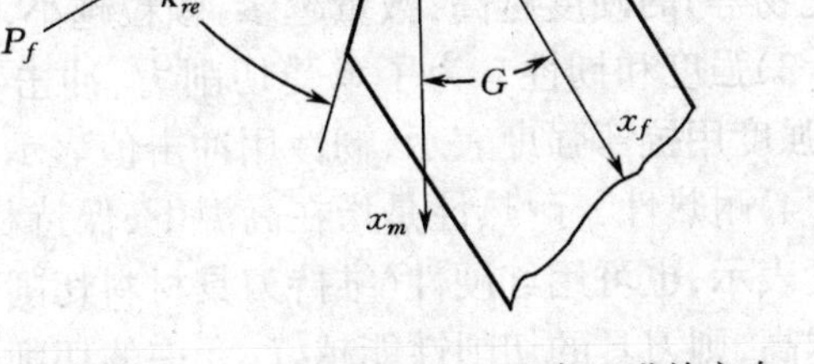

图1-2-9　刀杆中心线不垂直于进给方向

2.刀尖安装高低对工作角度的影响

如图1-2-10所示，当刀尖安装得高于或低于工件中心线时，工作基面相对于基面倾斜 θ 角，从而引起工作角度变化。

刀尖高于中心线时有：

$$\begin{cases}\gamma_{oe}=\gamma_o+\theta\\ \alpha_{oe}=\alpha_o-\theta\end{cases}$$

刀尖低于中心线时有：

$$\begin{cases}\gamma_{oe}=\gamma_o-\theta\\ \alpha_{oe}=\alpha_o+\theta\end{cases}$$

θ 值即为前、后角的变化值，可由下式计算求得：

$$\sin\theta=\frac{2h}{d_w}$$

式中 h——刀尖高于或低于工件中心线的距离,mm;

d_w——工件待加工表面直径,mm。

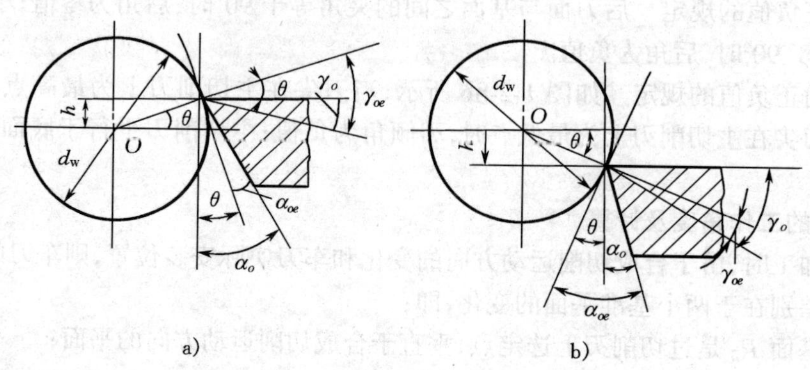

图 1-2-10　装刀高低对工作角度的影响

a)刀尖高于中心线时　b)刀尖低于中心线时

2-3　刀具材料和切削液

一、刀具常用材料

切削性能好的刀具材料,能够提高切削加工生产率和加工质量。在切削过程中,刀具的耐用度,在很大程度上取决于刀具材料的合理选择。工件材料的发展促进了刀具材料的发展。刀具新材料的出现,解决了难加工材料的加工,较好地解决了要提高刀具材料的硬度和耐磨性就要降低其强度和韧性这一矛盾,从而使切削加工生产率大幅度提高。

1.刀具材料应具备的性能

刀具切削部分在工作时要承受较大的切削力和较高的切削温度以及摩擦、冲击和振动。因此,刀具材料应具备下述基本要求。

1)硬度　硬度是刀具材料应具备的基本特征。刀具材料的硬度要高于被加工材料的硬度。一般刀具材料的常温硬度须在 HRC60 以上。

2)耐磨性　耐磨性是材料抵抗磨损的能力。它是刀具材料的机械性能、组织结构和化学性能的综合反映。一般说来,刀具材料的硬度越高,耐磨性就越高。组织中的硬质点(碳化物、氧化物等)的硬度越高,数量越多,颗粒越小,分布越均匀,耐磨性越高。

3)强度和韧性　为了承受切削力、冲击和振动,刀具材料应具有足够的强度和韧性。一般,强度用抗弯强度表示,韧性用冲击值表示。

4)耐热性　耐热性是指在高温下,保持材料硬度、耐磨性、强度和韧性的性能。可用高温硬度表示,也可用红硬性(维持刀具材料切削性能的最高温度限度)表示。刀具材料的高温硬度越高,则刀具的切削性能越好,允许的切削速度越高。它是衡量刀具材料性能的主要标志。刀具材料还应具有在高温下抗氧化的能力、抗粘结的能力和抗扩散的能力,即刀具材料具有良好的化学稳定性。

5)工艺性　为了便于刀具的制造,要求刀具材料具有良好的锻造性能、焊接性能、热处理性能、高温塑性变形性能和磨削加工性能等。

此外,还应考虑到刀具材料的经济性,但选用刀具材料时,还应综合考虑被加工的材料及其刀具的耐用度。

2.常用的刀具材料

(1)碳素工具钢

含碳量为0.65%~1.35%的优质高碳钢。一般只用于制造少数简单的、低速的手动工具。常用的牌号有T10(A)、T12(A)、T13(A)等。

(2)合金工具钢

含铬、钨、硅、锰等合金元素的低合金工具钢。加入合金元素后使硬度及耐磨性得到提高,淬透性较好,在油中淬火,热处理变形小。这种钢可制造刃形较复杂的低速刀具,如铰刀、拉刀、丝锥等。常用的牌号有CrWMn、9SiCr、GCr15、Cr12MoV等。

(3)高速工具钢

高速工具钢简称高速钢,又称锋钢、风钢、白钢。高速钢中含有大量钨、铬、钼、钒等合金元素,形成大量的高硬度碳化物相。淬火后的硬度为HRC63~70,不但淬火后硬度高,而且耐磨性、淬透性和回火稳定性大大提高,并有足够的韧性。当切削温度高达600℃时,保持切削加工所要求的硬度,因此具有较高的耐热性,允许较高的切削速度。除高钒高速钢的磨削加工性能较差外,高速钢的工艺性也较好。所以,在各种刀具材料中,高速钢的性能最为理想。它用于制造刀具时,制造工艺简单,易刃磨成锋利的刃口,可用于制造车刀、铣刀、铰刀、齿轮刀具等,特别是各种复杂精密的刀具。

高速钢是综合性能较好,可以加工从有色金属到高温合金等各种材料,是应用范围最广的一种刀具材料。常用高速钢的类型及牌号有下列几种。

1)通用型高速钢　用于加工碳素结构钢、合金结构钢和普通铸铁等,属于通用型高速钢。常用的牌号有W18Cr4V、W6Mo5Cr4V2和W14Cr4VMnRe。其中尤以W18Cr4V应用最早、最广泛。它的特点是淬火加热范围宽,不易过热、脱碳、敏感性小和磨削加工性能好,常用于制造各种精加工刀具。W6Mo5Cr4V2的特点是热塑性、碳化物分布和淬火后的机械性能比前者好,但磨削加工性略差。这种钢目前我国主要用于热轧刀具,如麻花钻。

2)钴高速钢　钴高速钢用于加工高硬合金、不锈钢等难加工材料。常用的牌号是W2Mo9Cr4VCo8(简称M42),其特点是具有优良的综合性能,硬度高(接近于HRC70),但价格较贵,适用于制造各种高精度复杂刀具。

3)超硬高速钢　超硬高速钢用于加工调质钢材、高温合金等难加工材料。常用的牌号是W6Mo5Cr4V2A1(简称501)、W10Mo4CrV3A1(简称5F-6)。这是我国研制成的两种不含稀有金属钴而含廉价铝的新型超硬高速钢。W6Mo5Cr4V2A1的特点是具有优良的切削性和良好的锻造、焊接和机加工性能。它的价格比含钴高速钢低得多,可用来制造要求耐用度高、精度高的刀具,如拉刀、滚刀等。

4)粉末冶金高速钢　这是用粉末冶金法生产的高速钢。由于它是用高压氩气或纯氮气雾化熔融的高速钢钢水,直接得到细小的高速钢粉末,经高温、高压制成刀具形状或毛坯。因此,碳化物晶粒细小,分布均匀。热处理后变形小,硬度、耐热性、耐磨性显著提高,磨削加工性能好,不足之处是成本高。因此,它主要用于制造断续切削刀具和精密刀具,如齿轮滚刀、拉刀和成型铣刀等。

(4)硬质合金

这是由难熔金属碳化物(如WC、TiC、TaC、NbC等)和金属粘接剂(如Co、Ni等)经过粉末冶金方法制成。硬质合金的特点是硬度很高，达 HRA89～94(相当于 HRC74～82)，耐磨性和耐热性亦好，它所允许的工作温度可达 800℃～1000℃，甚至更高。所以允许的切削速度比高速钢高几倍到几十倍，可用于高速强力切削和难加工材料的切削加工。硬质合金的缺点是抗弯强度较低，冲击韧性较差，工艺性也较高速钢差得多。因此，硬质合金多用于制造简单的高速切削刀具，用粉末冶金工艺制成一定规格的刀片镶在或焊在刀体上。硬质合金的类别与牌号如下。

1)常用硬质合金　按化学成分及性能可分钨钴类(YG)、钨钛钴类(YT)、钨钛钽(或铌)钴类(YW)和碳化钛基硬质合金(YN)四类。常用的牌号有 YG3、YG6、YG8，YT5、YT15、YT30，YW1、YW2，YN10 等。钨钴类硬质合金主要适用于加工脆性材料如铸铁和有色金属及非金属材料。钨钴类硬质合金中，含钴量多，韧性较好，适用于粗加工；含钴量少的，适用于精加工。钨钛钴类硬质合金主要适用于高速切削常用的塑性材料，如钢等。钨钛钴类硬质合金中，含碳化钛量少、含钴量多，适用于粗加工；含碳化钛量多、含钴量少的适用于精加工。钨钛钽(铌)钴类硬质合金，主要适用于加工难切削材料和连续表面；碳化钛基硬质合金，主要适用于合金钢、工具钢、淬硬钢等作连续精加工。

2)钢结硬质合金　它是 TiC、WC 作硬质相，以高速钢作粘结剂组成的一种新型刀具材料。其性能介于高速钢和硬质合金之间。钢结硬质合金烧结体经退火后可进行切削加工，经淬火后具有硬质合金的高硬度(HRC69～73)和好的耐磨性，可进行锻造和焊接。可用于制造拉刀、铣刀、钻头等形状复杂、耐用度高的刀具。

3)超细晶粒硬质合金　碳化物(WC)晶粒尺寸在 1 μm 以下，Co 粘结剂可做到 0.2 μm～0.4 μm，所以硬度高，韧性好，可用于加工高温合金或高强度合金等难加工材料。

4)涂层硬质合金　在韧性好的硬质合金基体上，用气相沉积法等涂复一层几微米厚、硬度高、耐磨性好的金属化合物(如 TiC、TiN、HfC、ZrC、陶瓷等)而制成的刀具材料称为涂层硬质合金。这种材料制成的刀片适用于无冲击的半精加工和粗加工。

(5)其他新型刀具材料

随着科学技术的发展，不断研制出许多新型的刀具材料，如陶瓷、金属陶瓷、聚晶金刚石、立方氮化硼等超硬材料。用这些材料制成的刀片，用于精加工、半精加工或对特殊材料进行加工，其生产效率和加工质量都很高。

二、切削液

在金属切削加工中，合理选用切削液，可以减少切削过程中的摩擦，从而降低切削力和切削温度，减少工件热变形，对提高加工表面质量和加工精度，提高刀具耐用度起着重要的作用。

1. 切削液的作用

切削液主要起冷却、润滑以及清洗和防锈的作用。

(1)冷却作用

切削液浇注到切削区域后，通过切削热的热传递和汽化，使切屑、刀具和工件上的温度降低，起到冷却作用。冷却的主要目的是使切削区切削温度降低，尤为重要的是降低前刀面上最高温度。

切削液冷却作用的好坏，取决于它的导热系数、比热、汽化热、汽化速度、流量、流速等。一般水溶液的冷却性能最好，油类最差，乳化液介于两者之间而接近于水溶液。实验表明，车削时，切削液从刀具的主后刀面向上方喷射至切削刃，冷却效果好。避免采用从前刀面处向下方喷射。冷却时，要充分扩大冷却范围。冷却的方法有喷雾冷却法和内冷却法等。

(2)润滑作用

在切削加工时，切削液是通过切削液渗透到刀具与切屑、工件的接触表面之间形成边界润滑而达到润滑作用。所谓边界润滑，就是在切削时，刀具前刀面与切屑接触，接触表面间压力较大，温度较高，使部分润滑膜厚度逐渐减小，直到消失，造成金属表面波峰直接接触。而其余部位，仍保持着润滑膜，从而减小金属直接接触面积，降低摩擦系数。

切削液的润滑性能，直接与形成润滑膜的牢固程度有关。边界润滑形成的润滑膜具有物理吸附和化学吸附两种结合性质。物理吸附润滑膜主要是靠切削液中的油性添加剂，如动植物油及油酸、胺类、醇类或脂类中极性分子吸附形成。油性添加剂主要应用于低压、低温状态下的边界润滑。在高压、高温边界润滑状态下，即极压润滑状态下，切削液中必须添加极压添加剂形成另一种性质的润滑膜。常用的极压添加剂是含硫、磷、氯、碘等有机化合物，如硫化动植物油、硫化烯烃、氯化石蜡、氯化脂肪酸、脂酸、有机磷酸酯和硫化磷酸锌等。这些化合物与金属表面起化学反应，生成新的化合物薄膜，如硫化铁、氯化亚铁、氯化铁、氯氧化铁、磷酸铁等润滑膜，使边界润滑层有较好的润滑作用。

(3)清洗作用

浇注切削液能冲走在切削过程中产生的较细切屑或磨粒，从而起到清洗、防止刮伤已加工表面和机床导轨面的作用。

(4)防锈作用

在切削液中加入防锈添加剂，如亚硝酸钠、磷酸三钠、三乙醇胺和石油磺酸钡等，使金属表面生成保护膜，使机床、工件不受空气、水分和酸等介质的腐蚀，起到防锈作用。

2.常用切削液及其选用

常用切削液有水溶液、乳化液和切削油三大类。

(1)水溶液

水溶液的主要成分是水并加入防锈添加剂的切削液，主要起冷却作用。表面活性水溶液是一种常用的水溶液，用于精车和铰孔等。使用时可用94.5%的水、4%的肥皂和1.5%的无水碳酸钠，配制而成。

(2)乳化液

乳化液是将乳化油用水稀释而成。乳化油是由矿物油、乳化剂及添加剂配成的，如三乙醇胺油酸皂、69－1防锈乳化油和极压乳化油等。使用时，按乳化油的含量可配制不同浓度的乳化液。低浓度乳化液主要起冷却作用，适用于粗加工；高浓度乳化液主要起润滑作用，适用于精加工和复杂工序加工。

(3)切削油

切削油中有机械油、轻柴油、煤油等矿物油，还有豆油、菜籽油、蓖麻油、猪油、鲸油等动植物油。纯矿物油润滑效果一般，动植物油仅适用于低速精加工。普通车削、攻螺纹可选用机油；精加工有色金属和铸铁时，应选用黏度小、浸润性好的煤油与其他矿物油的混合油；自动机床可选用黏度小、流动性好的轻柴油。

在切削油中加入了硫、氯和磷极压添加剂后，能显著提高润滑和冷却作用。特别在精加工、关键工序和难加工材料切削时尤为重要。

总之，切削液的选用，应根据工件材料、刀具材料、加工方法和加工要求确定。若选择不当就得不到应有的效果。表 1-2-1 和表 1-2-2 是常用切削液的配方和切削液选用推荐表,供参考。

表 1-2-1　常用的切削液配方

类　别	使用代号	配方序号	组　　成	重量百分比	使　用　说　明
水溶液	1	1	亚硝酸钠 碳　酸　钠 水	0.2～0.5 0.25～0.5 余　　量	水的硬度高时可多加一些碳酸钠,常用于磨削
		2	油酸钠皂 亚硝酸钠 水	3 0.5 余　　量	
	2	3	癸　二　酸 三乙醇胺 亚硝酸钠 水	10 17.5 8 余　　量	①以水稀释成 2% 左右浓度使用 ②有一定润滑性,可用于车、钻、铣、磨等工序
		4	氯化硬脂酸 苯骈噻唑代乙酸 TX－10 硼　　酸 三乙醇胺 742 消泡剂 水	0.4 0.6 0.1 0.1 0.2 1.6 余　　量	适用于高速磨削
乳化液	3	5	环烷酸锌 石油磺酸钡 磺化油 DAH 三乙醇胺油酸皂(10:7) 10 号机械油	11.5 11.5 12.7 3.5 余　　量	又称乳－1 防锈乳化油,可配 2%～3% 浓度水溶液使用
	4	6 (极压乳化液)	氯化石蜡 石油磺酸钡 石油磺酸钠 环烷酸铅 油　　酸 三乙醇胺 7 号机械油 10 号机械油	10 2.5 9 3.3 5 4 10 余　　量	有较高的润滑性能,可用于攻丝及一些难切削材料的切削,浓度可高至 20%～25%

续表

<table>
<tr><th>类　别</th><th>使用代号</th><th>配方序号</th><th>组　　成</th><th>重量百分比</th><th>使 用 说 明</th></tr>
<tr><td rowspan="16">切削油</td><td rowspan="2">5</td><td>7</td><td>10 号或 20 号机械油
石油磺酸钡</td><td>95～98
2～5</td><td rowspan="3">清洗性好</td></tr>
<tr><td>8</td><td>煤　油
石油磺酸钡</td><td>98
2</td></tr>
<tr><td>6</td><td>9</td><td>煤　油</td><td></td></tr>
<tr><td rowspan="2">7</td><td>10</td><td>硫化切削油
10 号或 20 号机械油</td><td></td><td>比例按需要配制</td></tr>
<tr><td>11</td><td>硫化切削油
煤　油
油　酸
10 号或 20 号机械油</td><td>30
15
30
25</td><td></td></tr>
<tr><td rowspan="3">8</td><td>12
（极压切削油）</td><td>氯化石蜡
二烷基二硫代磷酸锌
5 号或 7 号高速机油</td><td>20
1
余　量</td><td rowspan="2">加工后需进行清洗防锈</td></tr>
<tr><td>13
（极压切削油）</td><td>环烷酸铅
氯化石蜡
石油磺酸钡
7 号高速机油
20 号机械油</td><td>6
10
0.5
10
余　量</td></tr>
<tr><td>14
（F43 切削油）</td><td>氧化石油脂钡皂
二烷基二硫代磷酸锌
石油磺酸钙
石油磺酸钡
5 号高速机油
二硫化钼</td><td>4
4
4
4
83.5
0.5</td><td>用于不锈钢、合金钢的螺纹加工，可得到较好的效果</td></tr>
</table>

注：表 1-2-1 中“使用代号”的意义见表 1-2-2。

表 1-2-2　切削液选用推荐表

工件材料			碳钢,合金钢		不锈钢		高温合金		铸铁		铜及其合金		铝及其合金	
刀具材料			高速钢	硬质合金	高速钢	硬质合金	高速钢	硬质合金	高速钢	硬质合金	高速钢	硬质合金	高速钢	硬质合金
加工方法	车	粗加工	3、1、7	0、3、1	7、4、2	0、4、2	2、4、7	8、2、4	0、3、1	0、3、1	3、2	0、3、2	0、3	0、3
		精加工	4、7	0、2、7	7、4、2	0、4、2	2、8、4	8、4	0、6	0、6	3、2	0、3、2	0、6	0、6
	铣	端铣	4、2、7	0、3	7、4、2	0、4、2	2、4、7	0、8	0、3、1	0、3、1	3、2	0、3、2	0、3	0、3
		铣槽	4、2、7	7、4	7、4、2	7、4、2	2、8、4	8、4	0、6	0、6	3、2	0、3、2	0、6	0、6
	钻削		3、1	3、1	8、4、2	8、4、2	2、8、4	8、2、4	0、3、1	0、3、1	3、2	0、3、2	0、3	0、3
	铰削		7、8、4	7、8、4	8、7、4	8、7、4	8、7	8、7	0、6	0、6	5、7	0、5、7	0、5、7	0、5、7
	攻丝		7、8、4		8、7、4		8、7		0、6		5、7		0、5、7	
	拉削		7、4、8		8、7、4		8、7		0、3		3、5		0、3、5	
	滚、插齿		7、8		8、7		8、7		0、3		5、7		0、5、7	

工件材料			碳钢,合金钢	不锈钢	高温合金	铸铁	铜及其合金	铝及其合金
刀具材料			普通砂轮	普通砂轮	普通砂轮	普通砂轮	普通砂轮	普通砂轮
加工方法	外圆磨	粗磨	1、3	4、2	4、2	1、3	1	1
	平面磨	精磨	1、3	4、2	4、2	1、3	1	1

注:①本表中数字即表 1-2-1 的使用代号,其意义如下:

0—干切削;
1—润滑性不强的水溶液;
2—润滑性较好的水溶液;
3—普通乳化液;
4—极压乳化液;
5—普通矿物油;
6—煤油;
7—含硫、含氯的极压切削油,或动植物油与矿物油的复合;
8—含硫氯、氯磷或硫氯磷的极压切削油。

②常用切削液的配方见表 1-2-1。

第三章　通用计量器具

3-1　游标卡尺

一、游标卡尺的结构和型式

游标卡尺(以下简称卡尺)主要用于测量工件的外尺寸和内尺寸,结构形式如图 1-3-1 所示。

图 1-3-1a 为“三用卡尺”,测量范围一般有 0～125 mm 和 0～150 mm 两种。其结构主要由尺身(主尺)、尺框和深度尺三部分组成。尺身上刻有间距为 1 mm 的刻度,游标用螺钉固定在尺框上,尺框可由紧固螺钉固紧在尺身的任何位置上,片状弹簧可使尺框沿尺身移动保持平稳。深度尺的一端固定在尺框内,能随尺框在尺身背部的导向槽中移动;另一端是测量面,为了减少接触面,提高测量精度,把该测量面制成楔形。

图 1-3-1b 为“两用卡尺”,测量范围一般有 0～200 mm 和 0～300 mm 两种。“两用卡尺”一般不带深度尺,而在尺框上装有微动装置,能使尺框沿尺身微小移动与工件接触,减少测量误差。

图 1-3-1c 为“双面卡尺”。测量范围一般有 0～200 mm 和 0～300 mm 两种。使用圆柱形内量爪测量工件内尺寸时,卡尺的读数值应加上圆柱形内量爪尺寸 b,才能得出工件的实际尺寸。

图 1-3-1d 为“单面卡尺”。测量范围一般有 0～200 mm、0～300 mm、0～500 mm……直至测量上限为 2000 mm。

为了读数方便,有的卡尺在其尺身上刻有双排刻度,在其尺框上装有双排游标,如图 1-3-2 所示。当测量工件内尺寸时,可直接读数,不必再加上圆柱形内量爪尺寸。

近年来,我国生产的卡尺在结构和工艺上均有很大改进,如无视差卡尺的游标刻线与尺身刻线相接,以减少视差。又如俗称的“四用卡尺”,还可用来测量工件的高度。另外,有的测量范围为 0～1000 mm、0～2000 mm 和 0～3000 mm 的卡尺,其尺身采用截面为矩形的无缝钢管制成,这样既减轻了重量,又增强了尺身的刚性。为了防止紧固螺钉的脱落,广泛地采用了防脱落工艺。目前,非游标类卡尺,如带表卡尺、电子卡尺等正在普及使用。

二、卡尺的读数原理

用普通刻线尺测量尺寸时,在两刻线之间的读数只能目测估计,主观因素对读数影响很大。为了得到不足一个刻度的精确读数,必须采取一些细分读数装置。卡尺就是利用游标刻度间距与尺身一个或相邻几个刻度间距相差一个微量(即分度值),从而进行细分的一种机械式读数装置。

卡尺的读数原理见图 1-3-3a。图中游标的刻度间距 a' 为 1.9 mm,尺身刻度间距 a 为 1 mm。因此尺身相邻两个刻度间距 $2a$ 与游标刻度间距的差值 i 为 0.1 mm。即 $i = 2a - a'$,这样读数更为方便,这个“2”称为游标模数,用 r 表示。

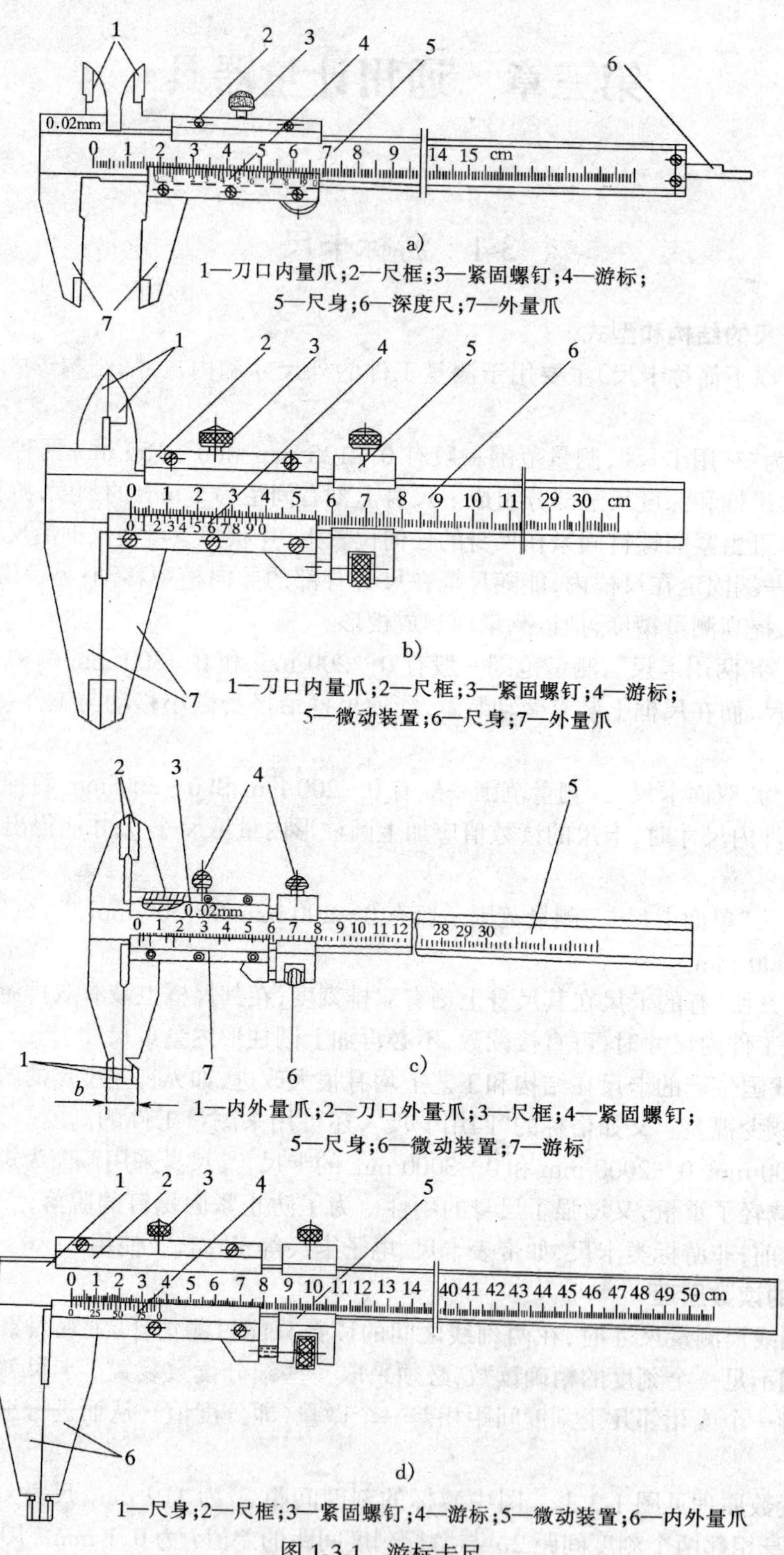

a)

1—刀口内量爪;2—尺框;3—紧固螺钉;4—游标;
5—尺身;6—深度尺;7—外量爪

b)

1—刀口内量爪;2—尺框;3—紧固螺钉;4—游标;
5—微动装置;6—尺身;7—外量爪

c)

1—内外量爪;2—刀口外量爪;3—尺框;4—紧固螺钉;
5—尺身;6—微动装置;7—游标

d)

1—尺身;2—尺框;3—紧固螺钉;4—游标;5—微动装置;6—内外量爪

图 1-3-1　游标卡尺

a)三用卡尺　b)两用卡尺　c)双面卡尺　d)单用卡尺

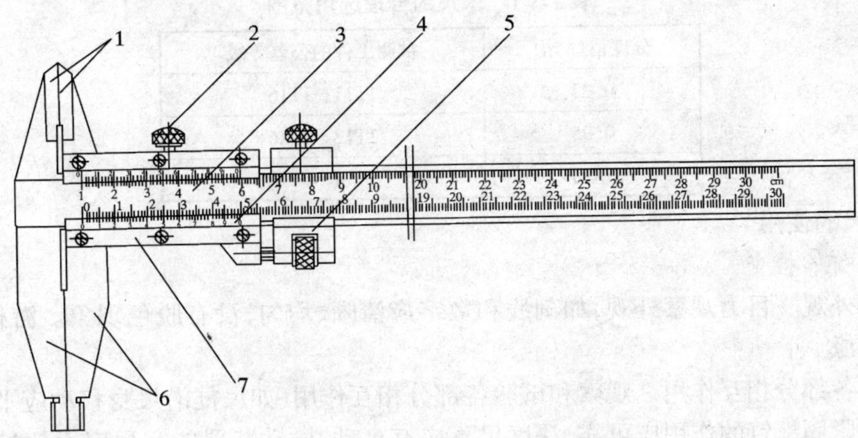

图 1-3-2　双排游标的卡尺

1—刀口外量爪；　2—紧固螺钉；　3—尺身；　4—游标；
5—微动装置；　6—内外量爪；　7—尺框

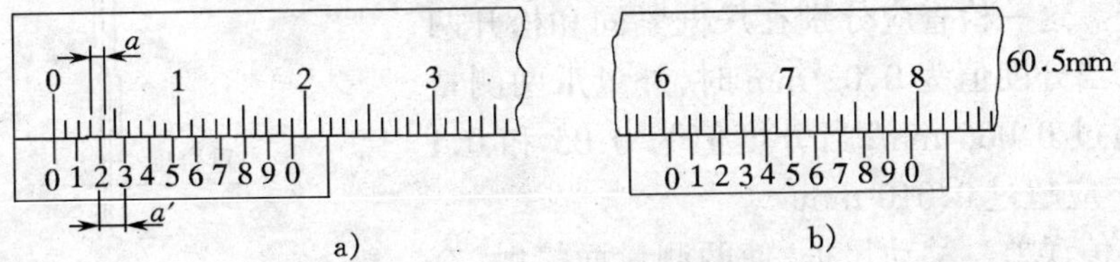

图 1-3-3　卡尺的读数原理

a)卡尺的读数原理　b)读数示例

游标工作长度 L、游标刻度间距 a' 和游标刻度数 n 可按下列公式计算：

$$n = \frac{a}{i}$$

$$a' = ra - i$$

$$L = na' = n(ra - i)$$

式中　a——尺身刻度间距；

i——分度值；

r——游标模数。

三、卡尺的读数方法

尺身刻度间距为 1 mm 的卡尺，它们的分度值可分别为 0.1 mm、0.05 mm 和 0.02 mm。在测量读数时，尺身整数部分的读数由游标零刻线确定，如图 1-3-3b 中的 60 mm。尺身小数部分的读数由对准尺身刻线的游标刻线读出，如图中游标的刻线“5”对准尺身的刻线，则小数部分的读数为 0.1×5=0.5 mm，而整个读数为 60.5 mm。

四、卡尺的合理选用

卡尺的合理选用范围见表 1-3-1。

表 1-3-1　卡尺的合理选用范围

分度值(mm)	被测工件的公差等级
0.02	IT11～IT16
0.05	IT12～IT16
0.1	IT14～IT16

五、卡尺的使用

1. 使用前的检查

1)检查外观　目力观察外观,如刻线和数字应清晰、均匀,没有脱色现象。游标刻线应刻至斜面下边缘。

2)检查各部分相互作用　观察和试验各部分相互作用(如尺框沿尺身移动应平稳、不应有阻滞现象),紧固螺钉的作用应可靠,深度尺不应有窜动,微动装置的空程应不超过 1/2 转,尺身和尺框的配合不应有明显的晃动现象。

3)检查外量爪两测量面的合并间隙　移动尺框,使两量爪测量面至手感接触,观察两量爪测量面间隙,以光隙法检查。这一检查应分别在尺框紧固和松开两种状态进行。当分度值为 0.02 mm 时,外量爪两测量面间隙不应超过 0.006 mm;当分度值为 0.05 和 0.1 mm 时,间隙不应超过 0.010 mm。

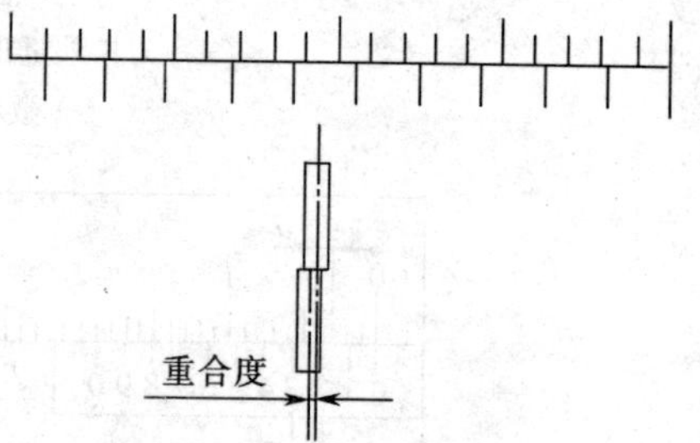

图 1-3-4　卡尺的零值误差

4)检查零值误差　移动尺框,使两测量面接触(有微动装置的须用微动装置),分别在尺框紧固和松开的情况下观察游标零刻线和尾刻线与尺身相应刻线的重合情况,如图 1-3-4 所示。用放大镜观察,零值误差以零刻线和尾刻线重合度表示,应不超过表 1-3-2 的规定。

表 1-3-2　卡尺的零值误差

(mm)

分度值	零刻线重合度	尾刻线重合度
0.02	±0.005	±0.01
0.05	±0.005	±0.02
0.1	±0.010	±0.03

在使用前的检查中,应调整卡尺使尺框沿尺身移动的阻力适中。过小时,测量力及手推尺框的压力均很小,此时在检查或测量中,卡尺两测量面是否接触或卡尺两测量面是否接触工件,要求操作者感觉很灵敏;过大时,测量力及手推尺框的压力均很大,卡尺两测量面是否接触或卡尺两测量面是否接触工件,操作者也不易感觉。尺框沿尺身移动阻力的大小是受尺身与尺框相互作用状况的影响。尺身与尺框相互作用的状况,在很大程度上决定于片状弹簧的压力大小。因此,尺框沿尺身移动的阻力,可以通过改变片状弹簧的弯曲程度来调节。改变片状弹簧的弯曲程度,可徒手进行。尺框尺身移动的阻力适中的判定方法是:尺框沿尺身移动应平稳,不应有阻滞现象,如果推拉尺框时比较吃力,说明阻力过大。如果用手提起卡尺固定量爪,尺身垂直向下,当上下抖动卡尺时,尺框下滑,说明阻力过小。在一般情况下,尺框在似滑非滑状态,即可认定阻力适中。

另外,在推动尺框时,施力方向应与尺身基面成 45°角。此时,推动尺框的压力分解成垂直压力和水平压力。垂直压力可用来保证尺框槽下侧面与尺身基面在检查或测量过程中贴合,水平压力可用来保证卡尺两测量面或卡尺两测量面与工件接触可靠。在一般情况下,片状弹簧与尺身上侧面的接触点与卡尺紧固螺钉与片状弹簧接触点的连线应垂直于尺身基面。这样无论尺框是否紧固都能保证尺框下侧面与尺身基面贴合。否则,尺框在松开和紧固时,由于与尺身上侧面接触点的变化,将导致尺框摆动。调修的主要方法是:徒手或用尖嘴钳在紧固螺钉与片状弹簧的接触点上,改变片状弹簧形状,使之符合要求。

卡尺使用前,还应进行正确推动尺框的训练,达到控制压力大小的目的。训练时,应根据工件的几何形状,选用已知实际尺寸的量块、钢球、全形塞规、半圆柱侧块等进行。这样便于分别获得与卡尺测量面进行面接触、点接触、线接触和线与面接触等不同形式下的推动尺框压力的控制,使得测得值与实际值之差小于或等于在该点的示值误差。这一点非常重要,是提高卡尺测量精度行之有效的方法。在这个过程中,主要体会量块、钢球、全形塞规和半圆柱侧块等在卡尺测量面间的松紧程度。一般在尺框松开和紧固时,应能正确摩擦滑动。

2. 卡尺的使用

①一定要尽量使被测长度放置在靠近游标刻线面的棱边与尺身刻线面交线的延长线上。

②具有微动装置的卡尺,可将微动尺框固紧在尺身上,通过旋转螺母,使尺框往复移动。操作者移动尺框的压力能作一定程度的调节。

③在一般情况下,测量时应以固定量爪定位,摆动活动量爪,找到正确接触位置后读数。此时两量爪测量面与工件表面接触应能正常摩擦滑动。

④用图 1-3-1a 卡尺测量深度尺寸时,应以尺身端面定位,伸出深度尺至被测表面(图 1-3-5),不得向任意方向倾斜。

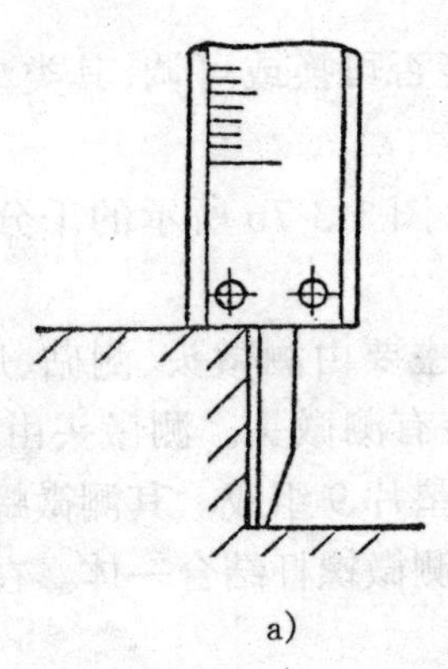

a)

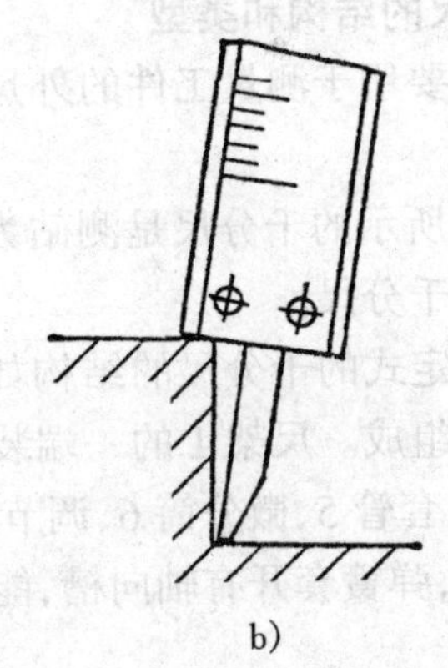

b)

图 1-3-5　用卡尺测量深度

a)正确　b)错误

⑤用图 1-3-1c 卡尺测量内尺寸时,卡尺的读数加上圆弧内量爪的尺寸 b。

⑥读数过程中,眼睛应平行于尺身方向移动,并使眼睛处于游标刻线看得很短的位置上,并平行于尺身读数。眼睛的正确位置如图 1-3-6 所示。

⑦根据被测工件的几何形状,合理选用圆弧内量爪、刀口内量爪、外量爪、刀口外量爪。如测量弯管外径和圆弧形空刀槽直径,应用刀口外量爪。

⑧为了进一步提高测量精度,可以多次进行测量,取平均读数,也可先按照被测工件的基

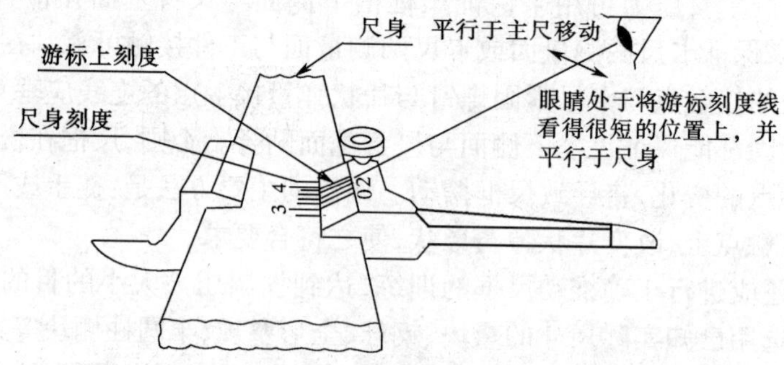

图 1-3-6　卡尺上读数时眼睛的正确位置

本尺寸选用 3 级或 6 级量块检查该点的示值误差。示值误差以该读数值与量块尺寸之差确定。然后换上被测工件进行测量，再将测得值依据示值误差进行修正。例如，测得值为 96.04 mm，该点的示值误差为 +0.02 mm，修正后的测得值为 96.02 mm。

六、卡尺的维护

①不要将卡尺放置在强磁场附近(如磨床的磁性工作台)。

②卡尺要平放，尤其是大尺寸的卡尺，否则易弯曲变形。

③使用后，应擦拭清洁，并在测量面涂敷防锈油。

④存放时，两测量面保持 1 mm 距离并安放在专用盒内。

3-2　千分尺

一、千分尺的结构和类型

千分尺主要用于测量工件的外尺寸等。根据测砧能否可换或可调，其类型如图 1-3-7 所示。

图 1-3-7a 所示的千分尺是测砧为固定式的千分尺。图 1-3-7b 所示的千分尺是测砧为可换式或可调式千分尺。

测砧为固定式的千分尺的结构如图 1-3-8 所示。它主要由测微头、测砧、尺架、测力装置和锁紧装置等组成。尺架 1 的一端装有测砧 2，另一端装有测微头。测微头由测微螺杆 3、螺纹轴套 4、固定套管 5、微分筒 6、调节螺母 7、弹簧套 8 和垫片 9 组成。其测微螺杆的外锥与弹簧套内锥相配，弹簧套开有轴向槽，能胀开而使微分筒与测微螺杆结合一体。在尺架上装有隔热装置 12。

由于精密螺旋副在制造上有一定困难，所以量程一般只有 25 mm。测量上限不大于 300 mm 的千分尺，测砧为固定式，按 25mm 分段。测量范围分别是：0 mm～25 mm，25 mm～50 mm，……，275 mm～300 mm。测量上限大于 300 mm 的千分尺，测砧为可换式或可调式，测量上限为 300 mm～1000 mm 的千分尺，按 100 mm 分段。测量范围分别是：300 mm～400 mm，400 mm～500 mm，……，900 mm～1000 mm。测量上限大于 1000 mm 的千分尺，按 200 mm 分段。测量范围分别是：1000 mm～1200 mm，1200 mm～1400 mm，……，1800 mm～2000 mm。还有的按 500 mm 分段，测量范围分别是：1000 mm～1500 mm，1500 mm～2000 mm，……，2500 mm～3000 mm。目前千分尺的最大测量上限为 3000 mm。

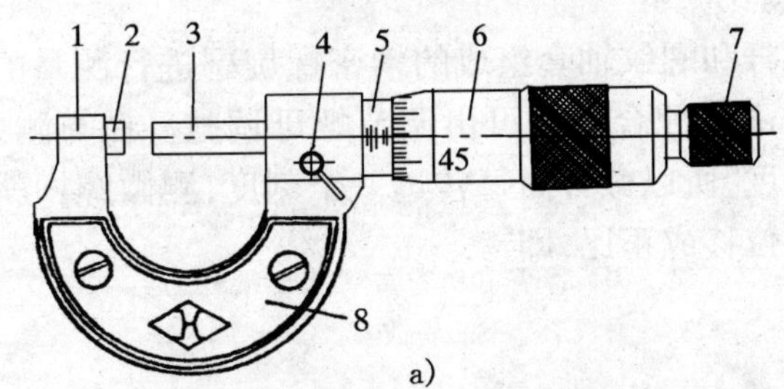

a)

1—尺架；2—测砧；3—测微螺杆；4—锁紧装置；
5—固定套管；6—微分筒；7—测力装置；8—隔热装置

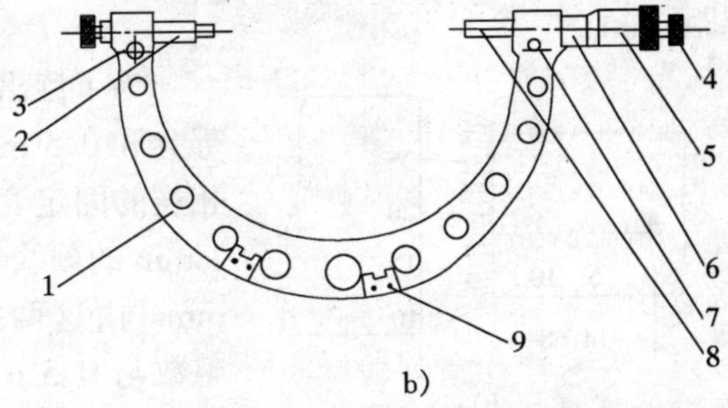

b)

1—尺架；2—测砧；3—测砧紧固螺钉；4—测力装置；5—微分筒；
6—固定套管；7—锁紧装置；8—测微螺杆；9—隔热装置

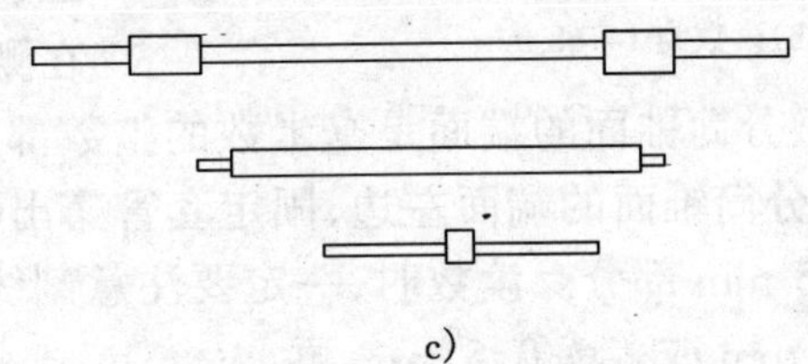

c)

图 1-3-7　千分尺的类型

a)测砧为固定式的千分尺　b)测砧为可换式或可调式的千分尺
c)校对用的量杆

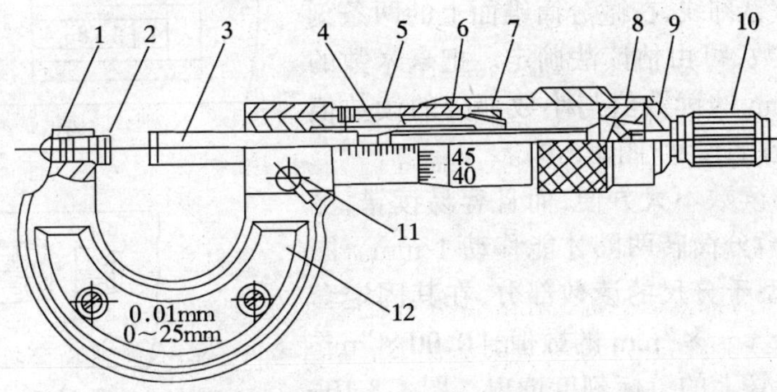

图 1-3-8　千分尺

1—尺架；2—测砧；3—测微螺杆；4—螺纹轴套；5—固定套管；6—微分筒；
7—调节螺母；8—弹簧套；9—垫片；10—测力装置；11—锁紧装置；12—隔热装置

二、千分尺的读数原理

千分尺是利用测微螺杆和螺纹轴套组成的精密螺旋副进行测量的一种机械式读数装置，精密螺旋副的螺距为0.5 mm，配合间隙可由调节螺母调整。在与测微螺杆相连的微分筒的圆周上，刻有50个等分刻度，所以微分筒每转过一个刻度，测微螺杆就轴向移动0.01 mm，即测微螺杆的直线位移与角位移成正比，即

$$L=\frac{\Phi}{2\pi}P$$

式中 L——测微螺杆的直线位移量，mm；

Φ——测微螺杆的角位移，rad；

P——测微螺杆的螺距，mm。

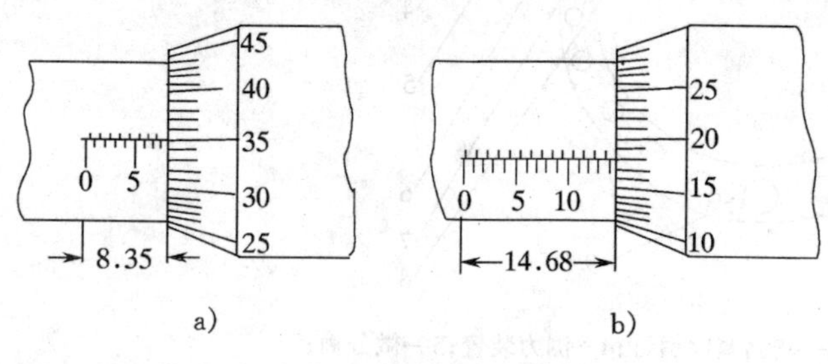

图 1-3-9 千分尺的读数原理

a)读数为8.35 mm b)读数为14.68 mm

为了读出被测工件的毫米整数部分和0.5 mm部分，在与螺纹轴套相连的固定套管上刻有两排间距为1 mm的刻线。这两排相互错开0.5 mm。由这两排刻线分别读出毫米整数与0.5 mm的读数，如图1-3-9所示。

三、千分尺的读数方法

在测量读数时，选读毫米数的整数部分和0.5 mm部分。微分筒锥面的端面是毫米数的整数部分和0.5 mm的指示线，读毫米整数和0.5 mm时，看微分筒锥面的端面左边，固定套管露出的刻线值，就是被测工件尺寸的毫米数的整数部分和0.5 mm部分。读数时，一定要注意刻线(尤其是0.5 mm刻线)是压线还是离线，不要少读0.5 mm或多读0.5 mm。再读不大于0.5 mm的小数部分。固定套管上的纵刻线是微分筒读数的指示线。读数时，从固定套管纵刻线对准的微分筒锥面上的刻线，读出被测工件的小数部分。若固定套管纵刻线，在微分筒锥面上的两条刻线之间，即微米读数，可由估读法确定。把毫米数的整数部分和0.5 mm的读数值与小数部分的读数值相加，即为被测工件的尺寸(图1-3-9)。

一般千分尺的读数不太方便，而且容易读错，测量效率也较低，因微分筒转两圈才能移动1 mm。图1-3-10a为一种新型千分尺的读数部分，在其固定套管上能显示出“××.××”mm的数值；“0.00×”mm的数值则由固定套管上的游标刻度读出。图1-3-10b是刻度值为2 μm的另一种千分尺的读数部分。

带有数字显示的千分尺已不再采用螺旋副原理，而是用光栅、集成电路和镍铬电池组成数字显示部分，并能进行记录，储存和统计分析。

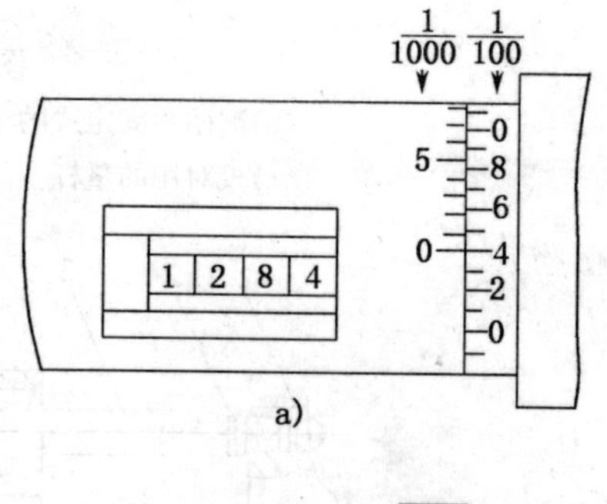

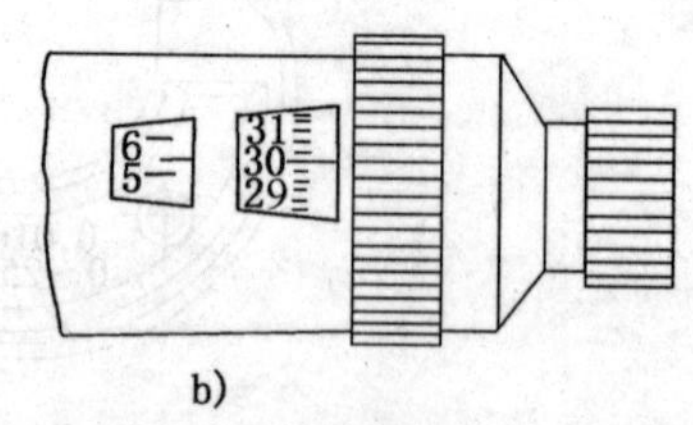

图 1-3-10 千分尺读数部分

a)读数为12.840 mm b)读数为5.300 mm

四、千分尺的合理选用

千分尺的合理选用范围见表 1-3-3。

表 1-3-3　千分尺的合理选用范围

准确度等级	被测工件的公差等级
0 级	IT6～IT7
1 级	IT7～IT9

五、千分尺的使用

1. 使用前的检查

1)检查外观　目力观察外观,如测微头上的刻线应清晰均匀。千分尺及其校对用量杆不应有影响使用准确度的外观缺陷。

2)检查各部分相互作用　试验和目力观察各部分相互作用,如微分筒和测微螺杆的移动应平稳无卡住现象。可换或可调测砧的装卸或调整应顺畅,作用要可靠。锁紧装置应切实有效。测微螺杆没有明显的轴向窜动和径向摆动。

3)检查零位的正确性　对于测量范围为 0 mm～25 mm 的千分尺,先将两测量面擦拭清洁。当两测量面将要接触时,不要再转动微分筒,一定要用测力装置旋转,使其接触,待棘轮爬动发出响声时即可;对测量上限大于 25 mm 的千分尺,应使用相应的校对用量杆。如零位不正确,应查明原因再进行调整。图 1-3-8 所示的千分尺,则按下述步骤进行调整:通过锁紧装置,锁紧测微螺杆;用千分尺的专用扳手,插入固定套管的小孔内,扳转固定套管,使固定套管纵刻线与微分筒上零刻线对准,必要时再将固定套管上的紧固螺钉旋紧。对于测量上限较大的千分尺,当进行零位正确性的检查或调整时,尺架的状态及支点应尽量与测量状态一致,以防止尺架变形引起的测量误差。

4)检查零位时微分筒锥面的位置　检查微分筒锥面的端面至固定套管横刻线的距离对准零位时,微分筒锥面的端面与固定套管横刻线的右边缘相切,允许压线不大于 0.05 mm,离线不大于 0.1 mm。判断的方法是:将千分尺零位调整好后,此时微分筒锥面端面应与固定套管横刻线右边缘相切。如不相切时,转动微分筒使其相切并按微分筒读出零刻线相对于固定套管纵刻线偏移量,此值即为离、压线的数值,如图 1-3-11 所示。当离、压线数值不符合要求时,对于图 1-3-8 所示的千分尺,改变弹簧套在微分筒内的轴向位置即可。

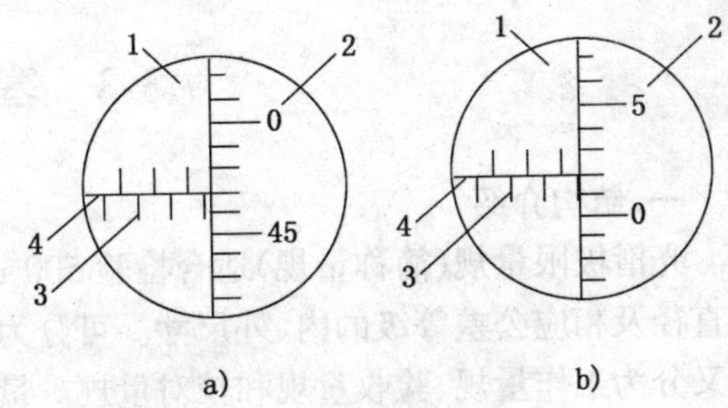

图 1-3-11　千分尺压离线

1—固定套管；2—微分筒；3—横刻线；4—纵刻线

a)离线 0.03 mm　b)压线 0.02 mm

2. 千分尺的使用

①当千分尺两测量面将要与被测工件接触时,不要再转动微分筒,一定要用测力装置。使用测力装置时,只需在径向方向旋转,不得在轴向方向施加压力。此时,可以轻轻地摆动千分尺或被测工件,使测量面和被测表面接触正确。待棘轮爬动有轻微响声时,即可读数。如果需要将千分尺取下再读数时,应通过锁紧装置,将测微螺杆锁紧后,方可把千分尺取下。

②在测量小型工件时,可以用左手拿持工件,右手的无名指和小指夹持千分尺的尺架,食

指和拇指旋转测力装置;也可以用右手的小指和无名指把千分尺的尺架压向掌心,食指和拇指旋转微分筒(不使用测力装置),这时测量力大小是凭食指和拇指的感觉来控制。

③使用千分尺时,要手持隔热装置,以减少温度对测量结果的影响。如果用手直接握住尺架,就会使千分尺和被测工件温度不一致而增加测量误差。表1-3-4说明由于手的热传导引起千分尺热变形的情况。在一般的情况下,应注意千分尺和被测工件具有相同的温度。

表1-3-4 千分尺的热变形

受检尺寸	手与千分尺接触的时间(min)						
(mm)	4	6	8	10	15	20	30
	引起千分尺的热变形(μm)						
50	3.5	4.0	4.2	4.2	4.2	4.2	4.2
100	3.8	4.7	5.6	6.0	6.2	6.2	6.2
200	4.2	7.0	7.4	9.0	9.7	9.7	10.5
300	4.4	8.3	9.0	10.2	12.2	13.0	14.0

④在测量被加工的工件时,工件要在静态下测量,不要在工件转动或加工中测量;也不要将千分尺当作卡规使用,以免测量面过早磨损。

⑤为了提高千分尺的测量精度,可用量块作为基准件进行比较测量。

六、千分尺的维护

①当切削液浸入千分尺后,应立即用溶剂汽油或航空汽油清洗,并在螺纹轴套内注入高级润滑油,如透平油。

②使用后,应将千分尺测量面、测微螺杆圆柱部分以及校对用量杆测量面擦拭清洁,涂敷防锈油后,置入专用盒内。专用盒内不允许放置其他物品,如钻头等。

3-3 塞规和卡规

一、结构介绍

光滑极限量规(简称量规)适合检验500 mm以下、公差等级为IT6～IT16工件的孔和轴的直径及相应公差等级的内、外尺寸。可分为检验孔用的塞规和检验轴用的卡规(环规)。量规又分为工作量规、验收量规和校对量规。量规是一种没有刻度的专用量具,结构简单,使用方便,测量可靠。因此在工厂里,特别是大批量生产中被广泛应用。

工作量规系指在加工过程中操作者自己加工的工件进行检验时所用的量规。验收量规系指验收部门或用户代表在验收工件时所用的量规。校对量规系指检验工作量规和验收量规时所用的塞规(因为塞规在仪器上能方便而准确地进行测量,所以不用校对量规)。

一副完整的量规是由“通”端和“止”端两个测量端组成,并分别用代号“T”和“Z”表示。通端用来控制工件的最大实体尺寸,即孔的最小极限尺寸或轴的最大极限尺寸;止端用来控制工件的最小实体尺寸,即孔的最大极限尺寸或轴的最小极限尺寸。当用极限量规检验时,如果通端能通过,止端不能通过,则可判定为合格品。

量规的种类、被测件的分差等级及配合符号在量规上均有明显标志。量规的种类及用途见表1-3-5。

表 1-3-5　量规的种类及用途

被测对象	量规种类	量规标志	量规形状	量规用途	量规基本尺寸	检验合格标志	附　注
轴	工作量规	通	卡规	防止轴过大	ZA_{max}	通　过	
		止	卡规	防止轴过小	ZA_{min}	不通过	
	验收量规	验通	卡规	防止轴过大	ZA_{max}	通　过	
		验止	卡规	防止轴过小	ZA_{min}	不通过	
卡规（环规）	校对量规	校—通	塞规	防止“通”卡规尺寸过小	ZA_{max}	通　过	无“不通过”
		校—验	塞规	从部分磨损的“通”卡规中选“验通”	ZA_{max}	对“通”应不通过，对“验—通”应通过	仅用于 IT11 级或低于 IT11 级精度
		校—损	塞规	防止“通”和“验通”卡规磨损过大	ZA_{min}	不通过	
		校—止	塞规	防止“止”和“验止”卡规尺寸过小	ZA_{min}	通　过	无不通过
孔	工作卡规	通	塞规	防止孔过小	KA_{min}	通　过	
		止	塞规	防止孔过大	KA_{max}	不通过	
	验收量规	验—通	塞规	防止孔过小	KA_{min}	通　过	
		验—止	塞规	防止孔过大	KA_{max}	不通过	

从表中可以看出，“校—通”和“校—止”都为通端塞规。因为它们都是防止“通”、“止”卡规尺寸过小，所以没有不通过端，而且在实际工作中很少应用；“校—验”和“校—损”是用来检验工作卡规（环规）的部分磨损和完全磨损的，所以称止端量规。当卡规通过“校—损”时就算完全磨损而报废。

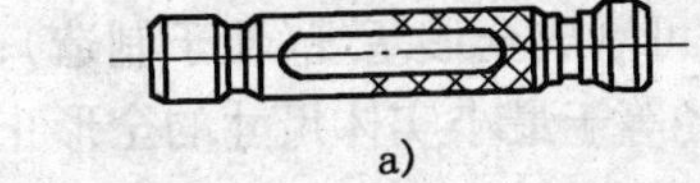

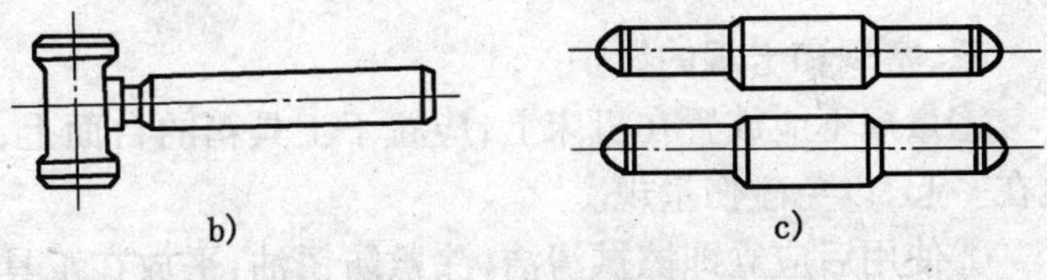

图 1-3-12　孔用量规

a）全形圆柱塞规　b）非全形塞规　c）球端杆规

常用的孔用量规形式，如图 1-3-12 所示。

常用的轴用量规形式，如图 1-3-13 所示。

二、塞规和卡规的使用

1. 使用前的检查

①核对量规上的标志与工件的图纸。量规与工件的尺寸和公差应相符合，并要辨清量规的“通”端或“止”端。在使用中不要混淆工作量规、验收量规和校对量规。

②检查量规是否有影响使用准确度的外观缺陷，若测量面有碰伤、锈蚀、划痕时，可用天然油石打磨。

③擦拭量规时必须用清洁的棉纱或软布，工件上的毛刺、异物等要清除干净。

2. 塞规和卡规的使用

①使用量规时，要轻拿轻放。检验时用力不能过大，不能硬塞、硬卡和任意转动，防止划伤

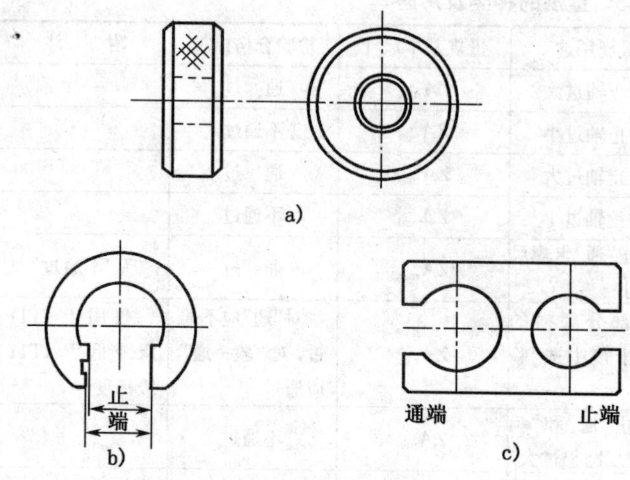

图 1-3-13 轴用量规

a)圆柱环规 b)单头卡规 c)双头卡规

量规和工件表面。

②检验时,量规的轴线应与被检验工件的轴线重合,不要歪斜。

③被检验工件与量规温度一致时,方可使用量规。否则测量结果不可靠,甚至发生塞规与工件过盈配合的现象。

④塞规通端要在孔的整个长度上检测,塞规止端要尽可能在孔的两端进行检测。检验卡规通端和止端应沿被测轴的轴向方向和径向方向,在不少于四个位置上同时进行。

⑤测孔通规最好采用全形塞规,测孔止规最好采用球端杆规。测轴通规最好采用环规,测轴止规最好采用卡规。由于极限量规在使用和制造上的一些原因,当工件加工方法能保证被检验零件的形状误差不致影响配合性质时,允许使用偏离泰勒原则的极限量规。如通规长度小于工件的结合长度,大孔允许使用不全形的塞规或球端杆规。曲轴轴颈无法用环规检验时,允许用卡规代替;两点状止规的测量面允许用小平面、圆柱或球面代替;小孔用塞规的止规也可制成全形塞规(便于制造);非刚性零件如薄壁零件,当形状公差大于尺寸公差时,应采用直径等于最小实体尺寸的全形止规,而不用两点状止规。

⑥如果被测孔是盲孔,使用的塞规工作面上应具有轴向通槽,否则在检验时塞规不易插进孔内。

三、塞规和卡规的维护

①量规不应放置在机床上,应置于工具箱的台面上,还应避免与其他工具、刀具等杂乱堆放在一起,以免碰伤量规。

②使用后应立即擦拭清洁,涂敷防锈油,平放在工具箱内的固定位置上。

③要定期对量规进行检定,以保证量规的准确度。

3-4 百分表

一、百分表的结构及原理

1. 概述

百分表是利用齿条和齿轮传动,把测杆的直线位移变为指针的角位移的计量器具,是用于测量工件的形状、位置和尺寸或用作某些测量装置的测量元件。图 1-3-14 为百分表的外形图。表圈可带动表盘一起转动,用表圈可把表盘转到需要的位置上,指针与表盘可读出毫米的小数部分,毫米指针与毫米表盘可读出毫米的整数部分。所有的部件都安装在表体上。

百分表的测量范围有 0 mm～3 mm、0 mm～5 mm、0 mm～10mm,目前生产的大量程百分表的测量范围有 0 mm～20 mm;、0 mm～30 mm。

2. 百分表的工作原理

图 1-3-15 为百分表的原理图。当测杆 10 沿轴向移动时,测杆上的齿条和轴齿轮 z_1 啮合,与轴齿轮同轴的片齿轮 z_2 和中心齿轮 z_3 啮合,中心齿轮的轴装有指针 7。因此当测杆移动时,指针也随之转动。与中心齿轮啮合的补偿齿轮 z_4 的齿数是中心齿轮的 10 倍,所以中心齿轮转一圈(测杆位移 1 mm)补偿齿轮转 1/10 圈。毫米指针 6 安装在补偿齿轮的轴上,在毫米表盘上刻有 10 等分的刻度,所以毫米指针转一刻度,恰好等于指针转一圈。

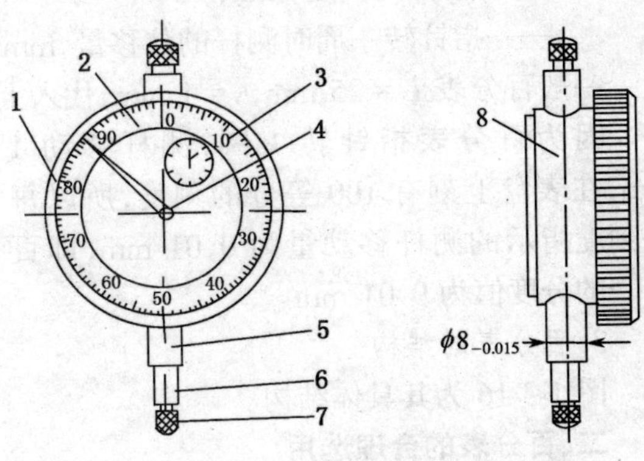

图 1-3-14　百分表外形图

1—表圈;　2—表盘;　3—毫米指针;　4—指针;

5—装夹套筒;　6—测杆;　7—测头;　8—表体

测杆位移 1 mm,指针正好转一圈,这是由于齿条、齿轮参数决定的。齿条齿轮参数应满足

$$\frac{s}{\pi m z_1} \times \frac{z_2}{z_3} = 1$$

由此可得

$$m = \frac{s z_2}{\pi z_1 z_3} \text{或 } p = m\pi$$

式中　m——齿条和齿轮的模数,mm;

p——齿条的节距,mm;

s——指针转一周时测杆的位移量,mm;

z_1、z_2、z_3——各齿轮的齿数。

各种百分表传动系统的齿条与齿轮的参数不完全相同,但只要满足上式,就能保证测杆位移 1 mm,指针恰好转一圈。例如,某厂生产的百分表,$s = 1$ mm,$z_1 = 20$,$z_2 = 130$,$z_3 = 13$。各齿轮模数 $m = \frac{130}{\pi \times 20 \times 30} = 0.195$ (mm),齿条节距 $p = 0.159 \times \pi \approx 0.49998$(mm)。

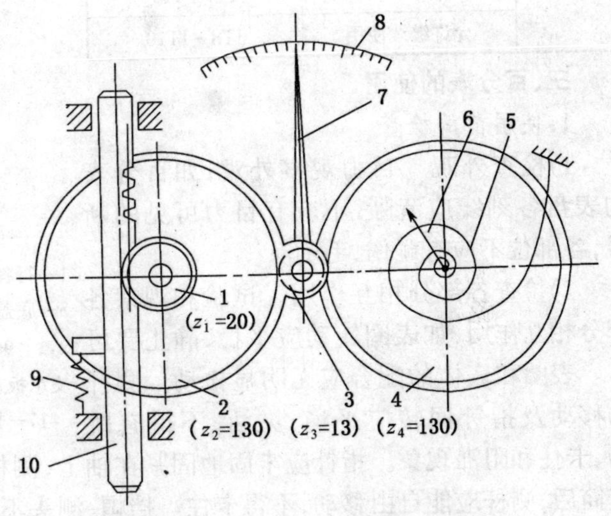

图 1-3-15　百分表工作原理

1、2、3、4—齿轮;5—游丝;6—毫米指针

7—指针;8—刻度盘;9—弹簧;10—测杆

齿轮传动是有间隙的,为消除或减少齿轮间隙所造成的误差,中心齿轮同时还与补偿齿轮啮合。补偿齿轮在游丝 5 产生扭力作用下,使百分表内所有齿轮和齿条无论在正、反转时,都保持着单面啮合。这样可以消除间隙,以减少百分表的测量误差。测量时,测力弹簧 9 始终把测杆压向下方,使测杆具有一定的测力。

百分表放大比

$$K=\frac{2\pi L}{s}$$

式中 L——指针的长度,mm;

s——指针转一周时测杆的位移量,mm。

一般百分表 $L=25$ mm,$s=1$ mm,代入上式,$K=150$ 倍。

因为百分表指针转 1 圈,测杆移动 1 mm,在表盘上刻有 100 等分的刻度,所以每一刻度指示的测杆移动量为 0.01 mm,即百分表的分度值为 0.01 mm。

3. 百分表的结构

图 1-3-16 为其具体结构。

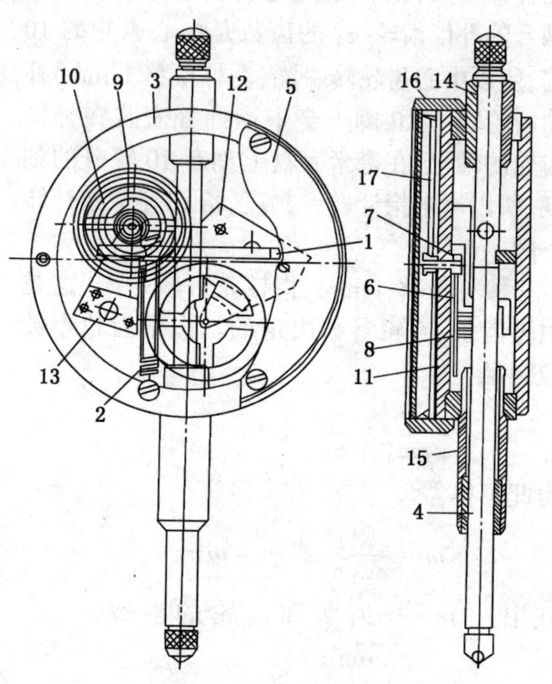

图 1-3-16 百分表结构

1—行程限制杆; 2—测力弹簧; 3—表体; 4—测杆; 5—底盖; 6—片齿轮 z_2; 7—中心齿轮 z_3; 8—轴齿轮 z_1; 9—补偿齿轮 z_4; 10—游丝; 11—面盖; 12、13—支承板; 14—测杆上支承; 15—装夹套筒; 16—表圈; 17—指针

二、百分表的合理选用

百分表的合理选用范围见表 1-3-6。

表 1-3-6 百分表的合理选用范围

分度值	准确度等级	被测工件公差等级
0.01 mm	0 级	IT7～IT8
	1 级	IT7～IT9
	允许继续使用	IT8～IT10

三、百分表的使用

1. 使用前的检查

1)检查外观 目力观察外观,如百分表的表盘各刻线应清晰,不应有目力可见的断线,各部位不应有碰伤、毛刺。

2)检查各部分相互作用 试验和观察各部分相互作用,如表圈转动应平稳,静止要可靠。表圈和表体的配合应无明显松动。测杆的移动及指针回转应平稳、灵活,不得有跳动、卡住和阻滞现象。指针应牢固地固紧在轴上,测杆移动时,不得松动。夹紧百分表的装夹套筒后,测杆应能自由移动,不得卡住。挡帽、测头不得松动。

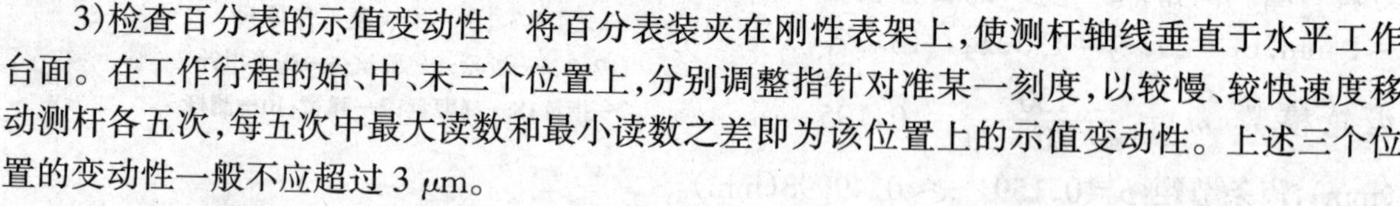

3)检查百分表的示值变动性 将百分表装夹在刚性表架上,使测杆轴线垂直于水平工作台面。在工作行程的始、中、末三个位置上,分别调整指针对准某一刻度,以较慢、较快速度移动测杆各五次,每五次中最大读数和最小读数之差即为该位置上的示值变动性。上述三个位置的变动性一般不应超过 3 μm。

2. 百分表的使用

①百分表应固定在可靠的表架上,根据测量需要,可选择带平台的表架或万能表架。

②百分表应牢固地装夹在表架夹具上。如与装夹套筒紧固时,夹紧力不宜过大,以免使装夹套筒变形,卡住测杆。夹紧后,应检查测杆移动是否灵活。不可再转动百分表体。

③测量时,应使百分表测杆与被测表面垂直(图 1-3-17a)。这是因为当测杆与被测表面垂直时,测杆的移动量与被测表面的变动量相同;而当测杆与被测表面不垂直时,测杆的移动量

大于被测表面的变动量。二者的关系可由下式表示(图 1-3-17b)：

$$\Delta_{测杆}=\Delta_{面}/\cos\alpha$$

式中　$\Delta_{测杆}$——测杆的位移量，mm；

$\Delta_{面}$——被测表面的变动量，mm；

α——测杆移动方向与被测表面的垂线方向的夹角。

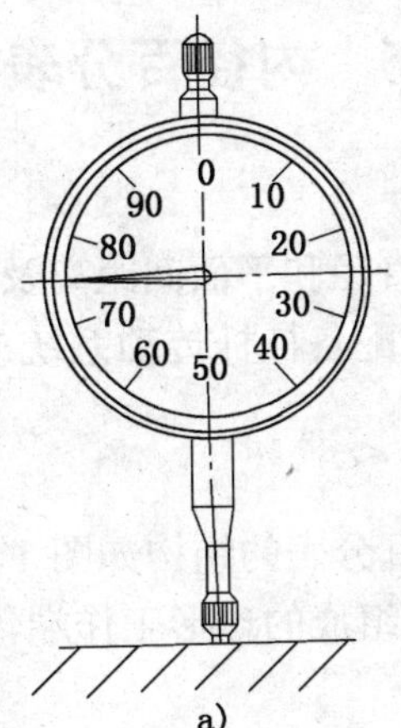

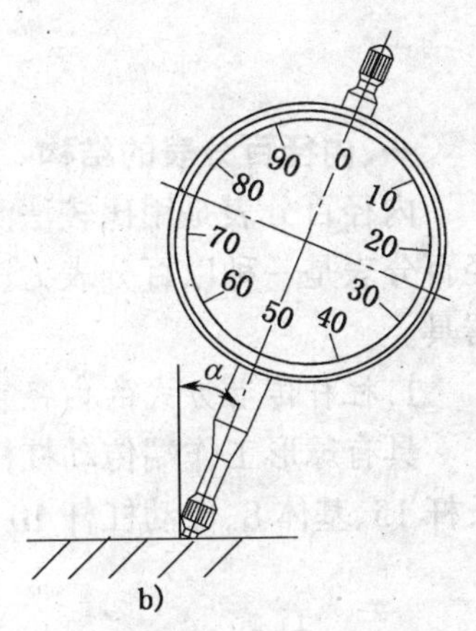

图 1-3-17　百分表测量杆的正确位置

a)正确　b)错误

由公式可知：当测杆与被测表面不垂直时，测杆的位移量大于被测表面的变动量，即百分表的实际读数大于被测表面的变动量，而且随着测杆倾斜角 α 的增大，测量误差也相应增大(图 1-3-18)。

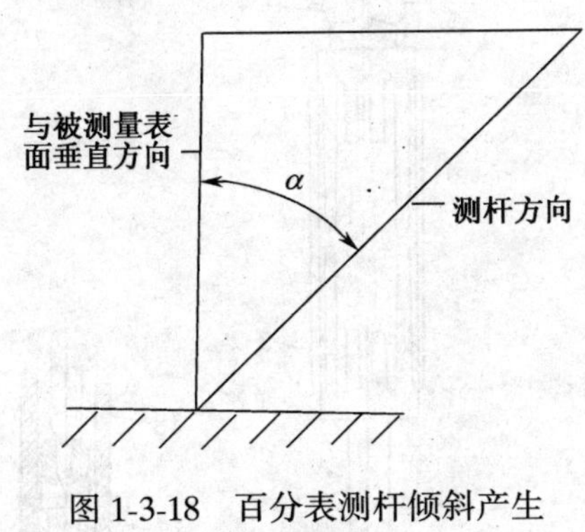

图 1-3-18　百分表测杆倾斜产生的测量误差

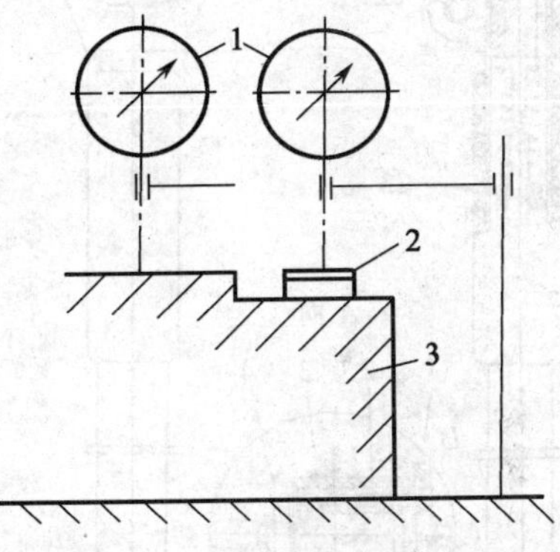

图 1-3-19　用比较测量法测量二平面高度

1—百分表；2—量块组；3—工件

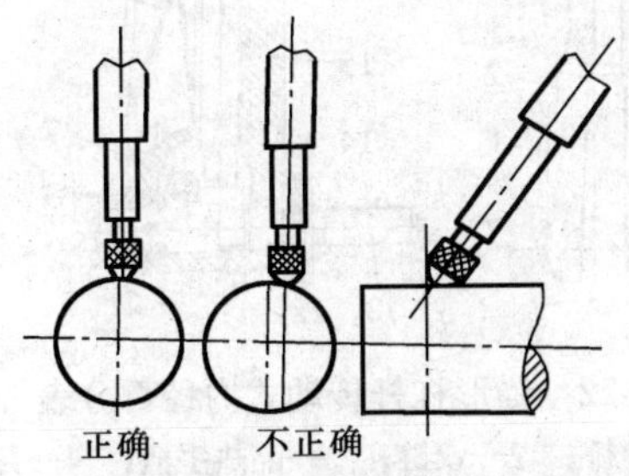

图 1-3-20　测量圆柱形工件

④为了提高测量精度，当量程较大时，应尽可能采用比较测量法。例如，当测两平行平面的高度时，可在较低的平面上放置适当尺寸的量块组，进行比较测量(图 1-3-19)。

⑤测量圆柱形工件时，测杆轴线应与圆柱形工件直径方向一致(图 1-3-20)。

四、百分表的维护

①使用后要擦净放回盒内，但不许在测杆上涂敷较稠的防锈油，可用吸附透平油后的府绸布擦拭，否则会造成百分表相互作用不符合要求。

②测杆要处于自由状态，否则受到外力作用后，不利于保持百分表的准确度。

3-5　内径百分表

一、内径百分表的结构

内径百分表是用比较法测量孔的直径和平面间距离及其几何形状与位置误差的量具。内径百分表是一种以百分表为读数机构,配备杠杆传动系统或者楔形传动系统组合而成的计量器具。

1.杠杆传动方式的内径百分表

具有球形工作端传动杠杆的内径百分表的结构如图1-3-21所示。它主要由百分表20、接长杆15、基体8、传动杠杆10与钢球9组成的球形工作端传动杠杆以及活动测头12和可换测

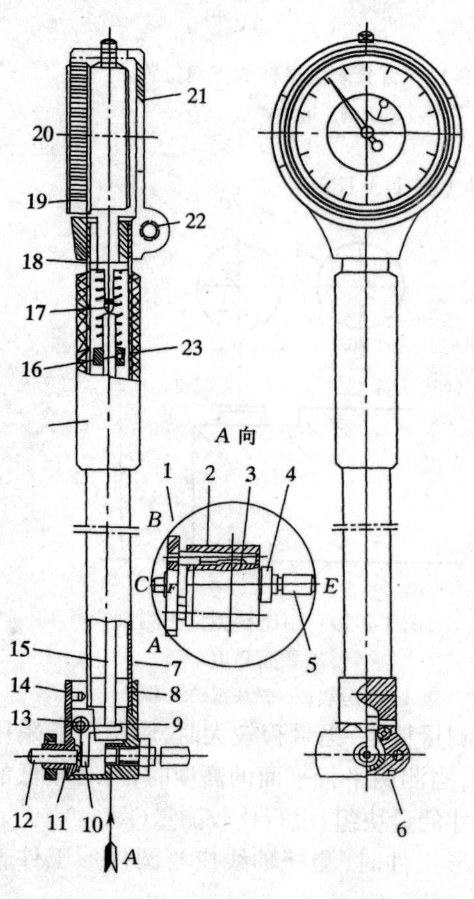

图1-3-21　内径百分表的构造

1—桥板；2—压簧；3—导向杆；4—螺帽；5—可换测头；6—限位销；7—套管；8—基体；9—钢球；10—传动杠杆；11—盖板；12—活动测头；13—回转轴；14—螺钉；15—接长杆；16—隔热手柄；17—限位环；18—测力弹簧；19—衬套；20—百分表；21—保护罩　22—紧固螺钉；23—顶丝

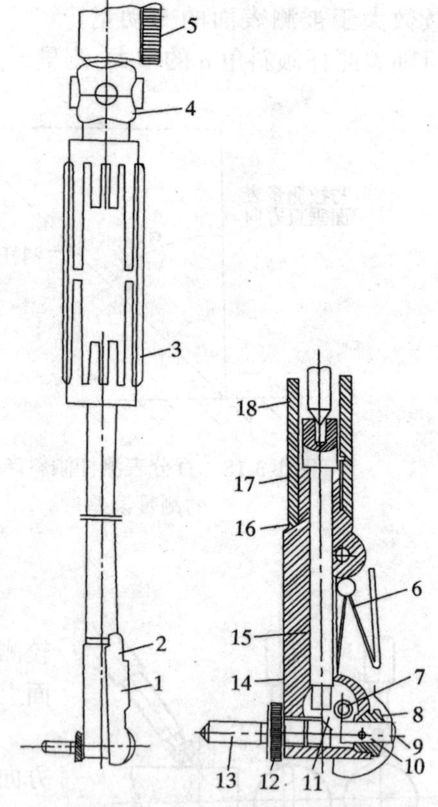

图1-3-22　锚形杠杆传动式内径百分表

1—定位护桥；2—铰链；3—隔热手柄；4—百分表固定手柄；5—百分表；6—片弹簧；7—回转轴；8—导向螺帽；9—活动测头；10—导向销；11—锚形杠杆；12—锁紧螺帽；13—可换测头；14—基体；15—中间传动杆；16—热圈；17—套管；18—接长杆

头5等组成。基体与套管7连成一体。百分表装在套管内并与接长杆接触,用紧固螺钉22固定。基体后端带有可换测头,基体前端带有活动测头。桥板1和导向杆3组成定位护桥,作用是使测量轴线通过被测孔的直径。球形工作端传动杠杆一端与活动测头接触,另一端与接长杆接触。当活动测头沿其轴向移动时,通过球形工作端传动杠杆推动接长杆,使百分表的指针转动。测力弹簧18能使活动测头产生测力。

具有锚形传动杠杆的内径百分表的结构如图1-3-22所示。

2. 楔形传动方式的内径百分表

具有弹簧测头圆锥面传递的内径百分表的结构如图1-3-23所示。

具有窄楔形端面、斜槽传递的内径百分表的结构如图1-3-24所示。

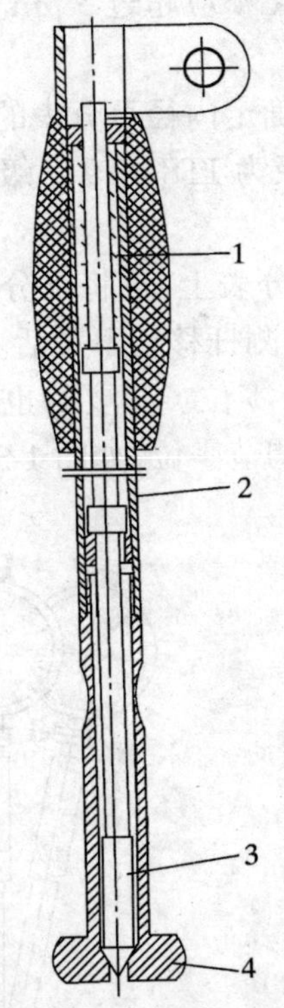

图1-3-23　弹簧式内径百分表表杆部分的构造

1—螺旋弹簧；2—套管；3—锥面触头；4—弹簧测头

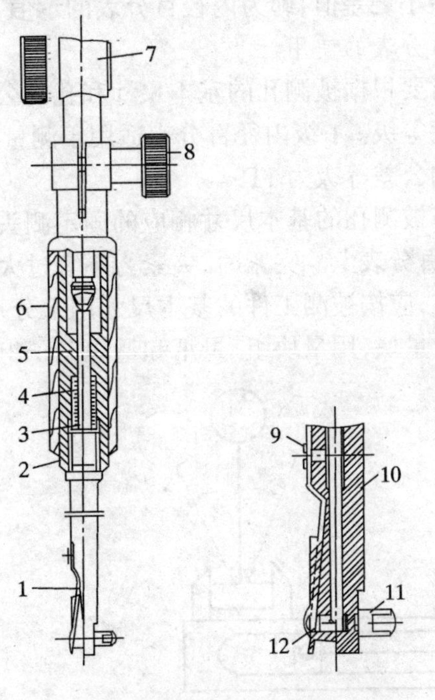

图1-3-24　楔形传动式内径百分表

1—定位护桥；2—套管；3—传动杆；4—测力弹簧；5—接长杆；6—隔热手柄；7—百分表；8—紧固螺钉；9—螺钉；10—基体；11—可换测头；12—活动测头

综上所述的内径百分表传动结构的方式虽然不同,但工作原理是相同的,即测头所移动的距离要与百分表的示值相等。因此,内径百分表传动机构的传动比应为1。

内径百分表的分度值为0.01 mm。带定位护桥的内径百分表的测量范围有6 mm～10 mm、10 mm～18 mm、18 mm～35 mm、35 mm～50 mm、50 mm～100 mm、100 mm～160 mm、160 mm～250 mm、250 mm～450 mm、450 mm～700 mm、700 mm～1000 mm;不带定位护桥的内径百分表的测量范围一般在2.85 mm～20 mm。

二、内径百分表的使用

1. 使用前的检查

1)检查外观和各部分相互作用　目力观察外观和用手试验各部分相互作用,比如测量端不应有明显的磨损等。内径百分表活动测头和定位护桥应移动平稳、灵活,不应有明显的晃动。可换测头应更换方便,紧固后应稳定可靠。

2)检查测头球面半径　用相应尺寸的半径样板以光隙法检查,只允许样板两侧有光隙,内径百分表的活动测头和可换测头的球面半径必须小于测量下限之半。

3)检查示值变化　示值变化应在工作行程的任一位置上进行检查。把内径百分表放进环规的同一个位置,在轴向找最小转折点,确定表的读数,这样重复多次(不少于 3 次)所得的读数中最大与最小之差值,即为内径百分表的示值变化,示值变化不应超过 5 μm。

2. 内径百分表的使用

①测量时要根据被测孔的基本尺寸和孔的公差等级分别确定内径百分表的规格和内径百分表的准确度等级。1 级内径百分表适用于测量孔的公差等级为 IT8、IT9;2 级内径百分表适用于测量孔的公差等级为 IT9。

②选择与被测孔的基本尺寸相应的固定测头装到内径百分表上,再将百分表至少压缩一圈,装在内径百分表上。夹紧时,夹紧力不宜过大,防止百分表测杆移动不灵活。

③测量前,应按被测工件的基本尺寸用千分尺或环规调节零位。必要时也可按被测孔的基本尺寸组合量块,用量块组、量爪和量块夹子组成的装置来调节零位,如图 1-3-25 所示。

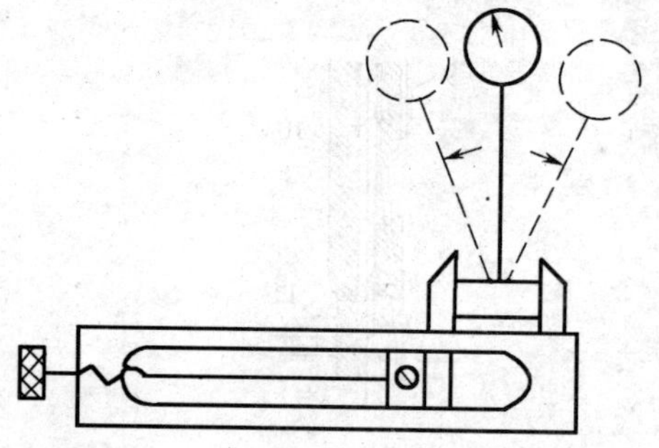

图 1-3-25　内径百分表零位调节

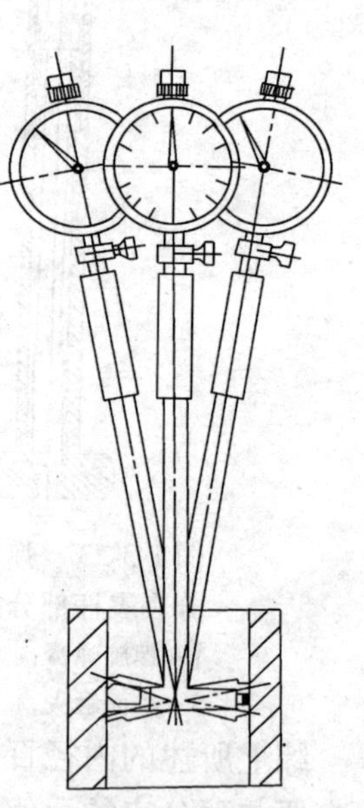

图 1-3-26　内径百分表的使用方法

④调节零位时,把内径百分表两测头放入两平行平面之间与两平面接触。为了使内径百分表的两测头轴线与两平面相互垂直(两平面间的距离就是千分尺或量块组尺寸),需持隔热手柄微微摆动内径百分表,在轴向平面和径向平面内,找转折点,确定表的零位(图 1-3-25)。当内径百分表两测头放入孔中(环规),在轴向平面找最小转折点,径向平面找最大转折点。带定位护桥的内径百分表一般只在轴向平面找最小转折点,确定表的零位,如图 1-3-26。

⑤测量孔径时,将内径百分表放入被测孔中,微微摆动内径百分表,并按内径百分表的最小示值(指针转折点)读数。该数值为内径局部实际尺寸与基本尺寸的偏差。值得注意的是,内径百分表的指针顺时针转动为负偏差,逆时针转动为正偏差。

⑥内径百分表不能测量薄壁件,因为内径百分表的定位护桥的压力与活动测头的测力会引起工件变形,使测量结果不准确。

三、内径百分表的维护

①卸下百分表时，要先松开保护罩的紧固螺钉或弹簧卡头的螺母，防止损坏。

②不要使灰尘、油污、切削液等进入传动系统中。

③使用后把百分表及其可换测头取下，擦净，并在测头上涂敷防锈油后放入专用盒内。

3-6　万能角度尺

一、万能角度尺的结构

万能角度尺是测量角度的计算器具，在机械加工中用得比较广泛。除了采用光隙法测量零件角度外，还可进行角度划线。

万能角度尺(图 1-3-27)。主要由主尺 1、扇形板部件 11、直角尺 5 和直尺 3 组成。主尺上刻有 90 个分度和 30 个辅助分度，相邻两刻线之间的夹角是 1°，主尺右端为基尺 2，主尺的背面沿圆周方向装有齿条，小齿轮与主尺背面的齿条啮合。这样可使主尺在扇形板的圆弧面和制动器 9 圆弧面间微动，也可不用微动装置，主尺也能沿扇形板圆弧面和制动器圆弧面间移动。扇形板上装有游标 10，用卡块 4 可把直尺或直角尺固定在扇形板上，也可把直尺固定在直角尺上，实现测量不同的角度。

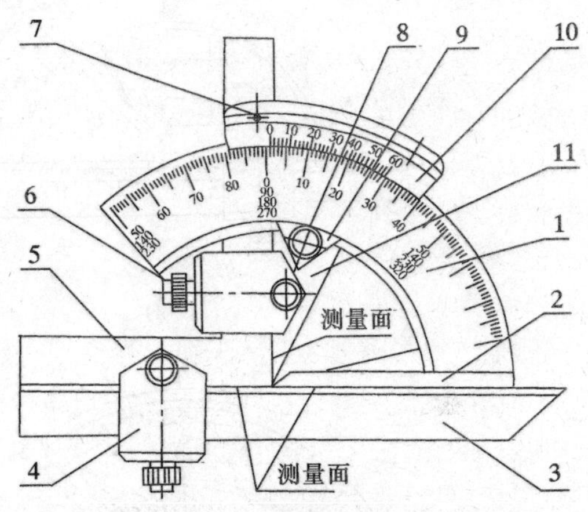

图 1-3-27　万能角度尺

1—主尺；　2—基尺；　3—直尺；　4—卡块；　5—直角尺；　6—紧固螺钉；　7—游标紧固螺钉；　8—制动器紧固螺钉；　9—制动器；　10—游标；　11—扇形板部件

万能角度尺的分度值和测量范围见表 1-3-7。

表 1-3-7　万能角度尺的分度值及测量范围

分度值	测量范围		组合件
2′；5′	0°～320°	0°～50°	主件与直尺、直角尺
		50°～140°	主件与直尺
		140°～230°	主件与直角尺
		230°～320°	主件

二、万能角度尺的使用

1. 使用前的检查

1)检查外观　目力观察外观，比如万能角度尺不应有碰伤，刻线应清晰。

2)检查各部分相互作用　试验各部分相互作用，如直尺、直角尺装卸应顺利。制动器和卡块作用在任何位置时均应可靠。微动装置有效。扇形板与主尺相对移动时应灵活、平稳。

3)检查零位正确性　装上直角尺、直尺后，使直尺、基尺测量面均匀接触，游标零刻线与主尺刻线以及游标尾刻线与主尺的相应刻线重合度不大于分度值的一半。

2. 万能角度尺的使用

①万能角度尺能测量 0°～320°的角度，如图 1-3-28 所示。利用卡块将直尺装在直角尺上可以测量 0°～50°的角度(图 1-3-28a)。为了测量 50°～140°的角度，可卸下直角尺，换上直尺

(图 1-3-28b)。测量 140°～230°的角度时,取下直尺及其卡块即可(图 1-3-28c)。测量 230°～320°的角度时,需将直角尺、直尺和卡块都拆下(图 1-3-28d)。测量各种角度的应用示例见表 1-3-8。

②为精确地测量角度,不应用非测量面进行测量。

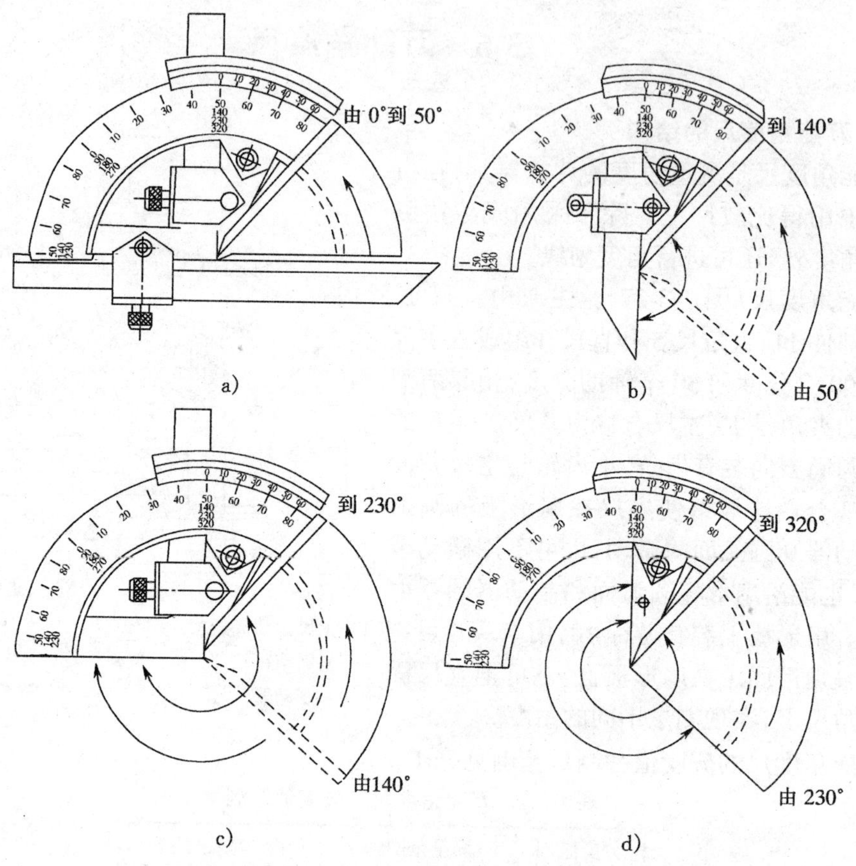

图 1-3-28　万能角度尺的使用

a)测量 0°～50°角度　b)测量 5°～140°角度

c)测量 140°～230°角度　d)测量 230°～320°角度

表 1-3-8　万能角度尺的应用示例

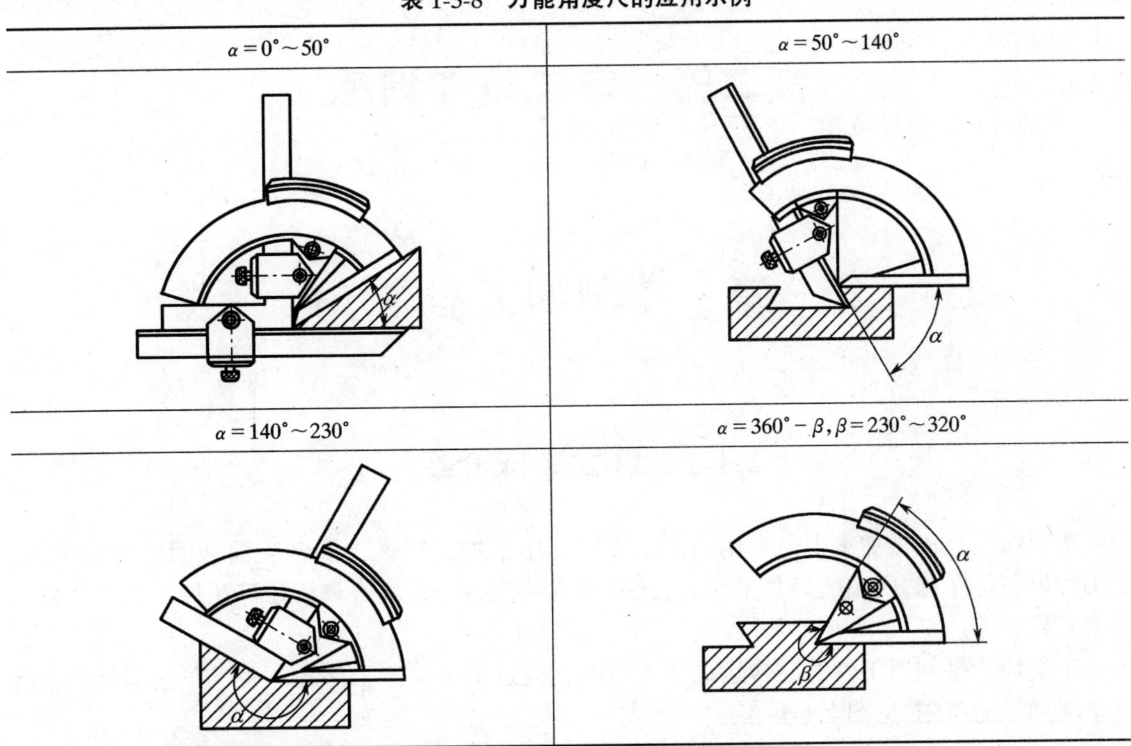

三、万能角度尺的维护

③使用完毕，应用溶剂汽油或航空汽油把万能角度尺洗净，用干净纱布仔细擦干，并涂敷防锈油，然后分别将直尺、直角尺等放入专用盒内。

④万能角度尺不得放在潮湿的地方，以免生锈。

第二篇 车工技能训练

第一章 车削加工基本知识

1-1 卧式车床介绍

车削加工是机械加工中最常用的加工方法。用于加工零件上回转表面和回转体的端面。所用的设备是车床,所用的刀具是车刀,此外还有钻头、铰刀、丝锥和板牙等孔加工刀具和螺纹加工刀具。

车削加工是利用工件的旋转运动和刀具的直线运动来加工工件的。关于车削运动的情况及车削加工的范围,见图 2-1-1。

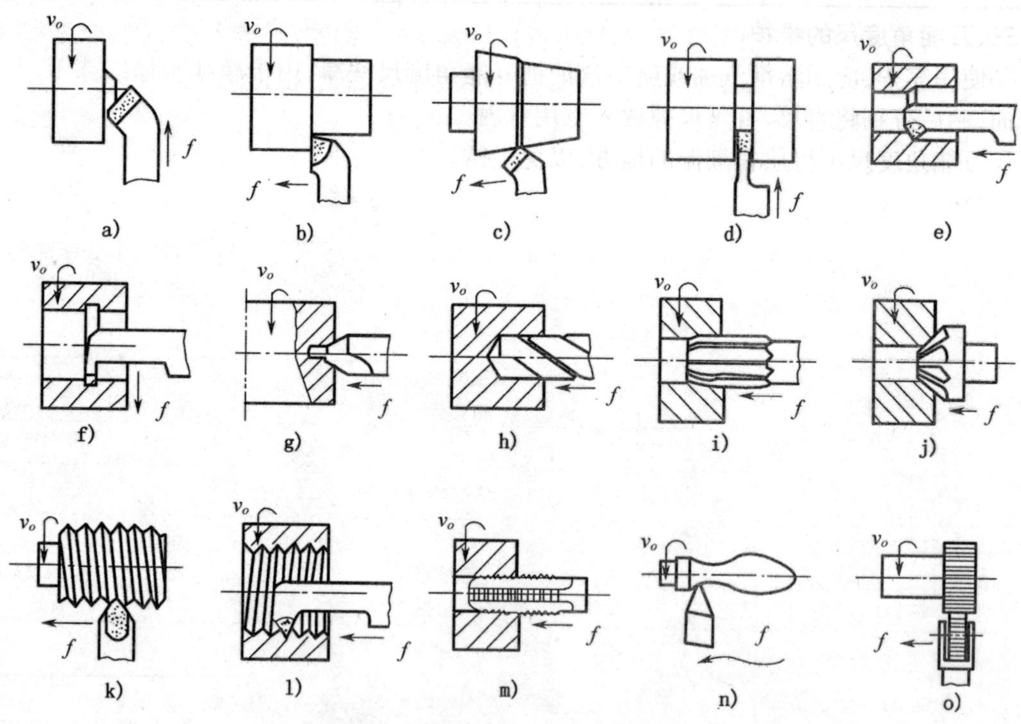

图 2-1-1 车床可完成的主要工作

a)车端面 b)车外圆 c)车外锥面 d)切槽、切断 e)镗孔 f)切内槽 g)钻中心孔 h)钻孔 i)铰孔 j)锪锥孔 k)车外螺纹 l)车内螺纹 m)攻丝 n)车成形面 o)滚花

一、常用卧式车床型号

车床的品种很多，按用途和结构，主要分为仪表车床、单轴自动车床、立式车床、落地及卧式车床等。机床型号是机床产品的代号，用以简明地表示机床类别、主要技术参数和结构特性等。我国目前的机床型号，按 JB1838—85“金属切削机床型号编制方法”编制，由汉语拼音字母和阿拉伯数码按一定规律排列组成。

1. 机床型号表示方法

机床型号，用一组字母和数字组成：

$(S_1)Z_1(Z_2)(Z_3)S_2S_3(\times S_4)(Z_4)(/S_5)$

其中各字母含义如下：

S_1——以阿拉伯数码表示的小类代号[“S”为“数码”汉语拼音(shuma)的字首，表明本代号用阿拉伯数码表示，以下同]，见表 2-1-1，仅在磨床类机床中区分；

Z_1——以汉语拼音大写字母表示的类代号[“Z”为“字母”汉语拼音(zimu)的字首，表明本代号用汉语拼音大写字母表示，以下同]；

Z_2——通用特性代号，见表 2-1-2，机床为普通类型，无通用特性代号；

Z_3——结构特性代号，对主参数相同而结构、性能不同的机床，在型号中加结构特性代号予以区分，但与通用特性代号不同，它在型号中没有统一的含义，只在同类机床中起区分机床结构、性能不同的作用；

S_2——组、系代号，用两位数码表示，十位数表示组，个位数表示系；

S_3——主参数或设计顺序号，主参数用折算系数表示，当折算系数大于 1 时，取整数，前面不加“0”，当折算系数小于 1 时以主参数值表示，并在前面加“0”；

S_4——第二主参数；

Z_4——机床重大改进顺序号；

S_5——同一型号机床的变型代号；

(　)——括号，其中的代号(字母或数码)无内容时，则不表示；若有内容，则不带括号；

×、/——乘号和斜线，后代号有内容时需标出，无内容时不表示。

表 2-1-1　通用机床类、小类

类别	车床	钻床	镗床	磨床			齿轮加工机床	螺纹加工机床	铣床	刨床	拉床	特种加工机床	锯床	其他机床
代号	C	Z	T	M	2M	3M	Y	S	X	B	L	D	G	Q

表 2-1-2　机床通用特性代号

通用特性	高精度	精密	自动	半自动	数控	加工中心(自动换刀)	仿形	轻型	加重型	简式
代号	G	M	Z	B	K	H	F	Q	C	J

2. 车床型号示例

以 CA6140 为例说明：

C——车床类机床；A——结构特性代号；61——卧式车床；40——床身上最大回转直径为 400 mm(无通用特性代号，普通型、主参数的折算系数为 1/10)。

二、卧式车床的组成及各部分的作用

卧式车床是车床中应用最为广泛的一种，约占车床类机床总台数的 60%左右。车床的万能性强,适用于机修和单件小批量生产。

CA6140 型卧式车床各部分组成见图 2-1-2,它们的名称和作用如下。

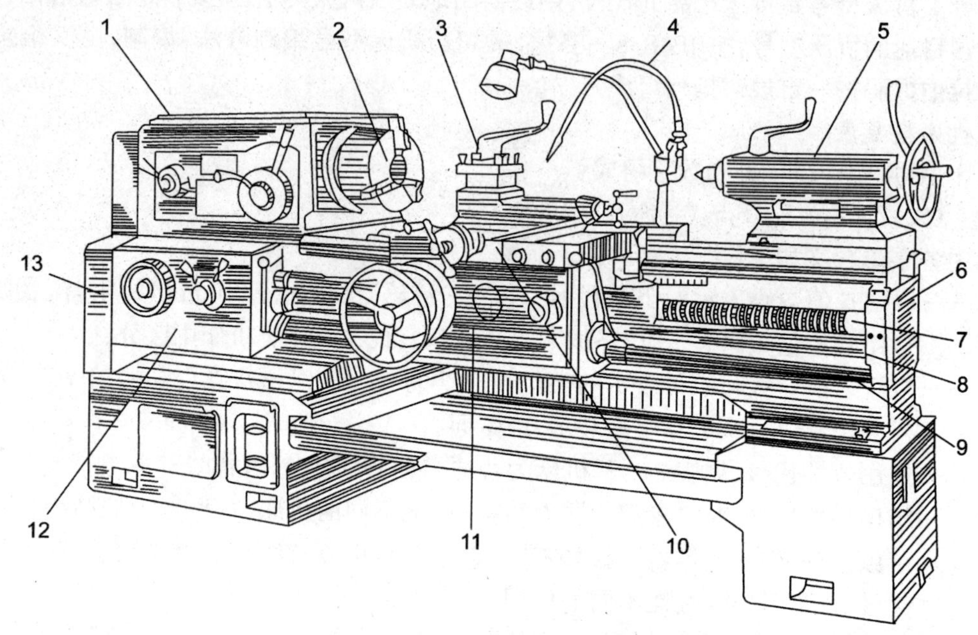

图 2-1-2　卧式车床

1—主轴箱;2—卡盘;3—刀架;4—切削液管;5—尾座;6—床身;7—长丝杆
8—光杆;9—操纵杆;10—溜板;11—溜板箱;12—进给箱;13—挂轮箱

1. 主轴箱(床头箱)

主轴箱固定在床身的左面,箱内装主轴,通过卡盘等夹具装夹工件。它的作用是支承主轴和传动其旋转力,以实现主运动,实现起动、停止、变速和换向等。因此,主轴箱中有主轴及其轴承,传动机构,起动、停止以及换向装置,制动装置,操纵机构和润滑装置等。变换主轴箱正面右侧重叠的两个手柄,可使主轴变速。而主轴箱正面左侧的一个手柄是用来调整左螺纹、右螺纹及螺距的。

2. 进给箱(走刀箱)

进给箱固定在床身的左前侧。它的作用是变换被加工螺纹的种类和导程,以及获得所需的各种机动进给量。它由变换螺纹导程和进给量的变速机构、变换螺纹种类的移换机构以及操纵机构等几个部分组成。

变换进给箱外的导程及进给量调整手柄及丝杠、光杠变换手柄的位置,可以使丝杠或光杠得到不同的转速。通过丝杠,用来车削米制、英制、模数和径节螺纹;通过光杠,用来传递动力,带动床鞍(大滑板)、中滑板、(中拖板),使车刀作纵向或横向的进给运动。

3. 溜板箱(滑板箱)

溜板箱安装在床鞍下面,它的作用是:将丝杠或光杠传来的旋转运动变为直线运动并带动刀架进给,控制刀架运动的接通、断开和换向;机床过载时控制刀架自动停止进给;手动操纵刀架移动和实现快速移动等。因此,溜板箱由下述机构组成:接通丝杠传动的开合螺母机构;将光杠的运动传至纵向的齿轮齿条和横向进给丝杠的传动机构;接通、断开和转换纵、横向进给的转换机构;保证机床工作安全的过载保险装置和互锁机构;控制刀架运动的操纵机构。此外,还有改变纵、横机动进给运动方向的换向机构,以及快速空行程传动机构等。

4. 刀架

刀架安装在溜板上。它的作用是安装车刀,并由溜板带动它作纵向、横向和斜向进给运动。它由床鞍、中滑板、小滑板、转盘和方刀架等组成。床鞍安放在床身导轨上,与溜板箱连接,可沿着床身导轨纵向移动。中滑板装在床鞍顶面的导轨上,可以在其上作横向移动。小滑板安装在中滑板的转盘导轨上,可转动±90°,小滑板可以手动移动,行程较短。方刀架固定于小滑板上,可同时安装四把车刀。换刀时,松开手柄,即可转动方刀架,把所需的车刀转到工作位置上。工作时,必须旋进手柄把方刀架固定住。

5. 尾座(尾架)

尾座安装在床身导轨上,它可以根据工件的长短调节纵向位置。它的作用是利用套筒安装顶尖,用来支承较长工件的一端,也可以安装钻头、铰刀等刀具进行孔加工。

6. 床身

床身固定在床腿上。它的作用是用来支承车床各个部件,并保证各部件的相互位置精度。床身顶面外侧的等边山形导轨和平面导轨是供床鞍移动用的,其内侧的等边山形导轨和平面导轨是供尾架移动用的。采用两组导轨一方面避免了彼此移动时过多的干涉,另一方面也不会由于床鞍导轨的磨损而影响尾座顶尖对车床主轴的同轴度。床身结构、制造精度、导轨表面硬度等对车床加工精度是有很大影响的,所以,操作中必须妥加保护。

除了上述重要部件外,还有挂轮机构、床腿等。

三、卧式车床的传动系统

车床的运动分为工件旋转和刀具直进两种运动。前者为主运动,是由电动机经带轮和齿轮等传至主轴产生的。后者称为进给运动,是由主轴经齿轮等传至光杠或丝杠,从而带动刀具移动而产生的。进给运动又分为纵向进给运动(纵走刀)和横向进给运动(横走刀)两种。纵向进给运动是指车刀沿车床主轴轴向移动,横向进给运动是指车刀沿主轴径向移动。

(一)常用的传动机构

传递运动和动力的机构称为传动机构。常用的传动机构有以下几种。

1. 实现回转运动的传动机构

车床上常用的这类传动机构有带传动、齿轮传动和蜗杆(蜗轮)传动。如果主动轴(轮)的转速为 n_1,从动轴(轮)的转速为 n_2,则 n_2/n_1 称为传动比,用 i 表示。

(1)带传动

它利用传动带与带轮之间的摩擦作用将主动轮的转动传至从动轮。在机床传动中一般用V带传动,如图2-1-3所示。

若主动轮的直径和转速分别为 d_1 和 n_1,从动轮的直径和转速分别为 d_2 和 n_2,则带轮的圆周速度 v_1、v_2 和传动带的运动速度 $v_{带}$ 大小一样,即

$$v_{带} = v_1 = v_2$$

$$\because \quad \pi n_1 d_1 = \pi n_2 d_2$$

$$\therefore \quad i = \frac{n_2}{n_1} = \frac{d_1}{d_2}$$

由上式可知,带传动中带轮的转速与直径成反比,如考虑传动带的滑动,则 $i = \frac{d_1}{d_2}\nu$(ν 为

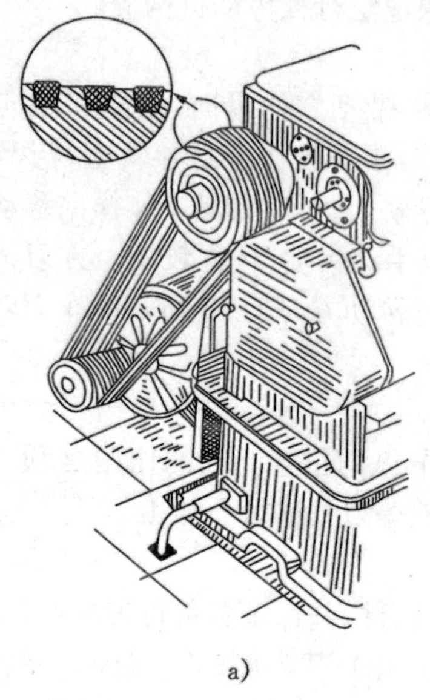

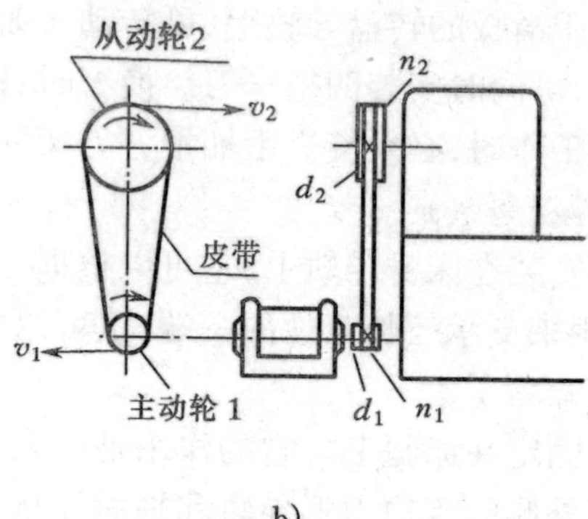

图 2-1-3　V 带传动

a)V 带传动在车床上的应用　b)V 带传动简图

滑动系数，一般取 0.98)。

带传动的优点是传动平稳，不受轴间距离的限制，结构简单，制造和维护都很方便，当过载时皮带打滑，起到保护作用；缺点是传动中有打滑现象，无法保持准确的传动比，有摩擦损失，传动效率低，传动机构所占空间较大。

(2)齿轮传动

它依靠轮齿之间的啮合，把主动轮的转动传递到从动轮(图 2-1-4)。

若主动轮的齿数和转速分别为 z_1 和 n_1，从动轮的齿数和转速分别为 z_2 和 n_2，则

$$n_1 z_1 = n_2 z_2 \quad i = \frac{n_2}{n_1} = \frac{z_1}{z_2}$$

从上式可知，在齿轮传动中，齿轮的转速与齿数成反比。

齿轮传动的优点是结构紧凑，传动比准确，可传递较大的圆周力，传动效率高(98%～99%)。缺点是制造比较复杂，制造质量不高时传动不平稳，有噪音。

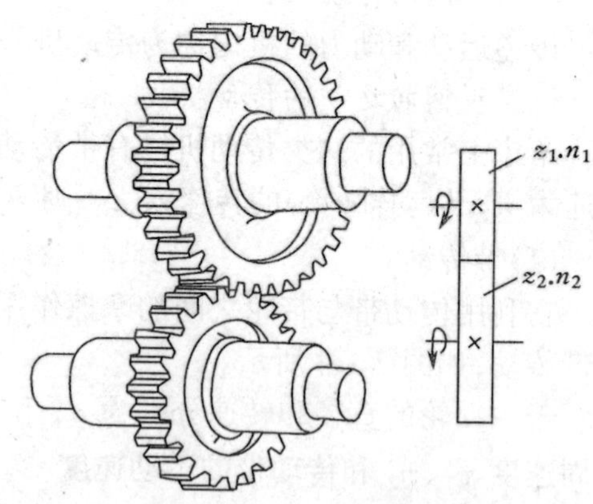

图 2-1-4　齿轮传动

(3)蜗杆(蜗轮)传动

如图 2-1-5 所示，蜗杆传动实际上是螺旋齿轮传动的特例，蜗杆为主动件，其螺旋线的线数 k 相当于齿轮的齿数，蜗轮像个斜齿轮，其齿数用 z 表示。若蜗杆和蜗轮的转速分别为 n_1 和 n_2，则

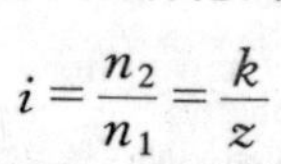

$$i = \frac{n_2}{n_1} = \frac{k}{z}$$

上式说明，蜗杆和蜗轮的传动比等于蜗杆线数与蜗轮齿数之比。

蜗杆蜗轮传动的优点是可以获得较大的降速比(因为 k 比 z 小很多),传动平稳,无噪音,结构紧凑。缺点是传动效率低,需要有良好的润滑条件。

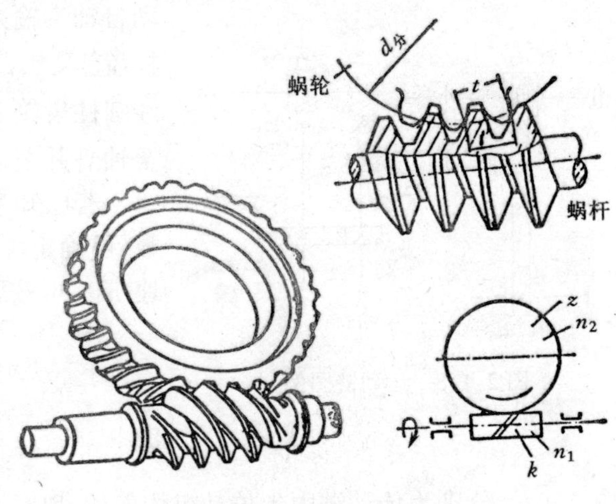

图 2-1-5　蜗杆和蜗轮传动

2. 实现直线运动的传动机构

车床上常用的这类传动机构有齿轮齿条传动、丝杠螺母传动等。

(1)齿轮齿条传动(图 2-1-6)

这种传动是齿轮传动的特例,即为一齿轮的半径无限大的情况。当另一齿轮绕固定轴旋转时,则拨动齿条作直线移动。

若齿轮的齿数为 z,模数为 m,转速为 n,则齿条移动速度为 $v_{+}=\pi mzn$。

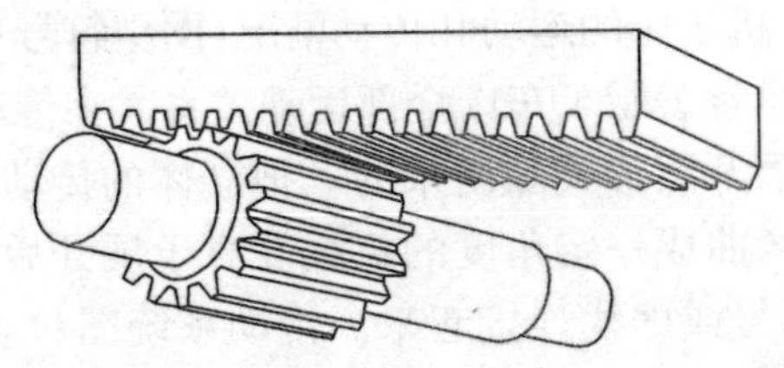

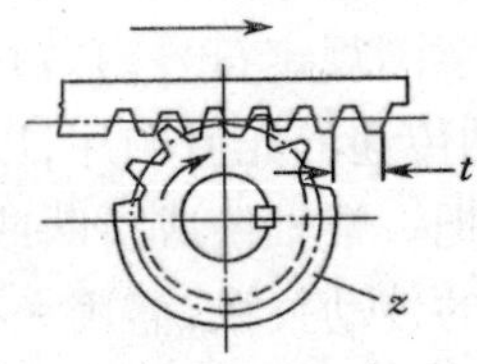

图 2-1-6　齿轮齿条传动

齿轮齿条传动可以将旋转运动变成直线运动(齿轮为主动件),也可以将直线运动变为旋转运动(齿条为主动件)。

齿轮齿条传动效率也很高,但制造精度不高时传动容易产生跳动,平稳性和准确度也就差一些。

(2)丝杠螺母传动(图 2-1-7)

若单线丝杠的螺距为 P,转数为 n,则螺母移动的速度 $v_f=nP$。

丝杠螺母传动的优点是工作平稳,无噪音。若丝杠螺母制造得很精确,则传动精度较高,缺点是效率低。

除了上述常用传动机构外,还有其他传动机构,如凸轮机构、棘轮机构和槽轮机构等。

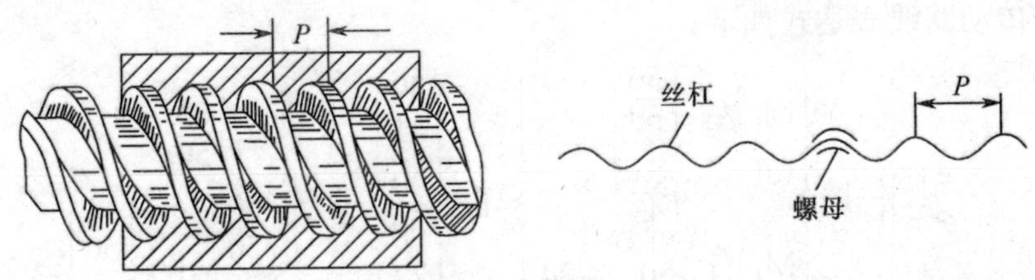

图 2-1-7　丝杆螺母传动

(二)传动链

将若干传动机构依次组合起来,即成为一个传动系统,也称传动链,如图 2-1-8 所示。运

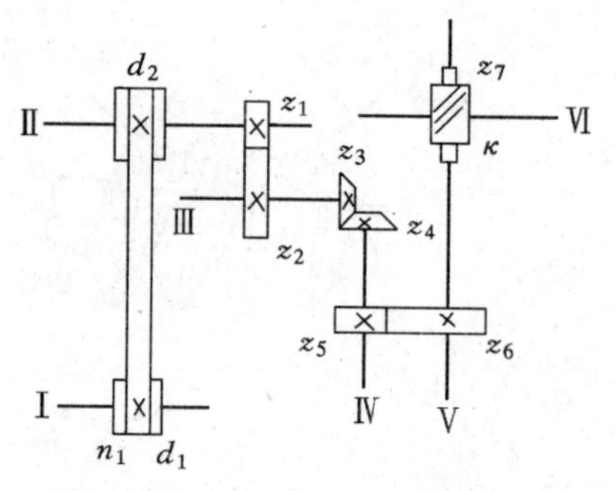

图 2-1-8 运动链图例

动自轴Ⅰ输入，转速 n_1，经带轮 d_1、d_2 传至轴Ⅱ，经圆柱齿轮 z_1、z_2 传动轴Ⅲ，经圆锥齿轮 z_3、z_4 传至轴Ⅳ，经圆柱齿轮 z_5、z_6 传到轴Ⅴ，再经蜗杆 k 及蜗轮 z_7 传至轴Ⅵ并把运动传出。

若已知主动轴Ⅰ的转速、带轮的直径和各齿轮的齿数，可确定传动系统中任何一轴的转速。如求轴Ⅵ的转速 $n_{\text{Ⅵ}}$，可按下式计算

$$n_{\text{Ⅵ}} = n_1 \frac{d_1}{d_2}\nu \frac{z_1}{z_2}\frac{z_3}{z_4}\frac{z_5}{z_6}\frac{k}{z_7} = n_2 i_1 i_2 i_3 i_4 i_5 \nu$$

即
$$i_{总} = \frac{n_{\text{Ⅵ}}}{n_{\text{Ⅰ}}} = i_1 i_2 i_3 i_4 i_5 \nu$$

式中 $i_1 \sim i_5$ 分别为传动链中各传动机构的传动比，$i_{总}$ 为传动链的总传动比。

由上式可知传动链的总传动比等于传动链中各传动比的乘积。

(三)运动分析

通常应用车床传动系统图了解和分析车床的运动和传动情况(图中符号见 GB134460—84《机械制图机动示意图规定符号》)。它示意表示了车床全部运动关系。在传动系统图中，各传动元件是按照运动传递的先后顺序，以展开图形式画出来的。把立体的传动结构展开并画在同一平面中，有时把一根轴绘成折断或弯曲成一定角度的折线。对于展开后失去联系的传动副，为了表示它们的传动关系，需用大括号或虚线连接起来。传动系统图只表示传动关系，不代表各元件的实际尺寸和空间位置。在图上通常还注明齿轮与蜗轮的齿数、带轮的直径、丝杠的导程和线数、电动机的转速和功率、传动轴的编号等。图 2-1-9 为 CA6140 型卧式车床的传动系统图，下面结合该图分析车床的各种运动。

1. 主运动传动系统

主运动由主电动机经Ⅴ带传至主轴箱中的轴Ⅰ，再经摩擦离合器 M_1(M_1 向左接合时，主轴正转；向右接合时，主轴反转；左、右都不接合时，主轴停转)和变速齿轮传至轴Ⅱ和轴Ⅲ。然后分两路传动主轴。当主轴Ⅵ上的滑移齿轮 z_{50} 处于左边位置(图示位置)时，运动由齿轮副 $\frac{63}{50}$ 直接传给主轴，使主轴得到高转速；当滑移齿轮 z_{50} 处于右边位置，使齿轮式离合器 M_2 接合时，则运动经轴Ⅲ—Ⅳ—Ⅴ间的背轮机构和齿轮副 $\frac{26}{58}$ 传给主轴，使主轴获得中、低转速。主运动传动系统的传动路线表达式如下：

$$\begin{array}{l}\text{电动机}\\(7.5\text{kW})\\(1450\text{r/min})\end{array} - \frac{\phi130}{\phi230} - \text{Ⅰ} - \left\{ \begin{array}{l} \begin{array}{l}M_1\text{左}\\(\text{正转})\end{array}\left\{\begin{array}{c}\frac{56}{38}\\ \frac{51}{43}\end{array}\right\} \\ \begin{array}{l}M_1\text{右}\\(\text{反转})\end{array} - \frac{50}{34} - \text{Ⅶ} - \frac{34}{30} \end{array}\right\} - \text{Ⅱ} - \left\{\begin{array}{c}\frac{39}{41}\\ \frac{30}{50}\\ \frac{22}{58}\end{array}\right\} - \text{Ⅲ} - \left\{\begin{array}{l} \qquad\frac{63}{50} \\ \left\{\begin{array}{c}\frac{50}{50}\\ \frac{20}{80}\end{array}\right\} - \text{Ⅳ} - \left\{\begin{array}{c}\frac{51}{50}\\ \frac{20}{80}\end{array}\right\} - \text{Ⅴ} - \frac{26}{58} - M_2 \end{array}\right\} \begin{array}{l}\text{Ⅵ}\\\text{主轴}\end{array}$$

根据传动系统图和传动路线表达式，主轴正转时理论转速为 $2 \times 3 \times 2 \times 2 + 6 = 30$ 种，但由于轴Ⅲ-Ⅳ-Ⅴ间的 4 种传动比

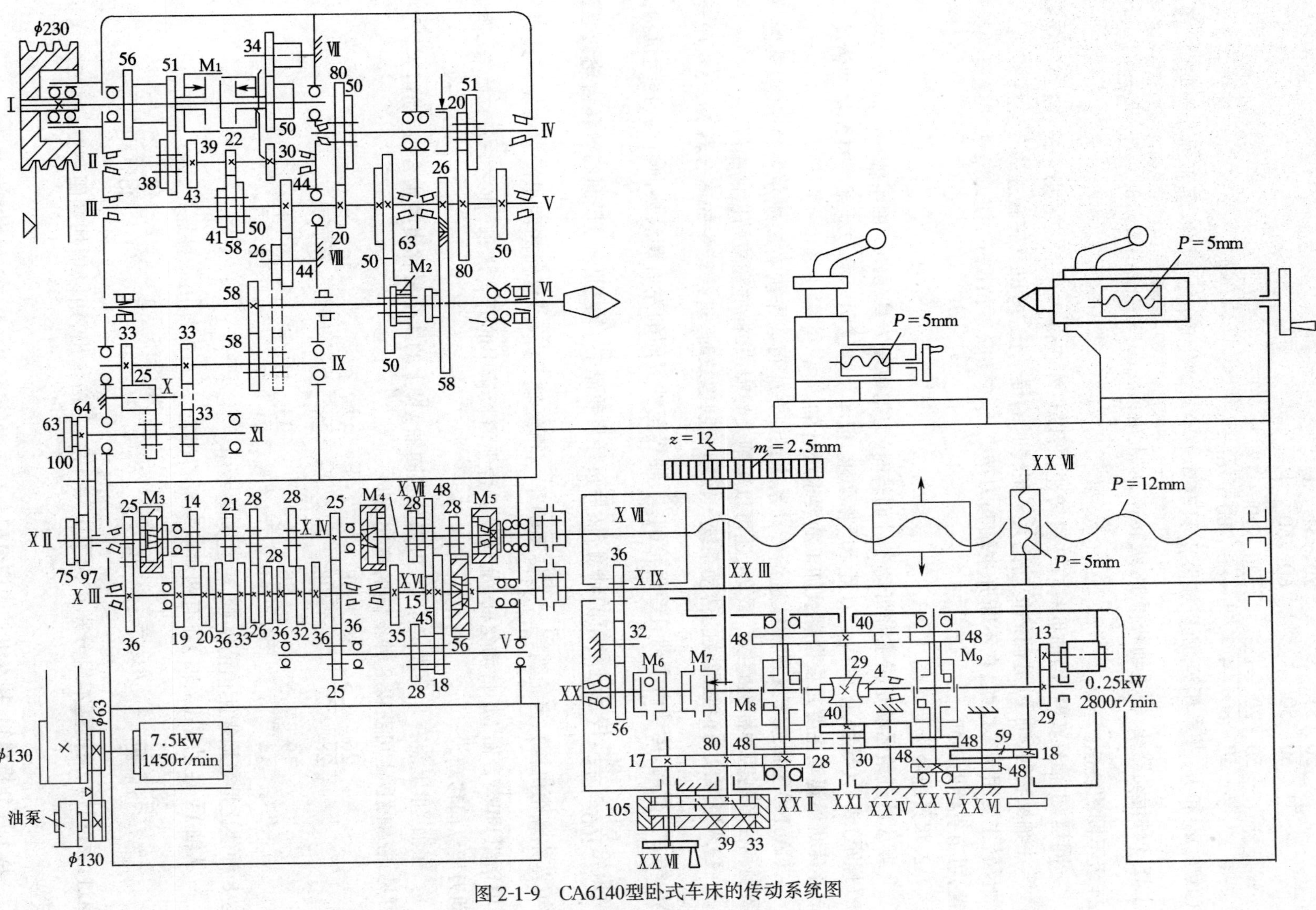

图 2-1-9　CA6140型卧式车床的传动系统图

$$u_1=\frac{50}{50}\times\frac{51}{50}\approx 1 \quad u_3=\frac{20}{80}\times\frac{51}{50}\approx\frac{1}{4}$$

$$u_2=\frac{50}{50}\times\frac{20}{80}=\frac{1}{4} \quad u_4=\frac{20}{80}\times\frac{20}{80}=\frac{1}{16}$$

(其中 u_2 和 u_3 基本相等)所以实际上只有 3 种不动的传动比。因此，轴Ⅲ的 6 级转速，通过上述 3 种传动路线，使主轴获得 18 级转速，加上由齿轮副$\frac{63}{50}$直接传递时的 6 种，主轴总共可获 24 级不同的转速。

同理，主轴反转时，因轴Ⅲ只有 3 级转速，所以只能获得 $3\times(2\times2-1)+3=12$ 级转速。

主轴反转时，轴Ⅰ-Ⅱ间的传动比大于正转时的传动比，所以反转转速高于正转转速。主轴反转主要用于车螺纹，在不断开主轴和刀架之间传动联系情况下，使刀架快速退至起始位置，可节省辅助时间。

2. 螺纹进给传动系统

车床的进给运动是指主轴带动工件回转时，刀架带着刀具移动。即主轴转一周，刀架移动 P(螺距)或 L(导程)。纵横走刀量无严格要求，但车削螺纹则要求传动系统有严格的传动比，故车床进给运动主要是根据螺纹加工的要求设计的。

CA6140 型卧式车床的螺纹进给传动系统保证车床可以车削右旋或左旋的米制、英制、模数制和径节制四种标准螺纹。此外，还可以车削大导程、非标准和较精密的螺纹。

1)米制螺纹与模数螺纹的传动系统　车削米制螺纹时，进给箱中的离合器 M_3、M_4 脱开，M_5 结合。此时，运动由主轴Ⅵ经齿轮副$\frac{58}{58}$、轴Ⅸ至轴Ⅺ间的左右螺纹换向机构、挂轮机构交换齿轮$\frac{63}{100}\times\frac{100}{75}$，传至进给箱的轴Ⅻ，然后再经齿轮副$\frac{25}{36}$、轴ⅩⅢ—ⅩⅣ间的滑移齿轮变速机构(基本螺距机构)、齿轮副$\frac{25}{36}\times\frac{36}{25}$传至轴ⅩⅤ，再经轴ⅩⅤ—ⅩⅦ间的两组滑移齿轮变速机构(增倍组)和离合器 M_5 传动丝杠ⅩⅧ转动。合上溜板箱中的开合螺母，使之与丝杠啮合，便带动刀架纵向移动。

在轴ⅩⅢ上装有 8 个固定齿轮，可以分别同轴ⅩⅣ上的 4 个滑移齿轮啮合，运动得到传递。可见，在轴ⅩⅣ上可获得 8 种不同的速比，即

$$u_{基_1}=\frac{26}{28}=\frac{6.5}{7} \quad u_{基_2}=\frac{28}{28}=\frac{7}{7} \quad u_{基_3}=\frac{32}{28}=\frac{8}{7} \quad u_{基_4}=\frac{36}{28}=\frac{9}{7}$$

$$u_{基_5}=\frac{19}{14}=\frac{9.5}{7} \quad u_{基_6}=\frac{20}{14}=\frac{10}{7} \quad u_{基_7}=\frac{33}{21}=\frac{11}{7} \quad u_{基_8}=\frac{36}{21}=\frac{12}{7}$$

这 8 种速比是变换螺距值的基础，称之为基本组。

从轴ⅩⅤ经轴ⅩⅥ至轴ⅩⅦ有两对双联滑移齿轮，故可变换出 4 种速比，即

$$u_{倍_1}=\frac{28}{35}\times\frac{35}{28}=1 \quad u_{倍_2}=\frac{18}{45}\times\frac{35}{28}=\frac{1}{2} \quad u_{倍_3}=\frac{28}{35}\times\frac{15}{48}=\frac{1}{4} \quad u_{倍_4}=\frac{18}{45}\times\frac{15}{48}=\frac{1}{8}$$

通过这种机构，又把基本组分别扩大了 1、$\frac{1}{2}$、$\frac{1}{4}$、$\frac{1}{8}$倍传出，用以增加螺距种数，称之为增倍组。

从上述分析得知，基本组与增倍组配合起来，可得到 $8\times4=32$ 种螺距值。

上述传动路线为车削左旋螺纹路线。若车削右旋螺纹，可将主轴箱中的齿轮副$\frac{33}{33}$啮合。此时，运动少经过一根轴Ⅹ，其他一切相同，丝杠转向改变，即能车削出右旋米制螺纹。通常称这个机构为换向机构。

上述传动路线得到的是 32 种米制螺纹，最大螺距值为 $P=12$ mm。若螺距大于 12 mm 时，可扳动主轴箱上扩大螺距手柄，使轴Ⅷ与轴Ⅸ的齿轮副$\frac{28}{56}$啮合。这时与正常螺距路线比较，自轴Ⅸ以后的传动路线是相同的，区别在于轴Ⅷ与主轴Ⅵ之间是通过背轮机构反转过来的。背轮机构的速比在主运动传动系统中已有分析，即它们四种速比有两种是相同的，其中一种速比为 1，不能起扩大螺距的作用，所以，用以扩大螺距的路线只有两种。

通过上述传动路线进行计算可知，从主轴Ⅵ至轴Ⅸ增加了 16 倍或 4 倍，即当主轴Ⅵ转 1 转时，这时轴Ⅸ转 16 转或 4 转，即螺距值增加 16 倍或 4 倍。这里必须提醒的是加大螺距不是在主轴所有转速下都能得到的，因为加大螺距是通过背轮机构得到的，所以它只能对应相同背轮传动路线才能得到，即扩大 16 倍时主轴用最低的 6 种转速(32 r/min 以下)，扩大 4 倍时主轴用稍高的 6 种转速(40 r/min 以上)。

最后再来分析模数螺纹的传动路线。模数螺纹多应用于蜗杆中，传动路线与米制螺纹路线完全一样，区别仅在要变换挂轮机构上的交换齿轮$\left(\text{由}\frac{63}{100}\times\frac{100}{75}\text{换成}\frac{64}{100}\times\frac{100}{97}\text{即可}\right)$。

综合以上分析，米制螺纹与模数螺纹的传动系统可以用下面的传动路线表达式表示：

$$\underset{(\text{主轴})}{\text{Ⅵ}}-\left\{\begin{array}{c}\text{扩大螺距}(16:1)\\ \frac{58}{26}-\text{Ⅴ}-\frac{80}{20}-\text{Ⅳ}-\left\{\begin{array}{c}\frac{80}{20}\\ \frac{50}{50}\end{array}\right\}-\text{Ⅲ}-\frac{44}{44}-\text{Ⅷ}-\frac{26}{58}\\ \text{扩大螺距}(4:1)\\ \frac{58}{58}(\text{正常螺距})\end{array}\right\}-\text{Ⅸ}-\left\{\begin{array}{c}\text{左螺纹换向机构}\\ -\frac{33}{25}\times\frac{25}{33}-\\ \text{右螺纹换向机构}\\ \frac{33}{33}\end{array}\right\}-\text{Ⅺ}-$$

$$\left\{\begin{array}{c}\text{挂轮机构}\\ (\text{米制螺纹})\\ \frac{63}{100}\times\frac{100}{75}\\ (\text{模数螺纹})\\ \frac{64}{100}\times\frac{100}{97}\end{array}\right\}-\text{Ⅻ}-\frac{25}{36}-\text{ⅩⅢ}\overset{\text{基本组}}{\left\{\begin{array}{c}\frac{26}{28}\\ \frac{28}{28}\\ \frac{32}{28}\\ \frac{36}{28}\\ \frac{19}{14}\\ \frac{20}{14}\\ \frac{33}{21}\\ \frac{36}{21}\end{array}\right\}}-\text{ⅩⅣ}-\frac{25}{36}\times\frac{36}{25}-\text{ⅩⅤ}-\overset{\text{增倍组}}{\left\{\begin{array}{c}\frac{28}{35}\times\frac{35}{28}\\ \frac{18}{45}\times\frac{35}{28}\\ \frac{28}{35}\times\frac{15}{48}\\ \frac{18}{45}\times\frac{15}{48}\end{array}\right\}}-\text{ⅩⅦ}-\underset{(\text{合上})}{M_5}-\underset{\text{丝杠}}{\text{ⅩⅧ}}-\text{刀架}$$

2)英制螺纹与径节螺纹传动系统　车削英制螺纹时，挂轮中交换齿轮用$\frac{63}{100}\times\frac{100}{75}$，进给箱中的离合器 M_3 和 M_5 接合，M_4 脱开。同时轴ⅩⅤ左端的 $z=25$ 滑移齿轮左移，与固定在轴ⅩⅢ上的 $z=36$ 齿轮啮合。于是运动便由轴Ⅻ经 M_3 传至轴ⅩⅣ，然后由轴ⅩⅣ传至轴ⅩⅢ，再经齿轮副$\frac{36}{25}$传到轴ⅩⅤ。其余部分传动路线与车削米制螺纹相同。

把米制螺纹与英制螺纹比较可知：米制螺纹的基本组运动方向恰与英制螺纹基本组运动方向相反，即车米制时，基本组的固定齿轮主动，滑移齿轮从动；而车英制时，滑移齿轮主动，固定齿轮从动。所以基本组的速比互为倒数，即 $u'_{基}=\frac{1}{u_{基}}$，而 $u'_{基}$ 的值是$\frac{28}{26}$、$\frac{28}{28}$、$\frac{28}{32}$、$\frac{28}{36}$、$\frac{14}{19}$、$\frac{14}{20}$、$\frac{21}{33}$、$\frac{21}{36}$。同时轴Ⅻ与轴ⅩⅤ之间定比传动机构的速比也由$\frac{25}{36}\times\frac{25}{36}\times\frac{36}{25}$改变为$\frac{36}{25}$。此时传动路线表达式为：

$$\begin{array}{c}\text{Ⅵ}\\(\text{主轴})\end{array}-\left\{\begin{array}{c}\text{扩大螺距(16:1)}\\ \frac{58}{26}-\text{Ⅴ}-\frac{80}{20}-\text{Ⅳ}-\left\{\begin{array}{c}\frac{80}{20}\\ \frac{50}{50}\end{array}\right\}-\text{Ⅲ}-\frac{44}{44}-\text{Ⅷ}-\frac{26}{58}\\ \text{扩大螺距(4:1)}\\ \text{———}\frac{58}{58}(\text{止常螺距})\text{———}\end{array}\right\}-\text{Ⅸ}-\left\{\begin{array}{c}\text{左螺纹换向机构}\\ -\frac{33}{25}\times\frac{25}{33}-\\ \text{右螺纹换向机构}\\ \text{——}\frac{33}{33}\text{——}\end{array}\right\}-\text{Ⅺ}-$$

$$\left.\begin{array}{c}\text{挂轮变速机构}\\ \left\{\begin{array}{c}(\text{英制螺纹})\\ \frac{63}{100}\times\frac{100}{75}\\ (\text{径节螺纹})\end{array}\right.\\ \frac{64}{100}\times\frac{100}{97}\end{array}\right\}-\text{Ⅻ}-M_3-\text{ⅩⅣ}-\left\{\begin{array}{c}\frac{28}{26}\\ \frac{28}{28}\\ \frac{28}{32}\\ \frac{28}{36}\\ \frac{14}{19}\\ \frac{14}{20}\\ \frac{21}{33}\\ \frac{21}{36}\end{array}\right\}-\text{ⅩⅢ}-\frac{36}{25}-\text{ⅩⅤ}-\left\{\begin{array}{c}\frac{28}{35}\times\frac{35}{28}\\ \frac{18}{45}\times\frac{35}{28}\\ \frac{28}{35}\times\frac{15}{48}\\ \frac{18}{45}\times\frac{15}{48}\end{array}\right\}-\text{ⅩⅦ}-M_5-\begin{array}{c}\text{ⅩⅧ-刀架}\\ \text{丝杠}\end{array}$$

径节螺纹(即英制蜗杆)的传动路线与英制螺纹传动路线也是一样的，不同的是挂轮箱中的交换齿轮要有$\frac{63}{100}\times\frac{100}{75}$变换成$\frac{64}{100}\times\frac{100}{97}$。

3)精密螺纹与非标准螺纹　当需要车削非标准螺纹时，用进给箱的变速机构无法得到所需的导程，或虽是标准螺纹，但螺距精度要求高时，可将进给箱中的 3 个齿轮式离合器 M_3、M_4 和 M_5 全部结合，把轴Ⅻ、ⅩⅣ、ⅩⅦ和丝杠连成一体。这时运动直接从轴Ⅻ传至丝杠，车削螺纹的导程只通过选配交换齿轮来得到。这样调整，主轴到丝杠间的传动路线大大缩短，减少了传动件制造和装配误差对螺纹螺距的影响，从而可车出精度较高的螺纹。此外，还能车削非标准螺纹，不过可能需要专用的交换齿轮。

3. 纵向和横向进给(走刀运动)传动系统

普通车削时刀架机动进给的纵向、横向进给传动路线，由主轴到进给箱轴XVII的传动路线，与车米制和英制螺纹时的传动路线相同。其后，运动由轴XVII经齿轮副$\frac{28}{56}$传至光杠XIX，再由光杠经溜板箱中的齿轮副$\frac{36}{32}\times\frac{32}{56}$、超越离合器$M_6$及安全离合器$M_7$、轴XX、蜗杆副$\frac{4}{29}$传到轴XXI。当运动由轴XXI经齿轮副$\frac{40}{48}$或$\frac{40}{30}\times\frac{30}{48}$、双向离合器$M_8$、轴XXII、齿轮副$\frac{28}{80}$传至小齿轮($z=12$)，小齿轮在齿条上转动时，溜板作纵向机动进给。当运动由轴XXI经齿轮副$\frac{40}{48}$或$\frac{40}{30}\times\frac{30}{48}$、$M_8$、轴XXV及齿轮副$\frac{48}{48}\times\frac{59}{18}$传至中滑板丝杠XXVII后，中溜板作横向机动进给。其传动路线表达式为：

$$\text{主轴(VI)-}\left\{\begin{array}{l}\text{米制螺纹传动路线}\\ \text{英制螺纹传动路线}\end{array}\right\}\text{- XVII -}\frac{28}{56}\text{- XIX(光杠)-}\frac{36}{32}\times\frac{32}{56}\text{-}M_6\text{(超越离合器)-}$$

$$M_7\text{(安全离合器)- XX -}\frac{4}{29}\text{- XXI}\left\{\begin{array}{l}\left.\left\{\begin{array}{l}\frac{40}{48}\text{-}M_8\uparrow\\ \frac{40}{30}\times\frac{30}{48}\text{-}M_8\downarrow\end{array}\right.\right\}\text{- XXII -}\frac{28}{80}\text{- XXIII -}z_{12}\text{- 齿条- 刀架(纵向进给)}\\ \left.\left\{\begin{array}{l}\frac{40}{48}\text{-}M_9\uparrow\\ \frac{40}{30}\times\frac{30}{48}\text{-}M_9\downarrow\end{array}\right.\right\}\text{- XXV -}\frac{48}{48}\times\frac{59}{18}\text{- XXVII(丝杠)- 刀架(横向进给)}\end{array}\right.$$

溜板箱中由双向牙嵌式离合器M_8、M_9和齿轮副$\frac{40}{48}$、$\frac{40}{30}\times\frac{30}{48}$组成的两个换向机构，分别用于变换纵向和横向进给运动的方向。利用进给箱中的基本螺距机构和增倍机构，以及进给系统的不同传动路线，可获得纵向和横向进给量各64种，数值上横向进给量为纵向进给量的一半。

4. 快速和手动传动系统

1)快速运动传动系统　为减少辅助时间，提高生产率，在溜板箱内装置了快速电动机，用来实现刀架纵、横向的正、反方向快速移动。快速电动机启动时，以2800 r/min旋转，经齿轮副$\frac{13}{29}$传至XX轴，再经蜗杆、蜗轮副$\frac{4}{29}$传至XXI轴。以下的路线则与机动走刀路线相同。

由于在XX轴左端装有单向超越离合器，不会与光杠传来的运动发生矛盾。刀架纵向快速移动速度为0.083 m/s，横向则减半。

2)手动纵向运动路线　用手转动溜板箱上的大手轮时，运动经齿轮副$\frac{17}{80}$传至XXIII轴，这时小齿轮($z=12$)在固定于床身上的齿条上运动，从而带动刀架纵向移动。当大手轮转1转时，溜板的纵向行程为

$$L=1\times\frac{17}{80}\times12\times\pi\times2.5\approx20(\text{mm})$$

此时刻度盘转数为

$$n_{刻}=1\times\frac{17}{80}\times\frac{33}{39}\times\frac{39}{105}\approx\frac{1}{15}(\text{r})$$

所以,刻度盘转1转时的纵向行程为

$$L_{刻}=\frac{L}{n_{刻}}=\frac{20}{\frac{1}{15}}=300(\text{mm})$$

制造时将刻度盘分成300等分,每等分表示纵向行程为1 mm。

3)手动横向运动路线　用手转动床鞍上的小手轮时,丝杠($P=5$)转动,通过螺母带动刀架横向运动。因为丝杠及螺母的螺距为5 mm,所以小手轮转1圈时,刀架移动5 mm。其刻度盘分成100等分,每等分为0.05 mm。

四、卧式车床的保养

1.车床保养的重要意义

车床使用一定期限后,会产生油污、锈蚀运动件磨损、连接件和紧固件松动等。这将直接影响车床精度、工作期限、零件的加工质量和生产率等。为了保持车床正常运转和延长使用寿命,应十分注意日常的维护和保养。

除了要熟练地掌握车削加工技能、车削基本知识外,还必须学会对车床进行合理的保养。保养工作主要是车床的清洁、润滑和进行必要的调整。车床的保养工作应以日常为主,阶段为辅。以操作者为主,维修人员为辅。

因此,除了认识保养工作的意义和重要性外,更需正确使用工具,了解拆装典型机件的基本知识以及保养的步骤和方法。

2.车床保养的内容和要求

(1)日常清洁维护的内容和要求

①每班工作后应擦净车床导轨面(包括中滑板和小滑板)、丝杠和光杠。要求无油污、无铁屑、无液渍,并浇油润滑,达到车床外表清洁和场地整齐。

②每班要对进给箱上部的储油槽,溜板箱的法兰盖孔、光杠、长丝杠等加油一次,保持运动部件的良好润滑。

③润滑挂轮架中间齿轮轴承油杯和溜板箱内换向齿油杯,每隔五天加黄油一次,每天向轴承中旋进一些黄油。

总之,要求达到三个导轨面及转动部位清洁、润滑,油眼畅通,油标、油窗清晰,护床毛毡得到清洁。

(2)一级保养的内容和要求

1)外保养　清洗机床外表及各罩盖,保持内外清洁,无锈蚀,无油污;清洗长丝杠、光杠和操纵杆;检查并补齐螺钉、手柄球、手柄;清洗机床附件。

2)主轴箱　清洗滤油器,使其无杂物;检查主轴并拧紧松动的螺母且紧固螺钉应锁紧;调整摩擦片间隙及制动器。

3)溜板及刀架　清洗刀架,调整中、小滑板镶条间隙;清洗与调整中、小滑板丝杠螺母间隙。

4)挂轮架　清洗齿轮、轴套、并注入新油脂;调整齿轮啮合间隙;检查轴套有无晃动现象。

5)尾座　清洗尾座,保持内、外清洁。

6)润滑系统　清洗冷却泵、滤油器、盛液盘;清洗油绳、油毡,保证油孔、油路清洁畅通;检查油质是否良好,油杯要齐全、油窗应明亮。

7)电器部分　清扫电动机、电器箱;电器装置应固定并整齐。

1-2　工件的装夹及所用附件

切削加工时,必须把工件装夹在机床夹具上。经过校调、定位和夹紧,使它在整个切削过程中始终保持准确的位置。工件装夹的质量和速度,直接影响到工件的加工质量和生产效率,因此,必须十分重视。

一、用三爪卡盘装夹

三爪卡盘的结构如图 2-1-10 所示,当扳手方榫插入小锥齿轮 2 的方孔 1 转动时,与其啮合的大锥齿轮 3 随之转动。大锥齿轮的背面是一个平面螺纹 4,三个卡爪 5 背面的螺纹与其啮合,因此当平面螺纹转动时,就带动卡爪同时作向心或离心移动。从而把工件夹紧或松开。由此可见,三爪卡盘的三爪是联动的,并能自动定心。故一般装夹工件不需校正,装夹效率比四爪单动卡盘高,但夹紧力没有四爪单动卡盘大。这种卡盘不能装夹形状不规则的工件,只适用于中、小型规则零件的装夹,如圆柱形、正三边形、正六边形等工件。装夹方法如图 2-1-11 所示。当直径较小时,工件置于三个卡爪之间装夹(图 2-1-11a),亦可将三爪伸入工件内孔中,利

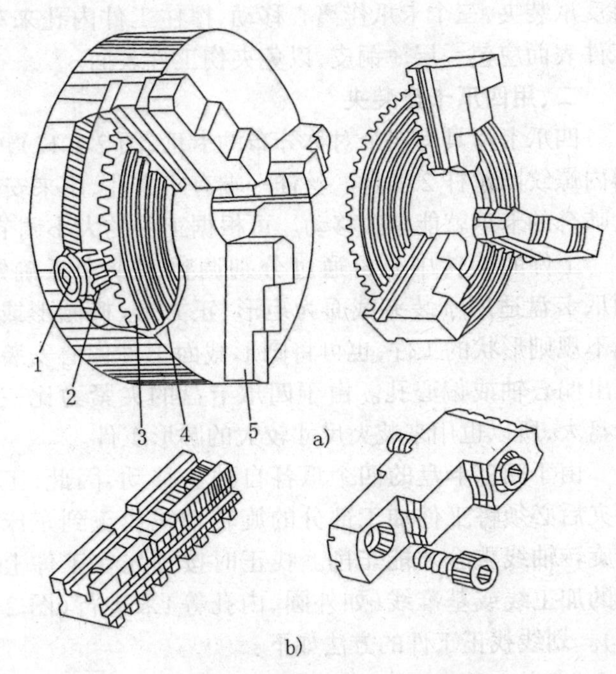

图 2-1-10　三爪自定心卡盘

a)三爪自定心卡盘结构原理　b)配装式卡爪

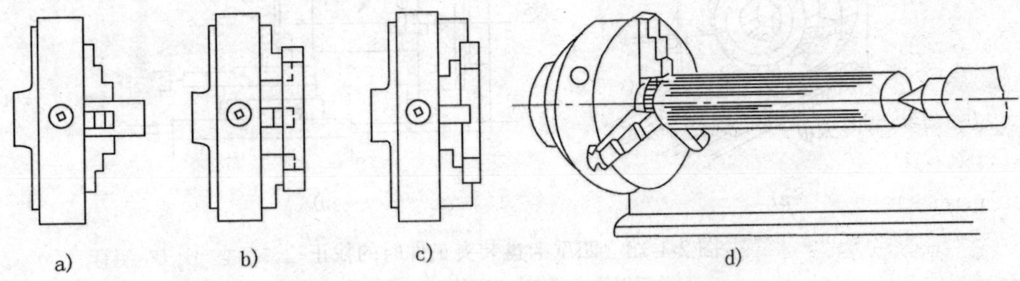

图 2-1-11　用三爪卡盘装夹工件的方法

a)顺爪　b)顺爪　c)反爪　d)三爪卡盘与顶尖配合使用

用卡爪的径向张力装夹套、盘、环状零件(图 2-1-11b)。当直径较大,用正爪不便装夹时,可将三个正爪换成反爪进行装夹(图 2-1-11c),当工件长度较大时,应在工件右端用尾座顶尖支撑(图 2-1-11d)。

用三爪卡盘装夹工件的步骤:a.工件在三个卡爪间放正,轻轻夹紧。b.将刀架移至车削行程最左端,用手转动卡盘,检查刀架与工件或卡盘有无碰撞。c.开动机床,使主轴低速旋转,检查工件有无歪斜偏摆。若有偏摆歪斜,应停车用小锤轻敲校正,然后夹紧工件。转动主轴前必须及时取下专用扳手。d.将车刀移至车削行程最右端,调整好主轴转速和切削用量后,才可启动车床。

三爪卡盘装夹中应注意的事项:a.正爪装夹工件,工件直径不宜太大,卡爪伸出卡盘圆周不能超过卡爪长度的1/3,否则卡爪跟平面螺纹只有2~3牙啮合,受力时容易使卡爪上的螺纹断裂,发生事故。b.装夹大直径工件时,尽量采用反爪装夹。较大的带孔工件需车外圆时,可反爪装夹,三个卡爪作离心移动,撑住工件内孔来车削。c.装夹精加工过的工件,被夹住的工件表面应包一层簿铜皮,以免夹伤工件表面。

二、用四爪卡盘装夹

四爪卡盘具有四个对称分布的卡爪(图 2-1-12),每个卡爪均可独立移动,卡爪后面有一半瓣内螺纹同丝杆 2 啮合。丝杆一端有一方孔,用来安插扳手方榫。用扳手转动某一丝杠时,跟它啮合的卡爪就能单独移动。可根据工件的大小调节各卡爪的位置。

工件的旋转中心可通过分别调整四个卡爪确定。四爪卡盘适用于装夹截面为矩形、正方形、椭圆形或其他不规则形状的工件,也可将圆形截面工件偏心安装加工出偏心轴或偏心孔。由于四爪卡盘的夹紧力比三爪卡盘大,所以也用来装夹尺寸较大的圆形工件。

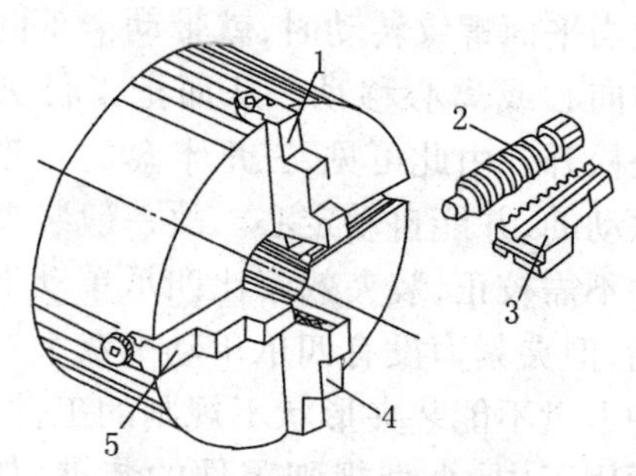

图 2-1-12　四爪单动卡盘

由于四爪卡盘的四个爪各自独立移动,因此,工件装夹后必须将工件加工部分的旋转轴线找正到车床主轴旋转轴线重合才能车削。找正时按预先在工件上划出的加工线或基准线(如外圆、内孔等)来进行(图 2-1-13)。划线找正工件的方法如下:

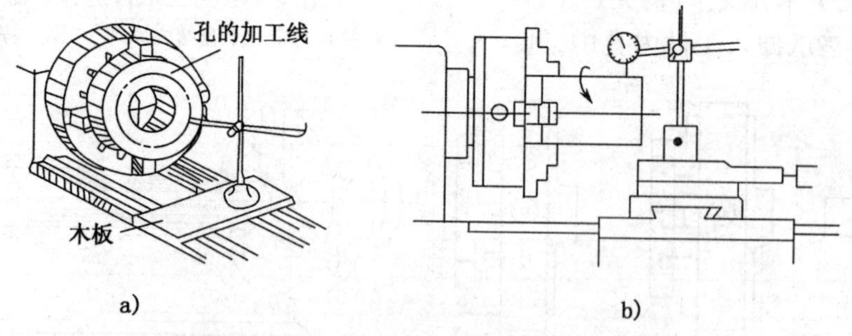

图 2-1-13　四爪卡盘装夹工件时的找正

a)用划线盘找正　b)用百分表找正

①使划针靠近工件上划出的加工界线(图 2-1-13a);

②轻轻松开各卡爪,慢慢转动卡盘,先校正端面,在离针尖最近的工件端面上用小锤轻轻

敲击，至各处距离相等；

③转动卡盘，校正中心，将离开针尖最近处的一个卡爪松开，拧紧其对面的一个卡爪，反复调整几次，直至校正为止，然后拧紧各卡爪。

当工件装夹精度要求较高时，可用百分表找正（图 2-1-13b）。

四爪卡盘可以装成正爪，也可装成反爪。

三、用顶尖装夹

对于较长的工件（如长轴、长丝杠等）或加工过程中需多次装夹的工件，要求有同一个装夹基准。这时可在工件两端面上用标准中心钻钻出中心孔进行装夹加工，这种装夹方法安装方便，不需校正，装夹精度高。

1. 中心孔

(1)中心孔的形状及用途

中心孔有 A 型（不带护锥）、B 型（带护锥）、C 型（带螺孔）、R 型（弧形）四种（表 2-1-3）。

表 2-1-3　中心孔的尺寸　(mm)

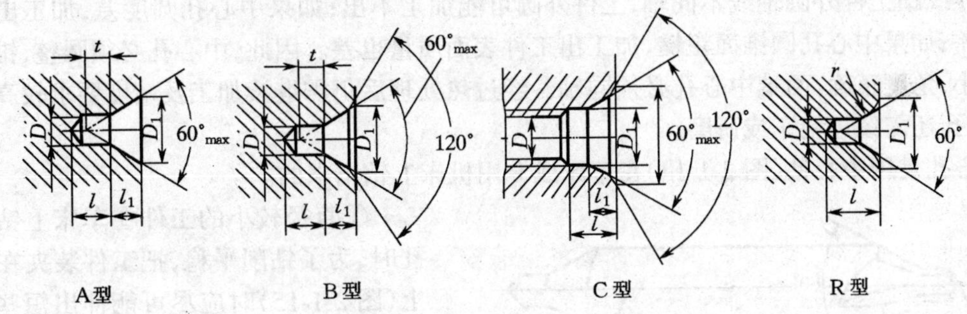

A型

D	D_1	参考		D	D_1	参考	
		l_1	t			l_1	t
(0.50)	1.06	0.48	0.5	2.50	5.30	2.42	2.2
(0.63)	1.32	0.60	0.6	3.15	6.70	3.07	2.8
(0.80)	1.70	0.78	0.7	4.00	8.50	3.90	3.5
1.00	2.12	0.97	0.9	(5.00)	10.60	4.85	4.4
(1.25)	2.65	1.21	1.1	6.30	13.20	5.98	5.5
1.60	3.35	1.52	1.4	(8.00)	17.00	7.79	7.0
2.00	4.25	1.95	1.8	10.00	21.20	9.70	8.7

B型

D	D_1	参考		D	D_1	参考	
		l_1	t			l_1	t
1.00	3.15	1.27	0.9	4.00	12.50	5.05	3.5
(1.25)	4.00	1.60	1.1	(5.00)	16.00	6.41	4.4
1.60	5.00	1.99	1.4	6.30	18.00	7.36	5.5
2.00	6.30	2.54	1.8	(8.00)	22.40	9.36	7.0
2.50	8.00	3.20	2.2	10.00	28.00	11.66	8.7
3.15	10.00	4.03	2.8				

A型中心孔由圆锥孔和圆柱孔两部分组成。圆锥孔的圆锥角一般为60°(重型工件用90°)。它跟顶尖配合,用来承受工件重量、切削力和定中心;圆柱孔用来储存润滑油和保证顶尖的锥面和中心孔圆锥面配合密实,不使顶尖端与中心孔底部相碰,保证定位正确。

B型中心孔是A型中心孔的端部另加上120°的圆锥孔,用以保护60°锥面不致碰毛,并使端面容易加工。一般精度要求较高、工序较多的工件用B型中心孔。

C型中心孔前面是60°中心孔,接着有一个短圆柱孔(保证攻螺纹时不致碰毛60°锥孔),后面有一个内螺孔。一般是把其他零件轴向固定在轴上时采用C型中心孔。

R型中心孔的形状与A型中心孔相似,只将A型中心孔的60°圆锥改为圆弧面。这样与顶尖锥面的配合变成线接触,在装夹工件时,能自动纠正少量的位置偏差。

中心孔的尺寸按GB145—85规定。中心孔的尺寸以圆柱孔直径D为标准,一般所讲的中心孔大小,即为圆柱孔直径D。

(2)钻中心孔的方法

中心孔是轴类零件精加工(如精车、磨削)的定位基准,对加工质量有很大影响。如果两端中心孔连线跟工件外圆轴线不同轴,工件外圆可能加工不出;如果中心孔圆度差,加工出工件圆度也差;如果中心孔圆锥面粗糙,加工出工件表面质量也差。因此,中心孔必须圆整,锥面粗糙度值小,角度正确,两端中心孔必须同轴。经过热处理后仍需继续加工及精度要求较高的工件,中心孔还需经过精车或研磨。

中心孔是用中心钻(图2-1-14)在车床或专用机床上钻出来的。

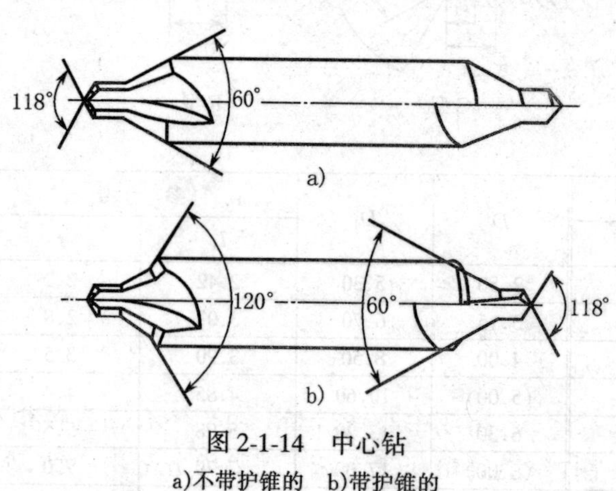

图2-1-14 中心钻

a)不带护锥的 b)带护锥的

①直径较小的工件在车床上钻中心孔时,为了钻削平稳,把工件装夹在卡盘上(图2-1-15)时应尽可能伸出短些。找正后车端面,不能留有凸头,然后缓慢均匀地摇动尾座手轮,使中心钻钻入工件端面。钻到尺寸后,中心钻应停留数秒钟,使中心孔圆整后退出;或轻轻进给,使中心钻的切削刃将60°锥面切下薄薄一层切屑,这样可降低中心孔表面的粗糙度值。

②在直径大而长的工件上钻中心孔,可采用卡盘夹持并用中心架支承的方法(图2-1-16)。

③钻C型中心孔时,首先用两个直径不同的钻头钻螺纹底孔和短圆柱孔(图2-1-17a、b),内螺纹用丝锥攻出(图2-1-17c),60°及120°锥面可用60°及120°锪钻锪出(图2-1-17d、e)或用改制的B型中心钻钻出(图2-1-17f)。

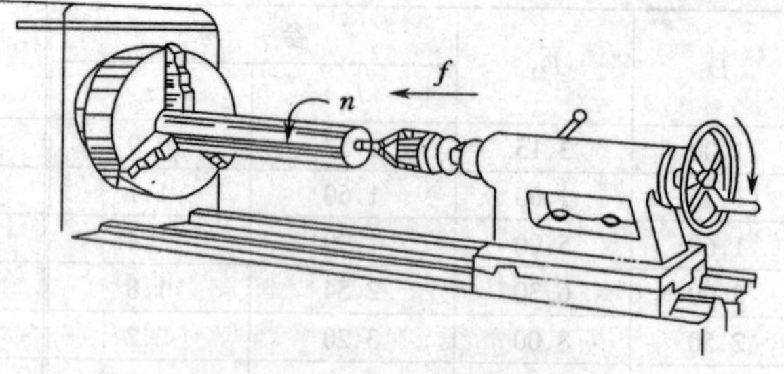

图2-1-15 较短工件上钻中心孔

④工件直径大或形状较复杂,无法在车床上钻中心孔时,可在工件上先划

好中心线，然后在钻床上或用电钻钻出中心孔。

钻中心孔的过程中应该注意勤退刀，及时清除切屑，并充分冷却、润滑。

(3)中心钻折断的原因及预防措施

钻中心孔时，由于中心钻切削部分的直径很小，承受不了过大的切削力，操作中稍不注意，中心钻就会折断。

中心钻折断的原因大致有以下几种。

①中心钻与工件旋转中心不一致，使中心钻受到一个附加力的影响而弯曲折断。这往往是因为尾座偏位、钻夹头柄弯曲等原因造成。所以必须把尾座严格找正，将钻夹头转动一角度来对准中心。

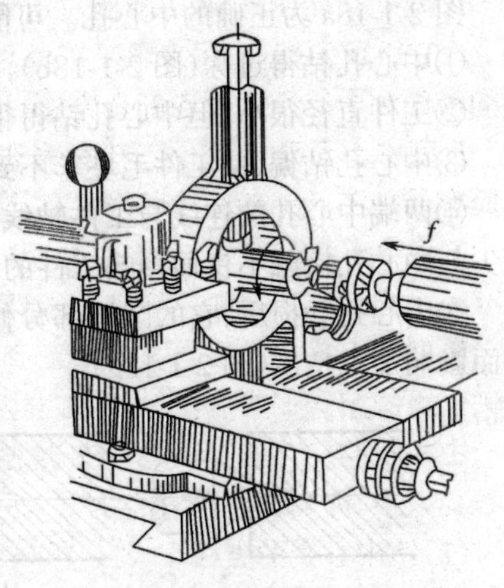

图 2-1-16　长工件上钻中心孔

②工件端面没有车平，在中心处留有凸头，使中心

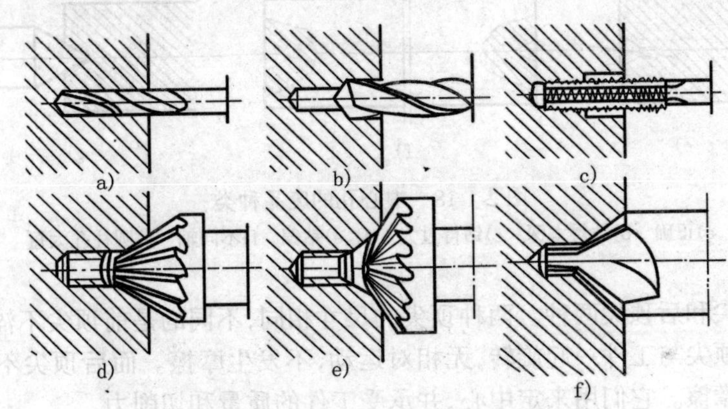

图 2-1-17　C 型中心孔的加工方法

a)钻螺纹底孔　b)钻圆柱孔　c)攻内螺纹　d)钻 60°锥面
e)钻 120°锥面　f)用改制的 B 型中心钻钻锥面

钻不能准确地定心而折断。所以工件端面一定要车平整。

③切削用量选择不当，即转速太慢而进给太快，造成中心钻折断。由于中心钻直径很小，即使采用较高转速时，切削速度仍然不大。例在 CA6140 卧式车床上，用 $\phi 2$ mm 中心钻，车床主轴转速为 1400 r/min，切削速度只有 0.147 m/s。由于手摇尾座的速度是差不多的，这样相对进给量过大而折断中心钻。

④中心钻磨损后，强行钻入工件时也容易折断中心钻。所以中心钻磨损后应及时修磨或更换。

⑤没有浇注充分的切削液或没有及时清除切屑，致使切屑堵在中心孔内而使中心钻折断。因此，钻中心孔时应浇注充分的切削液并及时清除切屑。

因此，钻中心孔虽然是简单操作，但若不注意要领，不但会使中心钻折断，还会给工件加工带来困难。所以，必须熟练地掌握钻中心孔的方法。当中心钻断在中心孔内时，必须将断头从孔内取出，并加以修整后，才能进行加工。

(4)中心孔的质量分析

图 2-1-18a 为正确的中心孔。可能产生的废品有以下几种。

①中心孔钻得过深(图 2-1-18b),以致顶尖和中心孔不是锥面配合,接触面小而加快磨损。

②工件直径很小,但中心孔钻得很大,使工件无端面而加快磨损(图 2-1-18c)。

③中心孔钻偏,使工件毛坯车不到规定尺寸而成废品(图 2-1-18d、e)。

④两端中心孔的连线与工件轴线不重合(图 2-1-18f),造成工件余量不够而成废品,或因顶尖与中心孔接触不良而影响工件的精度。

⑤中心孔磨损后,它的圆柱部分修磨得太短,造成顶尖与中心孔底相碰,使 60°锥面不密合而影响加工精度(图 2-1-18g)。

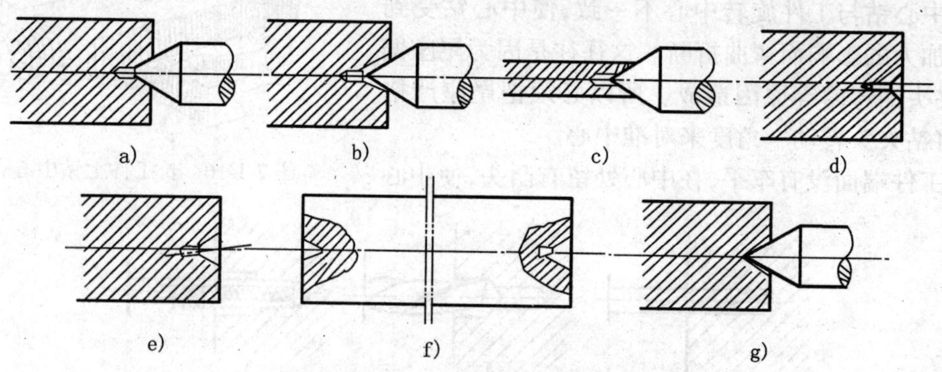

图 2-1-18　中心孔的废品种类

a)正确　b)钻得太深　c)钻得过大　d)、e)钻偏　f)不同轴　g)圆柱孔太短

2. 顶尖

顶尖有前顶尖和后顶尖两种。两种顶尖的尺寸相同,不同的是前顶尖不淬火,后顶尖要淬火。这是因为前顶尖与工件一起旋转,无相对运动,不发生摩擦。而后顶尖不转动,与工件有相对运动而产生摩擦。它们用来定中心,并承受工件的质量和切削力。

(1)前顶尖

插在车床主轴锥孔内跟主轴一起旋转的顶尖称前顶尖。前顶尖安装在一个专用锥套内,再将锥套插入主轴锥孔内(图 2-1-19a),有时为了准确和方便,可在三爪卡盘上夹一段钢料车出 60°锥角以代替前顶尖(图 2-1-19b)。这种顶尖从卡盘上卸下后,再次使用时,必须将锥面重新修整,以保证顶尖锥面的轴心线与车床主轴旋转中心重合。

(2)后顶尖

插入车床尾座套筒内的顶尖叫后顶尖。有死顶尖(图 2-1-20)和活顶尖(图 2-1-21)两种。

1)死顶尖　死顶尖定心准确而且刚性好,但因工件与顶尖是滑动摩擦,磨损大而发热高,容易把中心孔或顶尖"烧坏"。所以,采用镶硬质合金的顶尖(图 2-1-20b),它适用于加工精度要求高的工件或高速加工的情况。支承细小工件时可用反顶尖(图 2-1-20c),这时工件端部要做成顶尖形状。

2)活顶尖　活顶尖内部装滚动轴承,顶尖和工件一起转动,避免了顶尖和中心孔的摩擦,能承受很高的转速,但支承刚性差。又因活顶尖存在一定的装配积累误差,当滚动轴承磨损后,会使顶尖产生径向跳动,从而降低了加工精度。

3. 拨盘和鸡心夹头

仅有前后顶尖是不能带动工件的,必须通过装在车床主轴上的拨盘和鸡心夹头才能带动

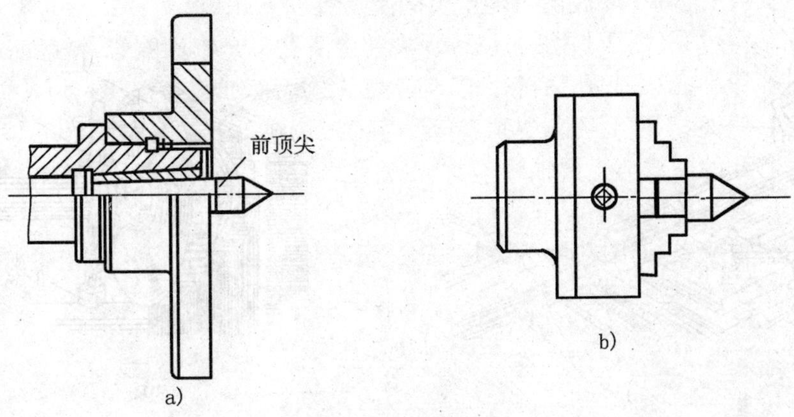

图 2-1-19　前顶尖
a)标准顶尖　b)车制顶尖

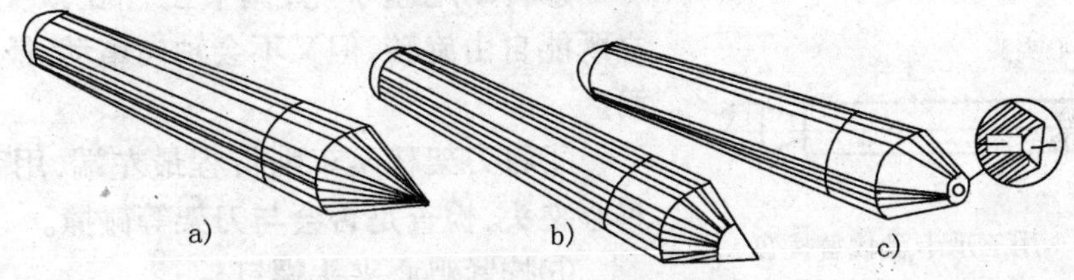

图 2-1-20　死顶尖
a)普通顶尖　b)镶硬质合金的顶尖　c)反顶尖

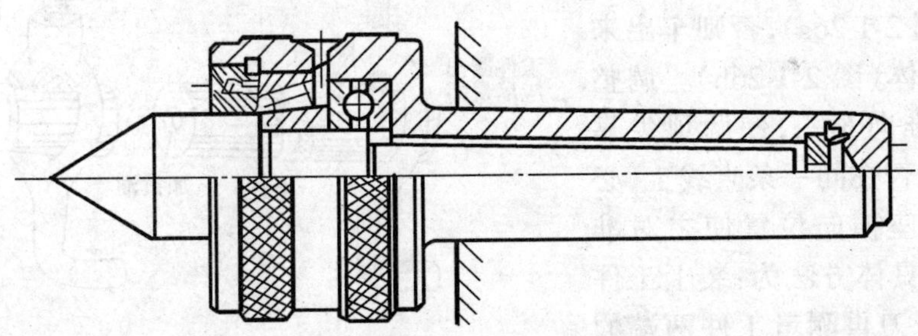

图 2-1-21　活顶尖

工件旋转。拨盘盘面有二种形状，一种是有 U 型槽的拨盘 1，用来装弯尾鸡心夹头 2(图 2-1-22a)，另一种是装有拨杆的拨盘 1，用来装直尾鸡心夹心 2(图 2-1-22b)。鸡心夹头的一端与拨盘联接，另一端装方头螺钉 3，用来紧固工件。

除鸡心夹头外，也常有使用两半分开的"对分式夹头"。生产中也可如图 2-1-23 所示，用三爪自动定心卡盘代替拨盘。

4.用顶尖装夹工件的步骤和注意事项

(1)装夹步骤

①在工件一端安装鸡心夹头(图 2-1-24)，先用手稍微拧紧螺钉。在工件另一端中心孔里涂上润滑油。

②将工件置于顶尖间(图 2-1-25)，根据工件长短调整尾座位置，保证能让刀架移至车削行程最右端，同时又要尽量使尾座套筒伸出最短，然后将尾座固定。

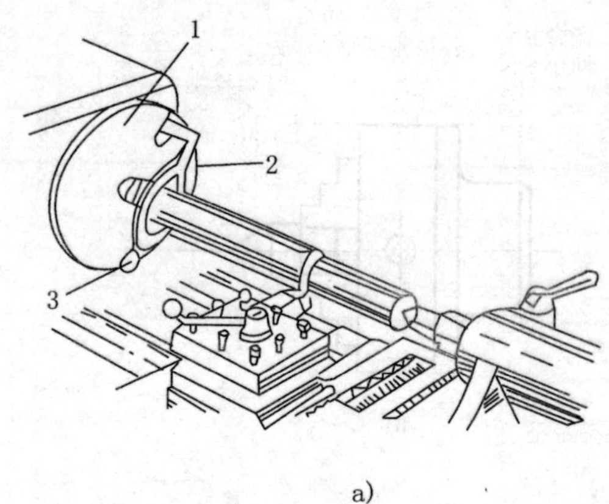

a)

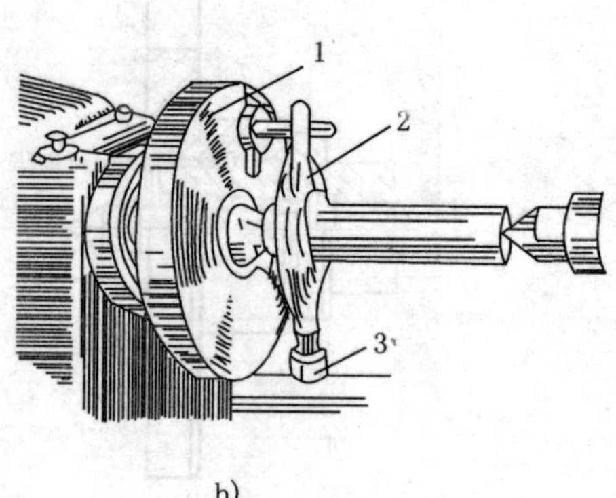

b)

图 2-1-22 活顶尖

a)弯尾鸡心夹头 b)直尾鸡心夹头

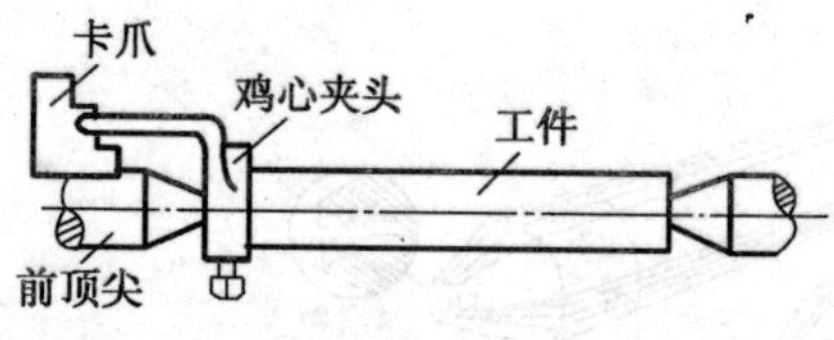

图 2-1-23 用三爪卡盘代替拨盘

③转动尾座手轮,调节工件在顶尖间的松紧,使之既能自由旋转,但又不会轴向窜动,最后紧固尾座套筒。

④将刀架移至车削行程最左端,用手转动拨盘及鸡心夹头,检查是否会与刀架等碰撞。

⑤拧紧鸡心夹头螺钉。

(2)注意事项

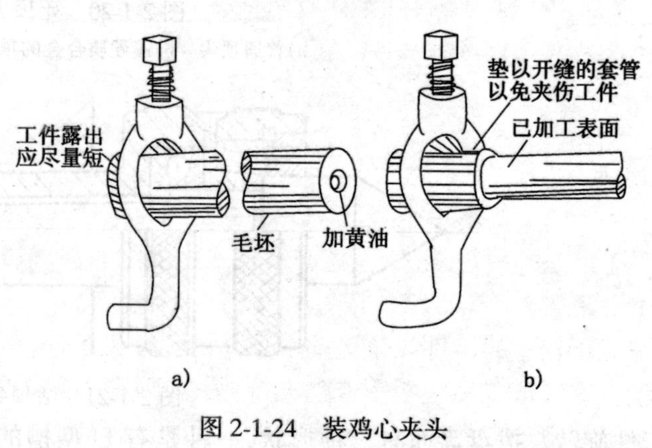

a) b)

图 2-1-24 装鸡心夹头

a)夹毛坯表面 b)夹已加工表面

①应该使前后顶尖轴线与车床主轴轴线重合(图 2-1-26a),否则车出来的工件是圆锥体(图 2-1-26b)。调整时,可把尾座推向车头,使两顶尖靠近,检查它们是否在同一条直线上,必要时可调整尾座横向位置使之对准(图 2-1-26c)。具体方法为:装上工件后,将外圆车一刀再测量工件两端的直径,以两端直径的偏差来调整尾座横向位移。如果工件右端直径大、左端小,那么尾座朝操作者方向偏移,反之向相反方向偏移。测量偏移量时,以百分表触头接触工件右端。如果两端直径相差 0.1 mm,那么尾座应偏移 0.1/2=0.05 mm,这个偏移量由百分表读出。

②中心孔形状应正确,表面粗糙度值低,支顶前应清理中心孔。如果用死顶尖,应在后顶尖中心孔内加润滑脂(黄油)。

③尾座套筒在不影响车刀切削的情况下,尽量伸出短些,以提高刚性减少振动。

④两顶尖与工件中心孔之间配合的松紧必须适当。如果顶得松,工件无法正确定中心,车削时就容易引起振动,而且顶得过松,工件可能飞出而发生事故;如果顶得过紧,细长工件会变形。对于死顶尖,会增加摩擦的可能,"烧坏"顶尖和中心孔;对于活顶尖,容易损坏顶尖内部的滚动轴承。所以在车削过程中,必须随时注意顶尖及靠近顶尖的工件部分摩擦发热情况。当

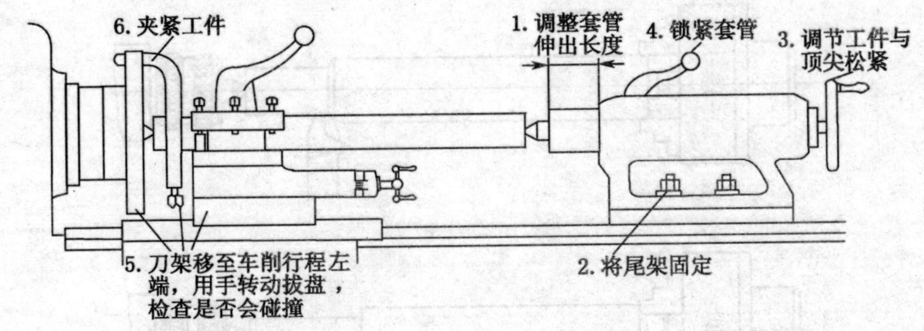

图 2-1-25　顶尖间装夹工件

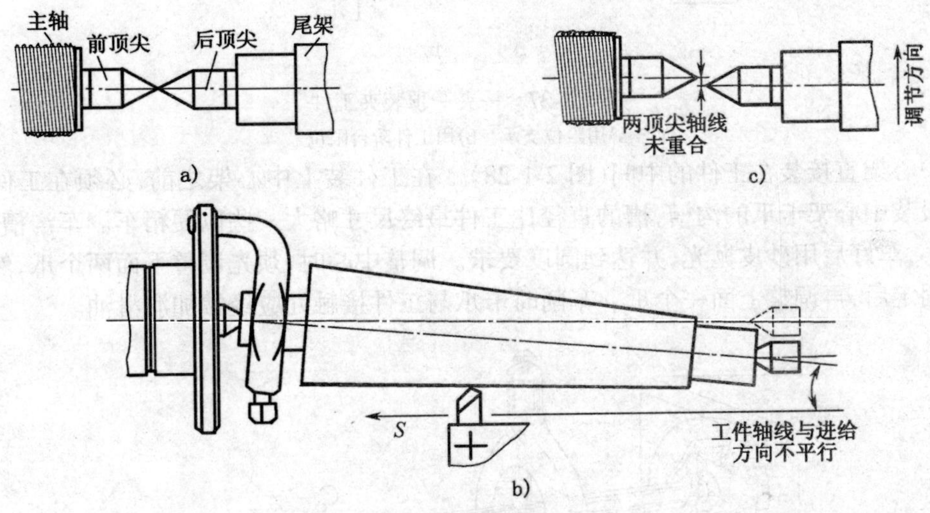

图 2-1-26　对准顶尖使轴线重合

a)顶尖轴线必须重合　b)横向调节尾架体使顶尖轴线重合　c)顶尖轴线不重合时车出锥体

发现温度过高时(一般用手感来掌握),必须加黄油或机械油进行润滑,并适当调整松紧。

5. 用卡盘、顶尖装夹工件

对于较重的工件或精度要求不高的长轴类工件,用两个顶尖安装很不稳定,难以提高切削用量。这时可采用一端用卡盘夹持,另一端用后顶尖顶住的安装方法(简称一夹一顶)。为了防止工件由于切削力作用而产生轴向位移,必须在主轴锥孔内装一个限位支承(图 2-1-27a)或利用工件的阶台限位(图 2-1-27b)。由于这种安装方法较安全,能承受较大的轴向切削力,安装刚性好,轴向定位准确,所以在粗加工及半精加工中广泛应用。

四、用中心架和跟刀架装夹

当工件长度跟直径之比大于 25($L/d>25$)时称为细长轴。由于细长轴本身刚性较差,当受到切削抗力时,会引起弯曲、振动,使加工很困难。L/d 愈大,加工就愈困难。例如出现两头细中间粗的腰鼓形。在细长轴加工时,要使用中心架和跟刀架作为附加支承,以增强工件的刚性。

1. 中心架

中心架一般多用于车削阶台轴、长轴的端面和轴端内孔。中心架固定在床身导轨上,有以下三种使用方法。

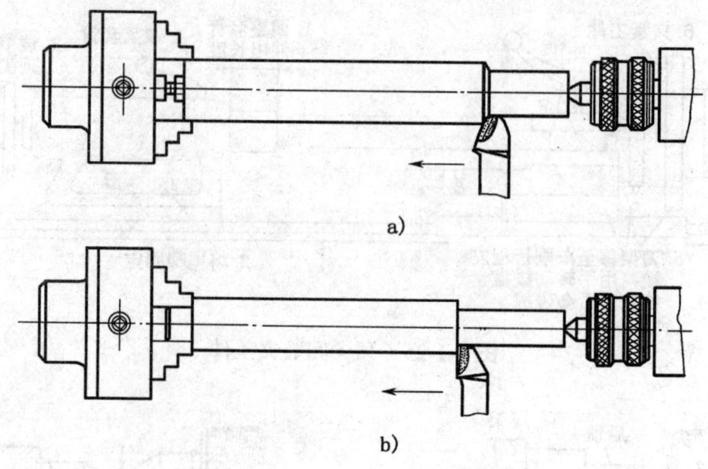

a)

b)

图 2-1-27　一夹一顶装夹工件

a)用限位支承　b)用工件阶台限位

1)中心架直接装在工件的中间(图 2-1-28)　在工件装上中心架之前,必须在工件毛坯中间车一段装中心架卡爪的沟槽,槽的直径比工件最终尺寸略大一些以便精车。车沟槽时,切削用量要小,车好后用砂皮抛光,并达到圆度要求。调整中心时,须先调整下面两个爪,然后把盖子盖好固定后,再调整上面一个爪。车削时卡爪与工件接触处应经常加润滑油。

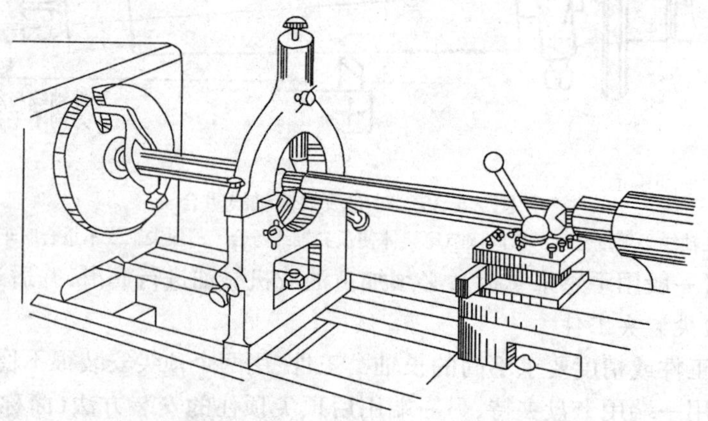

图 2-1-28　用中心架车削细长轴

2)用过渡套筒　中心架的卡爪与工件直接接触,在工件上必须先车出搭中心架的沟槽。在细长轴中间要车削这条沟槽也是比较困难的。因此,可以用过渡套筒装夹细长轴(图 2-1-29)的办法来解决,使卡爪跟过渡套筒的外表面接触。过渡套筒的两端各装有四个螺钉,用来找正和夹住毛坯工件。

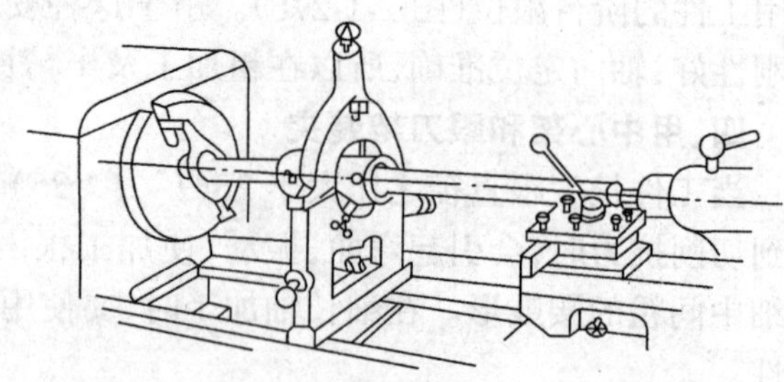

图 2-1-29　用过渡套筒装夹细长轴

3)一端夹住一端搭中心架　车削长轴的端面、钻中心孔和车削较长套筒的内孔、内螺纹时,都可用一端夹住一端搭中心架的方法(图 2-1-30)。这种方法使用范围广泛。

调整中心架必须注意:工件轴线必须与主轴轴线同轴,否则,在端面上钻中心孔时,会把中心钻折断;在中心架上车内圆时,会产生锥度,如果中心偏斜严重,工件旋转产生扭动,工件很快从卡盘上掉下来而发生事故。

2.跟刀架

跟刀架一般有两个卡爪,使用时固定在床鞍上(图 2-1-31),可随刀架一起移动。跟刀架主要可以跟随着车刀抵消径向切削抗力。车削时在工件头上先车好一段外圆,以此调节跟刀架支承,使之松紧适宜。支承处要加润滑油润滑。跟刀架可以提高细长轴的形状精度和减小表面粗糙度值。

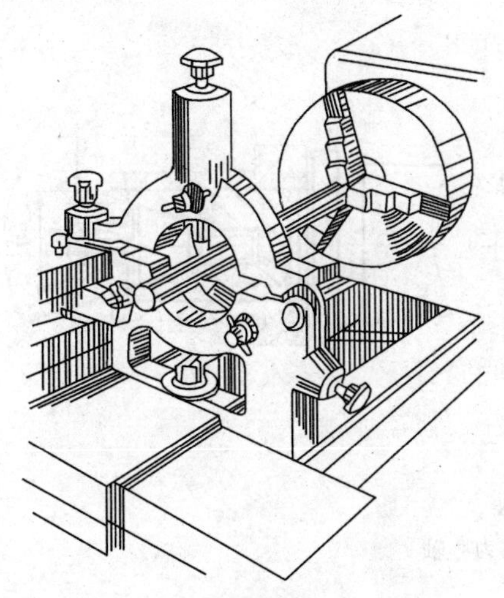

图 2-1-30 一端夹住一端搭中心架车削端面

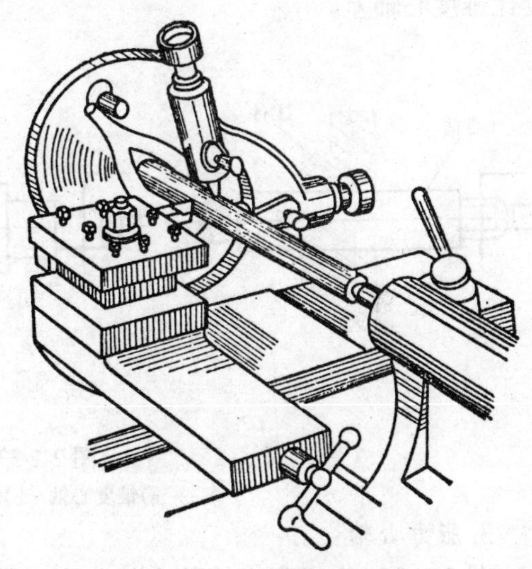

图 2-1-31 跟刀架的使用

使用二爪跟刀架时,由于工件本身的自重和弯曲,车削时工件往往因离心力作用而周期性瞬时离开卡爪,又瞬时接触卡爪,从而产生振动和不稳定工况。因此,建议采用三爪跟刀架(图 2-1-32)。

五、用心轴装夹

有些形状复杂和同心度要求高的盘、套类零件,须用心轴安装进行加工。以利于保证内、外圆柱面的同轴度及两端面的平行度。用心轴安装工件时,应先对工件的孔进行精加工(IT9~IT7),然后以孔来定位。把零件安装在心轴上,再把心轴安装在前后顶尖间,进行外圆和端面加工。

根据零件的形状尺寸、精度要求及加工数量不同,应采用不同结构的心轴。

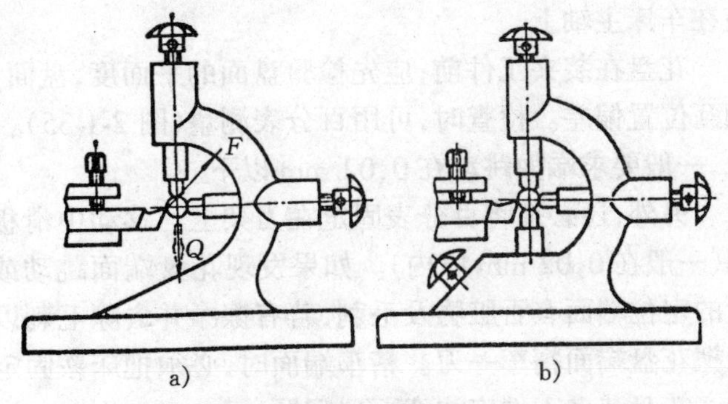

图 2-1-32 两爪跟刀架和三爪跟刀架

a)两爪跟刀架 b)三爪跟刀架

1. 锥度心轴

当工件上孔的深度大于孔径时，应采用锥度心轴（锥度一般为1:1 000～1:5 000）安装（图2-33a）。这种心轴对中性好，制造简单，加工出的零件精度高，但长度方向无法定位。由于切削力是靠心轴锥面与工件孔壁压紧后的摩擦力传递，故背吃刀量不宜大，装拆也不方便。

2. 圆柱体心轴

当工件上孔的深度小于孔径时，宜采用带压紧螺母的圆柱体心轴安装（图2-1-33b），工件左端紧靠心轴的阶台，由螺母及垫圈压紧在心轴上。为了保证内、外圆同心，孔与轴之间配合间隙应尽量小。这种心轴一次可装多个零件，可承受的切削力较大，但定位精度低，对中准确度比锥度心轴差。

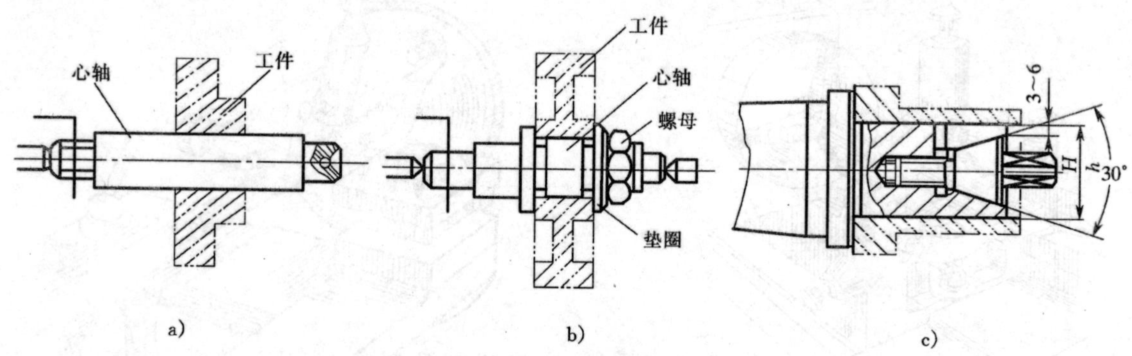

图2-1-33　各种常用心轴

a)锥度心轴　b)圆柱体心轴　c)胀力心轴

3. 胀力心轴

图2-1-33c为机床主轴孔中的胀力心轴，它是依靠材料的弹性变形产生的胀力来固定工件的，胀力心轴装拆方便，精度高。

六、用花盘装夹

被加工表面的旋转轴线跟定位基准相互垂直，且外形复杂的零件可采用花盘安装（图2-1-34）。花盘是一个铸铁大圆盘，其端面上的“T”型槽用来穿压紧螺栓。中心的内螺孔可直接安装在车床主轴上。

花盘在装夹工件前，应先检验盘面的平面度，盘面与主轴轴线的垂直度。否则工件会产生相互位置偏差。检查时，可用百分表测量（图2-1-35）。用手转动花盘，看百分表指针的跳动情况，一般要求端面跳动在0.02 mm以下。

另外，还必须将百分表固定在刀架上。移动中滑板，观察花盘表面凹凸情况，平面只允许凹（一般在0.02 mm以内）。如果发现花盘端面跳动或垂直度超差，首先卸下花盘，检查连接盘的定位端面有否脏物及毛刺，若有擦净并去除毛刺以后再装上测量。如果还不符合要求，可以把花盘端面精车一刀。精车端面时，必须把床鞍固定螺钉锁紧。

花盘装夹工件应注意下列问题：

①调整平衡铁进行平衡，以防止加工时工件重心偏离旋转中心引起振动，以免发生事故；

②应考虑工件被加工表面处于什么位置才便于加工和测量；

③如何用简便、牢固的方法把工件夹紧，而且使夹紧变形最小。

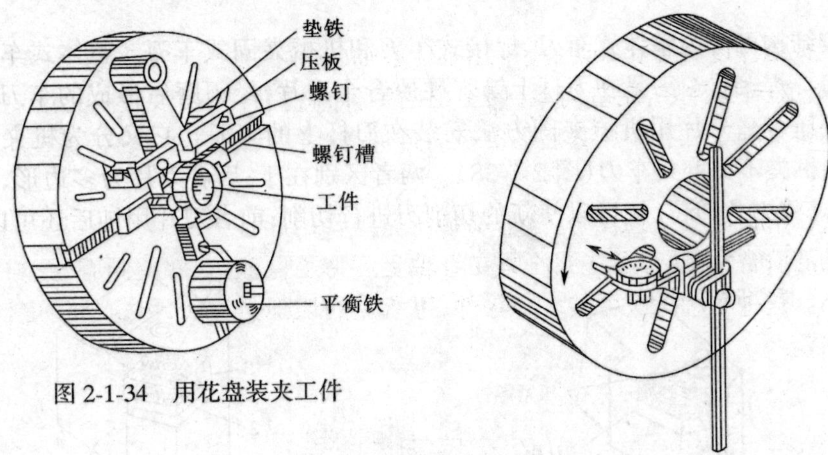

图 2-1-34 用花盘装夹工件

图 2-1-35 用百分表检查花盘平面

1-3 车刀及其安装与刃磨

一、车刀的分类及组成

1. 车刀的分类

①车刀按用途可分为外圆车刀、端面车刀、切断刀、镗孔刀、螺纹车刀、成形车刀等(图 2-1-36)。外圆车刀用于加工外圆柱和外圆锥表面,它分为直头和弯头两种。弯头车刀可以车削外圆、端面和倒角。端面车刀用来车削端面和短阶台。切断刀用来切断工件或车沟槽。镗孔刀用于镗削工件的内孔。螺纹刀用于车削螺纹。成形车刀用来车削阶台处的圆角和圆槽或各种

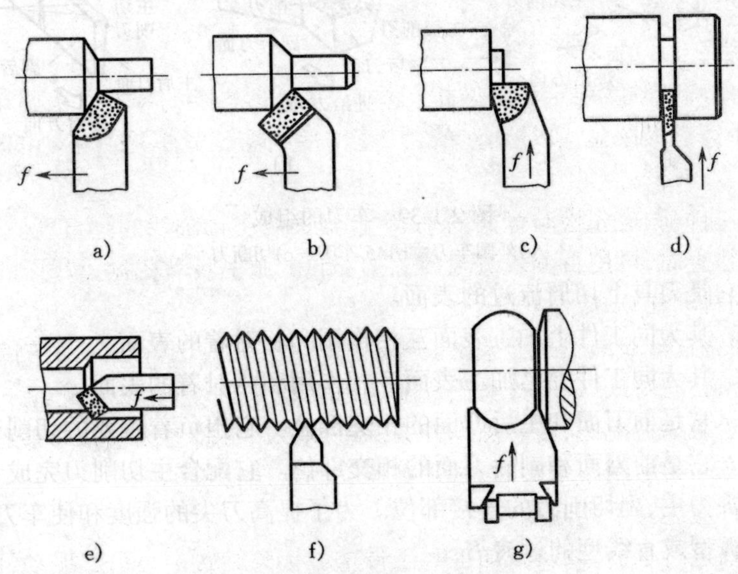

图 2-1-36 常用车刀种类

a)直头外圆车刀 b)弯头车刀 c)端面车刀 d)切断刀
e)镗孔车刀 f)螺纹车刀 g)成形车刀

特形面。

②车刀按结构可分为整体式车刀、焊接式车刀和机械夹固式车刀。整体式车刀主要是整体高速钢车刀。焊接式车刀是在刀杆上镶焊硬质合金刀片，经刃磨后形成的车刀。机械夹固式车刀是将硬质合金刀片用机械夹固方法安装在刀杆上的车刀。它又分为机夹重磨式车刀（图 2-1-37）和机夹不重磨式车刀（图 2-1-38）。两者区别在于：后者刀片为多边形，即多条切削刃，用钝后只需将刀片转位，就可以使新的切削刃进行切削；前者刀片用钝后还可以修磨。

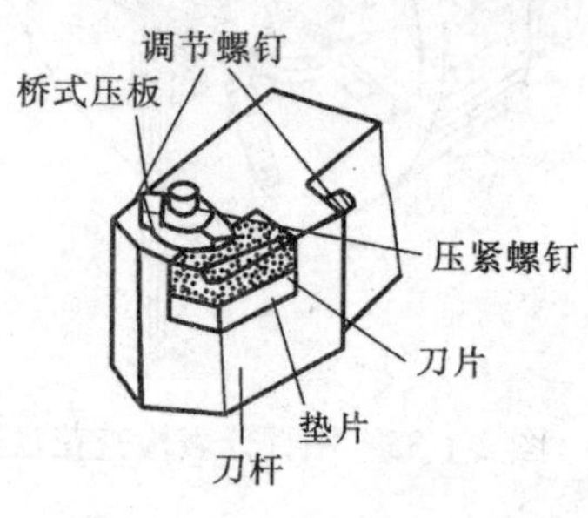

图 2-1-37　机夹重磨车刀

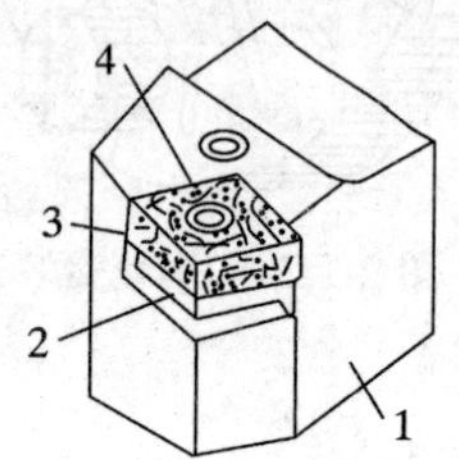

图 2-1-38　不重磨车刀

1—刀杆；　2—刀垫；

3—刀片；　4—夹固元件

2. 车刀的组成

车刀是由刀头和刀杆两部分组成。刀头用于切削，又称切削部分；刀杆用于把车刀装夹在刀架上，又称夹持部分。车刀刀头由以下几部分组成（图 2-1-39）。

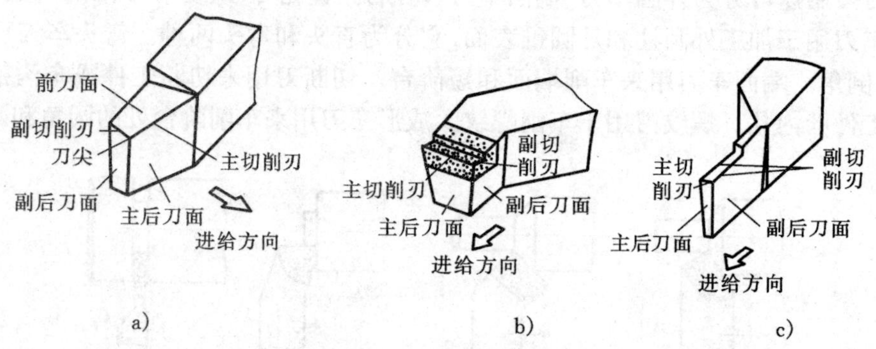

图 2-1-39　车刀的组成

a)外圆车刀　b)45°车刀　c)切断刀

1)前刀面　它是刀具上切屑流过的表面。

2)主后刀面　其为同工件上加工表面互相作用和相对着的表面。

3)副后刀面　其为同工件上已加工表面互相作用和相对着的表面。

4)主切削刃　它是前刀面和主后刀面的相交部位。它担负着主要的切削工作。

5)副切削刃　它是前刀面和副后刀面的相交部位。它配合主切削刃完成切削工作。

6)刀尖　刀尖为主、副切削刃的连接部位。为了提高刀尖的强度和使车刀耐用，很多车刀都刃磨成一段圆弧型或直线型的过渡刃。

7)修光刃　这是副切削刃近刀尖处一小段平直的切削刃（图 2-1-40）。装车刀时必须使修光刃与进给方向平行，且修光刃长度大于工件每转一转车刀沿进给方向的移动量，才能起到修光作用。

二、车刀的角度和刃磨

1. 车刀的主要角度及其作用

外圆车刀六个主要角度的标准见图 2-1-41。

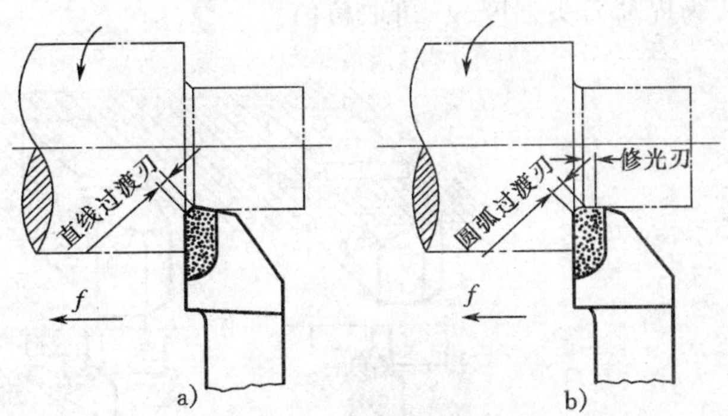

图 2-1-40　车刀的过渡刃和修光刃

a)直线型过渡刃　b)圆弧型过渡刃和修光刃

(1)在基面内测量的角度

1)主偏角(κ_r)　主偏角是主切削刃在基面上的投影与进给方向之间的夹角。减小主偏角可增加主切削刃参加切削的长度，有利于散热和减小刀具的磨损，使刀具作用于工件径向的切削力增大，但当工件刚性不足时，易引起工件弯曲和振动。通常 κ_r 在 45°～75°之间选取。车细长轴时，为避免车刀顶弯工件，κ_r 应在 75°～90°之间选取。

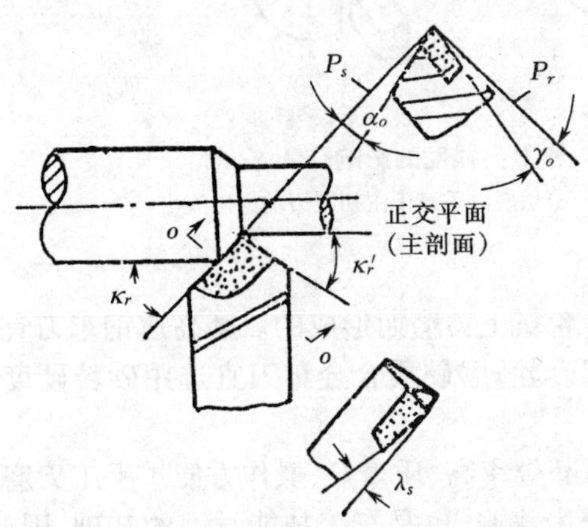

图 2-1-41　车刀的几何角度

2)副偏角(κ'_r)　副切削刃在基面的投影与背进给方向之间的夹角为副偏角。副偏角的作用是影响副切削刃与工件已加工面之间的摩擦，影响已加工面的粗糙度。κ'_r 较小时，可减小切削时的残留面积，减小表面粗糙度。一般 κ'_r 在 5°～10°之间选取，精加工时宜选用较小的 κ'_r。

(2)在正交平面内测量的角度

1)前角(γ_o)　前刀面与基面之间的夹角称为前角。前角影响刃口锋利和强度，影响切削变形和切削力。前角增大使车刀刃口锋利，减小切削变形，可使切削省力，并使排屑方便。但前角过大，则刀尖强度被削弱，散热能力降低，容易造成磨损或崩刃。一般硬质合金车刀切削钢件时，γ_o 为 10°～25°；车削铸件时，γ_o 为 5°～15°。用高速钢车刀车削时，γ_o 可适当加大些。

2)后角(α_o)　主后刀面与切削平面之间的夹角称为后角。后角影响车刀主后刀面与工件过渡表面之间的摩擦及刀刃强度和锋利程度。粗加工时，为保证刀刃强度，α_o 选小些。精加工时，为避免已加工表面擦伤，α_o 选大些。α_o 一般在 6°～12°之间选取。

3)副后角(α'_o)　副后刀面与切削平面之间的夹角称为副后角。副后角的主要作用是减少车刀副后刀面与工件之间摩擦。

(3)在切削平面内测量的角度

在切削平面内测量的角度有刃倾角(λ_s)，它是主切削刃与基面之间的夹角。刃倾角主要影响切屑的流向和刀头强度。当刀尖是主切削刃的最高点时，λ_s 为正值，切屑流向待加工表面(图 2-1-42a)；主切削刃与基面平行时 $\lambda_s=0$，切屑沿着垂直于主切削刃的方向流出(图 2-1-42c)；当刀尖是主切削刃的最低点时，λ_s 为负值，切屑流向已加工表面(图 2-1-42b)。一般 λ_s 在 −5°～10°之间选取。精加工时，为避免切屑划伤已加工表面，λ_s 值应取零或正值；粗加工时，为提高刀头强度，λ_s 可取负值。

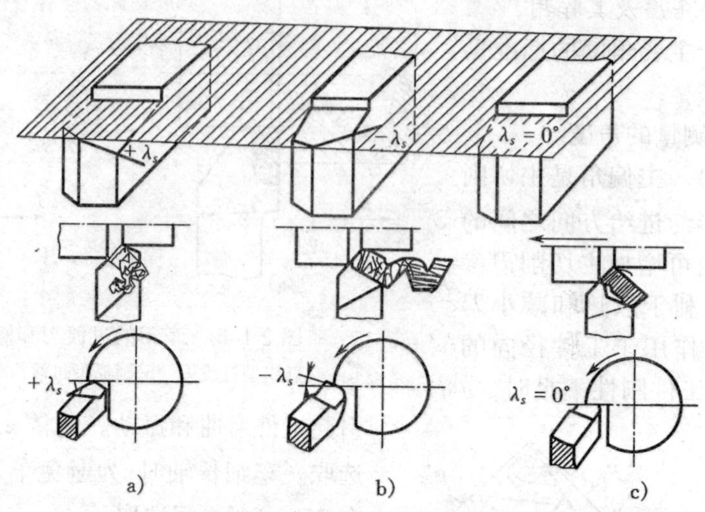

图 2-1-42　刃倾角对流屑方向和刀尖强度的影响

a)切削流向待加工表面　b)切屑流向已加工表面　c)切屑沿垂直于主切削刃的方向流出

2. 车刀的刃磨步骤和注意事项

车刀的切削部分的形状和几何角度通常是在砂轮机上刃磨而形成的。磨高速钢车刀宜选用砂粒韧性较好、比较锋利、硬度稍低的白色氧化铝砂轮；磨硬质合金车刀宜选用砂粒硬度更高、切削性能好但较脆的绿色碳化硅砂轮。

车刀刃磨有机械刃磨和手工刃磨两种。机械刃磨效率高、质量好、操作方便。手工刃磨比较灵活，对磨刀设备要求较低，这种刃磨方法应用较为普遍，也是车工技能学习的基础，因此，必须掌握手工刃磨的基本技能。

(1)一般步骤

现以车削钢料的高速钢外圆车刀为例，介绍手工刃磨步骤。

1)磨主后刀面(图 2-1-43a)　按主偏角的大小使刀杆向左偏斜，按后角的大小使刀头向上翘，使主后面自下而上慢慢接触砂轮刃磨。

2)磨副后刀面(图 2-1-43b)　按副偏角的大小使刀杆向右偏，按副后角的大小使刀头向上翘，使副后刀面自下而上慢慢接触砂轮刃磨。

3)磨前刀面(图 2-1-43c)　刀杆尾部下倾，按前角大小倾斜前刀面，使切削刃与刀杆底面平行或倾斜一定角度，使前刀面自下而上慢慢接触砂轮刃磨。

4)磨刀尖过渡刃(图 2-1-43d)　刀尖上翘，使过渡刃处有后角，然后左右移动或摆动刃磨。

车刀在砂轮上刃磨后，还要用油石加机油将各面磨光，以使车刀耐用和降低被加工零件的粗糙度。

(2)注意事项

①刃磨时，两手稳握车刀，使刀杆靠于支架上，并使受磨面贴近砂轮，切勿用力过猛，以免挤碎砂轮，造成事故。

②新安装的砂轮必须严格检查，经过试运转实验后方能使用。刃磨时尽可能使用砂轮圆周面，并将车刀左右移动，使砂轮磨耗均匀，不产生沟槽。应避免在砂轮两侧面用力粗磨车刀，

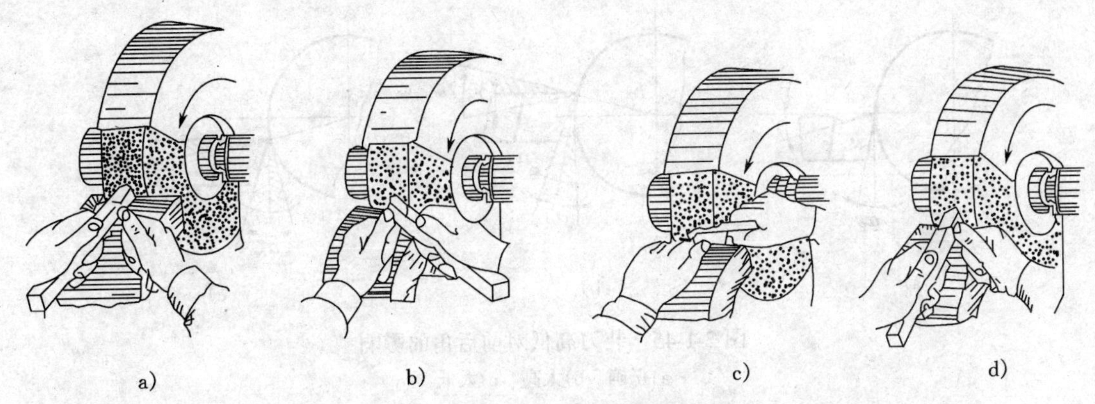

图 2-1-43 车刀的刃磨

a)磨主后刀面 b)磨副后刀面 c)磨前刀面 d)磨刀尖圆弧

以致使砂轮受力偏摆、跳动,甚至破碎。

③刀头磨热时,即应沾水冷却,以免刀头因温度升高而软化。但磨硬质合金车刀时,不应沾水,以免产生裂纹。

④不要站在砂轮正面,以免砂轮破碎时使操作者受伤。

⑤必须根据车刀材料来选择砂轮种类,否则将达不到良好的刃磨效果。不允许在砂轮上磨有色金属和非金属材料,以免堵塞砂轮。

⑥刃磨硬质合金车刀时,砂轮旋转方向必须由刃口向刀体方向转动,以免造成切削刃出现锯齿形缺陷。

⑦磨刀结束后随手切断砂轮机电源。

三、车刀的安装

磨得很好的车刀,如果安装方法不正确,就会改变车刀的角度,直接影响工件的加工质量。所以,车刀要安装正确,必须注意以下几点。

①安装在刀架上的车刀不宜伸出太长,一般以不超过刀杆高度的 2 倍为宜。伸出太长,刀杆刚性下降,容易产生振动,使车出的工件表面粗糙度增加或车刀损坏。车刀下面的垫片要平整,数量要少,垫片应与刀架对齐。车刀至少要用两个螺钉压紧在刀架上,并逐个轮流拧紧(图 2-1-44)。

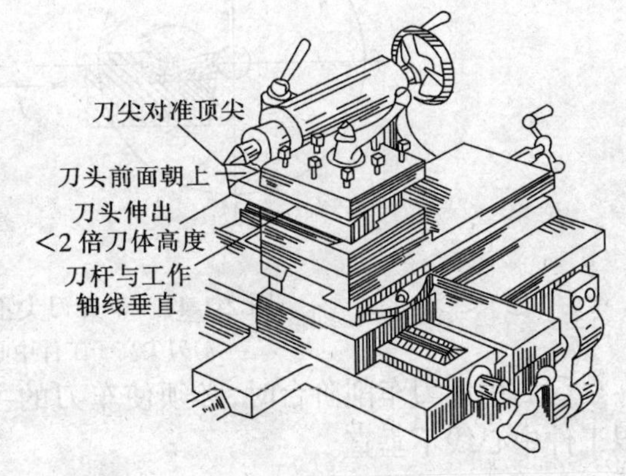

图 2-1-44 车刀的安装

②车刀刀尖一般应与工件轴线等高(图 2-1-45a),否则,由于切削平面和基面的位置发生变化,会改变车刀工作时的前、后角的大小。若车刀装得太高(图 2-1-45b),会使后角减小,增大车刀后刀面与工件间的摩擦;车刀装得太低(图 2-1-45c),会使前角减小,切削不顺利。

③装夹车刀时,应使刀杆中心线与进给方向垂直,否则会使主偏角和副偏角发生变化(图 2-1-46)。

④车端面时,除了注意上述安装要求外,还要严格保证车刀的刀尖对准工件中心,以防止

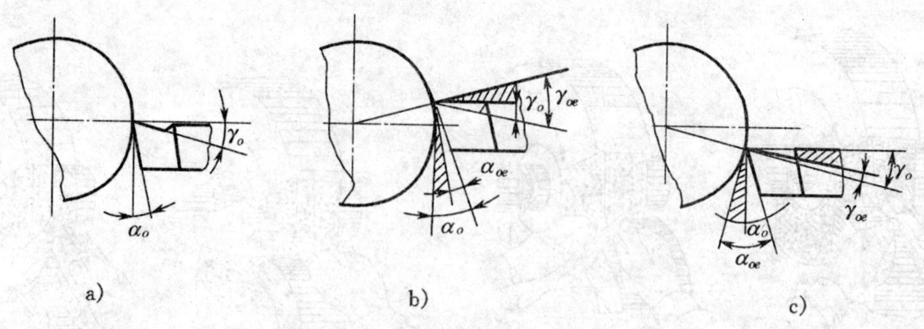

图 2-1-45　装刀高低对前后角的影响

a)正确　b)太高　c)太低

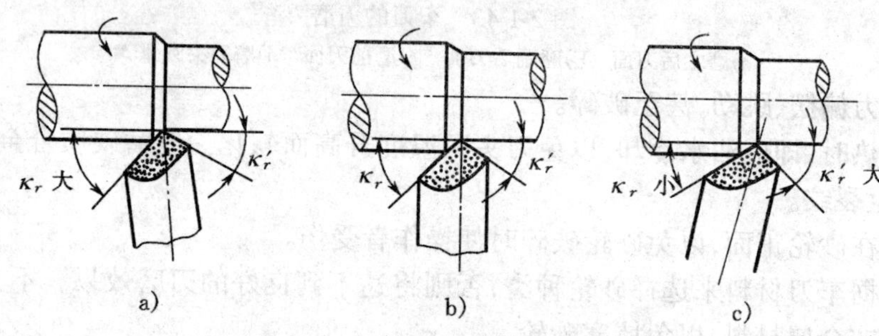

图 2-1-46　车刀装偏对主副偏角的影响

a)κ_r 增大　b)安装正确　c)κ_r 减小

车削后工件端面中心处留有凸头。使用硬质合金车刀时，如忽视这一点，车到中心处时会使刀尖崩碎(图 2-1-47)。

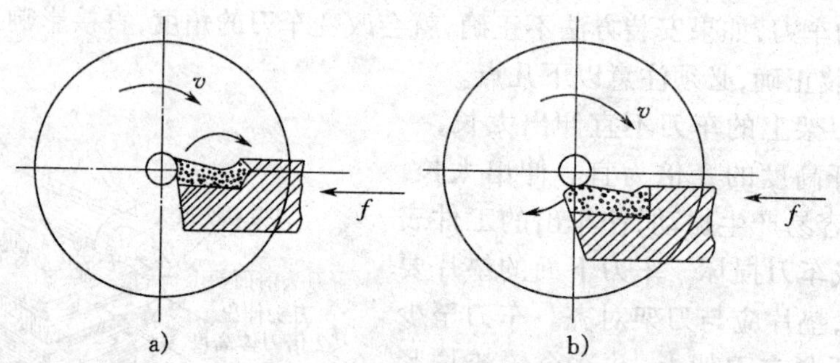

图 2-1-47　车刀刀尖不对准工件中心使刀尖崩碎

a)刀尖高于工件中心　b)刀尖低于工件中心

⑤当用偏刀车削阶台时，必须使车刀的主切削刃跟工件表面成 90°，否则，车出的阶台会跟工件中心线不垂直。

1-4　车床操作要点

以 CA6140 车床为例，讲述车床操作方法。

一、变速、变走刀和变挂轮操作

1. 车床的传动

电动机输出的动力，经带传动传给主轴箱。变换箱外的手柄位置，可使箱内不同的齿轮啮合，从而使主轴得到各种不同的转速。主轴通过卡盘带动工件作旋转运动。

主轴的旋转通过挂轮箱、进给箱、丝杠（或光杠）、溜板箱的传动，使溜板带动装在刀架上的刀具沿床身导轨作直线进给运动。

图 2-1-48 为卧式车床的传动系统框图。

2. 变速操作

变换主轴箱正面右侧两个叠在一起的主轴变速手柄位置，可使主轴获得 10 r/min～1400 r/min 间 24 级转速。操纵里面的主轴变速手柄，分别控制主轴上的滑移齿轮（$z=50$）和Ⅳ轴上两个滑移齿轮（$z=80$、50 与 $z=20$、50），实现变换主轴的高速挡（左边）、低速挡（右边）和空挡（中间）。操纵外边的主轴变速手柄，控制两个滑移齿轮（Ⅱ轴上的双联滑移齿轮与Ⅲ轴上的三联滑移齿轮），使Ⅲ轴可以变换 6 种速度。

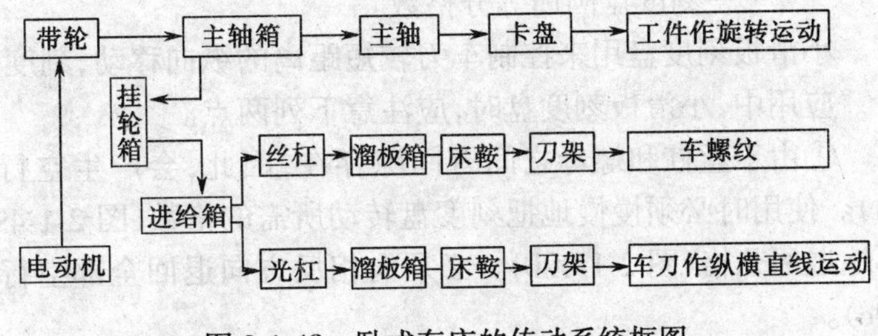

图 2-1-48　卧式车床的传动系统框图

3. 变走刀操作

变走刀是通过进给箱正面的螺距及进给量手柄的操纵而获得的，分别通过丝杠或光杠传出。调节进给量手柄，可获得纵向和横向走刀量各 64 种。调节螺距手柄，可获得米制螺纹 44 种、英制螺纹 39 种，此外，还有模数螺纹及径节螺纹多种。溜板箱右侧面的手柄是纵横向集中操纵的自动送进手柄。手柄的动作方向与送进方向一致。手柄顶端装一按钮，操纵此手柄并同时按动按钮，便可实现快速送进。开合螺母手柄是车螺纹时使用的，向下压为闭合车螺纹。溜板箱上的摇动手柄可以进行手动纵向送进。主轴正反转操作手柄上提主轴正转，下压主轴反转，中间位置时主轴停转。

4. 变挂轮操作

挂轮机构有齿数 z 为 63、64 和 z 为 75、97 两套滑移齿轮，经中间齿轮组成轴Ⅺ与轴Ⅻ之间的交换机构。需车削米制和英制螺纹时，挂轮搭成$\frac{63}{100}\times\frac{100}{75}$交换机构。需车削模数和径节螺纹时，挂轮搭成$\frac{64}{100}\times\frac{100}{97}$交换机构。纵横向进给传动路线，前段同车米制、英制螺纹的传动路线，也把挂轮搭成$\frac{63}{100}\times\frac{100}{75}$交换机构。

二、床鞍、中滑板和小滑板操作

摇动床鞍手轮可以使整个溜板部分左右移动作纵向进给。摇动中滑板手柄，中滑板就会横向进刀或退刀。摇动小滑板手柄，小滑板就会作纵向进刀或退刀。小滑板下部有转盘，它可以使小滑板转动一定角度。

三、刻度盘及其使用

在车削时，为了正确和迅速地控制背吃刀量（切削深度），可利用中滑板或小滑板上的刻度盘进行。

中滑板的刻度盘装在中滑板丝杠上，当摇动带刻度盘的中滑板手柄转 1 圈时，与丝杠配合的螺母移动 1 个螺距，与螺母固定的中滑板带动刀架也移动了 1 个螺距。如果中滑板丝杠螺距为 5 mm，则刀架横向移动也是 5 mm。若刻度盘圆周分 100 格，当刻度盘转一格时，则中滑板移动 5/100 mm。所以，中滑板刻度盘每格移动距离按下式计算：

$$a = p/n$$

式中 p——中滑板丝杠螺距，mm；

n——刻度盘圆周等分格数。

小滑板刻度盘用来控制车刀较短距离的纵向移动，刻度盘的原理同中滑板刻度盘。

应用中、小滑板刻度盘时，应注意下列两点。

①由于丝杠和螺母之间有间隙存在，因此，会产生空行程(即刻度盘转动而刀架并未移动)。使用时必须慢慢地把刻度盘转动所需的格数(图 2-1-49a)，若不慎多转过几格，绝不能简单地退回几格(图 2-1-49b)。必须向相反方向退回全部空行程，再转到所需的格数处(图 2-1-49c)。

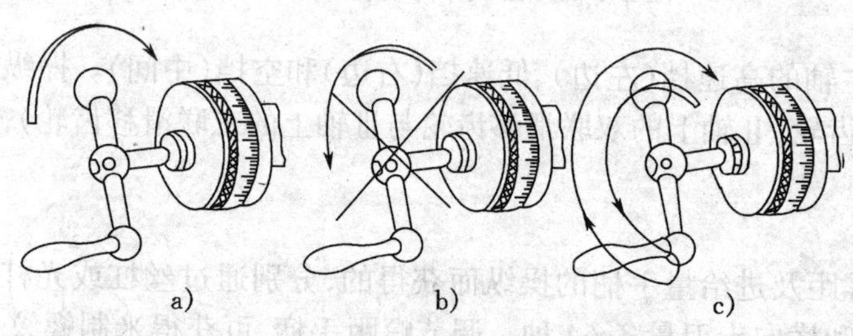

图 2-1-49　消除刻度盘空行程的方法

a)顺转　b)直接倒退　c)消除间隙

②由于工件是旋转的，车刀从工件表面向中心切削，所切下部分刚好是背吃刀量的两倍。因此，使用中滑板刻度盘时，要注意，当工件余量测得后，中滑板刻度盘的切入量(即背吃刀量)是余量尺寸的 1/2。

小滑板刻度盘是控制工件长度的，小滑板刻度盘的刻度值直接表示车刀沿轴向移动的距离。

四、试切削的方法和步骤

粗车和精车开始，均需进行试切削，试切削的方法如图 2-1-50 所示。步骤如下：

①按车刀装夹要求对刀并紧固，起动机床；

②刀架左移，使车刀与工件表面轻微接触；

③向右退刀，离开工件右端约 5 mm～10 mm；

④横向进刀，背吃刀量(视切削余量而定)约 1 mm～3 mm；

⑤纵向试切 1 mm～3 mm；

⑥纵向退刀至工件右端外面，停车，测量工件直径；

⑦调整吃刀量，以自动进给车出外圆，检查锥度。

五、粗车

车外圆时根据精度和粗糙度的不同要求，常需经过粗车和精车两个步骤。

粗车的目的是尽快从毛坯上切去大部分加工余量，使工件接近于最后形状和尺寸。

粗车时，加工精度和表面粗糙度要求不高，这时吃刀量应大些(约为 3 mm～5 mm)。尽可能将粗车余量在一次或两次进给中切去。切削铸件时，因为表面有硬皮，可先车端面，或者先倒角，然后选择较大切深，以免刀尖被硬皮磨损(图 2-1-51)。粗车时，在背吃刀量和进给量均

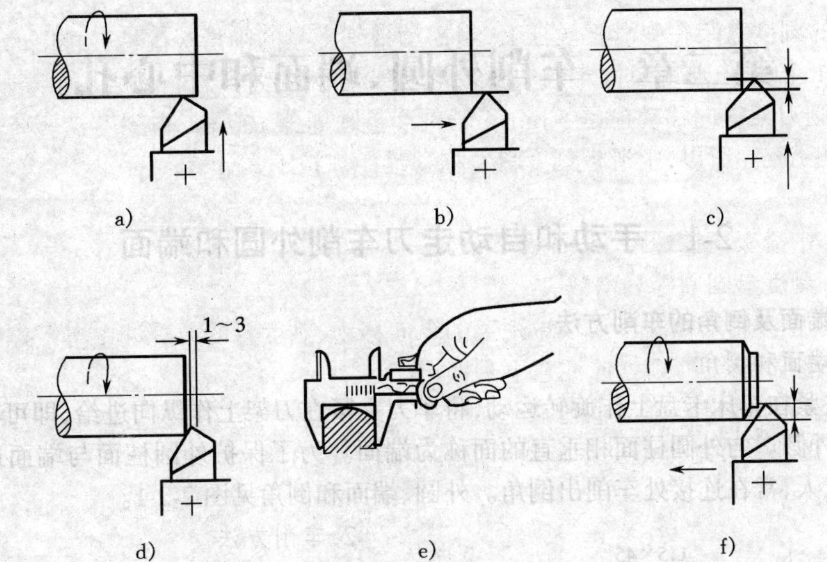

图 2-1-50　外圆表面试切方法

a)开车对刀，使车刀与工件表面轻微接触　b)向右退出车刀　c)横向进刀　d)试切 1 mm ～3 mm 长度　e)停车，测量直径　f)调整切深，以自动进给车出外圆。检查锥度

较大的情况下，要求车刀刀头十分坚固。

粗车的具体步骤大体如下：

①开动机床，使工件转动；

②摇动床鞍、中滑板手柄，使车刀刀尖接触工件右端外圆表面；

③摇动床鞍手柄，使车刀向右离开工件 3 mm～5 mm；

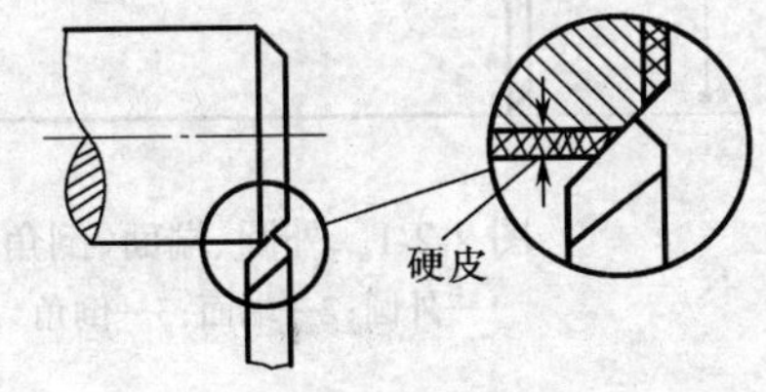

图 2-1-51　粗车铸件表面，切深应大于硬皮厚度

④按选定的背吃刀量，摇动中滑板手柄，纵向退刀，然后停车测量工件，与要求的尺寸比较，得出所需要修整的背吃刀量，并根据中滑板刻度盘的刻度值，调整背吃刀量，最后用手动或自动纵向进给切去工件多余金属；

⑤纵向进给到所需长度，关停自动进给手柄，退出车刀，然后停车，检验。

六、精车

精车的目的则是切去余下的少量金属层(约 0.5 mm～1 mm)，以获得所需的尺寸和表面粗糙度。

精车时的背吃刀量较小(0.1 mm～0.2 mm)，进给量随所需表面粗糙度而定。车刀应选较大的前角、后角和正值的刃倾角，刀尖磨出圆弧过渡刃，达到切削刃锋利和光洁。

精车步骤大体同粗车。试切削时，因余量较少，背吃刀量有所限制。而且除外圆尺寸外，其余尺寸均在精车时达到图纸要求。根据经验，粗车外圆的车刀装得比工件中心稍高些；而精车外圆时，常更换四方刀架上的精车刀，此车刀安装得比工件中心稍低一些。这要根据工件直径大小而定。无论装高或装低，一般都不超过工件直径的百分之一。

第二章　车削外圆、端面和中心孔

2-1　手动和自动走刀车削外圆和端面

一、外圆端面及倒角的车削方法

1. 外圆、端面和倒角

将工件夹紧在车床卡盘上作旋转运动，将车刀夹紧在刀架上作纵向进给，即可车削出外圆柱面，简称车外圆。与外圆柱面相垂直的面称为端面。为了保护外圆柱面与端面连接处不被碰坏和划伤工人，常在连接处车削出倒角。外圆、端面和倒角见图 2-2-1。

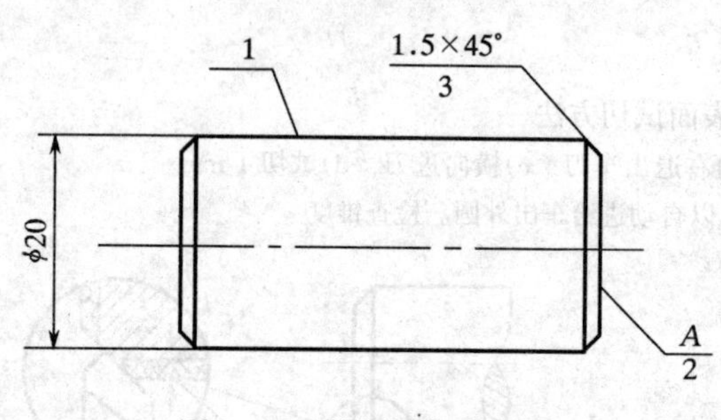

图 2-2-1　外圆、端面、倒角
1—外圆；2—端面；3—倒角

2. 车削方法

①车削短小零件时，一般先车削端面，以便于定位和测量长度尺寸。然后再车削外圆及倒角。

②对于铸件或锻件毛坯，粗车时应先倒角。因为铸铁件和锻钢件外皮硬，或有型砂，容易磨损车刀。倒角以后，车刀的刀尖就可以避免和硬皮及型砂接触，延长刀具使用寿命(图 2-1-51)。

③如果零件车削后还要磨削，则在半精车后不必精车，留有磨削余量即可。

3. 切削用量的选择

选择切削用量是根据切削条件和加工要求，确定合理的背吃刀量、进给量和切削速度。通常希望只通过一次粗车、一次精车就把毛坯上的全部加工余量去掉，达到加工要求。对于精度要求较高的工件，可以按粗车、半精车和精车的工序加工。

(1)背吃刀量的选择

粗车时，考虑到机床动力、工件和机床刚性许可条件，尽可能选用较大的背吃刀量，以减少切削次数，提高生产效率。一般情况下取值为 2 mm～5 mm。给半精车和精车面加工余量 1 mm～3 mm。

(2)进给量的选择

背吃刀量选定以后，进给量应选大些。但是，它的大小受到机床和刀具的刚性和强度、工件精度、表面粗糙度和断屑条件等限制。所以，如果进给量太大，可能会引起车床薄弱零件的损坏、刀具破损、工件弯曲、加工表面粗糙度增大等。因此，粗车时，在条件许可下选大的进给量以提高生产率，一般为 0.3 mm/r～0.5 mm/r。精车时，选小的进给量，以提高加工精度，一般为 0.1 mm/r～0.3 mm/r。

(3)切削速度的选择

在实际生产中，一般已知工件直径(d_w)、选定切削速度(v_c)，再求出主轴转速(n)，即

$$n=60000v_c/\pi d_w$$

计算出的转速按车床转速表最接近的一挡选取。只有选取最佳的切削速度，才能充分发挥车刀的切削性能和车床的潜力，保证工件加工表面的质量和降低成本。选择切削速度的一般原则如下。

1)车刀材料　使用硬质合金车刀可以比高速钢车刀的切削速度高。

2)工件材料　切削强度和硬度较高的工件时，由于产生的切削力和切削热均较大，车刀容易磨损，所以切削速度应选小些。车削脆性材料如铸铁工件，虽然强度不高，但车削时形成碎状切屑，热量集中在刀刃附近，不易散热，因此，切削速度也应取小些。车削有色金属和非金属材料，切削速度可以选得大些。

3)表面粗糙度　要求表面粗糙度小的工件，如用硬质合金车刀切削，切削速度应取大些；如用高速钢车刀车削，切削速度应取小些，此时不容易产生切削瘤。

4)背吃刀量和进给量　背吃刀量和进给量增大时，切削时产生的热量和切削力都较大，应适当降低切削速度。反之，切削速度可以大些。

5)切削液　切削时加注切削液可以降低切削区域的温度，并起润滑作用。此时切削速度可以适当提高。

一般，为了保证工件的尺寸精度，减少热量的影响，应减小切削速度。

由于选择切削速度要考虑以上诸多因素，根据日常工厂生产的实际经验，编制了切削速度参考表(表2-2-1)，作实际操作时参考使用。

表2-2-1　切削速度参考表(m/s)

工件材料	刀具材料	背吃刀量(mm)	0.13～0.38	0.38～2.40	2.40～4.70	4.70～9.50
		进给量(mm/r)	0.05～0.13	0.13～0.38	0.38～0.76	0.76～1.30
低碳钢	高速钢	1.00～1.48		1.17～1.50	0.75～1.00	0.33～0.67
低碳合金钢	硬质合金	3.58～6.08		2.75～3.58	2.00～2.75	1.5～2.00
中碳钢	高速钢	0.80～1.20		0.75～1.00	0.50～0.67	0.25～0.33
中碳合金钢	硬质合金	2.17～2.75		1.67～2.17	1.25～1.67	0.90～1.25
	高速钢	0.60～0.75		0.58～0.75	0.42～0.58	0.33～0.42
灰铸铁	硬质合金	2.25～3.08		1.75～2.25	1.25～1.75	1.00～1.25
	高速钢	1.20～1.40		1.41～1.75	1.17～1.41	0.75～1.17
黄铜和青铜	硬质合金	3.58～4.08		3.08～3.58	2.50～3.08	2.00～2.50
	高速钢	1.75～2.50		1.17～1.75	0.75～1.17	0.50～0.75
铝合金	硬质合金	3.58～5.00		2.25～3.58	1.50～2.25	1.00～1.50

另外，通可以根据经验观察切屑的颜色，判断切削速度是否合理。用高速钢车刀车削一般钢材时，如切屑呈白色或黄色，表明切削速度是合理的；如切屑呈蓝色，表明切削速度太高。用硬质合金车刀车削出的切屑呈蓝色，表明切削速度是合适的；如果车削时出现火花，表明切削速度太高；如果切屑呈白色，表明切削速度还可以提高。

4.车削操作

当工件被卡盘夹紧以后，将床鞍快速移到适当位置，使车刀的刀尖接近工件的车削部分，

开动车床使主轴转动。

1)车削外圆　背吃刀量调整好后,车削外圆可以手动纵向进给,也可以接通自动纵向进给。手动纵向进给是用手转动床鞍上的大手轮来控制的。在进给过程中,可用外卡钳经常检查外圆直径,判断刀具是否磨损,机床运动是否正常等。

2)车削端面　直径较小的端面常用右偏刀进行车削。当偏刀从外向中心进给时,是用副刀刃车削。切削不顺利,背吃刀量较大时容易产生凹面如图 2-2-2a 所示。如果从中心向外进刀时,则由主刀刃进行切削则不会发生凹面如图 2-2-2b 所示。也可在车刀的副刀刃上磨出前角,使它成为主刀刃来切削如图 2-2-2c 所示。

3)车削 45°倒角　一般情况下使用 45°右车刀并且用手动进刀进行切削。

二、外圆车刀的应用和安装

1. 外圆车刀

由于粗车外圆和精车外圆的要求不一样,因此使用的车刀也分为外圆粗车刀和外圆精车刀两种。

(1)外圆粗车刀

外圆粗车刀能适应粗车外圆时切削深、进给快的特点,要求车刀有足够的强度,能一次车削去较多余量。常用的外圆粗车刀有主偏角为 45°、75°和 90°等三种,如图 2-2-3 所示。一般粗车外圆使用硬质合金车刀。

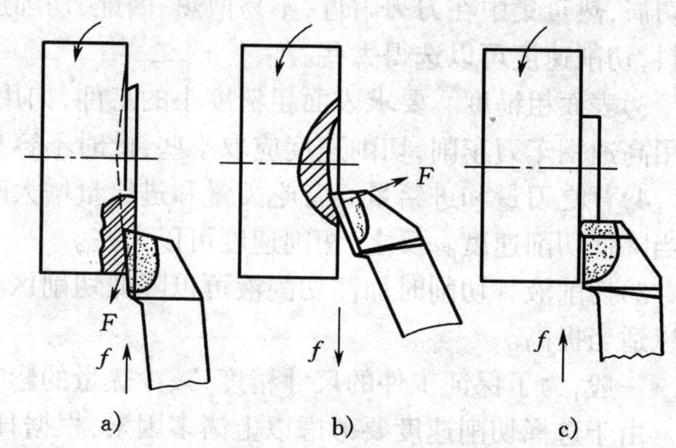

图 2-2-2　用右偏刀车削端面

a)向中心进给产生凹面　b)从中心向外进给

c)在右偏刀副切削刃上磨前角

选择粗车刀几何角度的一般原则如下。

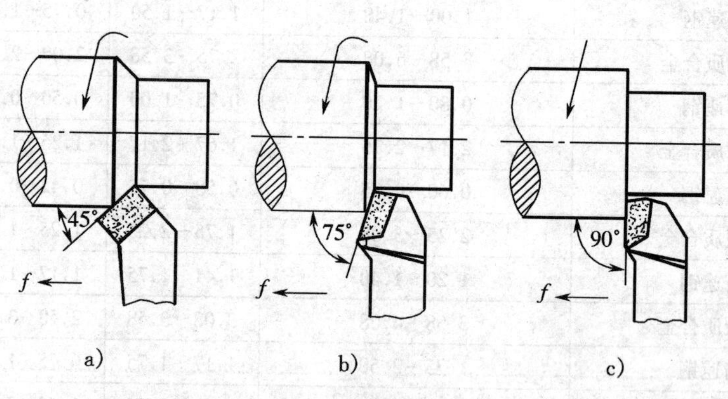

图 2-2-3　外圆粗车刀

a)45°外圆车刀　b)75°外圆车刀　c)90°外圆车刀

①为了增加刀刃强度,后角(α_o)应小些,一般 $\alpha_o=5°\sim7°$;

②同理,前角(γ_o)应小些,但前角太小会使切削力增大;

③主偏角(κ_r)不宜过小,否则容易引起振动,当工件形状许可时,主偏角最好取 75°左右,因为刀尖角大能承受较大的切削力,而且有利于刀刃散热;

④粗车时一般采用 $-3°\sim0°$ 的刃倾角(λ_s),以增加刀头强度;

⑤主刀刃上磨有负倒棱，其宽度约为$(0.5\sim0.8)f$，$\gamma_o=-5°$，以增加刀刃强度；

⑥为了增加刀尖强度，改善散热条件，刀尖处应磨有过渡刃；

⑦粗车塑性材料（如钢件）时，为了达到断屑目的，应在车刀的前刀面上磨出断屑槽。

断屑槽一般有直线型和圆弧型两种。其尺寸主要取决于进给量和背吃刀量，参考尺寸见表 2-2-2。值得注意的是，要想达到断屑的目的，还必须根据工件的材质，选用合理的切削速度。这样，在刀具角度正确，背吃刀量、进给量和切削速度合理的条件下，才会断屑。如果一次不行，分析原因并改进后再试车削，直到断屑为止。

表 2-2-2　硬质合金车刀断屑槽尺寸　(mm)

型式	背吃刀量 (a_p)	进给量(f) 0.15~0.3	0.3~0.45	0.45~0.7	0.7~0.9
		$L_{Bn}\times C_{Bn}$			
120°~125°, $b_{\gamma1}$, L_{Bn}, γ_{01}, C_{Bn}, 5°, 7°, 10° 阶台型 阶台型 直线型 $b_{\gamma1}=(0.5\sim0.8)f$ $\gamma_{o1}=-5°\sim-10°$	~1	1.5×0.3	2×0.4	3×0.5	3.25×0.5
	1~4	2.5×0.5	3×0.5	4×0.6	4.5×0.6
	4~9	3×0.5	4×0.6	4.5×0.6	5×0.6

型式	背吃刀量 (a_p)	进给量(f) 0.3	0.4	0.5~0.6	0.7~0.8	0.9~1.2
		r_{Bn}				
$b_{\gamma1}$, L_{Bn}, r_{Bn}, γ_{o1}, C_{Bn}, γ_o 曲面型 曲面型 圆弧型 C_{Bn}为 0.5 mm~1.3 mm（由所取前角值决定） r_{Bn}在L_{Bn}的宽度和C_{Bn}的深度下成一自然圆弧	2~4	3	3	4	5	6
	5~7	4	5	6	8	9
	7~12	5	8	10	12	14

图 2-2-4 是典型的 75°硬质合金车削钢件的粗车刀。

(2)外圆精车刀

精车外圆主要应考虑工件的尺寸精度和表面粗糙度，所以要求车刀锋利，刀刃平直完整，刀尖处磨出修光刃，并使切屑不破坏已加工表面。

选择精车刀几何角度的一般原则如下：

①前角(γ_o)一般取大些，使车刀锋利，使切削变形减小和切削力降低；

②后角(α_o)取大些，减少车刀和工件间的摩擦，精车时只切削少量金属，对车刀强度要求

不高，因此允许取较大后角（$\alpha_o=6°\sim8°$）；

③取较小的副偏角（κ'_r）或刀尖处磨修光刃，修光刃长度一般为（1.2～1.5）f，以减小工件的表面粗糙度；

④采用正值刃倾角（$\lambda_s=3°\sim8°$），以控制切屑排向工件待加工表面方向；

⑤精车塑性材料工件时，车刀前刀面应磨出较狭的断屑槽。

图 2-2-5 是典型的 90°钢件精车刀。

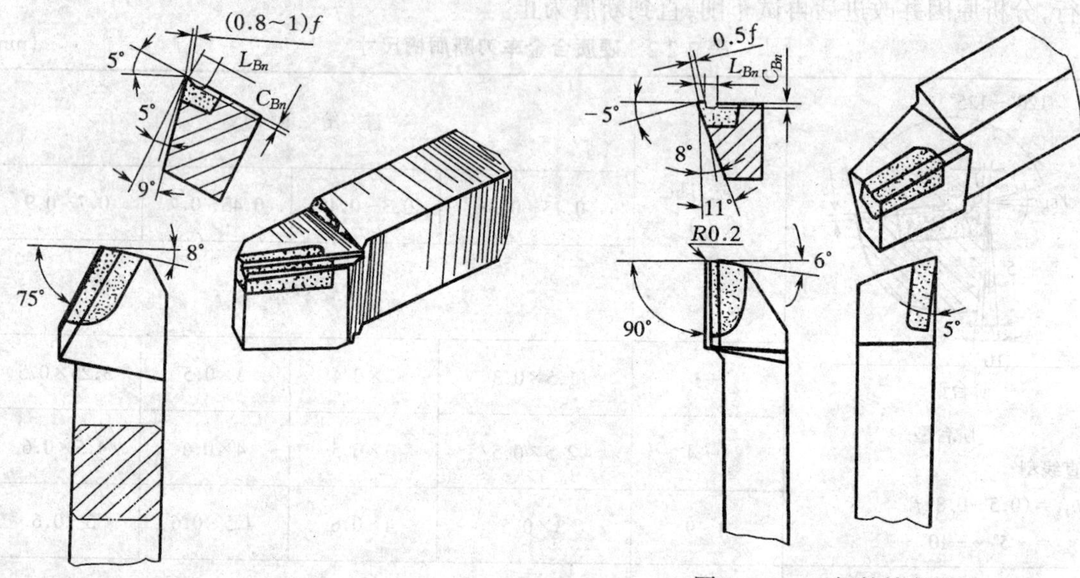

图 2-2-4　75°硬质合金钢件粗车刀

图 2-2-5　90°钢件精车刀

(3)偏刀

一般把主偏角等于 90°的车刀称为偏刀。它分为右偏刀和左偏刀两种，见图 2-2-6。通常称右偏刀为正偏刀，称左偏刀为反偏刀。

1)偏刀的主要角度　主偏角 $\kappa_r=90°$；副偏角 $\kappa'_r=6°\sim8°$；前角 γ_o 根据工件材料、加工要求和车刀材料来确定；后角 $\alpha_0=5°\sim7°$。车削钢料时，车刀的前刀面必须磨有断屑槽（表 2-2-2）。

2)偏刀的应用　右偏刀用来车削工件的外圆、端面和阶台（图 2-2-7a）。因为它的主偏角较大，车削外圆时产生的径向力较小，不易把工件顶弯。左偏刀一般用来车削左向阶台，也适用于车削直径较大和长度较短的工件端面和外圆（图 2-2-7b）。

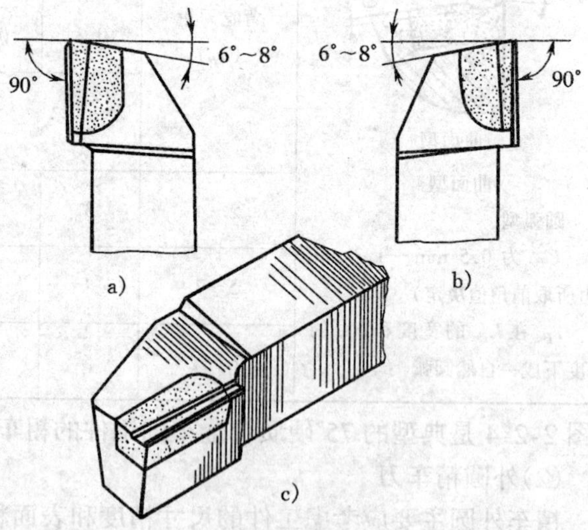

图 2-2-6　偏刀

a)右偏刀　b)左偏刀　c)右偏刀外形

(4)45°车刀

45°车刀也分为左右两种(图 2-2-8)。

1)45°车刀的主要角度　主偏角 κ_r 和副偏角 κ'_r 均是 45°;前角 γ_o 由工件材料及车刀材料来确定。车削钢材时,前刀面必须磨有断屑槽;后角 α_o 和 α'_o 等于 5°～7°。

2)45°车刀的应用　45°车刀除了可以车削外圆、端面外,还可以进行倒角(图 2-2-9)。

2. 车刀的安装

正确地安装车刀,对于顺利进行切削和保证工件的加工质量是至关重要的。即使车刀具有合理的刃磨几何角度,如果安装错误,也会改变车刀工作时的实际角度。安装车刀的具体方法详见本篇 1-3。

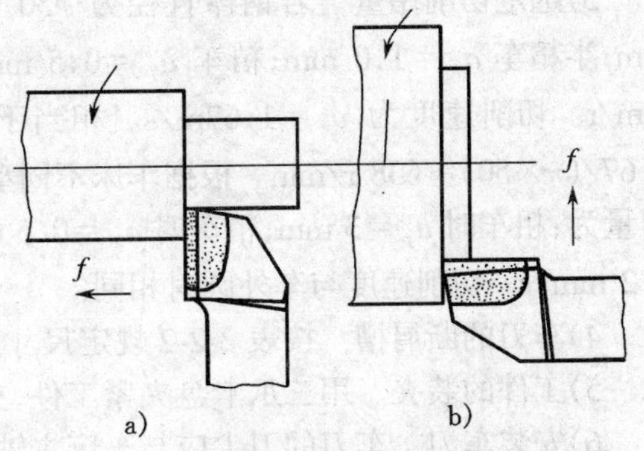

图 2-2-7　偏刀的使用

a)右偏刀车削工件　b)左偏刀车削端面

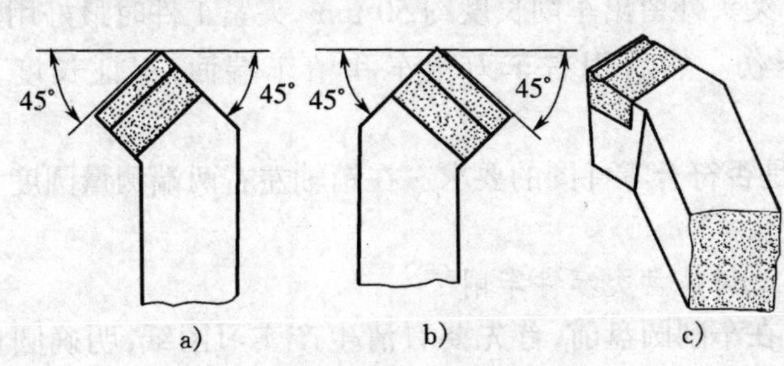

图 2-2-8　45°车刀

a)45°右车刀　b)45°左车刀　c)45°车刀外形

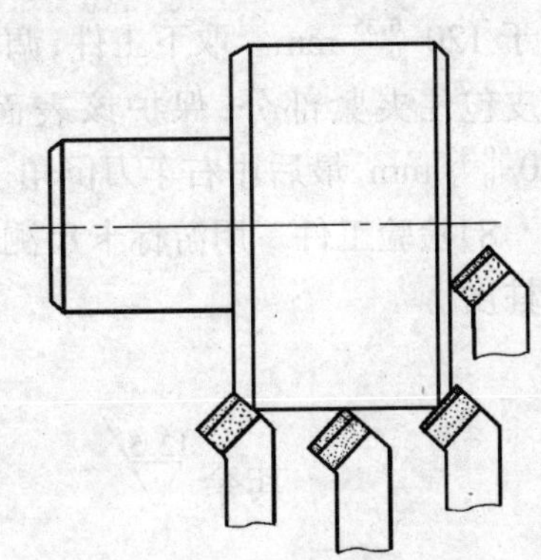

图 2-2-9　45°车刀的使用

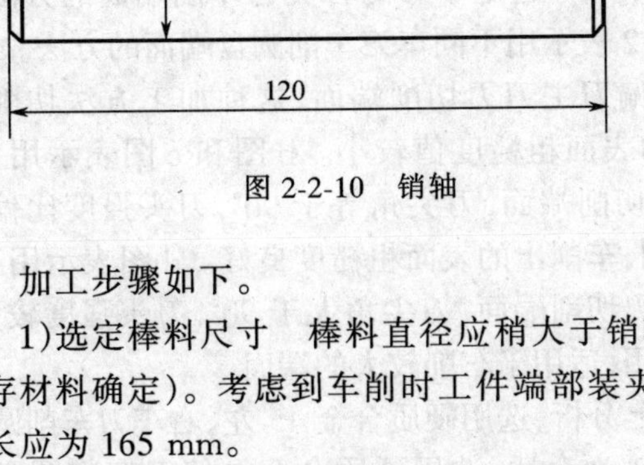

其余 12.5

2×45°　6.3　2×45°

$\phi42_{-0.039}^{\ 0}$

120

图 2-2-10　销轴

三、分析生产实习图并确定加工步骤

1. 车削钢棒料

车削钢件前首先要看清生产实习图纸,明确外圆表面尺寸精度及表面粗糙度的要求以及工件的长度尺寸和倒角大小。图 2-2-10 为一销轴零件图。

零件图中规定销轴外圆为 $\phi42_{-0.039}^{\ 0}$ mm,长 120 mm 为自由公差,即 $120_{\ 0}^{+0.35}$ mm。外圆的表面粗糙度 $R_a6.3\ \mu m$,倒角和两端面的表面粗糙度 $R_a12.5\ \mu m$,材料为钢 30。

加工步骤如下。

1)选定棒料尺寸　棒料直径应稍大于销轴直径,设毛坯直径为 $\phi45$ mm～$\phi50$ mm(根据库存材料确定)。考虑到车削时工件端部装夹长度 40 mm,长度留切削余量 5 mm,所以毛坯总长应为 165 mm。

2)选定车刀　选用硬质合金 45°右偏刀车削端面和外圆,硬质合金 45°右车刀切削倒角。

3)选定切削用量　若钢棒直径为 ϕ50 mm,则车削外圆时的背吃刀量为:粗车 $a_p=2.5$ mm;半精车 $a_p=1.0$ mm;精车 $a_p=0.5$ mm。进给量为:粗车 $f=0.3$ mm/r;精车 $f=0.15$ mm/r。切削速度为 $v_c=1.67$m/s。相当于车床主轴转速 $n=60\ 000v_c/(\pi d_w)=60\ 000\times 1.67/(\pi\times 50)\approx 638$ r/min。根据车床不同型号,选定最接近的铭牌转速。车削端面时的背吃刀量为:粗车时 $a_p=3$ mm;精车时 $a_p=0.5$ mm。进给量为:粗车时 $f=0.5$ mm/r;精车时 $f=0.2$ mm/r。切削速度与车外圆时相同。

4)车刀的断屑槽　按表 2-2-2 规定尺寸刃磨。

5)工件的装夹　用三爪卡盘夹紧工件,夹紧长度为 40 mm。

6)安装车刀　车刀的刀尖应与车床主轴中心等高。

7)车削操作　开动车床使主轴转动,先用右偏刀粗车和精车端面,然后用 45°右车刀切削倒角,最后用右偏刀粗车和精车销轴外圆,保证 $\phi 42_{-0.039}^{\ 0}$ mm 和表面粗糙度 $Ra6.3\ \mu$m,长度大于 $120_{\ 0}^{+0.35}$ mm。取下工件,调头装夹,夹头外留出车削长度约 50 mm,夹紧工件时最好用薄铜皮包住夹紧部分,保护该表面不被压伤。然后用右车刀粗车和精车端面,保证长度为 $120_{\ 0}^{+0.35}$ mm,最后用右车刀倒角。

8)检验工件　用游标卡尺测量销轴是否符合零件图的要求。在销轴左右两端测量圆度和圆柱度。

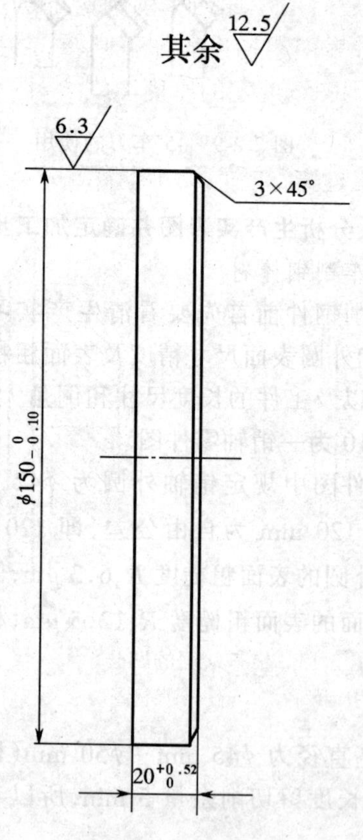

图 2-2-11　圆盘

2. 铸铁盘类零件车削

在车削圆盘前,首先要看清生产实习图纸,明确圆盘外圆表面尺寸精度及表面粗糙度的要求,了解圆盘厚度尺寸及倒角尺寸的要求(图 2-2-11)。

零件图中规定圆盘外圆为 $\phi 150_{-0.10}^{\ 0}$ mm,厚度为 20 mm,是自由公差,即 $20_{\ 0}^{+0.52}$。外圆的表面粗糙度为 $R_a6.3\ \mu$m,倒角和两端面的表面粗糙度为 $R_a12.5\ \mu$m,材料为 HT150。

加工的步骤如下。

1)选定铸件毛坯尺寸　一般木模手工造型铸件的机加工余量为 8 mm,因此圆盘铸件毛坯尺寸为直径 ϕ170 mm 和厚度 40 mm。

2)选定车刀　选定车刀的种类与车削端面的方法有关。图 2-2-12 表示用不同车刀车削圆盘端面的方法。a 图表示的同左偏刀主刀刃切削端面,这种加工方法切削顺利,车削出的表面粗糙度值较小。b 图和 c 图表示用 45°车刀主刀刃切削端面,刀尖角等于 90°,刀头强度比偏刀大,切削顺利,车削出的表面粗糙度良好。d 图表示用 75°左车刀主刀刃切削端面,刀尖角大于 90°,刀头强度较大,车刀比较耐用,适用于车削较大的端面。

根据以上分析,选用硬质合金 45°左、右车刀车削圆盘端面和倒角较为合适,选用硬质合金左偏刀车削圆盘外圆。车刀前角 $\gamma_o=5°\sim10°$，车刀后角 $\alpha_o=5°\sim7°$，粗车取小值，精车取大值。

3）选定切削用量　由于铸件表面存在硬皮层，因此粗车时背吃刀量一般不小于 3 mm。因此选定粗车 $a_p=4$ mm，精车 $a_p=0.3$ mm；粗车 $f=0.4$ mm/r，精车 $f=0.1$ mm/r；粗车 $v_c=1.33$ m/s（即 $n=60\ 000v_c/(\pi\times d_w)=60\ 000\times1.33/(\pi\times750)\approx170$ r/min），精车时切削速度可提高一倍，即 $n=340$ r/min。

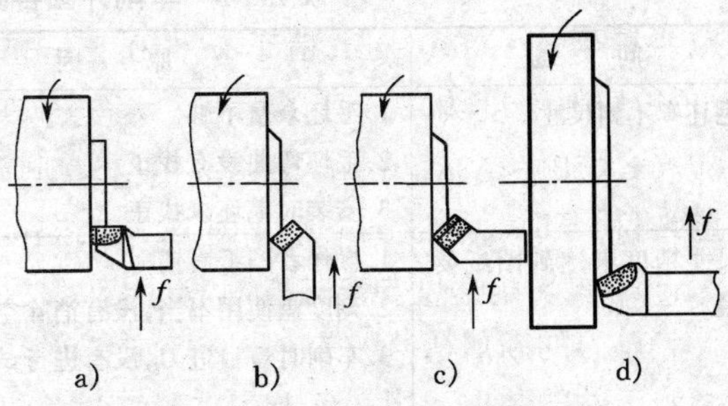

图 2-2-12　车削端面的方法
a)用左偏刀　b)、c)用 45°车刀　d)用 75°左车刀

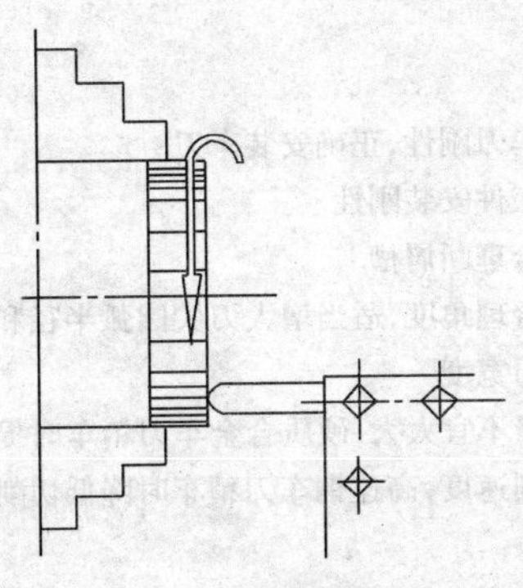
图 2-2-13　在三爪自定心卡盘上找正工件端面的方法

4）装夹　用三爪卡盘夹紧圆盘毛坯，边夹紧边校正毛坯的外圆和端面。图 2-2-13 是在刀架上装一根铜棒，一边转动卡盘，一边用铜棒抵住圆盘端面进行校正的简图。也可以利用三爪卡盘的反爪来夹紧圆盘毛坯，反爪的内端面抵紧圆盘毛坯的端面，有自动定位的作用，如图 2-2-14 所示。

5）车刀安装　车刀的刀尖应与车床主轴中心等高。

6）车削操作　启动车床，使主轴转动，先用 45°车刀切削倒角，接着用该车刀切削端面，最后用左偏刀车削圆盘外圆。用游标卡尺检查外圆尺寸，察看表面粗糙度。卸下圆盘，调头定位夹紧，用 45°车刀切削端面到图纸规定的厚度 $20^{+0.52}_{0}$（图 2-2-11）为止。

7）检查端面凹凸情况。比较简易的方法是用钢尺或平尺检查，如图 2-2-15 所示。

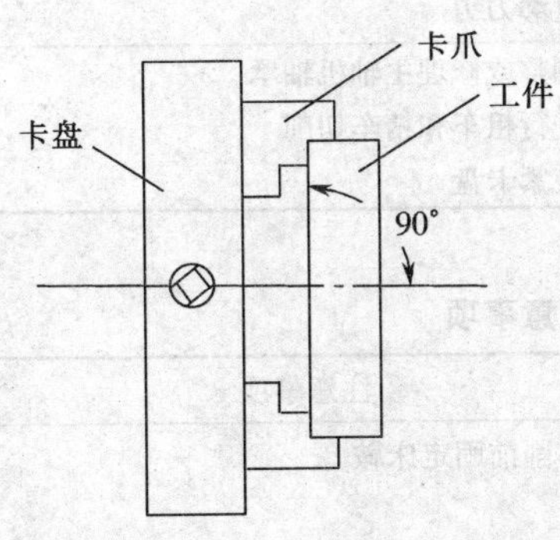

图 2-2-14　用反爪的内端面定位

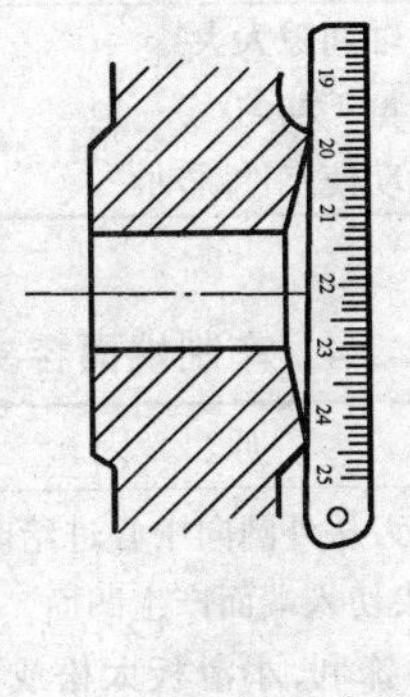

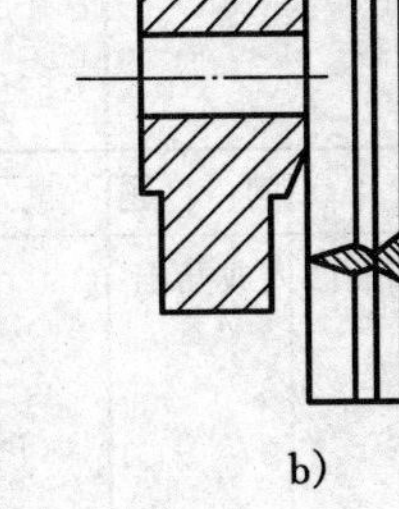

图 2-2-15　检查端面的凹凸
a)用钢尺检查　b)用平尺检查

四、容易产生的问题和注意事项

车削外圆和端面时容易产生的问题和注意事项见表 2-2-3、表 2-2-4 和表 2-2-5。

表 2-2-3　车削外圆容易产生的问题和注意事项

问　题	原　因	注意事项
毛坯车不到尺寸	1. 毛坯余量不够 2. 毛坯弯曲没有找正 3. 安装时毛坯未找正	1. 车削前检查余量 2. 车削前检查毛坯 3. 安装时仔细找正
尺寸精度未达到图纸要求	1. 操作者图纸看错 2. 刻度盘使用不当,没有消除空行程 3. 车削时盲目进刀,没有进行试切削 4. 量具有误差 5. 测量不准或读错	1. 仔细看图了解要求 2. 正确使用刻度盘,消除空行程 3. 按加工余量,计算背吃刀量,试切削后测量尺寸 4. 量具使用前要检验 5. 掌握测量方法,仔细读数
表面粗糙度达不到要求	1. 车床刚性不足,如车床塞铁过松,传动零件(如皮带轮)不平衡,主轴太松引起振动等 2. 车刀刚性不足或伸出太长 3. 工件刚性不足 4. 断屑槽刃磨不当,切屑流向已加工表面 5. 刀具刃磨不良或磨损 6. 切削用量选择不当 7. 低速车削未加冷却液	1. 调整车床各部分间隙,消除振动 2. 增加车刀刚性,正确安装车刀 3. 增加工件安装刚性 4. 选用合理断屑槽 5. 选用合理角度,适当增大刀尖圆弧半径和修光刃宽度 6. 进给量不宜太大,硬质合金车刀精车时提高切削速度,高速钢车刀精车时降低切削速度 7. 合理选用冷却液
产生锥度	1. 卡盘装夹时工件悬伸太长,车削悬伸端时让刀 2. 床身导轨和主轴轴心线不平行 3. 刀具磨损	1. 缩短工件的悬伸量 2. 大修机床 3. 重磨刀刃
圆度超差	1. 车床主轴间隙太大 2. 毛坯余量不均匀 3. 卡盘松动使工件跳动	1. 调整或修理主轴机轴承 2. 进行粗车和精车切削 3. 装紧卡盘

表 2-2-4　车削端面容易产生的问题和注意事项

问　题	原　因	注意事项
端面凹入或凸出	1. 用右偏刀从外圆向中心进给时,床鞍未固定,刀尖切入端面产生凹面 2. 车刀不锋利,小滑板太松或方刀架未压紧,车刀受力后离开端面产生凸面	1. 车削前固定床鞍 2. 保持车刀锋利,中、小滑板的塞铁不应太松,应压紧方刀架
毛面未车去	1. 加工余量不够或工件未找正	1. 车削前检查毛坯余量,找正工件

表 2-2-5　车削外圆端面时的安全问题和注意事项

安　全　问　题	注　意　事　项
1.开车后卡盘板手撞击床身或飞出伤人	1.使用板手夹紧工件后应及时取下板手，方可开动车床进行车削操作
2.车削塑性材料（如钢件）时，切屑为韧性带状容易伤人	2.立即停车，用铁钩清除切屑，重磨车刀断屑槽，切忌用手清除切屑
3.车削脆性材料（如铸件）时，切屑成碎粒飞溅	3.操作者需戴防护眼镜或采取其他防护措施
4.操作不当造成车床零件撞坏	4.操作者的技术不够熟练，应在正式车削工件前加强操作方法和步骤的练习，切忌开快车切削，切削工件时应保持头脑清醒

2-2　多阶梯轴类零件的车削

两个或两个以上的圆柱体组成的具有相同轴心线的轴称为多阶梯轴。这类零件也可能还具有其他截面形状的组合，例如花键、圆锥体、正多边体等，统称为多阶梯轴类零件。图 2-2-16 为两种典型的阶梯轴类零件。

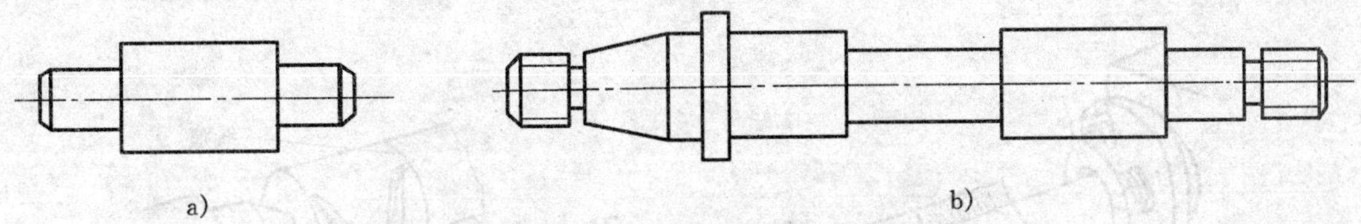

图 2-2-16　典型的阶梯轴类零件

a)两阶梯轴　b)多阶梯轴

一、阶梯轴的安装与切削方法

1.阶梯轴的安装

短而粗的阶梯轴可用三爪卡盘自动定心夹紧。而较重的或精度要求不高的阶梯长轴可采用一端用卡盘夹紧，另一端用后顶尖顶住的安装方法。但要注意卡盘夹紧轴端的部分不能太长，而且顶尖与卡盘的轴心线要基本一致。对于较长的或需多次装夹进行加工的阶梯轴常采用两顶尖安装。

2.阶梯轴的切削方法

车削阶梯轴实际上是车外圆和车端面的综合。车削方法与车削外圆的方法基本相同，但在车削时应兼顾外圆直径和阶梯轴长度两个方向的尺寸要求，还要保证阶梯轴端面与工件轴线的垂直度要求。

车削阶梯轴可以纵向进给也可以横向进给。如果阶梯轴的一段较短（如 6 mm～8 mm），可用横向进给车出。如果阶梯轴的一端较长或表面尺寸要求高，则要用纵向进给车出。

根据阶梯轴相邻两圆柱体直径差值大小，可分为低阶台和高阶台两种，车削方法见图 2-2-17。

1)低阶台的车削　阶梯轴的低阶台可以用一次走刀车出。由于阶台面应和工件轴线垂直，所以必须用 90°偏刀车削。装刀时要使刀刃和工件轴线垂直（图 2-2-17a）。

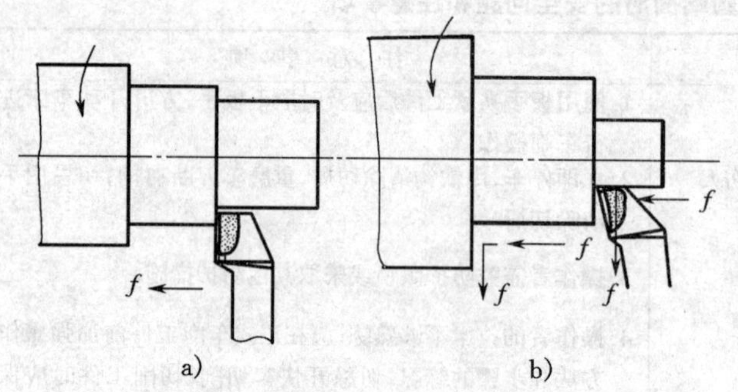

图 2-2-17 阶台的车削方法

a)低阶台车削 b)高阶台车削

2)高阶台的车削 阶梯轴的高阶台要用分层切削方法进行车削。粗车时先用主偏角 $\kappa_r < 90°$ 的车刀进行车削，再把偏刀的主偏角装成 93°～95°，用几次走刀来完成。在最后一次走刀时，车刀在纵向进给结束后，用手摇动中滑板手柄，使车刀逐渐均匀退出，把阶台端面车削一次，这样可以保证端面与外圆轴线相垂直(图 2-2-17b)。

二、阶梯轴长度测量及控制方法

车削阶梯轴时，应准确控制多段阶台的轴向长度尺寸。其关键是要根据图样找出正确的测量基准，否则会造成累积误差过大而产生废品。控制多段阶台的轴向长度尺寸有以下几种方法。

1. 刻线痕

先用钢板尺、样板或卡钳量出阶台的长度尺寸，再用车刀刀尖在阶台的位置处车刻出细线，然后进行车削(图 2-2-18)。

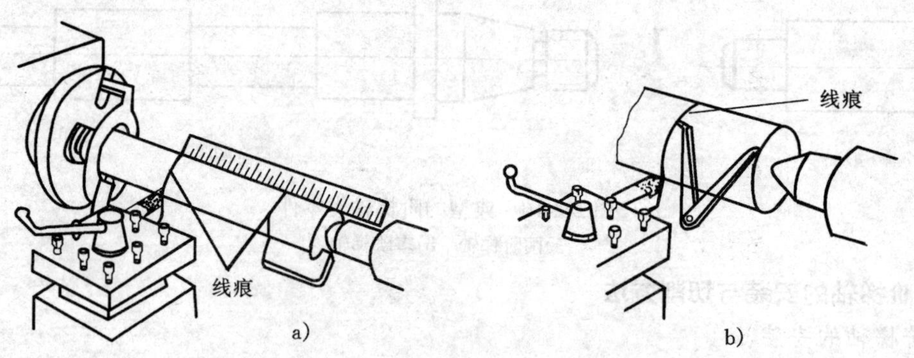

图 2-2-18 刻线痕确定阶台位置

a)用钢尺或样板 b)用内卡钳

2. 用挡铁定位

在批量生产中，为了迅速准确地控制多段阶台的长度，可用块式挡铁定位控制(图 2-2-19)或用圆盘式挡铁定位控制(图 2-2-20)。

1)块式挡铁定位 在试切时将挡铁 1 固定在床身导轨上某位置，挡块 3 和 2 分别等于工件上 a_2 和 a_3 的长度，当床鞍碰到挡块 3 时，阶台 a_1 长度已经车削完毕；拿去挡块 3，将车刀的背吃刀量调整后，继续纵向进给，当床鞍碰到挡块 2，阶台长度 a_2 已经车好；这样依次车削，当床鞍碰到挡铁 1 时，阶台长度 a_3 也车削完成。这样就车削完全部阶台。使用这种方法可省去了大量的测量时间，加工精度可以达到 0.1 mm～0.2 mm。为了准确控制工件的轴向尺寸，用卡盘顶尖安装工件时，在车床主轴锥孔内必须装有限位支承，使工件轴向定位。

2)圆盘式挡铁定位 图 2-2-20 中固定挡铁 1 带有触杆 3，拧紧锁紧螺钉 2，即可将固定挡铁固定在床身导轨上。转动圆盘 5 套装在固定圆筒 6 中，并可转动。在转动圆盘上装有四个调节螺钉 4，调节螺钉伸出长度与阶梯轴阶台长度相对应。车削阶台时只要转动圆盘 5，使某一个螺钉与触杆相接触，即可车削出对应阶台的长度尺寸。这样，一个挡铁可以控制四个长度尺寸，使用方便而且相当准确。

3. 利用床鞍刻度盘控制阶台长度尺寸

图 2-2-20 表示出床鞍刻度盘。例如 CA6140 卧式车床床鞍刻度盘每小格等于纵向进给 1 mm。根据刻度盘转过的格数，即可以算出进给长度。这种控制尺寸的方法，长度误差在 0.3 mm 之内。

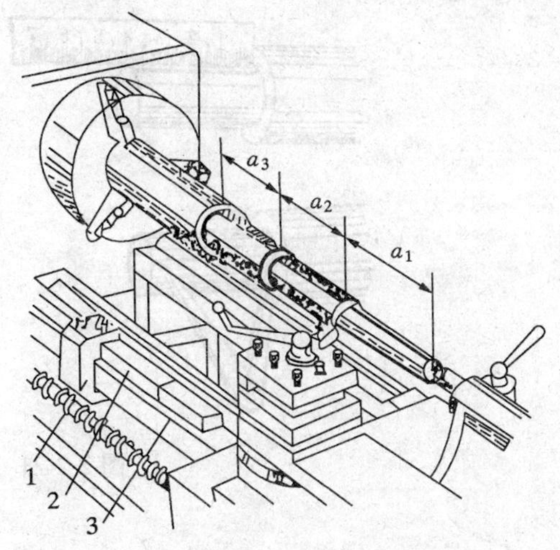

图 2-2-19　用挡铁定位车阶台的方法

阶梯轴阶台长度尺寸可以用钢尺、内卡钳和深度游标卡尺测量。对于批量较大或精度较高的阶台，可用量规测量，如图 2-2-21 所示。

三、分析生产实习图并确定加工步骤

1. 生产实习图及其加工步骤(例 1)

(1)生产实习图为一短阶梯轴(图 2-2-22)

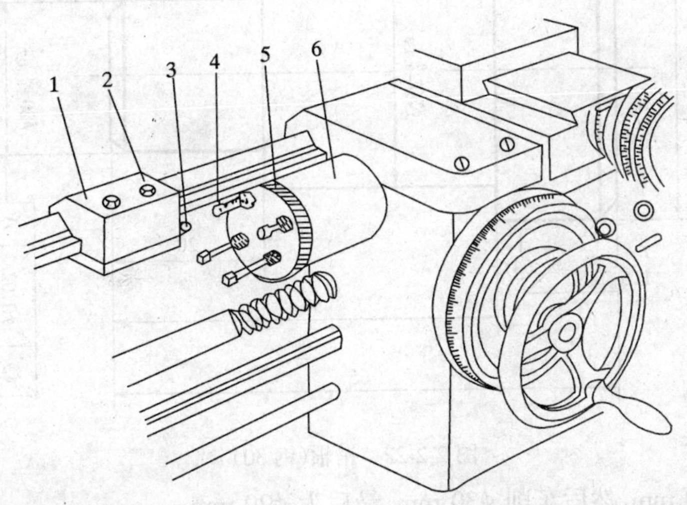

图 2-2-20　圆盘式多位挡铁

(2)生产实习图的分析

图中零件为销轴，材料为钢 30，数量 1 件。3 个外圆直径分别为 $\phi40_{-0.039}^{\ 0}$ mm、$\phi30_{-0.033}^{\ 0}$ mm、$\phi20_{-0.027}^{\ 0}$ mm，相对于 $\phi40$ mm 外圆 A 的轴心线来说，$\phi30$ mm 和 $\phi20$ mm 轴心线同轴度公差为 $\phi0.02$ mm，三个外圆的表面粗糙度均为 $R_a1.6$ μm。材料选择直径为 $\phi45$ mm 或 $\phi50$ mm 的圆棒料毛坯。

用三爪卡盘安装，装夹长度为 40 mm，外伸 75 mm。

选用硬质合金车刀，右偏刀车端面、外圆和阶台，45°右弯头刀车削倒角。

三个阶台加工余量均为 5 mm，可暂定背吃刀量为粗车 3 mm，半精车 1.5 mm，精车 0.5 mm。进给量为粗车 0.2 mm/r，精车 0.1 mm/r。切削速度为粗车 1.67 m/s，精车 2.17 m/s。

车削多阶台阶梯轴时，一般先车直径大的一端，以免一开始就降低工件的刚性。故本实习

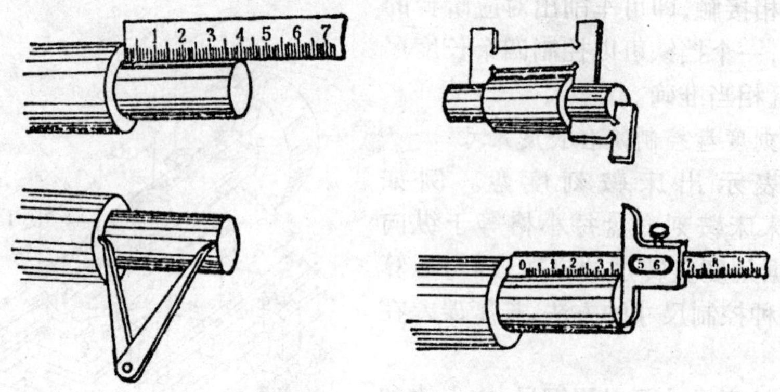

图 2-2-21　阶台长度的测量

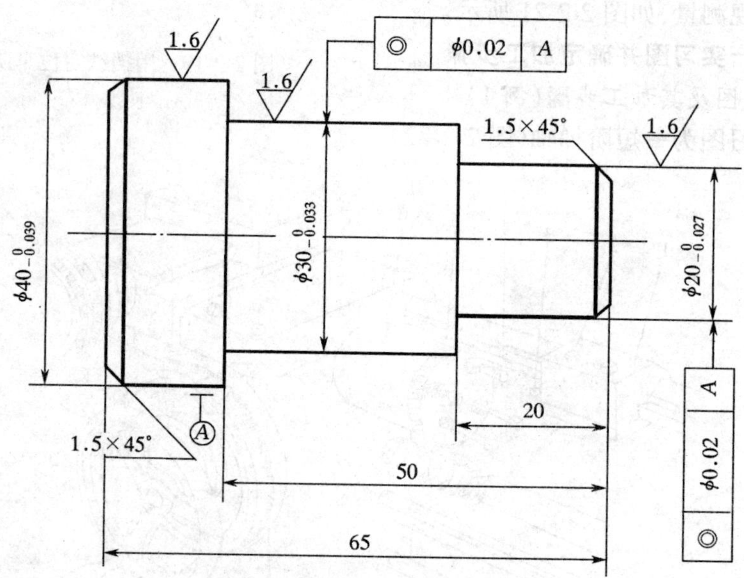

图 2-2-22　销轴(钢 30)

图中，应先车削 $\phi40$ mm，然后车削 $\phi30$ mm，最后为 $\phi20$ mm。

(3)车削步骤

①采用锯床将圆棒料毛坯锯断，毛坯长为 115 mm。

②用三爪卡盘夹紧棒料，伸出长为 75 mm。

③用右偏刀车平右端面作为长度尺寸的测量基准。以背吃刀量 2 mm，切削速度 1.67 m/s，手动或自动进给。

④用右偏刀在距离右端面 70 mm 处刻一线痕，根据选定的切削用量，粗车和精车外圆直径 $\phi40$ 至规定尺寸。

⑤在距离右端面 49.5 mm 处刻一线痕，留 0.5 mm 作为精车阶台时的余量，根据选定的切削用量粗车和精车外圆 $\phi30$ mm 至规定尺寸。精车时注意要保证长度尺寸 50 mm 和阶台端面与工件轴线垂直。

⑥在距离右端面 19.5 mm 处刻一线痕，按照以上方法粗车和精车 $\phi20$ mm 至规定尺寸。

⑦用45°右弯头车刀车削倒角1.5×45°。

⑧用游标卡尺检查各段阶台面尺寸并检查工件表面粗糙度是否合格。

⑨调头夹紧 ϕ30 mm 外圆面，注意在卡爪处垫薄铜片以防止夹伤已加工表面。用45°右弯头车刀或右偏刀车削端面到长度尺寸65 mm。

⑩用45°右弯头车刀车削倒角1.5×45°。

在调头以前也可用切断刀切断工件，端面留1 mm～2 mm余量，这样可以节省车削端面的时间和动力。

2. 生产实习图及其加工步骤(例二)

(1)生产实习图为减速器轴(图2-2-23)

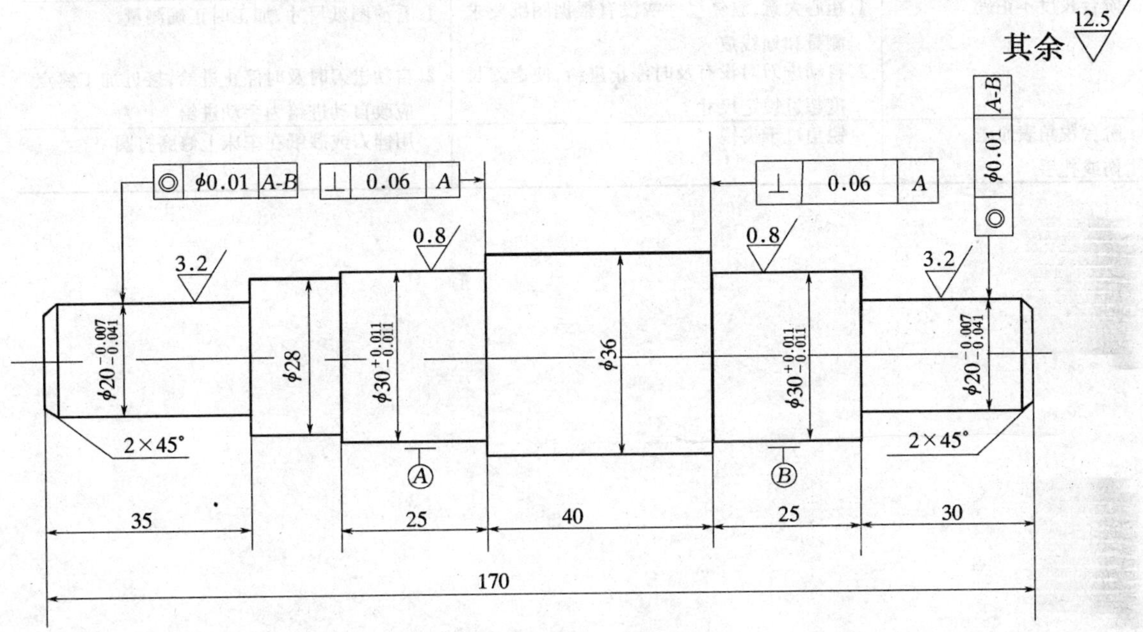

图2-2-23　减速器轴(钢30)

(2)分析生产实习图

①减速器轴是多阶台轴，由6个圆柱体组成。两个外圆 ϕ30 mm 即 A、B 为基准面，尺寸精度和表面粗糙度要求最高，端面要求垂直。两端外圆 ϕ20 mm 的技术要求其次，但与 A、B 面有同轴度要求。

A、B 外圆和端面需经过最后的磨削加工，两端 ϕ20 mm 最后需用精车加工。

②减速器轴要经过粗车、半精车、精车和磨削加工。要通过多次调头装夹进行切削，因此需用两顶尖安装工件，加工前要在轴的两端钻出合适的中心孔。

(3)加工步骤

①根据表2-1-3，选用B型 $D=4$ mm，$D_1=12.5$ mm 的中心钻。

②在卧式车床上用三爪卡盘夹紧工件毛坯，外伸端为5 mm～10 mm，先切削端面1不留凸头，然后钻中心孔。钻中心孔时，主轴转速不低于800 r/min。调头夹紧工件，按轴的长度170 mm 切削端面，并钻中心孔。

③一夹一顶粗车和精车外圆 ϕ36 mm，自由公差。

④粗车外圆 ϕ30 mm 和 ϕ20 mm，半精车 ϕ30 mm 并于直径方向留余量为0.3 mm，即

$\phi30.3$ mm，注意保留与 $\phi36$ mm 之间的圆角。精车 $\phi20$ mm 至公差范围。

⑤调头一夹一顶装夹工件，粗车、半精车和精车 $\phi28$ mm 和 $\phi20$ mm，至规定的公差范围。

⑥检验尺寸精度和表面粗糙度，合格后，送磨削加工。

四、容易产生的问题和注意事项

车削阶梯轴时容易产生的问题和注意事项与车削外圆和端面时基本相同，可参考表 2-2-3、表 2-2-4 和表 2-2-5。但阶梯轴有自己的特点，除了有外圆和端面外，还有阶台。车削阶台容易产生的问题和注意事项见表 2-2-6。

表 2-2-6　车削阶台容易产生的问题和注意事项

问　　题	原　　因	注意事项
阶台长度不正确	1. 粗心大意，看错尺寸或没有根据图纸要求测量和划线痕 2. 自动进刀时没有及时停止进给，使走刀长度超过规定尺寸	1. 看清图纸尺寸，加工时正确测量 2. 自动进刀时及时停止进给，接近加工终点应改自动进给为手动进给
阶台锐角表面碰伤或扎手	锐角过于尖锐	用锉刀或砂纸在车床上修磨打圆

第三章　切断和车外沟槽

在车削加工中，当工件的毛坯是较长的棒料时，需将毛坯棒料在车床上一段一段地切下来，然后车削，或是将工件车削完毕后从棒料毛坯上切下来，这种加工方法称为切断，如图 2-3-1 所示。

车削外圆及轴肩部位的沟槽，称为车外沟槽。常见的外沟槽见图 2-3-2。

切断和车外沟槽是属于同一类型的切削方法。

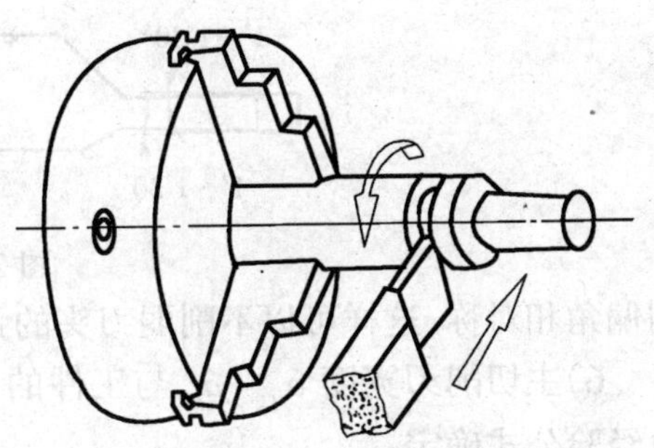

图 2-3-1　切断

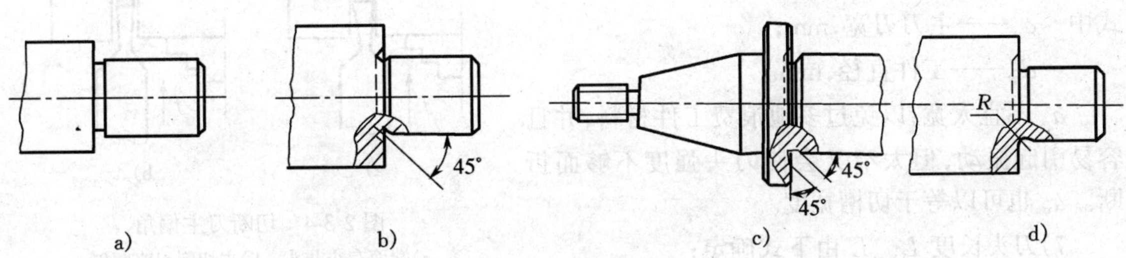

图 2-3-2　常见的各种沟槽

a)外圆沟槽　b)45°外沟槽　c)外圆端面沟槽　d)圆弧沟槽

3-1　切断和切槽

切断刀和切槽刀均以横向进给将工件进行切断和切槽，这种刀具又可称为切断切槽刀。刀具前端的刀刃为主切削刃。两侧刃为副切削刃，考虑到节省工件材料，切断时要切到工件的中心，通常切断刀的主切削刃较窄，刀头较长。因此，在选择刀头几何形状和切削用量时应特别注意。

一、切断切槽刀的结构和角度

1. 高速钢切断切槽刀(图 2-3-3)

1)前角 γ_o　切削中碳钢材料时 $\gamma_o = 20^\circ \sim 30^\circ$；切削铸铁时 $\gamma_o = 0^\circ \sim 10^\circ$。

2)后角 α_o　α_o 取 $4^\circ \sim 8^\circ$。切削脆性材料时取小值，切削塑性材料时取大值。

3)副后角 α'_o　有两个对称的副后角，作用是减少副刀刃和工件两侧的摩擦，一般取 $\alpha'_o = 1^\circ \sim 2^\circ$。

4)主偏角 κ_r　因为切断切槽刀以横向进给为主，因此 $\kappa_r = 90^\circ$。但在切断工件时会在端面上留下一个小凸头(图 2-3-4a)，因此常将主切削刃略磨斜一点(图 2-3-4b)。

5)副偏角 κ'_r　为了减少副切削刃与沟槽两侧面的摩擦，一般取 $\kappa'_r = 1^\circ \sim 1^\circ 30'$。两侧的

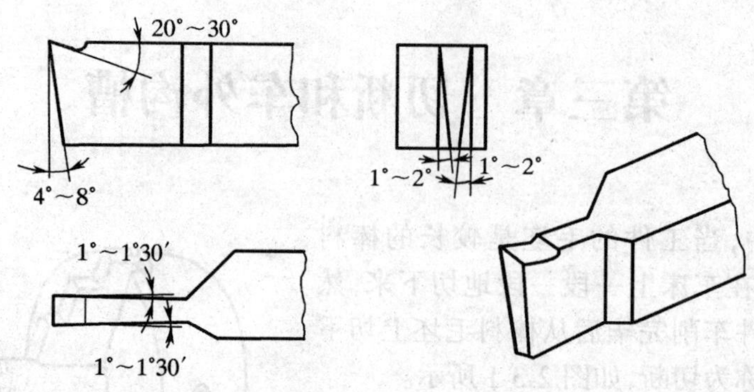

图 2-3-3　高速钢切断刀

副偏角相对称，这样可以不削弱刀头的强度。

6）主切削刃宽度 a_o　a_o 与工件的直径有关，由经验公式确定。

$$a_o=(0.5\sim0.6)\sqrt{d_w}$$

式中　a_o——主刀刃宽，mm；

d_w——工件直径，mm。

a_o 不宜太宽，以免过多地浪费工件材料，并且容易引起振动，但太窄又会使刀头强度不够而折断。a_o 也可以等于切槽宽度。

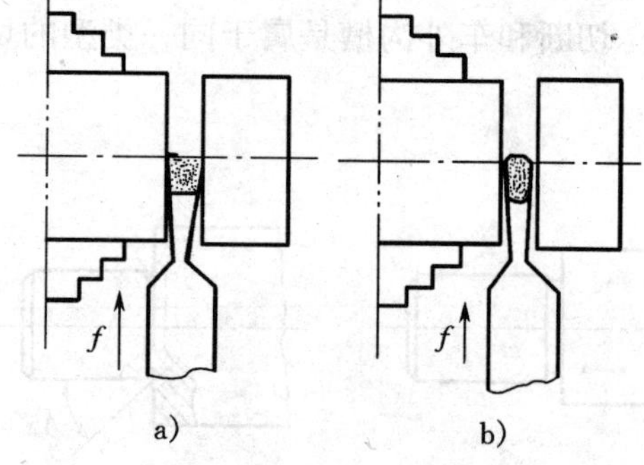

图 2-3-4　切断刀主偏角

a）端面有小凸头　b）主切削刃略磨斜

7）刀头长度 L　L 由下式确定：

$$L=h+(2\sim3)$$

式中　L——刀头长度，mm；

h——切入深度，mm（切实心零件时，切入深度等于工件半径）。

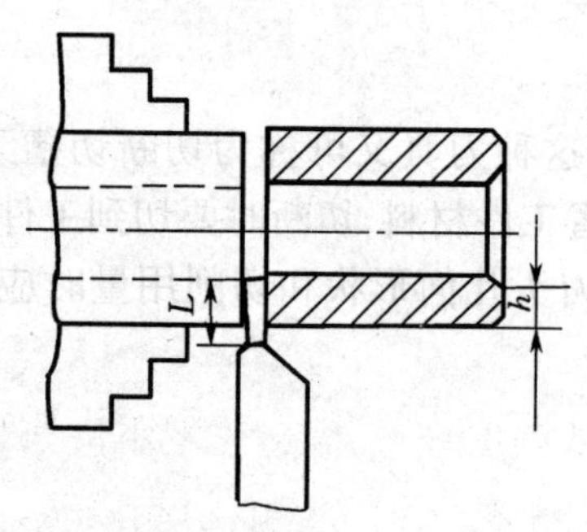

图 2-3-5　切断刀的切入深度

刀头长度不能太长，否则容易引起振动和使刀头折断。L 和 h 见图 2-3-5。

8）卷屑槽　为了便于切屑流出，前刀面上应磨出一个浅的卷屑槽，槽深一般为 0.75 mm～1.5 mm。卷屑槽过深会削弱刀头强度。

2. 硬质合金切断切槽刀

硬质合金切断切槽刀的结构形状如图 2-3-6 所示。为了便于排屑，把主切削刃两边倒角成 10°～20°的人字形。为了防止刀片脱焊，增大焊接面积，刀杆上的刀片槽制成 V 形。为了增加刀头的支承刚度，刀头下部制成凸起的圆弧形，如图 2-3-7 所示。

使用硬质合金切断切槽刀时，由于是高速切削，发热量大，易引起脱焊，因此在切削时应加注充分的冷却液。特别是刀片磨损后，发热量更大，要及时修磨刀刃。

3. 反切刀

反切刀用于直径较大工件的切断和切槽。其方法是工件反转，车刀如图 2-3-8 所示装夹。

反转切削时，切削力和主轴重力方向一致，主轴不容易产生振动，切削较平稳。同时，切屑从下面流出，不容易堵塞在工件槽中，切削比较顺利。

在使用反切法时，卡盘和主轴连接部分必须装保险装置，以防反转时卡盘从主轴上脱开造成事故。

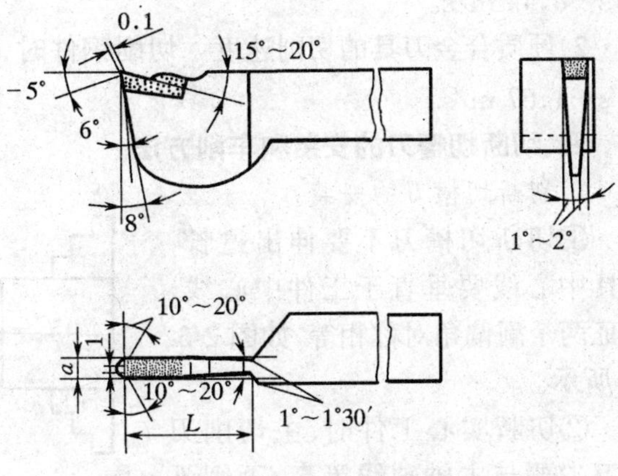

图 2-3-6　硬质合金切断刀

二、切断切槽刀的刃磨方法

在刃磨切断切槽刀以前，应先把刀杆底面磨平。在刃磨时，先磨两个副后面，以获得两侧副偏角、两侧副后角和主切削刃的宽度，并保证两个副偏角与副后角相等。

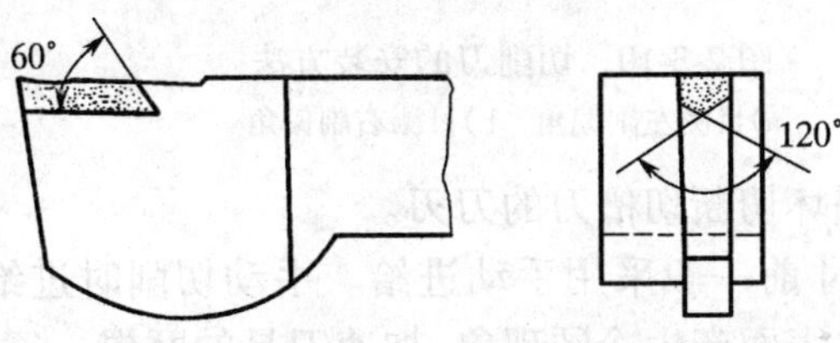

图 2-3-7　硬质合金切断刀刀片槽形状

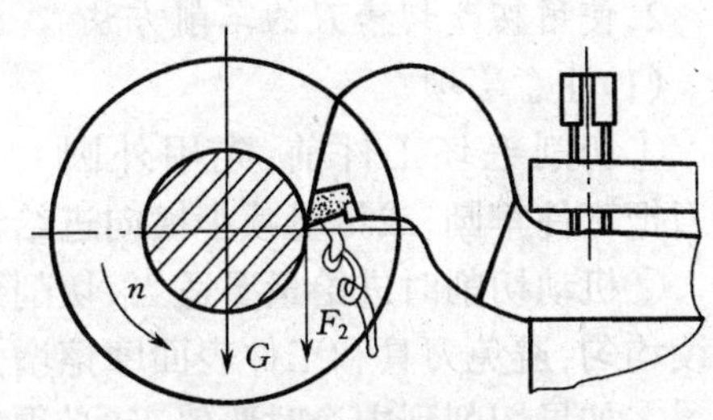

图 2-3-8　反切断法和反切刀

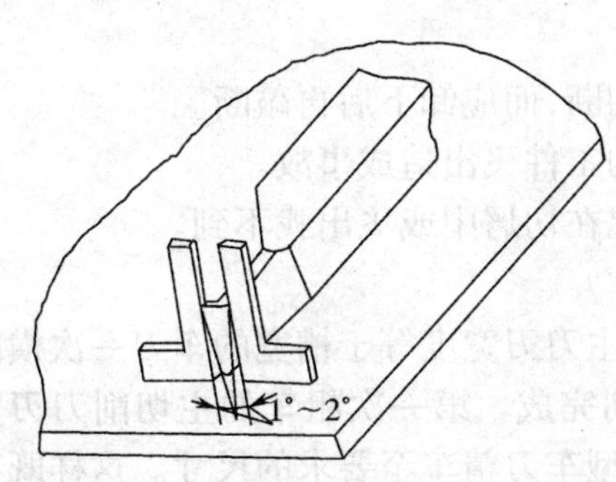

图 2-3-9　用角尺检查切断刀副后角

然后磨主后面，保证主切削刃平直。最后磨前面和卷屑槽。为了增加刀尖强度，可在两边刀尖处各磨出一个小圆弧过渡刃。

刃磨后应用角尺或钢板尺检查两侧副后角的大小及对称程度，如图 2-3-9 所示。

三、切断和切槽时的切削用量

1. 背吃刀量

切断和切槽时的背吃刀量等于主切削刃的宽度 a_o。

2. 进给量

切断切槽刀的刀头强度较低，应适当减小进给量。进给量过大时容易使刀头折断；进给量过小会使刀具后面和工件表面强烈摩擦，引起振动。进给量的大小应根据工件和刀具材料决定。

1）高速钢刀具的进给量　切削钢件时，$f=0.05$ mm/r～0.1 mm/r；切削铸铁时，$f=0.1$ mm/r～0.2 mm/r。

2）硬质合金刀具的进给量　切削钢件时，$f=0.1$ mm/r～0.2 mm/r；切削铸铁时，$f=0.15$ mm/r～0.25 mm/r。

3. 切削速度

1）高速钢刀具的切削速度　切削钢件时，$v_c=0.5$ m/s～0.67m/s；切削铸铁时，$v_c=0.25$

m/s~0.42 m/s。

2)硬质合金刀具的切削速度　切削钢件时，v_c=1.33 m/s~2 m/s；切削铸铁时，v_c=1.0 m/s~1.67 m/s。

四、切断切槽刀的安装和车削方法

1.切断切槽刀的安装

①切断切槽刀不要伸出过长，刀具中心线要垂直于工件中心线，保证两个副偏角对称相等，如图2-3-10所示。

②切断实心工件时，主切削刃的刀尖要与主轴轴线等高，否则不能割到中心，刀头也容易折断。

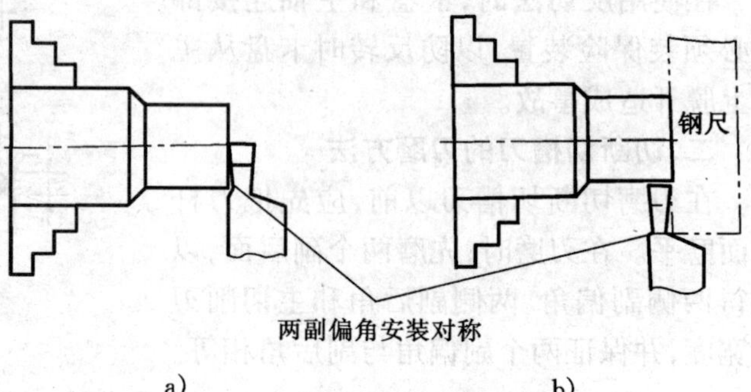

图2-3-10　切削刀的安装方法

a)目测左副偏角　b)目测右副偏角

2.使用切断切槽刀的车削方法

(1)注意事项

①切削毛坯工件前，先用外圆车刀把工件车圆，或尽量减小横向进给量，以免损坏切断切槽刀的刀刃。

②机动切削时进给量要适当，切削到规定尺寸前一般采用手动进给。手动切削时进给要连续均匀，避免刀具和工件表面摩擦增大，使工件表面产生冷硬现象，加速刀具的磨损。

③如果切削到中途时要停车，必须先退出车刀，避免刀头折断。

④用卡盘装夹工件时，切槽应尽量靠近卡盘。这样工件振动较少，也可避免切削过程中工件抬起使刀头折断。

⑤用一夹一顶装夹工件进行车断时，工件不应完全切断，而应卸下后再敲断。

⑥用两顶尖装夹工件时不能进行切断，否则切断后的工件飞出造成事故。

⑦切断小工件时要用器具盛接，以免切断后的工件混在切屑中或飞出找不到。

(2)切削沟槽的方法

沟槽可分为窄沟槽和宽沟槽两种。对窄沟槽可以用主刀刃宽度等于槽宽的车刀一次横向直进车出。若沟槽的精度较高，可分粗车和精车两次切削完成。第一次粗车的主切削刀刃宽度稍窄，使沟槽两侧面都有一定的精车余量；第二次用成型车刀精车至要求的尺寸。这样既有利于提高工件精度和降低表面粗糙度，又可避免槽的两侧面产生凹凸现象。槽宽可以用量规测量(图2-3-11)。

对宽沟槽可先用45°车刀粗车，也可用一般尖头车刀粗车，然后用切断切槽刀或左、右偏刀精车，如图2-3-12所示。粗车时注意要保持外圆直径均匀，不要出现高低不平的接缝，以便于精车。槽宽可用样板或游标卡尺测量。

五、分析生产实习图并确定加工步骤

1.小轴车削(图2-3-13)

2.分析生产实习图

①小轴3个外圆直径分别为$\phi 34_{-0.033}^{\ 0}$ mm和两个$\phi 24_{-0.027}^{\ 0}$ mm，表面粗糙度均为R_a 3.2 μm。小轴有2个外沟槽，其一为窄槽2 mm×ϕ20 mm；另一为宽槽，宽为25 mm，槽深3 mm，圆角半径为R2 mm，左右对称。

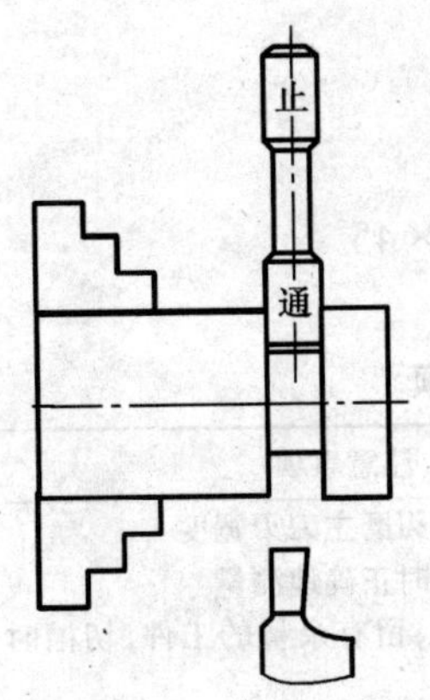

图 2-3-11　用量规测量沟槽宽度

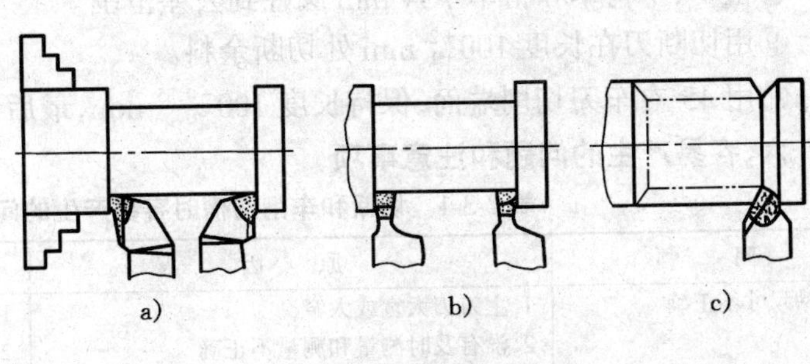

图 2-3-12　车宽外沟槽的方法

a)用左、右偏刀精车　b)用切断刀精车　c)用改形刀粗车

②3 个外圆可用一般车削外圆的方法加工。

③窄槽可用一般的切断刀加工，宽槽的切槽刀两侧刀刃要磨出圆角 $R2$ mm。

2. 加工步骤

①在车床上用三爪卡盘夹紧工件，伸出长度约为 85 mm。

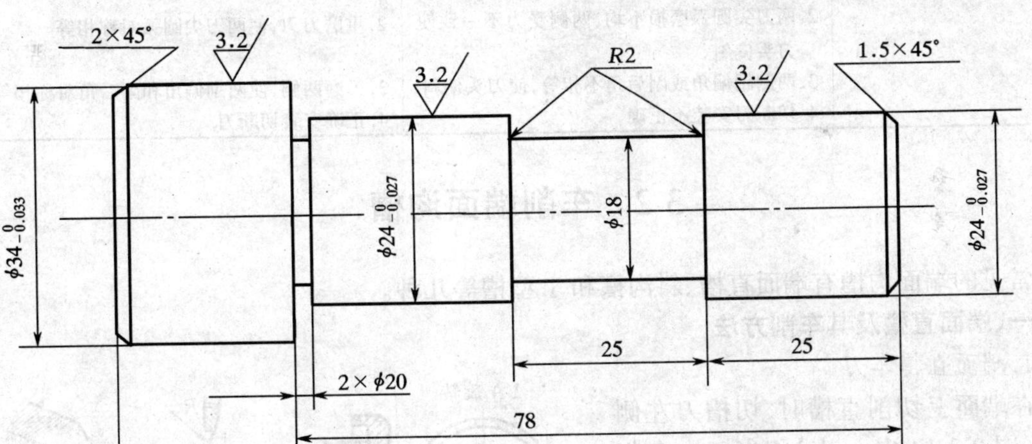

图 2-3-13　小轴(钢 30)

②车削端面，作为测量长度基础。

③粗车、半精车和精车外圆至 $\phi24_{-0.027}^{\ 0}$ mm，达到表面粗糙度 $R_a3.2\ \mu m$，车削长度为 78 mm。

④车削倒角 1.5×45°。

⑤在长度 78 和 25 等处刻线痕。

⑥使用切断切槽刀切槽 2 mm×ϕ20 mm 和 ϕ18 mm，并保证宽槽圆角 $R2$ mm。

⑦调头夹紧 ϕ24 mm 外圆柱，用薄铜垫片，不使表面卡伤。伸出适当长度使车刀能够将

$\phi34$ mm 圆柱进行车削。

⑧粗车、半精车和精车 $\phi34$ mm 圆柱到公差范围。

⑨用切断刀在长度 100^{+2}_{+1} mm 处切断余料。

⑩用 45°右车刀切削端面,保持长度 $100^{+0.35}_{0}$ mm,最后切削倒角 2×45°。

六、容易产生的问题和注意事项

表 2-3-1　切断和车削沟槽时容易产生的问题和注意事项

问　　题	原　因	注意事项
沟槽尺寸不正确	1. 主刀刃太宽或太窄 2. 没有及时测量和测量不正确 3. 尺寸计算错误	1. 根据沟槽宽度刃磨主刀刃宽度 2. 切槽过程中及时正确地测量 3. 仔细计算尺寸,留有余量的工件,切槽时必须考虑余量。
沟槽位置不对	1. 看错图纸尺寸或测量不正确 2. 定位不正确或定位走动	1. 看清图纸,仔细测量尺寸 2. 正确定位,牢固定位装置
沟槽过深	1. 没有及时测量 2. 尺寸计算错误,切削过头 3. 中滑板刻度线记错	1. 切槽时应及时测量 2. 仔细计算尺寸,准确测量 3. 在刻度线上作记号
表面粗糙度达不到要求	1. 切削时振动 2. 两个副偏角过小,刀具和工件摩擦 3. 切削速度不适当,没有加注切削液 4. 切屑流向已加工表面	1. 采取防振措施 2. 重新刃磨副偏角 3. 选择适当的切削速度,切削时加注切削液 4. 改变卷屑槽角度,控制切屑的流动方向
切下的工件两侧凹凸	1. 刀具主切削刃不平直,进给后有侧向力作用,使刀头偏斜 2. 两刀尖圆弧磨损不均,两侧受力不一致使刀头偏斜 3. 两侧副偏角或副后角不相等,使刀头偏斜 4. 切断刀安装不正确	1. 将刃口磨平直 2. 重磨刀刃,使两刀尖圆弧对称相等 3. 刃磨两侧,使两副偏角和副后角对称相等 4. 正确安装切断刀

3-2　车削端面沟槽

常见的端面沟槽有端面直槽、斜沟槽和 T 型槽等几种。

一、端面直槽及其车削方法

1. 端面直槽车刀

在端面上切削直槽时,切槽刀左侧刀尖(图 2-3-14 中 a 点)相当于在车削内孔;切槽刀右侧刀尖则相当于车削外圆。因此刀尖 a 的副后面必须按端面槽圆弧的大小刃磨成如图 2-3-14 所示的圆弧形,并带有一定的后角,防止刀刃的副后面和槽的圆弧面相摩擦。

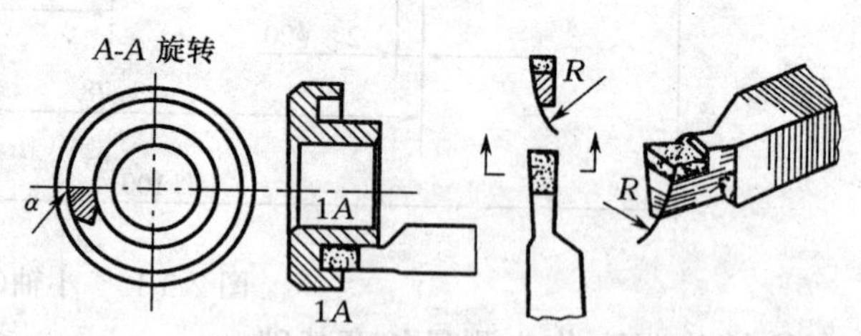

图 2-3-14　端面车槽刀的几何形状

对于比较深的端面沟槽,为了增强刀头的支承刚性,避免切槽刀的振动和折断,可在车刀后面制成圆弧形的加强肋,如图 2-3-15 所示。

2. 端面直槽刀的安装

端面直槽刀在安装到刀架上时,主切削刃应与主轴中心等高并与工件端面平行,两侧的副后角中心线应与工件的轴线平行，如图 2-3-14 所示。

3. 车削端面直槽的切削用量

切削用量的确定可参考本章 3-1 第 3 项内容。

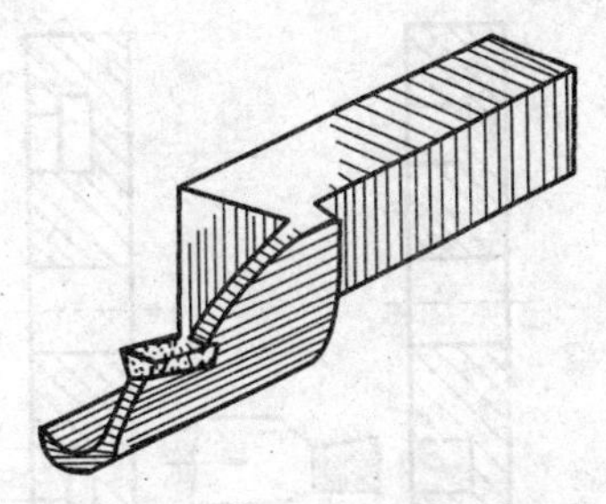

图 2-3-15　带有加强肋的端面车槽刀

二、斜沟槽及其车削方法

斜沟槽可分为 45°外沟槽、圆弧沟槽和外圆端面沟槽等 3 种。这几种斜沟槽及其车刀见图 2-3-16。

1. 45°外沟槽及其车刀和车削方法

45°外沟槽车刀和一般端面沟槽车刀相同，刀尖 a 的副后面应磨成相应的圆弧。车削时将小滑板转动 45°，用小滑板进给车削 45°外沟槽。

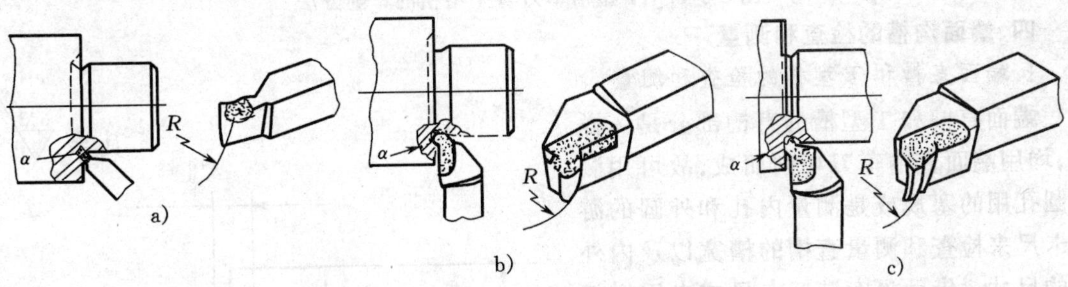

图 2-3-16　端面沟槽车刀

a)45°外沟槽车刀　b)圆弧沟槽车刀　c)外圆端面沟槽车刀

2. 圆弧沟槽及其车刀和车削方法

根据圆弧沟槽的形状和大小将车刀刃磨成圆弧刀头，在切削端面一段圆弧时刀刃应磨有相应的圆弧后面。

车削圆弧沟槽可以使用车削 45°外沟槽的方法；也可以先用一般圆弧形切槽刀横向进给切削外圆沟槽，然后用特制的圆弧(有圆弧后面的)车刀(图 2-3-16b)纵向进给，切削端面的圆弧沟槽。后一种方法要用两把刀具，但车削操作简单，而且刀具便于刃磨，刀具的使用寿命也可延长。

3. 外圆端面沟槽及其车刀和车削方法

外圆端面沟槽类似于圆弧沟槽，是用 3 条直线代替圆弧，如图 2-3-16c 所示。其车刀前端磨成外圆切槽刀的形式，侧面两个直线刃磨成端面切槽刀的形式。车削外圆端面沟槽的方法和车削圆弧沟槽的方法相类似。可以用小滑板转动 45°一次进给切好，也可以分两次走刀完成，即一般切槽刀横向进给车削外圆沟槽，再用外圆端面沟槽刀纵向进给车削端面沟槽。

三、T 型槽及其车削方法

T 型槽是端面直槽的扩展形式，如图 2-3-17 所示。通常用来安放 T 型槽用螺栓。

车削 T 型槽首先用端面直槽刀切削端面直槽，其次用弯头右切槽刀切削外侧沟槽，最后用弯头左切槽刀切削内侧沟槽。弯头切槽刀的刀头宽度 L 应略小于槽宽 b，否则弯头切槽刀无法进入槽中。同时，弯头切槽刀进入端面直槽时，为了避免车刀侧面和工件相碰，刀头柄后部应磨出圆弧形状如图 2-3-17 所示。

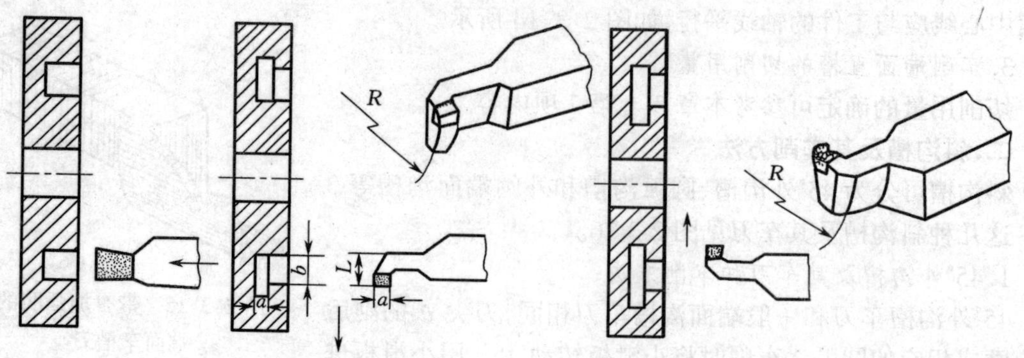

图 2-3-17　T 型槽车刀与 T 型槽的车削方法

四、端面沟槽的检查和测量

1. 端面直槽和 T 型槽的检查和测量

端面直槽和 T 型槽的直槽部分是一样的，均用端面直槽车刀切削而成，故可用测量圆孔用的塞规或是测量内孔和外圆的游标卡尺来检查和测量直槽的槽宽以及内外圆的尺寸。借助深度游标卡尺或专用样板检查槽的深度。

T 型槽的外侧和内侧沟槽则需用专门的样板检查和测量槽宽和槽深，样板的尺寸应与车刀断面尺寸相一致。

此外，还要观察沟槽的光整程度和表面粗糙度。

2. 斜沟槽的检查和测量

通常是使用专门的样板来检查斜沟槽的尺寸大小，也要观察斜沟槽的光整程度和表面粗糙度。

五、分析生产实习图并确定加工步骤

1. 生产实习图——缸盖(图 2-3-18)

2. 分析生产实习图——缸盖

①缸盖外圆尺寸精度要求最高的是 $\phi40_{-0.039}^{\ 0}$ mm，其次是 $\phi23_{-0.052}^{\ 0}$ mm 和 $\phi35_{\ 0}^{+0.062}$ mm。长度方向尺寸精度有要求的是端面 $2_{-0.1}^{\ 0}$ mm 和沟槽深 $4_{\ 0}^{+0.12}$ mm。表面粗糙度要求较高的是 $R_a1.6\ \mu m$，其余为 $R_a6.3\ \mu m$。

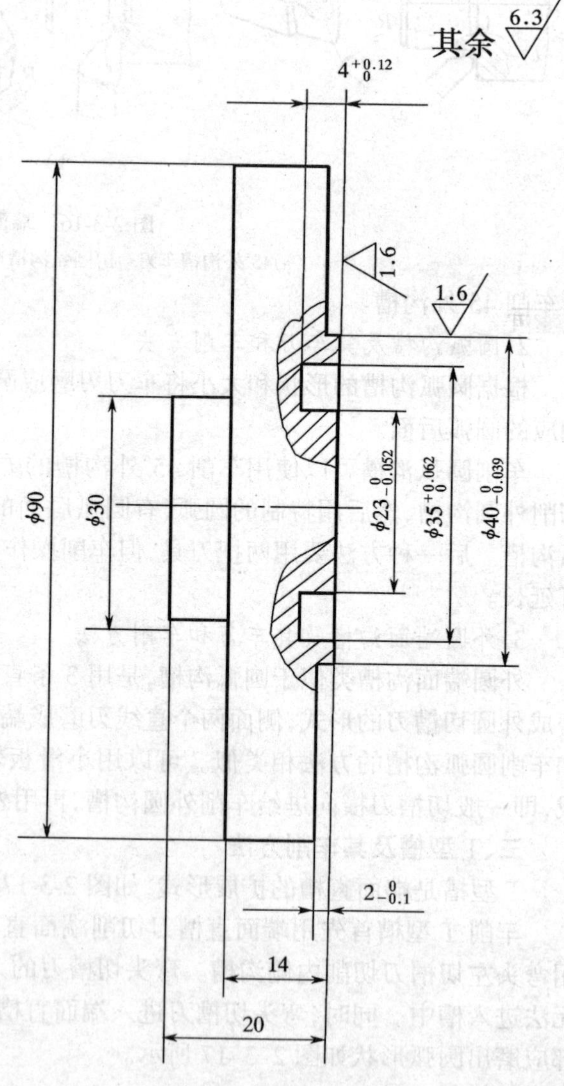

图 2-3-18　缸盖(钢 30)

②为了保证图纸规定的尺寸精度及表面粗糙度的技术要求，3 个外圆 $\phi40$ mm、

应在一次装夹中完成精车切削工作。

③两个外圆 $\phi90$ mm 和 $\phi30$ mm 应在一次装夹中完成精车切削工作。

3. 加工步骤

①用三爪卡盘夹紧缸盖毛坯，夹持长度约为 5 mm。

②粗车、半精车和精车 $\phi90$ mm 和 $\phi30$ mm，相应两个端面同时切削，保持外圆与端面的垂直度。$\phi90$ mm 外圆的轴向长度不得少于 12 mm。

③用锉刀修锉锐边。

④调头夹紧 $\phi30$ mm，并使 $\phi90$ mm 的端面紧贴三爪端面，三个卡爪应垫以薄铜片，以保护 $\phi30$ mm 表面。

⑤粗车、半精车和精车 $\phi40$ mm 及两个端面，保证轴向尺寸 $2_{-0.1}^{\ 0}$ mm 和 14 mm。

⑥用端面直槽刀车削 $\phi23$ mm 和 $\phi35$ mm，保证轴向尺寸 $4_{\ 0}^{+0.12}$ mm。

⑦用锉刀修锉锐边。

⑧检验 3 个外圆的尺寸及两个轴向尺寸是否在公差范围内，检验表面粗糙度。

⑨卸下工件。

六、容易产生的问题和注意事项

车削端面沟槽时，容易产生的问题和注意事项可参考表 2-3-1。在许多场合，切断和车削沟槽以及车削端面沟槽是相似的。此外，还要注意表 2-3-2 所列的问题。

表 2-3-2　车削端面沟槽时容易产生的问题和注意事项

问　题	原　因	注意事项
排屑困难	1. 刀刃前面无倾角 2. 卷屑槽太小或长度不够	1. 刀刃前面磨出 1°～3°的倾角，使前刀面左高右低，切屑成“宝塔状”，便于排屑 2. 卷屑槽的大小和深度要根据进给量和工件沟槽直径大小来确定。卷屑槽深度不要太大，但长度要超过切入深度
切削时振动	1. 刀刃前角小 2. 工件沟槽直径大 3. 车床主轴、中滑板和小滑板间隙过大	1. 适当加大刀刃前角，减少切削力 2. 车刀反装，用反切法车削 3. 重新调整和适当减小间隙
车刀强度不够以致折断	1. 副偏角和副后角太大，削弱车刀强度 2. 副偏角和副后角太小，车刀后面与工件摩擦大 3. 车刀刀头歪斜 4. 车刀前角太大 5. 车刀刀头刚度不够 6. 进给量太大	1. 副偏角和副后角刃磨时，角度要适当，使车刀强度提高 2. 正确刃磨副偏角和副后角，使角度稍为增加一些 3. 刀头磨正 4. 刃磨前角使之减小 5. 安装刀具时尽量减少悬伸量，合理选用主切削刃宽度，切削位置尽可能靠近卡盘 6. 减少进给量

第四章　在车床上钻、镗、铰圆柱孔

4-1　麻花钻

在实心材料上加工内孔的刀具种类很多。麻花钻是钻孔的主要刀具，钻孔公差一般可达 IT11～IT12 级，钻头一般用高速钢制成。

一、麻花钻的结构和各部分的作用

1. 麻花钻的组成部分及作用(图 2-4-1)

(1)工作部分

1)切削部分　两条螺旋沟形成的两个螺旋形前刀面与由刃磨得到的两个后刀面的交线形成了两切削刃，相当于正、反两把刃倾角为负的车刀，起主要切削作用。两后刀面在钻芯处相交形成一条横刃，担负工件中心处的切削作用。前刀面与刃带相交的棱边组成两条副切削刃，起修光作用。

2)导向部分　钻头有螺旋排屑槽的部分。导向部分由两条螺旋沟形成的两螺旋形刃瓣组成。两刃瓣由钻芯连接，在两刃瓣上作出了两条螺旋棱边，用以减少刃瓣与工件的摩擦引导钻头并形成副切削刃，控制孔的廓形，保持钻头进给方向。螺旋沟是流入切削液和排屑的通道。

(2)颈部

位于钻头工作部分和柄部之间，作为刃磨外径时砂轮退刀和打印标记之处。

(3)柄部

用以装夹和传递轴向力和扭矩，也起夹持定心作用。钻头直径小于 13 mm 时常用圆柱柄，12 mm 以上用莫氏锥柄。

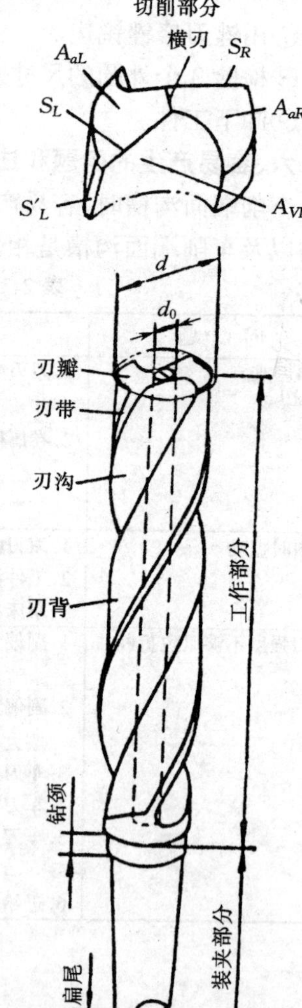

图 2-4-1　麻花钻的组成

2. 麻花钻的结构要素及作用

1)直径 d　其为两刃带间垂直距离。

2)直径倒锥　直径做成向钻柄方向逐渐减小的锥度，以减少刃带与孔壁间的摩擦面积，相当于副偏角的作用。

3)钻芯直径 d_0　钻芯处与两刃沟底相切圆的直径，它影响钻头的刚性与容屑沟截面积。

4)螺旋角 β　钻头刃带棱边螺旋线展开成直线与钻头轴线的夹角，它相当于副切削刃刃倾角。钻头不同直径处螺旋角不等，愈近中心处螺旋角愈小，标准麻花钻螺旋角一般为 18°～

30°。

5)刃沟槽形　钻头螺旋沟槽在钻头端剖面的形状,它决定副切削刃前角 γ'_o,也影响主切削刃的形状。

6)刃带参数　它包括刃带宽、高和刃带后角,钻头刃带后角为零度,相当于副切削刃后角。

二、麻花钻切削部分的几何角度

麻花钻的结构和切削部分的几何角度比车刀复杂,因此确定钻头角度也需要建立坐标系。图 2-4-2a 画出过主切削刃上 A、B 两点及横刃上 C 点,副切削刃上 D 点的主剖面系坐标平面 P_r、P_s、P_o。基面 P_r 是与切削速度方向垂直的平面。钻头的 P_r 可以理解为过切削刃某选定点包含轴线的平面。切削平面 P_s 可以认为是切削刃某选定点与该点切削刃相切并与 P_r 垂直的平面。主剖面 P_o 同时垂直于 P_r、P_s。由于钻头切削刃不通过轴心线,因此切削刃上各点的 P_r、P_s、P_o 均不相同。

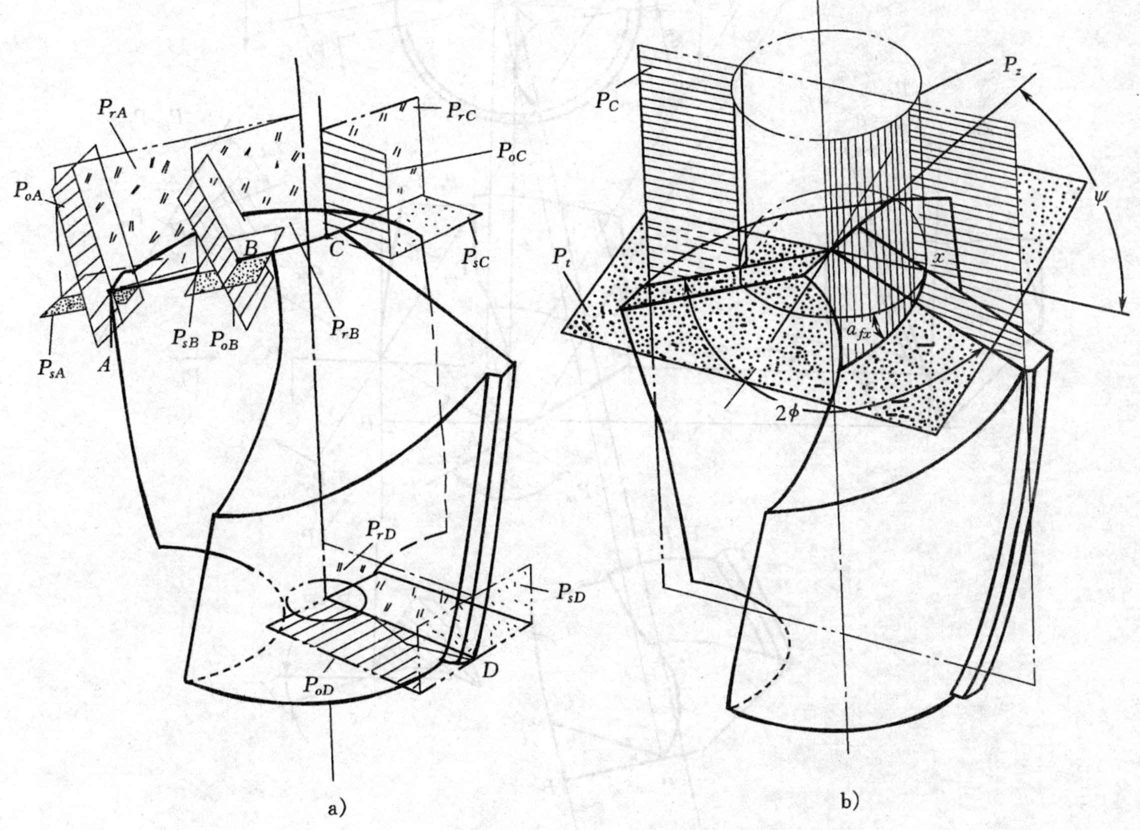

图 2-4-2　麻花钻的坐标系平面与测量平面

a)主剖面系坐标平面　b)测量平面

为了确定钻头的刃磨角度还规定以下 3 个测量平面(图 2-4-2b)。即

1)端平面 P_t　与钻头轴线垂直的端面投影平面。

2)中剖面 P_c　过钻头轴线与两主切削刃平行的平面。

3)柱剖面 P_z　过主切削刃上某选定点与钻头轴线平行的直线。该直线绕钻头轴线旋转所形成的圆柱面。

设钻头的进给剖面 P_f 为平行钻头轴线且垂直于基面的平面，切深剖面 P_p 为同时垂直于钻头轴线与基面的平面，如图 2-4-3 所示。

1. 麻花钻切削部分的几何角度(图 2-4-3)

1)顶角 2ϕ(锋角)　钻头两主切削刃在中剖面投影中的夹角。

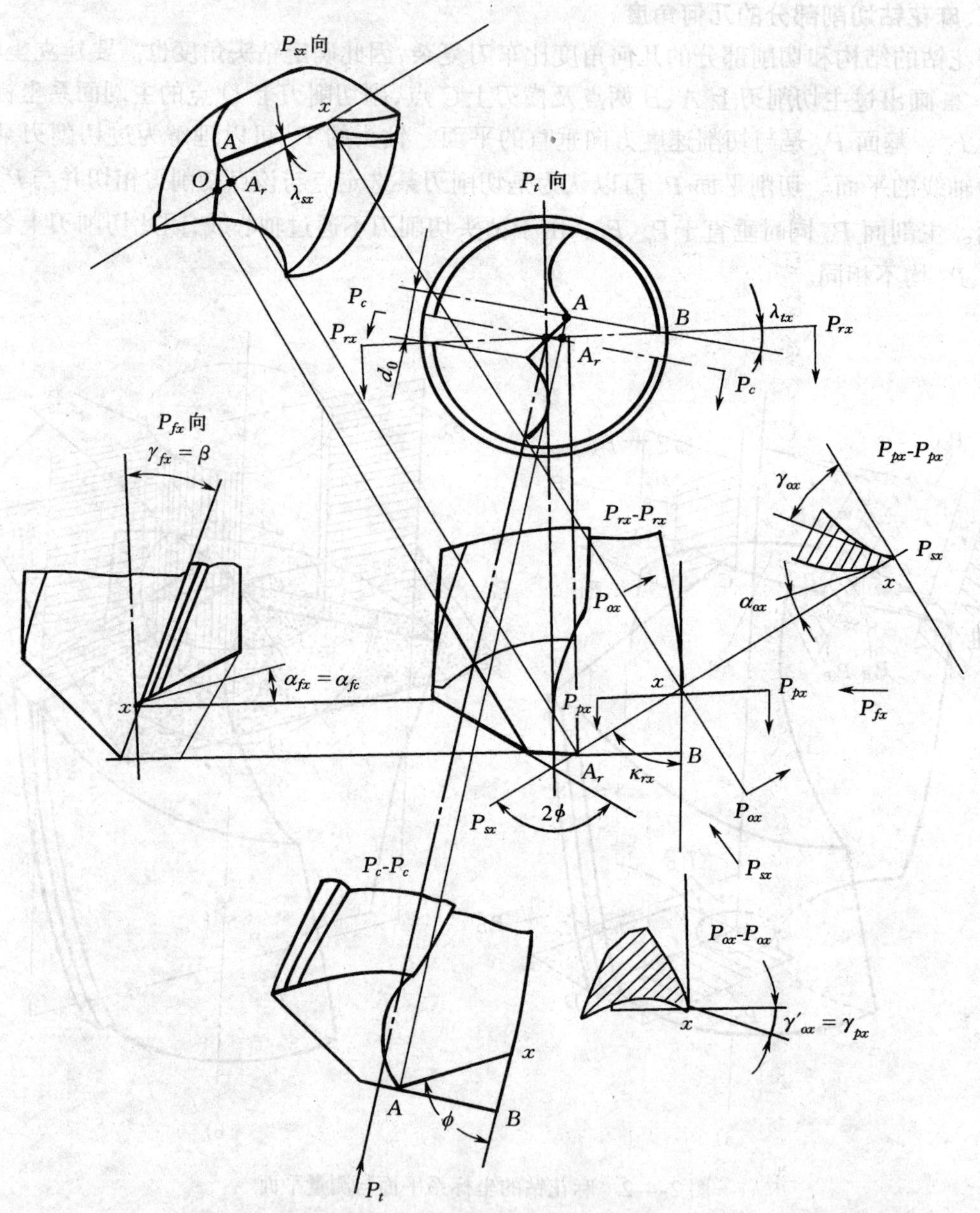

图 2-4-3　麻花钻主切削刃上几何角度

2)前角 γ_o　与普通刀具的前角定义一样，由于切削刃上各点的 P_r、P_s、P_o 不同，所以对麻花钻的前角应是某选定点的前角。麻花钻的前角不是直接刃磨得到的，其大小与麻花钻的螺旋角、锋角、钻心直径等有关，而其中影响最大的是螺旋角。由于螺旋角随直径的大小而改变，所以切削刃上各点的前角也是变化的(图 2-4-4)。近边缘处最大，自外缘向中心逐渐减小，并且约在中心$\frac{1}{3}d$以内开始变为负前角，前角变化范围大约为$-30°\sim+30°$。

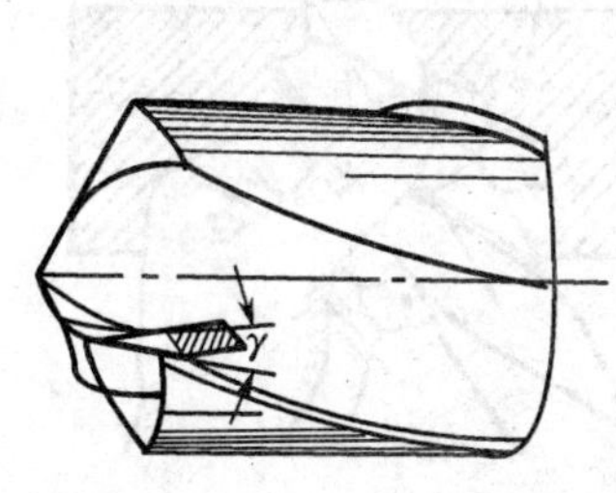

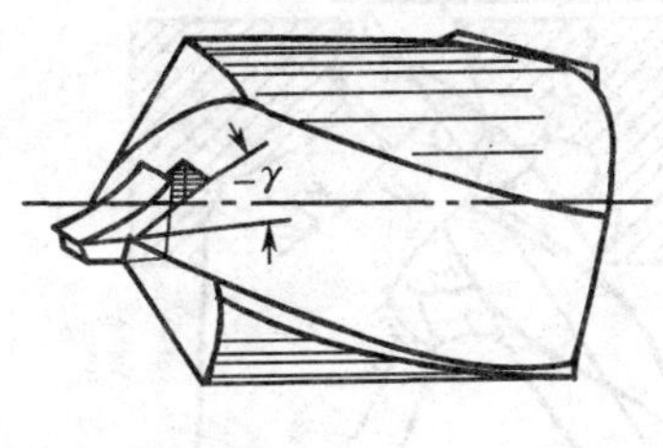

图 2-4-4 麻花钻的前后角和前角的变化

3）后角 α_o 主切削刃上任意一点的后角是这一点的切削平面与后面之间的夹角。切削刃上各点的后角也是变化的，靠近外缘处最小，接近中心处最大，外缘处后角一般为 $8°\sim14°$。为测量方便，后角在圆柱面内测量，见图 2-4-10。

4）主偏角 κ_r 切削刃上任意一点的主偏角是切削刃在该点基面上的投影与进给运动方向的夹角。切削刃上各点的主偏角是变化的，外缘处大，钻芯处小。

5）刃倾角 λ_s 切削刃上任意一点的刃倾角是该点切削平面内切削刃与基面之间的夹角。钻头的刃倾角为负值，切削刃上各点的刃倾角是变化的，外缘处绝对值小，近横刃处绝对值大。

6）横刃斜角 ψ 在端平面中测量的横刃与中剖面的夹角。横刃斜角 ψ 与顶角 2ϕ、钻心后角 α_ψ 是相互制约的，可用检验 ψ 角的数值来控制 α_ψ 的大小。ψ 角愈小，α_ψ 角愈大，横刃愈锋利。但横刃愈长，钻头引钻时不易定中心。

三、麻花钻的刃磨及角度检查

麻花钻刃磨质量及角度正确直接关系到钻孔的质量和钻削效率。应根据钻削材料、切削用量、加工条件、钻头角度特点及切削时角度变化确定刃磨角度大小及修磨部位。麻花钻的一般刃磨应保证切削部分两边的角度及刃长相对中心线对称。否则，会出现钻头两边切削力不平衡、钻头磨损快、所钻孔径扩大、孔倾斜、孔内壁粗糙度差等现象。

1. 麻花钻的刃磨

麻花钻的一般刃磨只刃磨两个主后面，并同时磨出顶角、后角及横刃斜角。注意事项如下：

①刃磨（高速钢）麻花钻应选用刚玉类（Al_2O_3）砂轮，砂轮表面应修平整；

②将主切削刃放平，使钻头中心线稍高出砂轮中心一定的距离，钻头中心线与砂轮外圆表面的夹角等于钻头顶角 2ϕ 的一半（图 2-4-5a），同时钻尾向下倾斜；

③右手握住钻头头部，左手握住柄部，并使主切削刃接触砂轮，以钻头前端支点为圆心，钻尾作上下摆动，一边作微量进给（图 2-4-5b），磨削时应注意，钻尾摆动不得高出水平面，以防磨出负后角，也不能后部摆动太大，以免把另一面主切削刃磨掉；

④当一条主切削刃磨削完毕后，把钻头转过 180°刃磨另一条主切削刃，人和手要保持原来的位置和姿势，刃磨方法同上。

2. 角度检查

（1）目测法

不借助量仪用眼睛观察磨好的钻头是最常用、适用的方法。方法如下：

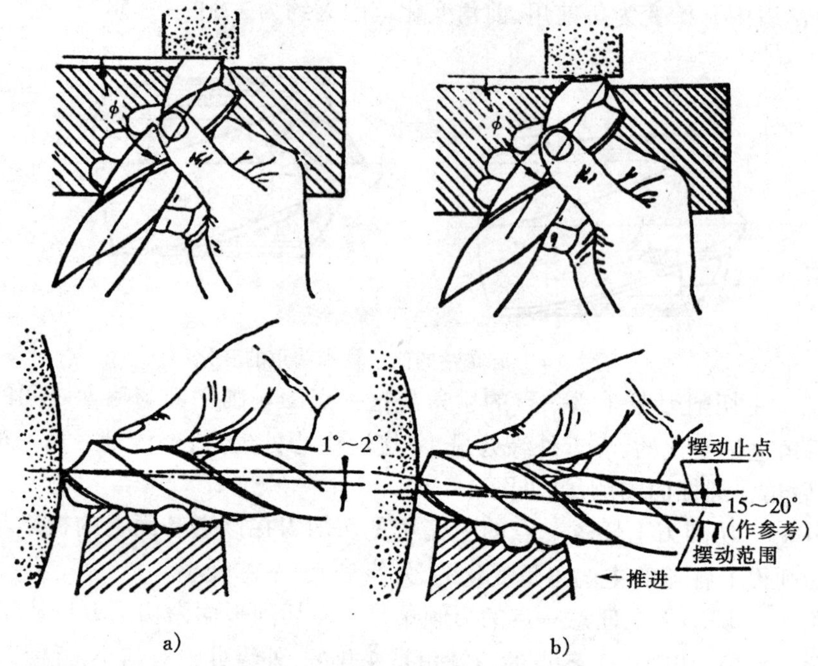

图 2-4-5　刃磨钻头主切削刃及后角

a)钻头放平　b)摆动钻尾

①把钻头垂直竖在与眼光等高的位置上，在明亮的背景下观察两刃的长短和高低以及它的后角等(图 2-4-6)，注意应多次将钻头旋转 180°观察对比，最后觉得两刃基本对称，就可使用；

②当两边后角相等时，大小可依横刃斜角 ψ 和横刃长短来检查，观察到 ψ 角愈小，横刃愈长，则后角愈大；

③从麻花钻头部沿钻头轴线方向观察(图 2-4-7)，可以判断出顶角是否大于、等于、小于 118°。

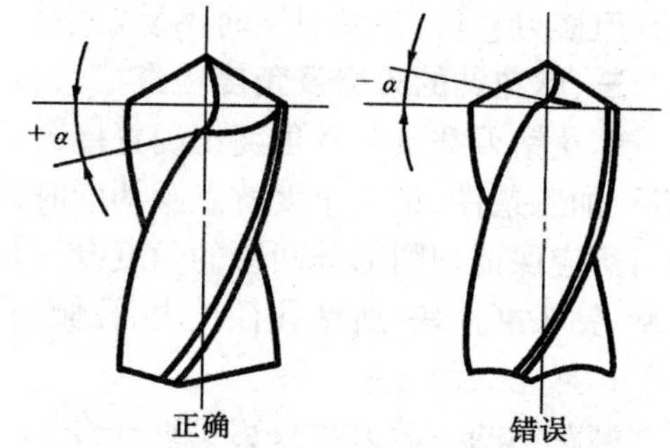

图 2-4-6　目测法检查麻花钻的后角

(2)用量角器或样板检查

①用样板检查顶角 2ϕ 及切削刃长度，横刃斜角 ψ(图 2-4-8)。

②用量角器检查主偏角 κ_r、刃长和对称性(图 2-4-9)。

(3)用百分表测量后角 α_{fx}(图 2-4-10)，当用百分表测量头在切削刃 x 点接触时，钻头每转过 θ°后，表针下降 Δ mm，x 点后角 α_{fx} 可由下式计算：

$$\mathrm{tg}\alpha_{fx} = \frac{\Delta}{\pi d_x}\frac{360}{\theta} \qquad (2\text{-}4\text{-}1)$$

3. 麻花钻的修磨

1)修磨横刃(图 2-4-11a)　沿钻刃后面的背棱刃磨至钻心，将原来的横刃磨成两条内直刃加一条窄横刃。这样，既能缩短横刃，定心好，又能加大修磨处内刃的前角使轴向力减小，有利于排屑和断屑，而且增大了钻心部分的容屑空间，保持钻心有一定的强度。修磨横刃的形状

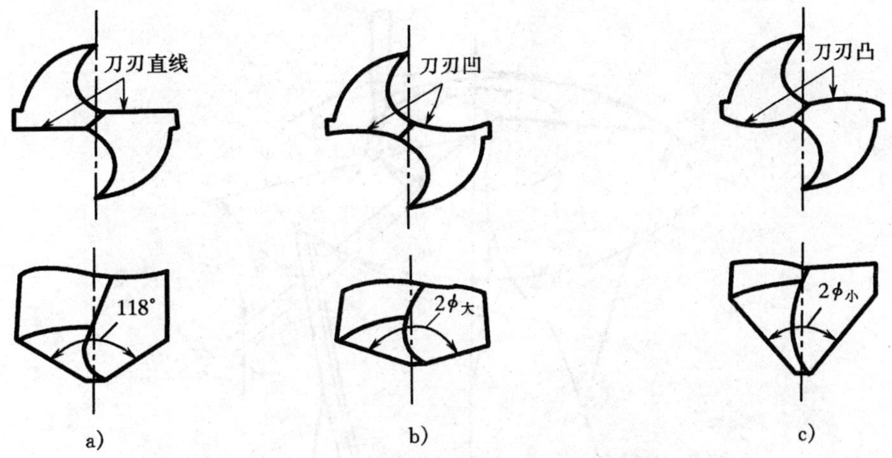

图 2-4-7　麻花钻顶角大小对切削刃的影响

a) $2\phi=118°$　b) $2\phi>118°$　c) $2\phi<118°$

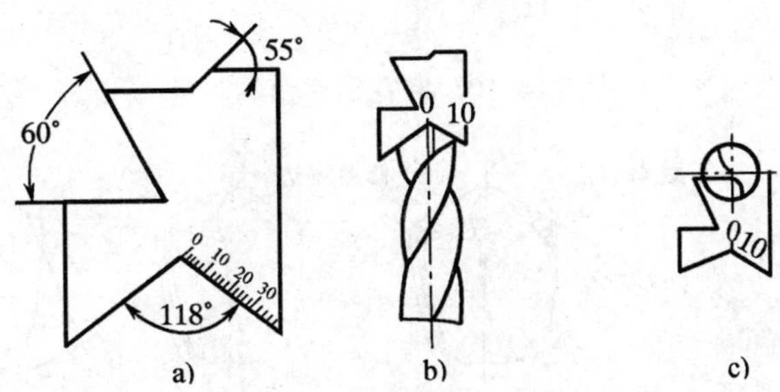

图 2-4-8　钻头角度检验

a)样板　b)检验顶角　c)检验横刃斜角

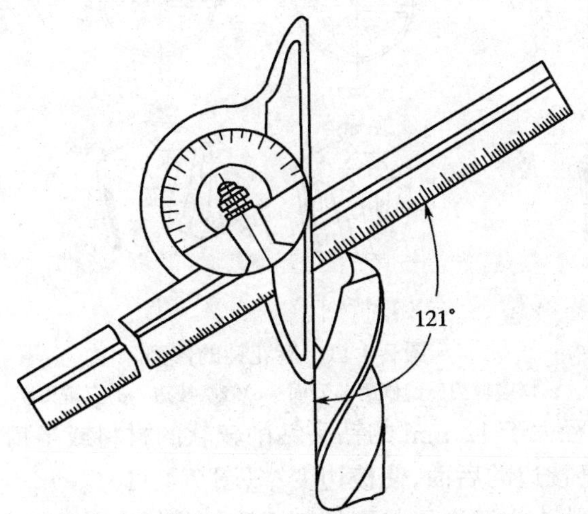

图 2-4-9　用量角器检查麻花钻的刃长和对称性

可按图 2-4-12 进行。

2)修磨前刀面(图 2-4-11b)　当钻削硬材料时,要提高钻头强度,或者用麻花钻扩孔时,为防止扎刀,可修磨外缘处的前刀面,以减小前角。

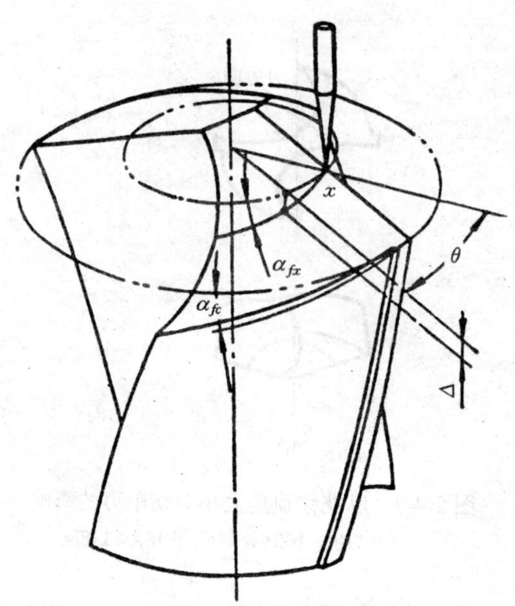

图 2-4-10　麻花钻后角的测量

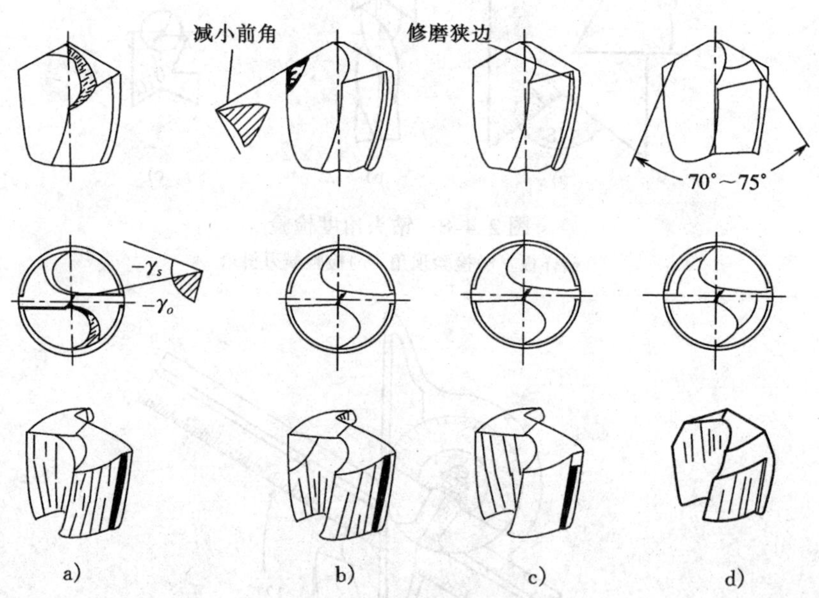

图 2-4-11　麻花钻的修磨

a)修磨横刃　b)修磨前刀面　c)修磨棱边　d)双重刃磨

3)修磨棱边　用直径大于 12 mm 的钻头钻削较软的材料或半精加工孔时，为了减轻棱边与孔壁的摩擦，可以修磨棱边的后面，使棱边变窄(图 2-4-11c)。

4)修磨过渡刃　在钻头主切削刃与副切削刃连接的转角处磨出过渡刃(图 2-4-11d)，由于减小了顶角，使轴向力减小，同时增加了钻头强度，减少了钻头的磨损，并可降低孔的粗糙度。

5)开分屑槽　当麻花钻直径较大时，可在钻头前刀面或后刀面上开分屑槽(图 2-4-13)。前刀面上的分屑槽(图 2-4-13a)在刀具制造厂做出，后刀面上的分屑槽应使左右两边位置相互

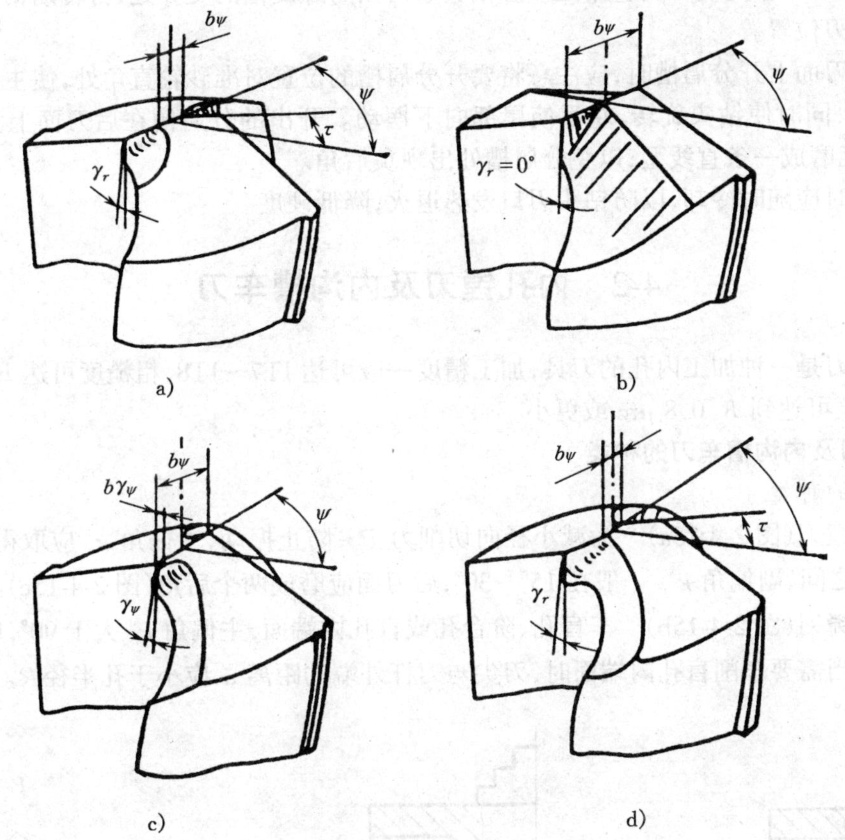

图 2-4-12　横刃修磨形式

a)磨短横刃　b)磨去整个横刃　c)横刃长度不变，其前角加大　d)短横刃大前角

错开(图 2-4-13b)。

6)开断屑槽　与车刀的断屑槽一样在钻头主切削刃所在前刀面上与切削刃平行地磨出断屑槽(图 2-4-14)。

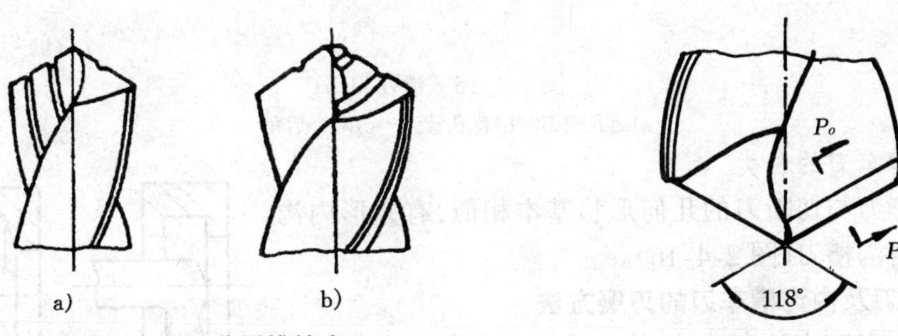

图 2-4-13　分屑槽钻头

a)前刀面上的分屑槽　b)后刀面上的分屑槽

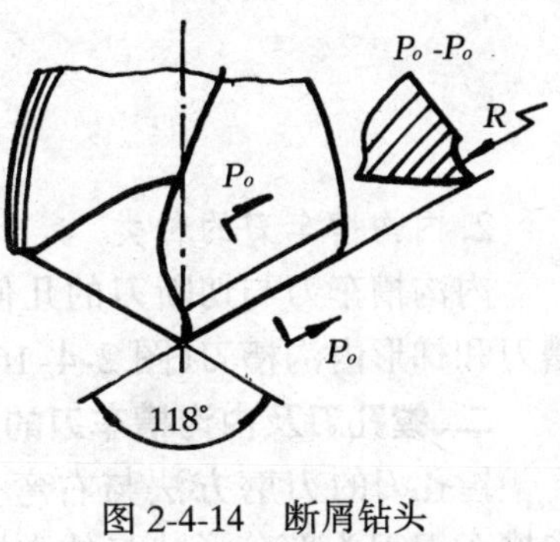

图 2-4-14　断屑钻头

四、刃磨时容易产生的问题及注意事项

①刃磨后刀面时，钻尾向上摆动，不得高出水平线，以防磨出负后角。钻尾向下摆动亦不能太多，以防磨掉另一条主刀刃。

②随时检查两主切削刃的刃长及与钻头轴心线的夹角是否对称。

③修磨横刃时，先使砂轮直角处接触钻头后刀面与螺旋槽的交界处，再转动钻头使砂轮直角处磨至横刃位置。

④在后刀面上开分屑槽时，应注意将要开分屑槽的位置对准砂轮直角处，使主切削刃先接触砂轮进给，同时使钻头旋转，左手使尾部向下摆动。开出的分屑槽在后刀面上为一条螺旋线，切记不能磨成一条直线型，以免分屑槽处出现负后角。

⑤刃磨时应随时冷却，以防钻头刃口发热退火，降低硬度。

4-2 内孔镗刀及内沟槽车刀

内孔镗刀是一种加工内孔的刀具，加工精度一般可达IT7～IT8，粗糙度可达 $R_a1.6\ \mu m$～$0.8\ \mu m$，精镗可达到 $R_a0.8\ \mu m$ 或更小。

一、镗刀及内沟槽车刀的种类

1. 镗刀的种类

1)通孔镗刀(图2-4-15a) 为减小径向切削力 P_y，防止振动，主偏角 κ_r 应取得较大，一般在60°～75°之间，副偏角 κ'_r 一般在15°～30°，后刀面应磨成两个后角(图2-4-15c)。

2)盲孔镗刀(图2-4-15b) 车盲孔、阶台孔或盲孔内端面，主偏角 κ_r 大于90°，后角与通孔镗刀一样。当需要车削盲孔内端面时，刀尖与刀杆外端的距离 a 应小于孔半径R。

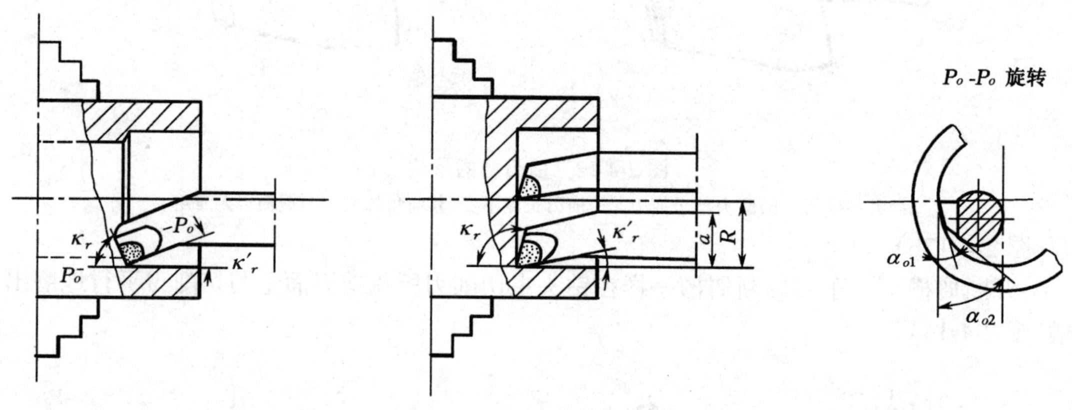

图2-4-15 镗孔刀

a)通孔镗刀 b)盲孔镗刀 c)两个后角

2. 内沟槽车刀的种类

内沟槽车刀与切断刀的几何形状基本相似，有方形内沟槽刀和梯形内沟槽刀(图2-4-16)。

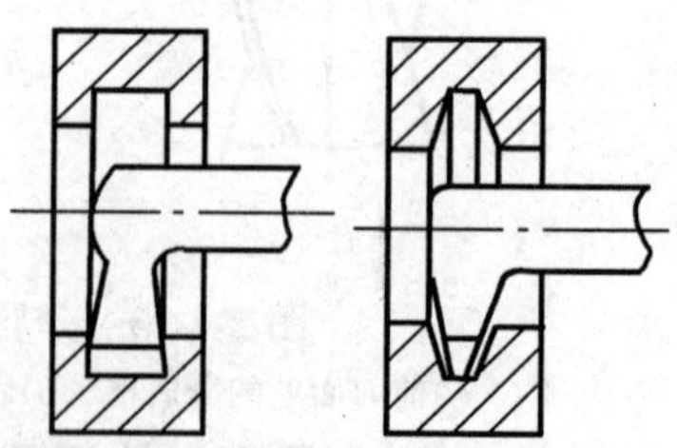

图2-4-16 内沟槽车刀

二、镗孔刀及内沟槽车刀的刃磨方法

镗孔刀的刃磨方法与右弯头车刀的刃磨方法类似。内沟槽车刀刀头部分形状与外沟槽车刀一样，两侧副刀刃与主刀刃应对称，两副后角一样。因此刃磨方法与外沟槽刀基本一样，注意内沟槽车刀刀头应和刀杆垂直。和镗孔刀一样，后角一般磨成两个后角。

三、分析生产实习图并确定刃磨步骤

1. 分析生产实习图 2-4-17、图 2-4-18

通孔零件的内表面要求较高，采用粗镗孔刀和一把 90°的精镗孔刀完成加工(图 2-4-19)。

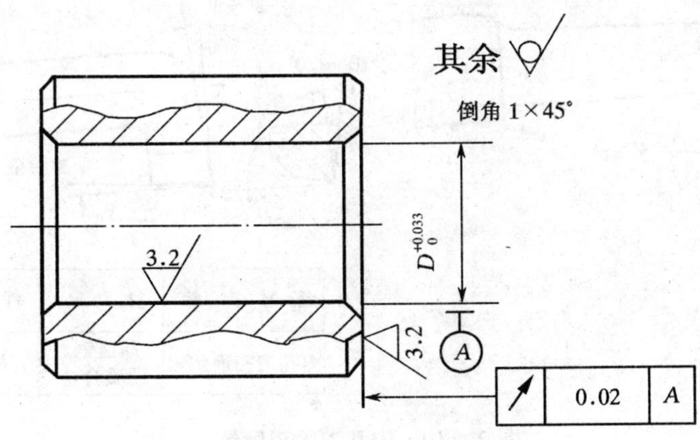

图 2-4-17 车通孔练习

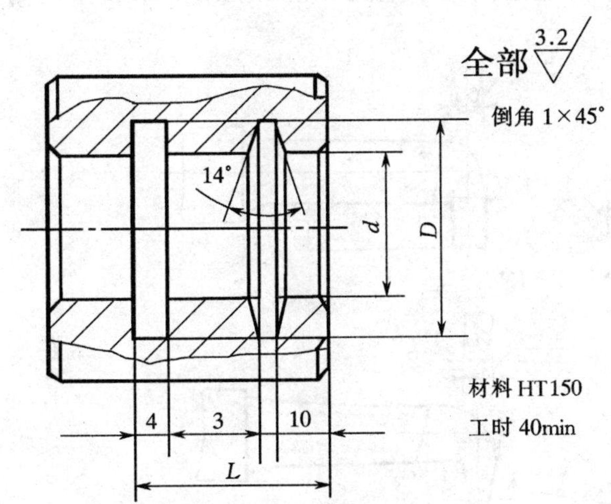

图 2-4-18 车内沟槽练习

2. 刃磨通孔镗刀步骤

①粗磨前刀面。

②粗磨主后刀面。

③粗磨副后刀面。

④磨刀杆(根据需要磨)。

⑤粗、精磨前角。

⑥精磨主、副后刀面。

⑦修磨刀尖圆弧或修磨过渡刃、修光刃。

⑧磨第二后角。

⑨用油石研磨。

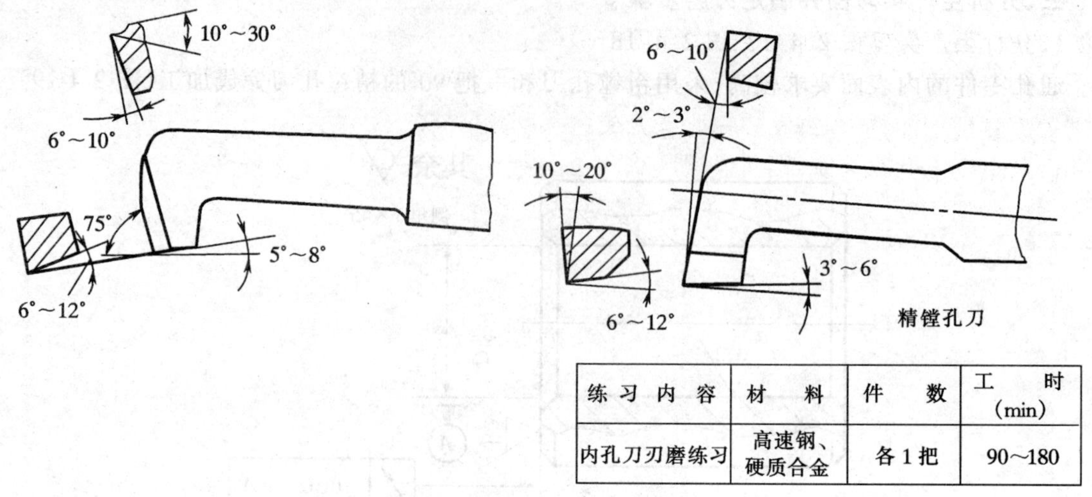

练习内容	材料	件数	工时(min)
内孔刀刃磨练习	高速钢、硬质合金	各1把	90~180

图 2-4-19　内孔刀的刃磨练习

3. 分析生产实习图

零件内孔有矩形槽和梯形槽，需采用图 2-4-20 所示矩形和梯形内沟槽刀。

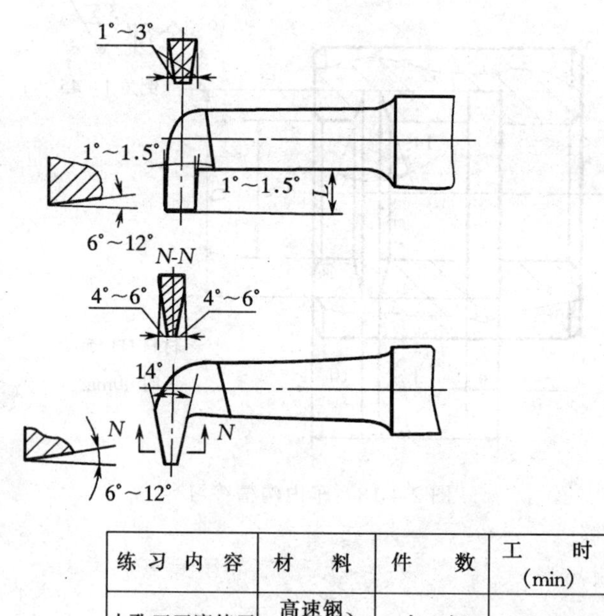

练习内容	材料	件数	工时(min)
内孔刀刃磨练习	高速钢、硬质合金	各1把	90~180

图 2-4-20　内沟槽刀刃磨练习

4. 内沟槽刀刃磨步骤

①粗磨前面和主、副后面，使刀头基本成形。

②磨刀杆(根据需要磨)。

③精磨前刀面，确定前角。

④精磨主、副后面。

⑤修磨刀尖小圆弧。

⑥磨第二后角。

四、刃磨中容易产生的问题及注意事项

①刃磨时容易产生刀尖高，造成刀尖对中后刀杆下部碰加工孔。应注意控制刀杆尺寸。

②刃磨卷屑槽前，应先修整砂轮边缘处成为小圆角。

③卷屑槽不能磨得太宽，以防排屑困难。

④内沟槽刀刃磨时应注意刀刃的平直和角度的正确。

⑤应注意内沟槽刀的长度 L 是否为槽深 + (2～3) mm。

4-3　钻孔

一、麻花钻的选用和安装

1. 麻花钻直径尺寸的确定

①孔的加工精度要求不高时，一般可选用与孔径一样大的麻花钻一次钻出。当孔的直径较大时，可先用小于孔径的麻花钻钻孔，再扩孔。

②孔的加工精度要求较高时，应考虑加工孔工序所要求的余量，选用小于孔径的麻花钻钻孔，再精加工到尺寸要求。

2. 麻花钻长度的选择

一般应使钻头螺旋部分略长于孔深，钻头过长刚性差，过短则排屑困难。

3. 麻花钻的安装

①直径小于 12mm 的直柄钻头常用钻夹头装夹，然后将钻夹头锥柄装入车床尾座套筒锥孔中。

②锥柄钻头可直接装在尾座套筒锥孔内。如果锥柄莫氏号小，可多装一个莫氏锥套，再装在尾座套筒内。

③用 V 形铁安装直柄钻头。如图 2-4-21，用两块 V 形铁将直柄钻头安装在刀架上。

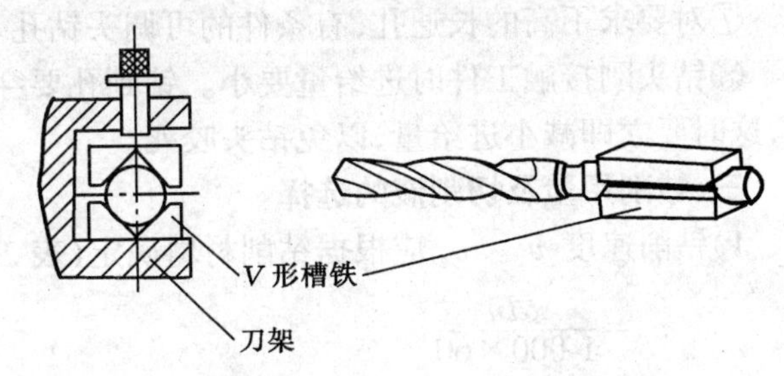

图 2-4-21　用 V 型铁安装钻头

④用专用工具安装，将专用工具装在刀架上，如图 2-4-22 所示。锥柄钻头可插入专用工具的锥孔内。如安装直柄钻头，专用工具应是柱孔，侧面用螺钉紧固。

二、钻孔方法

①钻孔前先把工件端面车平，中心处不许有凸头。

②校正尾座，使钻头中心对准工件旋转中心。

③用细长麻花钻钻孔时，为了防止钻头晃动，可在刀架上夹一挡铁(图 2-4-23)。其在水平方向垂直于钻头，用中滑板手柄控制，抵住钻头头部，帮助钻头定心。

④用小麻花钻钻孔时，一般先用中心钻定心，再用钻头钻孔。

⑤用钻头钻孔要求严格控制孔径尺寸时，在钻头钻进 1 mm～2 mm 时，应退出钻头，停车测量孔径，尺寸合格再钻。

⑥钻深孔时，切屑不易排出，应经常退出钻头除屑。

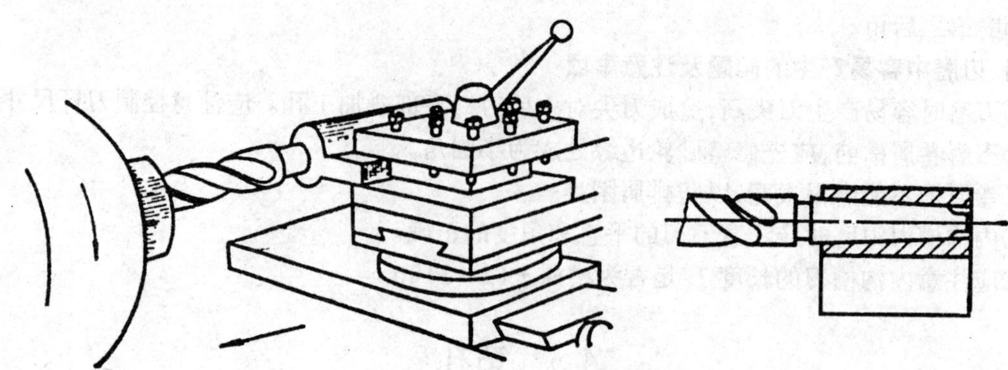

图 2-4-22　用专用工具安装钻头

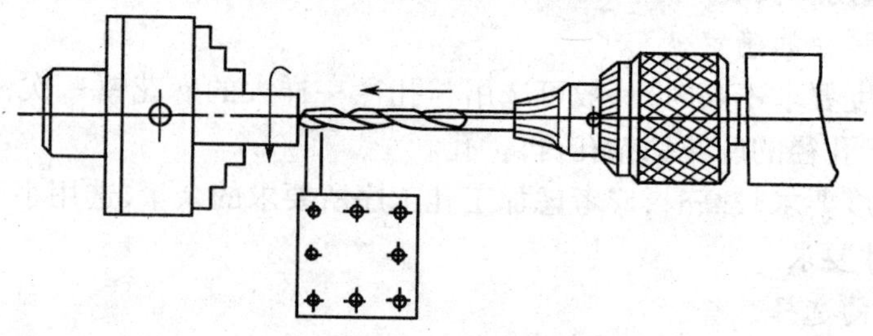

图 2-4-23　防止钻头晃动，用挡铁支顶

⑦对要求不高的长通孔，有条件的可调头钻孔。

⑧钻头刚接触工件时进给量要小。钻到孔要穿时，因钻头横刃不再参加切削，阻力大为减小，这时要立即减小进给量，以免钻头咬死。

三、钻削用量及切削液的选择

1)钻削速度 v_c　v_c 应根据钻削材料确定(表 2-4-1)，按下式计算：

$$v_c=\frac{\pi dn}{1\,000\times 60} \tag{2-4-2}$$

式中　n——工件转速，r/min；

d——钻头直径，mm。

2)进给量 f 的选择　车床上钻孔通常是用手转动尾座手轮实现进给的，因此应根据钻头刃磨的好坏、钻孔时排屑情况和手感力度确定进给量的大小。在使用小钻头钻孔时进给量要小，当孔深排屑困难时，进给量也相应要小些。用 $\phi 30$ mm 的钻头钻钢材时，一般选 $f=0.1$ mm/r～0.35 mm/r，钻铸铁时选 $f=0.15$ mm/r～0.4 mm/r。

3)切削液的选择　应根据钻削材料和工作条件来定，见表 2-4-1。注意钻削铝镁合金时，切忌用切削液。因为切削液会引起燃烧，甚至爆炸。

表 2-4-1　钻削速度和切削液的选用

加工材料	低碳钢	中高碳钢	合金钢　不锈钢	铸铁	铝合金	铜合金
v_c(m/s)	0.147～0.5	0.333～0.417	0.25～0.333	0.333～0.417	0.667～1.167	0.333～0.617
切削液	3%～5%的乳化液			一般不用 (或乳化液)	煤油 轻柴油	一般不用 (或乳化液)

四、分析生产实习图并确定加工步骤(图 2-4-24)

通孔且孔的精度要求不高,可一次钻出。加工步骤如下:

①夹住工件外圆,校正夹紧;

②车端面;

③在尾座套筒内安装 ϕD 麻花钻;

④钻孔。

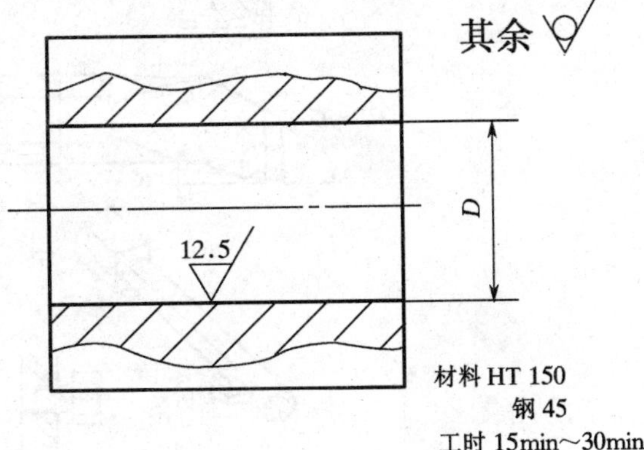

图 2-4-24　钻孔练习

五、容易产生的问题及注意事项

①正确刃磨钻头,达到合理的角度,注意修磨钻头。

②钻孔前应平端面,中心不能留有凸头,钻小孔时应用中心钻引钻或用挡铁支顶,防止钻头摆动。

③选择合适的转速,钻小孔时转速应选高些。

④调整尾座与主轴同轴。

⑤检查钻头是否弯曲,钻头柄部、钻夹头柄部、钻套是否干净,安装是否正确。

⑥起钻时进给量要小,待钻头头部进入工件后才能正常钻削。

⑦钻钢件时应加冷却液,钻削过程中应常退出钻头排屑、冷却。

⑧钻头将要钻穿工件时(进给手感到轻松些时),进给量要小。

⑨当要控制钻孔直径时,钻头钻进 1 mm～2 mm 时一定要停车测量。

⑩当钻头开始钻削时,发现两边螺旋槽排屑不一样或一边排屑,则表明钻头切削部分不对称,需重磨。

4-4　镗孔

在车床上车孔,也叫镗孔。

一、镗刀的结构和安装

1)镗刀的分类　车床上用的镗刀有整体式和刀排式两种,见图 2-4-25。

2)镗刀的安装　安装镗刀时,应注意以下几点。

①镗刀安装时,刀尖应与工件中心等高或稍高。如果装得低于中心,由于切削力的作用,容易将刀杆压低而产生扎刀现象,使孔镗大或损坏刀具。装刀高低还会使刀具前后角发生变化(图 2-4-26)。

②刀杆与轴心线应基本平行,车孔前先把内孔刀在孔内试走一遍。

③刀杆的伸出长度尽可能短些,一般比被加工孔长 5 mm～10 mm。如果刀杆本身较长,可按图 2-4-27 安装。

④安装盲孔镗刀时,要注意使主偏角大于 90°,否则内孔底平面车不平。

二、车削通孔、盲孔及阶台孔的方法

1. 车削通孔的方法

车削通孔基本上与车削外圆相同,只是横向的进刀和退刀方向相反。车削时孔径大小要

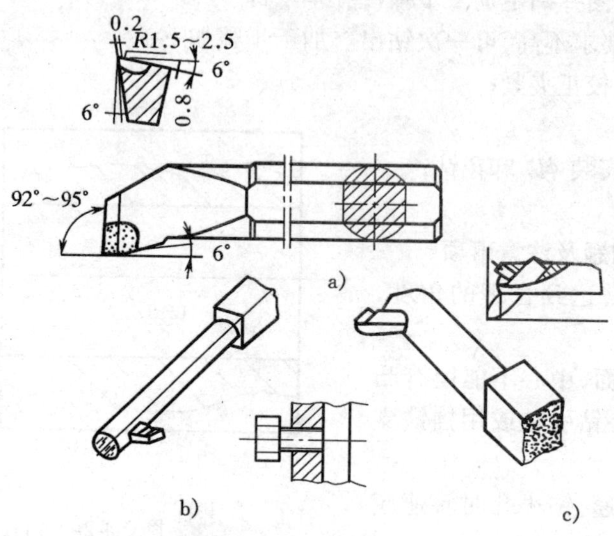

图 2-4-25　镗刀的结构形式

a)整体式镗刀　b)刀排式镗刀　c)倾斜方孔镗刀

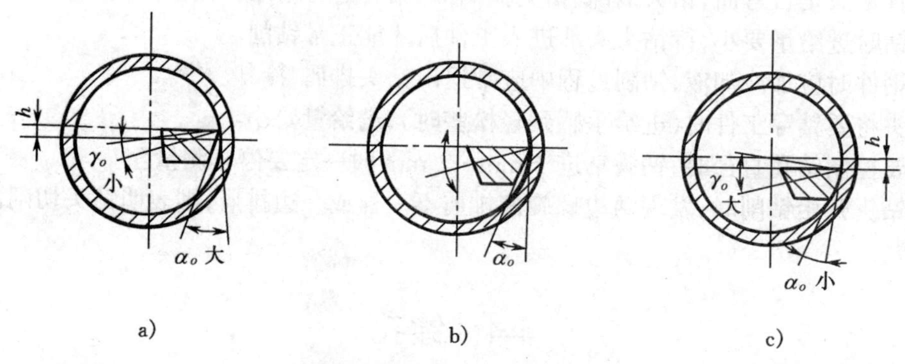

图 2-4-26　装刀高低对前后角的影响

a)刀尖偏高　b)正确　c)刀尖偏低

经试切和试测来控制，试切方法与试切外圆相同。

2. 车削盲孔的方法

车削盲孔基本上与车削通孔相同，但要注意纵向尺寸的控制，当每次纵向进给快到孔深尺寸时，应停止纵向机动，手动纵向进给到尺寸要求，先横向退出再纵向退出。

3. 车削阶台孔的方法

①车削直径较小的阶台孔，一般先粗、精车小孔，再粗、精车大孔，便于尺寸精度的控制。

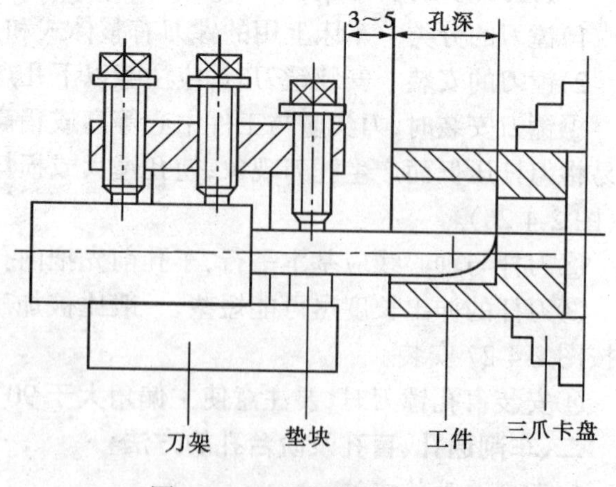

图 2-4-27　用垫铁支承刀杆

②车削大的阶台孔时，在视线不受影响的情况下，通常先粗车大、小孔，再精车大、小孔。

③车削孔径大小相差悬殊的阶台孔时，最好先用通孔镗刀粗车，然后用盲孔刀精车至尺寸。

4.控制镗孔长度的方法

粗车时常采用刀杆上刻线作记号，或安放限位片，见图 2-4-28，以及用床鞍刻度盘或小滑板刻度盘来控制。精车时，还需用钢尺、游标深度尺等量具复量车准。另外还可以用限位挡块或在床身上安装百分表来控制轴向尺寸。

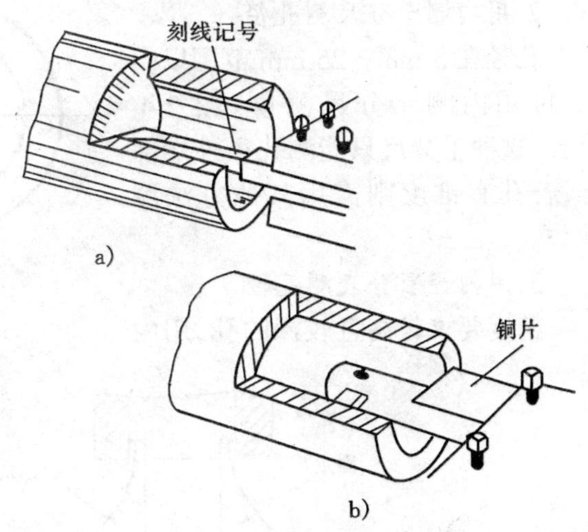

图 2-4-28　控制车孔长度的方法

a)刀杆刻线法　b)安限位片法

三、孔径的测量方法

孔径精度要求不高时，可采用钢尺、内卡钳或游标卡尺测量。对于精度要求较高的孔径可用以下方法测量。

1.用内卡钳测量孔径

①调整好内卡钳张开量，调整方法是：当外径千分尺为孔径 $D^{+0.01}_{0}$ mm 时，内卡钳的一脚接触千分尺的测量面，而另一脚碰不到千分尺的另一测量面。当外径千分尺调整至孔径 $D^{0}_{-0.01}$ mm 时，内卡钳的两脚在千分尺两测量面之间感到紧，说明内卡钳的张开尺寸恰好为孔径 D mm。通常按孔径最小极限尺寸调整张开量。

②把内卡钳伸入孔中，一只卡脚固定不动，另一只卡脚摆动一个距离 L（图 2-4-29），最大摆动距离 L 可用下面公式计算：

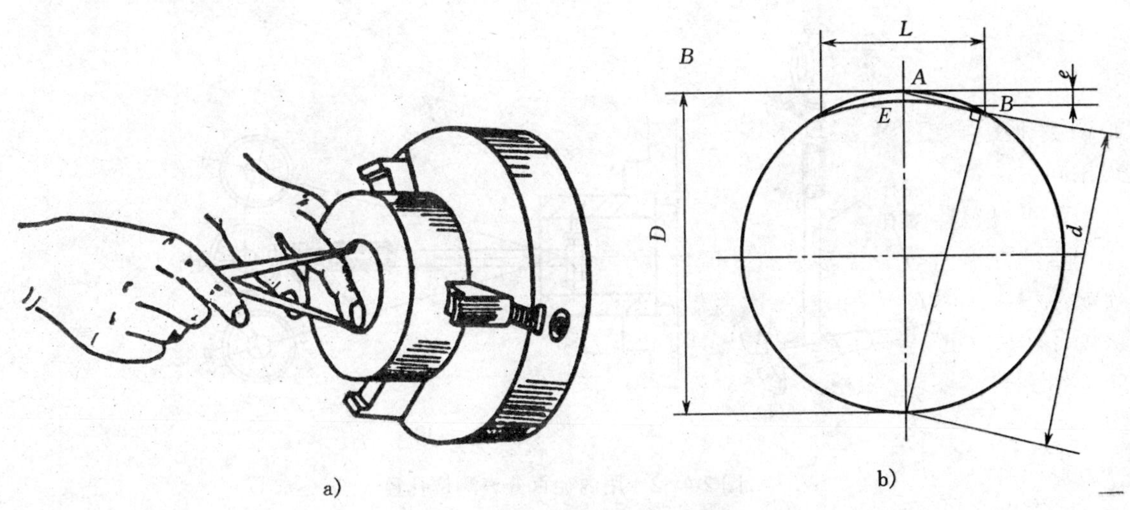

图 2-4-29　用内卡钳测量内孔

a)测量示意　b)计算图

$$L = \sqrt{8de} \qquad (2\text{-}4\text{-}3)$$

式中　d——内卡钳张开量，mm；

e——间隙量（内孔公差），mm。

测量内孔时的摆动方法见图 2-4-30。

2. 用内测千分尺测孔径

孔径在 5 mm～25 mm 范围以内的，可用内测千分尺测量（图 2-4-31）。这种千分尺只能测孔径外端部分，若孔有锥度则需用其他方法测量。

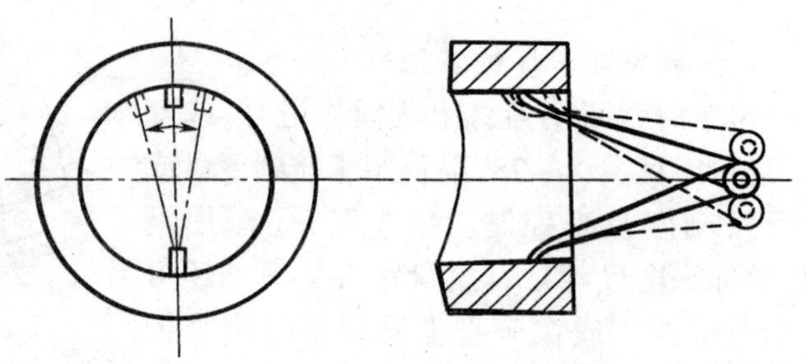

图 2-4-30　内卡钳的摆动方法

3. 用内径百分表测孔径

精度要求较高且较深的孔，用内径百分表作比较测量较方便精确。使用时，必须先进行组合和校正零位，并注意如下：

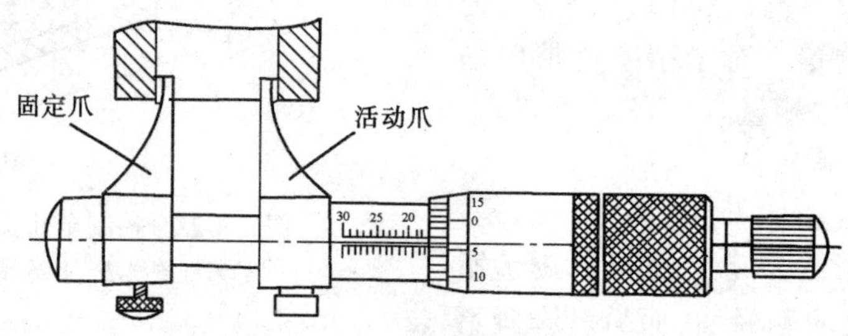

图 2-4-31　内测千分尺及其使用

①组合时，将百分表装入表架内并锁紧，按测量孔径大小调整好固定测量头；

②校正零位，按孔径（极限尺寸）用外径千分尺或标准环规将表对至“零”位；

③测量时，必须左、右摆动百分表，表中最小数值就是孔径的实际尺寸，见图 2-4-32。

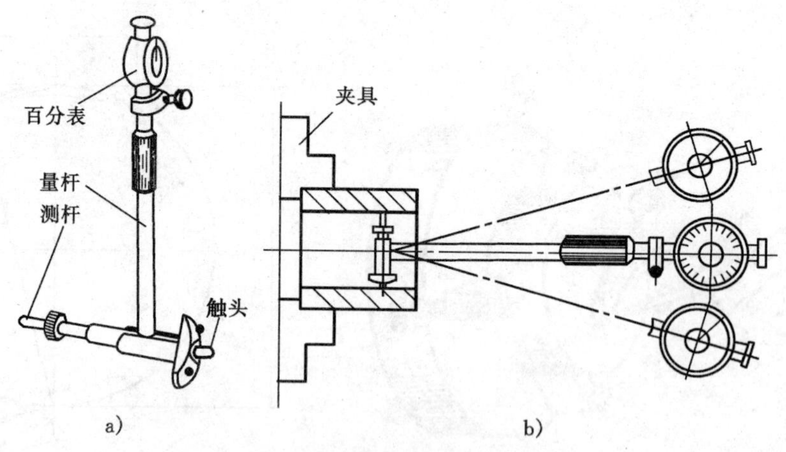

图 2-4-32　用内径百分表测量孔径

a)内径百分表　b)内径百分表使用方法

4. 用内径千分尺测孔径

内径千分尺测大于 25mm 的孔径。使用前应用外径千分尺校准零位。测量时，要使千分尺在孔内作径向和轴向反复摆动（图 2-4-33），即径向摆动找出最大尺寸，轴向摆动找出最小尺寸，其重合尺寸就是孔的实际尺寸。

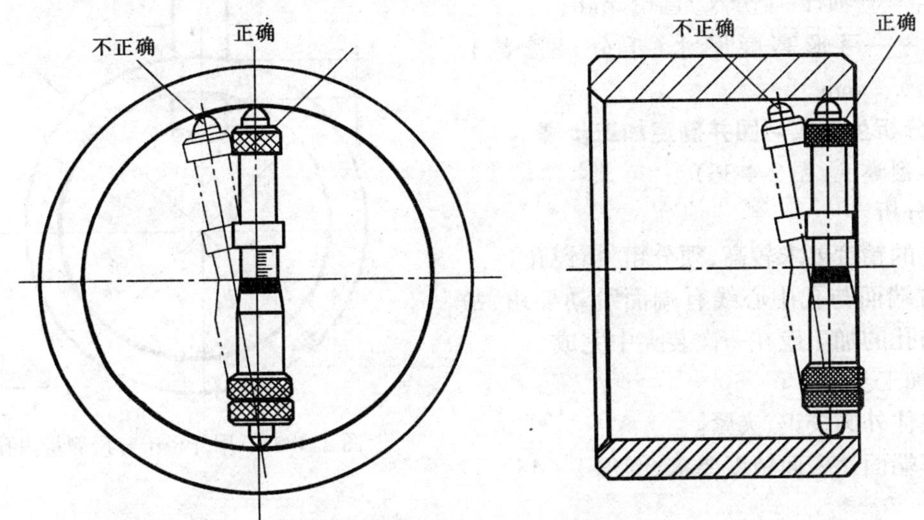

图 2-4-33　内径千分尺的使用方法

5. 用塞规测量(图 2-4-34)

成批生产中，孔的精度要求较高时，为测量方便和减少精密量具的损耗，常用塞规测量。塞规的通端、止端按孔的最小、最大的极限尺寸制成。测量时通端应通过而止端不能通过的孔算合格。但不能测出孔径的实际尺寸。

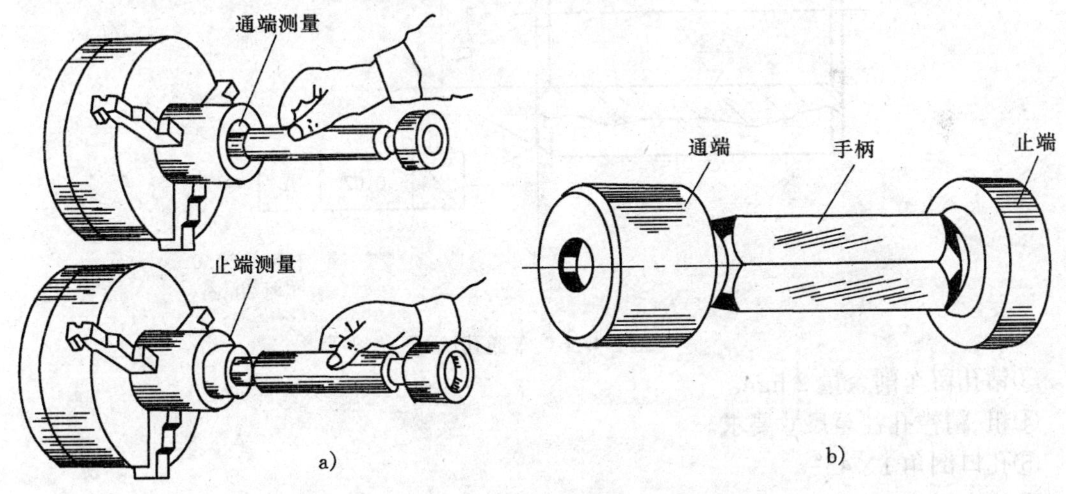

图 2-4-34　用塞规测量孔径

a)测量方法　b)塞规

6. 间接测量孔径

在没有内径量仪的情况下，孔径较大时可用外径千分尺间接测量(图 2-4-35)，并通过公式计算内径 D，即

$$D=2\sqrt{\left(\frac{d}{2}-A\right)^2+\left(\frac{d_1}{2}\right)^2} \tag{2-4-4}$$

式中 d——外圆直径，mm；

d_1——轴杆（千分尺）直径，mm；

A——弓形高度尺寸（千分尺读数），mm。

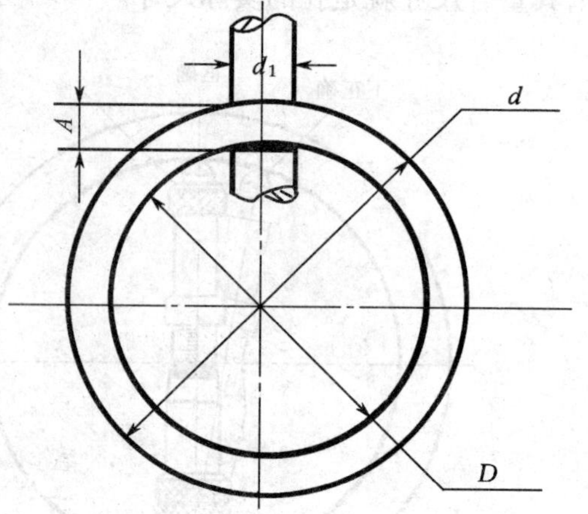

图 2-4-35　用外径千分尺测量内孔

四、分析生产实习图并确定加工步骤

1. 车削通孔（图 2-4-36）

(1)分析

①孔的精度要求较高，须分粗、精镗孔。

②右端面与孔中心线有端面跳动要求，故右端面与孔的加工应在一次装夹中完成。

(2)加工步骤

①夹住外圆校正、夹紧。

②车端面达表面精度要求，倒角 1×45°。

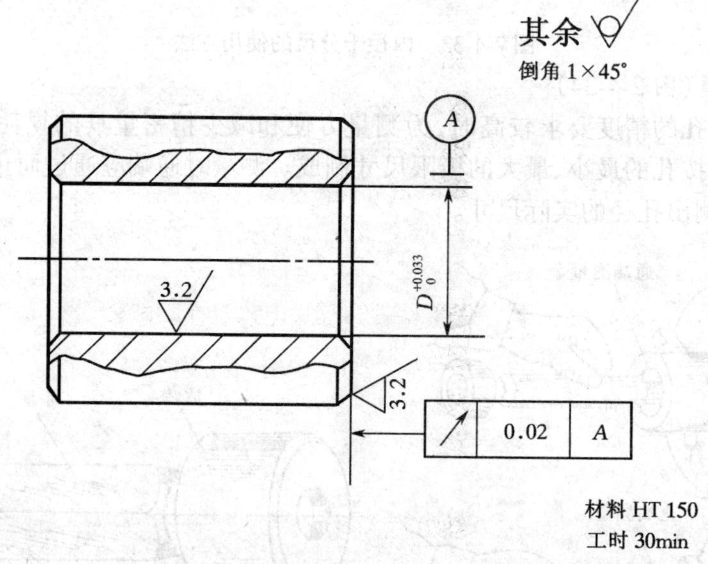

图 2-4-36　车通孔练习

③钻孔留车削余量 2 mm。

④粗、精镗孔径至尺寸要求。

⑤孔口倒角 1×45°。

⑥检查后取下工件。

2. 车削盲孔及阶台孔（图 2-4-37）

(1)分析

①右端面对基准有端面跳动要求，右端面和两孔的加工应在一次装夹中完成。

②D_1 孔是盲孔，孔径较小，孔径和孔深的精度均有较高的要求。为了便于控制应先粗、精镗 D_1 孔至尺寸要求再加工 D_2 孔。

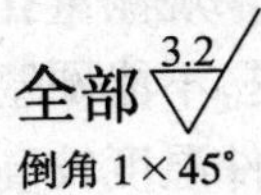

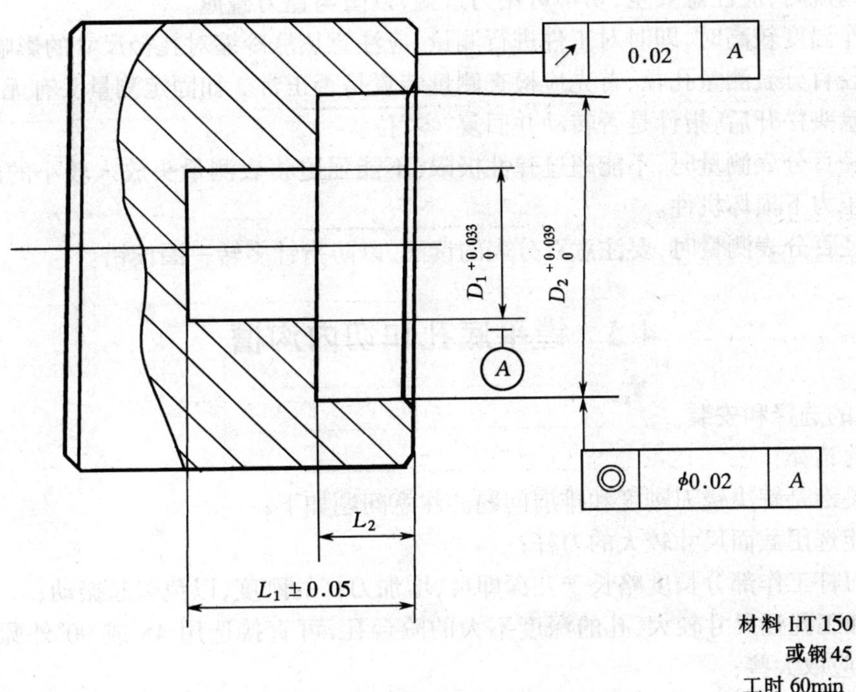

图 2-4-37　车削盲孔及阶台孔练习

(2)加工步骤

①夹住外圆校正、夹紧。

②车端面达表面要求,倒外角 1×45°。

③钻孔,留 D_1 孔镗孔余量 1 mm,保证($L_1\pm0.05$)mm。

④粗、精车 D_1 孔径、底平面至尺寸要求。

⑤扩 D_2 孔,留车削余量 1 mm,深($L_2-0.5$)mm。

⑥粗车、精车 D_2 孔径和阶台面至尺寸要求。

⑦孔口倒角。

⑧检查后取下工件。

五、容易产生的问题及注意事项

①注意中滑板退刀方向与车外圆时退刀相反。

②精镗内孔时,应尽可能地提高镗刀的刚性并解决好排屑问题,保持刀刃锋利,防止喇叭口和试刀痕迹。

③镗削铸铁内孔至接近孔径尺寸时,不要用手去抚摸,以防增加车削困难。

④车削盲孔或阶台孔,刀尖快到端面时,及时停止机动改手动。孔壁与内端面相交处要清角,防止凹坑和出现小阶台。

⑤用内卡钳测量孔径时,两脚连线应与孔径轴心线垂直,并在自然状态下摆动。

⑥用塞规测量孔时，应保持孔壁和塞规的清洁；应注意塞规轴心线与孔轴线同轴。一般是旋转进、退，不能硬塞，更不能用力敲击。

⑦工件温度较高时，不能立即用塞规测量，以防工件冷缩把塞规“咬死”在孔内。

⑧退出塞规时，应注意安全，切不可用力过猛，以防与镗刀碰撞。

⑨当工作温度较高时，即时对工件进行测量，应注意热涨冷缩对孔径尺寸的影响。

⑩用内径百分表测量孔径，首先应检查测量装置是否正常。如固定测量头有无松动，用手压下活动测量头松开后，指针是否转动并回复“零”位。

⑪用内径百分表测量时，不能超过弹性极限，不能强迫将表测量头放入较小的内孔中，以免在旁侧的压力下损坏机件。

⑫用内径百分表测量时，要注意百分表的读法，以防指针多转一圈读错。

4-5　镗平底孔和切内沟槽

一、镗刀的选择和安装

1. 镗刀的选择

镗孔的关键是解决镗刀刚度和排屑问题。注意问题如下：

①尽可能选用截面尺寸较大的刀杆；

②选用刀杆工作部分长度略长于孔深即可，增加刀杆的刚度，以免引起振动；

③如果加工孔径尺寸较大，孔的深度不大的阶台孔，可直接选用45°或90°外圆车刀作镗孔刀，但后角应取大些；

④加工盲孔时，应选负的刃倾角，使切屑向孔口排出；

⑤精加工通孔时，应选正的刃倾角，使切屑向前排出；

⑥镗平底孔时，镗刀杆大小应按图2-4-38所示选择，使 $R-a=2$ mm～3 mm；

⑦应根据内沟槽的形状、宽窄选择内沟槽刀。

2. 镗刀的安装

镗平底孔和切内沟槽的镗刀安装也与通孔镗刀的安装相似，还应注意：

①平底孔镗刀的刀尖跟刀杆外侧距离 a 应小于内孔半径 R，见图2-4-38；

②安装内沟槽镗刀时，应使主切削刃与内孔中心等高或稍高，两侧副偏角对称。

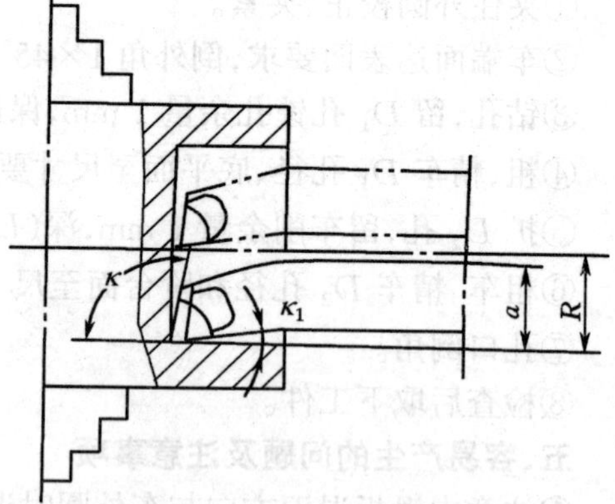

图2-4-38　平底孔车刀

二、镗平底孔和内沟槽的方法

1. 镗平底孔的方法

①用比孔径小2 mm左右的麻花钻钻孔。为减少车孔底平面的余量，钻头锋角 2ϕ 可取大些。钻孔深度从钻头顶端量起。

②车底平面和粗车孔成形（留精车余量），然后再精车内孔及底平面至图样尺寸要求。

2. 切内沟槽的方法

一般与切外沟槽的方法相同（图2-4-39）。注意问题如下：

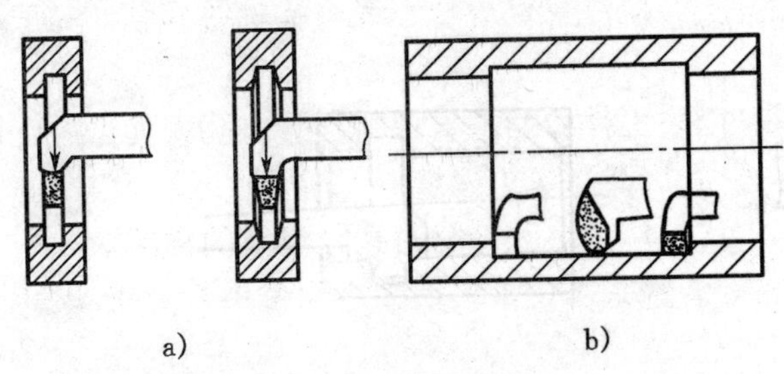

图 2-4-39　内沟槽的车削方法

a)径向车削法　b)轴向车削法

①宽度较小或要求不高的窄沟槽，用刀宽等于槽宽的内沟槽刀一次车出；

②精度要求较高的内沟槽，先切窄槽，槽壁与槽底均留少些余量，再用等宽刀修整；

③较宽的沟槽，可用窄沟槽刀分几次切出，槽壁与槽底均留少些余量，再最后修整；

④很宽的沟槽可用尖头镗刀先镗出凹槽，再用内沟槽刀把沟槽两端修整；

⑤车削梯形密封槽时，一般先车出直槽，再用梯形槽刀成形；

⑥内沟槽深度可用中滑板刻度盘控制，沟槽轴向位置一般用大、小滑板刻度盘控制，数量多时也可用挡块控制，沟槽位置尺寸精度要求高的可用百分表或量块来保证，注意车刀轴向移动距离应为 $L+b$（图 2-4-40）。

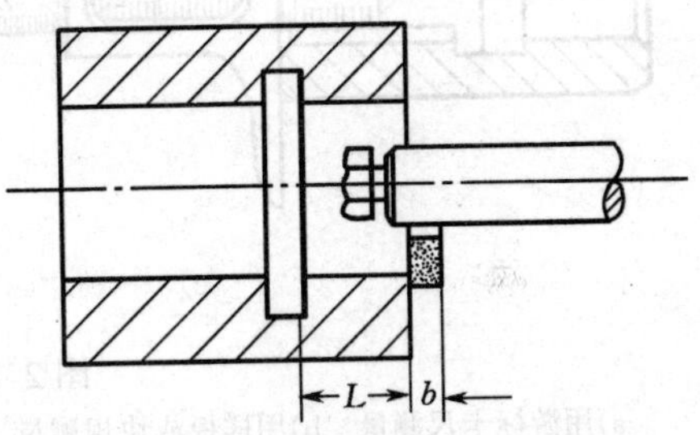

图 2-4-40　内沟槽车刀轴向移进距离

三、内沟槽的测量

1. 内沟槽直径的测量

精度要求不高时用弹簧内卡钳测量，见图 2-4-41a。测量时将内卡钳放进沟槽，调节螺帽使卡钳的卡脚与沟底接触松紧适度，不动调节螺帽使卡钳收小，从孔中取出，然后使其回复原来尺寸，再用外径千分尺测量出弹簧内卡钳张开的距离，即为内沟槽直径。

精度要求较高，可采用图 2-4-41b 所示的特殊弯头游标卡尺测量，沟槽直径应等于读数值加上卡脚尺寸。

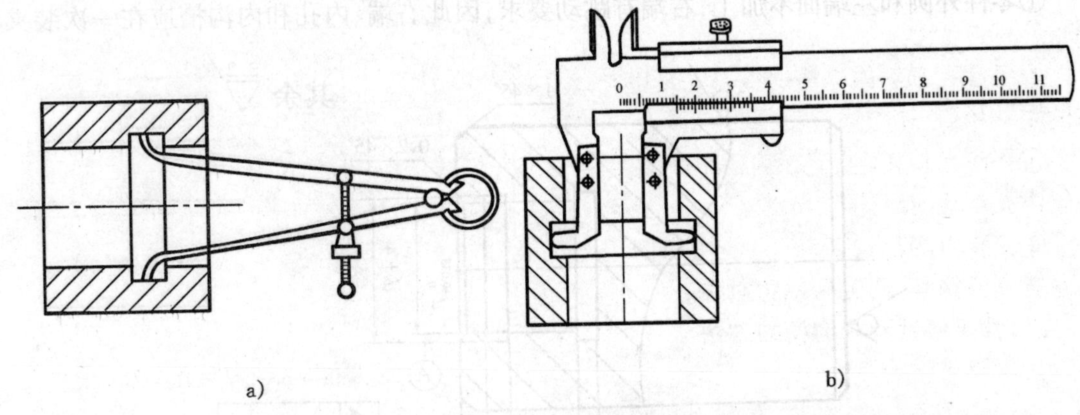

图 2-4-41　测量内沟槽直径

a)用弹簧内卡钳测量内沟槽直径　b)用弯头游标卡尺测量内沟槽直径

2. 内沟槽宽度的测量

①当孔直径较大时，用游标卡尺直接测量（图 2-4-42a）。

②采用样板或块规测量（图 2-4-42b）。

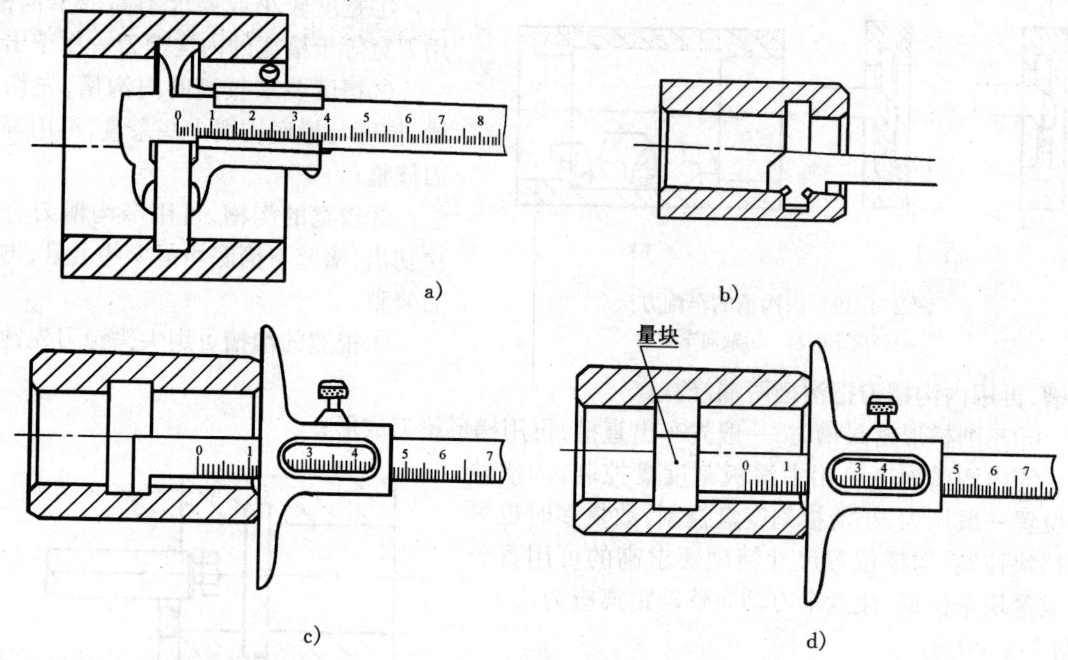

图 2-4-42　测量内沟槽的方法

a)用游标卡尺测量　b)用样板或块规测量　c)用钩形深度游标卡尺测量　d)深度游标卡尺与量块配合测量

3. 内沟槽位置的测量

①用游标卡尺直接测量(图 2-4-42a)。

②用钩形深度游标卡尺测量(图 2-4-42c)。

③用普通深度游标卡尺和量块配合测量(图 2-4-42d)。

四、分析生产实习图并确定加工步骤(图 2-4-43)

1. 分析

①零件外圆和左端面不加工,右端有跳动要求,因此右端、内孔和内沟槽应在一次装夹中

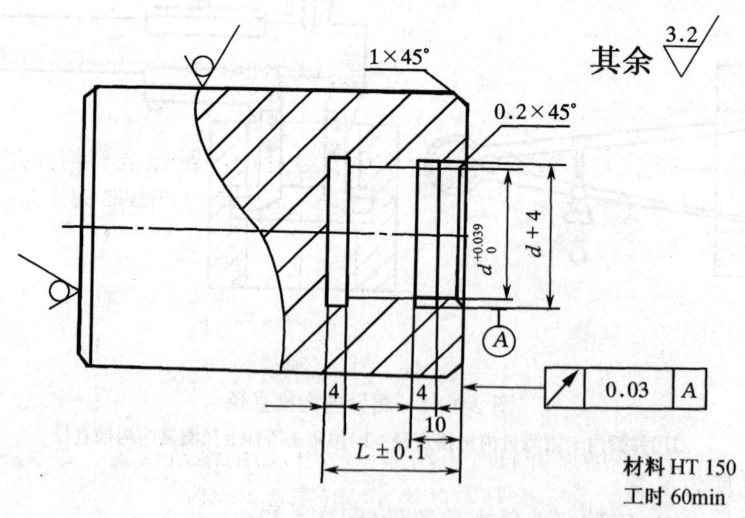

图 2-4-43　车平底孔和车内沟槽练习

完成。

②槽深要求不高可用弹簧内卡钳测量保证。槽的轴向要求也不高，可控制大、小滑板刻度盘保证。

2.加工步骤

①夹住外圆找正、夹紧。

②粗车平面和钻孔 $\phi(d-2)$，长 L(包括钻头在内)。

③扩、车平底孔成形。

④精车平面、内孔及底平面至尺寸要求。

⑤车内沟槽 2 条。

⑥孔口倒角 0.2×45°，倒角 1×45°。

⑦检验。

五、容易产生的问题及注意事项

①注意车底平面的刀安装后，主偏角一定要大于 90°，否则加工出来的底平面不平。

②注意车槽刀刀头宽度，应仔细刃磨测量，安装时两侧副偏角应对称。

③刀尖应严格对准工件旋转中心，否则底平面无法车平。

④车刀纵向切削接近底平面时，应停止机动改手动，防止碰撞底平面。

⑤车底平面时不便于观察，应通过刻度盘的刻度判断车刀刀尖轴向位移距离，特别注意刻度盘是否有松动或产生不准确的现象。可通过手感和听觉来判断其切削情况。

⑥控制沟槽之间距离，应选定统一的测量基准，仔细计算轴向对刀尺寸，看清刻度，记准圈数。

⑦车宽槽时，轴向移动量应仔细计算。

⑧车槽时采用刚性好的刀杆，切到尺寸后让工件继续旋转不进刀，无切屑时应立即退刀，但要注意切不可停留太长，以免引起振动。

⑨如果是先切槽再精车孔径时，切槽时应考虑精车余量对槽深的影响。

⑩车底槽时，注意与底平面平滑连接。

⑪用塞规检查孔径，塞规应开排气槽。

4-6 铰圆柱孔

铰孔是精加工孔的主要方法之一，用于中小直径孔的半精加工与精加工，铰孔精度可达 IT6～IT7，甚至 IT5。表面粗糙度可达 R_a1.6～0.4 μm。铰刀的刚性和导向性好，应用广泛。

一、铰刀的种类、组成和各部分作用

1.铰刀的种类(按使用方法分)

(1)手用铰刀(图 2-4-44d)

手用铰刀的柄部为直柄，后端有方榫，借用于板手进行铰孔。

(2)机用铰刀(图 2-4-44a、b)

机用铰刀的柄有直柄和锥柄两种，工作部分较短，切削锥角较大。为节约切削部分材料，大直径的铰刀一般做成套式的。内孔锥度为 1∶30(图 2-4-44f)。

按材料可将铰刀分为高速钢和硬质合金铰刀两种；按形状可分为圆柱形铰刀和圆锥形铰

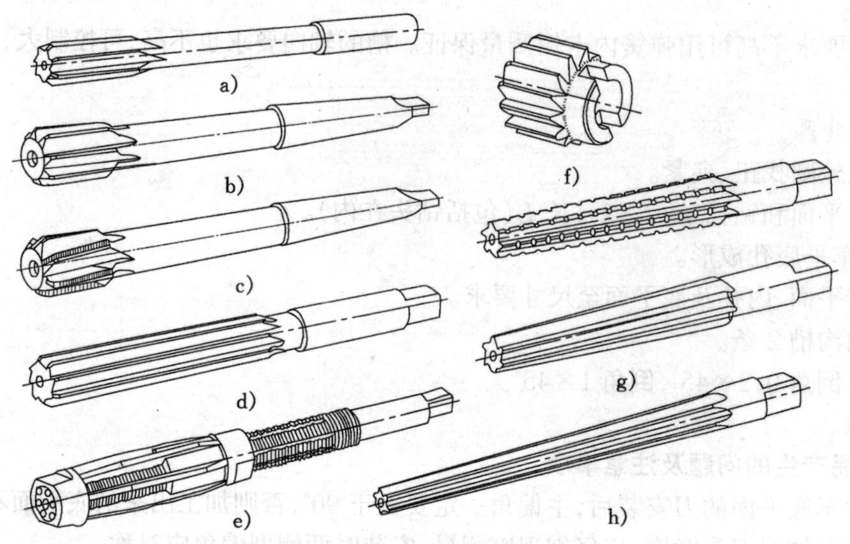

图 2-4-44　铰刀基本类型

a)直柄机用铰刀　b)锥柄机用铰刀　c)硬质合金锥柄机用铰刀　d)手用铰刀　e)可调节手用铰刀　f)套式机用铰刀　g)直柄莫氏圆锥铰刀　h)手用 4:50 锥度销用铰刀

刀两种。圆柱形铰刀按直径尺寸又可分为固定式和可调节式两种(图 2-4-44c)。

2. 组成和各部分作用

铰刀由工作部分、颈部和柄部组成(图 2-4-45)。

(1)工作部分

1)引导锥　它有较大的主偏角,便于使铰刀放进孔内,并保护切削刃不易被破坏。

2)切削部分　它呈锥形,担任主要切削工作。由于铰孔余量很小,铰刀前角 γ_0 较小,使铰削近于刮削。

3)校准部分　它担任修光孔的表面,校正孔的尺寸和引导铰削方向的工作。它也是铰刀的备磨部分和铰刀直径测量处。校准部分后段有倒锥,以减少摩擦。防止产生喇叭形孔和孔径扩大。

(2)颈部

便于加工,为铣、磨刀刃时退刀而设计的部分。

(3)柄部

它是用来装夹和传递扭矩的。

二、铰刀的安装及铰削用量

1. 铰刀的安装

铰刀在车床上一般安装在尾座套筒锥孔中,也可以使用专门夹具安装在车床滑板架上,但都必须使铰刀轴线与主轴中心线对准。为了避免偏差,最好先试铰。由于铰刀对准主轴中心比较困难,也可采用浮动套筒装置,见图 2-4-46。

2. 铰削用量

1)铰削余量的确定　铰削余量的大小直接影响孔的质量。余量太小时,不能把前道工序的加工刀痕全部铰去。太多时,会使铁屑挤塞在铰刀的齿槽中,切削液不能进入切削区而影响

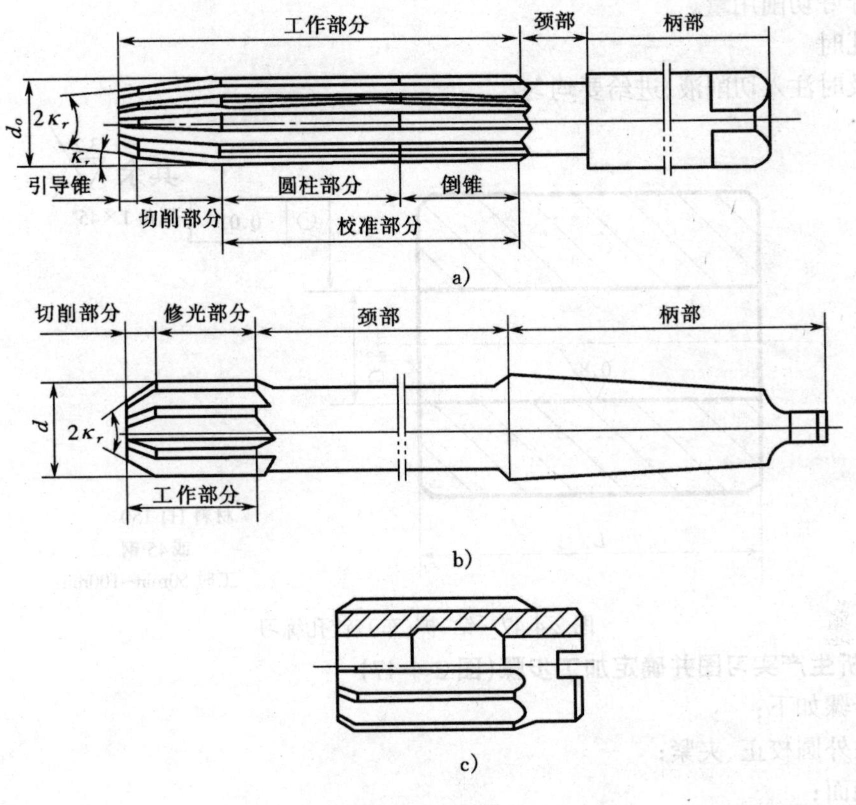

图 2-4-45　铰刀

a)手用铰刀　b)机用铰刀　c)套式铰刀

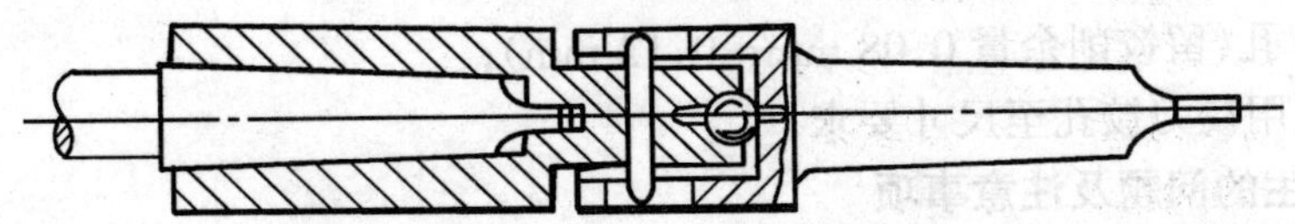

图 2-4-46　浮动装置

质量,或因负荷过大铰刀迅速磨损,甚至刀刃崩碎。所以应先经扩孔或粗铰孔以保证铰孔前的粗糙度。一般铰削余量为 0.08 mm~0.15 mm。精度要求高的孔,可先粗铰,余量为 0.15 mm~0.3 mm;后精铰,余量为 0.04 mm~0.15 mm。高速钢铰刀余量取小些,硬质合金铰刀余量应取大些。

2)铰削速度　铰削时的切削速度愈低,表面粗糙度愈小,一般在 0.063 m/s 以下。

3)进给量的确定　由于铰刀修光校正部分较长,铰削时的进给量可取大些。铰钢件孔一般取 0.2 mm/r~1 mm/r,铰铸铁孔可再大些。

三、铰削方法

(1)铰孔前

①应先镗孔或扩孔,保证铰削余量和孔的粗糙度,以及孔轴线对旋转中心的同轴度和孔的直线度。特别是孔径较小,只能用扩孔来保证铰孔余量时,此时钻孔应设法严格保证所钻孔的中心线与工件旋转轴线同轴。

②校正铰刀轴线与主轴中心同轴。

③选择好切削用量。

2)铰孔时

必须及时注入切削液,进给要均匀。

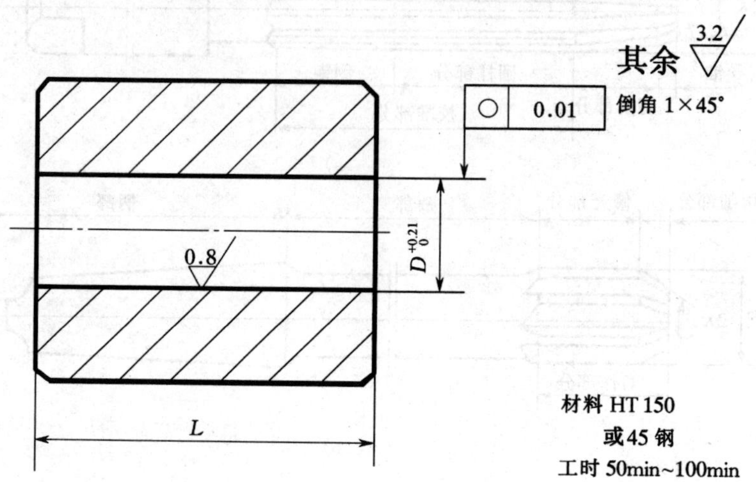

图 2-4-47 钻、扩(车)、铰孔练习

四、分析生产实习图并确定加工步骤(图 2-4-47)

加工步骤如下:

①夹住外圆校正、夹紧;

②车端面;

③用中心钻钻定位孔;

④用 $\phi(D-0.5)$麻花钻钻孔;

⑤扩孔或车孔(留铰削余量 0.08 mm~0.12 mm);

⑥用 ϕD 机用铰刀铰孔至尺寸要求。

五、容易产生的问题及注意事项

1.容易产生的问题

①孔的表面粗糙度大。

②孔径扩大或缩小。

③孔口扩大。

④孔呈多角形。

2.注意事项

①校正尾座或采用浮动套筒,安装铰刀时注意锥柄和锥套的清洁。

②留合适的铰削余量,应保证铰孔前孔的同轴度与表面质量,最好先试铰。

③采用合适的切削液,铰孔时供给不能间断,浇注位置应在切削区域。

④注意铰刀的保养,避免碰伤。

⑤注意铰刀使用时的质量,包括切削部分和修光刃部分粗糙度,铰刀刃口是否磨损钝化,刃口有无崩刃缺口、积屑瘤或毛刺,刀刃与修光刃过渡处有无尖刺。

⑥用油石修磨铰刀时,注意油石的选用和油石的形状和修磨铰刀的要领,切不可修磨出负后角和使刃口圆弧半径变大。

⑦有一条刀刃与修光刃过渡处有缺口，可刃磨或用油石修磨去缺口，使其不参与切削，但切不可在刃磨或修磨时损坏相邻切削刃。

⑧采用合适的切削用量。当其他问题都解决时，而孔的质量不高，可变动切削用量。

第五章　车削圆锥面

5-1　转动小滑板车削圆锥体

一、圆锥面特点及各部分尺寸计算

1. 圆锥面的特点

在机床和工具制造中，圆锥面配合是常用的。例如：车床主轴锥孔和前顶尖莫式锥套的配合；尾座套筒的圆锥孔和麻花钻锥柄的配合等，如图 2-5-1 所示。

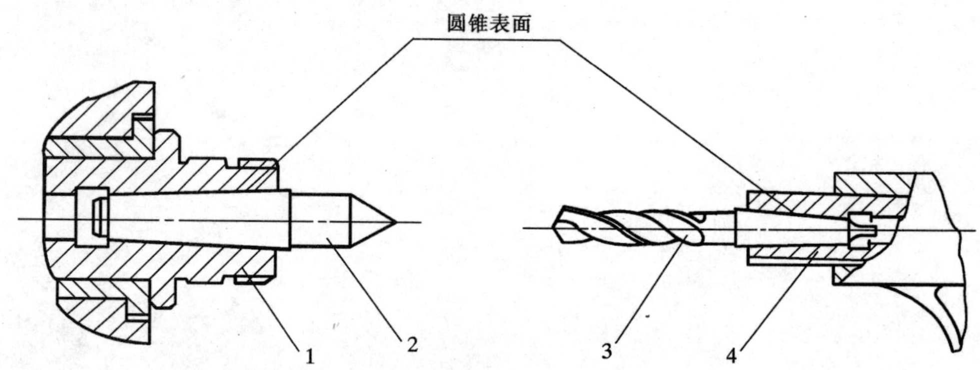

图 2-5-1　圆锥面配合实例

1—车床主轴；2—顶尖；3—麻花钻；4—尾座套筒

圆锥面和圆柱面一样都是回转体，圆锥面是圆柱面的特殊形式。它们的区别在于：圆柱面的母线和轴心线平行，而圆锥面的母线和轴心线在同一平面内成一定的角度。圆锥面配合得到广泛应用，是由以下特点决定的：

①当圆锥面的锥角较小时，可传递很大的扭矩，且自锁性好；

②装拆方便，虽经多次装拆，仍能保持精确的定心作用；

③圆锥面配合有较高的同轴度，间隙和过盈配合可以自由调整；

④圆锥面配合具有良好的密封性。

2. 圆锥各部分名称和尺寸计算

圆锥各部分名称如图 2-5-2 所示。在图中，α 为圆锥角；$\alpha/2$ 为圆锥半角；D 为圆锥最大直径，简称大端直径；d 为圆锥最小直径，简称小端直径；L 为最大圆锥直径与最小圆锥直

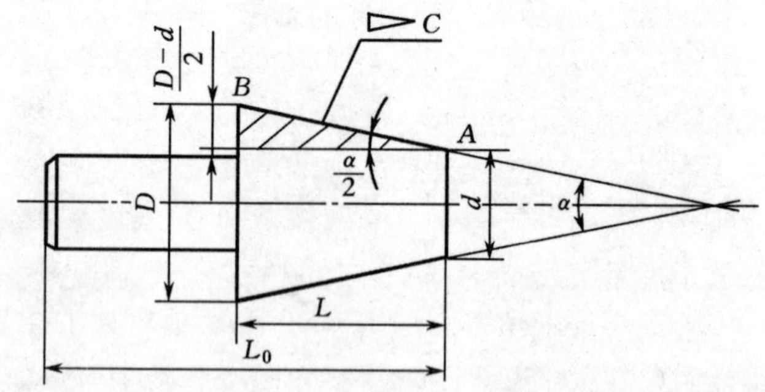

图 2-5-2　圆锥各部分名称

径之间的轴向距离(简称工件圆锥部分长度);L_0 为工件全长;C 为锥度。

圆锥有4个基本参数,即圆锥半角($\alpha/2$)或锥度(C)、圆锥大端直径(D)、圆锥小端直径(d)、圆锥的锥形部分长度(L)。

这四个基本参数,有以下关系。

(1)圆锥半角 $\alpha/2$ 和其他3个参数的关系

$$\text{tg}\,\frac{\alpha}{2}=\frac{D-d}{2L} \tag{2-5-1}$$

例　有一圆锥,已知 $D=40$ mm,$d=35$ mm,$L=80$ mm,求圆锥半角。

解:据式2-5-1知

$$\frac{\alpha}{2}=\text{tg}^{-1}\frac{D-d}{2L}=\text{tg}^{-1}\frac{40-35}{2\times 80}\approx 1°47'$$

(2)锥度 C 与其他3个参数的关系

有配合要求的圆锥,一般采用标注锥度的方法。锥度是两个垂直圆锥轴线截面的圆锥直径差与该两截面间之间距离之比。即

$$C=\frac{D-d}{L} \tag{2-5-2}$$

圆锥半角 $\alpha/2$ 与锥度 C 的关系为

$$\text{tg}\alpha/2=\frac{C}{2} \tag{2-5-3}$$

$$C=2\text{tg}\,\frac{\alpha}{2} \tag{2-5-4}$$

例　有一圆锥,已知锥度 $C=1:12$,$D=36$ mm,$L=48$ mm。求圆锥小端直径 d 和圆锥半角 $\alpha/2$。

解:据式(2-5-2),$C=\dfrac{D-d}{L}$,所以

$$d=D-CL=36-48\times\frac{1}{12}=32\text{ mm}$$

又据式(2-5-3),$\text{tg}\,\dfrac{\alpha}{2}=\dfrac{C}{2}$,所以

$$\alpha/2=\text{tg}^{-1}\frac{C}{2}=\frac{1}{2\times 12}\approx 2°23'$$

二、转动小滑板车削圆锥体的方法

车削长度较短、锥度较大的圆锥体时,可用转动小滑板的方法。即将小滑板按零件要求转一定的角度,使车刀的运动轨迹和圆锥母线平行,然后手动进给,车削圆锥体。这种方法操作简单,能车正反锥体、圆锥孔和圆锥角度很大的工件。但是由于受小滑板行程的限制,只能加工锥面不长的工件。由于只能用手动进刀,表面粗糙度难以控制,生产率低。因此,仅适用于单件及小批量生产。

用转动小滑板法车削圆锥体时,小滑板转过的角度应等于工件的圆锥半角 $\alpha/2$。当车削正锥体时(工件大端靠主轴,小端靠向尾座),小滑板应逆时针转过一个圆锥半角;当车削反锥体时,小滑板应顺时针转过一个圆锥半角。

转动小滑板时,先松开转盘两侧的螺母,把转盘转至所需的圆锥半角 $\alpha/2$ 的刻度上,与基

准零线对齐，然后拧紧螺母固定转盘，如图 2-5-3 所示。转盘上的刻度，每一小格为 1°。角度如果不是整数，例如 $\alpha/2=1°47'$，那么只能在 1.5°～2°之间估计，试切后逐步校准。

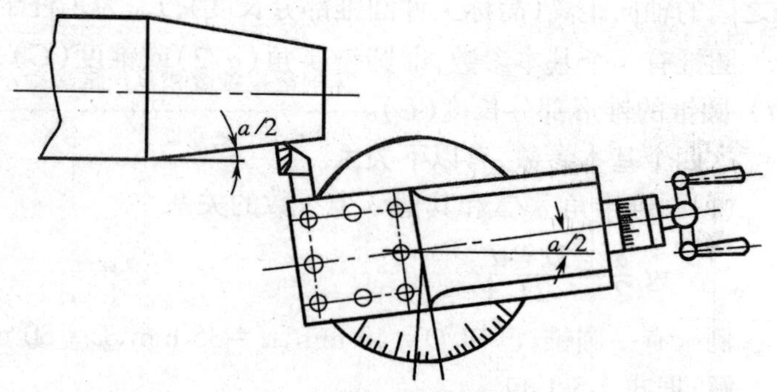

图 2-5-3 转动小滑板的方法

车削锥体前，应根据工件的锥面长度调整小滑板的行程。并注意调整小滑板间隙，不能过紧或过松。过紧，手动走刀费力，移动不均匀；过松，车出圆锥母线不直，而且工件表面粗糙度也不容易保证。

三、小滑板转动角度的计算

由于圆锥的角度标注方法不同，一般不能直接按图纸上所标注的角度去转动小滑板，必须经过换算，换算原则是把图纸上所标注的圆锥参数换算成圆锥母线与车床主轴轴心线的夹角 $\alpha/2$。$\alpha/2$ 即是车床小滑板应该转过的角度。

如果图纸上没有注明圆锥半角 $\alpha/2$，可以根据公式(2-5-1)、(2-5-3)计算圆锥半角 $\alpha/2$，若圆锥半角 $\alpha/2$ 较小，在 0～13°之间，可以用下面公式计算

$$\alpha/2\approx\frac{D-d}{L}\times Q=CQ \tag{2-5-5}$$

式中 Q——修正系数，见表 2-5-1。

表 2-5-1 计算 $\alpha/2$ 时的修正系数

$\frac{D-d}{L}$ 或 C	Q	备注
0.10～0.20 0.20～0.29 0.29～0.36 0.36～0.40 0.40～0.45	28.6° 28.5° 28.4° 28.3° 28.2°	本表适用于 $\alpha/2$ 在 6°～13°之间 6°以下的修正系数为 28.7°

例 已知工件大端直径 $D=52$ mm，长度 $L_0=95$ mm，锥度 $C=1:15$，求小滑板转动角度 $\alpha/2$。

解：根据式 2-5-1 得

$$\mathrm{tg}\,\alpha/2=\frac{C}{2}=\frac{\frac{1}{15}}{2}=0.0333$$

$$\frac{\alpha}{2}=\mathrm{tg}^{-1}\frac{C}{2}=\frac{1}{2\times15}\approx1°54'$$

也可按式 2-5-5 求得

$$\alpha/2=Q\times(D-d)/L=CQ$$

查表 2-5-1 得修正系数 $Q=28.7°$。所以

$$\alpha/2=CQ=\frac{1}{15}\times28.7°=1.91°\approx1°54'$$

车削常用锥度及莫氏锥度时，小滑板转动角度见表 2-5-2。车削常用的标准锥度时小滑板

转动角度见表 2-5-3。

表 2-5-2　车削常用锥度和莫氏锥度时小滑板转过的角度

名称		锥度	小滑板转过的角度	名称		锥度	小滑板转过的角度
莫氏	0	1:19.212	1°29′27″	标准锥度	30°	1:1.866	15°
	1	1:20.047	1°25′43″		45°	1:1.207	22°30′
	2	1:20.020	1°25′50″		60°	1:0.866	30°
	3	1:19.922	1°26′16″		75°	1:0.652	37°30′
	4	1:19.254	1°29′15″		90°	1:0.5	45°
	5	1:19.002	1°30′26″		120°	1:0.289	60°
	6	1:19.180	1°29′36″		8°40′*	1:7.462	4°20′

注：标有*者为标准锥度中第二系列

表 2-5-3　车削标准圆锥时小滑板转过角度

圆锥角	锥度	小滑板转过的角度	圆锥角	锥度	小滑板转过的角度
0°6′53″	1:500	0°3′26″	5°43′29″	1:10	2°51′45″
0°17′11″	1:200	0°8′36″	7°9′10″	1:8*	3°34′35″
0°34′23″	1:100	0°17′11″	8°10′16″	1:7*	4°5′8″
1°8′45″	1:50	0°34′23″	9°31′38″	1:6*	4°45′49″
1°25′56″	1:40*	0°37′58″	11°25′16″	1:5	5°42′38″
1°54′35″	1:30	0°57′34″	14°15′	1:4*	7°7′30″
2°51′51″	1:20	1°25′56″	18°55′29″	1:3	9°27′39″
3°49′6″	1:15*	1°54′33″	16°35′39″	7:24**	8°17′50″
4°46′19″	1:12*	2°23′9″	6°15′38″	7:64**	3°7′49″

注：①标有*者为标准锥度中第二系列；②标有**者为特殊用途圆锥。

四、锥体尺寸控制与检查

1. 锥体尺寸控制方法

在车削圆锥过程中，如果锥度已经车准，而大小端尺寸还未达到要求时，必须再进刀车削，要确定背吃刀量，可以用下面的方法。

(1)用圆锥量规控制

1)计算法　用圆锥量规测量锥体(或锥孔)，只能量出圆锥工件端面到量规通端缺口(或刻度线)之间的距离 a，如图 2-5-4 所示。根据这个距离 a，可以用下面公式计算背吃刀量 a_p，即

$$a_p = a\,\text{tg}\alpha/2 \tag{2-5-6}$$

或

$$a_p = aC/2 \tag{2-5-7}$$

式中　a_p——当圆锥量规刻线或阶台中心面，离开工件端面 a 长度时的背吃刀量，mm；

$\alpha/2$——圆锥半角；

C——锥度。

例　已知工件的圆锥半角 $\alpha/2 = 2°23'$，用套规测量时，工件小端离圆锥量规通端刻线距离 $a = 5$ mm，问背吃刀量为多少时才能使小端直径合格？

解　根据式 2-5-6

$$a_p = a\,\text{tg}\alpha/2 = 5\times\text{tg}2°23'$$

$$\approx 5\times0.042 = 0.21\ \text{mm}$$

当横向背吃刀量为 0.21mm 时，可使小端直径合格，如果采用 CA6140 型车床，应使中滑

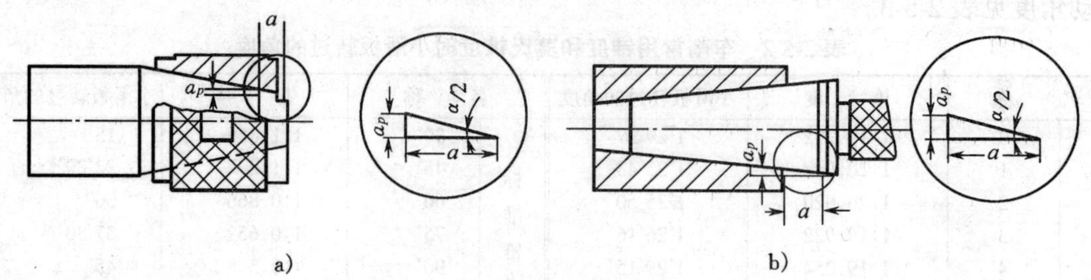

图 2-5-4　车削圆锥控制尺寸方法

a)车圆锥体　b)车圆锥孔

板转过 4 格多一点。

2)移动床鞍法　用圆锥量规检验工件尺寸时，假如工件端面到量规通端缺口(或刻线)处还相差一个距离 a，如图 2-5-5 所示，这时取下量规，使车刀轻轻接触工件端面，移动小滑板，使车刀离开工件端面一个 a 的距离，然后移动床鞍，使车刀和工件端面接触，这时车刀切入一个需要的背吃刀量。

(2)用千分尺和卡钳测量

用千分尺和卡钳测量时必须注意下列问题：

①测量的位置必须是工件的最小端或者最大端；

②千分尺测量杆(或卡钳脚)必须和工件轴心线相垂直，否则测量结果会出现误差，最终导致工件报废。

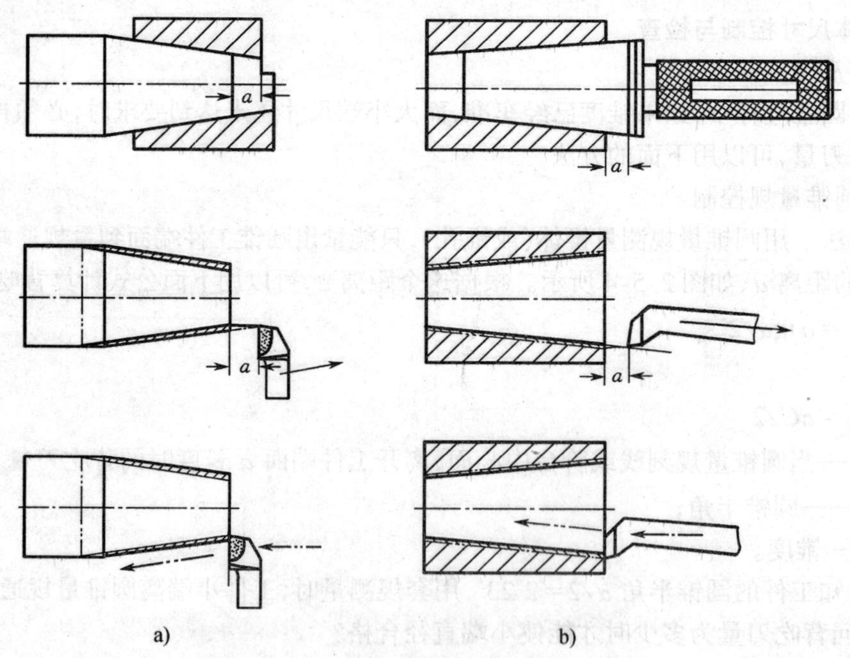

图 2-5-5　移动床鞍控制锥体尺寸的方法

a)车外锥　b)车内锥

2. 圆锥锥度的检查方法

(1)用万能角度尺检查锥度

万能角度尺的使用方法和结构见本书第一篇的3-6。

对于角度零件或精度要求不高的圆锥表面，可用万能角度尺检查锥度。先把万能角度尺调整到要测量的角度范围内，万能角度尺的角尺面和工件端面(通过工件中心)靠平，直尺和工件斜面接触，通过透光法来测量角度的大小。

测量时应注意下列问题：

①修去工件毛刺，保持工件、量具表面清洁；

②角度尺的尺面必须通过工件中心对称面，且基面和工件基准面吻合；

③读数时，要先拧紧万能角度尺上的固定螺钉，然后再离开工件，以免量具走动，使测量角度产生误差。

(2)用着色法检查锥度

先在工件表面上顺着工件母线的全长上薄而均匀地涂上2条红丹或蓝油，然后把套规轻轻地套在工件上，与工件对研。注意转动应在半圈之内。取下套规观察工件锥面上的摩擦痕迹，来判断锥度的大小。

用着色法检查锥度时，要求工件锥体表面接触靠近大端，接触长度不低于JB2280—78的规定：高精度工件为工作长度的85%；精密工件为工作长度的80%；普通工件为工作长度的75%。因此，必须经过试切和反复调整，才能达到要求，对于锥体的检查在试切时就应该进行，以免工件车小而报废。

五、分析生产实习图并确定加工步骤

1.车圆锥体(图2-5-6)

①按照图2-5-6所示的零件，准备 ϕ55 mm×100mm 毛坯，材料为钢45(以其中第一个零件为例)。

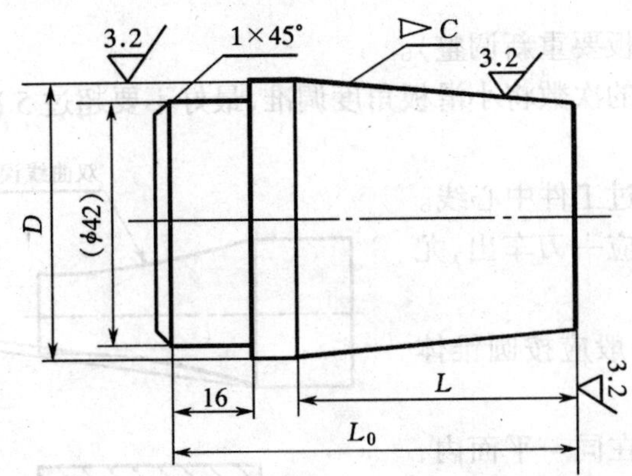

件号	D	C	L_0	L	$\alpha/2$
1	$\phi52\pm0.2$	1:15	95	60	1°54′
2	$\phi48\pm0.1$	1:10	93	60	2°52′

图2-5-6　转动小滑板车圆锥体

②夹住一端，车端面打中心孔。然后粗车外圆 ϕ52 mm，留1 mm精车余量。

③调头、车端面控制总长96 mm，车 $\phi42\times16$，倒角1×45°。

④调头，夹 ϕ42 mm外圆，精车端面，控制总长 $L_0=95$ mm，车削 ϕ52 mm±0.2 mm至尺寸。

⑤小滑板转过1°54′，车锥度1:15，$L=60$ mm。

⑥检验合格后做第二次练习。

2. 4# 莫氏圆锥

①按照图 2-5-7 所示零件(第 1 件),准备 ϕ36 mm×325 mm 毛坯,材料为钢 45。

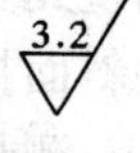

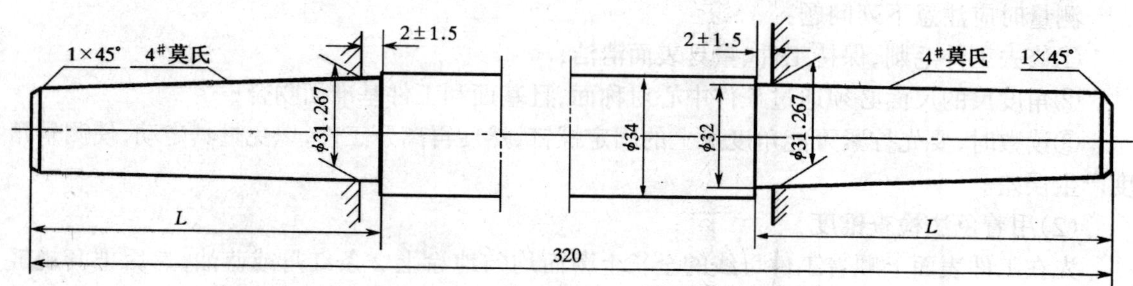

件号	L	C	α/2
1	60	1:19.254	1°29′15″
2	103.5	1:19.254	1°29′15″

图 2-5-7　转动小滑板车削 4# 莫氏圆锥

②车端面,打中心孔,一夹一顶车 ϕ34 mm 外圆。

③调头,车端面打中心孔,控制总长 320 mm。

④夹住 ϕ34 mm 外圆,伸出长度约 80 mm,校正夹紧。

⑤车 ϕ32 mm 外圆,长 60 mm。

⑥小滑板转过 1°29′15″,粗、精车 4# 莫氏圆锥,倒角 1×45°。

⑦检验。

⑧调头车削另一端莫氏圆锥(注意小滑板要重新调整)。

⑨做第二次练习(第二件),注意用最少的次数将小滑板角度调准,最好不要超过 5 次。

六、容易产生的问题及注意事项

①用万能角度尺检查时,测量边必须通过工件中心线。

②车刀刀刃要始终保持锋利,工件表面应一刀车出,尤其是最后一刀。

③车削圆锥体前对圆柱直径的要求,一般应按圆锥体大端直径放余量 1mm 左右。

④车刀刀尖必须和工件中心线等高,即在同一平面内,以免加工出的锥面出现双曲线误差(母线不在同一平面内),如图 2-5-8 所示。一般可采用将车刀对准圆锥体端面中心的方法对刀。

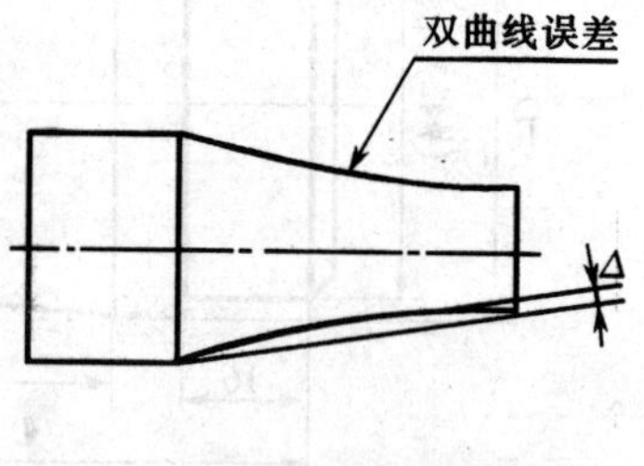

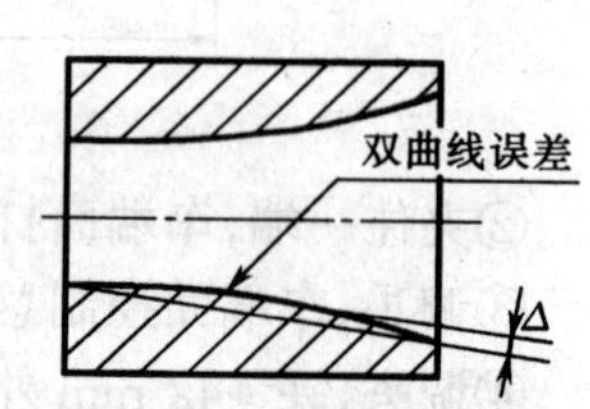

图 2-5-8　圆锥母线的双曲线误差

⑤紧固小滑板的螺母都必须拧紧,并注意防止扳手打滑而撞伤手。

⑥粗车时,背吃刀量不宜过大,应先校准锥度,以防止工件车小而报废。通常留 0.5 mm 的精车余量。

⑦用套规检查锥度时,涂色要薄而均匀,相对转动量一定在半圈之内,多转则容易造成误

判。

⑧应两手握住小滑板手柄，均匀转动小滑板，以保证表面粗糙度值较小。

⑨检查锥度时，可先检查套规和工件之间的配合是否存在间隙。

⑩小滑板不宜过松，以免工件表面车削痕迹粗细不均。

⑪在转动小滑板时，应稍大于圆锥半角，然后逐次校准。当小滑板角度调整到差不多时，只须将两紧固螺母稍松，用左手拇指放在小滑板转盘与刻度之间，消除中滑板间隙，用铜棒轻轻敲击小滑板所需转动的方向，使手指感到转盘有转动量即可，这样可以比较快的校准锥度。

5-2　偏移尾座车削锥体

一、偏移尾座车削圆锥体的方法

对于锥度较小、圆锥长度较大、精度要求不太高的圆锥体，可以采用偏移尾座的方法加工。即将工件装在两顶夹之间，把尾座横向偏移一段距离 s，使工件回转轴线和机床主轴轴线成一交角，交角大小等于锥体工件的圆锥半角 $\alpha/2$，如图 2-5-9 所示。

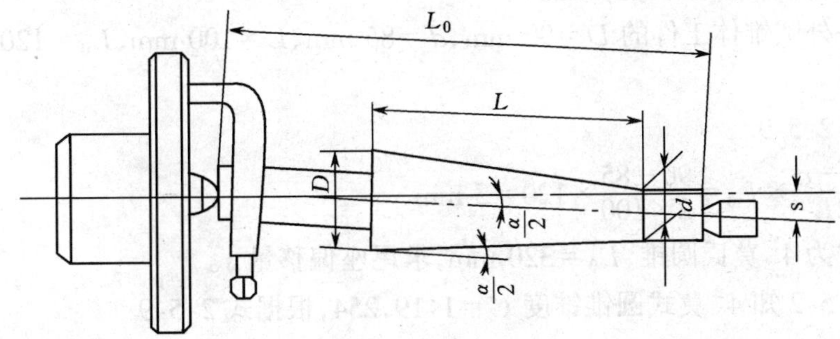

图 2-5-9　偏移尾座车削圆锥体的方法

尾座偏移的方法决定于锥体的方向。当尾座移向操作者（向里）时，工件靠近尾座的一端切去较多，就形成圆锥体小端（即正外锥体）；反之，当尾座向外移动 s 时，则工件靠向尾座的一端切去较少，就形成工件圆锥体大端（即反外锥体）。

采用偏移尾座法车削圆锥体时，必须注意尾座偏移量不仅和锥体长度有关，而且还和两顶尖间的距离有关，这段距离一般近似地等于工件总长 L_0。

在两顶尖间，用偏移尾座法成批加工圆锥体时，应特别注意工件的总长和中心孔的深浅应保持一致，否则会造成锥度和尺寸的误差。

偏移尾座法车圆锥体的优点如下：

①任何普通车床都可以应用；

②可以用自动走刀车锥面，所以工件的表面粗糙度值较小；

③能车较长的圆锥体。

此法的缺点如下：

①调整尾座偏移量要花去较多的时间；

②由于受尾座偏移量（一般不能超过 10 mm）的限制，不能车削锥度较大的工件；

③不能车削圆锥孔及整体圆锥体；

④因为顶尖在中心孔中是歪斜的，接触不良，所以中心孔和顶尖磨损都不均匀，因此，最好

采用球形顶尖或在工件上钻一小圆柱孔以代替60°顶尖孔，以改善磨损不均匀的状况。

用偏移尾座法车削圆锥体，只适宜于加工锥角较小，长度较长的工件。

二、尾座偏移量的计算

尾座偏移量的计算可用下面公式

$$s = L_0 \operatorname{tg} \frac{\alpha}{2} \tag{2-5-8}$$

或

$$s = \frac{D-d}{2L} L_0 = \frac{C}{2} L_0 \tag{2-5-9}$$

式中 s——尾座偏移量，mm；

L_0——工件总长，mm；

$\alpha/2$——圆锥半角；

D——圆锥大端直径，mm；

d——圆锥小端直径，mm；

L——工件圆锥段的长度，mm。

例1 有一外圆锥体工件的 $D=90$ mm、$d=85$ mm、$L=100$ mm、$L_0=120$ mm，求尾座偏移量 s。

解 根据式2-5-9

$$s = \frac{D-d}{2L} \times L_0 = \frac{90-85}{2\times100} \times 120 = 3 \text{ mm}$$

例2 已知工件为4#莫氏圆锥，$L_0=320$ mm，求尾座偏移量 s。

解 由表2-5-2知4#莫式圆锥锥度 $C=1:19.254$，根据式2-5-9

$$s = \frac{C}{2} L_0 = \frac{\frac{1}{19.254}}{2} \times 320 \approx 8.3 \text{ mm}$$

三、工件装夹和偏移尾座的方法

1.工件的装夹

①用对分夹头或鸡心夹头夹紧工件。

②调整两顶尖间的距离，使其等于工件总长 L_0，并锁紧尾座。注意尾座套筒伸出量不宜过长，一般不能超过套筒总长的1/2，否则，容易引起振动。

③在工件中心孔内应加润滑脂。

④检查工件在两顶尖之间的松紧程度，以手不用力能拔动工件(没有轴向窜动)为宜。

2.偏移尾座的方法

计算尾座偏移量 s 以后，即可根据偏移量 s 移动尾座的上层。必须注意，在移动尾座上层前，先把前后两顶尖对齐。即是把尾座上下层对齐。移动尾座上层的方法有以下几种。

(1)利用尾座的刻度偏移尾座

利用尾座上层时，先松开尾座两侧的螺钉，把尾座上层偏移一个距离 s，然后拧紧紧固螺母，如图2-5-10所示。这种方法操作比较简单、方便，一般尾座上有刻度的车床都可采用，是比较常用的方法。

(2)划线法(无刻度尾座)

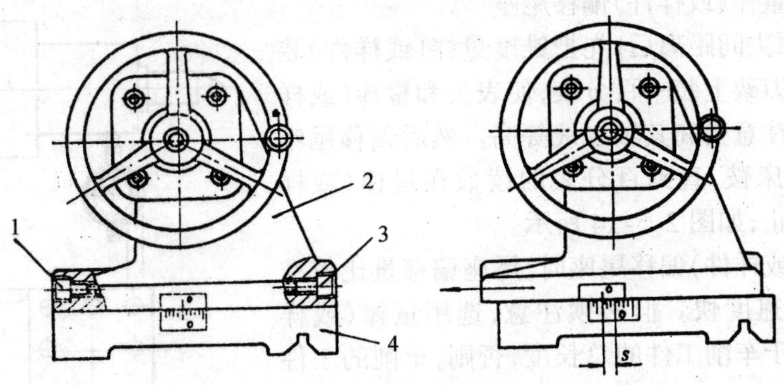

图 2-5-10 利用尾座刻度偏移尾座

1—紧固螺钉;2—尾座上层;3—紧固螺钉;4—尾座下层

对于尾座上无刻度的车床,偏移尾座时可用划线法。先在尾座前面涂上一层颜料,用划针画上一条竖线$\overline{oo}$,再在尾座下层画一竖线 a,使两线间距离等于 s,如图 2-5-11a 所示。然后用扳手调整尾座上层,使 o 与 a 对齐,即偏移了一个 s 的距离,如图 2-5-11b 所示。必须注意 a 线的位置别画反了。

(3)用中滑板刻度

在刀架上夹持一根铜棒或刀杆(端面必须平齐),摇动中滑板手柄,使刀杆或铜棒端面和尾座套筒接触,记下中滑板读数。这时根据计算出的偏移量 s 算出中滑板刻度线应转过几格。先把尾座上层外移,然后按刻度格数使铜棒或刀杆前进,接着偏移(退回)尾座,使套筒和铜棒或刀杆端面接触,则此时尾座的偏移量即为 s,如图 2-5-12 所示。

利用中滑板刻度偏移尾座时,由于中滑板的丝杠螺母存在着间隙,所以加工反外圆锥体时用这种方法效果较好。

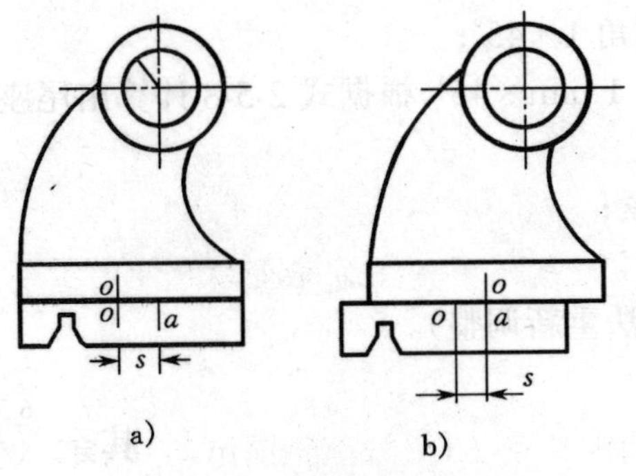

图 2-5-11 用划线法偏移尾座

a)划线 b)调尾体上层

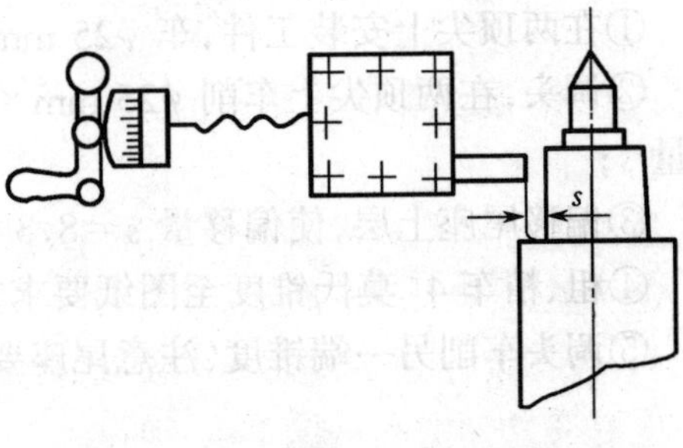

图 2-5-12 用中滑板刻度偏移尾座

(4)用百分表偏移尾座

先把百分表固定在刀架上,使百分表表头和尾座套筒接触,校准百分表零点,然后偏移尾座。当百分表指针读数转至偏移量 s 值时,把尾座固定即可,如图 2-5-13 所示。

用百分表偏移尾座的方法相对来说是比较准确的,并且调整速度较快,因此比较常用。

必须注意,以上偏移尾座的方法,都有一定的误差,都不能准确确定偏移量的大小,只是大概确定,因此,工件还必须经过试切逐步校准。

(5)用锥度量棒(或样件)偏移尾座

调整好两顶尖间距离后,先把锥度量棒(或样件)装于两顶尖上,在刀架上装一百分表,使表头和量棒(或样件)母线接触。注意要和其轴心线等高。然后偏移尾座上层,纵向移动床鞍,直到百分表的读数在量棒(或样件)两端相同为止,如图 2-5-14 所示。

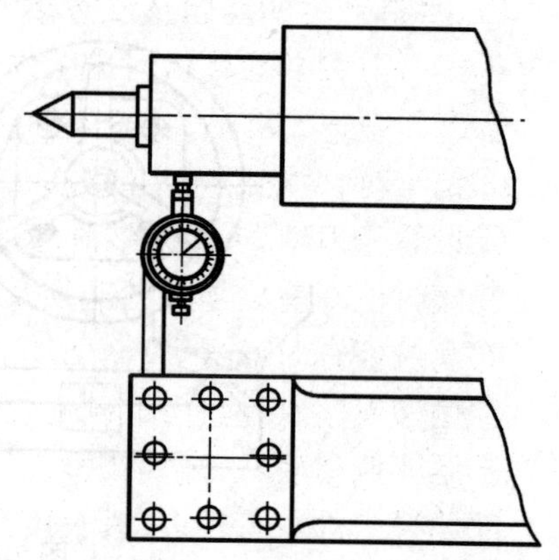

图 2-5-13　用百分表偏移尾座

采用量棒(或样件)偏移尾座时,尾座偏移量比较准确,调整方便且速度快。但必须注意,选用量棒(或样件)的总长须等于车削工件的总长度,否则,车削的工件锥度不准确。

四、分析生产实习图并确定加工步骤

偏移尾座车 4[#] 莫氏锥度,如图 2-5-15 所示的工件,加工步骤如下:

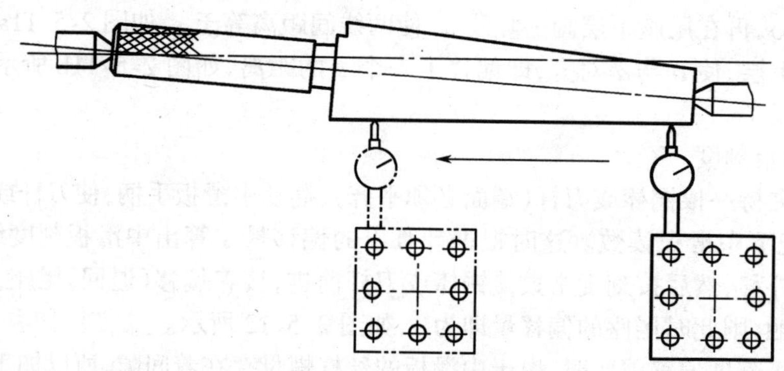

图 2-5-14　用量棒偏移尾座

①在两顶尖上安装工件,车 ϕ25 mm×40 mm,倒角 1×45°;

②调头,在两顶尖上车削 ϕ25 mm×40 mm,倒角 1 mm×45°,根据式 2-5-8 计算出尾座偏移量 s;

③偏移尾座上层,使偏移量 $s=8.3$ mm,然后锁紧;

④粗、精车 4[#] 莫氏锥度至图纸要求;

⑤调头车削另一端锥度(注意尾座要用不同的方法重新调整)。

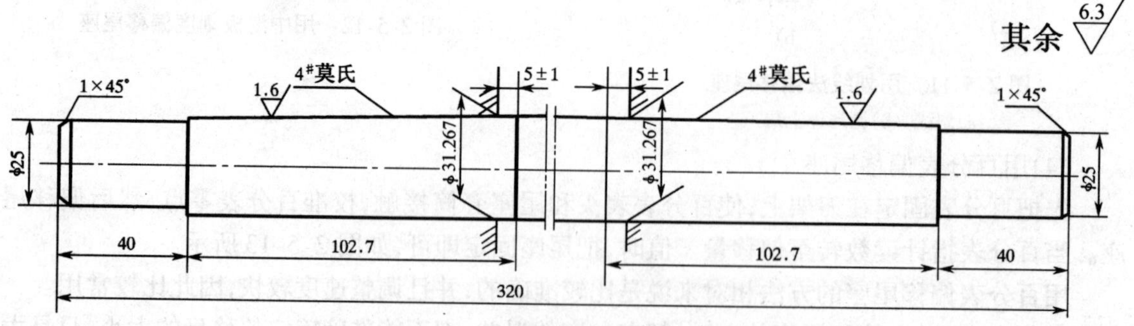

图 2-5-15　偏移尾座法车削圆锥体

五、容易产生的问题及注意事项

①车刀刀尖必须严格对准工件中心,以免产生双曲线误差。

②车刀中途刃磨后,再安装时,必须重新对刀。

③精车时,背吃刀量不易过大,应先校准锥度,以免工件车小而报废。

④最后一刀精车,一定要注意掌握好背吃刀量的大小,以防车小工件。

⑤随时检查前后顶尖的磨损及松紧情况,以防工件飞出而引发事故。

⑥套规检查时,涂色应薄而均余,转动量一般在 1/3 到 1/2 圈,否则容易造成误判。

⑦偏移尾座时,应仔细、耐心,熟练掌握偏移方向。

⑧尾座偏移后,一定要锁紧。

⑨如果工件数量较多,其长度和中心孔的深浅必须一致,最好钻成小圆柱孔代替中心孔,以改善磨损状况。

第六章　特形面车削和表面修饰

6-1　滚花

在实际生产中，为了使用方便、增加摩擦力以及为了零件表面美观等，常常在某些仪器、工具和机床零件的捏手部分表面滚出各种不同的花纹。例如圆锥套规、外径千分尺的微分筒、铰刀扳手、各种滚花螺钉、螺母以及仪器的捏手等。这些花纹一般是在车床上用滚花刀滚压而成的。

一、花纹及滚花刀的种类

1. 花纹的种类

滚花的花纹有直花纹(图 2-6-1a)和网花纹(图 2-6-1b)两种，并有粗细之分。

花纹的粗细用节距 p 表示。习惯上，把节距 $p=0.6$mm 的花纹叫细纹，$p=0.8$mm 的花纹叫中纹，$p=1.2$ mm～1.6 mm 的花纹叫粗纹。滚花标注方法和节距 p 的选择见表 2-6-1。

滚花的花纹粗细是根据模数来选择的。模数大，选择的花纹要粗；反之，应选择细的花纹。

图 2-6-1　花纹的种类

a)直花纹　b)网花纹

2. 滚花刀的种类

滚花刀一般有单轮、双轮和六轮 3 种，如图 2-6-2 所示。单轮滚花刀(图 2-6-2a)通常在滚压直花纹时用。双轮滚花刀(图 2-6-2b)是用来滚压网花纹的。它由节距相同的 1 个左旋和 1 个右旋的滚花刀组成 1 组。六轮滚花刀(图 2-6-2c)是把网纹节距 p 不相等 3 组滚花刀装在 1 个特制的刀杆上。使用时，可以方便地根据需要选用粗、中、细 3 种不同的节距。滚花刀直径一般为 20 mm～25 mm，宽度为 10 mm，如图 2-6-2d 所示。

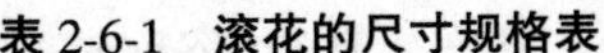

表 2-6-1 滚花的尺寸规格表 (mm)

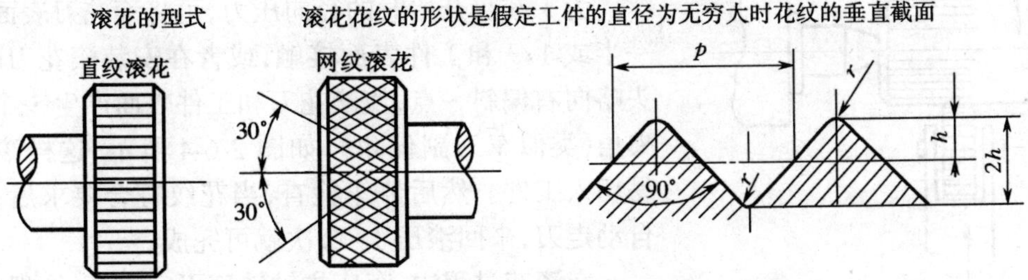

标记示例:

1. 模数 $m=0.3$ 直纹滚花:直纹 $m0.3$ GB6403.3—86

2. 模数 m=0.4 网纹滚花:网纹 m0.4 GB6403.3—86

模 数 m	h	r	节 距 p
0.2	0.132	0.06	0.628
0.3	0.198	0.09	0.942
0.4	0.264	0.12	1.257
0.5	0.326	0.16	1.571

注:表中 $h=0.785m-0.414r$

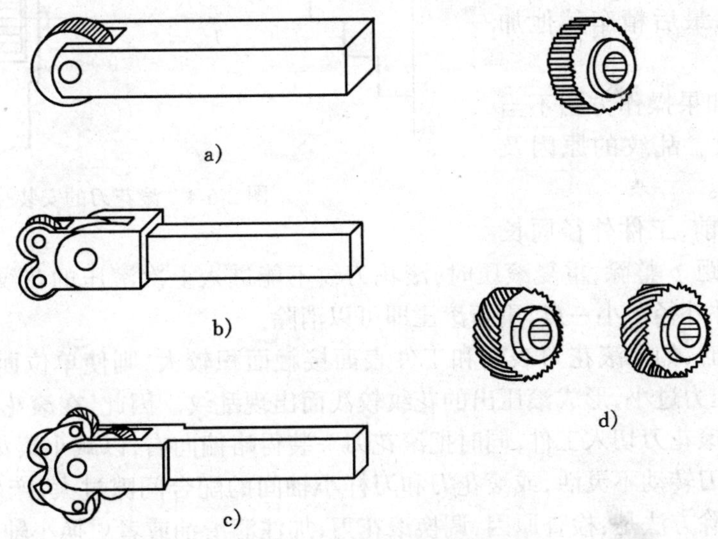

图 2-6-2 滚花刀的种类

二、滚花的方法

滚花是用滚花刀挤压工件,使工件表面产生塑性变形而形成花纹,所以滚花时将产生很大的挤压力。

由于滚花时工件表面的塑性变形,在车削滚花外圆时,应根据工件材料的性质和花纹节距 p 的大小,把滚花部分的直径车小约 $(0.25\sim0.5)p$。

在安装滚花刀时,必须注意使滚花刀表面和工件表面相互平行,使滚花刀中心和工件中心等高,如图 2-6-3 所示。

在滚花刀接触工件时,必须用较大的压力进给,使工件一开始就形成较深的花纹,否则容

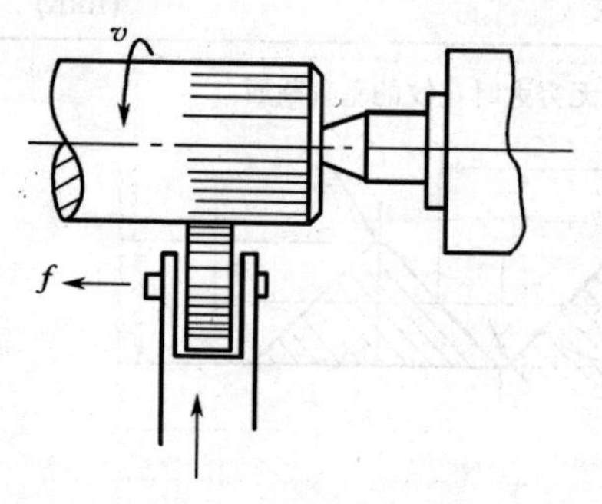

图 2-6-3 滚花的方法

易产生乱纹(俗称破头)。

为了减小开始时的径向压力,可将滚花刀表面宽度的一半或 1/3 和工件表面接触,或者在安装滚花刀时,使刀头略向右偏斜一点,使滚花刀和工件表面产生一个很小的夹角(类似车刀副偏角),如图 2-6-4 所示,这样滚花刀容易切入工件。然后停车检查,当花纹符合要求后,再纵向自动走刀,来回滚压 1～2 次就可完成。

在滚花过程中,车床主轴转速不宜过高,一般地,取 $v<0.083$ m/s,以防滚花刀过热而损坏。并且必须充分地浇注冷却润滑液,及时清除滚花刀纹内的切屑,防止滚花刀纹被切屑滞塞而影响花纹清晰或产生乱纹。

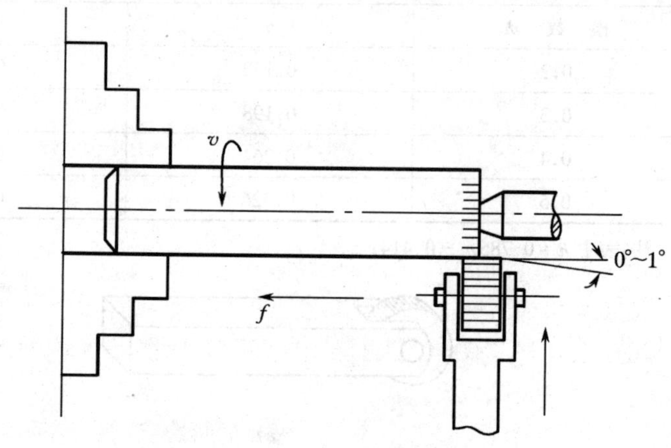

图 2-6-4 滚花刀的安装

由于滚花时径向压力和轴向压力都比较大,尽管工件装夹比较牢靠,有时也难免出现工件走动现象。因此,工件必须牢固夹紧,并且凡是有滚花要求的工件,一般都先滚花,再校正,最后精车其他加工表面。

在滚花时,如果操作方法不当很容易产生乱纹。乱纹的原因及预防的方法如下。

①如果滚花前,工件外径周长不能被滚花刀节距 p 整除,重复滚压时,滚花刀纹不能进入上次滚压的花纹内,则造成乱纹。此时,可以把工件外径车小一点,重新滚压即可以消除。

②滚花开始时,如果滚花刀表面和工件表面接触面积较大,则使单位面积上径向压力变小,或者因吃刀压力过小,形成滚压出的花纹较浅而出现乱纹。因此,在滚花开始时,就须用较大的吃刀压力使滚花刀切入工件,同时把滚花刀头装得略偏向右,以减小滚花时的吃刀抗力。

③如果滚花刀转动不灵活,或滚花刀和刀杆小轴间的配合间隙过大,产生摆动和窜动,也易产生乱纹。排除方法是:检查原因,调换滚花刀;加注润滑油或者更换小轴。

④如果由于工件转速太高,滚花刀和工件表面产生相对滑动造成乱纹,则要适当降低工件转速。

⑤如果滚花前滚花刀纹中有残留的细屑,或者滚花刀轮齿磨损严重,则易出现乱纹现象。因此,滚花前必须认真检查滚花刀,清除残留细屑,若滚轮磨损严重则应更换。

⑥滚花过程中,如果冷却润滑液浇注不充分,会使滚刀发热,且有细屑滞阻在花纹内而产生乱纹。所以,滚花时必须充分浇注冷却润滑液,并且及时清除刀纹内的细屑。

三、分析生产实习图并确定加工步骤

图 2-6-5 为一滚花零件,加工步骤如下:

①按图 2-6-5 准备 ϕ45 mm×115 mm 棒料,材料为钢 45;

②夹住毛坯的外圆，校正夹紧，伸出长度约 80 mm 左右，然后进行滚直纹与网纹两次加工训练，具体要求是：a. 车端面及 $\phi 43$ mm ×60 mm 外圆；b. 滚直纹；c. 将滚出的直纹车除，车至外圆 $\phi 41$ mm ×60 mm；d. 滚网纹。

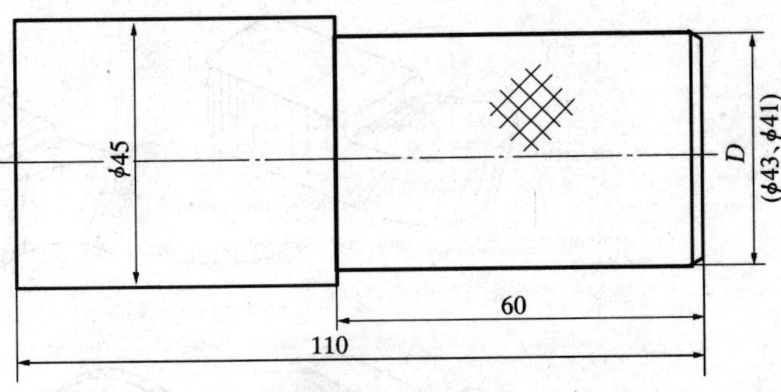

图 2-6-5　滚花零件

四、容易产生的问题及注意事项

①滚花时注意防止出现乱纹现象。

②滚花时径向压力很大，工件必须夹牢，以防工件走动。

③细长工件在滚花时要防止顶弯，薄壁零件防止变形。

④滚直花纹时，滚花刀的齿纹必须和工件轴心线相互平行，否则滚压出的花纹不直。

⑤在滚花过程中，绝对不允许用手或者棉纱去接触工件滚花表面或者滚花刀表面，以防止发生事故。

⑥滚轮和冷却润滑油必须清洁。

⑦如果压力过大，走刀量太慢，往往会出现阶台形凹坑。

⑧在滚花过程中，尽量不要中途停车，以防花纹表面出现阶台。

6-2　特形面车削和表面修饰

一、特形面及单球手柄的车削方法

1. 特形面的车削方法

在机械设备中，有些零件的表面不是简单的规则表面，而是由若干个曲面组成的，如手柄、圆球、凸轮等。这种由曲面组成的表面叫成形面，也叫特形面。

实际生产过程中，对特形面的加工，一般根据产品的结构特点、精度要求和生产规模大小等不同情况，分别采用成形车刀、双手控制、靠模、专用工具等几种方法车削。

(1)用成形刀车削特形面

成形刀又叫样板刀。所谓成形刀，是指刀具切削部分的形状设计得和工件要加工部分的轮廓形状相同，这样的刀具就是成形刀。

成形刀是加工回转体成形表面的专用工具。对于批量较大，工件上有大圆角、圆弧槽或者曲面狭窄而变化幅度较大的特形面，特别适合用成形刀加工。

成形车刀可按加工的要求做成各种样式，如图 2-6-6 所示。工件的加工精度主要靠成形刀的曲线形状来保证。

实际生产中，成形刀，一般用手工刃磨，对于成批生产或者加工精度要求较高的成形刀，应在专用磨床上刃磨。

在切削过程中，由于成形车刀刀刃和工件接触长度较大，切削力也大，容易出现振动和工件走动现象。因此，车床各部分间隙应调得小一些，以增强工艺系统的刚度；选用较低的切削

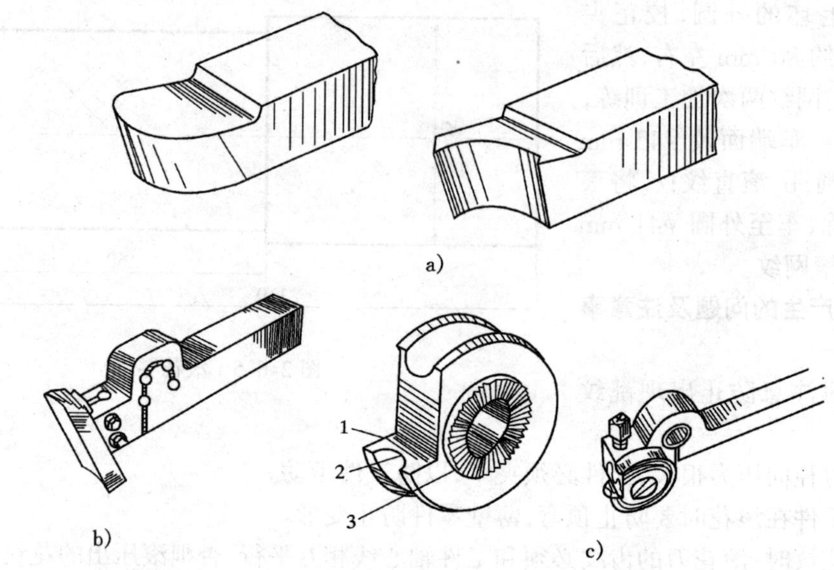

图 2-6-6　成形刀

a)普通成形刀　b)棱形成形刀　c)圆形成形刀

速度和较小的进给量;并注意合理选用切削液,而且工件必须装夹牢靠。

(2)双手控制法切削成形面

单件或小批量生产的特形面零件,可用双手控制法进行车削。即用右手控制小滑板手柄,左手控制中滑板手柄,通过双手协调动作,使车刀的运动轨迹和工件所要求的特形面曲线相同,从而车出所需要的成形面,如图 2-6-7 所示。也可以采用双手分别控制床鞍与中滑板的方法车削特形面。

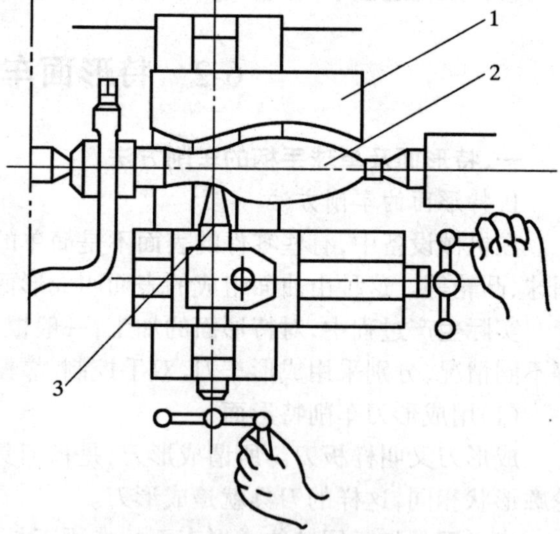

图 2-6-7　双手控制法车特形面

1—样板;2—工件;3—车刀

用双手控制法车削特形面,要分析曲面各点的斜率然后根据斜率确定纵、横走刀速度的快慢,使双手摇动手柄的速度配合恰当。

双手控制法车特形面时,一般要选用圆头车刀,以免留下较深的刀痕,不利于精度和表面粗糙度。

双手控制法车削特形面的特点是:灵活、方便,不需要其他辅助工具,可以在普通车床上利用通用夹具、普通刀具进行车削,是工厂在实际生产中常用加工方法,但是加工出工件的精度不高,操作者必须有较高的技术水平,而且生产效率低。

(3)用仿形法车削特形面

刀具按照仿形装置(靠模)进给对工件进行加工的方法叫仿形法。仿形法车成形面是一种比较先进的加工方法。这种方法生产效率高,质量稳定,适合成批、大量生产。仿形车成形面的方法很多,下面介绍主要方法。

1)尾座仿形装置(图 2-6-8) 将一个标准样件(即仿形装置)2 安装在尾座的套筒里。在刀架上装上长刀夹 3,刀夹上装有车刀 4 和仿形杆 1。车削时,用双手操纵中、小滑板(或使用床鞍自动进给)使仿形杆 1 始终贴着样件 2,并沿着样件 2 移动,结果车刀 4 就在工件表面上车出与样件 2 相同的特形面。

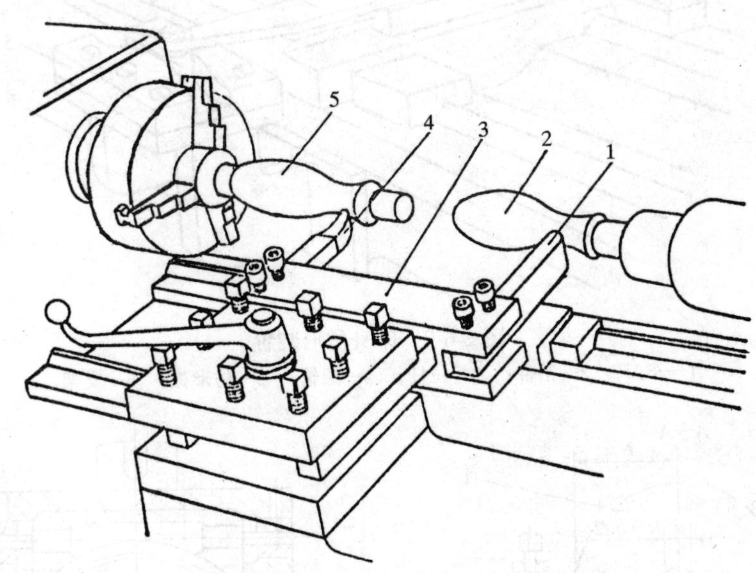

图 2-6-8 尾座仿形装置

1—仿形杆;2—样件;3—刀夹;4—车刀;5—工件毛坯

2)床身仿形装置(图 2-6-9) 当用普通车床采用这种方法车削特形面时,需对其进行改装,把中滑板的丝杠抽去,在车床的床身装上支架 6 和仿形板 5,滚轮 4 通过拉杆 3 和中滑板相连。当床鞍纵向走刀时,滚轮 4 沿着仿形板 5 的曲线槽移动,使车刀刀尖作相应的曲线运动,这样就车出了工件 2 的特形面。

这种方法操作简便,生产效率高,质量稳定,但一般只能加工成形面变化不大的工件,适合于成批、大量生产。

(4)利用专用工具车削特形面

1)蜗杆蜗轮车削内外圆弧 利用蜗杆、蜗轮车削内、外圆弧面的加工方法很多,但原理基本相同,即利用蜗杆带动蜗轮使车刀围绕中心旋转,从而使车刀刀尖的运动轨迹为一圆弧来加工圆弧面。其结构原理如图 2-6-10 所示。

车削时,先把车床小滑板拆下,装上车削圆弧工具。刀架 3 装在底盘 5 上,圆盘下装有蜗杆蜗轮副。当转动手柄 7 时,蜗杆就带动蜗轮 6 使车刀 2 围绕中心轴 4 转动,刀尖就按圆弧轨迹运动。为了调整圆弧半径,在圆盘 5 上制有 T 型槽,刀架 3 可在上面移动,并在需要位置上固定,当刀尖调整到超过中心时,就可以车削内圆弧。

2)用筒形刀具车削圆球面 筒形刀具车削圆球的方法如图 2-6-11 所示。刀具结构特点是切削部分是一个圆筒,端部磨出 15°~20°的斜角形成切削刃,尾部用销子和刀杆采用浮动联

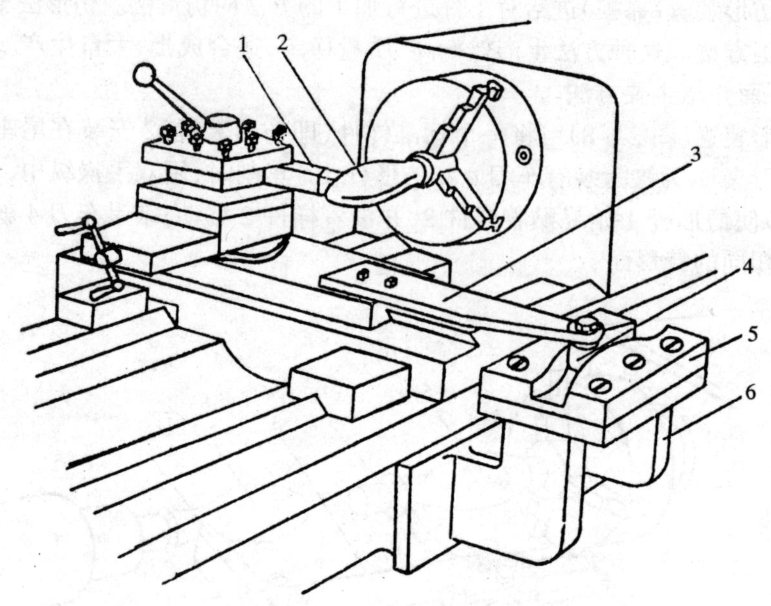

图 2-6-9　床身仿形装置

1—车刀；2—工件；3—拉杆；4—滚轮；5—仿形板；6—支架

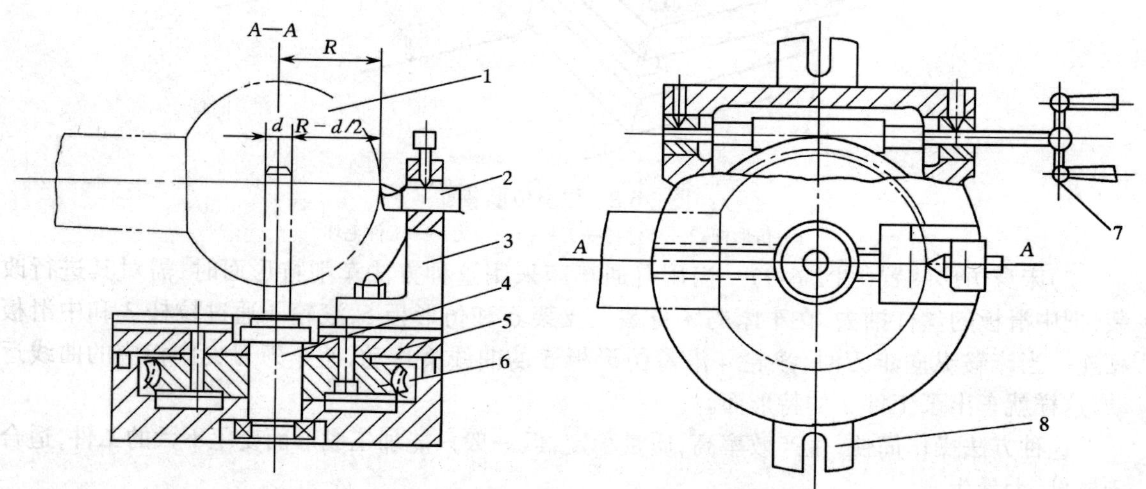

图 2-6-10　利用蜗杆蜗轮车圆弧工具

1—工件；2—车刀；3—刀架；4—中心轴；5—圆盘；6—蜗轮；7—手柄；8—底座

接。这样刀具可在刀杆上左右摆动，自由调整中心。刀具安装时，圆筒中心和工件中心等高，当中滑板进刀时，便可进行车削。

车削如图 2-6-12 所示单球手柄时，应先根据圆球直径 D 和柄部直径 d，算出圆球长度 L。L 可用下面公式计算：

$$L = \frac{1}{2}\left(D + \sqrt{D^2 - d^2}\right) \qquad (2\text{-}6\text{-}1)$$

式中　L——圆球部分长度，mm；

D——圆球直径，mm；

d——球柄部直径，mm。

手动进刀车削圆球时，需用双手控制中小滑板的进给速度。进给速度的分析见图 2-6-13。当车削 ab 段时，中滑板进给速度要慢，小滑板退刀要快；车削 b 点附近时，中滑板和小滑板移动速度基本相同；车削 bc 段时，中滑板进刀要快，而小滑板退刀要慢。总的来说，中滑板的进刀是快—中—慢，小滑板退刀速度是慢—中—快。即纵向走刀时速度逐渐减小，横向走刀时逐渐加快。

车削单球手柄时，先粗车柄部直径 d、球部直径 D 和球部长度 L（留精车余量 0.1 mm～0.2 mm），如图 2-6-14 所示。然后用圆头车刀从 a 点（即最高点）向左、向右逐步把余量车去，如图 2-6-15 所示。注意在手柄处要用切断刀进行清角。

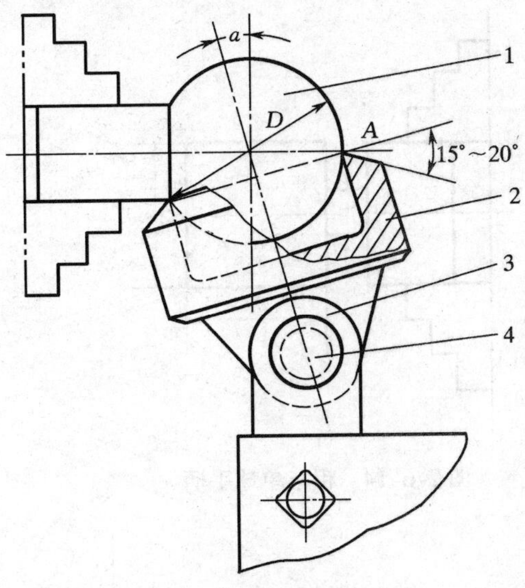

图 2-6-11 筒形刀具车削球面

1—工件； 2—筒形刀具； 3—刀杆； 4—销轴

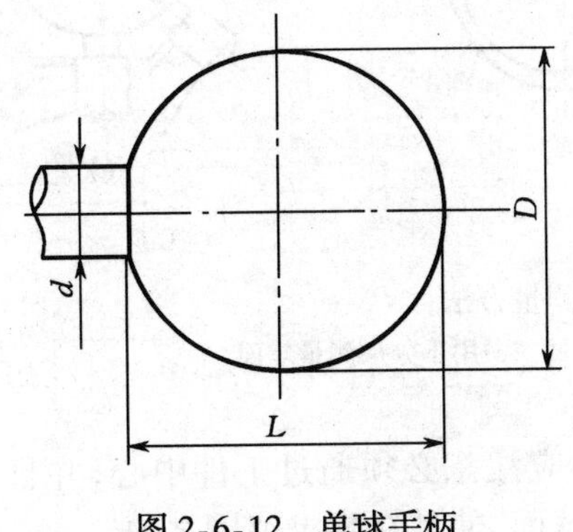

图 2-6-12 单球手柄

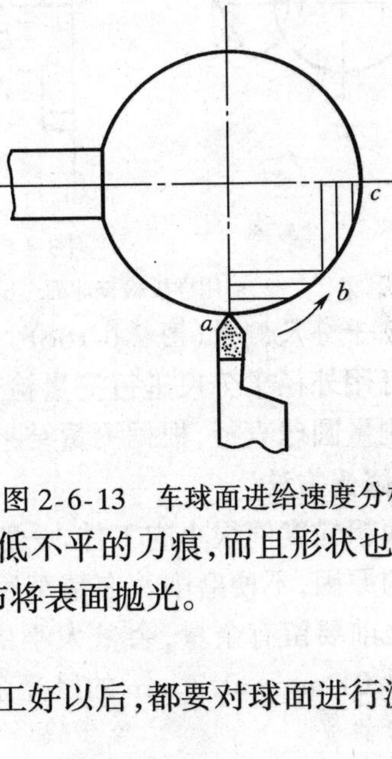

图 2-6-13 车球面进给速度分析

由于手动进给的不均匀，工件表面上总会留下高低不平的刀痕，而且形状也不十分精确。因此，必须用锉刀锉光和修整，最后再用细锉刀和砂布将表面抛光。

二、球面的测量方法

为了保证球面的外形正确，在车削过程中或者加工好以后，都要对球面进行测量检查。采用的方法有以下几种。

1. 用样板测量（图 2-6-16a）

测量检查时，必须使样板对准工件中心，否则会造成误差。球面准确与否，可由样板和工件间的缝隙是否均匀判断。

2. 用套环测量（图 2-6-16b）

用套环测量检查球面，主要是通过观察套环和球面间的透光情况判断球面是否均匀，球面度是否超差。

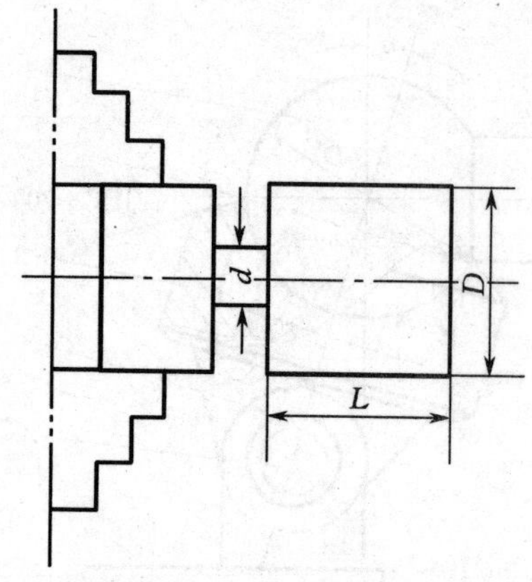

图 2-6-14　粗车单球手柄

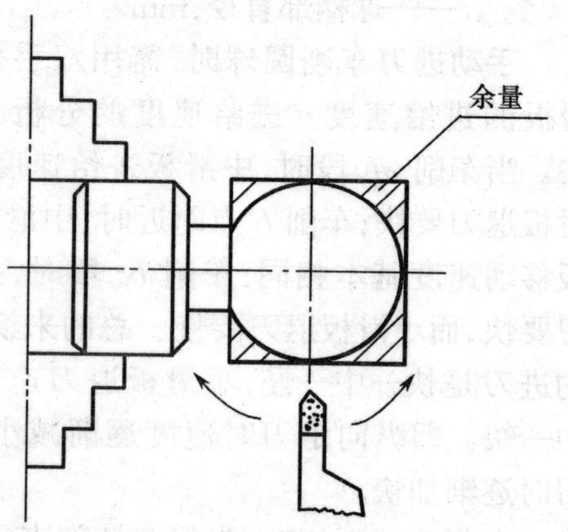

图 2-6-15　双手控制车单球手柄

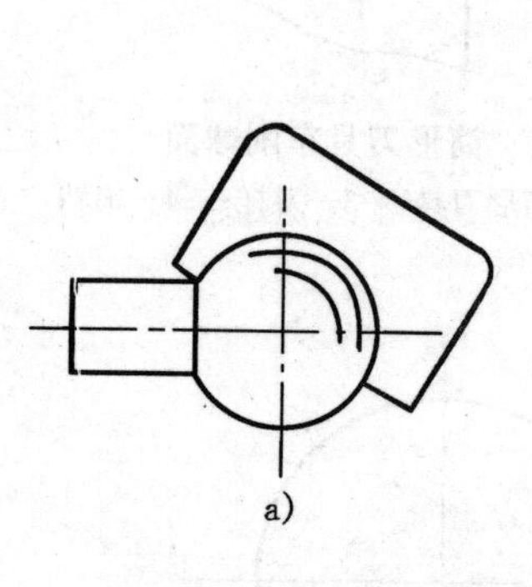

a)

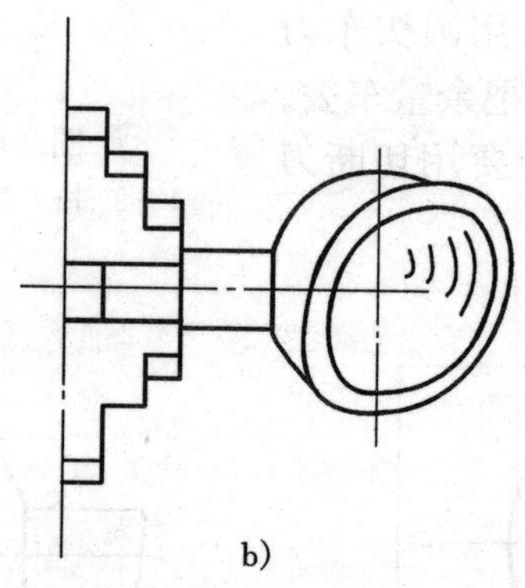

b)

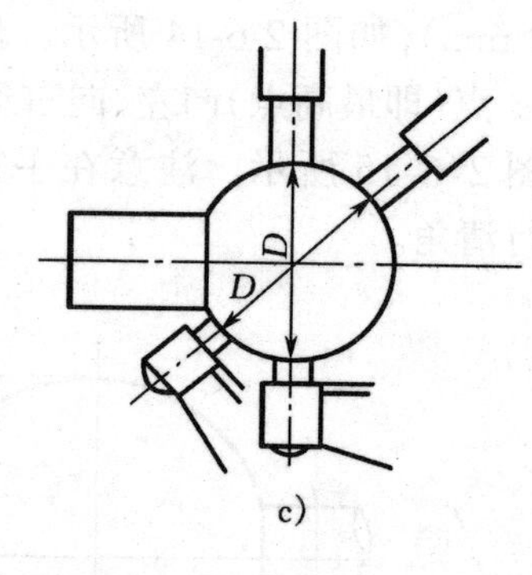

c)

图 2-6-16　球面的测量方法

a)用样板检查球面　b)用套环测量球面　c)用千分尺测量球面

3.用外径千分尺测量(图 2-6-16c)

球面也可用外径千分尺进行测量检查。测量时应注意必须通过工件中心,并且在几个不同的方向上测量圆球直径,根据测量结果逐步修整球面,使其在要求范围之内。

三、表面修光方法

要求表面粗糙度值很小的工件,一般经过车削加工后,还要进行磨削。对于特形面,由于结构和形状的原因,不便磨削。在精车后,通常用修整抛光的方法使其达到规定要求。

在修光之前要留有余量,余量大小由修光方式、工件尺寸以及表面粗糙度值等因素决定的。一般留 0.01 mm~0.3 mm 的修光余量。

1.用锉刀修光

用锉刀修光时,应根据工件的形状选择锉刀的种类。最常用的修光锉刀是细齿和特细齿的板锉和半圆锉。一般留锉削余量为 0.05 mm~0.1 mm。为了保证安全,不要用无柄锉刀,而且木柄安装要牢固;并注意用左手握锉刀柄部,右手扶住锉刀前端,如图 2-6-17 所示。

锉削时,压力和推锉速度要均匀适当,不可用力过猛,以免把工件锉出沟纹,锉成椭圆形,或者竹节形。

用锉刀修光工件时,车床转速要适宜,不能太高,这样容易磨钝锉齿,太低则容易把工件锉扁。

为了防止切屑滞塞在锉刀齿缝里面损伤工件表面，使用前最好在锉刀表面上涂上一层粉笔末，并经常用钢刷刷去齿缝中的切屑。修光时先用较粗的细锉修光，最后用油光锉进一步修光。

2. 用砂布抛光

工件表面经过锉刀修光后，如果粗糙度仍未达到图纸要求，可采用砂布抛光的方法进一步加工，以获得较小的表面粗糙度值。

车床上抛光用的砂布，一般是刚玉（氧化铝）类磨料制成的，常用型号有00号、0号、1号、$1\frac{1}{2}$号和2号。号数越小，颗粒越细，抛光出的工件表面粗糙度值越低。

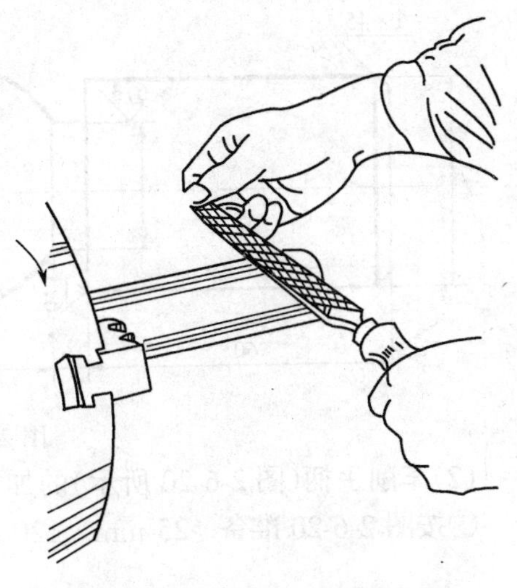

图 2-6-17　在车床上锉削工件

抛光时，一般把砂布垫在锉刀下面进行，也可以用手直接捏住砂布抛光（图 2-6-18a），但这样不安全。对于成批生产，为了安全，最好用抛光夹抛光（图 2-6-18b）。把砂布垫在木制夹板的两个凹圆弧内（圆弧直径略小于工件直径），用手捏紧进行抛光。用砂布抛光时，车床转速应选得高一些，并使砂布在工件表面慢慢地均匀移动。最后精抛时，可在砂布上加少许机油，以降低工件表面粗糙度值。

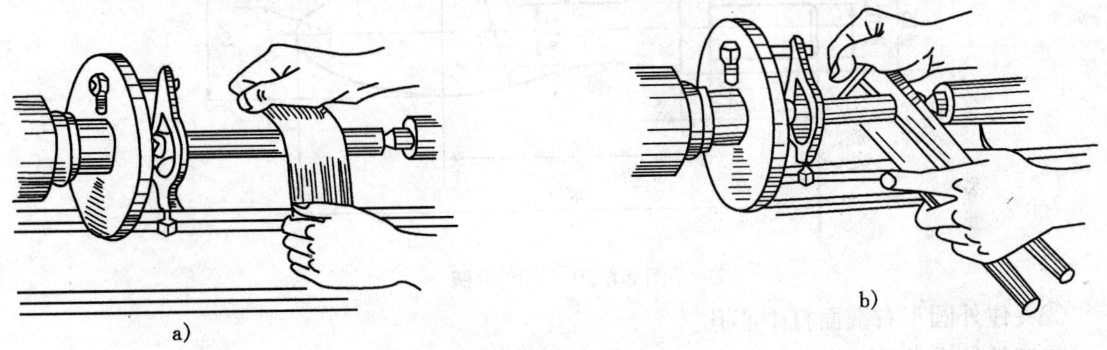

图 2-6-18　用砂布抛光的方法
a)用手捏住砂布抛光　b)用抛光夹抛光

四、分析生产实习图并确定加工步骤

(1)车单球手柄（图 2-6-19 所示）的加工步骤

①先按图 2-6-19 中元件 1 选料 $\phi45$ mm×108 mm。

②夹住一端外圆，车端面及 $\phi43$ mm±0.4 mm 外圆。

③切槽 $\phi24$ mm×6 mm，并保证长度 L 大于 39.3 mm。

④用圆头车刀粗、精车圆球面至 $\phi43$ mm±0.40 mm。

⑤按图 2-6-19 表中件 2、件 3 及件 4 所列尺寸，用同样的方法练习车削球面。

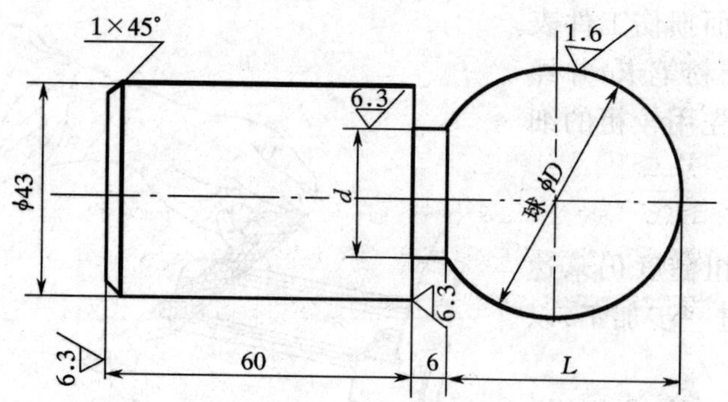

件号	D	d	L
1	$\phi43\pm0.40$	$\phi24$	39.3
2	$\phi41\pm0.3$	$\phi22$	37.8
3	$\phi39\pm0.2$	$\phi20$	36.2
4	$\phi36\pm0.2$	$\phi18$	33.6

图 2-6-19　车削单球手柄

(2)车削手柄(图 2-6-20 所示)的加工步骤

①按图 2-6-20 准备 $\phi25$ mm×120 mm 棒料，钢45。

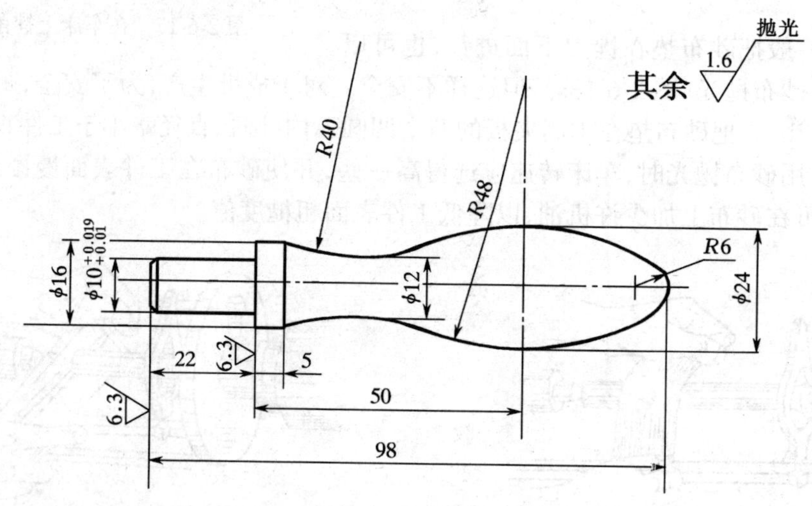

图 2-6-20　车削手柄

②夹住外圆车右端面打中心孔。

③工件伸出长约 110 mm 左右，一夹一顶粗车 $\phi24$ mm×100 mm，$\phi16$ mm×45 mm，$\phi10$ mm×22 mm 外圆，各留精车余量 0.1，如图 2-6-21a 所示。

④从 $\phi16$ mm 外圆端面起，17.5 mm 处为中心线，用圆头车刀车 $\phi12^{+0.2}_{0}$ mm 定位槽。

⑤从距 $\phi16$ mm 外圆端面 5 mm 外进刀，向 $\phi12$ mm 定位槽处车 $R40$ mm 圆弧面，如图 2-6-21b 所示。

⑥从 $\phi16$ mm 外圆端面起，长 50 mm 处为中心线车至 $R48$ mm 圆弧面，如图 2-6-21c 所示。

⑦精车 $\phi10^{+0.019}_{+0.01}$×22、$\phi16$ mm 外圆至图纸要求。

⑧用锉刀、砂布抛光，并用样板检查。

⑨松开顶尖，用圆头车刀车 $R6$ mm 圆弧面，切断。

⑩调头垫铜皮夹住 $\phi24$ mm 外圆，校正，用车刀、锉刀和砂布抛光加工 $R6$ mm 处(图 2-6-21d)。

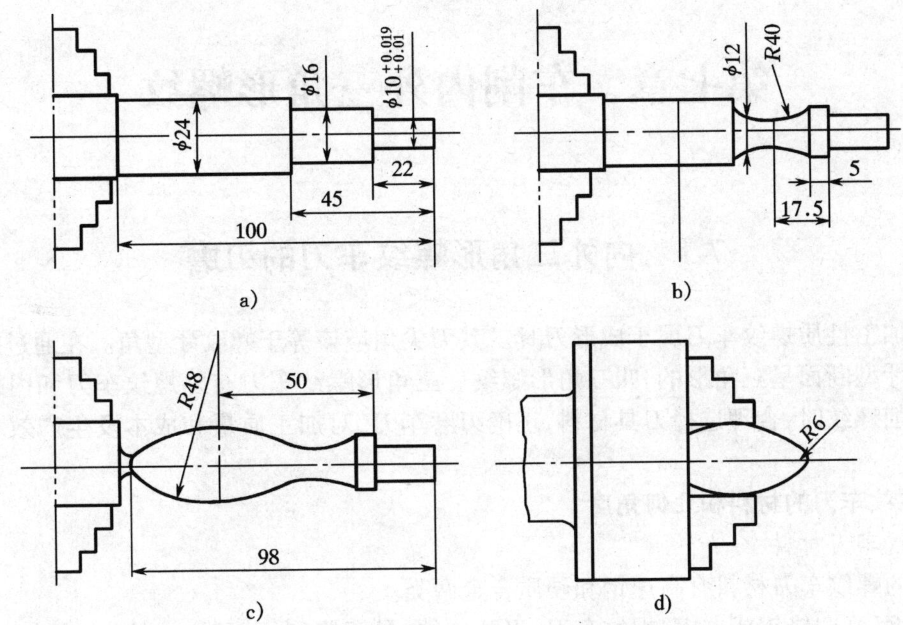

图 2-6-21　车削手柄的加工步骤

a)粗车　b)车定位槽及 $R40$ 圆弧面　c)车 $R48$ 圆弧面　d)加工 $R6$ 处

五、容易产生的问题及注意事项

①锉削时,为避免铁屑进入床鞍导轨,应垫保护板或保护纸。

②不允许用无柄锉刀,锉削时,推锉要平稳,不能用力过猛。

③注意安全。锉削时注意手不要与卡盘相碰;抛光时,不准用手指缠上砂布抛光内孔,或者用砂布缠在工件上抛光。

④注意培养目测能力和双手控制进刀动作协调的技能。

⑤锉削时,用左手握锉把,这样比较安全。

第七章 车削内外三角形螺纹

7-1 内外三角形螺纹车刀的刃磨

按照加工性质螺纹车刀属于成形刀具。其刀尖角应该等于螺纹牙型角。在通过螺纹轴线的剖面上牙型断面呈三角形的,叫三角形螺纹。三角形螺纹车刀有外螺纹车刀和内螺纹车刀两种。车削螺纹时,合理选择刀具材料,正确刃磨车刀,对加工质量和成本及生产效率都有影响。

一、螺纹车刀的材料和几何角度

1. 螺纹车刀材料

常用的螺纹车刀材料有高速钢和硬质合金两类。

高速钢(又叫锋钢或白钢)螺纹车刀,刃磨方便,易于锋利,而且韧性较好,刀尖不易崩裂,车出螺纹表面粗糙度值较低。其缺点是耐热性较差,高温下易磨损,刃磨时容易退火。一般只用于低速车削和精车螺纹。

硬质合金螺纹车刀的硬度高,有较好的耐热性和耐磨性,但韧性较差,刃磨时容易崩刃。一般,车削脆性材料(如铸铁)螺纹时,用 YG6 硬质合金螺纹车刀;高速车削塑性材料的螺纹时,用 YT15 硬质合金螺纹车刀。

2. 螺纹车刀的几何参数

螺纹车刀的刀尖角 ε_r 应该等于牙型角。例如车削普通三角螺纹时 $\varepsilon_r=60°$,车削英制三角螺纹时 $\varepsilon_r=55°$。

螺纹车刀的纵向前角 γ 应该等于 0°,但由于受螺纹升角的影响,如果纵向前角都为 0°,则工作前角为负值,不利于切削,排屑困难,所以,一般取纵向前角为 5°～15°。又因螺纹的纵向前角对牙型角有较大的影响,所以对于精度要求较高的螺纹纵向前角取小一些,约为 0°～5°。

螺纹车刀后角一般取 5°～10°。因受螺纹升角的影响,两侧后角的刃磨应不同。车右旋螺纹时,左侧的后角应稍大些,右侧的后角应小些;车削左旋螺纹时,情况相反。但对大直径或小螺距的三角螺纹,螺旋升角的影响很小,可以忽略不计。

二、三角螺纹车刀的刃磨和检查

1. 三角螺纹车刀的刃磨要求

车刀刃磨要求主要有以下几点:

①根据粗精车的要求,刃磨出合理的前角和后角(一般地粗车螺纹车刀前角大,后角稍小以增强刀头强度,精车螺纹车刀则前角小,后角大以保证刀刃锋利和减小前角对牙型角的影响);

②车刀的左右两条刀刃必须平直,且无崩刃,豁口等缺陷;

③刀尖角等于牙型角,而且刀尖必须平直,不能歪斜;

④内螺纹车刀后角应稍大些,并且刀尖角平分线必须和刀杆相垂直;

⑤高速车削螺纹时，因受工件材料塑性变形的影响，一般牙型角要扩大，因此，在刃磨高速车削螺纹车刀时，刀尖角应适当减小 30′。

2. 三角螺纹车刀的刃磨方法和检查

螺纹车刀的刃磨方法和普通车刀一样，见本篇 1-3。所不同的是，由于螺纹车刀刀尖角受牙型角的限制，刀尖面积小，刃磨时比普通车刀难。

因刀尖面积小，高速钢螺纹车刀散热困难，故耐热性差，刃磨时刀尖容易过热退火而失去切削能力。因此，在刃磨过程中，当感到发热烫手时，应用水冷却。

由于韧性差，硬质合金螺纹车刀刃磨时易崩刃，刀尖容易崩裂，因此应注意磨刀次序。一般应将刀尖后面粗磨，然后再磨两侧面。在精磨时，应防止压力过大而震碎刀片，同时还应注意刃磨时不能骤冷骤热，以免损坏刀片。刃磨过程中，绝对不允许用水冷却刀片。

在刃磨时，为保证准确的牙型角，一般用螺纹车刀样板(图 2-7-1)检验。检验时，把刀尖和样板贴紧，对准光源，仔细观察两边的间隙，并根据透光的情况修磨刀尖角。

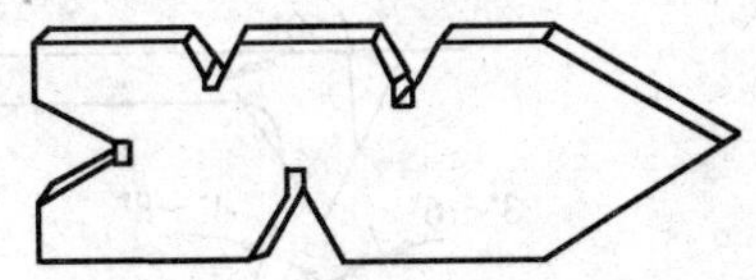

图 2-7-1　三角螺纹车刀样板

对于具有纵向前角的螺纹车刀，必须用较厚的螺纹车刀样板来检验刀尖角，如图 2-7-2 所示。检验时样板应和车刀底面平行，再用透光法检查，如图 2-7-2a 所示，这样量出的刀尖角近似等于牙型角。不能将样板平行于切削刃，这样量出的刀尖角不正确，测量时要特别注意，如图 2-7-2b 所示。

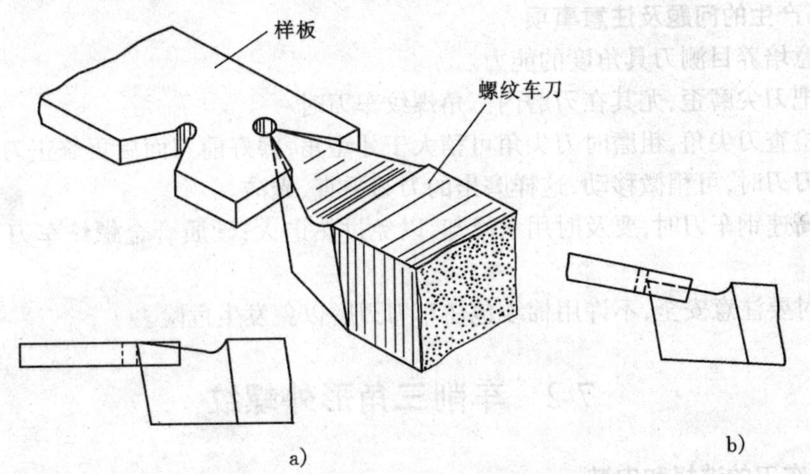

图 2-7-2　用螺纹车刀样板检验刀尖角

a)正确的测量方法　b)错误的测量方法

三、分析生产实习图并确定加工步骤

刃磨螺纹车刀如图 2-7-3 所示，步骤如下：

①准备内、外三角螺纹车刀刀坯各两把；

②粗磨主、副后刀面，使刀尖角初步成形，注意后角的大小应按图 2-7-3 所示要求刃磨；

③按图示粗、精磨前刀面，磨出合理的前角；

④精磨主、副后刀面，用三角螺纹车刀样板检查修正刀尖角；

⑤车刀刀尖倒棱，一般倒棱宽度为 $0.1\times P$(螺距)；

⑥用油石研磨前后刀面。

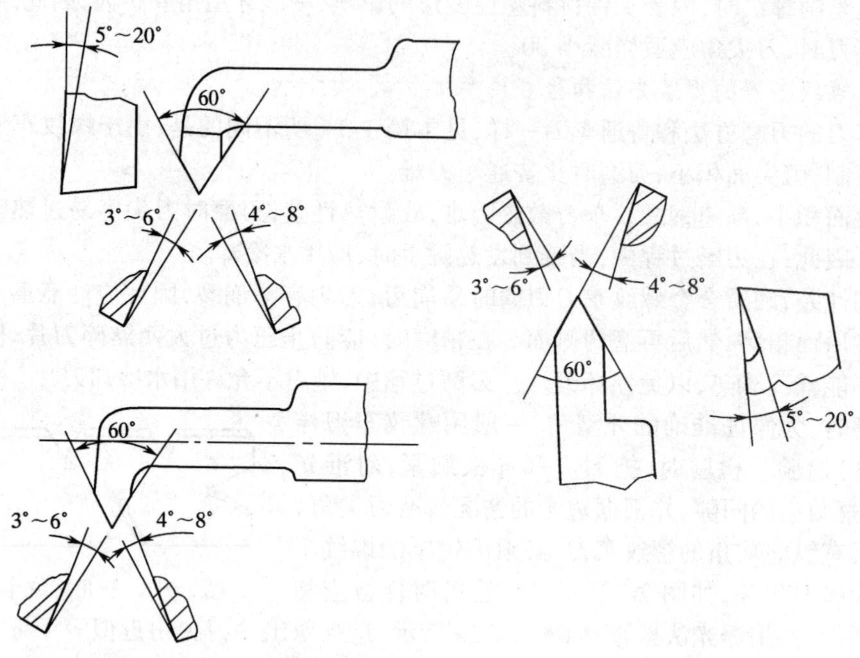

图 2-7-3 刃磨三角螺纹车刀

四、容易产生的问题及注意事项

①要注意培养目测刀具角度的能力。

②不要把刀尖磨歪，尤其在刃磨内三角螺纹车刀时。

③注意检查刀尖角，粗磨时刀尖角可稍大于牙型角，磨好前刀面后再修正刀尖角。

④刃磨刀刃时，可稍微移动，这样磨出的刀刃平直、光洁。

⑤刃磨高速钢车刀时，要及时用水冷却，以免过热退火；硬质合金螺纹车刀刃磨时要防止崩刃。

⑥刃磨时要注意安全，不许用棉纱包住车刀刃磨以免发生危险。

7-2 车削三角形外螺纹

一、螺纹车刀的选择和安装

选择螺纹车刀，主要是选择刀具材料、形状和角度参数。高速钢车刀用于加工塑性材料，一般用于低速车削或者精车。硬质合金车刀用于车削脆性材料（如铸铁）或高速切削塑性材料。在粗车时，螺纹车刀的纵向前角取 15°～20°；精车时取 5°～10°。

螺纹车刀必须正确安装才能车出精确的螺纹。因此，装刀时，刀尖角平分线必须和工件轴线严格垂直。车刀装歪，则牙型半角不对称（图 2-7-4）。为了减少装刀时出现歪斜，常用对刀样板对刀，如图 2-7-5 所示。

装刀时，刀尖高度必须对准工件的旋转中心，否则会使车刀角度产生误差。同时为保证刀杆的刚性，刀头伸出不宜过长，一般伸出长度取 20 mm～25 mm（约为刀杆厚度的 1.5 倍）。

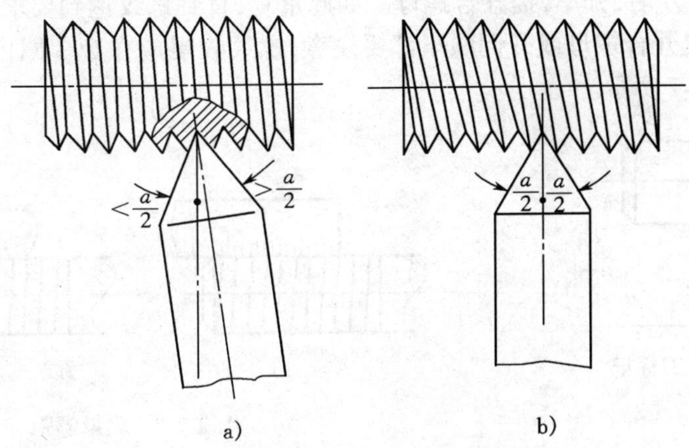

图 2-7-4　车刀安装对牙形角的影响

a)装歪后的牙型角　b)正确的牙形角

二、车削螺纹时车床的调整

1. 对挂轮箱及进给箱的调整

车削螺纹时,车床主轴转动和车刀移动间必须保证严格的传动比,即工件每转一周,车刀纵向移动量必须等于待车削螺纹的一个导程。

在有进给箱的车床上车削螺纹时,一般要按铭牌上标注的交换齿轮齿数和手柄位置,进行变换和调整就可以了。在无进给箱的车床上车螺纹时,必须根据工件导程和车床丝杆螺距计算出交换齿轮齿数,并搭配在交换齿轮架上,才能进行车削,计算方法见本篇 10-1。

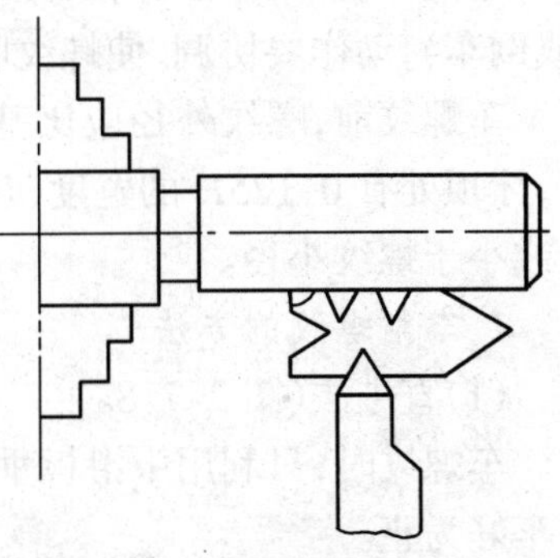

图 2-7-5　用样板安装螺纹车刀

2. 滑板的调整

对中小滑板和床鞍的间隙要适当调整。间隙不能太紧或太松。太紧,摇动时吃力,操作不灵便;太松,则易“扎刀”。

3. 对主轴转速的调整

选择主轴转速,一是考虑车削螺纹时的车削速度;二是考虑进给速度快慢。最初训练转速要低些。同时注意左右旋手柄位置要正确。

三、车螺纹的动作训练

车螺纹有提开合螺母和倒顺车两种方法。提开合螺母法是当车刀走到头后,迅速退刀,然后提开合螺母(间隔瞬时)。其用于车削车床丝杠螺距是工件导程整数倍的螺纹。如果丝杠螺距和工件导程不是整数倍的关系,则用倒顺车法。即在一次进给结束后,立即横向退刀,不提起开合螺母,开倒车(主轴反转),使车刀纵向退回第一刀的起始位置。然后使中滑板进刀,再开顺车走第二刀,直到把螺纹车好为止。

车削螺纹之前,先做空刀练习。选螺距为 2 mm,长度为 30 mm,主轴转速 100 r/min～200 r/min。进行退刀和开合螺母的起、合以及倒顺车的动作练习,要注意动作准确、迅速、协调。然后试切,在工件外圆上根据螺纹长度做退刀标记,如图 2-7-6 所示。对刀并记住中滑板刻度盘读数,将床鞍摇至离工件端面约 15 mm 处,调整刻度盘到零位(以便车削螺纹时掌握刻度),

横向进刀 0.05 mm 左右，开车，提开合螺母。如此重复，直到螺纹达到要求为止。车至螺纹终止线时退刀，无论提开合螺母或开倒顺车都要注意，螺纹收尾应在 2/3 圈内，用钢尺或螺纹规检查螺距，如图 2-7-7 所示。

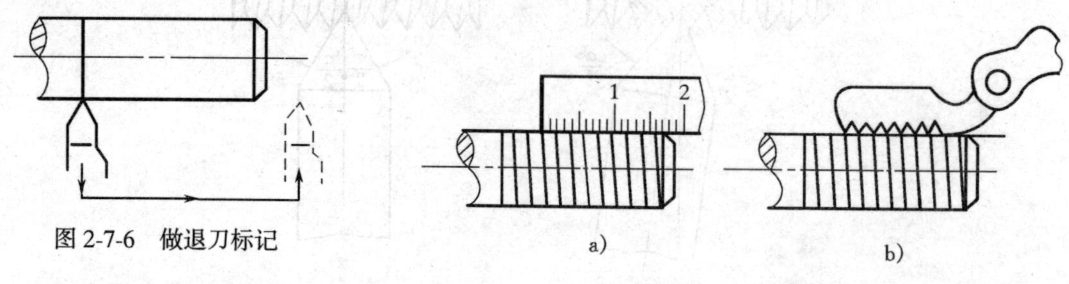

图 2-7-6　做退刀标记

a)　　b)

图 2-7-7　测量螺距

a)钢尺检查　b)螺纹规检查

四、无退刀槽螺纹的车削方法

车削无退刀槽螺纹时要注意收尾。当车刀移至螺纹长度时，要迅速退刀，然后提开合螺母(或倒车)，动作要协调，使螺纹收尾在 1/3 或 2/3 圈之内。

车螺纹前，螺纹外径应比基本尺寸小 0.20 mm～0.40 mm(约 $0.13P$)，以保证车好螺纹后，牙顶处有 $0.125P$ 的宽度(P 是工件螺距)。且要用螺纹车刀在工件端面上倒角至螺纹小径或小于螺纹小径。

1. 车削螺纹的方法

(1)直进法(图 2-7-8a)

车螺纹时，只利用中滑板垂直进刀。随着螺纹深度的增加，背吃刀量相应减小，直到把螺纹车好为止。

用直进法车削螺纹操作简单，能得到比较正确的牙形，但由于刀尖及左右两侧刀刃同时参与切削，刀尖容易磨损，车出的螺纹表面粗糙度值较大，并容易“扎刀”。因此，只适宜于螺距 $P<1.5$ mm 的三角螺纹以及脆性材料螺纹的切削。

(2)左右车削法(图 2-7-8b)

用左右车削法加工螺纹时，除了以中滑板刻度控制螺纹车刀的横向进刀外，同时用小滑板刻度左右微量进给(借刀)。这样重复直至把螺纹车好为止。

(3)斜进法(图 2-7-8c)

在粗车螺纹时，为了操作方便，除中滑板进刀外，小滑板向一个方向微量进刀，这种方法叫斜进法。

用左右车削法或斜进法车削螺纹时，注意留精车余量(一般留 0.2 mm～0.3 mm)。为保证较小的表面粗糙度值，精车时常采用先车光螺纹的一侧，然后再车削另一侧，最后把车刀移至中间把牙底车光(即清底)的方法。

精车时应选用较低的切削速度($v<0.1$ m/s)和较小的背吃刀量($a_p<0.05$ mm)，并注意加润滑液。在实际生产中，可以通过观察法控制背吃刀量。当排出的切屑很薄(像锡箔一样)时，车出的螺纹表现粗糙度值一定很小。

左右车削法或斜进法车削螺纹，由于车刀是单面吃刀，所以不容易“扎刀”。但应注意在左右进给时借刀量不能太大，以免将螺纹车乱或牙顶车尖。它适用于低速切削塑性材料，螺距 P

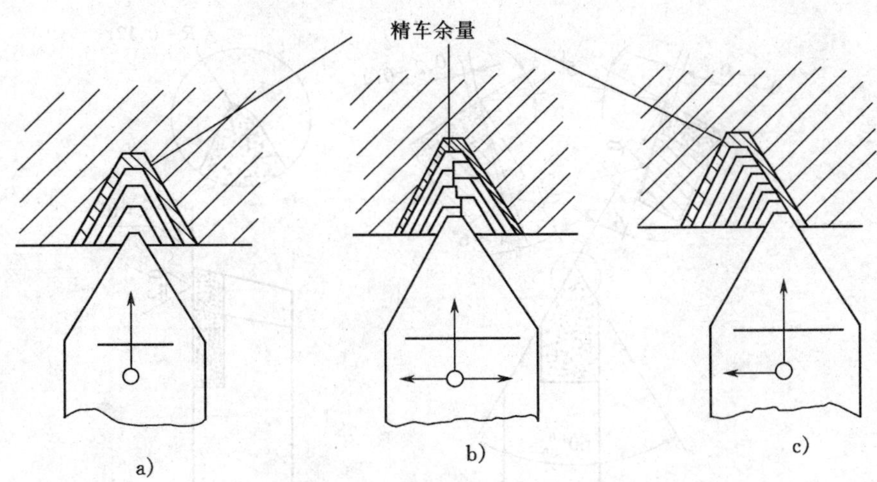

图 2-7-8　车削三角螺纹的进刀方法

a)直进法　b)左右车削法　c)斜进法

>2 mm 的螺纹。

2. 中途对刀的方法

在车削螺纹过程中，中途换刀或者车刀刃磨后再安装时，必须先对刀。车刀装夹后，先不切入工件，合上开合螺母，开车。当车刀移到工件表面处，立即停车。用中、小滑板控制车刀，使刀尖对准螺旋槽，然后再开车。观察刀尖是否在螺旋槽内，直到对准后再开始车削。

3. 螺纹深度的计算

加工螺纹时，总的背吃刀量可用下面的公式计算

$$a_p = 0.65P \tag{2-7-1}$$

式中　a_p——总的背吃刀量，mm；

P——螺纹的螺距，mm。

例　用 CA6140 型车床车削 M24 铸铁螺纹，总的背吃刀量是多少？中滑板应转几格？

解　M24 螺纹螺距为 $P = 3$ mm.

$$a_p = 0.65P = 0.65 \times 3 = 1.95 \text{ mm}$$

CA6140 车床中滑板每格 0.05 mm，所以

$$1.95 \div 0.05 = 39 \text{ 格}$$

因此，中滑板刻度盘以"0"位开始垂直进刀，应转过 39 格。

五、有退刀槽螺纹的车削方法

由于工艺要求，大部分螺纹切有退刀槽。退刀槽宽度约为 2～3 个螺距，直径略小于螺纹小径，以便于拧过螺母。车削时，当螺纹车刀移至退刀槽后，立即退刀，并提开合螺母或开倒车即可。

六、高速车削外螺纹的方法

1. 车刀的选择和安装

高速切削螺纹时，通常选用 YT15 硬质合金螺纹车刀，其角度参数如图 2-7-9 所示。车刀的前后刀面要经过精细研磨。当加工螺距 $P>2$ mm 以及材料硬度较高的螺纹时，在车刀两主刀刃上要磨出 0.2 mm～0.4 mm 宽，前角约为 $-5°$ 的倒棱。

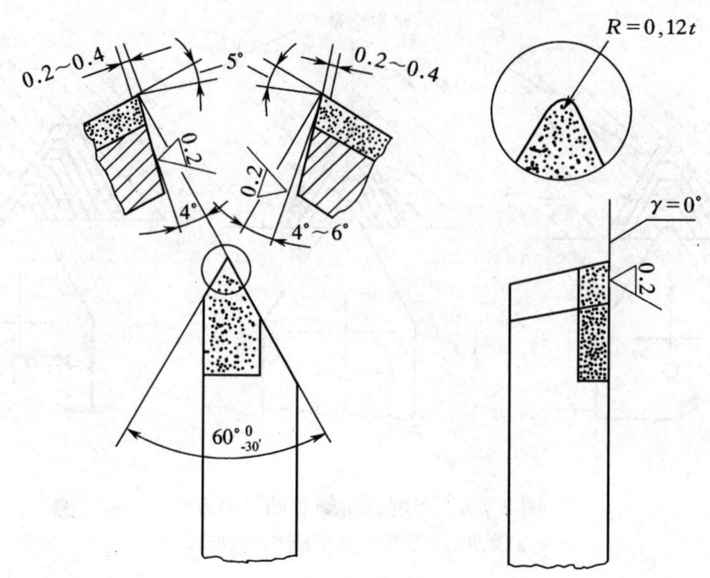

图 2-7-9　YT15 硬质合金螺纹车刀

在安装车刀时，除符合螺纹车刀的安装要求外，还要防止振动和“扎刀”。因此，刀尖应略高于工件中心，一般约高 0.1 mm～0.3 mm。

2. 高速切削螺纹的方法

高速切削螺纹前应先调整机床、床鞍、中小滑板的间隙应小一些。尤其小滑板不宜太松，开合螺母要灵活，机床无显著振动，并要有足够的转速和功率。要做空刀练习，转速可以由低到高逐渐适应，要求吃刀、退刀、提开合螺母动作准确、迅速、协调。

用硬质合金螺纹车刀加工螺纹时，切削速度取 0.7 m/s～1.5 m/s，背吃刀量开始大些(大部分余量在第一、二刀车去)，以后逐渐减少，但最后一刀不应该小于 0.1 mm，且只能用直进法车削。

高速车削 $P=1.5$ mm～3 mm，材料为中碳钢的螺纹时，只需 3～5 次走刀即可完成，切削时一般不加切削液。

例　高速车削 M30×2 螺纹，总的背吃刀量 $a_p=0.65P=0.65\times2=1.3$ mm。其各次走刀背吃刀量为：

第一次切深　$a_{p1}=0.6$ mm；

第二次切深　$a_{p2}=0.4$ mm；

第三次切深　$a_{p3}=0.2$ mm；

第四次切深　$a_{p4}=0.1$ mm。

用硬质合金车刀高速切削材料为中碳钢或合金钢螺纹时，进刀次数见表 2-7-1。

表 2-7-1　高速切削三角螺纹时的进刀次数

螺距(mm)		1.5～2	3	4	5	6
进刀次数	粗车	2～3	3～4	4～5	5～6	6～7
	精车	1	2	2	2	2

高速车削螺纹，切削速度比低速车削螺纹高约 15～20 倍，而且进刀次数减少 1/3 到 2/3

以上，这使生产率大大提高，并且螺纹表面容易达到很小的粗糙度值。

高速车削螺纹时，工件材料因受车刀挤压使外径胀大，因此，螺纹部分的工件外径在车螺纹前应比螺纹公称直径小 0.2 mm～0.4 mm。

七、左旋螺纹的车削方法

车削左旋螺纹在刃磨车刀时，车刀各部分角度要求和右旋螺纹刀相同，只是要注意车刀右侧刃后角应稍大于左侧刃后角，左侧刃长度应适当短一些，以免进刀时碰伤左侧面轴肩。

在调整机床时，应把主轴箱上控制螺纹旋向的手柄扳到左旋位置。（通常都在右旋位置），使丝杠的旋向改变，主轴正转时，车刀由退刀槽处进刀，从床头箱处向尾座方向走刀车削螺纹。

八、螺纹的测量与检查

1. 大径的测量

螺纹的大径尺寸要求不严，公差带较宽，可以用游标卡尺或外径千分尺测量。

2. 螺距的测量

螺距可以用钢板尺测量，如图 2-7-7a 所示。普通螺纹的螺距一般较小，在测量时，最好多量几个螺距的长度，然后用量得螺距长度除以螺距个数，即得出一个螺距的尺寸。如果螺距较大，可以量出 2 或 4 个螺距长度，再计算出一个螺距的尺寸。

细牙螺纹的螺距较小，用钢板尺测量比较困难，一般用螺距规测量，如图 2-7-7b 所示。测量时，把螺距规片平行于轴线方向嵌入牙形中，如果完全符合，则说明被测螺纹的螺距完全正确。

3. 中径的测量

通常用螺纹千分尺来测量三角螺纹的中径，如图 2-7-10 所示。螺纹千分尺的结构和使用方法与普通的外径千分尺相似，只是它的两个测量触头是和螺纹牙型相同的一个圆锥体和一个凹槽。在测量时，两个触头正好卡在螺纹的牙形面上，此时千分尺的读数就是该螺纹的中径。

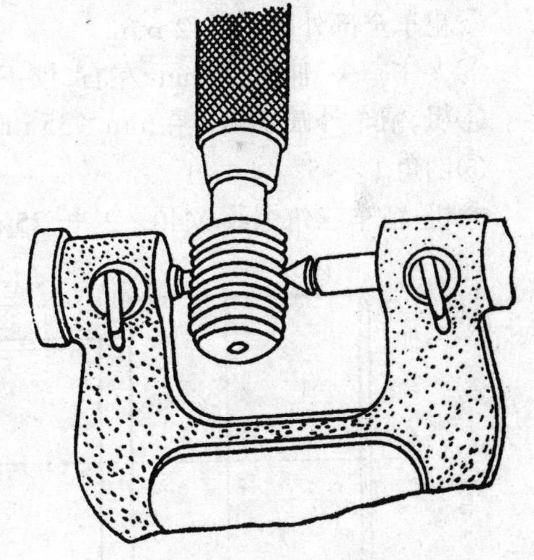

图 2-7-10　螺纹千分尺及其测量

螺纹千分尺备有一系列不同牙形角和不同螺距的测量触头。测量不同规格的三角形螺纹中径时，需要调换适当的测量触头。

4. 综合测量

通常用螺纹环规和塞规对螺纹的各项尺寸精度进行综合测量，如图 2-7-11 所示。

环规用来测量外螺纹尺寸的精度；塞规用来测量内螺纹尺寸的精度。在测量螺纹时，如果量规通端正好拧进去，而止端拧不进，说明螺纹精度符合要求。在实际生产中，对于精度要求不高的，也可以用标准螺母和螺钉检查，以拧上工件时是否顺利和松动的感觉来判断。在检查有退刀槽的螺纹时，螺纹量规应通过退刀槽，并且和阶台端面靠平。

在综合测量螺纹之前，首先应对螺纹的直径、牙形和螺距进行检查，然后再用螺纹量规进行测量。使用时，不应用力拧转量规，以免损坏量规，而使它的精度降低。

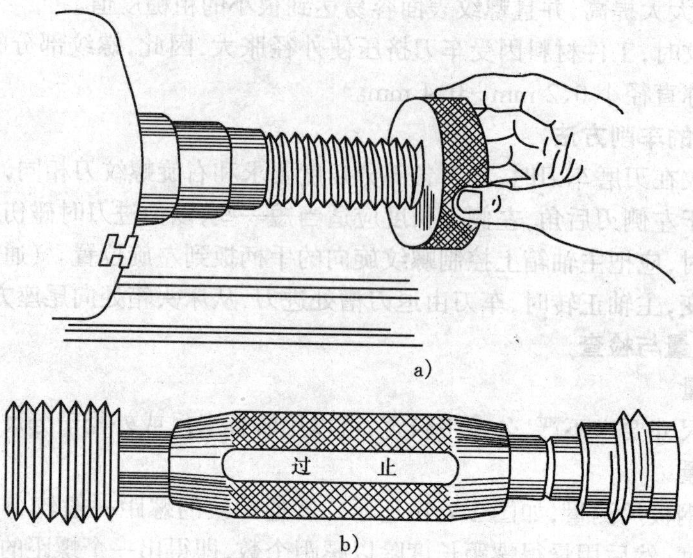

图 2-7-11　用螺纹规测量

a)环规　b)塞规

九、分析生产实习图并确定加工步骤

(1)车铸铁外螺纹的加工步骤(图 2-7-12)

①准备 ϕ45 mm×80 mm 棒料,材料为 HT150。

②粗车全部外圆至 ϕ42 mm。

③夹住一头,伸出 50 mm 左右,校正夹紧。

④粗、精车外圆 $\phi 40^{\ 0}_{-0.25}$ mm×35 mm 至尺寸要求。

⑤倒角 1×45°。

⑥粗、精车三角螺纹 M40×2,长 25 mm,至尺寸要求。

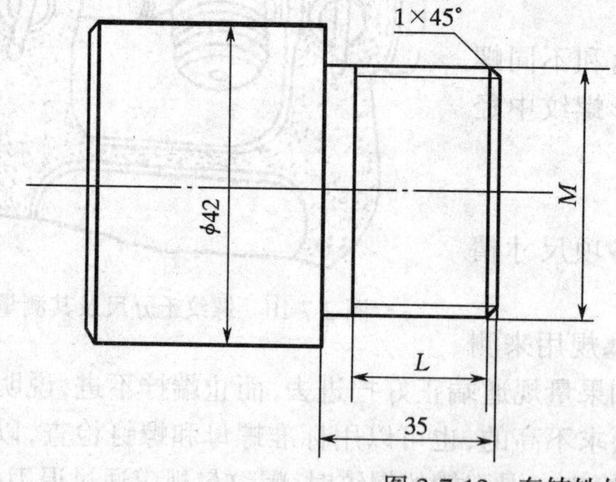

件号	M	L
1	M40×2	25
2	M36×2	25
3	M32×3	30
4	M28×3	30

图 2-7-12　车铸铁外螺纹

⑦检查,按件 1 尺寸要求合格。

⑧以后各次练习同上。依次车削件 2、3、4。

(2)车有退刀槽螺纹的加工步骤(图 2-7-13)

①用图 2-7-13 所需坯料(ϕ35×80)。

②夹住外圆长约 25 mm，校正夹紧。

③根据件 1 尺寸要求，粗、精车外圆 $\phi 32_{-0.20}^{\ 0}$ mm。

④切槽，倒角 1×45°。

⑤粗、精车三角螺纹 M32×2。

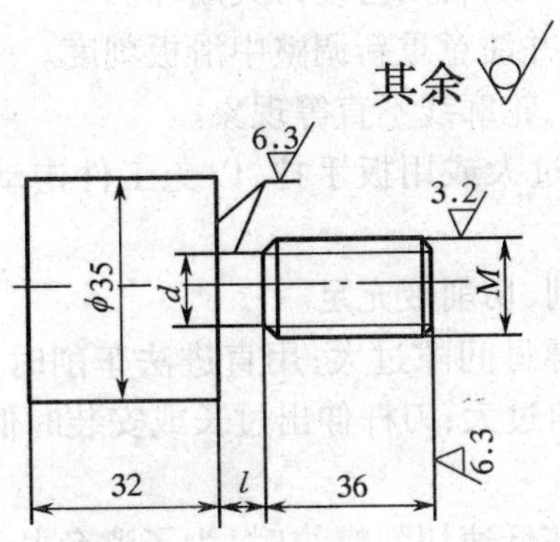

件号	M	d	L
1	M32×2	φ25	6
2	M27	φ23	6
3	M24	φ15	6
4	M20	φ15	6
5	M16	φ13.5	6
6	M12-左	φ10	8

图 2-7-13　车有退刀槽螺纹

⑥用环规检查。

⑦按表中所列 2、3、4、5、6 各件尺寸要求进行车削螺纹的练习。

(3)高速车削外螺纹的加工步骤(图 2-7-14)

①准备 φ35×65 棒料，材料 45 钢。

②车削全部外圆 φ32 mm。

③夹住一端，伸出长约 40 mm 左右，校正夹紧。

④切槽 10 mm×φ24 mm。

⑤螺纹两端倒角 1×45°。

⑥高速切削三角螺纹 M32×1.5。

⑦检查后用同样方法练习车削件 2，3。

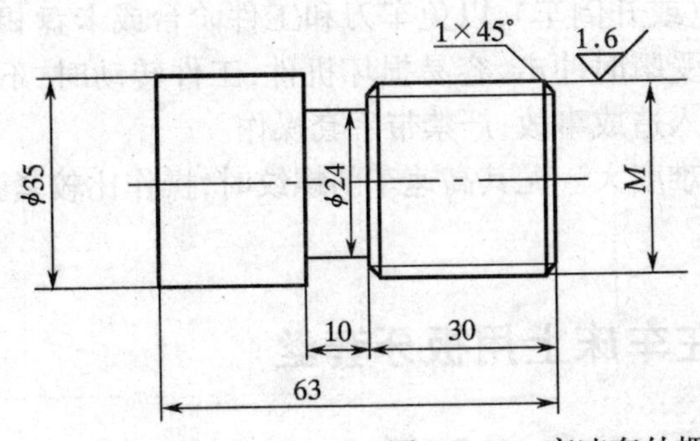

件号	M
1	M32×1.5
2	M30×2
3	M27×2

图 2-7-14　高速车外螺纹

十、容易产生的问题及注意事项

①车螺纹前，必须先检查调整机床，包括滑板间隙、开合螺母的开合情况等。

②车螺纹前，先作空刀练习，以熟悉进刀、退刀、开合螺母(或开倒车)的操作。

③车铸铁螺纹时应注意：进刀量不宜大且要均匀，否则螺纹牙顶容易崩裂造成废品；最后几刀精车，可用光刀的方法把螺纹车光；只能采用直进法车削，一般不需加切削液；要防止碎粒

状的切屑飞入眼中。

④车削螺纹时，第一次背吃刀量要小，检查螺纹的螺距正确后再加大背吃刀量。

⑤粗车螺纹时，借刀量不宜过大，以防止精车时无余量或乱牙。

⑥车无退刀槽螺纹时，特别注意螺纹收尾，最好在1/3圈左右。要达到这个要求，必须先退刀，后提开合螺母(或倒车)。且每次退刀要均匀一致，否则会使刀夹崩碎。

⑦中途换刀或磨刀时，必须重新对刀，以防乱扣并注意重新调整中滑板刻度。

⑧车削螺纹时，要防止出现底径不清，侧面不光，轮廓线不直等现象。

⑨用螺纹量规检查时，要先去毛刺。不能用力过大或用扳手拧，以免工件走动或损坏量规，更不能在机床开动时，用环规检查螺纹。

⑩注意留精车余量。精车时，注意保持刀刃锋利，切削液充足。

⑪车螺纹时产生“扎刀”的原因是：中滑板丝杠螺母间隙过大；用直进法车削时，背吃刀量过大，使刀具接触面积增大，排屑困难；车刀纵向前角过大；刀杆伸出过长或安装时低于工件轴心线；由于刀尖严重磨损而未及时刃磨或换刀。

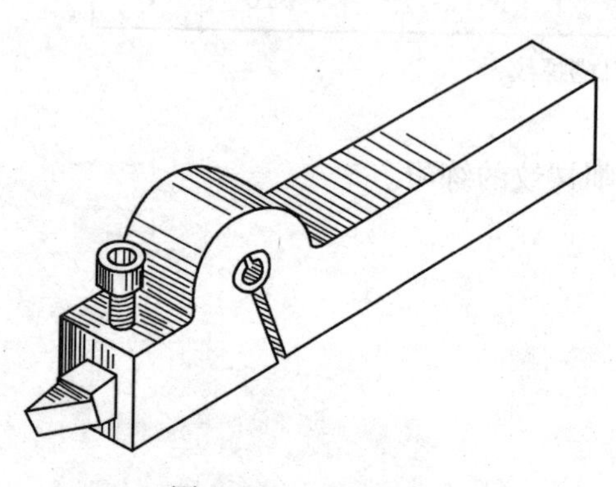

图 2-7-15　弹性刀杆

⑫在低速切削螺纹时，为了避免扎刀，可选用图 2-7-15 所示的弹性刀杆。

⑬车削螺纹进刀时，特别注意中滑板不要多摇一圈，尤其在高速切削外螺纹时。以免造成刀尖崩刃，工件顶弯或工件飞出等事故。

⑭高速车螺纹时，切削力较大，必须将工件夹紧，以防工件走动而乱扣。

⑮高速切削螺纹前，要检查三角皮带的松紧，并注意收紧摩擦片，以防切削过程中出现闷车现象。

⑯高速切削螺纹时，切屑多为带状且流出很快，不能用手清除，而应停车清除。

⑰车螺纹的安全知识：配换挂轮时，必须先切断电源，在停车后进行；配换好以后，及时装上防护罩；注意及时退刀，提开合螺母(或开倒车)，以免车刀和工件阶台或卡盘相撞而造成事故；倒顺车换向不能过快，否则机床将受瞬时冲击，容易损坏机件；工件转动时，不能用棉纱擦工件，以免棉纱卷入工件时，把手指带入造成事故；严禁带手套操作。

⑱车削螺纹操作要领多，要求高，难度大。尤其高速车削螺纹时，操作比较紧张，因此加工时必须思想集中、胆大心细、眼准手快。

7-3　在车床上用板牙套丝

一、板牙的结构和套丝方法

在车床上，用板牙套丝方法一般加工直径小于 16 mm 的工件或螺距 $P<2$ mm 的三角螺纹。直径大于 16 标准螺纹也可以粗车后再套丝。对于 M8～M12 的三角螺纹套丝效果比较好。

由于板牙是一种成形、多刃的刀具，所以加工螺纹时操作简单，生产效率高，成品的互换性也较好。

1.板牙的结构

板牙的结构形状如图 2-7-16 所示。它的外形很像一个圆螺母，只是沿轴向钻有 3～6 个排屑孔，用于容纳和排出切屑。板牙的两端都有切削刃，并且都带有锥角，因此正反两面都可用。中间具有完整齿深的一段是校准部分，也是套丝的导向部分。板牙一般是用合金工具钢制成的，端面上标有板牙规格及螺距。

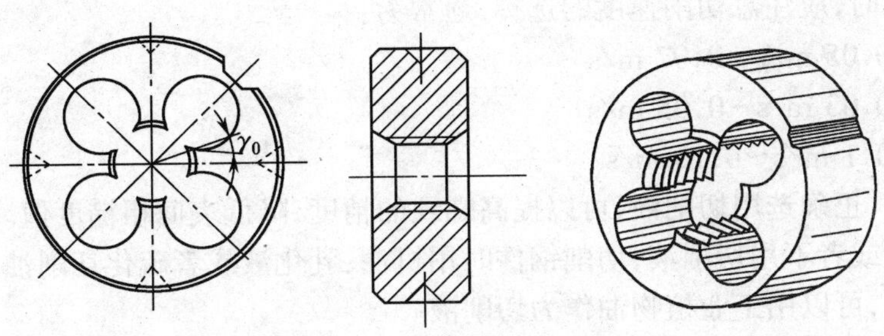

图 2-7-16　板牙的结构形状

2.套丝的方法

用板牙套丝前，根据工件的螺距和材料塑性的大小，把工件的外径车得此螺纹大径约小 0.2 mm～0.4 mm。可以用下面公式近似计算

$$d_0 = d - (0.13 \sim 0.15)P \tag{2-7-2}$$

式中　d_0——套丝前的直径，mm；

d——螺纹的公称直径(大径)，mm；

P——螺距，mm。

外圆车好后，工件端面必须倒角(一般小于 45°)，倒角后的端面直径应略小于螺纹小径，以便于板牙切入工件。然后校准尾座，使尾座轴线和主轴轴线重合，水平偏移量不得大于 0.05 mm。并注意板牙在装入套丝工具或尾座三爪卡盘时，端面一定要和机床主轴轴心线相垂直。

在车床上常用的套丝工具有三爪卡盘和套丝辅具两种。

(1)套丝工具(图 2-7-17)

先把套丝工具的锥柄部分装在尾座套筒的锥孔内，在滑动套筒 3 内装入板牙 2，并用螺钉 1 锁紧。套丝工具体 5 的上面有一长槽，套丝时滑动套筒 3 可以自由地随螺纹前移，销钉 4 用来防止滑动套筒 3 在切削时转动。

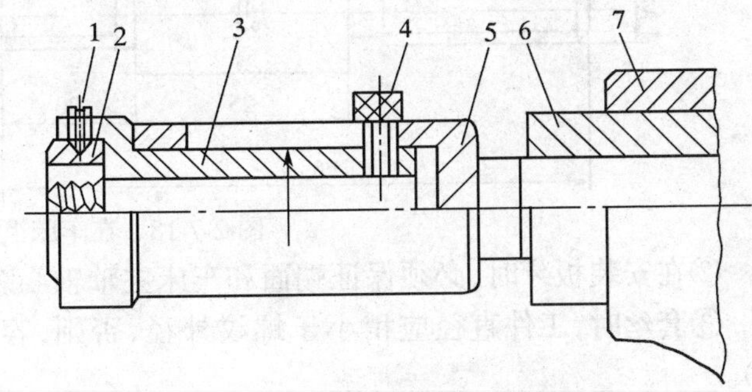

图 2-7-17　板牙套丝工具

1—螺钉；2—板牙；3—滑动套筒；4—销钉；
5—套丝工具体；6—尾座套筒；7—尾座

套丝时，把尾座移向工件，使板牙离工件端面有一小段距离，固定尾座，然后启动机床，转动尾座手轮，使板牙切入工件，此时停止手轮转动，用滑动套筒在工具体内自动轴向进给。当板牙切削到所需长度尺寸时，立即停车，然后开倒车，使主轴反转，退出板牙，即完成螺纹加工。

(2)三爪卡盘

在尾座上用100 mm以下的三爪卡盘夹正板牙套丝时，加工方法和上面一样。只是要调节好尾座和床鞍的距离，使其大于工件的螺纹长度，并且尾座不固定。这种方法只适宜于加工较大的螺纹。加工小螺距(M6以下)螺纹时，由于尾座较重，会造成烂牙现象。

二、切削用量及切削液的选择

用板牙套丝时，应注意切削速度的选择，通常为：

钢件　$v=0.05\ m/s\sim0.07\ m/s$

铸铁　$v=0.03\ m/s\sim0.05\ m/s$

黄铜　$v=0.1\ m/s\sim0.15\ m/s$

套丝过程中，正确选用切削液，可以提高螺纹的精度，降低表面粗糙度值。加工铸铁时，可加煤油作切削液或者不用切削液；切削钢件时用机油、乳化液或者硫化切削油；对于40Cr等韧性较大的合金钢，可以用工业植物油作为切削液。

三、分析生产实习图并确定加工步骤

在车床上套丝如图2-7-18所示，加工步骤为如下：

①准备$\phi12$ mm×97 mm棒料；

②夹住一端，伸出约30 mm左右；

③粗、精车外圆$\phi10_{-0.18}^{\ 0}$ mm×20 mm，倒角1×45°；

④用M10板牙套丝；

⑤调头装夹，粗、精车外圆$\phi10_{-0.18}^{\ 0}$ mm×50 mm，倒角，用M10板牙套丝；

⑥检查合格后，用同样的方法加工件2。

四、容易产生的问题及注意事项

①仔细检查板牙的规格、齿形及切削刃是否符合要求，并检查板牙有无损坏崩牙等现象。

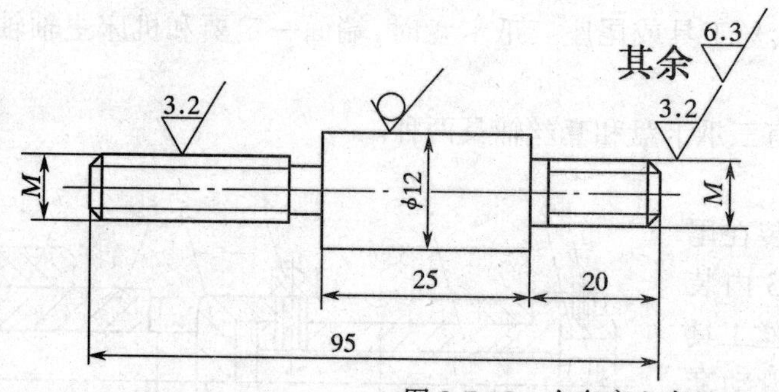

件号	M
1	M10
2	M8

图2-7-18　在车床上套丝

②在安装板牙时，必须保证端面和车床主轴轴心线相垂直。

③套丝时，工件直径应稍小于螺纹外径，否则，容易产生烂牙现象(根据式2-7-2计算得到)。

④套丝过程中要保证有充分的切削液。

⑤工件和套丝工具一定要夹紧，以免套丝时工件走动或套丝工具转动。

⑥用小卡盘安装板牙时，夹紧力不能过大，以免板牙破裂。

7-4　在车床上用丝锥攻丝

丝锥也叫螺丝攻，是加工内螺纹的标准工具，和板牙一样是一种成形、多刃切削刀具，主要用来加工直径和螺距较小的内螺纹。

一、丝锥的结构和选用

丝锥的外形很像螺栓。为了形成刀刃以及容纳和排出切屑，在端部磨出切削锥部，并沿轴向开有沟槽。丝锥的种类很多，常用的有手用丝锥和机用丝锥两种。

1. 手用丝锥（图 2-7-19a）

手用丝锥的柄部为方头圆形，用于人工操作，常用于小批量生产和单件修配工作中。通常用的丝锥有 3 支 1 套（M6 以下和 M24 以上）和 2 支 1 套（M6～M24）的。俗称头攻、二攻、三攻。

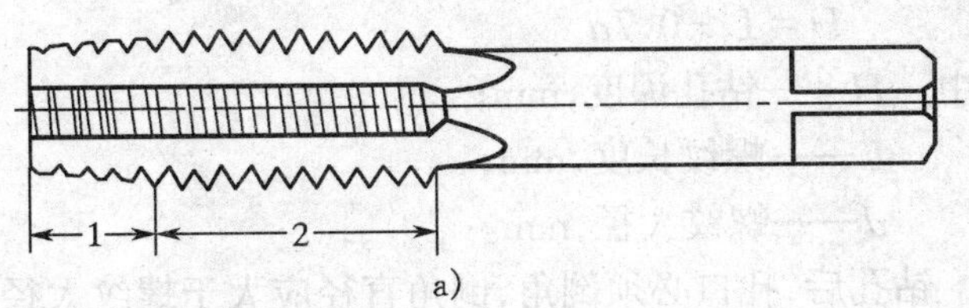

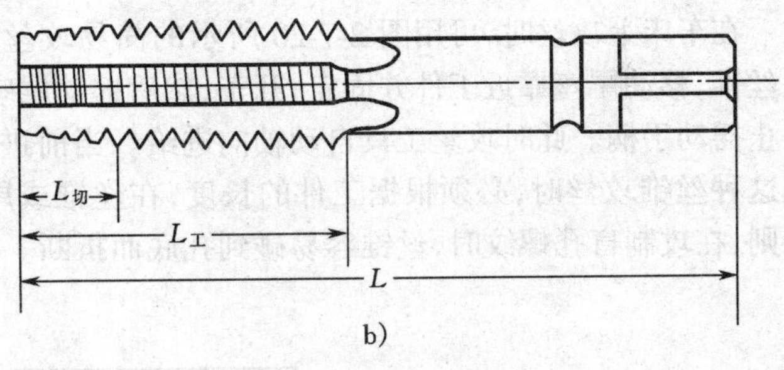

图 2-7-19　丝锥

a）手用丝锥　b）机用丝锥

加工一般材料中、小规格的通孔螺纹时，为了提高效率，在切削锥角合适的情况下，可用单只丝锥一次完成。当螺纹尺寸较大以及在材料强度较高、硬度较大的工件上加工盲孔或通孔螺纹时，常用两支或 3 支丝锥组成 1 套，分为头锥、二锥和三锥。攻螺纹时，头锥、二锥、三锥依次使用。

由于手用丝锥切削速度较低，一般是用 T12 或 9SiCr 材料制成的。丝锥的规格和螺距刻在丝锥的柄部。

2. 机用丝锥（图 2-7-19b）

车床一般加工螺纹时用的是机用丝锥，它在结构和形状上与手用丝锥相似，只是柄部除有方头外，还有环槽防止丝锥从攻丝工具中脱落。它常用于单只丝锥加工，工作部分一般是用高速钢制成的。

二、攻丝的工艺和方法

在攻螺纹时，由于受丝椎的挤压作用，螺纹内径会缩小（塑性材料较明显），因此攻丝时孔的直径应比螺纹的小径稍大些，以减小切削力及避免丝锥折断。在实际生产中，攻丝时的孔径是根据材料性质决定的。普通螺纹攻丝前的钻孔直径可用下列公式近似计算：

$$D_{孔} = d - P \quad （加工塑性材料） \tag{2-7-3}$$

$$D_{孔} = d - (1.05\sim1.1)P \quad （加工脆性材料） \tag{2-7-4}$$

式中　$D_{孔}$——攻丝前的钻孔直径，mm；

d——螺纹大径，mm；

P——螺距，mm。

例 攻制钢材(45 钢)M10、M12、M16 的内螺纹,要选用多大的钻头钻孔?

解 依据式(2-7-3)

M10 $D_{孔}=d-P=10-1.5=8.5\ \text{mm}$

M12 $D_{孔}=d-P=12-1.75=10.25\ \text{mm}$

M16 $D_{孔}=d-P=16-2=14\ \text{mm}$

故应分别选用 $\phi8.5$ mm,$\phi10.2$ mm,$\phi14$ mm 钻头钻孔。

攻制盲孔螺纹时,用切削刃部分不能攻出完整的螺纹,因此,钻孔深度要比螺纹长度稍深,钻孔深度 H 可用下面公式计算

$$H=L+0.7d \tag{2-7-5}$$

式中 H——钻孔深度,mm;

L——螺纹长度,mm;

d——螺纹大径,mm。

钻孔后,孔口必须倒角,倒角直径应大于螺纹大径,以便于丝锥攻入孔内,攻丝应先校正尾座轴线和车床主轴轴线重合。

在车床上攻丝时,可用图 2-7-20 所示的简易攻丝工具。把攻丝工具装在尾座套筒内,装上丝锥,移动尾座靠近工件并固定,开车,然后摇动尾座手柄。当丝锥头部几个牙进入螺孔后,停止摇动手柄。此时攻丝工具自动轴向进给。当前进至所需尺寸时,开倒车,丝锥自动退出。用这种丝锥攻丝时,必须根据工件的长度,在丝锥或尾座套筒上作好标记,以控制攻丝长度。否则,在攻制盲孔螺纹时,丝锥容易碰到孔底而折断。

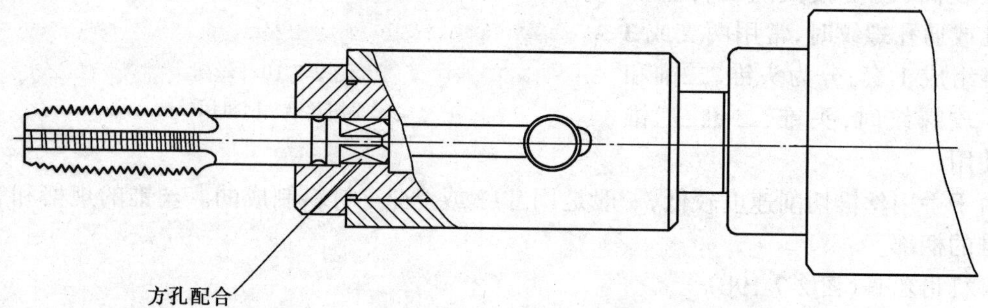

图 2-7-20 车床攻丝工具

攻丝时切削速度的选择如下:

钢件 $v=0.05\ \text{m/s}\sim0.25\ \text{m/s}$

不锈钢 $v=0.03\ \text{m/s}\sim0.12\ \text{m/s}$

铸铁和青铜 $v=0.1\ \text{m/s}\sim0.4\ \text{m/s}$

冷却液的选用和套丝相同。

二、分析生产实习图并确定加工步骤

在车床上攻丝如图 2-7-21 所示零件 1,加工步骤如下:

①备料 $\phi38\ \text{mm}\times32\ \text{mm}$;

②夹住外圆,车端面,钻 $\phi8.5$ mm 通孔,倒角;

③用 M10 丝锥加工孔;

④检查合格后，用同样方法加工件 2、3。

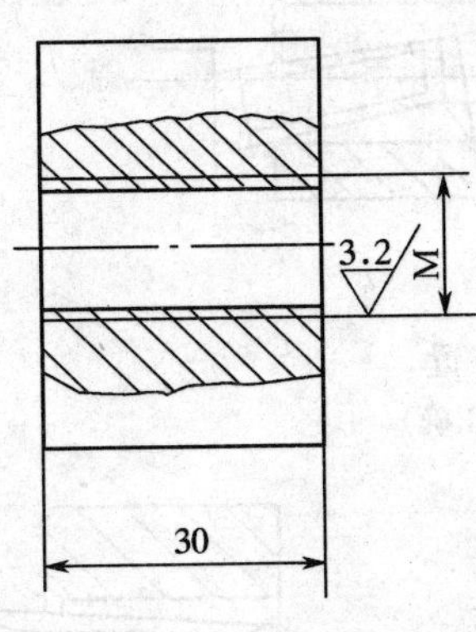

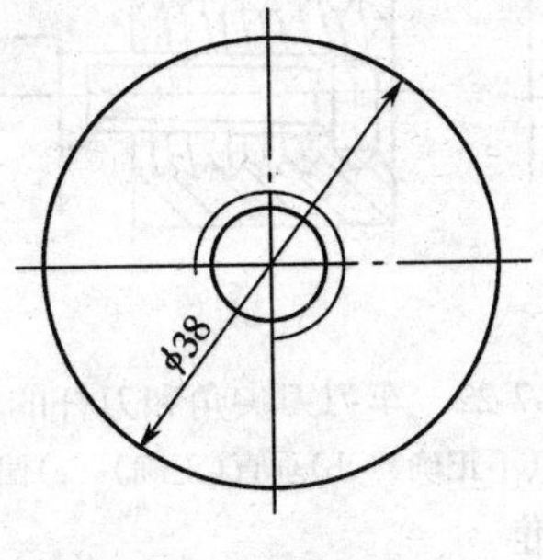

件号	M
1	M10
2	M12
3	M16

图 2-7-21　在车床上攻丝

四、容易出现的问题及注意事项

①选用丝锥时，注意检查丝锥的牙形是否完整。

②装夹丝锥时，必须装正，不能歪斜。

③攻丝时应充分加注切削液。

④攻盲孔螺纹时，必须根据螺纹长度在丝锥或尾座套筒上做标记，以免折断丝锥。

⑤用一套丝锥攻丝时，注意正确的使用顺序。用下一个丝锥前必须清除孔内切屑，在攻盲孔螺纹时，尤其要注意。

⑥攻丝时最好用有浮动装置的攻丝工具。

⑦丝锥折断的原因及注意事项：攻丝前钻孔直径太小，丝锥的切削阻力太大；丝锥装歪，造成切削力不均匀，单边受力太大；工件材料硬度和韧性较高，攻丝时又没有充分润滑，应注意用头锥二锥两次攻丝；攻盲孔螺纹时，进刀太多使丝锥碰到孔底而折断，此时特别注意丝锥的行程。

⑧取出断丝锥的方法：当孔外有露出部分时，可用尖嘴钳子夹住反向拧出；当折断部分在孔内时，可用 3 根钢丝插入丝锥槽中反向拧出；用以上两种方法都取不出时，可用气焊的方法，在折断的丝锥上堆焊一个弯曲成 90°的杆，然后转动弯杆反向拧出。

7-5　车削三角形内螺纹

一、内螺纹车刀的选择和安装

内螺纹车刀材料的选择和外螺纹车刀一样，其尺寸选择时受螺纹孔径的限制。为了增强刀杆刚度，在保证排屑的情况下，刀杆尺寸尽量大。刀头的径向尺寸应比孔径小，否则退刀时碰撞牙底，甚至不能车削。

内螺纹车刀在刃磨时，除要求磨出正确的刀尖角外还要特别注意两条切削刃的对称中心线一定要和刀杆轴线垂直，否则，车削螺纹时会出现刀杆碰伤工件内孔的现象，如图 2-7-22 所示。刀尖宽度一般为 $0.1P$（螺距）。

在安装内螺纹车刀时，必须严格地按对刀样板校正刀尖角（图 2-7-23a），否则车削出的螺纹会出现两条边不等的现象。装好刀后，应摇动床鞍使螺纹车刀在孔内移动，以检查是否碰撞，如图 2-7-23b 所示。

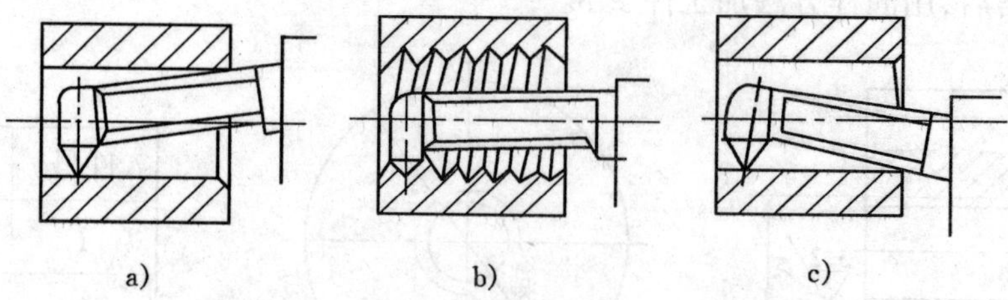

图 2-7-22　车刀刀尖角和刀杆的相对位置

a)偏左(不正确)　b)垂直(正确)　c)偏右(不正确)

装刀时,车刀刀尖一定要对准工件中心,不能偏高或偏低(图 2-7-24)。如果车刀装得高(如图 2-7-24b),它的工作后角就会增大,工作前角减小。这时车刀的刀刃不是在切削,而是在刮削,从而引起震动,使工件表面产生鳞刺现象。

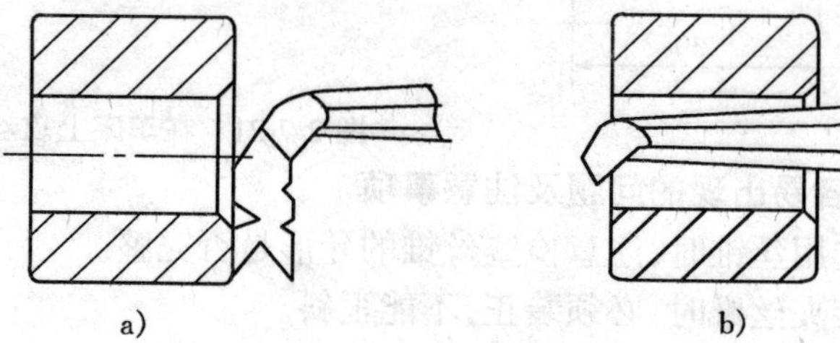

图 2-7-23　内螺纹车刀的安装

a)按对刀样板校正刀尖角　b)检查

如果车刀装得低(图 2-7-24c),它的工作后角将减小,刀头下部就会与工件发生摩擦,车刀切不进。

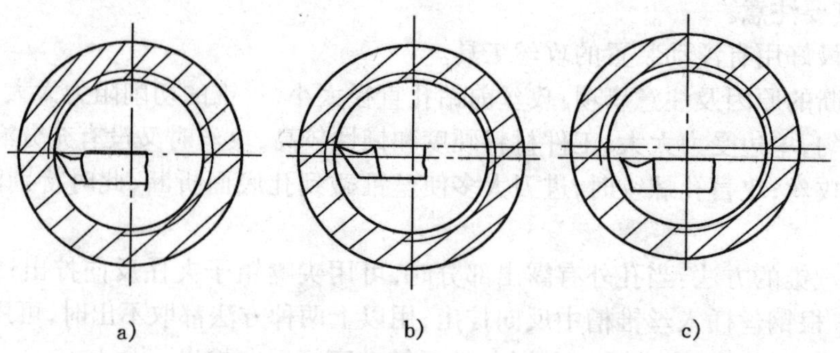

图 2-7-24　刀尖高低对车削的影响

a)刀尖对准工件中心　b)刀尖偏高　c)刀尖偏低

二、车削三角内螺纹底孔的方法

车削三角内螺纹前,必须根据工件情况钻孔或者扩孔和镗孔。由于车刀切削时的挤压作用,内孔直径要缩小,所以车削内螺纹的底孔直径应略大于螺纹小径。车削内螺纹的底孔直径可用下面公式计算

$$D_{孔}=(d-1.0826P)^{+\delta}_{0} \tag{2-7-6}$$

或

$$D_{孔}=(d-1.1P)^{+0.2\sim0.4}_{0} \tag{2-7-7}$$

式中　$D_{孔}$——车削螺纹前的孔径,mm;

d——螺纹大径,mm;

δ——螺纹大径公差,mm;

P——螺距，mm。

式(2-7-7)用于加工精度要求不高的螺纹时底孔的计算。

例 车 M27×2 的内螺纹底孔直径的尺寸。

解 根据式 2-7-6

$$D_{孔}=(d-1.0826P)^{+\delta}_{0}=(27-1.0826\times2)^{+0.30}_{0}$$

$$=24.83^{+0.30}_{0}\ \text{mm}$$

三、车削通孔、盲孔或阶台孔内螺纹的步骤

常见的三角内螺纹工件形状有通孔、盲孔和阶台孔 3 种，其中通孔螺纹比较容易加工。车削内螺纹前，应把工件的外圆、内孔、端面及倒角等先车削完毕。

1. 车削通孔内螺纹

车削内螺纹时，应注意吃刀及退刀方向和车削外螺纹相反。车削前要先进行空刀练习，以熟悉进刀、退刀的动作。

车内螺纹的进刀方法和车外螺纹相同。加工铸铁或者螺距较小的螺纹时用直进法；螺距较大的螺纹用左右车削法或斜进法。在用左右车削法时，为了不使刀杆因切削力过大而变形，借刀时，先靠尾座方向切去大部分余量，然后车削另一面，最后清底。

2. 车削盲孔或阶台孔内螺纹

车削盲孔或阶台孔内螺纹时，先车退刀槽。退刀槽的直径应稍大于内螺纹大径，宽度约为 2～3 个螺距，并与阶台端面切平。

车削时，中滑板的横向退刀和提开合螺母(或开倒车)的动作要迅速，准确，协调，否则车刀将与阶台或孔底相撞造成事故。为了便于观察，可根据螺纹长度加上退刀槽 1/2 宽度在刀杆上做标记，作为退刀和提开合螺母的依据。

车削内螺纹时因不易观察切削情况，一般根据排屑情况来判断左、右借刀量的大小以及螺纹的表面粗糙度。

车削内螺纹时切削液和切削用量的选择和车削外螺纹相同。

四、分析生产实习图并确定加工步骤

(1)车削通孔内螺孔的加工步骤(图 2-7-25)

①按图备料 $\phi38$ mm×32 mm。

②夹住外圆，校正端面后夹紧，依次加工件 1、2、3。

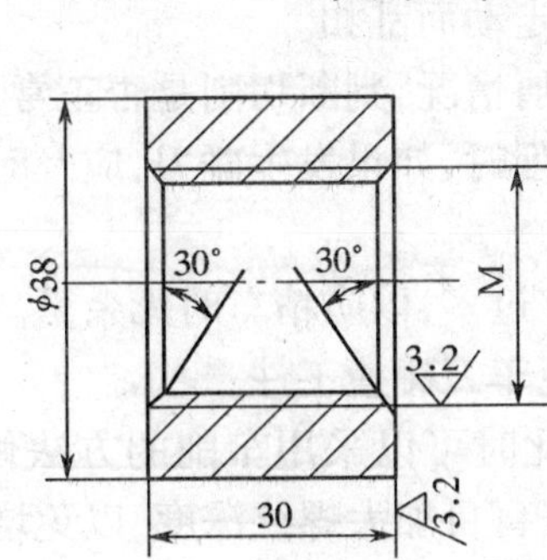

件号	M
1	M20
2	M24
3	M27×2

图 2-7-25 车削通孔内螺纹

③粗、精镗内孔 $\phi17.28^{+0.35}_{0}$ mm、$\phi20.74^{+0.30}_{0}$ mm 或 $\phi24.83^{+0.30}_{0}$ mm。

④两端孔口倒角 1×30°。

⑤粗、精车内三角螺纹 M20、M24 或 M27×2。

⑥检查。

(2)车盲孔内螺纹的加工步骤(图 2-7-26)

①按图 2-7-26 准备 ϕ45 mm×35 mm 棒料,材料为钢 45。

②车端面及全部外圆 ϕ42 mm。

③钻孔 ϕ16 mm×25 mm 满足件 1 的底孔镗削要求。

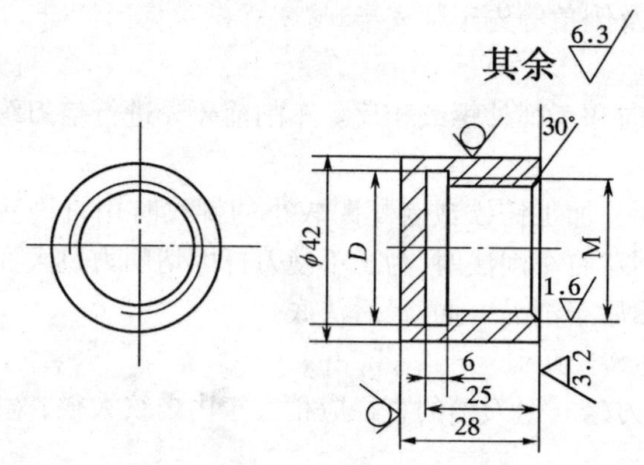

件号	M	D
1	M20	ϕ21
2	M24	ϕ25
3	M27×2	ϕ28
4	M30×2	ϕ31

图 2-7-26　车盲孔螺纹

④粗、精镗平底孔 $\phi17.28^{+0.30}_{0}$ mm×25 mm。

⑤切槽,控制总长 25 mm。

⑥倒角 1×30°。

⑦车 M20 内螺纹,完成件 1 加工。

⑧检查合格后,用同样的方法依次加工件 2、3 的内螺纹。

五、容易产生的问题及注意事项

①刃磨车刀时,两刀刃要平直,以免车出的螺纹牙形侧面不直,影响螺纹精度。

②螺纹刀头宽度不宜过窄,否则螺纹深度已到尺寸,而牙槽还不够。

③为增加刚性,车刀刀杆应尽量选的粗些,否则容易出现"扎刀"、"啃刀"、"让刀"和振动等现象。

④装刀时,必须用对刀样板校核,以免牙形不正。

⑤小滑板的间隙应调的小一些,以免车刀走动而乱扣。

⑥车内螺纹由于目测困难,应仔细观察排屑情况,判断切削是否正常。

⑦中途换刀或磨刀后,必须重新对刀。车削时,如果发生碰刀,应及时对刀,以防工件或车刀走动而损坏牙形。

⑧用左右法车螺纹时,借刀量要适当,不宜过多,以防精车时无余量。

⑨车削盲孔螺纹时,要做好退刀标记,以免车刀碰撞工件。

⑩检查时,注意是否存在螺纹锥形误差,此时可以采用车削的方法修正。即中滑板不进刀,在原位反复车削,逐步消除锥形误差。不可盲目加大螺纹深度,以免增大锥形误差,影响螺纹精度。

⑪精车螺纹时,应保持车刀锋利,以免出现让刀现象。

⑫用塞规检查时,过端应全部拧进,止端不可拧进。对于盲孔或阶台孔螺纹,还要注意拧进的长度是否符合要求。

⑬工件旋转时,不可用手摸,更不能用棉纱擦内螺纹,以免造成事故。

7-6　车削圆锥管螺纹

一、管螺纹的种类和用途

管螺纹是一种英制细牙螺纹,根据母体形状分为圆柱管螺纹和圆锥管螺纹两种。它们的公称直径是指该螺纹所在管子的孔径,而不是管螺纹本身的任何尺寸。

由于管螺纹的密封性好,主要用于输送气体或液体的管子、管接头及其附件上。常用的管螺纹有以下三种。

1. 非螺纹密封的管螺纹(图 2-7-27)

非螺纹密封的管螺纹又称圆柱管螺纹,螺纹的母体形状是圆柱形,其牙形角为 55°,螺纹顶部和底部的 $H/6$ 处倒圆。螺纹副本身不具有密封性,若要求联结具有密封性,可压紧被连接螺纹副处的密封面,也可在密封面间添加密封物。

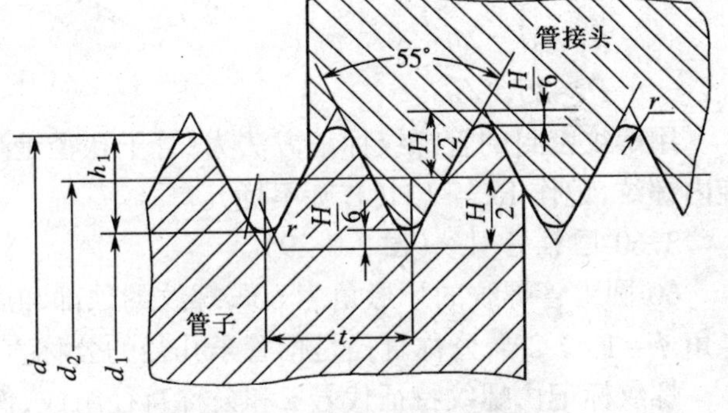

图 2-7-27　非螺纹密封的管螺纹

非螺纹密封的管螺纹的各部分尺寸与计算如下

$H=0.96049P$(原始三角形高度)

$h_1=0.64033P$(牙型高度)

$r=0.13733P$(圆弧半径)

$d_1=d-2h_1$(d_1 为小径,d 为大径)

$P=25.4/n$(P 为螺距,n 为每英寸牙数)

非螺纹密封的管螺纹的标记由螺纹特征代号 G、尺寸代号和公差等级代号组成。螺纹的尺寸代号是指管子孔径的公称直径英寸的数值。螺纹公差等级代号,外螺纹用 A、B 两级标记,内螺纹不标记。

如 1/4 英寸非螺纹密封的管螺纹的标记为:内螺纹 G¼;A 级外螺纹 G¼A;当螺纹左旋时,则在尾部加注“LH”。例如 G¼A-LH。

2. 用螺纹密封的管螺纹(图 2-7-28)

用螺纹密封的管螺纹的牙形角为 55°,螺纹顶部和底部 $H/6$ 处倒圆,管子的螺纹母体有 1:16的锥度,它的圆锥半角 $\phi=1°47'24''$。

它是螺纹副本身具有密封性的管螺纹,包括圆锥内螺纹与圆锥外螺纹以及圆柱内螺纹与圆锥外螺纹两种联结形式。必要时在螺纹副内添加密封物,以保证联结的密封性。

用螺纹密封的管螺纹的尺寸计算如下:

$H=0.96024P$

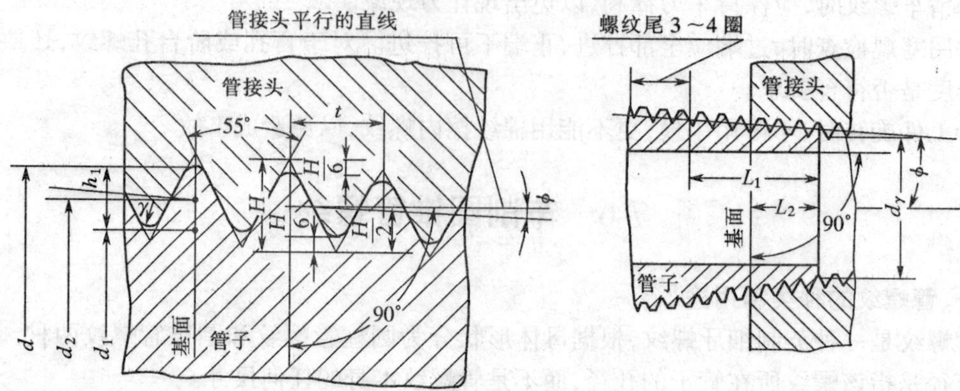

图 2-7-28　用螺纹密封的管螺纹

$h_1 = 0.64033P$

$r = 0.13728P$

$d_1 = d - 2h_1$

$P = 25.4/n$

用螺纹密封的管螺纹标记方法为：管子孔径是 3/4 英寸，右旋外螺纹，记作 R¾；如果是左旋内螺纹，记作 Rc¾-LH(右旋不标)。

3. 60°圆锥管螺纹(图 2-7-29)

60°圆锥管螺纹的牙形角为 60°，螺纹的顶部和底部处削平，螺纹母体有 1∶16 的锥度，圆锥半角 $\phi = 1°47'24''$，公称直径是指管子孔径的公称直径，用 in 的符号“″”标注。

螺纹标记由螺纹特征代号 z 和公称直径组成，例如 z½″、z¼″等。当螺纹为左旋时，在公称直径之后加注“左”，例如 z⅜″左。

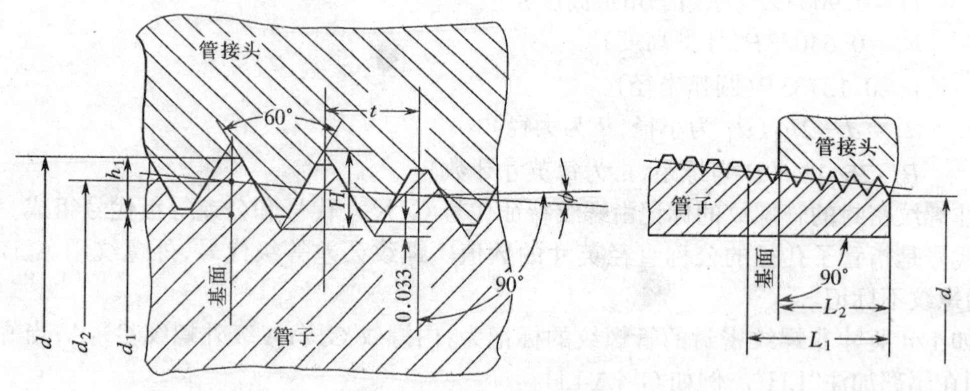

图 2-7-29　60°圆锥管螺纹

60°圆锥管螺纹的尺寸计算方法如下：

$H = 0.866P$

$h_1 = 0.8P$

$P = 25.4/n$

二、圆锥管螺纹的车削方法

圆柱管螺纹的车削方法和三角形螺纹的车削方法相同，圆锥管螺纹因螺纹母体有 1∶16 的锥度,车削时除采用普通螺纹的车削方法外,还需解决锥度问题。对于批量较大的圆锥管螺纹,可以采用靠模,偏移尾座等方法车削。而小批量单件生产时,由于内、外螺纹配合精度要求较低,可以采用手赶法车削。即在床鞍自动走刀的同时,横向手动退刀或进刀来保证螺纹的锥度。

车削圆锥管螺纹时应注意其技术要求如下:

①螺纹母体有 1∶16 的锥度,圆锥增角为 1°47′24″;

②螺纹的外径、中径和内径应在基面内测量;

③基面离管端长度 L_2,有效长度 L_1 均应符合标准要求;

④保持有效长度 L_1 与螺纹收尾之间有 3~4 圈螺纹,带平顶和不完全的底部。

常用的车削圆锥管螺纹的方法有如下。

1. 正车圆锥管螺纹

工件装夹好后,启动车床。在床鞍自动走刀的同时,手动中滑板手柄均匀退刀,从而车出圆锥管螺纹。

2. 反车圆锥管螺纹

反装车刀,调整机床,开倒车使主轴反转,车刀由床头箱一端进刀,床鞍向尾座方向自动走刀的同时,以手动中滑板均匀进刀,车出圆锥管螺纹。这种方法比顺车容易掌握。

三、分析生产实习图并确定加工步骤

车削圆锥管螺纹如图 2-7-30 所示,加工步骤为如下:

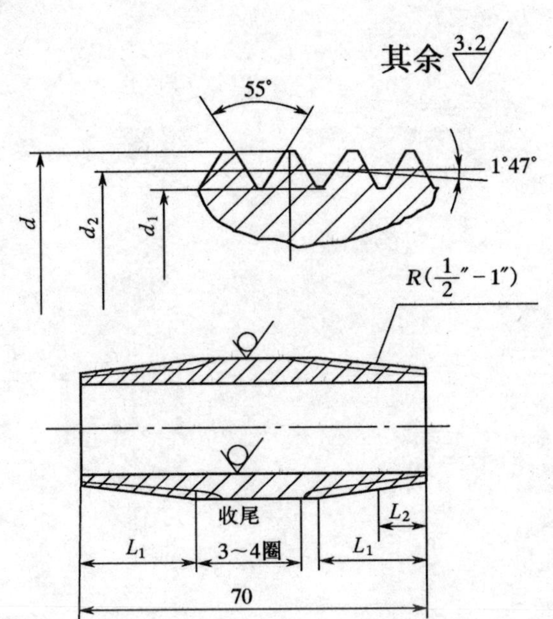

公称直径(英寸)		1/2″	3/4″	1″
每英寸牙数(n)		14	14	11
螺　距(mm)		1.814	1.814	2.309
螺纹有效长度 L_1		15	17	19
端面到基面长度 L_2		7.5	9.5	11
基面上螺纹直径	外径 d	20.956	26.442	33.250
	中径 d_2	19.794	25.281	31.771
	内径 d_1	18.632	24.119	30.293

注:L,d 的单位均为 mm。

图 2-7-30　车削圆锥管螺纹

①准备水煤气输送管 1/2″×75 mm,3/4″×75 mm,1″×75 mm 各一段;

②工件伸出长度 35 mm 左右,校正夹紧;

③车端面;

④转动小滑板,圆锥半角为 1°47′24″,车外圆锥至尺寸要求;

⑤车 1/2″圆锥管螺纹；

⑥调头、车端面，控制总长 70 mm。用同样的方法车削圆锥管螺纹；

⑦检查合格后，用同样的方法车削 3/4″和 1″锥管螺纹。

四、容易产生的问题及注意事项

①安装螺纹车刀应和轴心线垂直。

②要注意手动退刀或进刀与床鞍自动走刀速度的配合。退刀时防止中滑板丝杠螺母松动，否则影响加工精度，并容易产生扎刀现象，损坏车刀刀尖。

③用螺纹套规或管螺纹接头检查时，应以基面为准，保证有效长度 L_1，收尾长度 3～4 圈螺纹。

第八章　车削矩形、梯形螺纹

8-1　矩形和梯形螺纹车刀的刃磨

一、矩形螺纹车刀的几何角度和刃磨

矩形螺纹车刀的形状基本与车槽刀相似，可分为粗车刀和精车刀两种。其几何角度与车槽刀不同的是两侧刀刃后角由于受螺纹升角的影响而不同。因车削为纵向进给，矩形螺纹车刀受轴向力 F_x 较大，因此在刀具角度方面和刃磨时应尽量提高刀头的强度。

1. 矩形螺纹车刀的参数和几何角度(图 2-8-1c、d)

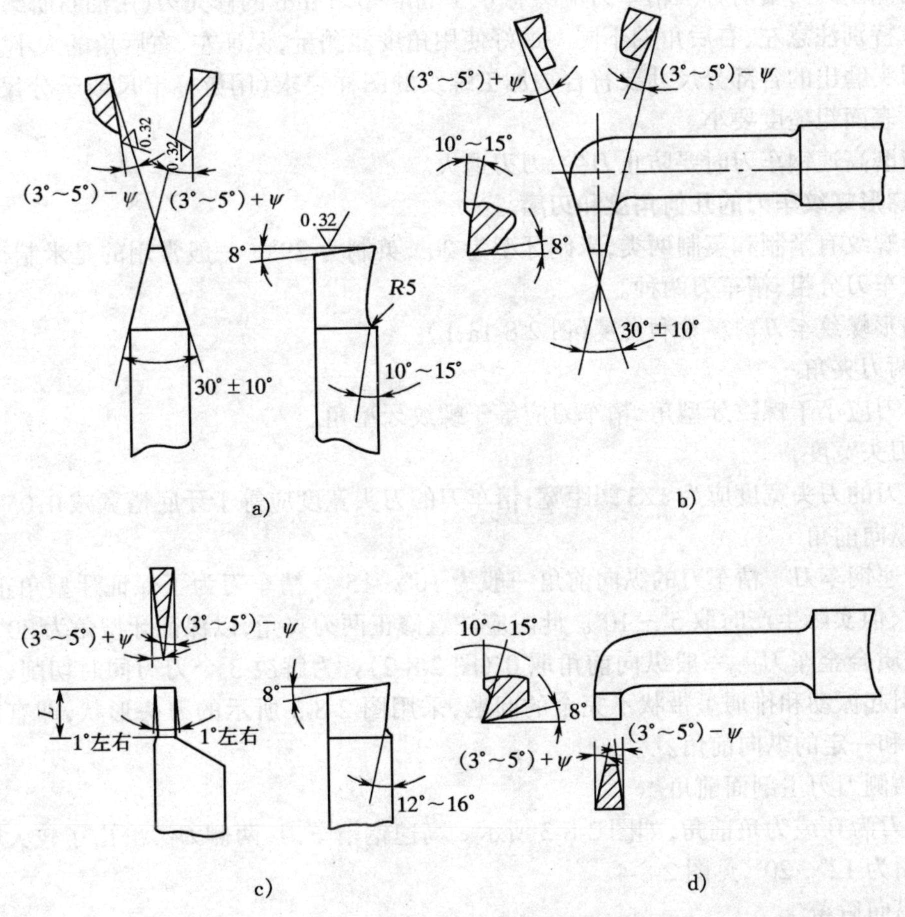

图 2-8-1　刃磨内外矩形、梯形螺纹车刀

a)外梯形螺纹车刀　b)内梯形螺纹车刀　c)外矩形螺纹车刀　d)内矩形螺纹车刀

1)刀头长度　刀头长度的计算公式为：

$L=P/2+(2\sim4)$

2)刀头宽度　粗车刀一般比螺纹槽宽尺寸小 0.5 mm～1 mm；精车刀一般为螺纹槽宽加 0.03 mm～0.05 mm。

3)纵向前角　加工钢件一般为 12°～16°,加工铸铁一般为 0°～5°。

4)两侧刀刃的后角　车右旋螺纹时

$$\alpha_{左}=(3^\circ\sim5^\circ)+\psi,\alpha_{右}=(3^\circ\sim5^\circ)-\psi;$$

车左旋螺纹

$$\alpha_{左}=(3^\circ\sim5^\circ)-\psi,\alpha_{右}=(3^\circ\sim5^\circ)+\psi$$

5)两侧刀刃副偏角　一般为 1°左右。

6)矩形内螺纹车刀的刀头宽度　其应比外螺纹的牙顶宽大 0.02 mm～0.04 mm。

2. 矩形螺纹车刀的刃磨

①主刀刃要平直,不倾斜,无爆口(虚刃)。前刀面一般磨平,屑槽为直线圆弧形。

②两侧副刀刃要对称。精车刀应磨有 0.3 mm～0.5 mm 的修光刃(用油石研磨)。

③应特别注意左、右后角的不同。最好使用角度器测量,保证左、右后角的大小。

④刀头磨出的各部分尺寸要符合被加工螺纹的图样要求(用游标卡尺或千分尺测量刀头宽度),且表面粗糙度要小。

⑤刃磨高速钢车刀时要防止刀尖、刀刃退火。

二、梯形螺纹车刀的几何角度和刃磨

梯形螺纹有米制和英制两类,米制牙型为 30°,英制为 29°。一般常用的是米制梯形螺纹。梯形螺纹车刀分粗、精车刀两种。

1. 梯形螺纹车刀的参数和角度(图 2-8-1a、b)

(1)两刃夹角

粗车刀应小于螺纹牙型角;精车刀应等于螺纹牙型角。

(2)刀头宽度

粗车刀的刀头宽度应为 1/3 螺距宽;精车刀的刀头宽度应等于牙底槽宽减 0.05 mm。

(3)纵向前角

1)高速钢车刀　精车刀的纵向前角一般为 10°～15°。精车刀为了保证牙型角正确,前角应等于 0°,但实际生产时取 5°～10°。此时应注意修正两刃夹角,以保证牙型角为 30°。

2)硬质合金车刀　一般纵向前角取 0°(图 2-8-2)。为解决 3 个刀刃同时切削,切削力较大,容易引起振动和排屑呈带状不完全的问题,采用图 2-8-3 所示的刀头形状,即有纵向圆弧型的屑槽和一定的纵向前角。

(4)两侧刀刃主剖面前角

粗车刀为 0°或为负前角,如图 2-8-3 所示。高速钢精车刀,两侧刀刃磨出了较大前角的卷屑槽,前角为 12°～20°,见图 2-8-4。

(5)纵向后角

纵向后角一般为 6°～8°。

(6)两侧刀刃主剖面后角

与矩形螺纹车刀相同。

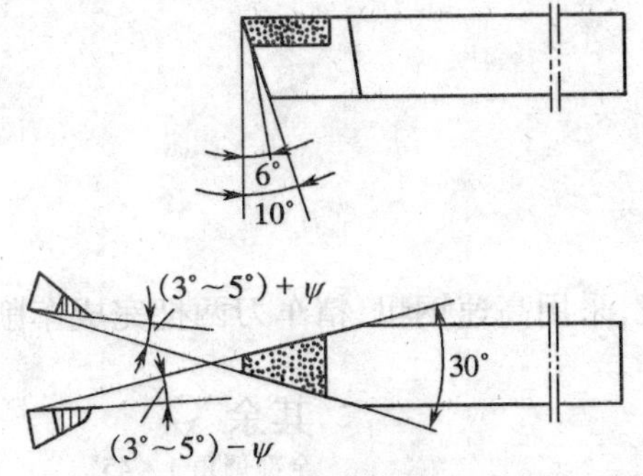

图 2-8-2　硬质合金梯形螺纹车刀

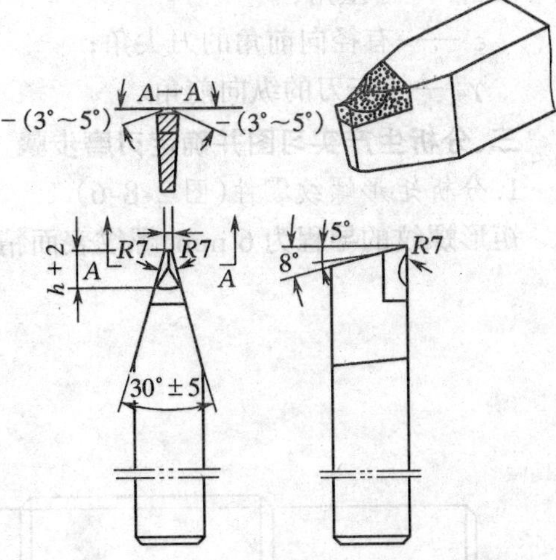

图 2-8-3　双圆弧硬质合金梯形螺纹车刀

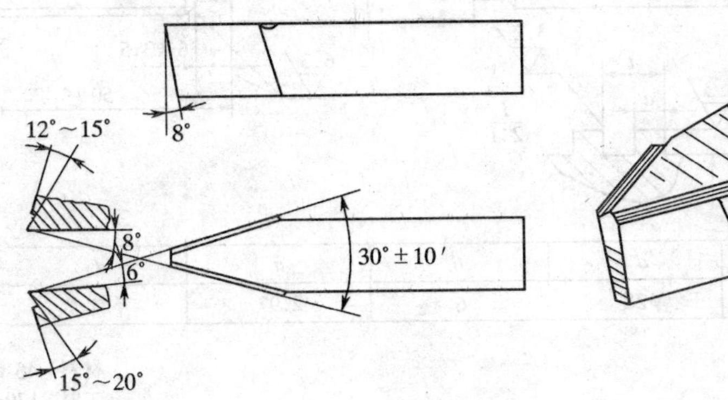

图 2-8-4　高速钢梯形螺纹精车刀

2. 梯形螺纹车刀的刃磨

梯形螺纹车刀的刃磨与三角形螺纹车刀刃磨相似，但要注意以下问题：

①用样板(图 2-8-5)或角度器校对刃磨两刀刃夹角；

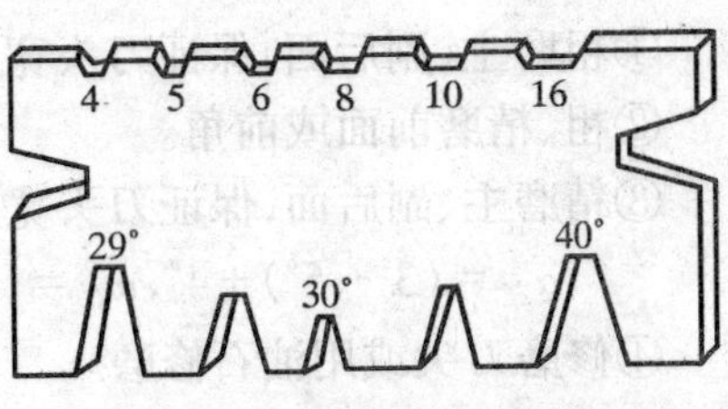

图 2-8-5　梯形螺纹车刀样板

②有纵向前角的两刃夹角 ε′应进行修正；

③用角尺或角度器检验刃磨的两侧刀刃的后角；

④车刀刃口要光滑、平直、无爆口(虚刃)，两侧刀刃必须对称，刀头不歪斜；

⑤刀头磨出的各部分尺寸要符合被加工螺纹的图样要求，且表面粗糙度要小；

⑥用油石研磨去各刀刃的毛刺；

⑦高速钢车刀刃磨时要防止刀尖退火，刃磨硬质合金车刀时应防止刀片骤冷骤热。

夹角 ε′的修正公式为

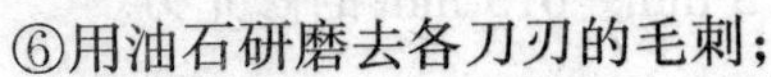

$$\mathrm{tg}\frac{\varepsilon'}{2}=\mathrm{tg}\frac{\alpha}{2}\cos\gamma_{纵} \tag{2-8-1}$$

式中　α——牙型角；

ε'——有径向前角的刀尖角；

$\gamma_{纵}$——车刀的纵向前角。

三、分析生产实习图并确定刃磨步骤

1. 分析矩形螺纹零件(图 2-8-6)

矩形螺纹的导程为 6 mm，螺纹表面精度要求一般，采用高速钢粗、精车刀两把完成车削。

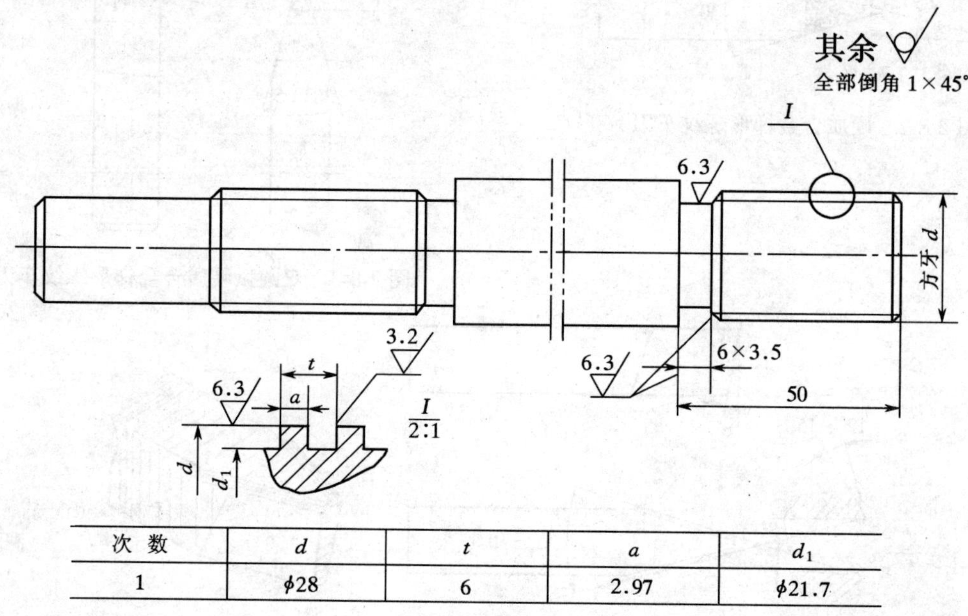

次　数	d	t	a	d_1
1	ϕ28	6	2.97	ϕ21.7

材料　45 钢

工时　120min

图 2-8-6　车矩形螺纹

2. 矩形螺纹车刀刃磨步骤

(1)粗车刀

①粗磨主、副后面，保证刀头宽度。

②粗、精磨前面或前角。

③精磨主、副后面，保证刀头宽度(2.5 mm)。计算式为：

$$\alpha_{左} = (3° \sim 5°) + 4°, \alpha_{右} = (3° \sim 5°) - 4°$$

④修磨刀尖或用油石修磨。

(2)精车刀

①与粗车刀的刃磨步骤相似，注意刀头宽度应为 3.03 mm，不要修磨刀尖。

②用油石研磨前刀面、主后面，在副刀刃上研磨出 0.3 mm～0.5 mm 的修光刃。

3. 分析梯形螺纹零件(图 2-8-7)

梯形螺纹导程为 6 mm，螺纹两侧表面粗糙度 R_a 1.6 μm，要求较高，必须采用粗、精两把梯形螺纹车刀完成加工。

4. 梯形螺纹车刀刃磨步骤

梯形螺纹粗、精车刀的刃磨步骤与方牙螺纹车刀的刃磨步骤基本一样。注意粗车刀纵向

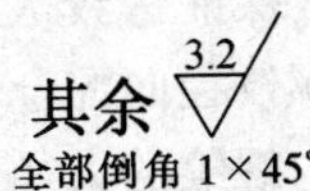

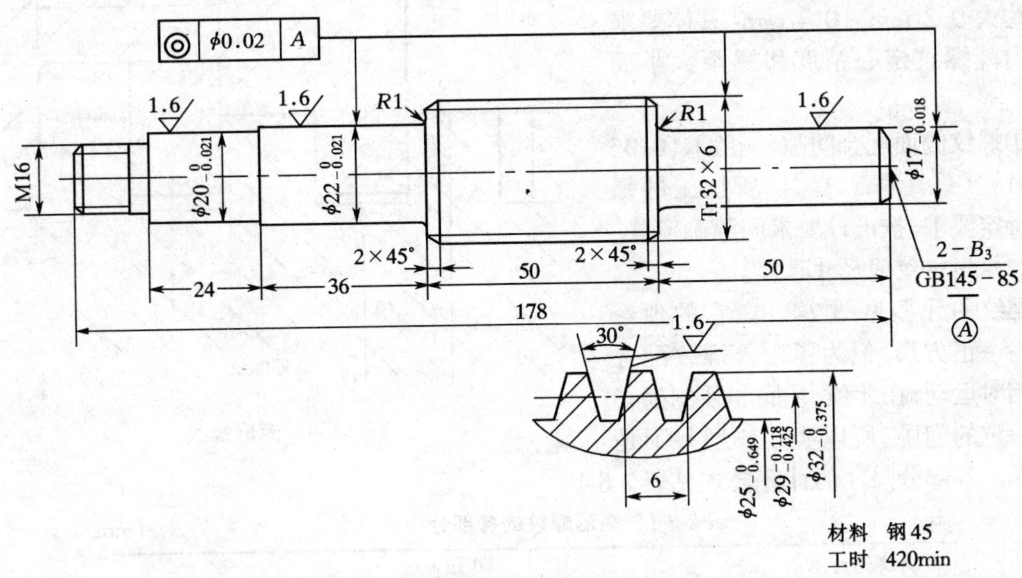

图 2-8-7　车梯形螺纹

前角刃磨成 15°左右。精车刀纵向前角刃磨为 7°左右,但要注意对两刃夹角的修正,使粗车刀两刃夹角在基面上的投影角小于牙型角,精车刀应等于牙型角。

四、容易产生的问题及注意事项

①螺纹车刀的刀头宽度直接影响螺纹槽宽尺寸,所以精磨螺纹车刀时要特别注意刀头宽度。尤其是刃磨方牙螺纹车刀时,要防止刀头宽度磨窄。刃磨过程中,应不断测量,并留 0.05 mm～0.1 mm 的研磨余量。

②刃磨两侧副后角时,要考虑螺纹的左右旋向和螺纹升角的大小,然后确定两侧副后角的增减。

③精车梯形螺纹刀时,其两侧刀刃夹角等于螺纹牙型角。当有纵向前角时应注意修正两侧刀刃夹角。

④两侧切削刃应平直,刃磨后的车刀需用油石精心研磨。

⑤内螺纹车刀的刀尖角的角平分线应和刀样垂直。

⑥刃磨高速钢车刀,应随时放入水中冷却,以防退火。刃磨硬质合金刀应防止用力过大而震碎刀片或温度过高损坏刀片。

8-2　车削矩形螺纹

一、矩形螺纹技术要求及尺寸计算

1. 矩形螺纹技术要求

①矩形螺纹的牙顶宽、牙槽宽及牙型深度(不包括间隙)都等于螺距的一半(图 2-8-8)。

②加工好的螺纹的轴向剖面形状为正方形。

③保证螺纹大径径向定心精度，使内外螺纹径向配合保持一定的间隙。一般使内螺纹的大径尺寸比外螺纹的大径尺寸约大 0.2 mm～0.4 mm(具体要求参照内外螺纹定心精度和螺距大小而定)。

④螺纹侧面配合间隙，一般取(0.05～0.01)×螺距(mm)。如所加工的螺纹有特定要求，按设计要求间隙确定。

2. 矩形螺纹的尺寸计算

螺纹的牙型见图 2-8-8。它的理论牙型为一正方形，但为了内外螺纹配合时的相对运动，在牙顶、牙底和牙侧都必须有一定的间隙，所以实际牙型并不是正方形。各部分尺寸的计算公式见表 2-8-1。

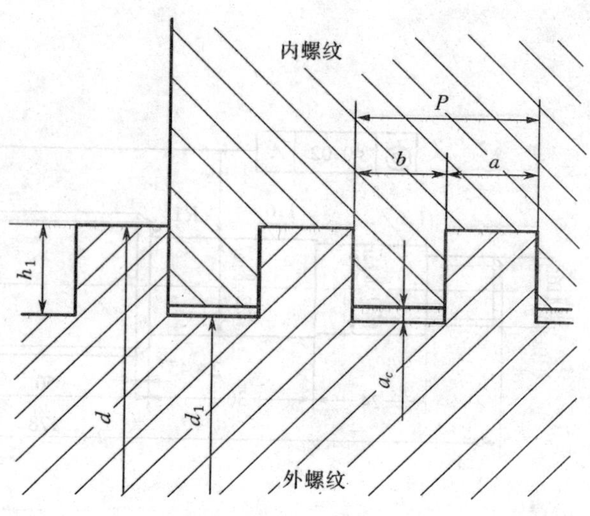

图 2-8-8　矩形螺纹

表 2-8-1　矩形螺纹的各部分尺寸计算　(mm)

外螺纹大径 d	公称直径
螺距 P	设计时给定
牙型高度 h_1	$h_1=0.5P+a_c$
槽宽 b	$b=0.5P+(0.02\sim0.04)$
齿宽 a	$a=P-b$
外螺纹小径 d_1	$d_1=d-2h_1$
外螺纹槽底间隙 a_c	$a_c=0.1\sim0.2$

二、矩形螺纹的车削方法

外径车好后，按螺距要求换手柄位置及交换齿轮，并注意以下问题。

①螺距小于 4 mm，可不分粗、精车，采用直进法使用一把车刀均匀进刀完成螺纹加工。

②螺距大于 4 mm，一般采用直进法分粗、精车两次完成(图 2-8-9)。先用一把刀头宽度较牙槽宽窄 0.5 mm～1 mm 的粗车刀进行粗车，两侧各留 0.2 mm～0.4 mm 余量，再用精车刀精车。

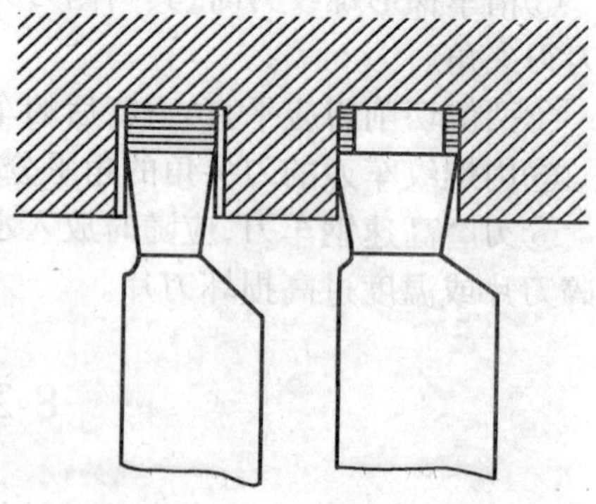
图 2-8-9　粗、精车矩形螺纹的方法

③车削较大螺距的螺纹，可分别用 3 把车刀进行加工(图 2-8-10)。先用第一把粗车刀(刀头比牙槽宽度小 0.5 mm～1 mm)粗车至小径尺寸；然后用第二把和第三把小于 90°的正、反偏刀分别精车螺纹的左、右侧面。车削过程中，要严格控制牙槽宽度。

④车削钢料时，切削用量选择 $v_c=0.07$ m/s～0.17 m/s，$a_p=0.02$ mm～0.2 mm。冷却润滑液一般粗车可用硫化切削液或机油，精车用乳化液。

⑤车削矩形内螺纹，一般以车好的外螺纹为标准，配内螺纹。矩形螺纹采用螺纹大径定心，两侧面只起轴向配合作用。车削矩形内螺纹时，应使 $D_1 = d_{1实际} + $间隙，牙槽宽 $b = 0.5P + (0.02 \sim 0.04)$。

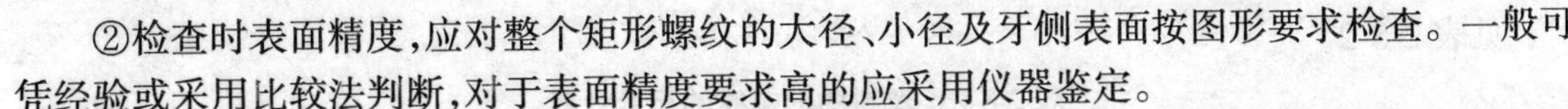

图 2-8-10　较大螺距矩形螺纹车削方法

三、矩形螺纹的检查和测量

加工好的矩形螺纹应检查配合情况和表面精度，并测量大径、小径、螺距、齿宽或槽宽。

①检查矩形螺纹的配合情况时，一般是将与之相配的外螺纹(内螺纹)相互旋合，根据松紧情况，再结合大径、小径、齿宽或槽宽的测量结果作出判断。

②检查时表面精度，应对整个矩形螺纹的大径、小径及牙侧表面按图形要求检查。一般可凭经验或采用比较法判断，对于表面精度要求高的应采用仪器鉴定。

③车削矩形外螺纹，螺纹大径可用千分尺、游标卡尺测量，槽宽、齿宽、牙深、螺纹小径可用游标卡尺测量，螺距用钢直尺或游标卡尺检查。

④车削矩形内螺纹，可用游标卡尺测量小径，根据横向进给判断大径的尺寸。通常以车削好的外螺纹作标准综合检查。如果牙深尺寸已车到，但拧不进，说明槽太窄，必须修正。

四、分析生产实习图并确定加工步骤(图 2-8-6)

1. 分析

①螺纹部分与其他外圆无形位要求，螺纹长度只有 50 mm，无需钻中心孔，采用直接夹紧即可。

②矩形螺纹导程为 6 mm，精度要求一般，采用直进法分粗、精车矩形螺纹。

2. 加工步骤

①工件伸出长 60 mm 左右，找出夹紧。

②粗、精车端面，外圆 $\phi 28$ mm 及长 50 mm 至尺寸要求。

③切槽 6 mm×3.5 mm。

④螺纹两端倒角 $1\times45^\circ$。

⑤粗车矩形螺纹达粗车尺寸要求。

⑥精车矩形螺纹至尺寸要求。

⑦检查。

五、容易产生的问题及注意事项

①注意变换手柄位置和交换齿轮是否合乎加工螺距的要求。

②小滑板应调整得紧一些。

③车削螺纹时，小刀架紧固，不得松动，防止乱扣和扎刀。

④用左右 90°偏刀精车牙侧时，要严格控制牙槽宽度。

⑤螺纹两侧牙型和小径应保持平直，清角。

⑥主切削刃必须平行于工件轴线，与工件旋转中心等高。

⑦要防止刀头磨得太窄或副偏角太大，以免在车削时进刀量过大时，造成刀头折断。

⑧在外圆上去毛刺时,最好把砂布垫在锉刀下面进行。

⑨工件旋转时,不可用手摸工件,更不能用棉纱或布揩擦工件,以防危险。

8-3　车削梯形螺纹

一、梯形螺纹的技术要求及尺寸计算

1.梯形螺纹的技术要求

①螺纹大径尺寸应小于基本尺寸。

②螺纹中径必须与基准轴颈同轴,中径尺寸公差必须保证(梯形螺纹以中径配合定心)。

③螺纹牙型角要正确。

④螺纹两侧面表面粗糙度必须小。

2.梯形螺纹尺寸计算

见表 2-8-2。

表 2-8-2　米制梯形螺纹的尺寸计算

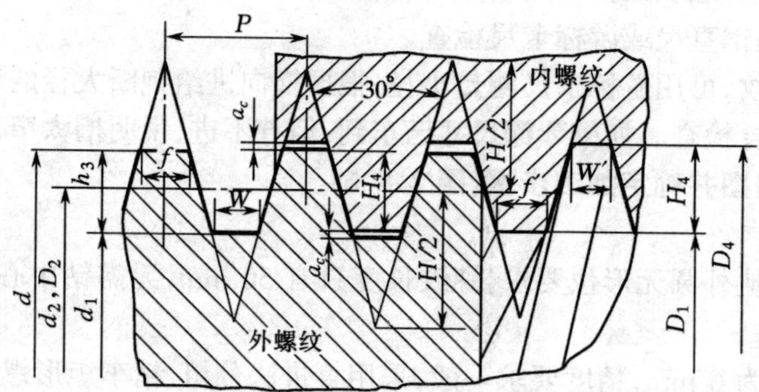

名　称		代号	计　算　公　式			
牙型角		α	$\alpha = 30°$			
螺　距		P	由螺纹标准确定			
牙顶间隙		a_c	P	1.5~5	6~12	14~44
			a_c	0.25	0.5	1
外螺纹	大　径	d	公称直径			
	中　径	d_2	$d_2 = d - 0.5P$			
	小　径	d_3	$d_3 = d - 2h_3$			
	牙　高	h_3	$h_3 = 0.5P + a_c$			
内螺纹	大　径	D_4	$D_4 = d + 2a_c$			
	中　径	D_2	$D = d_2$			
	小　径	D_1	$D_1 = d - P$			
	牙　高	H_4	$H_4 = h_3$			
牙顶宽		f、f'	$f = f' = 0.366P$			
牙槽底宽		W、W'	$W = W' = 0.366P - 0.536a_c$			

二、车床的调整和车刀的安装要求

1. 车床的调整

车削梯形螺纹时车床的调整与车削三角形螺纹时车床的调整一样。应调整手柄位置。调整交换齿轮时，要选用磨损较少的交换齿轮。特别注意正确调整机床各处间隙，对床鞍、中、小滑板的配合部分进行检查和调整，注意控制机床主轴的轴向窜动、径向圆跳动以及丝杆轴向窜动。

2. 车刀的安装

与安装三角形螺纹车刀安装一样，安装梯形螺纹车刀还应注意如下两点：

①车刀主切削刃必须与工件轴线等高（用弹性刀杆应高于轴线约 0.2 mm），同时应和工件轴线平行；

②刀头的角平分线要垂直于工件轴线，用样板或量角器找出装夹，如图 2-8-11 所示。

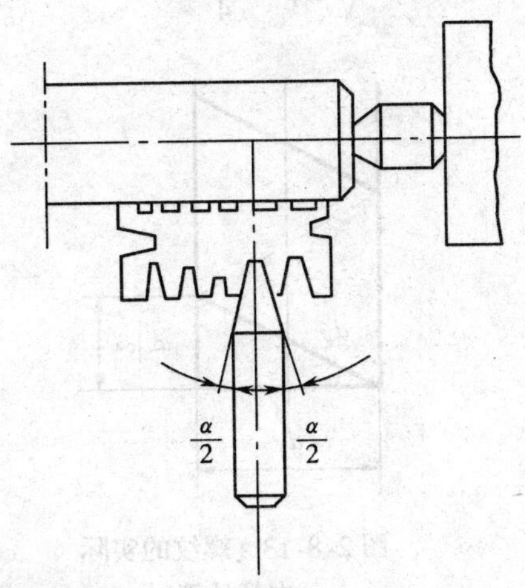

图 2-8-11　梯形螺纹车刀的装夹

三、梯形螺纹的车削方法

螺距小于 4 mm 和精度要求不高的工件，可用一把梯形螺纹车刀，并用左右进给法车削，并且进给量要小。螺距大于 4mm 和精度要求高的梯形螺纹，一般采用分刀车削的方法。注意以下问题：

①粗车、半精车梯形螺纹时，螺纹外径留 0.3mm 左右余量，且倒角与端面成 15°；

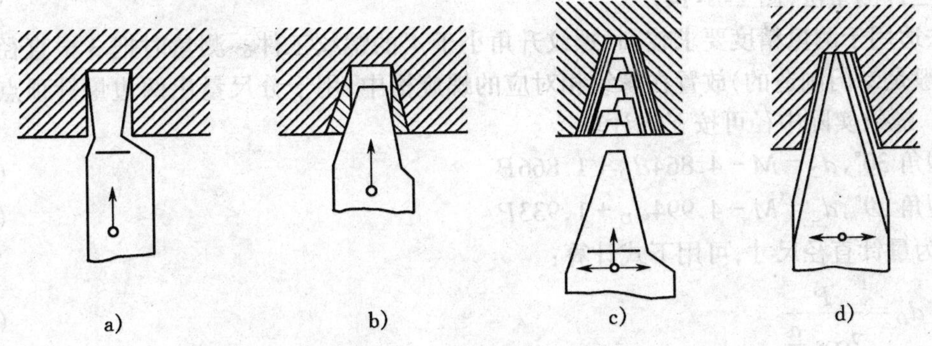

图 2-8-12　梯形螺纹的车削方法

a)车槽　b)直进法粗车　c)左右切削法粗车　d)左右法精车

②选用刀头宽度稍小于槽底宽的车槽刀（图 2-8-12a），粗车螺纹（每边留 0.25 mm～0.35 mm 左右的余量）；

③用梯形螺纹车刀采用左右切削法车削梯形螺纹两侧，每边留 0.1 mm～0.2 mm 的精车余量（图 2-8-12b、c），并车准螺纹小径尺寸；

④精车大径至图样要求（一般小于螺纹基本尺寸）；

⑤选用精车梯形螺纹车刀，采用左右切削法完成螺纹加工（图 2-8-12d）。

四、梯形螺纹的测量

1. 大径的测量

一般可用千分尺或游标卡尺测量。

2. 小径的测量(图 2-8-13)

外螺纹可用游标卡尺测量出 d_P，小径 d_3 可用下面公式计算：

$$d_3=\sqrt{d_P^2-\frac{P^2}{4}} \tag{2-8-2}$$

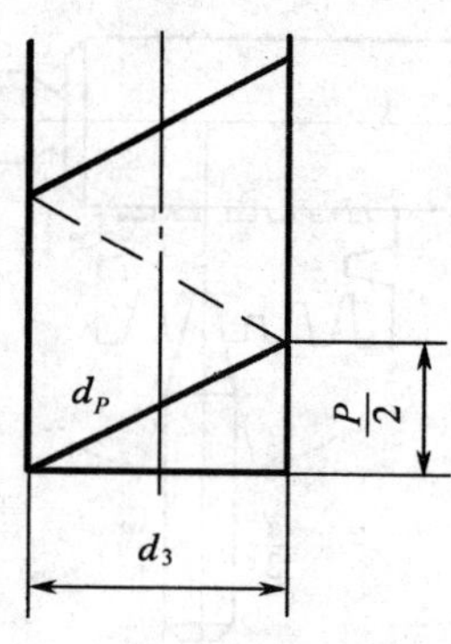

图 2-8-13　螺纹的实际内径计算

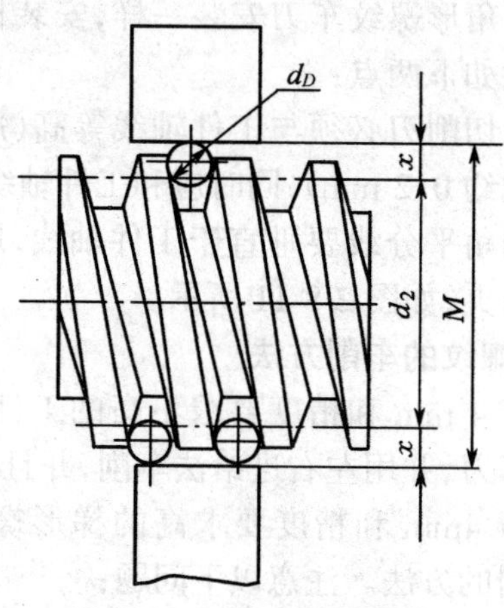

图 2-8-14　三针测量法

3. 中径的测量

(1)三针测量法(图 2-8-14)

此法适用于测量精度要求较高、螺纹升角小于 4°的螺纹工件。测量时把 3 根直径相等的量针(一般是专门制造的)放置在螺纹相对应的螺旋槽中，用千分尺量出两边量针顶点之间的距离 M。螺纹实际中径可按下式计算：

牙型角 30°，$d_2=M-4.864d_D+1.866P$　(2-8-3)

牙型角 29°，$d_2=M-4.994d_D+1.933P$　(2-8-4)

d_D 为量针直径尺寸，可用下式计算：

$$d_D=\frac{P}{2\cos\frac{\alpha}{2}} \tag{2-8-5}$$

当 $\alpha=30°$，$d_D=0.518P$；当 $\alpha=29°$，$d_D=0.516P$。

实际应用中，可用优质钢丝或新钻头的柄部来代替标准量针，但与计算出的量针直径尺寸往往不相符合。此时选用的钢丝和钻柄的直径应与计算尺寸相近似，相差不能太大，其尺寸范围如下：

$\alpha=30°$　$d_{D\max}=0.656P$　$d_{D\min}=0.487P$

$\alpha=29°$　$d_{D\max}=0.651P$　$d_{D\min}=0.488P$

(2)单针测量法(图 2-8-15)

只需使用 1 根量针放置在螺旋槽中，测量出螺纹外径与量针顶点之间的距离 A。螺纹实际中径计算公式如下：

$\alpha = 30°\quad d_2 = A - 2.432d_D + 0.5\Delta d$ (2-8-6)

$\alpha = 29°\quad d_2 = A - 2.5d_D + 6.5\Delta d$ (2-8-7)

式中　Δd——螺纹外径减小尺寸，mm。

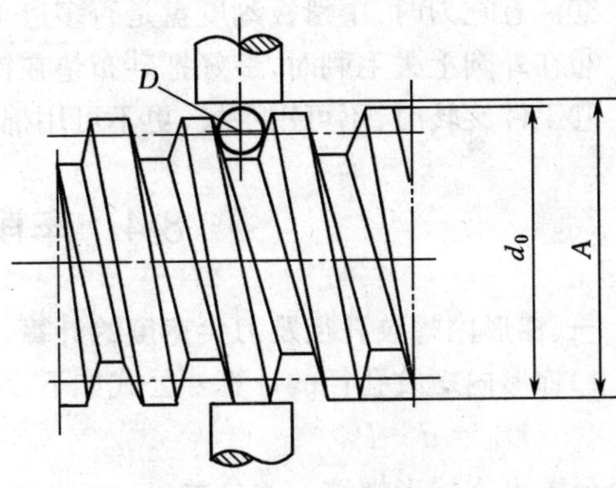

图 2-8-15　单针测量法

五、分析生产实习图并确定加工步骤

1. 分析（图 2-8-7）

①两个外圆和梯形螺纹相对基准有同轴度要求，故采用两头顶的装夹方法。

②由于左端处有 M16 螺纹，所以应先将该端粗车后作鸡心夹头位置。加工好梯形螺纹和另一端后再加工 M16 端。

③梯形螺纹精度要求较高，需采用分刀车削的方法。

2. 加工步骤

①车准总长，钻两端中心孔。

②两顶尖装夹，粗车 $\phi 22$ mm 及长 78 mm 处外圆至 $\phi 23$ mm 长 76 mm。

③调头粗车 $\phi 17$ mm 及长 50 mm 处外圆至 $\phi 18$ mm 长 50 mm 及 $\phi 32$ mm 外圆至 $\phi 32^{+0.2}_{0}$。mm

④$\phi 32$ mm 外圆两端倒角 $2 \times 45°$。

⑤粗车 Tr32×6 梯形螺纹。

⑥修两头中心孔。

⑦精车梯形螺纹外圆至 $\phi 32^{0}_{-0.375}$。

⑧精车梯形螺纹至尺寸要求。

⑨精车外圆 $\phi 17^{0}_{-0.018}$ mm 长 50 mm。

⑩调头粗、精车外圆 $\phi 22^{0}_{-0.021}$ mm，长 36 mm，$\phi 20^{0}_{-0.02}$ mm 长 24 mm 及 M16 螺纹至图样要求。

⑪检查。

六、容易产生的问题及注意事项

①车削前应检查变换手柄和变换齿轮是否合乎加工螺纹导程的要求。

②调整好小滑板的松紧，以防车削时车刀移位。

③梯形螺纹车刀两侧副刀刃应平直，精车时刀刃应保持锋利。

④鸡心夹头或对分夹头应夹紧工件，否则车削梯形螺纹时工件易产生移位而损坏。

⑤工件精车前，最好重新修正顶尖孔，以保证同轴度。

⑥车梯形螺纹中途复装工件时，应注意保持拨杆原位。当中途重新装螺纹车刀车削时，应先重新对刀，以防乱扣。

⑦车削时，为了防止溜板箱手轮回转时的不平衡，使床鞍移动时产生窜动，可在手轮上装平衡块。最好采用手轮脱离装置。

⑧车削时以防“扎刀”，最好采用弹性刀杆安装梯形螺纹刀。

⑨注意吃刀时，中滑板刻度盘是否多进1圈。

⑩在外圆上去毛刺时，最好把砂布垫在锉刀下面进行。

⑪工件旋转时，不可用手摸，更不可用棉纱或布揩擦工件，以防危险。

8-4 车削梯形内螺纹

一、梯形内螺纹孔径及刀尖宽度的计算

1)梯形内螺纹孔径的计算　公式如下

$$D_{孔} = d - P \tag{2-8-8}$$

孔径公差可查梯形螺纹有关公差表。

2)刀头宽度的计算　刀头宽度比外梯形螺纹顶宽 f 稍大一些，亦可为 $(0.366P)^{+0.03\sim0.05}_{0}$。

二、车刀和刀排的选择与安装

1.车刀和刀排的选择

根据工件内孔尺寸选择刀具和刀杆尺寸。孔径较小时采用整体式内螺纹车刀；孔径较大时采用刀排式，见图2-8-16。其几何角度、刀具材料与梯形外螺纹车刀相同。梯形内螺纹车刀一般磨有前角，车铸铁梯形内螺纹车刀除外。通过计算来修正刀尖角(式(2-8-1))。

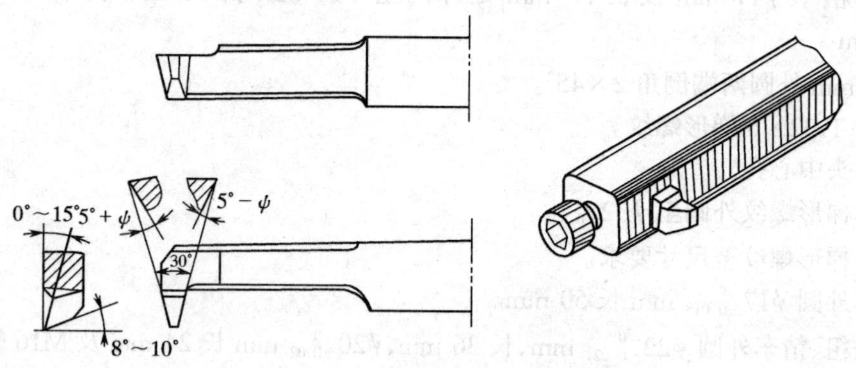

图2-8-16　梯形内螺纹车刀

2.梯形内螺纹车刀的安装

安装方法基本与车削三角形内螺纹相同，必须严格按样板或角度器找正刀尖角位置。

三、梯形内螺纹的车削方法

基本上与车削三角形螺纹相同。车削梯形内螺纹时，进刀深度不易掌握，可采用以下方法控制。

①先将梯形内螺纹车刀主切削刃与螺纹内孔表面接触(最好是工件旋转时使主切削刃轻轻碰到孔壁)，再把中滑板刻度盘对零，算好横向进给量共要进给多少格。以后每次都用刻度盘来控制横向进给量车削螺纹。

②先车准螺纹孔径尺寸，然后在平面上车出一个轴向深1 mm～2 mm，孔径等于螺纹基本尺寸(大径)的内台阶(图2-8-17)，作为对刀基准。粗车时，保证车刀刀尖和对刀基准有0.1 mm～0.15 mm间隙，精车时使刀尖逐渐与对刀基准接触。调整中滑板刻度值至零位，再以刻度值零位为基准，不进刀车削2～3次，以消除刀杆的弹性变形，保证螺母的精度要求。注意工

件长度上要留有余量。车端面后，保证在倒内角后不留对刀位置。

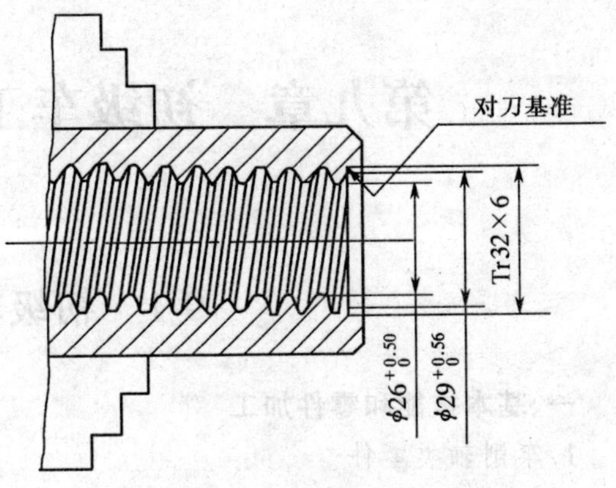

图 2-8-17　车削梯形螺母

四、分析生产实习图并确定加工步骤（图 2-8-18）

1. 分析

梯形内螺纹精度要求较高，要采用粗、精车螺纹。右端面与基准有端面跳动要求，需右端面与螺纹在一次安装中完成。

2. 加工步骤

①下料长 $\phi50$ mm×42 mm。

②工件伸出 10 mm 左右，找正夹紧。

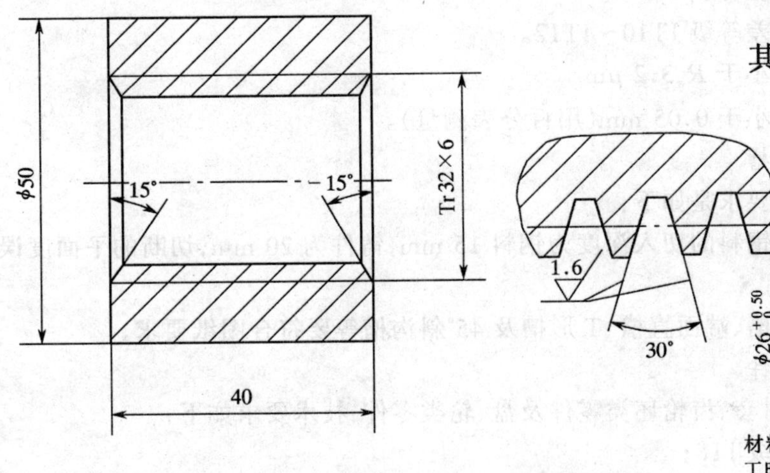

图 2-8-18　车削梯形内螺纹

③平端面。

④粗、精车内孔至 $\phi26^{+0.5}_{0}$ mm。

⑤孔口两端倒角 1×15°。

⑥粗、精车 Tr32×6 至图样要求（配图 2-8-7 梯形外螺纹）。

五、容易产生的问题及注意事项

与车削三角形内螺纹注意事项一样，但还应注意以下几个方面：

①刃磨时刀刃要直，装刀角度要正，刀尖要与工件中心等高；

②尽可能利用刻度盘控制退刀，以防刀杆与孔壁相碰；

③车削铸铁梯形内螺纹时，容易产生螺纹形面碎裂，用直进法车削时吃刀量不能太深；

④作为对刀基准的台阶，在内螺纹车好后，可利用倒内孔角去除，如长度允许可车去台阶再倒角；

⑤注意在车削过程中，防止中滑板刻度盘多进 1 圈，碰坏刀或工件。

第九章　初级车工的训练及考核工件

9-1　初级车工应会内容

一、基本技能和零件加工

1. 车削轴类零件

能车削直轴和阶台轴(3～4 个阶台),技术要求如下。

①外径尺寸公差等级 IT8。

②阶台长度公差等级 IT10～IT12。

③表面粗糙度小于 $R_a3.2$ μm。

④同轴度误差小于 0.05 mm(用百分表测量)。

2. 切断和车沟槽

切断和车槽的要求是如下:

①直进法切断钢料的切入深度为钢料 15 mm,铸件为 20 mm,切断的平面度误差小于 0.1 mm;

②车削内外沟槽、端面直槽、T 形槽及 45°斜沟槽等要符合图纸要求。

3. 车制套类零件

能车制垫圈、衬套、齿轮坯类零件及盘、轮类零件,技术要求如下:

①孔径公差等级 IT8;

②表面粗糙度小于 $R_a3.2$ μm;

③同轴度误差小于 0.05 mm;

④端面对孔轴线垂直度误差小于(0.03/100)mm。

4. 车制圆锥面

能车削常用内外圆锥面,其技术要求如下:

①用圆锥量规作涂色检验,要求接触面积不少于 50%;

②圆锥直径公差等级 IT9;

③表面粗糙度小于 $R_a3.2$ μm;

④圆锥公差精度等级为 AT9(GB11334—89);

⑤锥面对测量轴线的跳动误差小于 0.05 mm。

5. 车制成形面

能车削椭圆、三球手柄、横手柄等类零件,技术要求如下:

①用锉刀修光,砂布抛光后外形符合样板;

②表面粗糙度小于 $R_a1.6$ μm。

6. 滚花

能车制直纹和网纹,技术要求如下:

①滚花后花纹清晰；

②外径尺寸符合要求。

7.车制螺纹

(1)车内、外三角螺纹

①普通螺纹精度6级(GB197—81),用量规检验合格。

②其他三角形螺纹精度用螺纹量规检查合格。

③表面粗糙度小于 $R_a3.2\ \mu m$。

(2)车梯形螺纹和矩形螺纹

能车削短丝杠,技术要求如下：

①用螺纹量规检查合格；

②表面粗糙度小于 $R_a1.6\ \mu m$；

③螺纹中径对测量基准圆跳动误差小于0.1 mm。

二、工具量具的使用与维护

①常用工具量具的合理使用与保养。

②正确使用夹具,做好保养工作。

三、设备的使用与维护

①能熟练地操作自用车床,并及时发现一般故障。

②自用车床的润滑。

③车床的保养工作。

四、安全文明生产

①正确执行安全技术操作规程。

②按企业有关文明生产的规定,做到工作地整洁,工件、工具摆放整齐。

9-2　初级车工的训练及考核实例

一、轴类零件

轴类零件训练及考核实例如图2-9-1、图2-9-2所示,评分标准分别列于表2-9-1及表2-9-2中。

表2-9-1　试件Ⅰ评分标准

序号	检测项目	技术标准	应得分	评分标准	实得分
1	件1外圆	$\phi16_{-0.02}^{\ 0}$	1×5=20	超差全扣	
2	件1孔	$\phi8.5_{\ 0}^{+0.15}$	1×3=10	超差全扣	
3	件1螺纹	M16×1.5(2处)	2×7.5=40	超差全扣	
4	件1长度	$20_{-0.15}^{\ 0}$(2处)	2×1=10	超差全扣	
5	件1表面粗糙度	$\overset{0.8}{\bigtriangledown}$ (3处)	1×5=20.	$\overset{0.8}{\bigtriangledown}$ 不够扣10分	

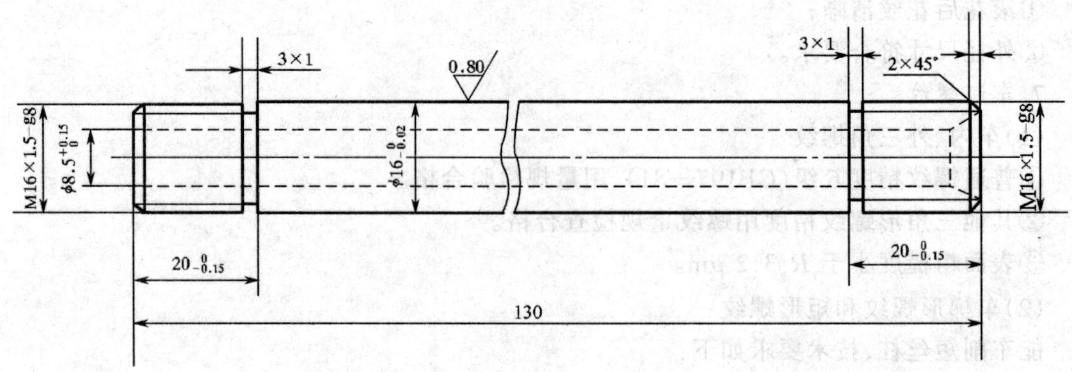

图 2-9-1　初级车工试件Ⅰ

表 2-9-2　试件Ⅱ评分标准

序号	检测项目	技术标准	应得分	评分标准	实得分
1	螺纹尺寸	M16×1.5(2 处) 1.6	2×7.5=15	超差全扣	
2	外圆尺寸	$\phi20.5^{0}_{-0.02}$ 1.6	1×5=5	超差全扣	
3	外圆尺寸	$\phi20.5^{+0.15}_{+0.002}$ 1.6	1×5=5	超差全扣	
4	外圆尺寸	$\phi24^{0}_{-0.02}$(2 处) 1.6	2×5=10	超差全扣	
5	外圆尺寸	$\phi25.5^{+0.016}_{0}$(2 处) 1.6	2×5=10	超差全扣	
6	外圆尺寸	$\phi30^{0}_{-0.03}$ 1.6	1×5=5	超差全扣	
7	长度尺寸	$16^{+0.10}_{0}$	1×5=5	超差全扣	
8	长度尺寸	$14^{0}_{-0.10}$(2 处)	2×5=10	超差全扣	
9	长度尺寸	49±0.10	1×3=3	超差全扣	
10	长度尺寸	$19^{0}_{-0.10}$	1×5=5	超差全扣	
11	长度尺寸	$16^{0}_{-0.10}$	1×5=5	超差全扣	
12	长度尺寸	$20^{+0.10}_{0}$	1×5=5	超差全扣	
13	槽部尺寸	3×1.5(2 处)	2×2=4	超差全扣	
14	槽部尺寸	1×1(2 处)	2×2=4	超差全扣	
15	倒角尺寸	1.5×45°(2 处)	2×2=4	超差全扣	
16	安全文明生产		1×5=5	超差全扣	

二、特形面零件及十字件

初级车工训练及考核的特形面零件如图 2-9-3 及十字件如图 2-9-4 所示。它们的评分标准分别列于表 2-9-3 和表 2-9-4 中。

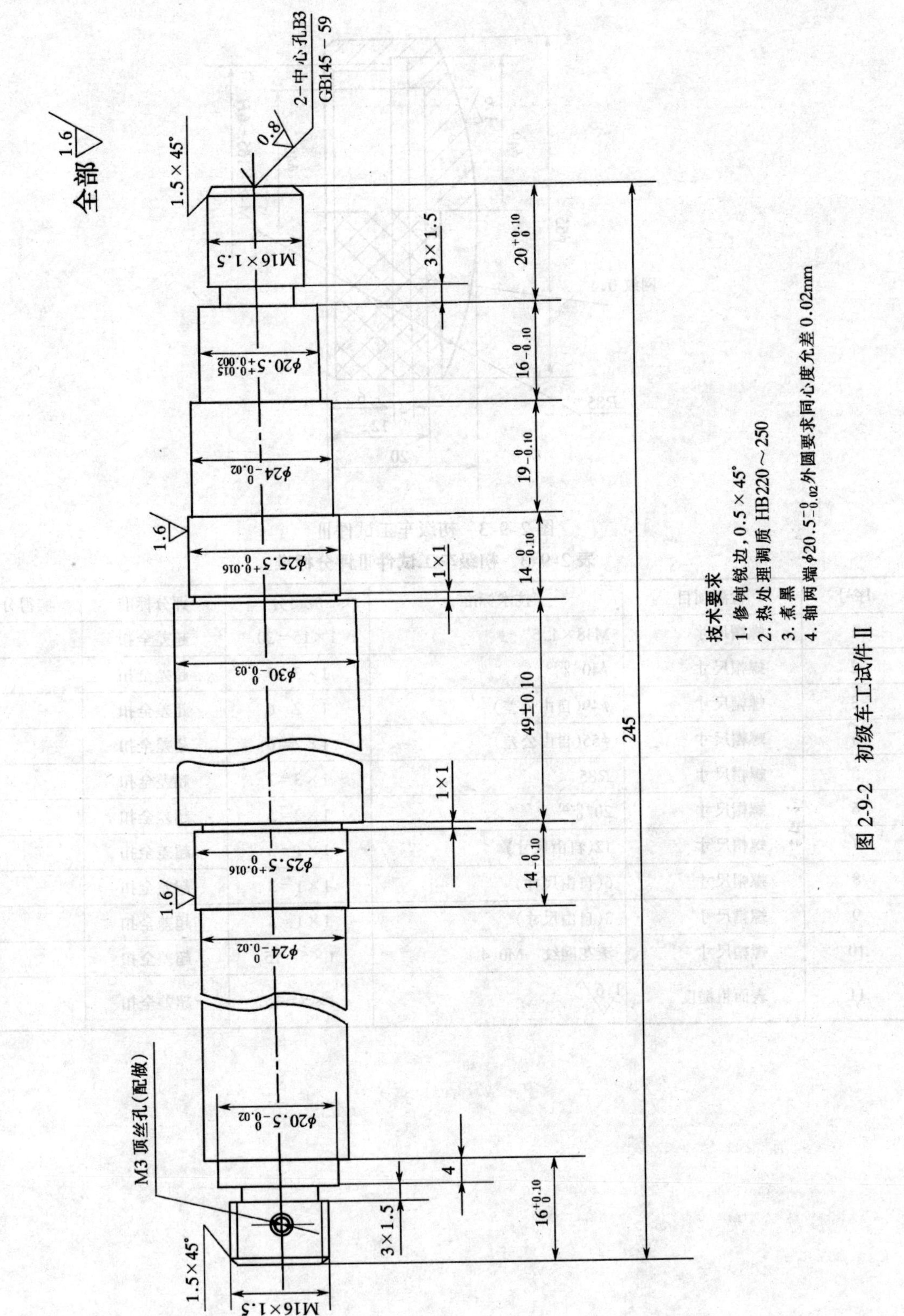

图 2-9-2　初级车工试件 II

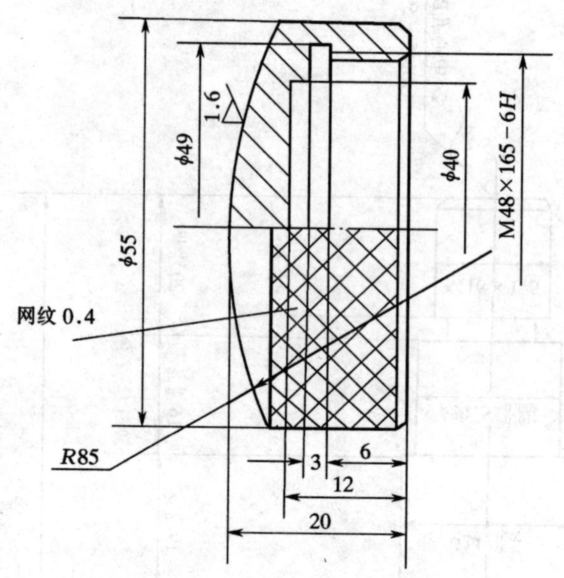

图 2-9-3　初级车工试件Ⅲ

表 2-9-3　初级车工试件Ⅲ评分标准

序号	检测项目	技术标准	应得分	评分标准	实得分
1	螺帽尺寸	M48×1.5	1×15＝30	超差全扣	
2	螺帽尺寸	$\phi40^{+0.10}_{0}$	1×3＝7	超差全扣	
3	螺帽尺寸	ϕ49(自由公差)	1×2＝6	超差全扣	
4	螺帽尺寸	ϕ55(自由公差)	1×2＝6	超差全扣	
5	螺帽尺寸	R85	1×3＝7	超差全扣	
6	螺帽尺寸	$20^{+0.20}_{0}$	1×2＝5	超差全扣	
7	螺帽尺寸	12(自由尺寸)	1×1＝3	超差全扣	
8	螺帽尺寸	6(自由尺寸)	1×1＝3	超差全扣	
9	螺帽尺寸	3(自由尺寸)	1×1＝3	超差全扣	
10	螺帽尺寸	滚花网纹　M0.4	1×5＝15	超差全扣	
11	表面粗糙度	1.6▽	1×5＝15	超差全扣	

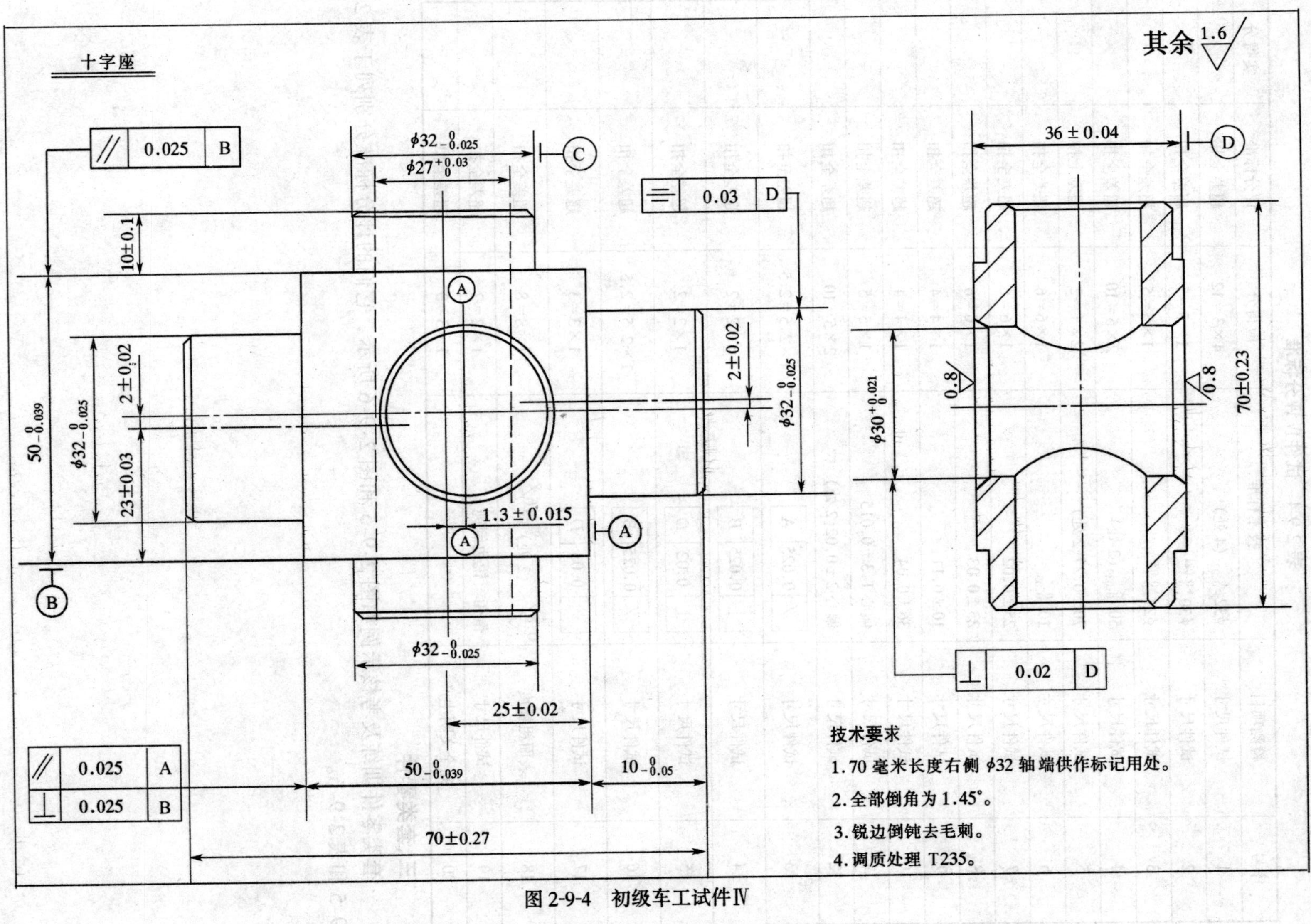

图 2-9-4　初级车工试件Ⅳ

表 2-9-4　试件Ⅳ评分标准

序号	检测项目	技术标准	应得分	评分标准	实得分
1	试件尺寸	$\phi32_{-0.025}^{\ 0}$(4 处)	4×3=12	超差全扣	
2	试件尺寸	$\phi30_{\ 0}^{+0.021}$	1×5=5	超差全扣	
3	试件尺寸	$\phi27_{\ 0}^{+0.03}$	1×5=5	超差全扣	
4	试件尺寸	$50_{-0.039}^{\ 0}$(2 处)	2×5=10	超差全扣	
5	试件尺寸	70±0.27(2 处)	2×1=2	超差全扣	
6	试件尺寸	$10_{-0.05}^{\ 0}$	1×6=6	超差全扣	
7	试件尺寸	25±0.02	1×6=6	超差全扣	
8	试件尺寸	23±0.03	1×6=6	超差全扣	
9	试件尺寸	10±0.11	1×4=4	超差全扣	
10	试件尺寸	36±0.04	1×4=4	超差全扣	
11	试件尺寸	偏心 1.3±0.015	1×5=5	超差全扣	
12	试件尺寸	偏心 2±0.02(2 处)	2×5=10	超差全扣	
13	试件尺寸	// 0.025 A	1×2.5=2.5	超差全扣	
14	试件尺寸	⊥ 0.025 *B*	1×2=2	超差全扣	
15	试件尺寸	⊥ 0.02 *D*	1×2=2	超差全扣	
16	试件尺寸	// 0.025 *B*	1×2.5=2.5	超差全扣	
17	试件尺寸	÷ 0.03 *D*	1×3=3	超差全扣	
18	表面粗糙度	0.8▽ (2 处) 1.6▽	1×8=8	超差全扣	
19	试件尺寸	倒角　锐边倒钝	1×2=2	超差全扣	
20	完全文明生产		1×3=3	超差全扣	

三、套类零件

套类零件训练及考核示例如图 2-9-5 和图 2-9-6 所示。它们的评分标准分别列于表 2-9-5 和表 2-9-6。

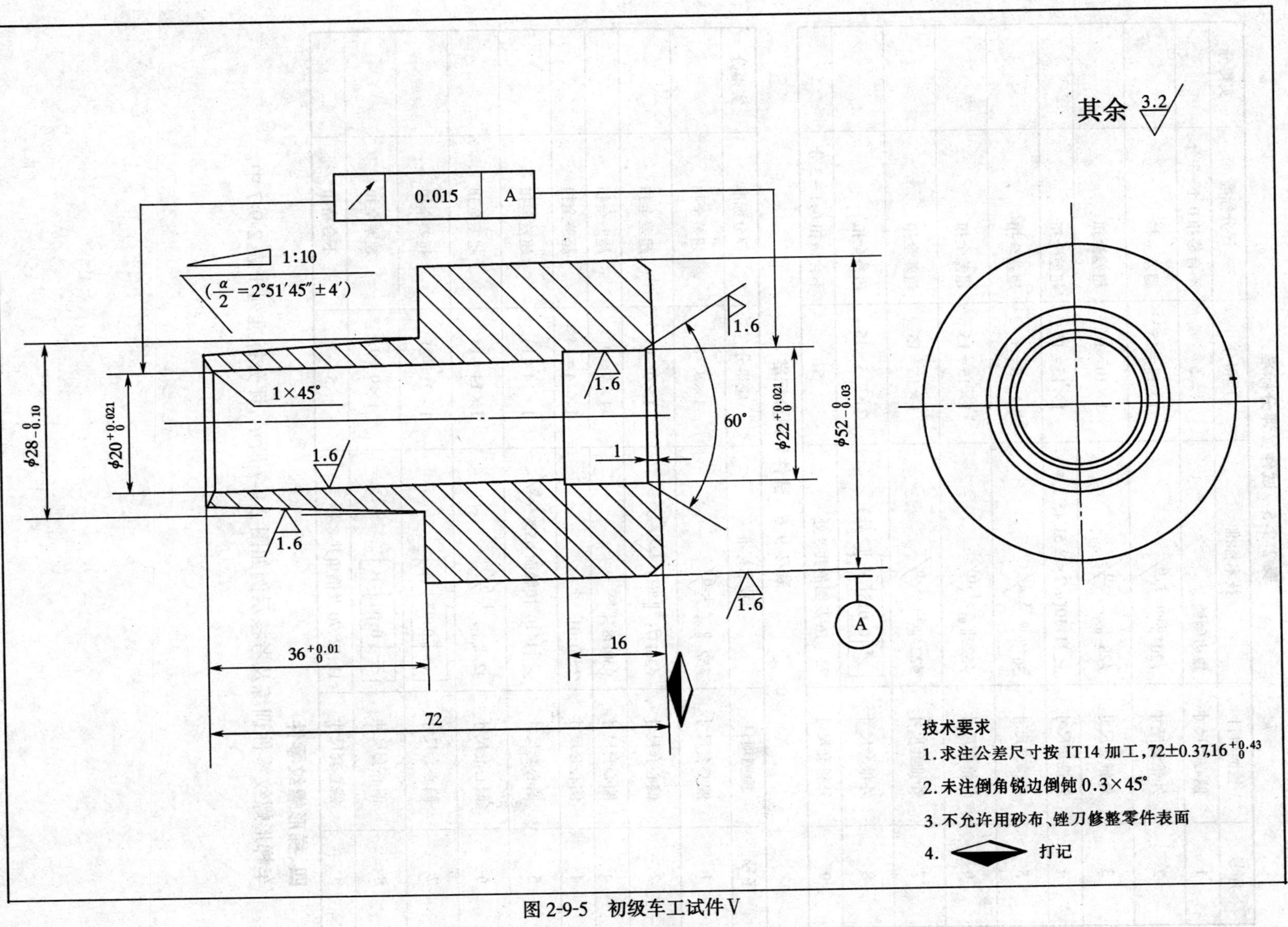

图 2-9-5　初级车工试件 V

表 2-9-5　试件Ⅴ评分标准

序号	检测项目	技术标准	应得分	评分标准	实得分
1	偏心套尺寸	锐边倒钝	5	不合格扣 0.1～3 分	
2	外锥套尺寸	$\phi 20^{+0.021}_{0}$ Ra1.6	1×15=15	超差全扣	
3	外锥套尺寸	$\phi 28^{0}_{-0.01}$ Ra1.6	1×10=10	超差全扣	
4	外锥套尺寸	◁1:10($\alpha/2=2°51'45''\pm4'$)	1×15=15	超差全扣	
5	外锥套尺寸	$36^{+0.10}_{0}$ Ra3.2	1×5=5	超差全扣	
6	外锥套尺寸	$\phi 52^{0}_{-0.03}$ Ra1.6	1×15=15	超差全扣	
7	外锥套尺寸	$\phi 22^{+0.021}_{0}$ Ra1.6	1×15=15	超差全扣	
8	外锥套尺寸	↗ 0.015 A (2 处)	2×7.5=15	超差全扣	
9	外锥套尺寸	72　16 及倒角共 8 处	5	不合格扣 0.1～3 分	

表 2-9-6　试件Ⅵ评分标准

序号	检测项目	技术标准	应得分	评分标准	实得分
1	偏心套尺寸	$\phi 52^{0}_{-0.03}$ Ra1.6	1×8=8	超差全扣	
2	偏心套尺寸	$\phi 36H7(^{+0.025}_{0})$ Ra1.6	1×9=9	超差全扣	
3	偏心套尺寸	$\phi 30H8^{+0.033}_{0}$	1×9=9	超差全扣	
4	偏心套尺寸	2 ± 0.01	1×14=14	超差全扣	
5	偏心套尺寸	◁1:10 接触面 65% Ra1.6	1×14=14	超差全扣	
6	偏心套尺寸	$42^{0}_{-0.039}$ Ra1.6	1×14=14	超差全扣	
7	偏心套尺寸	⌯ 0.03 A	1×21=21	超差全扣	
8	偏心套尺寸	⌯ 0.06 B	1×9=9	超差全扣	
9	偏心套尺寸	11、12、70 及倒角共 8 处	5	不合格扣	

四、梯形螺纹零件

车梯形螺纹零件训练及考核示例如图 2-9-7 所示，评分标准列于表 2-9-7 中。

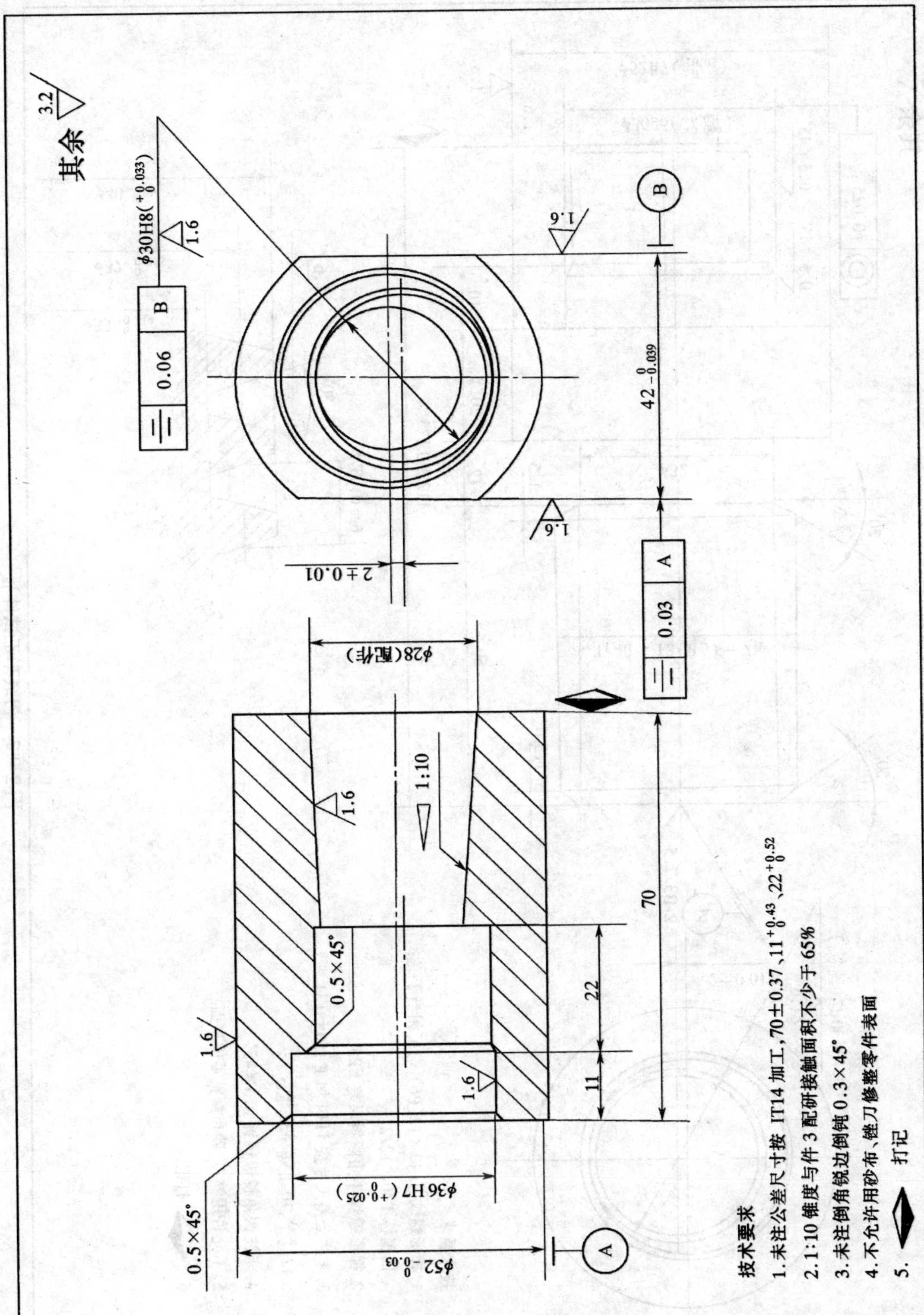

图 2-9-6　初级车工试件Ⅵ

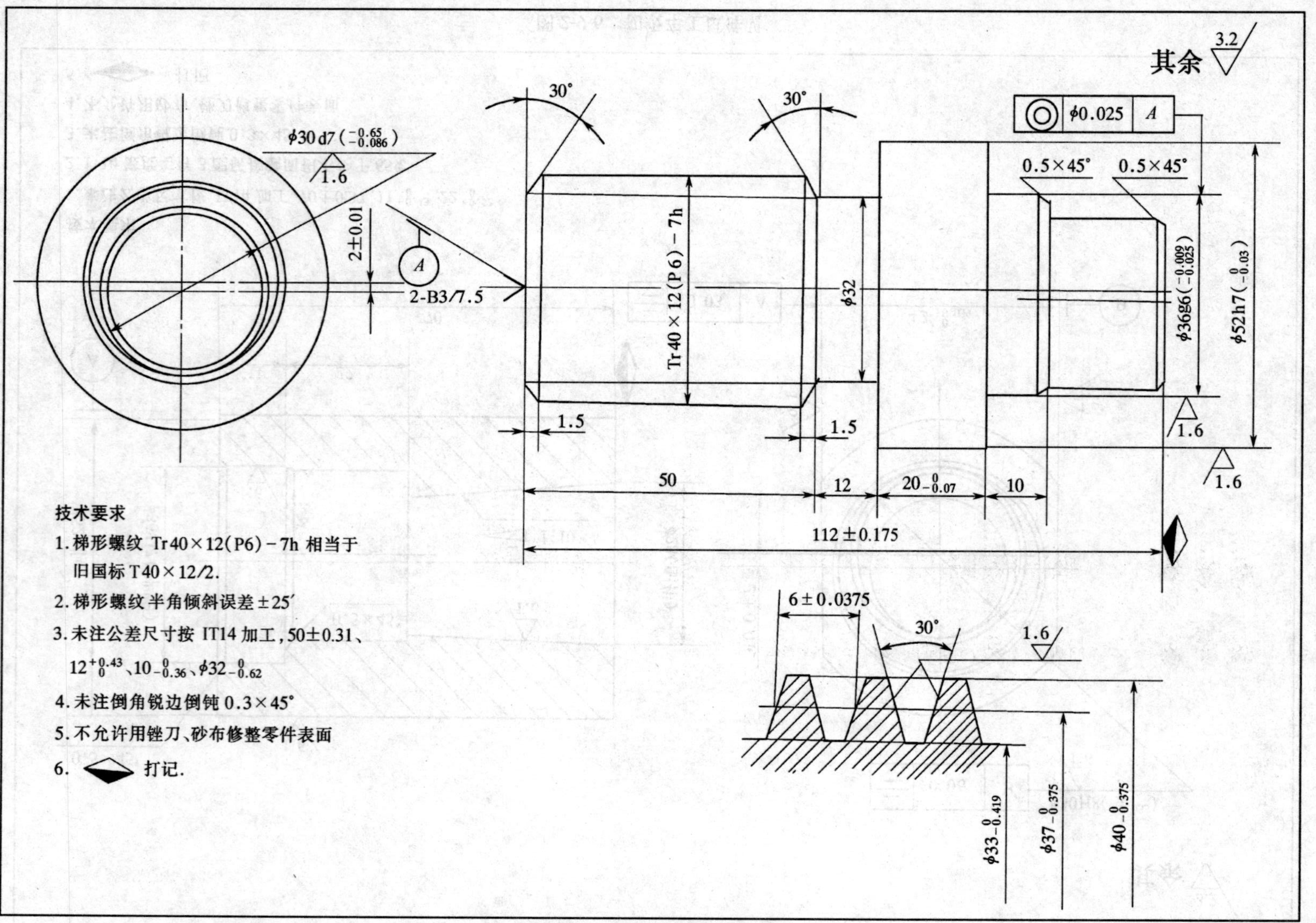

图 2-9-7 初级车工试件Ⅶ

表 2-9-7　试件Ⅶ评分标准

序号	检测项目	技术标准	应得分	评分标准	实得分
1	偏心螺杆就寸	$\phi 40_{-0.375}^{0}$ 3.2	1×1.5=1.5	超差全扣	
2	偏心螺杆尺寸	$\phi 37_{-0.375}^{0}$ 1.6	1×15=15	超差全扣	
3	偏心螺杆尺寸	$\phi 33_{-0.419}^{0}$ 3.2	1×1.5=1.5	超差全扣	
4	偏心螺杆尺寸	6±0.0375	1×15=15	超差全扣	
5	偏心螺杆尺寸	半角 15°±25′	1×6=6	超差全扣	
6	偏心螺杆尺寸	$\phi 52h7(_{-0.03}^{0})$ 1.6	1×8=8	超差全扣	
7	偏心螺杆尺寸	$\phi 36g6(_{-0.025}^{-0.029})$ 1.6	1×8=8	超差全扣	
8	偏心螺杆尺寸	$\phi 30d7-_{0.086}^{0.065}$ 1.6	1×8=8	超差全扣	
9	偏心螺杆尺寸	2±0.01	1×14=14	超差全扣	
10	偏心螺杆尺寸	$20_{-0.07}^{0}$ 3.2	1×4=4	超差全扣	
11	偏心螺杆尺寸	112±0.175 3.2	1×2=2	超差全扣	
12	偏心螺杆尺寸	⊙ | $\phi 0.025$ | A	1×14=14	超差全扣	
13	偏心螺杆尺寸	50、12、10$\phi 32$ 及倒角共 10 处	3	不合格扣 0.1～3 分	

第十章　车削蜗杆和多线螺纹

10-1　车削蜗杆

蜗杆的齿形与梯形螺纹的牙形很相似，但是蜗杆的齿形较深，切削面积较大，故车削时比一般梯形螺纹困难。除此之外，二者的车削方法很相似。

常用蜗杆有米制（模数）蜗杆，齿形角为 20°；英制（径节）蜗杆，齿形角为 14°30′。我国采用米制蜗杆，故主要以米制蜗杆为例讲授加工、计算等问题。

一、米制蜗杆尺寸的计算

蜗杆在传动中与蜗轮啮合，常用于作减速运动的传动机构中。蜗杆齿距必须等于蜗轮的齿距，因此蜗杆各部分尺寸，是按照蜗轮齿形计算的。蜗杆计算公式见表 2-10-1。

表 2-10-1　米制蜗杆的工作图及各部分尺寸计算

d_1　d_a　d_f

轴向齿形　法向齿形

P_x　α　S_n　h_a

蜗杆类型		
轴向模数		m_x
头　数		n
螺旋方向		
导 程 角		γ
精度等级		
配偶蜗轮	件　号	
	齿　数	z_2
量针测量距		M
量针直径		d_D

名　称	计算公式
轴向模数(m_x)	（基本参数）
齿形角(α)	$\alpha=20°$
齿距(P)	$P=\pi m_x$
导程(P_z)	$P_z=nP=n\pi m_x$
全齿高(h)	$h=2.2m_x$
齿顶高(h_a)	$h_a=m_x$
齿根高(h_f)	$h_f=1.2m_x$
分度圆直径(d_1)	$d_1=qm_x=d_a-2m_x$
齿顶圆直径(d_n)	$d_a=d_1+2m_x$
齿根圆直径(d_f)	$d_f=d_1-2.4m_x$ 或 $d_f=d_a-4.4m_x$

名　称		计算公式
导程角(γ)		$\mathrm{tg}\gamma=\frac{P_z}{\pi d_1}$
齿顶宽(s_a)	轴向	$s_a=0.843m_x$
	法向	$s_{an}=0.843m_x\cos\gamma$
齿根增宽(e_f)	轴向	$e_f=0.697m_x$
	法向	$e_{fn}=0.697m_x\cos\gamma$
齿　厚(s)	轴向	$s_x=\frac{\pi m_x}{2}$
	法向	$s_n=\frac{\pi m_x}{2}\cos\gamma$

车削蜗杆时，单靠图样上给定的尺寸，是不能满足要求的，还需要根据给定的参数另作一

些计算。这些计算主要是满足蜗杆车刀的刃磨，蜗杆的测量等的需要。

例　车削外径 28mm，齿形角 20°，轴向模数 $m_x=2$ 的单头蜗杆，求车削时所需尺寸。

解　①齿距 $P=\pi m_x \approx 3.1416\times 2=6.2832$ mm

②导程 $P_z=z_1 p=z_1 \pi m_x \approx 1\times 3.1416\times 2=6.2832$ mm

③全齿高 $h=2.2m_x=2.2\times 2=4.4$ mm

④分度圆直径 $d_1=d_a-2m_x=28-2\times 2=24$ mm

⑤齿根圆直径 $d_f=d_1-2.4m_x=24-2.4\times 2=19.2$ mm

⑥齿顶宽 $s_a=0.843m_x=0.843\times 2=1.686$ mm

⑦齿根槽宽 $e_f=0.697m_x=0.697\times 2=1.394$ mm

⑧导程角 $\mathrm{tg}\gamma=\dfrac{P_z}{\pi d_1}\approx\dfrac{6.2832}{3.14\times 24}\approx 0.083376$

$\therefore\quad \gamma=4°46'$

⑨法向齿厚 $s_n=\dfrac{P}{2}\cos\gamma=\dfrac{6.2832}{2}\times\cos 4°46'$

$\approx\dfrac{6.2832}{2}\times 0.9965\approx 3.12$ mm

二、蜗杆车刀的几何形状和刃磨要求

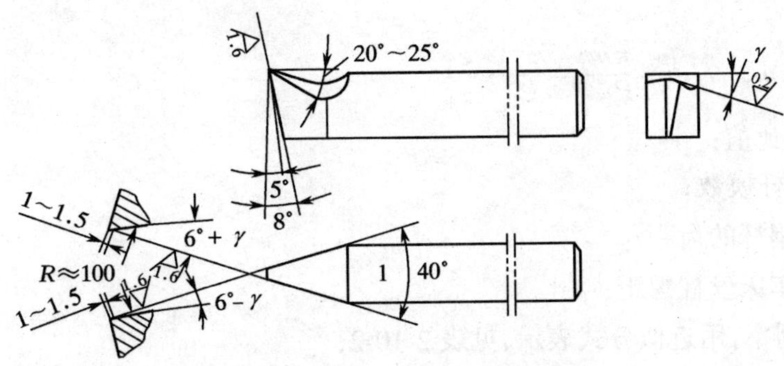

图 2-10-1　蜗杆螺纹粗车刀

1. 粗车刀的几何形状及刃磨要求

蜗杆粗车刀的几何形状如图 2-10-1 所示，其特点及刃磨要求如下：

①车刀刀尖角等于 2 倍齿形角，刀头宽度小于齿根槽宽 0.2 mm～0.3 mm；

②车刀应磨出较大的前角，一般为 20°～25°；

③车刀前刀面应磨出等于螺旋角的斜角，倾斜方向如图所示；

④车刀进刀方向的工作后角应加上一个导程角，另一侧后角应减去一个导程角；

⑤两个侧刀刃的后刀面上应磨出 1 mm～1.5 mm 宽的切削刃带。

2. 精车刀的几何形状及刃磨要求

蜗杆精车刀的几何形状见图 2-10-2 所示，其特点和刃磨要求如下：

①车刀的刀尖角略小于 2 倍齿形角 10′左右，刀头宽度等于齿根槽宽；

②车刀前刀面磨成圆弧形，圆弧半径 $R=(40\sim 60)$ mm；

③车刀进刀方向的工作后角应加上 1 个导程角，另一侧后角应减去 1 个导程角；

④两侧刀刃的后刀面上应磨出 0.5 mm～1 mm 的切削刃带；

⑤车刀主切削刃要平直，光滑无裂纹，两切削刃应对称，刀头不能歪斜。

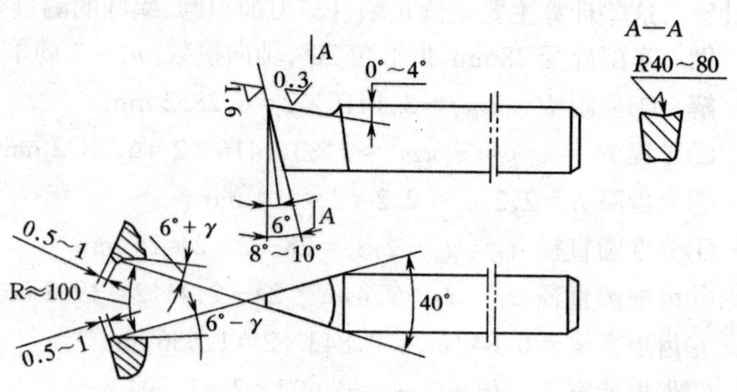

图 2-10-2 螺杆螺纹精车刀

三、车削蜗杆的挂轮计算

车削一般精度的螺纹，只需根据螺距或导程的要求，按照车床铭牌上标注的数据对车床挂轮和各手柄位置加以调整就可以了。但当要车削较精密的蜗杆或在无铭牌的车床上车削时，需要进行挂轮计算。根据计算的挂轮齿数来搭配挂轮，进行车削。另一方面，当车削蜗杆时，蜗杆图样上一般给定模数和蜗杆头数，故其齿距或导程是通过计算得到的。而计算过程采用了 π 的倍数，所以一般所得齿距和导程都是多倍小数，现有车床挂轮很难满足其精度要求。这时也需要经过计算，求出所需专用挂轮，以满足车削精密蜗杆的要求。挂轮的计算式为

$$i=\frac{P_{工件}}{P_{丝杠}}=\frac{z_1}{z_2}\times\frac{z_3}{z_1}$$

$$\because P_{工件}=\pi m_x \quad \therefore i=\frac{\pi m_x}{P_{丝杠}}=\frac{z_1}{z_2}\times\frac{z_3}{z_4}$$

式中 i——挂轮比值；

m_x——蜗杆模数；

$P_{工件}$——蜗杆的齿距；

$P_{丝杠}$——车床丝杠螺距；

π——圆周率，用近似分式表示，见表 2-10-2；

z_1、z_2、z_3、z_4——搭配挂轮齿数，各轮的啮合情况如图 2-10-3 所示。

表 2-10-2 π 的近似分式表

近似分数	分数的比值	误 差	近似分数	分数的比值	误 差
$\frac{22}{7}$	3.1428571	0.0012644	$\frac{8\times97}{13\times19}$	3.1417004	0.0001077
$\frac{32\times27}{25\times11}$	3.1418181	0.0002255	$\frac{13\times29}{4\times30}$	3.1416666	0.0000740
$\frac{19\times21}{127}$	3.1417322	0.0001395	$\frac{5\times71}{113}$	3.1415929	0.0000002
$\frac{25\times47}{22\times17}$	3.1417112	0.0001185			

根据上述公式，就可以计算出需要的配换齿轮。为了适应车削各种螺距的螺纹需要，无进给箱的车床一般配备有下列齿数的配换齿轮：20、25、30、35、40、45、50、55、60、65、70、75、80、85、90、95、100、105、110、115、120、127。计算出的配换齿轮，应符合上述齿数范围。极特殊情况，也可制造专用齿数的挂轮。

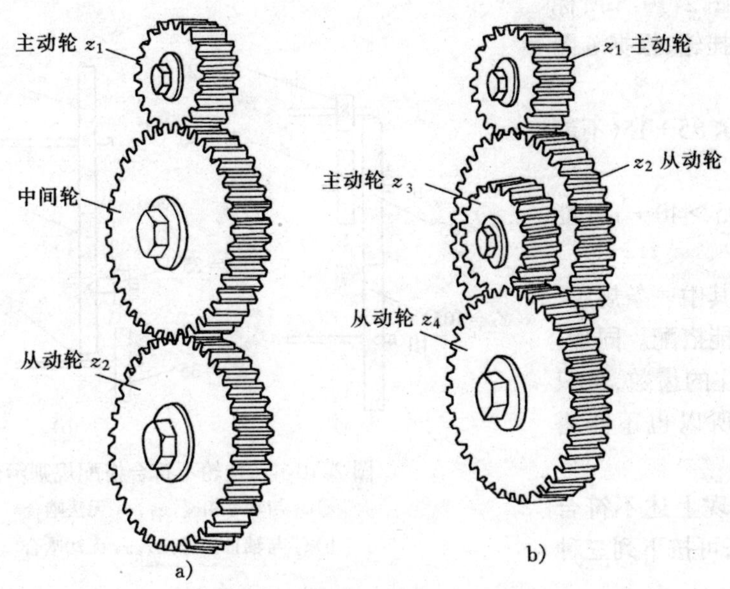

图 2-10-3 单式轮系和复式轮系
a)单式 b)复式

根据挂轮计算公式计算出的数值,有时用一对齿轮就可以得到要求的速比,即 $i=\frac{z_1}{z_2}$,称为单式轮系,如图 2-10-3a 所示。在 z_1 和 z_2 之间,一般都要加一个中间轮(介轮),以便把 z_1 的运动传至 z_2。中间轮对速比无影响,可以根据 z_1 和 z_2 之间的距离大小选择齿数。当用单式轮系无法满足传动比要求时,可改用两对齿轮,称为复式轮系,如图 2-10-3b 所示,即 $i=\frac{z_1}{z_2}\times\frac{z_3}{z_4}$。

例 车床丝杠螺距为 12mm,车削轴向模数 $m_x=4$ 的单头蜗杆,求挂轮。

解 $P_{工件}=\pi m_x=4\pi=4\times\frac{22}{7}$(根据表 2-10-2),所以

$$i=\frac{P_{工件}}{P_{丝杠}}=\frac{4}{12}\times\frac{22}{7}=\frac{4}{6}\times\frac{11}{7}=\frac{40}{60}\times\frac{55}{35}$$

即各挂轮齿数为 $z_1=40, z_2=60, z_3=55, z_4=35$。应该指出的是,用这种方法计算的挂轮,不一定都能进行搭配。有时其中一个挂轮会顶住另一个挂轮的轮轴,使另一对齿轮不能啮合,而无法实现传动,如图 2-10-4 所示。因此挂轮大小必须符合下列两条搭配规则,即

$$z_1+z_2>z_3+15$$
$$z_3+z_4>z_2+15$$

本例车削蜗杆计算中,因为所选挂轮齿数为 $z_1=40, z_2=60, z_3=55, z_4=35$,根据这两条搭配原则计算为

40 + 60 > 55 + 15(能搭配)

55 + 35 > 60 + 15(能搭配)

所以符合搭配规定。

但是如果按图 2-10-4 所标注的齿数来搭配挂轮，根据 a 图为

25 + 40<85 + 15(不能搭配)

85 + 105>40 + 15(能搭配)

那就只符合其中一条规定，所以这套挂轮不能搭配。同理，按图 2-10-4b 标注的齿数，也只符合一条规则，所以也不能搭配。

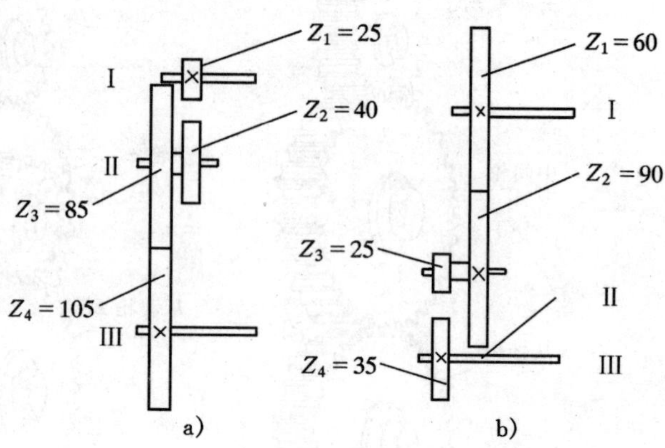

图 2-10-4 挂轮不符合搭配规则示例

a) z_3 与轴Ⅰ相碰，z_1，z_2 无法啮合

b) z_2 与轴Ⅲ相碰，z_3，z_4 无法啮合

如果挂轮出现上述不符合搭配规则的现象，可按下列三种方法进行调整：

①可以把主动轮与主动轮或从动轮与从动轮互换位置，如图 2-10-4a 所示齿轮变换为

$$\frac{z_1}{z_2}\times\frac{z_3}{z_4}=\frac{25}{40}\times\frac{85}{105}=\frac{25}{105}\times\frac{85}{40}$$

②主动轮与主动轮的齿数或从动轮与从动轮的齿数可以互借倍数，如图 2-10-4b 齿轮变换为

$$\frac{z_1}{z_2}\times\frac{z_3}{z_4}=\frac{60}{90}\times\frac{25}{35}=\frac{60}{45}\times\frac{25}{70}$$

③主动轮与从动轮的齿数可以同时增大或缩小几倍，如$\frac{z_1}{z_2}\times\frac{z_3}{z_4}=\frac{45}{70}\times\frac{30}{20}=\frac{45}{70}\times\frac{60}{40}$。

四、蜗杆的车削方法

1. 车刀装夹方法

车削轴向直廓蜗杆，要求刀杆轴线与工件中心线垂直。为此，小模数蜗杆车削可用车刀角度样板找正刀尖角。但对于模数较大的蜗杆车刀，用样板找正就比较困难，容易把车刀装歪。通常采用万能量角器，对大模数车刀找正，如图 2-10-5 所示。将万能量角器的一边靠住工件外圆，观察另一边和车刀刃口的间隙，如有偏差，可转动刀架或重新装夹车刀，来调整车刀刀尖角位置。量角器上与车刀刃口接触的直尺，调整到 20°固定。

2. 切削用量的选择

1)切削速度的选择　车蜗杆的切削速度比车削梯形螺纹一般要低一些，可取 $v_c = 0.067$ m/s～0.103 m/s，再根据切削速度和蜗杆直径的大小，选择合适的机床主轴转数。

2)背吃刀量的选择　精车蜗杆齿形两侧面，一般采用左右切削法。这主要是因为蜗杆螺距大，齿形深，切削面积大。背吃刀量每次控制在 0.02 mm 左右，不宜过大，否则容易“啃刀”，表面粗糙度值增大。

3. 车削工艺

蜗杆车削，一般应粗车、精车分开进行。这样做的目的是提高加工精度，有时是为了中间

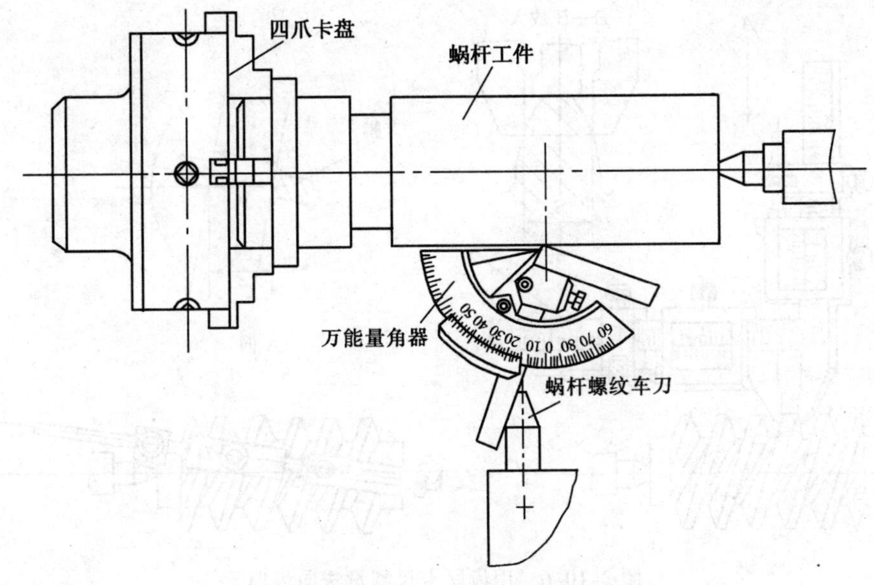

图 2-10-5 用万能量角器装正车刀

安排处理工序。粗车的任务主要是开螺纹槽,切去大量的余量,给精车留有 0.2 mm~0.4 mm 的余量。精车的任务是切除各部余量,保证图样的各项尺寸精度和技术要求。

五、蜗杆的测量方法

1.分度圆直径的测量

分度圆直径的测量方法与梯形螺纹中径的测量方法相同,采用三针或单针测量法,计算公式也一样。但蜗杆的齿距和导程比较大,一般无法用三针测量,大多数用单针测量。使用单针测量法,测量值 A 的计算公式为 $A=\dfrac{M+d_0}{2}$。式中 d_0 值应为蜗杆的实际测量外径尺寸值;式中 M 值的计算,应以蜗杆分度圆直径尺寸代入,其余相同。

2.齿厚的测量

齿厚测量方法,一般是用齿厚游标卡尺。测量蜗杆中径齿厚,如图 2-10-6 所示。测量时,先将齿厚卡尺读数调整到等于蜗杆的齿顶高(即等于轴向模数 m_x),然后法向卡入齿廓,其齿厚卡尺测得的读数就是蜗杆中径(d_2)处的法向齿厚。因图样上标注的一般是轴向齿厚,故测量前应先将轴向齿厚换算成法向齿厚,与实际测得的相比较,看是否合格。其换算公式为:

$$s_n=s_x\cos\gamma=\frac{\pi m_x}{2}\cos\gamma$$

式中 s_n——蜗杆的法向齿厚;

s_x——蜗杆的轴向齿厚;

γ——蜗杆的导程角;

m_x——蜗杆的轴向模数。

必须注意,在测量时必须考虑蜗杆外径误差对齿厚的影响。

六、分析生产实习图并确定加工步骤

1.分析生产实习图

图 2-10-7 为一蜗杆图,分析其主要技术要求如下:

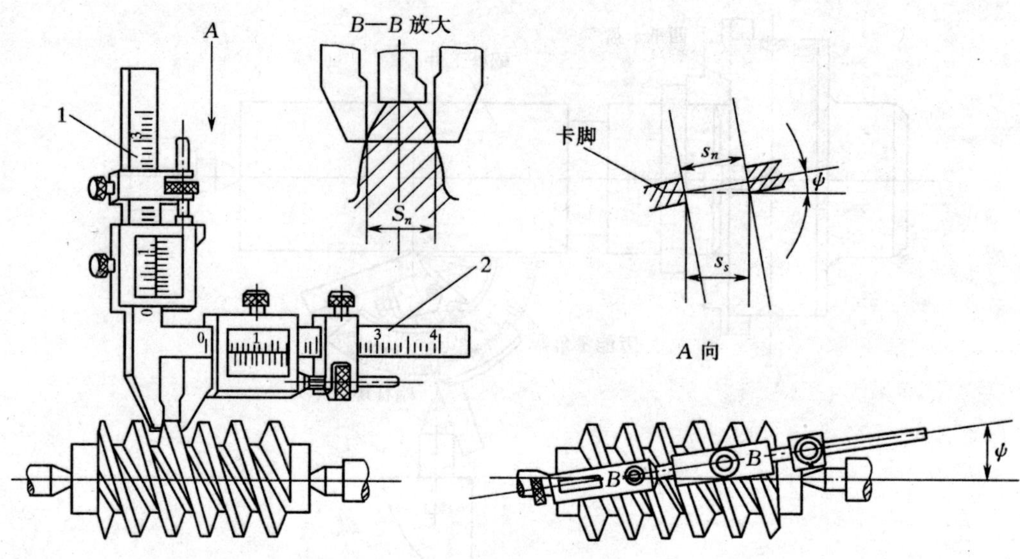

图 2-10-6　用齿厚卡尺测量法向齿厚

1—齿高度尺；2—齿厚度尺

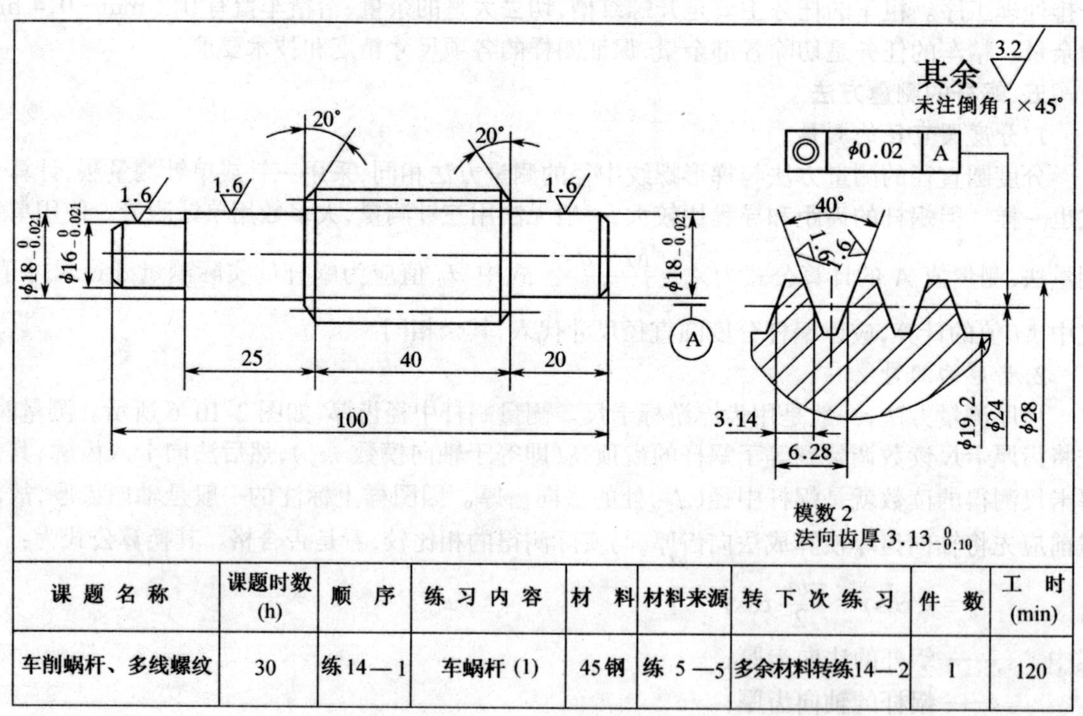

课题名称	课题时数(h)	顺　序	练习内容	材　料	材料来源	转下次练习	件　数	工　时(min)
车削蜗杆、多线螺纹	30	练 14—1	车蜗杆 (1)	45 钢	练 5—5	多余材料转练14—2	1	120

图 2-10-7　蜗杆

①$\phi18_{-0.021}^{\ 0}$ mm，$R_a1.6$ μm 外圆两处；

②$\phi16_{-0.021}^{\ 0}$ mm，$R_a1.6$ μm 外圆；

③$\phi28$ 蜗杆，齿面 $R_a1.6$ μm；

④蜗杆分度圆与 $\phi18_{-0.021}^{\ 0}$ mm 外圆柱表面的同轴度为 $\phi0.02$ mm；

⑤法向齿厚 $3.13_{-0.10}^{0}$。

加工中,上述技术要求要重点给以保证,因此安排加工步骤及选择定位、加工方法时,要充分考虑。

2. 加工步骤

①将来料车平两端面,总长 100 mm,两端钻中心孔。

②两顶尖或一顶一夹安装。粗车外圆 $\phi16_{-0.021}^{0}$ mm 为 $\phi17$ mm×15 mm,$\phi18_{-0.021}^{0}$ mm 外圆为 $\phi19$ mm×25 mm,即直径留 1 mm 余量。

③调头装夹。粗车外圆 $\phi18_{-0.021}^{0}$ mm 至 $\phi18.2$ mm×20 mm;粗车外圆 $\phi28$ mm 为 $\phi28.2$ mm×40 mm;(粗车蜗杆外径,留 0.2 mm~0.4 mm 余量)。

④两顶尖装夹。粗车蜗杆外径 $\phi28$ mm 至尺寸,倒角 2×20°。

⑤精车蜗杆齿形至尺寸要求。

⑥精车 $\phi18_{-0.021}^{0}$×30 至尺寸倒角 1×45°。

⑦调头两顶尖装夹。精车 $\phi18_{-0.021}^{0}$ mm×25 mm;$\phi16_{-0.021}^{0}$ mm×15 mm 至尺寸。倒角 1 mm×20°及 1mm×45°。

七、容易产生的问题和注意事项

①车削蜗杆前,应根据给定模数计算齿距,图样已标注齿距的,应验算。

②由于蜗杆导程角较大,车刀的两侧副后角应适当增减。精车刀的刃磨要求两侧刀刃平直,表面粗糙度要小。两侧刀刃夹角正确。

③粗车大模数蜗杆时,为了提高工件刚度,最好采用一端用卡盘夹紧,另一端用顶尖支顶的安装方式。

④为了保证同轴度要求,精车蜗杆时,工件要以两顶尖孔定位安装。其相应有同轴度要求的各表面,也要以两顶尖孔定位加工。

⑤为了保证蜗杆齿形表面粗糙度要求,要采用低切削速度、薄切屑、大冷却液等措施。

⑥对蜗杆齿形及其他主要尺寸,加工中注意测量。测量中应注意加工余量及尺寸误差带来的影响。

⑦粗、精加工工序一定要分开进行。不允许将一个表面加工到尺寸要求后,再去粗、精加工另一个表面,这样难以保证精度要求。

10-2　车削多线螺纹

在一个圆柱体上,有两条或两条以上的螺旋线,在轴向又等距分布的螺纹,叫多线螺纹。多线螺纹包括多线丝杠螺纹和多头蜗杆等。多线丝杠每转一周,螺母移动相应线数倍数的螺距。多头蜗杆每转一周,蜗轮转过相应线数倍数的齿距。多线丝杠和多头蜗杆都广泛应用于机械传动当中。现介绍多线螺纹加工中的有关问题。

一、车削多线螺纹时挂轮的计算

多线螺纹的挂轮计算,不同于单线螺纹的挂轮计算,必须考虑螺纹线数。其计算公式为

$$i=\frac{P_z}{P_{丝杠}}=\frac{n\pi m_x}{P_{丝杠}}=\frac{z_1}{z_2}\times\frac{z_3}{z_4}$$

式中　P_z——工件导程;

n——螺纹线数。

例 1 车床丝杠螺距 $P=12$ mm,车削模数 $m_x=3$ 的双线蜗杆,求挂轮。

解

$$i=\frac{P_z}{P_{丝杠}}=\frac{n\pi m_x}{P_{丝杠}}=\frac{2\times\frac{22}{7}\times 3}{12}=\frac{22}{7}\times\frac{6}{12}=\frac{11}{7}=\frac{55}{35}$$

即可以用两个挂轮 $z_1=55,z_2=35$。

例 2 车床丝杠螺距 $P=12$mm,车削轴向横数 $m_x=4$ 的四线蜗杆,求挂轮。

解 $$i=\frac{P_z}{P_{丝杠}}=\frac{n\pi m_x}{P_{丝杠}}=\frac{4\times\frac{22}{7}\times 4}{12}=\frac{4}{3}\times\frac{22}{7}=\frac{40}{30}\times\frac{22}{7}=\frac{40}{15}\times\frac{11}{7}=\frac{80}{30}\times\frac{55}{35}$$

即 $z_1=80,z_2=30,z_3=55,z_4=35$

判断是否能搭配:

$80+30>55+15$ 能搭配

$55+35>30+15$ 能搭配

因为两条规则都符合,故本套挂轮能搭配。

二、车削多线螺纹的分线方法

车削多线螺纹,主要是掌握螺纹的分线方法。这是比车削单线螺纹困难的关键问题。如果分线出现误差,将会所车的多线螺纹的螺距不等,就会严重地影响内外螺纹或蜗杆蜗轮的配合精度,从而影响传动精度和降低使用寿命。因此,必须重视和很好地掌握螺纹的分线方法。

1.轴向分线法

当车好第一条螺旋线之后,把车刀沿轴向移动一个螺距,再车削第二条螺旋线。这种方法只需精确地测量出车刀的移动距离,就可以加工另一条螺旋线。有以下三种方法。

(1)移动小滑板分线法

当车完一条螺旋槽后,利用小滑板上的刻度盘,控制车刀移动一个螺距的距离,再车削相邻的一条螺旋槽,从而达到分线的目的。

例 车削导程为 8mm 的双线螺纹,用小滑板分线时,如果车床小滑板的刻度每格为 0.05mm,求小滑板刻度盘应转过的格数。

解 $P_{工件}=\frac{P_z}{n}=\frac{8}{2}=4$ mm

分线时小滑板刻度盘应转过的格数为

$$a=\frac{4}{0.05}=80 \text{ 格}$$

转动刻度盘时,应消除传动间隙。这种分线方法比较简单,不需其他辅助工具就可以进行,但精度不高。故一般用于多线螺纹的粗车和单件、小批量生产的情况。

(2)用百分表确定小滑板移动量

如图 2-10-8 所示。这种方法是将表压在小滑板的一端,将表调到零后,移动小滑板一个螺距,再车削相邻的槽。因为百分表的读数范围很小,加工大螺距螺纹就不适用。但此方法的分线精度较高。

(3)用百分表和量块确定小滑板移动量

如图 2-10-9 所示。在小滑板端面和百分表表头之间垫一块等于螺距的量块,调整百分表指针对零位,拿走量块,车削第一条螺纹。当车削第二条螺纹时,移动小滑板(小刀架)使小滑板端面与表头接触并对准零位。因量块的尺寸范围很大,故此法适于螺距较大,分线精度要求较高的多线螺纹。

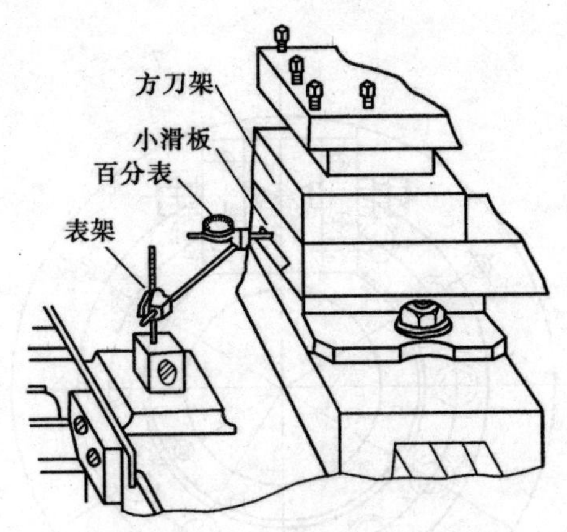

图 2-10-8　利用百分表进行分线

2. 圆周分线法

多线螺纹各条线在端面上相隔的角度为 $\alpha = \frac{360^\circ}{n}$,所以双线螺纹的两条线的起点相隔 180°,三线螺纹的 3 条线的起点相隔 120°,4 条线螺纹的 4 条线的起点相隔 90°。根据不同线数,可以计算出任意线数的相隔角度。圆周分线法就是依据上述特点,当车好第一条螺旋槽之后,脱开开合螺母,并把工件转过一个 α 角,再合上开合螺母,车削另一条螺旋槽。这样依次分线,就可车出多线螺纹。常用的圆周分线方法有用三爪或四爪卡盘分线,分线精度较低。也可用多孔插盘分线,此法分线精度较高,但需制作专用分度盘。图 2-10-10 为一车多线螺纹的分度盘结构。分度盘由内螺纹与车床主轴连接,盘上有等分精度很高的分度插孔 2,一般为 10 或 12 个等分孔,可以完成各种线数蜗杆的加工。工件在两顶尖间安装,用鸡心夹头拨动旋转。分线时,停车,拉出插销 1,松开螺母 3,把分度盘 4 旋转至所需的分线度数 α,再把插销插入孔中,锁紧螺母 3,分线工作就此完成,即可进行下一个螺旋槽的加工。

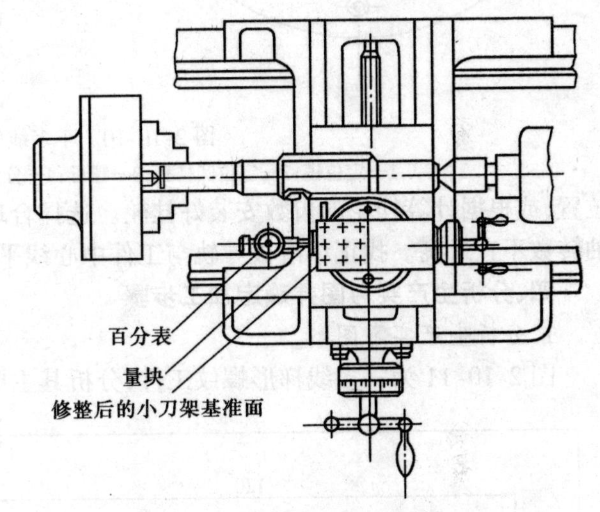

图 2-10-9　小刀架垫块规分线法

当车削多线内螺纹时,可把拨块 7 拆下,装上卡盘 5,用螺钉 6 紧固。工件用卡盘 5 安装,分线方法与上述相同。

三、车削多线螺纹的方法

车削多线螺纹应特别注意以下几点。

①车削多线螺纹时,绝不可将一条螺旋槽车至尺寸要求后,再车削另一条螺旋槽。应该是几个槽首先都粗车,留一定余量,再进行精车。

②粗车第一条螺旋槽时,记住小滑板的刻度值;记住中滑板最后一次走刀的刻度值。进行分线后,粗车第二条、第三条……螺旋槽时,中小滑板的刻度值应与第一条螺旋槽车削时相同。

③精车螺旋槽时,要特别注意分线方法的选择。

④注意对机床的调整。根据螺纹导程的大小,按机床铭牌调整挂轮箱及进给箱的各手柄

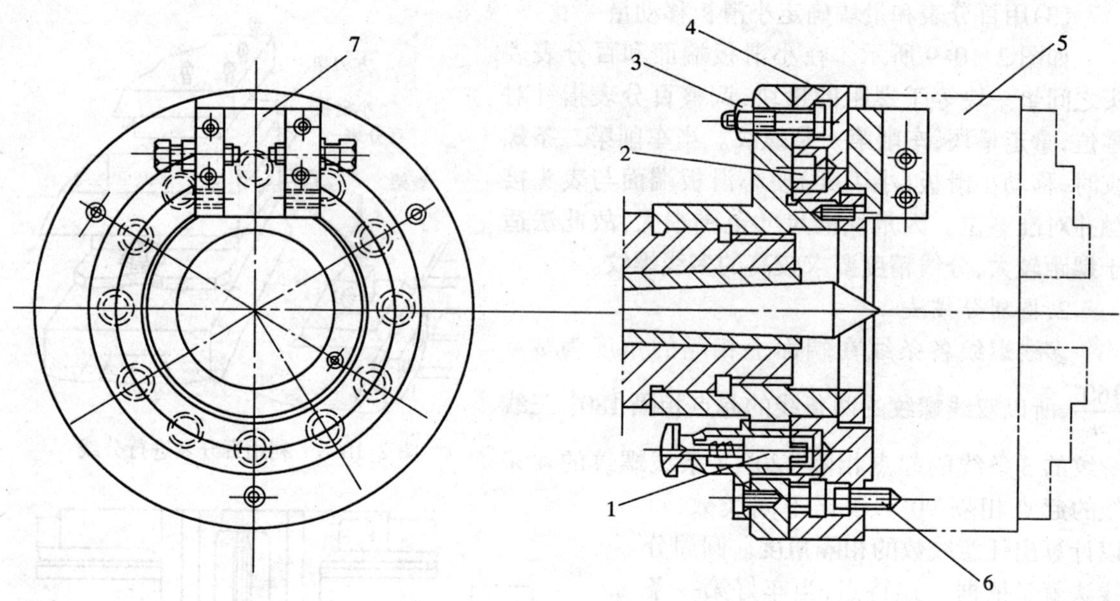

图 2-10-10 车多线螺纹分度盘

1—定位销;2—定位圆柱孔;3—螺母;4—分度盘;5—卡盘;6—螺钉;7—拨块

位置,或根据计算挂轮的齿数安装好挂轮。选择合理的主轴转数。多线螺纹导程较大,一般主轴转数不宜过高。找正小滑板导轨与工件中心线平行度。调整好中、小滑板的间隙。

四、分析生产实习图并确定加工步骤

1. 分析生产实习图

图 2-10-11 为一多线梯形螺纹工件,分析其主要技术要求如下:

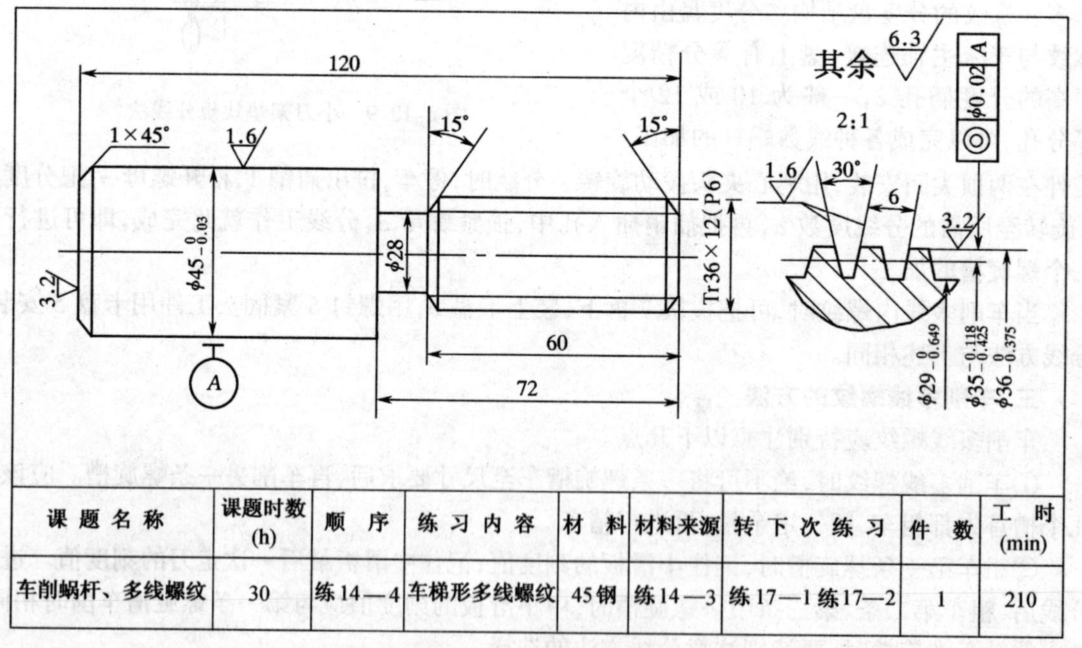

课题名称	课题时数(h)	顺序	练习内容	材料	材料来源	转下次练习	件数	工时(min)
车削蜗杆、多线螺纹	30	练14—4	车梯形多线螺纹	45钢	练14—3	练17—1 练17—2	1	210

图 2-10-11 梯形多线螺纹

①$\phi 45_{-0.03}^{\ 0}$ mm×48 mm外圆柱表面，粗糙度 $R_a 1.6\ \mu m$；

②Tr36×12(*P*6)多线螺纹，两侧面 $R_a 1.6\ \mu m$；

③螺纹中径与 $\phi 45_{-0.03}^{\ 0}$ mm外圆同轴度允差 $\phi 0.02$ mm；

④螺纹中径 $\phi 35_{-0.425}^{-0.118}$ mm及其他各尺寸要求。

加工中，这些主要技术要求必须从工艺安排及加工方法、定位方法等方面给以充分考虑。

2. 加工步骤

①将 $\phi 48$ mm×122 mm的坯料，装夹在三爪卡盘中，伸出50 mm长。

②平两端面打中心孔，粗车 $\phi 45_{-0.03}^{\ 0}$ mm外圆至 $\phi 46$ mm×45 mm。

③调头，用三爪卡盘装夹 $\phi 46$ mm外圆。平另一端面，保证全长120 mm，打中心孔；粗车 $\phi 36$ mm外圆至 $\phi 37$ mm×71 mm；切 $\phi 28$ mm×12 mm槽。

④两顶尖装夹，精车外圆 $\phi 45_{-0.03}^{\ 0}$ mm外圆至尺寸，倒角1×45°。

⑤调头，两顶尖装夹，精车 $\phi 36_{-0.375}^{\ 0}$ mm处圆，倒两侧角1×15°。

⑥粗、精车Tr36×12(P6)螺纹至尺寸要求。

⑦检查。

五、容易产生的问题和注意事项

①此多线螺纹升角较大，车刀的两侧后角要相应增减，刃磨时要注意。

②多线螺纹导程大，进给速度快，车削时要当心碰撞。主轴转速不宜太高。

③用移动小滑板分线时先检查小滑板行程量是否能满足分线要求。

④小滑板移动方向必须和机床导轨平行，否则会造成分线误差及螺旋槽的深浅不一。找正的方法是利用已车好的螺纹外径(其锥度应在0.02/100以内)，找正小滑板导轨的有效行程对床身导轨平行度误差，如图2-10-12所示。百分表表架安放在刀架上，百分表触头在水平方向与工件外径接触，手摇小滑板测量，误差不超过0.02/100。若有偏差，松开转盘前、后螺钉，进行微调，直至符合要求。

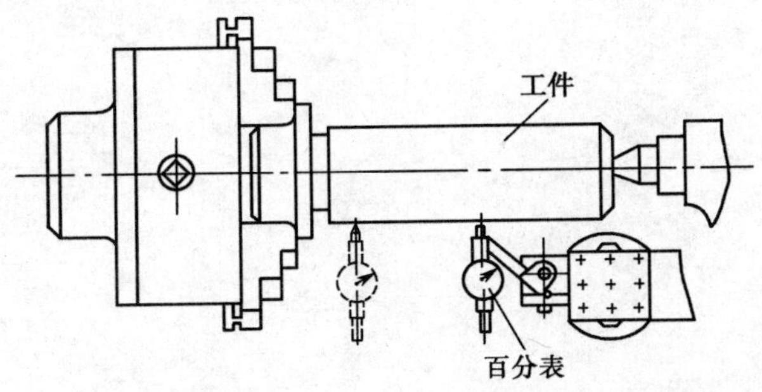

图2-10-12　小滑板导轨校直方法

⑤在每次分线时，小滑板手柄旋转的方向要相同，否则由于丝杠和螺母之间的间隙而产生误差。在采用左右切削法时，必须先车削牙形的各个左侧面，再车削牙形的各个右侧面。

⑥在采用直进法车削小螺距多线螺纹工件时，应注意调整小滑板的间隙，不能太松，以防止切削时的位移，影响分线精度。

⑦用百分表读数分线时，百分表测量杆应平行于工件轴线，否则也会产生误差。加工中如有冲击和碰撞现象，测量杆发生移动，则需重新调整百分表位置。

⑧精车螺纹时，要多次循环分线，第二次或第三次循环分线时，不准用小滑板赶刀，只能在牙形面上单面车削，以矫正赶刀或粗车时所产生的误差。经过循环车削，即能消除分线或赶刀所产生的误差，又能提高螺纹的精度和减小表面粗糙度。

⑨多线螺纹分线不正确的原因：小滑板移动距离不正确；车刀修磨后，重新安装中未检查对准原来的轴向位置，或随便赶刀，使轴向位置移动；工件未夹紧，切削力过大而造成工件微量移动，也会使分线不正确。

第十一章　车削偏心工件

11-1　在三爪卡盘上车削偏心工件

一、偏心工件介绍

圆柱面的轴线平行而不相重合的零件称为偏心工件。轴线平行之间的距离为偏心距。在机械传动中,回转运动与往复直线运动之间的相互转换,一般都是利用偏心零件完成的。如偏心轴带动的油泵,内燃机中的曲轴等。

二、垫片厚度计算

三爪卡盘一个卡爪上垫一块垫片,使工件产生偏心,垫片厚度的计算如下。

1. 工件的偏心距较小时(e<5 mm～6 mm)(图 2-11-1)

垫片厚度 x 的计算式为:

$$x = 1.5e\left(1 - \frac{e}{2D}\right) \qquad (2\text{-}11\text{-}1)$$

式中　e——偏心工件的偏心距,mm;

D——夹持部位的工件直径,mm。

当 D 相对 e 较大时上式可简化为

$$x = 1.5e \pm k$$

$$k \approx 1.5\Delta e$$

式中　k——偏心距修正值,正负值按实测结果确定,mm;

Δe——试切后实测偏心距误差,mm;

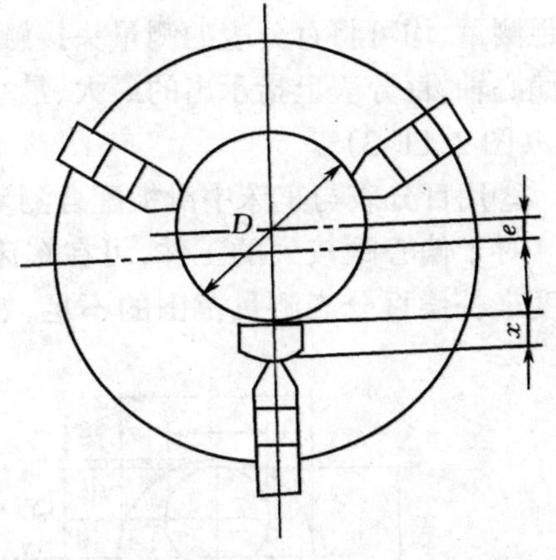

图 2-11-1　在三爪卡盘上车削偏心工件

2. 工件的偏心距较大时

切削偏心距较大的偏心工件时,使用扇形垫片(图 2-11-2)。厚度 x 的计算式为:

$$x = 1.5e\left(1 + \frac{e}{2D + 7e}\right) \qquad (2\text{-}11\text{-}3)$$

3. 偏心精度要求较高的工件

在车削偏心精度要求较高的工件时,先按以上公式计算得垫片厚度 x,试车削后,实测偏心距误差 Δe,再对 x 进行修正,公式如下:

$$x_{实} = x \pm 1.5\Delta e \qquad (2\text{-}11\text{-}4)$$

三、车削方法及偏心距检查

1. 车削方法

①先把偏心工件中不是偏心的外圆车好。

②根据外圆 D 和偏心距 e 计算预垫厚度 x。

③用百分表在圆周上测量(图 2-11-3),缓慢转动,跳动量的一半就是偏心距 e。也可试车偏心,注意只要车削到能在工件上测出偏心误差 Δe 即可。

④修正 x,直至 e 合格。

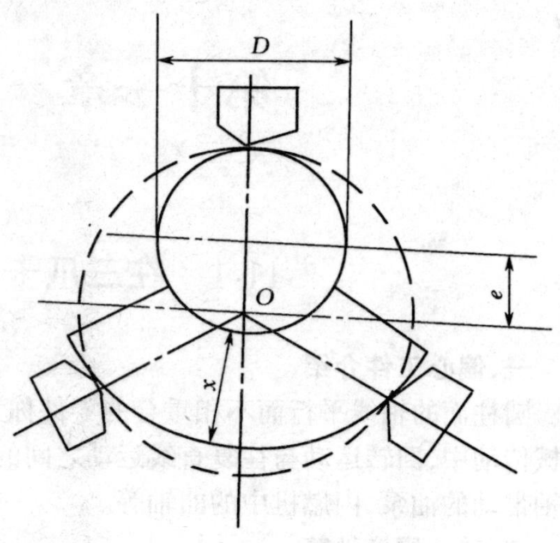

图 2-11-2 扇形垫片的形状和计算

2. 偏心距检查

(1)e 精度要求不高时

如图 2-11-4 所示,用深度游标卡尺测出两圆柱面之间的最小距离 a,然后按下式计算出偏心距 e。

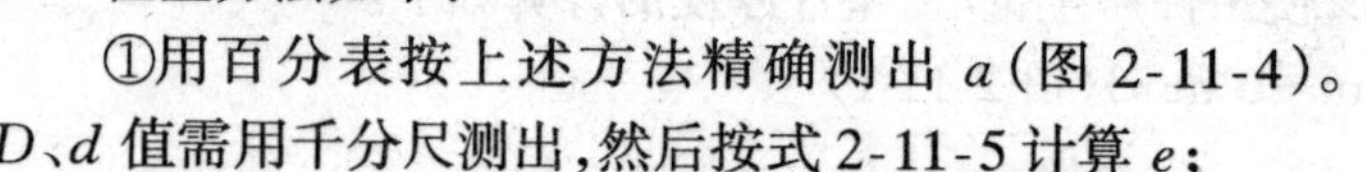

$$e=\frac{D-d}{2}-a \qquad (2\text{-}11\text{-}5)$$

(2)e 精度要求较高时

检查方法如下:

①用百分表按上述方法精确测出 a(图 2-11-4)。D、d 值需用千分尺测出,然后按式 2-11-5 计算 e;

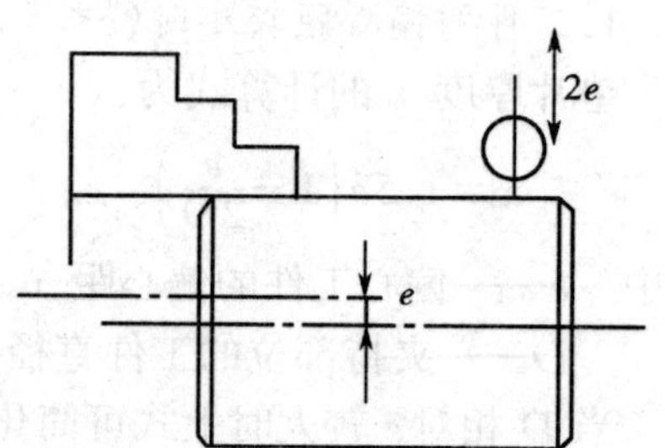

图 2-11-3 检查偏心距

②偏心工件在卡盘上或两端有中心孔的偏心轴的偏心距测量,均可将百分表的测量头接触偏心部分,用手转动偏心轴,百分表上指示出的最大、最小值之差的一半就是 e(图 2-11-3);

③用百分表与车床中滑板配合测量偏心距。

对于偏心距较大的工件,可在车床上利用中滑板的刻度来补偿百分表测量范围的不足,如图 2-11-5 所示。

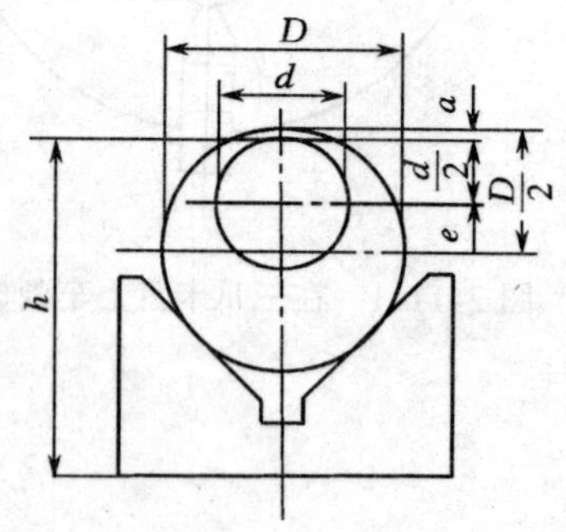

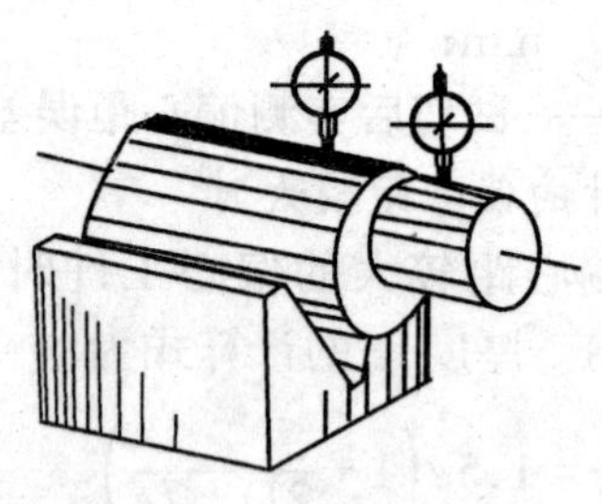

图 2-11-4 偏心距的间接测量方法

测量时,首先使百分表与工件偏心外圆接触,找出最高点(图示位置),记下读数及中滑板的刻度值,随后将工件转过 180°,再摇进中滑板,找出偏心圆的最低点,使百分表与工件偏心圆的最低点接触,并调整中滑板保持百分表的原读数。这时从中滑板的刻度盘上所得出的中滑板的移动距离即是两倍的偏心距。

四、分析生产实习图并确定加工步骤(图 2-11-6)

1. 分析

①零件不长,偏心距不大,在三爪卡盘上只需在一个卡爪垫上垫片。

②由于 $e=4\pm0.05$ 精度较高，需测量或试车，最后确定垫片厚度 x。

③外圆要求均 $R_a1.6\mu m$，车偏心件夹外圆时另两个卡爪也应垫薄垫片。

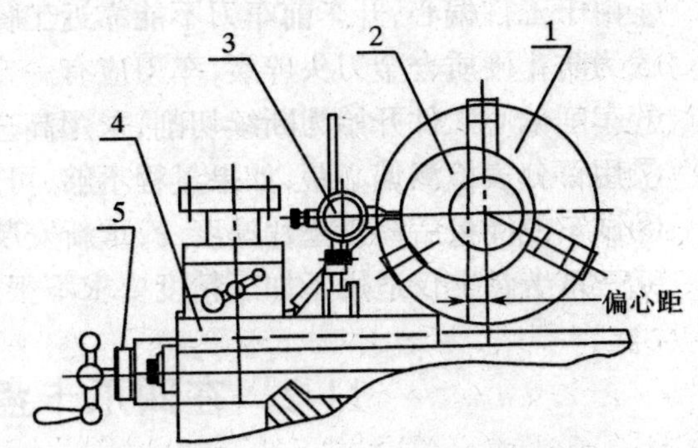

图 2-11-5 用百分表和中滑板刻度配合测量偏心距

1—三爪卡盘；2—工作；3—百分表；4—中滑板；5—中滑板刻度盘

2. 加工步骤

①在三爪卡盘上夹住工件外圆，伸出长 50 mm 左右。

②粗、精车外圆尺寸至 $\phi32^{-0.025}_{-0.05}$ mm，长至 40 mm。

③外圆倒角 1×45°。

④切断，长 36 mm。

⑤调头切平面，保证长 35 mm。

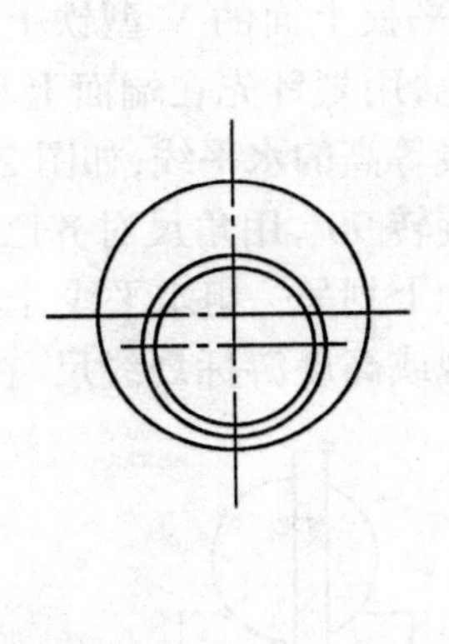

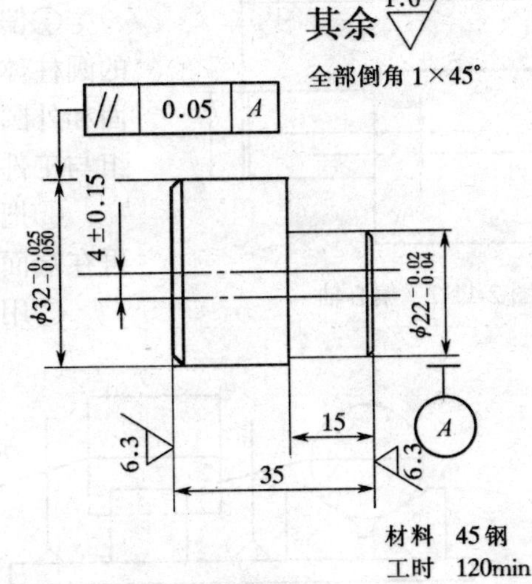

图 2-11-6 偏心轴

⑥工件在三爪卡盘上垫垫片装夹、校正、夹紧。

⑦试车削或用百分表测量偏心距，得 Δe，重新确定垫片厚，安装、校正、夹紧。

⑧粗、精车外圆尺寸至 $\phi22^{-0.02}_{-0.04}$ mm，长至 15 mm。

⑨外圆倒角 1×45°。

⑩检查。

五、容易产生的问题及注意事项

①开始装夹或修正 x 后重新装夹时，均应用百分表校正工件外圆，使外圆侧母线与车床主轴轴线平行，保证偏心轴两轴线的平行度。

②垫片材料应有一定硬度，以防装夹时发生变形。垫片与爪脚接触的一面应做成圆弧面，其圆弧大小等于或小于爪脚圆弧。

③当外圆精度要求较高时，为防止压坏外圆，其他两爪脚也应垫一薄垫片，但应考虑对偏心距 e 的影响，要相应增厚垫片 x。如果使用软卡爪，则不要考虑对 e 的影响。

④由于工件偏心，开车前车刀不能靠近工件，以防工件碰击车刀。切削速度不宜高。

⑤为防止硬质合金刀头碎裂，车刀应有一定的刃倾角，吃刀量深一些时进给量应小。

⑥车削偏心工件开始为断续切削，采用高速钢车刀较好。但都要注意飞溅碎屑伤人。

⑦用百分表检测偏心距，如果量程不够，可用块规或其他标准厚度与百分表配合测量。

⑧试车或测量后修正垫片厚度 x，重新安装工件，应注意其他垫片夹持位置。

⑨三爪卡盘上仅适用于加工精度要求不很高，偏心距在 10 mm 以下的短偏心工件。

11-2　在四爪卡盘上车削偏心工件

外形不规则、精度要求不高、偏心距小、长度较短不便于用顶尖装夹的偏心工件适合在四爪卡盘上装夹车削。装夹前，工件应先划线。装夹时，必须仔细校正已划好的偏心中心线，保证偏心中心线与机床主轴中心线重合。

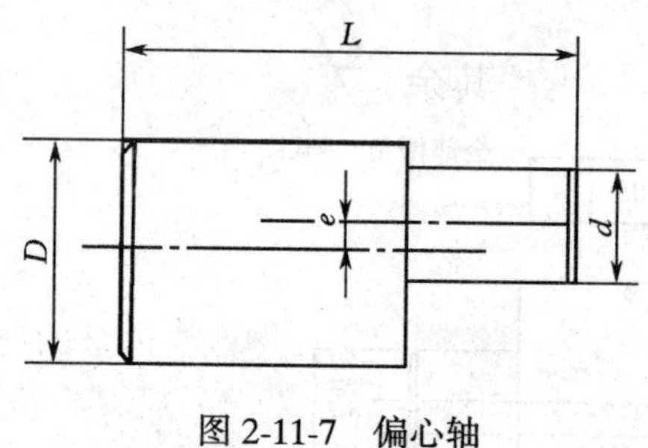

图 2-11-7　偏心轴

一、偏心工件划线方法

①偏心工件如图 2-11-7。将毛坯车成 $\phi D \times L$ 的圆柱体，放在平板上面的 V 型铁上，在轴的两端面和外圆上涂色，用划针先在端面上和外圆上划一组与工件中心线等高的水平线，如图 2-11-8a。

②把工件旋转 90°，用角尺对齐已划好的端线，再在端面和外圆上划另一组水平线，图 2-11-8b。

③用两脚规或高度游标划线尺，在工件的端面上取偏心距 e 值，作出偏心点。以偏心点为圆心作圆，并用样冲在所划出的线上打好样冲，图 2-11-9。

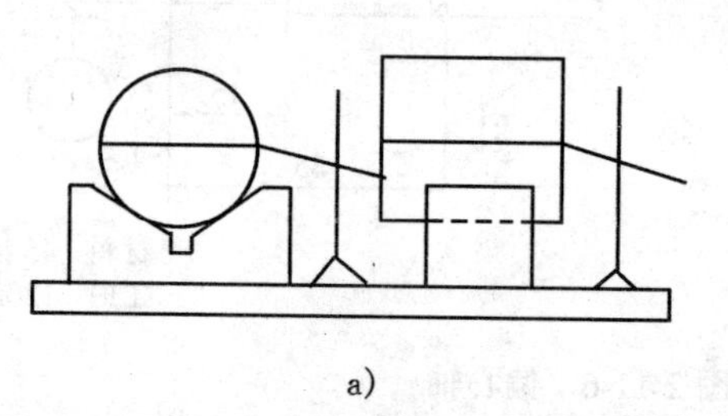

a)

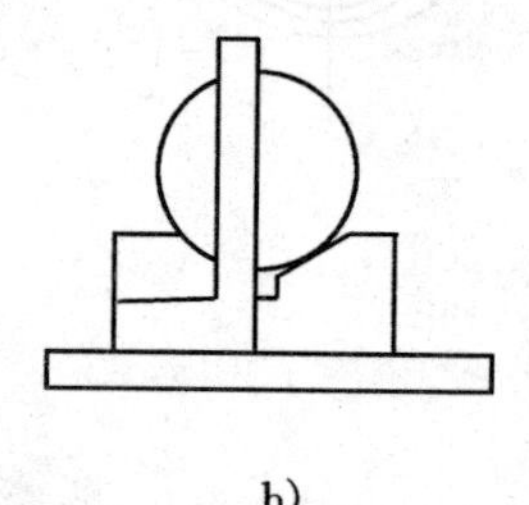

b)

图 2-11-8　偏心轴的划线方法

a)用划针划水平线　b)用角尺对齐划好的线

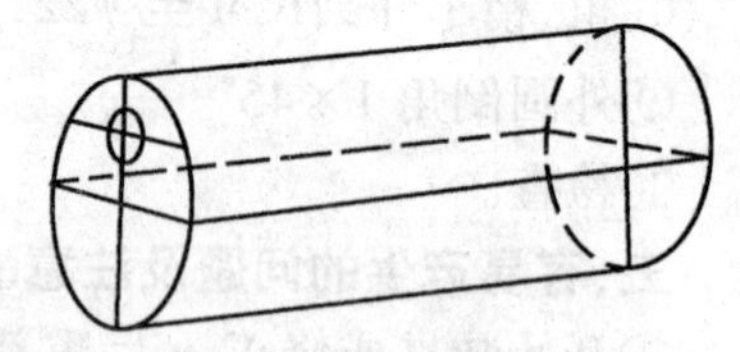

图 2-11-9　划偏心

二、四爪卡盘上车削偏心工件的方法

①将划好线的工件装夹在四爪卡盘上，轻轻夹紧，用划针盘针尖对准偏心圆线，校正偏心圆。然后把针尖对准外圆水平线，检查水平线是否水平。将工件旋转 90°，检查另一条水平线。再复校正偏心圆，然后紧固卡脚和复查工件装夹情况。

②工件经校准后，把四爪再紧一遍，即可进行切削。

③切削偏心工件时切削速度不能太高。初切削时，吃刀量要少，进给量要小，等工件车圆后，再增加切削用量。

④试车或测量偏心距。如有误差,可调整四爪,达到偏心距要求。

三、分析生产实习图并确定加工步骤

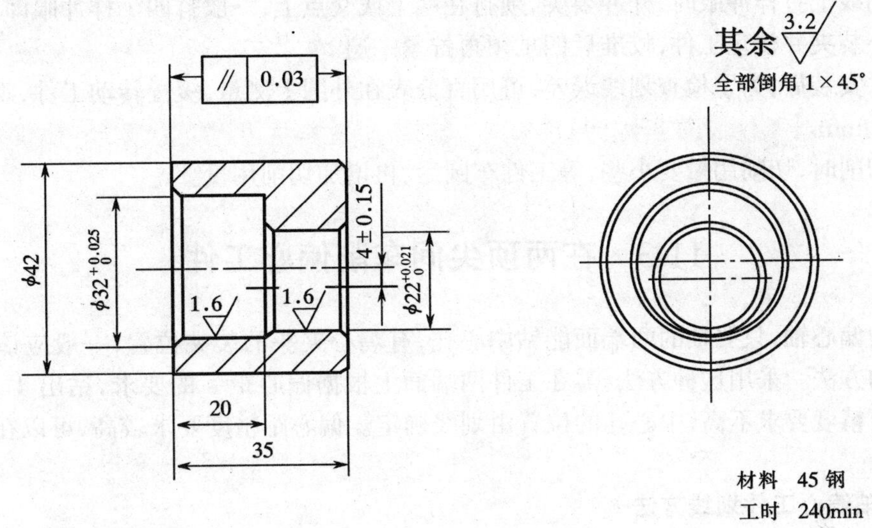

图 2-11-10 偏心套

1.分析图 2-11-10 所示偏心件

①无法在一次装夹中同时切削两端面保证平行度要求,只能同时完成左端与外圆的切削,保证左端面与外圆轴线的垂直度,再调头用百分表校正外圆,车削右端面保证两端面的平行度要求。

②两孔轴线偏心(4±0.15) mm,实质上也是小孔轴线对外圆轴线的偏心,因此要在一次装夹中完成大孔与外圆的切削。

2.加工步骤

①夹住外圆校正、夹紧。棒料伸出 45mm。

②粗车端面及外圆 $\phi42$ mm,长 36 mm。外圆留精车余量 0.8 mm。钻孔 $\phi30$ mm,长 20 mm(包括钻尖)。

③粗、精车内孔 $\phi32^{+0.025}_{0}$ mm,长 20 mm 至尺寸要求。

④精车端面及外圆 $\phi42$ mm,长 36 mm,至尺寸要求。

⑤外圆、孔口倒角 1×45°。

⑥切断工件,长 36 mm。

⑦调头夹住 $\phi42$ mm 外圆并校正,车准总长 35 mm 及倒角 1×45°(保证平行度 0.03)。

⑧在工件上划线,并在线上打样冲眼。

⑨按划线要求,在四爪卡盘上进行校正。

⑩钻 $\phi20$ mm 孔。

⑪粗、精镗内孔至尺寸 $\phi22^{+0.021}_{0}$ mm。

⑫孔口两端倒角 1×45°。

⑬检查。

四、容易产生的问题及注意事项

①划针要经过热处理使针头部的硬度达到要求。尖端磨成 15°～20°锥度,头部要保持尖

锐,划出的线条要清晰、准确。

②平板、划针盘底面要平整、清洁,保证划线准确。

③在划线上打样冲眼时,样冲要尖,须打在线上或交点上,一般打四个样冲眼即可。

④精心装夹并校正工件,校准后四爪须再拧紧一遍。

⑤工件安装后,为了检查划线误差,可用百分表在外圆上测量,缓慢转动工件,观察其跳动量是否为 8 mm。

⑥初切削时,切削用量要小些,等工件车圆后,再增加切削用量。

11-3　在两顶尖间车削偏心工件

较长的偏心轴,只要轴的两端面能钻中心孔,有鸡心夹头的装夹位置,一般应该用在两顶尖间车削的方法。采用这种方法,需在工件两端面上根据偏心距 e 的要求,钻出 4 个中心孔。如果偏心距精度要求不高,中心孔的位置由划线确定。偏心距精度要求较高,可以在镗床上直接钻中心孔。

一、长轴偏心工件划线方法

与在四爪卡盘上车削偏心工件的划线方法一样,但要在两端上均划线,得到中心和偏心 4 个点。再在划的线上打几个样冲眼,并钻出 4 个中心孔。

二、两顶尖车削偏心工件方法

在两顶尖车削偏心工件方法较简单。首先应根据偏心距的精度要求,确定是划线钻中心孔,还是不需划线在镗床上钻中心孔。然后顶住两组中心孔,分别车削两偏心圆柱面。

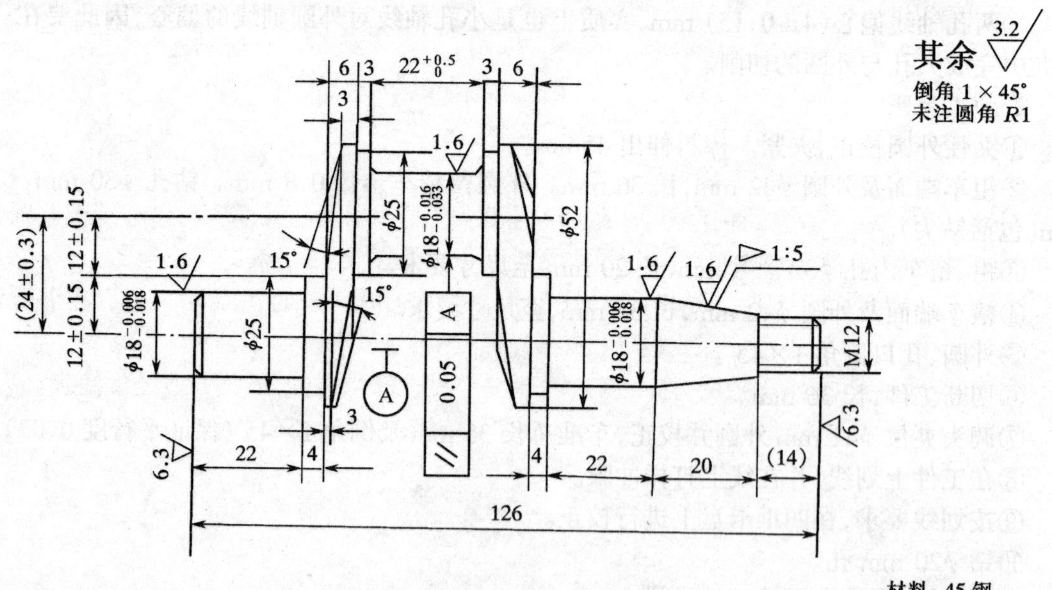

图 2-11-11　单拐曲轴

三、分析生产实习图并确定加工步骤(图 2-11-11)

1.分析

①偏心距 $e=(24\pm0.3)$mm 精度不高。采取划线来保证中心孔位置,达到偏心精度要求。

②曲轴相对 $\phi52$ 外圆轴心线都有偏心距(12 ± 0.15)mm,所以应先车出 $\phi52\times126$ 轴。

③$\phi18_{-0.033}^{-0.016}$ mm 外圆对基准 A 有平行度要求,由划线、钻中心孔保证。根据偏心轴的结构,应先加工 $\phi18_{-0.033}^{-0.016}$ mm 偏心轴上的所有结构,再加工两端偏心轴上的结构。

④加工两端偏心轴,由于中间有凹槽,使轴的刚性减弱,应用螺钉螺母支撑住。

2.加工步骤

①用三爪卡盘夹住工件一端的外圆,车削工件另一端面,钻中心孔 $\phi3$ mm。

②一顶一夹车削外圆 $\phi52$ mm 至尺寸要求,长度尽可能车得长些。

③用三爪卡盘夹住工件的外圆,车端面,保证总长 126 mm。

④划线。

⑤在工件两端面上,根据偏心距的间距(划线中心),在相应位置钻中心孔(4 个)。

⑥两顶尖间安装工件,粗、精车中间一拐尺寸 $\phi25$ mm×28 mm 及 $\phi18$ mm×22 mm,倒角 3×15°(两内侧)。

⑦在另一对中心孔上安装工件,并在中间凹槽中用螺钉螺母支撑住,支撑力量要适当。

⑧粗车右端 $\phi25$ mm 外圆至 $\phi26$ mm×59 mm。

⑨调头,在两顶尖间安装工件,粗、精车左端 $\phi25$ mm×4 mm 和 $\phi18$ mm×22 mm 至尺寸要求并倒角 1×45°(控制中间壁厚尺寸 6 mm)。

⑩调头,在两顶尖间安装工件,精车右端 $\phi25$ mm×4 mm 和 $\phi18$ mm×22 mm 及锥度 1:5 至尺寸要求,M12 螺纹(控制中间壁厚尺寸 6 mm)。

⑪倒角 3×15°(两外侧)。

⑫检查。

四、容易产生的问题及注意事项

①划线、打样冲眼要认真、仔细、准确,否则容易造成两轴轴心线歪斜和偏心距误差增大。

②支撑螺钉不能支撑得太紧,以防工件变形。太松易在加工中螺钉飞出伤人。

③由于是车削偏心工件,车削时要防止硬质合金车刀在车削时被碰坏。车刀在空行程进退都要小心操作,以防碰伤工件或损坏机床。

④车削偏心工件时,顶尖受力不均匀,前顶尖容易损坏或移位,因此必须经常检查。

⑤因为是断续车削,因此在削中应防止切屑飞溅伤人。

第十二章　较难车削的几种零件

12-1　细长轴的车削加工

通常工件长度与直径之比(L/d)大于20的轴类零件,称为细长轴。由于其结构特点,加工很困难,加工精度和表面粗糙度都不易保证,为此必须采用一些特殊的加工方法。

一、细长轴的工艺特点

细长轴加工时,主要工艺特点如下。

1. 刚度差

由于细长轴的长径比很大,比较柔软,车削加工时,受径向分力的作用,工件出现弯曲变形,车削成两头细、中间粗的腰鼓形,同时引起振动,故尺寸精度、形状精度和表面粗糙度都难保证。

2. 热变形大

细长轴加工时的安装一般采用跟刀架和两顶尖支承。支承点产生摩擦热,长时间不间断切削也会使工件温升较大,再加上工件较长,轴向尺寸热膨胀大,故工件在轴向力的作用下增大了弯曲量,使车削时离心力增加,产生振动,严重时会使工件挤死在两顶尖间。

3. 车刀磨损大

车削细长轴时,由于工件刚度不足,吃刀深度小,切削速度低,切削长度大等原因,使刀具磨损较大,因而工件容易产生锥度误差。

二、车削细长轴采取的措施和车削方法

为了提高细长轴的车削精度和降低表面粗糙度,在工件的安装、切削用量、车刀几何角度的选择等方面,都要采取一些措施。加工操作时,也要注意合理的车削方法。具体应注意以下几方面。

1. 细长轴的装夹方法

工件的装夹,包括定位和夹紧两个过程。细长轴的装夹方法,通常用一夹一顶或双顶法。一夹一顶法是用三爪卡盘夹紧工件左端外圆,右端用顶尖顶住,并利用中心孔定位;双顶法是两端用顶尖顶住,定位,并用鸡心夹头夹紧工件。另外,为了增强工件刚性,可采用中心架或跟刀架作辅助支承。

(1)一夹一顶装夹细长工件

为了提高工件的装夹精度,这种装夹方法一般要求夹紧部分不宜过长,15 mm左右。或者在工件夹紧部分的外圆上绕1圈ϕ4 mm～ϕ5 mm的细钢丝,卡爪通过钢丝夹紧工件,使工件与卡爪之间形成线接触,防止接触面积过大,造成工件歪斜,而产生定位误差。另一端要用弹性顶尖支持,以使工件在受到轴向切削力或因切削热膨胀工件伸长时,顶尖能轴向压缩,避免工件弯曲变形。如图2-12-1所示。

(2)两顶尖间装夹细长轴工件

长轴在钻中心孔前，必须注意毛坯料是否弯曲。弯曲大的应校直；弯曲小的也应把弯曲点放在工件两端，使中间部位相对于中心孔跳动越小越好，这样能防止车削时出现过大的离心力，产生振动。用两顶尖安装，可以减小定位误差，保证各加工表面的同轴度。但由于刚性差，容易产生振动，仅适于长径比不很大，加工余量小、需要多次以两顶尖孔定位来保证同轴度的工件。对于长径比很大的工件，也可以用两顶尖装夹，但必须辅以中心架或跟刀架来加工。

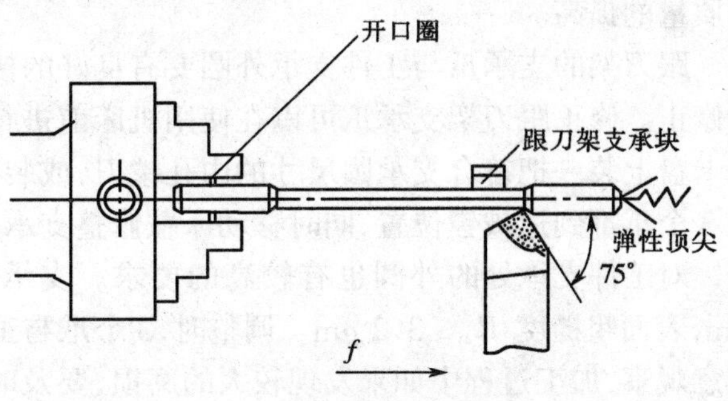

图 2-12-1　细长轴工件的装夹

(3)中心架的使用

车削细长轴时，需把中心架安装在工件的中间，使 L/d 的值减少一半，能增强工件的刚性好几倍。但使用中心架时，不能在一次装夹中车削工件全长，所以中心架只适于圆柱度要求不高，允许中间接刀，或有多阶台的轴类工件加工。

使用中，中心架 3 个支承爪不能与工件的粗基面直接接触。要求支承面的粗糙度 $R_a \leqslant$ 1.6 μm，圆度误差小于 0.05 mm。如果支承面是粗基面，则可以用过渡套筒。过渡套筒的使用方法如图 2-12-2 所示。过渡套筒的外圆圆度误差为 ±0.01 mm，内孔比工件外径大 20 mm ～30 mm。使用时，调整套筒上的螺钉，使其外圆轴线与车床主轴旋转轴线重合，然后装上中心架，调整 3 个支承爪与套筒外圆接触，并能均匀转动，即可车削工件。

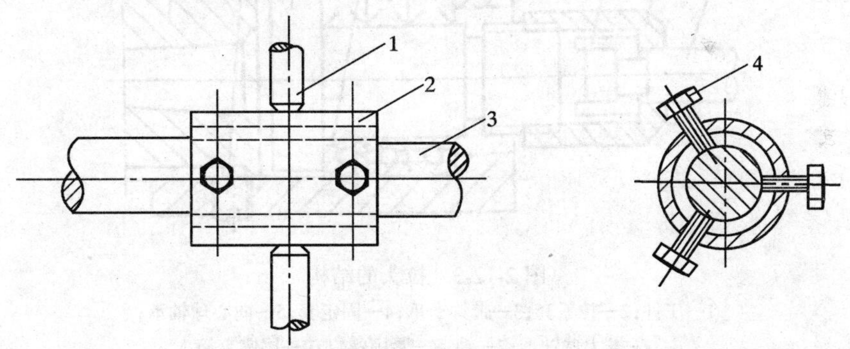

图 2-12-2　过渡套筒

1—中心架；2—调整套筒；3—工件；4—调整螺钉

(4)跟刀架的使用

利用跟刀架车削细长轴，所起的作用与中心架相同，可增加工件刚度。区别是在 1 次安装中可加工工件全长，故跟刀架主要用于不需调头装夹的工件加工。跟刀架的结构有两爪跟刀架和三爪跟刀架两种。由于两爪跟刀架结构简单，使用方便，所以目前使用的较多。但由于两爪跟刀架支承爪只能支承在工件的上面和车刀的对面，而工件下面没有支承爪支托，因此车削时往往会引起工件上、下跳动，产生让刀现象。所以两爪跟刀架车削细长轴有其缺点。

三爪跟刀架由于有 3 个支承爪，使用时 3 个爪分布在工件的上面、下面和车刀的对面，这样工件四周都有支承，工件上下前后都不能径向跳动，使车削过程顺利平稳，有利于精度和表面质量的提高。

跟刀架的支承爪与工件支承外圆要有良好的接触,因此应根据支承圆的大小,对支承爪进行修正。修正跟刀架支承爪可以在使用机床前进行。方法是先将跟刀架固定在床鞍上,在车床卡盘上装一把符合支承圆尺寸的内孔镗刀,或装一把圆柱孔铰刀,然后调整跟刀架支承爪,使3个爪都到达被镗位置,同时移动床鞍修整支承爪圆弧。

对工件支承处的外圆也有较高的要求。支承圆直径尺寸变化要小,圆度误差为±0.01 mm,表面粗糙度 $R_a \leqslant 3.2\ \mu m$。调整时,3个爪与工件表面接触压力不宜过大或过小。并随时注意观察,加工过程中如果发现较大的磨损,要及时调整。但必须注意不得调整外侧支爪,以免加工尺寸变化。只能调整上支爪,保证各段加工中爪的压力不会有较大的变化。

(5)采用专用拉紧装置装夹细长轴

拉紧装置有两种,可使工件在车削过程中始终受到拉力,从而消除因切削热使工件轴向伸长导致的工件弯曲变形。反向拉力装置的结构如图2-12-3所示,适合加工长径比很大的细长轴($L/d>60\sim100$)。使用时,将反向拉紧装置紧固在机床尾座套筒9上,工件一端车成直径和长度与反拉接头拉紧套2的内孔动配合,然后用带钩卡爪连接,将套2拧紧在轴7上,起拉紧作用。轴的另一端夹紧在三爪卡盘上。调整尾座时,可稍松尾座顶针套筒的锁紧手柄,将手轮反摇,使手轮手柄位置处于偏上后,固定尾座,在手轮上挂10 kg左右的重物,可在车削中起自行拉紧作用。

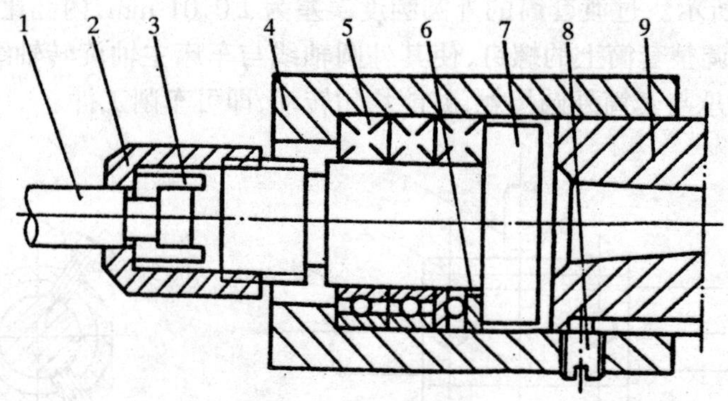

图2-12-3 拉头的结构

1—工件;2—拉紧套;3—带钩卡爪;4—固定套;5—向心球轴承;
6—推力球轴承;7—轴;8—紧固螺钉;9—尾座套筒

采用反向拉紧装置时,最好采用反向走刀车削,使刀具向尾座方向移动。此时选用的刀具是75°~90°的左偏车刀。

2.切削用量的选择

车削细长轴时,因为工件刚性差,切削用量应比车普通工件外圆适当减小,这样可减小径向和轴向切削分力,减少工件的变形。通常可参照表2-12-1选用切削用量。

当用T15硬质合金车刀,使用弹性活顶尖一夹一顶装夹。反向进给精车细长轴工件时,$v_c=1$ mm/s~1.33 m/s,$a_p=0.3$ mm~0.5 mm,$f=0.1$ mm/r~0.2 mm/r。

当使用弹性活顶尖一夹一顶上跟刀架,或采用一夹一拉装夹,上跟刀架,用宽刃车刀进行反向薄屑精车细长轴工件时,$v_c=0.025$ m/s,$a_p=0.02$ mm~0.05 mm,$f=12$ mm/r~14 mm/r。

表 2-12-1　车削细长轴时常用的切削用量

工　件	直　径 (mm) 10～30		长　度 (mm) 1200～1500	直　径 (mm) 30～50		长　度 (mm) 1500～2500
切削用量	a_p (mm)	f (mm/r)	n (r/mm)	a_p (mm)	f (mm/r)	n (r/min)
粗　车	1～3	0.3～0.4	600	2～3	0.3～0.4	400～600
半精车	1～1.5	0.3～0.4	600～1200	1～1.5	0.3～0.4	600～750
精　车	0.4～0.6	0.15～0.2	750～1200	0.1～0.6	0.15～0.2	600～750

注：表内所列的数据，适用于一般情况下车削 30～45 碳素结构钢和不锈钢类的细长轴。至于不同的材料有不同的特点，因此切削用量的选择不是一成不变的，应根据被加工材料的不同，选择更合适的切削用量。用 75°车刀粗车时，进给量还可以加大 1/3 左右。

3. 车刀几何形状的选择

车削细长轴时，由于工件的刚性差，车刀的几何形状对工件加工质量有明显的影响，尤其是对工件的振动更为敏感。如果车刀的几何形状和角度选择不当，就不能取得良好的加工效果。选择时主要考虑以下几点。

①为了减少细长轴弯曲，要求车削过程产生的径向切削力越小越好，而刀具的主偏角是影响径向切削分力大小的主要因素，因此在不影响刀具强度的情况下，应尽量增大主偏角，车削细长轴车刀的主偏角一般取 $\kappa_r = 80° \sim 93°$；

②为减小切削力和切削热，应该选择较大的前角，一般取 $\gamma_o = 15° \sim 30°$；

③为减小切削时的振动，应选用较小的后角，可取 $\alpha_o = 4° \sim 6°$，并在刀尖圆弧外磨有 α_b 为 0°，宽度为 0.2 mm 的倒棱；

④车刀前面上应磨出 $R1.5$ mm～$R3$ mm 的断屑槽，使切屑流动过程中卷曲折断，容易排屑；

⑤选择正刃倾角，取 $\lambda_s = 3° \sim 10°$，使切屑流向待加工表面，并使车刀容易切入工件，同时减小切屑阻力，正刃倾角是指主切削刃上，刀尖那一点所处位置为最高时的状况；

⑥刀刃表面粗糙度要求在 $R_a 0.4\ \mu m$ 以下，并要经常保持锋利，以减小切削力和提高刀具的耐用度；

⑦为了减少径向切削力，刀尖圆弧半径应选择的较小，取 $r_e < 0.3$ mm，倒棱的宽度也应选择的较小，取倒棱宽度 $b_{r1} = 0.5f$。

三、车削细长轴时操作要点

车削细长轴，难以保证尺寸精度、形位公差以及表面粗糙度。故加工时的具体操作，应注意以下几点。

1. 加工前应对机床进行调整

调整机床包括：主轴中心与尾座中心连线应与车床导轨全长平行（主要是水平面内平行度的调整）；对床鞍及中、小滑板的间隙要进行调整，防止过松或过紧，过松会“扎刀”，过紧可能会使进给运动不均匀。

2. 工件装夹时防止顶得过松或过紧

工件装夹过松会在加工中摆动，影响加工精度；过紧会使工件热伸长时产生较大的弯曲变形，也会影响加工精度。

3.车刀的安装

为了切削过程平稳,粗加工车刀的安装应使刀尖略高于工件轴线,这样车刀后面与工件就有轻微的接触,起消振作用。当因轴向进给量过大而产生"扎刀"现象时,可将刀尖向右摆动,使 90°车刀的主切削刃偏斜 2°左右,即可克服"扎刀"现象。

对于宽刃精车刀的安装,刀尖应略低于工件轴线,使实际后角增大,减少车刀后面的磨损,提高工件表面质量。

4.注意冷却液的使用

在切削细长轴过程中,要保证冷却润滑液不间断,否则会引起刀片碎裂或跟刀架支承爪的严重磨损。粗车时用乳化液冷却,切忌用油类(因为油类散热性差)。用宽刃精车刀切削时,宜采用硫化切削液冷却润滑,如有条件,最好用植物油或二者混合,效果更好。

5.注意调整支承爪的顺序

在调整支承爪时,其顺序是先调下侧(轴因重力下垂先将其托起),次调上侧,最后调外侧。切记在切削进行中不能调整后侧爪,否则加工尺寸会发生变化。

四、分析生产实习图并确定加工步骤

图 2-12-4 为一多台阶细长轴,单件生产此种零件时,工艺及加工步骤如下。

1.工艺分析

(1)零件主要技术要求

根据图示之零件分析,其主要技术要求如下:

①$\phi20_{-0.14}^{\ 0}$ mm 外圆,$R_a1.6\ \mu m$;$\phi18_{-0.014}^{\ 0}$ mm 外圆,$R_a1.6\ \mu m$ 两处;$\phi16_{-0.024}^{-0.010}$ mm 外圆,$R_a1.6\ \mu m$ 两处;

②各外圆对中心线的跳动 0.01 mm;

③轴向尺寸(120±0.15)mm 两处;(240±0.25)mm 两处。

(2)图示零件工艺特点

分析此零件的结构和技术要求,有以下几个特点。

①此轴为长径比大于 30 的细长轴,刚性差,易变形,且阶台较多,故加工中需设辅助支承,可用中心架来增加刚性。

②各外圆对轴中心线的跳动要求很高,故加工中的定位基准应选统一的中心孔,采用两顶尖间的安装方法比较适宜。因为两顶尖孔多次反复在加工中使用,故中心孔的精度在加工过程中应始终保持高精度和较小的表面粗糙度,为此在工件各外圆精加工前,要对中心孔研修。

③各外圆尺寸精度要求较高,加工中需粗、精加工分开,减少粗加工中的受力变形,受热变形及内应力给精加工带来的影响。粗精加工之间还应安排热处理工序,目的是消除精加工内应力,保证精度的稳定性。为保证尺寸精度和表面粗糙度的要求,精车刀的几何角度要准。

2.加工工艺及加工步骤

主要工艺和车削步骤安排如下。

①下料 $\phi26$ mm×604 mm;正火 HB170~211;校直后的弯曲度全长不大于 1.5 mm;

②车两端面,保证总长 $600_{\ 0}^{+1}$ mm,钻两端中心孔,粗车各部外圆,直径留余量(2±0.2)mm,长度留余量 1 mm;

③热处理,高温回火,并在两顶尖间校直,其外圆各处跳动不大于 0.5 mm;

④修研两顶尖孔,利用两顶尖和中心架找正安装,半精车 $\phi18_{-0.014}^{\ 0}$ mm 外圆至 $\phi19$ mm±

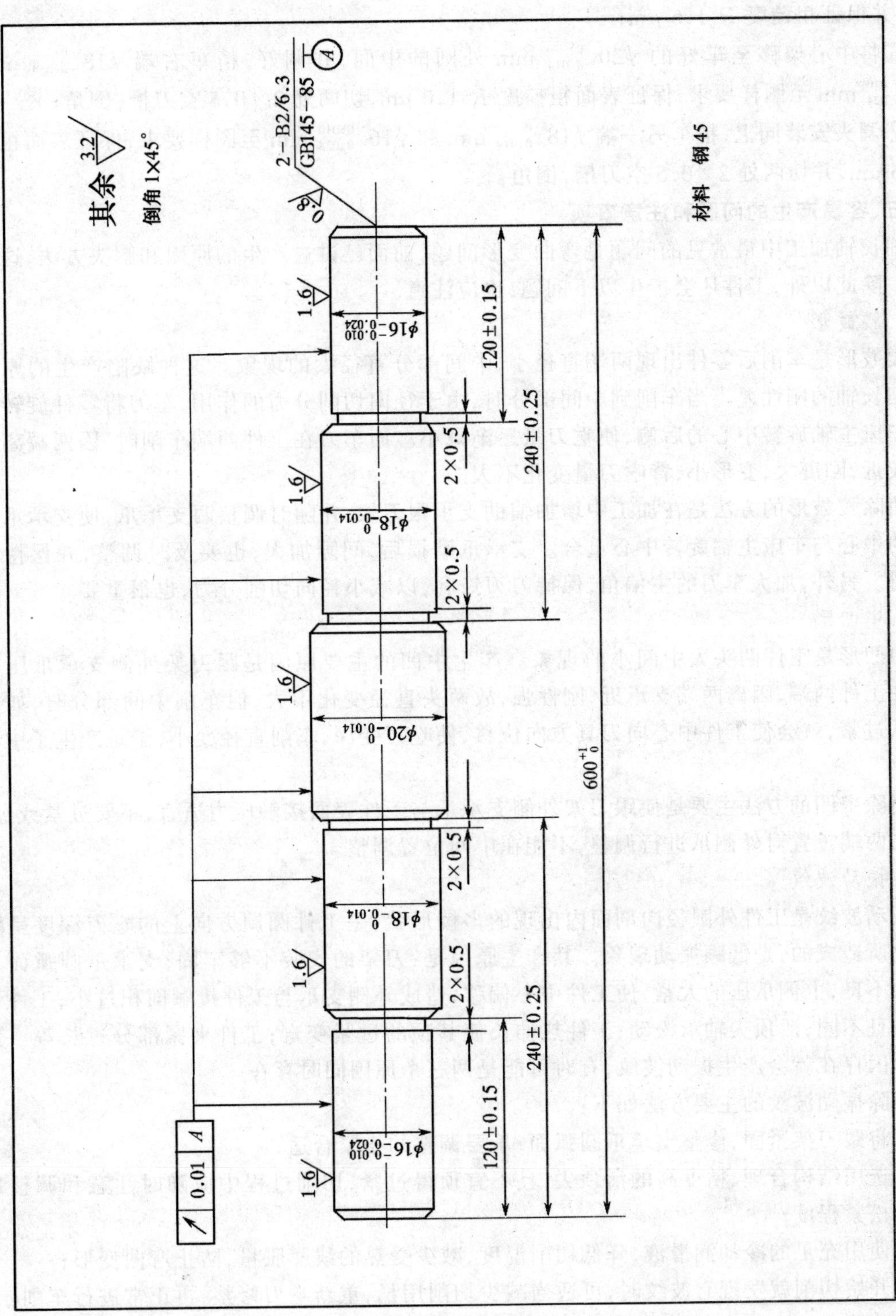

图 2-12-4　多阶台细长轴

0.1 mm；

⑤调头安装，将中心架移至已车削好的($\phi19\pm0.1$)mm 处找正，精车 $\phi20_{-0.014}^{\ 0}$ mm 至图样要求，并保证粗糙度 $R_a1.6\ \mu m$；

⑥将中心架移至车好的 $\phi20_{-0.014}^{\ 0}$ mm 外圆的中间，并调好，精车右端 $\phi18_{-0.014}^{\ 0}$ mm 和 $\phi16_{-0.024}^{-0.010}$ mm 至图样要求，保证表面粗糙度 $R_a1.6\ \mu m$，切两处 2×0.5 空刀槽，倒角；

⑦调头安装同上，精车另一端 $\phi18_{-0.014}^{\ 0}$ mm 和 $\phi16_{-0.024}^{-0.010}$ mm 至图样要求，保证表面粗糙度 $R_a1.6\ \mu m$，并切两处 2×0.5 空刀槽，倒角。

五、容易产生的问题和注意事项

细长轴加工中最常见的问题是弯曲变形问题，前面已讲过产生的原因和解决方法，这里不重述。除此以外，工件还会产生以下问题，也应注意。

1.腰鼓形

腰鼓形是车削后零件出现两端直径小、中间部分直径大的现象。这种缺陷产生的原因是由于细长轴的刚性差。当车削到中间部分时，由于径向切削分力的作用，车刀将零件旋转中心压向车床主轴旋转中心的后侧，使吃刀量逐渐减小。而车刀在工件两端车削时，因两端离支承顶尖较近，刚度大，变形小，背吃刀量变化不大。

消除腰鼓形的方法是在加工中增加辅助支承跟刀架，并随时调整两支承爪，使支承爪的圆弧面的中心与车床主轴旋转中心重合。支承爪磨损后，间隙加大，也要及时调整，并保持良好的润滑。另外，加大车刀的主偏角，保持刀刃锋利，以减小径向切削分力，也很重要。

2.中凹形

中凹形是工件两头大中间小的现象。产生中凹的主要原因是跟刀架外侧支承爪压得太紧。在工件两端，因离两端支承近，刚性强，故两头直径变化不大；但车削中间部分时，如果后支承爪过紧，就会使工件中心向刀具方向位移，使吃刀变深，车削直径变小，于是产生了中凹现象。

消除中凹的方法主要是使跟刀架外侧支承爪与工件表面接触压力适宜，不要过紧或过松。要求在两端位置对外侧爪进行调整，不能在中间位置调整。

3.振动波纹

振动波纹是工件外圆径向剖面内出现的多棱形状，是工件圆周方向上的吃刀深度呈周期性变化所造成的，是低频振动现象。其产生原因是：刀架的安装不够牢固；支承爪圆弧面与工件接触不良，上侧爪压的太紧，使工件中心偏移，造成外侧支爪与工件接触面积过小；工件顶尖孔粗糙且不同；活顶尖轴承松动；工件热伸长使其顶的过紧变弯；工件夹紧部分过长等。其中一个原因存在就会产生振动波纹，有时可能是两三个原因同时存在。

消除振动波纹的主要方法如下：

①将跟刀架紧固，修整支承爪圆弧面，爪要调整的松紧合适；

②选用结构合理、精度高的活顶尖，且不宜顶得过紧，切削过程中应随时注意和调整顶尖支承的松紧程度；

③使用充足的冷却润滑液，降低切削温度，减少受热的线膨胀量，防止弯曲变形；

④开始切削就发现有波纹时，可适当减少切削用量，重新吃刀修整，再正常进行车削。

4.竹节形

竹节形是指加工的工件形状如竹节状，直径的大小呈有规律的变化的现象。其节距的大小约等于跟刀架支承爪至车刀刀尖的距离。这种缺陷产生的主要原因是由于跟刀架外侧支承爪和工件接触过紧造成的。当跟刀架行进到过紧处时,支承压力加大,将工件推向刀尖,增加了吃刀深度,使工件直径变小。跟刀架行进到变小的直径处时,由于工件与支承爪的间隙加大,径向切削力又把工件推向后边,使工件与支承爪接触,此时车削的工件直径又变大。当跟刀架再行进到此处时,又会把工件推向刀尖,从而又使工件直径变小。这样不断重复,有规律的变化,使工件直径一段大,一段小,形成竹节形。消除竹节形的方法如下。

①粗车细长轴外径时,接刀必须均匀,防止跳刀现象。为此,车刀在接刀处要适当加深径向背吃刀量(一般应加深 0.01 mm～0.02 mm),防止工件外圆变大而引起长爪支承力变大。

②由于工件毛坯余量不均匀,在粗车时产生切削力大小变化,因而出现竹节形状时,应在第二次走刀切削时清除竹节。方法是松开跟刀架,采用宽刃大走刀的方法,把已经出现竹节的部位轻走 1～2 刀即可消除。然后重新调整支承爪,进行正常进给车削。

③调整支承爪时,采用边进给边调整的方法,以手指感觉到支承爪已经轻触工件外圆时为准。

12-2　精密丝杠螺纹加工

精密丝杠是精密机床及其他精密机械和仪器的关键零件。它能精确地确定工作台的坐标位置,精确地完成直线传递运动,并能传递一定的扭矩。因此,对精密丝杠的精度、刚度和耐磨性都有极高的要求,工艺难度比较大。

一、对丝杠车床的要求

目前,7 级以上不淬火丝杠螺纹,都是在精密丝杠车床上精车而成的。车削精密丝杠的丝杠车床,应具有以下特点:

①机床具有很高的刚性,受力变形很小;

②母丝杠不仅精度高(至少比工件精度高 1 级),直径也很粗,传递平稳,并带有提高丝杠精度的校正装置;

③母丝杠置于机床床身中间,保证了传动过程不使床鞍歪斜,且母丝杠轴向间隙很小;

④主传动采用分离传动,减少了加工中的振动和热变形的影响,车床主轴的轴向窜动量很小;

⑤主轴至母丝杠采用最短传动链,且对于交换齿轮的精度要求极高,这就提高了系统的传动链精度。

⑥图 2-12-5 为导套式跟刀架,导套 1 安装在跟刀架 3 上,通过垫块 4 将跟刀架座固定在机床床鞍 2 上。加工长丝杠时,以丝杠外圆为基准,由两个导套支承,以增加其刚度。导套则是通过转动跟刀架上盖 6 被安装在跟刀架座上,由紧固螺钉固紧。采用导套式跟刀架时,必须提高作为基准面的丝杠外圆的精度。因为如果工件外圆出现圆度误差,则加工过程中,工件的旋转中心与车刀之间的距离将不断地发生变化,致使加工出来的螺纹中径尺寸,也不断地变化。因此工件螺纹外径的圆度应控制在 0.005 mm 以内,外圆和导套的间隙应控制在 0.004 mm～0.008 mm 以内。

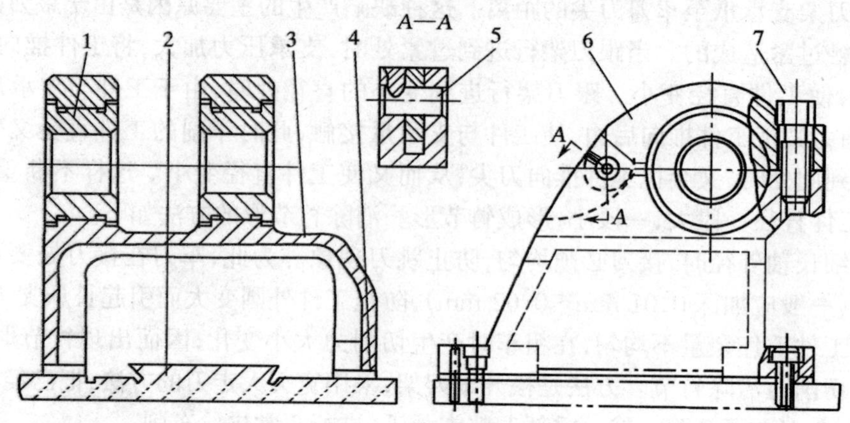

图 2-12-5　导套式跟刀架

二、螺纹车刀的结构和安装

1. 精密梯形螺纹车刀的结构

精密螺纹车刀是成形刀具，其刀刃形状与螺纹表面的母线是一致的。故其刀刃轮廓形状刃磨的准确性、刀具的磨损、刀具的安装位置等，都会直接影响螺纹的牙形。为此对螺纹精车刀的结构提出几点要求。

①左右两个切削刃的直线度误差应保持在 2 μm 以下。所以对车刀刃磨之后，前后刀面必须经过仔细研磨，使表面粗糙度在 $R_a0.1$ μm 以下。研磨时可用油石，也可用研磨平板和研磨膏，但必须仔细操作。

②左右两个主切削刃的半角误差，应保持工件半角允差的 1/2～2/3 范围之内。

③为了减小切削力，顺利排屑，螺纹精车刀一般都采用双卷屑槽结构，见图 2-12-6 所示。卷屑槽是在工具磨床上刃磨，用样板或投影仪严格检查，再经过研磨而成。

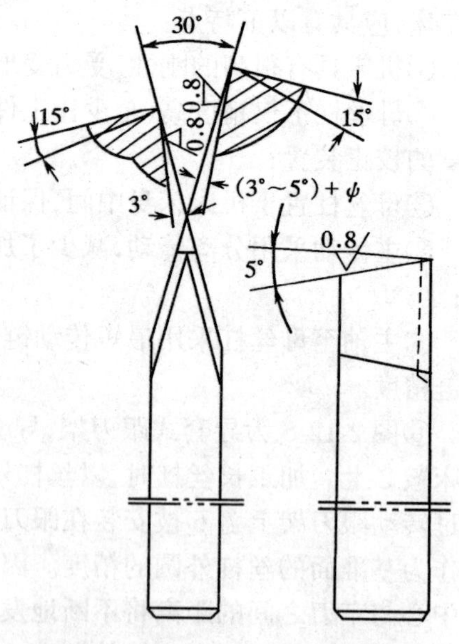

图 2-12-6　带卷屑槽的梯形螺纹精车刀

2. 精密梯形螺纹车刀的安装

梯形螺纹表面是阿基米德螺旋面，所以轴向剖面的轮廓是直线。因此车刀的安装应该是将车刀前刀面(前角为 0°)安放在通过被加工工件轴线的水平面内，并使车刀两切削刃的对称中心与工件轴线垂直。

如果车刀安装位置不正确，沿铅垂方向移动或转动，必将影响牙形精度。对于精密梯形螺纹精车刀的安装，更应准确无误。其方法如图 2-12-7 所示几种。图 2-12-7a 所示为采用对刀样板法。样板以工件外圆母线定位，借助光隙法对刀。样板的角度制造很准确，并与本身基面有很高的位置精度。图 2-12-7b 所示是采用角度尺找正法。这时车刀的侧面作为刃磨和安装的基面，操作时先用角度尺找正刀夹的位置，找正并紧固后再装上刀头。图 2-12-7c 所示是采用百分表装刀法，此时车刀侧面是刃磨和安装基面，两刃口应与侧面保持一定的位置精度。图

2-12-7d 所示是采用对刀显微镜对刀，利用显微镜校正车刀中心线与丝杠轴心线的垂直度，可以得到很高的对刀精度。当加工丝杠的精度极高时，采用这种方法。

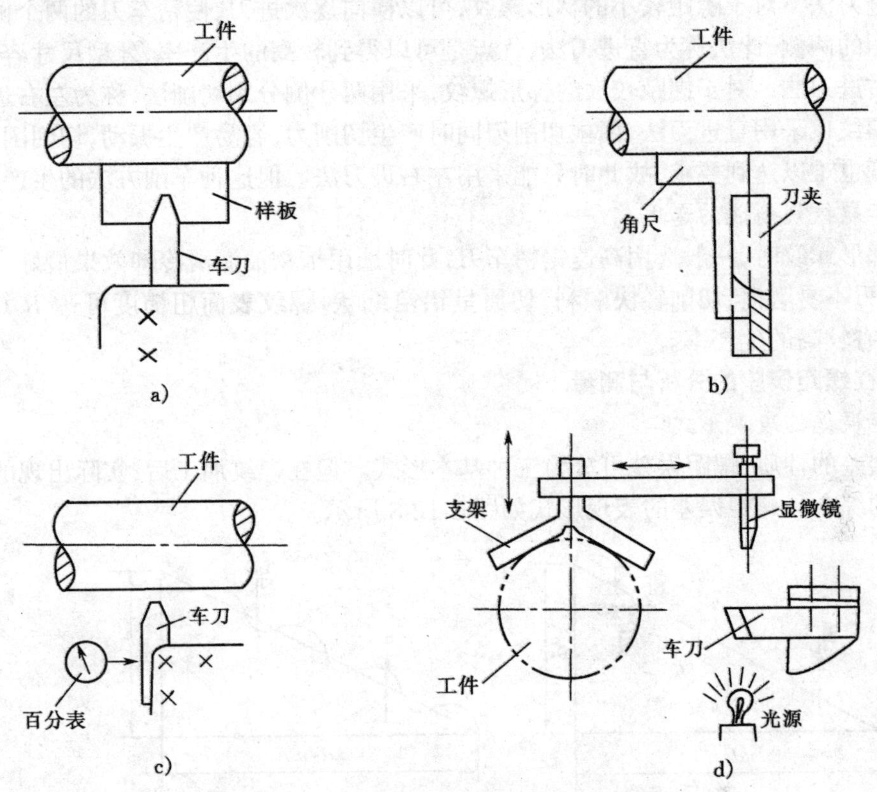

图 2-12-7　螺纹车刀安装时对刀的几种方法

a)样板对刀　b)角尺对刀　c)百分表对刀　d)显微镜对刀

三、丝杠螺纹的车削方法

1. 车螺纹时切削用量的选择

车削精密丝杠螺纹，一般分为粗车、半粗车和精车三个加工阶段。根据每个阶段的加工要求，以及丝杠的结构情况，所选择的切削用量也不尽相同，可按下述原则选取。

①粗车时选择较大的背吃刀量和切削速度，可以尽快地切除多余金属，提高劳动生产率；精车时选择较小的背吃刀量和切削速度，目的是保证精度和表面粗糙度，减小受力和受热变形。精加工时小径一般不吃刀，减小加工中的振动。

②车削短丝杠时，可选择较大的背吃刀量和切削速度；车细长丝杠时，因刚度差，为减小工件变形，选择小的背吃刀量和切削速度。

③车削小螺距丝杠时，可选择较大的背吃刀量和切削速度；车削大螺距丝杠时，需选择较小的背吃刀量和切削速度。

④半精车精密丝杠的切削速度 $v_c=0.03$ m/s～0.05 m/s，$a_p=0.05$ mm；精车时 $v_c=0.013$ m/s～0.02 m/s，$a_p=0.02$ mm～0.04 mm。为了提高精车螺纹的生产率，开始时的切削速度和背吃刀量都可选大些，但最后 2～3 次走刀时应选小些。

2. 精车精密螺纹的进刀方法

精密丝杠螺纹的粗加工或半精加工之后，都要经过热处理工序，目的是消除内应力，使丝杠精度稳定。在精车螺纹前,已经开出螺纹槽,且小径一般已加工到尺寸要求,不需再加工。故精车精密螺纹只是精车螺纹的两个侧面。车削的方法有两种。

1)直进刀法　对于螺距较小的梯形螺纹,可以横向逐次进刀,使精车刀的两个侧刃同时切削螺纹牙型的两侧,此法称为直进刀法,优点是可以得到较高的生产率,牙型尺寸容易保证。

2)左右进刀法　对于螺距较大的梯形螺纹,采用两牙侧分别切削法,称为左右进刀法。如果大螺距螺纹也采用直进刀法,两主切削刃同时产生切削力,容易产生振动,切削困难,精度和表面粗糙度也难以达到要求,故此时只能采用左右进刀法。但这种车削方法的生产率较低。

3. 精车螺纹切削液的选用

精车梯形螺纹时,一般选用高速钢精车刀,此时选用植物油润滑冷却效果最好。植物油润滑,可使刀刃不易磨损,切削轻快顺利,切屑呈铝箔纸状,螺纹表面粗糙度可达 $R_a0.8\ \mu m$,且不易扎刀,有较高的生产率。

四、丝杠螺距误差的分析与测量

1. 螺距误差的表现形式

根据误差的性质,螺距误差可分为三种基本形式。但在螺纹加工后,实际出现的确是三种误差形式的综合。螺距误差的表现形式如图 2-12-8 所示。

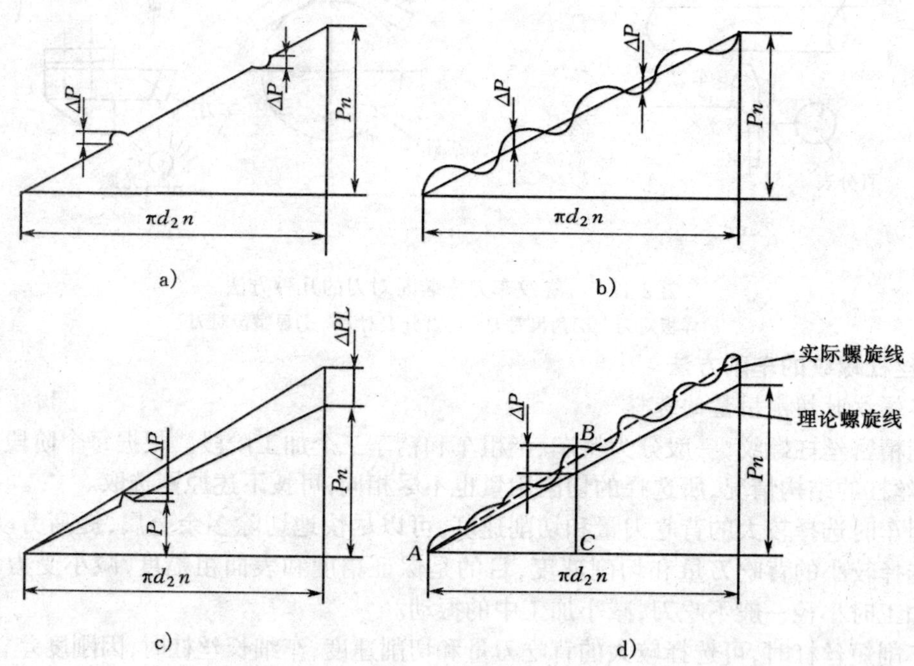

图 2-12-8　丝杠螺距误差

a)局部性误差　b)周期性误差　c)渐进性误差　d)综合性误差

1)局部性误差　这种误差如图 2-12-8a 所示。它的出现往往是因材料有局部缺陷,滑板移动不稳定或其他偶然因素造成的。它出现在个别部位,没有规律。

2)周期性误差　图 2-12-8b 所示。误差按某种周期有规律变化,但周期比较短。

3)累积性误差　图 2-12-8c 所示。它是丝杠在较大长度或全长上的螺距误差。

2. 影响丝杠螺距误差的因素

(1)机床主轴窜动和径向跳动的影响

主轴窜动会带动工件同样轴向窜动，故窜动误差值将以1:1的形式传给工件，使螺距产生周期性误差。而主轴的径向跳动，可周期地改变工件与刀具之间的径向位置，引起周期误差。径向跳动与工件螺距误差的关系如图2-12-9所示。

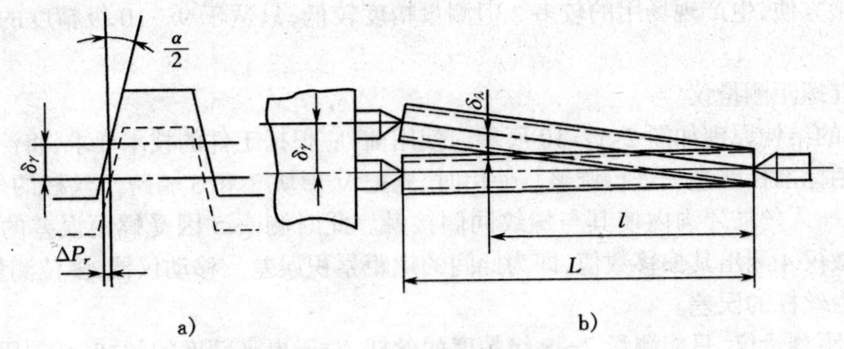

图2-12-9　主轴径向圆跳动对螺距误差的影响

a)单个螺纹放大　b)主轴跳动的影响

丝杠一个导程内的周期误差

$$\Delta P_r = \delta_\lambda \operatorname{tg} \frac{\alpha}{2}$$

式中　δ_λ——主轴径向跳动量；

α——梯形螺纹牙型角。

丝杠车床主轴的径向跳动量很小，故此项误差不大。

(2)机床母丝杠窜动的影响

机床母丝杠的窜动，带动刀具沿工件轴心线来回移动，故窜动值会直接给被加工丝杠带来周期性误差。为了减少窜动带来的影响，丝杠车床母丝杠的窜动量应控制在0.002 mm以内。

(3)机床母丝杠螺距误差的影响

在加工过程中，母丝杠的螺距误差会以1:1的比例反映到工件上去，因此加工精密丝杠所用的机床，对母丝杠的精度等级有很高的要求。

(4)床身导轨在水平面内的不平行

床身导轨与工件的旋转中心线在水平面内不平行，给螺距带来的影响为

$$\Delta P_{\max} = \pm \frac{\Delta d_{\max}}{2} \operatorname{tg} \frac{\alpha}{2}$$

式中　$\Delta d_{\max}$——最大螺纹中径差。

(5)床身导轨在垂直面内倾斜

床身导轨与工件的旋转中心线在垂直平面内不平行，也会引起螺距误差。误差的大小可按下式计算：

$$\Delta P_{\max} = \frac{P}{\pi d_2} \Delta z_{\max}$$

式中　$\Delta z_{\max}$——在工件全长内车刀前刀面在垂直平面内最大的位移量；

P——工件螺距。

3.螺距的测量

对于精密丝杠或高精度丝杠，对每一根加工完的丝杠都要严格检查螺距。检查方法和所

用的工具仪器介绍如下。

(1)螺距样板

螺距样板是根据丝杠轴向截面形状和尺寸而设计的专用样板,结合光隙法检查。由于结构简单,使用方便,生产现场用的较多。但测量精度较低,只适于 9～10 级精度的丝杠螺距的测量。

(2)丝杠螺距测量仪

测量仪的结构原理如图 2-12-10 所示。使用前,应根据工件的技术要求,将测量仪两个测头的距离,用标准杠或量块进行调整。使用时,先把 V 形块 2 和 3 骑跨于丝杠的外圆上,将两个测头 1、5 插入丝杠牙沟内使其与螺纹同侧接触。此时测头 5 因受螺距误差的影响发生偏移,通过测微仪 4 测出其偏移数值,即为此间的螺距累积误差。移动仪器,多位测量,取其最大误差值,定为丝杠的误差。

丝杠螺距测量仪,只能测量 7～8 级精度的丝杠,对于更高精度的丝杠,必须用万能工具量微镜,丝杠检查仪等进行检查。

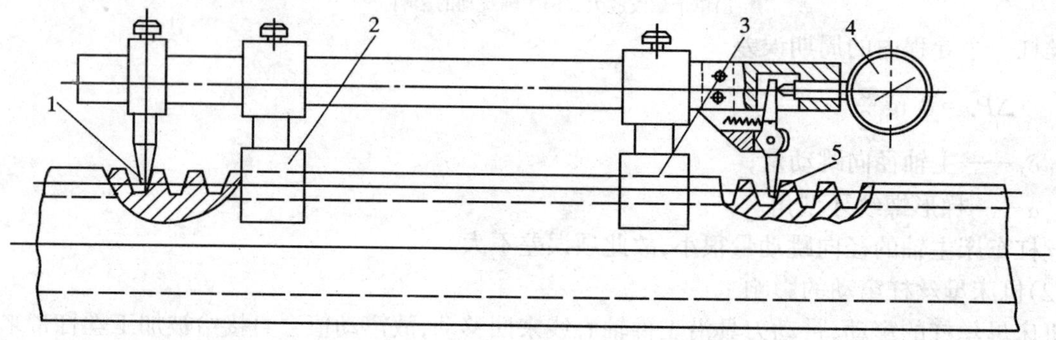

图 2-12-10

(3)电感式丝杠螺距动态测量仪

此仪器的结构原理如图 2-12-11 所示。测量时,用手慢速转动手柄,带动标准丝杠 8 及被测丝杠 4 转动。螺母 7 带动工作台及触头在平行于丝杠轴线的方向上移动,触头与被测工件螺纹的侧面接触。此时如果工件螺距与标准丝杠螺距不等,触头就会摆动,其摆动量则由自动记录仪显示。可见,动态测量仪能对螺旋线进行连续测量,误差值测得更为准确。此仪器能对 5～6 级精度丝杠进行动态测量。

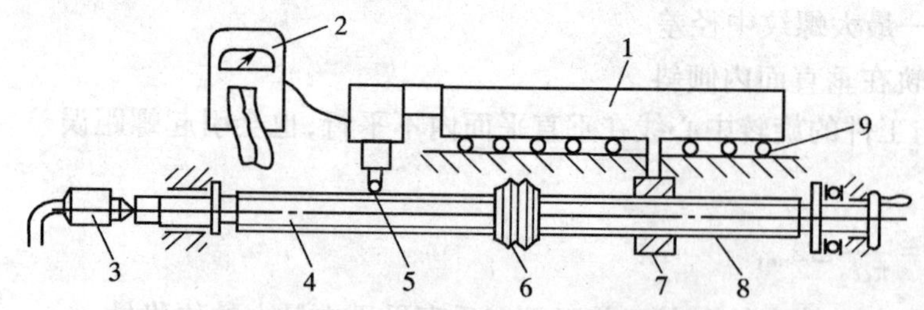

图 2-12-11　电感式丝杠螺距动态测量仪

1—工作台;2—自动记录仪;3—气动顶针;4—被测丝杠;5—电感触头;6—风箱式联轴器;7—螺母;8—标准丝杠;9—滚动导轨

目前,测丝杠螺距的仪器还有 HYQ—28A 型丝杠动态检查仪和 JSY—2000 型丝杠激光检查仪等。

五、分析生产实习图并确定加工步骤

图 2-12-12 为一车床丝杠,单件生产此种零件时,工艺及加工步骤如下。

1.工艺分析

(1)零件主要技术要求

根据图示之零件分析,主要技术要求如下:

①丝杠为 8 级精度,故中径公差要求较高,为 $\phi27^{-0.056}_{-0.522}$ mm,螺距螺积误差也有较高要求,各长度段分别为 0.018 mm/25 mm,0.025 mm/100 mm,0.025 mm/300 mm,0.065 mm/全长;

②螺距中径的圆度误差为 0.012 mm;

③螺纹外圆对中心孔跳动允差 0.1 mm;两端 $\phi20$ mm 外圆对中心的跳动允差为 0.02 mm;

④两端 $\phi30$ mm 外圆的端面与 $\phi20$ mm 圆中心的垂直度允差 0.02 mm;

⑤螺纹牙型半角误差为 $\pm 20'$。

(2)图示零件工艺特点

分析此零件的结构和技术要求,有以下几个特点。

①丝杠长径比为 1403/30 = 46,属细长轴,刚性差,车削中易弯曲变形,易振动,故加工精度和表面粗糙度都不易保证。为克服这种现象,工件安装时应采用两端顶尖,并增加三爪跟刀架作辅助支承;选用大主偏角的外圆车刀;螺纹加工中要粗、精车分开,适当增加走刀次数。

②轴向尺寸较长,轴向尺寸热伸长较大,易使工件变弯曲。可采用弹性后顶尖,反向进给车削法。

③工件热变形使轴向尺寸伸长较大,会增大螺距累积误差,为此应想办法尽量降低切削温度,例如采用大前角螺纹车刀、充分冷却润滑等。

④轴向尺寸大,一次走刀切削长度较长,刀具磨损较大,从而增大径向尺寸和轴向尺寸,使中径误差加大,因此要选用耐磨性较好的刀片材料,并尽量降低刀片表面粗糙度,以延长刀具使用寿命。

⑤为了减小各外圆及螺纹表面的跳动,各表面的加工都统一采用顶尖孔为定位基准,并且为提高定位精度,在精车外圆及螺纹之前要对顶尖也进行研磨修整。

⑥为使丝杠精度稳定,长期使用中也不变形,需在毛坯生产后和粗加工后,以及精加工螺纹及外圆之前,多次热处理。目的是消除内应力,增加精度的稳定性。

2.加工工艺及加工步骤

根据以上的加工要求和工艺分析,本工件主要工艺及加工步骤安排如下。

1)下料　45 钢 $\phi35$ mm×1405 mm。

2)热处理　正火 HB170~210;校直,全长外圆跳动≤1.5 mm。

3)车削　车端面,保证全长 $1\,403^{+2}_{-1}$ mm;两端打中心孔;粗车外圆全长,直径 $\phi30$ mm 至 $\phi30^{\ 0}_{-0.5}$ mm。

4)热处理　高温回火;校直,两顶尖安装检查外圆跳动量小于、等于 1.5 mm。

5)半精车　修整中心孔后用两顶尖和三爪跟刀架安装,半精车丝杠大径至 $\phi30^{+0.5}_{+0.4}$ mm;

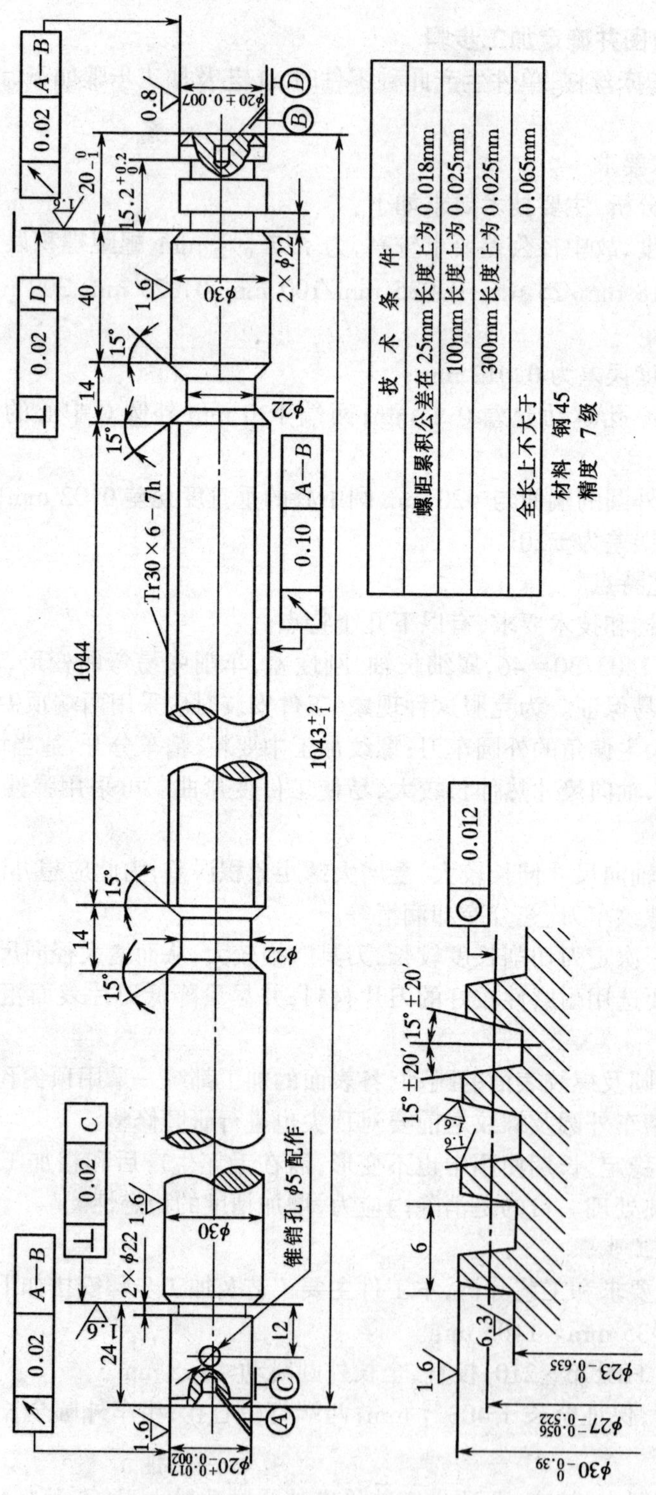

图 2-12-12 普通车床母丝杠零件简图

两端 $\phi20$ mm 至 $\phi20^{+0.5}_{+0.3}$ mm；并倒两处角；车 2×22 沟槽 3 处；车 14×$\phi22$ 退刀槽两处，并倒15°角；粗车和半精车螺纹，使小径至 $\phi23.5^{\ 0}_{-0.2}$ mm。

6)热处理　低温时效；校直，两顶尖安装检查，外圆跳动量≤0.1 mm。

7)研中心孔　两端外圆找正，跳动≤0.02 mm，对两端中心孔分别进行研磨。

8)精磨梯形螺纹　螺纹大径磨至 $\phi30^{\ 0}_{-0.39}$ mm，$R_a1.6\ \mu$m。

精磨外圆，将 $\phi20\pm0.07$ mm 和 $\phi20^{+0.017}_{-0.002}$ mm 磨至尺寸要求，$R_a1.6\ \mu$m。

9)精车梯形螺纹　将梯形螺纹车至图样要求的尺寸，并保证牙型精度和表面粗糙度 $R_a1.6\ \mu$m。

六、容易产生的问题及注意事项

精密丝杠车削加工，除上面讲过的注意事项外，操作上还应注意以下问题。

1.工件和机床母丝杠的误差的影响

工件和机床母丝杠，在加工过程中的温度变化，会直接影响螺距的累积误差。其影响大小可以按简单的公式计算：

$$\Delta L=\alpha L\Delta T$$

式中　ΔT——温度变化量，℃；

ΔL——热伸长量，mm；

α——工件(或母杠)材料的热胀系数，钢材为 12×16^{-6}/℃；

L——工件(或母丝杠)长度方向尺寸，mm。

以图 2-12-12 工件为例进行计算，全长累积误差允许 0.025 mm，则 $\Delta T=\dfrac{\Delta L}{\alpha L}=\dfrac{0.025}{12\times10^{-6}\times140}\approx1.48$ ℃。为了保证这个丝杠的精度，保证螺距累积误差不超过 0.025 mm 的需求，加工开始时与终了时的温度差应远远小于 1.48 ℃。同样道理，丝杠车床上的母丝杠的温差也应远远小于 1.48 ℃，否则就保证不了精度。为此，对精密丝杠的加工一般采取以下措施：

①将精密丝杠车床安装在恒温室中，必要时，加工前将丝杠车床空运转几个小时，使其达到稳定温度；

②通过将安装在机床上的工件油浴及切削液处理，使工件与母丝杠的温度尽量保持一致，再进行精车螺纹加工。

2.注意车刀的影响

精车螺纹时，必须保持两主切削刃锋利、平直。磨损后的刀具必须随时重磨，重新校正刀具的安装位置。

工件重新安装时，必须重新对刀，然后再进行加工。

3.注意工件安装精度的影响

车削过程中，随时注意顶尖与工件中心孔的松紧情况、跟刀架的支承情况和小滑板的松紧情况。发现不正常情况时，要随时调整，防止加工中工件与刀具位置变动产生废品。

12-3　在花盘上加工外形复杂工件

对于外形复杂的工件，在花盘上安装加工比较方便。花盘的结构，在本篇第一章已作了简单介绍,本节重点介绍花盘的使用。

一、使用花盘应注意事项

花盘安装在主轴上,工件安装在花盘上。有时花盘上安装角铁,工件安装在角铁上。因此工件、角铁、花盘三者的位置关系非常重要,是加工精度的重要条件,使用中必须注意以下几点。

1.注意工件加工面与定位面的位置关系

被加工表面与定位基准面互相垂直的零件,可以直接安装在花盘上加工;被加工表面与定位基准面平行时,则需通过角铁安装;被加工表面与定位基准面有斜角时(不垂直也不平行),则需把工件安装在带斜度的角铁上。

2.花盘安装在机床主轴上时要找正

装夹工件之前,需先校正花盘平面与机床主轴的位置,主要是找正花盘端面与主轴中心的垂直度。找正花盘安装精度的方法是将百分表的触头压在花盘端面上,然后用手慢慢转动花盘,观察百分表表针跳动情况,一般将跳动量控制在0.02 mm以内。

当百分表跳动过大时,松开紧固螺钉,利用拧紧各螺钉的先后顺序和拧紧力的大小,调整跳动量的数值,直到达到要求为止。当调整不过来时,可采用精车端面的方法。

3.角铁在花盘上安装时要找正

角铁在花盘上安装时也需要找正。角铁可以装夹定位基面与加工面平行的工件,此时用的是90°角铁,通常所谓角铁即指此种。安装大于或小于90°工件的角铁叫角度角铁。角铁与角度角铁的角度制造误差不大于±30″。角铁和角度角铁的找正方法有所区别,分别加以介绍。

(1)安装角铁时的找正方法

在花盘已经找正之后,再把角铁用螺钉紧固在花盘的适当位置上,把百分表装在刀架上,摇动大拖板,测量角铁平面是否与主轴轴线平行。如果不平行,可把角铁卸下,检查结合面(花盘和角铁)是否有脏物和毛刺,擦净去除毛刺以后,再装上进行测量。假如仍不平行,可以修刮角铁。也可在角铁和花盘结合面中间,垫薄纸或铜片来调整。平行度允差控制在0.02 mm以内。工件加工面与定位基面平行度要求很高时,找正平行度也要提高,可取工件允差的1/2。

(2)角度角铁找正方法

当工件的加工表面与定位基准平面相交成α角度时,使用与其相匹配的角度角铁安装。为使被加工孔的轴线与车床主轴轴线重合,角度角铁的两平面夹角应为$90° - \alpha$。故角度角铁在花盘上安装时,要调整花盘平面与角度角铁的工作平面的夹角,严格保证$90° - \alpha$的要求,也可采用刮修或垫铜片的方法。

4.工件装夹后要对旋转平衡进行调整

花盘上装夹的工件,多为外形复杂和不规则的零件,重心大多偏向一边,再加上螺钉、压板、角铁等,会使重心偏离中心,产生旋转不平衡。如果不校正平衡便进行车削,不但影响加工精度和表面粗糙度,而且还会引起振动,损坏车床主轴和轴承。因此花盘上装夹工件后要校正平衡。可以通过调整花盘上平衡铁的位置和质量来调整。调整的方法是把主轴箱手柄放在空档位置,用手转动花盘,当花盘能在任意位置停下来时,表明花盘上的工件已被平衡好。如果花盘转动总是在一个位置停止,说明不平衡,需要重新调整平衡铁的质量或位置。

二、在花盘上车削工件的方法

1. 定位基准的选择原则

在花盘和角铁上加工的工件,外形一般都很复杂,所以正确的选择定位基准,是保证加工质量的先决条件。如果基准选择不当,最容易在加工中产生振动,从而影响加工精度、形位公差、表面粗糙度和生产率的提高。选择基准时要考虑以下几个原则:

①尽可能选择设计基准为定位基准,这样可以减少定位误差,提高加工精度,特别是对保证坐标尺寸精度和形位公差至关重要;

②基准面必须是经过精加工过的表面,增加定位的可靠性;

③尽可能在一次装夹时完成全部或大部分加工表面,以免更换基准产生附加误差;

④定位基准要有足够的面积,并尽可能接近被加工表面,以增加加工时的刚性和稳定性,减少夹具及工件变形;

⑤定位基准应尽量选择与加工表面有较高位置精度要求的表面,以提高位置精度。

2. 满足工件位置精度的方法

①基准选择要正确。如果需满足工件加工表面的轴线与某一表面垂直度的要求,就应以这个表面为定位基准,直接安装在花盘平面上;如果要满足工件加工表面的轴线与某一表面平行,就应以此表面为定位基准,将其安装在角铁上。

②精车时所选定位基准面,必须事前经过磨削或刮削。基准面平直,接触良好,且与其他定位基准面有很高的位置精度。

③花盘或角铁的工作支承面,必须在安装工件前就调整好精度,使位置公差小于工件相应位置公差的1/2。

④工件夹紧力要合适,防止变形或松动。工件夹紧后,要进行平衡调整。

⑤机床导轨和主轴间隙要调整适当

三、分析生产实习图并确定加工步骤

图 2-12-13 所示为一连杆零件,两个端平面已加工合格,现在车床上批量车削两个孔,其工艺和加工步骤安排如下。

1. 工艺分析

(1)零件主要技术要求

根据图样分析、车削有关的主要技术要求如下:

①$\phi40^{+0.062}_{0}$ mm 内孔,$Ra3.2$ μm,倒角 1×45°及 $\phi29^{+0.052}_{0}$ mm 内孔,$R_a3.2$ μm;

②两孔中心距(120±0.07)mm,两孔中心线的平行度允差 0.03 mm;

③$\phi40^{+0.062}_{0}$ mm 孔中心线与左端面 B 的垂直度允差 0.03 mm。

(2)图示零件工艺特点

分析此零件的结构和技术要求,有以下车削工艺特点。

①此零件外形比较复杂,在车削加工中,若夹在花盘上则比较方便。选择 B 平面为定位基准面,直接安装在花盘工作面上,能保证 $\phi40^{+0.062}_{0}$ mm 孔的中心线与 B 面的垂直度要求。

②为了使 $\phi40^{+0.062}_{0}$ mm 孔与 $\phi60$ mm 圆外形不产生过大偏心,应在 $\phi60$ mm 外圆处用 V 形块定位。第一件加工时通过找正确定 V 形块的位置,将 V 形块紧固在花盘上,作为后边各工件的定位元件。

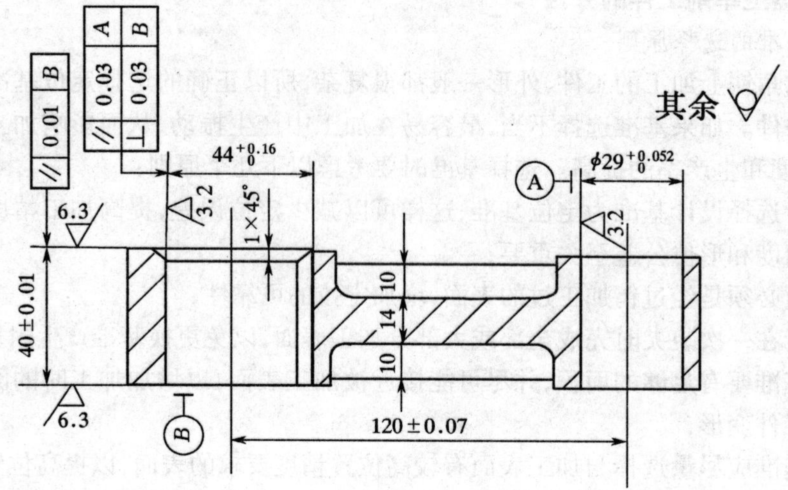

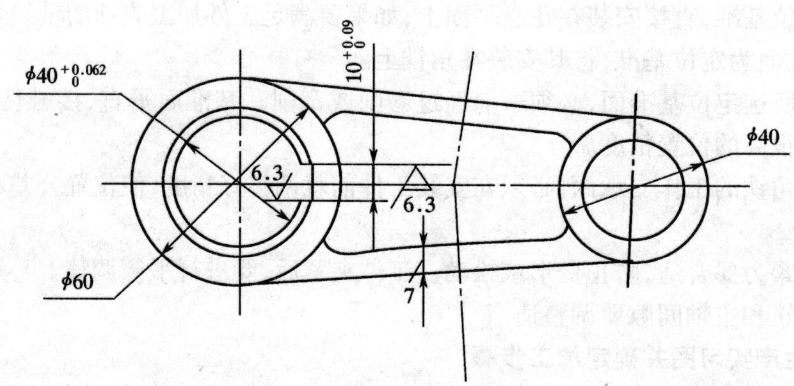

图 2-12-13　连杆

③车削 $\phi29^{+0.052}_{0}$ mm 孔时，为了保证(120 ± 0.07)mm 中心距尺寸的要求，零件要以 $\phi40^{+0.062}_{0}$ mm 孔为定位基准面，花盘上需安装一个定位销，与其配合来定位。这个定位销在花盘上的安装位置，可通过机床主轴上安装一个心轴，经过计算测量取得。其计算和测量如图 2-12-14 所示，计算式为：

$$L = M - \frac{d_1 + d_2}{2}$$

式中　L——工件上两孔中心距，mm；

M——百分表测得的尺寸，mm；

d_1——定位销直径，mm；

d_2——主轴上所安装的心轴直径，mm。

如果计算的中心距 L 与图样不符，可将定位销之螺母微松，调整定位销位置，再测量计算，直至将其找准确为止。定位销位置找准后，取下安装在主轴上的心轴，将工件用花盘和定位销定位，并找正 $\phi40$ mm 外形与主轴回转中心的位置后，夹紧，即可车削第二个孔。

2. 加工步骤

主要工艺及加工步骤安排如下。

1)铸造　要求铸造出两个孔,各留加工余量 4 mm。清砂,非加工表面涂底漆。

2)铣削　粗铣两端平面,厚度尺寸(40±0.01)mm 至 41 mm。

3)平磨　磨削两端平面,保证尺寸(40±0.01)mm 达图样要求;两端平行度在 0.01 mm 范围内;粗糙度达 $R_a6.3\ \mu m$。

4)车削　以 B 平面及 $\phi60$ mm 外圆定位,在花盘上粗、精车 $\phi40^{+0.062}_{0}$ mm 孔至尺寸要求,表面粗糙度 $R_a3.2\ \mu m$,并确保中心线与 B 面的垂直度误差在 0.03 mm 范围内。倒 1×45°角。

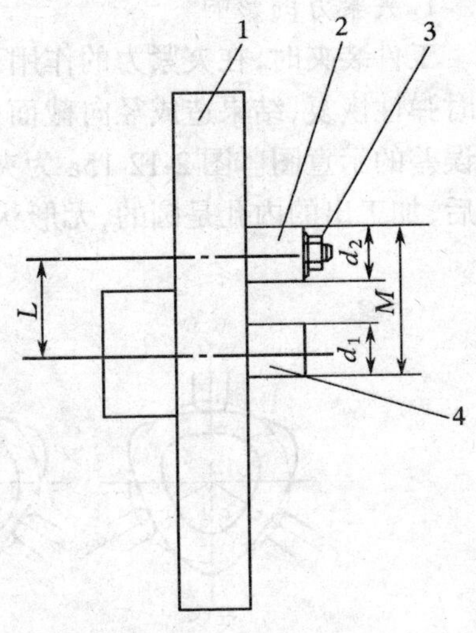

图 2-12-14　找正中心距的方法

1—花盘;2—定位柱;3—定位柱;4—心轴

5)车削　以 B 平面、$\phi40^{+0.062}_{0}$ mm 孔、$\phi40$ mm 外形表面定位,在花盘上车削 $\phi29^{+0.052}_{0}$ mm 孔至尺寸要求,粗糙度达 $R_a3.2\ \mu m$;并保证两孔中心距(120±0.07)mm 及与第一孔的平行度在 0.03 mm 范围以内。

6)插槽　在键槽插床上插削 $10^{+0.09}_{0}$ mm 键槽至尺寸,粗糙度 $R_a6.3\ \mu m$,并保证键槽与两孔中心连线的对称。

四、容易产生的问题及注意事项

花盘和角铁上装夹工件,因为整体结构不对称,最容易产生不平衡及旋转中产生离心力,给加工带来不利影响。同时由于工件不规则,并有螺钉、螺母、角铁等外露件,最容易发生事故。为了克服这些不利因素,应注意以下几点:

①安装花盘和角铁时,在保证一定精度要求的前提下,必须牢固,要有防松装置(这一方面是为了安全,另一方面避免某些部位松动,影响定位精度);

②装夹工件时,压板螺钉应尽量靠近工件,垫块高低应和工件厚度一致,增加夹紧的可靠性,工件和平衡铁的安装必须牢固,以免旋转时飞出伤人;

③车削前,将溜板移到工作最终位置,用手转动花盘,注意观察花盘上的角铁、工件、夹紧元件、定位元件及平衡元件等是否与机床的某一部分碰撞,避免切削时发生设备事故;

④在花盘及角铁上加工工件,转速不宜太高(高转速会加大离心力,易产生振动,影响加工精度和表面粗糙度,同时高转速也容易造成工件飞出,发生事故);

⑤车削加工时,要求操作者或其他人员不能站在花盘的旋转平面内,更不能用身体的任何部位接近旋转着的花盘和角铁,以免发生事故。

12-4　薄壁件车削

一、薄壁工件的车削特点

车削加工中的薄壁工件,一般系指薄壁套筒类零件。由于薄壁套筒的刚性差,在车削过程中常产生以下两种现象。

1. 夹紧力的影响

工件装夹时,在夹紧力的作用下产生径向弹性变形。当加工完内孔及外圆后,卸下工件,这时弹性恢复,结果造成径向截面的形状误差。图 2-12-15 是用三爪卡盘夹紧薄套工件时造成误差的示意图。图 2-12-15a 为夹紧时工件产生弹性变形,使内孔变为三角形;b 图是车完内孔后,加工出的内孔是圆的,无形状误差;c 图是松开三爪后,在弹力的作用下,内孔变为三角形。

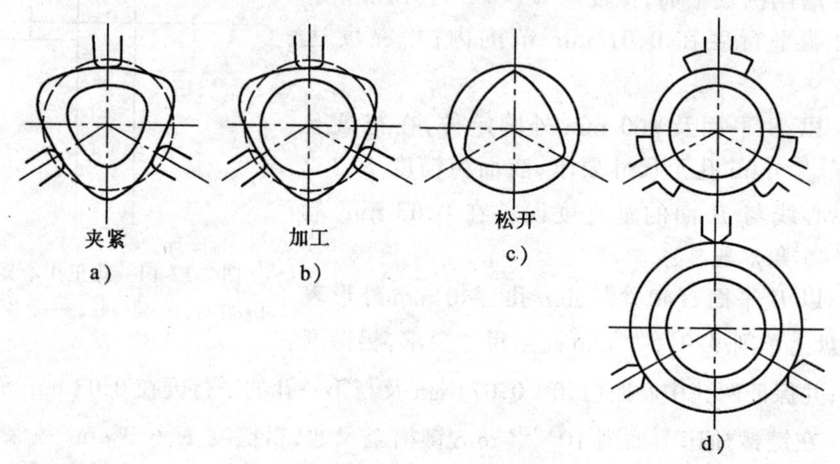

图 2-12-15　薄壁套筒零件由于夹紧力引起的加工误差
a)夹紧变形　b)车完后的内孔为圆　c)松开后内孔形状　d)改进装夹方法

2. 切削力的影响

薄套工件,切削当中受到径向切削力后,变形比较明显。这种变形,直接影响工件的尺寸精度和形状精度,而且变形会引起加工振动,影响表面粗糙度和切削的顺利进行。

二、车削薄壁零件时采取的措施

为了提高薄壁零件的加工精度,车削时常采用以下各项措施。

1. 减少夹紧力的影响

(1)夹住棒料实体车内外圆

此方法适于车削短小薄壁套工件,一料多件。车削方法是用三爪卡盘夹紧棒料,探出足够的长度,车完工件内外圆后,切下工件。松开三爪后探出棒料,用同样的方法车削第二件,如此类推。最后一件留有夹紧用的工艺头。

(2)增加夹紧接触面

通常用扇形爪、开缝套筒、液性塑料定心夹具等夹紧薄套工件。由于夹紧分散在工件较大的夹紧表面上,使工件圆周方向都受力,减少夹紧变形,见图 2-12-15d。

(3)增加辅助支承

辅助支承可以增加工件刚性,减少变形。辅助支承的装夹方法及其结构见图 2-12-16 所示。圆盘 1 中心有定位用中心孔,外圆装有 4 个可调螺钉 3,螺钉头上装有活动支承块 4,支承块的工作面是与工件内孔一致的圆弧面,减少夹紧变形。使用时将辅助支承装在工件孔中,使挡板 2 与工件端面接触,调整螺钉 3,撑紧工件(注意支撑力不宜过大)。可用两顶顶尖顶住加工。如果用四爪卡盘采用一夹一顶安装时，注意卡爪应对准辅助支承螺钉位置。

2.减小切削力和切削热的影响

(1)粗、精加工要分开

粗加工时，因为切削用量大，会产生较大的夹紧变形、切削力变形以及切削热变形。为了不使这些变形给工件带来大的影响，首先把一批工件都粗加工，各加工表面都留适当的余量。经过热处理，消除内应力后再进行精加工。因为精加工中选择的背吃刀量及走刀量很小，故夹紧力、切削力都很小，产生的热量也少，所以工件的变形小，提高了加工精度。

(2)刀具的选用

车削薄套工件时，为了减小径向分力，刀具要选取大的主偏角。为了使刀具锋利，顺利切削，应选取正的刃倾角，适当增加前角和后角，不要刃磨倒棱，这些都有利于减小切削力和切削热。

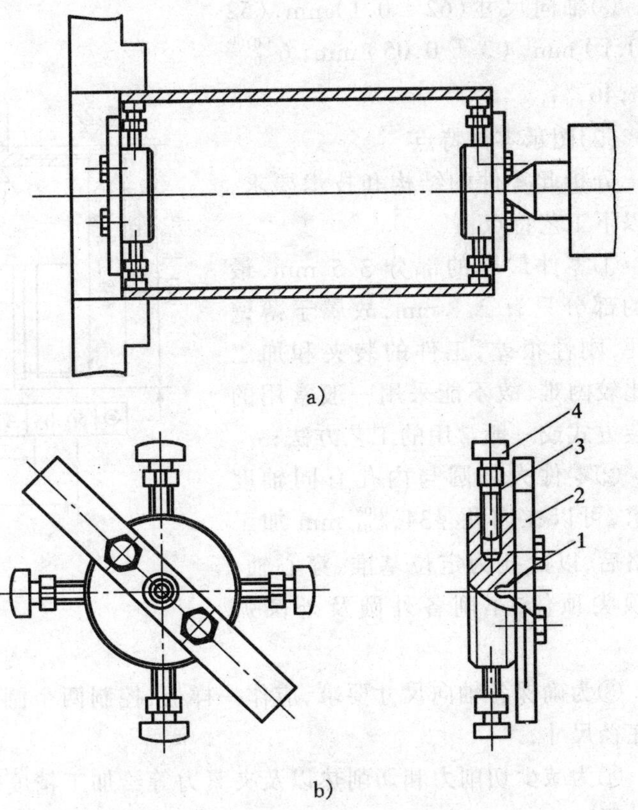

图 2-12-16　应用辅助支承装夹薄壁工件

a)装夹方法　b)辅助支承结构

1—圆盘;2—挡板;3—调整螺钉;4—支撑块

(3)切削用量的选择

车削薄套工件所选择的背吃刀量 a_P 和进给量 f，比正常加工其它工件时要小些，这有利于减小切削力。因为切削速度已对切削力的影响较小，故可正常选择。

(4)充分冷却润滑

切削温度对薄壁零件的变形影响较大，车削中使用充足的冷却液，可以降低温度，减少热变形。

三、分析生产实习图并确定加工步骤

图 2-12-17 所示为一薄壁套工件，现在车床上小批量车削此工件，工艺和加工步骤安排如下。

1.工艺分析

(1)零件主要技术要求

根据图样分析，车削有关的主要技术要求如下：

①内孔 $\phi34^{+0.06}_{+0.04}$ mm，$R_a1.6$ μm，外圆 $\phi41^{\ 0}_{-0.02}$ mm，$R_a3.2$ μm，外圆 $\phi39^{\ 0}_{-0.05}$ mm，$R_a6.3$ μm 两处；圆弧槽 $\phi38.2^{\ 0}_{-0.05}$ mm(两处)；

②$\phi41^{\ 0}_{-0.02}$ mm 外圆与内孔的同轴度允差 $\phi0.05$ mm；

③轴向尺寸(62 ± 0.1)mm，(52 ± 0.1)mm，(3 ± 0.05)mm，$6^{+0.09}_{0}$ mm；$46_{-0.10}^{0}$。

(2)图示零件特点

分析此零件的结构和技术要求，有以下工艺特点：

①零件最厚的部分 3.5 mm，最薄的部分只有 2.1 mm，故属于薄壁工件，刚性很差，工件的装夹和加工都比较困难，故不能采用一般常用的安装方式或一般常用的工艺方法；

②零件大外圆与内孔有同轴度要求，可以在内孔 $\phi34^{+0.06}_{+0.04}$ mm 加工合格后，以此孔为定位基准，穿心轴，两顶尖顶住，车削各外圆及外圆弧槽；

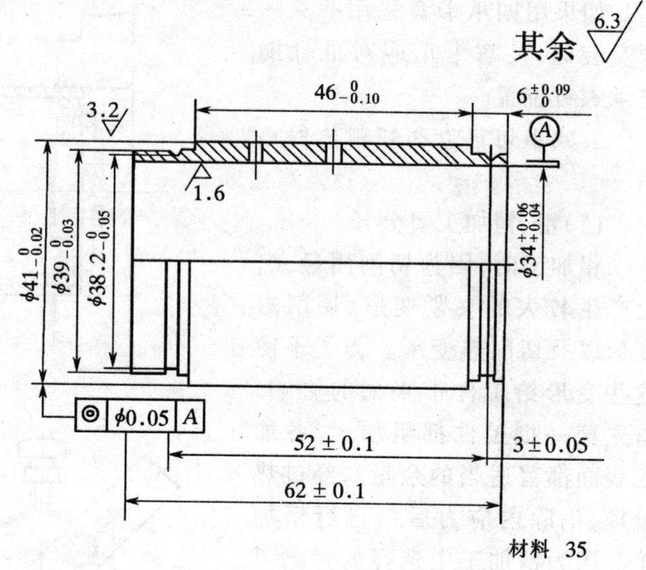

图 2-12-17　薄壁套

③为确保各轴向尺寸要求，应作一样板，控制两个圆弧槽坐标位置，用专用卡板测量圆弧槽底径尺寸；

④为减少切削力和切削热以及夹紧力等给加工精度带来的影响，采用粗、精加工分开的工艺过程；

⑤毛坯制造和粗加工的过程中，工件会产生内应力，故在精加工前应安排一次人工时效，消除内应力，以免工件加工完后变形。

2.加工工艺及加工步骤

(1)下料

外径 45 mm、壁厚 8mm、长 65 mm 的无缝钢管，35 号钢。

(2)粗车

①以左端外圆定位，用三爪卡盘装夹左端外圆，粗车 $\phi41_{-0.02}^{0}$ mm 及右端 $\phi39_{-0.03}^{0}$ mm 外圆，留余量 1 mm，平右端面，轴向尺寸留余量 2 mm。

②粗车内孔 $\phi34^{+0.06}_{+0.04}$ mm 至 $\phi33\pm0.2$ mm。

③以大外圆为定位面，用开口套及三爪卡盘装夹，粗车左端外圆至尺寸 $\phi40$ mm ±0.1 mm，平左端面，给各轴向尺寸留余量 1 mm。

(3)热处理

人工时效。

(4)车削

半精车、精车 $\phi34^{+0.06}_{+0.04}$ mm 内孔至尺寸，$R_a1.6$ μm。以外圆定位，用开口套及三爪卡盘装夹，并精车右端面 $R_a6.3$ μm。

(5)车削

以 $\phi34^{+0.06}_{+0.04}$ mm 内孔定位，穿心轴，两顶尖顶住，精车 $\phi41_{-0.02}^{0}\times6^{+0.09}_{0}$ 外圆至尺寸，$R_a3.2$

μm,精车右端圆弧槽至尺寸。调头安装,精车左端外圆 $\phi 39_{-0.03}^{\ 0}$ mm 及圆弧槽至尺寸。平端面,保证大外圆及总长度尺寸至要求。

(6)钳加工

钻外圆上的两个径向孔至尺寸。

四、容易产生的问题及注意事项

此薄套工件最容易产生的问题就是夹紧变形以及受到切削力和切削热后的变形,从而影响加工精度,因此应特别注意以下几点。

①用三爪卡盘夹紧时夹紧力不宜过大。

②用心轴定位车削外圆时,心轴安装不宜过紧,否则工件产生弹性变形,精度不易保证。

③精车用刀具宜选用大主偏角、大前角、较锋利的车刀,减小径向切削力,减小切削热。

④车削加工中要充分润滑冷却,减少热变形带来的影响。

⑤钳工钻攻两个径向孔时,宜采用轴向夹紧,夹紧力不要过大,以免薄套变形。

12-5　曲轴车削

一、曲轴的结构及技术要求

曲轴是发动机的重要零件,是一种复杂的偏心工件。发动机性能和用途不同,对曲轴曲柄颈要求的个数也不一样。根据曲轴曲柄颈的多少,曲轴分为两拐、四拐、六拐和八拐等几种形式。根据曲柄颈数的不同,曲柄颈之间互成 90°(四、八拐),120°(六拐),180°(两拐)等角度。

曲轴毛坯一般是锻造出来的,为了加工方便,现在已有很多曲轴改用球墨铸铁浇铸成形。曲轴的形状特殊,刚性差,因此在曲柄颈的车削中,必须解决安装中工件变形的问题。

曲轴是高速旋转且承受较大交变载荷作用的零件,因此有较高的性能和技术要求,主要有以下几点:

①主轴颈及曲柄颈的尺寸精度、形状位置精度都有较高要求,且表面粗糙度小、曲柄颈的中心距偏差小;

②锻造毛坯要调质处理,球墨铸铁毛坯要正火处理,以改善提高机械强度和耐磨性;

③曲轴不准有裂纹、气孔、砂眼、磕碰拉毛等缺陷。

二、曲轴的装夹

曲轴的主轴颈与曲柄颈不在一条中心线上,故加工时的装夹必须采取措施。在加工曲柄颈时,应使被加工的曲柄颈轴线和车床主轴旋转轴线重合。由于曲轴刚性差,装夹时还必须考虑工件变形问题,可增加辅助支承。根据偏心距的大小和结构情况,曲轴有以下几种装夹方法。

1.打顶尖孔在两顶尖间装夹

两端打中心孔,适于偏心距不大,曲轴主轴颈较粗或带工艺端的曲轴。首先在曲轴两端面划中心孔位置线,并分别钻出主轴颈中心孔和曲柄颈中心孔。划线与中心孔的加工方法与偏心轴的方法基本相同。然后用两顶尖顶住主轴颈中心孔,车削主轴颈各部分;用两顶尖顶住曲柄颈中心孔加工各曲柄颈部分;最后车去两端偏心中心孔或工艺端,完成曲轴最终加工。

2.用偏心夹板在两顶尖间装夹

对于偏心距较大,无法在端面钻偏心中心孔的曲轴,可在主轴颈上安装一对偏心夹板,然后在偏心中心孔中用两顶尖顶住加工曲柄颈。偏心夹板的结构及用法如图 2-12-18 所示。安装夹板前,需将曲轴两端主轴颈按工艺尺寸加工(留有余量),再将偏心夹板装在其上。装夹时,需用平板上的一对 V 形铁、高度游标划线尺、百分表等工具对曲轴找正。目的是保证曲柄中心与夹板顶尖孔相对应,使各曲柄颈有足够的加工余量。找正方法如图 2-12-19 所示。工件 5 安放在一对等高的 V 形铁 3 上,首先用百分表 7 调整两端主轴颈,使其轴线对平板平行;再用高度尺 6 找正左端偏心板 2 上各偏心中心孔与各曲柄颈中心的位置,将夹板上螺钉紧固;最后再用高度尺和检验棒 1 找正右端偏心夹板与左端偏心夹板的位置,使两端同拐用中心孔保证一定同轴度要求,用螺钉将右偏心夹板紧固。两块偏心夹板上的偏心中心孔有制造误差,含偏心孔间的夹角误差与偏心距误差。因此,找正安装时,应注意两夹板相互位置,使夹角大的同向和中心距大的同向。为此,要求夹板上标注出这两个测量参数,以便对向安装。

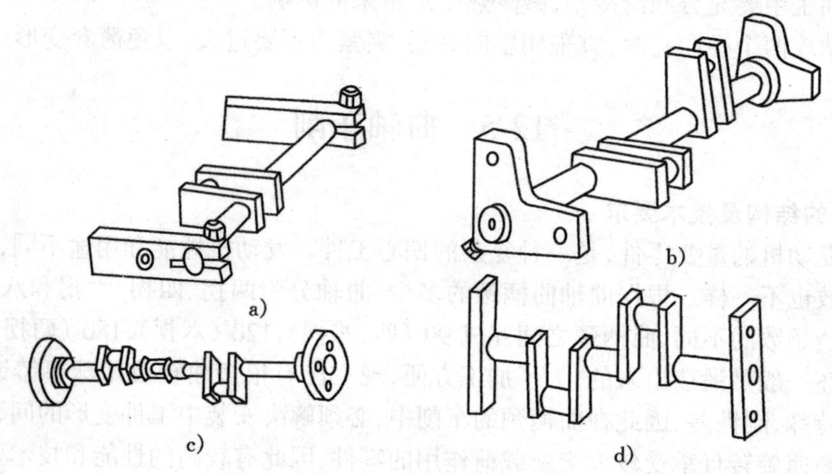

图 2-12-18 偏心夹板及其应用方法

a)单拐曲轴夹板 b)双拐曲轴夹板 c)三拐曲轴夹板 d)两拐(180°)曲轴夹板

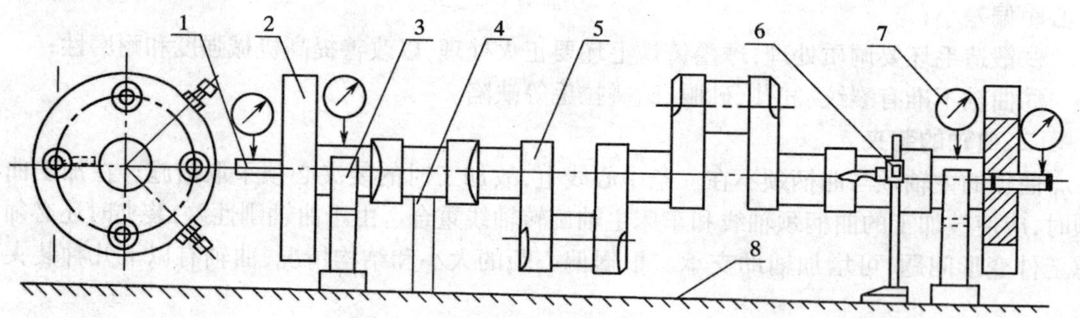

图 2-12-19 偏心板装夹曲轴与找正

1—检棒;2—偏心板;3—V 形铁;4—垫块;5—工件;6—高度尺;7—百分表;8—平板

3. 用专用夹具装夹曲轴

专用夹具的结构如图 2-12-20 所示,适用于批量加工。专用夹具上有精度很高的偏心体 7,偏心体上又有多个等分偏心孔,可以满足各种多拐曲轴定位要求,故操作方便,不用找正,定位精度高,有较高的生产率。

偏心体 7 用心轴 4 与主轴上的花盘定位,并用四只螺钉紧固。曲轴 11 经分度盘 9 定位夹

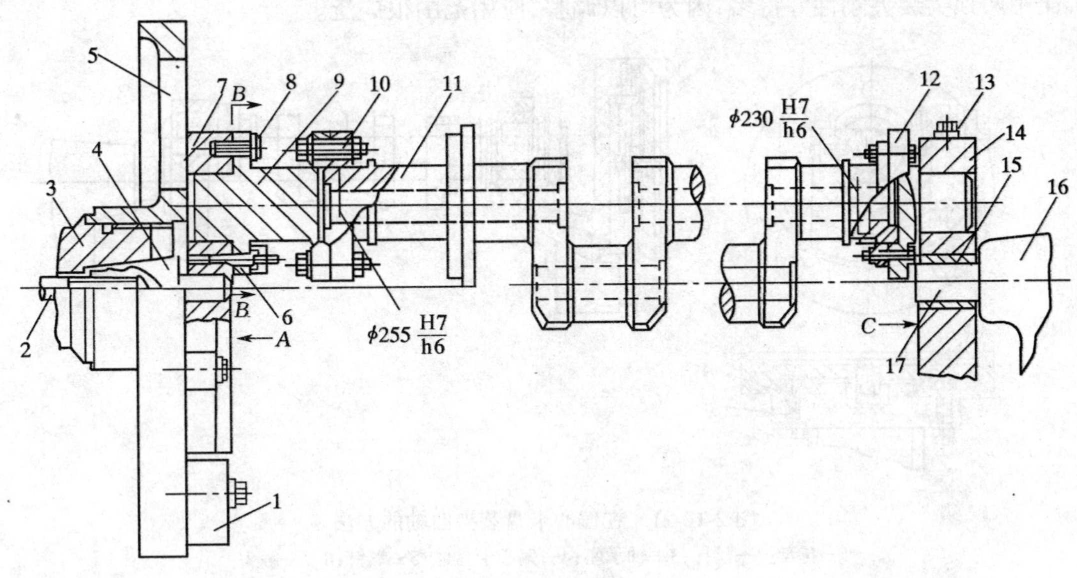

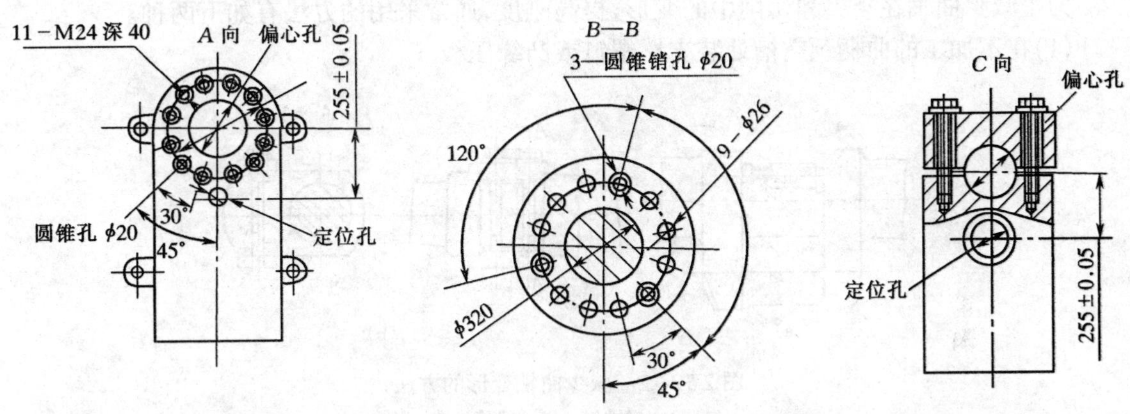

图 2-12-20　专用偏心夹具

1—花盘；2—丝杆；3—轴承座；4—偏心卡盘体；5—T形槽；6—触头；7—偏心体；8、10、13—螺钉；9—分度盘；11—曲轴；12—法兰；14—偏心体；15—铜套；16—尾座；17—轴颈

紧在偏心体7上；分度盘通过圆锥销6插入不同的孔中，完成不同曲拐加工的定位。车床尾端装有同样的偏心体14，采用对分式轴承夹紧工件。偏心体内的铜套15，与尾座主轴17保持精密的间隙配合。分度时先拔出圆锥销6，卸下螺钉8，并松开尾座紧固螺钉13，转动分度盘，到要求位置时将圆锥销插入第二个锥孔中，再校正偏心体7和偏心体14的侧平面，即可加工曲轴第二个方位的曲拐轴颈。

4. 采用偏心卡盘装夹曲轴

偏心卡盘的结构如图2-12-21所示。花盘1通过过渡盘与机床主轴连接，偏心卡盘4通过燕尾槽与花盘连接，偏心卡盘体在丝杆2的带动下，可作偏心移动，满足不同曲拐偏心距调整的要求。偏心距大小和精度可用触头6和7之间的块规测量。调整好后，用螺钉紧固。偏心卡盘体上有一对开轴承座3，曲轴的主轴颈就装夹在轴承座中。

在车床尾座一端也应该装上偏心夹具，并把尾座改装成可以转动的。用这种方法装夹曲轴，比用两顶尖装夹刚性好得多，因为可以调整，应用范围很广泛。

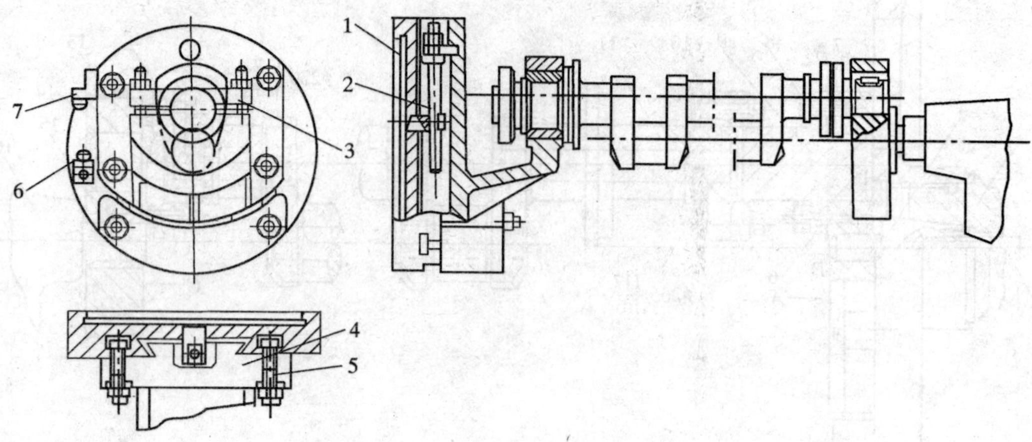

图 2-12-21　在偏心卡盘装夹曲轴的方法

1—花盘；2—丝杆；3—轴承座；4—偏心卡盘体；5—螺钉；6、7—触头

三、提高曲轴加工刚度的方法

为了减少曲轴在装夹和切削中的变形，提高刚度，通常采用的方法有如下两种。

(1)在不加工的曲柄颈空槽处装支撑螺钉或凸缘压板

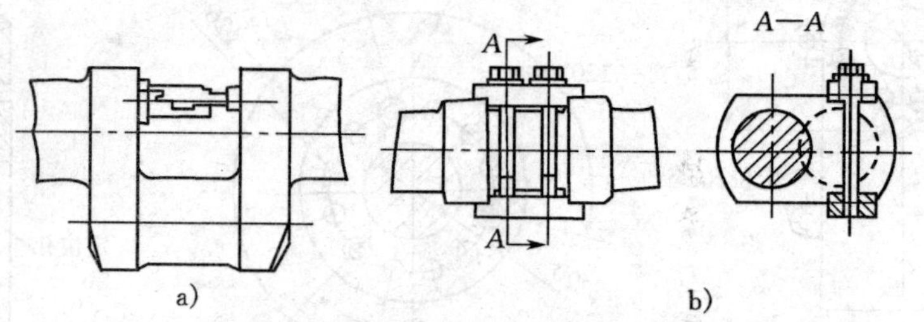

图 2-12-22　减少曲轴变形的方法

a)支撑螺钉　b)凸缘压板

如图 2-12-22 所示，两曲柄臂间距离不大时，适合用螺钉支撑。使用支承钉时，力量不要太大，以免在螺旋力的作用下曲轴变形。可以在曲柄臂处用百分表监测变形的大小，来控制顶紧力。凸缘压板结构较复杂，主要适于两曲柄臂内侧面为斜面、圆弧面、球弧面的情况，此时用支承螺钉无法顶紧。

(2)在曲轴中间用偏心中心架

偏心中心架的中间为空心，可套入曲轴主轴颈上，并用盖板 1 和两支螺钉 2 夹紧，如图 2-12-23 所示。外缘用大型中心架 3 支承。图中曲柄颈处于加工位置，主轴颈处于偏心位置(不与机床主轴同轴)。

四、曲轴车刀的刀体结构和安装

车削曲轴时，被车削的曲轴颈与不被切削的曲轴颈之间存在很大的回转半径差，故要求车刀在刀架上伸出的长度较长，因此影响车刀的刚度。这就要求曲轴车刀的结构与普通车刀的结构有所不同。常用曲轴车刀有以下三种。

1. 鱼肚车刀

鱼肚车刀也叫扇形车刀，结构如图 2-12-24 所示。车刀伸出部分的长度为 L。其数值为曲轴转动部分的最大旋转半径与车削部分最小旋转半径差的 1.2 倍，高度 $h=(0.6\sim0.8)L$。此高度值越大，刀具刚度越大，其值远远大于一般车刀的高度。刀体伸出部分宽度 B 较小，这主要是受曲柄颈长度的限制。B 值可取曲柄颈长度的 2/5。刀体装夹部分高度 H，是根据所选机床刀架有关尺寸确定的。增大 H 值，可提高车刀的刚度，因此在刀架允许的情况下，应尽量取大些。安装车刀时，尽可能减少车刀的伸出量，以提高刀具安装刚度。

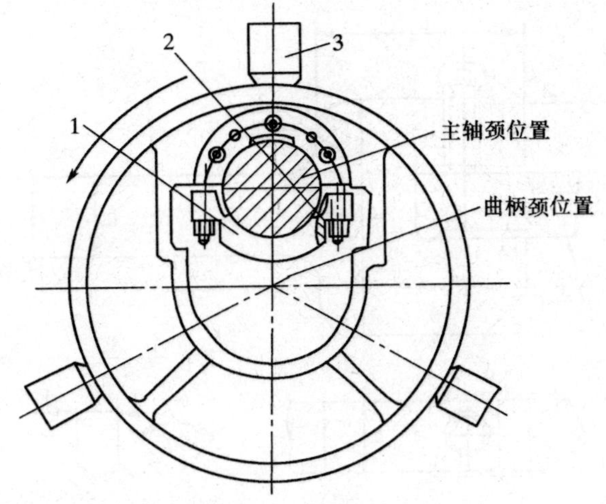

图 2-12-23　偏心中心架

1—盖板；2—螺钉；3—大型中心架

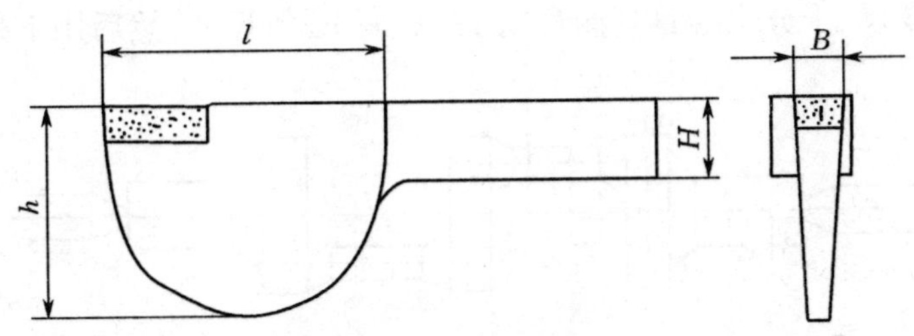

图 2-12-24　鱼肚车刀

这种车刀重磨时较费时费力。由于鱼肚部分较大，有时刀架转不过来，所以刀架上不能同时装几把车刀，只能通过装卸的方式来更换其他形状刀头的车刀。而换刀较麻烦，影响生产率。

2. 可换刀头车刀

可换刀头车刀的结构见图 2-12-25 所示。这种车刀由刀排 1 和刀头 3 构成，用螺钉 2 将刀头紧固在刀排上。为使刀头稳定，在刀头与刀排的安装面上，制成 90°的锯齿形。与鱼肚车刀相比较，这种车刀刃磨或更换刀具均方便，还可节省刀体材料。确定车刀 L、h、B、H 各尺寸时，可参考鱼肚车刀各尺寸。

3. 辅助支撑车刀

图 2-12-26 所示为辅助支撑车刀的示意图。本车刀适合于大曲拐曲轴，车刀伸出量 L 很大的情况。由于车刀 1 伸出刀架 2 很长，车削时刀具刚性很差，极易产生振动，甚至使加工无法进行。为此，本车刀刀头部分底面钻出一个凹坑，中滑板上安装调节螺钉 3 和螺母 4。通过调整，使螺钉头部顶在刀杆的凹坑上，从而提高车刀的使用刚度。

五、曲轴的测量

曲轴各轴颈的尺寸精度、圆度、轴颈间的同轴度、平行度的测量方法与一般轴类相似，不再重述。这里主要介绍曲柄轴颈偏心距的测量，曲柄轴颈间夹角的测量方法。

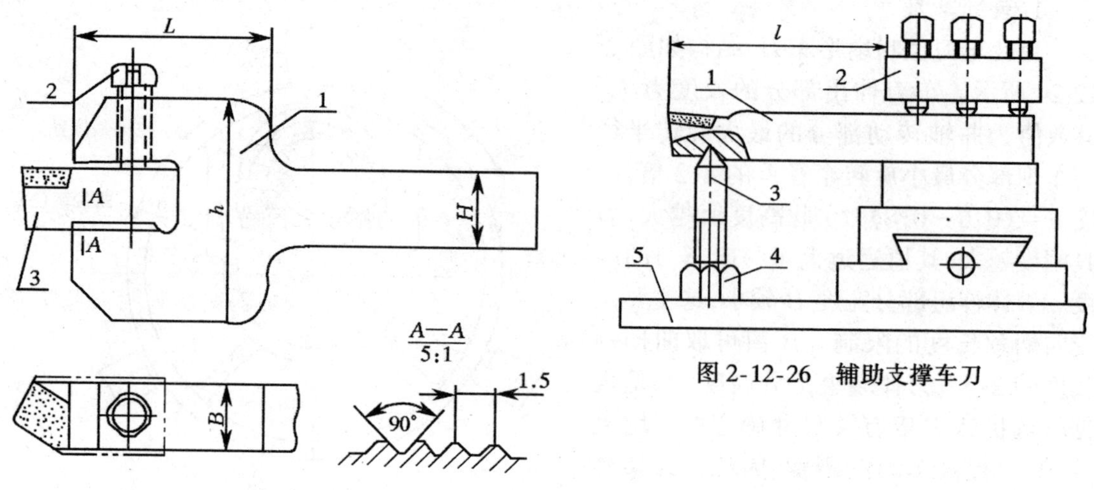

图 2-12-25　可换刀头车刀

图 2-12-26　辅助支撑车刀

1. 偏心距的测量

曲柄轴颈偏心距的测量方法如图 2-12-27 所示。把曲轴安装在专用两顶尖的检验工具上，用百分表或高度尺、千分表等量具测量出 H、h、r、r_1 等尺寸，然后用下列公式进行计算

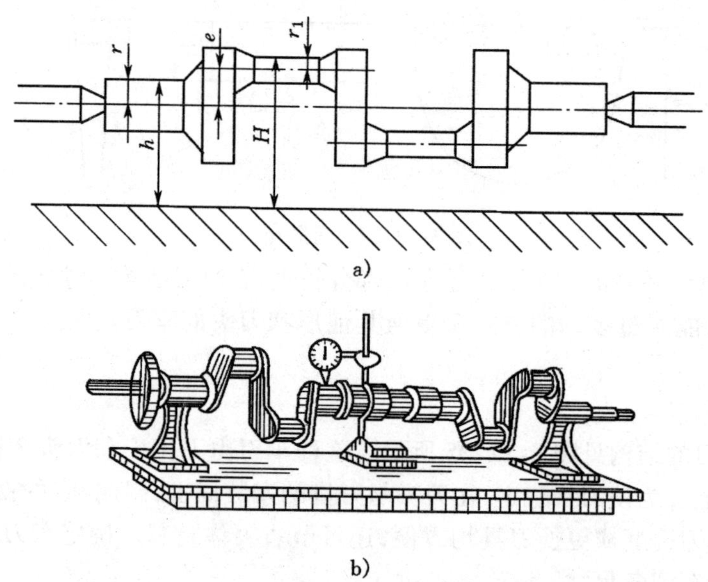

图 2-12-27　曲轴检验的方法

a)检验曲轴偏心距的方法　b)检验曲轴平行度的方法

$$e = H - r_1 - h + r$$

式中　e——偏心距，mm；

H——曲柄轴颈表面最高点至平板表面的距离，mm；

h——主轴颈表面最高点至平板表面的距离，mm；

r——主轴颈的半径，mm；

r_1——偏心轴颈的半径，mm。

例　已测量得 $H=100$ mm，$h=60$ mm，$r=15$ mm，$r_1=12$ mm，求偏心距。

解　$e=H-r_1-h+r$

$=100-12-60+15=43$ mm

2.曲柄轴颈间夹角的测量

(1)用分度头测量

如图 2-12-28 所示，将分度头放在平板上，曲轴一端主轴颈夹持在分度头的三爪卡盘中，另一端主轴颈用可调 V 形铁支承，用百分表调整主轴颈轴线，使其保证与平板平行。然后将第一挡曲柄轴颈旋转至水平位置，用百分表测出 H_1 值。将分度头旋转曲柄之间夹角 θ 度后，再用百分表测量出下一个曲柄轴颈的 H_2 值，经计算得：

$$L_1=H_1-\frac{d_1}{2}, L_2=H_2-\frac{d_2}{2}, \Delta L=L_1-L_2, \sin\Delta\theta=\frac{\Delta L}{R}$$

式中　d_1——曲柄轴颈 A 的实际直径尺寸，mm；

d_2——曲柄轴颈 B 的实际直径尺寸，mm；

L_1——曲柄轴颈 A 的中心高，mm；

L_2——转过 θ 角后曲柄轴颈 B 的中心高，mm；

ΔL——曲柄轴颈 A 与 B 之间的中心高度差，mm；

$\Delta\theta$——曲柄轴颈 A 与 B 之间的角度误差，单位是度；

R——偏心距，mm。

为了减少分度头本身转角误差的影响，可选用高精度分度头。

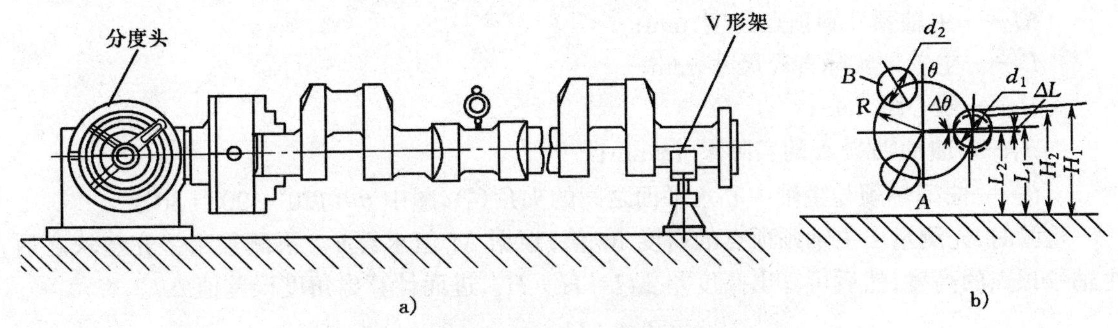

图 2-12-28　用分度头测量角度误差

a)测量方法　b)计算方法

例　有一根 120°±15′等分六拐曲轴，曲柄轴颈直径为 $d_1=225_{-0.01}^{\ 0}$ mm，$d_2=225_{-0.03}^{\ 0}$ mm。偏心距 $R=(225\pm0.1)$mm。分度头将 d_1 转至水平位置时，测得 $H_1=448$ mm，然后将 d_2 转过 120°至水平位置时，测得 $H_2=447.40$ mm，求曲轴的角度误差。

解　$L_1=H_1-\frac{d_1}{2}=448-\frac{224.99}{2}\approx335.51$ mm

$L_2=H_2-\frac{d_2}{2}=447.40-\frac{224.97}{2}\approx334.92$mm

$\Delta L=L_1-L_2=335.51-334.92=0.59$mm

故角度误差为 $\sin\Delta\theta=\frac{\Delta L}{R}=\frac{0.59}{225}\approx0.00262$，所以 $\Delta\theta\approx9'$。角度误差($\Delta\theta=9'$)<15′，说明分

度合格。

(2)用垫块测量

用垫块测量角度误差的方法如图 2-12-29 所示。测量时把曲轴放在一对等高 V 形铁上，并检查调整曲轴主轴颈轴线与平板平行，然后在一个曲柄颈下面垫进一个高度为 h 的垫块，使曲柄轴颈中心与主轴中心平面成 θ 角。垫块高度 h 的计算公式如下：

$$h = M - \frac{D}{2} - R\sin\theta - \frac{d_1}{2}$$

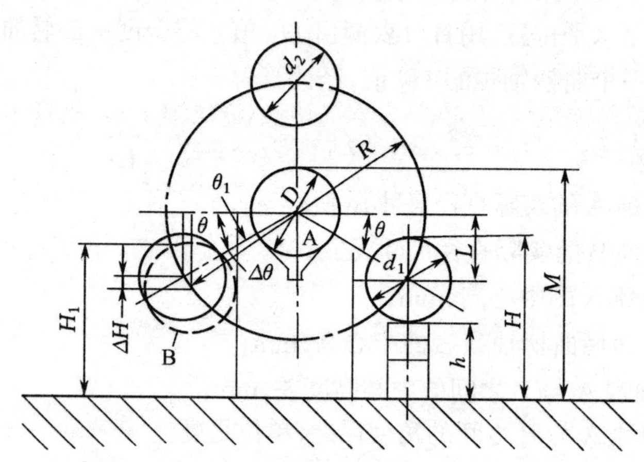

图 2-12-29　用垫块测量曲轴的角度误差

式中　h——垫块高度，mm；

M——主轴颈外圆顶点高度，mm；

D——主轴颈实际直径尺寸，mm；

R——偏心距，mm；

d_1——曲柄轴颈 A 的实际尺寸，mm；

θ——曲柄轴颈与主轴中心水平面之间的夹角(°)，图中 $\theta = 120° - 90° = 30°$。

检验时，先测量出主轴颈顶点的高度 M 值，根据 M 值求算 h。再测量出垫完垫块之后，主轴颈顶点的高度，然后可算出高度差 $\Delta H = H - H_1$，进而计算出角度误差值 $\Delta\theta$。

$$\Delta\theta = \theta_1 - \theta, \sin\theta = \frac{L}{R}, \sin\theta_1 = \frac{L + \Delta H}{R}$$

式中　L——曲柄轴颈 A 中心至主轴颈中心平面的距离，mm。

例　在 120°±15′等分的六拐曲轴测量中，主轴颈直径为 $D = 80$ mm，曲柄颈直径 $d_1 = 76$ mm，偏心距 $R = 60$ mm，$M = 150$ mm，并测得两曲柄颈顶点的差值 $\Delta H = 0.35$。求垫块高度及曲柄颈间夹角误差。

解　垫块高度 $h = M - \frac{D}{2} - R\sin\theta - \frac{d_1}{2}$

$$h = 150 - \frac{80}{2} - 60\sin 30° - \frac{76}{2} = 42 \text{ mm}$$

垫块垫好后，用百分表测量两个曲柄轴颈外圆最高点的读数时，得

$$H = h + d_1 = 42 + 76 = 118 \text{ mm}$$

另外测得 $H_1 \approx 118.35$ mm

$$\Delta H = H - H_1 = 118 - 118.35 = -0.35 \text{ mm}$$

$$\sin\theta_1 = \frac{L + \Delta H}{R} = \frac{60 \times \sin 30° - 0.35}{60} \approx 0.4941667$$

$$\theta_1 \approx 29.615°$$

$$\Delta\theta = \theta_1 - \theta = 29.615° - 30° = -0.385° \approx -23'6''$$

测量分析：曲柄轴颈间夹角比理论要求产生的误差大，不在±15′角度误差范围以内，不合格。

六、分析生产实习图并确定加工步骤

图 2-12-30 为六拐曲轴零件图，材料为球墨铸铁(QT600—3)，批量为单件生产。

1. 主要技术要求

此曲轴精度要求高，形状复杂，主要技术要求如下：

①各主轴颈直径公差和曲柄颈的直径公差要求都很高，为 0.019 mm，各表面粗糙度 $R_a 0.8$ μm；

②主轴颈、曲柄颈的轴向尺寸公差为 0.1 mm，主轴颈与曲柄颈的同侧轴向距离尺寸公差为 0.05 mm；

③各主轴颈对中心线的同轴度要求为 $\phi 0.02$ mm。各曲柄颈对中心线的平行度要求为 $\phi 0.03$ mm；

④各曲柄轴颈偏心距要求为 $R(60 \pm 0.1)$mm，各曲柄颈等分角度为 120°±30′。

2. 工艺分析

①曲柄颈的轴心线与法兰盘端面上 6 个 $\phi 15$ mm 孔中心线同轴，可以利用此孔作为车削曲柄颈的分度和定位基准。为此，应该适当提高 $\phi 15$ mm 孔的孔距精度、等分精度和孔本身的加工精度。

②由于曲柄轴的偏心量较大，故存在较大的偏重现象。可采用大直径花盘，配重的方法平衡。所采用的专用夹具，也要平衡装置。

③为使加工后不变形，曲轴粗加工后要进行定性处理，消除内应力。处理后要修正中心孔。

④各主轴颈的同轴度要求 $\phi 0.02$ mm，对曲轴使用寿命至关重要，必须严格保证。为此在精加工主轴颈前，要对中心孔进行仔细研磨。$R4$ 圆角要保证。

⑤各曲柄颈粗加工前，首先加工出它的定位、装夹和找正基准。

⑥为满足主轴颈和曲柄轴颈表面粗糙度 $R_a 0.8$ μm 的要求，在精车后要用研磨膏进行抛光。

3. 加工步骤

由于是单件生产，只需制定工艺过程，而不必制定详细的工艺文件。在工艺过程文件中，对工序的加工内容、要求及作用等给与简单说明，对一些较重要工序，作较详细的规定。表 2-12-2 列出图 2-12-10 所示之六拐曲轴的工艺过程。

其余
850±0.5
36
50
0
60±0.05
120±0.05
180±0.05
240±0.05
300±0.05
360±0.05
420±0.05
480±0.05
540±0.05
600±0.05
660±0.05
730±0.05
10
1
2
3
4
5
6
K
M
2-B5/16
φ90
(8)
24处
24-8×15°
25-R4
25处
25-2×45°
6-φ70
5-φ75
4-1.5×45°
B
C
B-C
φ120
φ160
6-φ15
R60±0.1
M向
1.6
120°±30′
R118
R45
2.5
3.4
K向

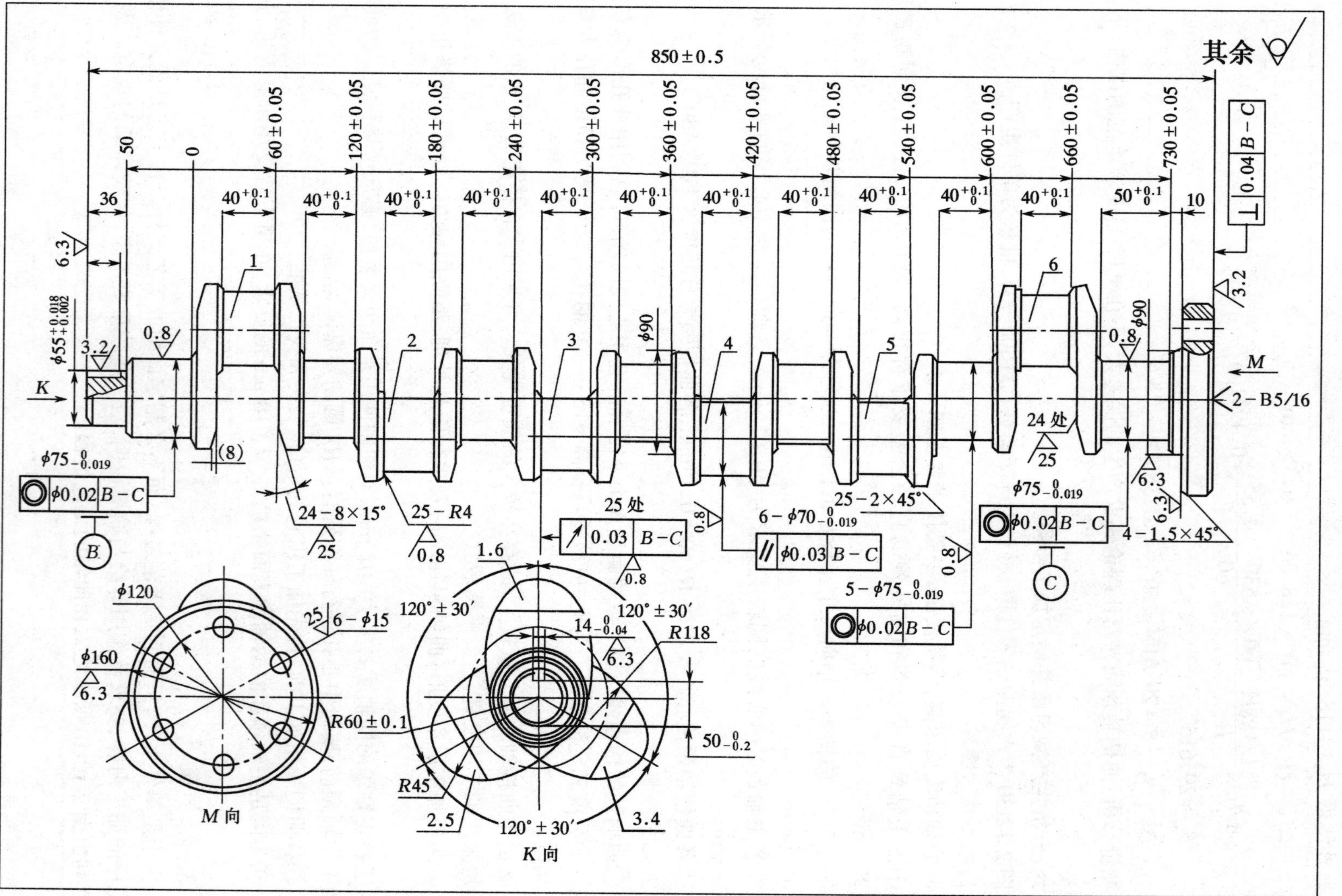

图 2-12-30 六拐曲轴

表 2-12-2　单件加工六拐曲轴的工艺过程

工序	工种	加工内容与要求
1	钳	划线，划出轴向长度上 0 位面的基准线，并划钻两端面主轴颈中心孔
2	车	(1)一夹一顶，分两次装夹，在两端主轴颈上车出搭中心架的工艺基准 (2)一夹一托，分两次装夹，车曲轴两端面，取总长 850 mm 至尺寸 853 mm，法兰盘端面留余量为 2 mm，并在两端面重新钻出中心孔
		(3)一夹一顶，分二次装夹，精车各主轴颈轴肩、法兰盘的外径和 $R4$ 圆角 轴向长度上，每个加工面留余量 2 mm 轴肩和法兰盘直径留余量 2 mm ϕ75 mm 主轴颈留余量 3 mm 工艺要求： ①两端主轴颈为等直径，允差为 0.03 mm ②轴端 ϕ55 mm 轴颈加工至 $\phi 60_{-0.02}^{0}$ mm ③上面轴颈均与法兰盘外径同轴，允差为 ϕ0.03 mm
3	钳	划线。在法兰盘端面上，划一条主轴颈中心与曲柄颈中心的连线，并使各曲柄颈的加工余量均匀和非加工表面位置不偏
4	镗	曲轴以两端主轴颈为基准，在镗床工作台上，用两块 V 形铁装夹工件，钻镗法兰盘上 ϕ15 mm 孔 工艺要求： ①3 个与曲柄颈同轴的 ϕ15 mm 孔加工至 ϕ8H7 mm，孔口锪 $\phi 16\times 60^\circ$锥面 ②3 个 ϕ8H7 mm 孔相互间对主轴颈中心线的偏心夹角为 $120^\circ\pm 10'$ ③ϕ8H7 mm 孔对主轴颈的偏心距为(60 + 0.05)mm ④钻其余 3 个 ϕ15 mm 孔至尺寸 ϕ13 mm
5	车	用专用夹具装夹曲轴，$\phi 60_{-0.02}^{0}$ mm 工艺尺寸与夹具中 D_2 孔相配，粗车曲柄颈时，顶尖直接顶在法兰盘上 ϕ8H7 mm 孔中，然后粗车各曲柄颈、轴肩的外径和 $R4$ mm 圆角 轴向长度每个加工面留余量 2 mm，轴肩直径留余量 2 mm，曲柄颈直径留余量 3 mm
6	铣	铣削曲柄臂 $8\times 15^\circ$斜面，(8) mm 为参考尺寸，进行静平衡调整
7	热	低温定性
8	检	在曲轴长为 200 mm、400 mm、600 mm 左右 3 处检测曲轴变形情况
9	车	(1)四爪一夹一顶，找正，分两次装夹。根据检测提供变形情况，修正供中心架使用的基准轴颈
		(2)一夹一托，分两次装夹，车两端面至总长 $850_{0}^{+0.5}$ mm，在法兰盘中心孔处车 ϕ30 mm 深 0.2 mm 凹台，为最后精车端面接平用，并修车两端中心孔
		(3)一夹一顶分两次装夹。车两端主轴颈，直径大于 ϕ76 mm 为等直径，允差为 0.03 mm；车法兰盘外径至 ϕ161 mm，且和两端主轴颈同轴，允差为 ϕ0.03 mm

续表

工序	工种	加工内容与要求
10	镗	装夹方法与工序4镗削加工相同,扩镗法兰盘上ϕ15 mm孔 工艺要求: ①扩镗3个与曲柄颈同轴的ϕ15 mm孔至ϕ16H7 mm ②3个ϕ15H7 mm孔相互间对主轴颈中心线偏心夹角为120°±15′ ③ϕ15H7 mm对主轴颈偏心距为(60±0.03) mm ④扩镗其余3个ϕ15 mm孔至尺寸
11	钳	在法兰盘3个ϕ15H7 mm工艺孔中,安装3个支承套
12	车	(1)四爪一夹一顶,找正主轴颈基准C,半精车各主轴颈,轴肩和R4 mm圆角 轴肩0位面留余量0.1 mm,其余各轴肩的轴向长度每个加工面留余量0.3 mm ϕ75 mm主轴颈留余量0.5 mm 轴肩ϕ90 mm和高度车至尺寸要求 工艺要求: 轴端处ϕ55 mm轴颈,加工至$\phi 58_{-0.02}^{0}$ mm
		(2)用专用夹具装夹曲轴$\phi 58_{-0.02}^{0}$ mm 车各曲柄颈轴肩直径ϕ90mm和高度至尺寸 半精车各曲柄颈直径和R4 mm圆角,留余量0.5 mm 精车各曲柄颈直径和R4 mm圆角至尺寸 使用研磨膏抛光
		(3)四爪一夹一顶,找正分两次装夹 精车法兰盘外径和端面,与ϕ30 mm深0.2 mm凹台接平,及1.5×45°至尺寸 精车$\phi 55_{+0.002}^{+0.018}$ mm至尺寸 精车0位面基准,准确车去0.1 mm 精车各主轴颈直径和轴肩与R4 mm至尺寸 倒角1.5×45° 使用研磨膏抛光
13	铣	铣健槽至尺寸
14	钳	拆下法兰盘上支承套,修毛倒圆锐边毛刺,并校直主轴颈的同轴度
15	钳	动平衡试验
16	检	探伤试验

七、容易产生的问题及注意事项

①曲轴刚性差,各段重心偏置,加工中易产生振动,故粗、精车曲轴前都应配重,并作好平衡调整。

②工件、夹具、支承、平衡铁等都要安装牢固稳定,防止加工中脱落、工件变形及不安全事故。

③使用中心架时支承力要适当,并防止划伤已加工过的表面。

④开车旋转时,要从低速逐级提高转数,达到满意的转数才开始车削,绝对不能启动高速车削。

⑤开动机床前,要用手扳动已装夹好的工件。各处不相碰时再开动机床加工,以免发生事故。特别注意操作中的安全问题,不能使凸出部分挂住衣物、套袖等。

12-6　立体交叉孔工件车削

一、交叉孔工件的结构和技术要求

在车削加工中，有时会遇到一些复杂、畸形零件。在这些零件上可能分布有两个或两个以上的孔，孔的中心线不平行，也不相交，成立体交叉形，这样的零件叫交叉孔工件。这类零件的结构特点如下：

①外形结构复杂，壁薄且不均匀，为工件的安装和加工带来困难；

②加工表面较多，除加工交叉孔外，往往还要加工一些端平面、内阶梯、内沟槽、圆柱孔和螺纹孔等。

交叉孔零件的技术要求有以下各项：

①各孔径尺寸精度、圆度、圆柱度及表面粗糙度；

②孔之间的中心距、孔中心与基准面的距离尺寸；

③孔之间的位置精度，比如中心线垂直度，中心线间夹角，中心线间的平行度等；

④孔中心线与端面、定位基准面等的平行度和垂直度等。

二、交叉孔工件的装夹

1.定位基准的选择

车削交叉孔工件，多以一个平面为基准，先加工出一个孔。所选择的这个定位平面，与这个孔有较高的距离尺寸要求或位置精度要求，需在前道工序中把这个平面加工好。以该平面定位来加工这个孔。再以加工好的孔和其端面为基准，或以这个孔和原来的基准平面为基准，加工其他交叉孔。这样选择定位基准来车削交叉孔，便于保证孔中心线之间的距离尺寸精度和位置精度。

2.夹紧方式的选择

交叉孔工件因为外形一般都较复杂，壁的厚薄也不均匀，加工面间又有较高的相互位置精度要求，因此夹紧方式的选择相当重要，它也是保证工件加工精度的重要因素。

为了合理夹紧，加工交叉孔零件时，都要使用夹具装夹。简单件可使用花盘角铁安装，复杂件且成批生产时，就必须设计制造一套能保证加工质量和产量的专用车床夹具。

夹紧方式的选择应考虑以下几点：

①夹紧力的方向尽量与基准平面垂直，且力的作用线要通过定位元件刚性支承，否则工件发生倾斜；

②夹紧力的作用点尽量靠近工件加工部位，这样可使夹紧力与切削力之间产生的扭矩尽量减小，如果无法靠近时，可采用辅助支承(辅助支承要靠近加工面，并在此设夹紧元件)；

③夹紧力作用点应落在实处，切忌压在箱体薄壁且悬空部位，以防工件变形和不稳定。

3.装夹中的平衡问题

交叉孔箱体件，装夹在夹具中后一般都不平衡。由于这种不平衡在旋转中产生较大的离心力，产生振动，从而影响加工质量。为了使其平衡，在花盘或专用夹具上都设有平衡调节的配重。操作者必须在加工前进行适当调整，达到平衡后，再进行车削加工。

三、交叉孔零件的检验方法

关于交叉孔的尺寸精度、几何形状精度、表面粗糙度以及外观质量的检查方法，与一般孔的检验方法相同,这里不再叙述。现只介绍交叉孔零件的孔距尺寸精度及相互位置精度的检验方法。

1. 同轴度的检验

一般同轴度的检验方法是利用检验心棒。检验心棒是根据被测各孔直径设计的同心棒,此棒如能自由通过同轴线各孔,则说明被测各孔的同轴度符合技术要求。此检验方法的缺点是无法测出不同轴的误差数值。

如果精度要求较低,可在通用的直杆检验棒上配置检验套进行检验,如图 2-12-31a 所示。这样可减少检验棒的质量和数量。

如果要求测出孔的同轴度误差的具体数值,可在测量的两同轴孔上分别插入检验短棒,并在其中一根棒上安装百分表,表的触头压在另一根棒的外圆表面,旋转安装百分表的棒,表摆动的数值即为同轴度误差值,检验方法如图 2-12-31b 所示。

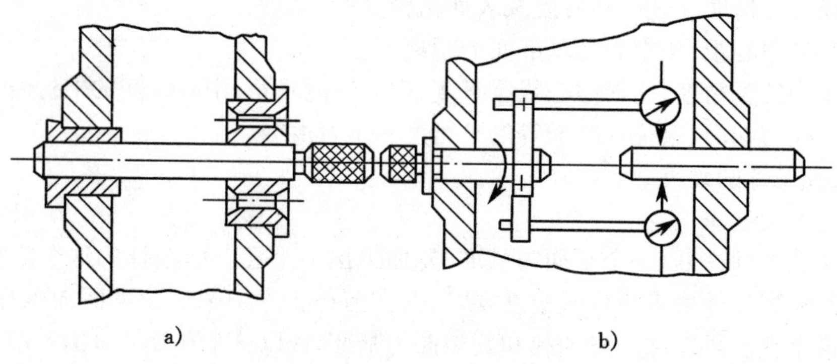

图 2-12-31 利用通用心棒检验

a)用长棒检验 b)用短棒检验

2. 孔中心距检验

(1)两孔轴线平行

两孔轴线平行且孔中心距精度要求不高时,可直接用游标卡尺检验;当孔中心距精度要求较高时,可按图 2-12-32 所示,用心轴和千分尺检验。此时需用千分尺测出两心轴外母线的最大实际距离,以及心轴实际直径,再用下式计算求得孔中心距 A。计算式为:

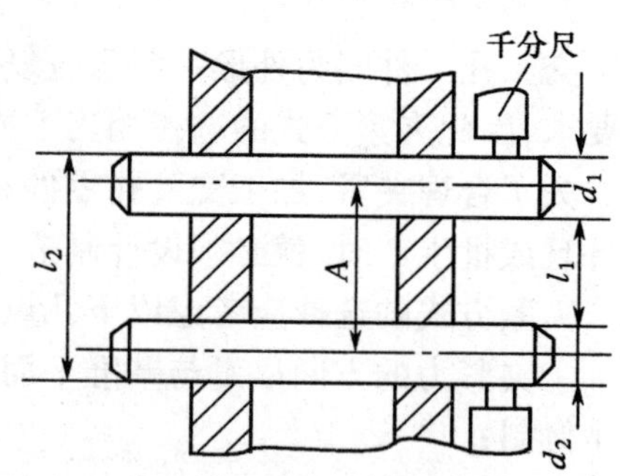

图 2-12-32 孔心距的检验

$$A = L_2 - \left(\frac{d_1}{2} + \frac{d_2}{2}\right)$$

式中 L_2——心轴外母线实际距离,mm;

d_1、d_2——两心轴实际直径,mm。

(2)两孔轴线垂直交叉

两垂直交叉孔中心距的检验,可在两孔中分别插入检验棒,用千分尺测量出两棒外侧母线距离 M,如图 2-12-33 所示,然后通过计算求出中心距 A,即

$$A = M - \frac{d_1 + d_2}{2}$$

式中 M——两棒外侧母线距离,mm。

3. 孔轴线与基面的距离及平行度的检验

孔轴线与基面的距离及平行度的检验如图 2-12-34 所示。将被测零件以基面定位放在平板上(如果基面内凹可放在等高垫块上),在被测孔中插入检验心棒,用高度尺测出心棒两端的高度差(L_1-L_2),即为孔轴线与基面的平行度误差。孔轴线至基面的距离 $A=L_1-\frac{d}{2}$,d 是心轴实际直径。下边有垫块时,还需减去垫块的高度,即 $A=L_1-\frac{d}{2}-h$。

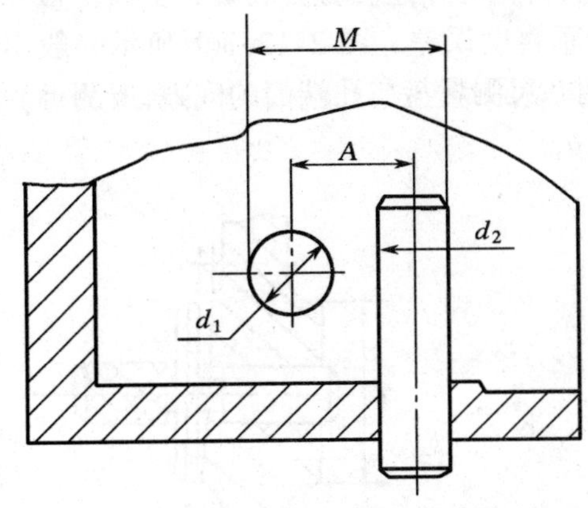

图 2-12-33　垂直交叉孔中心距检验

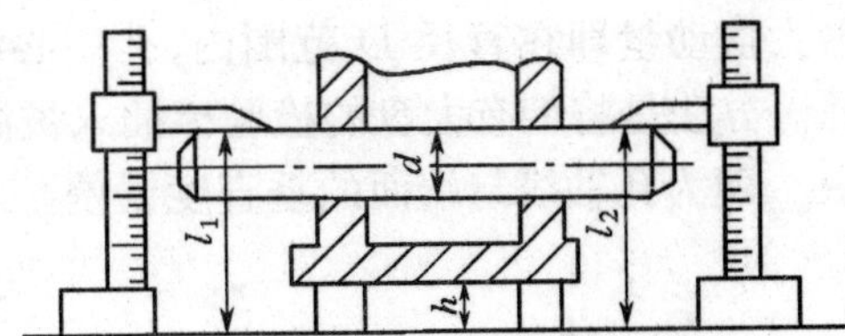

图 2-12-34　孔轴线与基面的距离及平行度的检验

如果精度要求较高,用高度尺满足不了需要,可改用百分表或千分表直接测量出平行度误差;用百分表或千分表与块规配合,比较法测量出孔轴线至基面的距离尺寸。

4. 两孔轴线垂直度的检验

(1)两孔轴线垂直相交时垂直度的检验

检验方法如图 2-12-35 所示。其中图 2-12-35a 是用直角尺校正基准孔检验棒 2,使其与平板垂直,然后用百分表测出检验棒 1 上两测量点的差值,此值即为测量长度内两孔轴线的垂直度误差。图 2-12-35b 是先在基准检验棒 2 上装一个百分表,表的测量头顶在检验棒 1 的表面,棒 2 的尖头顶在棒 1 的小平面上,防止棒 2 窜动。测量时,将检验棒 1 连同百分表旋转

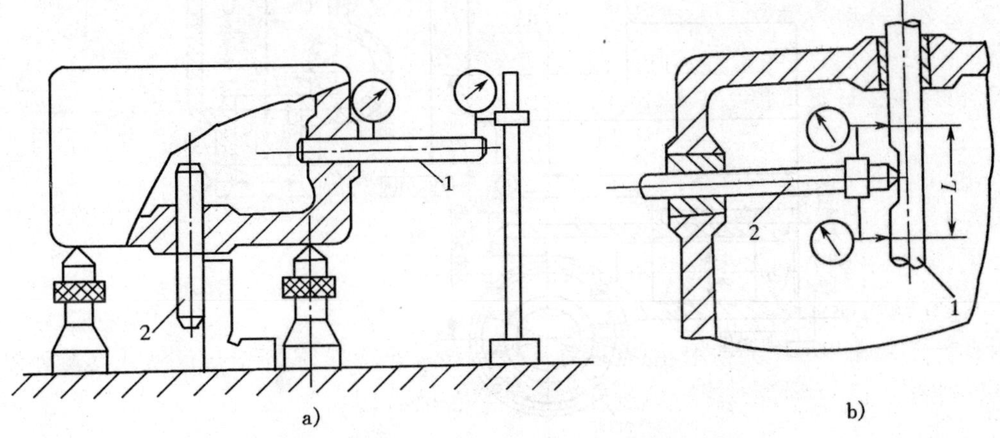

图 2-12-35　两孔垂直度的检验

a)使用直角尺　*b*)使用百分表

180°,即可测定两孔轴线在 L 长范围内的垂直度误差。

(2)两孔轴线垂直交叉时垂直度的检验

检验方法如图 2-12-35a 所示。其检验工具和检验步骤与两轴线垂直相交时相同。

5. 孔轴线与端面垂直度的检验

孔轴线与端面垂直度的检验方法如图 2-12-36 所示。a 图一般用于较长的孔,首先在被测孔中插入长的检验棒,棒的一端用一钢珠粘在中心孔中抵在直立的角铁上,限制棒的窜动,并在棒的测量端装 1 个百分表,百分表压在被测端面上,将检验棒连同百分表旋转 1 周。百分表的最大摆动量即在直径 D 范围内,孔中心线与端面垂直度误差。图 2-12-36b 所示一般用于短孔。方法是将带有大盘的检验棒插入被测孔中,用塞尺测量盘与孔端面的间隙,所测得的间隙 Δ_{max} 即为孔轴线与端面的垂直度误差。

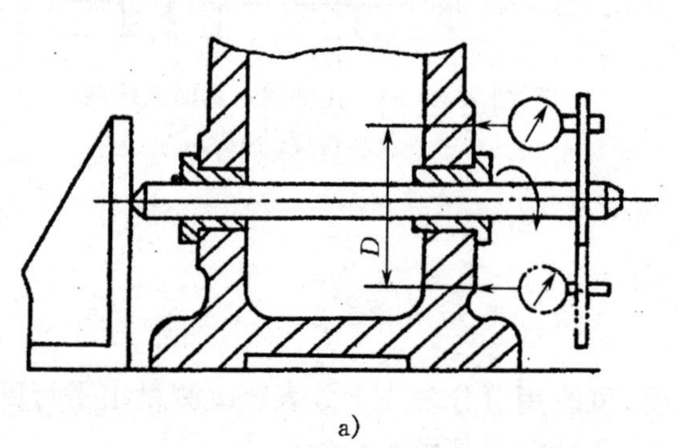

a)

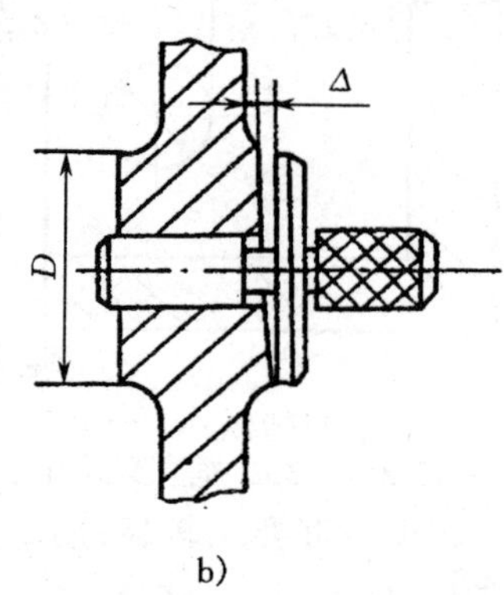

b)

图 2-12-36　孔轴线与端面垂直度的检验

a)长孔检验　b)短孔检验

四、分析生产实习图并确定加工步骤

图 2-12-37 所示为一蜗轮壳体工件。批量生产此种零件时,工艺及加工步骤如下。

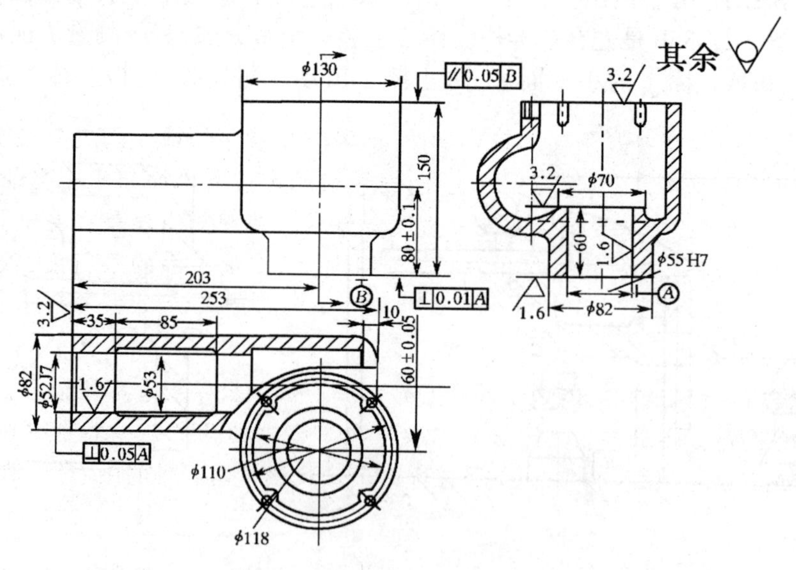

图 2-12-37　蜗轮壳体

1. 零件主要技术要求

根据图示之零件分析，其主要技术要求如下：

①孔 ϕ55H7 mm，表面粗糙度 R_a1.6 μm；

②ϕ82 mm 端面 B 与 ϕ55H7 mm 孔轴线 A 的垂直度误差 0.01 mm；

③ϕ130 mm 端面与平面 B 的平行度 0.05 mm；

④ϕ52J7 mm 与 ϕ55H7 mm 孔中心距（60 ± 0.05）mm，ϕ52J7 mm 孔中心高（80 ± 0.1）mm；

⑤孔 ϕ52J7 mm，表面粗糙度 R_a1.6 μm。

2. 零件工艺特点及加工步骤

根据蜗轮壳体的外形和技术要求，车削此工件的工艺特点及加工步骤如下。

①工件外形和内部结构较复杂，为了使加工后能保持加工面与非加工面之间的位置关系，需先进行划线，主要是找正后划出 ϕ52J7 mm 及 ϕ55H7 mm 孔的中心线，以及 ϕ82 mm 和 ϕ130 mm 的端面加工线。

②用四爪卡盘夹住 ϕ130 mm 毛坯外圆，根据划线找正后首先车削 ϕ82 mm 端面，车削 ϕ55 H7 mm 孔至尺寸要求，其次车削 ϕ70 mm 端面至 60 mm 高度。注意保证表面粗糙度要求。

③以 ϕ55H7 mm 及 ϕ82 mm 端平面 B 定位，安装在心轴上，车削 ϕ130 mm 端面至长度 150 mm，保证与 B 面的平行度 0.05 mm。

④以 ϕ55H7 mm 孔、平面 B 及 ϕ52H7 mm 孔处的外形 ϕ82 mm 定位，安装在角铁或专用夹具上。车削 ϕ52J7 mm 孔及端面，并满足以下要求：与 ϕ55H7 mm 孔中心距（60 ± 0.05）mm；至 B 面的中心高（80 ± 0.1）mm；ϕ52J7 mm 至尺寸，R_a1.6 μm；车端面总长尺寸至 ϕ55H7 mm 孔中心为 203 mm。

五、容易产生的问题及注意事项

由于蜗轮壳体结构复杂，各项技术要求较高，故在车削加工中容易出现质量问题和其他问题。除上面提到的工艺知识外，还应注意以下几点。

(1)注意精度

车孔时如果用角铁或专用夹具安装工件，首先应注意角铁或专用夹具在机床主轴上的安装精度。找正角铁或夹具，使其与工件上 B 面接触的定位支承面与车床主轴中心线平行，使定位心轴垂直这个表面，从而确保两孔垂直度的要求。找正的方法是在主轴孔中插入一检验棒，用百分表测出检验棒中心线与角铁（或专用夹具）支承平面的平行度，误差控制在 0.01 mm 以内。

(2)注意测量方法

角铁上安装定位心轴时，由于工件中心距和中心高的公差要求都比较小，必须采用一定的测量手段才能达到。测量方法见图 2-12-38，先在车床主轴孔中装一根专用心轴，并在角铁上装一个与 ϕ55H7 mm 孔配合的定位心轴，再用千分尺测量两心轴的中心距，测量尺寸 M 可用下式计算：

$$M = L + \frac{D + d}{2}$$

式中　L——两孔要求的中心距，mm；

D——主轴专用测量心轴直径的实际尺寸,mm;

d——定位心轴被测部分直径的实际尺寸,mm。

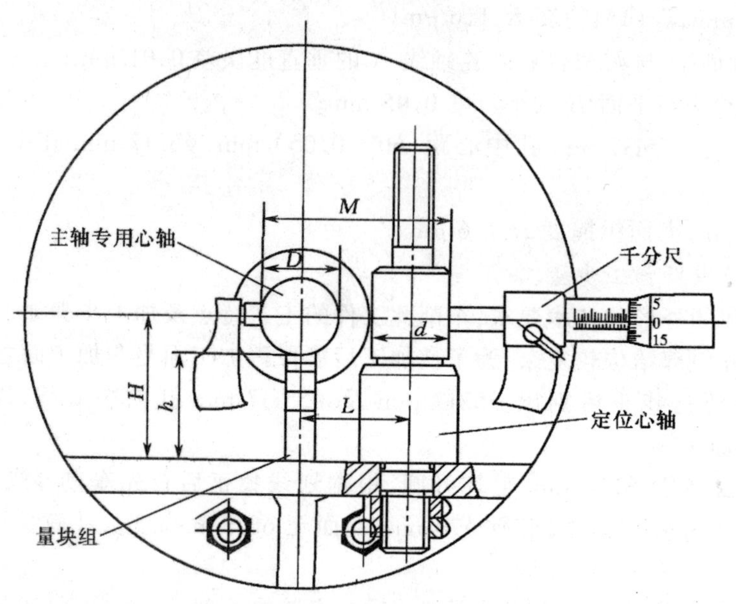

图 2-12-38 定位心轴的测量方法

例 主轴上心轴直径 $D=42.005$ mm,定位心轴被测部分直径 $d=36.995$ mm,中心距 $L=(60\pm0.05)$ mm,求 M 测量值。

解 $M=L+\dfrac{D+d}{2}=60+\dfrac{42.005+36.995}{2}=99.5$ mm

M 尺寸的公差要求应根据工件中心距公差的大小而定,一般取工件中心距公差值的1/3～1/5。本例中心距为(60 ± 0.05) mm,则测量尺寸 $M=(99.5\pm0.01)$ mm,便能保证加工要求。如果此公差值过小,心轴安装精度不易调整,则可取公差的 1/3,此时 $M=(99.5\pm0.07)$ mm。M 的公差值取的过大,则会影响工件加工精度及夹具的使用寿命。

中心高 H 可用内径千分表或量块测量,测量尺寸 h 可按下式计算

$$h=H-\frac{D}{2}$$

式中 H——工件上孔要求的中心高,mm。

中心距 L 及中心高 H 测量调整准确后,将角铁及定位心轴固定,再复查精度无变化时,即可使用。

(3)注意旋转平衡

角铁(或专用夹具)、工件安装好后,必须注意系统的旋转平衡问题,可在偏重的相对面安装平衡铁,并对平衡铁的位置加以调整,使系统平衡。

(4)注意部件互不碰撞

注意旋转时各部件不互相碰撞。花盘、角铁、夹具上不得有明显的凸出部位。开车前用手转动主轴,各处不相碰时再开动机床,防止发生事故。

第十三章　中高级车工的训练及考核工件

13-1　中高级车工应会内容

一、中级工应会内容

1.车制蜗杆(多头蜗杆)

头数 $z_1 \leqslant 3$,模数 $m_x \leqslant 4$ mm 的轴向直廓、法向直廓蜗杆。技术要求如下。

①精度9级(GB10089—88)。

②表面粗糙度 $R_a 1.6$ μm。

③分度圆直径对测量基准的圆跳动不大于0.05 mm。

④会用三针(单针)或齿轮游标卡尺测量。

2.车制多线传动进给丝杠

能车削梯形螺纹及矩形螺纹的中长型丝杠与螺母,技术要求如下。

①丝杠精度等级为8级(JB2886—81),螺母为9级(矩形螺纹除外),或丝杠与螺母单配合间隙适当。

②表面粗糙度 $R_a 1.6$ μm。

③梯形螺纹牙型半角误差不大于±20′。

④中径对测量基准圆跳动的公差等级为10级(GB1184—80)。

3.车削复杂台阶轴

能车削主轴类台阶轴,技术要求如下。

①主要外径公差等级不低于IT7。

②表面粗糙度 $R_a 1.6$ μm。

③主要形状公差等级不低于8级,主要位置公差等级不低于7级。

④主要长度尺寸公差等级IT9。

⑤内外锥面配合的接触面用涂色法检查,其接触面积应大于65%。

4.车削偏心工件

能车削偏心轴和偏心套类零件,技术要求如下。

①偏心距尺寸精度相当于公差等级IT9。

②偏心轴线对基准轴线平行度不大于0.04 mm/100 mm。

③表面粗糙度:偏心外圆 $R_a 1.6$ μm,偏心孔 $R_a 3.2$ μm。

5.加工轴承座、油泵体等工件

能在花盘和角铁上装夹,加工轴承座、支承座、减速器壳体、支承板、油泵体等类工件,其技术要求如下。

①孔距误差不大于0.05 mm。

②加工部位轴线对定位基面的平行度(垂直度)不大于0.04 mm/100 mm。

③交错孔垂直度不大 0.05 mm/100 mm。

6.加工十字头、十字轴等工件

能在四爪单动卡盘上装夹,加工十字轴、十字头等类工件,技术要求如下。

①加工部位轴线对测量基准的平行度、垂直度公差等级不低于 8 级(GB1184—80)。

②对称度精度等级不低于 9 级。

7.车削细长工件

能车削工件长度与直径之比≥25～60 的轴类工件,技术要求如下。

①表面粗糙度 R_a3.2 μm。

②公差等级 IT9。

③直线度公差等级为 9～12。

8.车削复杂内孔工件

能车削多孔、台阶孔、薄壁孔和深孔工件,技术要求如下。

(1)多孔工件(如模块、钻模板等)

①孔距误差不大于 0.03 mm/100 mm。

②各孔轴线的平行度不大于 0.05 mm/100 mm。

③孔公差等级 IT7,表面粗糙度 R_a1.6 μm。

(2)台阶孔(如轴套、台阶套等工件)

①台阶孔同轴度不大于 0.05 mm。

②孔深度公差等级 IT9。

③孔公差等级 IT7,表面粗糙度 R_a1.6 μm。

(3)薄壁孔工件(如刻度圈、汽缸套等)

①孔圆度、圆柱度公差等级 8～10 级。

②孔公差等级 IT7,表面粗糙度 R_a1.6 μm。

(4)深孔工件

①能车削长度与孔径之比≥5～10 的工件。

②孔公差等级 IT8,表面粗糙度 R_a3.2 μm。

③圆度、圆柱度公差等级 9～10 级。

9.精车两拐曲轴

技术要求如下。

①主轴颈和曲颈公差等级 IT7。

②表面粗糙度 R_a3.2 μm。

③曲柄颈开挡公差等级 IT9。

④曲柄颈圆度精度等级 7～9 级。

⑤曲柄颈轴线对基准轴线平行度公差等级 7～9 级。

⑥主轴颈对基准轴线圆跳动公差等级 8～10 级。

10.立式车床车削工件

能在立式车床上车削大型盘、轮(偏心轮)、壳体类工件,技术要求如下。

②表面粗糙度 R_a1.6 μm。

③长度尺寸公差等级 IT9。

④同轴度公差等级为 8 级。

⑤两端面平行度公差等级为 8 级。

11.工具设备的使用与维护

(1)工具的使用与维护

①合理使用工具,并做好保养工作。

②正确使用夹量,并做好保养工作。

(2)设备的使用与维护

①常用车床机构的调整。

②根据说明书对新车床进行试车。

③排除常用车床的一般故障。

12.安全文明生产

①正确执行安全技术操作规程。

②按企业有关文明生产的规定,做到工作地整洁,工件、工具摆放整齐。

二、高级工应会内容

1.车削复杂、畸形工件:

①外径公差等级 IT6。

②内孔公差等级 IT7。

③表面粗糙度 $R_a1.6\ \mu m$。

④交错孔平行度(垂直度)不大于 0.05 mm/100 mm。

⑤加工部位轴线对定位基准面的平行度(垂直度)不大于 0.03 mm/100 mm。

⑥编制加工工艺过程。

2.精车精密偏心工件

①偏心距尺寸精度相当于公差等级 IT9。

②偏心轴线同轴度不大于 0.03 mm。

③偏心内外圆公差等级 IT7。

④表面粗糙度 $R_a1.6\ \mu m$。

3.精车多头蜗杆(轴向直廓和法向直廓蜗杆)

①精度 8 级(GB10089—88)。

②表面粗糙度 $R_a1.6\ \mu m$。

③其他要求符合图样。

4.精车长丝杠(长度≥2 m 机床丝杠)

①精度等级 8 级(JB2886—81)。

②表面粗糙度 $R_a1.6\mu m$。

③其他符合图样要求。

④编制工艺过程。

5.车削立体错位多孔箱体件(3 孔以上)

①多孔孔距误差相当于公差等级 IT9。

②多孔公差等级 IT7。

③表面粗糙度 $R_a1.6\ \mu m$。

④多孔平行度、垂直度误差不大于 0.03 mm/100 mm。

⑤其他精度符合图样要求。

⑥编制加工工艺过程。

6.精车六拐曲轴

①主轴颈和连杆轴颈公差等级 IT6。

②表面粗糙度 $R_a1.6\ \mu m$。

③主轴颈圆度、圆柱度公差等级不低于 8 级(GB1184—80)。

④主轴颈、连杆轴颈开挡公差等级 IT10。

⑤主轴颈对基准轴线圆跳动不大于 0.05 mm。

⑥连杆轴颈相互角度差不大于 ±20′。

⑦其他精度符合图样要求。

⑧编写加工工艺路线。

7.深孔加工(长度与孔径之比＞10～20)

①公差等级 IT8。

②表面粗糙度 $R_a3.2\ \mu m$。

③圆度、圆柱度公差等级不低于 9 级。

8.精车薄壁工件

①公差等级 IT7。

②表面粗糙度 $R_a1.6\ \mu m$。

③同轴度误差不大于 0.02 mm。

④两端面平行度误差不大于 0.02 mm。

⑤圆度、圆柱度公差等级不低于 8 级。

9.工具的使用与维护

①各种精密量仪的正确使用和测量。

②正确合理使用工、夹具,并提出改进措施。

10.设备的使用与维护

①常用车床的精度检验与调整。

②多种车床的保养。

11.安全文明生产

①正确执行安全技术操作规程。

②按企业有关文明生产的规定,做到工作地整洁,工件、工具摆放整齐。

13-2　中高级车工的训练及考核实例

一、偏心工件及梯形螺纹

加工图 2-13-1 所示偏心工件,并有径向相交孔,也要车出。其评分标准列于表 2-13-1。

加工图 2-13-2 所示梯形螺纹工件,并有径向相交孔,也要求车出。其评分标准列于表 2-13-2。

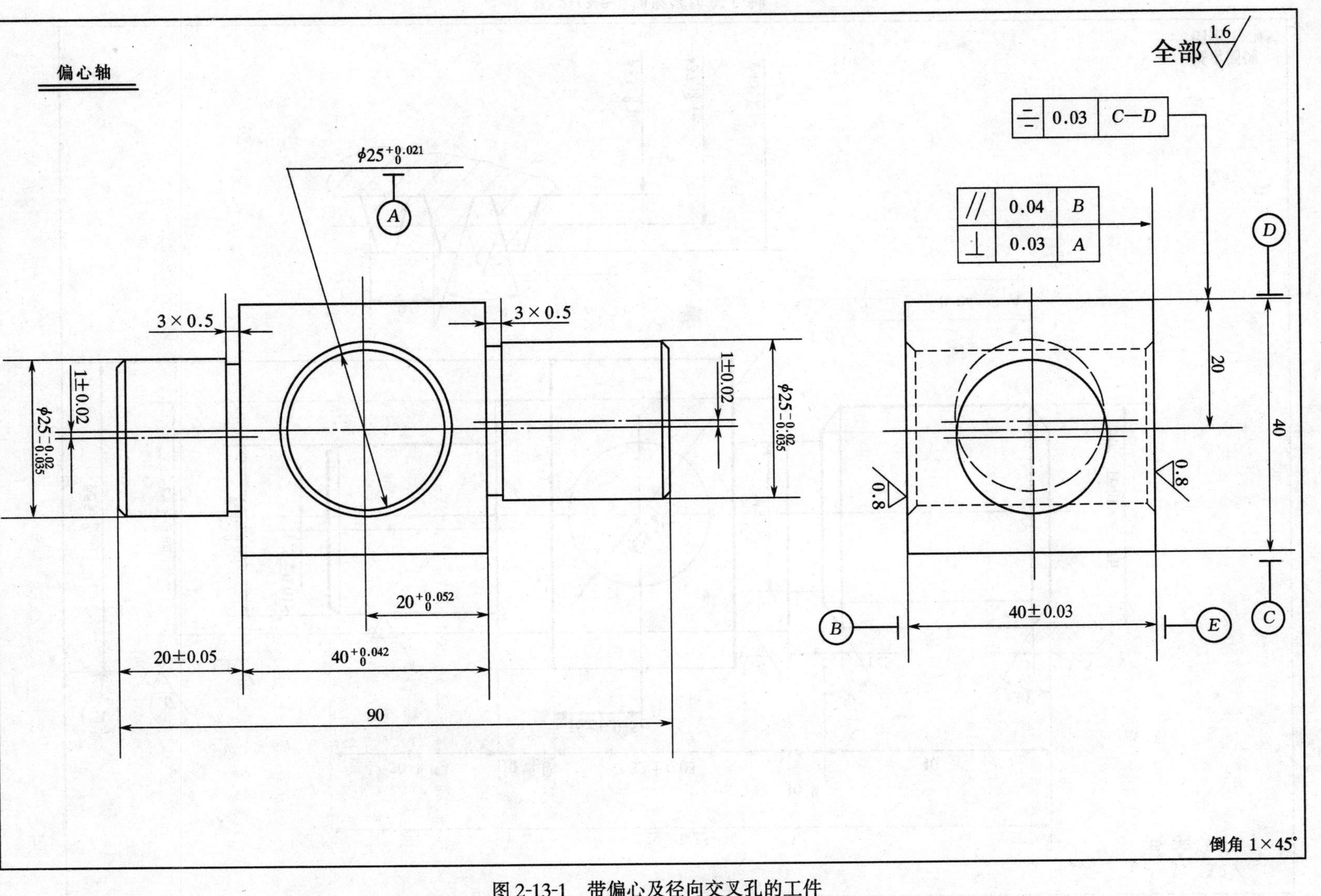

图 2-13-1　带偏心及径向交叉孔的工件

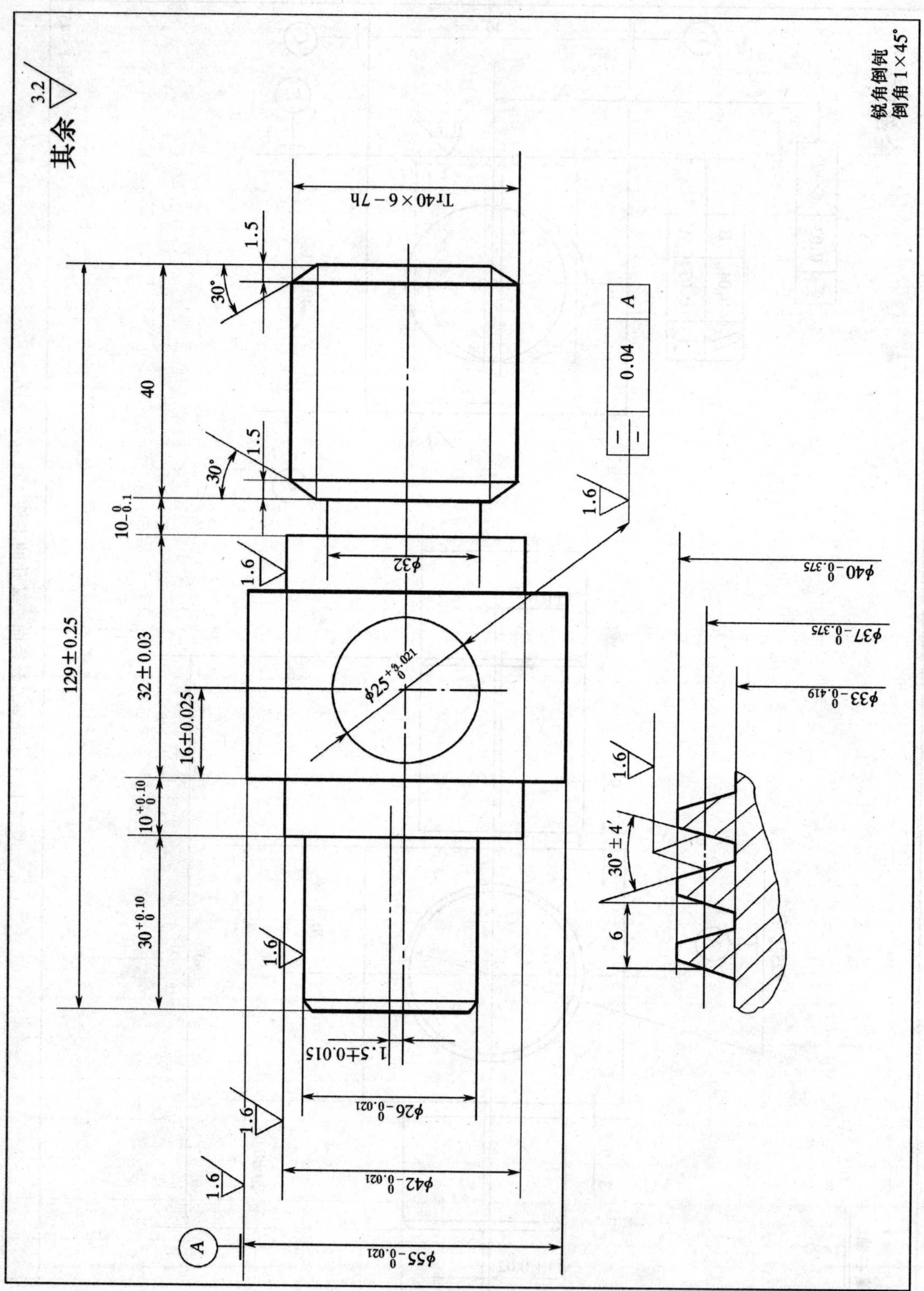

图 2-13-2　梯形螺纹偏心轴

表 2-13-1

序号	检测项目	技术标准	应得分	评分标准	实得分
1	试件尺寸	$\phi25^{-0.02}_{-0.035}$(2处)	2×7.5=15	超差全扣	
2	试件尺寸	$\phi25^{+0.021}_{0}$	1×8=8	超差全扣	
3	试件尺寸	$40^{+0.042}_{0}$	1×6=6	超差全扣	
4	试件尺寸	20±0.05	1×6=6	超差全扣	
5	试件尺寸	40±0.03	1×10=10	超差全扣	
6	试件尺寸	$20^{+0.052}_{0}$	1×5=5	超差全扣	
7	试件尺寸	偏心 1±0.02 (2处)	2×5=10	超差全扣	
8	试件尺寸	E//B | 0.04	1×7=7	超差全扣	
9	试件尺寸	⊥A 面 | 0.03	1×7=7	超差全扣	
10	试件尺寸	⌯ | C-D | 0.03	1×7=7	超差全扣	
11	试件尺寸	表面粗糙度 0.8	1×10=10	超差全扣	
12	试件尺寸	3×0.5 (2处)	2×1=2	超差全扣	
13	试件尺寸	倒角 1×45° (4处)	4×0.5=2	超差全扣	
14	安全文明生产		1×5=5	超差全扣	

表 2-13-2

序号	检测项目	技术标准	应得分	评分标准	实得分
1	试件尺寸	$\phi55^{0}_{-0.021}$	1×4=4	超差全扣	
2	试件尺寸	$\phi42^{0}_{-0.02}$ (2处)	2×4=8	超差全扣	
3	试件尺寸	$\phi26^{0}_{-0.021}$	1×5=5	超差全扣	
4	试件尺寸	1.5±0.015	1×8=8	超差全扣	
5	试件尺寸	$\phi25^{+0.021}_{0}$	1×6=6	超差全扣	
6	试件尺寸	32±0.03	1×6=6	超差全扣	
7	试件尺寸	⌯ | 0.04 | A	1×9=9	超差全扣	
8	试件尺寸	$30^{+0.1}_{0}$	1×3=3	超差全扣	
9	试件尺寸	40	1×1=1	超差全扣	
10	试件尺寸	$10^{+0.2}_{0}$	1×3=3	超差全扣	
11	试件尺寸	$10^{0}_{-0.1}$	1×3=3	超差全扣	
12	试件尺寸	16±0.025	1×8=8	超差全扣	
13	试件尺寸	6 (螺距)	1×1=1	超差全扣	
14	试件尺寸	30°±4′	1×1=1	超差全扣	
15	试件尺寸	$\phi33^{0}_{-0.419}$	1×3=3	超差全扣	
16	试件尺寸	$\phi37^{0}_{-0.375}$	1×10=10	超差全扣	

续表

序号	检测项目	技术标准	应得分	评分标准	实得分
17	试件尺寸	$\phi40_{-0.375}^{0}$	1×1=1	超差全扣	
18	试件尺寸	1.6 7处	7×1=7	超差全扣	
19	试件尺寸	3.2 10处	10×0.5=5	超差全扣	
20	试件尺寸	129±0.25	1×3=3	超差全扣	
21	试件尺寸	1×45°(1处)	1×1=1	超差全扣	
22	试件尺寸	2-30°	2×0.5=1	超差全扣	
23	试件尺寸	锐角倒纯	1×1=1	超差全扣	
24	试件尺寸	$\phi32$	1×1=1	超差全扣	
25	试件尺寸	1.5(2处)	2×0.5=1	超差全扣	

二、蜗杆零件

蜗杆训练及考核实例如图2-13-3所示，其评分标准列于表2-13-3。

表2-13-3

序号	检测项目	技术标准	应得分	评分标准	实得分
1	外圆尺寸	$\phi40.3_{0}^{+0.05}$ 3.2	1×5=5	超差全扣	
2	外圆尺寸	$\phi25.3_{0}^{+0.05}$ 3.2	1×5=5	超差全扣	
3	外圆尺寸	$\phi22.3_{0}^{+0.10}$ 3.2	1×5=5	超差全扣	
4	外圆尺寸	$\phi18.3_{0}^{+0.10}$ 3.2	1×5=5	超差全扣	
5	外圆尺寸	$\phi48_{-0.10}^{0}$ 3.2	1×2.5=2.5	超差全扣	
6	外圆尺寸	$\phi32_{-0.10}^{0}$ 3.2	1×2.5=2.5	超差全扣	
7	蜗杆部分尺寸	$\phi39.3^{+0.05}$ 3.2	1×5=5	超差全扣	
8	蜗杆部分尺寸	$\phi25.8$ 3.2	1×5=5	超差全扣	
9	蜗杆部分尺寸	头数 $z=1$ 模数 $m_x=3$	1×20=20	超差全扣	
10	蜗杆部分尺寸	法向齿厚 右旋		超差全扣	
11	蜗杆部分尺寸	倒角15° (2处)	2×2.5=5	超差全扣	
12	蜗杆部分尺寸	$\phi24.5$	1×4=4	超差全扣	
13	长度部分尺寸	249	1×3=3	超差全扣	
14	长度部分尺寸	$104_{+0.10}^{+0.20}$	1×10=10	超差全扣	
15	长度部分尺寸	88 45 18 7 4	5×1=5	超差全扣	
16	长度部分尺寸	19.3 13 4(2处) 50	5×1=5	超差全扣	
17	倒角尺寸	38° 45°(7处) $R3$	1×5=5	超差全扣	
18	同轴度	⊙$\phi0.05$	1×5=5	超差全扣	
19	安全文明生产		1×3=3	超差全扣	

其余 6.3
主要参数
头数 z1=1
模数 mx=3
分度圆导程角 γ=5.19
旋向 右
分度圆法向齿形角 23°
1×45°(6处)
15°
15°
R3
R3
3.2
45°
φ40.3 +0.05 0
φ48
φ24.5
φ25.8
φ39.3 +0.05 0
φ24.5
φ25.3 +0.05 0
φ32
φ22.3 +0.10 0
φ18.3 +0.1 0
38°
4
4
50
19.3
7.8
18
45
13
3.2
104 +0.20 +0.10
88
3.2
249

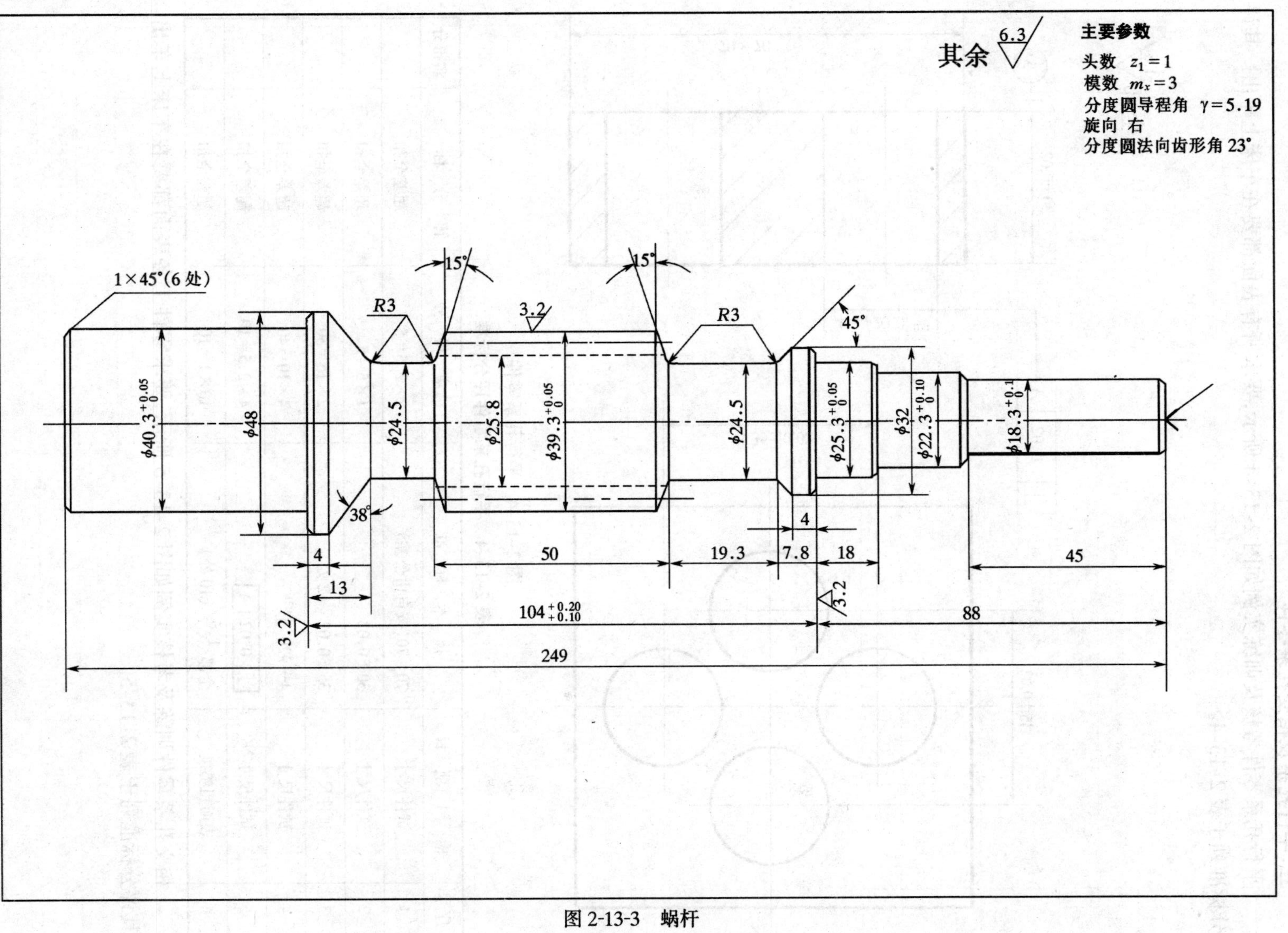

图 2-13-3　蜗杆

三、平行孔系及相交孔系零件

平行孔系零件考核及训练实例如图 2-13-4 所示，要求所有表面都要在车床上车出。其评分标准列于表 2-13-4。

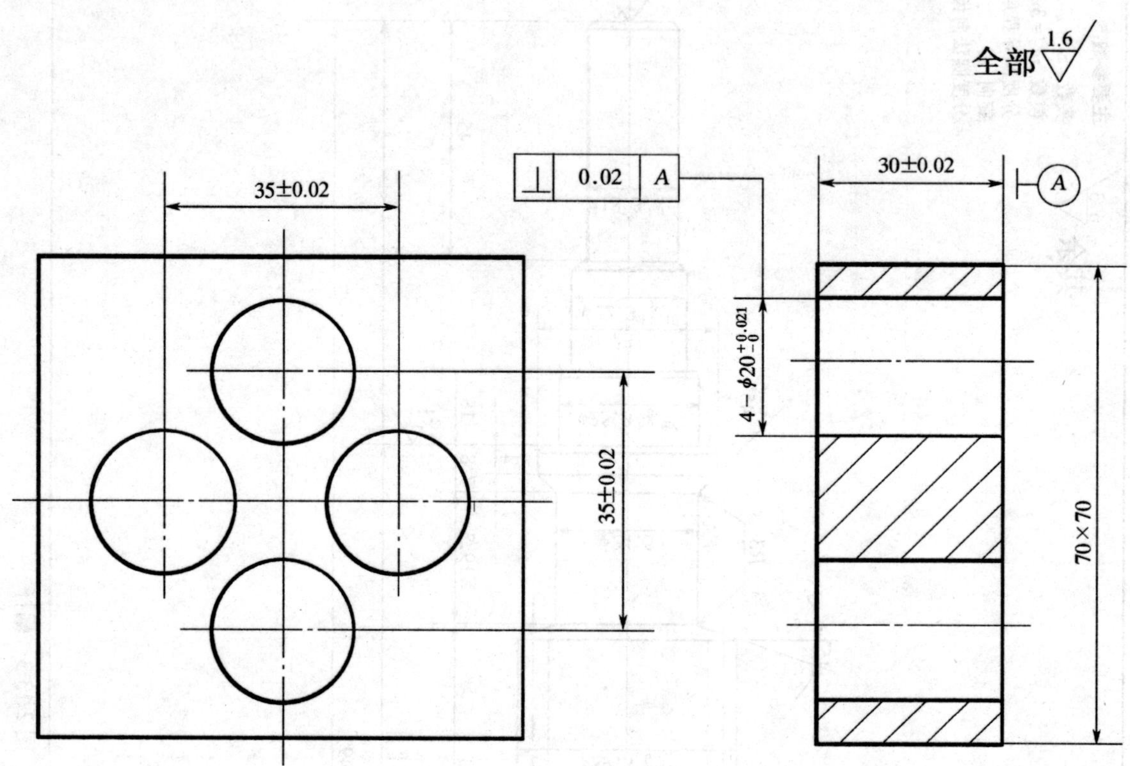

图 2-13-4　平行孔系零件

表 2-13-4　平行孔系零件评分标准

序号	检 测 项 目	技 术 标 准	应 得 分	评 分 标 准	实得分
1	试件尺寸	70×70(按自由公差)	2×2.5=5	超差全扣	
2	试件尺寸	30±0.02	1×5=5	超差全扣	
3	试件尺寸	35±0.02　(2处)	2×15=30	超差全扣	
4	试件尺寸	4—$\phi20^{+0.021}_{0}$	4×10=40	超差全扣	
5	试件尺寸	⊥ 0.02 A	4×2.5=10	超差全扣	
6	表面粗糙度	全部 1.6 (10处)	10×1=10	超差全扣	

相交孔系零件训练及考核实例如图 2-13-5 所示，要求零件上各表面都要在车床上车出。其评分标准列于表 2-13-5。

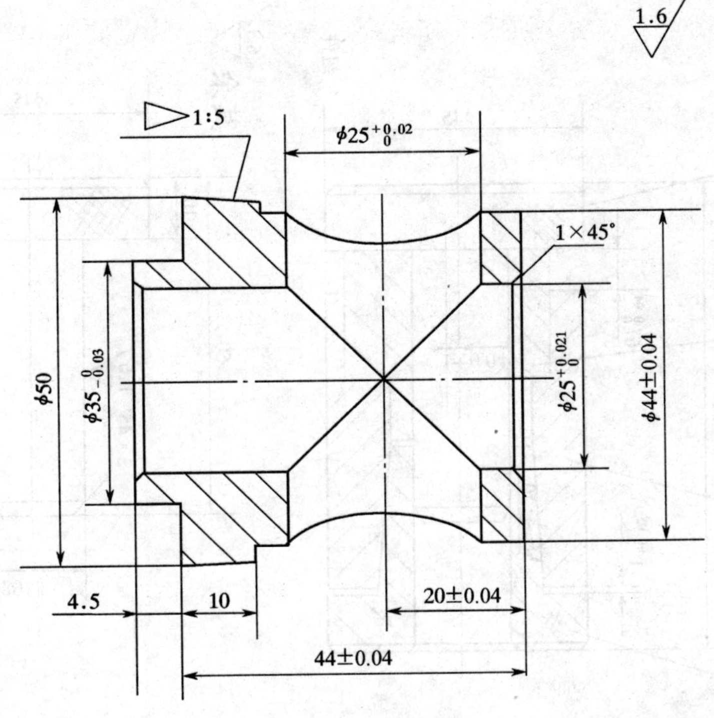

未注倒角 0.5×45°

图 2-13-5　相交孔系零件

表 2-13-5　相交孔系零件评分标准

序号	检 测 项 目	技 术 标 准	应 得 分	评 分 标 准	实得分
1	试件尺寸	$\phi44_{-0.025}^{\ 0}$	1×15=15	超差全扣	
2	试件尺寸	$\phi35_{-0.03}^{\ 0}$	1×15=15	超差全扣	
3	试件尺寸	$\phi25_{\ 0}^{+0.021}$　(2处)	2×15=30	超差全扣	
4	试件尺寸	44±0.04	1×8=8	超差全扣	
5	试件尺寸	20±0.04	1×10=10	超差全扣	
6	试件尺寸	▷1:5,误差为±4′	1×10=10	超差全扣	
7	试件尺寸	倒角 1×45°　(4处)	4×0.5=2	超差全扣	
8	表面粗糙度	全部 1.6/▽	1×6=6	超差全扣	
9	安全文明生产		1×4=4	超差全扣	

四、两件及多件配合组件

图 2-13-6 所示为一组件,适于中级车工训练及考核,其评分标准列于表 2-13-6。

组件
件1
件2
件3
件4
其余 6.3
其余 1.6
φ45
72
1±0.04
1:20
50
10
1×45°
2×45°
φ20
φ30
φ28.5
φ36
45
17
23
30
3.2

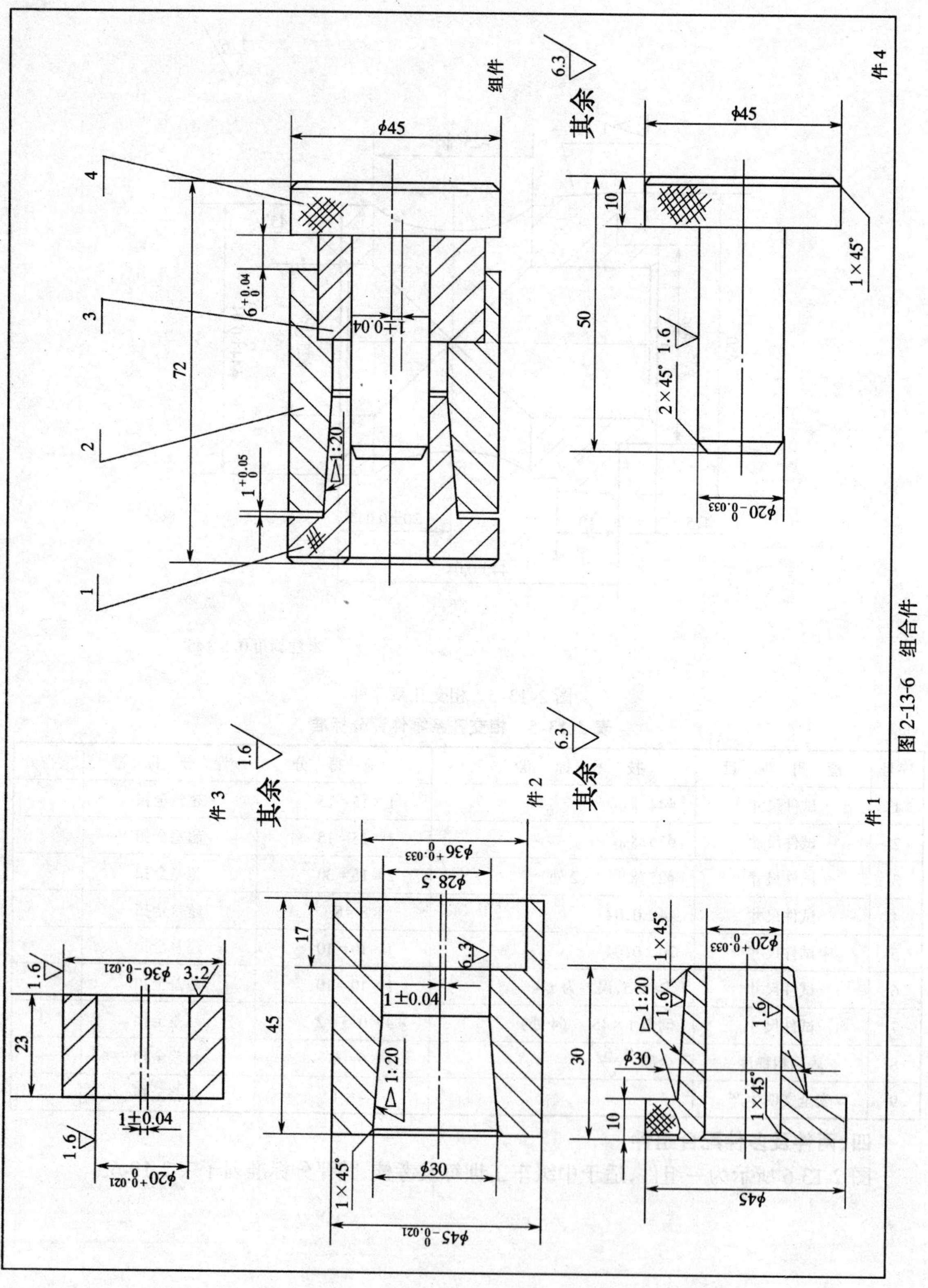

图 2-13-6 组合件

表 2-13-6　组合件评分标准

序号	检测项目	技术标准	应得分	评分标准	实得分
1	试件1尺寸	1:20圆锥±2′ 1.6	1×10=10	超差全扣	
2	试件1尺寸	$\phi20^{+0.033}_{0}$ 1.6	1×5=5	乱纹不饱满无分	
3	试件1尺寸	$\phi45$ 网纹 6.3	1×3=3	超差全扣	
4	试件1尺寸	30　10 按 JS12 6.3	2×1=2	超差全扣	
5	试件1尺寸	倒角　1×45°（2处）	2×1=2	超差全扣	
6	试件2尺寸	$\phi45^{0}_{-0.026}$ 1.6	1×5=5	超差全扣	
7	试件2尺寸	$\phi36^{+0.033}_{0}$ 1.6	1×5=5	超差全扣	
8	试件2尺寸	1:20锥孔±2′ 1.6	1×10=10	超差全扣	
9	试件2尺寸	偏心距 1±0.04	1×5=5	超差全扣	
10	试件2尺寸	$\phi28.5$　按 JS14 6.3	1×2=2	超差全扣	
11	试件2尺寸	45　按 JS12 1.6	1×3=3	超差全扣	
12	试件2尺寸	倒角　1×45°	1×1=1	超差全扣	
13	试件3尺寸	$\phi36^{0}_{-0.021}$ 1.6	1×5=5	超差全扣	
14	试件3尺寸	$\phi20^{+0.021}_{0}$ 1.6	1×5=5	超差全扣	
15	试件3尺寸	偏心距　1±0.04	1×5=5	超差全扣	
16	试件4尺寸	$\phi45$　网纹 6.3	1×3=3	超差全扣	
17	试件4尺寸	$\phi20^{0}_{-0.033}$ 1.6	1×5=5	超差全扣	
18	试件4尺寸	50　10　按 JS12 6.3	2×1=2	超差全扣	
19	试件4尺寸	倒角 1×45°　2×45°	2×1=2	超差全扣	
20	总装尺寸	1:20　配合接触面 75%	1×5=5	每超差 5% 扣 3 分	
21	总装尺寸	间隙　$1^{+0.05}_{0}$	1×10=10	每超差 0.01 扣 5 分	
22	总装尺寸	间隙　$6^{+0.04}_{0}$	1×5=5	每超差 0.01 扣 3 分	

图 2-13-7 所示为一组件装配图。图 2-13-7/1 和图 2-13-7/2 为该组件的两个零件，要求车削两零件后，达到零件图要求。装配在一起后，满足装配质量要求。其评分标准列于表 2-13-7。

图 2-13-8 所示为一组件装配图。图 2-13-8/1～5 为其零件图。要求各件加工合格后，组装在一起，满足装配要求。其评分标准列表 2-13-8。

表 2-13-7　组合件装配的评分标准

序号	检测项目	技术标准	应得分	评分标准	实得分
1	试件1尺寸	$\phi45^{0}_{-0.039}$ 1.6	1×5=5	超差全扣	
2	试件1尺寸	$\phi30^{+0.021}_{0}$ 1.6	1×5=5	超差全扣	
3	试件1尺寸	$\phi37^{0}_{-0.062}$	1×5=5	超差全扣	
4	试件1尺寸	$\phi22^{+0.021}_{0}$ 1.6	1×6=6	超差全扣	
5	试件1尺寸	$\phi32.5^{0}_{-0.10}$	1×0.75=0.75	超差全扣	
6	试件1尺寸	$15^{+0.10}_{0}$	1×0.75=0.75	超差全扣	

续表

序号	检测项目	技术标准	应得分	评分标准	实得分
7	试件1尺寸	$10^{+0.05}_{0}$ 1.6	1×7.5=7.5	超差全扣	
8	试件1尺寸	4(2处) 3 40	1×1=1	超差全扣	
9	试件1尺寸	43 70 ϕ32	3×0.5=1.5	超差全扣	
10	试件1尺寸	$\phi33^{0}_{-0.419}$	1×0.5=0.5	超差全扣	
11	试件1尺寸	$\phi37^{0}_{-0.335}$ 1.6	1×10=10	超差全扣	
12	试件1尺寸	$\phi40^{0}_{-0.375}$ 1.6	1×1=1	超差全扣	
13	试件2尺寸	1:10◁ 1.6	1×1.5=1.5	超差全扣	
14	试件2尺寸	ϕ10±0.01 $\phi15^{0}_{-0.03}$ 1.6	2×6.5=13	超差全扣	
15	试件2尺寸	$\phi40^{0}_{-0.039}$ 1.6	1×5=5	超差全扣	
16	试件2尺寸	1.2±0.03	1×10=10	超差全扣	
17	试件2尺寸	$\phi26^{0}_{-0.10}$ 20±0.07	2×0.75=1.5	超差全扣	
18	试件2尺寸	↗ | ϕ0.01	1×1.5=1.5	超差全扣	
19	试件2尺寸	68 28 10 ϕ32	1×0.5=0.5	超差全扣	
20	试件2尺寸	4 1×45°	1×0.5=0.5	超差全扣	
21	总装尺寸	$1^{+0.08}_{0}$	1×10=10	超差全扣	
22	总装尺寸	105	1×0.5=0.5	超差全扣	
23	总装尺寸	接触面 1.6	1×12=12	超差全扣	

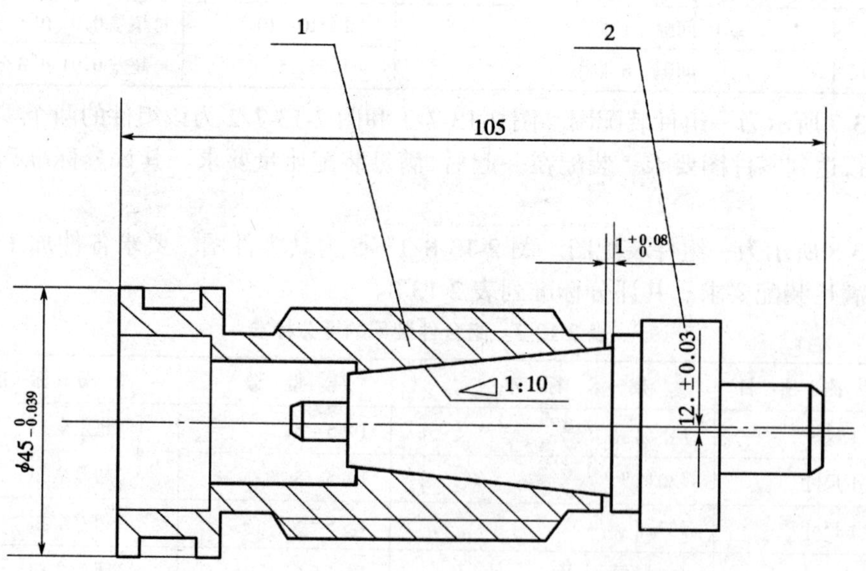

技术要求

1. 件1、件2装配后保证 $1^{+0.08}_{0}$
2. 锥度1:10,接触面70%

图2-13-7 组合件

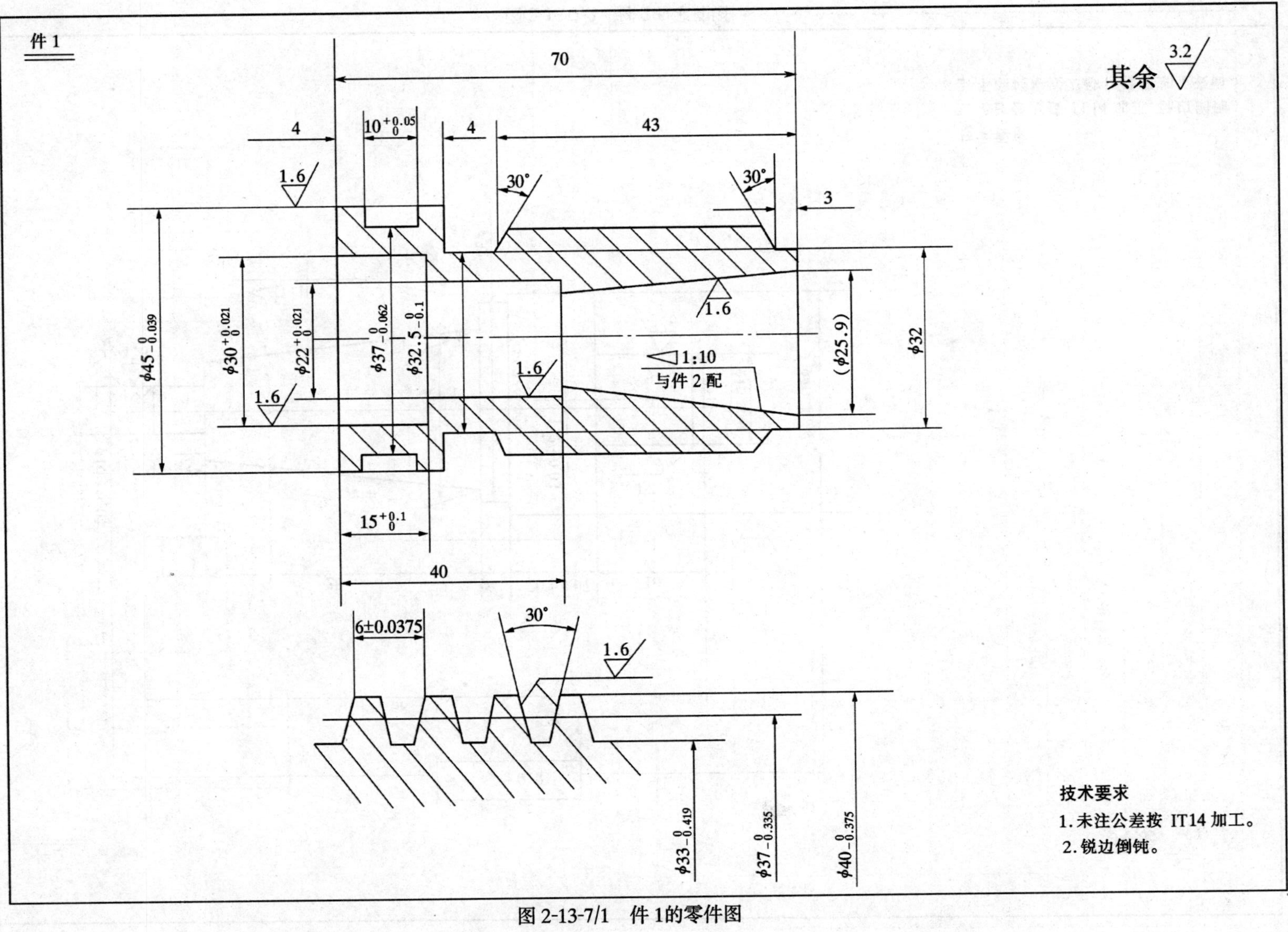

图 2-13-7/1　件 1的零件图

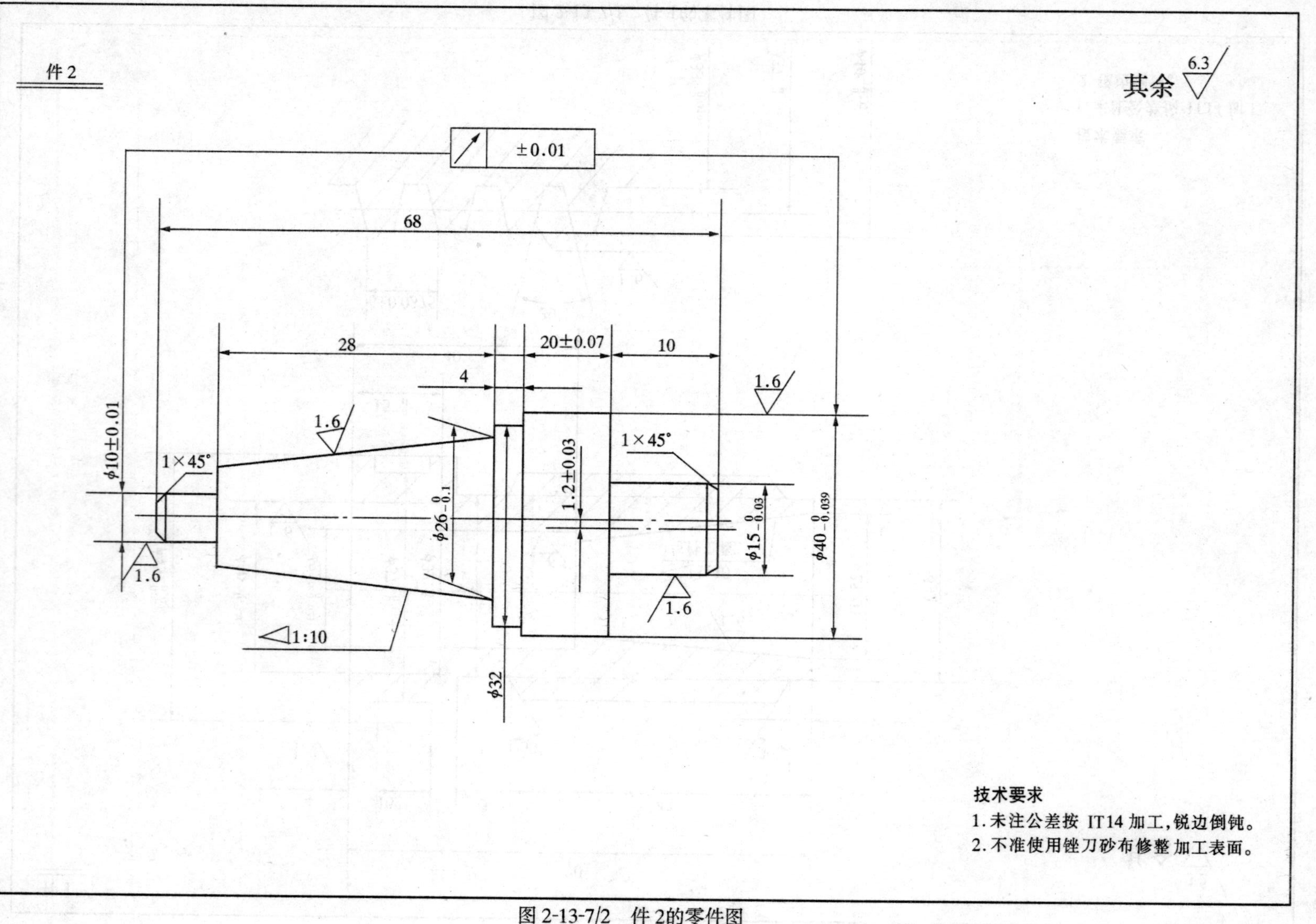

图 2-13-7/2 件 2的零件图

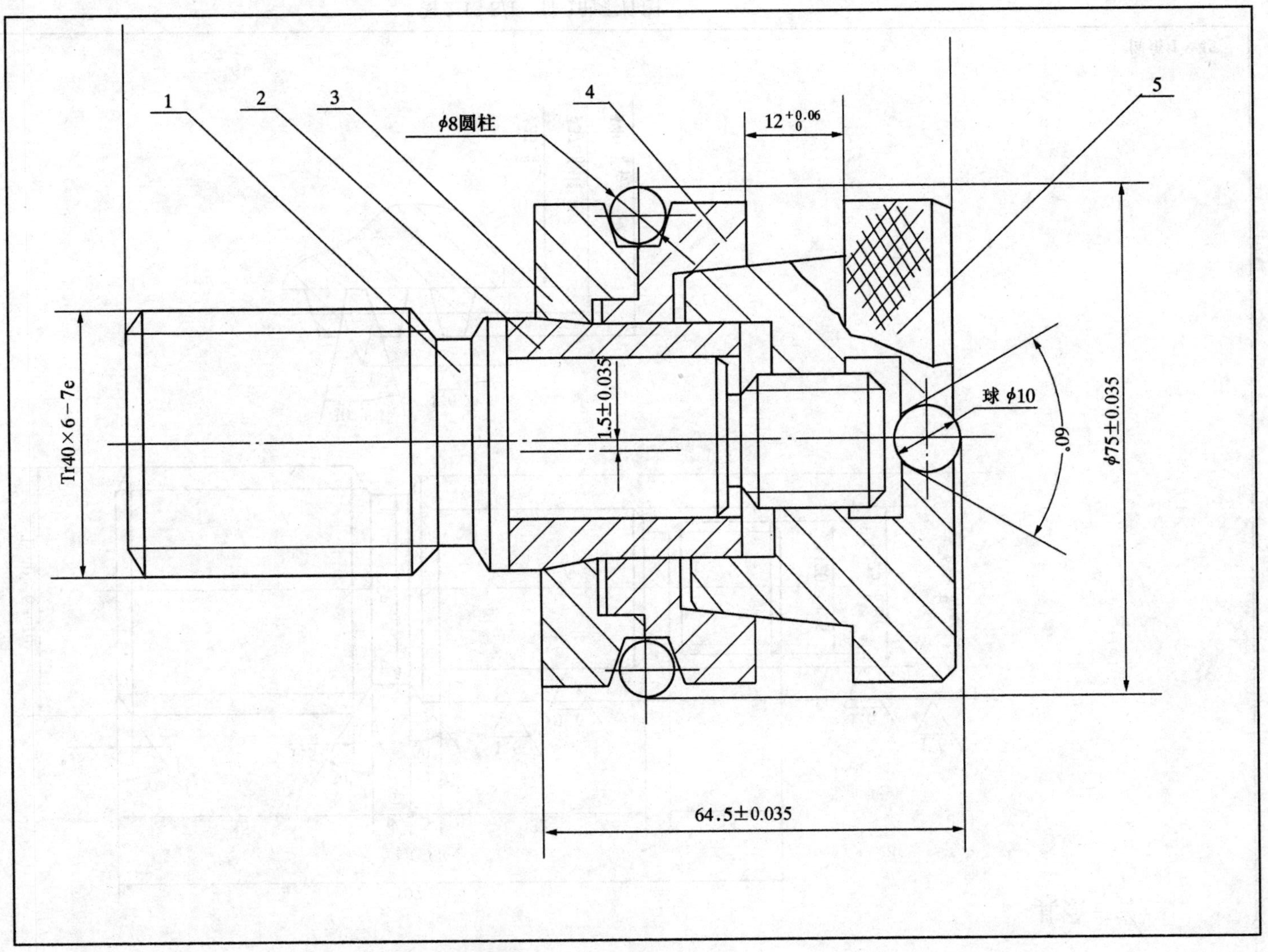

图 2-13-8　组合件

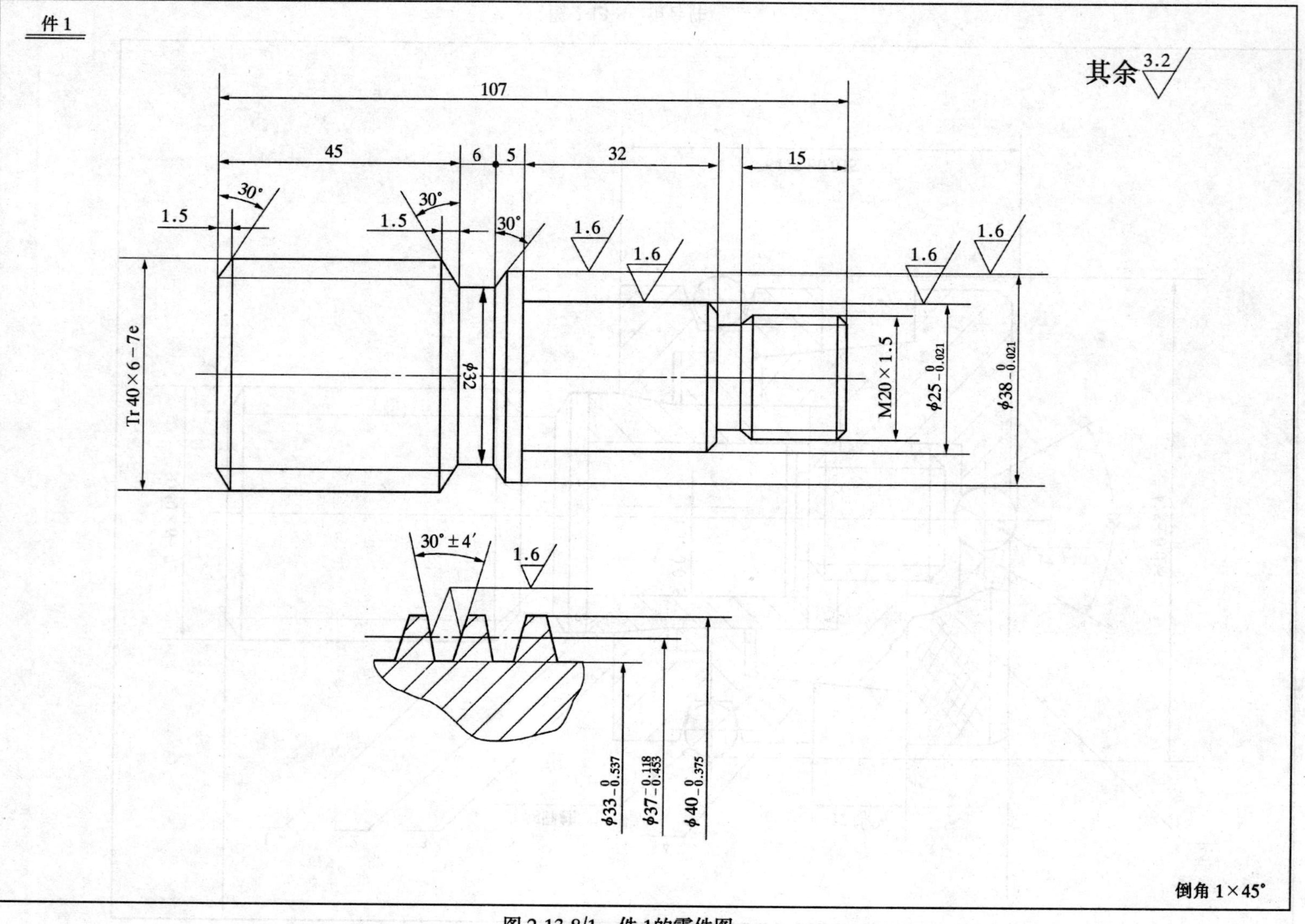

图 2-13-8/1　件 1的零件图

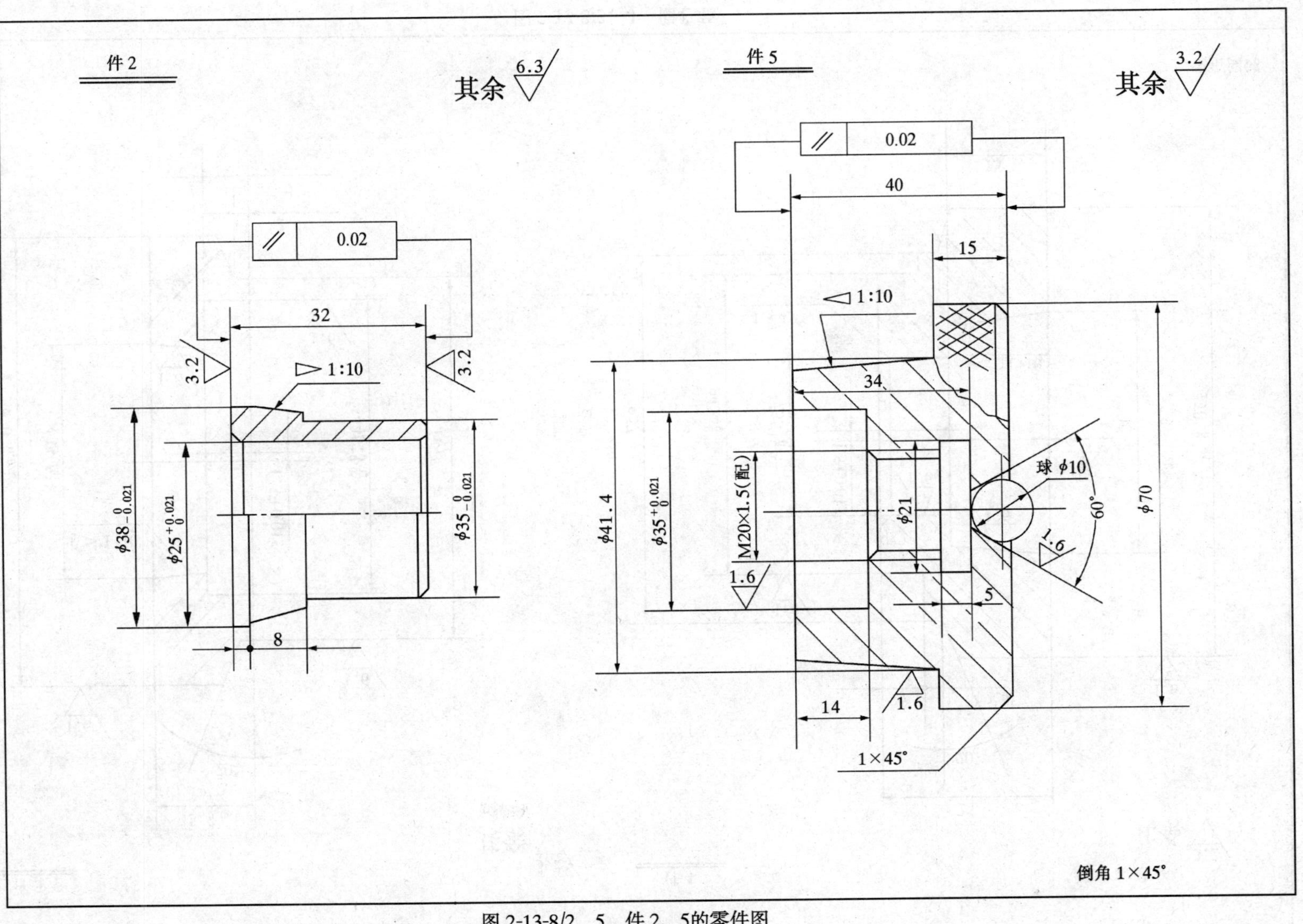

图 2-13-8/2、5　件 2、5的零件图

件3
其余 3.2
15-0.06
20°
1.6
1:10
ϕ70-0.021
ϕ38(配)
1.5±0.015
ϕ45+0.05+0.03
ϕ57
2.4
7
件4
其余 3.2
25
20°
6
2.4
1.6
ϕ57
ϕ45-0.021
ϕ35+0.021
1.5±0.015
40+0.10
ϕ70-0.021
1:10
1×45°
15
锐角倒钝

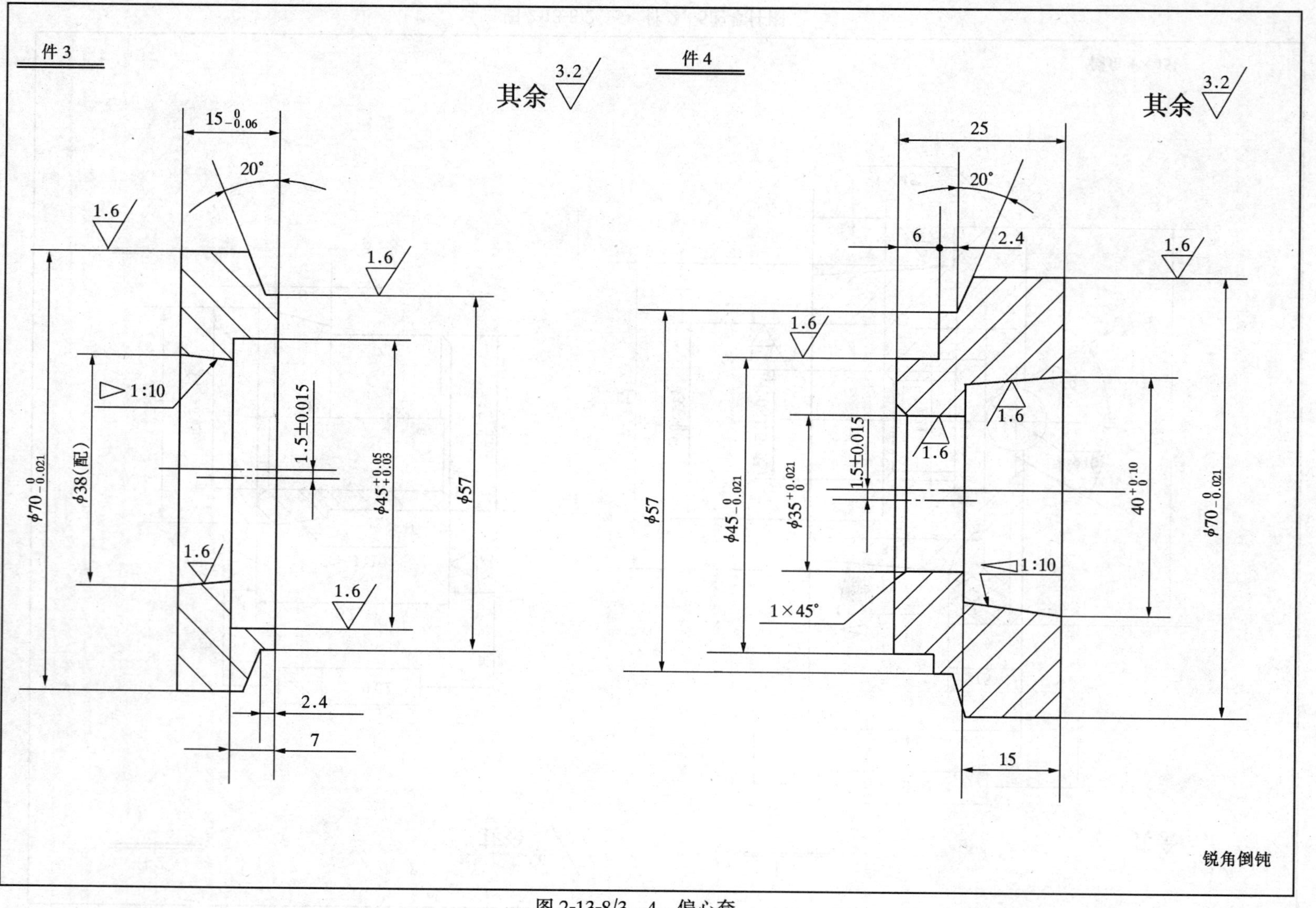

图 2-13-8/3、4 偏心套

表 2-13-8

序号	检测项目	技术标准	应得分	评分标准	实得分
1	件 1 螺杆尺寸（占 25%）	$\phi38_{-0.021}^{\ 0}$	1×10=10	超差全扣	
2		$\phi25_{-0.021}^{\ 0}$	1×10=10	超差全扣	
3		$\phi33_{-0.537}^{\ 0}$	1×6=6	超差全扣	
4		$\phi37_{-0.453}^{-0.118}$	1×28=28	超差全扣	
5		$\phi40_{-0.375}^{\ 0}$	1×3=3	超差全扣	
6		1.6（6 处）	6×3=18	超差全扣	
7		M20×1.5 配	1×4=4	超差全扣	
8		45　6　5　32　15	1×6=6	超差全扣	
9		3.2（10 处）	10×1.5=15	超差全扣	
10	件 2 锥套尺寸（占 10%）	$\phi38_{-0.021}^{\ 0}$	1×20=20	超差全扣	
11		$\phi25_{\ 0}^{+0.021}$	1×20=20	超差全扣	
12		$\phi35_{-0.021}^{\ 0}$	1×20=20	超差全扣	
13		3.2（3 处）	3×2=6	超差全扣	
14		1.6（4 处）	4×4=16	超差全扣	
15		// 0.02	1×15=15	超差全扣	
16		32　8　3　1×45°	1×3=3	超差全扣	
17	件 3 左偏心套尺寸（占 15%）	$\phi70_{-0.021}^{\ 0}$	1×15=15	超差全扣	
18		$\phi45_{+0.03}^{+0.05}$	1×15=15	超差全扣	
19		$\phi38$	1×5=5	超差全扣	
20		1:10 与件 2 研配 60% 以上	1×10=10	超差全扣	
21		1.6（4 处）	4×4=12	超差全扣	
22		3.2（4 处）	4×1=4	超差全扣	
23		1.5±0.015	1×24=24	超差全扣	
24		$15_{-0.06}^{\ 0}$	1×12=12	超差全扣	
25		7　24　20°	1×3=3	超差全扣	
26	件 4 右偏心套尺寸（占 15%）	$\phi70_{-0.021}^{\ 0}$	1×15=15	超差全扣	
27		$\phi45_{-0.021}^{\ 0}$	1×15=15	超差全扣	
38		$\phi35_{\ 0}^{+0.021}$	1×15=15	超差全扣	
29		1.5±0.015	1×24=24	超差全扣	
30		$40_{0}^{+0.1}$	1×7=7	超差全扣	
31		25　15　6　3	1×4=4	超差全扣	
32		20°　1×45°	2×1=2	超差全扣	
33		1.6（4 处）	4×3=12	超差全扣	
34		3.2（6 处）	6×1=6	超差全扣	

续表

序号	检 测 项 目	技 术 标 准	应 得 分	评 分 标 准	实得分
35	件5与滚花螺母尺寸（占20%）	$\phi35_{-0.021}^{0}$	1×15=15	超差全扣	
36		// 0.02	1×25=25	超差全扣	
37		$\stackrel{1.6}{\bigtriangledown}$（3处）	3×4.67=14	超差全扣	
38		$\stackrel{3.2}{\bigtriangledown}$（5处）	5×1=5	超差全扣	
39		1:10与件4研配60%以上	1×20=20	超差全扣	
40		M20×1.5配	1×10=10	超差全扣	
41		ϕ41.4	1×1=1	超差全扣	
42		40　15	1×2=2	超差全扣	
43		34　14	1×2=2	超差全扣	
44		ϕ70网纹清	1×5=5	超差全扣	
45		1×45°	1×1=1	超差全扣	
46	总装尺寸（占15%）	64.5±0.035	1×40=40	超差全扣	
47		ϕ75±0.035	1×40=40	超差全扣	
48		$12_{0}^{+0.06}$	1×20=20	超差全扣	
49					
50					

第三篇　钳工技能训练

第一章　钳工加工的基本知识

1-1　钳工加工的作用及内容

钳工加工是一门历史悠久的技术。其历史可以追溯到公元前二三千年以前,如古代铜镜,就是用研磨、抛光工艺最终制成的。在金属切削机床中最早出现的车床,它的产生也是钳工技术的功劳。随着科学技术的迅速发展,很多钳加工工作被机械所代替,但钳加工作为机械制造中一种必不可少的工序仍然具有相当重要的地位。如机械产品的装配、维修;精密模具无法用机床加工的部位都需钳工来完成。可见,钳加工技术在机械制造技术的发展中起到了十分重要的作用,它是机械制造冷加工技术的开创者,也是冷加工技术进步的推动者,它是很多机器零件制造中不可缺少的一种工艺手段,也是所有机械设备最终制造完成所必需的工种。

一、钳工加工的作用

任何一台机械设备的制造都要经过零件的加工制造、部件组装、整机装配、调整试运行等阶段。其中有大量的工作是用简单工具靠手工操作来完成的,这就是钳加工的工作性质。钳加工的工作范围很广,主要包括以下几方面。

1.零件的制造

有些零件,尤其是外形轮廓不规则的异形零件,在加工前往往要经过钳工的划线才能投入切削加工;有些零件的加工表面,采用机械加工的方法不太适宜或不能解决,这就要通过钳工利用錾、锯、锉、刮、研等工艺来完成。

2.精密工、夹、量具的制造

在工业生产中,常会遇到专用工、夹、量具的制造问题。这类用具的特点是单件、加工表面畸形、精度要求高,用机械加工有困难或很不经济,此时可由钳工来制作。

3.机械设备的装配调试

零件加工完毕,钳工要进行部件组装和整机装配,而后根据设备的工作原理和技术要求进行调整和精度检测,还要进行整机试运行,发现问题并及时解决。

4.机械设备的维修

机械设备在运动中不可避免地会出现某些故障,这就需要钳工进行修理。机械设备使用一定时间后,会因为严重磨损而失去原有精度,需进行大修,这项工作也由钳工来完成。

5.技术革新

随着经济的发展,要求劳动生产率和产品质量进一步提高,所以不断地进行技术革新,改进工具和工艺,也是钳工的重要工作内容。

二、钳工加工的内容

由于钳工工作范围很广,而且随着生产技术的发展要求其掌握的技术知识和技能、技巧在深度和广度上也逐步加深加大,以至形成了钳工专业的分工。目前,国家规定在工种分类中将钳工分成普通钳工和工具钳工两大类。而在工厂,尤其是现代化程度较高的大型工厂中,钳工的分工较细,专业化程度也较高,如划线钳工、装配钳工、修理钳工、工具钳工、模具钳工、普通钳工等等。但无论那种钳工,其基本操作技能的内容是一致的。它包括:划线、錾削、锯割、锉削、钻扩铰锪孔加工、攻丝和套丝、刮削、研磨、矫正和弯曲、检测技能以及切削原理和简单热处理等。

1-2　钳工加工常用设备和工具

一、钳工加工常用的设备

钳工加工常用的设备大多数比较简单,主要有钳台、台虎钳、砂轮机、台钻、立钻和摇臂钻等。

1. 钳台

钳台也称为钳桌,其样式有多人单排和多人双排两种。双排式钳台由于操作者是面对面的,故钳台中央必须加设防护网以保证安全。钳台的高度一般为800 mm～900 mm,使装上台虎钳后,能得到合适的钳口高度。一般钳口高度以齐人手肘为宜,见图3-1-1。钳台长度和宽度可随工作场地和工作需要而定。钳台要安放在光线充足而又避免阳光直射的地方,钳台之间要留有足够的操作空间,一般以每人不少于2 m^2 为宜。

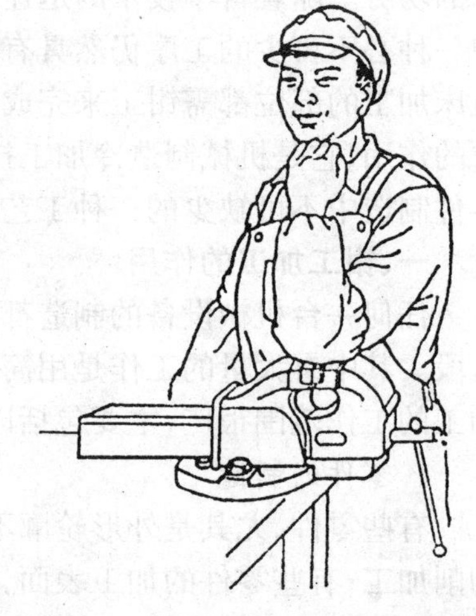

图3-1-1　台虎钳的合适高度

2. 台虎钳

台虎钳是用来夹持工件的,其结构类型有固定式、回转式和升降式3种。这几种台虎钳夹紧部分的结构和工作原理基本相同。由于回转式台虎钳的整个钳体可以任意回转,能适应各种不同方位的加工需要,所以应用十分广泛。升降式台虎钳是一种新型的换代产品,它除具有回转式台虎钳的全部功能外,还可以通过气弹簧使整个钳体上升或下降,保证了不同人体身高对钳口高度的不同要求,为操作动作的规范化提供了便利条件。

台虎钳的规格以钳口宽度表示,常用的有100 mm(4英寸)、125 mm(5英寸)、150 mm(6英寸)等几种。

(1)回转式台虎钳

回转式台虎钳的结构如图3-1-2a所示。主要由固定钳体、活动钳体、丝杠、螺母、回转盘底座、夹紧盘等组成。活动钳体上的导轨装在固定钳体的导轨孔内,做滑动运动。丝杠装在活动钳体上,可以旋转,但不能轴向窜动,并与安装在固定钳体内的螺母相配合。摇动手柄使丝杠转动时,丝杠便可带动活动钳体作进退移动,实现工件的夹紧和松开动作。为了避免工件夹紧时丝杠受到冲击力的作用，丝杠上套有弹簧，并用挡圈和销子作轴向固定，同时使其具有一定的预压力。弹簧的另一作用是当松开丝杠时，可使活动钳体能够及时退出。为了防止钳体磨损，在活动钳体和固定钳体上用螺钉分别装有经过淬火的钢质钳口，其上制有网纹，使工件夹紧后不易在加工时产生滑动。回转盘底座上有3个螺栓孔，用以与钳台固定。固定钳体装在回转盘底座上，并能自由转动。当转过一定的位置后，扳动手柄，使夹紧螺钉旋转并带动夹紧盘上移，便可将固定钳体与回转盘底座紧固。

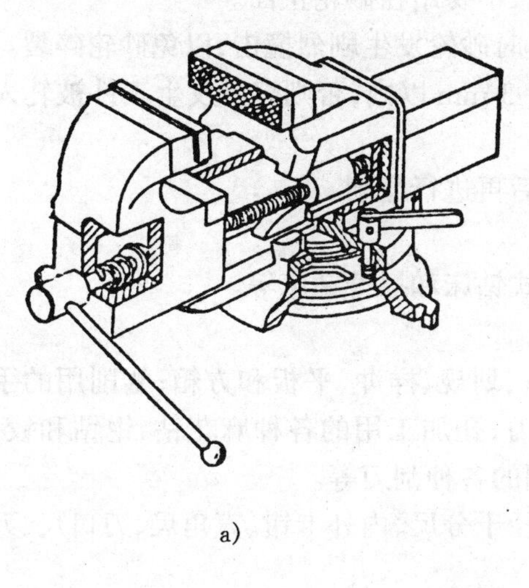

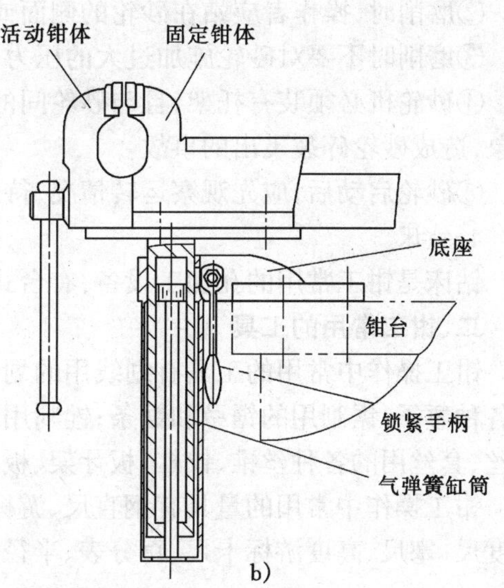

图3-1-2　台虎钳

a)回转式台虎钳　b)升降式台虎钳

(2)气弹簧升降式台虎钳

这种台虎钳的结构如图3-1-2b所示。主要由夹紧部分、升降部分和锁紧部分组成。夹紧部分的结构和工作原理与回转式台虎钳相同。升降部分由底座和气弹簧组成。气弹簧的缸筒固定在固定钳体底部，并放入底座上的支承筒内。操作者用手向下轻压钳体即可使气弹簧压缩，整个钳体下降。当钳体到达合适高度时，扳动锁紧手柄通过偏心轴就可将缸筒锁紧并开始工作。当需要抬高钳体时，松开锁紧手柄，气弹簧又带动整钳体上升。由于气弹簧的缸筒外形是圆柱表面，所以钳体的回转是很容易实现的。

(3)台虎钳的正确使用及维护

台虎钳在使用时应注意以下几点。

①台虎钳在钳台上安装时，一定要使固定钳体的钳口工作面处于钳台边缘之外，以保证夹持长条形工件时，不使工件的下端受到钳台边缘的阻碍。

②夹紧工件时只允许用手的力量扳紧手柄，绝不可用任何物件敲击手柄，也不允许用套管在手柄上加力，以免丝杠、螺母、钳体因受力过大而损坏。

③强力作业时，应尽量使力量朝向固定钳体，否则丝杠和螺母会受到较大的冲击力，导致螺纹损坏。

④丝杠、螺母和各运动表面，应经常加油润滑，并保持清洁，以延长使用寿命。

3. 砂轮机

砂轮机主要供钳工刃磨各种刀具和工具,如钻头、錾子、刮刀、划针等。

砂轮机的安放位置应在场地的边沿,同时要考虑到一旦砂轮飞出时,不致伤人。砂轮机在工作时转速较高,砂轮的质地又较脆,使用不当会发生伤人事故。所以在使用时必须严格遵守安全操作规程。

①砂轮机上砂轮的旋转方向必须使磨屑向下。

②磨削时,操作者应站在砂轮的侧面或斜侧位置,不要站在砂轮正面。

③磨削时不要对砂轮施加过大的压力,避免工作时砂轮发生剧烈撞击,以免砂轮碎裂。

④砂轮机必须装有托架,且与砂轮间的距离保持 3 mm 以内,否则容易发生工件被轧入的现象,造成砂轮碎裂飞出的事故。

⑤砂轮启动后,应先观察运转情况,待运转正常后再进行磨削。

4. 钻床

钻床是钳工常用的孔加工设备,有台式钻床、立式钻床和摇臂钻床等。

二、钳工常用的工具

钳工操作中常用的工具有划线用的划针、划针盘、划规、样冲、平板和方箱;錾削用的手锤和各种錾子;锯割用的锯弓和锯条;锉削用的各种锉刀;孔加工用的各种麻花钻、锪钻和铰刀;攻丝、套丝用的各种丝锥、铰杠、板牙架、板牙;刮削用的各种刮刀等。

钳工操作中常用的量具有钢直尺、游标卡尺、外径千分尺、内外卡钳、直角尺、刀口尺、万能角度尺、塞尺、高度游标卡尺、百分表、半径规等。

第二章　划　线

根据图纸的要求或实物的尺寸,在毛坯或工件的表面上划出加工界线的操作称为划线。

划线是机械加工的重要工序之一,广泛应用于单件或小批量生产中。根据加工面的不同,划线分为平面划线和立体划线两种。

2-1　划线工具及使用

一、划线的作用

①确定工件上各加工面的加工位置,合理分配加工余量,为机械加工提供参考依据。

②便于复杂工件在机床上的安装定位。

③可对毛坯按图纸要求作全面检查,及时发现和处理不合格毛坯。

④采用划线中的借料方法,往往可使有缺陷的毛坯得到补救。

⑤对板类材料按划线下料,可使板料得到充分的利用。

二、划线的要求

①在对工件进行划线之前,必须详细阅读工件图纸的技术条件,看清各个尺寸及精度要求,并熟悉加工工艺。

②划线时工件的定位一定要稳固,特别是不规则的工件更应注意这一点。调节找正工件时,一定要注意安全,对大型工件需加安全措施。

③划线时要保证尺寸正确,在立体划线中还应注意使长、宽、高3个方向的划线相互垂直。

④划出的线条要清晰均匀,不得画出双层重复线,也不要有多余线条。一般粗加工线条宽度为0.2 mm～0.3 mm,精加工线条宽度要小于0.1 mm。

⑤样冲眼深浅合适,位置正确,分布合理。

三、划线的工具及用法

在划线工作中,为了保证划线尺寸的准确性,提高工作效率,应当熟悉各种划线工具并能正确使用这些工具。常用的划线工具及用法如下。

1.划线平板

划线平板(如图3-2-1所示)也称划线平台,用铸铁制成,工作表面经过精刨和刮削加工,是划线的基准平面。其作用是支承和安放划线工具。

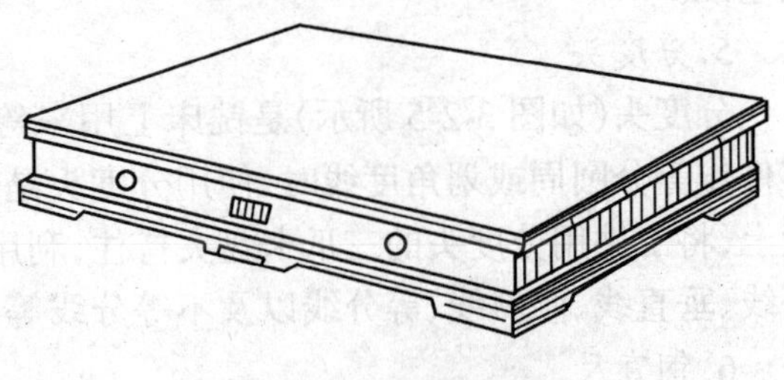

图3-2-1　划线平板

中小型平板一般放置在高度约600 mm～900 mm的木制支承架上,使工作表面处于水平状态。使用时应经常保持清洁;工件和工具在平板上要轻拿、轻放,严禁敲击;用后要擦拭干净,并涂机油防锈。大型平板由中型平板拼装而成,拼装后要保证各平板的工作表面在同一水平面内。

2. 方箱

由铸铁制成空心的立方体，所有的外表面都经过精刨和刮削加工，相邻各面互成直角，在一个表面上开有两条相互垂直的V形槽，并设有夹紧装置(如图3-2-2所示)。

方箱的作用在于夹持工件并可随意翻转，这对要求在3个方向划出互成90°直线的工件划线是十分方便的。方箱上的V形槽是放置圆柱形工件用的。

方箱一般放在划线平板上，使用时要注意保持各个表面的清洁，用后要涂机油防锈。

3. V形铁

V形铁的形状有很多种，但根据用途分类有长V形铁和短V形铁两种(如图3-2-3所示)，长V形铁单独使用，上面带有U形夹紧装置，可翻转3个方向，在工件上划出相互垂直的线。短V形铁是两个为一组同时制造完成的，各部尺寸误差很小，用来放置圆柱形工件，划出中线，找出中心等。

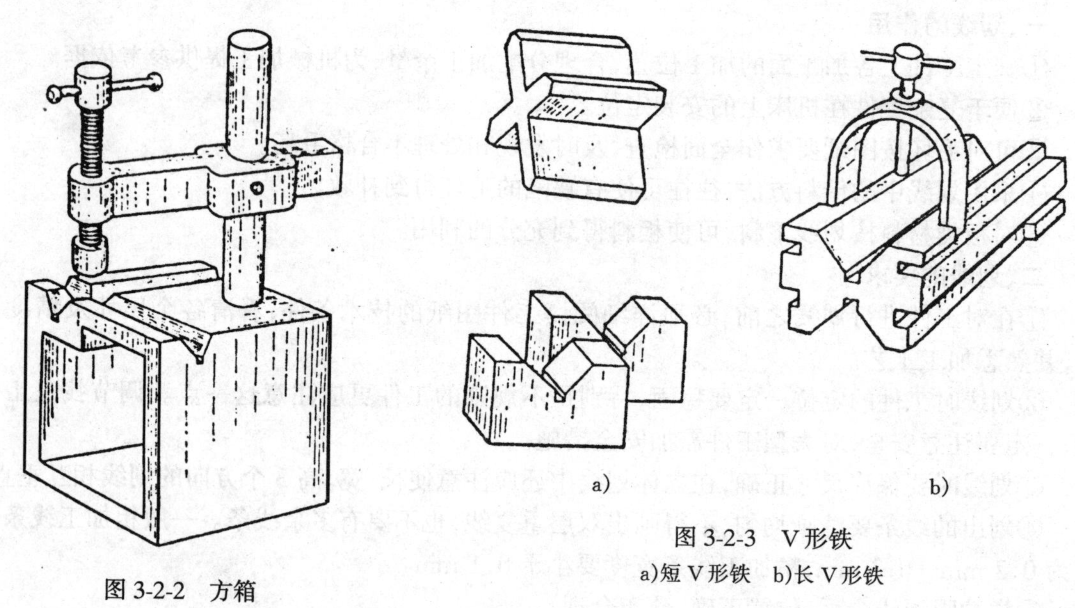

图3-2-2　方箱

a)　　b)

图3-2-3　V形铁

a)短V形铁　b)长V形铁

4. 千斤顶

千斤顶由中碳钢制成的螺杆、螺母等零件组成(如图3-2-4所示)，螺杆的锥形顶部要局部淬火。使用时3个为1组，用于支承不规则的工件，其支承高度可以调节，以便确定工件划线的基准。

5. 分度头

分度头(如图3-2-5所示)是铣床上用来等分圆周的附件。钳工在对较小的轴类、圆盘类零件作等分圆周或划角度线时，使用分度头是十分方便准确的。划线时，把分度头置于划线平板上，将工件用分度头的三爪卡盘夹持住，利用分度机构并配合划针盘或高度尺，即可划出水平线、垂直线、倾斜线、等分线以及不等分线等。

6. 钢直尺

钢直尺由不锈钢制成(如图3-2-6所示)，其长度有150 mm、300 mm、500 mm、1000 mm等多种规格。它主要用于量取尺寸、测量工件，也可代替直尺作划线的导向工具。使用时应紧靠测量部位直视读数。

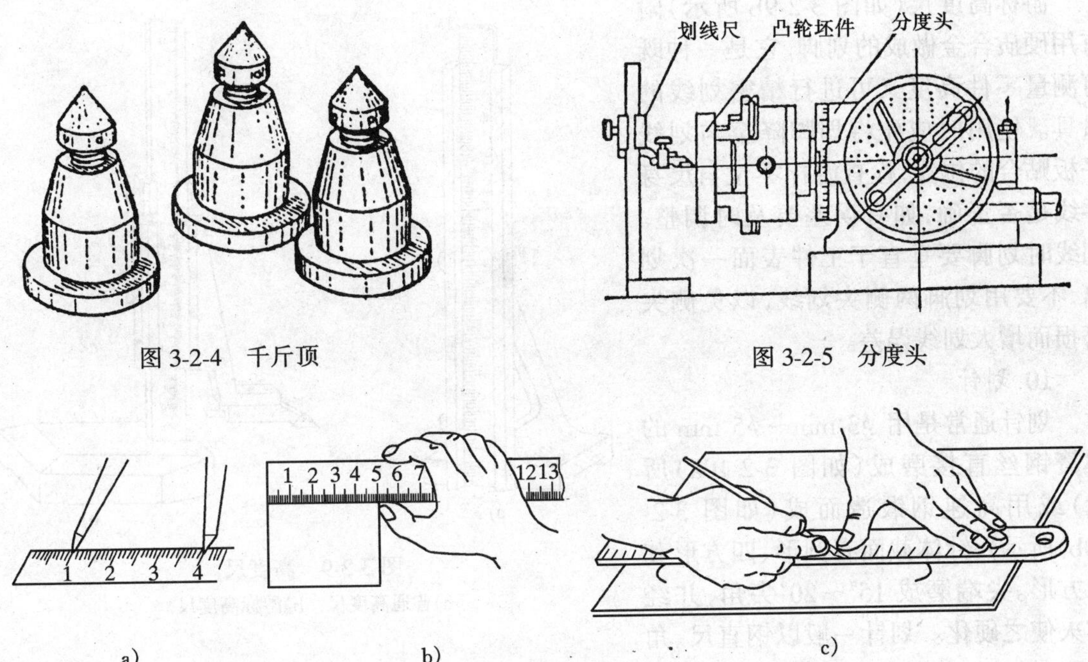

图 3-2-4　千斤顶

图 3-2-5　分度头

图 3-2-6　钢直尺

a)量尺寸　b)测量工件　c)划线

7. 直角尺

直角尺也称作角尺、弯尺(如图 3-2-7 所示),其主要作用是作划某一基准垂直线的导向工具。在立体划线中,也可用来校正工件某一平面与划线平板的垂直度。

8. 角度规

由角度盘和直尺组成(如图 3-2-8 所示),用于精度要求较高的角度划线,使用时将角度盘的直边靠在工件所划角度线的准边上,用直尺作导向工具。

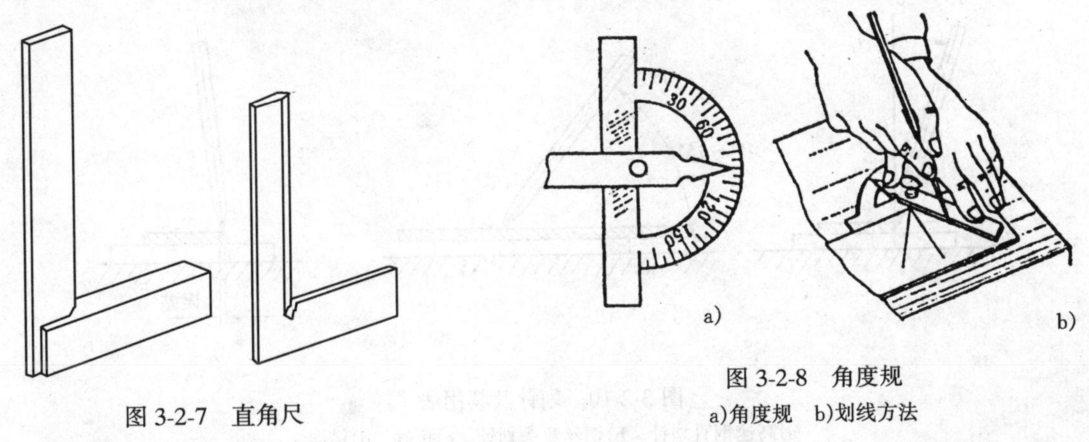

图 3-2-7　直角尺

图 3-2-8　角度规

a)角度规　b)划线方法

9. 高度尺

高度尺有普通高度尺和游标高度尺两种。

普通高度尺(如图 3-2-9a 所示)由尺座和钢直尺组成。尺座侧面有两个锁紧螺钉,用来紧固钢直尺。其作用是给划针盘量取高度尺寸。

游标高度尺(如图 3-2-9b 所示)附有用硬质合金做成的划脚,它是一种既可测量零件高度又可进行精密划线的量具。使用时应先将划脚降至与划线平板贴合的位置,检查游标零位与尺身零线是否正确,如有误差要及时调整。划线时划脚要垂直于工件表面一次划出,不要用划脚两侧尖划线,以免侧尖磨损而增大划线误差。

10. 划针

划针通常是用 ϕ3 mm～ϕ5 mm 的弹簧钢丝直接磨成(如图 3-2-10a)所示)或用高速钢锻造而成(如图 3-2-10b)所示),针体截面有圆形、四方形和六方形。尖端磨成 15°～20°尖角,并经淬火使之硬化。划针一般以钢直尺、角尺或样板等作为导向工具配合使用。划线时针尖要靠紧导向工具的边缘,上部向外侧倾斜 15°～20°,向划线方向倾斜 45°～75°并一次划出,不可以重复。针尖要保持尖锐锋利,使划出的线条既清晰又准确。针尖用钝后,可用油石修磨,需在砂轮机上刃磨时应避免过热而退火

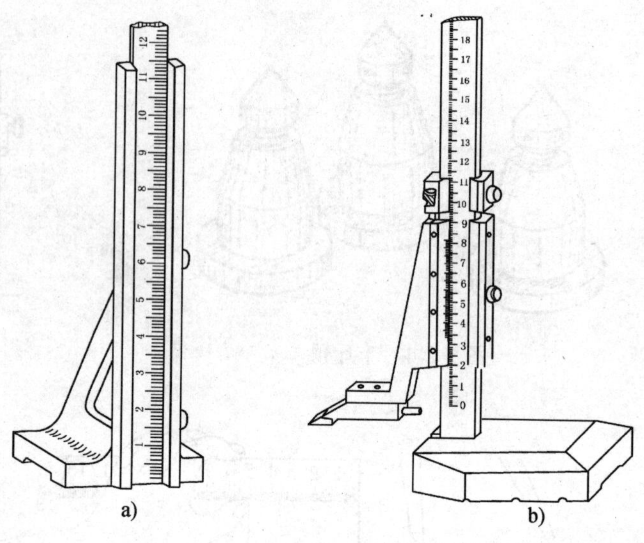

图 3-2-9　高度尺

a)普通高度尺　b)游标高度尺

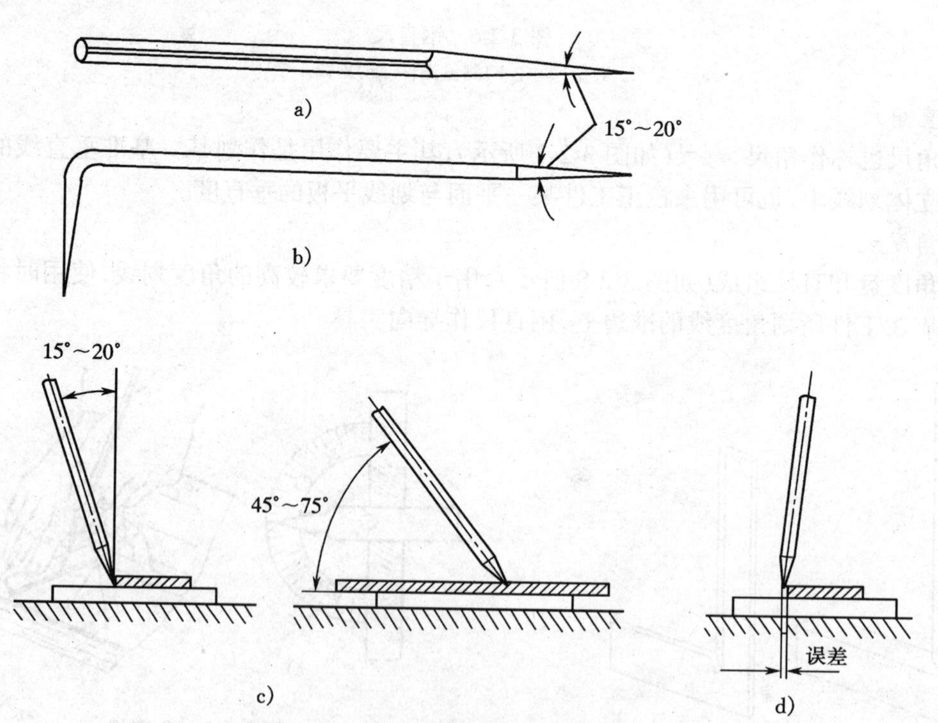

图 3-2-10　划针及其用法

a)高速钢直划针　b)钢丝弯头划针　c)正确　d)错误

(如图 3-2-10c、d 所示)。

11. 划针盘

划针盘由底座 1、立杆 2、蝶形螺母夹头 3 和划针 4 四部分组成(如图 3-2-11a 所示)。划针一端焊有高速钢尖,另一端成钩状,便于找正用。这种划针盘刚性好,划出的线条深刻、清晰,尤其是在毛坯表面划线时,优点更为显著,所以被广泛使用。使用时,将划针移至适当的高度,且尽量与划线平面垂直,外伸部分应尽量短些,并用蝶形螺母紧固。然后将划针移到高度尺处,用小锤轻轻敲击划针,使针尖处于精确的高度位置。划线时,手握住底座(如图 3-2-11a 所示),使底座始终与划线平板贴紧,不能摇晃或抖动。同时要使划针在划线方向与工件表面成 40°～60°夹角,以减小划线阻力。划针盘用毕后应使划针处于直立状态,以保证安全。

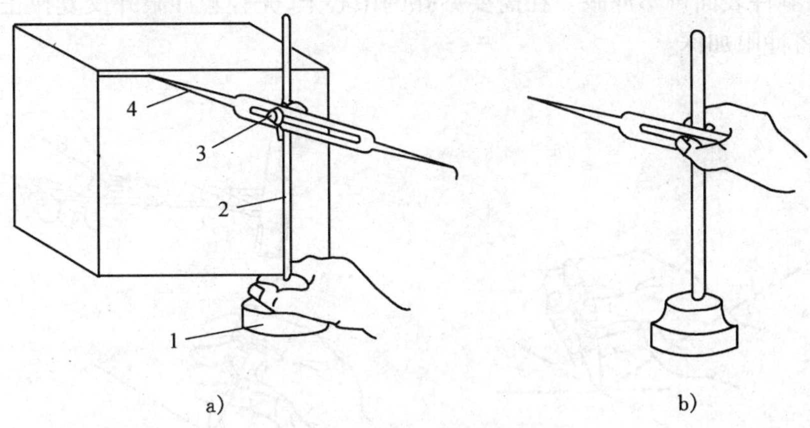

图 3-2-11　划针盘的使用

a)正确　b)错误

12. 划规

划规(如图 3-2-12 所示)用中、高碳钢制成,两脚尖淬火硬化,也有焊一段高速钢的,以提高其硬度和耐用度。划规主要用来划圆、圆弧,等分角度,等分线段,量取尺寸等。使用划规时要保持脚尖锐利,以保证划出的线条清晰。划圆时,作为旋转中心的一脚应给以较大压力,另一脚则以较轻的压力在工件的表面上移动,这样可使中心不会滑动。修磨脚尖时,应使两脚尖

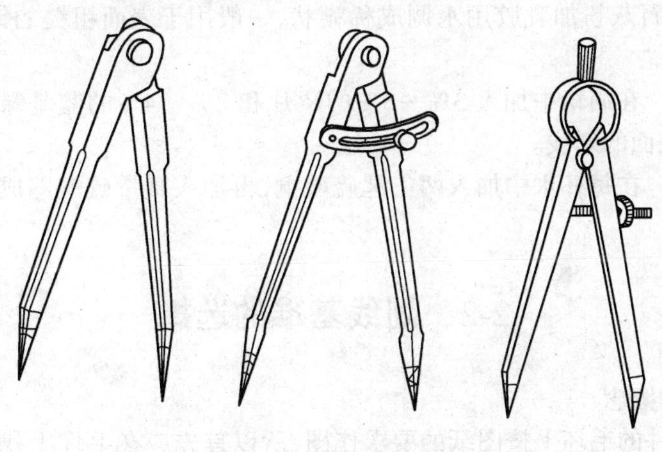

图 3-2-12　划规

的长短稍有不同,并要保证两脚合拢时脚尖可以靠紧,这样才能划出尺寸较小的圆弧。

13.样冲

用工具钢制成,尖端淬火硬化(如图3-2-13所示),用于在工件所划加工线条上冲眼,目的是加强加工界线并便于寻找线迹。也可用于划圆弧或钻孔时中心的定位。冲尖的锥角α根据用途的不同有两种情况。用于加强加工界线时锥角为30°~45°,用于钻孔定中心时锥角为60°。冲眼时,先将样冲外倾约30°,使冲尖对准线的正中,然后再将样冲立直冲眼。冲眼位置要准确,中点不可偏离线条,冲眼的距离要适当,不要过远,以保证所划线条清晰为宜。一般在十字线中心、线条交叉点、折角处都要冲眼。较长的直线冲眼距离可稀疏些,但短直线至少要有3个冲眼。在曲线上冲眼距离要稍密些。冲眼时要注意,除毛坯面外,冲眼深度不可过深,已精加工过的零件表面可不冲眼。在需要钻孔的中心上,先轻轻冲眼并反复找正,待用划规划好线形后,再将冲眼加深。

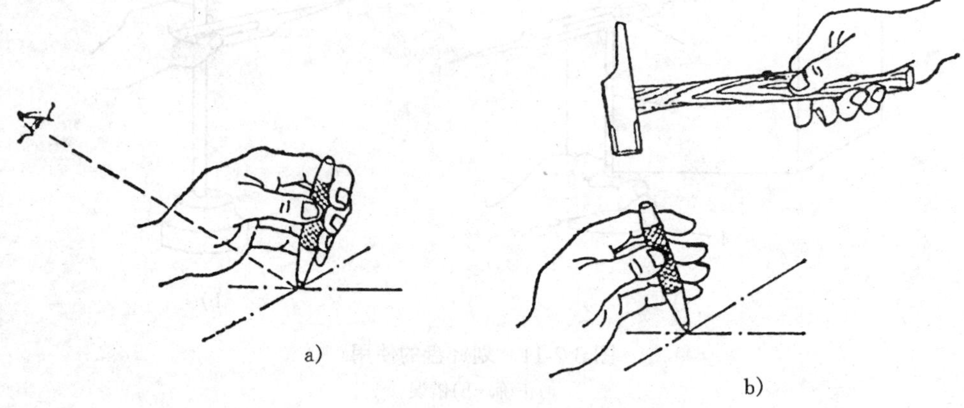

图3-2-13 样冲的使用方法

a)样冲与眼的位置 b)冲眼操作

14.划线的涂料

为了使划线明显清晰,划线前一般都要在工件的划线部位涂敷一层薄而均匀的涂料,涂料的种类有以下几种。

1)石灰水 将石灰粉加乳胶用水调成稀糊状,一般用于表面粗糙的铸、锻件毛坯上的划线。

2)酒精色溶液 在酒精中加入3%~5%的漆片和2%~4%的蓝基绿或青莲等颜料混合而成,用于精加工表面的划线。

3)硫酸铜溶液 在每杯水中加入两三匙硫酸铜,再加入微量硫酸即成。多用于已加工表面的划线。

2-2 划线基准的选择

一、划线基准的概念

划线就是在工件的毛坯上按图纸的要求作图,所以首先应在毛坯上找出划线基准。所谓划线基准,就是在划线时,选择毛坯上的某个点、线或面作为依据,用它来确定工件上各个部分的尺寸、几何形状和相对位置。根据作用的不同,划线基准分为尺寸基准、安放基准和找正基准 3 种形式。

1. 尺寸基准

用来确定工件上各点、线和面的尺寸的基准称为尺寸基准。划线时应使尺寸基准与设计基准尽可能一致。对由铸、锻等方法制成的粗糙表面毛坯,划线时应通过对找正基准的找正,先划出尺寸基准线,然后再由尺寸基准确定出其他各部分的尺寸。对半成品件(光坯)进行划线时,可选用已加工过的表面作为尺寸基准,但也要尽量使其与设计基准一致。

2. 安放基准

毛坯划线时的放置表面称为安放基准。

当划线的尺寸基准选好后,就应考虑毛坯在划线平板、方箱或 V 形铁上的放置位置,即找出合理的安放基准。安放基准的选择对提高划线的质量和效率,简化划线过程和保证划线安全都是很重要的。

3. 找正基准

找正基准是指零件毛坯放置在划线平板上后,需要找正的那些点、线或面。

确定找正基准的目的是使经过划线和加工后的工件,其加工表面与非加工表面之间保持尺寸均匀;使无法弥补的外形误差反映到较次要的部位上去。

二、划线中基准的选择

1. 尺寸基准的选择

(1)选择原则

在选择尺寸基准时,应使图纸的设计基准与尺寸基准一致。这是最合理的情况,但根据零件毛坯的形状,有时可用下列原则选择尺寸基准。

①用已加工过的表面作尺寸基准。

②用对称性工件的对称中心作尺寸基准。

③用精度较高且加工余量又较少的表面作尺寸基准。

(2)尺寸基准的类型

①以两个互相垂直的平面(或线)为基准(如图 3-2-14a 所示)。在划高度方向的尺寸线时,应以底面为尺寸基准;在划水平方向的尺寸线时,应以右表面为尺寸基准。

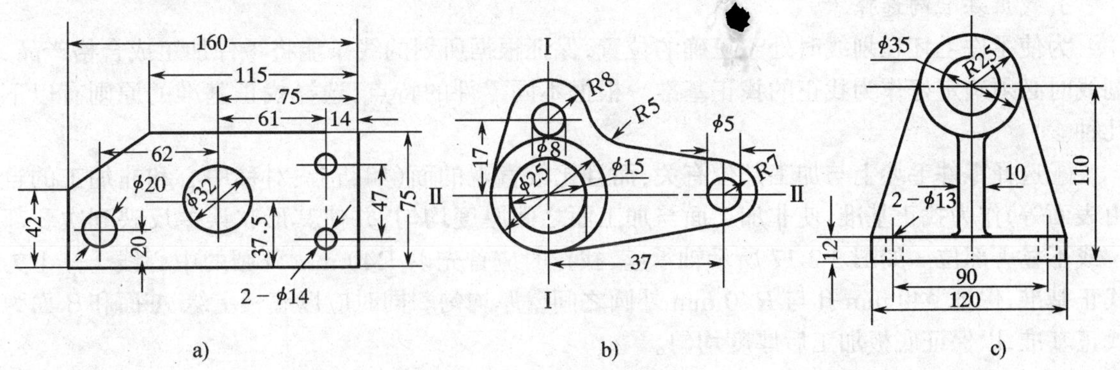

图 3-2-14　划线基准的类型

a)以两个互相垂直的平面为基准　b)以两条中心线为基准　c)以一个平面和一条中心线为基准

②以两条中心线为基准(如图 3-2-14b 所示)。该件两个方向上的尺寸与其中心线具有对称性,且其他尺寸也由中心线标注出。所以中心线Ⅰ、Ⅱ就分别是这两个方向上的尺寸基准。

③以一个平面和一条中心线为基准(如图 3-2-14c 所示)。该工件在划高度方向上的尺寸线时,均以底平面为尺寸基准,而宽度方向的尺寸均对称于中心线,所以中心线就是宽度方向的尺寸基准。

2. 俺放基准的选择

选择安放基准应使零件上的主要中心线、加工线平行于划线平板的板面,以提高划线质量和简化划线过程。

如图 3-2-15 所示的减速器箱体,划线时若以 A 面为安放基准,可以划出两个孔的中心线Ⅰ和Ⅱ(如图 3-2-15a 所示),保证了划线质量。若以 B 面为安放基准,只能划出一个孔的中心线Ⅰ(如图 3-2-15b 所示),这样不易保证两中心的位置要求,因此不宜采用。

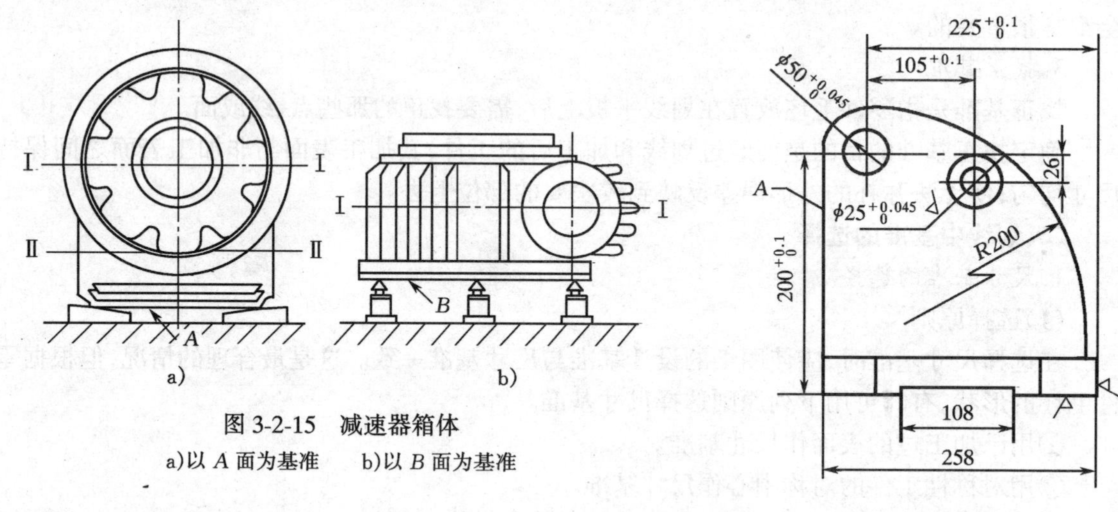

图 3-2-15 减速器箱体

a)以 A 面为基准 b)以 B 面为基准

图 3-2-16 托架

在选择安放基准时,还应考虑毛坯放置的安全平稳性(如图 3-2-16 所示的托架)。当划完高度方向的尺寸线后,将工件翻转到第二划线位置时,选择 A 面为安放基准,能使毛坯放置平稳,确保安全。

3. 找正基准的选择

为使零件毛坯在划线时处于正确的位置,保证根据所划的线条能将零件加工成合格产品,划线时必须确定好作为找正的找正基准。根据不同零件的特点,选择找正基准的原则有以下几种。

①选择零件毛坯上与加工部位有关,而且比较直观的面(如凸台、对称中心和非加工的自由表面等)作为找正基准,使非加工面与加工面之间厚度均匀,并使其形状误差反映到次要部位或不显著部位。如图 3-2-17 所示轴承座,找正时应首先以 $R40$ mm 外圆的中心线Ⅰ—Ⅰ为找正基准,保证 $\phi40$ mm 孔与 $R40$ mm 外圆之间壁厚均匀。同时应以底板上缘 A 面和 B 面为找正基准,以保证底板加工后厚度均匀。

②选择有装配关系的非加工部位作为找正基准,以保证零件经划线和加工后,能顺利地进行装配。如图 3-2-18 所示轴承座,为使其传动轴装配后不与非加工孔 $\phi50$ mm 相干涉,划线找正时,首先要以两个 $\phi50$ mm 孔中心线Ⅰ-Ⅰ为找正基准,再以底板上平面 A 为找正基准进

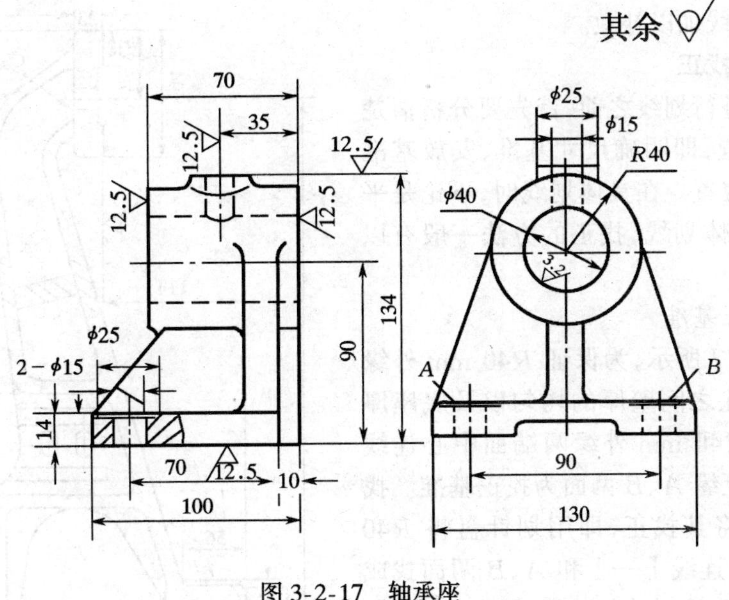

图 3-2-17　轴承座

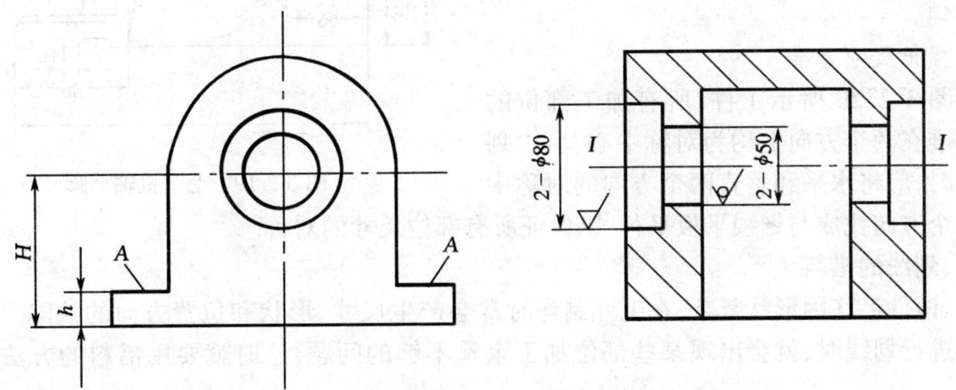

图 3-2-18　轴承座

行找正划线，加工后才能保证装配要求。

③很多情况下，在找正毛坯水平方向上的非加工表面的同时，还必须有一个与划线平板垂直(或成角度)的找正基准，以保证不在同一水平位置上的各非加工表面与加工表面之间的厚度均匀。如图 3-2-19 所示毛织机轴承脚零件，为保证 3 个非加工表面 A、B、C 与各加工表面之间的壁厚均匀，划线时首先应分别找正 A、B 两面，使之与划线平板基本平行，然后再找正 C 面，使其与划线平板基本垂直，如有差异，则应相对借正。

2-3　划线找正和借料

在对零件毛坯进行划线之前，一般都要先进行安放和找正工作。所谓找正，就是利用划线工具(如划针盘、直角尺等)使毛坯表面处于合适的位置，即使需要找正的点、线或面与划线平板平行或垂直。另外，当铸、锻件毛坯在形状、尺寸和位置上有缺陷，且用找正划线的方法不能符合加工要求时，还要用借料的方法进行调正，然后重新划线加以补救。

一、划线的找正

在对毛坯进行划线之前，首先要分析清楚各个基准的位置，即明确尺寸基准、安放基准和找正基准的位置。在具体划线时，不论是平面划线，还是立体划线，找正的方法一般有以下几种。

1. 找正找正基准

如图 3-2-17 所示，为保证 *R*40 mm 外缘与 ϕ40 mm 内孔之间壁厚的均匀以及底座厚度的均匀，选 *R*40 mm 外缘两端面中心连线 Ⅰ—Ⅰ 和底座上缘 *A*、*B* 两面为找正基准。找正时也应首先将其找正，即用划针盘将 *R*40 mm 两端面中心连线 Ⅰ—Ⅰ 和 *A*、*B* 两面找成与划线平板平行，这样才能使上述两处加工后壁厚均匀。

2. 找正尺寸基准

如图 3-2-20 所示工件，所有加工部位的尺寸基准在两个方向上均为对称中心，所以划线找正时，应将水平和垂直两个方向的对称中心在二个方向找成与划线平板平行，以保证所有部位尺寸的对称。

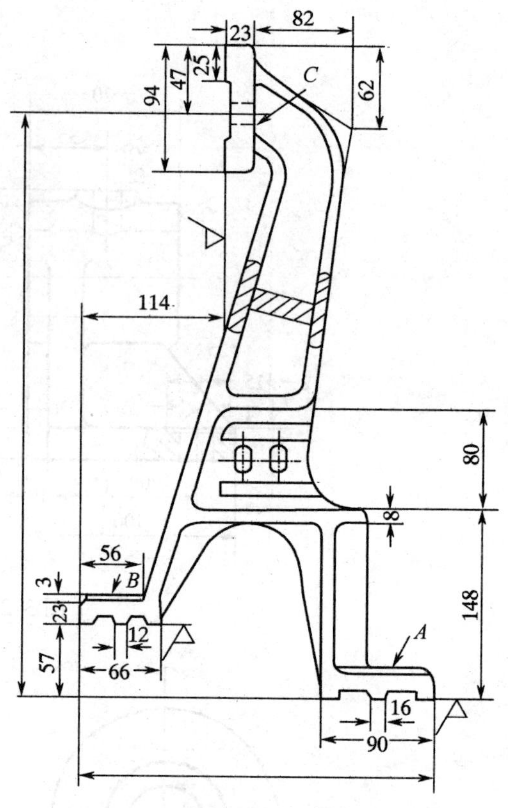

图 3-2-19　毛织机轴承脚

二、划线的借料

铸、锻件毛坯因形状复杂，在毛坯制作时常会产生尺寸、形状和位置方面的缺陷。当按找正基准进行划线时，就会出现某些部位加工余量不够的问题，这时就要用借料的方法进行补救。

如图 3-2-21 所示的齿轮箱体毛坯，由于铸造误差，使 *A* 孔向右偏移 6 mm，毛坯孔距减小为 144 mm。若按找正基准划线(如图 3-2-21a 所示)，应以 ϕ125 mm 凸台外圆的中心连线为划线基准和找正基准，并保证两孔中心距为 150 mm，然后再划出两孔的 ϕ75 mm 圆周线。但这样划线就使 *A* 孔的右边没有加工余量。这时就要用借料的方法(如图 3-2-21b 所示)，即将 *A* 孔毛坯中心向左借过 3 mm，用借过料的中心再划两孔的圆周线，就可使两孔都能分配到加工余量，从而使毛坯得以利用。

借料实际上就是将毛坯重要部位的误差转移到非重要部位的方法。在本例中是将 *A*、*B* 两孔中心距的铸造误差，转移到了两孔凸台外圆的壁厚上，由于偏心程度不大，所以对外观质量的影响也不大。

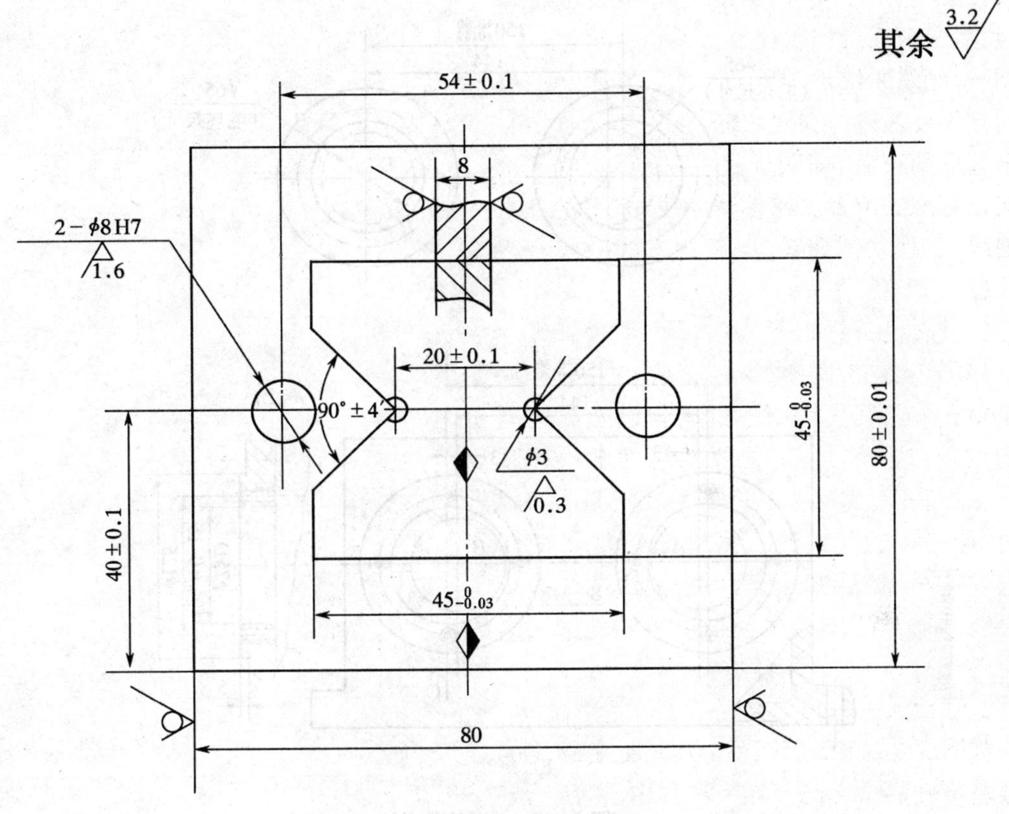

图 3-2-20　双 V 形冲模

2-4　平面划线和立体划线

一、平面划线

只需在工件的一个表面上划线，即能明确表示加工界线，称为平面划线。

1. 平面划线的方法

平面划线是划线工作中最基本的内容，它包括作图法划线、配划线和仿划线等。这些方法在立体划线中也要用到。

(1)作图法划线及步骤

作图法划线就是根据图纸要求，将图样 1:1 地按机械制图的规范划在工件表面上。划线的步骤一般如下。

①仔细阅读图纸，明确工件上所需划线的部位，研究清楚划线部位的作用、要求和有关加工工艺。

②选择好尺寸基准、安放基准和找正基准。

③检查毛坯外部轮廓误差情况，确定是否需要借料。

④正确安放工件并找正。

⑤划线。

⑥详细检查划线的准确性及是否有漏划线条。

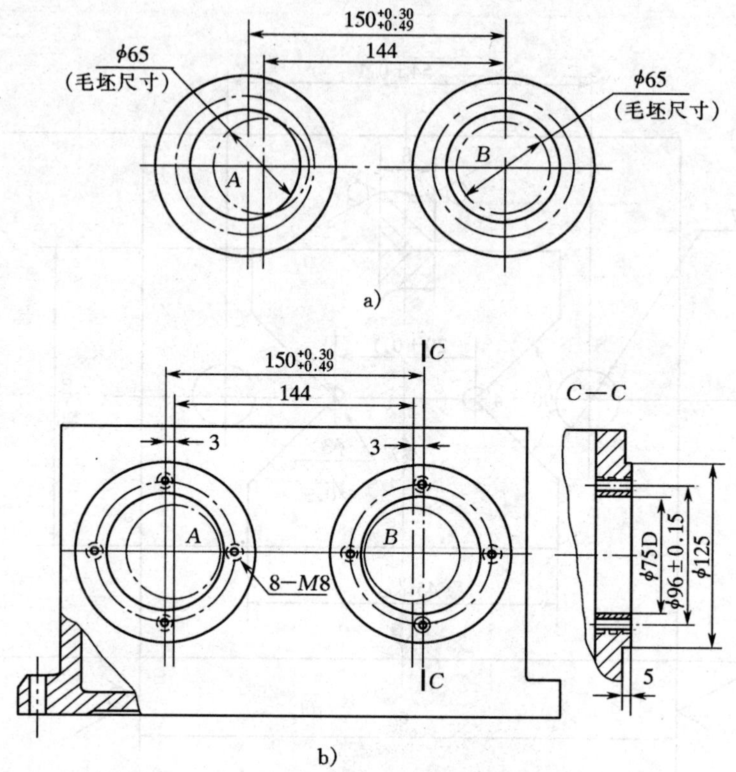

图 3-2-21　齿轮箱体

a)凸台为基准划线　b)借料划线

⑦在线条上打样冲眼。

(2)配划线

在单件、小批量生产和装配工作中，常采用配划线的方法。如电动机底座、法兰盘、箱盖观察板等工件上的螺钉孔，加工前就可以用配划线的方法进行划线。根据工件的特点，配划线有用零件直接配划线、用硬纸板托印配划线和印迹配划线等方法。

(3)样板划线

对形状复杂，加工面多且批量较大的工件划线时，宜采用样板划线法。划线时，根据图纸要求用 0.5 mm～2 mm 厚的钢板作出样板，以此为基准进行划线。划线样板的厚度根据工件批量的大小而定。批量小时，可用 0.5 mm～1 mm 的铜皮或铁皮，批量大时，则采用 1 mm～2 mm 的钢板。

2. 基本图形划法

各种基本图形的划法见表 3-2-1 所示。

表 3-2-1　基本图形划法

名称		图例	划线方法说明
平行线	平行线作图法则	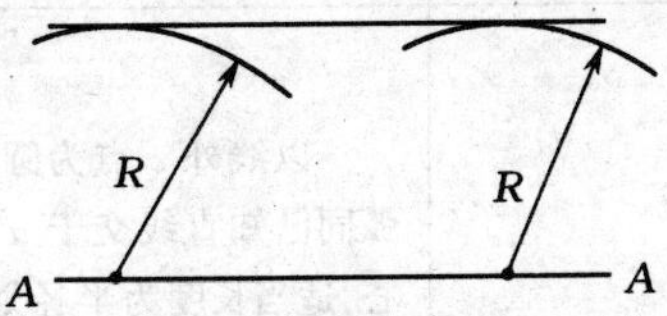	以直线 A—A 上两点为圆心，按要求的平行线之间的距离 R 为半径，划出两段圆弧，作两圆弧的公切线，即得所要求的平行线
	过线外一点划平行线	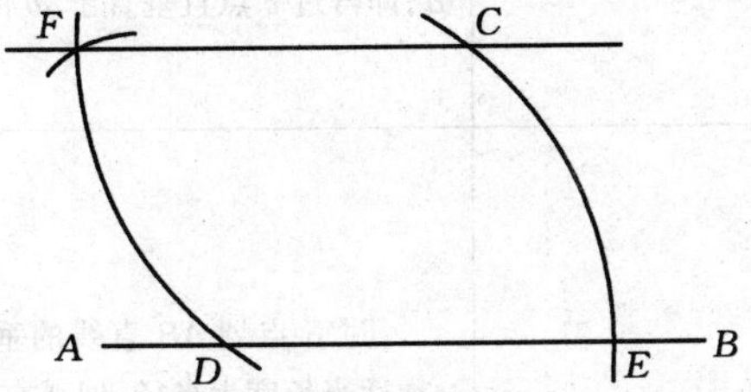	以直线 A—B 外点 C 为圆心，用较大半径划弧交直线 A—B 于 D 点，再以 D 点为圆心，以同样半径划弧交直线于 E 点；再以 D 点为圆心，CE 为半径划弧交第一弧线于 F 点，连接 CF，即得所要求的平行线
	用直角尺划平行线	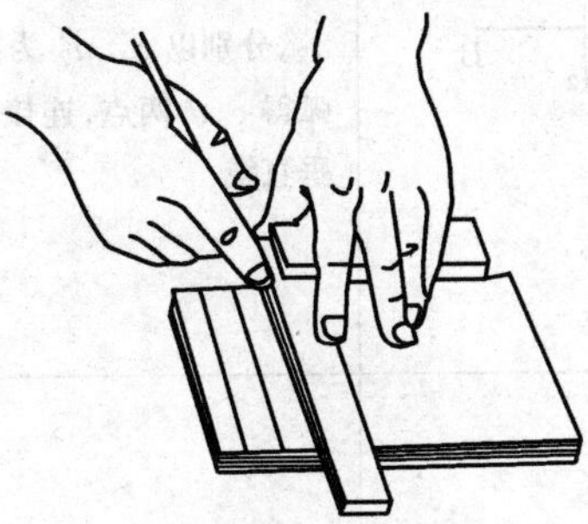	将直角尺尺座紧靠工件基准边，并沿基准边移动，用钢直尺量准尺寸后，沿直角尺边划出线条，即为所要求的平行线
	用平板划针盘划平行线	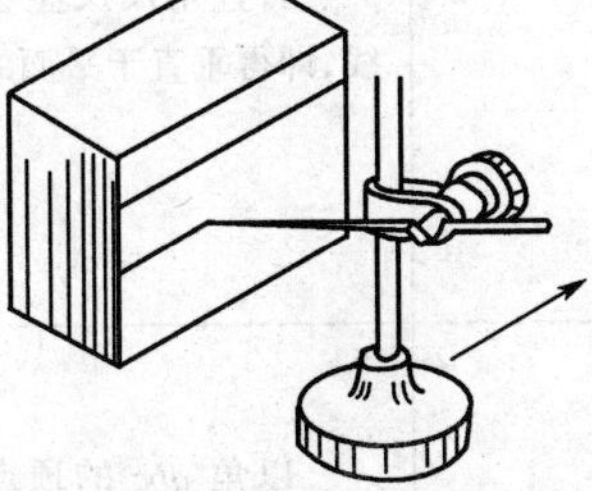	将工件垂直安放在划线平板上（紧靠方箱或角铁的侧面），用划针盘量好尺寸后，沿平板移动即划出平行线
垂直线	直线的垂直线	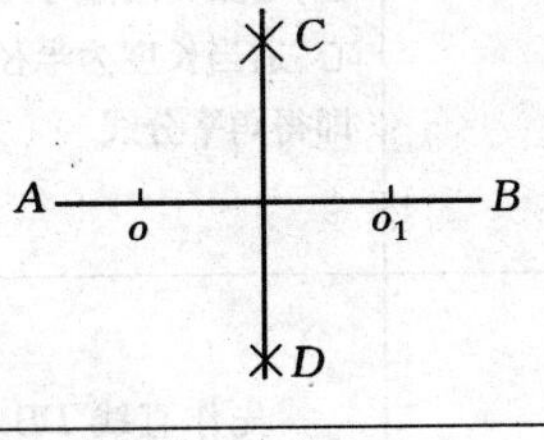	在直线 A—B 上任取两点 O 和 O_1 为圆心，作圆弧交于上下两点 C 和 D，过 C、D 连线，即得直线 A—B 的垂直线
	直线端点的垂直线	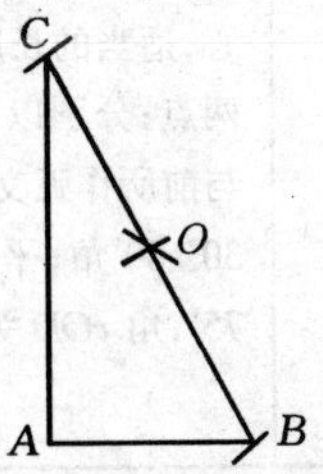	过 A 点作直线 AB 的垂直线。分别以 A、B 为圆心，AB 为半径，交于点 o；再以 o 为圆心，AB 为半径，在 BO 的延长线上作弧，交于 C 点连接 CA 即得 AB 的垂直线

续表

名称		图例	划线方法说明
垂直线	过线外一点的垂直线		以线外 c 点为圆心，适当长度为半径，划弧同已知直线交于 a 和 b 点，再以 a、b 为圆心，适当长度为半径划弧交于 d 点。连接 c、d，即得过 c 点且垂直于 ab 的直线
	过线内一点的垂直线		过 o 点划 AB 直线的垂直线。以 o 为圆心，适当长度为半径，划弧交直线 AB 于 a_1 和 a_2，分别以 a_1、a_2 为圆心，适当长度为半径划弧得 c、d 两点，连接 c、d 即得过 o 点，AB 的垂直线
	与某一平面垂直的垂直线		将直角尺尺座紧靠平面上，对准尺寸划线，即得垂直于平面的直线
角度线	角平分线		以角 abc 的顶点为圆心，适当长度为半径，划弧交两边于 d、e 两点。再以 d、e 为圆心，适当长度为半径，划弧交于 f 点，连接 b、f 即得角平分线
	30° 60° 75° 120° 角度线		先作直线 DB 的垂线 AO，再以 O 为圆心，适当的长度 R 为半径划弧，交两边于 a、b 两点；分别以 a、b 为圆心，原 R 为半径划弧，与前所作弧交于点 c 和 d，连接 Oc、Od 即得 30°、60°角；平分角 aOc，得 E 点，角 EOB 为 75°，角 cOD 为 120°

续表

名　称		图　例	划线方法说明
正多边形	正六边形		过圆心 o，作直径线 ab，分别以 a、b 为圆心，oa 为半径划弧交已知圆于 c、d 和 e、f 点，依次连接各点即得正六边形
	正五边形		在已知圆上，以 b 点为圆心，ob 为半径划弧交圆于 e、f 两点，连接 e、f 交直径 ab 于 g 点。以 g 为圆心，cg 为半径划弧交直线 ab 于 h 点。以 c 点为圆心，ch 为半径划弧交圆于 i 及 j 点。分别以 i、j 两点为圆心，ch 为半径划弧交圆于 k、l 两点。依次连接 c、i、k、l、j、c 各点，即得正五边形
圆弧连接	圆弧与直线连接		分别划距离为 R 且平行于直线Ⅰ、Ⅱ的直线Ⅰ′、Ⅱ′，并使Ⅰ′和Ⅱ′交于点 o；再以 o 为圆心，R 为半径划圆弧即可与Ⅰ和Ⅱ直线相切。
	圆弧与圆弧外切		分别以 o_1 和 o_2 为圆心，以 R_1+R 及 R_2+R 为半径，划圆弧交于 o；连接 o_1o 与已知圆 R_1 交于 M 点，连接 o_2o 与已知圆 R_2 交于 N 点；以 o 为圆心，R 为半径，自 M 点到 N 点划弧即得相切圆弧

续表

名称		图例	划线方法说明
圆弧连接	圆弧与圆弧内切	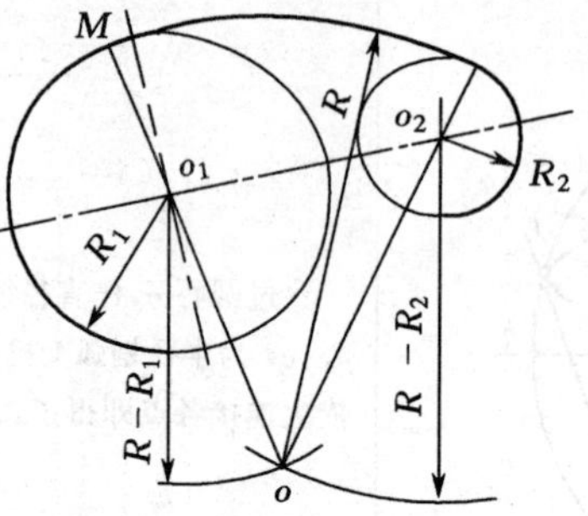	分别以 o_1、o_2 为圆心，R-R_1 及 R-R_2 为半径，划弧交于 o 点，连接 oo_1 及 oo_2 并延长得已知圆上的交点 M、N；以 o 为圆心，R 为半径，自 M 点至 N 点划弧即得内切圆弧
	圆弧与圆弧内外切	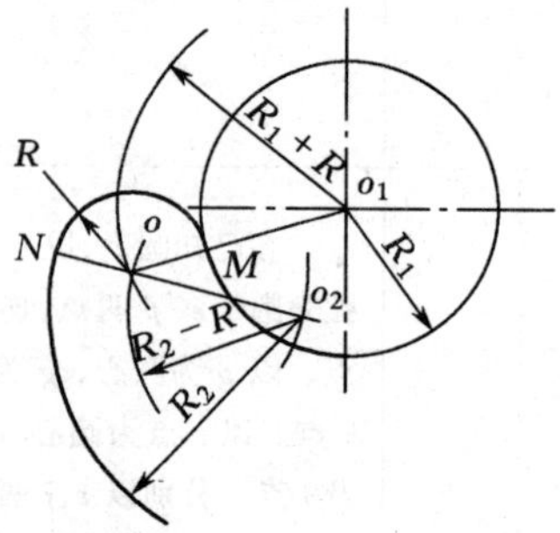	分别以 R_1+R 及 R_2-R 为半径，以 o_1 和 o_2 为圆心划弧交于 o 点；连 oo_1 与已知圆交于 M，连接 oo_2 与已知圆交于 N 点，以 o 为圆心，R 为半径，自 M 点至 N 点划弧即可

3. 平面划线举例

划线首先要确定基准，基准定好后，划线就会顺利，正确。

如图 3-2-22 所示扇形锉配练习工件，根据图纸的分析可知，底面 B 为垂直方向尺寸的设计基准，而水平方向的设计基准为对称中心线 A。划线时要以这两个基准为尺寸基准来确定其他尺寸，具体步骤如下。

①将毛坯的 B、C 两面加工垂直，并使其直线度、平面度达到要求。用这两个面作安放基准和找正基准。

②将划线基准 B 面(亦为尺寸基准)置于划线平板并将工件大平面紧靠在方箱的垂直平面上。用高度游标尺划出 12 mm、80 mm 尺寸线，再以 12 mm 尺寸线为基准向上划出 10 mm、30 mm 尺寸线。

③将毛坯翻转 90°，使 C 面(亦为安放基准、找正基准)贴于划线平板并将工件大平面紧靠在方箱的垂直平面上。用高度游标尺划出距 B 面 35 mm 的尺寸基准线 A 和 70 mm 外廓尺寸线，而后分别向上、向下划出 10 mm、15 mm 线段，并完成 20 mm、30 mm 尺寸线。

④将毛坯平放于划线平板上，以 30 mm 与 A 的交线为圆心，25 mm 为半径用划规划出圆弧。

⑤作出两边的 140°角度线。

⑥全面检查尺寸线。

⑦打样冲眼。

二、立体划线

立体划线就是同时在工件毛坯的长、宽、高 3 个方向上进行划线。它是平面划线的扩展。

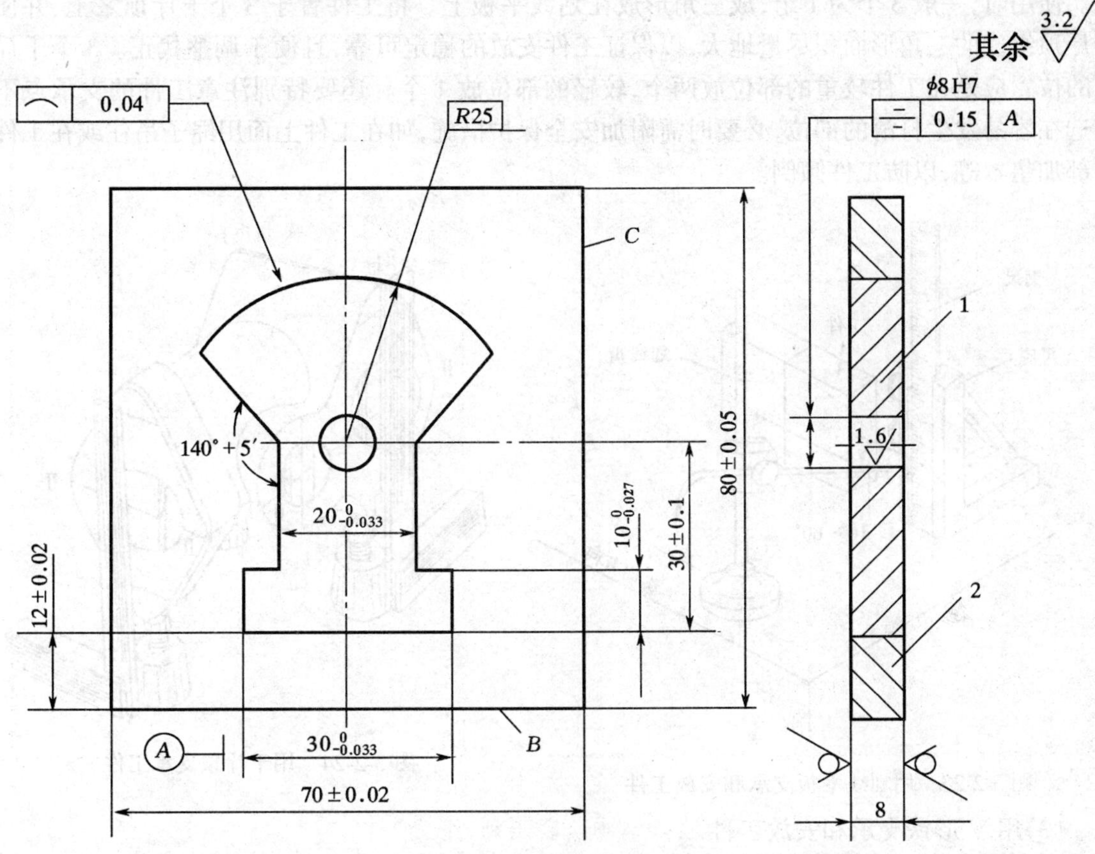

图 3-2-22　扇形锉配练习工件

所以在进行立体划线时，除要应用到平面划线的知识外，还要特别注意对图纸提出的技术要求和工件加工工艺的理解，明确各种基准的位置以及安放、找正的方法。

对于比较复杂的工件，为了保证加工质量，往往需要分几次划线，才能完成全部划线工作。对毛坯进行的第一次划线，称为首次划线(亦称第一次划线)。经过车、铣、刨等切削加工后，再进行的划线，则依次称为第二次划线、第三次划线等。

不论是第几次划线，根据工件的安放顺序，又有第一划线位置、第二划线位置、第三划线位置等。例如，需对毛坯在长、宽、高 3 个方向进行立体划线，先以长度方向的某个表面作为安放基准，可将垂直于安放基准的 4 个表面上的长度尺寸线划出，这时工件的所处位置就称为首次划线中的第一划线位置。将毛坯翻转 90°后再划线，就称为首次划线中的第二划线位置。

1. 工件的支承与安放

工件的支承与安放，是立体划线中的基础工作。它对基准的找正，划线的合理性与准确性都有很大的关系。工件在进行立体划线时，常用以下几种方法进行支承与安放。

(1)用划线平板支承和安放工件

对于有已加工过的表面的工件，可将已加工表面直接放在划线平板上，既作为安放基准，又可作划线基准，如图 3-2-23 所示。

(2)用千斤顶支承和安放工件

如图 3-2-24 所示，对于未加工过的毛坯或形状不规则的大工件，划线时可用千斤顶来支承。使用时，一般 3 个为 1 组，成三角形放在划线平板上。将工件置于 3 个千斤顶之上，并使千斤顶组成的三角形面积尽量地大，以保证工件安放的稳定可靠，且便于调整找正。3 个千斤顶的位置应是在工件较重的部位放两个，较轻的部位放 1 个。还要特别注意工件的支承点不要选在容易发生打滑的部位，必要时需附加安全保护措施，如在工件上面用绳子吊住或在工件下部加垫木等，以防工件倾倒。

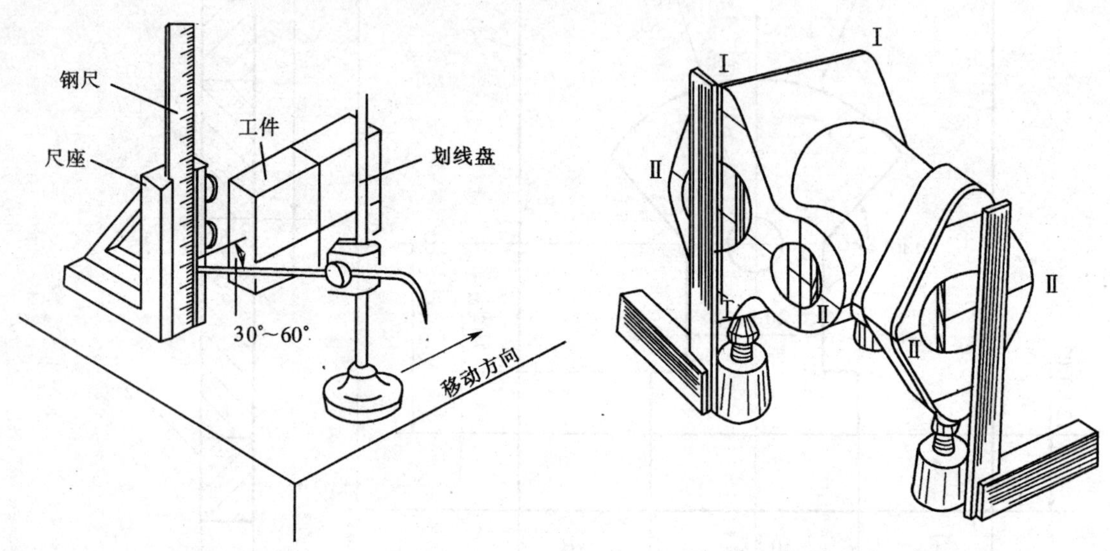

图 3-2-23　用划线平板支承和安放工件

图 3-2-24　用千斤顶支承工件

(3)用 V 形铁支承和安放工件

对圆柱形工件划线时，用 V 形铁来安放工件较为方便，如图 3-2-25 所示。V 形铁的类型有多种，使用时要根据工件的特点来选择。安放较长的等直径圆柱形工件时，应选用两个等高 V 形铁；安放直径不等的圆柱形工件时，根据情况可将 1 个普通 V 形铁和 1 个可调 V 形铁配合使用，也可在两个等高 V 形铁中一个的下边垫合适的垫铁。

(4)用斜铁支承工件

用斜铁支承工件的方法(如图 3-2-26 所示)与用千斤顶支承工件类似，即要保证三点支承。调节斜铁位置可对工件进行找正。由于斜铁高度小，接触边较长，所以对工件的支承更稳

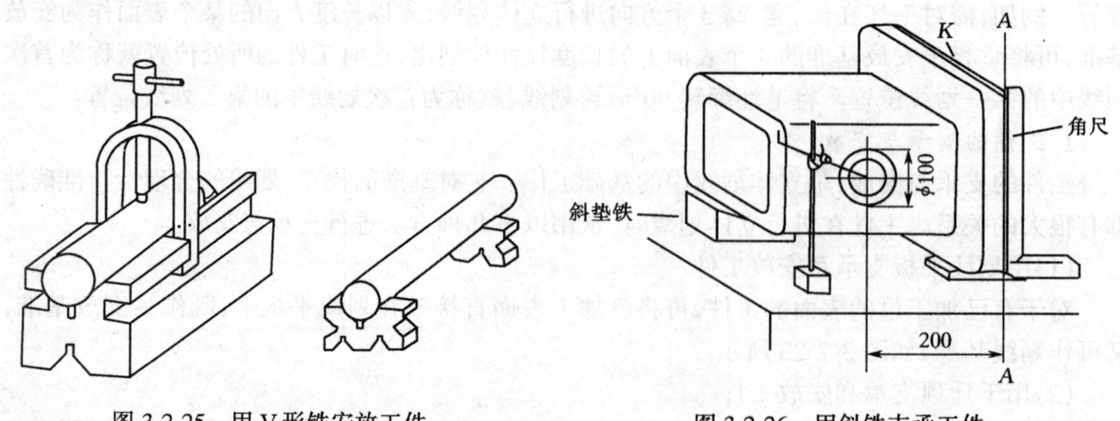

图 3-2-25　用 V 形铁安放工件

图 3-2-26　用斜铁支承工件

定更安全。

(5)用方箱安放工件

对于小型工件，特别是不规则的异形工件，用方箱来安放划线较为方便。如图 3-2-27 所示，由于方箱各个相邻表面都是垂直的，所以工件在方箱上一次安装后，通过方箱的翻转，可划出 3 个方向的尺寸线。

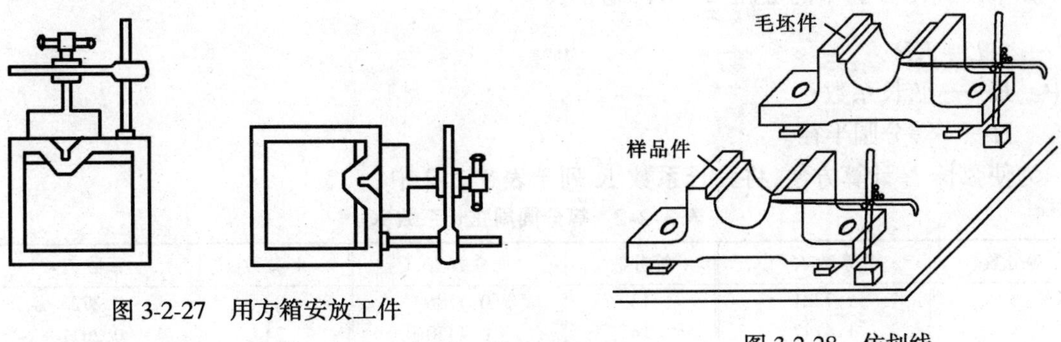

图 3-2-27　用方箱安放工件

图 3-2-28　仿划线

2. 仿划线

仿划线是仿照原始工件的廓线对毛坯进行划线。如图 3-2-28 所示，将轴承座样品件和毛坯件放置在划线平板上，使各个待加工表面与划线平板基本平行，同时应使毛坯件在与样品件对应的位置上有加工余量，且各处均匀。划线时，用划针在样品件上找线并将此线直接划在毛坯件的相应位置上即可。

仿划线时应注意样品件的准确性，如样品件有磨损严重或损坏的部位，用划针在样品件上找线时要考虑补偿量。

这种划线方法，在机修工作中紧急加工配件时多用。在大批量生产中，可将数个毛坯一起放置在划线平板上，同时划出每一条尺寸线，划线效率较高。

2-5　等分圆周划线

圆周的等分是划线中常有的作业内容。由于零件的外形是千变万化的，所以在进行圆周等分划线作业时要根据零件的实际情况采用不同的等分方法。圆周的等分划线通常有：按同一弦长等分圆周，按不同弦长等分圆周和用分度头等分圆周 3 种方法。

一、按同一弦长等分圆周

这是一种数学计算法，即按数学公式计算出所要等分圆周的弦长，然后用划规定好弦长，再将所要等分的圆周逐一划线等分。

如图 3-2-29 所示，将圆周作 n 等分，则每等分弧长所对应的圆心角 $\alpha=\dfrac{360^\circ}{n}$。根据三角函数关系得弦长

$$L=AB=D\sin\frac{\alpha}{2}=2R\sin\frac{\alpha}{2} \tag{3-2-1}$$

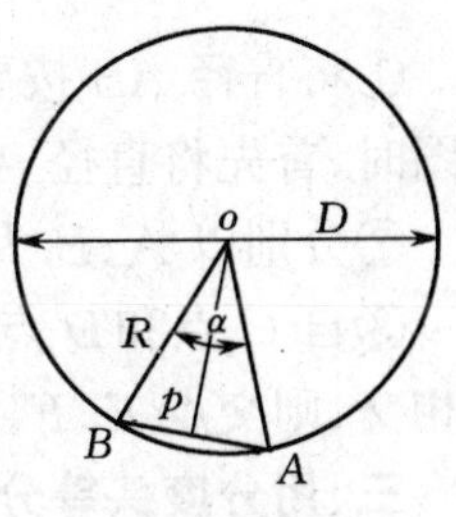

图 3-2-29　按同一弦长等分圆周

例　将直径为 100 mm 的圆周作 12 等分。

解 $\alpha=\frac{360^\circ}{12}=30^\circ$

$$L=D\sin\frac{\alpha}{2}=100\times\sin\frac{30^\circ}{2}\approx25.88\ \text{mm}$$

用划规量取尺寸 25.88 mm,就可在该圆周上作出 12 等分。

如果设式(3-2-1)中的 $2\sin\frac{\alpha}{2}=K$,则弦长

$$L=KR$$

式中 K——弦长系数;

R——等分圆半径。

为使弦长 L 计算方便,将弦长系数 K 列于表 3-2-2 中。

表 3-2-2 等分圆周弦长系数 K

等分数	系数 K	等分数	系数 K	等分数	系数 K
3	1.7321	13	0.4786	23	0.2723
4	1.4142	14	0.4450	24	0.2611
5	1.1756	15	0.4158	25	0.2507
6	1.0000	16	0.3902	26	0.2411
7	0.8678	17	0.3678	27	0.2321
8	0.7654	18	0.3473	28	0.2240
9	0.6840	19	0.3292	29	0.2162
10	0.6180	20	0.3129	30	0.2091
11	0.5635	21	0.2980	31	0.2023
12	0.5176	22	0.2845	32	0.1960

根据此表,在上例中当 $n=12$ 时,$K=0.5176$,则

$$L=0.5176\times50=25.88\ \text{mm}$$

计算结果相同。

按同一弦长作圆周等分的方法,由于划规在量取尺寸时难免产生误差,加之在划等分圆的等分线时每次变动划规脚的位置所产生的误差,常使等分的准确性不能一次达到,等分数愈多,其积累误差愈大,所以要反复调整划规尺寸,直至等分准确为止。

这种等分圆周的方法通常用于等分数较多或在毛坯上不便用作图法来等分圆周的情况。

二、按不同弦长等分圆周

按不同弦长等分圆周的方法是一种作图方法,可以对圆周进行任意等分,其具体步骤如下。

①将直径 AB 按要等分分数的一半进行等分。如图 3-2-30 所示,要将圆周进行 10 等分,作图时,首先将直径 AB 分为 5 等分。

②分别以 A、B 为圆心,AB 为半径划弧,相交于 C 点和 D 点。

③自 C 点和 D 点分别与直径 AB 上的分段点相连(图中连接 1、2、3、4、5 点),并延长与圆周相交,则交点 E、F、G、H、I、J……N 就是圆周上的各等分点。

三、用分度头等分圆周

利用分度头在对较小的轴类或盘类零件进行圆周等分或划角度线是十分方便准确的。分度头有多种类型,其中万能分度头比较常见。它可使工件绕其自身的轴线旋转,还可以使工件轴线相对于划线平板成一定角度。用分度头进行等分圆周划线,主要有两种方法。

1. 直接分度法

在分度头主轴前端固定着一刻度盘，可与主轴一起旋转，刻度盘上有 0°～360°的刻线。直接分度法就是利用刻度盘进行直接分度。

利用图 3-2-31 所示的分度头进行直接分度时，先将主轴锁紧手柄松开，再用脱落蜗杆手柄将蜗轮与蜗杆脱开，这时主轴即可用手自由扳转，所要分的度数，由刻度盘直接读出，然后用锁紧手柄固定主轴，进行划线。

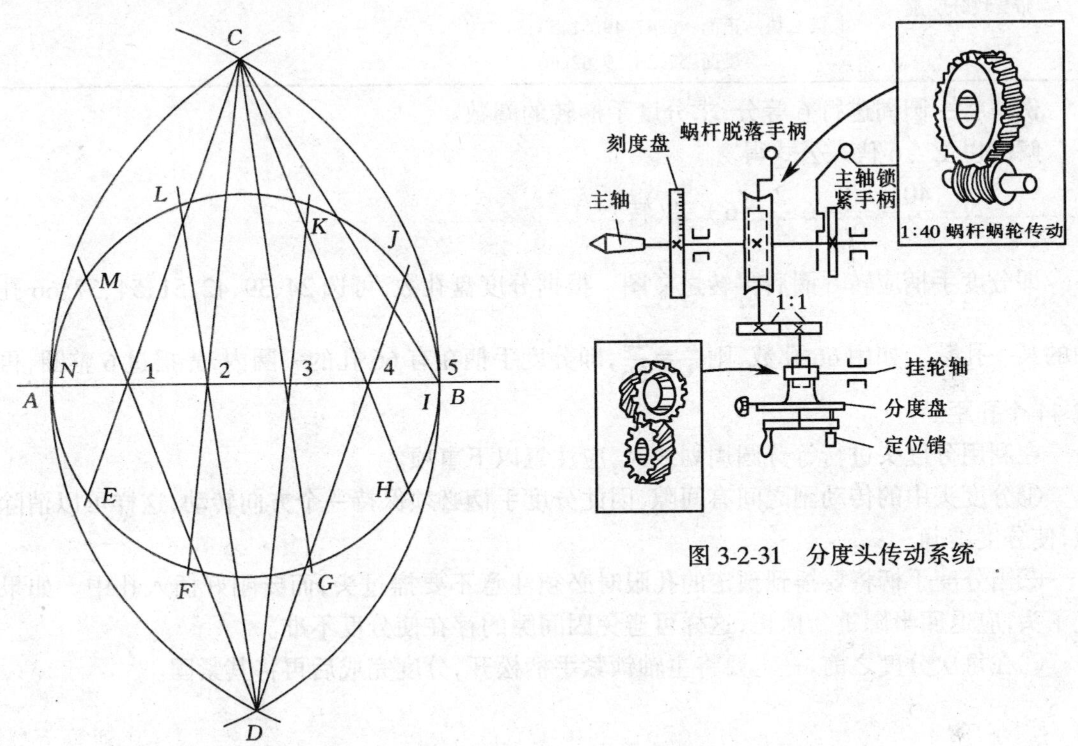

图 3-2-31　分度头传动系统

图 3-2-30　按不同弦长等分圆周

2. 间接分度法(简单分度法)

由图 3-2-31 可知，当分度手柄转一整转时，通过 1:1 的直齿圆柱齿轮使蜗杆也转一整转，再通过 1:40 的蜗杆蜗轮副使主轴和工件转$\frac{1}{40}$转。间接分度法就是用手柄旋转的圈数 N 来进行等分的。

若要将工件进行 Z 等分，则划线时工件每次应转过$\frac{1}{Z}$转，而分度手柄应转过的圈数

$$N=\frac{40}{Z}$$

式中　N——分度手柄转动圈数；

Z——工件的等分数；

40——蜗轮齿数(称分度头定数)。

按上式算出的数值若为整数，则手柄就转整数圈。若算出的数值为分数，则应将分数的分母按分度盘上具有的孔数进行转化。转化后的分数，其分母即为分度盘上某一圈的孔数(分度

盘孔数见表 3-2-3)，而分子为分度手柄定位销在孔圈上应转过的孔数。

表 3-2-3　分度盘的孔数

分度头型式	分度盘的孔数	
带一块分度盘		正面:24、25、28、30、34、37、38、39、41、42、43 反面:46、47、49、51、53、54、57、58、59、62、66
带二块分度盘	第一块	正面:24、25、28、30、34、37 反面:38、39、41、42、43
	第二块	正面:46、47、49、51、53、54 反面:57、58、59、62、66

例　将一圆周进行 6 等分，求分度手柄转的圈数。

解　以 $Z=6$ 代入公式得

$$N=\frac{40}{Z}=\frac{40}{6}=6\frac{2}{3}=6+\frac{2}{3}(\text{转})$$

即分度手柄应转 6 圈后再转过$\frac{2}{3}$圈。根据分度盘孔数，可选 24、39、42、51、54、57、66 孔数中的某一孔数。如用 66 孔数，则$\frac{2}{3}=\frac{44}{66}$，即分度手柄在有 66 孔的一圈内，先摇过 6 整圈，再摇过 44 个孔距。

在利用分度头进行等分圆周划线时，应注意以下事项。

①分度头中的传动副之间有间隙，因此分度手柄必须保持一个方向转动，这样可以消除间隙，使分度准确。

②当分度手柄将要摇到预定的孔眼时必须注意不要摇过头，而要刚好插入孔中。如果摇过了头，应退回半圆重新摇正，这样可避免因间隙的存在使分度不准。

③在每次分度之前，一定要将主轴锁紧手柄松开，分度完成后再将其紧固。

第三章　錾　　削

錾削是用手锤敲击錾子对金属工件进行切削加工的一种方法。它主要是对不便于进行机械加工的零件的某些部位进行切削加工,如去除毛坯上的毛刺、凸缘,錾削异形油槽、板材等。錾削是钳工工作中的一项较重要的基本技能,其中的锤击技能是装拆机械设备必不可少的基本功。

錾削用的工具主要是各种錾子和手锤。

3-1　錾子的热处理和刃磨

一、錾子的结构和种类

錾子是錾削加工中最重要的工具,用碳素工具钢(T7A 或 T9A)经锻造、热处理、刃磨而成的。

1. 錾子的结构

錾子由錾顶、錾身和錾刃 3 部分组成,如图 3-3-1 所示。錾顶部分由球冠状凸起顶面和圆锥过渡段组成,这种结构可保证锤击点正对錾刃中心,锤击时不易产生偏重,錾刃不易损坏,錾切平整。

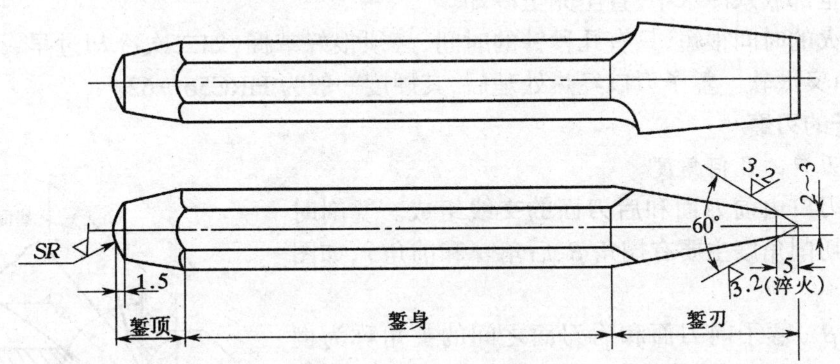

图 3-3-1　錾子的结构

錾身常锻制成八角形,以防止錾削时錾子转动。錾子的总长度一般为 180 mm~200 mm,也可根据加工需要决定。

錾刃由两个刃面组成,其形状主要是为了保证錾子必须具有足够的刚性而设计的。

2. 錾子的种类

根据用途不同,錾子的种类很多。常用的有扁錾(阔錾)、尖錾(狭錾)、油槽錾、扁冲錾等,如图 3-3-2 所示。

扁錾主要用来錾削平面、切割和去毛刺;尖錾用于开槽;油槽錾用于在工件上加工润滑油槽;扁冲錾用于在薄板上打通二个孔之间的间隔。

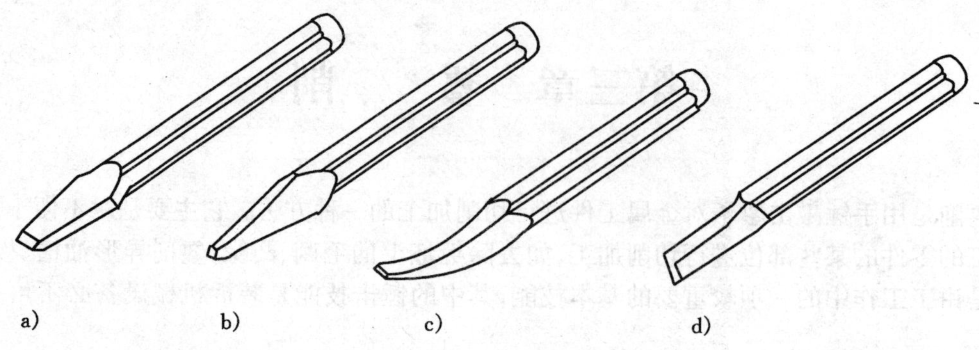

图 3-3-2　錾子种类

a)扁錾　b)尖錾　c)油槽錾　d)扁冲錾

二、錾子的热处理

为了保证錾子刃口部分具有良好的切削性能，錾子的刃口应有较高的硬度和一定韧性，所以錾子锻造后必须进行热处理。錾子的热处理包括淬火和回火两个过程，

1. 淬火

将錾子刃口部分长约 20 mm 加热至 760 ℃～780 ℃(呈暗橘红色)后，迅速垂直放入冷水中(浸入深度约 4 mm～6 mm)，并要平行于水面缓慢移动，以便錾刃冷却迅速、均匀。

2. 回火

錾子的回火是利用自身的余热进行的。当錾子露出水面部分呈黑色时(200 ℃左右)，将錾子由水中提出。注意观察錾刃部分的颜色。当錾尖由白色变为黄色，又由黄色变为蓝色时，迅速将錾子全部放入冷水中，直至完全冷却。

余热回火的时间很短，只有几秒钟的时间，必须很好掌握，如二次冷却过早，刃口太脆；冷却过晚，刃口又太软。錾子刃口经热处理后，其硬度一般为 HRC56～62。

三、錾子的刃磨

1. 錾子刃口的几何角度

錾子的刃口由前刀面和后刀面的交线组成。錾削时刃口部分的切削角度主要有楔角 β、后角 α 和前角 γ，如图 3-3 所示。

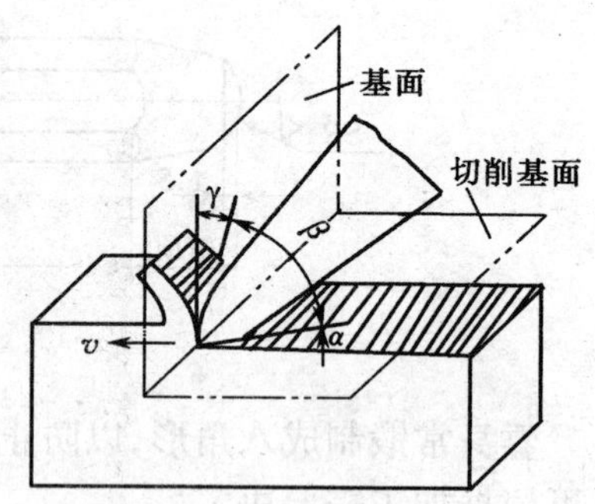

图 3-3-3　錾削时的切削角度

1)楔角 β　錾子前刀面和后刀面之间的夹角称为楔角，它是决定錾子切削性能的主要参数，楔角越大，刃口部分的强度越高，但錾削时的切削阻力也越大。所以选择楔角时，应在保证刃口有足够强度的前提下，尽量使楔角取较小数值。一般在錾削硬材料(如硬钢、铸铁等)时，β 取 60°～70°，在錾削中等硬度材料(如一般钢材)时，β 取 50°～60°，在錾削软材料(如铜、铝等)时，取 30°～50°。

2)后角 α　后刀面与切削平面之间的夹角称为后角。它的作用是减小后刀面与錾削表面之间的摩擦，引导錾子顺利錾切。后角的大小取决于錾子被掌握的位置。后角不能太大，否则会使錾子切入过深，造成錾削困难(如图 3-3-4b 所示)；后角也不能太小，否则錾削时錾子容易滑出工件表面(如图 3-3-4c 所示)。一般 α 为 5°～8°。

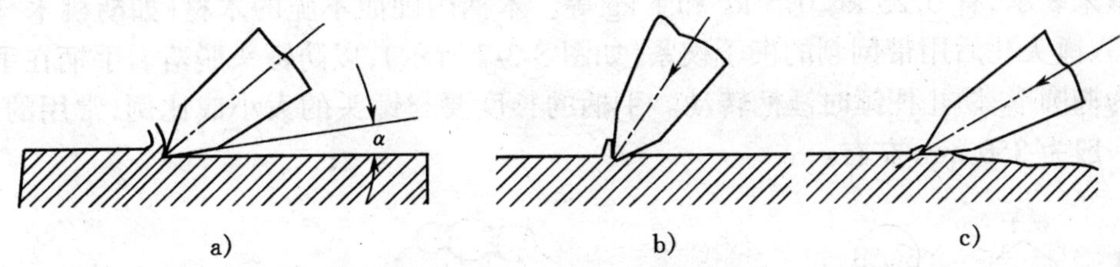

图 3-3-4　后角对錾削的影响

a)后角 α　b)后角太大　c)后角太小

3)前角 γ　前刀面与基面之间的夹角称为前角，其作用是减小錾削时切屑的变形和錾削阻力。前角越大，錾削越省力。由于基面垂直于切削平面，所以存在有 $\alpha+\beta+\gamma=90°$ 的关系，当后角 α 一定时，前角 γ 的大小也就由楔角 β 来决定。

2. 錾子的刃磨

(1)刃磨方法

錾子的刃磨主要是保证楔角 β 合适。刃磨时双手握住錾子，并使刃口部分高于砂轮中心，同时要在砂轮全宽上作左右移动(如图 3-3-5 所示)。刃磨时，压力不要太大，注意控制錾子的位置，使磨出的楔角合适，同时要经常蘸水冷却，防止退火。

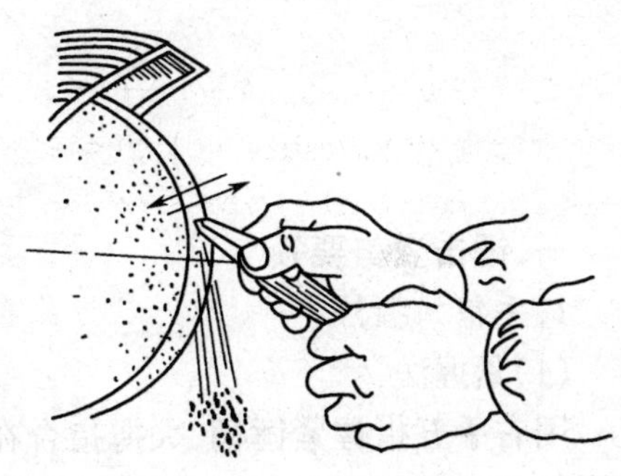

图 3-3-5　錾子的刃磨

(2)刃磨要求

錾子切削刃要与錾身的几何中心线垂直，前、后刀面应在錾子的对称平面上，且应光洁、平整。扁錾的刃口可略带外凸弧形，以保证錾削微小凸起部分时，不致损伤平面的其他部分。尖錾的刃口长度应与槽宽对应，两个侧面的宽度应从刃口处向里逐渐变狭，使其在錾槽时能形成 1°～3° 的副偏角(如图 3-3-6 所示)，避免錾子在錾槽时被槽的两侧面卡住，同时保证槽侧面的平整。

图 3-3-6　尖錾的刃磨

3-2　手锤的锤击训练

手锤是钳工最常用的工具，由锤头、木柄和楔子组成。根据用途的不同，手锤有很多种类，一般分为硬头手锤和软头手锤两种。软头手锤的锤头多用铅、铜、硬木、牛皮或橡胶制成，主要用于装配工作中。硬头手锤的锤头用优质中碳钢或工具钢经淬火硬化制成。锤头的规格以锤头的质量来表示，有0.25 kg、0.5 kg和1 kg等。木柄用硬而不脆的木材(如胡桃木、檀木等)制成，装入锤头孔后用带倒刺的楔子楔紧(如图3-3-7所示)，以防锤头脱落。手柄在手握处的断面应为椭圆形，防止挥锤时锤柄转动。手柄的长度要与锤头的大小成比例，常用的1 kg手锤柄长一般为350 mm左右。

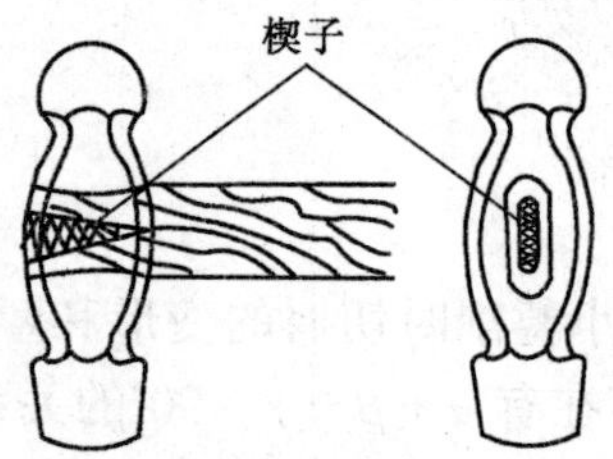

图3-3-7　锤柄的安装

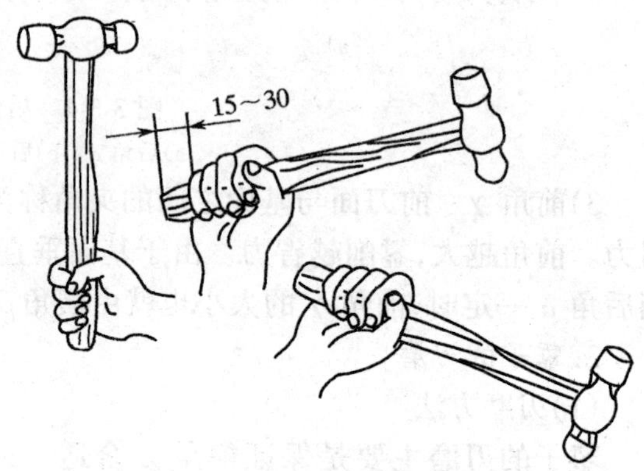

图3-3-8　手锤的紧握法

一、锤击姿势要领

1. 手锤的握法

(1)紧握法

用右手五指握紧锤柄，大拇指合在食指上，虎口对准锤头方向(木柄椭圆的长轴方向)，木柄尾部露出20 mm左右。在挥锤和锤击过程中，五指始终紧握木柄(如图3-3-8所示)。

(2)松握法

只用大拇指和食指始终握紧锤柄。在挥锤时，小指、无名指、中指依次放松；在锤击时，又以相反的顺序收拢握紧，如图3-3-9所示。这种握锤法可以增加锤击力度，手不易疲劳，故在錾削中广泛采用。

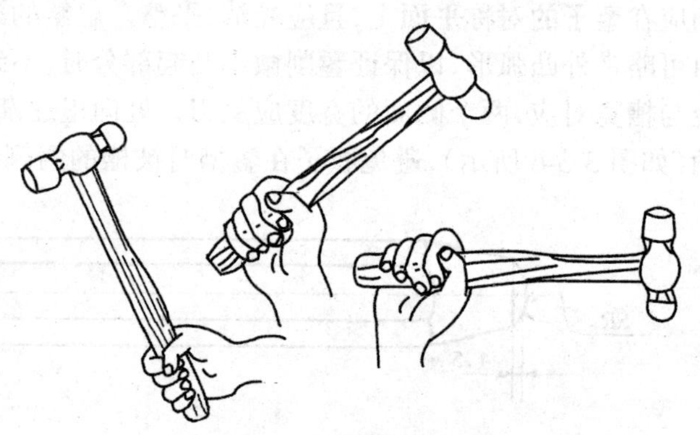

图3-3-9　手锤的松握法

2. 锤击站立姿势

操作时，身体站在虎钳左侧，身体胸面与虎钳中心线大致成45°角(如图3-3-10所示)，且略向前倾。左脚跨前半步，膝部稍微弯曲，保持自然，右脚站稳且腿要伸直。目视錾削位置，不要注视锤击部位，否则会出现眼手不一的状况，造成錾削表面不平，且容易将锤击在手上。

3. 挥锤方法

实际工作中，由于錾削部位和錾削余量的不同，锤击力量的大小也不同。根据锤击力量的大小有3种挥锤方法。

(1)腕挥

挥锤时，只用手腕上下弯曲的动作进行锤击运动，采用紧握法握锤。这种方法锤击力小，一般用于錾削余量较小或錾削开始、结尾，如图3-3-11a所示。

(2)肘挥

挥锤时,上臂不动,肘部和手腕一起用力挥动,作锤击运动,采用松握法握锤。这种方法因挥动幅度较大,故锤击力也较大,应用最广,如图 3-3-11b 所示。

(3)臂挥

挥锤时,手腕和肘向后弯曲并将上臂扬起,全臂一起挥动。这种方法锤击力最大,见图 3-3-11c,用于需要大力錾削的工作。

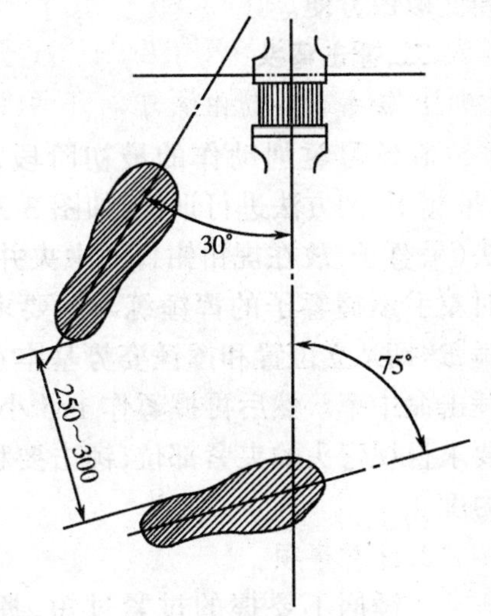

图 3-3-10　錾削站立的位置

4. 锤击要领

(1)挥锤

肘收臂提,举锤过肩;手腕后弓,3 指微松;锤面朝天,稍停瞬间。

(2)锤击

目视錾刃,臂肘齐下;收紧 3 指,手腕加劲;锤錾一线,锤走弧形;左脚着力,右腿伸直。

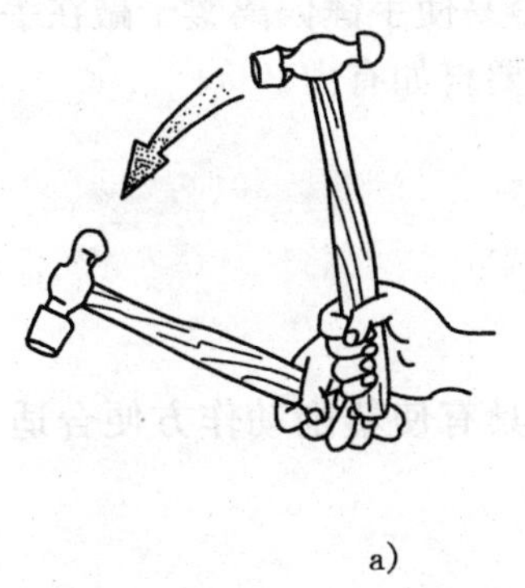

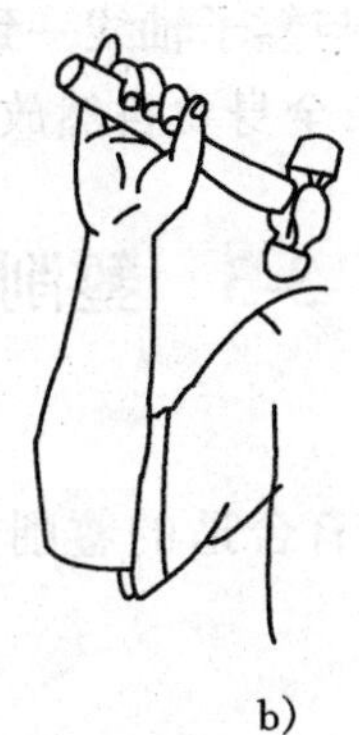

图 3-3-11　挥锤方法
a)腕挥　b)肘挥　c)臂挥

(3)要求

稳——速度节奏 40 次/分;准——命中率高;狠——锤击有力。

5. 安全注意事项

①工件在虎钳中必须夹紧,錾削部位的伸出高度一般以离钳口 10 mm～15 mm 为宜,同时工件下面要加木衬垫。

②錾削时不要对着人,以免铁屑飞出伤人。操作者在必要时可戴防护眼镜。

③錾子头部有明显毛刺时,要及时磨掉,以免碎裂伤手。

④錾子要经常保持锋利。刃口过钝不但錾削费力,錾出的表面也不平整,而且容易打滑伤手。

⑤发现手锤木柄有松动或损坏时,要立即装牢或更换,以免锤头飞出伤人。

⑥錾子头部、手锤头部和手锤木柄上都不应沾油,以防打滑。

⑦手锤应放在虎钳右边,木柄不可露在钳台外面 ,以免掉下砸脚;錾子应放在虎钳左边,

使之取放方便。

二、锤击弯头

1. 锤击弯头动作练习

在练习錾削动作的最初阶段，可用锤击弯头(呆錾子)的方法进行训练，如图 3-3-12 所示。将弯头(呆錾子)放在虎钳钳口的中央并夹紧，先作 1 小时左手不握錾子的挥锤练习。要求采用松握法挥锤，达到站立位置和挥锤姿势基本正确并有较高的锤击命中率。然后再握錾作 1.5 小时的挥锤练习，要求目视弯头的夹紧部位，锤击要稳、准，并有一定力度。

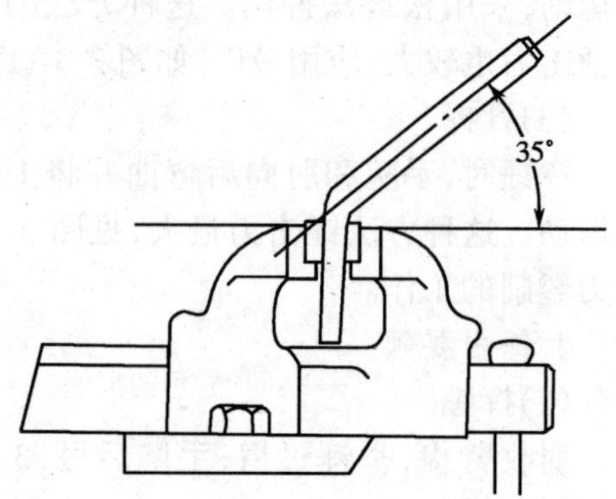

图 3-3-12　对弯头进行锤击练习

2. 注意事项

①锤柄不要握的过紧过短，挥锤速度不要过快。

②挥锤时手锤不要向上举，挥动幅度不要太小，否则锤击无力。

③锤击时锤击力的作用方向要与錾子轴线一致，否则容易使手锤偏离錾子敲在手上。

④站立位置和身体姿势要正确，全身要自然放松，挥锤要自如有力。

3-3　錾削平面

一、錾子的握法

握錾子的目的除为保证錾子具有合适的錾削角外，还具有使錾削动作方便合适的作用。錾子的握法主要有以下几种。

(1)正握法

用中指、无名指握住錾身，小指自然合拢，大拇指和食指与錾子自然接触，錾子头部露出 20 mm 左右(如图 3-3-13a 所示)。正握法用于正面錾削、大面积錾削、錾槽等情况。

(2)反握法

用大拇指和食指捏住錾身，其余 3 指自然接触錾子，手掌悬空(如图 3-3-13b 所示)。反握法在侧面錾切、剔毛刺等情况下多用。

二、錾削平面

1. 狭平面的錾削

(1)起錾方法

在錾削狭平面时，一般应采用斜角起錾的方法，即先在工件边缘的尖角处，将錾子放成负角(如图 3-3-14 所示)，錾出一个斜面，然后按正常的錾削角度进行錾削。这种起錾法錾削的导向性比较稳定。

(2)起錾后的錾削

起錾后的錾削主要是保证合适的切削角度和錾子的运动轨迹。一般应使后角 $\alpha=5°\sim6°$。后角过大，錾子容易向工件深处扎入；后角过小，錾子易在錾削部位滑出。

錾削过程分为粗錾和精錾两步。

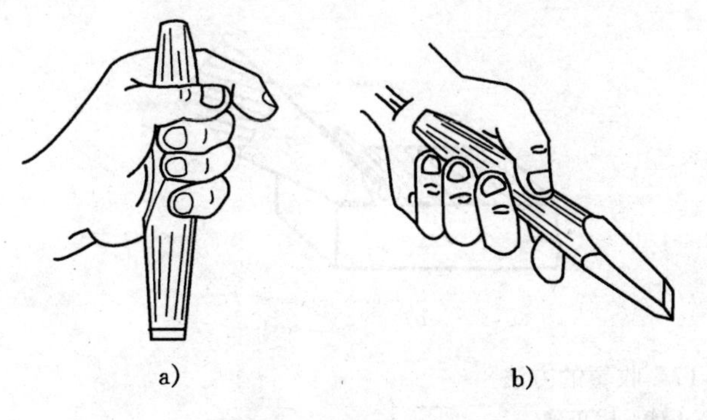

图 3-3-13 錾子的握法
a)正握法 b)反握法

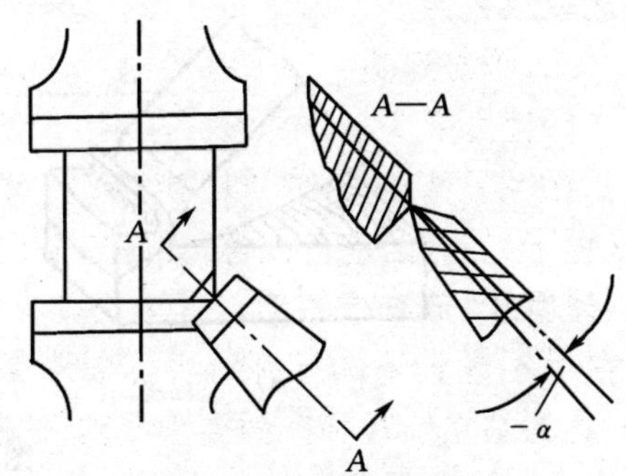

图 3-3-14 斜角起錾

粗錾时,除保证合适的后角外,錾子的运动轨迹一般应为弧形,使錾子在每次受锤击时,切削的宽度由狭到宽(如图 3-3-15 所示)。这种方法錾削时錾子的导向性较好,錾出的表面平面度也较好;錾削较轻快,工作效率也较高。粗錾时,錾削余量一般为 0.5 mm～2 mm。余量过大,会造成錾削费力,且錾削表面质量不好。

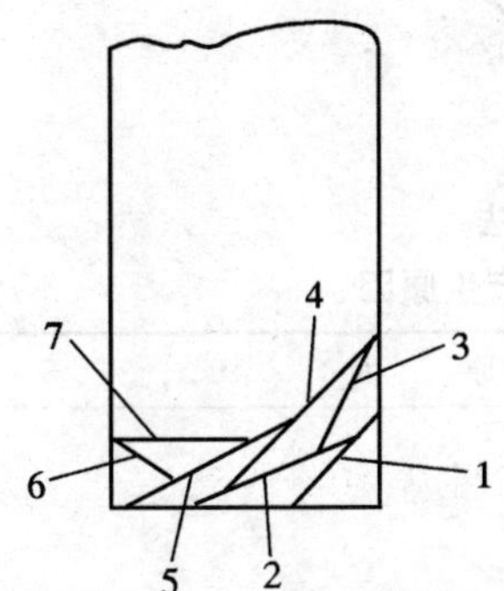

图 3-3-15 粗錾时錾子的运动轨迹

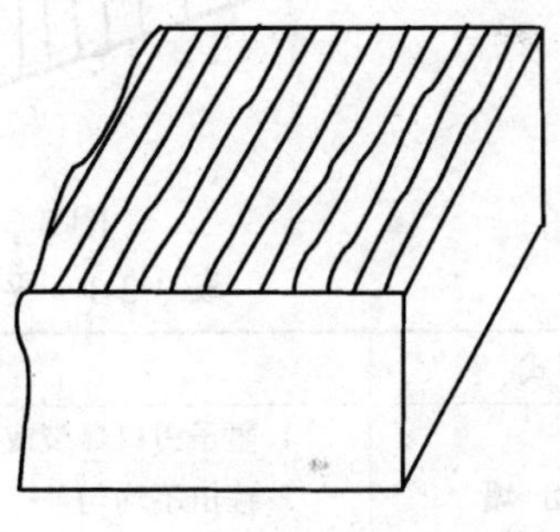

图 3-3-16 精錾时錾子的运动轨迹

在錾削过程中,一般每锤击两三次后,可将錾子退后一些,作一次短暂的停留,然后再继续錾削。这样既可随时观察錾削表面的平整情况,又可使手臂肌肉有节奏地得到放松。

(3)收錾

当錾削接近尽头约 15 mm 时,一般应调头錾去余下的部分(如图 3-3-17b 所示)。錾削脆性材料(如铸铁、青铜等)更应如此,否则錾到尽头处就会出现崩裂现象(如图 3-3-17a 所示)。

2.大平面的錾削

大平面的錾削,是直槽錾削和狭平面錾削的组合。在进行大平面錾削时,先用尖錾(狭錾)以适当的间隔开出工艺直槽(开槽方法参见錾削沟槽),再用扁錾将槽间凸起部分錾平(如图 3-3-18 所示),这样既可使錾削省力,又便于控制錾削表面的尺寸精度。

3.平面錾削的废品形式及产生的原因

在进行平面錾削时,会因錾子刃口变钝、锤击力度不均匀、握錾方法不当使錾削后角过大或过小等原因而出现錾削表面质量不好,甚至出现废品的现象。其废品形式及产生的原因见表 3-3-1.

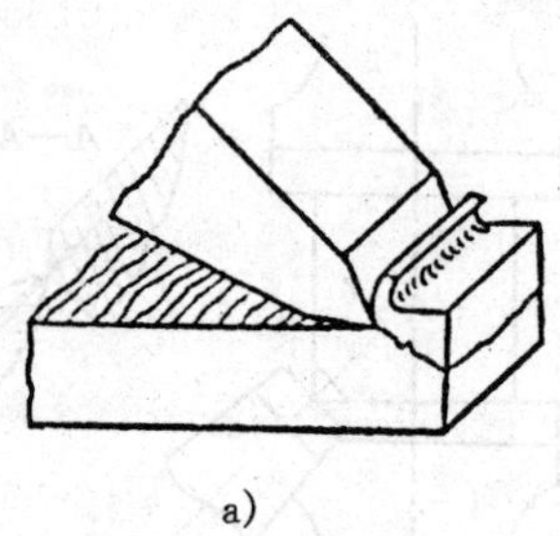

a)

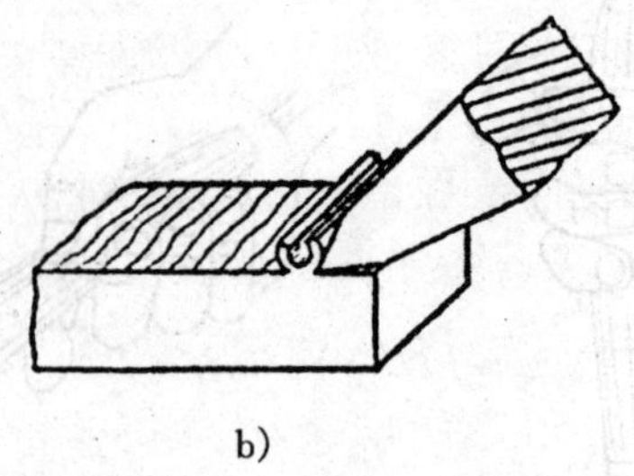

b)

图 3-3-17 收錾的方法

a)不正确 b)正确

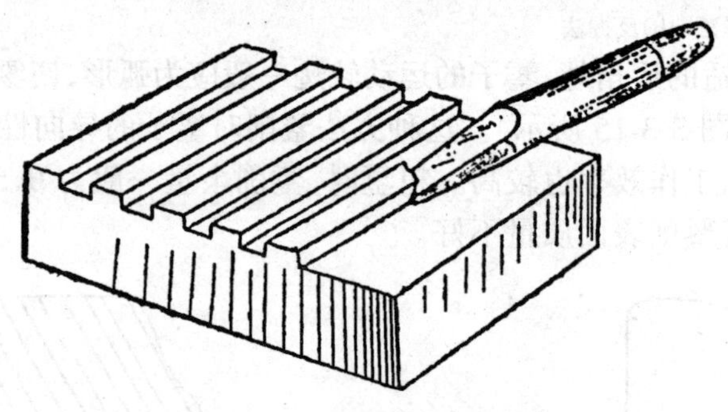

图 3-3-18 大平面的錾削方法

表 3-3-1 平面錾削的废品形式及产生原因

废品形式	产 生 原 因
表 面 相 塌	1. 錾子刃口爆裂或刃口卷刃不锋利 2. 锤击不均匀 3. 錾子头部已锤平,使受力方向经常改变
表面凹凸不平	1. 錾削中,后角在一段时间过大,造成錾面凹下 2. 錾削中,后角在一段时间过小,造成錾面凸起
表面有梗痕	1. 左手未将錾子放正、捏稳,而使錾子刃口倾斜,錾时刃角梗入 2. 錾子刃磨时刃口磨成中凹
崩裂成塌角	1. 錾到尽头时未调头錾,使棱角崩裂 2. 起錾量太大造成塌角
尺 寸 超 差	1. 起錾时尺寸不准 2. 测量检查不及时

3-4 錾削沟槽

根据截面形状沟槽一般分为两种形式,即矩形槽(多为键槽)和弧形槽(多为油槽)。錾削矩形槽用尖錾,錾削弧形槽用油槽錾。

一、沟槽錾的刃磨

1. 尖錾的刃磨

刃磨尖錾主要保证錾刃宽度要与所錾槽的宽度一致,使錾出的槽宽符合要求。尖錾两侧扁平面要向内倾斜 1°~3°(副偏角),防止錾削时槽两侧面产生夹錾现象(如图 3-3-6 所示)。刃磨时,前、后刃面可在砂轮外圆上进行,其他表面可在砂轮的两侧面上进行。经砂轮刃磨后,刃口部位还应用油石修光，以提高錾子的耐用度。錾削过程中若錾刃变钝，可用油石刃磨，避免在砂轮上刃磨次数过多，使刃口宽度变小，影响所錾槽的宽度。

2. 油槽錾的刃磨

油槽錾刃磨时要注意錾刃部分的形状应与所錾油槽的断面形状一致。錾子的后刀面两侧应逐渐向后缩小，以保证錾削时錾刃各点都能形成一定的后角。油槽錾的楔角仍根据被錾材料的性质而定。錾削铸铁，楔角可取 60°～70°；錾削钢件，楔角可取 50°～60°。在内凹曲面上錾削油槽时，为保证錾削过程中的后角能基本一致，錾体前部应锻造成弧形（如图 3-3-19 所示）。弧形的半径应小于工件曲面的圆弧半径。同时要保证錾刃中心点在錾体中心线的延长线上，使錾削时的锤击作用力方向能朝向刃口的錾削方向。油槽錾的后刀面应圆滑光洁，一般在砂轮上刃磨后要用油石修光，以便提高油槽面的表面质量。

二、錾削沟槽

1. 錾削直槽

(1)起錾

錾削直槽采用正面起錾法，即起錾时全部錾刃贴住錾削部位的端面，錾出一个斜面（如图 3-3-20 所示），然后按正常角度錾削。这种起錾法可避免錾子的弹跳和打滑，且便于掌握錾削余量。

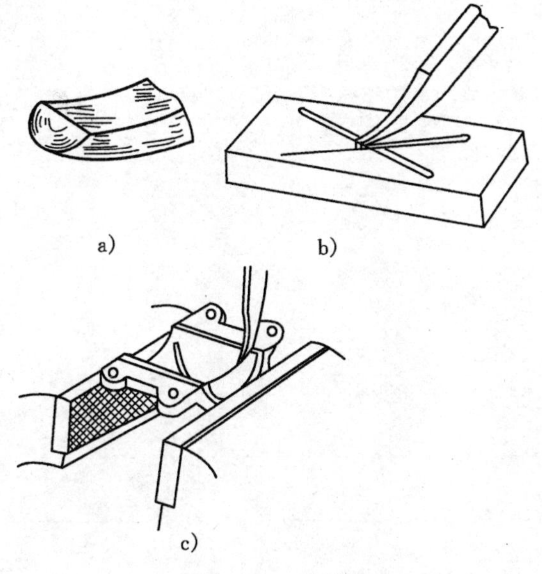

图 3-3-19 油槽錾

a)油槽錾的刃部形状 b)錾平面油槽 c)錾曲面油槽

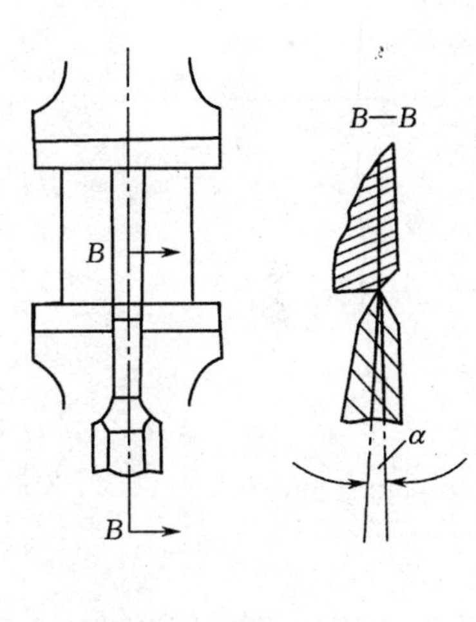

图 3-3-20 正面起錾

(2)起錾后的錾削

起錾后要分层进行錾削，錾削方向要与槽的方向保持平行。第一层的錾削，要以所划线条为依据将槽錾直，錾削量要小，一般不超过 0.5 mm。以后的每层錾削量以 1 mm 左右为宜。最后一层用小于 0.5 mm 的錾削量进行精錾修整。

(3)收錾

在每层錾削接近尽头时，应调头錾削，防止槽底出现錾裂或撕裂现象。

2.錾削油槽

油槽应一次錾削成形，一般不作修整。对于平面油槽，起錾时錾子要慢慢地加深至尺寸要求，而后按尖錾錾削的方法进行錾削。錾削方向要与所划线条方向一致。錾到尽头时，刃口必须慢慢翘起，保证槽底圆滑过渡。在曲面上錾削油槽(见图 3-3-19c)时，錾子的倾斜情况应随曲面变动，使錾削时的后角保持基本不变。油槽錾好后，再将槽边毛刺去掉。

3.注意事项

①錾削沟槽时，应采用腕挥法锤击，锤击力量要均匀，使錾出的沟槽深浅一致，槽面光滑。

②为使錾削表面光洁及减小錾削阻力，錾子可蘸机油或肥皂进行润滑，这样还可以提高錾子的耐用度。

③在圆柱表面上开槽时，可先用扁錾把圆弧面錾平，这样便于尖錾錾槽，但要注意錾出的平面宽度不能超过所划的槽宽线条。

第四章 锉 削

用锉刀对工件表面进行切削加工的方法称为锉削。锉削加工比较灵活,可以加工工件的内外平面、内外曲面、内外沟槽以及各种复杂形状的表面,加工精度也较高。在现代化工业生产的条件下,对某些零、部件的加工广泛采用锉削方法来完成。例如单件或小批量生产条件下某些复杂形状的零件加工、样板和模具等的加工,以及装配过程中对个别零件的修整等都需要用锉削加工。所以锉削是钳工的最重要的基本操作之一。

4-1 锉刀

一、锉刀的结构种类

锉刀用碳素工具钢 T13 或 T12 制成,经热处理后切削部分的硬度达 HRC62～72。

1. 锉刀的结构

锉刀由锉身和锉柄两部分组成。锉身包括锉刀面和锉刀边;锉柄包括锉刀尾和锉刀舌,如图 3-4-1 所示。

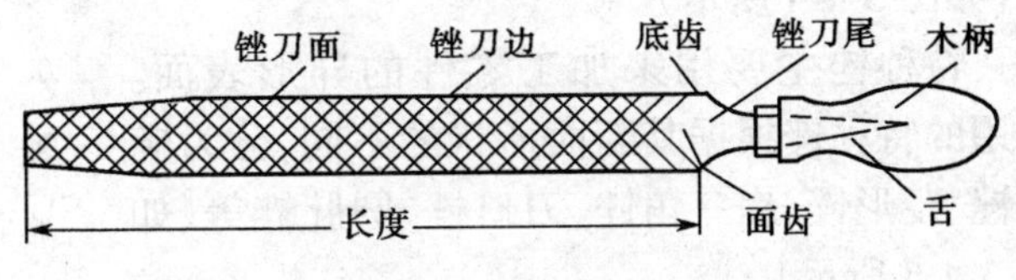

图 3-4-1 锉刀各部分名称

锉刀面是锉削的主要工作部位,其上制有锉齿。锉刀边是指锉刀的两个侧面,有的没有锉齿,有的其中一边有锉齿。无锉齿的边称为光边,可使在锉削内直角的一个面时,不会碰伤相邻的一面。

锉刀舌用以安装锉刀手柄。锉刀手柄为木质,安装时在有孔的一端应套有铁箍,防止破裂。

2. 锉齿和锉纹

锉齿是锉刀面上用以切削的齿型,其制造方法分剁齿和铣齿两种。剁齿系由剁齿机剁成,每个齿的切削角 δ 大于 90°(如图 3-4-2b 所示);铣齿法加工出的锉齿称为铣齿,其切削角 δ 小于 90°(如图 3-4-2a 所示)。锉削时每个锉齿相当于一个刀刃,对金属材料进行切削。

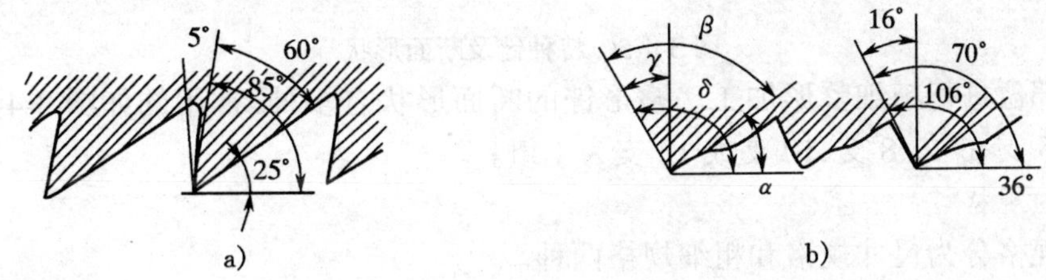

图 3-4-2 锉齿的切削角度
a)铣齿锉齿 b)剁齿锉齿

齿纹是锉齿排列的形式,有单齿纹和双齿纹两种。单齿纹是指锉刀上只有一个方向的齿纹(如图 3-4-3a 所示)。单齿纹多由铣齿法制成。这种齿形的前角为正前角,齿的强度较低,且全部齿宽同时参与切削，需要的切削力较大，因此适用于锉削软材料。

双齿纹是指锉刀上有两个方向排列的齿纹。双齿纹大多数为剁齿。先剁上去的锉纹为底齿纹，其齿纹深度较浅；后剁上去的锉纹为面齿纹，其深度较深。面齿纹与锉刀中心线成65°或72°，底齿纹与锉刀中心线成45°或52°（如图3-4-3b所示）。底齿纹形成切削刃，面齿纹覆盖在底齿纹上，使其间断形成锉齿，达到分屑断屑的作用，使锉削省力。同时由于锉痕交错而不重叠，使锉削表面比较光滑，锉齿耐用度也较高，适用于锉硬材料。

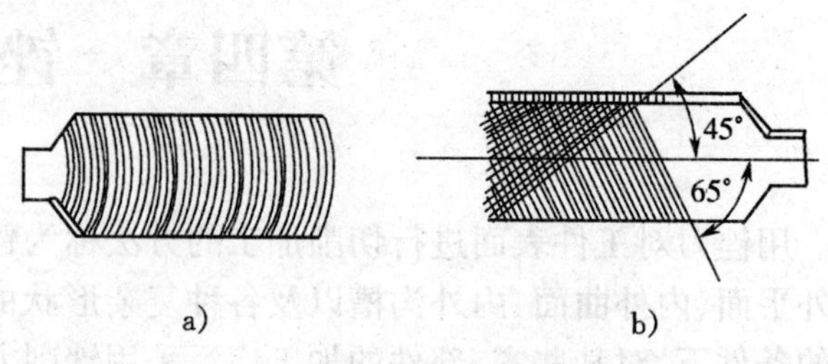

图3-4-3　锉刀的齿纹

a)单齿纹　b)双齿纹

3. 锉刀的种类

锉刀分为普通锉（钳工锉）、特种锉（异形锉）、和整形锉3类。

普通锉按其断面形状的不同，又分为板锉（平锉或扁锉）、方锉、三角锉、半圆锉和圆锉5种（如图3-4-4所示）。

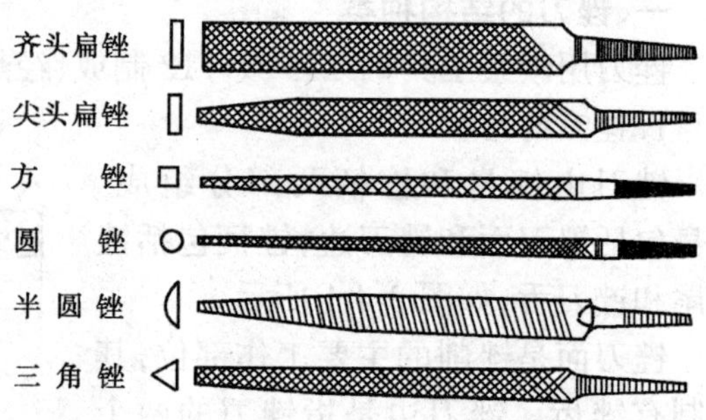

图3-4-4　普通锉的种类

特种锉主要用来加工零件的异形表面。常用的特种锉根据其断面形状的不同，分为椭圆锉、菱形锉、扁三角锉、刀口锉、圆肚锉等（如图3-4-5所示）。

整形锉通常称为什锦锉或组锉，因分组配备各种断面形状的小锉而得名。主要用于对工件的细小部位进行精细整形加工。整形锉的断面形状有多种，常用的如图3-4-6所示。整形锉通常以5支、6支、8支、10支或12支为1组。

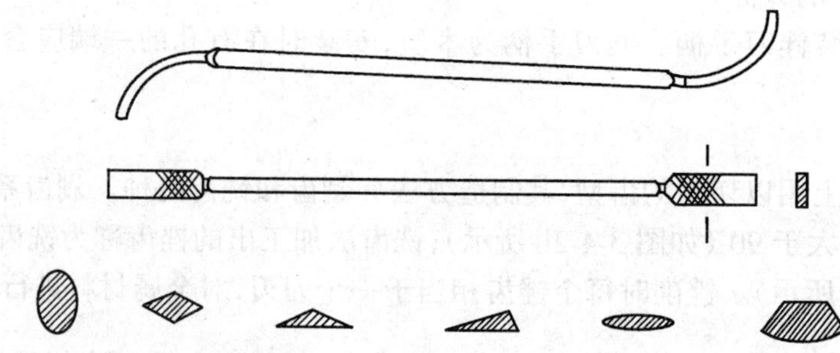
图3-4-5　特种锉及断面形状

4. 锉刀的规格

锉刀的规格分为尺寸规格和粗细规格两种。

锉刀的尺寸规格，不同的锉刀用不同的参数表示。普通锉刀中，圆锉刀的尺寸规格以直径表示；方锉刀的尺寸规格以方形尺寸表示；其他普通锉刀以锉身长度表示。如常用的板锉规格有100 mm(4英寸)、150 mm(6英寸)、200 mm(8英寸)、250 mm(10英寸)、300 mm(12英寸)等。特种锉和整形锉的尺寸规格以锉刀的全长表示。

锉刀的粗细规格是按锉刀齿纹的齿距大小来确定的,以锉纹号表示。锉纹号越大,齿距越小。普通锉刀的粗细等级分为以下五种。

1)1 号锉纹　用于粗锉刀,齿距为 2.3 mm～0.83 mm。

2)2 号锉纹　用于中粗锉刀,齿距为 0.77 mm～0.42 mm。

3)3 号锉纹　用于细锉刀,齿距为 0.33 mm～0.25 mm。

4)4 号锉纹　用于双细锉刀,齿距为 0.25 mm～0.20 mm。

5)5 号锉纹　用于油光锉,齿距为 0.20 mm～0.16 mm。

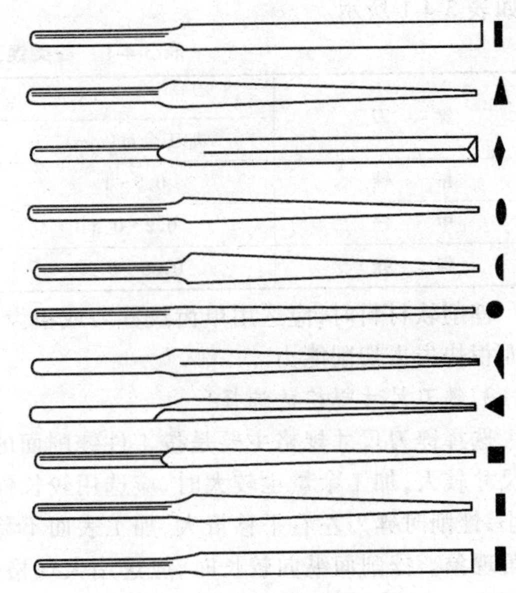

图 3-4-6　整形锉及断面形状

锉刀的产品编号由类别代号、类型代号、规格、锉纹号组成。普通锉(钳工锉)用 Q 表示;特种锉(异形锉)用 Y 表示;整形锉用 Z 表示。类型代号 01 代表齐头板锉,02 代表尖头板锉,03 代表半圆锉,04 代表三角锉,05 代表方锉,06 代表圆锉等。

例如 Q-01-250-3 表示普通锉(钳工锉)类的齐头板锉,锉身长 250 mm,锉纹为 3 号。

二、锉刀的选择

1. 锉刀断面形状的选择

锉刀断面形状的选择主要是按工件锉削表面的形状及锉削时锉刀的运动特点确定(如图 3-4-7 所示)。

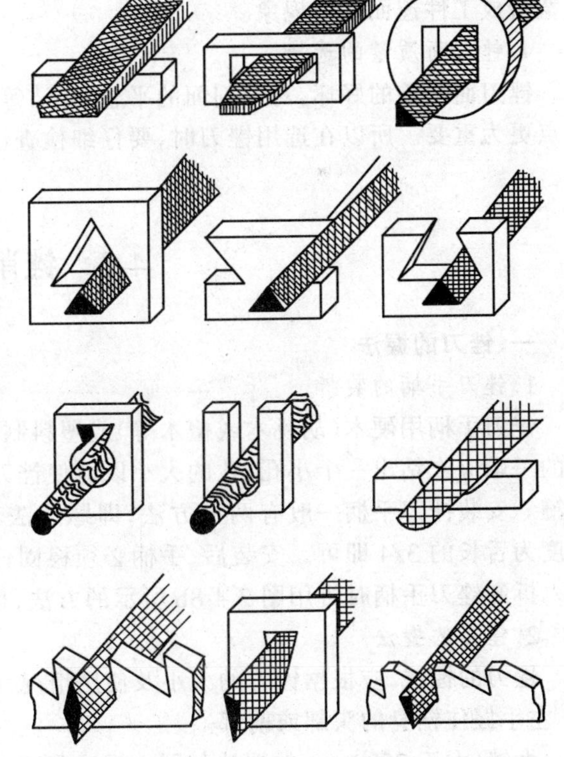

图 3-4-7　不同加工表面用的锉刀

对于多角形内孔锉削,在粗锉时,可根据相邻两边夹角的大小选择合适的锉刀。如夹角小于 90°,可选用三角锉、刀口锉等。大于 90°或等于 90°的可选用方锉或板锉。但在精锉多角形内孔平面时,应尽可能选用细板锉,并根据相邻面的角度修磨板锉两侧。

2. 锉刀粗细的选择

锉刀粗细的选择主要决定于加工余量、加工精度和加工表面粗糙度要求的高低以及工件材料的软硬等。粗锉刀适用于锉削加工余量大、加工精度低和表面粗糙度大的工件;细锉则反之。各类锉刀能达到的加工精度如表 3-4-1 所示。

表 3-4-1　各类锉刀能达到的加工精度

锉　刀	适用场合		
	加工余量(mm)	尺寸精度(mm)	粗糙度(μm)
粗　锉	0.5～1	0.2～0.5	R_a100～25
中　锉	0.2～0.5	0.05～0.2	R_a12.5～6.3
细　锉	0.05～0.2	0.01～0.05	R_a12.5～3.2

锉削软材料时,应选用单齿纹锉刀或粗齿锉刀,否则会因锉刀容屑槽小,切屑易堵塞容屑槽而很快失去切削能力。

3.锉刀尺寸规格的选择

选择锉刀尺寸规格主要是按工件锉削面的大小、长短和加工余量的大小来确定。加工面的尺寸较大,加工余量也较大时,应选用较长锉刀;反之,则选用较短的锉刀。若加工面大而锉刀小,锉削时锉刀左右平移量大,加工表面不易锉平;加工面小而锉刀大时,易造成锉面塌边、塌角现象。锉削面纵向较长时,应选用大规格锉刀;反之,选小规格锉刀。一般纵向锉削表面长度在 50 mm 以上时,可选用 300 mm 以上的锉刀,长度为 30 mm～50 mm 时,可选用 250 mm 锉刀;30 mm 以下,可选用 200 mm 以下的锉刀。在根据锉面纵向长度选择锉刀规格时,应同时考虑锉面宽度。特别是在锉削阶台面时,应尽量使用接近阶台宽度的锉刀,以防锉刀面过宽造成工件锉面塌边现象。

4.锉刀面质量的选择

锉刀面质量的好坏,对锉削面的平整、光洁等表面加工质量有很大影响,特别是在精锉时,这点更为重要。所以在选用锉刀时,要仔细检查锉刀面有无中凹、波浪形、扭曲、锉齿不匀等问题。

4-2　锉削训练

一、锉刀的握法

1.锉刀手柄的装拆

锉刀手柄用硬木(胡桃木或檀木等)或塑料制成,从小到大分为 1～5 号。木质手柄在装锉刀的一端应先钻出一个小孔,孔的大小以能使锉刀舌自由插入 1/2 为宜,并在该端外圆处镶一铁箍。安装锉刀手柄一般有两种方法,即蹾装法和敲击法,如图 3-4-8a 所示。锉刀舌的插入深度为舌长的 3/4 即可。安装后,手柄必须稳固,避免锉削时松脱造成事故。

拆卸锉刀手柄时可用图 3-4-8b 所示的方法,也可用手锤轻击木柄的方法。

2.锉刀的握法

锉刀的握法,应根据锉刀的大小及使用情况而有所不同。使用锉刀时,一般用右手紧握木柄,左手握住锉身的头部或前部。

大锉(大于 250 mm)的握法如图 3-4-9a 所示。右手紧握木柄,柄端顶住手掌心,大拇指放在木柄上部,其余 4 指环握木柄下部。左手的基本握法是将拇指根部的肌肉压在锉刀头部,拇指自然伸直,其余 4 指弯向手心,用中指、无名指捏住锉刀尖,也可捏住锉刀的前部(如图 3-4-9b 所示)。左手的另一种握法如图 3-4-9c 所示。

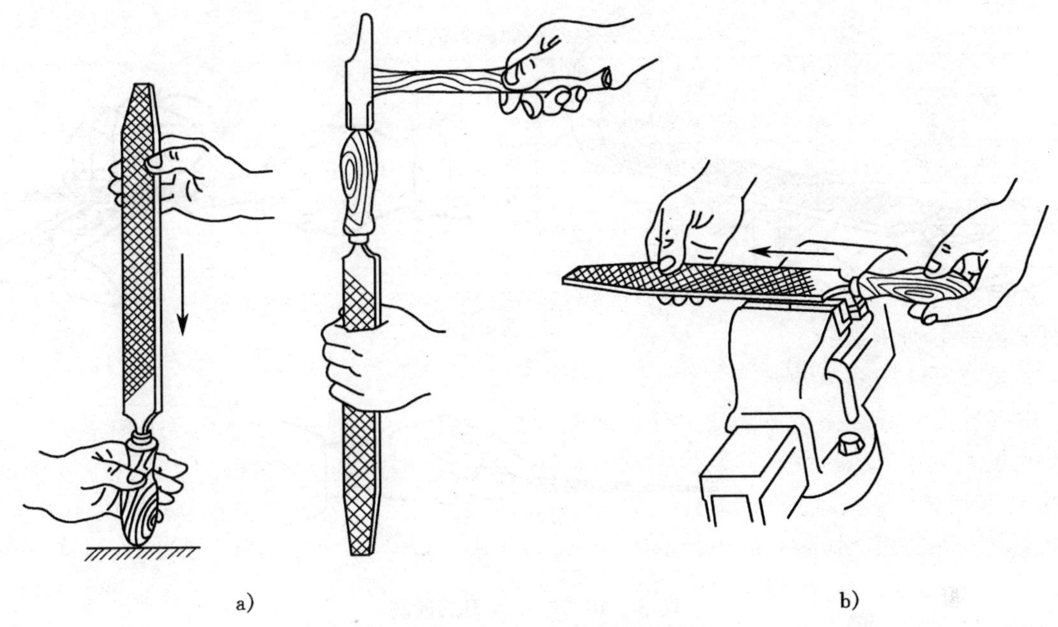

图 3-4-8　锉刀手柄的装拆

a)锉刀手柄的安装方法　b)锉刀手柄的拆卸方法

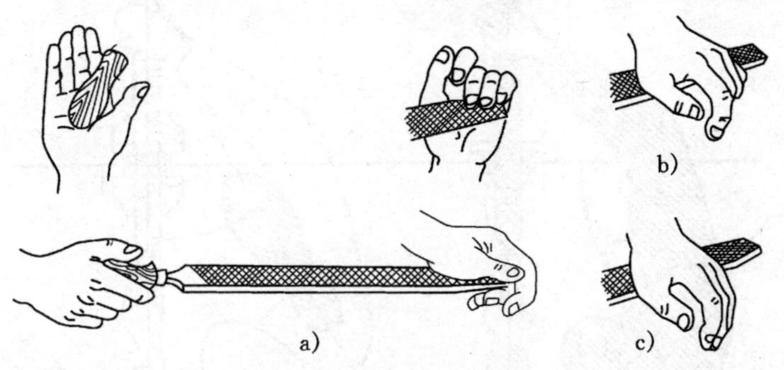

图 3-4-9　大板锉的握法

a)大锉握法　b)、c)左手握法

中型锉(200 mm 左右)的握法,右手与上述大锉握法相同。左手用大拇指、食指,也可加中指捏住锉刀头部,不必像使用大锉那样用很大的力量,如图 3-4-10a 所示。

小型锉(150 mm 左右)的握法如图 3-4-10b 所示。右手食指靠住锉边,拇指与其余手指握住木柄。左手的食指和中指(也可加无名指和小拇指)轻按在锉刀面上。

用整形锉锉削时,一般只用右手拿锉刀。将食指放在锉刀面上,大拇指伸直,其余 3 指自然合拢握住锉刀柄即可(如图 3-4-10c 所示)。

二、锉削的姿势和动作

锉削的姿势和动作根据锉削力的大小而略有差异。粗锉时,由于锉削力较大,所以姿势要有利于身体的稳定,动作要有利于推锉力的施加。精锉时,锉削力较小,所以锉削姿势要自然,动作幅度要小些,以保证锉刀运动的平稳性,使锉削表面的质量容易得到控制。

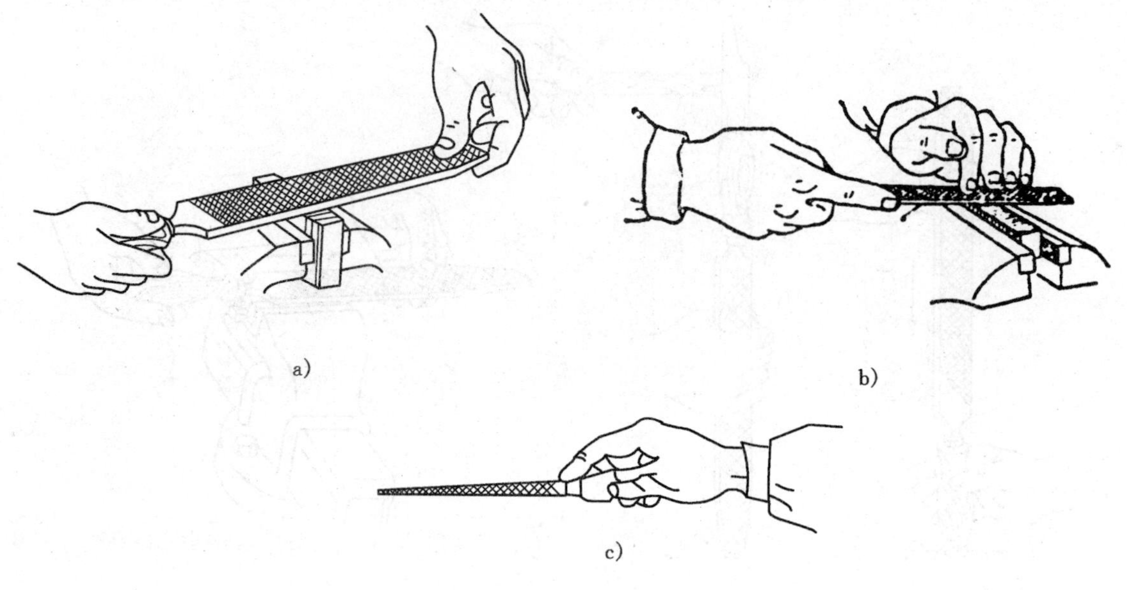

图 3-4-10　中小锉刀的握法

a)中型锉握法　b)小型锉握法　c)整形锉握法

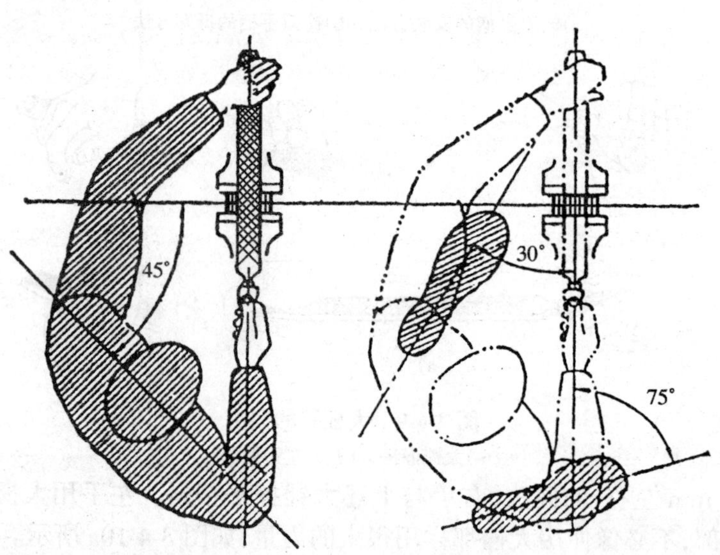

图 3-4-11　锉削时的站立步位和姿势

1. 粗锉时的姿势和动作

粗锉时两脚站立位置如图 3-4-11 所示。两脚后跟间的距离保持在 200 mm～300 mm 之间，姿势要自然，身体稍微离开虎钳，并略向前倾 10°左右，左腿弯曲并支撑身体质量，右腿伸直。右小臂要与工件锉削面的前后方向保持基本平行，并尽量向后伸，但要自然。

锉削时的动作如图 3-4-12 所示。起锉时，身体向前倾斜 10°左右，锉至 1/3 行程时，身体随之前倾至 15°左右，在锉削 2/3 行程时，右肘向前推进锉刀，身体逐渐向前倾斜至 18°左右后停止向前。当锉削最后 1/3 行程时，右肘继续向前推进锉刀，同时左腿自然伸直并随着锉削的反作用力，将身体后移至 15°左右，锉削行程结束后，手和身体都恢复到原位，同时将锉刀略微提起并顺势收回到原位。当锉刀收回将近结束，身体又开始前倾，作第二次锉削的向前运动。

图 3-4-12　锉削动作

2. 精锉时的姿势和动作

精锉时两脚的站立位置同前，但距离较近(200 mm 左右)。锉削时，左腿不弯曲，身体基本不动，只用臂力即可。

不论是粗锉还是精锉，要锉出平直的平面，必须使锉刀保持直线的锉削运动。为此，在锉削过程中两手的力度要随时变化。起锉时左手距工件最近，压力要大，推力要小，而右手则要压力小，推力大。随着锉刀的向前推进，左手压力逐渐减小，右手压力则逐渐增大。当工件在锉身中点位置时，双手压力变为均等。再向前推锉，右手压力逐渐大于左手(如图 3-4-13 所示)。回锉时，两手不加压力而是拖回原位，以减少锉齿的磨损。

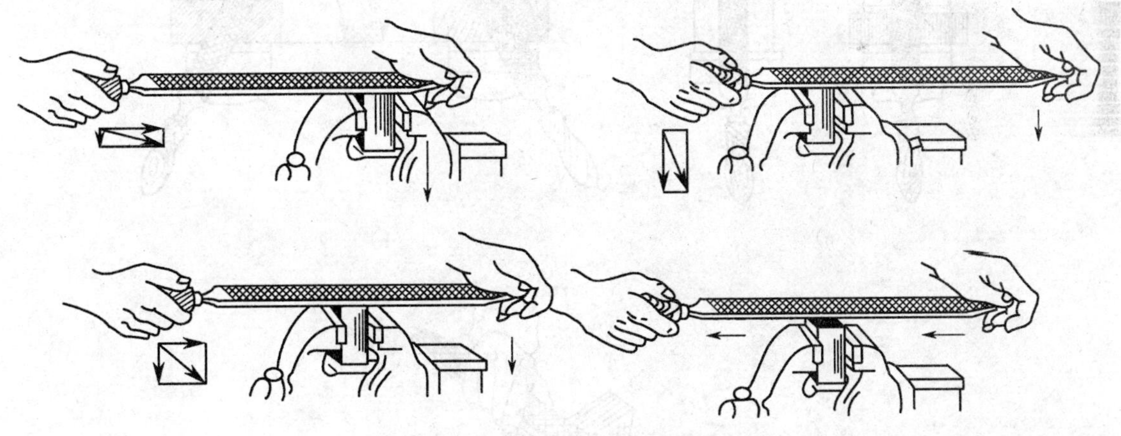

图 3-4-13　锉平面时两手的用力

锉削时应使两肩自然放松，前胸和手臂要有推压感，不要挺腹，右手运锉不能与身体摩擦相碰。锉削时要注意两手的运锉频率，保持锉削速度为 30～60 次/分钟，推出时稍慢，回锉时稍快。锉削速度不宜太快，否则人身容易疲劳，锉齿磨损也快。

4-3　各种工件表面的锉削

工件的表面是多种多样的，但要练好锉削，必须首先练好基本形面的锉削。

一、锉平面

1. 锉削方法

进行平面锉削时，根据锉削平面的精度和平面长、宽尺寸的大小，平面的锉削方法是不同的，一般有以下 3 种方法。

(1)顺向锉法

如图 3-4-14a 所示，锉刀运动方向与工件的夹持方向始终一致。这种锉削方法可得到正直的锉痕，比较整齐美观，适用于锉削不大的平面和最后的精锉。

在利用顺向锉法精锉平面时，锉刀行程不要拉的太大，一般为 20 mm～60 mm。太长不易控制左右手的压力平衡，造成锉面中凸。锉刀要紧贴锉面，压力要小些，要有锉刀是吸附在工件表面上的手感，同时注意压力均匀，使工件表面锉纹深浅一致。

(2)交叉锉法

锉刀运动方向与工件夹持方向成 30°～40°角，且第一遍锉削与第二遍锉削交叉进行，如图 3-4-14b 所示。由于锉刀与工件的接触面增大，锉刀容易掌握平稳。同时，由于锉痕是交叉的，锉削表面上就显出高低不平的痕迹，从而可以判断出锉削表面上的不平程度，因此容易把平面锉平。这种锉法一般适用粗锉。精锉时必须采用顺向锉法，使锉痕变为正直。

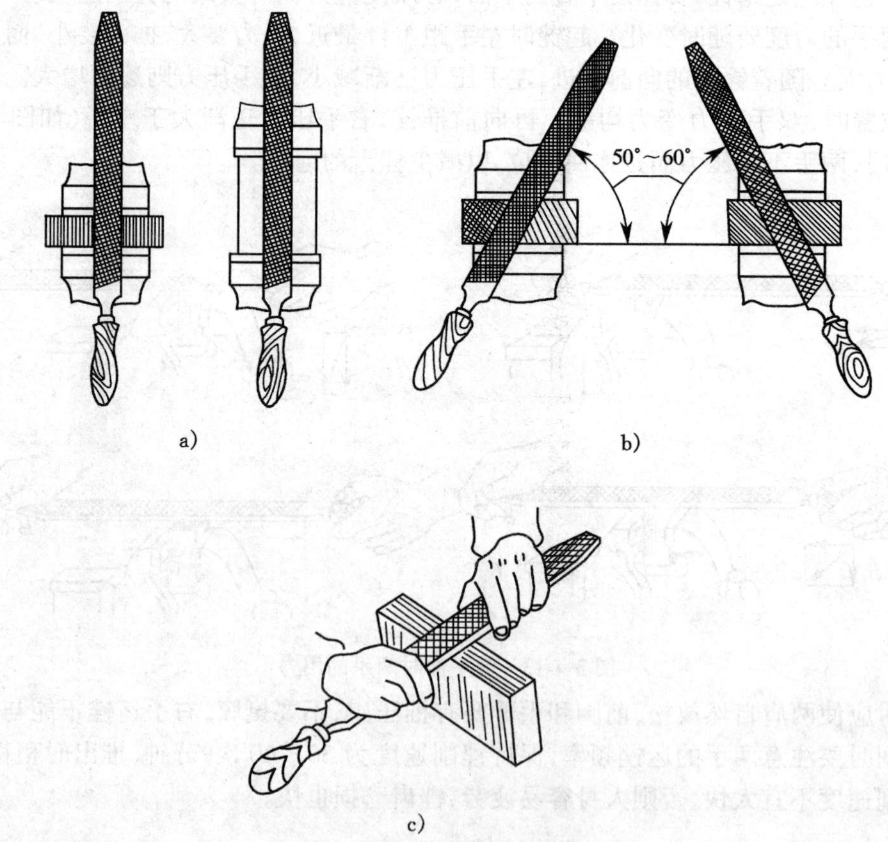

图 3-4-14　平面的锉削方法

a)顺向锉　b)交叉锉　c)推锉

在锉削平面时，不论是采用顺向锉法还是采用交叉锉法，为使整个加工面能均匀地锉削，每次退回锉刀时应在横向作适当的移动。

(3)推锉法

如图 3-4-14c 所示,锉刀的运动方向与锉身垂直。由于推锉刀的平衡易于掌握,且锉削量很小,因此便于获得较平整的加工表面和较低的表面粗糙度。这种锉法一般用来锉削狭长平面,在加工余量较小和修正尺寸时也常应用。

2. 检查平面度的方法

锉削平面时,要经常锉削有平面度要求的表面。由于锉削平面一般较小,所以其平面度通常都用刀口直尺(或钢直尺)通过透光法来检查,如图 3-4-15 所示。检查时,刀口直尺应垂直放在工件表面上(见图 3-4-15a),并在加工面的纵向、横向、对角方向多处逐一进行(见图 3-4-15b)。平面度误差值的确定,可用厚薄规作塞入检查。对于中凹平面,取各检查部位中最大值计;对于中凸平面,则应在两边以同样厚薄规作塞入检查,并取各检查部位中的最大值计(见图 3-4-15c)。

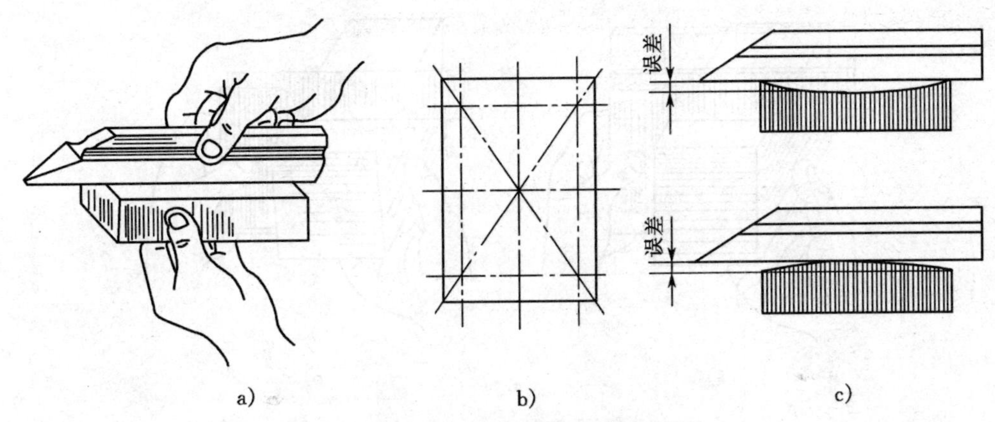

图 3-4-15　平面度的检查

a)刀口直尺垂直于工件表面　b)多处检查　c)厚薄规格查

刀口直尺在改变检查位置时,不能在工件表面上拖动,应抬起后再轻放到另一检查位置。否则直尺的刀口易磨损而降低其精度。

二、锉长方体

进行长方体锉削时,除了要保证每个面的平面度外,还要保证两平行面之间的平行度和两相邻面之间的垂直度。

1. 长方体各表面的锉削顺序

锉削长方体时,各表面的锉削必须按照一定的顺序进行,才能方便、准确地达到规定的尺寸和相对位置精度要求。其一般原则如下。

①选择最大的平面作基准面先锉平,达到规定的平面度要求,使其作为其他表面锉削时的共同基准。

②先锉大平面,后锉小平面。以大平面控制小平面,可使测量准确、精度高。

③先锉平行面,后锉垂直面。即在达到规定的平行度后,再加工相邻的垂直面,这样容易保证垂直度要求,误差积累也较少。

2. 平行度和垂直度的检测

①平行度可用卡钳、游标卡尺来检测,也可将工件上某一平面度合格的表面贴放在划线平

板上,用百分表来检测其相对平面的平行度,以最大差值作为平行度的数值。

②垂直度的检测可用直角尺通过透光法进行。检测时,直角尺的移动不能太快,压力也不要太大,否则易造成尺座测量面离开工件表面使测量值不准。其测量方法如图 3-4-17 所示。

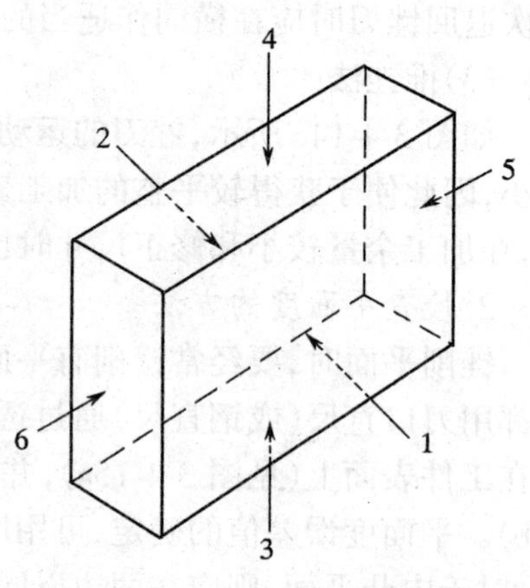

图 3-4-16　长方体的锉削顺序

三、锉曲面

曲面大多由各种不同的曲线形面所组成,如凹、凸曲面模具,曲面样板及凸轮等。最基本的曲面是单纯的外圆弧面和内圆弧面。掌握内外圆弧面的锉削方法和技能,是掌握各种曲面锉削的基础。

1. 曲面的锉削方法

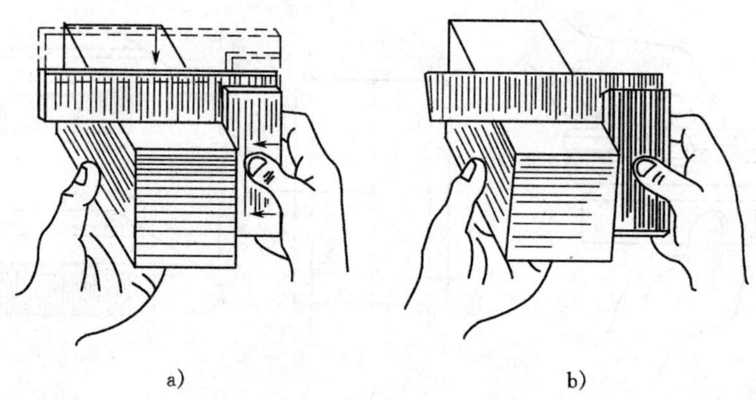

图 3-4-17　用直角尺检查工件垂直度

a)正确　b)不正确

锉削曲面一般采用滚锉法,根据曲面的不同形状,滚锉的方向也有所不同。

(1)外圆弧面的锉削方法

锉削外圆弧面所用的锉刀均为板锉。锉削时锉刀要同时作两个方向的运动,即前进运动和绕工件圆弧中心的转动,如图 4-18a 所示。实现这两个运动的方法有 2 种。

①顺着圆弧面锉,如图 3-4-18a 所示。开始时,将锉刀前部压在工件上,尾部抬高,然后开始向前推锉,同时右手下压,左手上提,使锉刀头部逐渐由下而上作弧形运动。两手要协调,压力要均匀,上下摆动幅度要大。这种方法能使圆弧面锉削得光洁圆滑,但锉削位置不易掌握且效率不高,故适用于精锉圆弧。

②横着圆弧面锉如图 3-4-18b 所示。锉削时,锉刀在作顺曲面轴向运动的同时,又作横向曲线运动。这种方法锉削效率高且便于按划线均匀锉近弧线,但只能锉成近似圆弧面的多棱面,故适用于圆弧面的粗加工。

(2)内圆弧面的锉削方法

锉削内圆弧面的锉刀可选用圆锉或半圆锉。当圆弧半径较大时,也可用方锉进行粗锉。锉削时锉刀要同时完成 3 个运动,即使锉刀作前进运动的同时,还要使锉刀本身作 45°左右的旋转运动和沿圆弧面向左或向右的横向移动(图 3-4-19),以保证锉出的弧面光滑、准确。

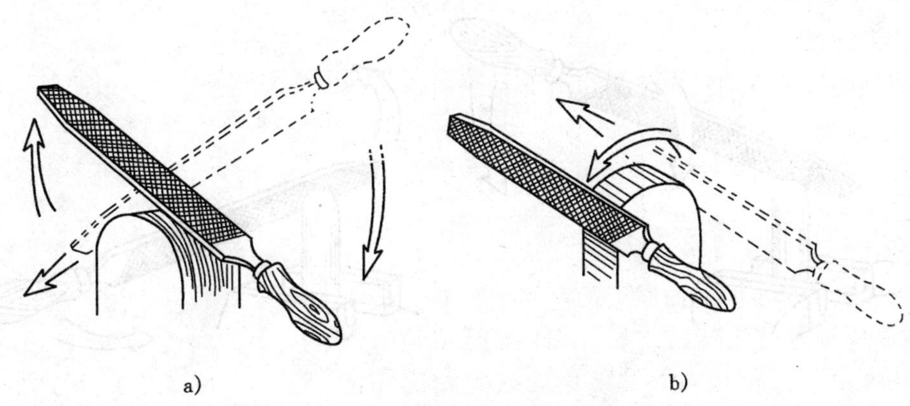

图 3-4-18 外圆弧面的锉削方法

a)顺着圆弧锉 b)横着圆弧锉

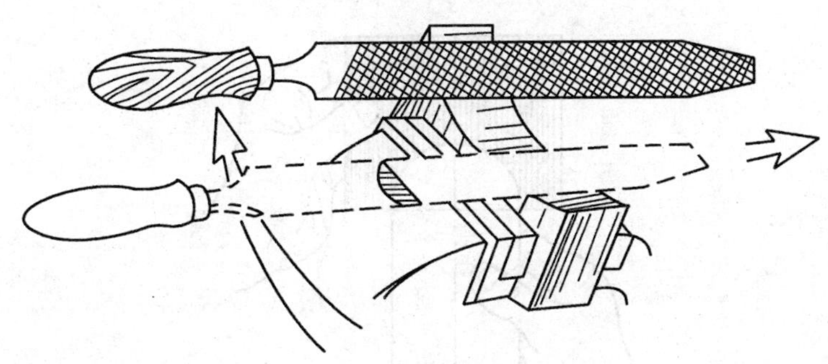

图 3-4-19 内圆弧面的锉削方法

(3)平面与曲面的锉接方法

在一般情况下,应先加工平面,然后加工曲面,就容易保证平面与曲面的圆滑连接。如果先加工曲面后加工平面,则在加工平面时,由于锉刀侧面无依靠(平面与内圆弧面连接时)而产生的左右移动,使已加工的曲面损伤,同时连接处也不易锉得圆滑。

(4)球面的锉削方法

锉削球面的锉刀均为板锉。锉削时,除有推锉运动外,锉刀还要有直向或横向二种曲线运动,才容易获得所要求的球面,如图 3-4-20 所示。

锉削曲面时,粗加工可采用各种锉法尽快去除大部分余量,精加工必须按曲面形状运锉。曲线运锉要连贯,以保证曲面圆滑、无棱边。曲面基本达到要求后,可用推锉法修整,将锉痕顺直。

2. 曲面形体的检测方法

曲面形体的线轮廓度一般使用半径规、曲面样板或验棒通过厚薄规(塞尺)或透光法来进行检测,如图 3-4-21 所示。使用半径规或曲面样板时,应垂直于曲面测量。验棒是按曲面半径的要求制成的,测量时通过与曲面比较或用显示剂(如红丹粉)对研来检查曲面的误差。

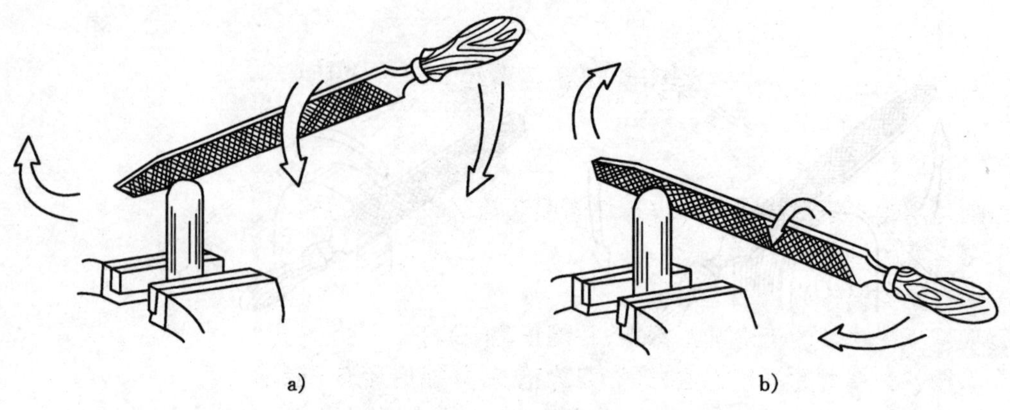

图 3-4-20　球面的锉削方法

a)直向锉法　b)横向锉法

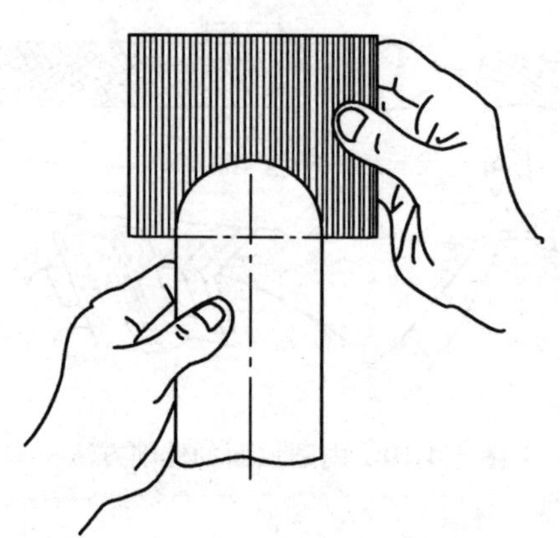

图 3-4-21　用样板检查曲面轮廓

第五章 锯 削

锯削是用锯对原材料或工件进行切断或切槽等的加工方法。

学习本章的目的：

①懂得手锯的构造；

②根据不同材料能正确选择锯条，并能正确安装；

③掌握各种型材的锯削方法，操作姿势正确，并能达到加工要求；

④了解锯削锯缝歪斜、锯齿崩裂和锯条折断产生的原因及防止方法；

⑤做到安全、文明操作。

5-1 锯削工具

手锯由锯弓和锯条两部分组成，见图 3-5-1。

一、锯弓

锯弓是用来夹持和拉紧锯条的工具，它有固定式和可调式两种。图 3-5-1 所示为可调式手锯。

固定式锯弓只能安装一种长度的锯条；可调式锯弓通过调节可以安装几种长度的锯条。一般常用的为可调式。

锯弓两端装有夹头，一端是固定的，另一端是活动的，锯条就装在两端夹头的销子上。当锯条装在两端夹头销子上后，旋转活动夹头上的蝶形螺母就能把锯条拉紧，如图 3-5-1 所示。

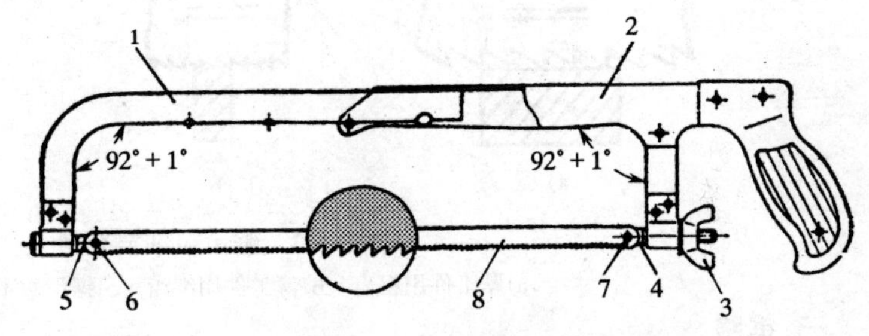

图 3-5-1 可调式手锯

1—可调部分；2—固定部分；3—蝶形螺母；4—活动夹头；5—固定夹头；6、7—销子；8—锯条

二、锯条

锯条一般用渗碳钢冷轧而成，也有用碳素工具钢或合金工具钢，并经热处理淬硬制成。锯条的长度是以两端安装孔的中心距来表示，常用的锯条约长 300 mm，宽 12 mm，厚 0.8 mm。

1. 锯齿的切削角度

锯齿的切削角度如图 3-5-2 所示，其前角 $\gamma_o = 0°$，后角 $\alpha_o = 40°$，楔角 $\beta_o = 50°$，齿距为 S。

2. 锯齿的粗细及其选择

锯齿的粗细是以锯条每 25 mm 长度内的齿数来表示的，一般分粗、中、细 3 种，如表 3-5-1 所示。

表 3-5-1　锯齿的粗细规格及应用

锯齿粗细	每 25 mm 长度内齿数	应　　用
粗	14～18	锯割软钢、黄铜、铝、铸铁、紫铜、人造胶质材料
中	22～24	锯割中等硬度钢、厚壁的钢管、铜管
细	32	锯割薄片金属、薄壁管子
细变中	32～20	一般工厂中用，易于起锯

锯齿的粗细应根据加工材料的硬度和锯削断面的大小来选择。粗齿锯条的容屑槽较大，适用于锯软材料和锯较大的断面，因为此时每锯一次的切屑较多，容屑槽大就不致产生堵塞而影响切削效率。细齿锯条适用于锯削硬材料，因为硬材料不易切入，每锯一次的切屑较少，不会堵塞容屑槽，锯齿增多后，同时参加的切削齿数增多，则每齿的锯削量减少，则易于切削，推锯过程比较省力，锯齿也不易磨损。锯削薄板或管子时，必须用细齿锯条，截面上至少要有两个以上的锯齿同时参加锯削，如图 2-5-3 所示，否则锯齿很容易被钩住以致崩断。

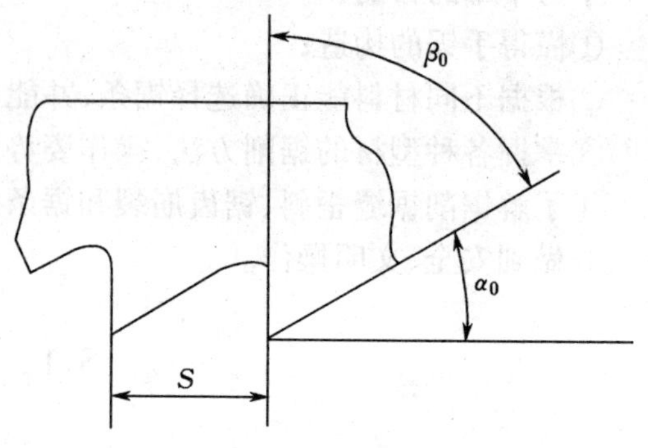

图 3-5-2　锯齿的切削角度

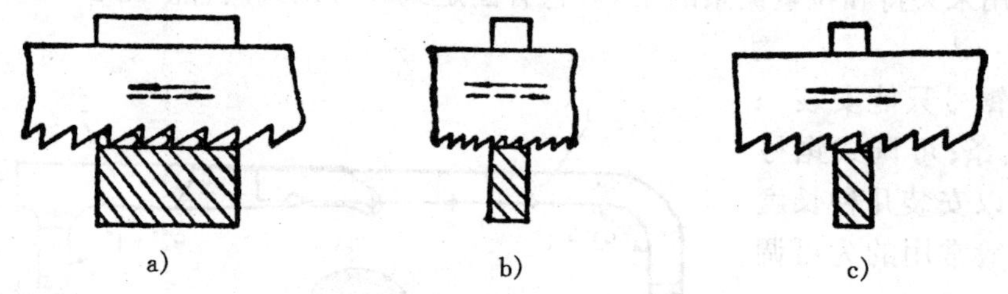

图 3-5-3　锯齿粗细要合适

a)厚工件用粗齿　b)薄工件用细齿　c)锯齿数不到两个

三、锯路

锯齿按一定的规律左右错开，排列成一定的形状，称为锯路。锯路有波浪形和交叉形等，如图 3-5-4 所示。

锯条多为波浪形锯路。有了锯路使工作锯缝宽度大于锯条背部的厚度。这样，在锯削时减少了锯条与锯缝的摩擦阻力，使锯削时省力，防止了锯条被夹住和锯条过热，减少锯条磨损或折断。

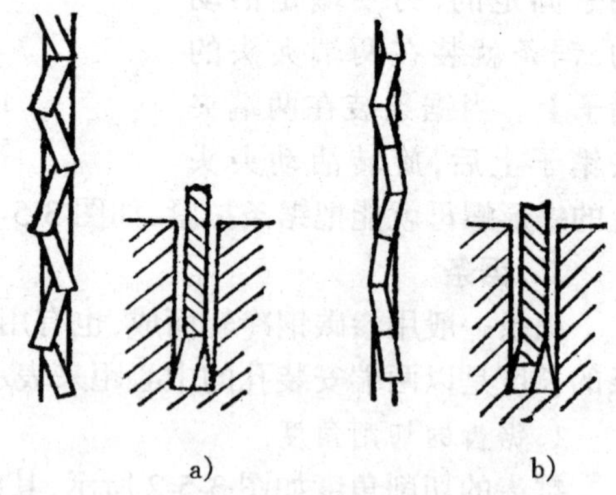

图 3-5-4　锯齿的排列

a)交叉形　b)波浪形

5-2　锯削基础训练

一、锯条的安装

安装锯条时齿尖的方向朝前，如图 3-5-5 所示，否则为负前角就不能正常锯削。

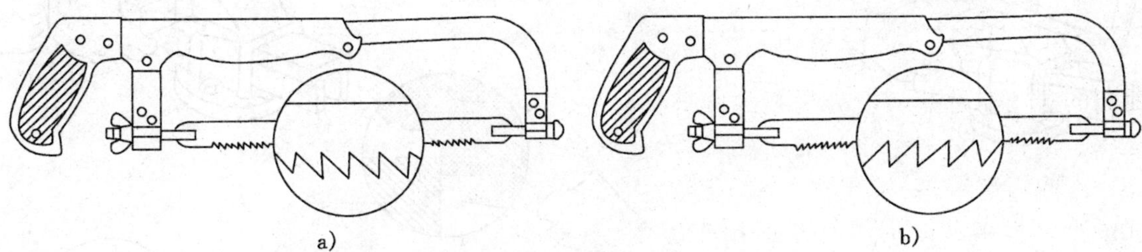

图 3-5-5　锯条安装

a)正确　b)不正确

锯条安装在锯弓两端上的夹头以后，再用蝶形螺母调节锯条的松紧，松紧要适合。过紧，锯削时稍有不当，锯条便很易折断；过松，锯削时锯条受力易扭曲，也易折断，并且锯出的锯缝易歪斜。调节锯条的松紧程度，可用手扳锯条，感觉硬实不会发生弯曲即可。锯条安装调节后，还要检查锯条平面与锯弓中心平面平行，不得倾斜或扭曲，否则锯削时锯缝极易歪斜。

二、工件的安装

工件应尽可能夹在虎钳的左边，方便操作，以免操作时碰伤左手。工件伸出钳口要短，要避免将工件夹变形或夹坏已加工表面。

三、握锯方法和锯削姿势

用右手握锯柄，左手压在锯弓前端，如图 3-5-6 所示。

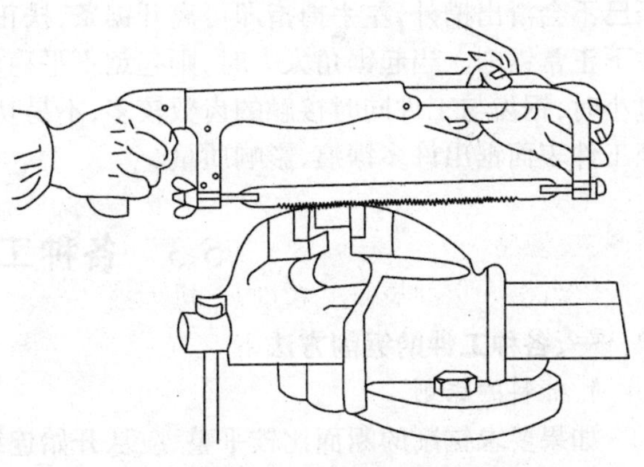

图 3-5-6　手锯的握法

锯削时，推力和压力由右手主要控制，左手配合右手扶正锯弓施加压力，但不要过大。推锯时，为切削行程，应对锯弓施加压力，用力要均匀。返回行程不切削，不可加压力，而是将锯弓稍微抬起自然拉回，以免锯齿磨损，这样还可减少阻力，提高效率，操作不易疲劳。锯削时要用锯条全长工作，以免锯条中间部分迅速磨钝，但要注意不能使锯弓的两端碰到工件。当工件将被锯断时，要减轻压力，放慢速度，并用左手托住锯断掉下的一端，防止锯断部分落下摔坏或砸伤脚。

锯削时站立位置和身体姿势与锉削基本相似(参看第四章 4-2 节锉削基础训练)。在锯削时一般手锯稍作上下自然摆动。当手锯推进时身体略向前倾，双手随着压向手锯的同时，左手上翘，右手下压；回程时，右手稍微上抬，左手自然跟回。但对锯缝底面要求平直的锯削，双手不能摆动，只能做直线运动。锯削速度一般为 40 次/分左右，锯硬材料慢些，锯软材料快些，返回行程也应相对快些。

四、起锯方法

起锯有远程起锯和近起锯两种，如图 3-5-7 所示。一般采用远起锯为好。

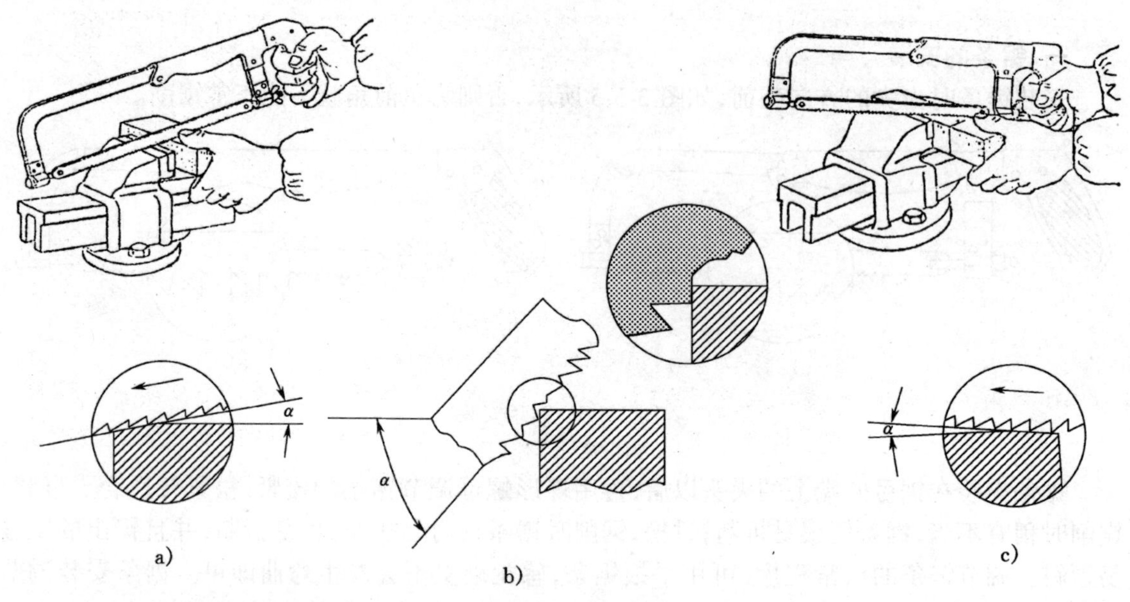

图 3-5-7 起锯方法

a)远起锯 b)起锯角太大崩落锯齿 c)近起锯

起锯时，以左手拇指靠住锯条，右手将锯弓稍斜，稳推手柄，锯出一条槽。起锯角度稍小于 15°(图 2-5-7a)，锯弓往复行程应短，压力要小，速度要慢。当起锯至槽深 2 mm～3 mm 时，锯条已不会滑出槽外，左手拇指即可离开锯条，扶正锯弓逐渐使锯痕向后(向前)成为水平，然后往下正常锯削。当起锯角太大时，则起锯不平稳，锯齿易被工件棱边卡住引起崩裂。但起锯角过小时，锯齿与工件同时接触的齿数较多，不易切入工件，造成多次起锯，往往易发生偏离，甚至工件表面锯出许多锯痕，影响质量。

5-3 各种工件的锯削

一、各种工件的锯削方法

1. 捧料的锯削

如果要求锯削的断面比较平整，应从开始连续锯至结束。若锯出的断面要求不高，则可改变棒料的位置，转过一定角度，可分几个方向锯下。这样，由于锯削面变小而容易锯入，使锯削比较省力，又可提高效率。

2. 管子的锯削

锯削薄壁管子或外圆经过精加工过的管子，管子须夹在有 V 形槽的木垫之间，如图 3-5-8a 所示，以免将管子夹扁或损坏外圆表面。锯削时不可在一个方向连续锯削到结束，否则锯齿会被管壁钩住而导致崩裂。应该是先在一个方向锯至管子的内壁处，转过一定角度，锯条仍按原来锯缝再锯到管子的内壁处，这样不断改变方向，直到锯断为止，如图 3-5-8b 所示。

3. 薄板的锯削

锯削薄板时，尽量从宽的面上锯下去，使锯齿不易被钩住。当只能在薄板的狭面锯下时，

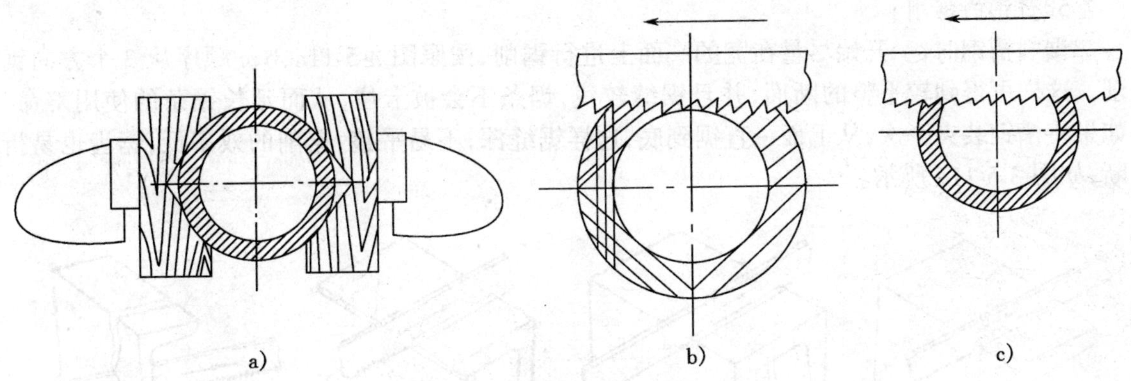

图 3-5-8　管子的夹持与锯削

a)夹持方法　b)正确锯削　c)不正确锯削

可用二块木板夹持薄板,一起夹在台虎钳上,锯削时连木块一起锯下,如图 3-5-9 所示。这样可防止锯齿被钩住,同时也增加薄板的刚性,使锯削时不会产生颤振。也可将薄板夹在台虎钳上,用手锯作横向斜推锯削,如图 3-5-9b 所示,使手锯与薄板接触的齿数增加,避免锯齿崩裂。

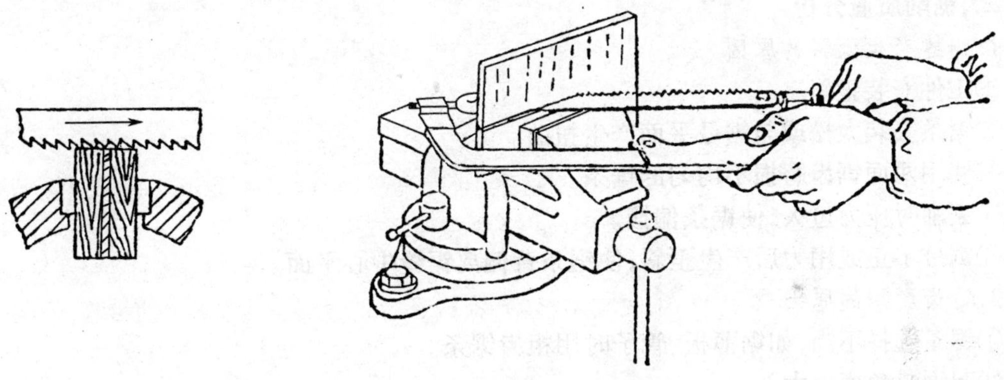

图 3-5-9　薄板的锯削

4. 深缝的锯削

当锯缝的深度到达锯弓的高度时,为了防止与工件相碰,应把锯条转过 90°安装,使锯弓转到工件的侧面,如图 3-5-10b 所示。也可将锯条向内转过 180°安装,再使锯弓转过 180°,让锯齿在锯弓内进行锯削,如图 3-5-10c 所示。

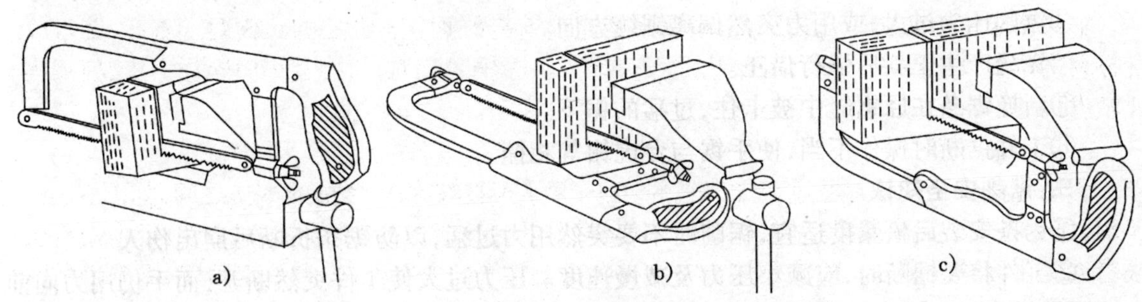

图 3-5-10　深缝的锯削

a)深度达到锯弓的高度　b)锯条转过 90°　c)锯条转过 180°

5. 槽钢的锯削

锯削槽钢时，一开始尽量在宽的一面上进行锯削，按照图3-5-11a、b、c顺序从3个方向锯削。这样可得到较平整的断面，并且锯缝较浅，锯条不会被卡住，从而延长锯条的使用寿命。如果将槽钢装夹一次，从上面一直锯到底，这样锯缝深，不易平整，锯削的效率低，锯齿也易折断，如图3-5-11d所示。

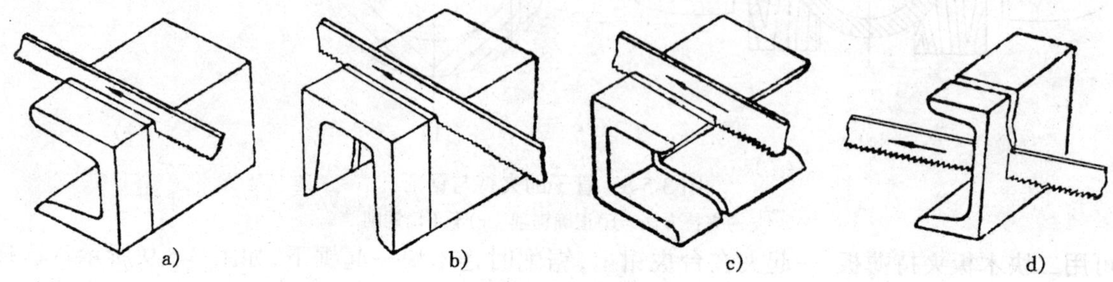

图3-5-11 槽钢的锯削

a) b) c)正确锯削顺序 d)不正确锯削

二、锯削质量分析

1. 锯缝产生歪斜的原因

①工件安装歪斜。

②锯条安装太松或与锯弓平面产生扭曲。

③使用两面锯齿磨损不均匀的锯条。

④锯削时压力过大，使锯条偏摆。

⑤锯弓不正或用力后产生歪斜，使锯条背偏离锯缝中心平面。

2. 锯齿崩裂的原因

①锯条选择不当，如锯薄板、管子时用粗齿锯条。

②起锯时角度太大。

③锯齿被卡住后，仍用力推锯。

④锯齿摆动过大或速度过快，锯齿受到过猛的撞击。

3. 锯条折断的原因

①工件夹持不牢。

②锯条装得过松或过紧。

③锯削压力过大，或用力突然偏离锯缝方向。

④锯缝产生歪斜后强行借正。

⑤新换锯条在原锯缝中被卡住，过猛的锯下。

⑥工件锯断时操作不当，使手锯与台虎钳等相撞。

三、锯削安全知识

①锯条安装后松紧度适宜，锯削时不要突然用力过猛，以防锯条折断后崩出伤人。

②工件将要锯断时，应减小压力及减慢速度。压力过大使工件突然断开，而手仍用力向前冲，易造成事故。一般工件将要锯断时，用左手扶持工件断开部分，避免工件掉下砸伤脚。

第六章　钻、扩、锪、铰孔加工

6-1　钻床与附具

一、常用钻床介绍

钳工常用钻床有台式钻床(简称台钻)、立式钻床(简称立钻)、摇臂钻床3种。

1.台式钻床

台钻是一种小型钻床,放在台子上使用。一般用来钻 $\phi12$ mm以下的孔,只能手动进给。图3-6-1为台钻的结构图。电机通过V带将运动传给主轴。改变V带在两个五级带轮上的相对位置,即可使主轴得到五种转速。转动升降手柄,可使头架在立柱上上下移动,并可绕主柱中心转到任意位置。调整到适当位置后用手柄锁紧即可固定。

这种台钻因其结构简单,操作方便,在小型零件加工、装配和修理工作中得到广泛应用。

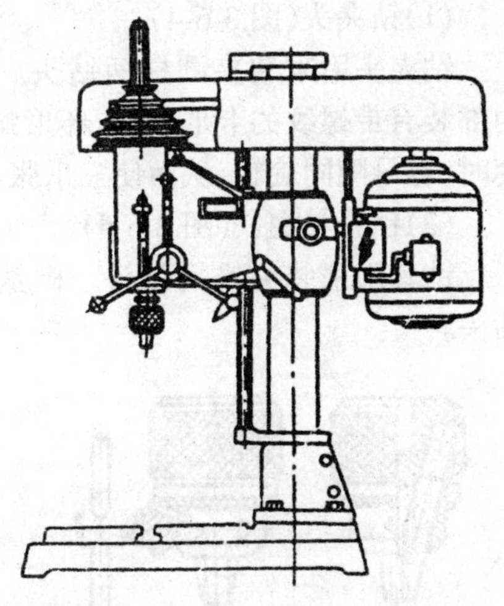

图3-6-1　台式钻床结构图

2.立式钻床

立式钻床一般是用来钻中小型工件上的孔。其最大钻孔直径是用钻床型号的最后两个数字表示。如Z525最大钻孔直径为25 mm。另外还有Z535,Z540,Z550等。图3-6-2为Z525型立式钻床结构简图。它由底座、床身、主轴箱、电动机、主轴、走刀箱和工作台等主要部分组成。

床身固定在底座上。主轴箱就固定在床身的顶部。走刀箱装在床身的导轨面上。床身内装有平衡用的链条,绕过滑轮与主轴套筒相连,以平衡主轴的重量。工作台装在床身导轨的下方,旋转手柄,工作台可沿导轨上下移动。钻削大工件时,工作台还可以拆掉,工件直接固定在底座上。这种钻床的走刀箱也可在床身导轨上移动,以适应特殊工件的需要。不过无论拆工作台,或移动很重的走刀箱都较麻烦,所以遇到大工件就用摇臂钻加工了。

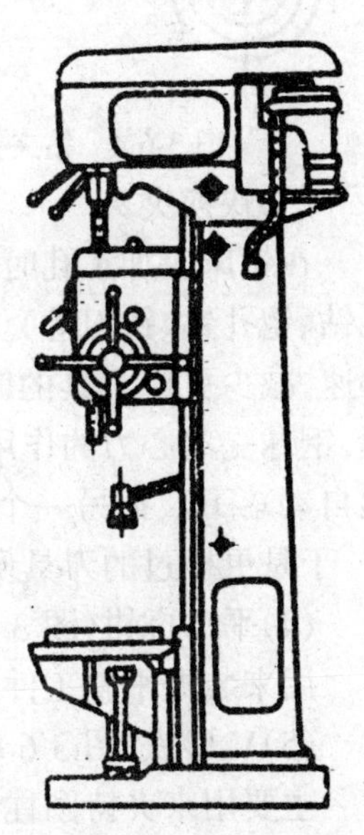

图3-6-2　Z525立式钻床

3.摇臂钻床

图3-6-3为摇臂钻床的结构示意图。

摇臂钻床适于在笨重的大工件以及多孔工件上钻孔。它是靠移动钻轴对准工件上孔的中心来钻孔的。由于主轴能在摇臂上作大范围移动,而摇臂又能绕立柱回转360°角,同时还能绕垂直于立柱的轴线回转±180°角,所以摇臂钻床能在很大范围内钻孔。工件不大时,可压紧在工作台上加工,如工作台上放不下,可把工作台吊走,把工件直接放在底座上加工。根据工件的不同高度,摇臂可在立柱上上下移动。钻床主轴移动到所需位置后,摇臂可用涨闸锁紧在立柱上。主轴箱也可用锁紧装置固定在摇臂上。这样加工时主轴位置不会走动,刀具也不会震动。

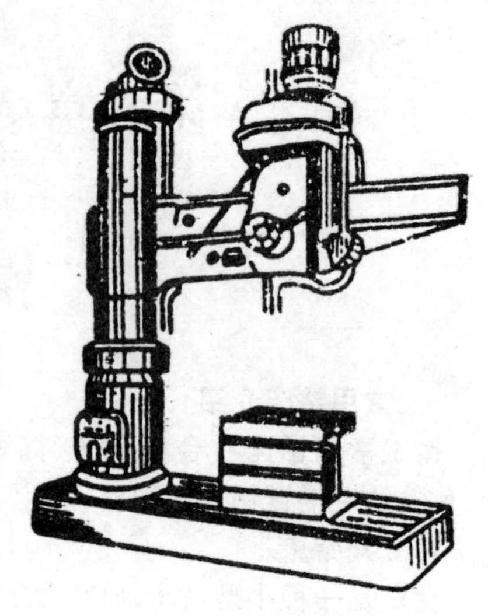

图 3-6-3　摇臂钻床

二、常用钻床附具

(1)钻夹头(图 3-6-4)

钻夹头用来装夹圆柱柄钻头。在夹头的 3 个斜孔内部装有带螺纹的卡爪,它与环形螺母相啮合。旋转外套时,螺母随同旋转,从而使三爪张开或合拢。

(2)钻套与楔铁(图 3-6-5)

钻套用来装夹锥柄钻头。楔铁用来从钻套中卸下钻头。

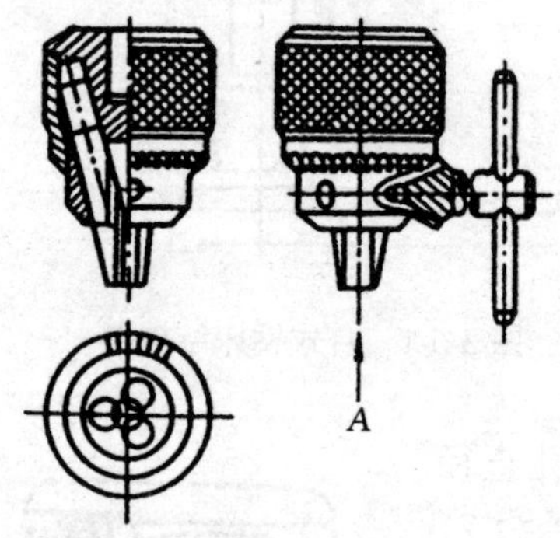

图 3-6-4　钻夹头

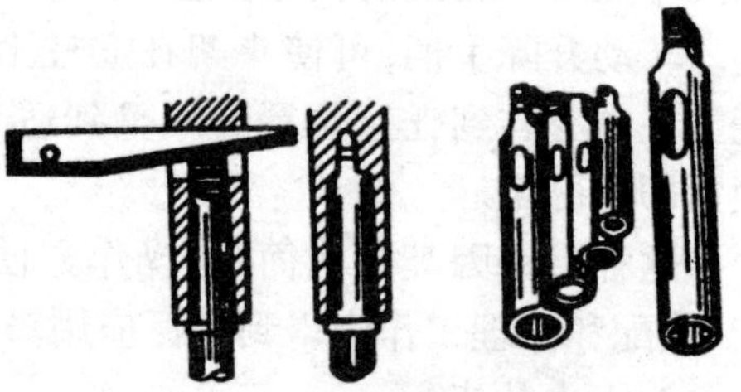

图 3-6-5　钻套与楔铁

(3)快换夹头

在钻床上加工孔时,往往需要不同的刀具经过几次更换和装夹才能完成(如使用钻头、扩孔钻、锪孔钻、铰刀等)。在这种情况下,采用快换夹头,能在主轴旋转的时候,更换刀具,装卸迅速,减少更换刀具的时间。图 3-6-6 所示就是这种夹头。更换刀具时,只要将外环向上提起,钢球受离心力的作用就会落入外环下部槽中,可换套筒不再受到钢球的卡阻,而和刀具一起自动落下。把另一个装有刀具的可换套筒装上,放下外环,钢球又落入可换套筒的凹入部分,于是更换过的刀具便随着插入主轴内的锥柄一起转动,继续进行加工。

(4)平口虎钳(图 3-6-7)

用来装夹平整工件的。

(5)V 形铁(图 3-6-8)

主要用来夹持圆柱形工件。

(6)压板、垫板和螺栓(图 3-6-9)

是配合 V 形铁或在机床工作台上直接夹持工件用的。

(7)弯板(图 3-6-10)

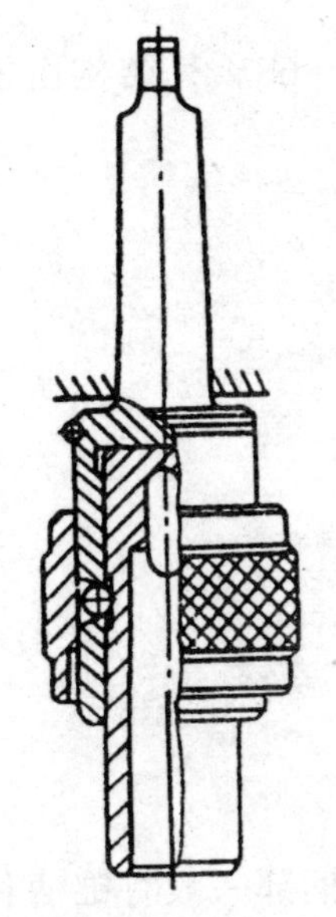

图 3-6-6　快换钻夹头

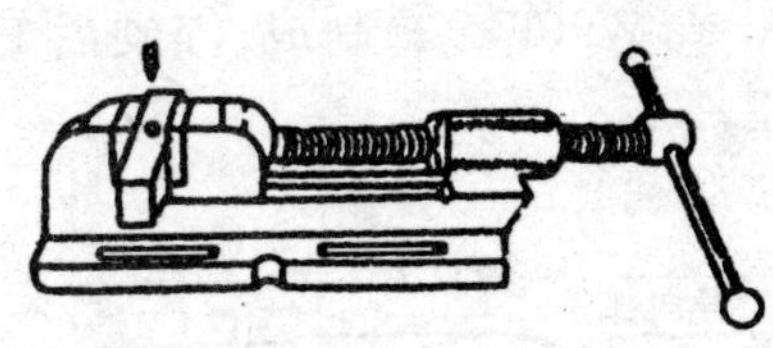

图 3-6-7　平口虎钳

图 3-6-8　V形铁

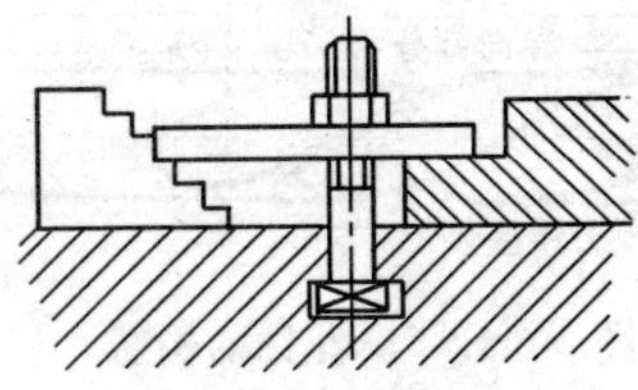

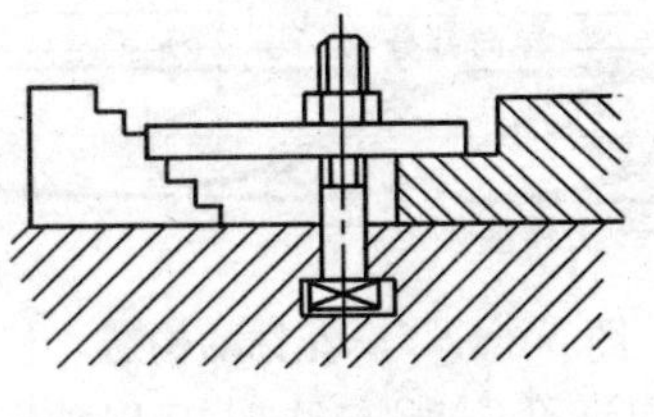

图 3-6-9　用夹板夹持工件

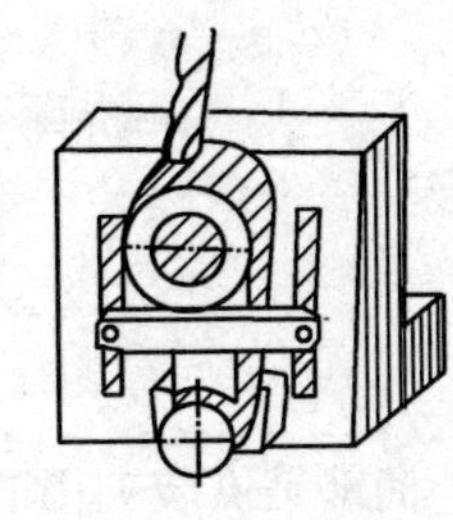

图 3-6-10　弯板

利用弯板可将工件竖立装夹。

(8)手虎钳和平行夹板(图 3-6-11)

用来夹持小型工件和薄板工件。

图 3-6-11　手虎钳和平行夹板

三、钻床的维护保养

钳工在日常工作中应经常注意钻床的维护保养，以保持钻床的精度，延长使用寿命。使用钻床必须遵守操作规程，并注意以下几个方面。

①工作前根据机床的润滑系统图，了解和熟悉各注油孔，并在机床所有运动部分(导轨面)各注油孔处上好润滑油，检查注油处有标记的油标是否在油线之上。

②检查各部手柄是否在应有的位置上，并开车作空运转检查，还要检查各部夹紧机构是否有效。

③工作完后应清除切屑，擦净机床，上好润滑油防止生锈。

6-2　钻孔与扩孔、锪孔、铰孔

在实心材料上用钻头加工孔的方法称为钻孔。钻孔时，钻头的旋转为主运动，钻床主轴的移动为进给运动。钻削所用的刀具是钻头。

一、钻头的结构、角度与刃磨

钻头的种类很多，如麻花钻、扁钻、深孔钻、中心钻等。它们的形状虽不同，但切削原理是一样的，都有两个对称排列的切削刃，使钻削时所产生的力能够平衡。

因为麻花钻最常用，下面就介绍它的构造、切削角度和刃磨。

1. 麻花钻的构造

麻花钻一般用高速钢（W18Cr4V 或 W9Cr4V2）制成，淬硬后 HRC62～68。其结构由柄部、颈部及工作部分组成，见图 3-6-12。

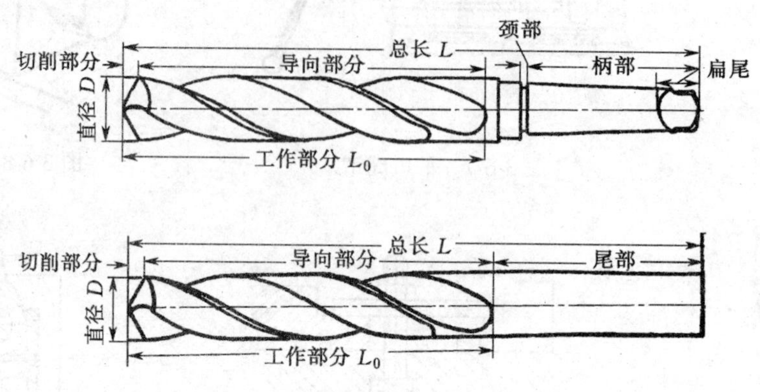

图 3-6-12　麻花钻的构造

柄部是供装夹用的，并用来传递钻孔时所需的扭矩和轴向力。麻花钻柄部一般有锥柄和柱柄两种。一般直径大于 13 mm 的钻头做成锥柄，13 mm 以下的钻头做成直柄。颈部是为磨制钻头时供砂轮退刀用的。一般钻头的规格、材料和商标也刻在颈部。

工作部分又分切削部分和导向部分。切削部分包括横刃和两个切削刃，起着主要的切削作用。导向部分在切削时起引导钻头方向的作用，还可作钻头的备磨部分。导向部分有两条相对称的螺旋槽，其功用是正确地形成切削刃和前角，并起着排屑和输送冷却液的作用。沿着螺旋槽高出约 0.5 mm～1 mm 的窄带为刃带，在切削时与孔壁相接触，以保持钻头方向，使它不致倾斜。这一刃带呈倒锥形，即前端直径大，柄部端直径小。倒锥量为每 100 mm 长度内直径减少 0.03 mm～0.12 mm。这样既可以保证切削顺利进行，还可以减少钻头在切削过程中与孔壁之间由于摩擦而产生的热量。

2. 麻花钻的 4 个辅助平面

为了便于确定麻花钻切削部分的几何角度，先确定 4 个辅助平面，见图 3-6-13。

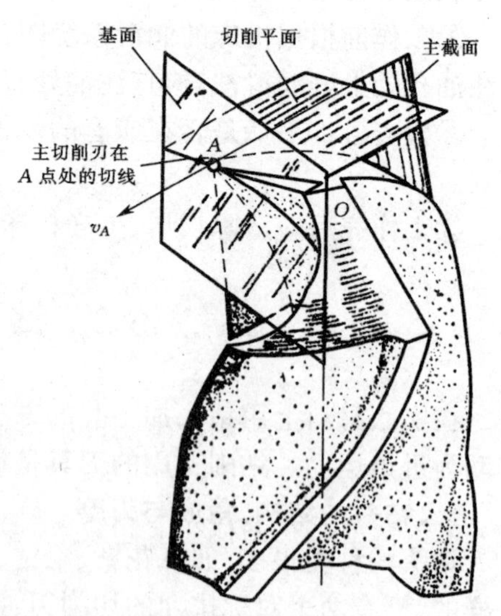

图 3-6-13　麻花钻的辅助平面

1）基面　主切削刃上任一点的基面是垂直于该点的切削速度方向的平面。即通过该点与钻头轴线形成的径向平面。麻花钻主切削刃上各点的基面是不相同的。

2）切削平面　主切削刃上任一点的切削平面是由该点的切削速度方向和通过该点的切削刃的切线两者所构成的平面。

3）主截面　通过主切削刃上任一点并垂直于该点切削平面和基面的平面为该点的主截面。

4）柱截面　通过主切削刃上任一点作与钻头轴线平行的线，该直线绕钻头轴线旋转所形成的圆柱截面即为该点的柱截面。

3. 标准麻花钻的切削角度

1)前角 γ　麻花钻主切削刃上任一点的前角为该点主截面(图 3-6-14 中)内,前刀面与基面之间的夹角。由于麻花钻的前刀面为一螺旋面,沿主切削刃各点的倾斜方向不同,所以主切削刃各点的前角大小不等。近外缘处最大,$\gamma\approx30°$,自外缘向中心逐渐减小。靠近钻心处为负前角。前角的大小与螺旋角、顶角有关。前角的大小决定切削难易程度。前角越大,切削越省力。

2)后角 α　主切削刃上任一点的后角为该点柱截面内(图 3-6-14 中 N_1-N_1),后刀面与切削平面之间的夹角。主切削刃上的各后角不相等。外缘处后角较小,越接近钻心后角越大。直径 $D=15$ mm～30 mm 的钻头,外缘处 α 为 9°～12°,钻心处 α 为 20°～26°,横刃处 α 为 30°～60°。

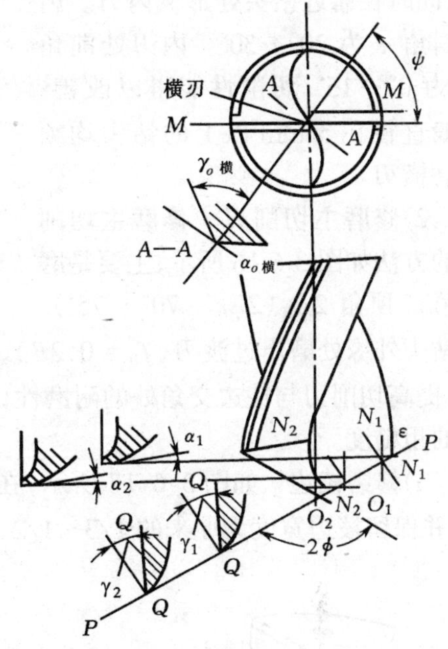

图 3-6-14　麻花钻的切削角度

3)顶角 2ϕ　两主切削刃在与它们平行的平面上投影的夹角。它的大小影响前角、切削厚度、切削宽度、切屑流出方向、切削力、粗糙度和孔的扩张量,以及外缘转折点的散热条件。顶角越小,轴向力越小,外缘处刀尖角越大,有利于散热和提高钻头的耐用度。但顶角减小后,在相同条件下,钻头所受的扭矩增大,切屑变形加剧,排屑困难,会妨碍冷却液进入。顶角的大小可根据加工条件(工件的材料、硬度)在刃磨时决定。标准麻花钻的顶角 $2\phi=118°\pm2°$。这时两主切削刃呈直线形。若 2ϕ 大于此值则主切削刃呈内凹形,反之呈外凸形。

4)横刃斜角 ψ　在钻头的端面投影图中,横刃与主切削刃所夹的锐角为横刃斜角。

4. 麻花钻的刃磨

(1)标准麻花钻的缺点

①主切削刃上各点前角数值变化很大,接近钻心处已为负值,切削条件差。

②横刃很长,又有很大的负前角,切削条件差,因此轴向力大,定心不好。

③主刃长,切屑宽,各点切屑流出速度相差很大,切屑卷曲成螺卷,所占空间体积大,导致排屑不顺利,切削液难以流入。

④切屑厚度沿切削刃分布不匀,在外缘处切削厚度大,而且此处切削速度最高,副后角为零,刃带与孔壁摩擦很大。因此外缘处切削负荷大,磨损快。

⑤横刃的前后角与主刃后角密切相关不能分别控制。

⑥高速钢的耐热性和耐磨性仍不够高。

(2)标准麻花钻的修磨

由于标准麻花钻存在上述缺点,通常要对其切削部分进行修磨,以改善切削性能。一般是按钻孔的具体要求,在以下几个方面有选择地对钻头进行修磨。

1)磨短横刃并增大靠近钻头处的前角　修磨横刃的部位如图 3-6-15 所示。修磨后横刃的长度“b”为原来的$\frac{1}{3}\sim\frac{1}{5}$,以减小轴向抗力和挤刮现象,提高钻头的定心作用和切削稳定性，同时在靠近钻头处形成内刃。内刃斜角 τ 为 20°～30°。内刃处前角 γ_τ 为 0°～15°，切削性能得以改善。一般直径在 5 mm 以上的钻头均须修磨横刃。

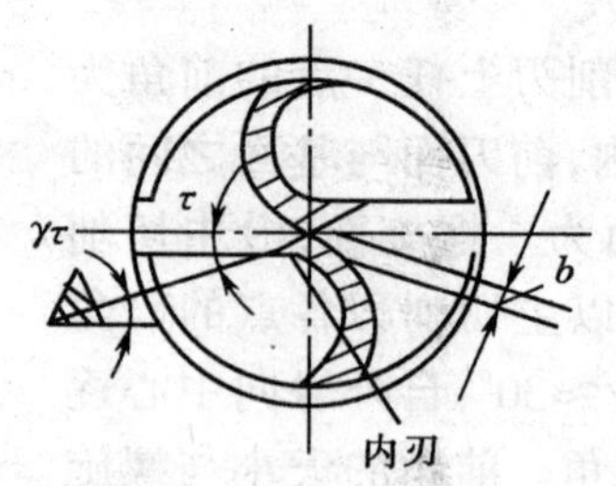

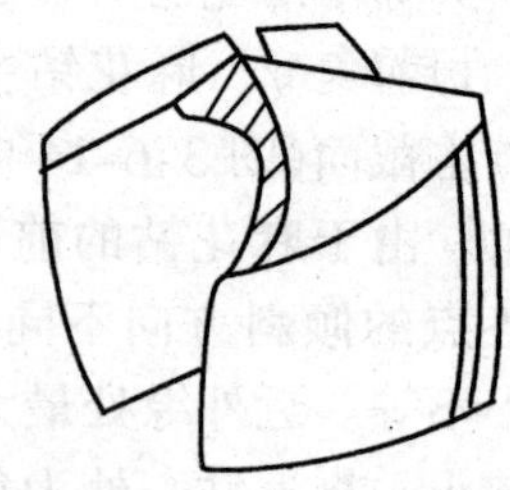

图 3-6-15　修磨横刃

2）修磨主切削刃　修磨主切削刃的方法如图 3-6-16 所示，主要是磨出第二顶角 $2\varphi_0$（$2\varphi_0=70°\sim75°$）。在钻头外缘处磨出过渡刃（$f_0=0.2d$），以增大外缘处的刀尖角，改善散热条件，增加刀齿强度，提高切削刃与棱边交角处的耐磨性，提高钻头的耐用度，减少孔壁的残留面积，有利于减小孔的粗糙度。

3）修磨棱边　如图 3-6-17 所示，在靠近主切削刃的一段棱边上，磨出副后角 $\alpha_{o1}=6°\sim8°$，并保留棱边宽度为原来的 1/3～1/2，以减小对孔壁的摩擦，提高钻头耐用度。

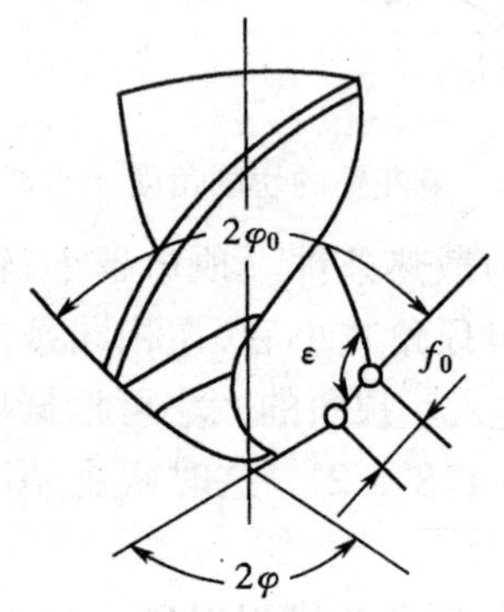

图 3-6-16　修磨主切削刃

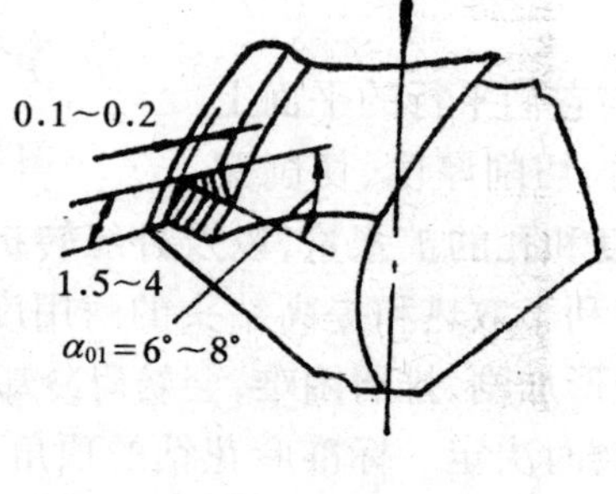

图 3-6-17　修磨棱边

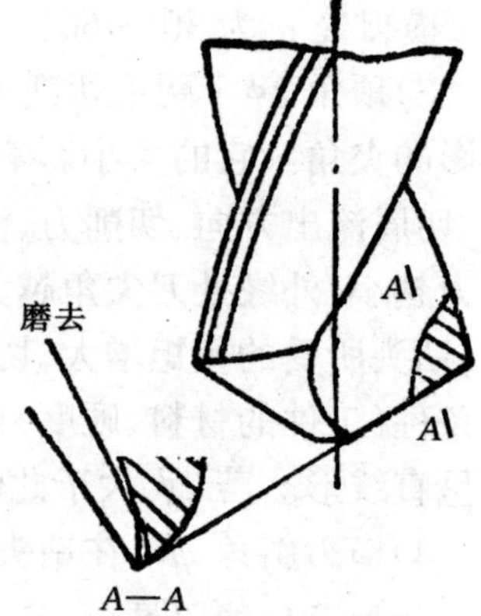

图 3-6-18　修磨前刀面

4）修磨前刀面　修磨外缘前刀面，如图 3-6-18 所示。这样可以减小此处的前角，提高刀齿的强度，钻黄铜时，可以避免“扎刀”现象。

5）修磨分屑槽　在两个后刀面上磨出几条相互错开的分屑槽，如图 3-6-19 所示，使切屑变窄，以利排屑。

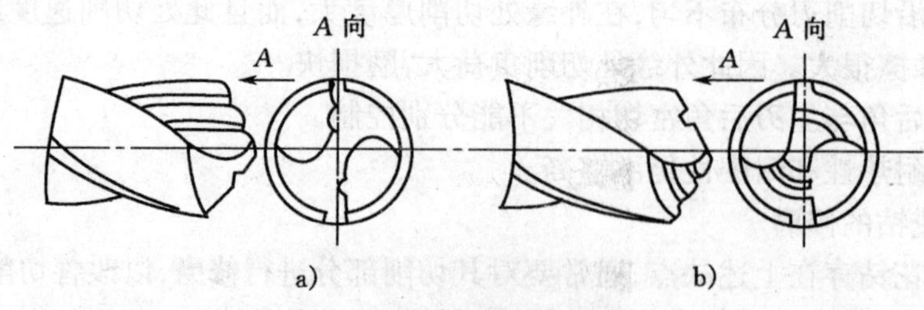

图 3-6-19　修磨分屑槽

a）前刀面开槽　b）后刀面开槽

(3)群钻

群钻是利用标准麻花钻合理刃磨而成的高生产率、高加工精度、适应性强、耐用度高的新型钻头。它是由很多钻改进而出现的,故称群钻。

1)基本型群钻(亦称标准群钻)　主要用来加工各种碳钢和各种合金结构钢。其结构形状和几何参数如表 3-6-1 所示。

表 3-6-1　钻铸铁的群钻

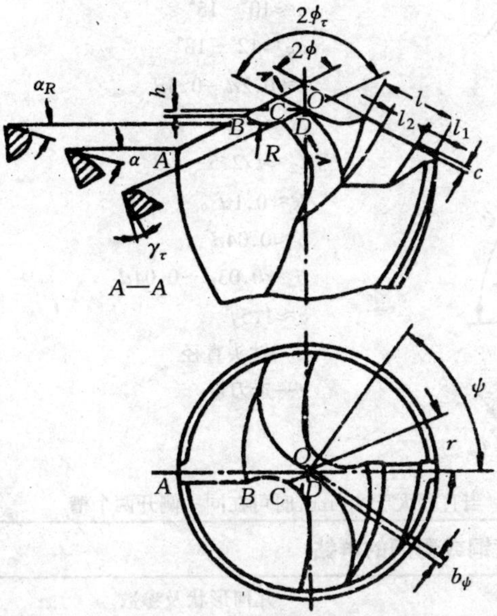

	几何形状及参数
	$2\phi\approx120^\circ$ $2\phi_\tau\approx135^\circ$ $2\phi_1\approx70^\circ$ $\psi\approx65^\circ$ $\tau\approx25^\circ$ $\gamma_\tau\approx-10^\circ$ $\alpha\approx13^\circ\sim18^\circ$ $\alpha_R\approx15^\circ\sim20^\circ$ $h\approx0.03d$ $b_\phi\approx0.03d$ $R\approx0.12d$ $l\approx0.3d$ $l_1\approx l_2$ d—钻头直径

基本型群钻与标准麻花钻比较,在结构上有如下几个特点。

①群钻磨出月牙槽,形成凹圆弧刃。

②修磨横刃使槽刃缩短至原来的 1/5～1/7,新形成的内刃上负前角大大减小。

③磨出单边分屑槽使切屑排出方便。

磨出月牙形圆弧槽是群钻的最大特点。它增大了靠近钻心处前角数值,以减少挤刮现象,使切削省力。同时使主切削刃分成几段,有利于分屑、断屑和排屑。钻孔时圆弧刃在孔底上切出一道圆弧筋,能稳定钻头方向,限制钻头摆动,加强定心作用。磨出月牙槽还降低了钻尖的高度,这样可以把槽刃处磨得较锋利,且不致影响钻尖强度。

2)钻铸铁的群钻　由于铸铁较脆,钻削时切屑呈碎块并夹杂着粉末,挤轧在钻头的后刀面、棱边与工件之间,产生剧烈的摩擦,使钻头磨损。磨损几乎完全发生在后刀面上,最严重的部位则是切削刃与棱边转角处的后刀面。因此,修磨钻铸铁的群钻,主要是磨出二重顶角,较大的甚至磨出三重顶角,以小轴向抗力,提高耐磨性。还要加大后角,把横刃磨得更短些。具体几何形状和参数见表 3-6-2。

3)钻黄铜或青铜的群钻　黄铜和青铜硬度较低,组织疏松,切屑阻力较小,若采用较锋利的切削刃,会产生"扎刀"现象。轻者使孔口损坏,钻头崩刃,重者将使钻头扭断,甚至会把工件从夹具中拉出造成事故。因此应设法把钻头外缘处的前角磨小。主切削刃与刃带交角处可磨成 $R=0.5$ mm～1 mm 的过渡圆弧,以改善钻孔的表面粗糙度。具体几何形状和参数见表 3-6-3。

表 3-6-2　基本型群钻

几何形状及参数

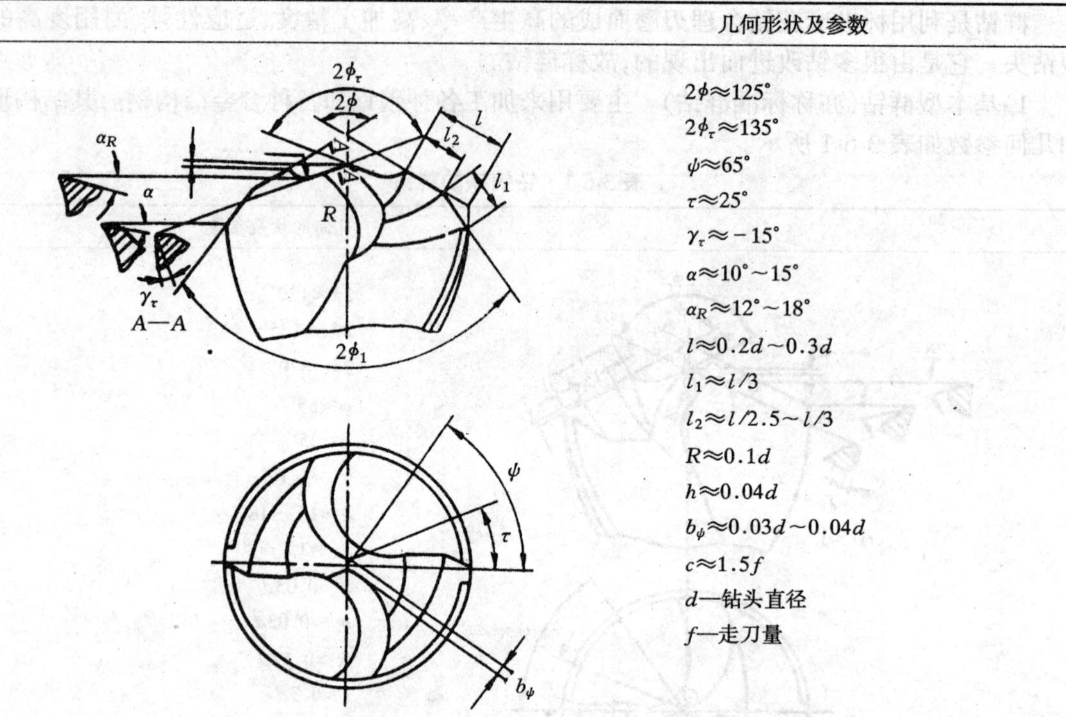

$2\phi \approx 125°$
$2\phi_\tau \approx 135°$
$\psi \approx 65°$
$\tau \approx 25°$
$\gamma_\tau \approx -15°$
$\alpha \approx 10° \sim 15°$
$\alpha_R \approx 12° \sim 18°$
$l \approx 0.2d \sim 0.3d$
$l_1 \approx l/3$
$l_2 \approx l/2.5 \sim l/3$
$R \approx 0.1d$
$h \approx 0.04d$
$b_\psi \approx 0.03d \sim 0.04d$
$c \approx 1.5f$
d—钻头直径
f—走刀量

当钻头直径小于 15 mm 时,可不开 l_2 槽,但 $l \approx 0.2d$。当直径大于 40 mm 时可在同一侧开两个槽

表 3-6-3　钻黄铜或青铜的群钻

几何形状及参数

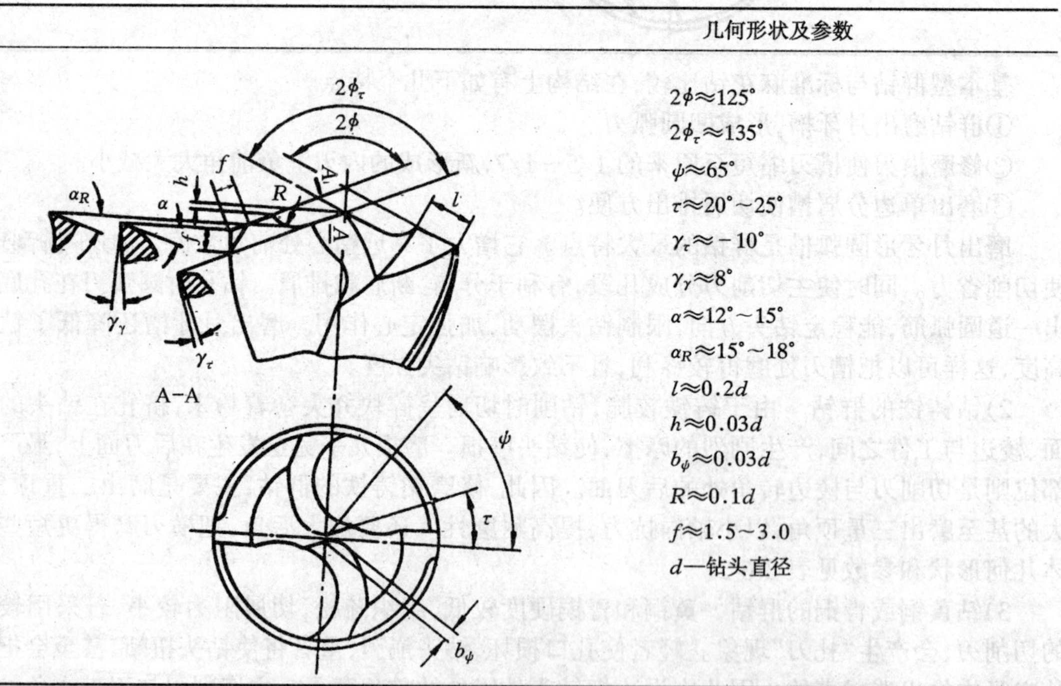

$2\phi \approx 125°$
$2\phi_\tau \approx 135°$
$\psi \approx 65°$
$\tau \approx 20° \sim 25°$
$\gamma_\tau \approx -10°$
$\gamma_\gamma \approx 8°$
$\alpha \approx 12° \sim 15°$
$\alpha_R \approx 15° \sim 18°$
$l \approx 0.2d$
$h \approx 0.03d$
$b_\psi \approx 0.03d$
$R \approx 0.1d$
$f \approx 1.5 \sim 3.0$
d—钻头直径

4)钻薄板的群钻　钻薄板时,不能用普通的麻花钻。因为麻花钻的钻尖较高,钻尖钻穿孔时,钻头立即失去定心作用。同时轴向力又突然减小,加上工件弹动,使钻尖刀刃突然多切,造

成孔不圆或孔口毛边很大，甚至扎刀或折断钻头。薄板群钻是把麻花钻两主切削刃磨成圆弧形切削刃，钻尖高度磨低，切削刃外缘磨成锋利刀尖，形成三尖。这样薄板钻削时钻心先切入工件，定住中心起钳制作用，两个锋利外刀尖转动包抄，迅速把中间的圆片切离，得到所要求的孔。用三尖钻钻薄板，干净利落，安全可靠，圆整光洁。其具体几何形状和参数详见表 3-6-4。

表 3-6-4　钻薄板的群钻

	几何形状及参数
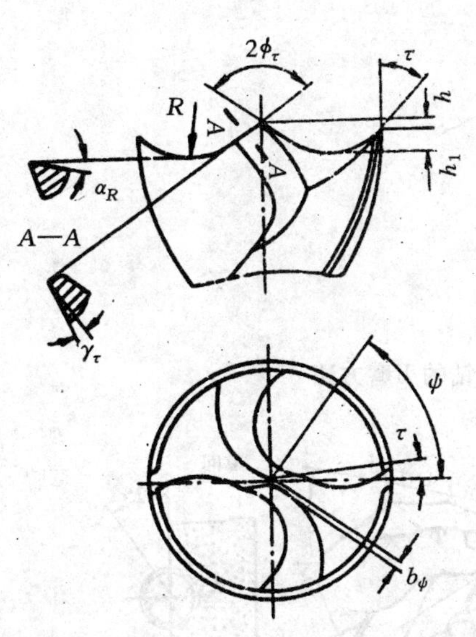	$2\phi_\tau \approx 90° \sim 110°$ $\varepsilon \approx 30° \sim 40°$ $\nu_\tau \approx -10°$ $\alpha_R \approx 12° \sim 15°$ $\psi \approx 65°$ $\tau \approx 20° \sim 30°$ $h \approx 0.05$ mm～1 mm $h_1 \approx (\delta+1)$mm δ—料厚 $h_\psi \approx 0.02d$ R—可用单圆弧连接或双圆弧连接 d—钻头直径

(3)刃磨方法

上述各种钻头的形状和切削角度都是靠刃磨得到的。钻头的刃磨一般有机器刃磨与手工刃磨两种。机器刃磨一般是在工具磨床上进行，其角度准确，适于专业化生产用。手工刃磨一般在砂轮机上进行，比机器刃磨方便及时，但要求操作者有较高的熟练程度。

手工刃磨最好是用白色氧化铝砂轮（白刚玉），也可用普通氧化铝砂轮。砂轮粒度为 46～80，硬度采用中软（$ZR_1 \sim ZR_2$）。刃磨前如砂轮跳动较大，要用碳化硅砂轮碎块修整砂轮的圆柱面和侧面，尔后再用手握金刚钻笔精修一下，以便磨出月牙槽和槽刃。

1)普通麻花钻的刃磨（磨切削刃）　刃磨方法如图 3-6-20 所示。右手握住钻身靠在砂轮的搁架上作支点，左手捏住钻柄，使钻身水平，钻头轴线与砂轮面成 ϕ 角，然后将刃口平行地接触砂轮面（略高于砂轮中心），逐步加力。在刃磨过程中将钻头绕其轴线沿顺时针旋转约 35°～45°，钻柄向下摆动约等于后角。按此步骤磨 2～3 次，再磨另一面。这样可同时磨出顶角、后角和横刃斜角。

2)修磨横刃　刃磨方法如图 3-6-21 所示。手拿钻头，使外背刃靠砂轮圆角处，磨削面大致在砂轮中心平面上，钻头轴线自砂轮侧面向左倾斜 15°，钻柄向下倾斜 55°，由外背刃逐渐向钻心移动，用力不宜过大，避免因高温使钻心退火。同时保证内刃斜角 $\tau = 20° \sim 30°$，内刃前角 $\gamma_\tau = 0° \sim 15°$。修磨横刃时，砂轮的圆角半径要小，直径不宜过大。

3)磨圆弧刃（月牙槽）　刃磨方法如图 3-6-22 所示。手拿钻头，靠上砂轮圆角，磨削点大致在砂轮水平中心面上。把切削刃基本摆平，以保证横刃斜角适当和 B 点处（参见表 3-6-1

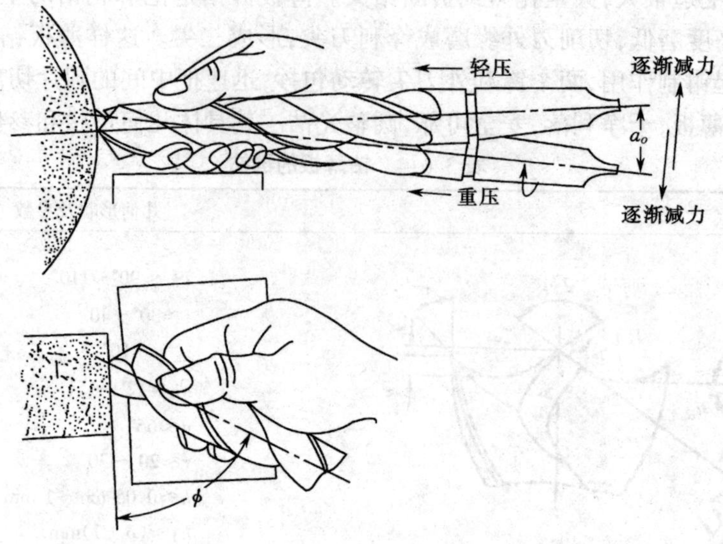

图 3-6-20　麻花钻的刃磨方法

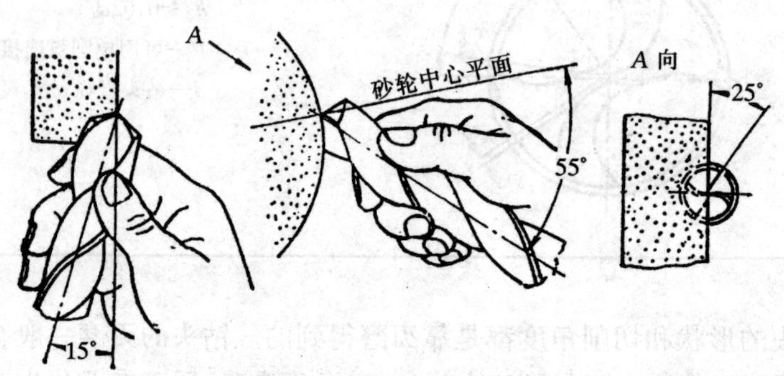

图 3-6-21　修磨横刃方法

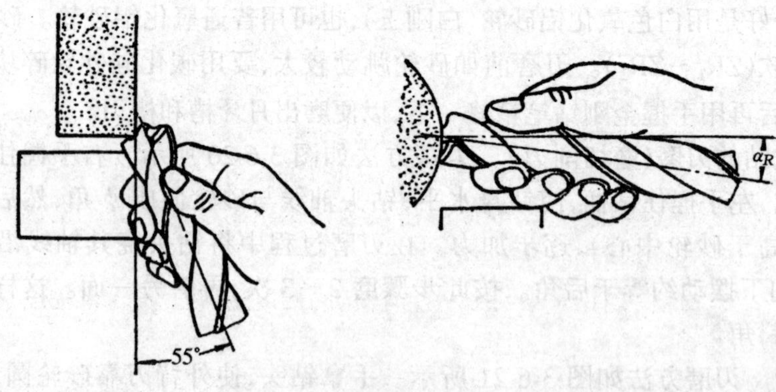

图 3-6-22　修磨圆弧刃的方法

之图)的侧后角为正值。使钻头轴线与砂轮侧面夹角为 55°。刃磨要缓慢平稳地进行,钻头不能上下摆动,可做微量转动。刃磨时要根据钻头直径的大小,控制所要求的圆弧半径 R、内刃倾角 $2\phi_\tau$、横刃斜角 ψ、外刃长度 l、钻尖高 h 等参数。

4)磨分屑槽　刃磨方法如图 3-6-23 所示。刃磨时,手拿钻头目测两切削刃,如有高有低,选定较高的一刃，使砂轮圆角对准此切削刃的中点。钻头接触砂轮，同时在垂直面内摆动钻柄，磨出分屑槽。要保证槽距、槽宽、槽深的精度和分屑槽的侧后面准确性。刃磨最好选用片状砂轮，也可用普通小砂轮，但砂轮圆角要修得小一些。

5)钻头刃磨的检验　钻头刃磨后，其角度和几何参数是否准确必须通过检验。通常的检验方法有二种。第一种是目测方法，即将钻头切削刃朝上，使钻头轴线与视线垂直，反复使钻头绕轴作 180°旋转，观察各切削刃是否对称，各切削角度是否大致准确。根据钻头的具体误差情况，再作反复修正，直至合要求为止。第二种是用简易量具检验，根据被测钻头切削部分的几何参数，先用钢板制成“刃磨样板”，在刃磨中进行检验(见图 3-6-24)。

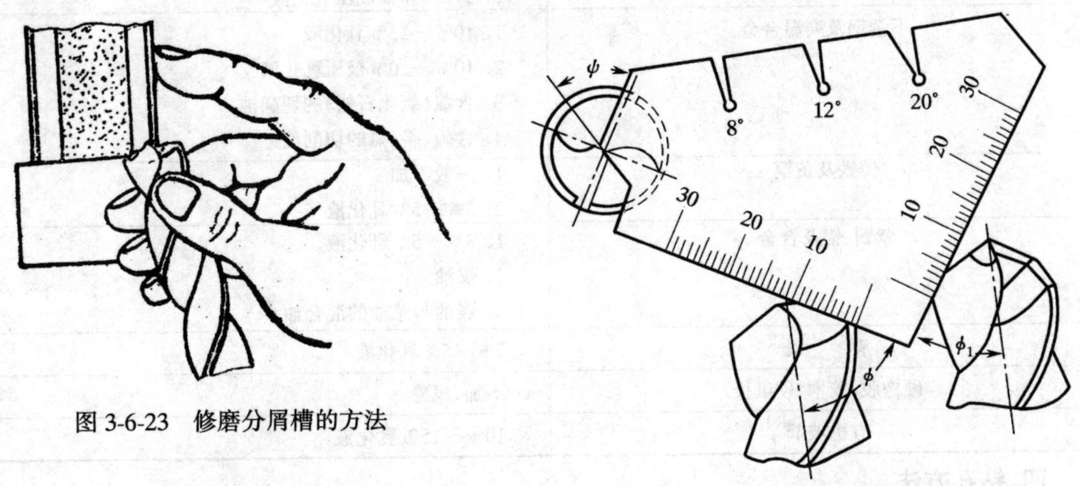

图 3-6-23　修磨分屑槽的方法

图 3-6-24　用样板检验钻头

二、钻削用量的选择

选择钻削用量的目的，是在保证钻孔的加工精度和表面粗糙度及钻头合理耐用度的前提下，获得较高效率。

钻削用量包括切削深度、进给量、切削速度 3 个方面。钻孔时，切削深度由钻头直径的大小决定。一般情况被钻孔径小于 30 mm 时一次钻出；被钻孔径为 30 mm～80 mm 时，为减小切削深度可分为两次钻出，即先用 $0.5D \sim 0.7D$ 的较小钻头钻孔，再用直径等于 D 的钻头扩孔。钻孔时，进给量和切削速度对生产率的影响基本相同，在切削条件允许的范围内，进给量越大切削速度越高则生产率越高，而对钻孔的表面粗糙度和钻头的耐用度影响却不同。进给量是影响表面粗糙度的主要因素，切削速度是影响钻头耐用度的主要因素，即进给量越小孔的表面粗糙度越细，切削速度越高钻头耐用度越小。

在实际生产中，选择钻削用量要根据工件材料的硬度、强度、表面粗糙度、孔径大小和深度等方面综合考虑。特别需注意以下几点。

①工件材料硬度高，钻孔孔径较大时，要首先考虑钻头本身强度的限制，宜选较低的切削速度，否则将明显地缩小钻头的耐用度，降低生产率，增加刀具消耗。

②钻孔的精度要求高或需攻丝铰孔时，应选较小的进给量，以免留下较大的加工误差，影响下道工序。

③钻深孔时，由于排屑困难，切削液不易流入，切削热不易散开，故对加工精度和钻头耐用度均有影响，要选用较小的切削速度。

三、钻削的冷却与润滑

钻孔时,由于加工材料和加工要求不一,所用冷却润滑液的种类和作用也不一样。

对于一般粗加工中的钻孔,其主要目的是提高钻头的切削能力和耐用度,宜选择以冷却作用为主的切削液。对精度要求较高的孔,主要是减少刀具与切屑的摩擦与粘结,提高孔壁表面质量,宜选用以润滑为主的冷却润滑液。钻削不同材料所用的冷却润滑液可参见表 3-6-5。

表 3-6-5 钻削不同材料时的冷却润滑液

加工材料	冷却润滑液
碳钢、合金铜	1. 3%～5%乳化液 2. 5%～10%极压乳化液
不锈钢及高温合金	1. 10%～15%乳化液 2. 10%～20%极压乳化液 3. 含氯(氯化石蜡)的切削油 4. 含硫、磷、氯的切削油
铸铁及黄铜	1. 一般不加 2. 3%～5%乳化液
紫铜、铝及合金	1. 3%～5%乳化液 2. 煤油 3. 煤油与菜油的混合油
青　铜	3%～5%乳化液
硬橡胶、胶木、硬纸板	不加、风冷
有机玻璃	10%～15%乳化液

四、钻孔方法

1. 钻孔前的准备

①将工件划好线,检查后打样冲眼。

②检查钻床各部分是否正常,调整好所需的转速和进给量,准备好所需的冷却液。

③准备好钻头和工、夹、量具,工件压紧要平稳牢固。

2. 按划线钻孔

使钻头对准钻孔中心线(样冲眼)开动钻床先锪窝,注意不要太深、太大。检查是否偏斜,若偏了则要纠正。纠正时,对较大的孔可用尖錾在偏差相反的边錾低一些,以减少切削阻力(见图 3-6-25);较小的孔可用样冲眼借正。钻小孔也可在偏的方向垫高一些,然后再试钻,直到圆窝修正后,将垫铁取去,即可钻孔。当孔快钻透时,应减少进给量。

钻不通孔(盲孔)时,需利用钻床上的深度尺来控制钻孔的深度,也可在钻头上套定位环或用粉笔作记号。定位环或粉笔记号的高度为钻孔深度的 $D/3$(D 钻头直径)。

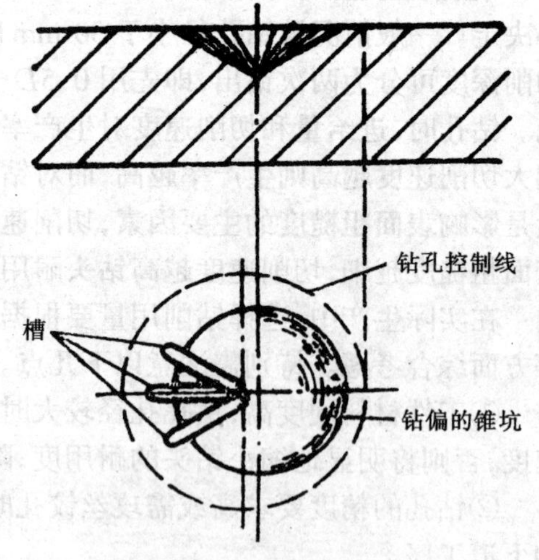

图 3-6-25 纠正钻偏方法

五、特殊孔加工

1.钻斜孔

斜孔一般指孔的轴线与端面不垂直的孔，有3种情况：平面上的斜孔；斜面上的孔；凸曲面上的孔。这几种孔若用普通麻花钻则会因单边受力而发生偏斜，甚至折断钻头而钻不进工件。一般必须在钻孔前先錾出（铣出）一个与孔轴线垂直的平面，然后钻孔。或者先将工件的平面与钻头垂直，钻出一个线窝后再进行修正。几次修正后使钻头轴线与孔的轴线重合。也可用圆弧刃多能钻（图3-6-26）直接钻出。这样钻头实际上相当于主铣刀，它是由普通麻花钻手工磨出。圆弧刃各点均有相同的后角（$\alpha=6^{\circ}\sim10^{\circ}$），钻头横刃经过修磨。这种钻头宜短，否则开始与斜面接触时振动太大。

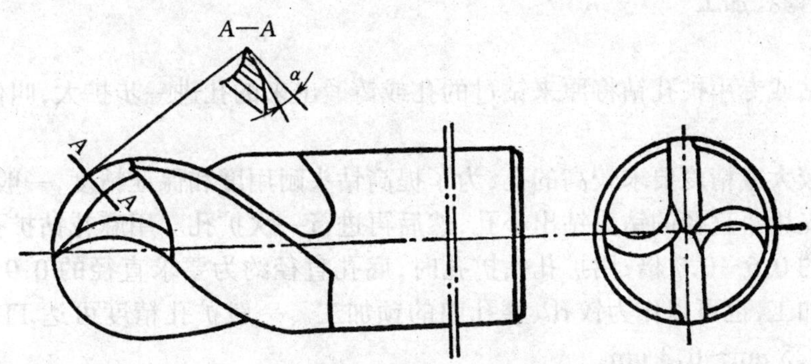

图3-6-26　圆弧刃多能钻

2.钻半圆孔

钻半圆孔时，可用同样材料的物体与工件合在一起（图3-6-27a），并在两件的接合处找出中心，然后钻出一个圆孔。或先用同样材料嵌入工件内，与工件合钻一个圆孔。去掉这块材料后，工件就留下了半圆孔（图3-6-27b）。若需在两种不同材料工件中钻“骑马孔”（图3-6-28），则需向较硬材料一边“借料”，即把中心向硬材料一边移。这样钻进去以后由于软材料的抗力较小，则钻削过程中会向软材料偏移，钻出的孔就正好在两零件中间。否则会偏向软材料一边。

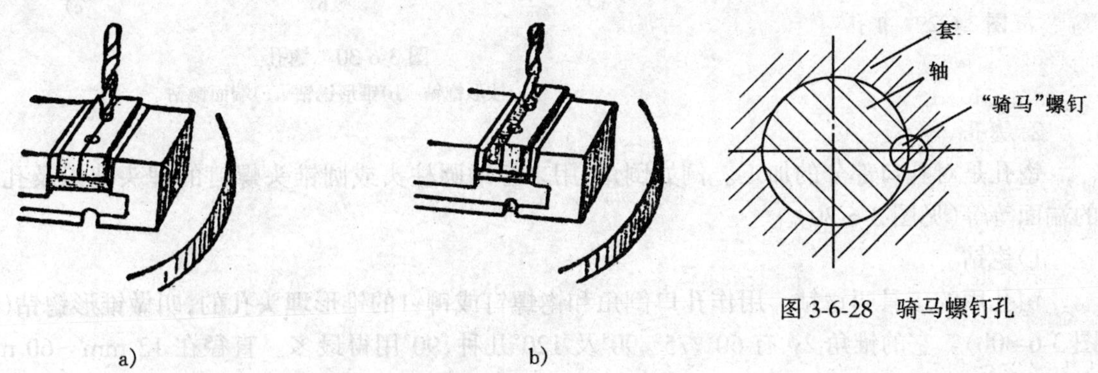

图3-6-27　在工件上钻半圆孔

a)同样的材料与工件合在一起　b)同样的材料嵌入工件内

图3-6-28　骑马螺钉孔

3.钻小孔

钻削直径 3 mm 以下的小孔，容易使钻头折断。这是由于钻头直径小，转速快，排屑困难，磨损加剧；又因在钻孔过程中，一般多用手动进给，进给力不容易掌握均匀，钻心尖碰到突出的高点或过硬的质点时，会滑离原来位置。因此钻小孔时，应视具体情况确定钻孔方法。一般应注意如下几点：

①开始钻进时，进给力要小，防止钻头弯曲和滑移，以保证钻孔初始位置的正确；

②钻削过程中，需注意及时提取钻头排屑，并加一些切削液，最好是润滑油类；

③钻 1 mm 以下孔时，因进给力很小，手进刀不易感觉，可在进给机构上装一个小重砣，靠其重力达到进给。

六、扩孔及锪孔加工

1.扩孔

使用麻花钻或专用扩孔钻将原来钻过的孔或铸锻出来的孔进一步扩大，叫做扩孔(图 3-6-29)。

对于直径较大或精度要求较高的孔，为了提高钻头耐用度和保证精度，一般分两次或两次以上钻出。即先用小直径的钻头钻出小孔，然后再进行一次扩孔。用麻花钻扩孔时，底孔直径约为要求直径的 0.5～0.7 倍；用扩孔钻扩孔时，底孔直径约为要求直径的 0.9 倍。扩孔可以作为孔的最后加工，也可以作为铰孔、磨孔前的预加工。一般扩孔精度可达 IT10～IT9，表面粗糙度可达 R_a25 μm～6.3 μm。

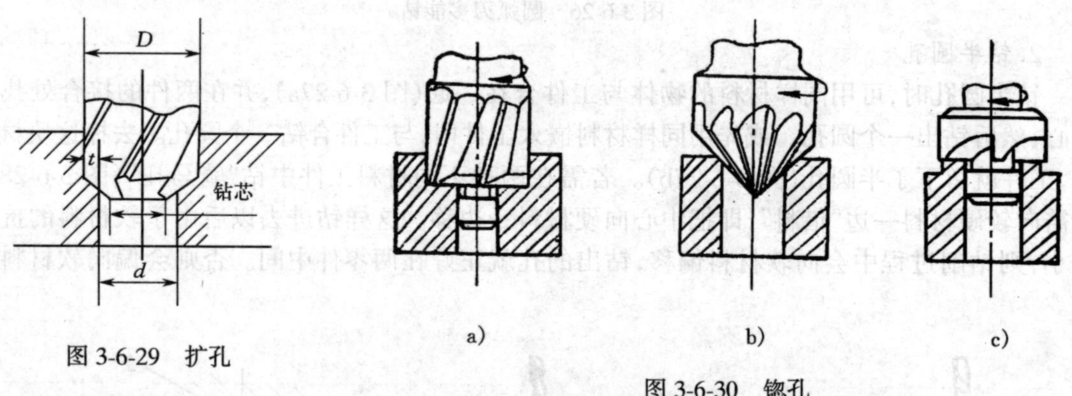

图 3-6-29 扩孔

图 3-6-30 锪孔

a)柱形锪钻 b)锥形锪钻 c)端面锪钻

2.锪孔

锪孔是对孔口部分的加工。例如倒角，用来容纳圆柱头或圆锥头螺钉的埋头孔以及孔口的端面等等(见图 3-6-30)。

1)锪钻

锪孔用的工具叫锪钻。用作孔口倒角和锪螺钉或铆钉的锥形埋头孔的，叫做锥形锪钻(见图 3-6-30b)。它的锥角 2ϕ 有 60°、75°、90°及 120°几种，90°用得最多。直径在 12 mm～60 mm 之间，齿数为 4～12 齿。

用来锪螺钉圆柱形埋头孔的叫柱形锪钻(图 3-6-30a)。为了保证原有孔和埋头孔圆心的精度，锪钻的切削部分前端带有导柱。导柱的直径与孔径适当配合，并加以润滑。

锪孔口端面的叫端面锪钻(图 3-6-30c)，这种刀具是由刀杆、刀片和螺钉组成。刀片是用来切削金属的，有两条切削刃，并具有 6°～8°的后角。两侧有 2°～3°的侧后角，一般用高速钢淬火后刃磨制成，装在刀杆上，并用螺钉紧固。刀杆上端是锥体，可以借助钻套装在主轴孔内。为了使加工的端面与孔垂直，也带有导柱。

2)锪孔时应注意的问题

①用麻花钻锪孔时要尽量选用短钻头，以减少振动。

②锪钻的后角和外缘处的前角要适当减小，以避免扎刀现象。

③切削速度比钻孔时低（一般锪孔速度是钻孔速度的 1/2～1/4），以减少振动而获得较为光滑的表面。

④锪钻的刀杆、刀片都要装夹牢固。工件要压紧。

⑤锪钻的导柱不应有尖角，尤其注意钻头改制的锪钻的导柱更不应有尖角，以防划伤孔壁。

七、钻孔时产生废品的原因及预防方法

钻头刃磨不好、钻削用量选择不当、工件装歪、钻头装夹不好等都会引起钻孔时产生各种形式的废品。废品产生的原因及防止方法见表 3-6-6。

八、铰孔加工

见本书第二篇 4-6。

表 3-6-6　钻孔时产生的问题原因及预防方法

废品形式	产生原因	预防方法
钻孔呈多边形	1. 钻头后角太大 2. 两切削刃有长短，角度不对称	正确刃磨钻头
孔大于规定尺寸	1. 钻头中心偏，角度不对称 2. 机床主轴摆动，钻头弯曲	正确刃磨钻头 消除主轴摆动
孔壁粗糙	1. 钻头不锋利，角度不对称 2. 后角太大，走刀量太大 3. 切削液选用不当和供给不足	把钻头磨锋利 减小后角和走刀量 选用润滑性好的冷却液
孔的位置偏移或歪斜	1. 工件表面与钻头不垂直 2. 钻头横刃太长 3. 钻床主轴与工作台不垂直 4. 进刀量太大 5. 工件固定不紧	正确安装工件 磨短横刃 检查钻床主轴的垂直度 减小进刀量 工件夹牢固
切削刃迅速磨损或碎裂	1. 切削速度过高，切削液选择不当或供给不足 2. 钻头刃磨与工件硬度不适应 3. 工件内部硬度不匀，有砂眼	减低切削速度 合理刃磨钻头角度

第七章　攻丝和套丝

在各种机械设备上,广泛用螺纹连接和螺纹传动。在装配和修配工作中,钳工经常要遇到手工加工螺纹,即攻丝与套丝。

7-1　攻丝

使用丝锥(俗称螺丝攻)在圆孔内表面切出内螺纹叫做攻丝,也叫攻螺纹。

一、攻丝工具

1. 丝锥

丝锥是加工内螺纹用的工具,常用高速钢、碳素工具钢或合金工具钢制成。

(1)丝锥的种类

丝锥按加工螺纹种类不同分为普通三角螺纹丝锥、圆柱管螺纹丝锥和手用丝锥。钳工常用的是手用和机用普通螺纹丝锥、圆柱管螺纹丝锥、圆锥管螺纹丝锥等。

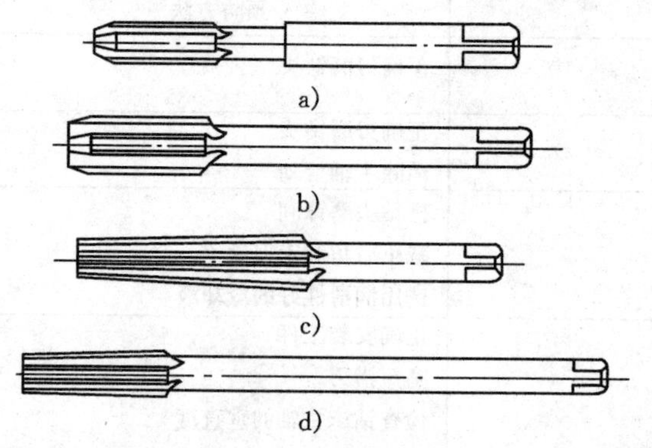

图 3-7-1　常用丝锥

a)粗柄机用和手用丝锥　b)细柄机用和手用丝锥

c)短柄螺母丝锥　d)长柄螺母丝锥

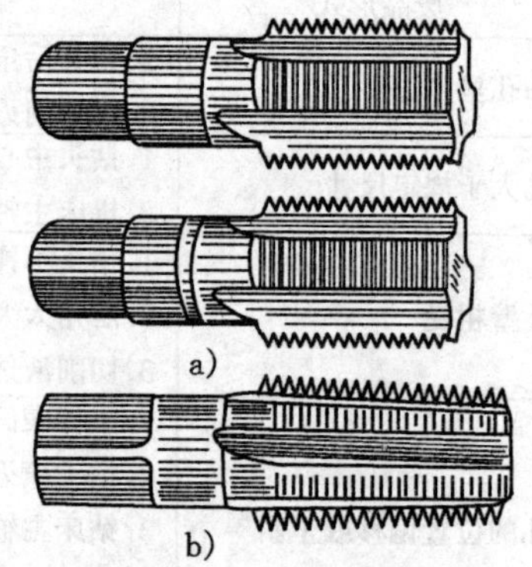

图 3-7-2　管子螺丝攻

a)圆柱管螺纹丝锥　b)圆锥管螺纹丝锥

GB3464—83 规定手用和机用普通螺纹丝锥有粗牙、细牙之分;有粗柄、细柄之分;有单支、成组(套)之分;有等径、不等径之分。此外GB3465—83规定有长柄机用丝锥。GB967—83 规定有短柄螺母丝锥。GB3466—83 规定有长柄螺母丝锥等。以上均见图 3-7-1。

圆柱管螺纹丝锥如图 3-7-2a,两支一套。它与一般手用丝锥一样,只是工作部分较短。

圆锥管螺纹丝锥如图 3-7-2b,其直径从头到尾逐渐增大。它的螺纹牙形与丝锥轴心线垂直,以保证内、外锥螺纹牙形两边有良好的接触。其攻丝时切削量很大。

(2)丝锥的结构

丝锥由工作部分和柄部组成,工作部分包括切削部分和校准部分,见图 3-7-3。

丝锥的切削部分沿轴向开有 n 条容屑槽(用以容纳切屑),形成切削刃和前角 γ(图 3-7-3b),标准丝锥的前角 $\gamma=8\sim10°$。为了适用于不同的工件材料,前角数可按表 3-7-1 选择。

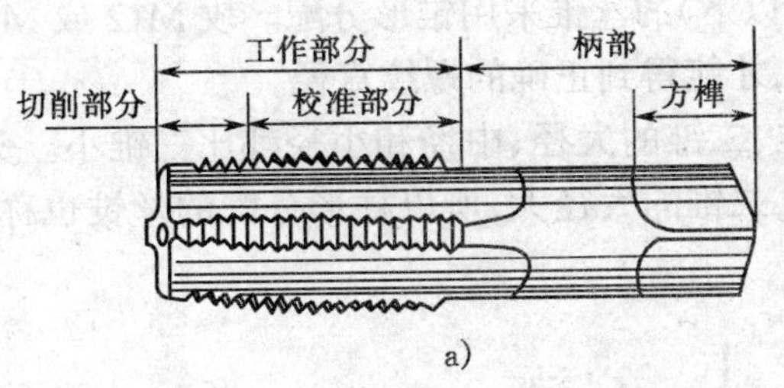

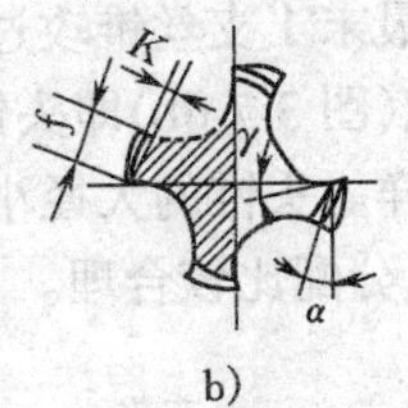

图 3-7-3　丝锥

a)外形　b)切削部分和校准部分的角度

表 3-7-1　丝锥前角的选择

被加工材料	铸青铜	铸　铁	硬　钢	黄　铜	中碳钢	低碳钢	不锈钢	铝合金
前角 γ	0°	5°	5°	10°	10°	15°	15°～20°	20°～30°

M8 以下的丝锥一般是三条容屑槽；M8～M12 的丝锥有 3～4 条容屑槽；M12 以上的丝锥一般是四条容屑槽；更大的机用和手用丝锥有六条容屑槽。标准丝锥上的容屑槽一般做成直槽。为了控制排屑方向，也有一些专用丝锥制成螺旋槽的(图 3-7-4)。为使切屑向上排出，加工不通孔螺纹容屑槽是做成右旋的(图 3-7-4b)；加工通孔螺纹，为使切屑向下排出，容屑槽做成左旋的(图 3-7-4a)。

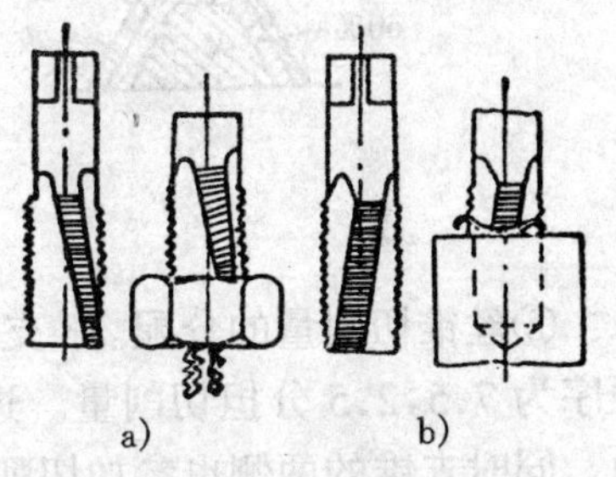

图 3-7-4　容屑槽的方向

a)左旋的　b)右旋的

丝锥的切削部分磨出切削锥角，使切削负荷分布在几个刀齿上，切削时使刀齿逐渐切到齿深。这样刀齿受力均匀，不仅使切削省力，而且刀齿不易崩刃，丝锥也容易正确切入又不易折断。在切削部分锥面上磨出后角 α，一般手用丝锥 $\alpha=6°\sim8°$，机用丝锥 $\alpha=10°\sim12°$。在加工通孔时，为了排屑顺利，可在直槽标准丝锥的切削部分前端加以刃磨，以形成刃倾角 $\lambda=-5°\sim15°$(图 3-7-5)。

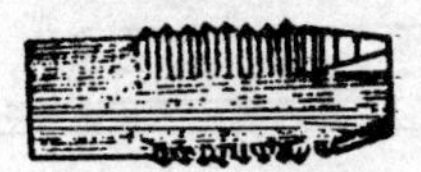

图 3-7-5　修磨出负的刃倾角

丝锥的校准部分具有完整的齿形，用来修光和校准已切出的螺纹，并引导丝锥沿轴向前进。它的大径、中径和小径均有(0.05/100～0.12/100)mm 的倒锥量，以减小与螺孔的磨擦，减小所攻螺孔的扩涨量。

丝锥柄部的方榫是用来传递切削扭矩的。

(3)成套丝锥切削量的分配

使用手用丝锥时，为了减少切削力和提高耐用度，常将整个切削量分配给 n 支丝锥来担任。通常 M6～M24 的丝锥 1 套有两支，M6 以下及 M24 以上的丝锥 1 套有 3 支，细牙螺纹丝锥不论大小均为两支 1 套。

在成套丝锥中，对每支丝锥切削量的分配有两种方式，即锥形分配和柱形分配。

①锥形分配(图 3-7-6a)时每支的大径、中径、小径都相等(所以锥形分配的丝锥也叫等径丝锥)，只是切削部分的长度及锥角不同的 1 套丝锥叫锥形分配的丝锥。当攻制通孔螺纹时，可用头锥 1 次切削就可加工完毕；当加工不通孔螺纹时，才用二锥再攻 1 次，以增加螺纹的有

效长度。一般对于直径较小(M12 以下)的丝锥采用锥形分配。攻 M12 或 M12 以上的通孔螺纹时，一定要用最末 1 支丝锥攻过，才能得到正确的螺纹直径。

②柱形分配(图 3-7-6b)即头锥、二锥的大径、中径和小径都比三锥小。头锥、二锥的中径一样，大径不一样。头锥的大径小，二锥的大径大，所以柱形分配的丝锥也称不等径丝锥。这种丝锥的切削量分配比较合理。

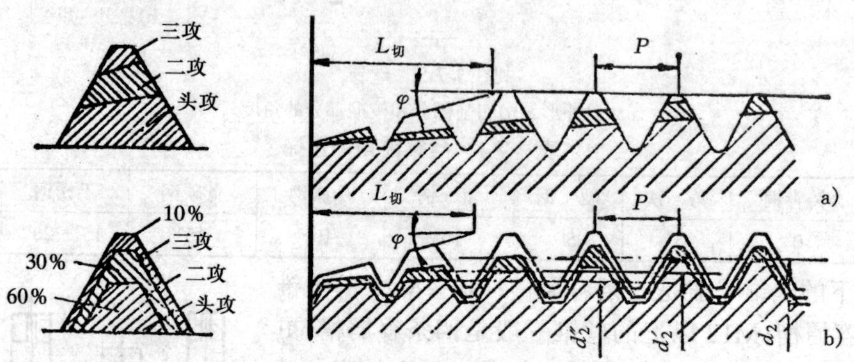

图 3-7-6　成套丝锥切削量分配

a)锥形分配　b)柱形分配

③丝锥切削量的分配。3 支 1 套的丝锥按顺序为 6:3:1 分担切削量；两支一套的丝锥按顺序为 7.5:2.5 分担切削量。这样的分配可使各丝锥磨损均匀，使用寿命长，攻丝时也较省力。同时末锥的两侧也参加切削，所以加工的粗糙度值较小。一般等于或大于 M12 的丝锥用柱形分配。

成套(组)丝锥的主要参数见表 3-7-2。

表 3-7-2　单支和成套丝锥主要参数比较

分　类	适用范围(mm)	名　称	主偏角 κ_r	切削锥长度	图　　示
单支和成套(等径)丝锥	$P \leqslant 2.5$	初　锥	4°30′	8 牙	
		中　锥	3°30′	4 牙	
		底　锥	17°	2 牙	
成套(不等径)丝锥	$P > 2.5$	第一粗锥	6°	6 牙	
		第二粗锥	8°30′	4 牙	
		精　锥	17°	2 牙	

注:1. 螺距小于等于 2.5 mm 丝锥，优先按单支生产供应。按使用需要也可按成套不等径丝锥制造供应。

2. 成套丝锥每套支数，按使用需要，由制造厂自行规定。

3. 成套不等径丝锥，在第一、第二粗锥柄部应分别切制 1 条、2 条圆环或以序号标志，以供识别。

(4)丝锥的螺纹公差带

丝锥的螺纹公差带有4种。其中机用丝锥的公差带分H1、H2、H3 3种;手用丝锥的公差带为H4。它与老标准丝锥螺纹中径公差带(精度等级)关系及各种公差带的丝锥所能加工的内螺纹公差带见表3-7-3。

表3-7-3　新旧丝锥螺纹公差带关系及加工内螺纹公差带等级

丝锥公差带代号	GB968—67近似对应的丝锥公差带代号	适用于内螺纹公差带的代号
H1	2级	4H,5H
H2	2a级	5G,6H
H3	—	6G,7H,7G
H4	3级	6H,7H

(5)丝锥的标记

丝锥的标记包括:

①制造厂商标;

②螺纹代号;

③丝锥公差带代号(手用丝锥H4允许不标公差带代号);

④材料代号(用高速钢制造的丝锥,其标记是HSS;用碳素工具钢或合金工具钢制造的丝锥可不刻标记);

⑤不等径成套丝锥的粗锥代号为第一粗锥有1条圆环,第二粗锥有2条圆环。也可标记顺序号Ⅰ、Ⅱ。

丝锥上螺纹标记代号如表3-7-4所示。

表3-7-4　丝锥标志中螺纹代号示例

标　记	说　明
机用丝锥　中锥M10—H1 GB3464—83	粗牙普通螺纹,直径10 mm,螺距1.5 mm,H1公差带,单支,中锥机用丝锥
机用2—M12—H2 GB3464—83	粗牙普通螺纹,直径12 mm,螺距1.75 mm,H2公差带,2支1组等径机用丝锥
机用丝锥(不等径)2—M27—H1 GB3464—83	粗牙普通螺纹,直径27 mm,螺距3 mm,H1公差带,2支1组不等径机用丝锥
手用丝锥　中锥M10 GB3464—83	粗牙普通螺纹,直径10 mm,螺距1.5 mm,H4公差带,单支中锥手用丝锥
长柄机用丝锥M6—H2 GB3464—83	粗牙普通螺纹,直径6 mm,螺距1 mm,H2公差带,长柄机用丝锥
短柄螺母丝锥M6—H2 GB967—83	粗牙普通螺纹,直径6 mm,螺距1 mm,H2公差带,短柄螺母丝锥
长柄螺母丝锥Ⅰ—M6—H2 GB3466—83	粗牙普通螺纹,直径6 mm,螺距12 mm,H2公差带,1型长柄螺母丝锥

注:1.标记中细牙螺纹的规格,应以直径×螺距表示,如M10×1.25。其他标记方法与粗牙丝锥相同。

2.直径3 mm~10 mm的丝锥,有粗柄和细柄两种结构。在需要明确指定柄部结构的场合,丝锥名称之前应加"粗柄"或"细柄"字样。

原来的国标对于丝锥精度等级及能加工螺纹的精度等级见表3-7-5,供新、旧国标交替使用时期参考。

按原国标规定的丝锥标记例见表3-7-6所示。

表 3-7-5 原国标规定的丝锥精度及加工螺纹精度

丝锥类型	精度等级	能加工的螺纹精度
机用丝锥	1	1 级螺纹
	2	2 级螺纹
	2a	2a(细牙)螺纹
	3a	间隙螺纹①
手用丝锥	3	3 级螺纹
	3b	间隙螺纹①

注:①指需要镀铜、镀锌的螺纹。加工此种螺纹的丝锥,中径要大一些,使内螺纹在镀覆以后,恢复到标准中径。

表 3-7-6 原国标规定的丝锥标记示例

丝锥标记	说 明
M12—3	粗牙普通螺纹,直径 12 mm,螺距 1.75 mm,3 级精度,手用单支丝锥
2—M10—2a	粗牙普通螺纹,直径 10 mm,螺距 1.5 mm,2a 级精度,2 支 1 套的机用丝锥
3—M24—3	粗牙普通螺纹,直径 24 mm,螺距 3 mm,3 级精度,3 支 1 套的手用丝锥
2—M24×1—3b	细牙普通螺纹,直径 24 mm,螺距 1 mm,3b 级精度,2 支 1 套的手用丝锥
2—JM10—3b	粗牙普通螺纹,直径 10 mm,螺距 1.5 mm,3b 级精度,2 支 1 套的手用间隙螺纹丝锥
G3/4″	公称直径为 3/4 英寸的圆柱管螺纹丝锥
1:16—ZG5/8″	公称直径为 5/8 英寸,55°圆锥管螺纹丝锥
1:16—Z3/8″	公称直径为 3/8 英寸,60°圆锥管螺纹丝锥

2. 绞手

绞手是用来夹持丝锥的工具,分为普通绞手(如图 3-7-7)和丁字绞手(如图 3-7-8)两类。

普通绞手又分固定绞手和活动绞手两种。在攻 M5 以下螺孔时采用固定绞手。活动绞手可以调节方孔尺寸,故应用广泛。

绞手的规格以其长度表示。常用的活动绞手有 150 mm 至 600 mm 共 6 种规格。使用时应根据丝锥的尺寸大小来选择,见表 3-7-7。

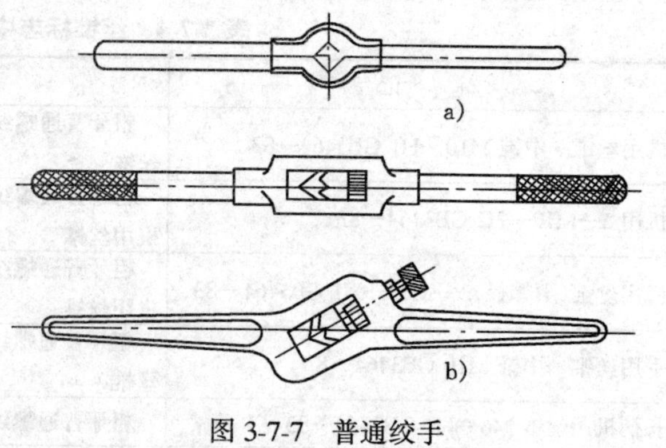

图 3-7-7 普通绞手
a)固定绞手 b)活动绞手

表 3-7-7 活动绞手适用范围 mm

活动绞手规格	150	225	275	375	475	600
适用的丝锥范围	M5～M8	M8～M12	M12～M14	M14～M16	M16～M22	M24 以上

丁字绞手主要用于攻制工件台阶旁边的螺孔或攻机体内部的螺孔时使用。小尺寸的丁字绞手有固定的和可调节的两种。可调节的装有 1 个四爪的弹簧夹头,可夹持不同尺寸的丝锥,一般用来装 M6 以下的丝锥。大尺寸丝锥用的丁字绞手一般都用固定的,通常按实际需要制成专用的。

3. 保险夹头

在钻床上攻丝时，要用保险夹头来夹持丝锥，以免当丝锥在负荷过大或攻不通孔到达孔底时，产生丝锥折断或损坏工件等现象。

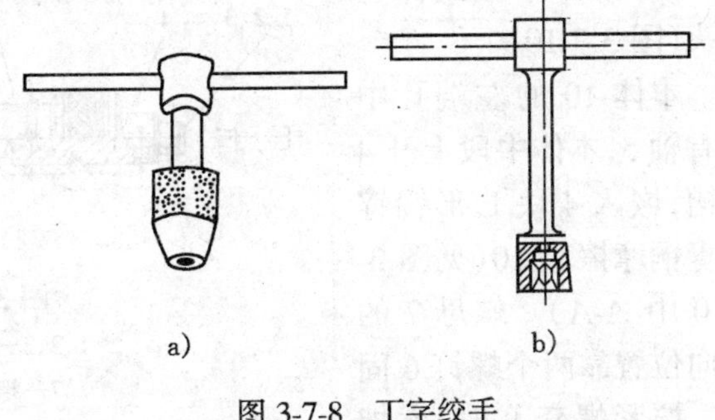

图 3-7-8　丁字绞手

a)活动丁字绞手　b)固定丁字绞手

常用的保险夹头有以下几种。

(1)钢球式保险夹头(图 3-7-9)

本体 3 借弹簧 7 的压力，使沿圆周均布的 12 个钢球 8 带动离合盘 11 转动。在离合盘 11 的内孔中有两个凸键(见 *A*—*A*)，滑套 15 的圆周上有相应两条长槽，离合盘 11 的扭矩可传给滑套 15，滑套 15 可沿轴向自由滑动，旋转调压套 4 可调节钢球 8 所传递扭矩的大小。

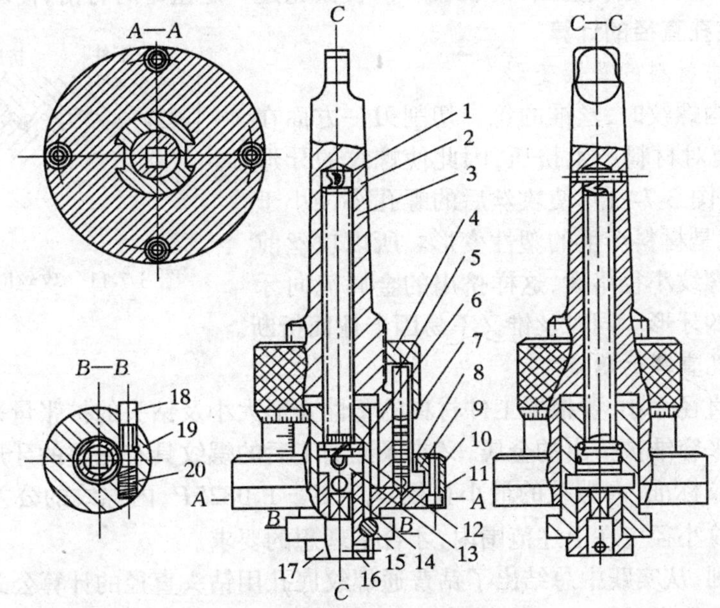

图 3-7-9　钢球式保险夹头

1、13—销子；2—拉簧；3—本体；4—调压套；5—滚柱；6、8—钢球；9—压盘；7、20—弹簧；10—螺钉；11—离合盘；12—垫圈；14—轴；15—滑动套；16—紧固螺钉；17—快换套；18—快换轴；19—小销子

在本体 3 内有一长孔，其中的拉簧 2 一端用销子 1 与本体固定，另一端用销子 13 和垫圈 12 与滑动套 15 固定。12 个 $\phi 2.5$ 钢球 6 用以减小摩擦力，使离合盘过载打滑时，滑动套 15 仍能相对于本体 3 转动。

滑动套 15 的扭矩通过轴 14 传给快换套 17。快换套 17 上有一条圆弧环槽，靠快换轴 18 卡入而将快换套 17 吊住(见 *B*-*B* 剖面)。按下快换轴 18 便可取下或装上快换套 17。

在调压套 4 的锥面上与本体 3 圆周上刻有刻度线，可作调节扭矩大小之用。

这种夹头适用于攻 M16 以下的螺纹孔。由于采用钢球、弹簧作为安全过载机构，故具有反应灵敏、安全可靠和制造简便等特点。

(2)锥体摩擦式保险夹头(图 3-7-10)

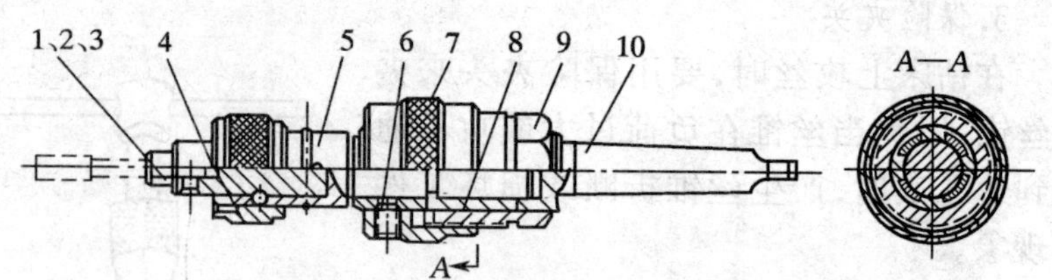

图 3-7-10　锥体摩擦式保险夹头

1、2、3—可换夹头;4—滑套;5—轴;6—螺钉;7—螺母;8—摩擦块;9—螺套;10—本体

本体 10 的左端孔中装有轴 5,本体中段上开 4 条槽,嵌入 4 块 L 形锡锌铅青铜摩擦块 10(见图 3-7-10 中 A-A)。螺母 7 的轴向位置靠两个螺钉 6 固定。拧紧螺套 9 时,就把摩擦块 8 压紧在轴 5 上,本体 10 的动力便传给轴 5。轴 5 左端有 1 套快换装置。各种不同的丝锥,事先装好在可换夹头(1、2、3)内,用紧固螺钉压紧丝锥的方榫,所以可不停车换丝锥。

螺套 9 与摩擦块之间靠较小的锥度相贴合,所以可传递很大的扭矩,攻 M12 以上的内螺纹也适用。根据不同的螺纹直径,调节螺套 9,使其超过一定扭矩时打滑,便可起到保险作用。

二、攻丝前底孔直径的计算

1. 攻丝过程中材料的塑性变形

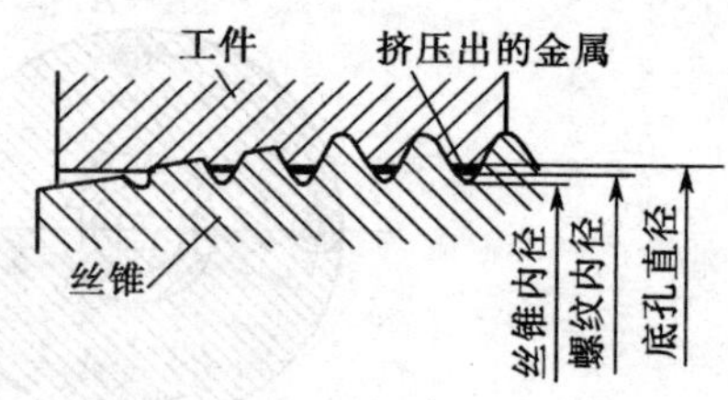

图 3-7-11　攻丝时的挤压现象

用丝锥切削内螺纹时,丝锥的每一切削刃一方面在切削金属,一方面对材料产生挤压,因此使螺纹的牙形顶端凸起一部分(图 3-7-11),使攻丝后的螺孔小径小于原底孔直径,这就是材料产生的塑性变形。所以攻丝前的底孔直径应比螺纹小径略大,这样挤出的金属流向牙顶正好形成完整的牙形。同时丝锥又不易因卡住而折断。

2. 攻丝前底孔直径的确定

攻丝前底孔直径大小,要根据工件材料的塑性变形大小及钻头的扩张量来考虑,使攻丝时既有足够的空隙来容纳被挤出的金属,又能保证加工后的螺纹具有完整的牙形。

按照普通螺纹标准,内螺纹的最小直径 $d_1 = d - 1.0825P$,内螺纹的公差是正向分布的。所以攻出的内螺纹小径应在上述范围内,才合乎理想的要求。

根据上述原则,从实践中总结出了钻普通螺纹底孔用钻头直径的计算公式和表格数据。

加工钢和塑性较大的(韧性)材料,扩张量中等的条件下钻头直径为

$$D = d - P$$

式中　d——螺纹公称直径,mm;

P——螺距,mm;

D——攻丝前钻螺纹底孔的钻头直径,mm;

加工铸铁和塑性较小(脆性)材料,在扩张量较小的条件下,钻头直径为

$$D = d - (1.05 \sim 1.1)P$$

攻不通孔螺纹时,由于丝锥切削部分不能攻出完整的螺纹,所以钻孔深度至少要大于所需的螺孔深度。一般取

钻孔深度 = 所需螺孔深度 + $0.7d$。

攻丝前钻底孔的钻头直径也可从表 3-7-8～表 3-7-10 中查得。

表 3-7-8 普通螺纹攻丝前钻底孔的钻头直径 mm

螺纹直径 d	螺距 P	钻头直径 D		螺纹直径 d	螺距 P	钻头直径 D	
		铸铁、青铜、黄铜	钢、可锻铸铁、紫铜、层压板			铸铁、青铜、黄铜	钢、可锻铸铁、紫铜、层压板
	0.4	1.6	1.6		2	11.8	12
2	0.25	1.75	1.75	14	1.5	12.4	12.5
	0.45	2.05	2.05		1	12.9	13
2.5	0.35	2.15	2.15		2	13.8	14
	0.5	2.5	2.5	16	1.5	14.4	14.5
3	0.35	2.65	2.65		1	14.9	15
	0.7	3.3	3.3		2.5	15.3	15.5
4	0.5	3.5	3.5		2	15.8	16
	0.8	4.1	4.2	18	1.5	16.4	16.6
5	0.5	4.5	4.5		1	16.9	17
	1	4.9	5		2.5	17.3	17.5
6	0.75	5.2	5.2		2	17.8	18
	1.25	6.6	6.7	20	1.5	18.4	18.5
8	1	6.9	7		1	18.9	19
	0.75	7.1	7.2		2.5	19.3	19.5
	1.5	8.4	8.5		2	19.8	20
	1.25	8.6	8.7	22	1.5	20.4	20.5
10	1	8.9	9		1	20.9	21
	0.75	9.1	9.2		3	20.7	21
	1.75	10.1	10.2		2	21.8	22
	1.5	10.4	10.5	24	1.5	22.4	22.5
12	1.25	10.6	10.7		1	22.9	23
	1	10.9	11				

表 3-7-9 英制螺纹、圆柱管螺纹攻丝前钻底孔的钻头直径

英制螺纹				圆柱管螺纹		
螺纹直径(in)	每英寸牙数	钻头直径(mm)		螺纹直径(in)	每英寸牙数	钻头直径(mm)
		铸铁、青铜、黄铜	钢、可锻铸铁			
3/16	24	3.8	3.9	1/8	28	8.8
1/4	20	5.1	5.2	1/4	19	11.7
5/16	18	6.6	6.7	3/8	19	15.2
3/8	16	8	8.1	3/4	14	18.9
1/2	12	10.6	10.7	3/4	14	24.4
5/8	11	13.6	13.8	1	11	30.6
3/4	10	16.6	16.8	1¼	11	39.2
7/8	9	19.5	19.7	1¾	11	41.6
1	8	22.3	22.5	1½	11	45.1
1⅓	7	25	25.2			
1¼	7	28.2	28.4			
1½	6	34	34.2			
1¾	5	39.5	39.7			
2	4½	45.3	45.6			

表 3-7-10 圆锥管螺纹攻丝前钻底孔的钻头直径

55°圆锥管螺纹			60°圆锥管螺纹		
公称直径(in)	每英寸牙数	钻头直径(mm)	公称直径(in)	每英寸牙数	钻头直径(mm)
1/8	28	8.4	1/8	27	8.6
1/4	19	11.2	1/4	18	11.1
3/8	19	14.7	3/8	18	14.5
1/2	14	18.3	1/2	14	17.9
3/4	14	23.6	3/4	14	23.2
1	11	29.7	1	11½	29.2
1¼	11	38.4	1¼	11½	37.9
1½	11	44.1	1½	11½	43.9
2	11	55.8	2	11½	56

三、攻丝方法

攻丝的方法步骤和注意事项如下。

①按图样尺寸要求划线。

②根据螺纹公称直径按有关公式计算出底孔直径后钻孔，并在螺纹底孔的孔口或通孔螺纹的两端倒角，倒角直径可略大于螺孔大径，这样可使丝锥在开始切削时容易切入，并可防止孔口的螺纹挤压出凸边。

③用头锥起攻，起攻时用右手掌按住绞手中部，并沿丝锥中线用力加压，此时左手配合作顺向旋进(图 3-7-12)。或两手握住绞手两端平衡施加压力，并将丝锥顺向旋进，保持丝锥中心线与孔中心线重合，不能歪斜。在丝锥攻入 1～2 圈后，应在前、后、左、右方向上用角尺进行检查，避免产生歪斜(图 3-7-13)。当丝锥切入 3～4 圈螺纹时，丝锥的位置应正确无误，不宜再有明显偏斜，且只须转动绞手，而不应再对丝锥加压力，否则螺纹牙形将被损坏。

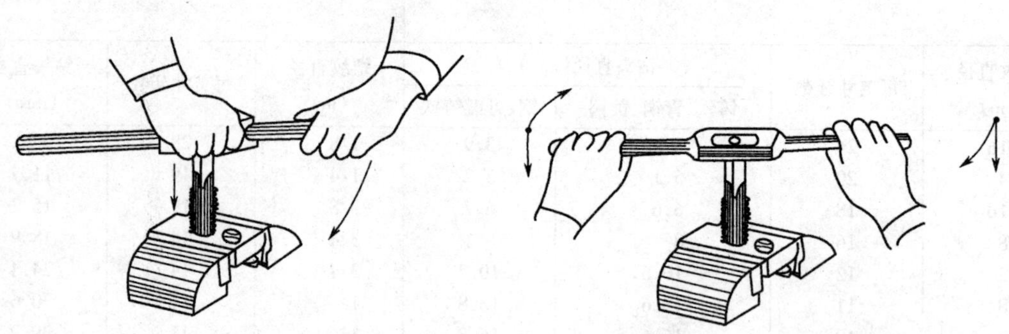

图 3-7-12 起攻方法

为了在起攻时使丝锥保持正确的位置，也可在丝锥上旋上同样直径的光制螺母(图 3-7-14a)，或将丝锥插入导向套的孔中(图 3-7-14b)。只要把螺母或导向套压紧在工件表面上，就容易使丝锥按正确的位置切入工件孔中。

④攻丝时，每扳转绞手 1/2～1 圈，就应倒转 1/4～1/2 圈，使切屑碎断后容易排除。特别是在攻不通孔的螺纹时，要经常退出丝锥，排除孔中的切屑，以免丝锥攻入时被卡住。

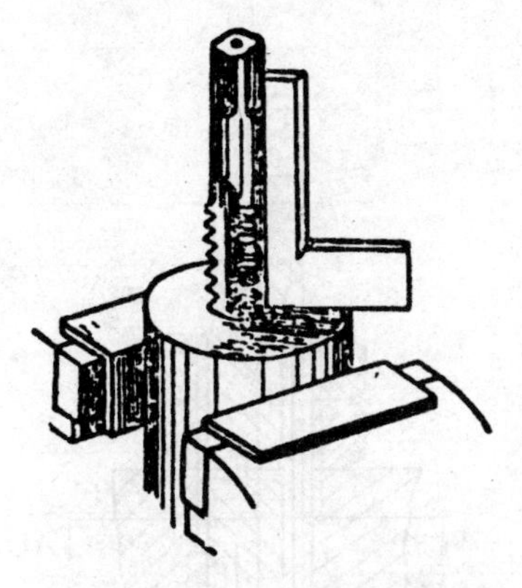

图 3-7-13　检查攻丝垂直度

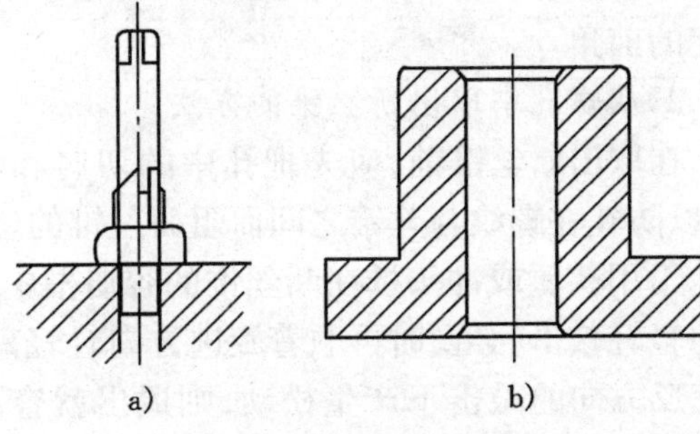

图 3-7-14　保证丝锥正确位置的工具

a)用螺母　b)用导向套

⑤攻丝时，必须按头锥、二锥、三锥顺序攻削到标准尺寸。如果是在较硬的材料上攻丝时，可轮换丝锥交替攻下，这样可减小切削负荷，避免丝锥折断。

⑥在不通孔上攻制有深度要求的螺纹时，可根据所需螺纹深度在丝锥上做好标记，避免因切屑堵塞而攻丝达不到深度要求。此时要注意倒向清屑，当工件不便倒向进行清屑时，可用弯曲的小管子吹出切屑，或用磁性针棒吸出切屑。

⑦在塑性材料上攻螺纹时，一般都应加润滑油，以减小切削阻力，减小螺孔的表面粗糙度值，延长丝锥的使用寿命。对于钢件，一般用机油或浓度较大的乳化液；如果螺纹公差带代号等级数字要求小时，可用工业植物油；攻制铸件可用煤油；攻制不锈钢可用 30 号机油或硫化油。

四、丝锥的修磨及从螺孔中取出断丝锥的方法

1. 丝锥的修磨

当丝锥的切削部分磨损时，可以修磨其后刀面，如图 3-7-15 所示。

修磨时要注意保持各刃瓣的半锥角 α 以及切削部分长度的准确性和一致性。转动丝锥时要留心，不要使另一刃瓣的刀齿碰擦而磨坏。

当丝锥的校准部分磨损时，可修磨其前刀面(图 3-7-16)。

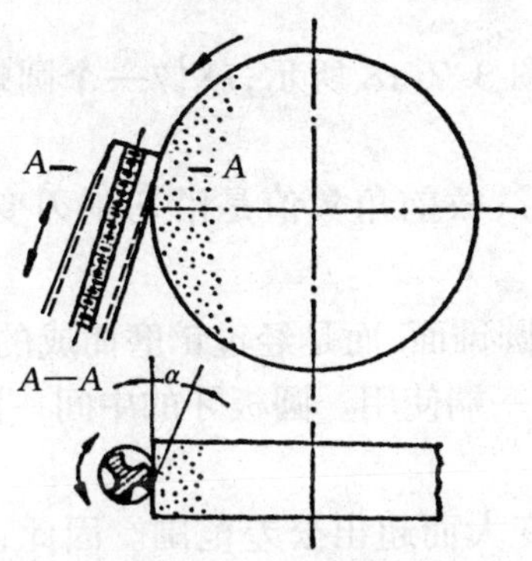

图 3-7-15　修磨丝锥的后刀面

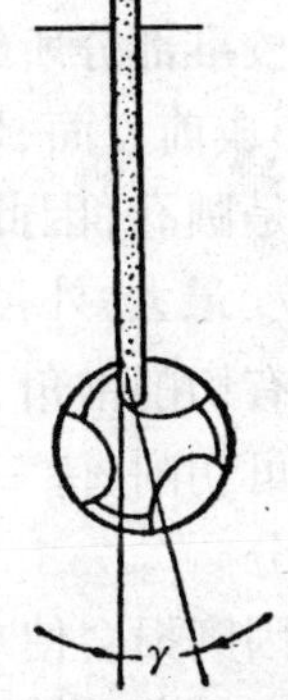

图 3-7-16　修磨丝锥的前刀面

磨损较少时可用油石研磨切削刃的前刀面，研磨时在油石上涂一些机油，油石要掌握平稳。

磨损较显著时，要用棱角修圆的片状砂轮修磨，并控制好一定的前角 γ。

2. 从螺孔中取出断丝锥的方法

在取出断丝锥前，应先把孔中的切屑和丝锥碎屑清除干净，以防轧在螺纹与丝锥之间而阻碍丝锥的退出。

①用狭錾或冲头抵在断丝锥的容屑槽中顺着退出的切线方向轻轻敲击，必要时再顺着旋进方向轻轻敲击，使丝锥在多次正反方向的敲击下产生松动，则退出就容易了。这种方法仅适用于断丝锥尚露出于孔口或接近孔口时。

②在带方榫的断丝锥上拧上两个螺母，用钢丝（根数与丝锥槽数相同）插入断丝锥和螺母的空槽中，然后用绞手按退出方向扳动方榫，把断丝锥取出，如图 3-7-17 所示。

③在断丝锥上焊上 1 个六角螺钉，然后用板手扳六角螺钉而使断丝锥退出。

④用乙炔火焰或喷灯使断丝锥退火，然后用钻头钻一盲孔。此时钻头直径应比底孔直径略小，钻孔时也要对准中心，防止将螺纹钻坏。孔钻好后打入 1 个扁形或方形冲头，再用板手旋出断丝锥。

⑤用火花加工设备将断丝锥熔断。

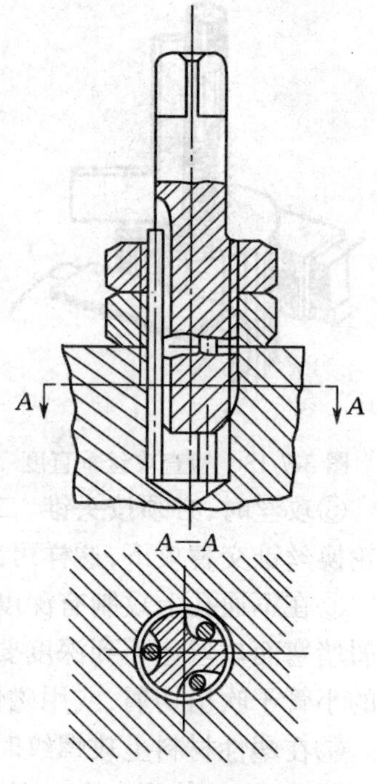

图 3-7-17 用钢丝插入槽中取出断丝锥的方法

7-2 套丝

用板牙在圆杆、管子上切削外螺纹称为套丝，也称套螺纹。

一、套丝工具

1. 板牙

板牙是加工外螺纹的工具，常用合金钢或高速钢淬火硬化而成。

(1)板牙构造

它由切削部分和校准部分所组成。圆板牙如图 3-7-18 所示，就像一个圆螺母，其端面上钻有几个孔，作用是形成前刀面、切削刃和排屑。

圆板牙的前刀面是圆孔，因此前刀面为曲线形，故前角数值是沿切削刃变化的（图 3-7-19）。在内径处前角 γ_d 最大，外径处前角最小。

切削部分的两端有切削锥角 2ϕ。切削角不是圆锥面，而是经过铲磨而成的阿基米德螺旋面。圆板牙的两端都可切削，待一端磨损后可换另一端使用。圆板牙的中间一段是校准部分，也是套丝时的导向部分。

板牙的校准部分因磨损会使攻出的螺纹尺寸变大而超出公差范围。因此，为延长板牙的使用寿命，M3.5 以上的圆板牙，在其外圆上除有 4 个紧固螺钉坑外，并开有 1 条 V 形槽（图 3-7-18），起调节板牙尺寸的作用。当板牙校准部分磨损、螺纹尺寸变大时，可沿板牙 V 形槽用锯片砂轮切割出一条通槽，用绞手上的两个螺钉顶入板牙上面的两个偏心的锥坑内，使圆板牙的螺纹尺寸缩小，其调节的范围为 0.1 mm～0.25 mm。上面两个锥坑所以要偏心，是为了使

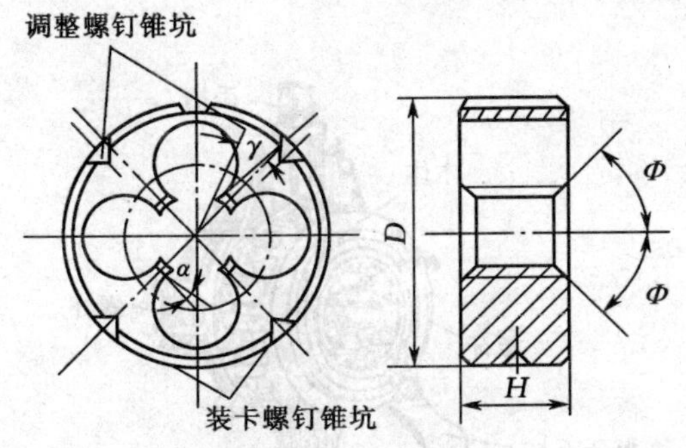

图 3-7-18　圆板牙

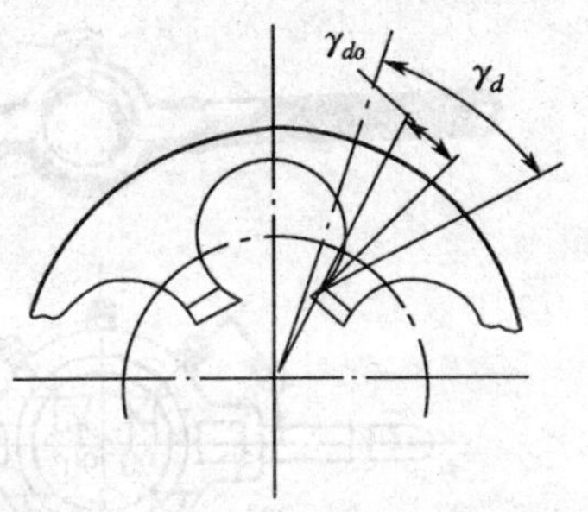

图 3-7-19　圆板牙的前角变化

紧固螺钉与锥坑单边接触，以使在拧紧紧固螺钉时，使板牙尺寸缩小。如果在 V 形槽的开口处旋入螺钉就能使板牙的尺寸增大。

板牙下部有两个通过中心的螺钉孔，以便将圆板牙固定在板牙架上并传递扭矩。

(2)板牙的种类

钳工常用的板牙有圆板牙和活动管子板牙，如图 3-7-20 所示。

①圆板牙分为固定式(图 3-7-20a)和可调式(图 3-7-20b)两种。

②活动管子板牙是 4 块为 1 组，镶嵌在可调的管子板牙架内，用来套管子的外螺纹(3-7-20c)。

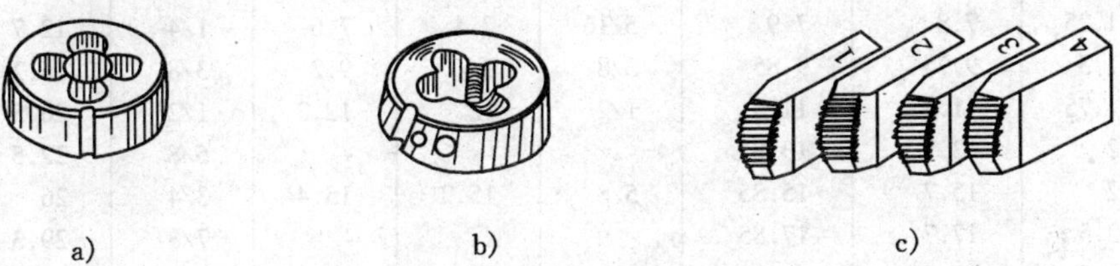

图 3-7-20　板牙的种类

a)固定板牙　b)可调节圆板牙　c)活动管子板牙

2.板牙架

板牙架是用来装夹板牙的工具，它分为圆板牙架和管子板牙架等，如图 3-7-21 所示。

二、套丝前圆杆直径的确定

套丝与攻丝一样，板牙在工件上套丝时，材料同样要受到挤压而变形，牙顶将被挤高一些，所以圆杆直径应稍小于螺纹大径的尺寸，其尺寸可通过查表 3-7-11 确定，或用下列经验公式计算来确定。

$$d_0 = d - 0.13P$$

式中　d_0——套丝前圆杆直径，mm；

d——螺纹公称直径，mm；

P——螺距，mm。

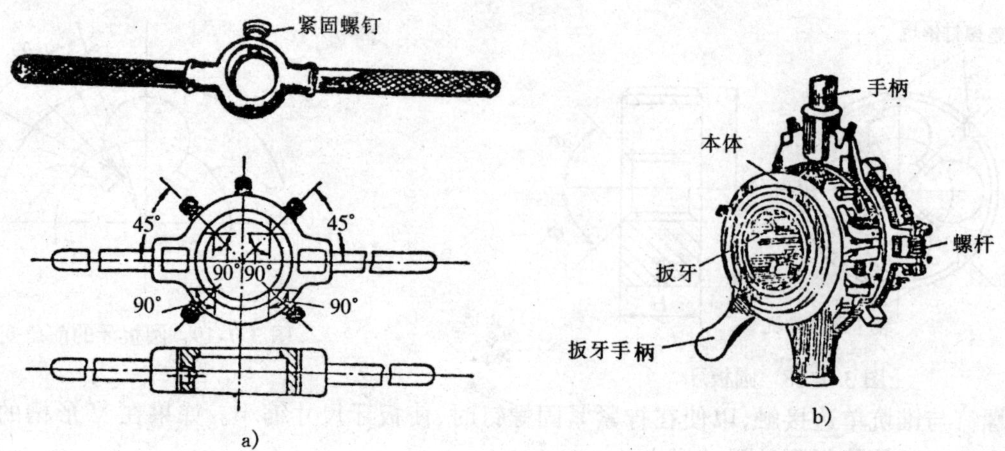

图 3-7-21　板牙架

a)圆板牙架　b)管子板牙架

表 3-7-11　板牙套丝时圆杆的直径

mm

粗牙普通螺纹				英制螺纹			圆柱管螺纹		
螺纹直径	螺距	螺杆直径		螺纹直径 (in)	螺杆直径		螺纹直径 (in)	管子外径	
		最小直径	最大直径		最小直径	最大直径		最小直径	最大直径
M6	1	5.8	5.9	1/4	5.9	6	1/8	9.4	9.5
M8	1.25	7.8	7.9	5/16	7.4	7.6	1/4	12.7	13
M10	1.5	9.75	9.85	3/8	9	9.2	3/8	16.2	16.5
M12	1.75	11.75	11.9	1/2	12	12.2	1/2	20.5	20.8
M14	2	13.7	13.85	-	-	-	5/8	22.5	22.8
M16	2	15.7	15.85	5/8	15.2	15.4	3/4	26	26.3
M18	2.5	17.7	17.85	-	-	-	7/8	29.3	30.1
M20	2.5	19.7	19.85	3/4	18.3	18.5	1	32.8	33.1
M22	2.5	21.7	21.85	7/8	21.4	21.6	1⅓	37.4	37.7
M24	3	23.65	23.8	1	24.5	24.8	1¼	41.4	41.7
M27	3	26.65	26.8	1¼	30.7	31	1⅜	43.8	44.1
M30	3.5	29.6	29.8	-	-	-	1½	47.3	47.6
M36	4	35.6	35.8	1½	37	37.3	-	-	-
M42	4.5	41.55	41.75	-	-	-	-	-	-
M48	5	47.5	47.7	-	-	-	-	-	-
M52	5	51.5	51.7	-	-	-	-	-	-
M60	5.5	59.45	59.7	-	-	-	-	-	-
M64	6	63.4	63.7	-	-	-	-	-	-
M68	6	67.4	67.7	-	-	-	-	-	-

三、套丝方法

套丝操作应注意以下几点。

①为了使板牙容易对准工件和切入工件，圆杆端部要倒成圆锥斜角为 15°～20°的锥体，如图 3-7-22 所示。锥体的最小直径可略小于螺纹小径，使切出的螺纹端部避免出现锋口和卷边而影响螺母的拧入。

②由于工件为圆杆形状，所以套丝时要用硬木 V 形块或铜板作衬垫，才能牢固地将工件夹紧，如图 3-7-23 所示。在加衬垫时圆杆套丝部分离钳口要尽量近。

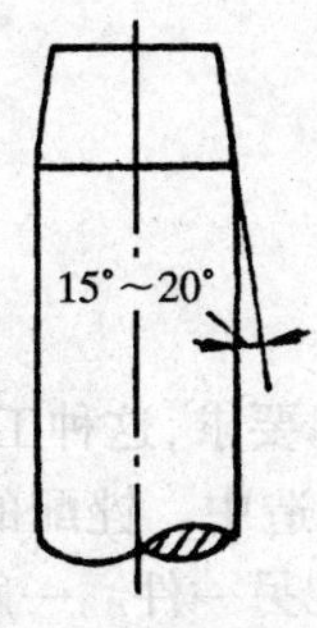

图 3-7-22　套丝时圆杆的倒角

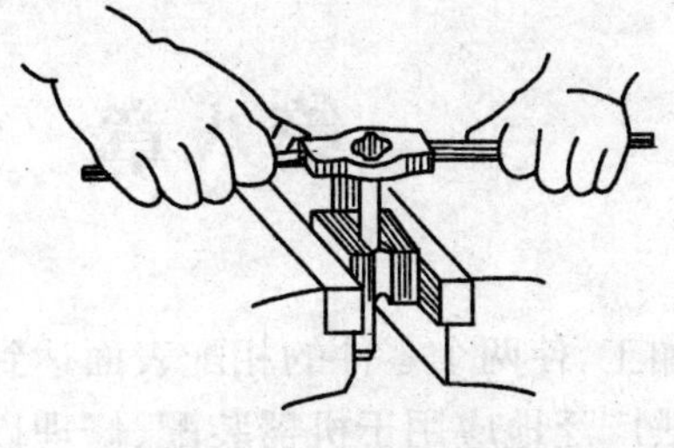

图 3-7-23　夹紧圆杆的方法

③起套时，右手手掌按住绞手中部，沿圆杆的轴向施加压力，左手配合作顺向旋进，此时转动宜慢，压力要大，应保持板牙的端面与圆杆轴线垂直，否则切口的螺纹牙齿一面深一面浅。当板牙切入圆杆 2～3 牙时，应检查其垂直度，否则继续扳动绞手时将造成螺纹偏切烂牙。

④起套后，不应再向板牙施加压力，以免损坏螺纹和板牙，应让板牙自然引进。为了断屑，板牙也要时常倒转。

⑤在钢件上套丝时要加冷却润滑液（一般加注机油或较浓的乳化液；螺纹要求较高时，可用工业植物油），以延长板牙的使用寿命和减小螺纹的表面粗糙度值。

第八章　锉　　配

通过锉配加工，使两个零件的相配表面达到图样上规定的技术要求，这种工作称为锉配。

锉配的方法广泛地应用于机器装配、修理以及工具、模具的制造中。锉配的基本方法是：先将相配的两个零件的一件锉到符合图样要求，再以它为基准锉配另一件。一般来说，零件的外表面比内表面容易加工，所以通常是先锉好配合面为外表面的零件，然后再锉配内表面的零件。由于相配合零件的表面形状、配合要求不同，随之锉配的方法也有所不同，因此，锉配方法应根据具体情况决定。

8-1　锉配样板

一、锉配角度样板

1. 锉内、外角度检验样板

锉配角度样板工件之前，一般要锉制一副内、外角度检查样板(图 3-8-1)。锉削时 α 角要准确，两条锐角边要平直。内外样板配合时，在 α 角的两边只允许有微弱的光隙。

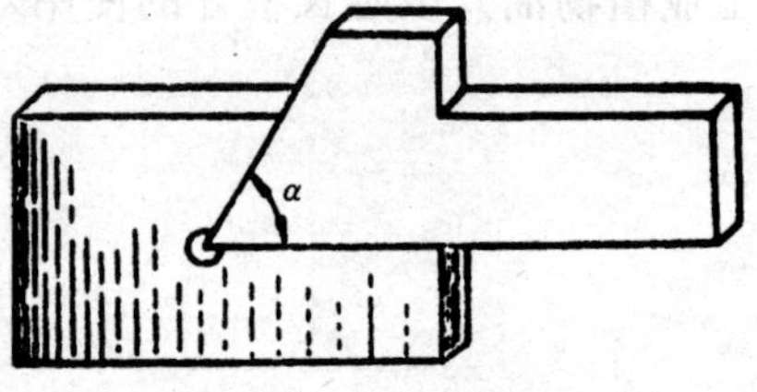

图 3-8-1　角度检查样板

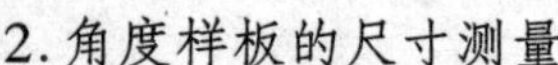
2. 角度样板的尺寸测量

图 3-8-2 所示的尺寸 B 不容易直接测量准确，一般都采用间接的测量方法。样板形状不同，测量时的计算方法亦有所不同。图 3-8-2b 的测量尺寸 M 与样板的尺寸 B、圆柱直径 d 之间有如下关系：

$$M = B + \frac{d}{2}\cdot \text{ctg}\,\frac{\alpha}{2} + \frac{d}{2}$$

式中　M——测量读数值，mm；

B——样板斜面与槽底的交点至测量面的距离，mm；

d——圆柱量棒的直径尺寸，mm；

α——斜面的角度值。

当要求尺寸为 B 时，则可按下式计算

$$B = A - C\text{ctg}\alpha$$

或

$$B = M - \frac{d}{2}\text{ctg}\,\frac{\alpha}{2} - \frac{d}{2}$$

3. 锉配角度样板(图 3-8-3)的加工过程

①在两块材料上分别划出外形加工线。

②分别锉削件 1 和件 2 的外形，应使尺寸(40±0.05)mm、(60±0.05)mm 和垂直度、平行度(为保证对称度)达到要求。

③根据图样划出件 1 和件 2 的全部加工线。

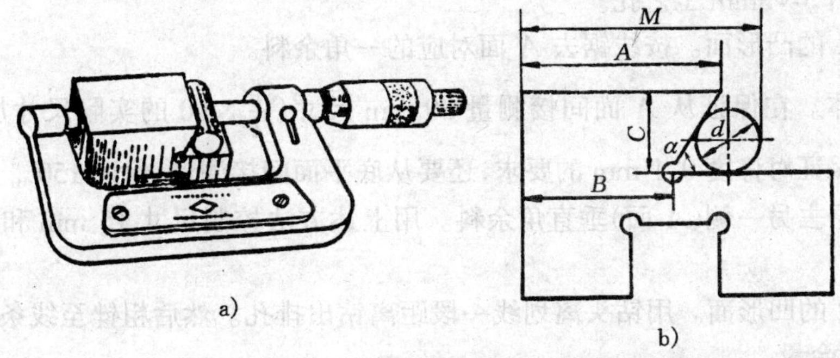

图 3-8-2 角度样板边角尺寸的测量

a)角度样板尺寸测量 b)计算图

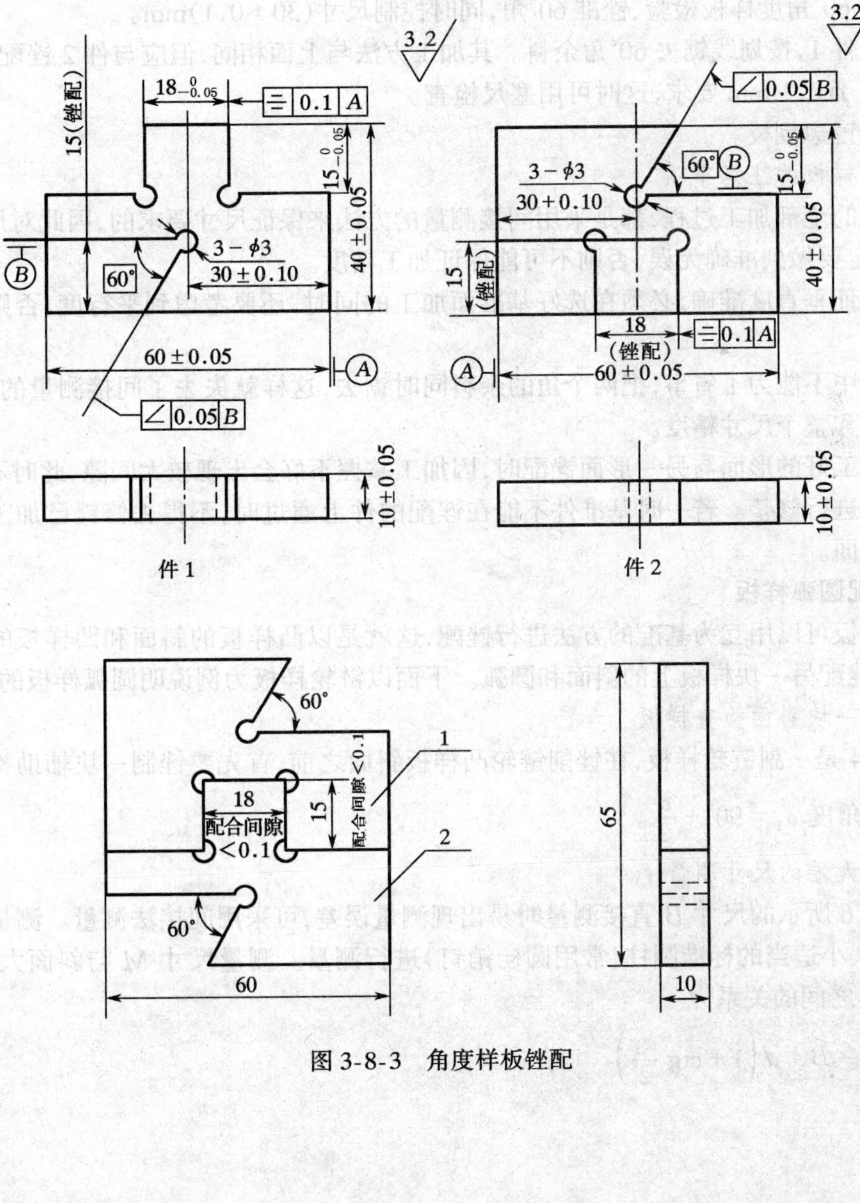

件 1

件 2

图 3-8-3 角度样板锉配

④分别钻出 3-ϕ3mm 工艺孔。

⑤加工件 1 的凸形面。按线锯去 A 面对应的一角余料。

⑥锉削凸体。在保证从 A 面间接测量 39 mm 尺寸($\frac{1}{2}\times 60$ 的实际尺寸加$\frac{1}{2}\times 18$ 的尺寸)的同时,要保证对称度 0.1 mm 的要求,还要从底平面间接测量,保证 $150_{-0.05}^{\ 0}$ mm 的尺寸。

⑦按划线锯去另一侧(A 面)垂直角余料。用上述方法控制尺寸 15 mm 和直接测量尺寸为$15_{-0.05}^{\ 0}$ mm。

⑧加工件 2 的凹形面。用钻头离划线一段距离钻出排孔。然后粗锉至线条处,留 0.1 mm～0.2 mm 细锉余量。

⑨锉削两侧面。先锉削($\frac{1}{2}\times 60$ 的实际尺寸减去$\frac{1}{2}\times 18$ 凹体实际尺寸的)左(基准)侧面(以保证对称度),然后锉削另一侧面,达到与凸体松紧适当的配合,且配合间隙小于 0.1 mm。

⑩加工件 2 的 60°角。首先按划线锯去 60°角的余料。锉削时要保证 $15_{-0.05}^{\ 0}$ mm 的尺寸要求。再用 60°角度样板检验、锉准 60°角,同时控制尺寸(30±0.1)mm。

⑪加工件 1,按划线锯去 60°角余料。其加工方法与上面相同,但应与件 2 锉配,达到角配合间隙不大于 0.1 mm 要求,这时可用塞尺检查。

⑫全部锐边倒棱。

4.锉配样板的注意事项

①样板的全部加工过程,都是采用间接测量的方法来保证尺寸要求的,因此对尺寸的计算和测量,一定要做到准确无误,否则不可能保证加工精度。

②要保证垂直度准确,必须在选好基准面加工的同时,还要考虑到平行度,否则对称度难以保证。

③加工中不能为了省事,把两个角的余料同时锯去,这样就失去了间接测量的手段,无法保证对称度和整个尺寸精度。

④已加工好的形面与另一形面锉配时,因加工掌握不好会出现较大间隙,此时不得通过敲打挤压材料进行修整。若一时基准件不能在锉配的件上通过时,不得去修锉已加工好的基准(或样板)形面。

二、锉配圆弧样板

圆弧样板可以用互为基准的方法进行锉配,这就是以凸样板的斜面和凹样板的圆弧面为基准,分别锉配另一块样板上的斜面和圆弧。下面以链轮样板为例说明圆弧样板的锉配方法。

1.锉制一块斜面检查样板

图 3-8-4 是一副链轮样板,在锉削链轮凸样板斜面之前,首先要锉制一块辅助检查样板如图 3-8-5,其角度 $\alpha_1=90^\circ+\frac{\alpha}{2}$。

2.斜面大端的尺寸测量

图 3-8-6 所示的尺寸 B 直接测量时易出现测量误差,可采用间接法测量。测量时用两个直径相等,大小适当的标准圆柱(常用圆栓销钉)进行测量。测量尺寸 M 与斜面大端尺寸 B、圆柱直径 d 之间的关系为

$$M=B+d\left(1+\text{ctg}\frac{\alpha_1}{2}\right)$$

式中　M——测量读数,mm;

B——两斜面与两凸肩平面交点间距离,mm;

d——圆柱量棒的直径,mm;

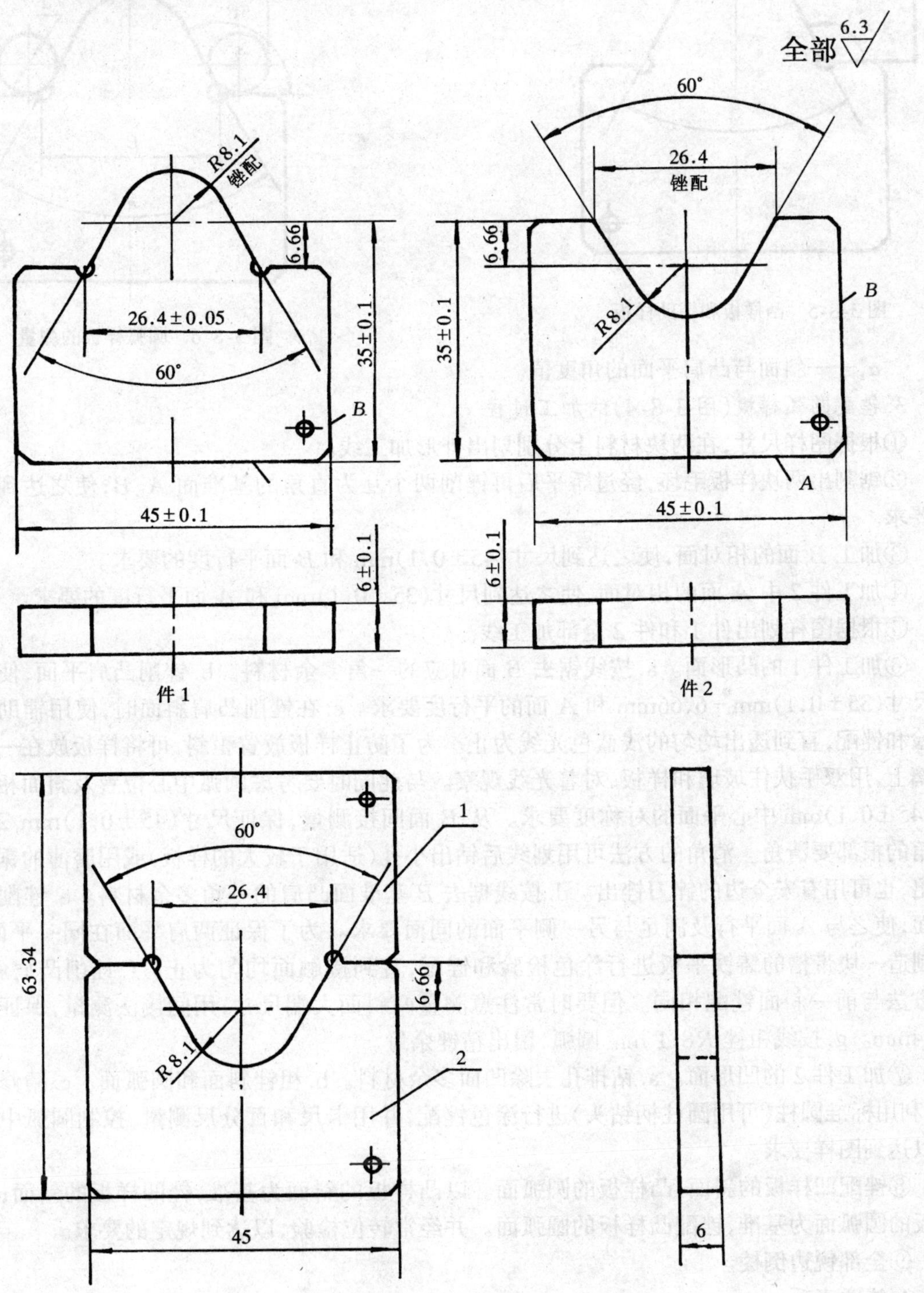

图 3-8-4　圆弧样板

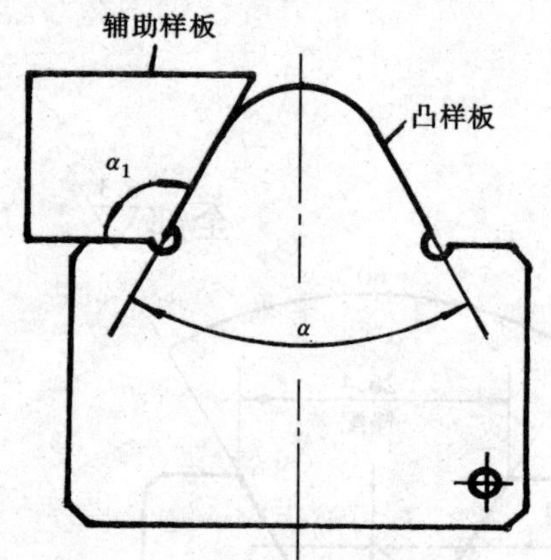

图 3-8-5　凸样板和辅助样板

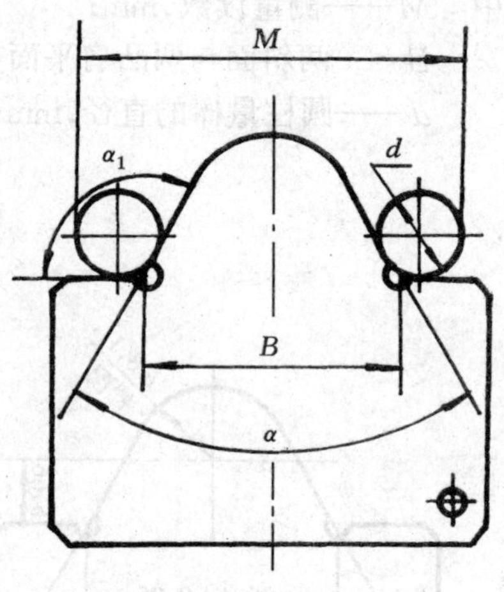

图 3-8-6　圆弧样板的测量

α_1——斜面与凸肩平面的角度值。

3. 锉配圆弧样板(图 3-8-4)的加工过程

①根据图样尺寸,在两块材料上分别划出外形加工线。

②锯割出两块样板毛坯,经过矫平后再锉削两个互为直角的基准面 A、B,使之达到垂直度要求。

③加工 B 面的相对面,使之达到尺寸(45±0.1)mm 和 B 面平行度的要求。

④加工件 2 中 A 面的相对面,使之达到尺寸(35±0.1)mm 和 A 面平行度的要求。

⑤根据图样划出件 1 和件 2 全部加工线。

⑥加工件 1 的凸形面。a. 按线锯去 B 面对应的一角多余材料。b. 锉削凸肩平面,使之达到尺寸(35±0.1)mm－6.66mm 和 A 面的平行度要求。c. 在锉削凸肩斜面时,使用辅助样板检验和锉配,直到透出均匀的浅蓝色光线为止。为了防止样板放置歪斜,可将样板放在一块小玻璃上,用双手扶住玻璃和样板,对着光线观察。与此同时要考虑圆弧中心位置及斜面相对尺寸(45±0.1)mm 中心平面的对称度要求。从 B 面间接测量,保证尺寸(45±0.1)mm/2。样板角的根部要清角。清角的方法可用划线后钻出小孔(适用于较大的样板)或用磨薄的锯条片锯出,也可用有安全边的锉刀锉出。d. 按线据去 B 基准面凸肩的一角多余材料。e. 锉削凸肩平面,使之与 A 面平行及满足与另一侧平面的同面要求。为了保证两肩平面在同一平面内,可制造一块带槽的铸铁平板进行涂色检验和锉配,直到接触面均匀为止。f. 锉削凸肩斜面。其方法与前一斜面锉配相同。但要时常注意测量两斜面大端尺寸,用间接法测量,保证尺寸 26.4mm。g. 按线粗锉 $R8.1$ mm 圆弧,留出精锉余量。

⑦加工件 2 的凹形面。a. 钻排孔去除凹面多余材料。b. 粗锉斜面和圆弧面。c. 精修圆弧面,利用标准圆柱(可用圆柱柄钻头)进行涂色锉配,并用卡尺和百分尺测量,控制圆弧中心位置以达到图样要求。

⑧锉配凹样板的斜面、凸样板的圆弧面。以凸样板的斜面为基准,锉凹样板的斜面;以凹样板的圆弧面为基准,锉配凸样板的圆弧面。并经常转位检验,以达到规定的要求。

⑨全部锐边倒棱。

4. 注意事项

①圆弧样板锉配时要注意基准的选择和尺寸的测量方法。特别对一些外形及有关结构尺

寸精度要求较高的样板更应如此。有对称度要求的样板，在凸样板锉配时应先去除基准面对应面余料，以便尺寸测量。如两侧余料同时去除，将失去间接测量手段，这样对称度精度难以保证。

②采用间接法测量尺寸来保证圆弧面的位置及中心平面的对称度。对尺寸的测量一定要做到准确无误。否则样板难以达到加工质量要求。

③要正确掌握和运用曲面的锉配方法。加工姿势要正确，锉纹要整齐美观，曲面过渡要圆滑准确。

④要正确运用圆弧样板互为基准的锉配程序和方法。在锉配 $R8.1$ mm 圆弧面及两斜面时，不能只考虑其形状的准确性而忽视了位置、对称度的要求；相反，不能只考虑位置、对称度的要求，而忽视了其形状的准确性。总之要全面考虑，不能因某个细节考虑不周而出现质量问题。

⑤为提高锉配技能，链轮样板在实践技能训练中，不允许用增加或减少(45±0.1)mm 尺寸的方法达到斜面及圆弧中心面的对称度要求。

三、对称度的测量及误差修整

1.对称度的测量

对称度误差，是指被测表面的中心平面与基准表面的中心平面间的最大偏移距离，如图3-8-7 中的 Δ。

对称度公差带是距离为公差值 t，且相对基准中心平面对称配置的两平行平面之间的区域。

对称度的测量如图 3-8-8 所示。要检查尺寸 m 是否对称于尺寸 n 的中心平面，先把样板垂直放置在平板上，用百分表测量 A 表面，得出数值 k_1；然后把另一侧面同样放置在平板上，测量 B 表面，得出数值 k_2。如果两次测量的数值一样，说明尺寸 m 的两表面对称于尺寸 n 的中心平面；如果两次测量的数值不一样，则对称度误差值为$\dfrac{|k_1-k_2|}{2}$。

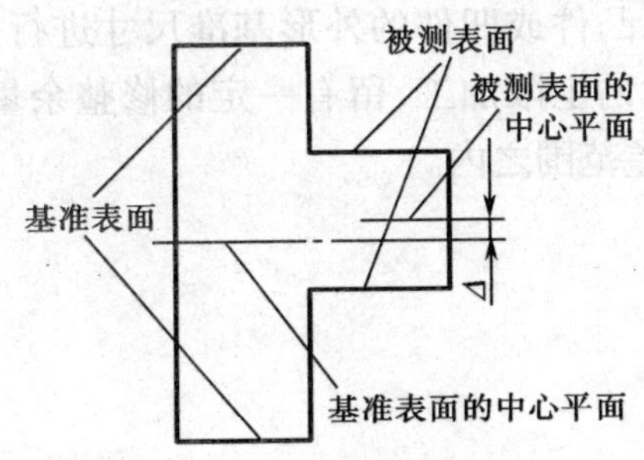

图 3-8-7　对称度误差值

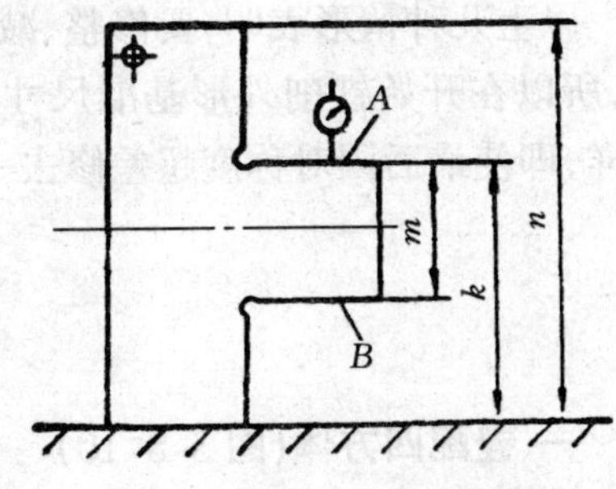

图 3-8-8　对称度的测量

2.对称度误差修整

对称度误差在凸凹配合件中可通过凸凹体配合进行检查，然后根据检查结果修整，以减小或消除对称度误差。其原理如图 3-8-9 所示。

在图 3-8-9 的 a、b、c 一组中，图 a 为该组凸凹件配合前的情况，图 b 为该组件配合后的情形，图 c 为翻转凸形后的配合情形。修整时，凸形件多的一侧要修去 2Δ，凹形件每侧要修去 Δ。

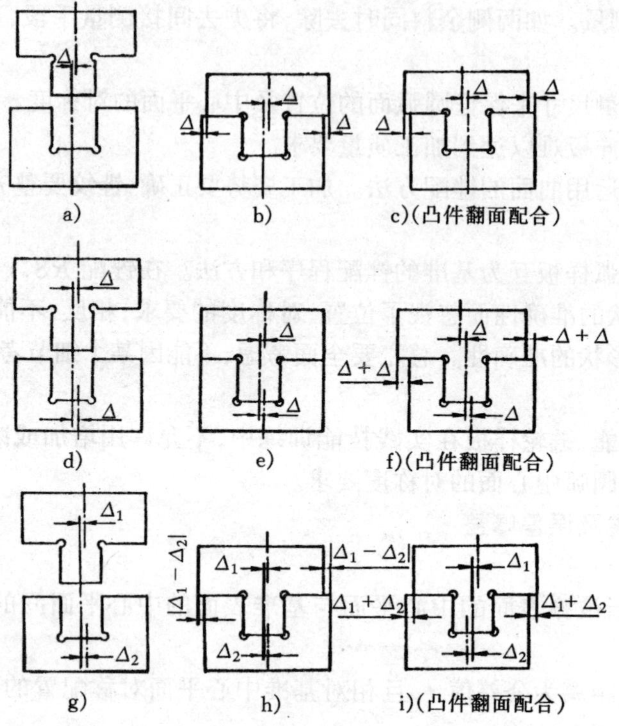

图 3-8-9 对称度误差的修整

在图 3-8-9 的 d、e、f 一组中，图 d 为配合前的情形，图 f 为翻转凸形件后的配合情形。修整时，凸件、凹件多的一侧都要修去 2Δ。

在图 3-8-9 的 g、h、i 一组中，凸件和凹件先按图 h 所示多的一侧修去 $|\Delta_1-\Delta_2|$，然后翻转凸件，再按图 i 所示多的一侧修去 $\Delta_1+\Delta_2$。

以上几种情形表明，要修整、减小对称度误差，都要对凸件或凹件的外形基准尺寸进行修去，所以在开始锉削外形基准尺寸时，一定要按所给尺寸的上限加工，留有一定的修整余量。这样，即使最后因对称度超差修去一些，外形尺寸仍在公差范围之内。

8-2 锉配形体

一、锉配四方体(图 3-8-10)

1. 操作技术要求

①掌握四方体的锉配方法。

②了解影响锉配精度的因素，并掌握锉配误差的检查和修正方法。

③进一步掌握平面锉配技能，了解内表面加工过程及形位精度在加工中的控制方法。

2. 使用的刀具、量具和辅助工具

锉配四方体常用的刀具、量具和工具有：粗锉刀、细锉刀、钢尺、游标卡尺、高度游标尺、百分尺、刀口尺、角尺、塞尺、平板和划针盘。

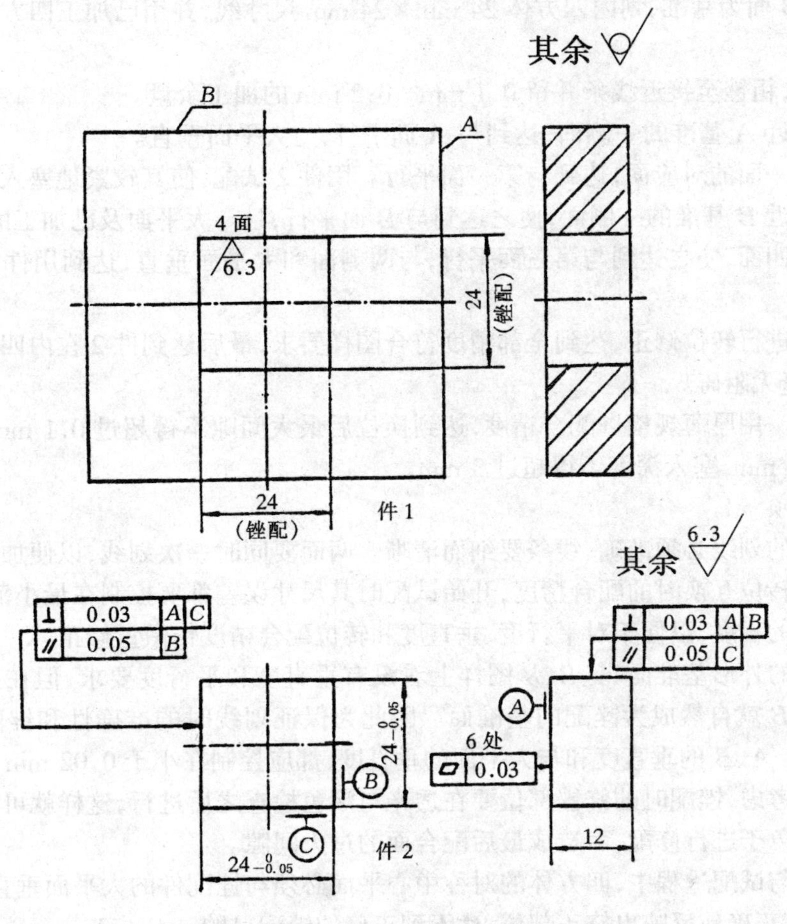

图 3-8-10　内、外四方体

3. 操作过程

(1)加工件 2

①锉削基准平面 A,并使之达到平面度 0.03mm,表面粗糙度 $R_a6.3$ μm 要求。

②锉削 A 面对应面。以 A 面为基准,在相距 12 mm 处划出平面加工线,并使锉削达到尺寸 12 mm,平面度 0.03 mm,表面粗糙度 $R_a6.3$ μm 要求。

③锉削基准面 B,并使之达到平面度和垂直度 0.03 mm,表面粗糙度 $R_a6.3$ μm 要求。

④锉削 B 面对应面。以 B 面为基准,在相距 24 mm 处划出平面加工线,并使锉削达到尺寸 $24_{-0.05}^{0}$ mm,平面度、垂直度 0.03 mm,平行度 0.05 mm,表面粗糙度 $R_a6.3$ μm 的要求。

⑤锉削基准面 C,并使之达到平面度、垂直度 0.03 mm,表面粗糙度 $R_a6.3$ μm 的要求。

⑥锉削 C 面的对应面。以 C 面为基准,在相距 24 mm 处划出平面加工线,并使锉削达到尺寸 $24-_{0.05}^{0}$ mm,平面度、垂直度 0.03 mm,平行度 0.05 mm,表面粗糙度 $R_a6.3$ μm 的要求。

⑦在棱边上倒棱。

(2)加工件 1

①按加工件 2 的方法锉削件 1 左右两大面,使之达到平面度、平行度、表面粗糙度要求。

②锉削 A、B 基准面,使之达到平面度、垂直度、表面粗糙度的要求。

③以 A、B 面为基准，划内四方体 24 mm×24 mm 尺寸线，并用已加工四方体校核所划线条的正确性。

④钻排孔，粗锉至接近线条并留 0.1 mm～0.2 mm 的加工余量。

⑤细锉靠近 A 基准的一侧面，达到与 A 面平行，与大平面垂直。

⑥细锉第一面的对应面，达到与第一面平行。用件 2 试配，使其较紧地塞入。

⑦细锉靠近 B 基准的一侧面，使之达到与 B 面平行，且与大平面及已加工的两侧面垂直。

⑧细锉第四面，使之达到与第三面平行，与两侧面和大平面垂直，达到用件 2 能较紧地塞入。

⑨用件 2 进行转位修正，达到全部精度符合图样要求，最后达到件 2 在内四方体内能自由地推进推出，毫无阻碍。

⑩去毛刺。用厚薄规检查配合精度，达到换位后最大间隙不得超过 0.1 mm，最大喇叭口不得超过 0.05 mm，塞入深度不得超过 3 mm。

4. 注意事项

①锉配件的划线必须准确，线条要细而清晰。两面要同时一次划线，以便加工时检查。

②为达到转位互换时的配合精度，开始试配时其尺寸误差都要控制在最小范围内，亦即配合要达到很紧的程度，以便于对平行度、垂直度和转位配合精度作微量修正。

③锉配件的外形基准面 A、B，从图样上看没有垂直度和平行度要求，但在加工内四方体时，外形面 A、B 就自然成为锉配的基准面。因此为保证划线时的准确性和锉配时的测量基准，对外形基准 A、B 的垂直度和与大平面的垂直度，都应控制在小于 0.02 mm 以内。

④从整体考虑，锉配时的修锉部位要在透光与涂色检查之后进行，这样就可避免仅根据局部试配情况就急于进行修配，而造成最后配合面的过大间隙。

⑤在锉配与试配过程中，四方体的对称中心平面必须与锉配件的大平面垂直，否则会出现扭曲状态，不能正确地反映出修正部位，达不到正确的锉配目的。

⑥正确选用小于 90°的光边锉刀，防止锉成圆角或锉坏相邻面。

⑦在锉配过程中，只能用手推入四方体，禁止使用榔头或硬金属敲击，以避免将两锉配面咬毛。

⑧锉配时应采用顺向锉、不得推锉。

⑨加工内四方体时，可先加工一件内角样板。

5. 锉削规律

①选择大的平面或长的平面加工作为基准。有了加工基准，使得其他加工表面有一个共同的加工依据。

②先锉平行面，后锉垂直面。先锉平行面是为了控制尺寸精度，再锉垂直面是为了进行平行度和垂直度这两项误差的测量比较，以减小积累误差。

③先锉大平面，后锉小平面。这是因为以大控制小，能使加工方便，测量准确。

二、锉配六角形体（图 3-8-11）

1. 操作技术要求

①掌握六角形体的锉配方法，并达到锉削精度。

②掌握活动角尺（或万能游标量角器）、刀口尺、高度游标尺的正确使用。

③进一步掌握角度与平面的锉削技能。

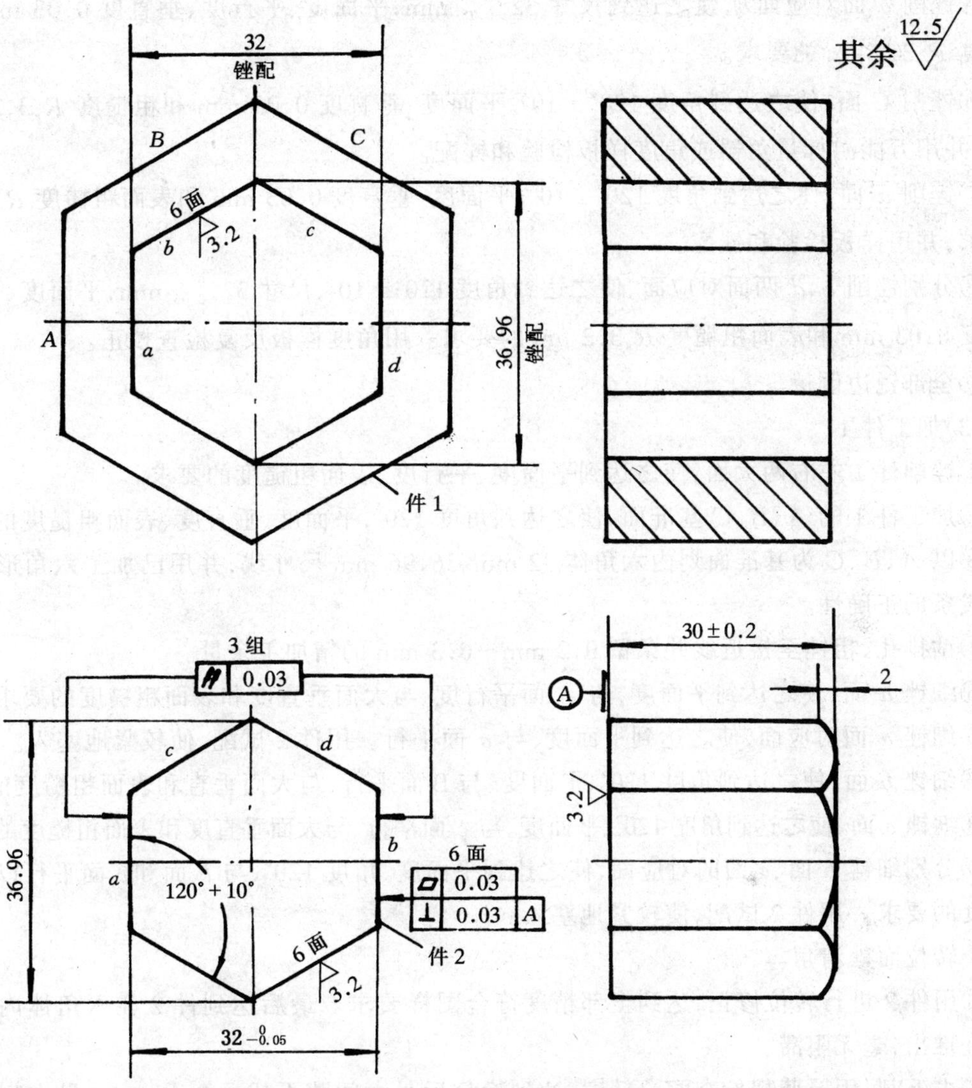

图 3-8-11　内、外六角形体

④进一步了解内表面加工过程及形位精度在加工中的控制方法。

2. 所使用的刀具、量具和辅助工具

锉配六角形体常用的刀具、量具和工具有：粗锉刀、细锉刀、百分尺、刀口尺、塞尺、角尺、角度样板、高度游标尺、游标卡尺、万能游标量角器等。

3. 操作过程

(1)检查备料尺寸

(2)加工件 2

①锉削基准面 A，使之达到平面度 0.05 mm、表面粗糙度 $R_a3.2\ \mu m$ 的要求。

②以 A 面为基准，划出(30±0.2)mm 加工线。

③锉削 A 面的对应面，使之达到尺寸(30±0.2)mm、表面粗糙度 $R_a12.5\ \mu m$ 的要求。

④锉削 a 面，使之达到平面度、垂直度 0.03 mm 和表面粗糙 $R_a3.2\ \mu m$ 的要求。

⑤锉削 a 面对应面 b,使之达到尺寸 $32_{-0.05}^{\ 0}$ mm,平面度、平行度、垂直度 0.03 mm,表面粗糙度 $R_a3.2\ \mu m$ 的要求。

⑥锉削 C 面,使之达到角度 120°±10′,平面度、垂直度 0.03 mm 和粗糙度 $R_a3.2\ \mu m$ 的要求,并用万能游标量角器或角度样板检验和锉配。

⑦锉削 d 面,使之达到角度 120°±10′,平面度、垂直度 0.03 mm 和表面粗糙度 $R_a3.2\ \mu m$ 的要求,并用样板检验和锉配。

⑧分别锉削 c、d 两面对应面,使之达到角度 120°±10′,尺寸 $32_{-0.05}^{\ 0}$ mm,平面度、平行度、垂直度 0.03 mm 和表面粗糙度 $R_a3.2\ \mu m$ 的要求。用角度样板反复检查校正。

⑨全部锐边倒棱。

(3)加工件 1

①锉削件 1 左右两大面,使之达到平面度、平行度、表面粗糙度的要求。

②加工件 1 的 A、B、C 基准面,使之达到角度 120°,平面度、垂直度、表面粗糙度的要求。

③以 A、B、C 为基准面划内六角体 32 mm、36.96 mm 尺寸线,并用已加工六角形体校核所划线条的正确性。

④钻排孔,粗锉至接近线并条留 0.2 mm～0.3 mm 的精加工余量。

⑤细锉 a 面,使之达到平面度,与 A 面平行度、与大面垂直度和表面粗糙度的要求。

⑥细锉 a 面对应面,使之达到平面度,与 a 面平行。用件 2 试配,使较紧地塞入。

⑦细锉 b 面,使之达到角度 120°、平面度、与 B 面平行、与大面垂直和表面粗糙度的要求。

⑧细锉 c 面,使之达到角度 120°、平面度、与 c 面平行、与大面垂直度和表面粗糙度的要求。

⑨分别细锉 b 面、c 面的对应面,使之达到平面度、角度 120°、与 b 面和 c 面平行以及表面粗糙度的要求。用件 2 试配,使较紧地塞入。

⑩转位面处清角。

⑪用件 2 进行转位修正,达到全部精度符合图样要求。最后达到件 2 在六角体内能自由地推进推出,毫无阻滞。

⑫去毛刺,用厚薄规检查配合精度,达到换位后最大间隙不超过 0.15 mm,最大喇叭口不得超出 0.05 mm,塞入深度不得超出 3 mm。

4. 注意事项

①六角形体转位面较多,锉配件在划线时必须准确,线条要细而清晰。两面要同时一次划线,以便加工时检查。

②要求锉削姿势正确。

③为了保证达到表面粗糙度要求,必须用钢丝刷清除嵌入锉刀齿纹内铁屑,并在齿面上涂上粉笔灰。

④为了达到锉配件的质量要求,各转位面角度误差要严格掌握。为了减小失误,在锉配过程中要防止片面性,不要单纯为了锉正确角度而忽略了平面度、平行度、垂直度;不要为了获得平面度又忽视了平行度、垂直度、尺寸公差和角度精度;也不要为了减小表面粗糙度而又忽略了其他技术要求。总之,加工时要纵观全局全面照顾。

⑤使用万能游标量角器时,测量的角度要取得准确,制动螺母必须拧紧。用时要轻拿轻

放,避免测量角度发生变动,并且要随时校正测量角度的准确性,测量时要去除工件锐边的毛刺,以保证测量的标准性。

⑥测量角度时,可先做好内、外角度样板,在使用样板的同时,还可检验自己使用万能游标量角器测量的准确程度。

⑦为了达到转位互换时的配合精度,开始试配时其尺寸误差都要控制在最小范围内,亦即配合要达到很紧的程度,以便于对角度、平行度和转位配合精度作微量修整。

⑧从整体考虑,锉配时的修配部位要在透光与涂色检查之后进行,这样可避免仅根据局部试配情况就急于修配,而造成最后配合间隙过大。

⑨在锉配过程中,只能用手推入六角形体,禁止用榔头或硬金属敲击,以避免将两锉配面咬毛。

⑩锉配时用顺向锉,不得推锉。

三、锉配 T 形体(图 3-8-12)

1.操作技术要求

①掌握具有对称度要求的形体划线方法。

②掌握具有对称度要求的形体加工和测量方法。

③进一步掌握锉配精度要求,使互配零件能正反互换。

2.使用的刀具、量具和辅助工具

锉配 T 形体常用的刀具、量具和工具有:粗锉刀、细锉刀、百分尺、游标卡尺、高度游标卡尺、刀口尺、直角尺、塞尺、T 形样板。

3.操作过程

(1)根据图样要求检查备料尺寸

(2)加工件 1 外形轮廓尺寸

①锉削基准面 A,使之达到平面度 0.05 mm 和表面粗糙度 $R_a6.3\ \mu m$ 的要求。

②锉削 A 面的对应面。以 A 面为基准,在相距 15 mm 处划出平面加工线,并使锉削达到尺寸(15 ± 0.2)mm、平面度、与 A 面平行度 0.05 mm、表面粗糙度 $R_a6.3\ \mu m$ 的要求。

③锉削 C 面,使之达到平面度、与 A 面垂直度 0.03mm、表面粗糙度 $R_a3.2\ \mu m$ 的要求。

④锉削 B 面,使之达到平面度、与 A 面和 C 面垂直度 0.03 mm,表面粗糙度 $R_a3.2\ \mu m$ 的要求。

⑤锉削 C 面对应面。以 C 面为基准,在相距 60 mm 处划出平面加工线,并锉削使之达到尺寸(60 ± 0.05)mm 平面度、与 C 面平行度 0.05 mm,与 A 面和 B 面垂直度 0.03 mm 和表面粗糙度 $R_a3.2\ \mu m$ 的要求。

⑥加工 B 面对应面。以 B 面为基准,在相距 40 mm 处划出平面加工线,并锉削使之达到尺寸(40 ± 0.05)mm、平面度、与 B 面平行度 0.05 mm、与 A 面和 C 面垂直度 0.03 mm 和表面粗糙度 $R_a3.2\ \mu m$ 的要求。

(3)加工件 1 凸形部分

①以 C 面、B 面为基准划出凸形部分的加工线。

②按线先锯去图 3-8-13 中阴影部分余料。

③首先求出尺寸 E,根据尺寸链关系,可以看出由尺寸(40 ± 0.05)mm、尺寸$(20_{-0.05}^{\ 0})$mm

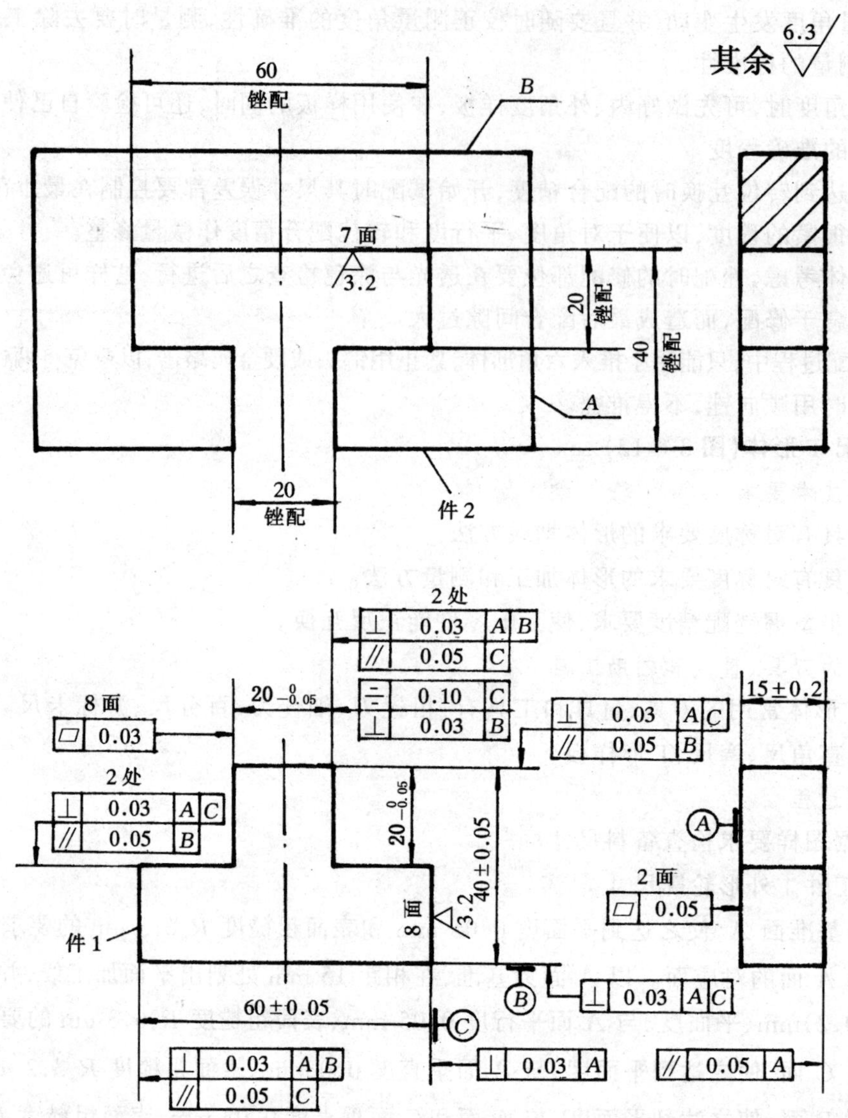

图 3-8-12　T 形体

和尺寸 E 组成的尺寸链中，尺寸$(20_{-0.05}^{\ 0})$mm 为封闭环，尺寸(40 ± 0.05)mm 为组成环。这样，组成环公差大于封闭环，无法用尺寸链基本公式计算，因此在成批生产中，这是行不通的。但我们锉配训练，属于单件生产，在实际加工中，此时尺寸(40 ± 0.05)mm 已经加工，(40 ± 0.05)mm 已成定值，那么尺寸 E 即为

$$E_{\max}=40\pm0.05\ \text{的实际尺寸}-(20-0.05)$$

$$E_{\min}=40\pm0.05\ \text{的实际尺寸}-20$$

④求出尺寸 F。从图中可以看出，尺寸 F 和$\dfrac{60\pm0.05}{2}$，对称度误差 0.1 mm 以及$\dfrac{20_{-0.05}^{\ 0}}{2}$组成一个尺寸链。对称度误差 0.1 mm 为封闭环，尺寸(60 ± 0.05)mm 已为定值，代入尺寸链公式得

$$F_{max}=\frac{60\pm0.05\text{ 的实际尺寸}}{2}+\frac{20-0.05}{2}+0.05$$

$$F_{min}=\frac{60\pm0.05\text{ 的实际尺寸}}{2}+\frac{20}{2}-0.05$$

$$F=\frac{60\pm0.05\text{ 的实际尺寸}}{2}+10^{+0.025}_{-0.05}$$

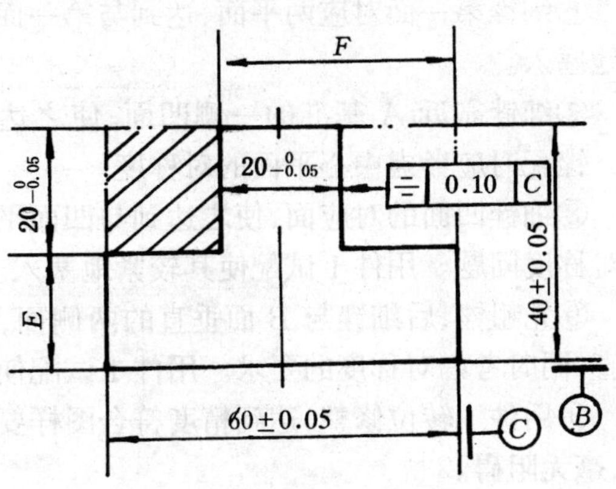

图 3-8-13　加工顺序

图 3-8-14a 为尺寸 F 的最大和最小的情况。图 3-8-14b 为在尺寸 F 最大的情况下，当尺寸 $20^{\ 0}_{-0.05}$ mm 为最小时，$20^{\ 0}_{-0.05}$ mm 的中心平面相对 (60 ± 0.05)mm 的中心平面向左偏移

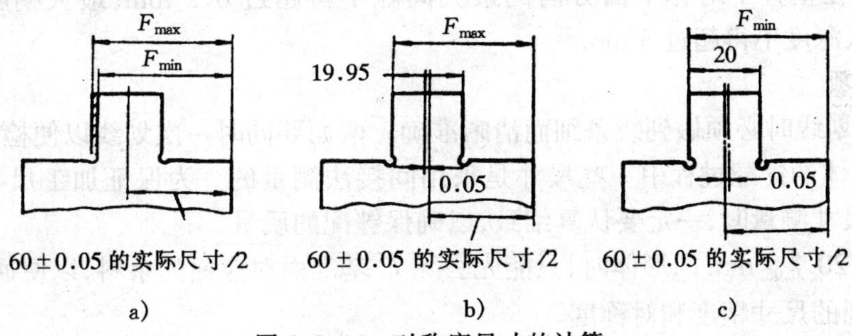

图 3-8-14　对称度尺寸的计算

a) F 最大和最小的情况　b) F 最大，尺寸 $20^{\ 0}_{-0.05}$ 最小　c) F 最小，尺寸 $20^{\ 0}_{-0.05}$ 最大

0.05 mm。图 3-8-14c 为在尺寸 F 最小的情况下，当尺寸 $20^{\ 0}_{-0.05}$ mm 为最大时，$20^{\ 0}_{-0.05}$ mm 的中心平面相对 (60 ± 0.05)mm 的中心平面向右偏移 0.05 mm。

⑤通过上述算得的 E、F 尺寸进行测量和锉削，从而保证凸肩中心平面相对 (60 ± 0.05) mm 中心平面 0.1 mm 的对称度要求。同时使锉削达到两平面的平面度分别相对 C 面、B 面平行度 0.05 mm 的要求，以及与 A 面、B 面、C 面垂直度 0.03 mm，表面粗糙度 $R_a3.2\ \mu$m 的要求，并用 90°内外角度样板检验锉配。

⑥按线锯去凸形部分右侧余料。

⑦以加工好的凸形部分左侧为基准加工右侧两侧面，使之达到尺寸 $20^{\ 0}_{-0.05}$ mm，平面度、与 B 面和 C 面的平行度 0.05 mm，与 A 面、C 面、B 面的垂直度 0.03 mm 和表面粗糙度 $R_a3.2\ \mu$m 的要求。同时用 90°角度样板和 T 形样板检验锉配。

⑧转位面处清角和棱边倒棱。

(4)加工件 2

①加工件 2 两侧大平面，使之达到平面度、平行度和表面粗糙度的要求。

②加工 A、B 基准面，使之达到平面度、垂直度和表面粗糙度的要求。

③以 A、B 为基准面，划出内 T 形体尺寸线，并用已加工凸形体校核所划线条的正确性。

④钻排孔，粗锉凹槽内五面至接近线条时留出 0.2 mm～0.3 mm 的精加工余量。

⑤细锉靠近 B 基准的一侧面，达到与 B 面的平行度和与大平面的垂直度的要求。

⑥细锉第一面对应两平面,达到与第一面平行与大平面垂直的要求。用件1试配,使其较紧地塞入。

⑦细锉靠近 A 基准的一侧凹面,使之达到与 B 面平行,与大平面及已加工的两侧面垂直。锉配时应考虑中心平面的对称度。

⑧细锉凹面的对应面,使之达到与凹面平行,与大平面及已加工的两侧面垂直。同时要考虑对称度问题。用件1试配使其较紧地塞入。

⑨先粗锉、后细锉与 B 面垂直的两侧面,使之达到与 A 面平行,与大面及已加工的邻面垂直,同时考虑对称度的要求。用件1试配使其较紧地塞入。

⑩用件1转位修整,达到精度符合图样要求。最后达到件1在T形槽内能自由地推进推出,毫无阻碍。

⑪粗、细锉 B 面对应的轮廓面,达到凸件装入后,与其顶面同平面的要求。

⑫去毛刺。用厚薄规检查配合精度,达到转位后在平行于对称平面方向的最大间隙不得超过0.1 mm;在垂直于对称平面方向的最大间隙不得超过0.2 mm;最大喇叭口不得超过0.05 mm;塞入深度不得超过3 mm。

4. 注意事项

①锉配件划线时必须做到线条细而清晰准确。两面要同时一次划线以便检查。

②在T形体的锉配过程中一些尺寸是采用间接法测量的。为保证加工尺寸的精度和对称度要求,在尺寸测量时,一定要认真细致,以确保锉配的质量。

③在加工 $20_{-0.05}^{\ 0}$ mm 凸形体时,只能先去除 C 基准面对应面的余料,以便通过 E、F 尺寸测量,保证锉削的尺寸精度和对称度。

④加工垂直面时,只能使用小于90°的光边锉刀,以防锉伤另一垂直面。

⑤在锉配T形体前事先锉配一付T形样板和90°角度检验样板。

⑥凸凹形体的锉配加工,从基准面开始,都要从严控制平面度、垂直度、平行度和尺寸精度等,才能保证转位误差不超差和单面间隙的精度。

⑦在转位锉配时,不得通过修锉凸形体的办法达到转位配合的精度要求。

第九章 刮 削

9-1 刮削的基本知识

一、刮削的概念

用刮刀在工件的表面上刮去一层很薄的金属,以提高工件加工精度的操作叫刮削。

1. 刮削原理

将工件与校准工具或与其相配合的工件表面之间涂上一层显示剂,经过对研,使被刮削工件的较高部位显示出来,然后用刮刀微量切削,刮去较高部位的金属层。这样经过反复地显示和刮削,就能使工件的加工精度达到预定的要求。

2. 刮削的特点

①刮削具有切削量小、切削力小、产生热量小和装夹变形小等特点,能获得很高的尺寸精度、形状和位置精度、接触精度、传动精度及很小的表面粗糙度值。

②工件在刮削过程中,由于多次受到刮刀的推挤和压光作用,从而使工件表面组织变得比原来更加紧密和耐磨。

③刮削后的工件表面,形成了比较均匀的微浅凹坑,创造了良好的存油条件,改善了相对运动零件之间的润滑情况。

3. 刮削余量

每次的刮削量很少,因此要求机械加工后所留下的刮削余量不宜太大。刮削前的余量,一般在 0.05 mm~0.4 mm 之间,具体数值根据工件刮削面积的大小而定。刮削面积大,由于加工误差也大,故所留余量应大些;否则余量可小。合理的刮削余量见表 3-9-1。当工件刚性较差、容易变形时,刮削余量可比表 3-9-1 中略大些,可由经验确定。

表 3-9-1 刮削余量 mm

平面的刮削余量					
平面宽度	平面长度				
	100~500	500~1000	1000~2000	2000~4000	4000~6000
100 以下	0.10	0.15	0.20	0.25	0.30
100~500	0.15	0.20	0.25	0.30	0.40

孔的刮削余量			
孔径	孔长		
	100 以下	100~200	200~300
80 以下	0.05	0.08	0.12
80~180	0.10	0.15	0.25
180~360	0.15	0.20	0.35

一般来说,工件在刮削前的加工精度(直线度和平面度),应不低于形位公差(GB1182—80)中规定的 9 级精度。

二、刮削工具

1. 刮刀的结构种类

刮刀是刮削工作中的主要工具，要求刃口必须锋利，刀头部分具有足够的硬度。

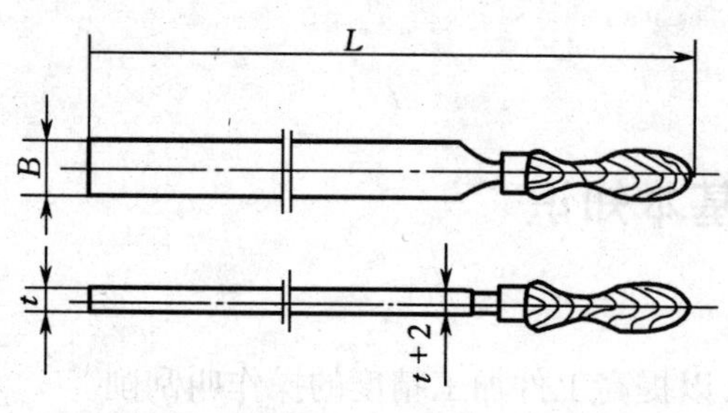

图 3-9-1 平面刮刀

刮刀是采用 T 12A 碳素工具钢或弹性较好的 GCr15 滚动轴承钢锻制而成。刮削硬工件时也可焊上硬质合金刀头。刮刀可分为平面刮刀和曲面刮刀两类。

(1)平面刮刀

图 3-9-1 所示为平面刮刀。主要用来刮削平面，如平板、工作台等。也可用来刮削外曲面。按所刮表面精度要求不同，可分为粗刮刀、细刮刀和精刮刀 3 种。

刮刀的长短宽窄的选择，由于人体手臂长短的不同，并无严格规定，以使用适当为宜。表 3-9-2 为平面刮刀的尺寸，可供参考。

表 3-9-2　平面刮刀规格　　mm

种　类	尺　寸		
	全长 L	宽度 B	厚度 t
粗刮刀	450～600	25～30	3～4
细刮刀	400～500	15～20	2～3
精刮刀	400～500	10～12	1.5～2

(2)曲面刮刀

主要用来刮削内曲面，如滑动轴承内孔等。曲面刮刀有多种形状，如三角刮刀、匙形刮刀、蛇头刮刀和圆头刮刀等。这里主要介绍三角刮刀和蛇头刮刀两种，其形状如图 3-9-2 所示。

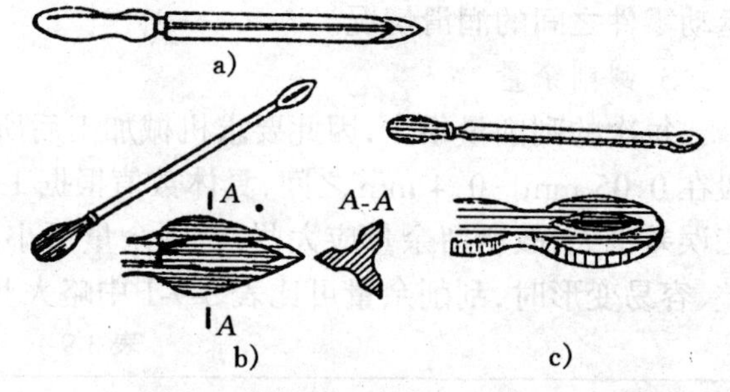

图 3-9-2 曲面刮刀形状

a)、b)三角刮刀　c)蛇头刮刀

1)三角刮刀　可用三角锉刀改制(图 3-9-2a)，或用碳素工具钢锻制。三角刮刀的断面成三角形，它的 3 条尖棱就是 3 个成弧形的刀刃。在 3 个面上有 3 条凹槽，刃磨时既能含油又能减小刃磨面积。

2)蛇头刮刀　如图 3-9-2c 所示。这种刮刀，锻制比三角刮刀简单，刃磨也方便。它与三角刮刀相比，其刀身和刀头的断面都成矩形。因此，刀头都有 4 个带圆弧的刀刃，在两个平面上也磨有凹槽。这种刮刀，可以利用两个圆弧刀刃，交替刮削内曲面。蛇头刮刀圆弧的大小，可根据粗、精刮而定。粗刮刀圆弧的曲率半径大，这样接触面积大，刮去的金属面积也较宽大，使工件能很快达到所需形状和尺寸的要求。精刮刀圆弧曲率半径小，因而接触面积小，这样便于修刮研点，而且凹坑刮得较深，形成理想的存油空隙，使滑动轴承和转动轴可以得到充分的润滑。

2. 刮刀的刃磨

(1)平面刮刀的刃磨和热处理

1)粗磨　粗磨刮刀的平面，刃磨时先把刮刀平面置于砂轮上，与砂轮侧面约成15°～20°角(图3-9-3b)来回移动，将两个平面上的氧化皮磨去，然后将两个平面分别在砂轮的侧面上磨平(要求两面互相平行)。切削部分的厚度分别磨到1.5 mm～4mm之间，用眼看不出有明显的厚薄差即可，然后磨出刮刀的两侧窄面。最后将刮刀的顶端放在砂轮缘上(图3-9-3a)，平稳地左右移动，刃磨到使顶端与刀身中心线垂直即可。在刃磨刮刀顶端的一面时，它和刀头平面就形成刮刀的楔角 β。楔角的大小，应根据粗、细、精刮的要求而定。3种刮刀的楔角大小如图3-9-4所示。粗刮刀 β 为90°～92.5°，刀刃必须平直；细刮刀 β 为95°左右，刀刃稍带圆弧；精刮刀 β 为97.5°左右，刀刃圆弧半径比细刮刀小些。如用于刮削韧性材料，β 可磨成小于90°(即75°～85°)，但这种刮刀只适用于粗刮。

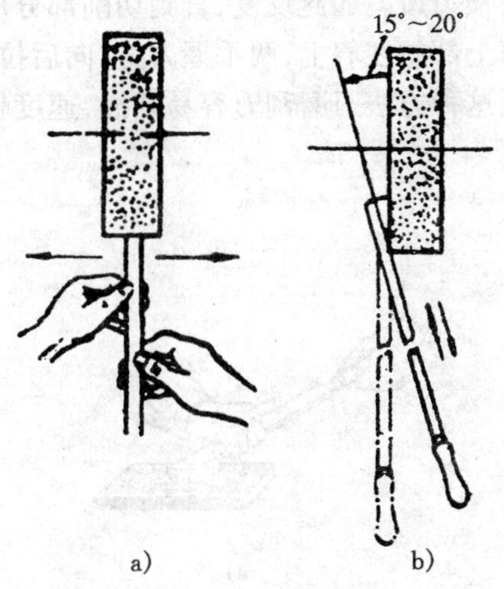

图3-9-3　平面刮刀的粗磨

a)磨顶端　b)磨两平面

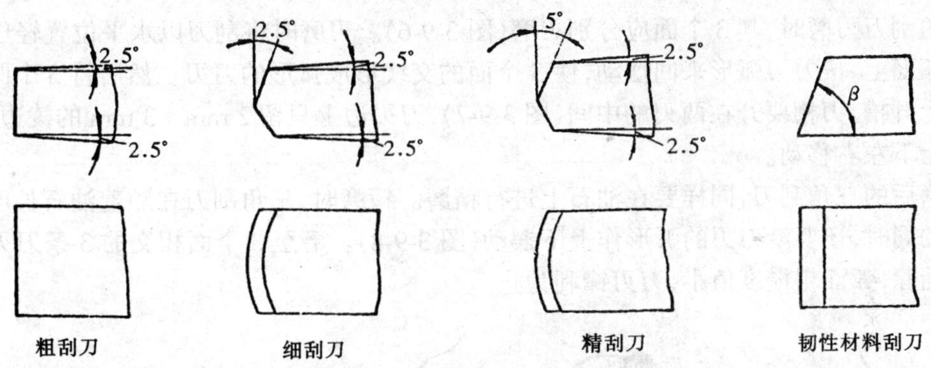

图3-9-4　刮刀头部形状和角度

2)热处理　将粗磨好的刮刀，头部长度约25 mm部分放在炉中缓慢加热到780℃～800℃(呈樱红色)，取出后迅速放入冷水中冷却，浸入深度约8 mm～16 mm。刮刀接触水面时应作缓慢平移和间断地少许上下移动，这样可使淬硬与不淬硬的界限处不发生断裂，当刮刀露出水面部分颜色呈黑色，由水中取出部分颜色呈白色时，即迅速再把刮刀全部浸入水中冷却。热处理后切削部分硬度应在HRC60以上。精刮刀及刮花刀淬火时，可用油冷却，这样刀头不易产生裂纹，金属的组织较细，容易刃磨，切削部分硬度接近HRC60。

3)细磨　热处理后的刮刀一般还须在细砂轮上细磨，细磨时的刮刀形状和几何角度必须达到要求。但热处理后的刮刀刃磨时必须经常蘸水冷却，以防刃口部分退火。

4)精磨　经细磨后的刮刀，刀刃还不符合平整和锋利要求，必须在油石上精磨。刃磨前应在油石表面上加适量机油。刃磨时先磨两平面(图3-9-5a)，直至平面平整，表面粗糙度 $R_a<0.2\ \mu m$。精磨顶端(图3-9-5b)时，左手扶住近手柄处(或手柄处)，右手紧握刀身，使刮刀直立在油石上，略带前倾(前倾角度应根据刮刀的 β 角而定)向前推移，拉回时刀身略为提起，以免

磨损刃口。如此反复,直到切削部分形状和角度符合要求,且刃口锋利为止。初学时还可将刮刀上部靠在肩上,两手握刀身,向后拉动来磨锐刃口,向前时可将刮刀提起,如图 3-9-5c 所示。用这种方法刃磨刮刀容易掌握,速度较慢,待熟练后可用前述磨法。

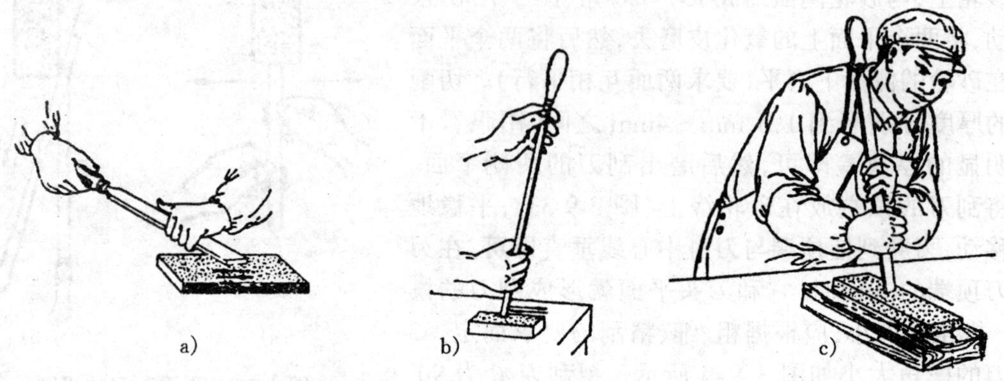

图 3-9-5　刮刀在油石上精磨

a)磨平面　b)手持磨顶端面的方法　c)靠肩双手握持磨法

(2)曲面刮刀的刃磨

三角刮刀刃磨时,其 3 个面应分别刃磨(图 3-9-6)。刃磨时将刮刀以水平位置轻压在砂轮的外圆弧面上,按刀刃弧形来回摆动,使 3 个面的交线形成弧形的刀刃。然后将 3 个圆弧面在砂轮角上开槽,刀槽要开在两刃的中间(图 3-9-7),刀刃边上只留 2 mm～3 mm 的棱边,刃磨时刮刀应上下左右移动。

粗磨后的三角刮刀,同样要在油石上进行精磨。精磨时,三角刮刀在顺着油石长度方向来回移动的同时,还要沿刀刃的弧形作上下摆动(图 3-9-8)。磨至 3 个面相交的 3 条刀刃上的砂轮磨痕消除,弧面粗糙度值小,刀刃锋利为止。

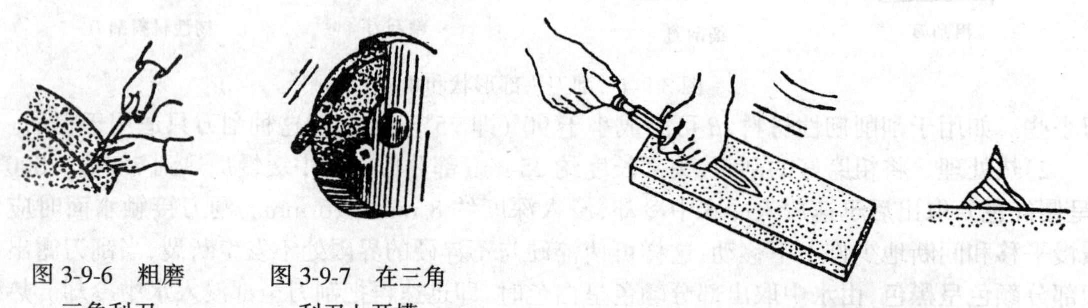

图 3-9-6　粗磨三角刮刀

图 3-9-7　在三角刮刀上开槽

图 3-9-8　在油石上精磨三角刮刀

蛇头刮刀刃磨时,两平面的粗磨和精磨与平面刮刀相同。刀头两侧圆弧面的刃磨方法与三角刮刀的刃磨方法基本相同。

(3)刀刃的磨锐

刮刀在刮削过程中,刀刃容易变钝,应经常在油石上磨锐。平面刮刀主要磨锐部位是顶端,顶端磨锐后再将平面修磨几下,去除刀刃上的毛刺。三角刮刀主要磨锐部位是 3 个面,至磨锐为止。蛇头刮刀主要磨锐部位是两侧圆弧面,磨好后将平面修磨几下,去掉毛刺即可。

三、校准工具

校准工具是用来推磨研点和检查被刮面准确性的工具,也叫研具。常用的有以下几种。

1. 校准平板

校准平板是用来校验较宽的被刮平面。它的面积尺寸有多种规格,选用时标准平板的面积应大于刮削面的3/4,其结构和形状见图3-9-9。

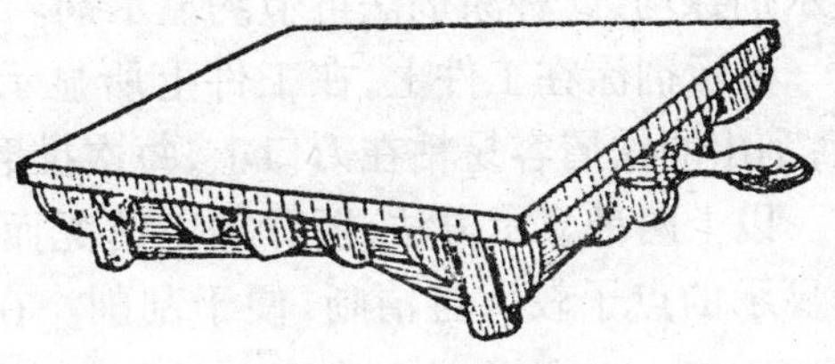

图3-9-9　校准平板

2. 校准直尺

校准直尺用来校验狭长的刮削平面。图3-9-10a是桥式直尺,用来校验机床较大导轨的直线度。图3-9-10b是双面工字形直尺(双面是指两面都经过精刮并且互相平行),它用来校验狭长刮削平面相对位置的准确性。

桥式和工字形两种直尺,可根据狭长刮削面的大小和长短适当采用。

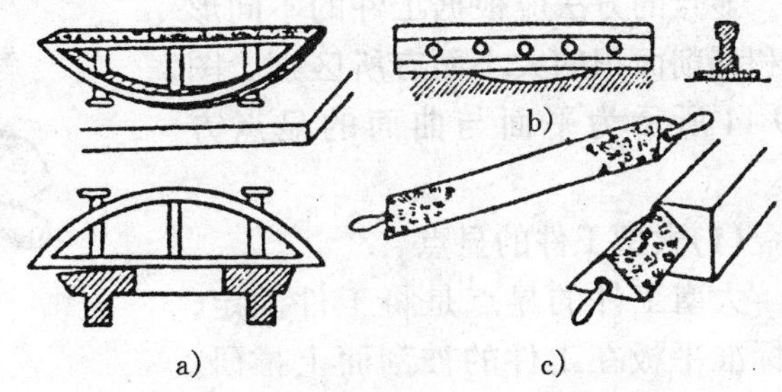

图3-9-10　校准直尺和角度直尺

a)桥式直尺　b)工字形直尺　c)角度直尺

3. 角度直尺

角度直尺用来校验两个组合成角度的平面,如校验燕尾导轨的角度(图3-9-10c)。其相交两面经过精刮得到所需的角度,如55°、60°等。第三面一般没有经过精密加工,只作为放置时的支承面。

各种直尺不使用时,应垂直吊起。不便吊起的应安放平稳,以防止变形。

四、刮削的显点和刮削质量检查

(一)刮削的显点

为了了解刮削前工件误差的大小和位置,就必须用标准工具或与其相配合的工件,合在一起对研。在其中间涂上一层有颜色的涂料,经过对研,凸起处就显示出点子。根据显点用刮刀刮去。所用的这种涂料叫做显示剂。这种显点的方法工厂中常称为磨点子,也叫研点。

1. 显示剂的种类

(1)红丹粉

成分有两种:一种是氧化铁,呈褐红色,称为铁丹;另一种是氧化铝,呈橘黄色,称为铅丹。红丹颗粒较细,使用时用机油和牛油调合而成。红丹粉广泛用于铸铁和钢的工件上。因为它没有反光,显点清晰,其价格又较低廉,故为最常用的一种显示剂。

(2)蓝油

蓝油是用普鲁士粉和蓖麻油及适量机油调合而成。用蓝油研点小而清楚,故用于精密工件,以及有色金属和铜合金、铝合金的工件上。有时候为了使研点清楚,与红丹粉同时使用,可将红丹粉涂在工件表面,基准面上涂以蓝油。通常粗刮时红丹粉应调得稀些,精刮时可调得干一些,在工件表面应涂得薄些。涂色时要分布均匀,并要保持清洁,防止切屑和其他杂物或砂粒等掺入,否则推磨时容易划伤工件的表面和基准面。

2. 显示剂的使用方法

在推磨显示时,显示剂的使用方法有两种:一种将显示剂涂在标准工具上;另一种是将显示剂直接涂在工件上。两种方法各有其特点。

显示剂涂在标准工具上,在工件上所显示的结果是灰白底,黑红色点子,有闪光眩目,不易看清。但刮削的铁屑不易粘在刀口上,刮削比较方便。而且第一次推磨后,再次推磨时只须将显示剂抹均,此种涂剂法可节约显示剂。

显示剂涂在工件上,在工件上所显示的结果是黑红底,暗亮点,没有闪光,容易看清。但是,刮出的铁屑容易粘在刀口上,每次推磨时都要擦去残剂,重新再涂。

以上两种显示方法,要看加工情况而定。初刮时,可涂在标准工具上,如图 3-9-11。这样所显示的点子较大且清晰,便于刮削。在精刮时则可涂在工件上,这时点子较小又能避免反光。

3. 显点的方法

显点的方法应根据工件的不同形状和刮削面积的大小而有所区别。图 3-9-11 所示为平面与曲面的显点方法。

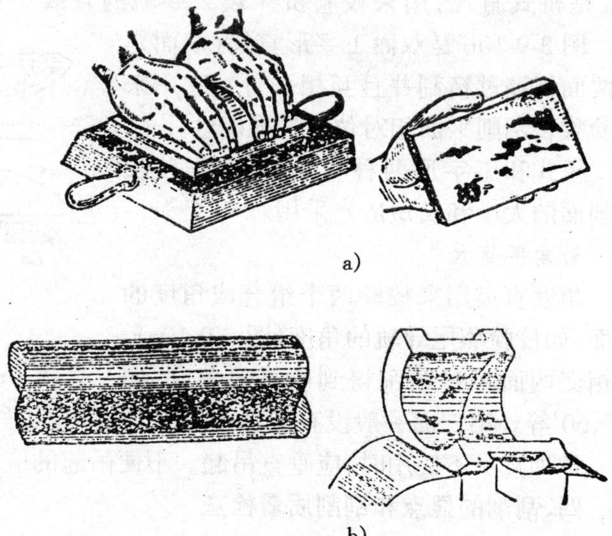

图 3-9-11　平面与曲面的显点方法

a)平面显点法　b)曲面显点法

(1)大型工件的显点

大型工件的显点是将工件固定,将标准平板在工件的被刮面上推研。推研时,校准平板超出工件被刮面的长度应小于校准平板长度的 1/5。

(2)中、小型工件的显点

中、小型工件显点一般是校准平板固定不动,工件的被刮面在平板上推研,推研时压力要均匀,避免显示失真。如工件小于平板,推研时最好不要超出平板;如果被刮面等于或大于平板时,允许工件超出平板,但超出部分应小于工件长度的 1/3。推研时应在整个平板上推研,以防平板局部磨损。

(3)质量不对称工件的显点

刮削不对称工件推研时,应在工件某个部位托起(向上抬)或按下,如图 3-9-12 所示,但用力大小要适当,均匀。显示时如果两次显点有矛盾,应分析原因,认真检查推研方法,谨慎处理。

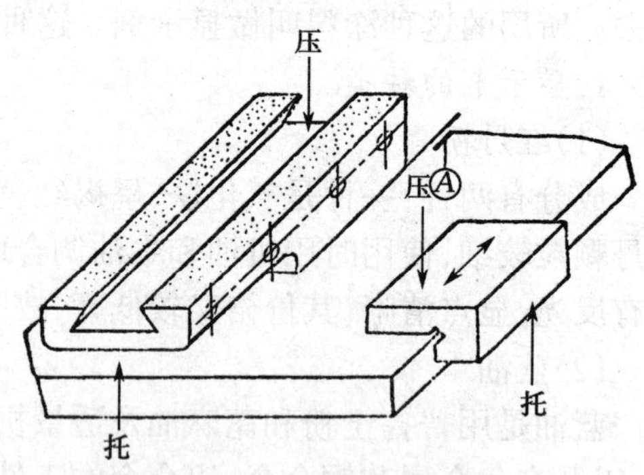

图 3-9-12　不对称的工件显点

(二)刮削质量检查

刮削工作分平面刮削和曲面刮削两种。平面刮削中,有单个平面的刮削,如平板、直尺、工作台面等;组合平面的刮削,如 V 形导轨面、燕尾槽面等。曲面刮削中,有圆柱面、圆锥面的刮削,如滑动轴承的圆孔、锥孔、圆柱导轨等;球面刮削,如自位球轴承配合球面等;成型面刮削,如齿条、蜗轮的齿面等。

对刮削面的质量要求,一般包括:形状和位置精度、尺寸精度、接触精度及贴合程度、表面粗糙度等。由于工件的工作要求不同,刮削质量的检查方法也有所不同。常用的检查方法有以下两种。

1. 以贴合点的研点数决定精度

检查精度是指被刮面与校准工具对研后，用边长为 25 mm 的正方形方框，罩在被检查面上，根据在方框内的研点数来决定接触精度，如图 3-9-13 所示。如果被刮面的面积较大时，应用方框在被刮面的几个不同部位进行检查。对各种平面接触精度的研点数见表 3-9-3。

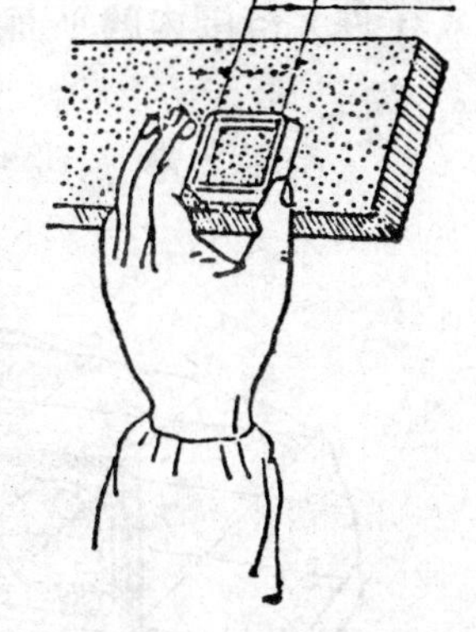

图 3-9-13 用方框检查研点

在曲面刮削中，接触得比较多的是对滑动轴承的内孔刮削，其不同接触精度的研点数见表 3-9-4。

通用平板的精度分 0、1、2、3 四级，常用平板精度等级及点数要求见表 3-9-5。

表 3-9-3 各种平面接触精度研点数

平面种类	每 25 mm×25 mm 内的研点数	应用举例
一般平面	2～5	较粗糙机件的固定结合面
	5～8	一般结合面
	8～12	机器台面、一般基准面、机床导向面、密封结合面
	12～16	机床导轨及导向面、工具基准面、量具接触面
精密平面	16～20	精密机床导轨、直尺
	20～25	1 级平板、精密量具
超精密平面	＞25	0 级平板、高精度机床导轨、精密量具

表 3-9-4 滑动轴承的研点数

轴承直径(mm)	机床或精密机械主轴轴承			锻压设备、通用机械的轴承		动力机械、冶金设备的轴承	
	高精度	精密	普通	重要	普通	重要	普通
	每 25 mm×25 mm 内的研点数						
≤120	25	20	16	12	8	8	5
＞120		16	10	8	6	6	2

表 3-9-5 通用平板的精度等级及规格

平板尺寸(mm)	不平直度偏差(mm)			
	0 级	1 级	2 级	3 级
100×200	±3	±6	±12	±30
200×200	±3	±6	±12	±30
200×300	±3.5	±7	±12.5	±35
300×300	±3.5	±7	±13	±35
300×400	±3.5	±7	±14	±35
400×400	±3.5	±7	±14	±40
450×600	±4	±8	±16	±40
500×800	±4	±8	±18	±45
750×1000	+5	±10	±20	±50
750×1000	+6	±12	±25	±60
研点数(25 mm×25mm 内)	≥25	≥25	≥20	≥12

2. 用方框水平仪检查质量

工件大范围内的平面度和机床异轨面的直线度常用方框水平仪进行检查，如图 3-9-14 所示。

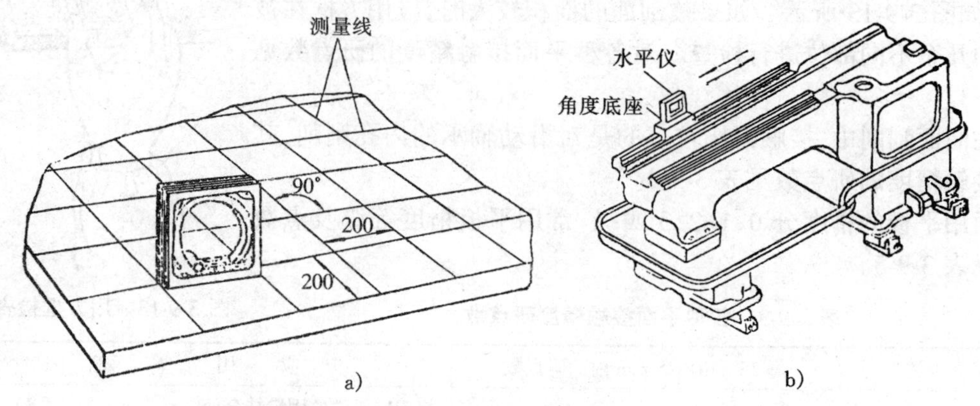

图 3-9-14 用水平仪检查精度

a)检查平面度 b)检查直线度

(1)水平仪读数方法

常用读数方法有绝对读数法和平均读数法两种。

1)绝对读数法 当气泡恰好属于中间位置(即气泡的中点距两条零刻线等距)时，才读作 0。以零线为起点，气泡向任意一端偏离零线的格数，即为实际偏差的格数。偏离起端时读“+”，偏向起端时读“－”。一般习惯从左向右测量，可把气泡向右移作为“+”，气泡向左移为“－”。如图 3-9-15a 所示位置时，读数为 +2 格。

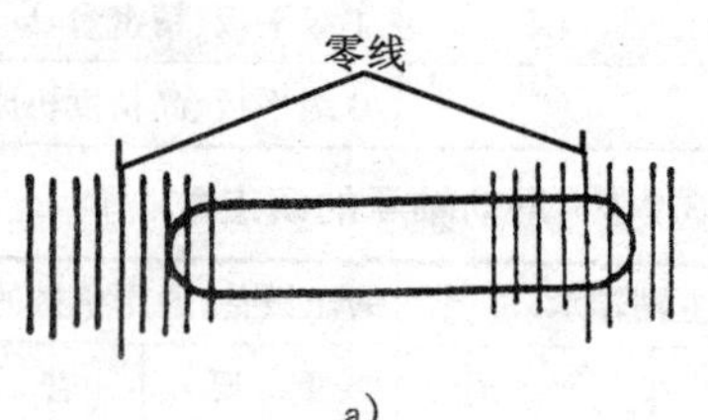

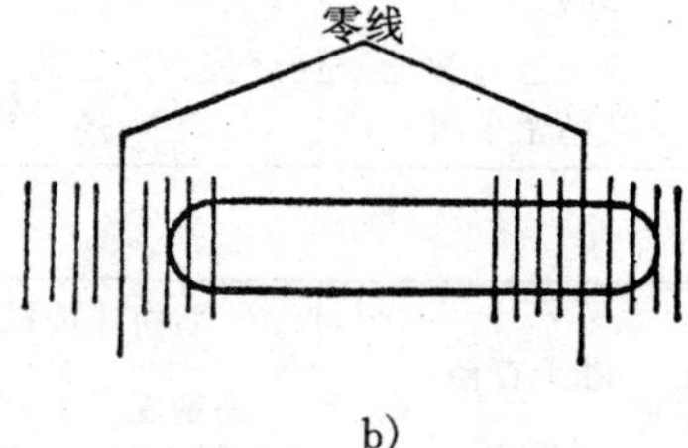

图 3-9-15 气泡的读数法

a)绝对读数 b)平均读数

2)平均值读数法 分别从两长刻线(零线)起向同一方向读至气泡停止的格数，把两个读数相加除以 2，即为其读数值。如图 3-9-15b 所示，气泡偏离右端“零线”3 个格，气泡左端也向右偏离左端“零线”2 个格，实际读数为 +2.5 格，即右端比左端高 2.5 格。当环境温度不等于 +20℃时，气泡长度要发生变化，影响读数精度。平均值读数法不受温度变化的影响，读数精度高。

(2)用水平仪测量机床导轨垂直平面内直线度的基本方法

用水平仪只能检查导轨在垂直平面内的直线度、平行度、平面度，不能检查在水平平面内的直线度。水平平面内的直线度可用拉钢丝法或用光学平直仪等进行测量。

用水平仪测量导轨的方法和注意事项如下。

①一般水平仪不应直接放在被检测表面上，而是把水平仪固定在桥板上，桥板形式如图 3-9-16 所示。桥板两端支承面中心线之间距离 l 称为跨距，总长 L 通常比跨距长 5 mm～30 mm,支承面可按导轨形状制造。

②把水平仪放在导轨中间,测平导轨。

③将导轨分段,其长度与桥板跨距长度相适应。依次首尾相接逐段测量,取得各段读数,反映了各段的倾斜值。

④把各段测量读数值逐点累积,作出误差曲线图。

⑤用最小区域法或两端点连线法,确定最大误差格数及误差曲线形状。

⑥按误差格数求出直线度误差。

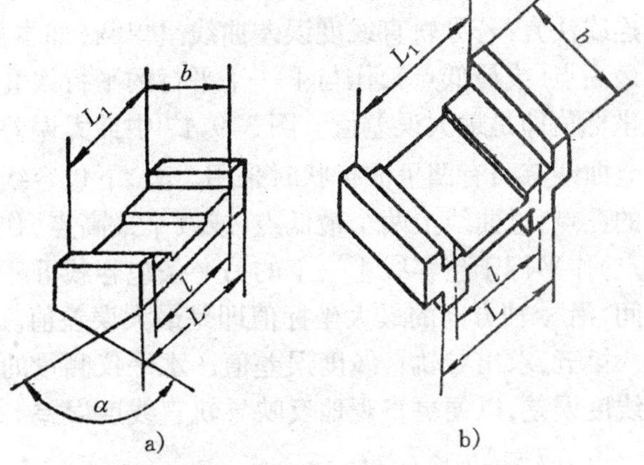

图 3-9-16　框式水平仪的专用桥板

(a)测量 V 形导轨用　(b)测量平导轨用

测量实例:用分度值为 0.02 mm/1000 mm 的水平仪测量长为 1.6 m 的机床导轨,桥板的跨距为 200 mm。在垂直平面内的直线度误差测量步骤如下。

第一,将被测表面大致调到水平位置,以免出现超过水平仪测量范围而无法进行读数。方法是将水平仪分别放在两端和中间位置,找正导轨水平位置,保证气泡在刻线示值范围内。

第二,将被测导轨按桥板跨距进行等分划段,即 1600mm/200mm＝8 段。从左端起开始逐段测量,每次移动桥板时,后一段的前支承点要与前一段的后支承点重合,做到依次首尾相连。每段上测量的水平仪读数都是后一点相对于前一点水平的高度差。将测得的 8 段读数列入表 3-9-6。

表 3-9-6　导轨直线度测量时的读数

项　目	水平仪测量位置及示值读数								直线度误差 f(mm)	导轨误差形状
测点序号 i	1	2	3	4	5	6	7	8		
水平仪读数 h_i(格)	+1	+1	+2	0	−1	−1	0	−0.5	$f=0.014$	中凸
累积值 $\sum_0^i h_i$(格)	+1	+2	+4	+4	+3	+2	+2	+1.5		

第三,根据测量的读数 h_i,依次叠加或用累积值 $\sum_0^i h_i$ 在坐标上找点作出导轨直线误差曲线图,如图 3-9-17。作图时取横坐标 x 轴表示导轨长度和每段测量长度;取纵坐标 y 轴表示测量读数(格或 μm)。在坐标中取点有两种方法。一是直接用读数 h_i 依次叠加取点。因测量时要首尾相连,所以前一测量段是后一段的测量基准,后一段测量数值应在前一段数值的基础上叠加求取坐标点。二是先按表 3-9-6 累积各点读数,求出 $\sum_0^i h_i$ 值,对应各测量位置在 y 轴方向取点。顺次连接各点即可获得导轨直线度误差曲线。

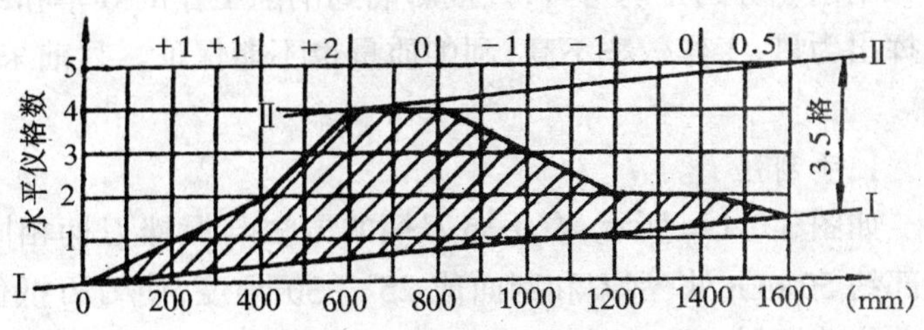

图 3-9-17　导轨直线度误差曲线图

第四，用包容线法确定导轨直线度误差值。常用的方法有两种。一是两端点连线法（即首尾连线法）。若导轨直线度误差曲线呈单凸（如本例题）或单凹时，作两点连线Ⅰ—Ⅰ，并过曲线最高点（或最低点），作与Ⅰ—Ⅰ平行的平行线Ⅱ—Ⅱ，包容全部曲线。两包容线之间的最大纵坐标值即是最大误差值。图 3-9-17 中最大误差 Δh_i 为 3.5 格。二是最小区域法，在直线度误差曲线有凸有凹呈波折状时采用。上、下包容线在已绘制的误差曲线图上直接找出高低相间的三点，过曲线上两个最低点（或两个最高点）作一条包容线Ⅰ—Ⅰ；过曲线上最高点（或最低点）作平行于包容线Ⅰ—Ⅰ的另一条包容线Ⅱ—Ⅱ。将误差曲线全部包容在这两条平行线之间，沿 y 轴方向的最大坐标值即是最大误差值。

第五，求出导轨直线度误差值。水平仪测量的格数是角度值误差，要把格数换算成线值的直线度误差，以便更直观地反映导轨直线度误差。其公式如下。

$$f=\Delta h_i \times c \times l$$

式中 f——直线度误差的线性值，mm；

Δh_i——误差曲线最大误差格数；

c——水平仪分度值(0.02/1000)；

l——测量桥板跨距，m。

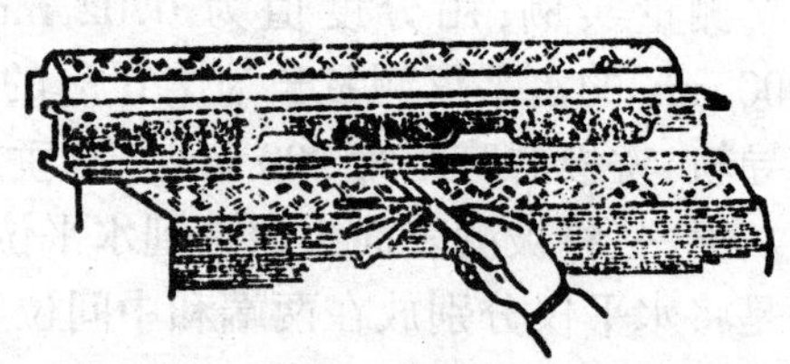

图 3-9-18 用塞尺检查配合面的间隙

由图 3-9-17 可知，本例题直线度误差水平仪格数 $\Delta h_i=3.5$ 格，故其线性误差值

$$f=\Delta h_i \times c \times l=3.5\times 0.02\times 200$$
$$=3.5\times 0.02/1000\times 200=0.014(\text{mm})$$

有些导轨配合面，除了用方框检查直线度和研点数以外，还要用塞尺检查配合面之间的间隙大小，如图 3-9-18 所示。

9-2 刮削平面

一、刮削姿势训练

刮削姿势的正确与否，直接影响到刮削工作的效率和刮削质量。如果姿势不正确，就很难发挥出力量，工作效率不高，刮削质量也不能保证。目前采用的刮削姿势有手刮法和挺刮法两种。

1.手刮法

如图 3-9-19a 所示，右手握刀柄的方法与握锉刀柄相同。左手四指向下卷曲握住刮刀近头部约 50 mm 处，刮刀和刮面成 25°～30°角度，使刀刃抵住刮面。同时，左脚前跨一步，上身随着往前倾斜一些，这样可以增加左手压力，也便于看清刮刀前面的研点情况。刮削时右臂利用上身摆动使刮刀向前推进，随着推进的同时，左手下压，引导刮刀前进的方向，当推进到所需的距离后，左手立即提起，这样就完成了一个手刮动作。

2.挺刮法

如图 3-9-19b 所示，将刮刀柄放在小腹右下侧肌肉处，双手握住刀身，左手在前，右手在后。左手握于距刀刃约 80 mm 处。刮削时，双手下压刮刀，右手压力小些，利用腿部和臀部的力量，使刮刀对准研点向前推挤。在推动后的瞬间，右手引导刮刀方向，左手立即将刮刀提起，

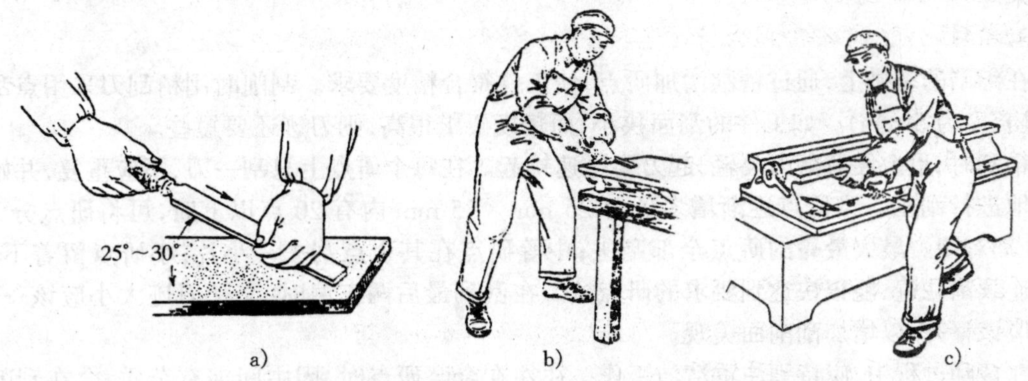

图 3-9-19 平面刮削方法
a)手刮法 b)挺刮法 c)用挺刮法刮削车床导轨下滑面

这样刮刀便在刮削面上刮去一片金属,完成挺刮动作。

有时会遇到正反面都要刮削的工件,工件安放后又不允许翻身,例如车床导轨的下滑面。在这种情况下,可采用如图 3-9-19c 所示的刮削姿势:将刮刀柄抵在右腿膝盖上部,刮削时左手四指向上按住刮刀,使刀刃顶住刮面,拇指压着上导轨面,以此作为依靠。右手握住刀身向上提起,利用腿力向前推动。推动一次,在刮削面上刮去一片金属。为了便于看清研点,可在刮削处的下面放一镜子,利用镜子照研点进行刮削。

挺刮法是用右下腹肌肉施力,而且身体还须弯曲着操作,虽每刀的刮削量较大,但身体比较容易疲劳。

二、刮削方法

1. 粗刮

如果工件表面上留有较深的加工刀痕,工件表面严重生锈,或刮削余量较多(如 0.05 mm 以上)时,都要进行粗刮。粗刮的目的,是用粗刮刀在刮削面上均匀地铲去一层较厚的金属,使其很快去除刀痕、锈斑或过多的余量。因此刮削时,可采用连续推铲方法,刮削的刀迹连成长片。在整个刮削面上要均匀地刮削,不能出现中间高、边缘低的现象。有的刮削面有平行度要求时,刮削前应先测量一下。根据前道工序所遗留的凹凸误差情况,进行不同量的刮削,消除显著的不平行度,加快刮削速度。当粗刮到每 25 mm×25 mm 方块内有 2～3 个研点,粗刮即告结束。

2. 细刮

细刮主要是使刮削面进一步改善不平现象,用细刮刀在刮削面上刮去稀疏的大块研点。刮削时可采用短刮法(刀迹长度约为刀刃的宽度)。随着研点的增多,刀迹逐步缩短。每一遍的刮削方向须一定。刮第二遍时要交叉刮削,以消除原方向的刀迹,否则刀刃容易在上一遍刀迹上产生滑动,出现的研点会成条状,不能迅速达到精度要求。为了使研点很快增加,在刮削研点时,把研点的周围部分也刮去。这样当最高点刮去后,周围的次高点就容易显示出来了。经过几遍刮削,次高点周围的研点又会很快显示出来,可加快刮削速度。在刮削过程中,要防止刮刀倾斜,将刮削面划出深痕。随着研点的逐渐增多,显示剂要涂布得薄而均匀。合研后显示出有些发亮的研点,俗称硬点子,应该刮重些。如研点暗淡,俗称软点子,应该刮轻些。直至显示出的研点软硬均匀,在整个刮削面上,每 25 mm×25mm 内出现 12～15 个研点时,细刮即告结束。

3.精刮

在细刮的基础上,通过精刮增加研点,使工件符合精度要求。刮削时用精刮刀采用点刮法(刀迹长度为5 mm)。如工件的刮面狭小,而精度要求很高,则刀迹还要短些。

精刮时,更要注意落刀要轻,起刀要迅速挑起。在每个研点上只刮一刀,不应重复,并始终交叉地进行刮削。当研点逐渐增多到每25 mm×25 mm内有20点以上时,可将研点分为3类,分别对待。最大最亮的研点全部刮去;中等研点在其顶点刮去一小片;小研点留着不刮。这样连续刮几遍,能很快达到要求的研点数。在刮到最后两三遍时,交叉刀迹大小应该一致,排列应该整齐,以增加刮削面美观。

在精刮过程中,应特别注重清洁工作。往往在合磨研点时,因中间夹有杂质,会在刮削面上拉出细纹或深痕来。修复要花很多时间,严重的甚至还须从粗刮开始。若有尺寸精度要求时,会因此而成废品。

在不同的刮削步骤中,每刮一刀的深度,应该适当控制。刀迹的深度,可以从刀迹的宽度上反映出来。因此可以控制刀迹宽度来控制刀迹深度。当左手对刮刀的压力大,刮后的刀迹则宽而深。粗刮时,可加大力气铲刮,但刀迹宽度也只能是刃口长度的2/3～3/4,否则刀刃的两侧容易陷入刮削面造成沟纹。细刮时,刮削逐渐趋于平整,刀迹宽度大约是刃口长度的1/3～1/2。刀迹宽度也会影响到单位面积内的研点数。精刮时,刀迹宽度则应更窄。

如刮削面有孔或螺孔时,应控制刮刀不要直接用力在孔口刮过,以免将孔口刮低。刮削面上螺孔周围的研点应该硬些。如果刮削面上有狭窄边框时,应掌握刮刀的刮削方向与窄边所成的角度小于30°,以防将窄边刮低。这对于有密封要求的结合面,如静压导轨面等尤为重要。

4.刮花

刮花的目的,一是单纯为了刮削面美观;二是为了能使滑动件之间造成良好的润滑条件。并且还可以根据花纹的消失多少来判断平面的磨损程度。在接触精度要求高,研点要求多的工件中,不应该刮成大块花纹,否则不能达到所要求的刮削精度。一般常见的花纹有以下几种。

a)

b)

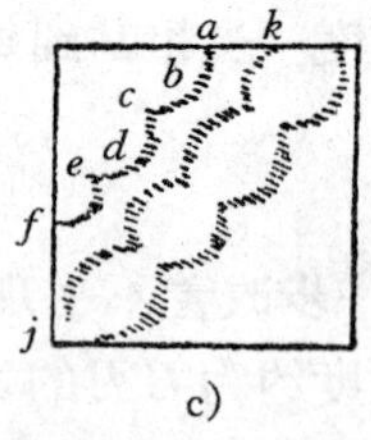

c)

d)

图3-9-20　刮花的花纹

a)斜纹花　b)鱼鳞花　c)半月花　d)鱼鳞花的刮法

(1)斜纹花纹

斜花纹即小方块,图3-9-20a所示,是用精刮刀与工件边成45°角的方向刮成。花纹的大小,按刮削面大小而定。刮削面大,刀花可大些;刮削面狭小,刀花可小些。为了排列整齐和大小一致,可用软铅笔划成格子,一个方向刮完再刮另一个方向。

(2)鱼鳞花纹

鱼鳞花纹常称为鱼鳞片。刮削方法见图 3-9-20d。先用刮刀的右边(或左边)与工件接触，再用左手把刮刀逐渐压平并同时逐渐向前推进。即随着左手向下压的同时，还要把刮刀有规律的扭动一下，扭动结束即推动结束，立即起刀，这样就完成一个花纹。如此连续地推扭，就能刮出如图 3-9-20b 所示的鱼鳞花纹来。如果要从交叉两个方向都能看到花纹的反光，就应该从两个方向起刮。

(3)半月花纹

在刮这种花纹时，刮刀与工件成 45°角左右。刮刀除了推挤外，还要靠手腕的力量扭动。以图 3-9-20c 中一段半月花纹 *edc* 为例，刮前半段 *ed* 时，将刮刀从左向右推挤，而刮后半段 *dc* 要靠手腕的扭动来完成。连续刮下去就能刮出 *f* 到 *a* 一行整齐的花纹。刮 *j* 到 *k* 一行则相反，前半段从右向左推挤，后半段靠手腕从左向右扭动。这种刮花操作，要有熟练的技巧才能进行。

9-3　刮削平行面和垂直面

一、刮削平行面

先确定被刮削的一个平面为基准面。首先进行粗、细、精刮，达到单位面积研点数的要求后，就以此面为基准面，再刮削对应面的平行面。刮削前用百分表测量该面对基准面的平行度误差，确定粗刮时各刮削部位的刮削量，并以标准平板为测量基准，结合显点刮削，以保证平面度要求。在保证平面度和初步达到平行度的情况下，进入细刮工序。细刮时除了用显点方法来确定刮削部位外，还要结合百分表进行平行度测量，以作必要的刮削修正。达到细刮要求后，可进行精刮，直到单位面积的研点数和平行度都符合要求为止。

用百分表测量平行度时，将工件的基准平面放在标准平板上，百分表底座与平板相接触，百分表的测量头触在加工表面上，如图 3-9-21 所示。测量头触及被测表面时，应调整到使其

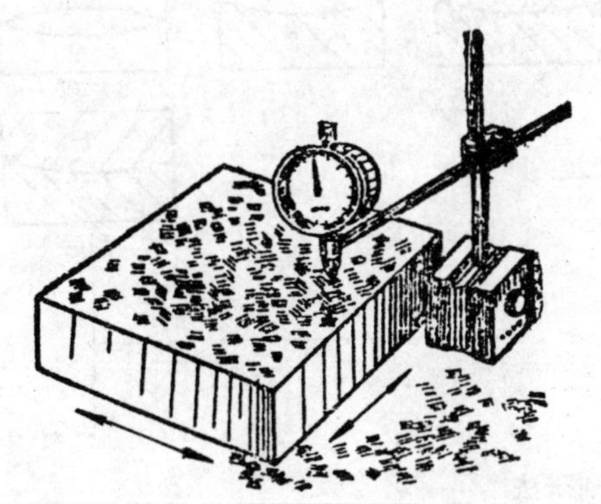

图 3-9-21　百分表测量平行度

图 3-9-22　垂直度测量方法

有 0.3mm 左右的初始读数，然后将百分表沿着工件被测表面的四周及两对角线方向进行测量，测得最大读数与最小读数之差即为平行度误差。

二、刮削垂直面

垂直面的刮削方法与平行面刮削相似，先确定一个平面进行粗、细、精刮后作为基准面，然后对垂直面进行测量(图 3-9-22)，以确定粗刮的刮削部位和刮削量，并结合显点刮削，以保证

达到平面度要求。细刮和精刮时，除按研点进行刮削外，还要不断地进行垂直度测量，直到被刮面的单位面积研点数和垂直度都符合要求为止。

9-4 精密刮削

一、原始平板刮削

平板是刮削平面时的基本检验工具，也是机械制造中测量或安装时的基准平面，因此，对平板的精确度要求很高。在修复和加工高精度平面时，往往用标准平板平面为基准平面进行研点刮削。而标准平板的刮削，是采用3块平板互研、互刮的方法，获得十分精密的平面，这就是原始的平板刮削。分正研和对角研两个步骤进行。

1. 正研刮削法

先将3块平板分别进行粗刮，消除机械加工的粗刀痕。然后将3块平板分别编为1、2、3号，刮削中按编号顺序有规则地进行，工艺过程如下。

(1)一次循环

以1号平板为基准，与2号平板互研互刮，使1、2号平板相互贴合。再将3号平板与1号平板互研，只刮3号平板，使之相互贴合。然后将2号平板与3号平板互研互刮，使之相互贴合。其平面度误差有所减小，见图3-9-23a。这一过程称为一次循环。

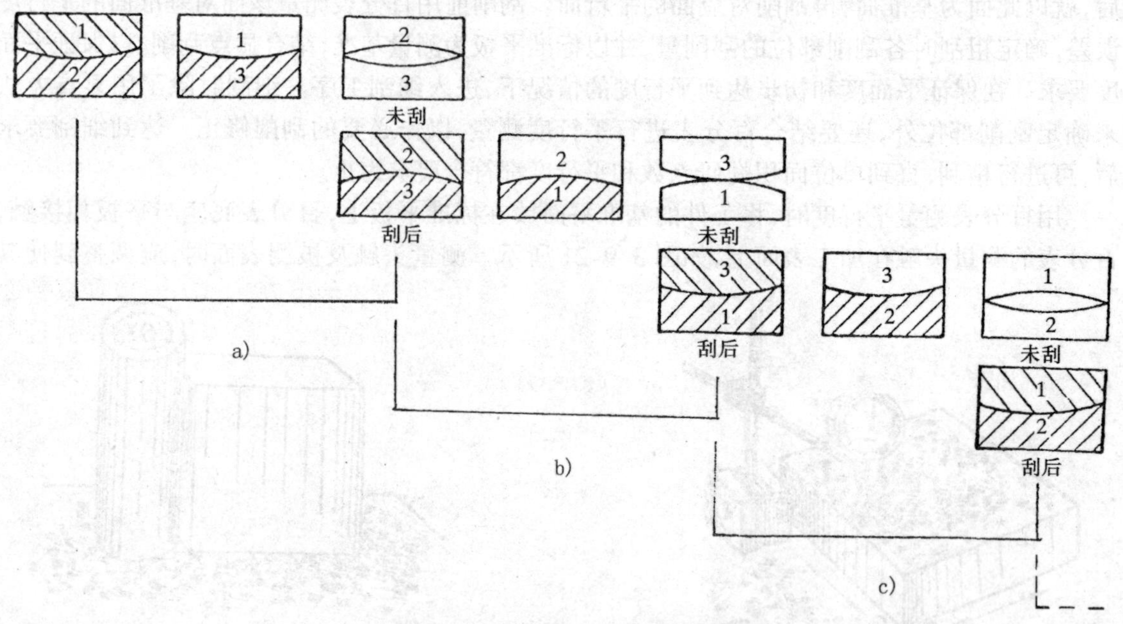

图 3-9-23 原始平板循环刮研法

a)一次循环 b)二次循环 c)三次循环

(2)二次循环

在一次循环的基础上，以2号平板为基准，与1号平板互研，只刮1号平板。再将3号平板与1号平板互研互刮，使之平面度误差进一步减小，见图3-9-23b。这一过程作为二次循环。

(3)三次循环

在二次循环的基础上，以3号平板为基准，与2号平板互研，只刮2号平板。再将1号平板与 2 号平板互研互刮，使之平面度误差更进一步减小，见图 3-9-23c。这一过程称为三次循环。

以后多次重复上述循环顺序，依次研点刮削，使平面度误差不断减小，循环次数越多，则平面度误差越小。直到 3 块平板中任取两块对研后，每块平板平面上的接触点数在 25 mm×25 mm 内达到 12 点左右时，正研刮削过程结束。

2.对角研刮削法

在上述正研过程中，往往会在平板对角部位上产生如图 3-9-24a 所示的平面扭曲现象，即 *AB* 对角高，而 *CD* 对角低，而且 3 块高低位置相同，即同向扭曲。这种现象的产生，是由于在正研中平板的高处（+）正好和平板的低处（−）重合所造成，如图 3-9-24b 所示。要了解是否存在扭曲现象，可采用如图 3-9-24c 所示的对研的方法来检查（对角研只限于正方形或长宽尺寸相差不大的平板，长条形的平板则不适合）。经合研后，会明显地显示出来（图 3-9-24d）。根据研点修刮，直至研点分布均匀和消除扭曲，使 3 块平板相互之间，无论是直研、调头研、对角研，研点情况完全相同，研点数符合要求为止。

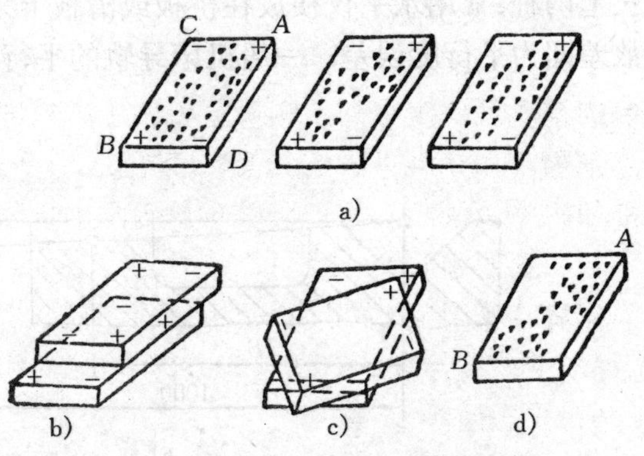

图 3-9-24　平板的扭曲现象

a)对角部位的平面扭曲　b)研板高处和低处正好重合　c)检查方法　d)对研后

二、精密导轨的刮削

1.机床导轨的精度

(1)导轨的几何精度

它包括两个部分：一是导轨本身的几何精度，即导轨在垂直平面和水平平面内的直线度；二是导轨之间相互位置精度，即导轨间的平行度和垂直度。

1)导轨在垂直平面内的直线度　如图 3-9-25a 所示，沿导轨长度方向作一假想垂直平面 *M* 与导轨相截，得 *opq* 交线，该交线即为导轨在垂直平面内实际轮廓。包容 *opq* 曲线而且距离为最小的两平行线之间的数值 f_1，即为导轨在垂直平面内的直线度。

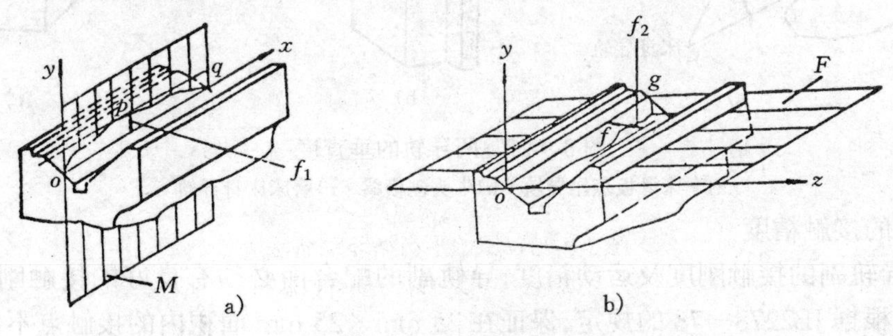

图 3-9-25　导轨的直线度

a)垂直平面内的直线度　b)水平平面内的直线度

2)导轨在水平平面内的直线度　如图 3-9-25b 所示，沿导轨长度方向作一假想水平平面 *F* 与导轨相截，得交线 *ofg*。包容 *ofg* 曲线而距离为最小的两平行线间的数值 f_2，即为导轨在水平平面内的直线度。通常对导轨的直线度有两种表示方法:即导轨在局部测量长度(如250 mm、500 mm、1000 mm等)内的直线度和导轨在全长内的直线度。

3)导轨间的平行度　对于导轨的平行度误差俗称为"扭曲",平行度误差是用横向的角值误差来表示。当测量桥板或滑板移动时,在横向1000 mm宽度上的倾斜值为 h,其比值 h/1000 mm即为其平行度误差,见图3-9-26。平行度允差分为局部(如500 mm或1000 mm)和全长上两种,常用水平仪横放在桥板或滑板上来测量。移动时,在要求长度内水平仪读数最大代数差即为平行度误差。一般机床导轨的平行度允差为0.02 mm/1000 mm～0.05 mm/1000 mm。

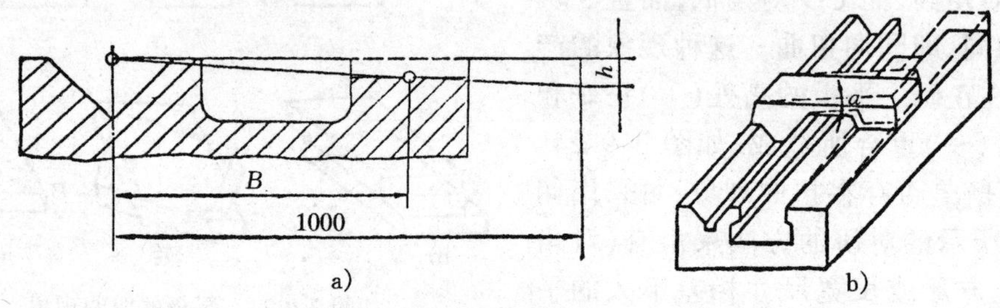

图3-9-26　导轨的平行度

a)平行度误差表示法　b)桥板在导轨上

4)导轨间的垂直度　导轴间的垂直度是两导轨的位置精度,其要求形式很多,如图3-9-27所示。图3-9-27a为车床滑板燕尾导轨2对床身导轨1的垂直度要求;图3-9-27b为牛头刨横梁,要求水平导轨1与升降导轨2互相垂直;图3-9-27c为外圆磨床床身导轨,要求横向导轨2与纵向导轨1互相垂直。

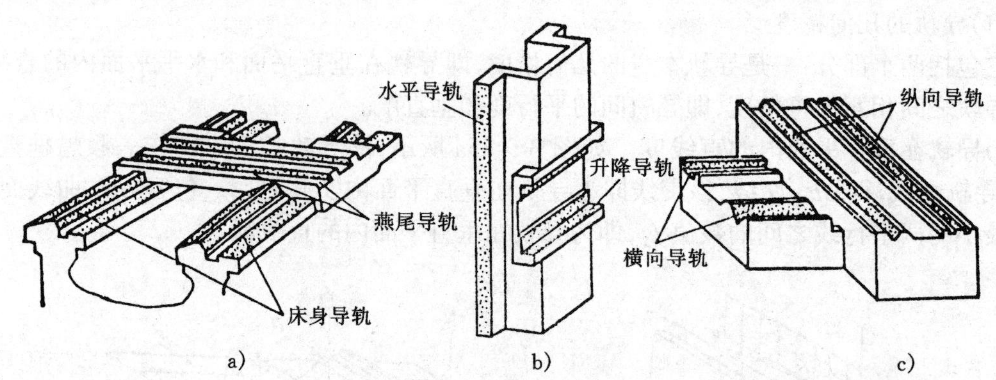

图3-9-27　两导轨的垂直度

a)车床滑板燕尾导轨　b)牛头刨横梁　c)磨床床身导轨

(2)导轨的接触精度

为保证导轨副的接触刚度及运动精度,导轨副的配合面必须有良好的接触刚度。一般用涂色法检查,根据JB2278—78的规定,保证在25 mm×25 mm面积内的接触点不低于表3-9-7所规定的数值。

(3)导轨的表面粗糙度

机床导轨的表面粗糙度,按表3-9-8确定。当滑动速度不大于0.5 m/s或淬硬的导轨面,应小于表中的数值。

表 3-9-7 刮研导轨表面的接触精度

机床类别 \ 接触点数 \ 导轨类别	每行导轨宽度(mm)		镶条,压板
	≤250	>250	
高精度机床	20	—	12
精密机床	16	12	10
普通机床	10	16	16

表 3-9-8 滑动导轨表面粗糙度 (μm)

机床类别 \ 导轨类别		支承导轨	动导轨
普通机床	中小型	0.8	1.6
	大 型	1.6~0.8	1.6
精密机床		0.8~0.2	1.6~0.8

2.机床导轨刮削原则

机床导轨精加工方法有刮削、精刨和磨削。刮削具有精度高,耐磨性好,表面美观,且能贮存润滑油,以及不受导轨长度、结构的限制等优点,故目前广泛用于制造和修理行业。但刮削劳动强度大,生产效率低。

为了提高刮削质量和刮削效率,刮削时,按下列原则进行。

①首先要选择刮削时的基准导轨。通常是以较长和重要的支承导轨作为基准导轨,如普通车床床身溜板用导轨、立式钻床立柱导轨等。

②先刮基准导轨,再根据基准导轨刮削与其相配的另一导轨。刮削时,相配的导轨以基准导轨为校准工具,进行配研配刮。

③对于组合导轨上各个表面的刮削次序应合理安排。如先刮大表面,后刮小表面;先刮刚度较高的表面,后刮刚度低的表面。

④刮削中、小长度导轨时,工件应放在调整垫铁上,以便调整导轨的水平或垂直位置,从而保证精度和便于测量。

⑤大型机床导轨较长,多由几段拼接而成。刮削修理多在基础上进行。故应先修整基础,然后进行刮削。夏季刮削长导轨时应把导轨面刮成中凸状态,以便消除热胀冷缩引起的导轨直线度误差。

3.普通车床床身导轨的刮削

图 3-9-28 所示为车床床身导轨。其中导轨面 4、5、6 为溜板用导轨,1、2、3 为尾架用导轨,7、8 为压板用导轨。

刮削前,首先应选择基准导轨。选择工作量最大,精度要求最高,最主要和最难的溜板用导轨面 5、6 为基准导轨。

刮削步骤如下。

①先刮削基准导轨面 5 和 6。刮削前先检查其直线度误差,画出直线度误差曲线图,综合考虑刮削方法。先用校准平尺研点刮削平面 5,再用角度平尺校研刮削平面 6。用专用桥板配合水平仪测量基准导轨的直线度,直至直线度、接触点和表面粗糙度均符合要求为止。

②刮削平面 4,以已刮好的 5、6 为基准,用平尺研点刮削平面 4。要保证导轨表面 4 本身的平面度、直线度要求,还要保证对基准导轨的平行度要求。检查时,将磁力百分表座放在与

基准导轨吻合的垫铁上，表头触及被测表面 4 上，移动垫铁在导轨全长上进行测量，表值最大代数差即为平行度误差，见图 3-9-29。

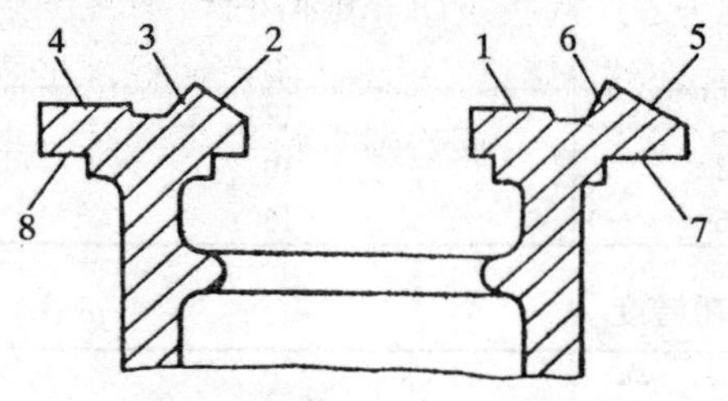

图 3-9-28　车床床身导轨

1、2、3—尾架用导轨；4、5、6—溜板用导轨；
7、8—压板用导轨

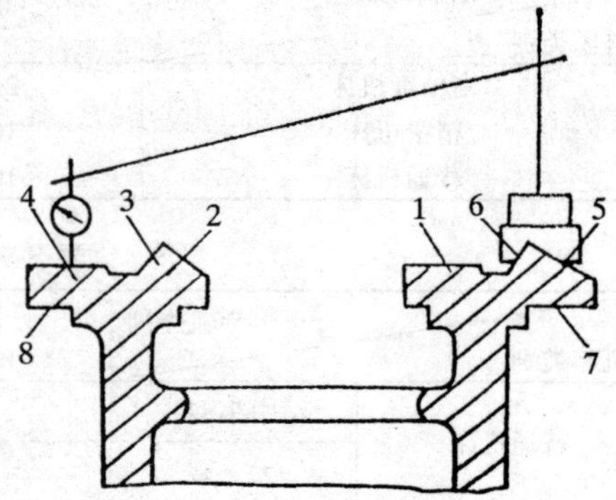

图 3-9-29　车床床身导轨刮削时的检查

③刮削尾架用平面 1。以已刮好的 5、6 面及 4 面为基准导轨，用平尺研点刮削平面 1，达到自身精度和平行度要求。用图 3-9-30 所示的检验桥板和百分表配合检查平行度。

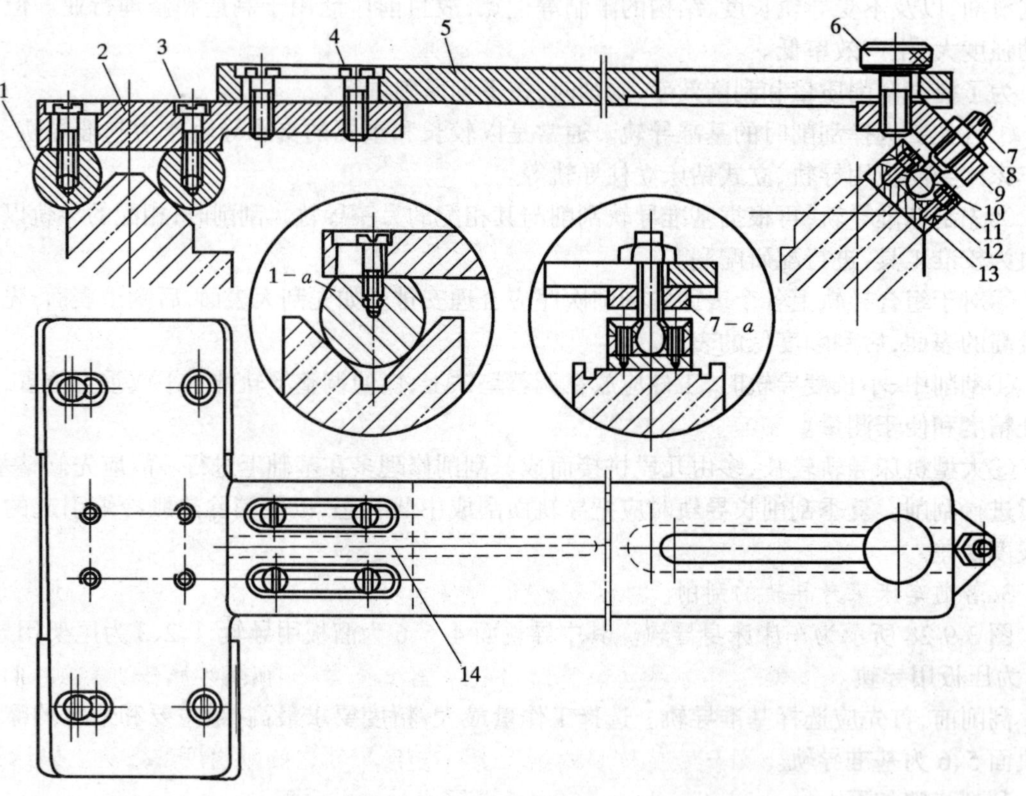

图 3-9-30　检验桥板

1—半圆棒；2—丁字板；3、4、10—圆柱头螺钉；5—桥板；6—滚花螺钉；7—调整杆；8—六角螺母；9—滑动支承；11—盖板；12—垫板；13—接触板；14—平键

④刮削导轨面 2、3。刮削方法与刮削基准导轨 5、6 相同，必须保证自身的精度，同时要达到对基准导轨 5、6 和平面 1 的平行度要求。用图 3-9-30 所示的检验桥板和百分表配合检查平

行度。

4. 双矩形导轨的刮削

其形状见图 3-9-31。刮削时一般不采用逐条刮削的方法，而是使用标准平板对两条导轨同时研点刮削，使两条导轨的自身精度和平行度要求同时达到，工作效率高。研点用标准平板的宽度应大于或等于导轨的宽度 B，长度稍小于导轨长度 L。对于较长的导轨也可用短一些平板逐段刮削。

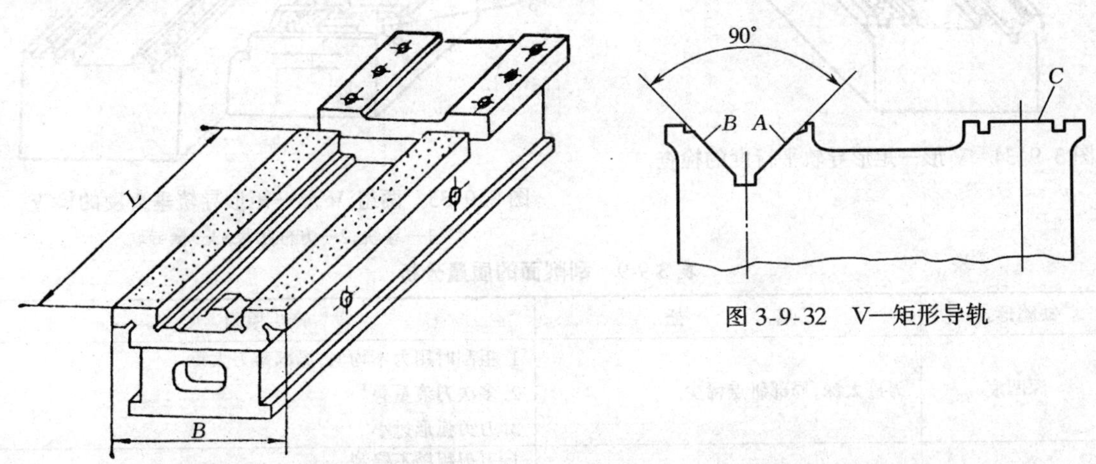

图 3-9-31　双矩形导轨

图 3-9-32　V—矩形导轨

5. V 形—矩形导轨的刮削

其结构形状见图 3-9-32。其刮削方法有两种：一种是用相配的工作台进行研点（因工作台导轨面较短，容易保证精度，常用刮或磨削）；另一种是用校准工具进行研点，见图 3-9-33a。用组合平板研点时，A、B、C 三条导轨面可同时显点进行刮削，刮好后只需进行直线度检查。用图 3-9-33b 所示的 V 形角度平尺研点时，应先刮 V 形导轨的 A、B 两导轨面，保证自身的直线度要求。然后以 V 形导轨为基准，用桥形平尺研平面导轨 C 显点进行刮削。

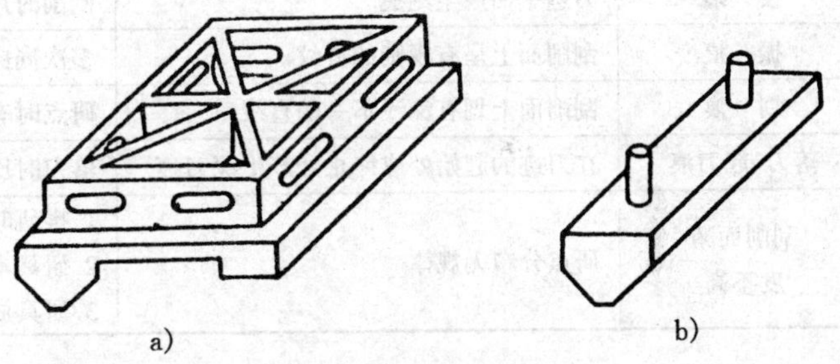

图 3-9-33　常用的组合平板和平尺
a)组合平板　b)V 形角度平尺

刮削时用图 3-9-34 所示方法检查。先用水平仪 2（或光学平直仪）检查平面导轨 C 的直线度；然后用水平仪置于工字平尺（或专用桥板）上，沿导轨移动逐段测量两导轨间的平行度。

图 3-9-35 所示为检查外圆磨床床身两组 V 形—矩形导轨之间垂直度的方法。以床身纵导轨 1 为基准，借助标准方框角尺 2 检查横导轨 3 对纵导轨的垂直度。

检查导轨间的平行度可使用检验桥板与水平仪配合。按导轨不同的形状，可以做成不同结构的检验桥板，图 3-9-30 是常见的一种形式。桥板支承部分见图 3-9-30 中的 1 和 7 至 11 两部分，可以根据导轨形状更换，测量跨度可以调整，能适应多种床身组合导轨的测量。

三、刮削质量分析

刮削面的质量分析见表 3-9-9。

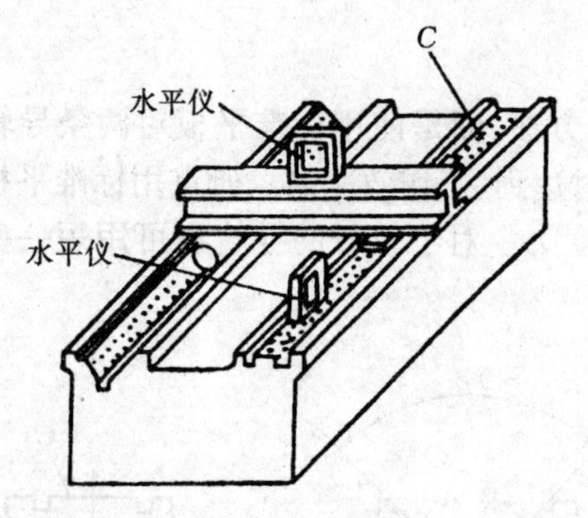

图 3-9-34　V形—矩形导轨平行度的检查

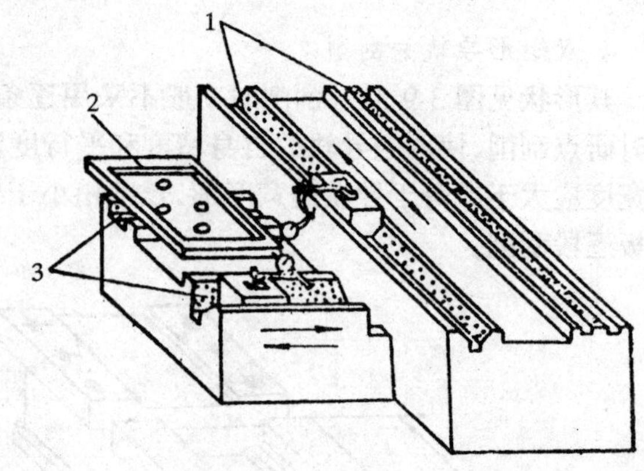

图 3-9-35　两组 V 形—矩形导轨垂直度的检查

1—导轨；2—方框角尺；3—横导轨

表 3-9-9　刮削面的质量分析

缺陷形式	特　征	产生原因
深凹痕	刀迹太深，局部研点稀少	1. 粗刮时用力不均匀，局部落刀太重 2. 多次刀痕重叠 3. 刀刃弧形过小
撕　痕	刮削面上有粗糙的条状刮痕	1. 刀刃粗糙不锋利 2. 刀刃有锯齿形或裂纹
梗　痕	刀迹单面产生刻痕	刮削时用力不均匀，使刃口单面切削
振　痕	刮削面上呈有规则的波纹	多次同向刮削，刀迹没有交叉
划　痕	刮削面上划有深浅不一的直线	研点时有砂粒、切屑等杂质或显示剂不清洁
落刀、起刀痕	在刀迹的起始处或终止处产生深刀痕	落刀时压力和动作速度较大及起刀不及时
刮削面精度不高	研点分布无规律	1. 推研时压力不均匀，研具伸出工件太多而出现假点子 2. 研具本身不准确 3. 研具放置不平稳

第十章　研　磨

10-1　研磨的基本知识

一、研磨的基本原理

研磨工艺的基本原理是游离的磨料通过辅料和研磨工具(以下简称研具)物理和化学的综合作用,对工件表面进行光整加工。

1.物理作用

研磨时预先将磨料压嵌在研具上进行嵌砂研磨,称干研,如图 3-10-1 所示。亦可在研具或工件表面上涂敷研磨剂(研磨剂是磨料和辅料调合而成的混合物)进行敷砂研磨,称湿研,如图 3-10-2 所示。磨料或研磨中的磨料在研具表面构成了一种半固定或浮动的“多切削刃”的基体。当研具与工件作相对运动,对任意一方施加一定的压力时,介于二者之间的磨料借助研具的精确型面,即以其“多切削刃”对工件进行切削,从而使工件逐渐得到较高的几何形状、位置和尺寸精度及表面粗糙度。

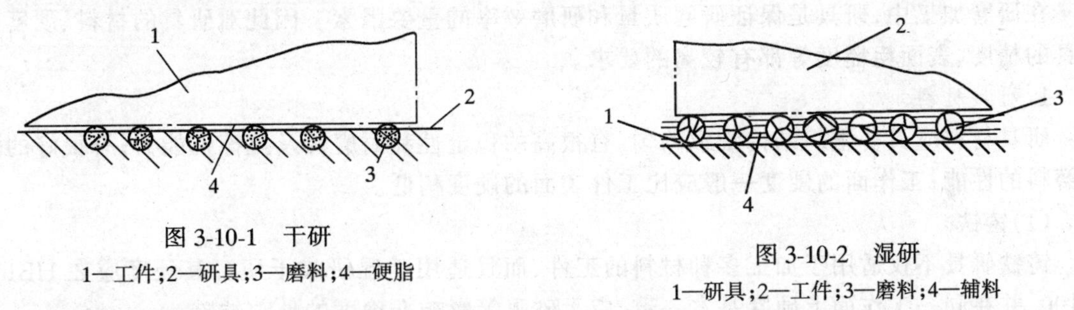

图 3-10-1　干研

1—工件;2—研具;3—磨料;4—硬脂

图 3-10-2　湿研

1—研具;2—工件;3—磨料;4—辅料

2.化学作用

当用添加氧化铬、硬脂等物质的研磨剂对工件进行研磨时,与空气接触的金属表面很快地生成氧化膜。这层氧化膜,很容易被研磨掉,而新的金属表面又很快地生成新的氧化膜,如此进行下去,从而加速研磨过程。

二、研磨余量的确定

研磨属于表面光整加工方法之一。工件研磨前的预加工直接影响研磨质量和研磨效率。预加工精度低时,研磨消耗工时多,研具磨损快,达不到工艺效果。故大部分工件(尤其是淬硬钢件)在研磨前都经过精磨,其研磨余量视具体情况确定。

生产批量大,研磨效率高时,研磨余量可选 0.04 mm～0.07 mm;小批、单件生产,研磨效率低时,研磨余量为 0.003 mm～0.03 mm;多件加工,尤其是成组、成套地加工时,需注意保持尺寸的等原性。例如,经过精磨的工件轴径,手工研磨的余量为 0.003 mm～0.008 mm,机械研磨的余量为 0.008 mm～0.015 mm。再如,经过精磨的工件孔径,手工研磨的余量为 0.005 mm～0.01 mm。另外,经过精磨的工件平面,手工研磨的余量每面为 0.003 mm～0.005 mm,

机械研磨的余量每面为 0.005 mm～0.01 mm。

工件往往需要粗研磨(以下简称粗研)、半精密研磨(以下简称细研)及精密研磨(以下简称精研)等多道工序才能达到最终的精度要求。研磨工序之间的研磨余量,是以量块(材料 GCr15,硬度 HRC62～65,表面粗糙度 R_a 值 0.012μm)的双向研磨余量为例的推荐数值,见表 3-10-1。

表 3-10-1　平面双向研磨余量

		加工余量(mm)	磨料粒度	表面粗糙度 R_a 值(μm)
备料成形		$1^{+0.1}_{-0.2}$		6.3
火前粗磨		0.35～0.05	46#	1.6
火后精磨		0.05～0.01	60#	0.8
Ⅰ次	粗　研	0.011～0.003	W5～W7	0.2
Ⅱ次		0.004～0.001	W3.5	0.1
Ⅰ次	细　研	0.0015～0.0005	W2.5	0.05
Ⅱ次		0.0005～0.0003	W1.5	0.05 以上
精　研		达到最终加工尺寸	W1～W1.5	0.012

注:其中Ⅰ次粗研为敷砂粗研磨。

三、研具与研磨剂

(一)研具

在研磨加工中,研具是保证研磨质量和研磨效率的重要因素。因此对研具的材料、硬度及研具的精度、表面粗糙度等都有较高的要求。

1.研具材料

研具材料应具备组织结构细致均匀,有很高的稳定性和耐磨性及抗擦伤能力;有很好的嵌存磨料的性能;工作面的硬度一般应比工件表面的硬度稍低。

(1)铸铁

铸铁研具不仅适用于加工多种材料的工件,而且适用于湿研或干研。其硬度应在 HB110～190,并在同一工作面上硬度基本一致,应无砂眼等影响准确度的外观缺陷。

用于精研的普通灰铸铁材料,其化学成分为:碳 2.7%～3.0%,硅 1.3%～1.8%,锰 0.6%～0.9%,磷 0.65%～0.70%,硫<0.10%。

用于粗研的铸铁材料,其化学成分为:碳 3.5%～3.7%,硅 1.5%～2.2%,锰 0.4%～0.7%,磷 0.1%～0.15%,锑 0.45%～0.55%。

用于研磨的铸铁材料除了普通灰铸铁外,还有球墨铸铁、高磷低合金铸铁。近来出现的一种新型铸铁研具,采用了高 Si/C 比值铸铁,即高强度低应力铸铁。并在高强度低应力铸铁研具工作表面上运用电阻接触淬火技术或 400W 的 CO_2 激光器淬硬灰口铸铁技术,产生了一种高硬度、高强度、低应力的铸铁研具。其抗擦伤能力、耐磨性和降低被研磨表面粗糙度的性能都有很大的提高。

(2)其他材料

低碳钢、铜、巴氏合金、铅和玻璃常用来制作淬硬钢的精研时的研具。

2.研具的类型

研具的类型很多,按其适用范围可分为通用研具和专用研具两类。通用研具适用于一般工件、计量器具、刃具等的研磨。常用的通用研具有研磨平板、研磨盘等。专用研具是专门用来研磨某种工件、计量器具、刃具等的研具,如螺纹研具、圆锥孔研具、圆柱孔研具、千分尺研磨器和卡尺研磨器等。

(二)研磨剂

研磨剂中磨料和辅料的种类,主要是根据研磨加工的材料及硬度和研磨方法确定的。

1. 磨料

磨料在研磨中主要起切削作用。研磨加工的效率、精度和表面粗糙度与磨料有密切关系。常用的磨料有以下4个系列。

1)金刚石磨料　金刚石磨料是目前硬度最高的磨料,分人造金刚石和天然金刚石两种。金刚石磨料的切削能力强,实用效果好,可用于研磨淬硬钢,适用于研磨硬质合金、硬铬、宝石、陶瓷等超硬材料。随着人造金刚石的制造成本的不断下降,金刚石磨料的应用愈来愈广泛。

2)碳化物磨料　碳化物磨料的硬度低于金刚石磨料。在超硬材料的研磨加工中,其研磨效率和质量低于金刚石磨料,可用于研磨硬质合金、陶瓷与硬铬等超硬材料,适用于研磨硬度较高的淬硬钢。

3)氧化铝磨料　氧化铝磨料的硬度低于碳化物磨料,适用于研磨淬硬钢、及未淬硬钢、铸铁等材料。

4)软质化学磨料　软质化学磨料质地较软,可以改善被加工表面的表面粗糙度,提高效率,用于精研或抛光。这类磨料有氧化铬、氧化铁、氧化镁和氧化铈等。

常用的磨料系列与用途见表3-10-2。

表3-10-2　磨料的种类与用途

系　列	磨料名称	代号	特　性	适用范围
氧化铝系	棕刚玉	GZ	棕褐色。硬度高,韧性大,价格便宜	粗、精研磨钢、铸铁、黄铜
	白刚玉	GB	白色。硬度比棕刚玉高,韧性比棕刚玉差	精研磨淬火钢、高速钢、高碳钢及薄壁零件
	铬刚玉	GG	玫瑰红或紫红色。韧性比白刚玉高,磨削光洁度好	研磨量具、仪表零件及要求小的表面粗糙度的材料
	单晶刚玉	GD	淡黄色或白色。硬度和韧性比白刚玉高	研磨不锈钢、高钒高速钢等强度高、韧性大的材料
碳化物系	黑碳化硅	TH	黑色,有光泽。硬度比白刚玉高,性脆而锋利,导热性和导电性良好	研磨铸铁、黄铜、铝、耐火材料及非金属材料
	绿碳化硅	TL	绿色。硬度和脆性比黑碳化硅高,具有良好的导热性和导电性	研磨硬质合金、硬铬、宝石、陶瓷、玻璃等材料
	碳化硼	TP	灰黑色。硬度仅次于金刚石。耐磨性好	精研磨和抛光硬质合金、人造宝石等硬质材料
金刚石系	人造金刚石	JR	无色透明或淡黄色、黄绿色或黑色。硬度高,比天然金刚石略脆,表面粗糙	粗、精研磨硬质合金、人造宝石、半导体等高硬度脆性材料
	天然金刚石	JT	硬度最高,价格昂贵	
其　他	氧化铁		红色至暗红色。比氧化铬软	精研或抛光钢、铁、玻璃等材料
	氧化铬		深绿色	

磨料的组别、粒度号数及颗粒尺寸,见表3-10-3。

表 3-10-3　磨料的颗粒尺寸

组别	粒度号数	颗粒尺寸(μm)	组别	粒度号数	颗粒尺寸(μm)
磨粒	12#	2000～1600	微粉	W40	40～28
	14#	1600～1250		W28	28～20
	16#	1250～1000		W20	20～14
	20#	1000～800		W14	14～10
	24#	800～630		W10	10～7
	30#	630～500		W7	7～5
	36#	500～400		W5	5～3.5
	46#	400～315		W3.5	3.5～2.5
	60#	315～250		W2.5	2.5～1.5
	70#	250～200		W1.5	1.5～1
	80#	200～160		W1	1～0.5
磨粉	100#	160～125		W0.5	0.5～更细
	120#	125～100			
	150#	100～80			
	180#	80～63			
	240#	63～50			
	280#	50～40			

常用的磨料粒度号数、用途及可达到的表面粗糙度，见表 3-10-4。

表 3-10-4　常用的磨料

粒度号数	用　途	可达到的表面粗糙度 R_a(μm)
100#～280#	用于初研磨	
W40～W20	粗研磨加工	0.2～0.1
W14～W7	细研磨加工	0.1～0.05
W5 以下	精研磨加工	0.05 以下

2. 辅料

磨料不能单独用于研磨，而必须和某些辅料配合成各种研磨剂来使用。辅料中，常用的液态辅料有煤油、汽油、电容器油、甘油等，用来调合磨料，起冷却润滑作用。另一类是固态辅料，常用的有硬脂。硬脂可使被研磨表面金属发生氧化反应及增强研磨中悬浮工件的作用，见图 3-10-3。硬脂可使工件与研具在研磨时不直接接触，只利用露出研具表面和硬脂上面的磨料进行切削，从而降低表面粗糙度。

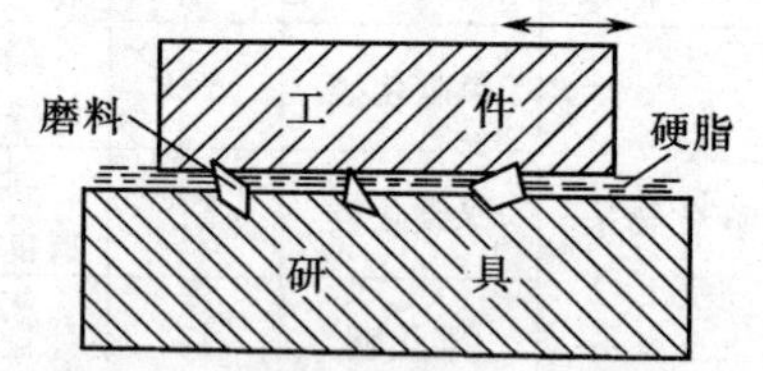

图 3-10-3　硬脂在研磨中的悬浮作用

在研磨工作中，为了使用方便，常将硬脂酸、蜂蜡、无水碳酸钠配制成硬脂。硬脂的配比：硬脂酸 48 g，蜂蜡 8 g，无水碳酸钠 0.1 g，甘油 12 滴(用 100ml 滴瓶的滴管)。制作时，把硬脂酸和蜂蜡放入容器内加热至熔化，再加上无水碳酸钠和甘油，连续搅拌 1 min～2 min，停止加热，然后继续搅拌至即将凝固，立刻倒入定形器中，冷却后即可使用。加热时，时间要掌握好，时间过长，硬脂容易板结，涂在研磨平板等上面时打滑，不易涂划。时间过短，硬脂结构松散，涂划时容易掉渣。

3. 研磨剂的配制

研磨剂是选用磨料和辅料，并按一定比例配制而成的。一般配制成研磨液和研磨膏。为了提高研磨效率和被研磨表面不出现明显的划痕，往往采取湿研的方式。湿研时，可将研磨液或研磨膏涂在研具上进行。

研磨液常用微粉、硬脂、煤油和航空汽油等配制而成。研磨液的配比：白刚玉 15 g，硬脂 8 g，煤油 35 ml，航空汽油 200 ml。

研磨膏有普通研磨膏和人造金刚石研磨膏二种。普通研磨膏常用微粉、硬脂、氧化铬、煤油和电容器油等配制而成。普通研磨膏的配比：白刚玉 40%，硬脂 25%，氧化铬 20%，煤油 5%，电容器油 10%。制作时，将硬脂放入容器内，熔化后加入微粉、氧化铬，连续搅拌，以使其均匀。在温度升至 130 ℃～150 ℃时，保持 15 min～20 min，其目的是蒸发水分，同时清除液面上的细微杂质。然后使温度下降至 70 ℃时，注入煤油、电容器油。仔细搅拌后，重新加温，保持在 120 ℃～130 ℃，约 10 min。再次冷却到 45 ℃～50 ℃时，注入定形器，完全冷却后，即可使用。

人造金刚石研磨膏的粒度号数，以不同颜色来加以区分。使用时，可根据被研磨工件的表面粗糙度要求来选用。人造金刚石的粒度号数、颗粒尺寸及加工表面粗糙度，见表 3-10-5。

表 3-10-5 金刚石研磨膏

标称号	颗粒尺寸(μm)	加工表面粗糙度 R_a(μm)
W0.1	0.1	0.012 以下
W0.25	0.25	0.012 以下
W0.5	0.5	0.012 以下
W1	1	0.025 以下
W1.5	1.5	0.025 以下
W2.5	2.5	0.025 以下
W3	3	0.025 以下
W3.5	3.5	0.025～0.05
W5	5	0.025～0.05
W7	7	0.05～0.10
W10	10	0.05～0.10
W14	14	0.05～0.10
W16	16	0.05～0.10
W20	20	0.1～0.2
W28	28	0.1～0.2
W40	40	0.1～0.2

10-2 研磨平面

一、研磨的运动轨迹、速度与压力

1. 研磨运动轨迹

(1)研磨运动

研磨时，研具与工件之间所作的相对运动称为研磨运动。其目的是实现磨料的切削运动。它的运动状况如何，直接影响研磨质量和研磨效率及研具的耐用度。因此，研磨运动既要满足工件均匀地接触研具的全部表面,又要满足工件受到均匀研磨,即被研磨的工件表面上每一点所走的路程相等,且能不断有规律地改变运动方向,避免过早出现重复。

(2)研磨运动轨迹

工件(或研具)上的某一点在研具(或工件)表面上所运动的路线,称为研磨运动轨迹。研磨运动轨迹要紧密、排列整齐、互相交错,一般应避免重叠或同方向平行,要均匀地遍布整个研磨表面上。

手工研磨平面的运动轨迹形式,常用的有螺旋线式(见图 3-10-4)和"8"字形式(见图 3-10-5)以及直线往复式。直线往复式研磨运动轨迹比较简单,但不能使工件表面上的加工纹路相互交错,因而难以使工件表面获得较好的表面粗糙度,但可获得较高的几何精度,因此其适用于阶台和狭长平面工件的研磨。螺旋线式研磨运动轨迹,能使研具和工件的表面保持均匀的接触,既有利于提高研磨质量,又可使研具保持均匀地磨损,其适用于平板及小平面工件的研磨。

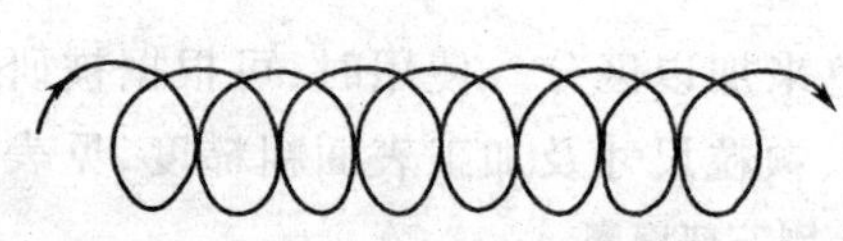

图 3-10-4 螺旋线式研磨轨迹

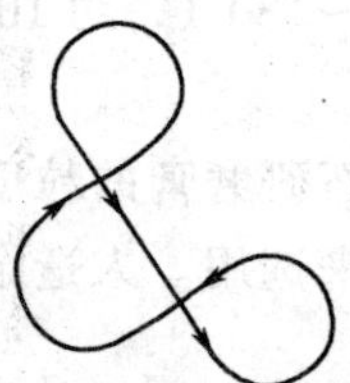

图 3-10-5 "8"字形式研磨运动轨迹

机械研磨平面的运动轨迹形式有外摆线式、内摆线式、往复直线式、正弦曲线式("8"字形式)及无规则圆环线式(螺旋线式)等,如图 3-10-6 所示。

2. 研磨速度

研磨速度应根据不同的研磨工艺要求,合理地进行选取。例如研磨狭长的大尺寸平面工件时,应选取低速研磨,而研磨小尺寸或低精度工件时,则需选取中速或高速研磨。一般研磨速度可取 10 m/min～150 m/min,精研为 30 m/min 以下。一般手工粗研每分钟约往复 40～60 次,精研每分钟约往复 20～40 次。

3. 研磨压力

研磨压力,在一定范围内与研磨效率成正比。但研磨压力过大,摩擦加剧,将产生较高的温度,从而使工件和研具因受热而变形,直接影响研磨质量和研磨效率及研具的耐用度,一般研磨压力可取 0.01 MPa～0.5 MPa。手工粗研约为 0.1 MPa～0.2 MPa,手工精研约为 0.01 MPa～0.05 MPa。对于机械研磨,在机床开始启动时,可调小些,在研磨进行中,可调到某一定值,在研磨终了,可再减小一些,以提高研磨质量。

在一定范围内,工件表面粗糙度随研磨压力增加而降低。研磨压力在 0.04 MPa～0.2 MPa 范围内时,对改善表面粗糙度的效果显著。

4. 研磨时间

对于粗研,研磨时间可根据磨料的切削性能来确定,以获得较高的研磨效率;对于精研,研磨时间为 1 min～3 min,一般研磨时间越短,研磨质量越高。当超过 3 min,对研磨质量的提高没有显著效果。

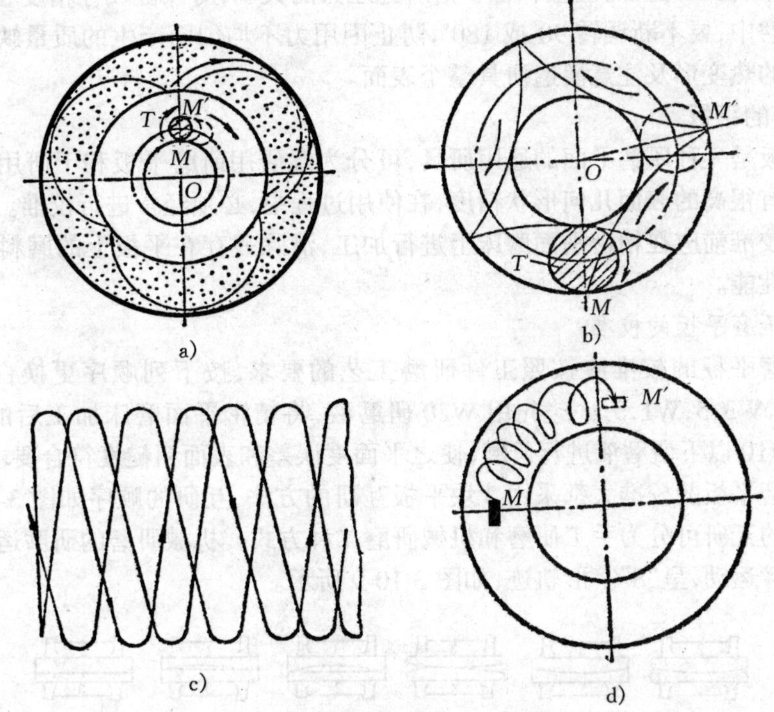

图 3-10-6　平面研磨运动轨迹

a)外摆线式　b)内摆线式　c)正弦曲线式　d)无规则圆环线式

二、手工研磨工件的平面

手工研磨精度要求较高的平面时，对研具型式(图 3-10-7)和研磨剂的选择以及操作技术有更高的要求。一般先用 W20～W18 研磨剂涂敷于开槽式研具上进行粗研，以研去预加工痕迹，达到粗研所要求的加工精度；然后用 W3.5～W5 的干研用研具进行细研，以进一步提高几何形状精度和改善表面粗糙度，为最终精研做好准备；最后用 W1～W1.5 的干研用研具进行精研，使表面粗糙度达到 R_a 值 0.05 μm～0.012 μm 及 IT5 以内的尺寸精度和相应的几何形状精度。

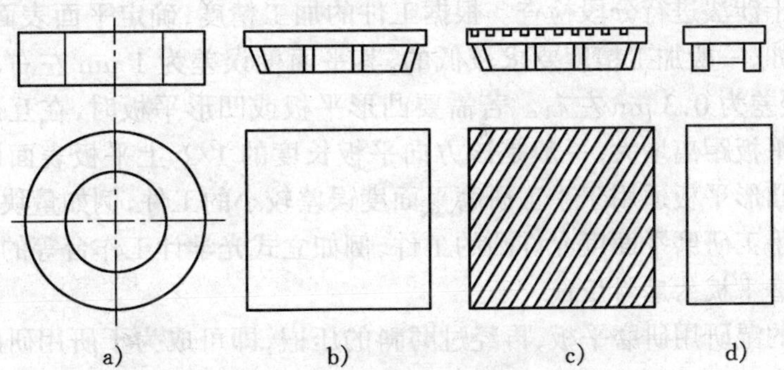

图 3-10-7　平面研磨用研具

a)圆盘研具　b)方形研具　c)开槽方形研具　d)长方形研具

研磨中要用手工来控制研磨运动的方向、压力及速度等。此外，由于手的前部易施力稍大，所以手指作用在工件上的位置和各手指所施压力的大小，对保证尺寸精度和几何形状精度非常重要。研磨中，要不断调转 90°或 180°，防止因用力不均匀而产生的质量缺陷。在研磨中还应注意工件的热变形及注意研遍研具整个表面。

三、研磨用的平板

研磨用平板是一种研磨平面的通用研具，可分为湿研用研磨平板和干研用研磨平板。为了保持平板具有很高的表面几何形状精度，在使用过程中，必须经常进行校准。对于使用时间较长的平板在校准前应在精密平面磨床上进行加工，清除残存在平板上的磨料以获得较好的平面度和使用性能。

1. 湿研用研磨平板的校准

湿研用研磨平板的校准应按照工件研磨工艺的要求，按下列顺序更换白刚玉研磨液：W20，W10，W7，W3.5，W1.5，……先用 W20 研磨液，将精密平面磨床加工后的痕迹研磨掉。再用 W10 和 W10 以下研磨液进行研磨，使之平面度误差和表面粗糙度符合要求。

湿研用研磨平板的校准大都采用 3 块平板互研的方法，互研的顺序如图 3-10-8 所示。湿研用研磨平板的互研可分为手工研磨和机械研磨二种方式。机械研磨的研磨运动一般是模仿手工操作的双臂运动，呈“8”字形轨迹，如图 3-10-9 所示。

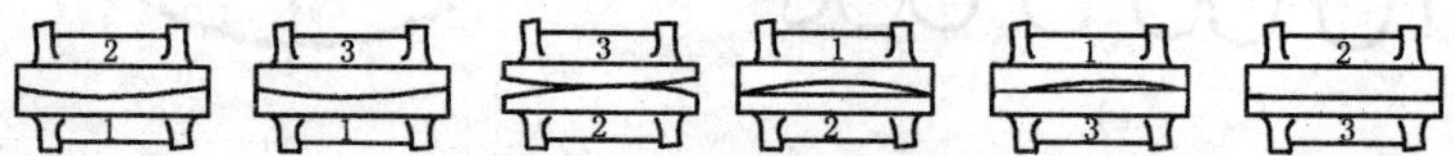

图 3-10-8　3 块平板互研的方法

研磨时，两平板表面上各点移动的相对距离和接触面积应基本相等，推出平板的空间距离一般不得超过该方向平板长度的 1/3～1/4。在研磨过程中，应采取间歇研磨的方法，减少热变形。还应随时将上平板调转 90°和 180°，以改变研磨时的接触部位。保证平板具有很高的表面几何精度。

当更换研磨液前，将两平板表面用煤油或航空汽油进行清洗。清洗后，再用煤油涂敷在平板表面上，通过两平板表面互移的吸附作用，使残存的磨料在油层中呈游离状态，然后用浸过汽油的医药用脱脂棉擦净。

校准后的湿研用研磨平板的平面度误差可用样板直尺以光隙法进行检查，也可采用平面平晶技术以光波干涉法进行分段检查。根据工件的加工精度，确定平面表面几何形状误差是否符合要求。例如，一般加工精度要求较低的，其平面度误差为 1 μm 左右；加工精度要求较高的，其平面度误差为 0.3 μm 左右。若需要凸形平板或凹形平板时，在互研过程中，应将上平板推出空间的平板距离增大，一般是该方向平板长度的 1/2，上平板表面即呈凹形，下平板表面即呈凸形。凸形平板适用于手工研磨平面度误差较小的工件，例如量块等测量面的研磨。凹形平板适用于手工研磨平面度允许凸的工件，例如立式光学计工作台等的工作面的研磨。

2. 干研用研磨平板的磨料压嵌

经过校准后的湿研用研磨平板，再经过磨料的压嵌，即可成为干研用研磨平板。首先，将硬脂涂划在平板表面上，再将 W3.5～W1 白刚玉(20 g)、硬脂(0.5 g)、航空汽油(200 ml)的混合物，即压砂剂，晃均匀后倒在平板表面上，并涂均匀。待汽油浑发后，根据室温和湿度滴上数滴煤油或煤油与微量的医药用凡士林油混合物，必要时也可采用煤油与少量透平油的混合物，拂拭均匀后，即可进行磨料的压嵌。磨料的压嵌也称压砂。压砂可分为手工压砂和机械压砂

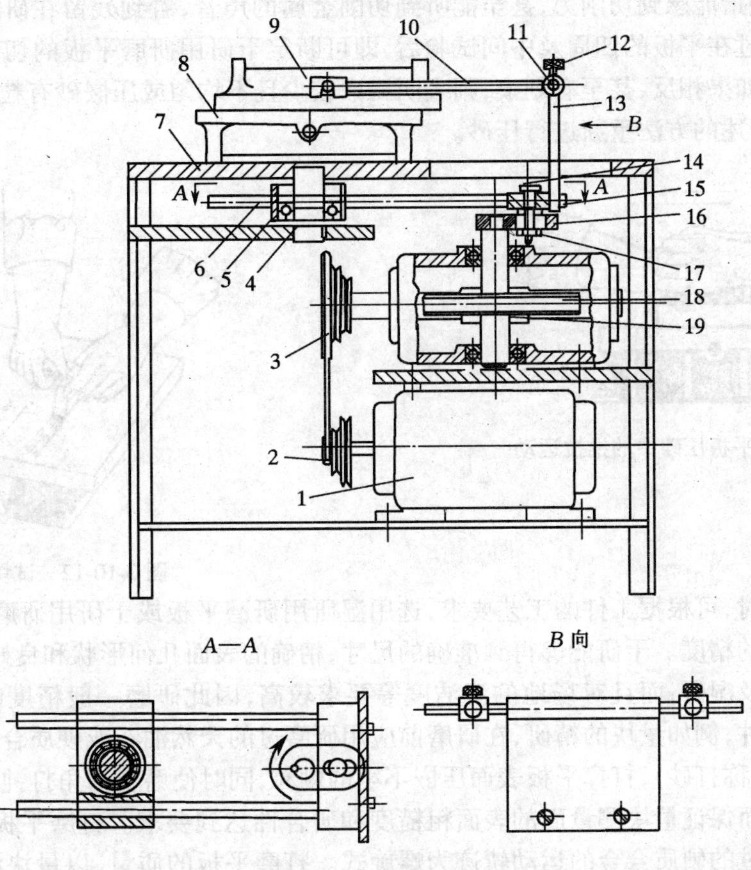

图 3-10-9 平板研磨机

1—电动机;2—小皮带轮;3—大皮带轮;4—固定轴;5—导块;6—双导杆;7—座板;8—下平板;9—上平板;10—拉臂;11—连杆;12—螺钉;13—立架;14—螺钉;15—螺钉;16—偏心盘;17—螺母;18—蜗轮;19—蜗杆

二种方式。手工压砂运动轨迹仍为“8”字形,压砂运动的速度比湿研用平板校准时运动的速度要低,但压力增加。当上平板较难运动时,可采用直线往复式运动轨迹,如图 3-10-11 所示。直至难以运动为止。同一粒度号数的磨料压砂的次数不宜过多,最多 2~3 次。每次压砂时间最多为 3 min~4 min。在压砂中,当手感平板运动不平稳时,可调转上平板 180°,重新采用“8”字形运动轨迹,再采用直线往复式运动轨迹,直至符合要求为止。此时可取开上、下平板,用浸过汽油的医药用脱脂棉由里向外擦,再将硬脂涂划在平板表面上,再用浸过汽油的医药脱脂棉由里向外擦,直至将平板表面擦净。

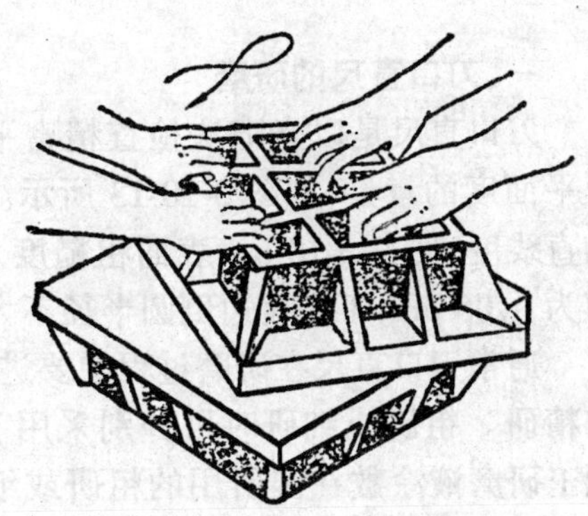

图 3-10-10 平板的湿研

干研用研磨平板磨料压嵌是否符合要求的检验,可用材料、硬度与被研磨工件相同,且尺寸为 35 mm×10 mm×40 mm 的试块在平板上采取直线往复式运动,推研几下,如图 3-10-12

所示。此时，手指能感到切削力，甚至能听到切削金属的声音，看到残留在研磨运动轨迹上的金属切屑。经过在平板的四周及中间试验后，即可断定干研用研磨平板的切削力和磨料分布的均匀程度。如果相反，甚至有划痕，则表明压嵌较少且不均匀或压嵌砂有粒度号数不同的磨料，这时需按上述的方法重新进行压砂。

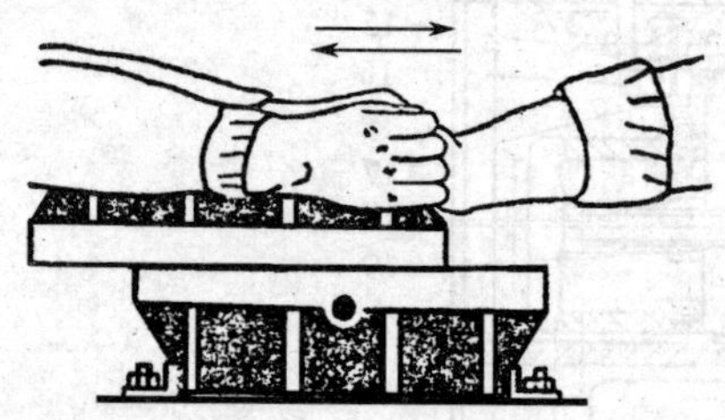

图 3-10-11 平板压砂中的推拉运动

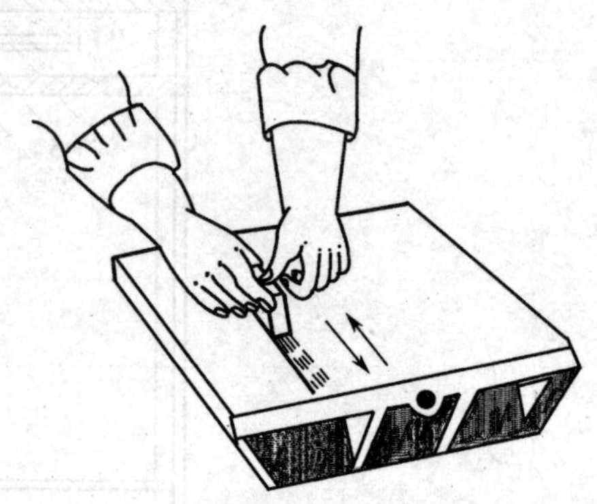

图 3-10-12 试块的推研

研磨平面时，可根据工件的工艺要求，选用湿研用研磨平板或干研用研磨平板，逐步使工件达到所要求的精度。干研能够得到准确的尺寸、精确的表面几何形状和良好的表面粗糙度，但研磨效率不及湿研，而且对场地的清洁度等要求较高，因此研磨一般精度的工件宜采用湿研。高精度工件，例如量块的精研，在研磨前应用研磨过的天然油石或硬质合金对压砂后的平板进行打磨(也称打砂)，打掉平板表面压嵌不牢的颗粒，同时使磨料锋角打钝而又处于同一切削平面内。从而保证量块测量面的表面粗糙度和研合性达到要求。打磨平板时，研磨过的天然油石或研磨过的硬质合金的运动轨迹为螺旋式。打磨平板的质量，以量块测量面的表面粗糙度和耐用度这二项指标来衡量。当表面粗糙度一但达到要求时应立即停止打磨。

10-3 刀口直尺和 90°角尺的研磨

一、刀口直尺的研磨

刀口直尺是以光隙法检查精密平面的直线度及平面度的量具，如图 3-10-13 所示。其工作棱边的直线度，见表 3-10-6。表面粗糙度 R_a 最大允许值为 0.05 μm，工作棱边倒圆半径不大于 0.2 mm。

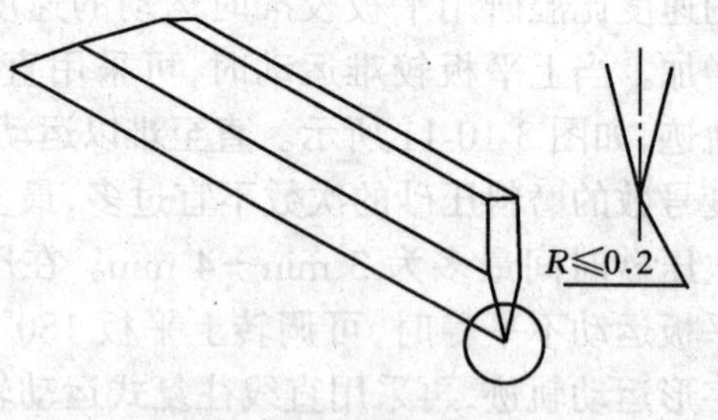

图 3-10-13 刀口直尺

通常刀口直尺在研磨过程中要进行粗研、细研和精研。粗研或细研时可分别采用 W20、W10 白刚玉研磨液涂敷在湿研用的粗研或细研研磨平板上。当刀口直尺长度≤175 mm 时，研磨时可用右手的大、中和食指分别捏持两侧隔热装置的中部，如图 3-10-14a 所示。刀口直尺的纵向摆成与操作者的正面视线约 30°～45°的夹角。刀口直尺长度＞175 mm 时，研磨时可用双手捏持，即根据上述方式用左、右手分别捏住刀口直尺靠近两端的侧面。刀口直尺纵向摆成与操作者的正面平行，如图 3-10-14b 所示。

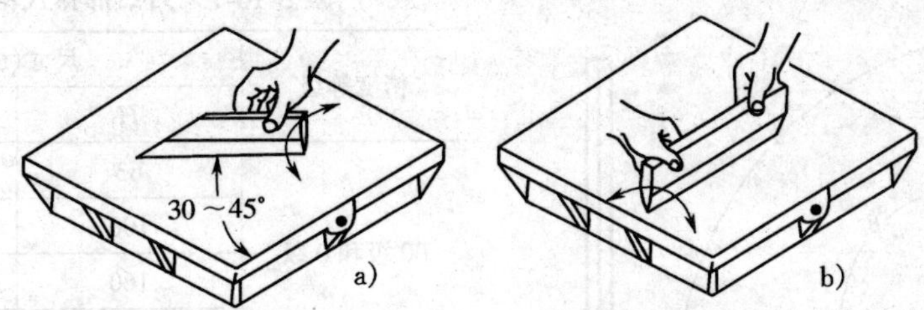

图 3-10-14　刀口直尺研磨中捏持方法

a)小规格刀口直尺　b)大规格刀口直尺

表 3-10-6　工作棱边直线度

刀口直尺长度(mm)			75,125,175	225,300	400,500
准确度等级	0 级	(μm)	0.5	1	1.5
	1 级		1.5	3	4

刀口直尺的研磨运动是沿其纵向移动和以其测量面为轴线作左右 30°摆动相结合的运动形式。纵向移动的距离不宜过长。研磨时，要掌握平稳，使接触面均匀遍及平板的工作面，并应注意在接近“R”的垂直等分线的部位，相应地要多摆动研磨几次，使其达到检定要求。

因为刀口直尺的研磨面积很小，与平板几乎是线接触，所以对研磨压力必须掌握得当。如压力过大，易将研磨液刮开，造成了研磨效率、研磨质量和平板耐用度的降低。一般粗研和细研的研磨压力分别约为 0.1 MPa 和 0.05 MPa，其研磨速度约为 40 次/min。

经过粗研，刀口直尺工作棱边倒圆半径不应大于 0.2 mm。经过细研，工作棱边直线度不应超过规定。

精研时，研磨运动的形式与粗研和细研大致相同，但采用的是 W3.5～W5 白刚玉干研用研磨平板。精研时的研磨压力约为 0.05 MPa，或仅利用刀口直尺的自重而不施加任何压力。其研磨速度约为 30 次/min。经过精研的刀口直尺工作棱边表面粗糙度能达到 R_a 值 0.05 μm。

刀口直尺工作棱边的表面粗糙度，可用干涉显微镜或轮廓仪进行检定，工作棱边的直线度可用长度不小于被检刀口直尺的研磨面平尺以光隙法进行，不应超过表 3-10-6 的规定。所产生的光隙长度不应超过被检刀口直尺工作棱边长度的 1/3。检定时，将被检刀口直尺借其自重轻轻地与研磨平尺接触，并以工作棱边为轴线，前后摆动约 22.5°，观察工作棱边与研磨面平尺透光间隙的大小。其值可与标准光隙相比较的方法确定(标准光隙可用刀口直尺、1 级量块及 2 级平晶组成)。对于尺寸至 175 mm 的 0 级刀口直尺，不允许有目力可见的光隙。刀口直尺的倒圆半径的检定可以观察，也可在工具显微镜工作台上放置一个专用的 45°平面镜，将刀口直尺紧靠平面镜平放工作台上，用圆弧轮廓目镜进行比较。

二、研磨 90°角尺

90°角尺(以下简称角尺)主要用于制件直角的检验和划线。

如图 3-10-15 所示的刀口形角尺是常见的角尺型式之一。其尺寸见表 3-10-7，技术要求见表 3-10-8。宽型测量面和刀口型测量面的表面粗糙度 R_a 最大允许值分别为 0.2 μm 和 0.1 μm，一般刀口型测量面的倒圆半径不大于 0.2 mm。

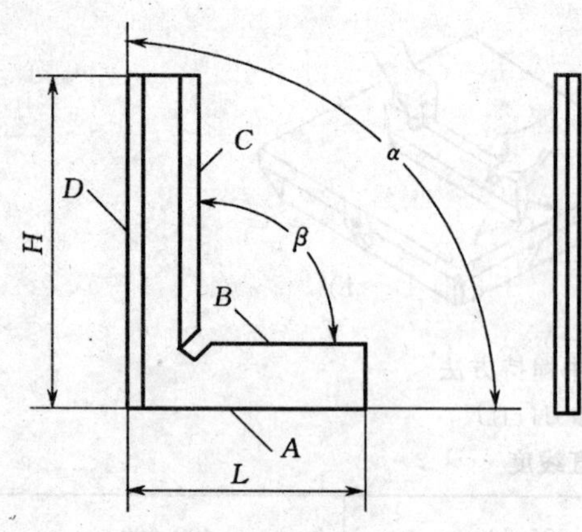

图 3-10-15 刀口形角尺

表 3-10-7 刀口形角尺的尺寸

精度等级	尺寸(mm)	
	H	L
00 级和 0 级	63	40
	100	63
	160	100
	200	125

表 3-10-8 刀口形角尺的技术要求

角尺长边尺寸 H (mm)	精度等级							
	00	0	0	00	0	00	0	0
	长边测量面与短边测量面(工作角 α、β)的垂直度公差 (μm)		侧面对支承面的垂直度公差 (μm)	长边测量面的直线度和平面度公差 (μm)		短边测量面的平面度公差 (μm)		短边两测量面的平行度公差 (μm)
63		3	50		1		1.5	3
100	—	3.5	50	—	1	—	1.5	3.5
160		4	60		1.5		2	4
200	2	4.5	70	1	1.5	1	2	4.5

刀口形角尺的研磨工序如下。

①研磨 A 面(基准表面)的平面度,同时使 A 面与 D 面保持垂直,并尽量控制 A 面与 B 面的平行度误差,以减少 B 面的研磨余量。

②研磨 B 面的平面度,并保证 B 面与 A 面平行。再研磨 C 面的直线度,确保 C 面与 B 面垂直。

③最后研磨 D 面的直线度,并使 D 面与 A 面垂直。

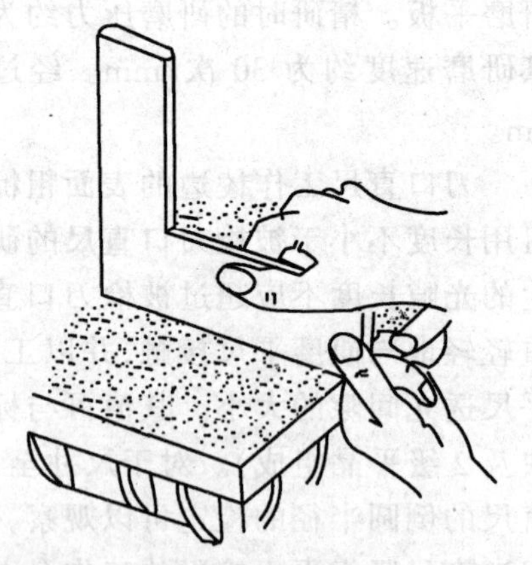

图 3-10-16 研磨 A 面

各个测量面的研磨,在平面度误差小于 1 μm 的研磨平板上进行。要保证各面间的垂直、平行,必须注意推研方向,使研磨面的厚端向前推进研磨。研磨 A 面时,用双手的大、中和食指捏持两侧非测量面适当部位,作纵向和横向推进研磨,见图 3-10-16。研磨时,用力要平稳,使研磨面均匀地遍及平板表面,其研磨速度约为 30～40 次/min。研磨 A 面时,可采用湿研平板进行粗研和细研,要采用干研平板进行精研,使之平面和表面粗糙度符合要求。

研磨 B 面时,当 B 面与已合格的 A 面在纵、横方向的平行度都较大时,先粗研 B 面的横向,使厚端向前推进研磨,直至横向基本平行于 A 面,再研磨纵向。研磨纵向时,当根部厚于端部时，先用油石磨左半部，使根部低于端部 10 μm 左右，然后分别用 W20、W10 白刚玉研磨液在湿研平板上使厚端向前推进研磨。推拉距离不要太长，尽量推到根部，同时顾及横向的平行度，保证纵、横方向平行。最后在 W5 干研用平板上精研至合格。研磨时可加 90°靠铁与侧面贴合在一起，如图 3-10-17 所示。

研磨 C 面时，若内角＞90°，先用油石粗磨下半部，并使内角＜90°。再按图 3-10-18 所示的方法，用双手捏持角尺两侧面作纵向推拉，在推拉的过程中再作横向摆动和横向移动。当作纵向推拉时的横向摆动和横向移动时，推拉的距离不要太长。为了使 B 面不被碰伤，研磨平板的每个侧面与工作面之间的夹角应小于 90°。

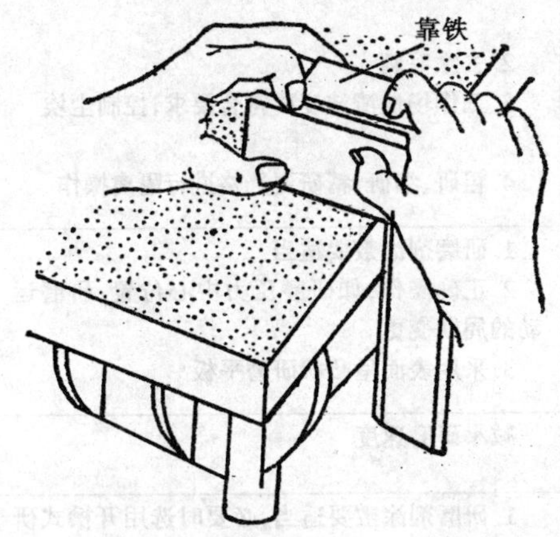

图 3-10-17　研磨 B 面

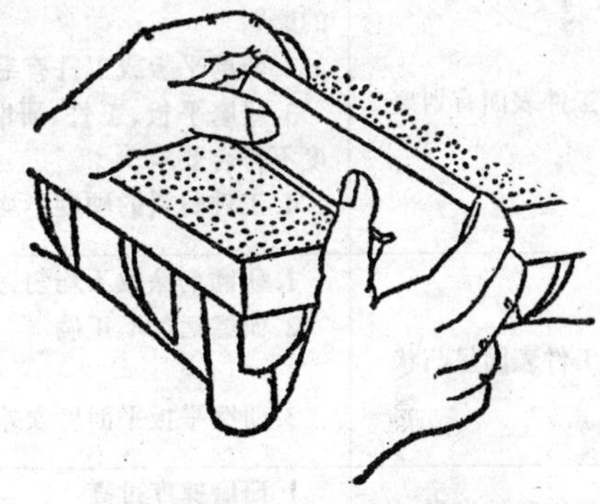

图 3-10-18　研磨 C 面

研磨 D 面，如图 3-10-19 所示。用双手捏持角尺两侧面，作横向摆动和纵向移动及横向移动。由于角尺的根部作用在平板上的压力比端部大，所以双手施加压力时，要根据角尺垂直度误差的正、负值，进行适当的调整。

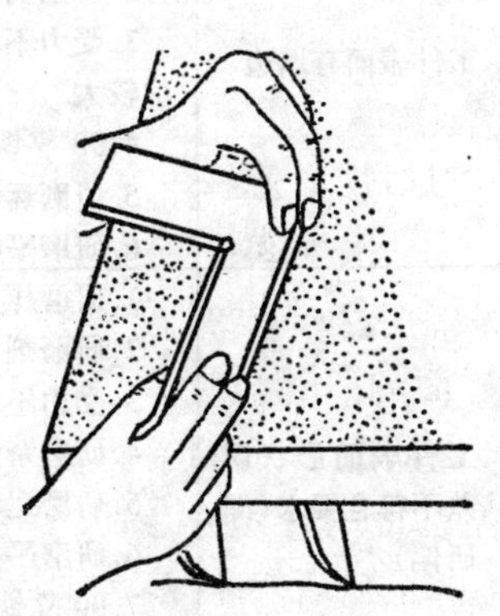

图 3-10-19　研磨 D 面

在上述的研磨过程中，要边研磨，边检查，随时控制研磨余量。每道工序合格后，才能转下一工序。一般测量面的表面粗糙度可与表面粗糙度样板进行比较。测量面的平面度可用 0 级刀口直尺以光隙法进行检定。测量面的直线度以光隙法在研磨面平尺上检定。短边测量面的平行度用 0 级平板和测微表检定。内角用标准方铁进行检定，外角用标准方铁和研磨平板或研磨面平尺组成的装置进行。

三、常见故障的排除方法

研磨是一种精加工的方法。在研磨过程中，必须获得所需精度的测量结果。因此，要了解产生测量误差的原因及其对测量结果的影响，从而分析与估算测量误差的大小。测量误差的来源显然是多方面的。例如，计量器具误差、方法误差、环境条件引起的误差等。综上所述，在研磨过程中，应尽量减少测量误差，进行等精度测量数据的处理等，保证工件正确地进行研磨加工。

研磨中常见故障的排除方法，见表 3-10-9。

表 3-10-9　研磨中常见故障的排除方法

故障形式	产生原因	排除方法
工件表面粗糙度不符合要求	1.磨料粒度号数选择不正确 2.辅料选择不正确 3.干研用研磨平板压砂不均匀、压砂不牢固、压砂不密集 4.研磨剂涂敷不均匀,太厚或太薄 5.干研用研磨平板压砂后未打砂 6.研磨平板工作面表面粗糙度不符合要求	1.正确选择磨料粒度号数 2.正确选择辅料 3.保证压砂质量 4.研磨剂涂敷要适当 5.干研用研磨平板压砂后要进行打砂 6.研磨平板应经常进行校准
工件表面有划痕	1.研磨剂或压砂剂中混入大于该粒度号数的磨料 2.研磨平板或工件有毛刺 3.研磨平板、工件、研磨剂或工作场地清洁度不符合要求 4.工件材料的硬度不均匀	1.使用合格的磨料 2.去除毛刺 3.工作场地清洁度要符合要求,控制尘埃 4.粗研、细研、精研要严格进行隔离操作
工件表面呈凸状	1.研磨剂涂敷不均匀,太厚 2.研磨运动不正确 3.研磨平板平面度误差不符合要求	1.研磨剂涂敷要适当 2.正确操作,如研磨压力中心位置、研磨运动的周期变更 3.采用表面呈凸状研磨平板
工件表面发黑	1.研磨速度过高 2.工件材料硬度不均匀	减小研磨速度
工件表面有塌边	1.研磨剂涂敷不均匀,太厚 2.残余的研磨剂过多 3.受力不均匀且受力位置不正确,尖端热变形较大 4.90°靠铁与工件接触位置变动 5.研磨运动不平稳 6.研磨平板磨损严重	1.研磨剂涂敷要适当,必要时选用开槽式研磨平板 2.及时清除残存研磨剂 3.调转 180°进行研磨,正确判定研磨压力中心位置 4.90°靠铁与工件接触位置不可任意变动 5.操作正确 6.经常校准研磨平板
工件表面形状误差不符合要求(即研偏)	1.研磨压力过大,研磨速度过高 2.研磨剂涂敷不均匀,太厚 3.受力不均匀 4.研磨余量不均匀 5.研磨运动不正确 6.研磨平板平面度误差不符合要求 7.90°靠铁定位不当 8.研磨表面过小 9.工件材料硬度不均匀	1.减小研磨压力,减小研磨速度 2.研磨剂涂敷要适当 3.调转 180°进行研磨 4.操作时注意矫正 5.正确操作 6.经常校准研磨平板 7.90°靠铁垂直度误差应符合要求 8.采用 90°靠铁
研磨平板磨损过快	1.工件预加工不符合要求 2.研磨平板硬度不符合要求 3.研磨运动不正确 4.研磨速度过高,研磨压力过大	1.工件预加工应符合要求 2.选用符合要求的研磨平板 3.正确操作 4.研磨速度、研磨压力要调整
研磨效率低	1.研磨剂的粒度号数选择不正确、磨料硬度不符合要求 2.研磨余量太大 3.预加工不符合要求 4.研磨速度太低,研磨压力过小	1.正确选择磨料 2.预加工时减小研磨余量 3.提高预加工质量 4.合理选择研磨速度和研磨压力

第十一章　矫正与弯曲

11-1　矫正

一、矫正的概念

制造机器所用的原材料(如板料、型材等),常常有不直、不平、翘曲等缺陷。有的机械零件在加工、热处理或使用之后产生了变形。消除这些原材料和零件的弯曲、翘曲和变形等缺陷的操作称为矫正。

矫正的原理是,材料在外力作用下,使内部组织发生变化,晶格之间产生滑移,从而达到矫正的目的。

金属材料的变形有两种,一种为弹性变形,另一种是塑性变形。塑性变形是一种永久变形。

矫正的实质,就是使材料产生新的塑性变形来消除原来的不平、不直或翘曲变形。矫正是对塑性变形而言的,所以只有塑性好的材料才能进行矫正。脆性材料,如铸铁、淬硬钢等就不能矫正,否则工件会断裂。

矫正过程中,金属板材、型材产生新的塑性变形,它的内部组织变得紧密,金属材料表面硬度增加,性质变脆。这种材料变硬的现象叫做冷作硬化。冷硬后的材料给进一步的矫正或其他冷加工带来困难。一般可作退火处理,使其恢复原来的力学性能。

按矫正时产生矫正力的方法,矫正可分为手工矫正、机械矫正、火焰矫正与高频热点矫正等。其中手工矫正是由钳工用手锤在平台、铁砧或台虎钳上进行的。它通过扭转、弯曲、延展和伸张等方法,使工件恢复原状。

二、手工矫正工具

1. 平板和铁砧

平板用来矫正较大面积板料或作工件的基准面。铁砧用作敲打条料或角钢时的砧座。

2. 软硬手锤

矫正一般材料通常使用钳工用的手锤和方头手锤。矫正已加工过的表面、薄板件或有色金属制件,应使用铜锤、木锤、橡皮锤等软的手锤。

3. 抽条和拍板

抽条是用案状薄板料弯成的简易手工工具,用于敲打较大面积的薄板料。拍板是用坚实的木材制成的专用工具,用手敲打板料。

4. 螺旋压力机

螺旋压力机适用于矫正较长的轴类零件和棒料。

5. 检验工具

检验工具有平板、角尺、直尺和百分表等。

三、手工矫正方法

1.板材的矫正

金属板材有薄板(厚度小于4 mm)和厚板(厚度大于4 mm)的区别。薄板中又有一般薄板与铜箔、铝箔等薄而软的材料的区别,所以矫正方法也有所不同。

(1)薄板料的矫正

薄板的变形主要有中间凸起,边缘呈波浪形以及翘曲等,如图3-11-1。

薄板凸起是由于材料变形后中间变薄,金属纤维伸长而引起的。矫正时,不能直接锤击凸起部位,否则不但不能矫平,反而会增加翘曲度。而应该锤击板料的边缘,使边缘的材料适当地延展、变薄,这样凸起部分就会逐渐消除。锤击时,由里向外逐渐由轻到重,由稀到密,直至边缘的材料与中间凸起部分的材料一致时,材料就矫平了,见图3-11-1a。

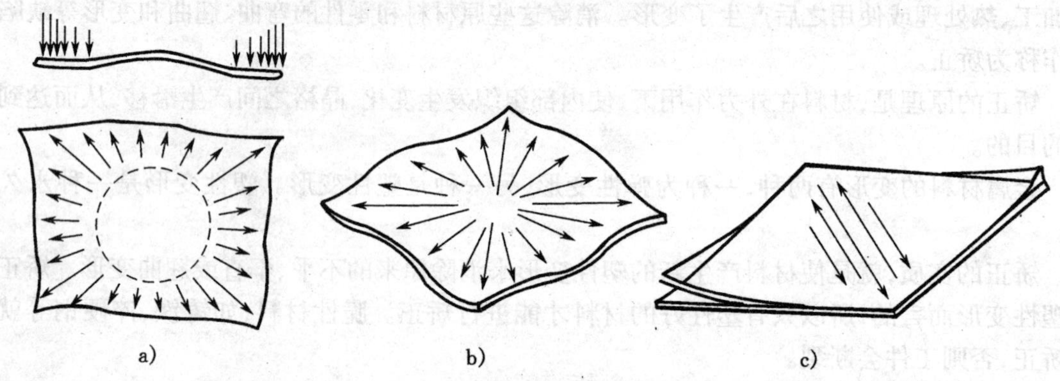

图3-11-1　薄板的矫平

a)中间凸起　b)边缘呈波浪状　c)对角翘

如果薄板表面有相邻几处凸起,则应先锤击凸起的交界处,使所有分散的凸起部分聚集为一个总的凸起,然后再用延展法(上述方法)使总的凸起部分逐渐变平直。

如果薄板四周呈波纹状,则是由于材料四周变薄,金属材料伸长而引起的。这时锤击点应从中间向四周逐渐由重到轻,由密到稀,力量由大到小,反复锤打,使薄板达到平整,见图3-11-1b。

如果薄板发生对角翘曲变形,则是因为对角线处材料变薄,金属纤维伸长所致。因此矫正时锤击点应沿另外没有翘曲的对角线锤击,使其延展而矫平,见图3-11-1c。

如果薄板发生微小扭曲时,可用抽条从左到右的顺序抽打平面(见图3-11-2),因抽条与板料接触面积较大,受力均匀,容易达到平整。

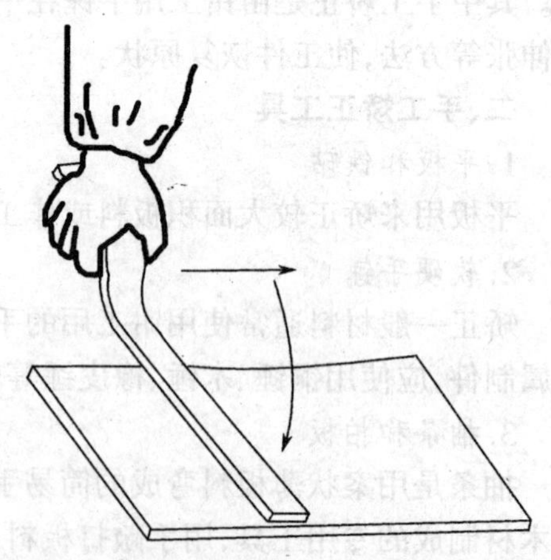

图3-11-2　抽打平面

如果是铜箔、铝箔等薄而软的箔片变形,可用平整的木块,在平板上推压材料的表面,使其达到平整。也可用木锤或橡皮锤矫正。

用氧气割下的板料,边缘在气割过程中冷却较快,收缩严重,造成切割下的板料不平。这种情况下也应锤击边缘气割处，使其得到适量的延展。锤击点在边缘处重而密，第二、三圈应轻而稀，逐渐达到平整。

(2)厚板矫正

由于其刚性较好，可用锤直接击打凸起部位，使其压缩变形而达到矫正。

2. 型钢的矫正

(1)扁钢的矫正

扁钢的变形有弯曲和扭曲变形两种。扁钢在厚度方向的弯曲（见图 3-11-3a）等同于厚板

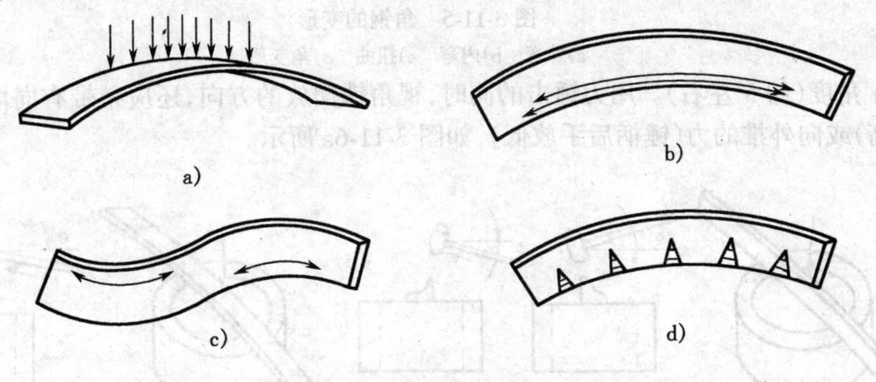

图 3-11-3　扁钢弯曲的矫正

a)矫正厚度方向的弯曲　b、c)锤击扁钢的内层　d)锤击内三角区

的变形，其矫正方法与厚板矫正相同。扁钢在宽度方向上的弯曲（见图 3-11-3b），可用锤依次锤击扁钢内层，也可锤击内层三角区，使其延展而矫平（见图 3-11-3c、d）。

如果扁钢发生扭曲变形，可将扁钢的一端用虎钳夹住，用叉形扳手夹持扁钢的另一端进行反方向扭转。待扭曲变形消失后，再用锤击将其矫平（见图 3-11-4）。

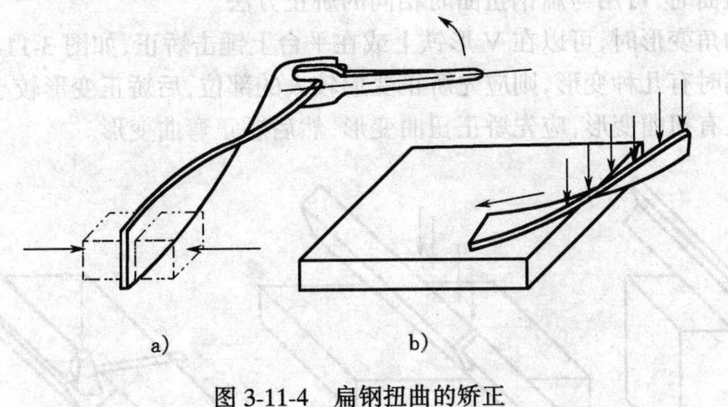

图 3-11-4　扁钢扭曲的矫正

a)用叉形扳手矫正扁钢　b)锤击矫平

(2)角钢的矫正

角钢的断面小，长度长，容易发生变形。角钢的变形有外弯、内弯、扭曲、角变形等多种形式（见图 3-11-5）。角钢无论内弯或外弯，都可把凸起处向上，放在合适的钢圈或砧座上，锤击凸部使其向相反方向弯曲（变曲法）而矫正。

矫正角钢外弯时，角钢应平放在钢圈上，锤击时为了不使角钢翻转，锤柄应稍微抬高或放

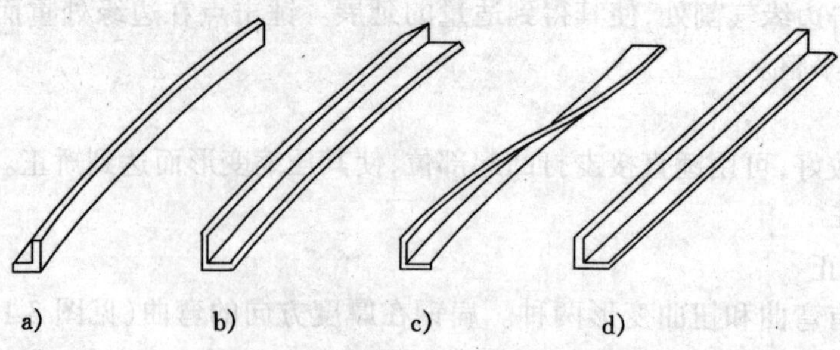

图 3-11-5　角钢的变形

a)外弯　b)内弯　c)扭曲　d)角变形

低一个 α 角度(约 5°左右)。用力锤击的同时,视角铁摆放的方向,还应稍带有向内拉(锤柄稍后手抬高)或向外推的力(锤柄后手放低),如图 3-11-6a 所示。

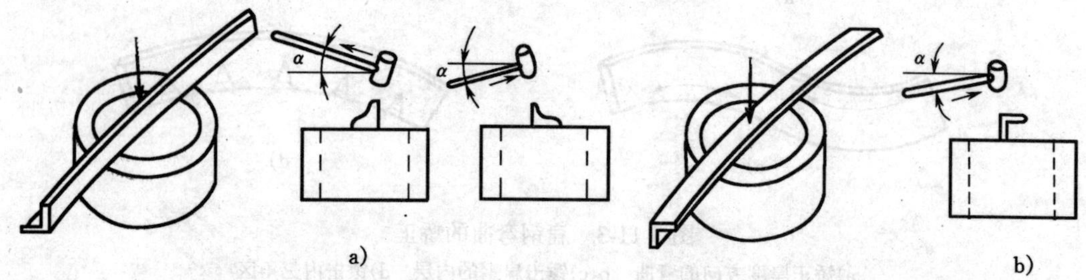

图 3-11-6　角钢弯曲的矫正

a)外弯矫正法　b)内弯矫正法

矫正角钢内弯时,应将角钢背面朝上立放,然后锤击矫正。矫正方法与外弯矫正方法相同,如图 3-11-6b 所示。

矫正角钢扭曲时,可用与扁钢扭曲时相同的矫正方法。

矫正角钢的角变形时,可以在 V 形铁上或在平台上锤击矫正,如图 3-11-7 所示。

如果角钢同时有几种变形,则应先矫正变形较大的部位,后矫正变形较小的部位。如角钢既有弯曲变形又有扭曲变形,应先矫正扭曲变形,然后矫正弯曲变形。

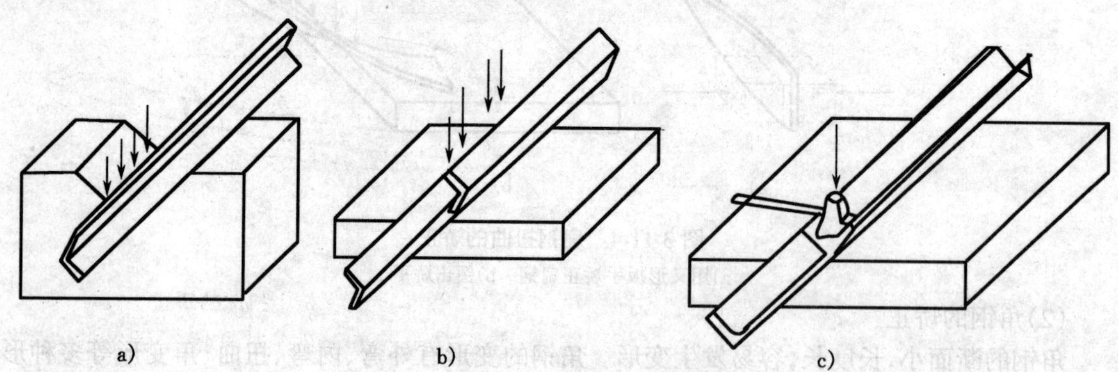

图 3-11-7　角钢角变形的矫正

a)V 形铁上矫正　b)c)在平板上矫正

(3)槽钢的矫正

槽钢有腹板方向的弯曲(立弯)、翼板上的弯曲(旁弯)和扭曲等3种基本变形,如图3-11-8所示。无论是矫正立弯还是旁弯,都要将槽钢置于两根圆钢组成的简易矫正台上,使凸起部位向上,用大锤锤击,如图3-11-9所示。

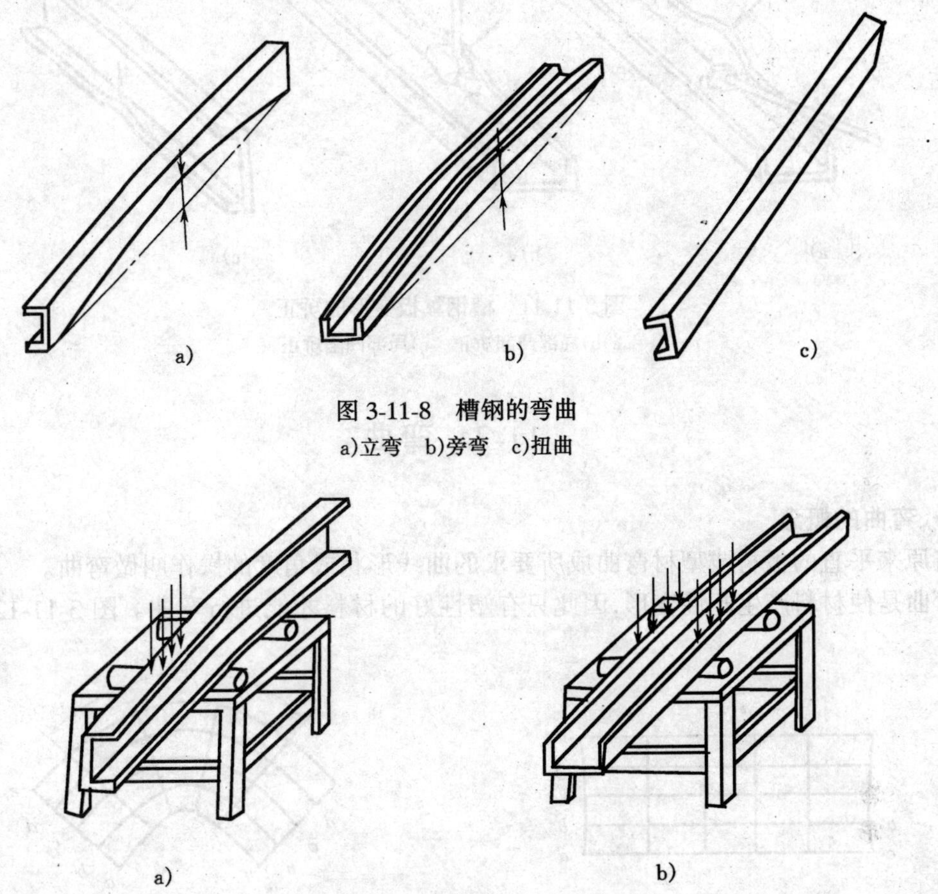

图3-11-8　槽钢的弯曲

a)立弯　b)旁弯　c)扭曲

图3-11-9　槽钢弯曲变形的矫正

a)　立弯的矫正　b)旁弯的矫正

对于稍有扭曲的槽钢,矫正方法与矫正扁钢扭曲变形的方法相同。使扭曲翘起部分伸出平台外,锤击伸出平台的翘起的一边,使其反向扭转直到矫直为止,如图3-11-10所示。

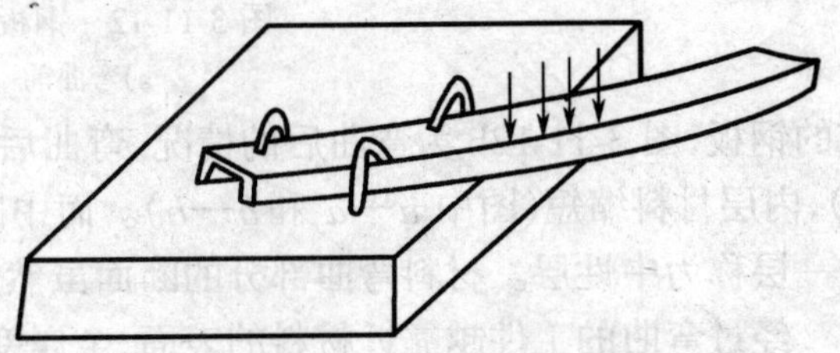

图3-11-10　槽钢扭曲的矫正

如槽钢翼板上发生局部变形时,可用一个锤垂直或横向抵住翼板的凸起部位,用另一个锤击打翼板的凸处,如图3-11-11a、b所示。当翼板有局部凹陷时,也可将翼板平放,锤击凸起处,直接矫正,如图3-11-11c所示。

手工矫正板材、型材,劳动强度大,生产效率低,只适用于单件生产或小批量生产以及没有专用设备的情况。

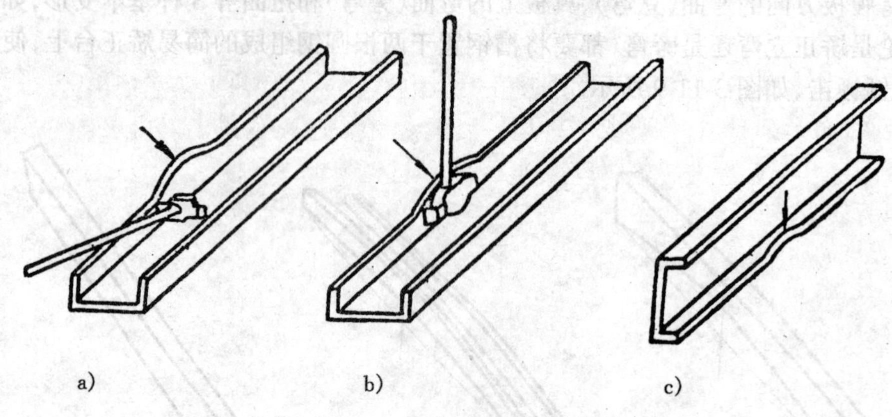

图 3-11-11 槽钢翼板变形的矫正

a)b)局部凸起矫正 c)局部凹陷矫正

11-2 弯曲

一、弯曲的概念

将原来平直的板材或型材弯曲成所要求的曲线形状或角度的操作叫做弯曲。

弯曲是使材料产生塑性变形,因此只有塑性好的材料才能进行弯曲。图 3-11-12a 为弯曲

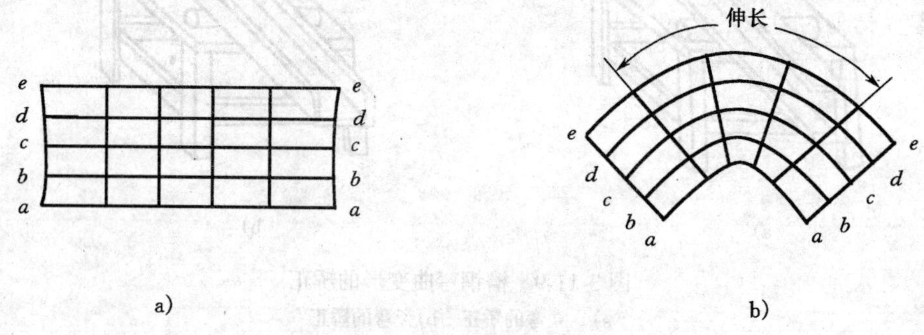

图 3-11-12 钢板弯曲前后的情况

a)弯曲前 b)弯曲后

前的钢板,图 3-11-12b 为弯曲后的情况。弯曲后的钢板,它的外层材料伸长(图中 *e*—*e* 和 *d*—*d*),内层材料缩短(图中 *a*—*a* 和 *b*—*b*)。而中间一层材料(图中 *c*—*c*)在弯曲后的长度不变,这一层称为中性层。材料弯曲部分的断面虽然发生了拉伸和压缩,但其断面面积保持不变。

经过弯曲的工件越靠近材料的表面,金属变形越严重,也就越容易出现拉裂或压裂现象。

相同材料的弯曲,工件外层材料变形的大小,决定于工件的弯曲半径。弯曲半径越小,外层材料变形越大。为了防止弯曲件拉裂,必须限制工件的弯曲半径,使它大于导致材料开裂的临界弯曲半径——最小弯曲半径。实验证明,当弯曲半径大于 2 倍材料厚度时,一般就不会被弯裂。如果工件的弯曲半径比较小时,应该分两次或多次弯曲,中间进行退火。

材料弯曲变形是塑性变形,但是不可避免地有弹性变形存在。工件弯曲后,由于弹性变形的恢复,使得弯曲角度和弯曲半径发生变化,这种现象称为“回弹”。利用胎具、模具成批弯制

工件时，要多弯过一些，以抵消工件的回弹。

二、弯曲前毛坯长度的计算

由于工件在弯曲后，只有中性层长度不变，因此，在计算弯曲工件毛坯长度时，可以按中性层的长度来计算。但材料弯曲后，中性层一般不在材料正中，而是偏向内层材料一边。经实验证明，中性层的实际位置与材料的弯曲半径 r 和材料厚度 δ 有关。

在材料弯曲过程中，如图 3-11-13 所示，其变形大小与下列因素有关。

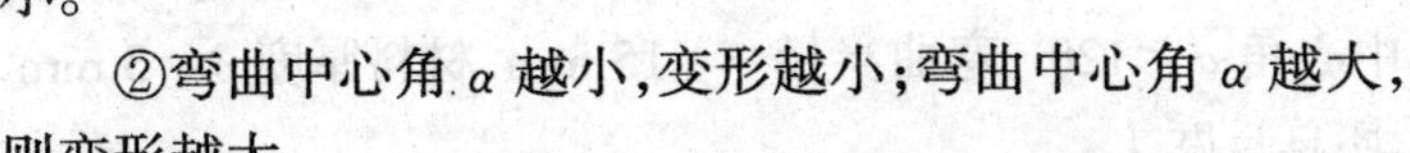

图 3-11-13　弯曲半径与弯曲中心角

①r/δ 比值越小，变形越大；r/δ 比值越大，则变形越小。

②弯曲中心角 α 越小，变形越小；弯曲中心角 α 越大，则变形越大。

由此可见，当材料厚度不变时，弯曲半径越大，变形越小，中性层越接近材料厚度的中间。如果弯曲半径不变，材料厚度越小，变形越小，中性层也越接近材料厚度的中间。

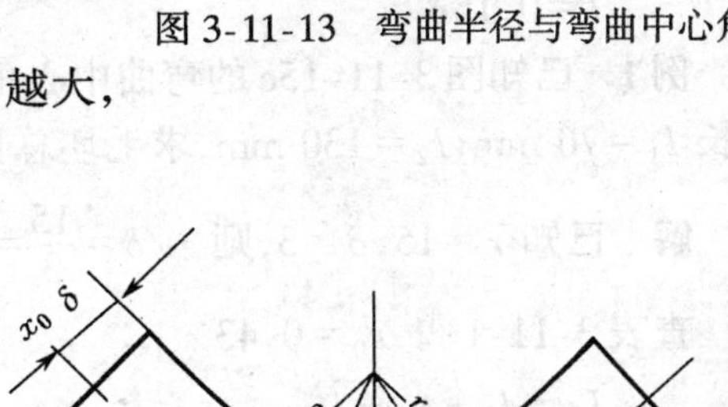

图 3-11-14　弯曲时中性层的位置

因此在不同的弯曲情况下，中性层的位置是不同的，如图 3-11-14 所示。

表 3-11-1 为中性层位置系数 x_0 的数值。从表中 r/δ 比值可知，当弯曲半径 r 与 δ 的比值≥16 时，中性层在材料中间。在一般情况下，为简化计算，当 $r/\delta \geqslant 8$ 时，即可按 $x_0 = 0.5$ 进行计算。

表 3-11-1　弯曲中性层位置系数 x_0

r/δ	0.25	0.5	0.8	1	2	3	4	5	6	7	8	10	12	14	16
x_0	0.1	0.25	0.3	0.35	0.37	0.4	0.41	0.43	0.44	0.45	0.46	0.47	0.48	0.49	0.5

图 3-11-15 所示为常见的几种弯曲形式。a、b、c 图为内边带圆弧的制件，d 为内边不带圆

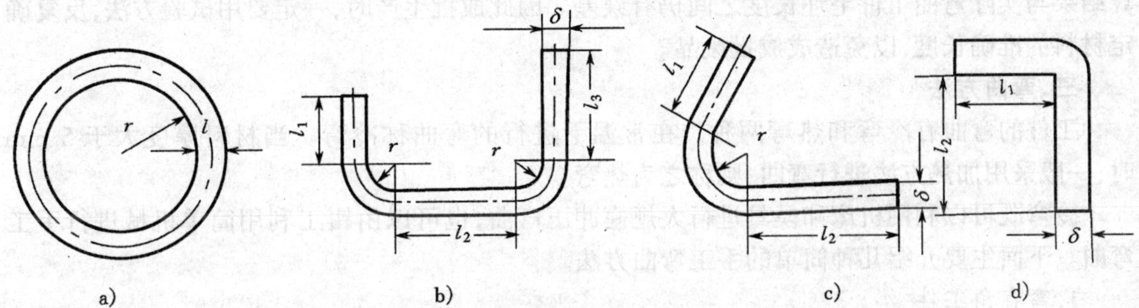

图 3-11-15　常见的几种弯曲形式

弧的直角制件。内边带圆弧制件的毛坯长度等于直线部分和圆弧中性层长度相加的和。圆弧中性层长度，可按下列公式计算：

$$l=\pi(r+x_0\delta)\frac{\alpha}{180^\circ} \tag{3-11-1}$$

式中 l——圆弧部分中性层长度,mm;

r——内弯曲半径,mm;

l——材料厚度,mm;

x_0——中性层位置系数;

α——弯曲中心角,(°)。

对于内边弯曲成直角而不带圆弧的制件,求毛坯长度时,可按弯曲前后毛坯体积不变的原则,参照实际生产情况,导出简化公式

$$l=0.15\delta \tag{3-11-2}$$

例1 已知图3-11-15c的弯曲中心角 $\alpha=120^\circ$,弯曲半径 $r=15$ mm,材料厚度 $\delta=3$ mm,边长 $l_1=70$ mm, $l_2=130$ mm,求毛坯总长度 L。

解 已知 $r=15,\delta=3$,则 $r/\delta=\frac{15}{3}=5$

查表3-11-1得 $x_0=0.43$

$$\begin{aligned}L&=l_1+l_2+l\\&=l_1+l_2+\pi(r+x_0\delta)\frac{\alpha}{180^\circ}\\&\approx70+130+3.14(15+0.43\times3)\frac{120^\circ}{180^\circ}\\&\approx234.1\text{ mm.}\end{aligned}$$

例2 按图3-11-15d制件,已知 $l_1=40$ mm, $l_2=70$ mm, $\delta=4$ mm,求毛坯长度。

解 图3-11-15d为内边不带圆弧的直角制件,则应用公式 $l=0.5\delta$.

$$\begin{aligned}L&=l_1+l_2+l\\&=l_1+l_2+0.5\delta\\&=40+70+0.5\times4\\&=112\text{ mm.}\end{aligned}$$

由于材料本身性质的差异和弯曲技术、操作方法的不同,上述毛坯长度的计算方法,其计算结果与实际弯曲工件毛坯长度之间仍有误差。因此成批生产时,一定要用试验方法,反复确定材料的准确长度,以免造成成批废品。

三、弯曲方法

工件的弯曲有冷弯和热弯两种。在常温下进行的弯曲称冷弯。当材料厚度大于5 mm时,一般采用加热方法进行弯曲,则称之为热弯。

冷弯既可以利用机床和模具进行大规模冲压弯曲,也可以由钳工利用简单机械进行手工弯曲。下面主要介绍几种简单的手工弯曲方法。

1. 弯直角工件

当工件形状简单,尺寸不大,能在台虎钳上夹持时,就在台虎钳上弯制直角。弯曲前,应先在弯曲部位划好线,线与钳口(或衬铁)对齐夹持,两边要与钳口垂直,用木锤敲打到直角即可。

被夹持的板料,如果弯曲线以上部分较长时,为了避免板料发生弹跳,可用左手压住板料

上部，用木锤在靠近弯曲部位的全长上轻轻敲打，如图 3-11-16a 所示，使弯曲线以上部分不因受到锤击而回跳。如果敲打板料上端(图 3-11-16b)，由于板料回跳，不但影响到平面不平，而且角度也不容易弯好。当弯曲线以上部分较短时，应用硬木块垫在弯曲处再敲打，弯成直角，如图 3-11-16c 所示。

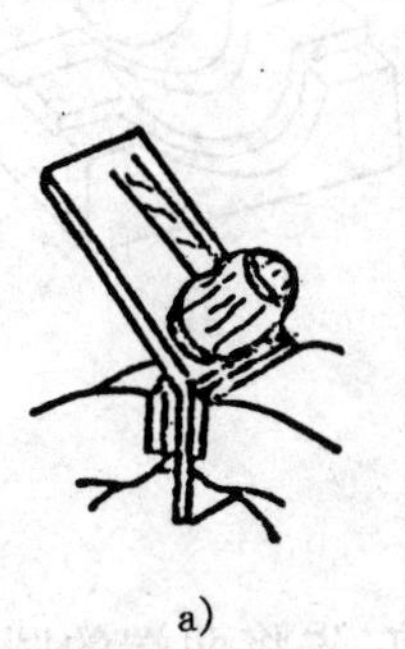
a)

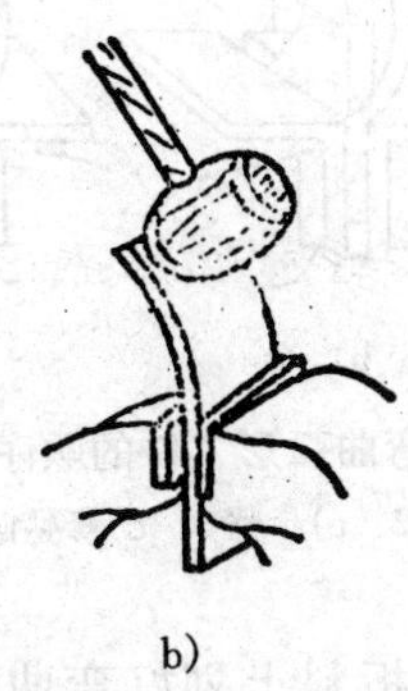
b)

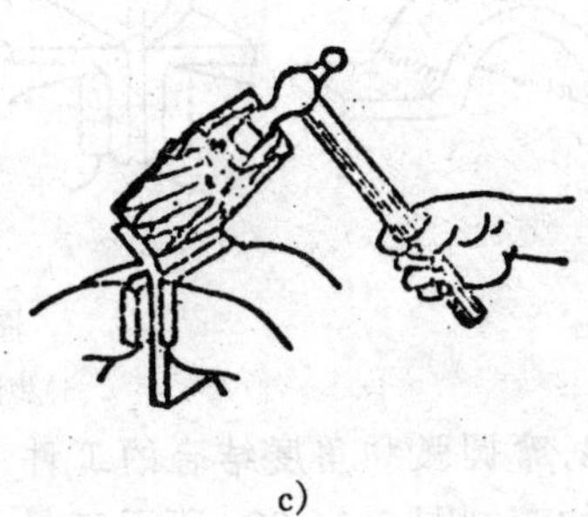
c)

图 3-11-16　板料在台虎钳上弯直角

a)击打弯曲部位　b)击打上端　c)加硬木垫

如果工件弯曲部位的长度大于钳口长度 2～3 倍，而且工件两端较长，无法在台虎钳上夹持时，可按图 3-11-17 所示方法，将一边用压板压紧在有 T 形槽的平板上，再在弯曲处垫上木方条，用力敲打，使其逐渐弯成所需角度。也可在虎钳上夹持角钢再进行弯曲。

弯制各种多直角工件时，可用木垫或金属垫作辅助工具。图 3-11-18 所示为工件弯曲顺序。

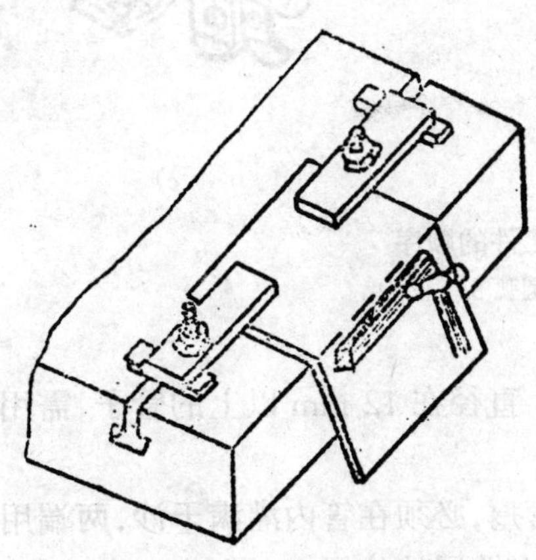

图 3-11-17　较大板料的弯曲

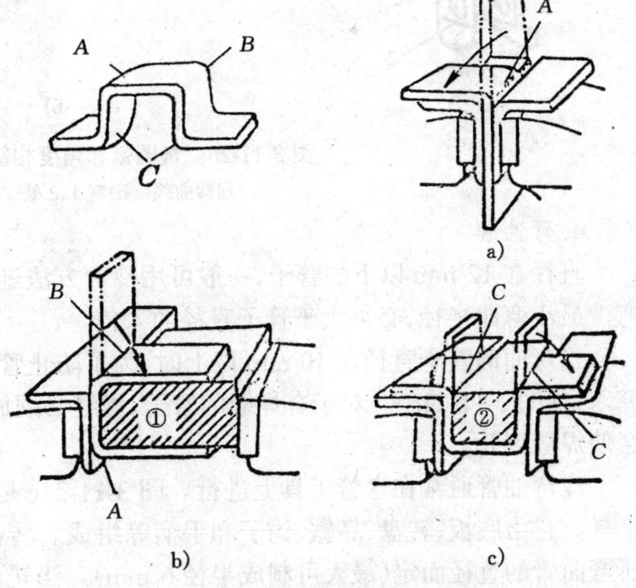

图 3-11-18　弯多直角形工件顺序

a)弯 A 角　b)变 B 角　c)弯 C 角

先将板料按划线夹入角铁衬内弯成 A 角(图 3-11-18a)，再用衬垫①弯成 B 角(图 3-11-18b)，后用衬垫②弯成 C 角(图 3-11-18c)。

2. 弯圆弧形工件

弯圆弧形工件时，先在材料上划出弯曲线，按线夹在台虎钳的两块角铁衬垫内(图 3-11-19)，用手锤的窄头锤击。经过图 a、b、c

的三步骤逐步成形，然后在半圆模上修整圆弧（图 3-11-19d），使形状符合要求。

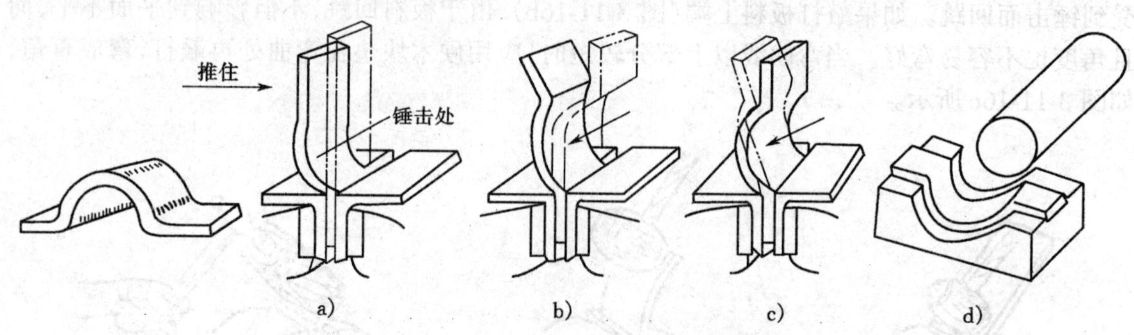

图 3-11-19　弯曲弧形工件的顺序

a)步骤 1　b)步骤 2　c)步骤 3　d)修整圆弧

3. 弯圆弧和角度结合的工件

如弯制图 3-11-20a 所示工件，先在狭长板料上划好弯曲线。弯曲前，先将两端的圆弧和孔加工好。弯曲时，可用衬垫将板料夹在虎钳内，将两端的 1、2 处弯好（图 3-11-20b），最后在圆钢上弯成工件的圆弧 3（如图 3-11-20c）。

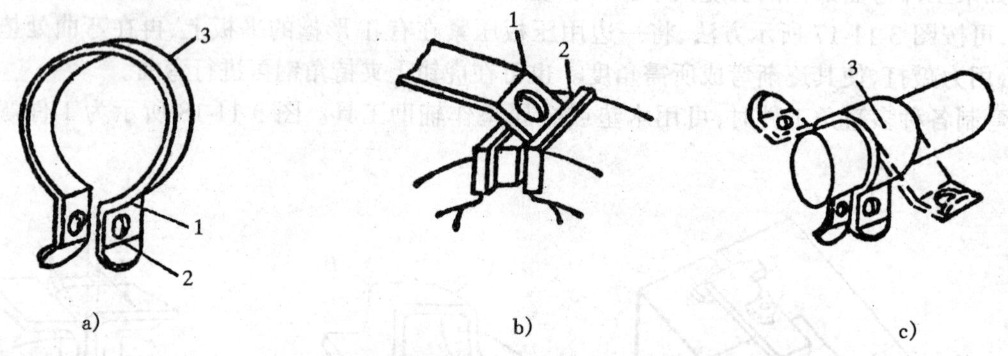

图 3-11-20　弯圆弧和角度相结合工件的顺序

a)划弯曲线　b)弯 1、2 处　c)弯圆弧 3

4. 弯油管

直径在 12 mm 以下的管子，一般可用冷弯方法进行。直径在 12 mm 以上的管子，需用热弯。最小弯曲半径，必须大于管子直径的 4 倍。

当弯曲的管子直径在 10 mm 以上时，为了防止管子弯瘪，必须在管内灌满干沙，两端用木塞塞紧（图 3-11-21a）。对于有焊缝的管子，焊缝必须放在中性层的位置上（图 3-11-21b），否则会使焊缝裂开。

冷弯油管通常在弯管工具上进行。图 3-11-21c 是一种结构简单，弯曲小直径油管的弯管工具。它由底板、转盘、靠铁、钩子和手柄等组成。转盘圆周和靠铁侧面上有圆弧槽。圆弧按所弯曲管的直径而定（最大可制成半径 6 mm）。当转盘和靠铁位置固定后，即可使用。

手工弯曲板料及管子多在单件生产中应用，大批量生产中多用冲床、弯管机等机械设备。

5. 绕制弹簧

手工绕制弹簧是钳工应掌握的一门基本技术。手工制作弹簧的方法，适用于单件生产和应急修理。弹簧的类型很多，这里着重介绍圆柱形压缩弹簧的制作方法。

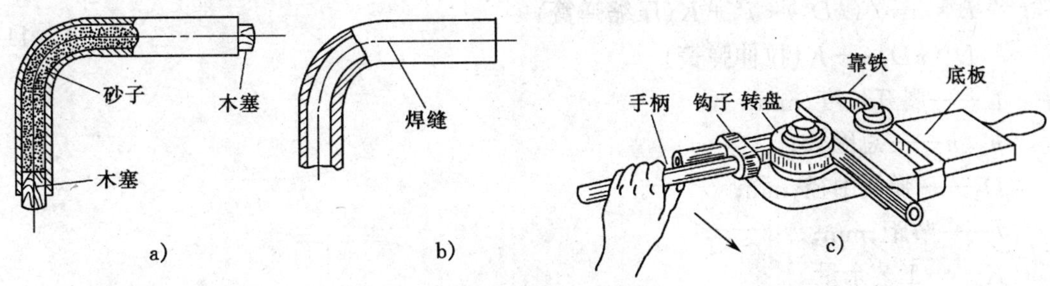

图 3-11-21　冷弯管子及工具

a)管内充满干沙　b)焊缝置于中性层　c)工具

1)心轴的近似计算

盘制弹簧前,应先做好 1 根盘弹簧用的心轴,一端开槽或钻小孔,另一端弯成摇手柄式的直角弯头(见图 3-11-22a)。

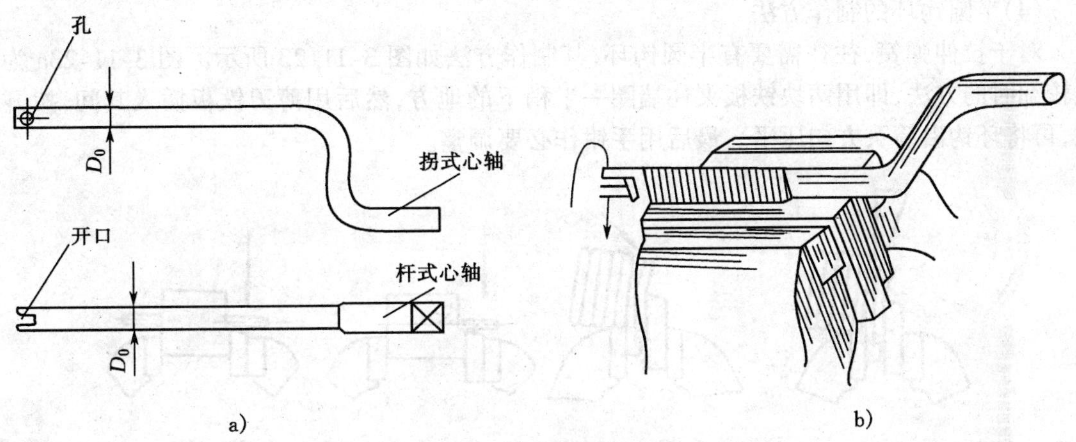

图 3-11-22　绕制弹簧

a)心轴　b)绕制方法

确定心轴的直径,应考虑到弹簧材料的性质、粗细、弹簧直径、卷绕时夹持钢丝的力,以及处理簧距的方法等因素。一般地要先试绕,修正后才最后确定心轴直径。

通常采用下列公式近似计算:

$$D_0 = \frac{D_1}{1 + 1.7C\dfrac{\sigma_b}{E}} \tag{3-11-3}$$

式中　D_0——心轴外径,mm;

D_1——弹簧内径,mm;

C——弹簧旋绕比,$C = \dfrac{D_2(\text{弹簧中径})}{d(\text{钢丝直径})}$;

σ_b——抗拉强度,MPa;

E——弹性模量,MPa。

(2)展开料长度计算

圆柱形螺旋弹簧的展开料计算可用下式:

$$L = n_1\sqrt{(\pi D_2^2) + l^2} + K\text{(压缩弹簧)}$$

或 $$L = \pi D_2 n + K\text{(拉伸弹簧)} \tag{3-11-4}$$

式中 L——展开长度,mm;

n_1、n——总圈数;

D_2——弹簧中径,mm;

l——节距,mm;

K——工艺余量。

(3)绕制方法

绕制弹簧的方法较多,这里只介绍最简单的一种。首先将钢丝的一端穿入心轴的槽或小孔内适当固定,将钢丝和木板夹入台虎钳中,夹紧力要适当,以使钢丝既有一定的拉力,又不至于拉不动而夹伤钢丝。然后按要求方向边绕边推,谨慎绕好最初几圈后即可顺延绕成。绕完后截断卸下,在砂轮上磨平,热处理成型。

(4)半圆钩环的制作方法

对于拉伸弹簧,往往需要有半圆钩环,其制作方法如图 3-11-23 所示。图 3-11-23a 为钢丝较细时的方法,即用两块铁板夹住端圈一半稍下的地方,然后用薄刃铁板插入其间,拨开间隙,再将环钩沿箭头方向压平。最后用手钳作必要调整。

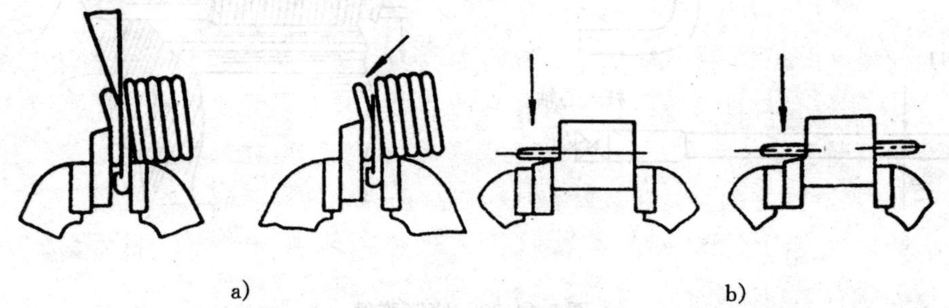

图 3-11-23 半圆钩环的制作方法

a)细钢丝弹簧 b)一般方法

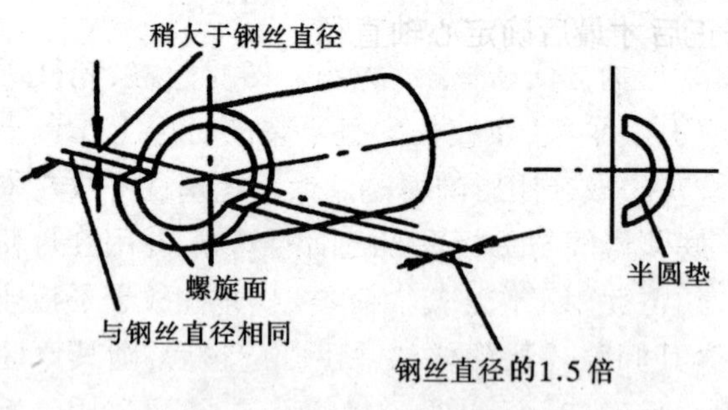

图 3-11-24 套筒和半圆垫

图 3-11-23b 为一般情况下的方法,即把截好的弹簧放入专用套筒中(图 3-11-24),连同垫板一起夹在虎钳中,然后用錾子在第一圈和第二圈间敲开一个间隙,然后按箭头方向敲平一端。再把弹簧倒头装入套筒,并在右端垫好事先准备好的半圆垫(可用弹簧截下的多余部分)夹在虎钳中,用上述方法敲平另一端。

(5)端圈并紧的方法

一般圆柱压缩弹簧都要求端部有一两个并紧圈。手工并紧的方法有 3 种(图 3-11-25 所示)。

方法一(图 3-11-25a),用扁嘴钳两个,由钢丝头部开始逐步将端圈扭平,并紧。这种方法适用于钢丝直径较细时。

方法二(图 3-11-25b),将簧圈夹在虎钳角上,外露部分由小到大逐步敲平,要注意开头就要打好基础,否则最后不容易并紧。这种方法适用于钢丝直径较粗时。

方法三(图 3-11-25c),用薄板插在弹簧圈的间隙中(约在第二至第三圈间),然后将弹簧垂直压向事先烧热的小铁块上,并紧端圈。注意停留时间不能过长,以防严重退火。这种方法适用于细钢丝弹簧。

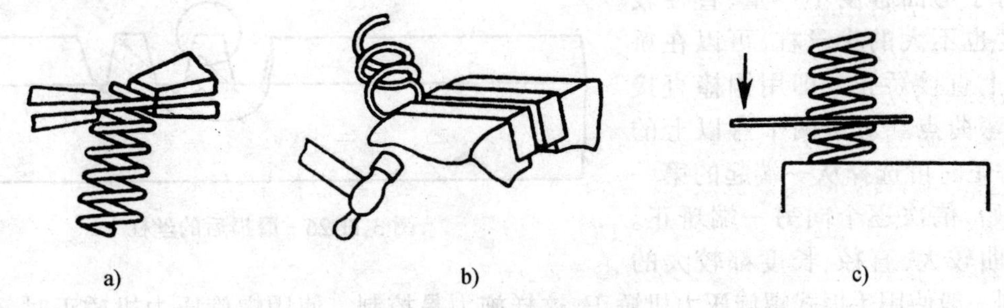

图 3-11-25　端圈并紧方法
a)用扁嘴钳　b)用虎钳　c)用薄板

11-3　丝杠的矫正与校直

在很多切削机床上,一般都使用了不同长度的光杠和丝杠。这些光杠和丝杠大都长径比较大,所以称之为细长杆类零件。这些细长杆如果悬挂或支承方式不当,往往会因其自重而产生不同程度的弯曲。当这种不当的支承方式长期得不到改善,或者在其他外力作用(如装拆粗暴、碰撞等)下,则细长杆内的金属晶格将产生滑移而成为塑性变形。这些塑性变形,将使其运动精度产生变化,甚至无法传递运动和动力。因此,在维修装配过程中,对于光杠、丝杠的塑性变形都必须进行矫正和校直。

丝杠和光杠是具有一定精度等级的工件。在其矫正、校直过程中,要使其弯曲得到矫正,同时又不能损坏其精度。故操作过程就会复杂一些,需要有一些专用的工具和辅具,采用一些特殊的方法来实现。

丝杠和光杠的矫正和校直,首先应确定其变形的方向、部位和大小。即对丝杠、光杠进行检测。检测一般是在大型平板上进行。若没有大型平板,在较长的且平整的机床工作台上亦可。检测前,应将丝杠和平板都擦洗干净,以防灰尘或杂质影响检测。然后把丝杠平放在平板上,将其滚动。同时眼睛沿其轴向逐一观察其底侧母线与平板平面之间的缝隙,并用红丹粉或粉笔记下其弯曲点或弯曲方向。若光线较暗时,可使用工作手灯,将丝杠或光杠放于平板或工作台的对侧,并沿轴向移动工作手灯,以便观察其间隙。滚动丝杠并逐段记录后,则其弯曲情况便会粗略得知。如果缺少大平板或长工作台,且丝杠又不是很重的情况下,也可采用一手抬起丝杠的一端,沿轴向从一端向另一端观察轴的母线。轴的弯曲一般都能在母线上反映出来,由此便可大致了解其弯曲点的位置和方向。

在测量旧丝杠的弯曲时还要注意排除两个因素的干扰。第一,对于经常使用的某一段丝杠,因为摩损可能使直径变得较小,测量时间隙较大。只要滚动,仔细观察各处间隙情况即可分辨出来。第二,丝杠长期使用后,因其润滑条件较差或长期超负荷工作,会使丝杠产生如图

3-11-26 所示现象,故需翻边倒角后再测量。倒角时注意不要使其齿形工作面受到损伤。

弯曲的位置、方向确定之后,接下来的工作就是逐个进行矫正。矫正时,对于弯曲程度不严重、直径较小、长度也不大的小丝杠,可以在矫正平板上直接矫正。即用铜棒直接敲击其弯曲点。对于两个弯以上的丝杠,矫正时可选择从一端起的第一个弯开始,依次逐个向另一端矫正。对于弯曲较大,直径、长度都较大的丝杠,则一般使用手扳式螺旋压力机矫正,这样施力易控制。使用螺旋压力机矫正时,丝杠弯曲点往往需要反向弯曲一段距离(只有沿弯曲方向的反向施力,才可能使弯曲部位产生塑性变形,而达到矫正的目的)。所以两端支承靠近中间施力点的位置会受到很大的力,而使受力不均匀,甚至影响矫正效果。建议采用图 3-11-27 所示的自调整式活动支架作为支承。这样做的目的是当丝杠受压弯曲后,两只 V 形支承会自动调心,自动跟随丝杠受压后形成的曲率半径,防止普通 V 形铁端边啃伤丝杠。

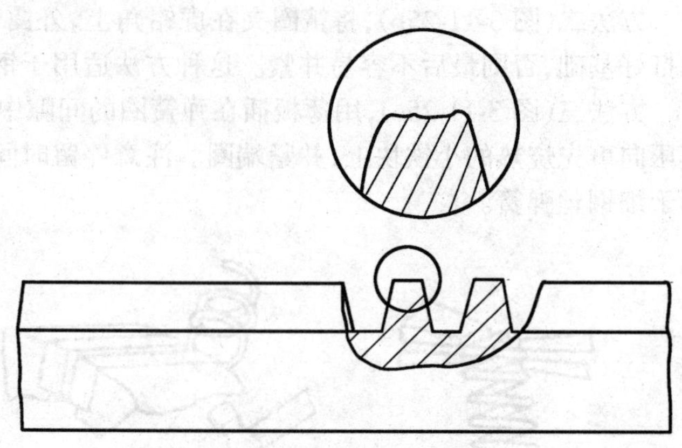

图 3-11-26　磨损后的丝杠

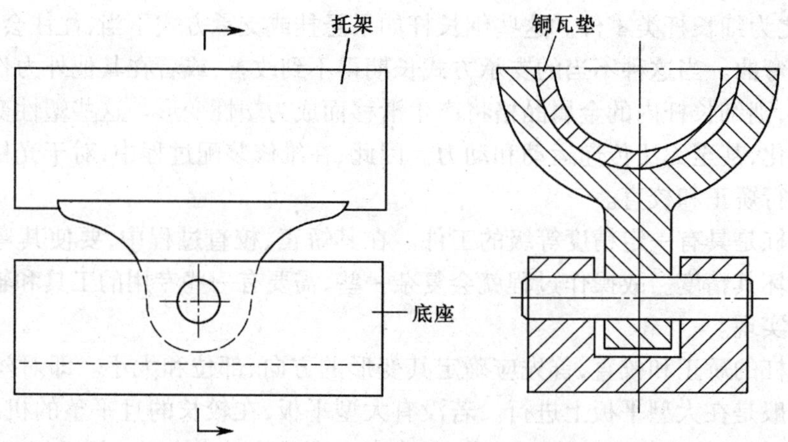

图 3-11-27　自调整式活动支架

一般说来,矫正校直的效果与支承的距离和施力点的位置有较大的关系。支承距离较大时,施力可以变小,但其挠度变大,容易造成矫正过度。支承距离过小,则施力要求增大,且增加了矫正的难度。因此支承距离应选择适当。实验证明,两支承点的距离只与丝杠的直径有关,如图 3-11-28 所示。a 为两支架间的距离,施力点为弯曲的最高点,放在 $a/2$ 处即可。a 与 D 的关系可参考下式确定:$a=(7\sim10)D$。式中 a 为两支承点的距离,单位为 mm;D 为丝杠的公称直径(mm),直径小的取小值,直径大的取大值。直径小于 30 mm 的丝杠,其 a 值一般不要大于 300 mm。

矫正时,丝杠会被反向压弯,其底侧最低点与底面的距离 c 应记录下来,见图 3-11-29。

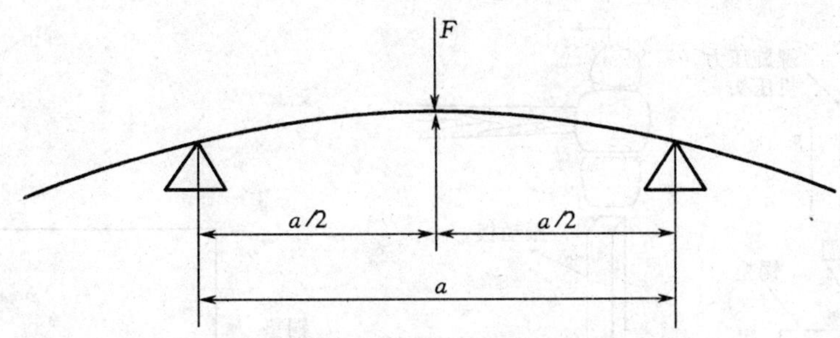

图 3-11-28　支承点和施力点的位置

施力完毕后再测量其弯曲度。测量方法一般是将其两端支承之后，用圆片式触头的百分表(见图 3-11-30)，在其弯曲矫正后的部位圆周测量其跳动情况。若矫正不够，则参考上次 c 值的大小决定本次 c 值的大小加大施力，直到完全矫正为止。

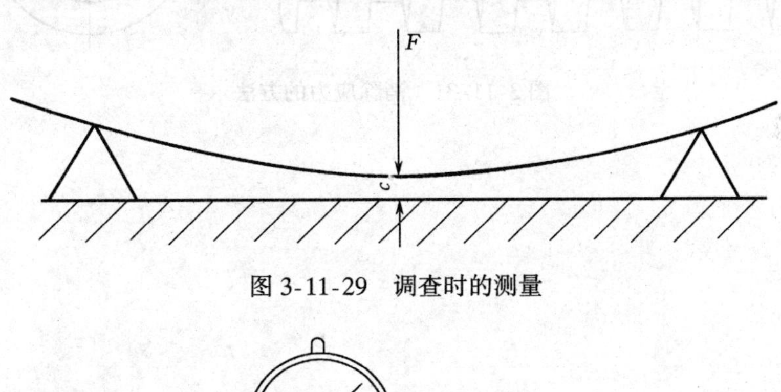

图 3-11-29　调查时的测量

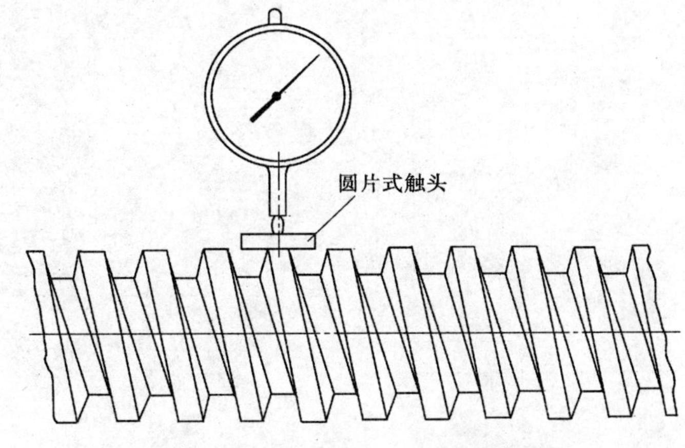

图 3-11-30　用圆片式触头测量弯曲度

丝杠受压产生塑性变形而得到矫正，其金属结构内部会形成新的应力。如果不消除则以后还会弯曲。所以在矫正过程中，还应用图 3-11-31 所示的工具，沿施力点左右各找若干点敲击丝杠，以消除应力。越靠近施力点处，用力要越大，越远则用力可相对减小。

丝杠矫正完毕后，要重新测量。当测量后确认全长上的弯曲度完全符合技术要求后，将其洗净、擦干，然后悬挂起来备用。

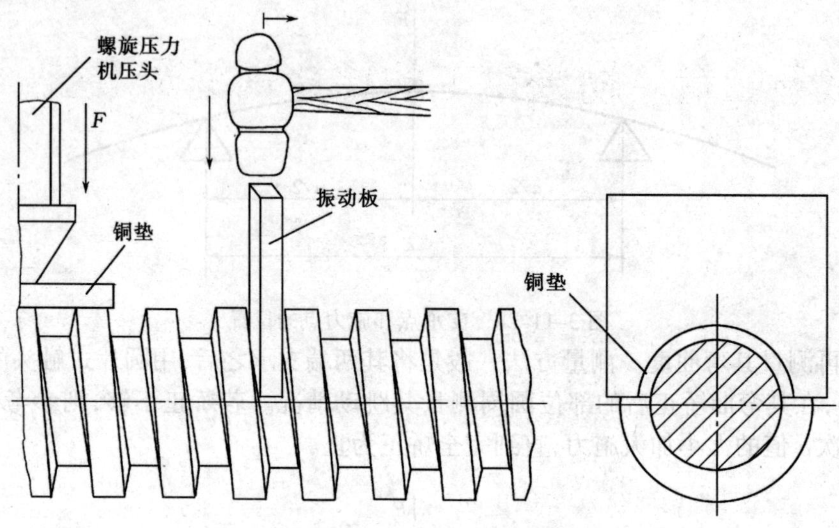

图 3-11-31　消除应力的方法

第十二章　初级钳工的综合训练及考核

12-1　初级钳工应会内容

根据国家劳动部、机械工业部所制定的《中华人民共和国职业技能鉴定大纲》规定，初级钳工应具有如下几个方面的操作技能。

①100 mm×30 mm 范围内锉削加工平面、曲面，尺寸公差在 0.04 mm 之内，表面粗糙度为 $R_a3.2$ μm。

②锯削 $\phi40$ mm 圆钢，尺寸公差在 0.8 mm 内。

③錾削 50 mm×50 mm 各种型面，尺寸公差在 0.8 mm 以内。

④根据工件材料的不同，正确刃磨钻头，正确选择切削用量和切削液，加工各种通孔、不通孔、台阶孔及螺纹孔，达到图纸要求。

⑤在同一平面钻铰 2～3 个孔，公差等级为 IT8，位置度公差为 0.2 mm，表面粗糙度 $R_a1.6$ μm。

⑥刮研 750 mm×1000 mm 平板或 350 mm×250 mm 弯板(90°角铁)，精度为 2 级。

⑦一般工件的平面和立体划线。

⑧研磨剂的配制。研磨 100 mm×100 mm 的平面，尺寸公差 0.08 mm，表面粗糙度 $R_a0.1$ μm。

⑨攻制 M20 以下的螺纹孔，没有明显的倾斜。

⑩划卧式车床尾架本体加工线。

⑪制作正六边形样板(组合件)，间隙不大于 0.05 mm，能相对互换方向。

⑫用 $\phi50$ mm×50 mm 的圆棒料锉削正六方体，基本尺寸公差带 h8，平面度和垂直度公差为 0.04 mm。

⑬刮削燕尾形动导轨，在 25 mm×25 mm 范围内接触点不少于 10 点，表面粗糙度 $R_a1.6$ μm，直线度公差在每米长度内 0.015 mm～0.02 mm。

⑭卧式车床尾架或溜板的装配，符合技术要求。

⑮卷扬机或电动葫芦等简单机械的总装。

同时《中华人民共和国职业技能鉴定大纲》中还规定了工具设备的使用、维护和安全文明生产方面的要求。

12-2　初级钳工的训练及考核实例

一、训练及考核实例一(图 3-12-1)

1. 操作要求

①掌握标准麻花钻和改制扩孔钻、锪孔钻的正确刃磨方法。

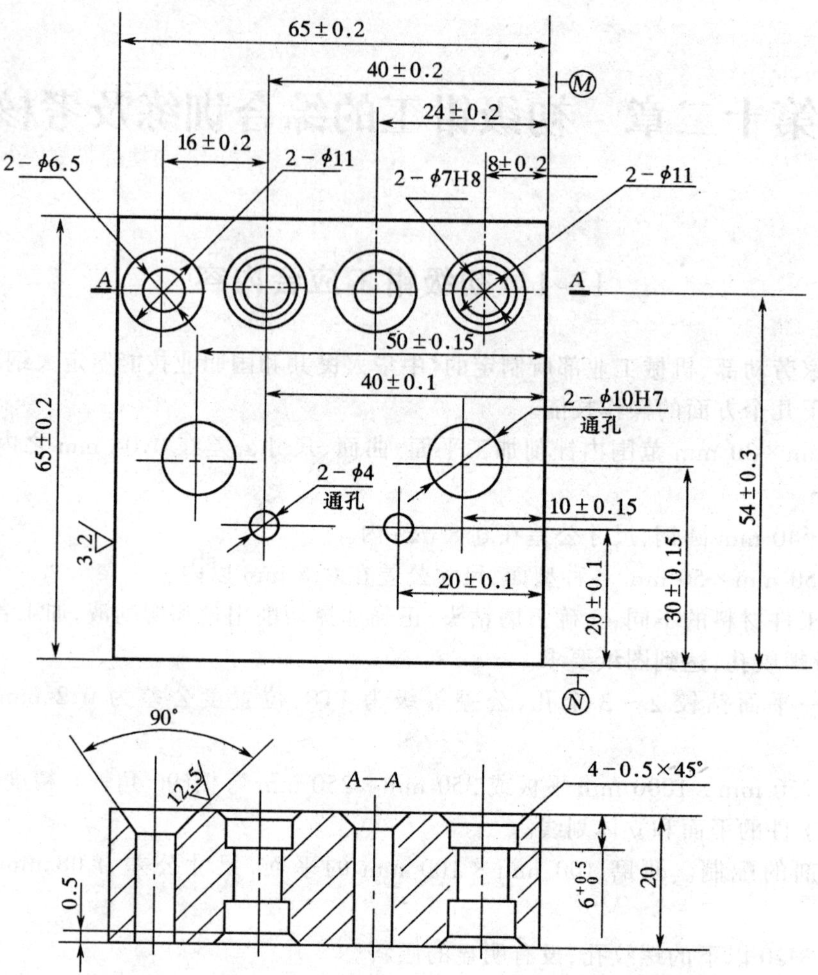

序号	质量检查内容	占分	评分标准	得分
1	孔距±0.1，±0.15	26	1处超差扣6分	
2	孔距±0.2，±0.3	16	1处超差扣3分	
3	孔径 φ11，φ10H7	18	1处超差扣2分	
4	孔径 φ6.5，φ7H7	8	1处超差扣3分	
5	锪孔 $6^{+0.5}_{0}$，90°倒角	12	1处超差扣2分	
6	R_a12.5	8	1处超差扣1分	
7	65±0.2，R_a3.2	12	1处超差扣4分	
	安全文明生产		违章扣分	
课题	钻、扩、锪孔	备料	姓名	日期
分课题	钻孔、锪孔	2时		

图 3-12-1　钻孔、锪孔

②初步掌握钻孔、扩孔、锪孔的基本操作方法。

③熟悉台钻结构,掌握台钻的使用和保养。

2.刀具、量具和辅助工具

钻、扩、锪孔时常用的工具、量具和辅助工具有:麻花钻(按孔径准备)、锪钻(用同孔径麻花钻改制)、直角尺、游标卡尺、高度游标尺、塞规、划规、平口钳。

3.操作过程

①按图纸要求加工六面体,精度和表面粗糙度达到要求。

②修理基准面 M、N,保证两面的垂直度,去毛刺。

③划各孔的中心线,用游标卡尺作复检,保证孔距准确。

④打中心样冲眼,划孔圆。钻大孔时还应划几个检查圆线。扩大中心样冲眼,以便准确落钻定心。

⑤按锪孔角度要求刃磨钻头,并在其他材料上试钻。

⑥按图样进行钻孔、扩孔、锪孔,达到图纸公差要求。

⑦去毛刺,自检。

4.安全及注意事项

①钻头刃磨技能是重点、难点,必须反复练习,试钻。

②钻通孔时,手进给压力应适当,以免造成钻头折断、工件转动等事故。

③不准带手套进行操作。

5.评分标准

质量检查内容及评分标准见图中所列。

二、训练及考核实例二(图 3-12-2)

1.操作要求

进一步巩固掌握刃磨钻头的方法,掌握修磨铰刀的方法和铰孔的操作技能。

2.刀具、量具和辅助工具

加工此件常用的刀具、量具和辅助工具有:麻花钻(按所钻孔径准备)、铰刀(直铰刀和1:50 锥铰刀各 1 把)、铰手、游标卡尺、直角尺、平口钳。

3.操作过程

①按尺寸划线、下料、修锉各加工面,达到图纸要求。

②划各孔加工中心线,复检合格后,打中心样孔,划好孔圆,加大样冲眼。

③按图纸要求先钻好底孔,注意根据精度要求确定所需留的加工余量。如精度要求较高时,可加一道扩孔工艺。锥孔要钻台阶孔。

④铰削加工各孔,达到图纸要求。

⑤去毛刺,检查精度,修整。

4.安全及注意事项

①严格按操作规程进行操作,铰孔时两手用力要均匀,切记不能反转。

②注意切削液的选用。

5.评分标准

质量检查内容及评分标准见图表所列。

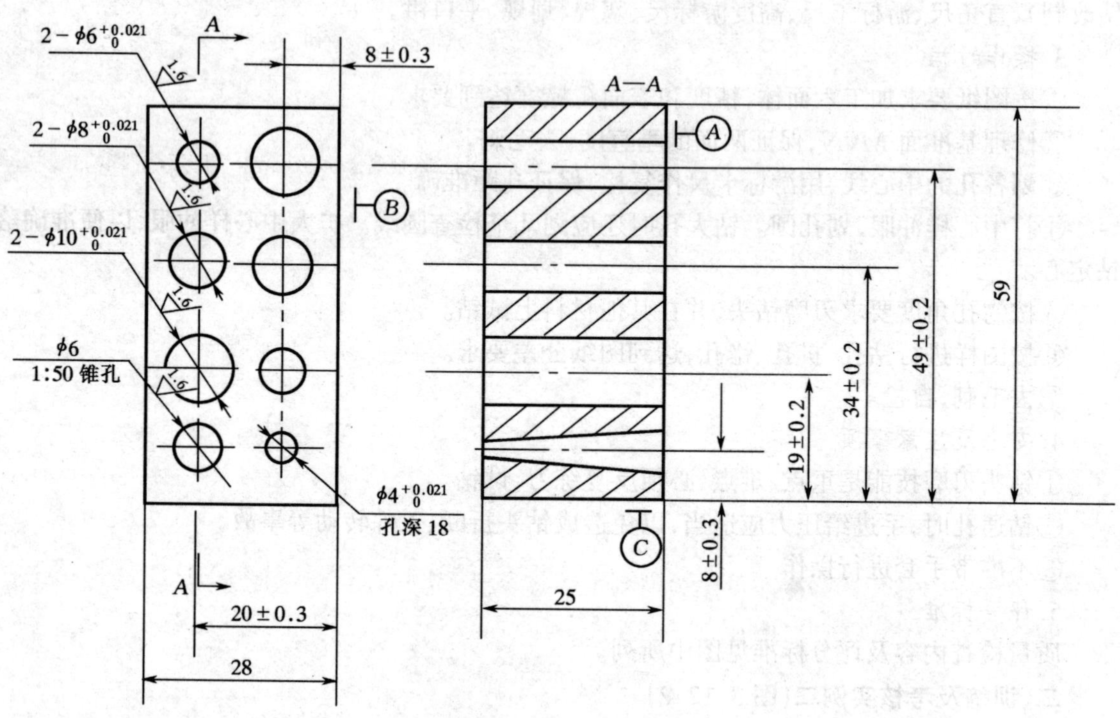

A、*B*、*C* 三面互相垂直度0.06

序号	质量检查内容	占分	评分标准	得分
1	孔距±0.3	20	1处超差扣2分	
2	孔距±0.2	12	1处超差扣2分	
3	孔径公差 $^{+0.021}_{0}$	36	1处超差扣5分	
4	铰孔 R_a1.6	24	1处超差扣3分	
5	φ6,1:50 锥孔正确	8	用锥销检查给分	
	安全文明生产		违章扣分	
课题	钻、扩、锪、铰孔	备料	姓名	日期
		Q235 钢 62×62×25		
分课题	钻孔、铰孔	2时		

图 3-12-2 钻孔、铰孔

三、训练及考核实例三(图 3-12-3)

1. 操作要求

通过制作夹板，巩固和提高锉削、钻孔、攻丝等钳加工的综合加工技能。

2. 刀具、量具和辅助工具

加工此件常用的刀具、量具和辅助工具有：板锉(粗、精加工用)、麻花钻、丝锥(按所需尺寸准备)、铰手、平口钳、尺规(7.5～14)、游标卡尺、千分尺、划线工具等。

3. 操作过程

①按毛坯件要求下 料，制作毛坯。

②加工长方体尺寸(16±0.05)mm，(12±0.05)mm，(70±0.20)mm。粗糙度、平面度、垂直度，平行度均达到图纸要求。

③加工 $R8$ mm 圆弧和 20 mm 斜面，达到图纸要求。

④划各加工孔的中心线，钻孔，倒角。

⑤锪 120°倒角的 $\phi 9$ mm 孔。

⑥改 2－M8 的螺纹孔达到图纸要求。

⑦倒角，去毛刺，自检，送检。

4. 安全及注意事项

钻孔时注意不要把工件夹伤。锉削圆弧要注意圆滑过渡。

5. 评分标准

质量检查内容及评分标准见图表所列。

四、训练及考核实例四(图 3-12-4)

1. 操作要求

初步掌握样板镶配的锉削方法。

2. 刀具、量具和辅助工具

锉配时常用的刀具、量具和辅助工具有：板锉、刀口尺、直度尺、万能角度尺、游标卡尺、高度游标尺、千分尺、塞尺、角度样板等。

3. 操作过程

①按图样分别锉削件Ⅰ、件Ⅱ的两个垂直基准面。

②以件Ⅰ、件Ⅱ的基准面 A 为基准，划各加工尺寸线，打样冲眼，钻 3－$\phi 3$ mm 工艺孔。

③加工件Ⅰ、件Ⅱ的外形尺寸(60±0.05)mm 和(50±0.05)mm 达到要求，并尽可能地使(60±0.05)mm 取上偏差，两件尺寸一致。

④加工件Ⅰ的凸形面。按划线部位锯去左侧一角余料，再锉 $15_{-0.05}^{\ 0}$ mm 底面，通过尺寸链变换计算得到量尺寸 $35_{-0.05}^{+0.10}$ mm。后锉凸形侧面，测量尺寸为$\left(\frac{60\pm0.05\text{的实际尺寸}}{2}+\frac{18+\Delta}{2}\right)$mm。然后锯去右侧一角余料。按上述方法，先锉底面，再锉立面，保证尺寸 $18_{-0.05}^{\ 0}$ mm，保证垂直度、平行度、对称度、表面粗糙度等。

⑤加工件Ⅱ凹形槽部分。去除多余材料，按图纸要求先进行粗加工，初步达到尺寸后，再用件Ⅰ的凸形面配锉，达到对称度和配合间隙的要求。

⑥加工件Ⅱ的燕尾部分。去除余料，先锉基准面 B，保证测量尺寸为 50 mm 的实际尺寸

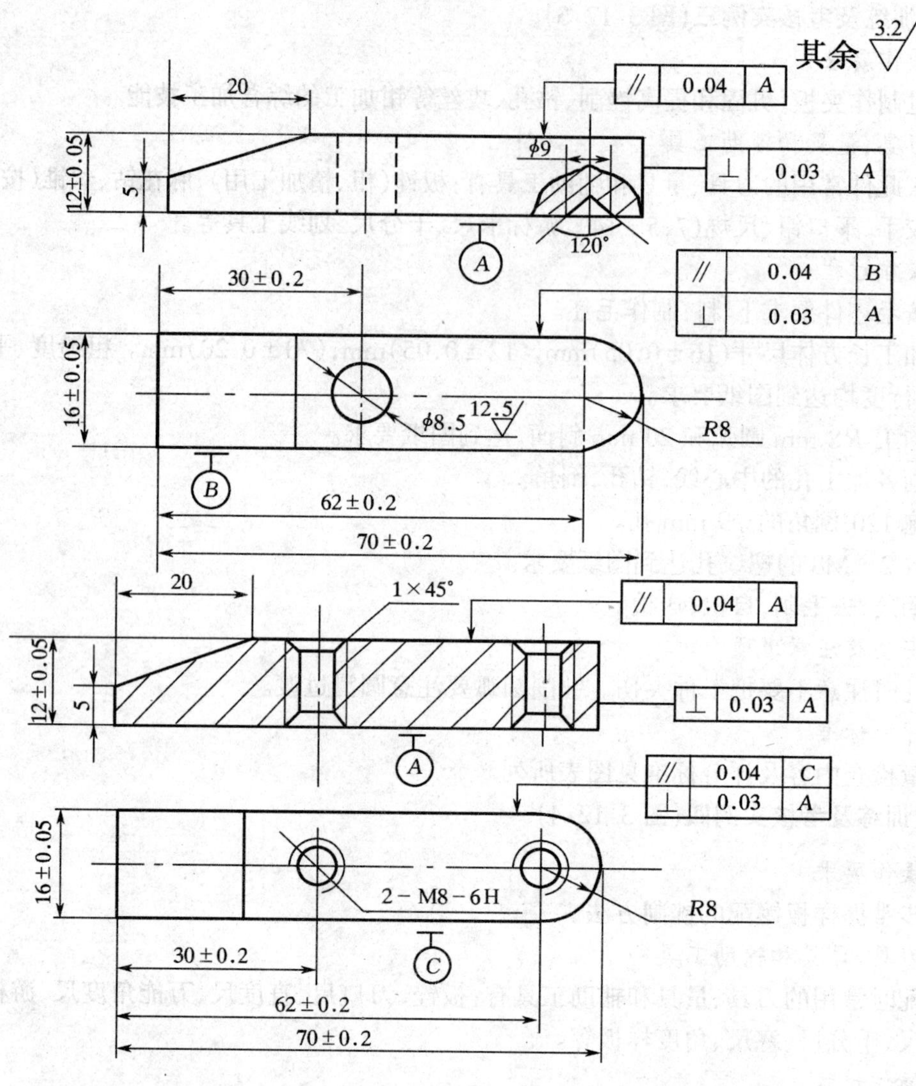

序号	质量检查内容	占分	评分标准	得分
1	尺寸±0.05	24	1处超差扣6分	
2	70±0.2	10	1处超差扣5分	
3	20斜面	6	1处超差扣3分	
4	R8间隙0.1	4	1处差扣2分	
5	孔±0.2	12	1处差扣3分	
6	平行度0.04,垂直度0.03	32	1处差扣4分	
7	R_a3.2	12	1处超差扣1分	
	安全文明生产		违章扣分	
课题	改螺纹	备料	姓名	日期
		45钢 76×38×14		
分课题	制作夹板	2时		
		5		

图 3-12-3 制作夹板

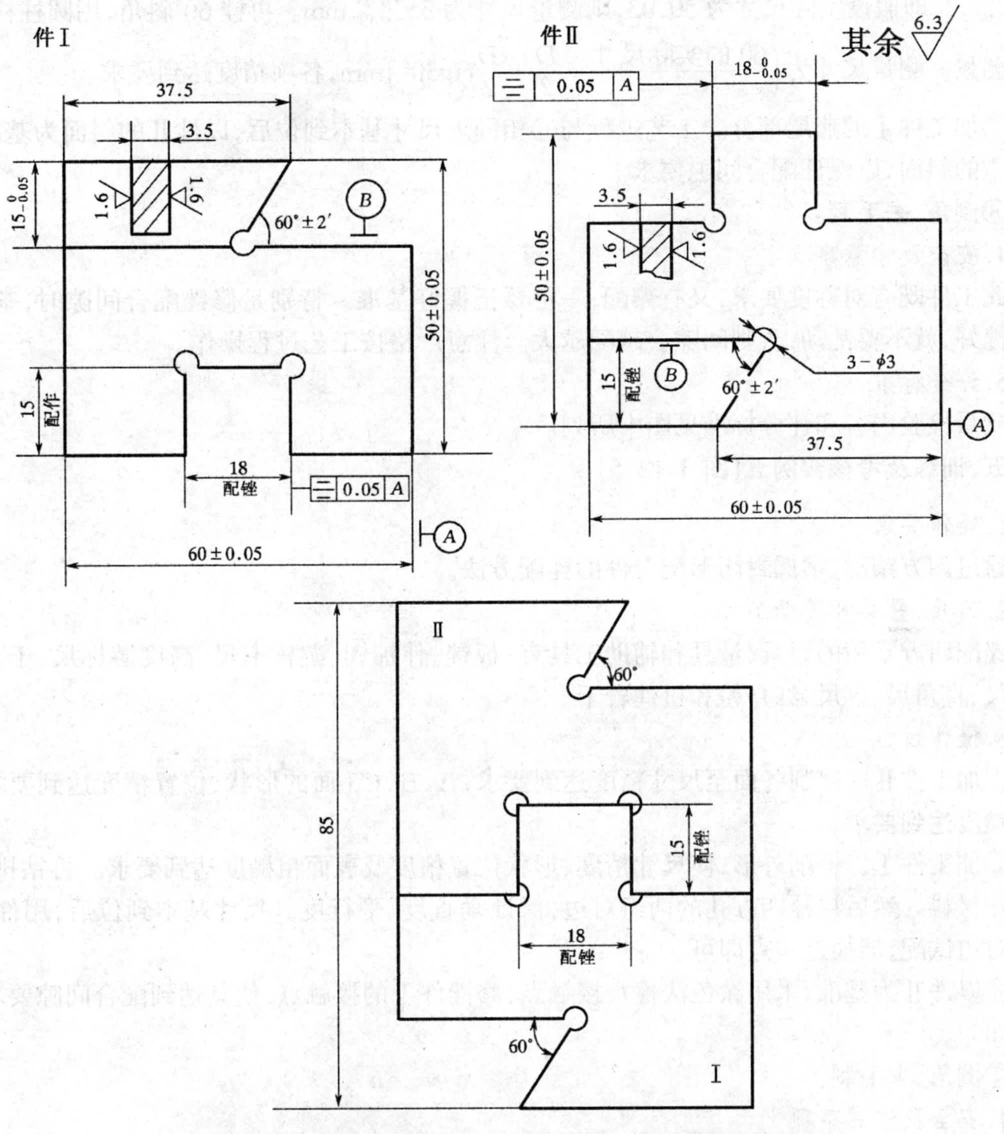

序号	质量检查内容	占分	评分标准	得分
1	尺寸±0.05	20	1处超差0.01扣5分	
2	尺寸$_{-0.05}^{\ 0}$	20	1处超差0.01扣5分	
3	凹凸配合间隙0.05	24	1处超差0.01扣4分	
4	60°±2′角度配合间隙0.05	8	1处超差0.01扣4分	
5	凸凹对称度0.05	8	1处超差扣0.5分	
6	R_a6.3	10	1处超差扣0.5分	
7	60°±2′	10	超差不得分	
	安全文明生产		违章扣分	
课题	配合	备料	姓名	日期
		A3钢55×65×4		
分课题	样板镶配	2时		
		10		

图3-12-4　样板镶配

$-15^{\ 0}_{-0.05}$。即假设实际尺寸为 50.03,则测量尺寸为 $35^{+0.03}_{-0.02}$ mm。再锉 60°斜角,用圆柱检验棒辅助测量。测量尺寸为$\left(\frac{60\text{的实际尺寸}}{2}+\frac{D}{2}+\frac{D}{2}\text{ctg}30°\right)$mm,各项精度达到要求。

⑦加工件Ⅰ的燕尾部分。工艺进程与⑥相同。尺寸基本到位后,以件Ⅱ的斜面为基准,修锉件Ⅰ的斜面,以保证配合间隙要求。

⑧倒角,去毛刺。

4.安全及注意事项

此工件既有对称度要求,又有镶配,一定要把握好基准。特别是修锉配合间隙时,基准件一经锉好,就不要乱动,否则间隙会越配越大。注意严格按工艺过程操作。

5.评分标准

质量检验内容和评分标准见图中所列。

五、训练及考核实例五(图 3-12-5)

1.操作要求

通过四方镶配,掌握封闭形配合件的锉配方法。

2.刀具、量具和辅助工具

锉配四方常用的刀具、量具和辅助工具有:板锉、什锦锉、游标卡尺、高度游标尺、千分尺、刀口尺、直角尺、塞尺、红丹粉和机油若干。

3.操作过程

①加工件Ⅱ。锉削各面至尺寸精度达到要求,A、B、C3 面的形状、位置精度达到要求,表面粗糙度达到要求。

②加工件Ⅰ。锉削外形,使尺寸精度、形状位置精度及表面粗糙度达到要求。再钻排孔去除方孔材料。然后粗锉四方孔的两组对边,保证垂直度、平行度。尺寸基本到位后,用件Ⅱ的一个对边试配,能插进一点即可。

③以件Ⅱ为基准,采用涂色法检查接触点,修锉件Ⅰ的接触点,使其达到配合间隙要求,进出自如。

④倒角,去毛刺。

4.安全及注意事项

①修配间隙时,件Ⅱ上无论有多少接触点都不要去进行修整,否则间隙难以控制。

②注意清角,否则修配时容易造成错觉。

③锉内四方时,可采用角度样板。

5.评分标准

质量检验内容及评分标准见图所列。

六、训练及考核实例六(图 3-12-6)

1.操作要求

通过对燕尾样板的锉配,进一步掌握对称工件的锉配方法和技巧。

2.刀具、量具及辅助工具

燕尾样板锉配的常用刀具、量具和辅助工具有:板锉、半圆锉、三角锉、高度游标尺、游标卡尺、千分尺、刀口尺、万能角度尺、直角尺、检验棒、什锦锉、红丹粉和机油若干。

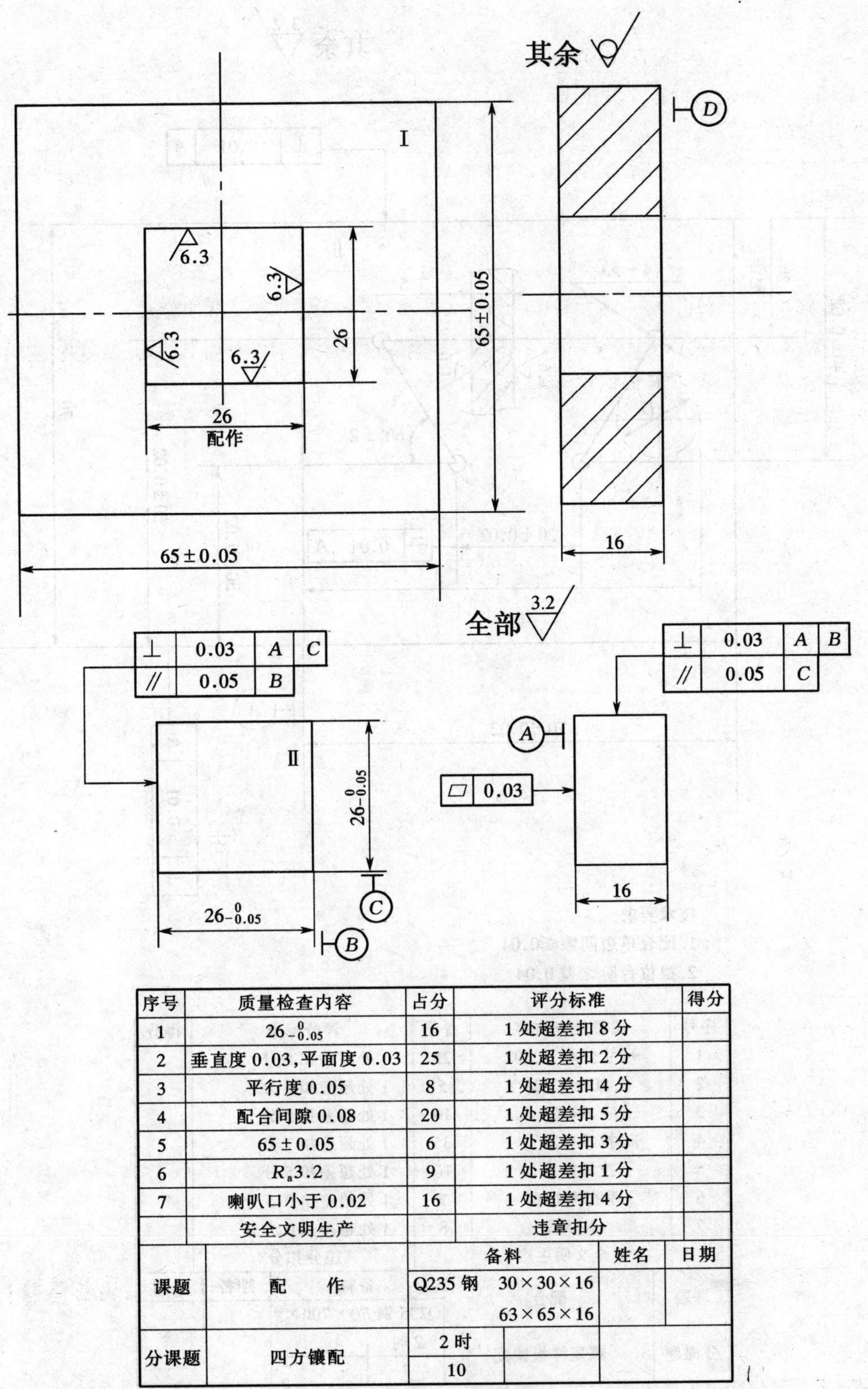

序号	质量检查内容	占分	评分标准	得分
1	$26_{-0.05}^{0}$	16	1处超差扣8分	
2	垂直度0.03,平面度0.03	25	1处超差扣2分	
3	平行度0.05	8	1处超差扣4分	
4	配合间隙0.08	20	1处超差扣5分	
5	65±0.05	6	1处超差扣3分	
6	$R_a3.2$	9	1处超差扣1分	
7	喇叭口小于0.02	16	1处超差扣4分	
	安全文明生产		违章扣分	

课题	配　作	备料		姓名	日期
		Q235钢	30×30×16 63×65×16		
分课题	四方镶配	2时			
		10			

图3-12-5　四方镶配

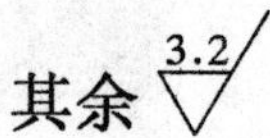

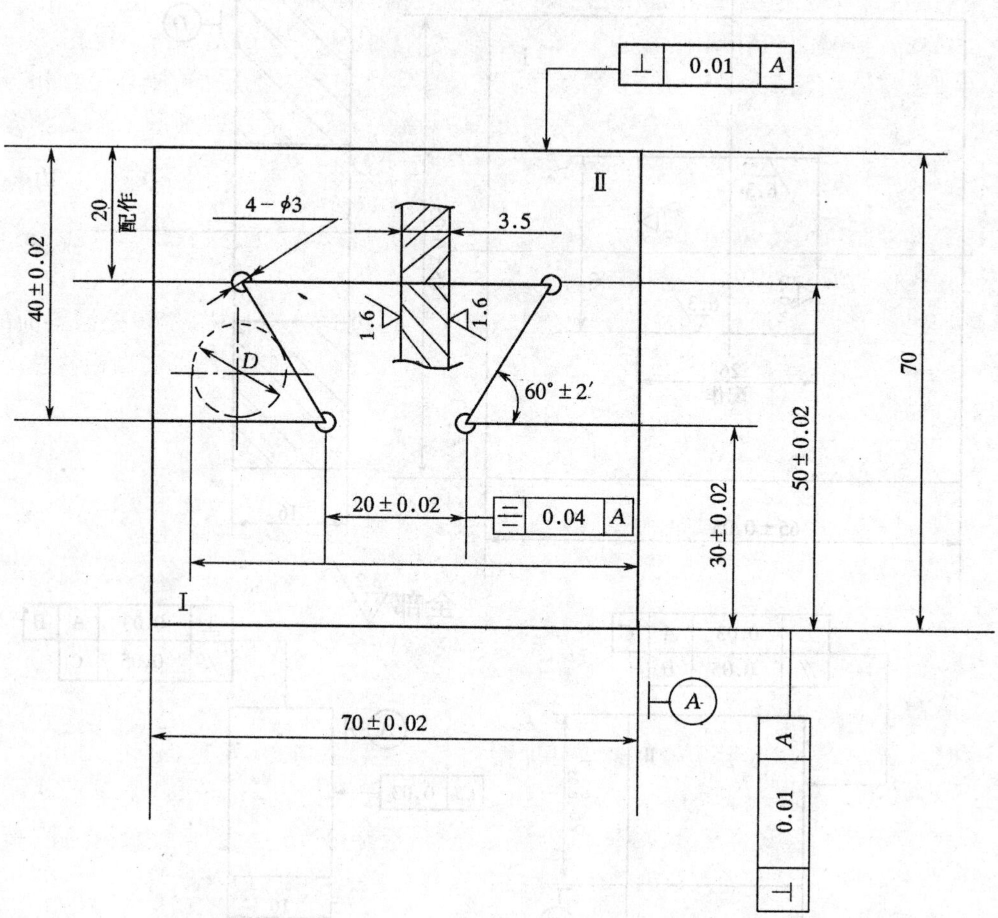

技术要求

1. 配合单边间隙≤0.04

2. 换位台阶之差 0.04

序号	质量检查内容	占分	评分标准	得分
1	尺寸公差±0.02	25	1 处超差扣 5 分	
2	20±0.02	5	1 处超差扣 5 分	
3	60°2′	10	1 处超差扣 5 分	
4	技术要求 1	35	1 处超差扣 7 分	
5	技术要求 2	10	1 处超差扣 5 分	
6	垂直度 0.01	7	1 处超差扣 0.5 分	
7	R_a3.2	8	1 处超差扣 0.5 分	
	安全文明生产		违分扣分	

课题	配合	备料		姓名	日期
		Q235 钢 70×700×4			
分课题	燕尾样板镶配	2 时			
		7			

图 3-12-6 燕尾样板镶配

3. 操作过程

①加工件Ⅰ和件Ⅱ的坯件。锉削两件的外形，使其尺寸、垂直度、平行度、平面度和表面粗糙度均达到要求，并使(70±0.02)mm 尺寸保证在上偏差范围内。

②划线。将两件同时划出加工尺寸线，并钻出工艺孔 4－ϕ3 mm，和落料排孔。

③加工件Ⅰ。先去除左上角材料，加工(30±0.02)mm 尺寸的平面，使其尺寸和各项精度达到要求。再加工 60°±4′斜面。斜面的角度控制通过万能角度尺的测量来保证。斜面的位置控制则通过测量尺寸 $M\left(\frac{70\text{实际尺寸}+20\pm0.02}{2}+\frac{D}{2}+\frac{D}{2}\text{ctg}30^\circ\right)$来保证。左边各面的尺寸精度及其他精度基本达到后，即可以加工右边燕尾，方法与加工左边相同。(20±0.02)mm 的尺寸保证通过双圆柱棒辅助测量来实现。

④加工件Ⅱ。去除材料，加工凹燕尾。粗加工可通过圆柱检验棒，初步控制斜面的位置，以保证基本对称。尺寸基本到位后，用件Ⅰ进行试配，用透光法检查间隙后做粗修整。能放进去后，再用着色法作精修整，直至推动进出自如，间隙合格。

⑤倒角，去毛刺，检验。

4. 安全及注意事项

注意加工顺序，搞错了就难以成功，修配时件Ⅰ为基准件，不要再修整。

5. 评分标准

质量检查内容及评分标准见图中所列。

七、训练及考核实例七(图 3-12-7)

1. 操作要求

通过此件加工，掌握形状较复杂零件的钳加工方法和技巧。

2. 刀具、量具和辅助工具

制作弹簧刀体常用的刀具、量具和辅助工具有：板锉、四方锉、三角锉、什锦锉、高度游标尺、游标卡尺、刀口尺、直角尺、万能角尺、尺规、锯弓、钻头、丝锥、60°样板等。

3. 操作过程

①加工坯件。加工出基准面 A 和 B，使其达到形状、位置精度要求。

②以 A 和 B 为基准，划出各部位加工轮廓线，并打出样冲眼。

③按线加工各部位的外形轮廓尺寸，使其尺寸精度、形位公差、表面粗糙度都初步达到要求。

④再划 R15 mm、32 mm、24 mm、12.5 mm 及 60°斜面和孔加工的加工线，打样冲眼。

⑤钻 3－ϕ6.8 mm 和 ϕ4.5 mm 的孔(此处也可把 3－ϕ6.8 mm 放到后面去钻，但此时钻刚度较好)。

⑥加工 R15 mm、23 mm、32 mm、24 mm、12.5 mm 及 60°等尺寸，使其尺寸精度、形位公差和表面粗糙度达到图纸要求。

⑦攻丝，3－M8 螺纹孔加工。

⑧锯缝(2mm)。

⑨修整成形，倒角，去毛刺。

4. 安全及注意事项

①锯 60°斜缝时注意操作要领，防止伤手。

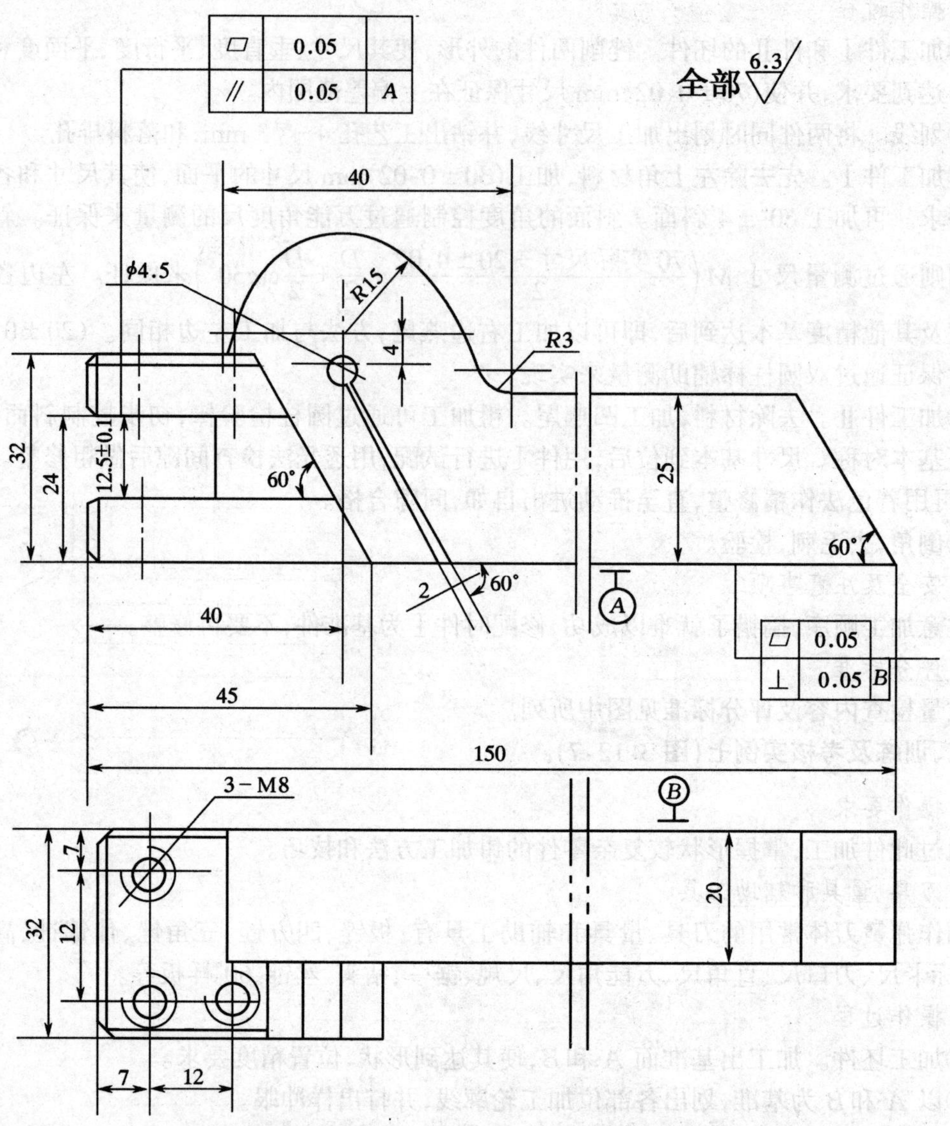

序号	质量检查内容	占分	评分标准	得分
1	夹刀槽 12.5±0.1	20	超差扣 20 分	
2	平面度 0.05	12	1 处超差扣 6 分	
3	平行度 0.05	14	超差扣 14 分	
4	垂直度 0.05	6	超差扣 6 分	
5	3-M8	12	1 处不合要求扣 4 分	
6	R_a6.3	6	1 处超差扣 1 分	
7	未注公差尺寸	30	1 处超差扣 2 分	

课题	复合作业	备料		姓名	日期
		45 钢锻成形			
	制作弹簧刀体	2 时			

图 3-12-7 制作弹簧刀体

②夹刀槽、底面不得形成台阶面。

5.评分标准

质量检查内容及评分标准见图中所列。

八、训练及考核实例八(图 3-12-8)

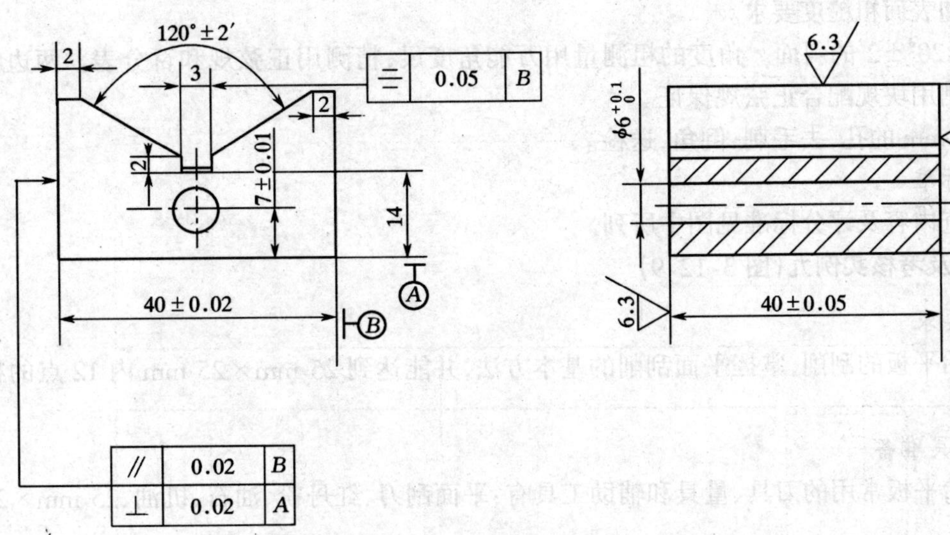

序号	质量检查内容	占分	评分标准	得分
1	40±0.02	16	超差扣 6 分	
2	平行度 0.02	10	超差扣 10 分	
3	120°±2′对称度 0.05	20	1 处超差扣 10 分	
4	40±0.05　25±0.05	20	1 处超差扣 10 分	
5	$\phi 6^{+0.1}_{0}$　7±0.1	10	1 处超差扣 5 分	
6	垂直度 0.02	10	超差扣 10 分	
7	R_a3.2(5 处)　R_a6.3	8	1 处超差扣 1 分	
8	自由公差尺寸	6	超差扣 3 分	
	安全文明生产		违章扣分	

课题	复合作业	备料	姓名	日期
		Q235 钢 45×45×30		
	精锉角度面	2 时		
		5		

图 3-12-8　精锉角度面

1.操作要求

通过此件加工,进一步掌握角度对称件的加工方法和技巧,掌握正确使用正弦规测量角度的方法。

2.工、量具准备

精锉角度面常用的量具和辅助工具有:正弦规、量块、百分表、活动表架、测量平板、直角尺、千分尺、高度游标尺、游标卡尺等。

3.操作过程

①加工基准面 A、B、C,使其表面粗糙度、平面度达到要求。

②以 A、B、C 为基准,划各部分加工轮廓线、尺寸线。

③加工外形尺寸(40 ± 0.02)mm,(40 ± 0.05)mm,(25 ± 0.05)mm,使其达到尺寸精度、形位公差要求和表面粗糙度要求。

④加工 $120°\pm2'$的斜面。角度的粗测量用万能角度尺,精测用正弦规和百分表。两边斜面的位置控制用块规配合正弦规保证。

⑤钻 $\phi6$ mm 的孔,去毛刺,倒角,送检。

4.评分标准

质量检查内容及评分标准见图中所列。

九、训练及考核实例九(图 3-12-9)

1.操作要求

通过原始平板的刮削,掌握平面刮削的基本方法,并能达到 25 mm×25 mm 内 12 点的精度要求。

2.工、量具准备

刮削原始平板常用的刀具、量具和辅助工具有:平面刮刀、红丹粉、油石、机油、25 mm×25 mm 检测框格。

3.操作过程

按原始平板 3 块对刮的方法依次编号刮削,直至达到 25 mm×25 mm 内 8~12 点的精度。

4.安全及注意事项

①平板对研时,两块平板相错移动距离不得超过平板的 1/3,并防止滑落伤脚。

②每显点刮削一次,应变换刮削方向。

③落刀、提刀要防止振痕、硬梗。

5.评分标准

质量检查内容及评分标准见图中所列。

十、训练及考核实例十(图 3-12-10)

1.操作要求

通过对量块的研磨,掌握平面研磨的基本方法和研磨剂的调制方法。

2.工、量具准备

研磨平板、W5 金刚砂、煤油、机油、量块、杠杆千分尺、刀口尺等。

3.操作过程

①测量工件余量,观察表面质量,确定研磨工艺方案。

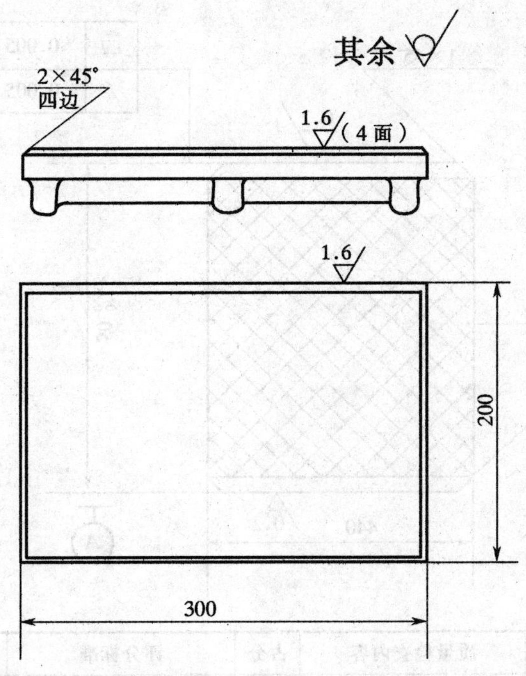

序号	质量检查内容	占分	评分标准	得分
1	接触点 10 点/25mm²	40	1 处超差扣 10 分	
2	刀迹质量	30	1 处拉毛、硬梗现象扣 5～20 分	
3	R_a1.6(刮)	20	按质量水平给分	
4	姿势正确	10	按正确程度给分	
	安全文明生产		违章扣分	

课题	刮　削	备料	姓名	日期
		HT150(粗刨) 300×200×100		
	原始平板刮削	2时		
		36		

图 3-12-9　原始平板刮削

②选择磨料和研磨平板。

③用 W5 金刚砂、煤油、机油调和后,涂在研磨平板上。

④采用"8"字形操作形式进行研磨。

⑤清洗。用量块和杠杆千分尺测量研磨精度。

4. 安全及注意事项

①粗、细研磨要分开。精研时,要清除上道工序所留下的较粗磨粉。

②研磨剂每次上料不宜太多,须分布均匀,以免造成工件边缘塌边。

③要特别注意清洁工作,不要使研磨剂中混入杂质,以免划伤工件。

5. 评分标准

质量检查内容及评分标准见图中所列。

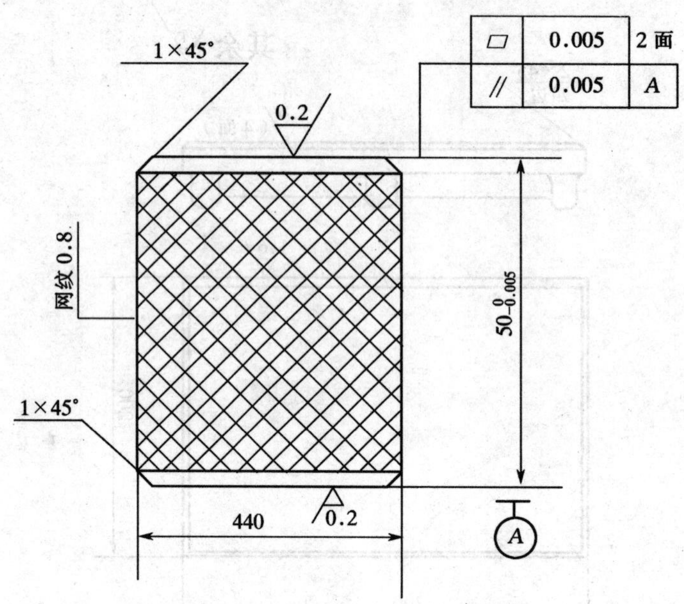

序号	质量检查内容	占分	评分标准	得分
1	$50_{-0.005}^{\ 0}$	22	超差扣 22 分	
2	平行度 0.005	38	超差扣 38 分	
3	平面度 0.005	20	超差扣 20 分	
4	$R_a0.2$	20	超差扣 20 分	
	安全文明生产		违章扣分	

课题	研　磨	备料		姓名	日期
		GWMn			
分课题	研磨平行量块	2 时			
		8			

图 3-12-10　研磨平行量块

十一、训练及考核实例十一(图 3-12-11)

1. 操作要求

通过对称梯形样板的制作,掌握零件加工的一般工艺方法。

2. 工、量具准备

板锉、什锦锉、高度游标尺、游标卡尺、千分尺、万能角度尺、直角尺、刀口尺、塞尺等。

3. 操作过程

由学生自拟,老师审定后执行。

4. 评分标准

质量检查内容及评分标准见图中所列。

十二、训练及考核实例十二(图 3-12-12)

1. 操作要求

通过此件训练,掌握较复杂零件的钳加工方法。

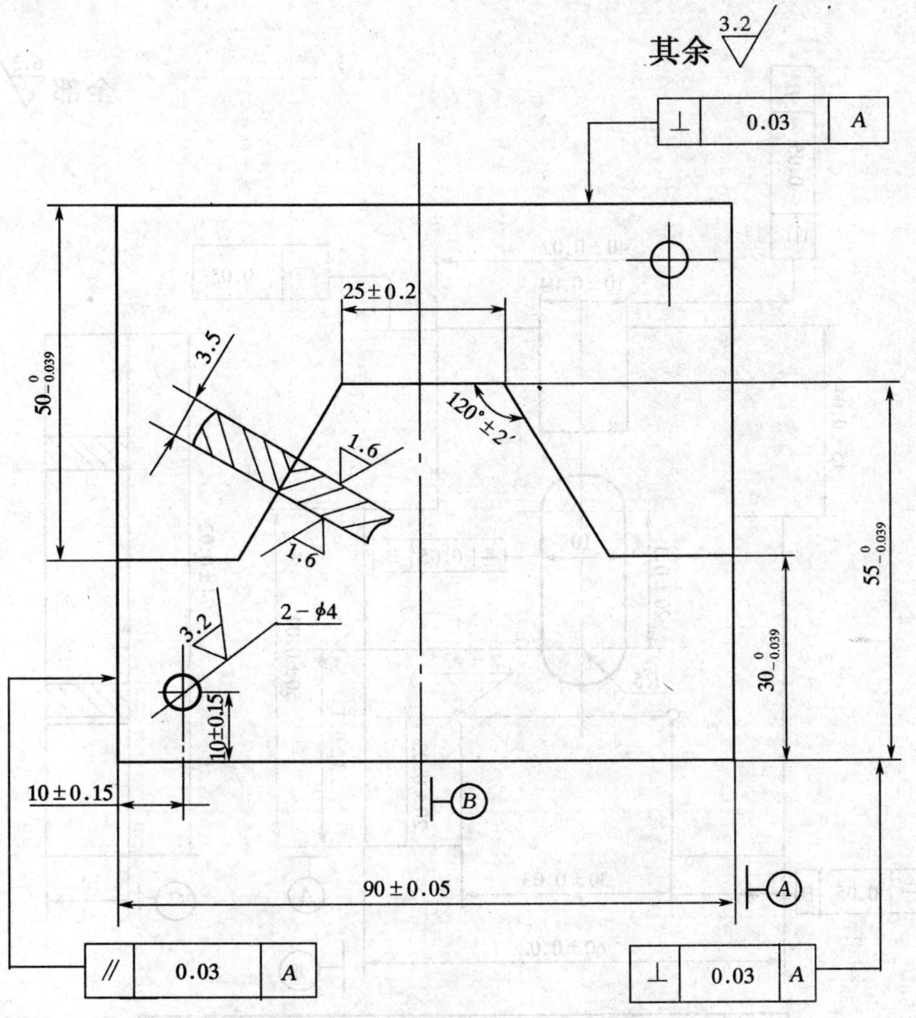

技术要求

1. 翻边对配，对称度之差≤0.05
2. 单边间隙0.06

序号	质量检查内容	占分	评分标准	得分
1	$55_{-0.039}^{\ 0}$　$50_{-0.039}^{\ 0}$	8	1处超差扣4分	
2	$30_{-0.025}^{\ 0}$　25±0.2	9	1处超差扣3分	
3	120°±2′	6	1处超差扣3分	
4	垂直度0.02	5	1处超差扣2.5分	
5	平行度0.03	3	超差扣1.5分	
6	技术要求1	9	1处超差扣3分	
7	技术要求2	10	1处超差扣2分	
	安全文明生产		违章扣分	

<table>
<tr><td rowspan="2">课题</td><td rowspan="2">零件加工</td><td>备料</td><td>姓名</td><td>日期</td></tr>
<tr><td>Q235钢 110×95×4</td><td></td><td></td></tr>
<tr><td rowspan="2">分课题</td><td rowspan="2">120°梯形样板</td><td>2时</td><td rowspan="2" colspan="2"></td></tr>
<tr><td>6</td></tr>
</table>

图3-12-11　120°梯形样板

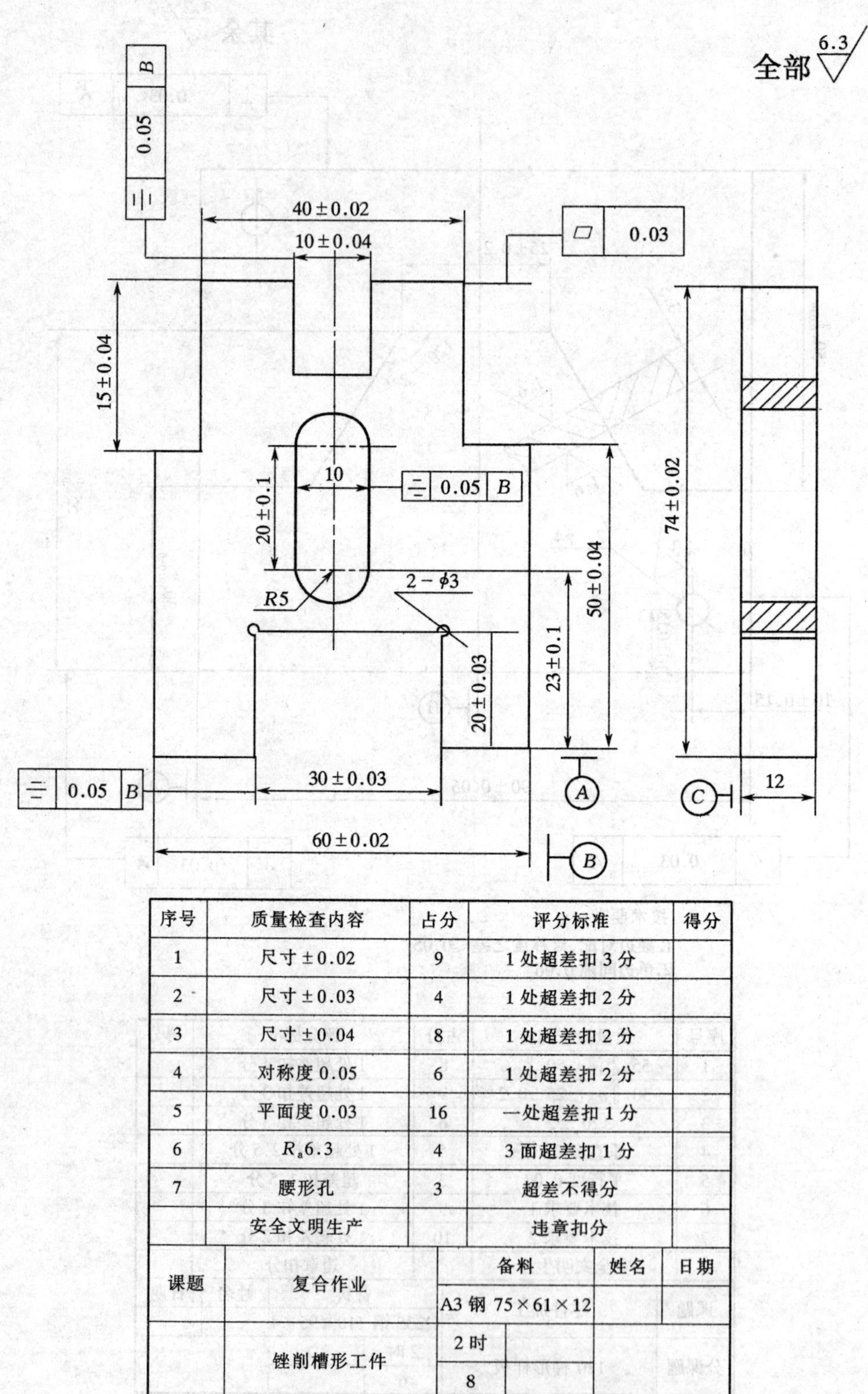

序号	质量检查内容	占分	评分标准	得分
1	尺寸±0.02	9	1处超差扣3分	
2	尺寸±0.03	4	1处超差扣2分	
3	尺寸±0.04	8	1处超差扣2分	
4	对称度 0.05	6	1处超差扣2分	
5	平面度 0.03	16	一处超差扣1分	
6	R_a6.3	4	3面超差扣1分	
7	腰形孔	3	超差不得分	
	安全文明生产		违章扣分	
课题	复合作业	备料	姓名	日期
		A3 钢 75×61×12		
	锉削槽形工件	2时		
		8		

图 3-12-12 锉削槽形工件

2. 工、量具准备

千分尺、高度游标尺、游标卡尺、深度游标尺、直角尺、刀口尺、板锉、四方锉、什锦锉、麻花钻等。

3. 操作过程

由学生自拟，老师审定后执行。

4. 评分标准

质量检查内容及评分标准见图中所列。

十三、训练及考核实例十三（图 3-12-13）

1. 操作要求

通过配作加工，掌握有配合精度要求的零件加工方法。

2. 工、量具准备

板锉、什锦锉、麻花钻、改制锪钻、铰刀、丝锥、游标卡尺、千分尺、直角尺、刀口尺等。

3. 操作过程

学生自拟，老师审定后执行。

4. 评分标准

质量检查内容及评分标准见图中所列。

十四、训练及考核实例十四（图 3-12-14）

1. 操作要求

通过制作方箱夹头，掌握多孔加工方法。

2. 工、量具准备

游标卡尺、千分尺、直角尺、刀口尺、尺规、麻花钻、铰刀、丝锥、板锉、圆锉、半圆锉、方锉、什锦锉、立钻、钻套等。

3. 操作过程

学生自拟，老师审定后执行。

4. 评分标准

质量检查内容及评分标准见图中所列。

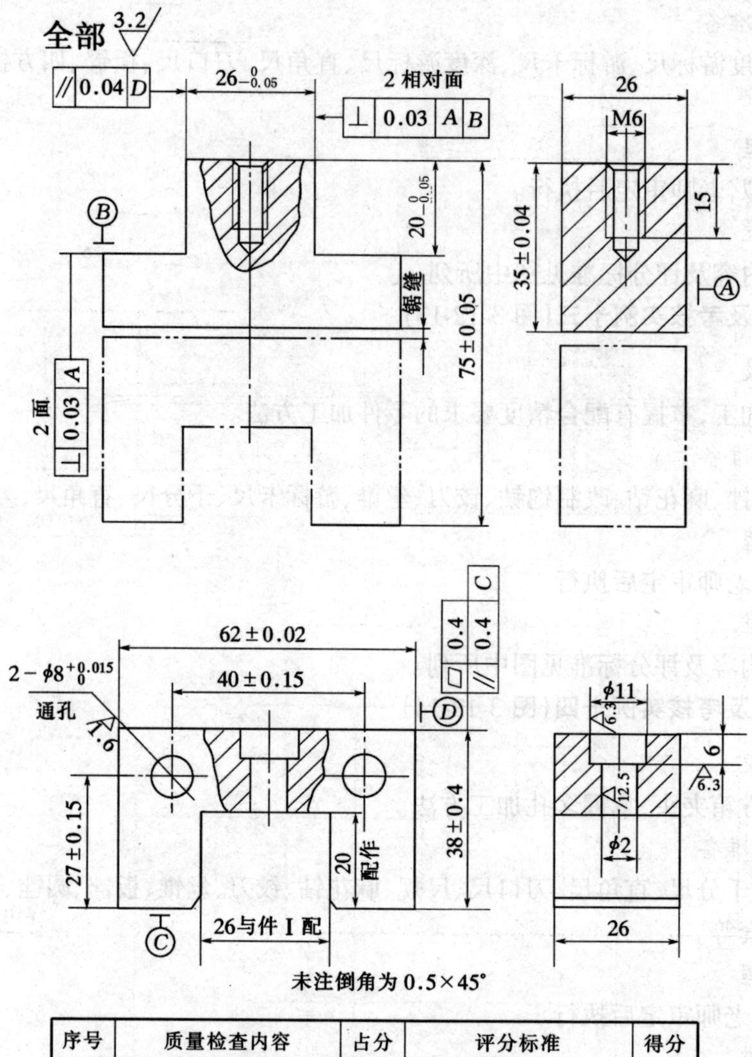

未注倒角为0.5×45°

序号	质量检查内容	占分	评分标准	得分
1	尺寸公差	30	1处超差扣4分	
2	形位公差	20	1处超差扣4分	
3	孔径间隙	20	1处>0.05扣4分	
4	R_a1.6　R_a3.2	10	1处超差扣1分	
5	互换连接	20	1处不合格扣4分	
	安全文明生产		违章扣分	

课题	零件加工	备料		姓名	日期
		HT150　76×63×27			
	综合练习	2时			

图3-12-13　综合练习

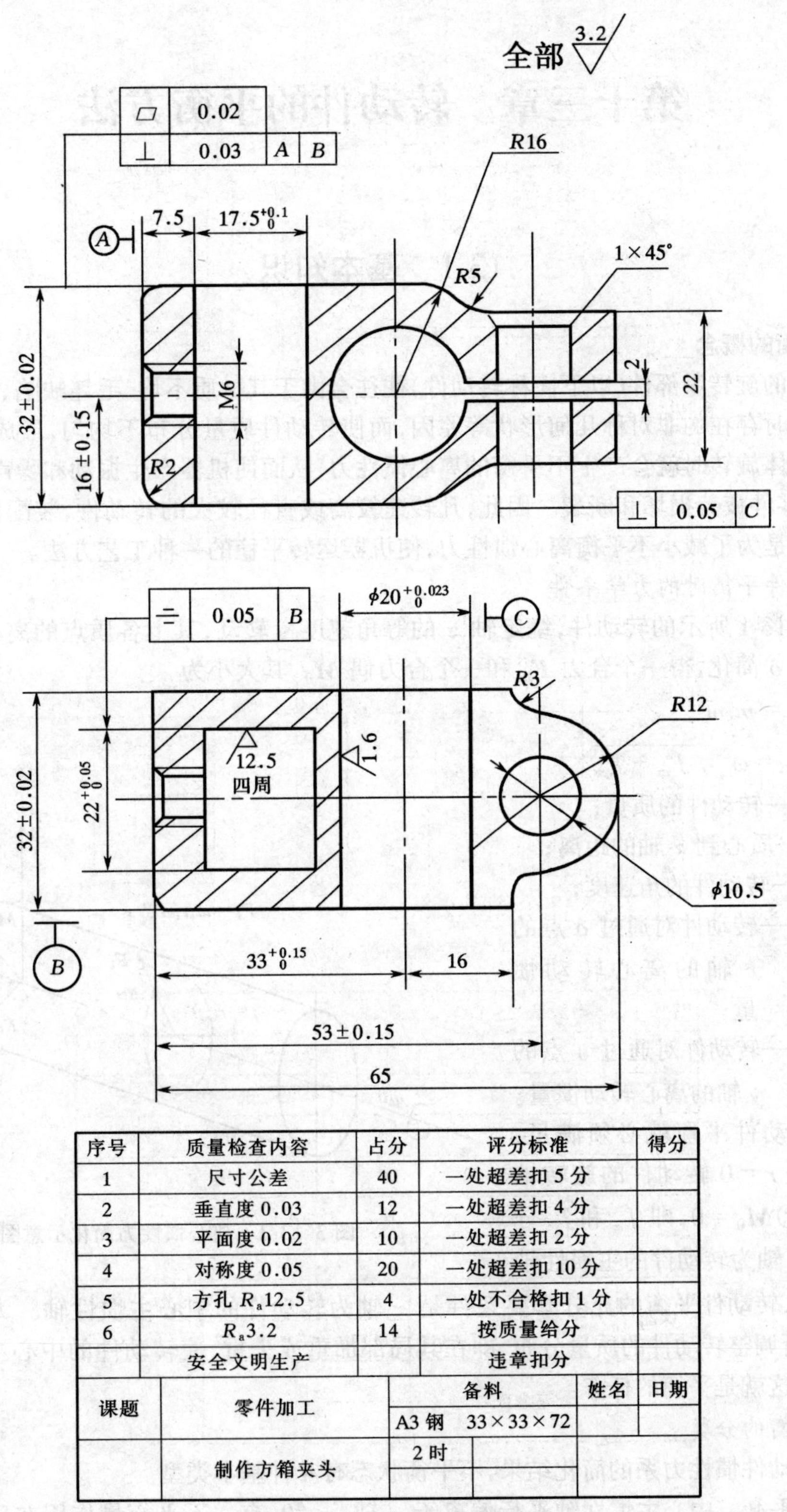

序号	质量检查内容	占分	评分标准	得分
1	尺寸公差	40	一处超差扣5分	
2	垂直度 0.03	12	一处超差扣4分	
3	平面度 0.02	10	一处超差扣2分	
4	对称度 0.05	20	一处超差扣10分	
5	方孔 R_a12.5	4	一处不合格扣1分	
6	R_a3.2	14	按质量给分	
	安全文明生产		违章扣分	
课题	零件加工	备料	姓名	日期
		A3 钢 33×33×72		
	制作方箱夹头	2时		

图 3-12-14 制作方箱夹头

第十三章　转动件的平衡方法

13-1　基本知识

一、平衡的概念

机器中的旋转零部件(以下简称转动件)往往会由于其材质不均、毛坯缺陷、加工和装配误差以及设计时存在的非对称几何形状等原因,而使转动件质量分布不均匀,形成一定的偏心。这样当转动体旋转时就会产生不平衡的离心惯性力,从而使机器产生振动和噪声,加剧轴承的磨损,造成零件疲劳损坏和断裂。因此,凡转速较高或直径较大的转动件,装配前通常要进行平衡。平衡是为了减小不平衡离心惯性力,使机器运转平稳的一种工艺方法。

1.转动件平衡时的力学条件

如图 3-13-1 所示的转动件,绕定轴 z 的等角速度 ω 转动,其上各质点的离心惯性力向任一坐标原点 o 简化,得一个合力 $\boldsymbol{F}_0$ 和一个合力偶 $\boldsymbol{M}_0$,其大小为

$$\left.\begin{aligned} F_0 &= mr\omega^2 \\ M_0 &= \omega^2 \sqrt{J_{xz}^2 + J_{yz}^2} \end{aligned}\right\} \tag{3-13-1}$$

式中　m——转动件的质量;

r——质心到 z 轴的距离;

ω——转动件的角速度;

J_{xz}——转动件对通过 o 点的 x 轴的离心转动惯量;

J_{yz}——转动件对通过 o 点的 y 轴的离心转动惯量。

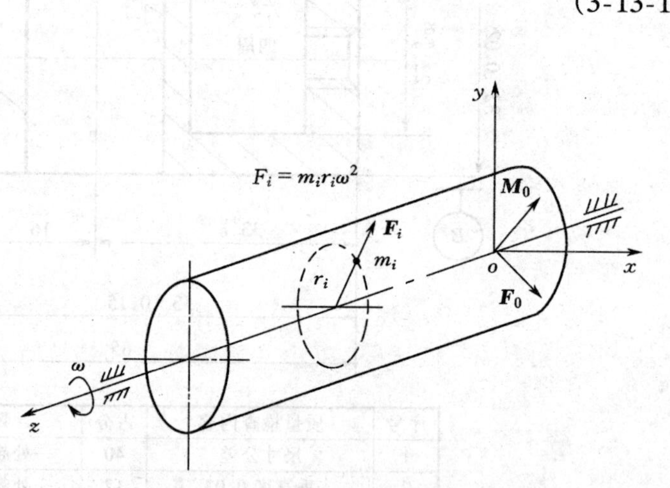

图 3-13-1　离心惯性力简化示意图

欲使转动件平衡就必须满足:①$\boldsymbol{F}_0 = 0$,即 $r = 0$ 转动件的旋转轴通过质心;②$\boldsymbol{M}_0 = 0$,即 J_{xz} 和 J_{yz} 分别为 0,则 z 轴为转动件的主惯性轴之一。因此,转动件平衡的充分必要条件是 z 轴为转动件的中心主惯性轴。为满足这个条件,需要重新调整转动件的质量分布,即在其局部加重或去重,使转动件的中心主惯性轴与旋转轴一致。这就是平衡的任务。

2.不平衡的分类

根据转动件惯性力系的简化结果,不平衡状态有 4 种基本类型。

1)静不平衡　中心主惯性轴平行偏离于 z 轴,$r \neq 0$,有一不平衡量作用在质心所在的径向平面上,旋转时产生一个通过质心的离心力,见图 3-13-2a。

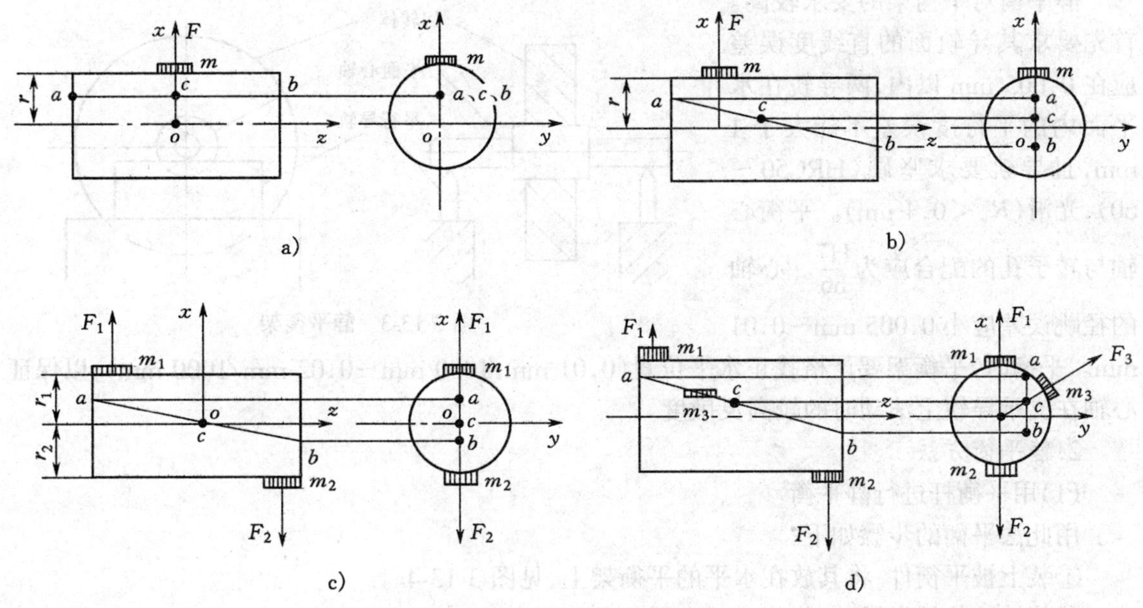

图 3-13-2　不平衡的类型

a)静不平衡　b)准静不平衡　c)偶不平衡　d)动不平衡

2)准静不平衡　中心主惯性轴与 z 轴在质心外某一点相交,旋转时产生离心力的同时产生不平衡力矩,见图 3-12-2b。

3)偶不平衡　中心主惯性轴与 z 轴相交于质心,旋转时离心力相互抵消而有力偶矩产生,见图 3-13-2c。

4)动不平衡　中心主惯性轴与 z 轴既不平行又不相交。实质是静不平衡(或准静不平衡)与偶不平衡叠加之效果。旋转时,产生离心力的同时产生不平衡力矩。这种类型当 $D/L \leqslant 1$ 时属一般常见型,见图 3-13-2d。

3. 平衡方法分类

平衡一般包括测量和校正两个步骤。平衡按其校正平面数目可分为单面(静)平衡,双面(动)平衡和多面平衡 3 种。工作中经常使用的是单面平衡和双面平衡。多面平衡一般用于平衡挠性转子或特殊的刚性转子,如曲轴等。本章只介绍单面平衡与双面平衡。

二、静平衡方法

静平衡就是要将转动件的重心调整到转动轴线上,使其转动时的离心惯性力为 0。静平衡方法有两种:重心平衡法和时间平衡法。时间平衡法是利用转动件在静平衡架上的摆动周期来计算所需的平衡量。运用于大批量生产中对常见转动件的大量测量和数据积累,生产效率较高,这里不作介绍。下面重点介绍钳工常用的重心平衡法。

重心平衡法的原理就是根据静止时重心总是位于通过轴心的垂线下方的道理,在平行导轨式或滚柱式平衡架上进行平衡的测量,见图 3-13-3。

1. 对平衡架的要求

静平衡通常用平行导轨式平衡架。它结构简单,应用广泛,改变导轨截面可适用于质量不同的转动件。平衡架的截面有刀形、圆柱形和菱形。但这种平衡架不能用来平衡两端轴颈直径不同的零件。

静平衡对平衡架的要求较高。首先要求其导轨面的直线度误差应在 0.005 mm 以内，两导轨在水平面内的平行度误差不能大于 1 mm，且导轨要求坚硬（HRC50～60），光滑（$R_a<0.4\ \mu m$）。平衡心轴与转子孔的配合应为$\frac{H7}{h6}$。心轴的径跳误差应小 0.005 mm～0.01 mm。平衡时，平衡架要严格找正水平位置（0.01 mm/1000 mm～0.02 mm/1000 mm），以保证心轴在支承导轨上滚动时的较高灵敏度。

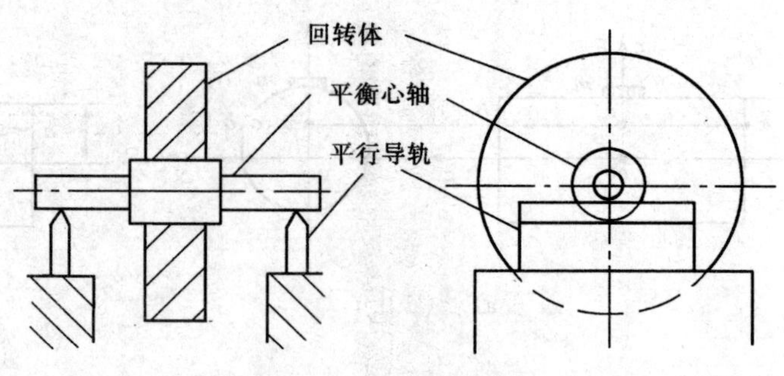

图 3-13-3　静平衡架

2. 静平衡方法

(1)用平衡杆进行静平衡

用此法平衡的步骤如下。

①装上被平衡件，将其放在水平的平衡架上，见图 3-13-4a。

②使转动件缓慢转动，待静止后在零件的正下方作一标记 S。

③重复转动零件若干次，若标记始终居于最下方，则说明零件有偏重，且方向指向标记S处。

④沿偏重方向装上平衡杆(图 3-13-4b)。

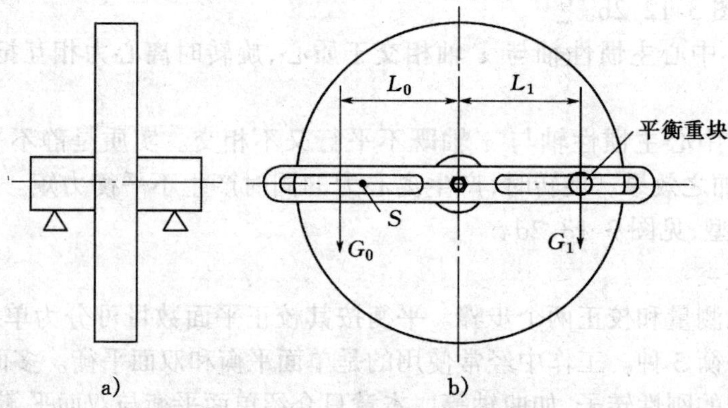

图 3-13-4　用平衡杆进行静平衡

a)被平衡件放在架上　b)用平衡杆平衡

⑤调整平衡块使平衡力矩 L_1G_1（G_1 为平衡块重，L_1 为平衡块至中心的距离）等于重心偏移所形成的力矩。也就是这时转动该组零件时，转到任意位置都可以停止，即该组件处于静平衡。

⑥在零件的偏重一边离中心 L_0 处（$L_0=L_1$）钻去质量 G_0（$G_0=G_1$）的金属，使 $L_0G_0=L_1G_1$。这时去掉静平衡杆后，该件即成为静平衡件。（也可在 G_1 处加上一块重量为 G_1 的金属。）

(2)用平衡块进行静平衡

对于磨床砂轮的平衡，通常采用装平衡块的方法使其平衡。其方法和步骤如下。

①将砂轮套在平衡心轴上，然后在平衡架上找出偏重方向（方法同 1），作标记 S(图 3-13-

5a)。

②在偏重的相对位置上紧固第一块平衡块 G_1(这一平衡块以后不要再移动),如图 3-13-5b 所示。

③再将砂轮放在静平衡架上试验,若在任意位置都能够停止,则用一块平衡块就可以达到平衡。如果仍存在偏重,可分别在 G_1 的两侧放平衡块 G_2 和 G_3,如图 3-13-5c 所示。

④若此时偏重改变了方向,说明 G_2 和 G_3 所在位置平衡量过大,此时可调整 G_2 和 G_3 的位置,直至调整到砂轮能在任意位置上停留为止,见图 3-13-5d。

(3)用三点平衡法进行静平衡

当被平衡零件不能预先找出重心,也不能确定偏重方向时,可用三点平衡法进行静平衡。其方法和步骤如下。

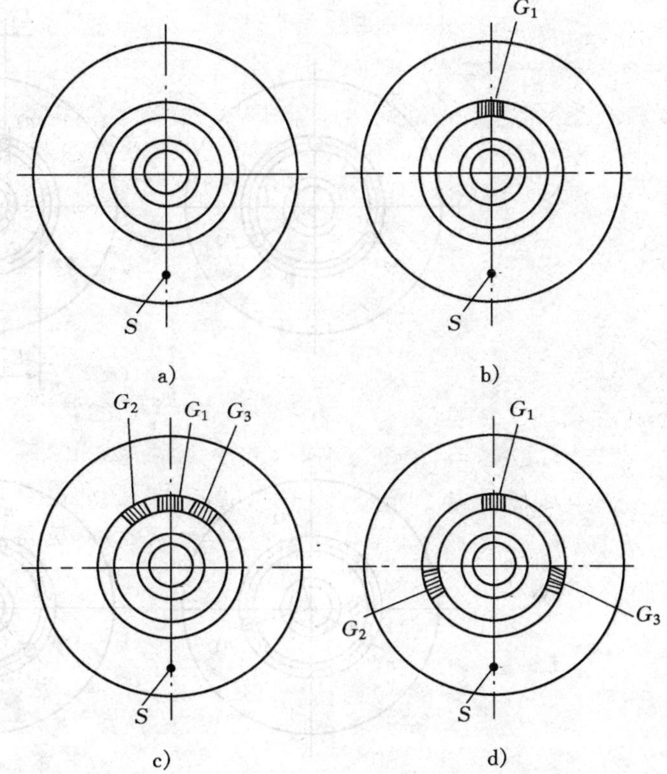

图 3-13-5　用平衡块进行静静平衡

a)找出偏重方向　b)加平衡块G_1　c)加平衡块G_2和G_3　d)调整G_2和G_3

①将质量相等的 3 个平衡块(n_1、n_2、n_3 质量为 G)分别固定在被平衡零件的圆槽内,并将其 3 等分均布。然后将被测零件连同心轴置于已调好水平的平衡架上。

②将其中任意一块处于最高点(如图 3-13-6a 中 n_1),此时如果零件重心与回转中心重合或在同一垂线上,则零件静止不动。如果零件按顺时针方向转动,则说明偏重处于右边的某一位置(假设在 S 处,偏重为 G_0),可将平衡块 n_1 左移,使得 $G_1L_1+G_2L_2=G_3L_3+G_0L_0$。这时零件在这一位置上处于暂时的平衡状态。见图 3-13-6b。

③再将零件转动,分别将 n_2 和 n_3 按上述方向处于最高点位置,分别进行调整。注意调整后者时,不要动前者,即调整 n_3 块时,不要动 n_1 和 n_2 块。如此依次反复调整,直至零件平衡达到要求,最后固定平衡块。见图 3-13-6c、d。

以上几种静平衡方法得在一个校正平面上校正平衡的,所以也称之为单面平衡。用上述方法静平衡时,难免有各种摩擦力的影响,所以平衡精度受到一定的限制。平衡精度要求高的转动件,虽然长径比较小,在静平衡完成之后,可能还需进行动平衡(双面平衡)。对于准静不平衡、偶不平衡、动不平衡的转动件,由于不平衡量与质心不在一个径向平面内,所以选择任何一个单一的平面进行平衡,都无法清除不平衡力矩和离心力。此三类不平衡状态的转动件都必须进行动平衡。

三、动平衡方法

动平衡时必须使转动件产生旋转,把不平衡量在旋转时产生较明显的离心力和力矩所引

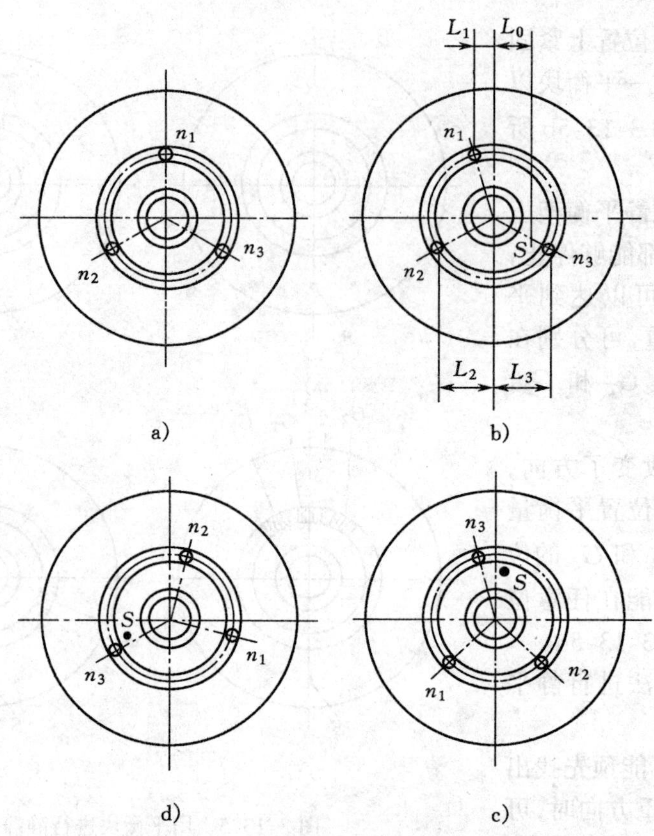

图 3-13-6　用三点平衡法进行静平衡

a) n_1、n_2、n_3 均布　b)移动 n_1　c)调整 n_2、n_3

起转动件的振动，通过传感器将此信号放大而测量不平衡量的大小和方向，然后进行校正。动平衡可以获得较静平衡更高的平衡精度。动平衡时的旋转速度愈高，平衡精度就愈高。

动平衡由于它的功能是既能平衡由于不平衡量所产生的离心力，又能平衡由离心力组成的力矩，所以动平衡包括了静平衡的功能。一般在动平衡之前先要进行静平衡，以去除较显著的不平衡量，防止发生因振动过大而损坏机件的事故。

动平衡的力学原理如图 3-13-7 所示。假设一根转子存在两个不平衡质量 m_1 和 m_2，当转子旋转时，它们产生的离心力分别为 P 和 Q。P 和 Q 都垂直于转子的轴线，但不在同一轴向平面上。P 处于 B_1 平面，Q 处于 B_2 平面。为了平衡这两个力，可在转子上选择两个与轴线垂直的径向截面Ⅰ和Ⅱ作为动平衡的校正平面，将 P 和 Q 分解到Ⅰ和Ⅱ两个校正平面上。使 P_1、P_2 与 P 在同一轴向平面内，Q_1、Q_2 与 Q 在同一轴向平面内。这样就可以简化为一个平面力系。

根据力学原理可得以下平衡方程

$$\begin{cases} P = P_1 + P_2 \\ P_1 L_1 = P_2 (L - L_1) \end{cases}$$

$$\begin{cases} Q = Q_1 + Q_2 \\ Q_1 L_2 = Q_2 (L - L_2) \end{cases}$$

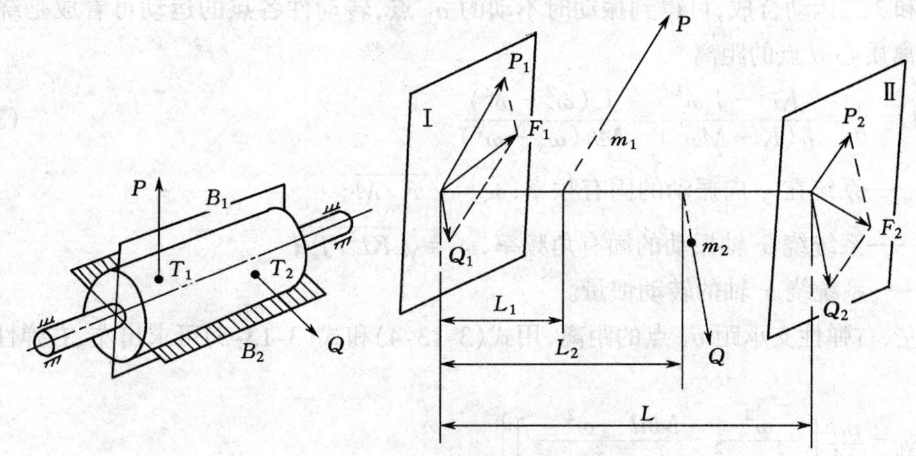

图 3-13-7　动平衡的力学原理

解以上两个方程组后，可得

$$
\begin{aligned}
P_1 &= \left(1-\frac{L_1}{L}\right)P \qquad P_2 = \frac{L_1}{L}P \\
Q_1 &= \left(1-\frac{L_2}{L}\right)Q \qquad Q_2 = \frac{L_2}{L}Q
\end{aligned}
\tag{3-13-2}
$$

然后在Ⅰ平面内将 P_1、Q_1 合成，可得合力 F_1；在Ⅱ平面内将 P_2、Q_2 合成，得合力 F_2。合力 F_1、F_2 与 P 和 Q 等效。只要在 F_1 和 F_2 相反的方向加一个大小为 F_1 和 F_2 的力，就可以抵消 P 和 Q 所产生的离心力，因而转子也就被平衡了。

动平衡一般是在动平衡机上进行。把刚性转动件安装在动平衡机的弹性支承上，使其旋转，根据支承的不同情况，测量出支承的振动或支反力，用分离解算电路计算出转动件的不平衡量，再对转动件进行加重或去重，直至平衡量达到要求。

1. 动平衡机的工作原理

动平衡机的工作原理如图 3-13-8 所示。刚性转动件及弹性支承可以近似地简化为二自由度振动系统。

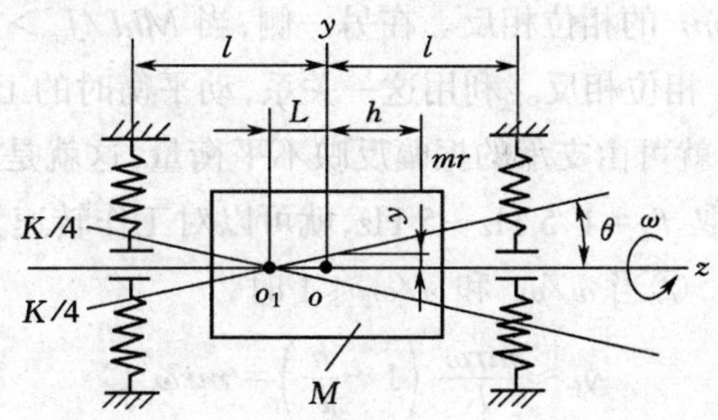

图 3-13-8　动平衡机的工作原理

设质量为 M 的转动件有一不平衡量 mr，其位置在距重心 o 为 h 的截面上。当转动件以角速度 ω 旋转时，离心力 $mr\omega^2$ 将引起系统的受迫振动，其运动方程为

$$
\left.
\begin{aligned}
My'' + Ky &= mr\omega^2\cos\omega t \\
Jx\theta'' + Kl^2\theta &= mr\omega^2 h\cos\omega t
\end{aligned}
\right\}
\tag{3-13-3}
$$

其特解为

$$
\left.
\begin{aligned}
y &= \frac{mr\omega^2}{K-M\omega^2}\cos\omega t \\
\theta &= \frac{mr\omega^2 h}{Kl^2-J_x\omega^2}\cos\omega t
\end{aligned}
\right\}
\tag{3-13-4}
$$

将 y 和 θ 二运动合成，可得到振动时不动的 o_1 点，转动件各点的运动可看成是绕此点转动。o_1 点离质心 o 点的距离

$$L=\frac{y}{\theta}=\frac{Kl^2-J_x\omega^2}{h(K-M\omega^2)}=\frac{J_x(\omega_\theta^2-\omega^2)}{Mh(\omega_y^2-\omega^2)} \tag{3-13-5}$$

式中　ω_y——系统在 y 向振动的固有频率，$\omega_y=\sqrt{K/M}$；

ω_θ——系统绕 x 轴振动的固有角频率，$\omega_\theta=\sqrt{Kl^2/J_x}$；

J_x——系统绕 x 轴的转动惯量。

根据左、右弹性支承距 o_1 点的距离，用式(3-13-4)和式(3-13-5)可求出左、右弹性支承的振幅

$$\left.\begin{aligned}y_{\mathrm{L}}&=\frac{mr}{M}\left[\frac{\omega^2}{\omega_y^2-\omega^2}-\frac{Mhl}{J_x}\frac{\omega^2}{\omega_\theta^2-\omega^2}\right]\\y_{\mathrm{R}}&=\frac{mr}{M}\left[\frac{\omega^2}{\omega_y^2-\omega^2}+\frac{Mhl}{J_x}\frac{\omega^2}{\omega_\theta^2-\omega^2}\right]\end{aligned}\right\} \tag{3-13-6}$$

由式(3-13-6)知：

①当 ω/ω_θ 和 $\omega/\omega_y\gg1$ 时

$$y_{\mathrm{L}}\approx\frac{mr}{M}\left(\frac{Mhl}{J_x}-1\right)=-mrA$$

$$y_{\mathrm{R}}\approx\frac{mr}{M}\left(-1-\frac{Mhl}{J_x}\right)=-mrB$$

由于 A、B 为常数，故支承的振幅 y_{L}、y_{R} 与不平衡量(重径积)mr 成正比。在偏重的一侧，y_R 与 mr 的相位相反。在另一侧，当 $Mhl/J_x>1$ 时，y_{L} 与 mr 相位相同；当 $Mhl/J_x<1$ 时，y_{L} 与 mr 相位相反。利用这一关系，动平衡时的工作角速度 ω 只要远大于系统的固有角频率 ω_y 和 ω_θ，就可由支承的振幅反映不平衡量，这就是软支承动平衡机的工作原理。系统的固有频率一般取 $f_n=1.5$ Hz～5 Hz，就可以对工作转速为 90 r/min～600 r/min 刚性转动件进行动平衡。

②当 ω/ω_y 和 $\omega/\omega_\theta\ll1$ 时，

$$y_{\mathrm{L}}\approx\frac{mr\omega^2}{K}\left(1-\frac{h}{l}\right)=mr\omega^2C$$

$$y_{\mathrm{R}}\approx\frac{mr\omega^2}{K}\left(1+\frac{h}{l}\right)=mr\omega^2D$$

由于 C、D 为常数，故支承的振幅 y_{L}、y_{R} 与不平衡量 mr 所产生的离心力 $mr\omega^2$ 成正比，且相位相同。利用这一关系，动平衡时的工作角速度 ω 只要远小于系统的固有角频率 ω_y 和 ω_θ，就可由支承的振幅或支承所受的力反映不平衡量，这就是硬支承动平衡机的工作原理。系统的固有角频率一般取 $f_n=100$ Hz～500 Hz，就可对工作转速为 1800 r/min～9000 r/min 的刚性转动件进行动平衡。

2. 动平衡机的分离解算原理

(1)软支承动平衡机的分离解算原理

刚性转动件动平衡时，任一校正面的不平衡量都会使左、右两支承同时产生振动(图 3-13-9)。设校正面Ⅰ上的不平衡量 m_1r_1 在左、右支承处引起的振幅分别用 $\alpha_{\mathrm{L_1}}m_1r_1$ 和 $\alpha_{\mathrm{R_1}}$

m_1r_1 表示；校正面Ⅱ上的不平衡量 m_2r_2 在左、右支承处引起的振幅分别用 $\alpha_{L_2}m_2r_2$ 和 $\alpha_{R_2}m_2r_2$ 表示。其中 α 为一组与转动件质量、支承位置、校正面位置及转动件惯性矩等有关的动力影响系数。在实际操作中，可由实验确定。则左、右支承的振幅 y_L、y_R 与不平衡量 m_1r_1、m_2r_2 的关系为

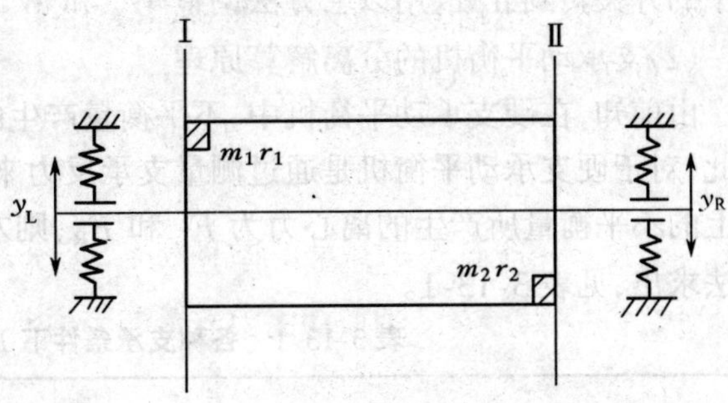

图 3-13-9　软支承动平衡分离解算原理

$$\begin{Bmatrix} y_L \\ y_R \end{Bmatrix} = \begin{vmatrix} \alpha_{L_1} & \alpha_{L_2} \\ \alpha_{R_1} & \alpha_{R_2} \end{vmatrix} \begin{Bmatrix} m_1r_1 \\ m_2r_2 \end{Bmatrix} \tag{3-13-7}$$

从式(3-13-7)中求出

$$\left.\begin{aligned} m_1r_1 &= \frac{\alpha_{R_2}}{\Delta}y_L - \frac{\alpha_{L_2}}{\Delta}y_R \\ m_2r_2 &= \frac{\alpha_{L_1}}{\Delta}y_R - \frac{y_{R_1}}{\Delta}y_L \end{aligned}\right\} \tag{3-13-8}$$

式中　$\Delta = \alpha_{L_1}\alpha_{R_1} - \alpha_{L_2}\alpha_{R_1}$。

由式(3-13-8)知，只要知道4个影响系数，就可从测得的支承振幅 y_L 和 y_R 中算出不平衡量 m_1r_1 和 m_2r_2。动平衡机就是利用上述分离解算原理，通过图 3-13-10 的解算电路，完成此运算，直接用仪表指出不平衡量 m_1r_1 和 m_2r_2 的大小。在软支承动平衡机中，支承振幅和不平衡量的相位角不是0°就是180°，因此还可用正或负号表示 m_1r_1 和 m_2r_2 的相位。

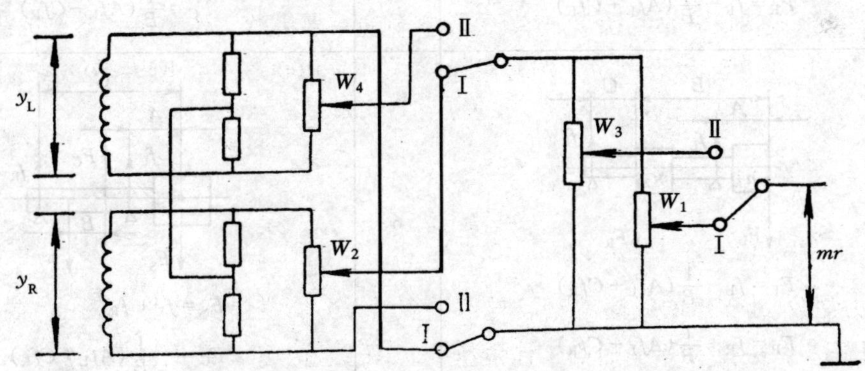

图 3-13-10　软支承动平衡机的分离解算电路

在图 3-13-10 中，两个线圈分别代表左、右两支承处的位移传感器，其两端的电压 y_L、y_R 即为左、右两支承的振幅。调整电位器 W_2，使其输出电压为 $-\frac{\alpha_{L_2}}{\alpha_{R_2}}y_R$，再调整电位器 W_1 使其中心轴头的电压为其两端电压 $\left(y_L - \frac{y_{L_2}}{y_{R_2}}y_R\right)$ 的 $\frac{yR_2}{\Delta}$ 倍，则其输出电压就是不平衡量 m_1r_1。把

图中的开关转到Ⅱ处，用以上方法调整 W_4 和 W_3，就可得 m_2r_2。

(2)支承动平衡机的分离解算原理

由前知，在硬支承动平衡机中，不平衡量产生的离心力与支承振幅成正比，而且相位相同。因此，对于硬支承动平衡机是通过测量支承反力来确定二校正平面上的不平衡量。若二校正面上的不平衡量所产生的离心力为 F_L 和 F_R，则左、右两支承的反力 f_L 和 f_R 可由静力学的方法求出，见表 3-13-1。

表 3-13-1　各种支承条件下 F_L、F_R 与 f_L、f_R 的关系

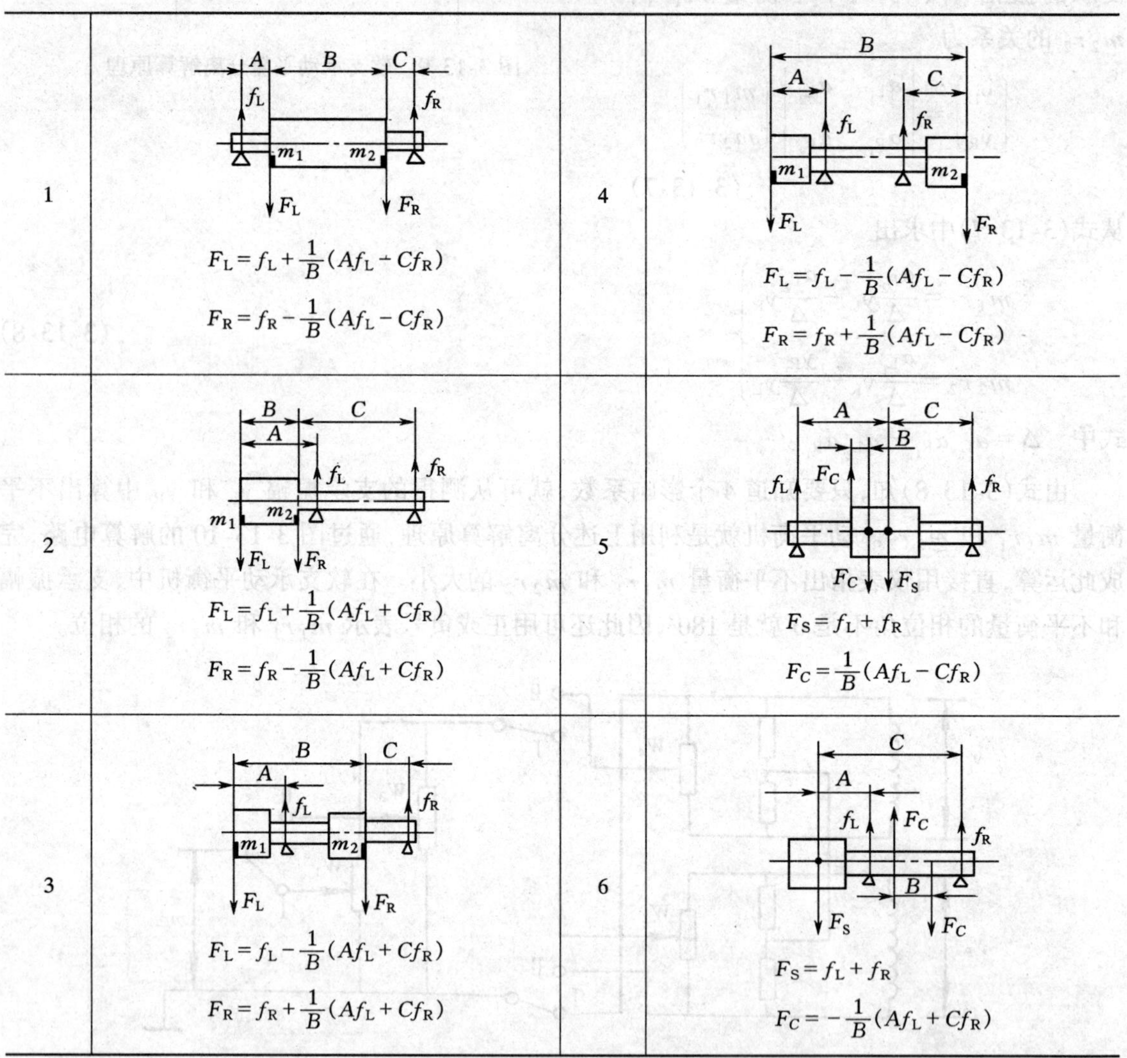

1	$F_L=f_L+\frac{1}{B}(Af_L-Cf_R)$ $F_R=f_R-\frac{1}{B}(Af_L-Cf_R)$	4	$F_L=f_L-\frac{1}{B}(Af_L-Cf_R)$ $F_R=f_R+\frac{1}{B}(Af_L-Cf_R)$
2	$F_L=f_L+\frac{1}{B}(Af_L+Cf_R)$ $F_R=f_R-\frac{1}{B}(Af_L+Cf_R)$	5	$F_S=f_L+f_R$ $F_C=\frac{1}{B}(Af_L-Cf_R)$
3	$F_L=f_L-\frac{1}{B}(Af_L+Cf_R)$ $F_R=f_R+\frac{1}{B}(Af_L+Cf_R)$	6	$F_S=f_L+f_R$ $F_C=-\frac{1}{B}(Af_L+Cf_R)$

表 3-13-1 中各式的 A、B、C 为支承和校正面的位置尺寸。离心力 F_L 和 F_R 仅与支承反力 f_L 和 f_R 及尺寸 A、B、C 有关，不同的支承形式只改变支反力的运算符号。用传感器测出的支反力 f_L 和 f_R，使用与图 3-13-10 类似的分离解算电路，求出离心力 F_L 和 F_R，再根据转动件的工作角速度 ω 算出左、右校正面上的不平衡量 F_L/ω^2 和 F_R/ω^2。

表 3-13-1 中的 1～4 通常为将不平衡量分解到两个校正面上进行平衡校正的方法。5 和 6 为将不平衡量分解为一个静力 F_S 和一个力偶 F_CB 进行平衡校正的方法，称为静偶不平衡

校正方法。这种方法对于长径比 L/D 较小的圆盘形转动件,进行两面高精度平衡或检查其单面平衡后的精度,对于装配式转动件进行边装配边平衡都是需要的。

四、静平衡与动平衡的选择原则

在对转动件进行平衡前,若 $\boldsymbol{F}_0$ 和 $\boldsymbol{M}_0$ 事先不知道,可根据表 3-13-2 的原则考虑对转动件进行何种平衡。表中未包括的情况,则应视其转动件的质量、形状、转速、工作条件等具体情况来确定其平衡方法。

表 3-13-2　静平衡与动平衡的选择原则

平　衡　方　法	转动件长度 L 与外径 D 的关系	工作转速 n
静　平　衡	$D \geqslant 5L$	任何转速
动　平　衡	$D \leqslant L$	>1000 r/min

13-2　平衡精度

由上述可知,平衡是改善转动件的质量分布,从而保证其在旋转时把因不平衡引起的振动减小到允许范围内的工艺过程。这个允许范围,就是通常所说的许用不平衡量,也称平衡精度。平衡精度实际上就表示了转动件平衡后的不平衡程度。平衡精度通常有三种表示方法。

1)许用不平衡量的重径积 Gr　其单位是 g·mm。它表示质量为 M,偏心距为 e 的不平衡量用距转轴 r 处的校正质量 G 来代替,所表示的不平衡程度与转动件质量有关,是一个相对量。主要用来表示具体给定转动件的不平衡量,便于平衡操作。具体关系式为

单面校正(静平衡)时,$Gr = Me$

双面校正(动平衡)时,$(Gr)_L = M_L e_L$

$$(Gr)_R = M_R e_R$$

②许用重心偏心距 e　其单位为 μm。它表示转动件中心主惯性轴与转轴在校正面上的偏移。对单面校正的转动件来说,就是重心对转轴的偏移。它所表示的不平衡程度与转动件的质量无关,是一个绝对量。它主要用来衡量转动件平衡程度和动平衡机的检测精度,以便于直接比较。

③平衡精度 A　其单位是 mm/s。它表示单面校正时转动件的重心速度,其关系式为 $A = e\omega/1000$,它主要用来建立平衡精度等级。

对于一些特殊形状的转动件在确定其许用不平衡量时有如下规定。

①如果双面校正转动件的重心在如图 3-13-11 的 ab 范围内,且二校正面与重心的距离相等时,则左、右两校正面的质量 $M_L = M_R = \dfrac{M}{2}$。

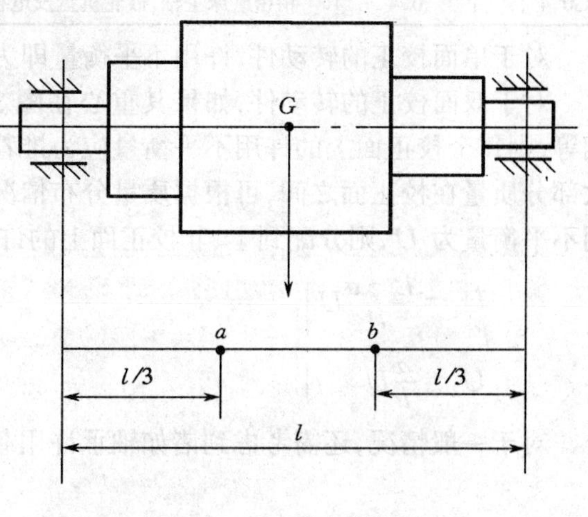

图 3-13-11　重心在中间

②如果双面校正转动件的重心不在

图 3-13-11 的 ab 范围内，但大部分质量在校正面之间时，应根据质量分布情况计算 M_L 和 M_R。如图 3-13-12 的转动件，$M_L=\frac{l_2}{l}M$，$M_R=\frac{l_1}{l}M$。

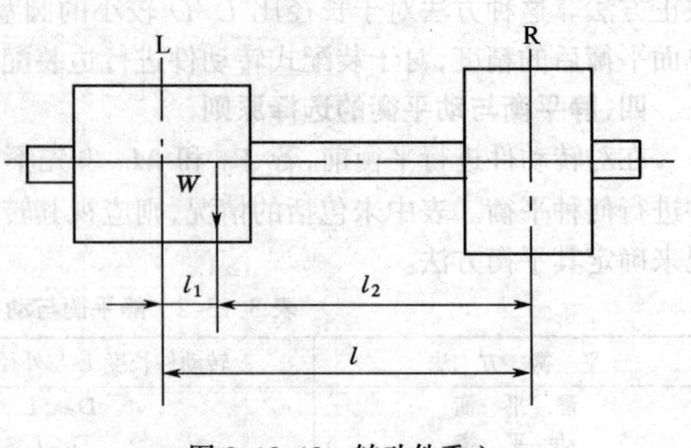

图 3-13-12　转动件重心

各种典型刚性转动的平衡等级及相应的许用不平衡量(平衡精度 A)见表 3-13-3。在确定平衡等级后，也可由图 3-13-13 根据转动件的工作转速查出相应的许用不平衡重径积 Gr 或偏心距 e。

表 3-13-3　各种典型刚性转动件的平衡等级及许用不平衡量

平衡等级	A(mm/s)	典型刚性转子举例
G4000	4000	刚性安装的具有奇数汽缸的低速船用柴油机曲轴传动装置
G1600	1600	刚性安装的大型二冲程发动机曲轴传动装置
G630	630	刚性安装的大型四冲程发动机传动装置，弹性安装的船用柴油机曲轴传动装置
G250	250	刚性安装的高速四缸柴油机曲轴传动装置
G100	100	六缸和六缸以上高速柴油机曲轴传动装置，汽车、机车用发动机整机
G40	40	车轮、轮缘、轮组、传动轴及弹性安装的六缸或六缸以上高速四冲程发动机曲轴传动装置，汽车、机车用发动机曲轴传动装置
G16	16	特殊要求的传动轴(螺旋浆轴、万向节轴)，破碎机械的零件，农业机械的零件，汽车和机车发动机部件，特殊要求的六缸或六缸以上发动机曲轴传动装置
G6.3	6.3	作业机械的零件，船用主汽轮机齿轮、离心机鼓轮、风扇，装配好的航空燃气轮机、泵转子，机床和一般的机械零件，普通电机转子，特殊要求的发动机部件
G2.5	2.5	燃气轮机和汽轮机，包括船用主汽轮机、刚性汽轮发电机转子，透平压缩机，机床传动装置，特殊要求的中型或大型电机转子，小型电机转子，透平驱动泵
G1	1	磁带记录仪和录音机的传动装置，磨床传动装置，特殊要求的小型电机转子
G0.4	0.4	精密磨床主轴，砂轮机盘及电机转子，陀螺仪

对于单面校正的转动件，许用不平衡量即为表 3-13-3 和图 3-13-13 所给出的推荐值。

对于双面校正的转动件，如果其重心在图 3-13-11 的 ab 范围内，且二校正面与重心距离相等，则每个校正面上的许用不平衡量应为推荐值的 1/2。对于其他双面校正的转动件，如果大部分质量在校正面之间，可根据质量分布情况来分配。例如图 3-13-14 的转动件，设其总许用不平衡量为 U，则分配到Ⅰ、Ⅱ校正面上的许用不平衡量分别为

$$\left.\begin{aligned}U_1&=\frac{L-a}{l}U\\U_2&=\frac{a}{l}U\end{aligned}\right\}\tag{3-13-7}$$

对于一般情况，还需考虑到诸如轴承许用载荷等因素来分配推荐值。

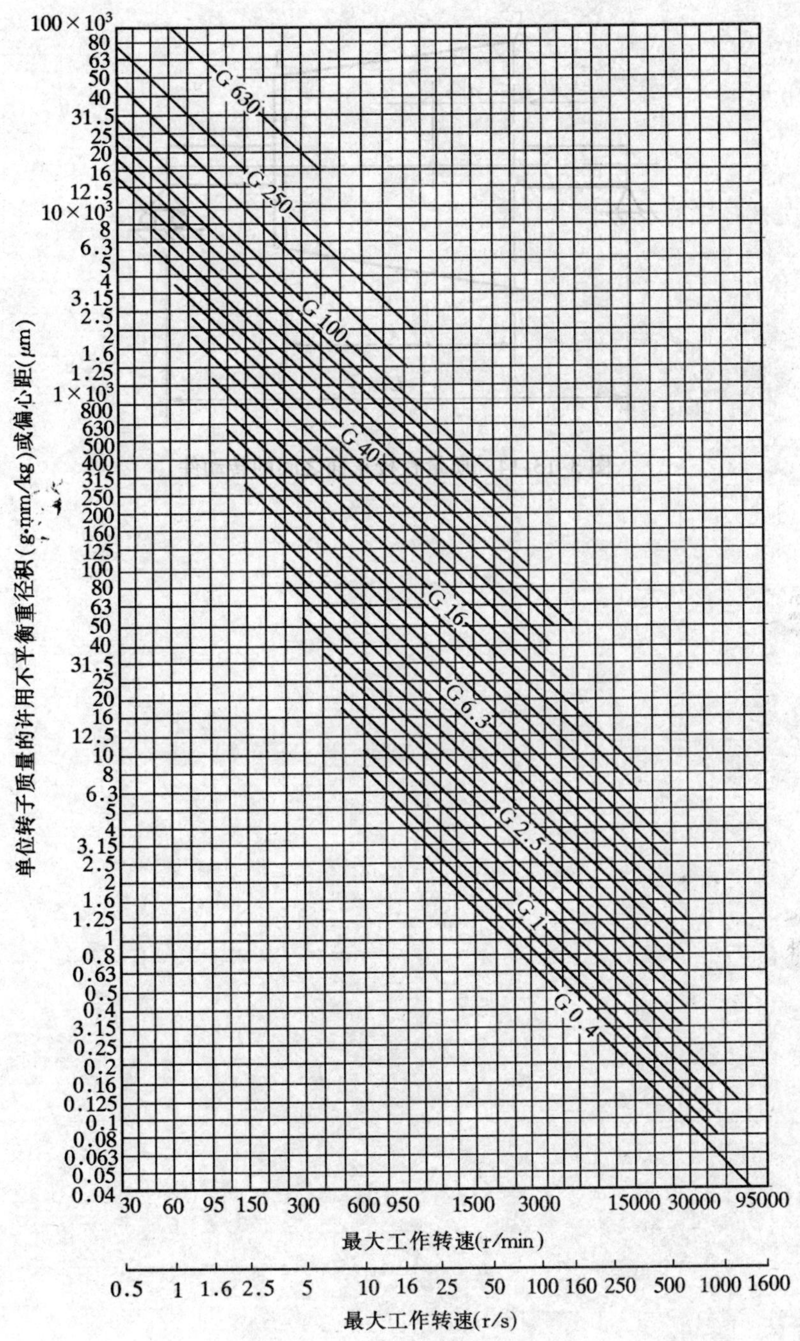

图 3-13-13 转速与重径积的关系

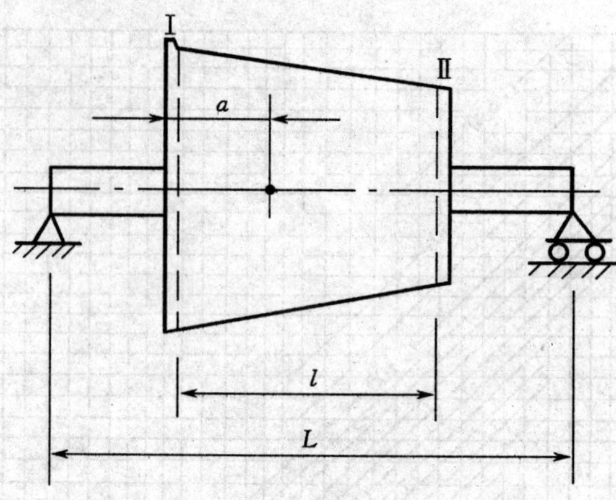

图 3-13-14　质量在校正面之间的转动件

第十四章　装配基本知识

14-1　装配工艺概述

机械产品都是由许多零、部件组成的。按规定的技术要求,将零件或部件进行配合和连接,使之成为半成品或成品的工艺过程,称为装配。

装配工作是产品制造过程中的最后一道工序。装配工作的好坏,对产品质量起着决定性的作用。装配工艺是决定机械产品质量和产量的重要环节。产品设计的技术要求,包括机械性能、尺寸精度、形位精度和外观等,均需在零件合格的基础上,通过良好的装配工艺才能达到。相同精度的零部件,由于装配工人的不同,产品的产量就会有较大的差异。某些零件或部件的精度并不很高,但经过仔细修配,精确调整后,仍可能装配出性能良好的产品来。

一、装配工艺过程

机械产品的装配工艺过程,一般包括以下四个阶段。

1. 装配前的准备阶段

①熟悉和研究产品装配图、工艺文件和技术要求。了解产品的结构、零件的作用以及相互连接的关系。

②确定装配方法、顺序,准备所需要的装配工具、检测工具和设备等。

③对待装配的零件进行清洗和清理,去除零件上的毛刺、锈蚀、切屑、油污及其他脏物。

④有些零件还需进行配作销孔、刮削等修配工作。有特殊要求的零部件还需进行平衡试验、密封性试验等。

2. 装配阶段

比较复杂的机械产品,其装配工作常分为部件装配和总装配两个阶段进行。

①部件装配是指产品在进行总装以前的装配工作。将两个以上的零件组合在一起或将零件与几个组件结合在一起,成为一个装配单元的工作,都称为部件装配。

②总装配是将零件或部件连接成一台完整的产品的过程。

3. 调整、检验和试车阶段

①调整工作是指调节零件或机构的相互位置、配合间隙、松紧程度、供油情况等。目的是使机器或机构工作协调一致,如轴承间隙、镶条位置、油压、油量等。

②精度检验包括几何精度检验和工作精度检验。几何精度检验,指产品各部位的相互几何位置和形状的检验,一般指平行度、垂直度、直线度等。工作精度指工作状态中的精度,对于切削机床则指进行切削试验后的试件精度。

③试车指机械产品装配完毕后,按设计要求所进行的运转试验。其目的是检验机器和机构的灵活性、振动、工作温升、噪声、转速、功率等性能是否符合要求。

4. 装箱

机器装配之后,为了使其美观、防锈还要进行喷漆和涂油。为了方便运输还必须装箱。大型复杂的机械产品应经解体后再进行分别装箱,以保证运输过程中不会出现超重、超高、损伤或变形。

二、装配的组织形式

装配的组织形式对装配精度和装配周期有很大的影响。根据产品的复杂程度和批量的大小,装配的组织形式分为固定式装配和移动式装配两种。

1.固定式装配

固定式装配是将产品或部件的全部装配工作安排在一个固定的工作地点进行装配。在装配过程中产品的位置不变,装配所需要的零部件都汇集在工作地附近。这种装配方式主要应用于单件和小批量生产。

固定式装配又可分为集中装配和分散装配两种形式。

①集中装配中产品是固定的,全部过程均由一部分人完成。适用于单件或小批量生产。但装配周期长,辅助面积大,要求工人操作水平高。

②分散装配是把产品的装配工作分散为部件装配和总装配。运用于成批生产。较上述方法工作人数增加,效率提高,周期缩短。

2.移动式装配

移动式装配,指工作对象(整机或部件)在装配过程中,有顺序地由一个工人转移给另一个工人。这种转移可以是装配对象的转移,也可以由工人移动。通常把这种装配组织形式叫做流水装配法。移动装配时,常利用传送带、滚道或轨道上行走的小车来运送装配对象。每个工作地点重复地完成固定的工序,并且广泛地使用专门设备和专用工具,因而装配质量好,生产效率高。适用于大批量生产,如汽车、拖拉机制造等。

移动式装配按其移动方式又可分为三种。

①按一定节拍周期移动。工序是分散的,产品按统一节拍周期性地输送到工作位置。一般用于传送带装配流水线上。

②按自由节拍移动。工序是分散的,产品按工序所需,输送到工作位置,没有统一节拍。

③按一定速度连续移动。分工原则同上,产品按一定速度经输送装置连续经过工作位置。

三、装配工艺规程及装配系统图

1.装配工艺规程

装配工艺规程是指导装配施工的主要技术文件之一。它规定产品及部件的装配顺序、装配方法、装配技术要求及检验方法,还有装配所需设备、工具、时间定额等。它是生产实践的科学总结,是提高产品质量和劳动生产率的必要措施,也是组织生产的重要依据。执行工艺规程能使生产有条不紊地进行,并能合理使用劳动力和工艺设备,降低生产成本。

2.装配工艺规程的制定

(1)制定装配工艺规程的基本原则

①保证产品装配质量。

②合理安排装配工序,尽量减少装配工作量,减轻劳动强度,提高装配效率,缩短装配周期。

③尽可能减少占据车间的生产面积。

(2)制定装配工艺规程所需的原始资料

①产品的总装图和部件装配图、零件明细表等。

②产品验收技术条件,包括试验工作内容和方法。

③产品的生产规模。

④现有的工艺装备、车间面积、工人技术水平以及时间定额标准等。

(3)制定装配工艺规程的方法和步骤

①对产品进行分析。主要是研究产品装配图及装配技术要求。对产品进行结构尺寸分析,根据装配精度进行尺寸链计算,以确定达到装配精度的方法。对产品结构进行工艺分析,将产品分解成独立装配的组件和分组件。

②确定装配组织形式。主要是根据产品结构特点和生产批量,选择适当的装配组织形式。进而决定总装、部装的划分,装配工序是集中还是分散,产品运输方式及工作场地准备等。

③根据装配单元确定装配顺序。合理的装配顺序,有利于装配质量和效率的提高。

④划分装配工序。装配顺序确定后,还要将装配工艺过程划分为若干工序,并确定每个工序的工作内容,所需设备、工夹具及工时定额等。

⑤制定装配工艺卡片。单件小批量生产,不需制定工艺卡,工人按装配图和装配单元系统图进行装配。成批生产,应根据装配系统图分别制定总装和部装的装配工艺卡,提出具体装配方法和要求。

3.装配系统图

装配系统图是在研究机器(或产品)的结构、某些零部件在机器中与其他零部件的相互关系以及装配时的有关工艺问题后进行绘制的。它能简明直观地反映出产品的装配工艺过程和零部件的装配顺序,指导工人正确地进行装配工作。

图 3-14-1 所示为某产品的装配系统图,图中每一零件、部件、组件或分组件都用一长方形格表示,长方格内注明零、部件或组件名称、编号以及件数等。

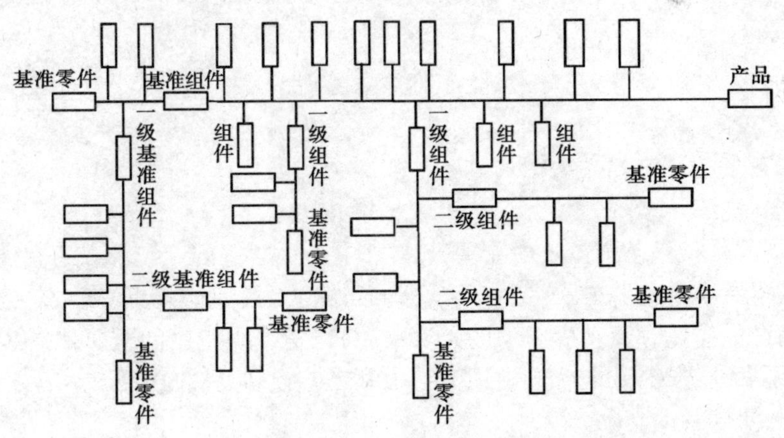

图 3-14-1 装配系统图

熟悉装配系统图的编制方法有助于识读。一般编制方法如下。

①先画一条横线,左端画上代表基准零件(或部件)的长方格,右端画上代表产品的长方格。

②除基准零件外,把所有直接进入产品装配的零件按照装配顺序画在横线的上面。

③除基准组件或基准分组件外,把所有构成产品的组件按装配顺序画在横线下面。

如果产品较复杂,分组件级别较多,用一根横线安排不下,可以转移至与此线平行的第二条、第三条线上。

图 3-14-2 是圆锥齿轮轴组件的装配图。图 3-14-3 是该组件的装配系统图。

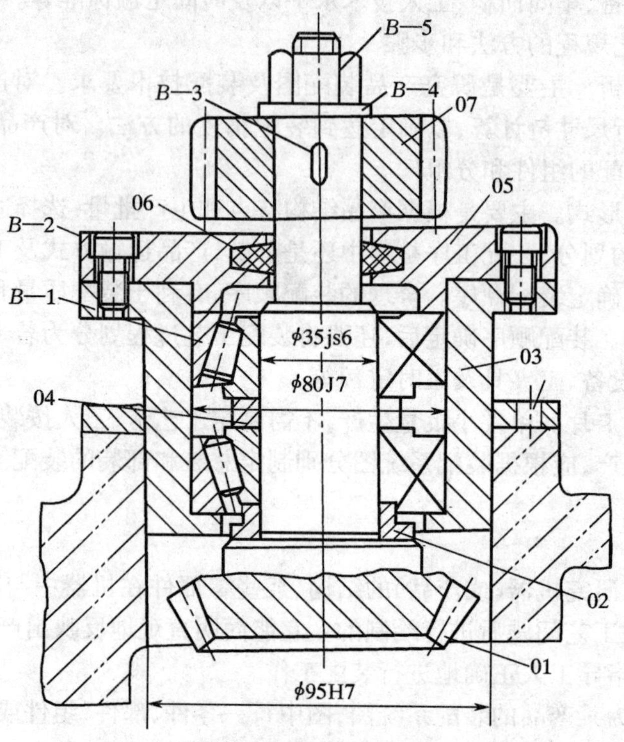

图 3-14-2　齿轮轴组件装配图

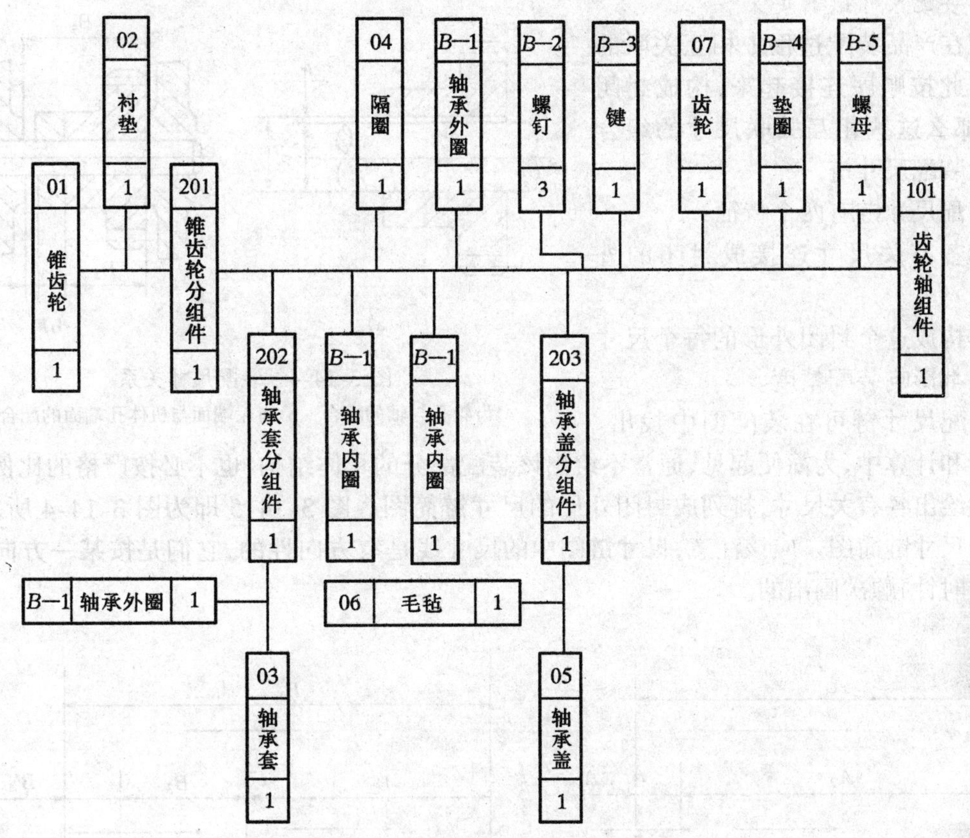

图 3-14-3　齿轮轴组件装配系统图

14-2　装配精度及装配尺寸链

一、装配精度

产品的装配过程不是简单地将有关零件连接起来的过程。每个装配工作都应满足预定的装配要求，达到预定的装配精度。装配精度一般包括：有关零、部件之间的尺寸精度，如间隙或过盈值等；有关零、部件之间的位置精度，如平行度、垂直度、同轴度等；相对运动精度，即在相对运动的过程中保证其相对位置的准确度；以及各个配合表面的配合精度、接触精度等。

装配精度是由有关零件的加工精度以及对它们进行正确的装配（主要是指选择合理的装配方法）来保证的。因此，如何查找哪些零件对某些装配精度有影响，进而确定这些零件加工的尺寸精度，选择合理的装配方法及解决这些零件尺寸的加工精度和所选择装配方法之间的矛盾，就是产品设计和制造中的一个重要问题。装配尺寸链就是解决这些问题的重要工具。

二、装配尺寸链

在产品装配过程中，常遇到一些相互关联的尺寸，如齿轮孔与轴配合间隙 A_Δ 的大小与孔径 A_1 及轴径 A_2 的大小有关（图 3-14-4a），又如齿轮端面与机体孔端面的配合间隙 B_Δ 的大小与机体孔端面距离尺寸 B_1、齿轮宽度 B_2 及垫圈厚度 B_3 的大小有关（图 3-14-4b）。

1. 装配尺寸链的定义

把在产品装配过程中相互关联的尺寸彼此按顺序连接起来，构成封闭图形，那么这些相互关联尺寸的组合就称为装配尺寸链。

装配尺寸链有两个特征：

①各有关尺寸连接成封闭的外形；

②构成这个封闭外形的每个尺寸的偏差都影响装配精度。

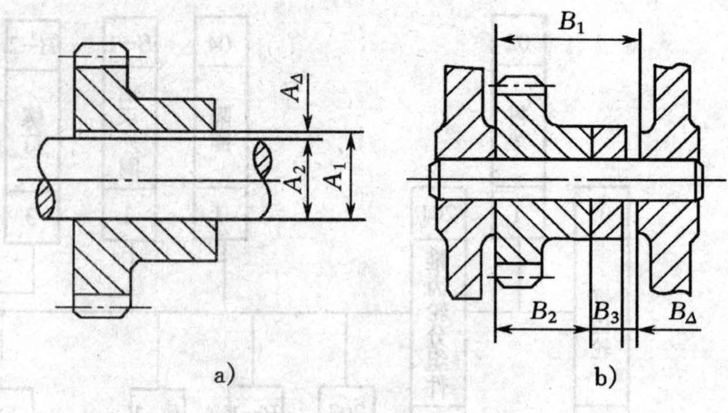

图 3-14-4 装配尺寸关系

a)齿轮孔与轴的配合 b)齿轮端面与机体孔端面的配合

装配尺寸链可在装配图中找出。在分析和计算中，为简便起见，通常不绘出该装配部分的具体结构，也不必按严格的比例，而只是依次绘出各有关尺寸，排列成封闭外形的尺寸链简图。图 3-14-5 即为图 3-14-4 所示二种情况的尺寸链简图。应该注意，尺寸链图中的尺寸线是有方向性的，它们是按某一方向(顺时针或逆时针)顺次画出的。

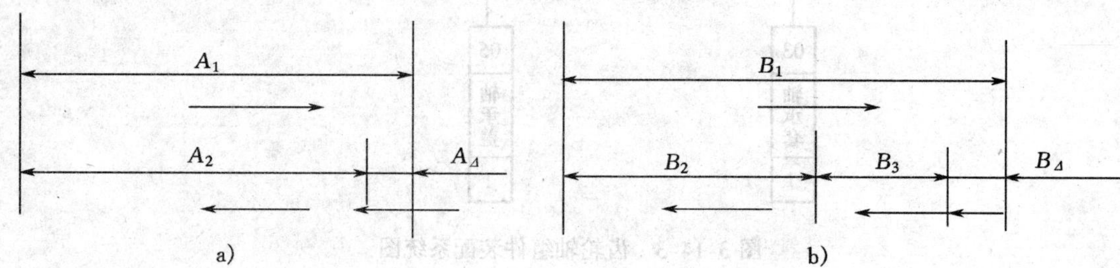

图 3-14-5 尺寸链简图

a)图 3-14-4a 的尺寸链 b)图 3-14-4b 的尺寸链

2. 尺寸链的术语、组成及分类

尺寸链中的每个尺寸都称为环。

每个装配尺寸链中都有一个特殊的环，它在装配完成前是不存在的，而是在装配过程中最后自然形成的，这个环叫做封闭环。常用 Δ 表示。一个尺寸链只有一个封闭环，封闭环即装配技术要求。

尺寸链中除封闭环外的环都是组成环。属于同一尺寸链的组成环常用同一字母表示，如 A_1、A_2 或 B_1、B_2 等。

根据组成环对封闭环的影响不同，可将组成环分为增环和减环两种。在其他组成环不变的条件下，某组成环增大时，若封闭环也随之增大，则这个组成环称为增环；若封闭环随之减小，则这个环称为减环。组成环是增环还是减环，可以简便地从尺寸链图中看出。与封闭环尺寸线方向相同的组成环为减环，反之为增环。尺寸 A 如果是增环，用 $\overrightarrow{A}$ 表示；如果是减环，则用 $\overleftarrow{A}$ 表示。

按各环在空间的位置特性，尺寸链可分为以下三类。

①直线尺寸链。尺寸链中所有各环均分布在两根或几根平行的直线上，如图 3-14-5。

②平面尺寸链。尺寸链中所有各环均匀分布在一个或几个平行平面中，其中有些环彼此

不平行，如图 3-14-6a。

③空间尺寸链。尺寸链中包含有位于不平行的平面上的环。

按各环的几何特性，尺寸链可分为两类。

①长度尺寸链。尺寸链中所有各环均为长度量(包括直径)。

②角度尺寸链。尺寸链中包含有角度量的环。

长度尺寸链可以是直线的、平面的或空间的尺寸链，角度尺寸链只有平面的或空间的尺寸链。

本章只讨论最常见的直线尺寸链。关于平面尺寸链或空间尺寸链，则可用投影的方法分解为直线尺寸链，再分别按直线尺寸链的方法求解。图 3-14-6 就是一个典型的平面尺寸链问题。只要把各环投影到封闭环方向，即可按直线尺寸链对待，见图 3-14-6b。

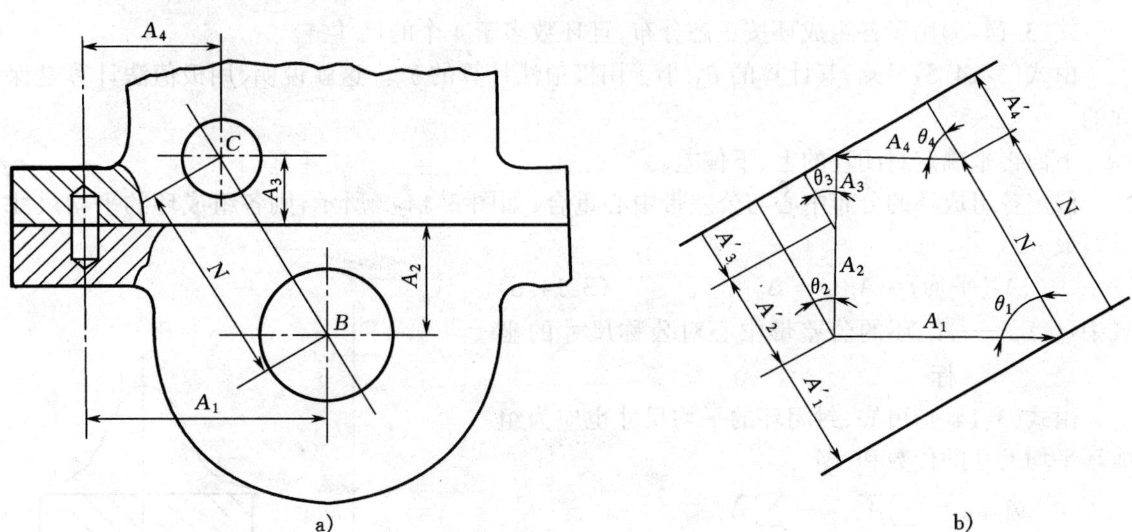

图 3-14-6 平面尺寸链图

a)平面尺寸链典型结构 b)尺寸链图

3. 计算封闭环公差和极限尺寸

由尺寸链简图可以看出，封闭环的基本尺寸为

$$A_{\Delta}=\sum_{m}\overrightarrow{A}_{i}-\sum_{n}\overleftarrow{A}_{i} \tag{3-14-1}$$

式中 $\sum$——数学符号，代表“连续相加”；

m——增环个数；

n——减环个数。

封闭环极限尺寸与各组成环极限尺寸的关系，可由下式求得：

$$A_{\Delta\max}=\sum_{m}\overrightarrow{A}_{i\max}-\sum_{n}\overleftarrow{A}_{i\min} \tag{3-14-2}$$

$$A_{\Delta\min}=\sum_{m}\overrightarrow{A}_{i\min}-\sum_{n}\overleftarrow{A}_{i\max} \tag{3-14-3}$$

即封闭环的最大极限尺寸＝各增环最大极限尺寸之和－各减环最小极限尺寸之和。

封闭环最小极限尺寸＝各增环最小极限尺寸之和－各减环最大极限尺寸之和。

封闭环的公差即为

$$\delta_\Delta = \sum_{m+n} \delta_i \tag{3-14-4}$$

即封闭环公差等于各组成环的公差之和。

用极值法计算封闭环与组成环之间公差和极限尺寸关系时，计算上是比较方便的。但是，当环数较多时，应用这种方法就显得不合理。因为在正常的生产情况下，每一个环都获得极限尺寸的可能性是较小的，而所有组成环都同时为最不利的极限尺寸的可能性就更小。因此，尺寸链的环数较多时，就不应该用极值法计算，而应该用概率法计算。

由“概率论”可知，当各组成环的尺寸分布规律符合正态分布时，则封闭环的尺寸分布规律也符合正态分布。它们之间公差的关系不是代数和，而是平方和的平方根，即

$$\delta_\Delta = \sqrt{\sum_{i=1}^{n-1} \delta A_i^2} \tag{3-14-5}$$

式(3-14-5)用于各组成环按正态分布，且环数多于 4 个的尺寸链。

由式(3-14-5)可知，其计算的 δ_Δ 小于用极值法计算的 δ_Δ。这就说明，用极值法计算是保守的。

下面再来确定封闭环的上、下偏差。

假定各组成环的分布中心与公差带中心重合，如图 3-14-7 所示，则各组成环的平均尺寸可写成

$$A_i(\text{平均}) = A_{i\text{公称}} + \Delta_0 \tag{3-14-6}$$

式中　Δ_0——A_i 环的公差带中心对公称尺寸的坐标。

由式(3-14-1)可知，封闭环的平均尺寸也应为组成环平均尺寸的代数和，即

$$A_{\Delta\text{平均}} = \sum_m \overrightarrow{A}_{i\text{平均}} - \sum_n \overleftarrow{A}_{i\text{平均}}$$

$$B_S A_\Delta = BA_{\Delta\text{平均}} + \frac{\delta_\Delta}{2} \tag{3-14-7}$$

$$B_X A_\Delta = BA_{\Delta\text{平均}} - \frac{\delta_\Delta}{2} \tag{3-14-8}$$

式中　$BA_{\Delta\text{平均}}$——封闭环的平均偏差。

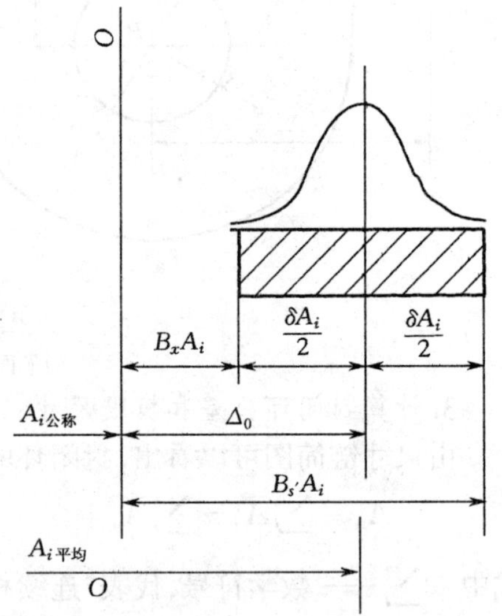

图 3-14-7　组成环与公差带中心重合

式(3-14-5)～式(3-14-9)为概率法的计算公式。有时也可直接把组成环化为平均尺寸进行计算。

在实际生产中，各组成环有时并不按正态规律分布。但当环数较多时，则不论各组成环按什么规律分布，封闭环都将接近于正态分布。

对于多环的尺寸链，在大量生产且用调整法装配时，应该用概率法计算。对于一些封闭环要求不高的多环尺寸链，仍可用极值法计算。

三、解装配尺寸链——保证装配精度的方法

综上所述，封闭环公差之和等于组成环公差之和，装配精度直接取决于零件制造公差。这将提高被装配零件的加工要求，提高成本。如果在装配时采取一定的工艺措施，如装配时对工件进行测量、挑选，对某一装配件进行修配，调整装配件的相对位置等，这样虽然零件制造精度

较低，也能保证装配要求。因此人们在长期的装配实践中，创造了为合理解决装配精度与零件制造精度矛盾的5种不同装配方法。其中装配精度完全依赖于零件制造精度的装配方法为完全互换法和不完全互换法，精度不完全取决于零件制造精度的装配方法有选配法、修配法、调整法。

无论在生产中采用哪种装配方法，都需应用尺寸链的概念来验算装配精度。对与某项装配精度有关的尺寸所组成的尺寸链进行正确分析，根据装配精度合理分配各组成环的过程，叫作解尺寸链。它是保证装配精度，降低制造成本，正确选择装配方法的重要依据。

1. 完全互换法

是指在同类零件中，任取一个装配零件，不经修配即可装入部件中，并能达到规定的装配要求的方法。其工艺特点是操作简单、生产效率高；容易确定装配时间，便于组织流水装配线；零件磨损后，便于更换；零件加工精度要求高，制造费用随之增加。因此适用于组成件数少批量很大，或零件可用经济加工精度制造时采用。

根据完全互换法的要求解尺寸链的方法如下。

例 14.1　图3-14-8所示齿轮箱部件，装配要求轴向窜动量 $A_\Delta = 0.2\ \text{mm} \sim 0.7\ \text{mm}$。已知 $A_1 = 122\ \text{mm}$，$A_2 = 28\ \text{mm}$，$A_3 = A_5 = 5\ \text{mm}$，$A_4 = 140\ \text{mm}$，试用完全互换法解此尺寸链。

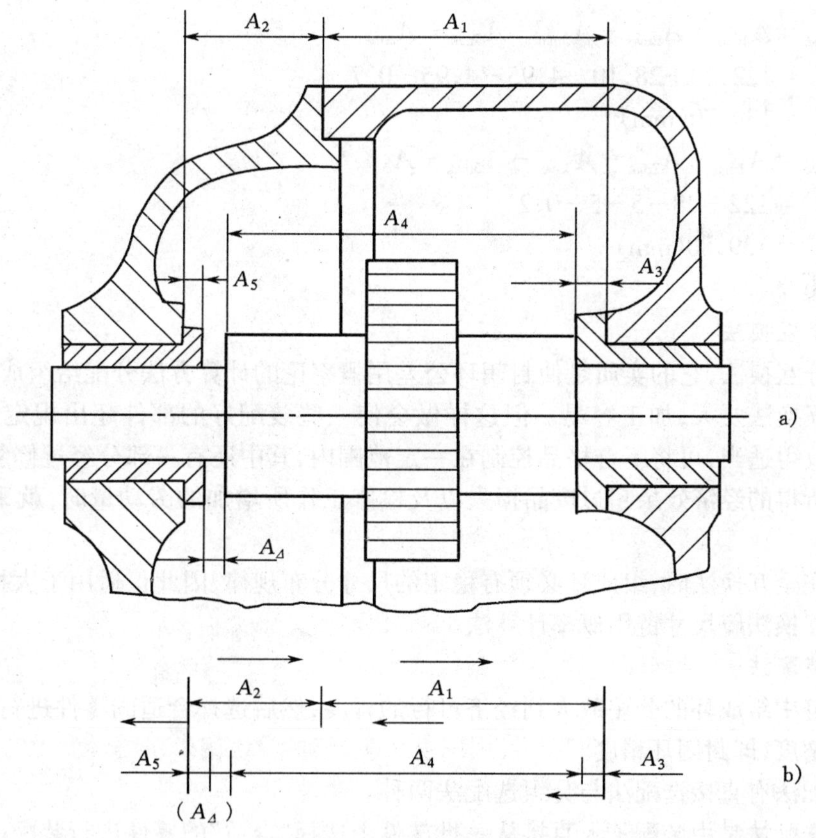

图 3-14-8　齿轮箱装配图

a)齿轮箱部件　b)尺寸链

解　①根据题意绘出尺寸链简图，并校正各环基本尺寸。图3-14-8b所示为尺寸链简图。

A_1、A_2 为增环,A_3、A_4、A_5 为减环,A_Δ 为封闭环。根据式(3-14-1),封闭环的基本尺寸为

$$A_\Delta = (A_1 + A_2) - (A_3 + A_4 + A_5)$$
$$= (122 + 28) - (5 + 140 + 5)$$
$$= 0$$

这说明各组成环基本尺寸确定无误。

②确定各组成环尺寸公差及根限尺寸

$$\delta_\Delta = 0.7 - 0.2 = 0.5\text{mm}$$

根据式(3-14-4)知 $\delta_\Delta = \sum_{m+n}\delta_i = \delta_1 + \delta_2 + \delta_3 + \delta_4 + \delta_5 = 0.5\text{mm}$,考虑加工难易程度和基本尺寸的大小,合理分配各环尺寸公差。

取 $\delta_1 = 0.20\ \text{mm}, \delta_2 = 0.10\ \text{mm}, \delta_3 = \delta_5 = 0.05\ \text{mm}, \delta_4 = 0.10\ \text{mm}$
再按"入体原则"分配偏差,则

$$A_1 = 122^{+0.20}_{0} \quad A_2 = 28^{+0.10}_{0} \quad A_3 = A_5 = 5^{0}_{-0.05}$$

③确定协调环。为了满足装配精度要求,应在各组成环中保留一个组成环,其极限尺寸由封闭环极限尺寸方程式来确定,此环称协调环,一般用便于制造及可用通用量具测量的尺寸来充当,此处用 A_4,则

$$A_{4\min} = A_{1\max} + A_{2\max} - A_{3\min} - A_{5\min} - A_{\Delta\max}$$
$$= 122.20 + 28.10 - 4.95 - 4.95 - 0.7$$
$$= 139.70(\text{mm})$$
$$A_{4\max} = A_{1\min} + A_{2\min} - A_{3\max} - A_{5\max} - A_{\Delta\min}$$
$$= 122 + 28 - 5 - 5 - 0.2$$
$$= 139.80(\text{mm})$$

因此 $A_4 = 140^{-0.20}_{-0.30}$

2.不完全互换法

又称部分互换法,它的实质是使封闭环公差用概率论的计算方法分配给组成环,使组成环公差比完全互换法要大,加工容易。但这样做会使一些装配好的部件超出规定的装配精度。但只要公差放得适当,可将不合格品控制在一定范围内,其中还有一部分经过修复可变为合格品。这样当所得的经济效果超过废品损失以及检修工作所增加的劳动量时,就采用不完全互换法。

采用不完全互换法时,组成环必须有稳定的尺寸分布规律,因此仅适用于大批量生产。

不完全互换法解尺寸链用概率计算法。

3.选择装配法

将尺寸链中组成环的公差放大到经济可行的程度,然后选择合适的零件进行装配,以保证规定的装配精度,即封闭环精度。

选择装配法有直接选配法与分组选配法两种。

①直接选配法是由装配工人直接从一批零件中选择"合适"的零件进行装配。这种方法简单,其装配质量凭工人的经验和感觉来确定,装配效率不高。

②分组选配法是将一批零件逐一测量后,按实际尺寸大小分成若干组,然后将尺寸大的包容件(如孔)与尺寸大的被包容件(如轴)相配,将尺寸小的包容件与尺寸小的被包容件相配。

这种装配方法的配合精度决定于分组数，增加分组数可以提高装配精度。这种选配法的工艺特点是：经分组选择后零件的配合精度高；因零件制造公差放大，制造成本降低，增加了对零件测量分组的工作量，并需加强对零件储存和运输的管理，同时会造成半成品和零件的积压。这种方法是在大批量生产中，装配精度要求很高，组成环数较少时，达到装配精度的常用方法。

例 14.2　图 3-14-9 为某发动机内直径为 $\phi 28$ mm 的活塞销与活塞销孔的装配示意图。它的装配技术要求规定，销子与销孔的冷态装配时，应有 0.01 mm～0.02 mm 的过盈量。试用分组选配法解该尺寸链并确定各组成环的偏差值。轴、孔的经济公差均为 0.02 mm。

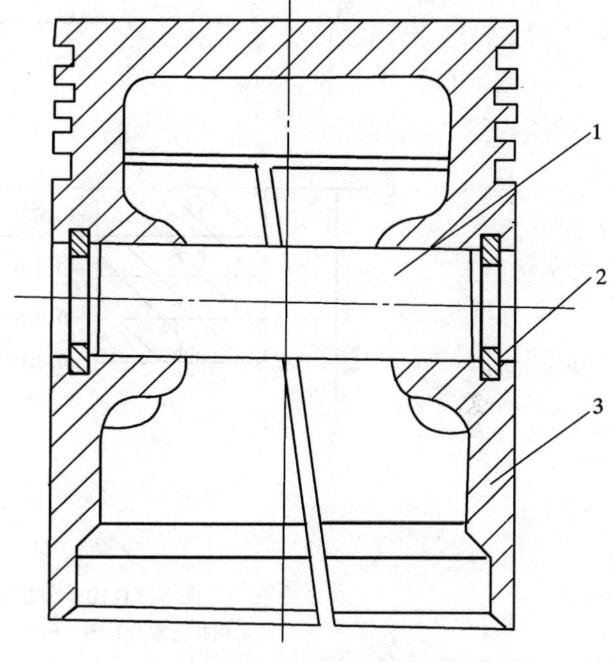

图 3-14-9　活塞销装配图

1—销；2—挡圈；3—活塞

解　①先按完全互换法确定各组成环的公差和偏差值。

$\delta_\Delta=(-0.01)-(-0.02)=0.01$(mm)

取 $\delta_1=\delta_2=0.005$(mm)(等公差分配)

由于活塞销的公差带分布位置应为单向负偏差，则销子尺寸应为 $A_1=28_{-0.005}^{\ 0}$ mm，相应的销孔尺寸由图 3-14-10a 所示为 $A_2=28_{-0.020}^{-0.015}$ mm。

②将得出的组成环公差扩大 4 倍，得到 $4\times0.005=0.02$ mm 的经济制造公差。

③按相同方向扩大制造公差，得销子极限尺寸为 $\phi 28_{-0.020}^{\ 0}$ mm，销孔极限尺寸为 $\phi 28_{-0.035}^{-0.015}$ mm，见图 3-14-10b。

④制造后，按实际加工尺寸分成 4 组，如图 3-14-10b 所示。装配时，大尺寸的孔与大尺寸的销配合，小尺寸的孔与小尺寸的销配合。各组配合的过盈量均在规定范围之内。因分组配合公差与允许配合公差相同，故符合装配要求。

值得注意的是，采用分组装配法时，装配质量不决定于零件的制造公差，而决定于分组公差。故配合零件的表面粗糙度、相互位置及形状公差，应与分组公差相适应，否则达不到很高的装配质量。

4. 修配法

根据实际测量的结果，用修配的方法改变尺寸链中某一预定组成环的尺寸，使封闭环达到规定的精度。

采用修配法时，尺寸链中各组成环均按该生产条件下的经济精度制造。装配时将尺寸链中某一预定的环切去一层金属以改变其尺寸或就此配制此环。这个预定进行修配的组成环称为补偿环。通常选择容易加工、修配并且对其他尺寸无影响的零件作为补偿环。

修配法解尺寸链的主要任务是确定修配环在加工时的实际尺寸，保证修配时有足够而且

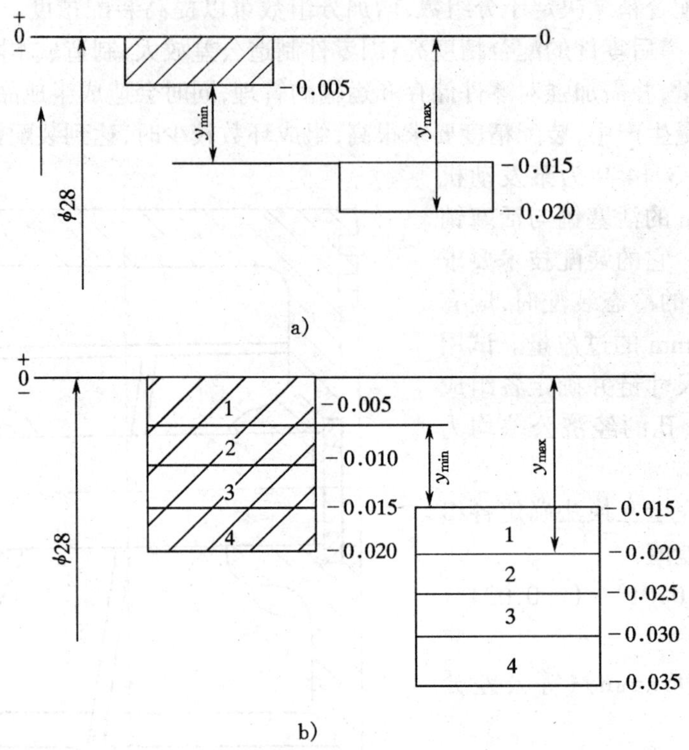

图 3-14-10　分组装配图

a)销孔公差分布图　b)公差扩大分组图

是最小的修配量。

例 14.3　图 3-14-11 所示,为保证普通车床前后顶尖中心线等高,根据精度要求只许尾座高出 0～0.06 mm。已知 $A_1=202$ mm,$A_2=46$ mm,$A_3=156$ mm。若组成环经济可行公差分别为 $\delta_1=\delta_3=0.1$ mm(镗模加工),$\delta_2=0.5$ mm(半精刨),试用修配法解该尺寸链。

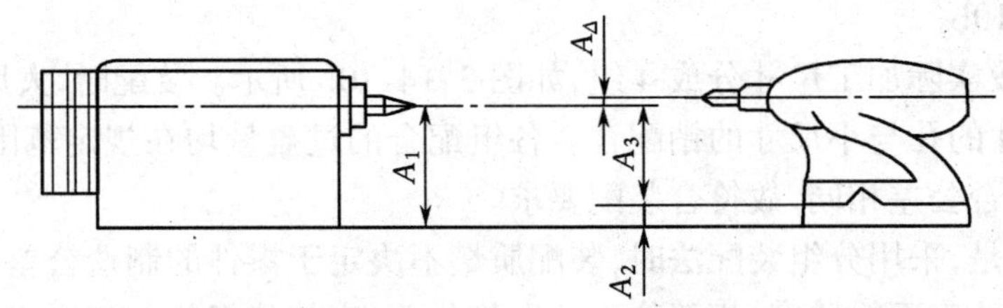

图 3-14-11　车床总装尺寸关系图

解　①根据题意画出尺寸链简图,如图 3-14-12a 所示。实际生产中通常把尾座体和尾座底板的接触面先配制好,并以尾座底板的底面为定位基准,精镗尾座体上的顶尖套孔,其经济加工精度为 0.1 mm。装配时尾座体与底板是作为一个整体进行总装的。因此原组成环 A_2 和 A_3 合并成一个环 $A_{2,3}$,如图 3-14-12b 所示。此时,装配精度取决于 A_1 的制造公差($\delta_1=0.1$ mm)及 $A_{2,3}$ 的制造精度($\delta_{2,3}=0.1$ mm)。

选定 $A_{2,3}$ 为修配环。

②根据经济加工精度确定各组成环的制造公差及公差分布位置,如图 3-14-13 所示。

$A_1 = 202 \pm 0.05$ mm, $A_{2,3} = A_2 + A_3 = (202 \pm 0.05)$mm

③确定修配环尺寸。对 A_1 和 $A_{2,3}$ 的极限尺寸进行分析可知，当

$$A_{1\min} = 201.95 \text{ mm}, A_{2,3} = 202.05 \text{ mm 时}$$

要满足装配要求，$A_{2,3}$ 有 0.04 mm～0.10 mm 的刮削余量，刮削后 A_Δ 为 0～0.06 mm。显然余量不够。又当 $A_{1\max} = 202.05$ mm，$A_{2,3} = 201.95$ mm 时，则没有刮削余量。

为了保证必要的刮削余量，就应将 $A_{2,3}$ 的极限尺寸加大；为使刮削量不致过大，又应限制 $A_{2,3}$ 的增大值。一般认为最小刮削余量为 0.15 mm。这样为保证当 $A_{1\max} = 202.05$ mm 时仍有 0.15 mm 的刮削余量，则 $A'_{2,3\min}$ 应为 202.05 + 0.15 = 202.20 mm。

考虑到 $A_{2,3}$ 的制造公差，则 $A'_{2,3} = 202.20 + 0.10 = 202.30$ mm，所以修配环的实际尺寸应为 $A'_{2,3} = 202^{+0.30}_{+0.20}$ mm。

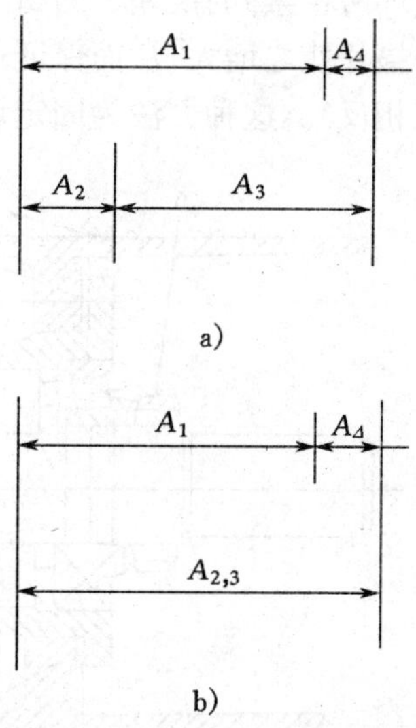

图 3-14-12　车床总装尺寸链图
a)修配法尺寸链　b)尾体底板装配后再精镗的尺寸链

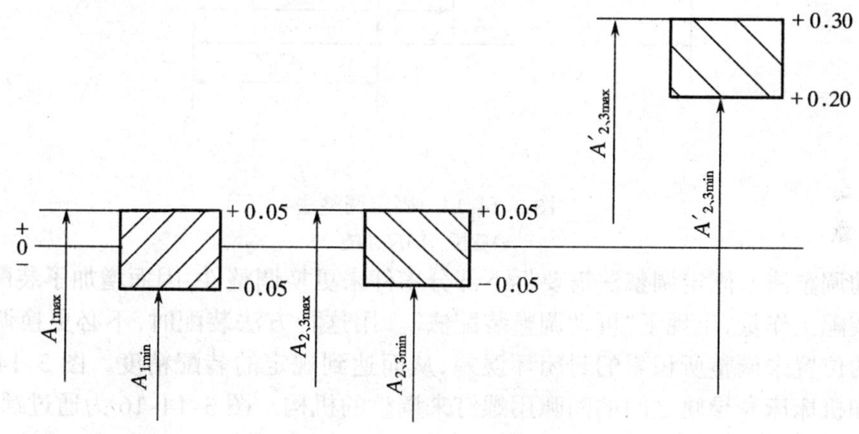

图 3-14-13　各组成环制造公差

5. 调整法

调整某一零件的位置或尺寸来达到装配要求的方法，称为调整装配法。调整法解尺寸链是对尺寸链的各组成环规定经济的加工精度，在装配时用调整某一预定环的位置或尺寸的方法来保证封闭环的精度。这个预定环叫作调整环。

常用的调整方法有两种。

1)固定调整法　在实际生产中，若各组成环都按经济可行(经过放大)的公差制造，则装配后封闭环的公差将超过要求。为了达到规定的装配精度，可在尺寸链中增加一个特殊的环，如垫片、套筒等比较简单的零件，这个特殊环称为调整环，也叫调整件。如图 3-14-14a 所示，在后桥壳体 5 的 G 面和轴承座 3 之间放一个垫片 4，该垫片就是调整件，这时的尺寸链如图 3-14-14b所示。尺寸链中的 A_4，就是调整尺寸。装配时，用适当尺寸的调整件调整封闭环(由

组成环所积累)的误差。当封闭环过大时,用较厚的垫片使封闭环减小;当封闭环过小时,用较薄的垫片使之增大,从而保证达到规定的装配精度(注意此时垫片是减环,若垫片为增环时则情况相反)。这种方法为固定调整装配法。

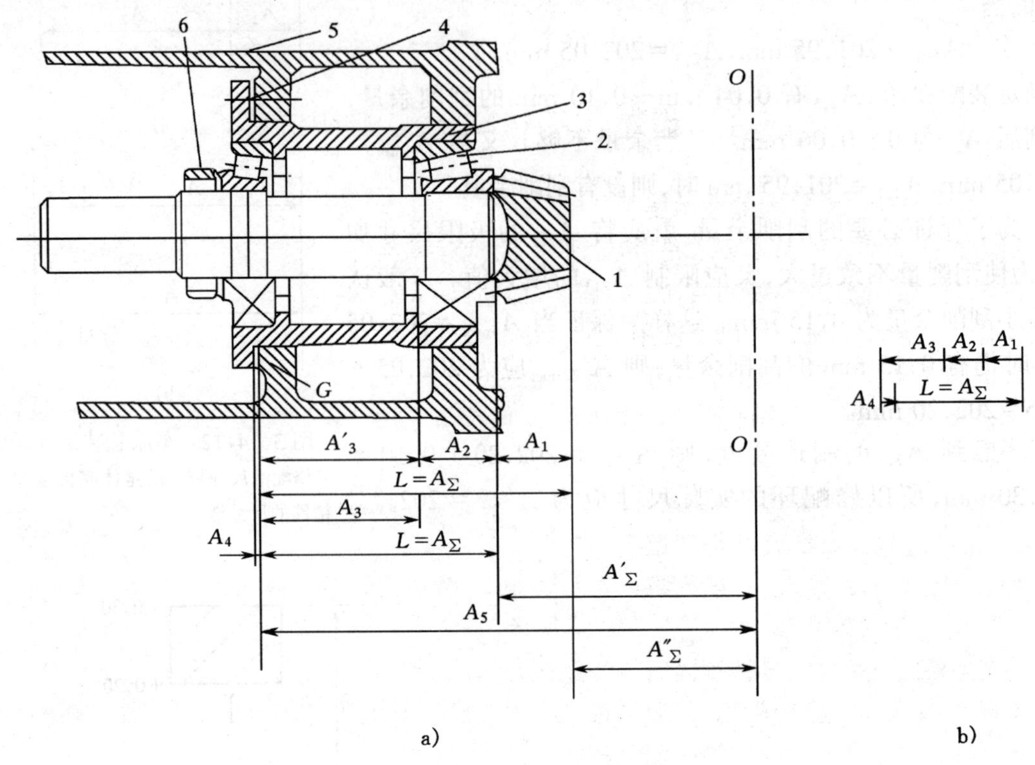

图 3-14-14 固定调整法

a)后桥 b)尺寸链

2)可动调整法 固定调整法需要拆下部分零件来更换调整件,因而增加了装配的工作量。为了减少装配工作量,出现了“可动调整装配法”。用这种方法装配时,不必更换调整件,而是改变调整的位置来调整所积累的封闭环误差,从而达到规定的装配精度。图 3-14-15 所示为车床溜板和机床床身导轨之间的间隙用螺钉来调整的机构。图 3-14-16 为通过螺钉使调整楔块上下移动来调整螺母与丝杠间隙的机构。

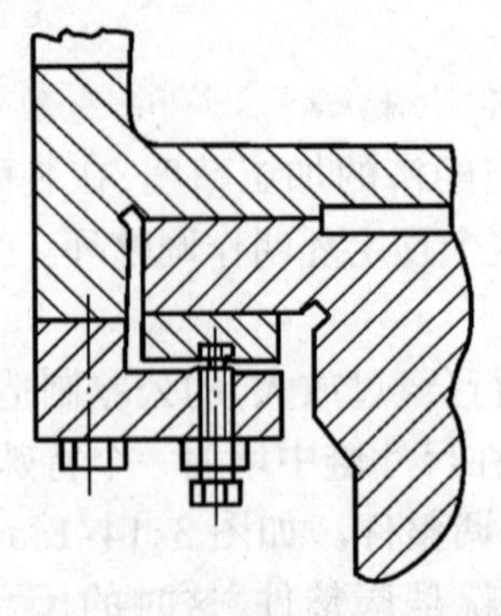

图 3-14-15 导轨间隙调整法

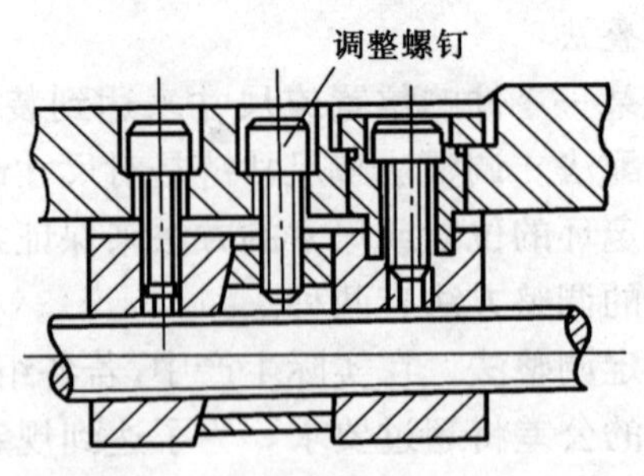

图 3-14-16 丝杠间隙调整法

第十五章　典型机构装配

15-1　齿轮传动机构的装配和调整

一、齿轮传动机构装配的技术要求

对齿轮传动装置的基本要求是:传动平稳、传递运动准确、载荷分布均匀及传动侧隙合理,保证齿轮副的工作性能及使用寿命。现将装配过程的要点说明如下。

①齿轮孔与轴的配合能满足使用要求。空套齿轮在轴上不得有晃动现象;滑移齿轮不应有咬死或阻滞现象;固定齿轮不得有偏心或歪斜。

②保证准确的中心距和适当的齿侧间隙。侧隙过小,齿轮传动不灵活,热胀时易卡死,润滑不良,加剧磨损;侧隙过大,则易产生冲击、振动,噪声增大。

③保证有一定的接触面积和正确的接触位置,保证齿面受力均匀。

二、圆柱齿轮机构的装配与调整

圆柱齿轮机构的装配,一般先将齿轮装在轴上,然后把轴组件装入箱体。

(一)齿轮与轴的装配

齿轮在轴上有空转、滑移和固定3种连接方式。

在轴上空转或滑移的齿轮,一般与轴是间隙配合。装配时注意检查轴、孔尺寸,保证零件本身的加工精度。装配后,齿轮在轴上旋转灵活、平稳。

在轴上固定的齿轮,一般采用过盈配合。装配时,如果过盈量不大,用手工工具轻轻敲击装入;过盈量较大时用压力机压装;过盈量很大,则需采用液压套合的装配方法。压装时尽量避免齿轮偏心、歪斜和端面未紧贴轴肩(轴向未装到位)及轴变形等安装误差。

对于精度要求高的齿轮传动机构,齿轮装到轴上后,应进行径向和端面圆跳动检查。

齿轮径向圆跳动检查方法,如图3-15-1所示。将齿轮轴组架在V形架或两顶尖上,使轴中心线与平板平行,把圆柱规放在齿轮的齿间,百分表触头抵在圆柱规的最高点,然后转动齿轮,每隔3～4齿检查一次。当齿轮转动1圈时,百分表的读数差就是齿轮分度圆的径向圆跳动。

齿轮端面圆跳动检查方法,如图3-15-2所示。将齿轮轴组架在两顶尖间,将百分表触头抵在齿轮端面上,齿轮轴转动一圈时,百分表读数之差为齿轮端面圆跳动。

(二)齿轮轴组件装入箱体内

齿轮轴组件装入箱体,这是影响齿轮啮合质量的关键工序。齿轮轴组件装入箱体的步骤如下

1.装前对箱体的检查

齿轮的啮合质量,除了与齿轮本身的制造精度有关外,箱体孔的加工精度(尺寸精度、形状精度及相互位置精度),对啮合质量的影响也十分显著。因此,装配前应对箱体的主要部位进行检查,检验方法见第二篇12-6节。

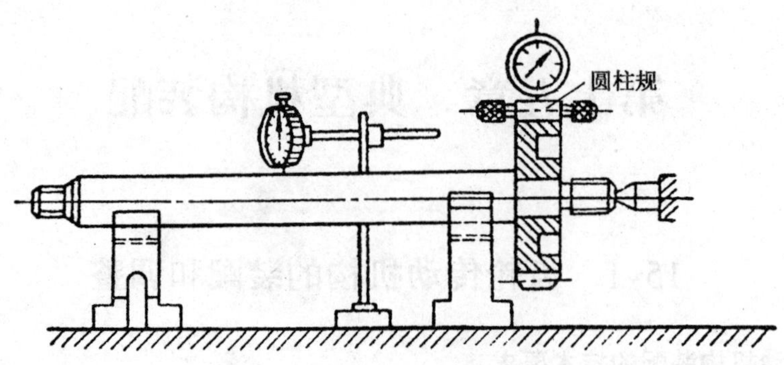

图 3-15-1　齿轮径向圆跳动的检查

2. 检查齿轮啮合质量

齿轮的啮合质量主要是指适当的齿侧间隙、一定的接触面积和正确的接触部位。

(1)检查齿侧间隙

齿轮副的侧隙分为法向侧隙和圆周侧隙。

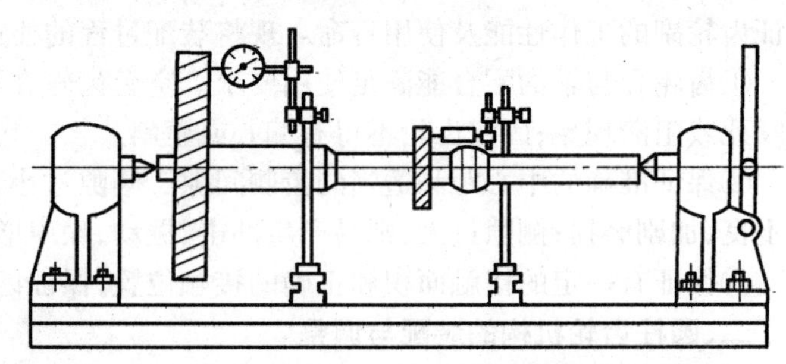

图 3-15-2　齿轮端面圆跳动的检查

齿轮副的法向侧隙(j_n)是齿轮副工作齿面接触时，非工作齿面之间的最小距离，在两基圆柱的公切平面内垂直于齿向的剖面中测定，见图 3-15-3a。法向侧隙可用塞尺检查。

在生产中，也可检验圆周侧隙(j_t)。圆周侧隙是指齿轮副中一个齿轮固定时，另一个齿轮的圆周晃动量。以分度圆上弧长计，用百分表测量，见图 3-15-3b 所示。

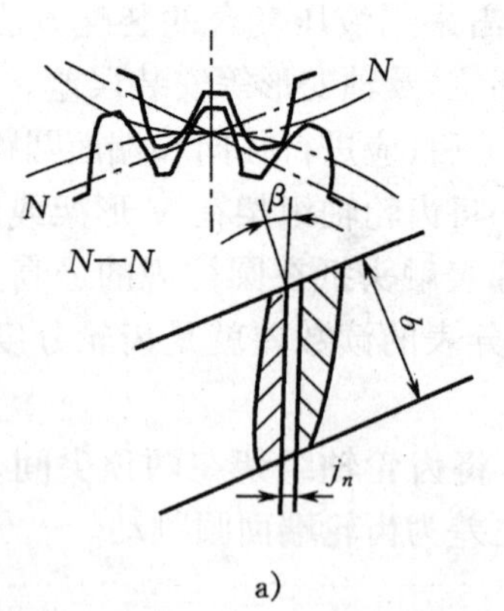

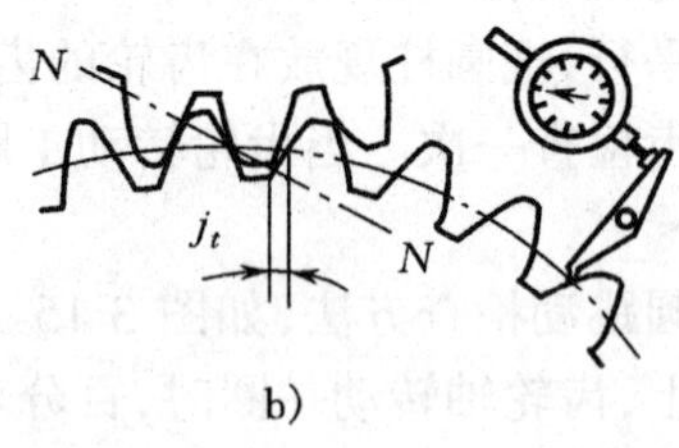

图 3-15-3　齿轮副的侧隙

a)法向侧隙 j_n　b)圆周侧隙 j_t

法向侧隙与圆周侧隙的关系为

$$j_n = j_t \cos\beta_b \cdot \cos\alpha_t = j_t \cos\alpha_n \cdot \cos\beta$$

式中 j_n——法向侧隙；

j_t——圆周侧隙；

α_n——法向齿形角；

α_t——端面齿形角；

β——分度圆螺旋角；

β_b——基圆螺旋角。

在生产中，一般齿轮副侧隙的检查，常用以下二种方法。

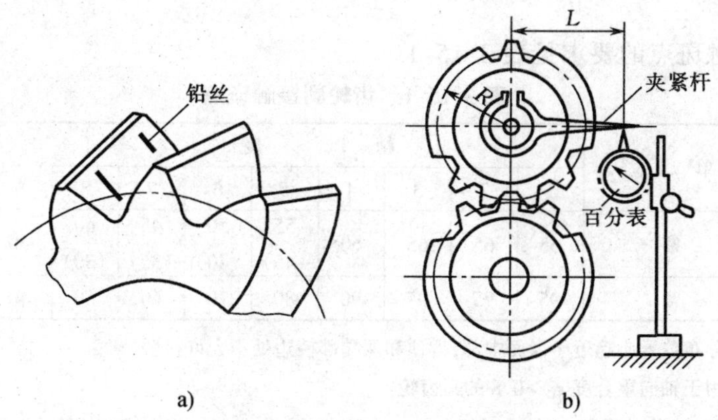

图 3-15-4　齿侧间隙的检验

a)压铅丝法检查　b)用百分表检查

1)用压铅丝法检验　如图3-15-4a所示，在齿面上，沿齿高方向均匀平行放置 2～3 条铅丝，其直径不宜超过最小间隙的 4 倍，转动齿轮挤压后，测量铅丝压薄处的尺寸，即为侧隙。

2)用百分表检验　如图3-15-4b所示，测量时，将下面齿轮固定，在另一个齿轮装夹紧杆，使其外端与百分表测头接触。由于侧隙的存在，装有夹紧杆的齿轮做正反向摆动时与固定齿轮轮齿的两侧接触。此时，夹紧杆也随着摆动一定角度，在百分表 2 上得到读数 C，则齿侧间隙

$$j_n = C\frac{R}{L}$$

式中　C——百分表 2 的读数，mm；

R——装夹紧杆齿轮的分度圆半径，mm；

L——夹紧杆长度，mm。

也可将百分表与活动齿轮的齿面接触，另一齿轮固定，使活动齿轮从齿的一侧啮合转到另一侧啮合。此时在百分表上的读数差，即为侧隙。

(2)检验接触精度

接触精度的主要指标是接触斑点。接触斑点是指安装后的齿轮副，在轻微制动下，运转后齿面上分布的接触擦亮点痕迹，如图 3-15-5 所示。它综合地反应齿轮副的制造和安装误差，反映齿轮在工作状态下载荷的分布情况。

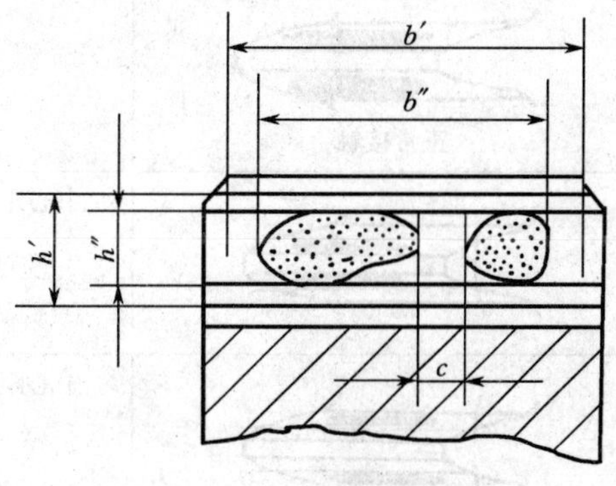

图 3-15-5　齿轮的接触斑点

接触痕迹的大小在齿面展开图上用百分比计

算。

沿齿长方向上接触痕迹的长度 b''(扣除超过模数值的断开部分 c)与工作长度 b'之比为

$$\frac{b''-c}{b'}\times 100\%$$

沿齿高方向上接触痕迹的平均高度 h''与工作高度 h'之比为

$$\frac{h''}{h'}\times 100\%$$

对齿轮副接触斑点的要求见表 3-15-1。

表 3-15-1　齿轮副接触斑点

接触斑点	单　位	精度等级											
		1	2	3	4	5	6	7	8	9	10	11	12
按高度不小于	%	65	65	65	60	55 (45)	50 (40)	45 (35)	40 (30)	30	25	20	15
按长度不小于	%	95	95	95	90	80	70	60	50	40	30	30	30

注:1. 接触斑点的分布位置应趋近于齿面中部,齿顶和两端部棱边处不允许接触。

2. 括号内数值用于轴向重合度 $\varepsilon_\beta>0.8$ 的斜齿轮。

所谓"轻微制动"是指既不使轮齿脱离,又不使轮齿和传动装置发生较大的变形。

国标规定,检查齿轮接触斑点时,一般不用涂料,必要时采用规定的条件(如红丹粉调合剂)。用涂色检查时,在大齿轮的齿面上涂 1 层薄薄的涂料,使被动齿轮在轻微制动下滚动。对双向工作的齿轮传动,正反两个方向均应检查。

对较大的齿轮副,一般是在安装好的传动装置中检验。对成批生产的机床、汽车、拖拉机等中小齿轮允许在啮合机上与精确齿轮啮合检验。

影响齿轮接触精度的主要因素是齿形精度及安装误差。对于一般要求的齿轮副,接触斑点的分布位置应趋近于齿面中部,齿顶和两端部棱边处不允许接触,如表 3-15-2 所示。若接触斑点位置正确,而面积太小时,是由于齿形误差太大所致。可在齿面上加研磨剂,将两轮转动进行研磨,以增加接触面积。若齿形正确,而安装有误差,所造成的接触不良的原因及排除方法见表 3-15-2。

表 3-15-2　渐开线圆柱齿轮由安装误差造成接触不良的原因及调整方法

接　触　斑　点	原因分析	调整方法
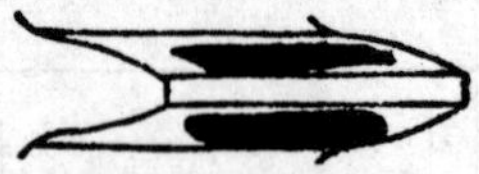 正常接触		
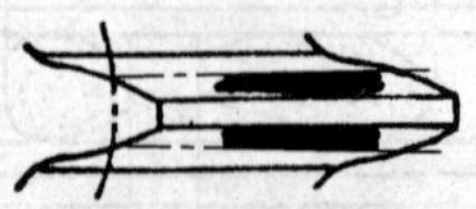	中心距太大	轴承座或滚动轴承采用定向装配法
	中心距太小	可在中心距允差范围内,刮削轴瓦或调整轴承座

续表

接触斑点	原因分析	调整方法
同向偏接触	两齿轮轴线不平行	可在中心距允差范围内，刮削轴瓦或调整轴承座
异向偏接触	两齿轮轴线歪斜	可在中心距允差范围内，刮削轴瓦或调整轴承座
单面偏接触	两齿轮轴线不平行，同时歪斜	可在中心距允差范围内，刮削轴瓦或调整轴承座
游离接触　在整个齿圈上接触区由一边逐渐移至另一边	齿轮端面与回转中心线不垂直	检查并校正齿轮端面与回转中心线的垂直度
不规则接触（有时齿面一个点接触，有时在端面边线上接触）	齿面有毛刺或有碰伤隆起	去毛刺、修整

三、圆锥齿轮机构的装配与调整

圆锥齿轮副是用来传递两根不平行轴或两轴线位置成90°的两轴间的旋转运动。圆锥齿轮传动机构装配与圆柱齿轮传动机构装配的顺序相似，其装配内容如下。

1.检验圆锥齿轮副箱体

圆锥齿轮副的装配质量，首先取决于箱体的镗孔质量，因此在装配前，对于箱体孔轴线的垂直度和相交程度进行检查，只有合格后才能装配。

2.圆锥齿轮轴向位置的确定

装配时，要求两齿轮分度圆锥相切，两锥顶重合。为此，小齿轮轴向位置按安装距离（小齿轮基面至大齿轮轴的距离）来确定，如图3-15-6所示。检查时将专用量规装在小齿轮轴上，使其一端与大齿轮轴贴紧，另一端用量块或塞尺测量小齿轮基面的距离，用相应厚度的垫片来确定小齿轮的轴向位置。若此时大齿轮尚未装好，可用工艺轴代替。然后按侧隙要求决定大齿轮的轴向位置。

有些用背锥面作基准的圆锥齿轮，装配时将背锥面对成齐平，可用手的感觉进行检查，以此来保证两齿轮的正确装配位置。但是有的圆锥齿轮齿背并未标公差尺寸，甚至加工成圆弧形，这样就难免会出现误差。因此要通过调整圆锥齿轮副的轮齿啮合，来调整圆锥齿轮1和圆锥齿轮2的轴向位置，如图3-15-7所示。圆锥齿轮2的轴向位置，则通过移动固定圈4的位置来解决。啮合精度调整好之后，根据固定圈的位置，在传动轴上配钻固定孔，用螺栓固定。

3.检验圆锥齿轮副啮合质量

圆锥齿轮副啮合质量的检验方法与圆柱齿轮副基本相同。

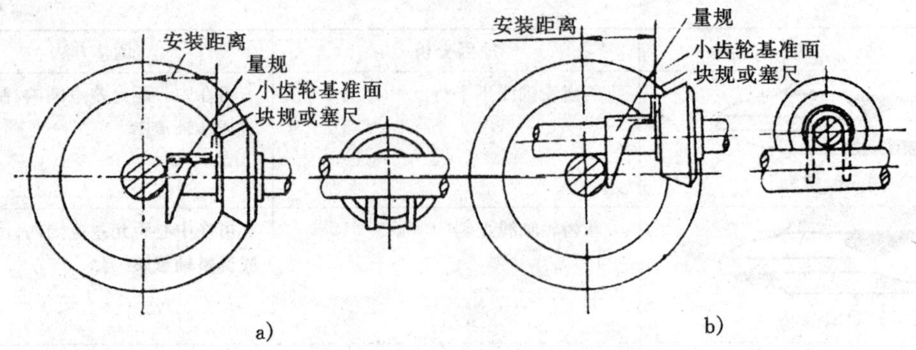

图 3-15-6 圆锥小齿轮的轴向定位

a)正交圆锥齿轮 b)偏置圆锥齿轮

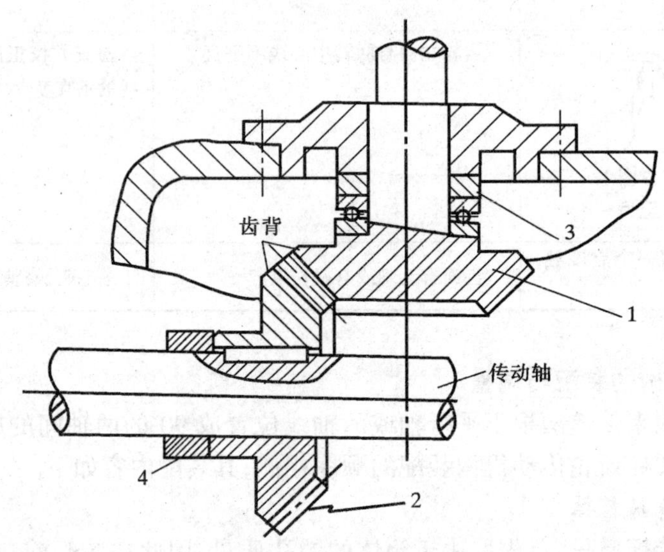

图 3-15-7 圆锥齿轮副装配图

1、2—圆锥齿轮;3—调整垫片;4—固定圈

1)检验齿侧间隙 用压铅丝方法检查,铅丝直径不宜超过最小侧隙的 3 倍。

2)检验接触斑点 一般用涂色法检验,在无载荷时,接触斑点应在齿宽中部偏小端接触,以保证工作时轮齿在全宽上能均匀地接触。圆锥齿轮接触斑点及其调整方法见表 3-15-3。

表 3-15-3 直齿圆锥齿轮接触斑点及其调整方法

接触斑点	现 象 及 原 因	调 整 方 法
正常接触(中部偏小端接触)	①在轻微负荷下,接触区在齿宽中部,略宽于齿宽的一半,稍近于小端,在小齿轮齿面上较高,大齿轮上较低,但都不到齿顶	

续表

接触斑点	现 象 及 原 因	调 整 方 法
低接触 高接触  高低接触	②小齿轮接触区太高，大齿轮太低（见左图）。由于小齿轮轴向定位有误差	小齿轮沿轴向移出，如侧隙过大，可将大齿轮沿轴向移动
	③小齿轮接触太低，大齿轮太高。原因同②，但误差方向相反	小齿轮沿轴向移进，如侧隙过小，则将大齿轮沿轴向移出
	④在同一齿的一侧接触区高，另一侧低。如小齿轮定位正确且侧隙正常，则为加工不良所致	装配无法调整，需调换零件。若只作单向传动，可按②或③法调整，可考虑另一齿侧的接触情况
 小端接触 同向偏接触	⑤两齿轮的齿两侧同在小端接触（见左图）。由于轴线交角太大	不能用一般方法调整，必要时修刮轴瓦
	⑥同在大端接触。由于轴线交角太小	
大端接触  小端接触 异向偏接触	⑦大小轮在齿的一侧接触于大端，另一侧接触于小端（见左图）。由于两轴心线有偏移	应检查零件加工误差，必要时修刮轴瓦

15-2　液压系统的装配

一、液压系统概述

1. 液压传动系统的组成

(1)动力机构

由油泵组成。油泵的作用是将机械能转换为液体的压力能。最常用的有齿轮泵、叶片泵、柱塞泵等。

(2)执行机构

由油缸和油马达等组成。前者将压力油转换成直线机械运动，后者则转换成回转运动。

(3)控制和调节机构

液压系统中的控制和调节装置，统称为控制阀。它控制系统各部分的流向、压力、流量，保护和调节系统能正常工作。按在系统中的作用,可分为三大类。

①控制液体压力,如溢流阀、减压阀、顺序阀等。

②控制液体流量,如节流阀、调速阀等。

③控制液流方向,如换向阀、单向阀、转阀等。

也可根据需要将上述阀进行组合,一般称组合阀。总之,阀的品种十分繁多。

(4)辅助机构

由油管、油箱、滤油器及压力表等组成。

(5)工作介质

液压油。

2. 常用液压元件的职能符号(表 3-15-4)

表 3-15-4　常用液压元件的职能符号

名称	符号	名称	符号	名称	符号
工作油管		双向变量油马达		三位四通阀	
控制油管		双向定量油马达		转阀	
联接油管		单出杆油缸		油箱	
交错油管		双出杆油缸		压力表	
软管		柱塞油缸		压力表开关	
通油管油路		调速阀		滤油器	
单向定量油泵		减压阀		电动机	D
单向变量油泵		固定式节流阀		压力继电器	
双向变量油泵		可调式节流阀		溢流阀	
单向定量油马达		单向阀		蓄能器	

续表

名称	符号	名称	符　号	名称	符　号
双向定量油泵		二位二通阀		单向节流阀	
单向变量油马达		二位四通阀		延时阀	

3. 液压系统的基本回路

液压基本回路是指由某些液压元件和附件所构成的能完成某种特定功能的回路。任何液压系统均可分为若干个液压基本回路。用基本回路分析机床的液压系统，能更好地掌握液压传动，利于装配、调试及维修。

(1)方向控制回路

利用换向阀、单向阀、转阀等控制油的流通、断开和变换方向，使工作机构起动、停止和改变运动方向的回路，称为方向控制回路。

例如，图 3-15-8 所示，是用二位四通换向阀换向的回路。换向阀的电磁铁 DT 通电，左位接入系统，油经换向阀 P→A 进入油缸左腔，右腔油经 B→O 回油池，活塞向右运动；DT 断电(如图状态)，滑阀复位，油经 P→B 进入油缸右腔，左腔油由 A→O 返回油池，活塞向左运动。控制电磁铁的通电和断电，就可使活塞左右往复运动。

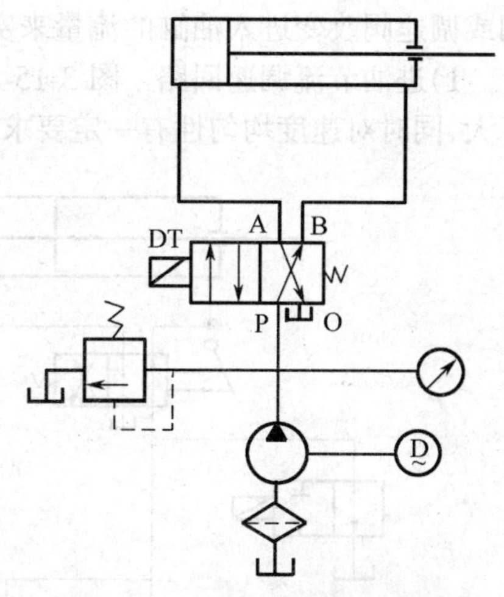

图 3-15-8　用二位四通换向阀换向的回路

(2)压力控制回路

用压力控制阀等来控制液压系统压力的大小(包括稳压、减压、增压)，或利用压力的大小来控制油路的通断，称为压力控制回路。压力控制阀作用原理都是利用阀芯受的压力与弹簧力相平衡来实现的。

1)保压回路　它是为了满足外界对系统的要求，如工件在加工过程中，对工件的夹持需要保压等。由图 3-15-9a 可知，溢流阀起到调节系统压力的作用。图 3-15-9b为减压回路。它是系统某一部分的工作压力要求较低，采用减压阀来组成的减压回路。图中油缸所需的压力若比主系统所需压力低，则可以通过减压阀 3 来实现。

2)增压回路　在压力控制回路中，还有利用增压器(增压油缸)或用液压泵来提高液压系统某一支路压力的增压回路。

3)卸荷回路　图 3-15-10 为用二位二通换向阀的卸荷回路。给电磁换向阀通电，则右位接入系统，油泵输出的压力油进入系统。将阀断电(如图示状态)，就会使油通过阀返回池，卸掉负荷。

(3)速度控制回路

在实际工作的机构中，往往运动速度需要控制，在采用定量泵的液压系统中，一般用节流

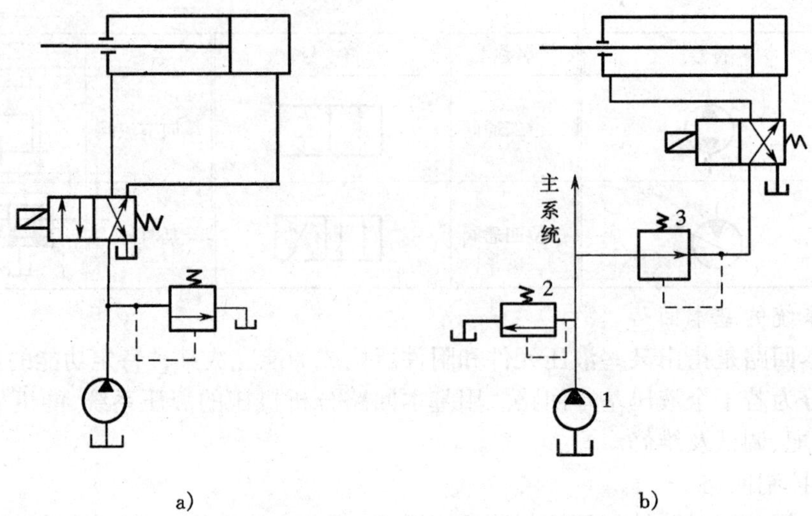

图 3-15-9 保压、减压回路

a)保压回路 b)减压回路

阀或调速阀改变进入油缸的流量来实现速度的调节。

1)进油节流调速回路 图 3-15-11 所示，调速阀装在油缸的进油路上，常用于外载荷变化不大，同时对速度均匀性有一定要求情况。

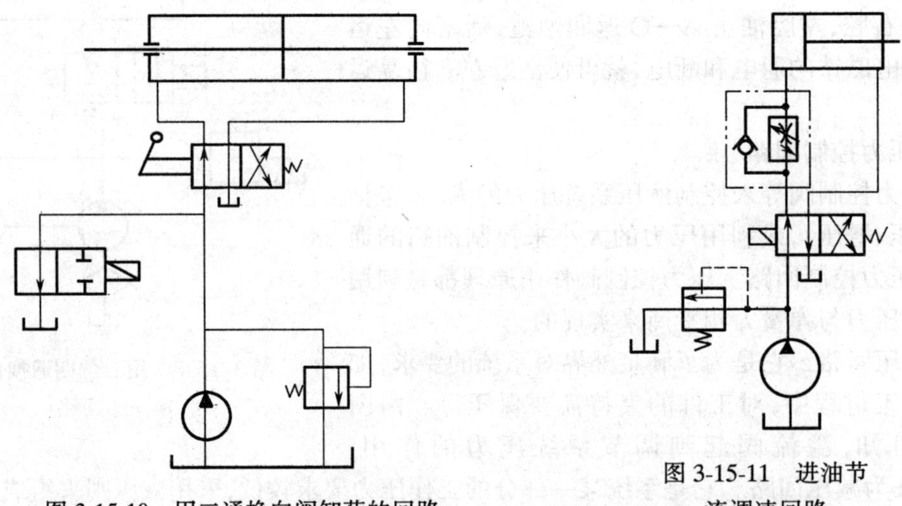

图 3-15-10 用二通换向阀卸荷的回路

图 3-15-11 进油节流调速回路

2)回油节流调速回路 图 3-15-12 所示，调速阀装在油缸的回油路上，常用于外载荷变化较大，同时又要求在低速运动时较为平稳的场合。

3)旁路节流调速回路 图 3-15-13 所示，将调速阀与油缸并联，在低速轻载时，该回路效率较高，但速度不均匀性大，故常用在外载荷变化较大，并且又常在轻载低速情况下工作，而对速度均匀性要求不高的场合。

(4)顺序动作回路

它主要应用在自动化程度较高的机床上，在系统中起按程序动作的作用。如工件的加工顺序，应是先定位后夹紧。加工结束，应是先松开后拔定位元件。如图 3-15-14 所示，当换向

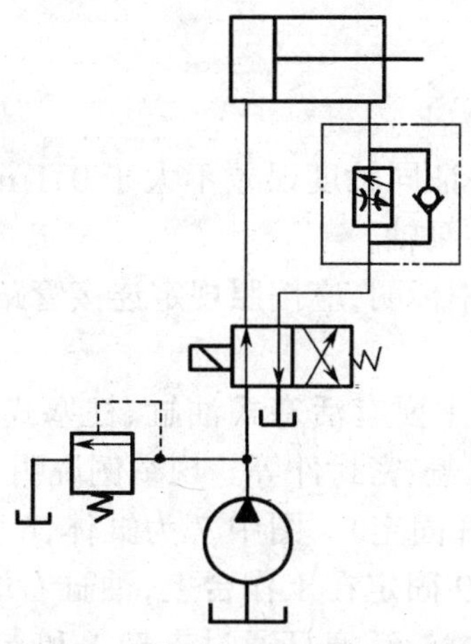
图 3-15-12　回油节流调速回路

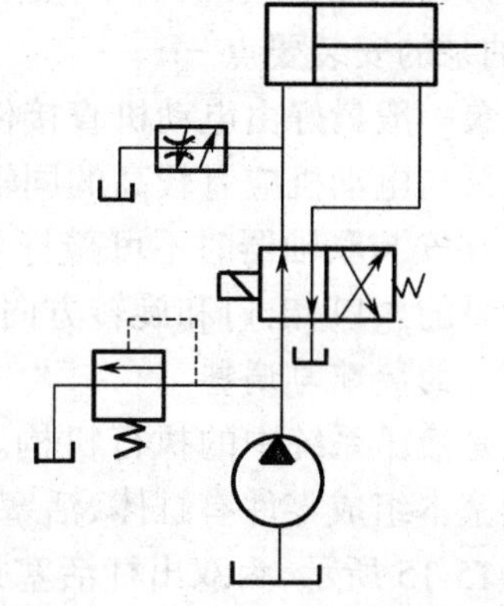
图 3-15-13　旁路节流调速回路

阀的左电磁铁通电时,压力油经换向阀后分两路,一路到定位缸,一路到单向顺序阀 1。这时单向阀起单向阻止作用,而系统的压力还不高,顺序阀是关闭的,所以油液只得先克服阻力流向定位缸,就实现先定位。定位后了,定位缸活塞停止移动,压力升高,直至超过调定压力时,顺序阀 1 才打开,则完成后压紧。加工完毕后,右电磁铁通电,左边断电,油路换向。起初,压力油也如上所述,被单向阀和顺序阀 2 阻止,只得先松开,夹紧缸经单向阀回油。松开结束,夹紧缸活塞停止移动,压力升高,超过预先调定的压力后,顺序阀 2 打开,则完成后拔定位元件。由于系统中可能存在压力波动,为了防止先打开顺序阀,即防止工件先被夹紧而无法定位,顺序阀的压力要调节至比先动作的夹紧油缸的最大工作压力大 0.8 MPa～1 MPa。

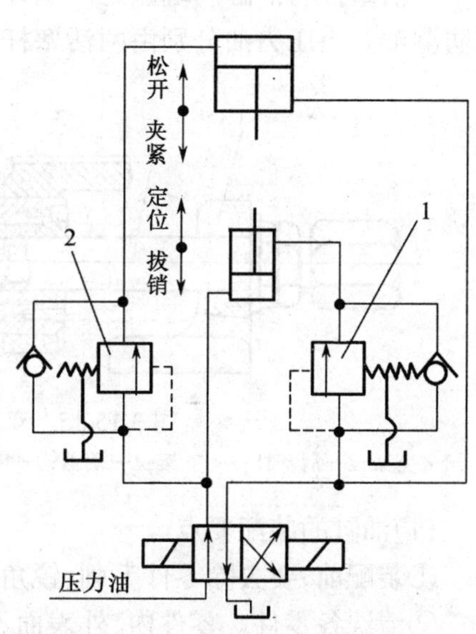

图 3-15-14　用顺序阀的顺序动作回路

顺序动作回路除了用顺序阀控制外,也可用电器行程开关控制。当部件移动到需要位置时,触发电器行程开关而使液压元件动作,从而使其执行部分运动、静止或改变方向。此法应用也很广泛。

二、液压元件和系统的装配与调整

1. 油泵的安装与调整

(1)油泵的性能试验

油泵在安装前,要作必要的性能试验。首先将油泵置于工作系统或试验台上,再进行以下项目的检查。

①用手转动齿轮泵的主动轴或叶片泵的转子轴,要求灵活无阻滞现象。

②空转 15 分钟左右,使压力从零逐渐升到额定值。各结合面不准有漏油和异常的杂音,并能达到规定的输出量。

③在额定压力下工作时,其压力波动值不准超过规定值,CB 型齿轮泵为 ±1.5 MPa,YB

型叶片泵为±2 MPa。

(2)油泵的安装要点

①油泵一般最好由电动机直接传动。

②油泵与电动机应有较高的同轴度,一般应保证同轴度误差不大于0.1 mm,倾斜角不得大于1°。在安装联轴器时不可敲打泵轴,以免损害泵轴。

③油泵的入口、出口和旋转方向,一般在铭牌中标明,应按照规定连接管路和电路。

2. 油缸的装配与调整

油缸是液压系统中的执行机构。油缸的类型主要有活塞式油缸、柱塞式油缸、摆动式油缸。但其基本组成零件有缸体、活塞、活塞杆、油缸盖、密封件等。现举例说明。

图3-15-15所示,为双出杆活塞式油缸(活塞杆固定)。图中7为缸体,6为活塞,2、10为空心活塞杆,杆上有油口与活塞缸相通。支架3、9固定在工作台上,油缸右端在支架9中固定,左端在支架3中浮动,油缸在受热时能自由伸缩。活塞杆通过支架1和支架11固定在床身上。活塞杆与油缸两端盖之间用V形密封圈密封,活塞与缸体之间用O形密封圈5密封,以防漏油。当压力油分别由两活塞杆中进出时,则使油缸实现往复运动。

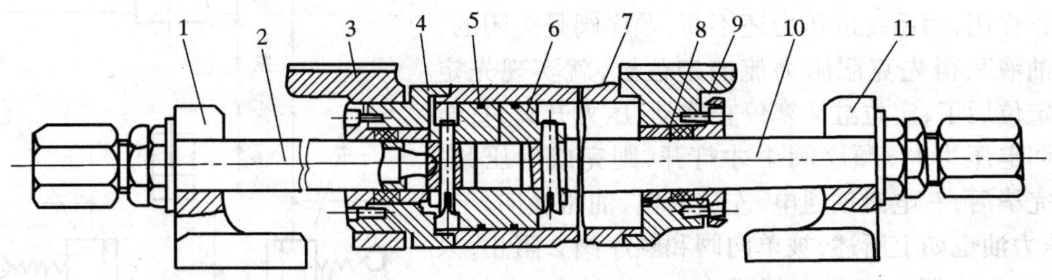

图3-15-15　双出杆活塞式油缸(活塞杆固定)结构图

1—支架;2—活塞杆;3—支架;4—端盖;5—密封圈;6—活塞;7—油缸;8—密封圈;9—支架;10—活塞杆;11—支架

(1)油缸的装配要点

①装配前,要去除零件毛刺,锐角处不得任意修钝,严格按工艺文件要求去做。

②清洗各零件。零件内、外表面不得粘附油污、磨粒及其他杂质。

③严格控制油缸与活塞之间的配合间隙。如果活塞上没有O形密封圈时,其配合间隙应为0.02 mm~0.04 mm;带O形密封圈时,配合间隙应为0.05 mm~0.1 mm。这是防止泄漏和保证运动可靠的关键。

④为保证活塞与油缸直线运动的准确和平衡,活塞与活塞杆的同轴度误差应小于0.04 mm,活塞杆在全长范围内的直线度误差不大于0.02 mm。装配时,将活塞与活塞杆连成一体,放在V形铁上,用百分表检验,必要时需进行校正,见图3-15-16。

⑤装配后,活塞在油缸内全长移动时(或油缸移动)应灵活无阻滞现象。

⑥油缸两端盖装上后,应均匀拧紧螺钉,使活塞杆在全长范围移动时,无阻滞和力不均匀的现象。

(2)油缸的密封及装配

一台液压机床能否正常工作,与油缸装配时密封件的装配质量有密切关系。密封圈的种类很多,常用的有O形、Y形、V形和回转密封圈等。在装配时,首先要了解密封件的结构,知

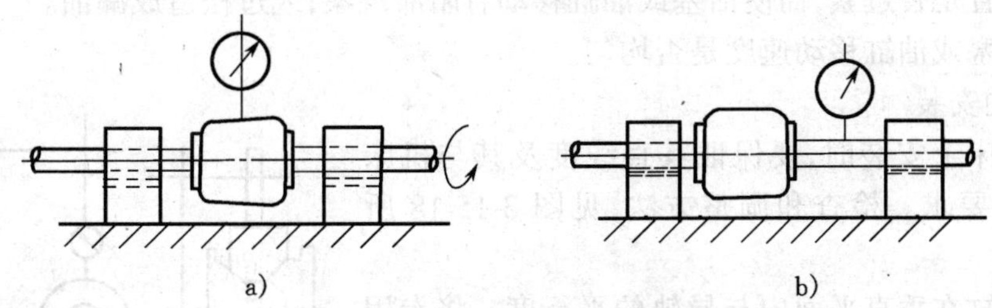

图 3-15-16　活塞与活塞杆的检查

a)活塞与活塞杆同轴度的检查　b)活塞杆直线度的检查

道哪些表面是密封工作面，并要采用合理的装配和调整方法，使密封件工作时摩擦力小，磨损小而且密封性能好，泄漏小。

装配前，应该将工件清洗干净，并涂以润滑油。对于有排列次序要求的密封圈，对照规定，确定装配次序，不能装反。在装配过程中，保护好唇边，操作时要防止密封件过分地扭曲，不能用旋具、铁棍、组锉或划线针挑拨，最好使用胎具将其压入，见图 3-15-17a。密封圈通过缸体、活塞、或活塞杆的台肩时，应该做出导向锥，如图 3-15-17b 所示。装密封圈的沟槽处应倒圆，见图 3-15-17c。密封圈通过螺纹部分时，在螺纹部分套上薄软铁皮制作的防护套，或用纸包上，见图 2-15-17d，外面涂上润滑油。密封圈通过环形沟槽时，可选用直径合适的电工保险丝卡在环形沟槽中，使密封圈顺利通过，见图 3-15-17e。活塞杆处的密封不能太紧，也不能太松。如果活塞杆伸出时，表面有一层薄薄的油膜，返回时，会被擦下，留下少许油滴，则为正常现象。正常装配，可保持系统的良好工作状态，可显著提高油缸、活塞杆和油封的使用寿命。

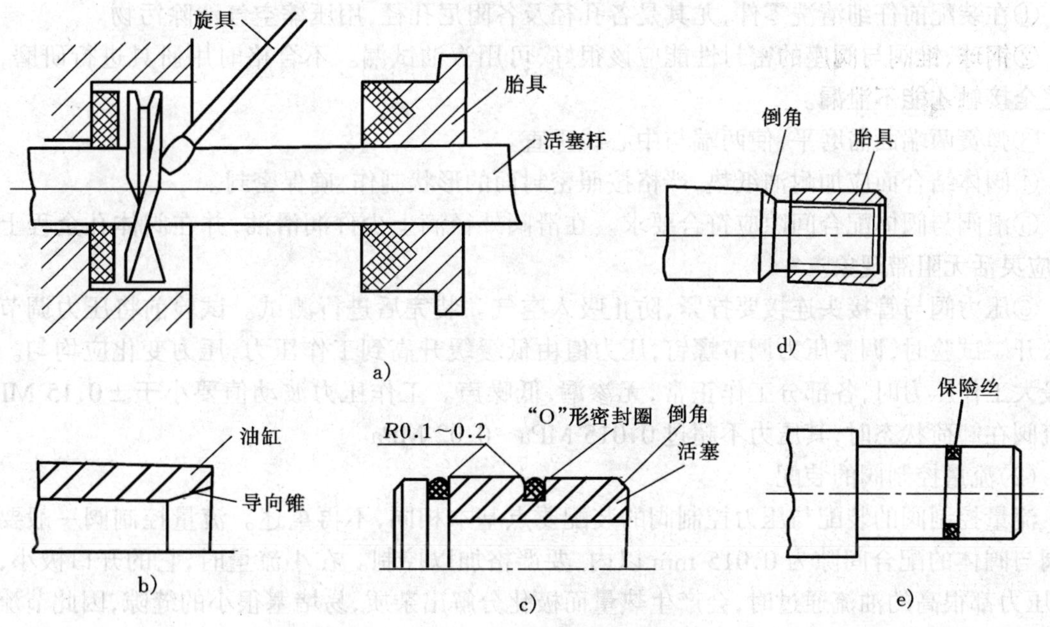

图 3-15-17　密封圈的装配

a)用胎具压入密封件　b)做出导向锥　c)沟槽处倒圆　d)使用防护套　e)使用保险丝

(3)油缸的性能试验

①在规定的压力下，观察活塞与油缸端盖、端盖与油缸的结合处是否有渗漏。

②封油装置是否过紧,而使活塞或油缸移动有阻滞现象;或过松造成漏油。

③测定活塞或油缸移动速度是否均匀。

(4)油缸的安装

油缸往机床上安装时,要保证其直线度及其与机床导轨的平行度要求。检查和调整方法,见图 3-15-18 所示。

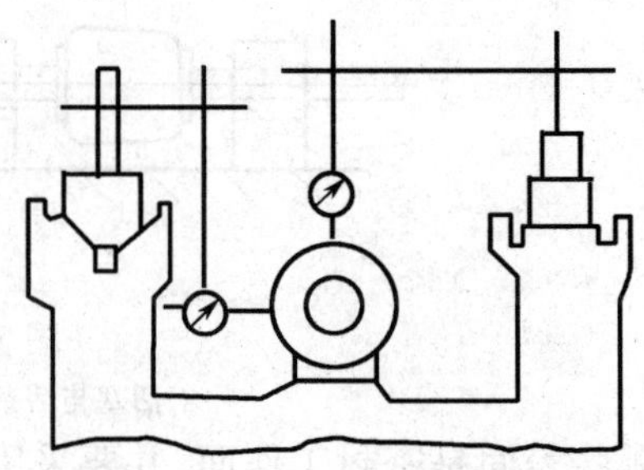

图 3-15-18　油缸和机床导轨平行度的检查

①检查油缸在垂直平面内与导轨的平行度。将专用平垫铁放在平导轨上,用百分表测量油缸的上母线。要求上母线对平导轨的平行度允差在导轨全长上不大于 0.1 mm(要求高的机床为 0.02 mm~0.05 mm)。如果超差则应修刮油缸与机床的结合面,或修刮床身上的安装表面。

②检查油缸在水平平面内与导轨的平行度。以 V 形导轨为基准,测量油缸侧母线,要求侧母线对 V 形导轨的平行度允差在导轨全长内不大于 0.1 mm(要求高的机床为 0.02 mm~0.05 mm)。如果超差可松开连接螺钉,校正侧母线至规定要求,然后紧固螺钉,并用销钉定位。

3.控制阀的装配与调整

机床液压系统中的控制阀,绝大部分已经标准化。虽然阀的种类较多(见前述),但其装配要点则大同小异。

(1)压力阀的装配与调整

①在装配前仔细清洗零件,尤其是各孔径及各阻尼孔径,用压缩空气清除污物。

②钢球、锥阀与阀座的密封性能应该很好,可用汽油试漏。不合格时用研具进行研磨,使之完全接触才能不泄漏。

③弹簧两端面需磨平,使两端与中心线垂直。

④阀体结合面应加耐油纸垫,严格按照密封面的形状制作,确保密封。

⑤滑阀与阀体配合间隙应符合要求。在滑阀外径滴上少许润滑油,并在阀体孔全程上拉动,应灵活无阻滞现象。

⑥压力阀与管接头连接要拧紧,防止吸入空气。装完后进行测试。试验前将压力调节螺钉松开。试验时,调整压力调节螺钉,压力值由低缓缓升高到工作压力,压力变化应均匀。调到最大工作压力时,各部分工作正常,无渗漏,低噪声。工作压力波动值要小于 ± 0.15 MPa。溢流阀在卸荷状态时,其压力不超过 0.015 MPa~0.02 MPa。

(2)流量控制阀的装配

流量控制阀的装配与压力控制阀的装配要点基本相同,不再重述。流量控制阀一般要求滑阀与阀体的配合间隙为 0.015 mm 以内,要严格加以控制。在小流量时,它的开口极小,速度、压力都很高的油流通过时,会产生热量而极化分解出杂质,易堵塞很小的缝隙,因此节流缝隙的材料要选用钢材制作。对于需要微量进给的机床,宜采用精密机床液压油。

(3)方向控制阀

其装配、调整与压力阀、流量阀基本相同,安装时要使轴线在水平位置。对于电动控制的方向阀,如果动作反应迟钝、不稳定或无动作,应配合电工一起检查。

安装各种阀要注意进油口和出油口的方位，不能弄错。有的阀，为了方便安装，往往开有作用相同的两个孔，在安装以后，将不用的那一个孔要封堵好。

4. 管道的装配

管道是由管子、管接头、法兰盘、衬垫等组成，用它把液压元件组合成液压传动系统，以保证油液的循环和传递能力。如果管道连接不当，不仅使液压系统失灵，而且会造成液压元件的损坏，以致发生设备和人身事故，所以必须保证装配的技术要求。

(1)管道安装的技术要求

①管道安装后，接头必须紧固、密封、无泄漏。吸油管与滤油体结合处也要注意密封。

②整个管道要尽量短，转弯次数少，尽量避免管道方向和通流截面的急剧变化，保证最小的压力损失。保证管道受温度影响时有伸缩变形的余地。

③管道和元件能单独拆装，而不影响其他元件，以便于修理。

④带有法兰盘的管道连接(适于直径较大的油管)，要保证法兰盘端面与管子轴心线垂直。

⑤较长管道各段应有支撑，牢固固定，以免振动。

⑥回油管应在最低液面以下。泄油管不应有背压，并应单设回油管。溢流阀的回油管口不应与泵的吸油口接近，以防止油液温度升高。吸油管与回油管中间可设置隔板。

⑦全部管道都要进行二次安装。第一次安装前应进行弱酸洗、中和、清洗、干燥，要清除沙子、氧化皮等杂质。在安装调试后拆下管道，用温度为 40 ℃～60 ℃的 10%～20%稀硫酸或稀盐酸溶液洗 30 min～40 min，取出后用温度为 30 ℃～40 ℃的 10%苏打水中和，然后用温水清洗、干燥、涂油，再进行正式安装。

(2)管接头的装配

管接头按结构形式不同分为扩口薄管接头、卡套式管接头、焊接式管接头、法兰式管接头和钢丝编织胶管接头等。使用时，可根据压力、管径和管子的材料选择管接头的形式。常用管接头装配要点如下。

1)扩口薄管接头的装配　对于有色金属管、薄钢管或尼龙管，一般采用扩口薄管接头。

装配时，如图 3-15-19 所示，先将管子 4 端部进行扩口，再分别套上管套 3 和管螺母 2，然后装入管接头体 1，拧紧管螺母使其与接头体结合。

扩口时，可根据生产类型选用扩口工具。大批量生产时，要用专用扩口工具；小批量生产或维修时可用如图 3-15-20 所示的手动滚压扩口方法，或用 60°锥体冲铆，若是钢管也可用锪锥口。扩口必须注意质量，锥面接合处应平整，避免应力集中，否则使用过程易断裂及泄漏。

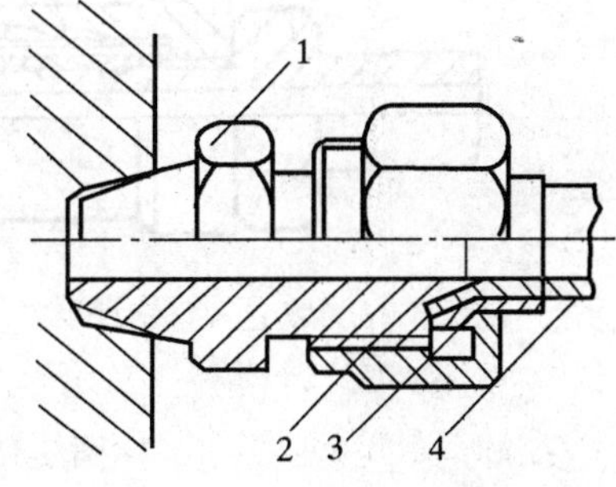

图 3-15-19　扩口薄管接头的装配

1—管接头体；2—螺母；3—管套；4—管子

管接头体与液压元件为锥管螺纹连接。装配时，在螺纹表面上涂上密封胶，或用密封胶带缠绕在螺纹上，再拧入螺孔中，以防泄漏。

2)球形管接头的装配　这是焊接式管接头的一种，如图 3-15-21 所示。装配时，分别把球形接头体 1 和凹形接头体 3 与管子焊接，再把连接螺母 2 套在球形接头体 1 上，然后拧紧螺母 2，松紧程度要适当。当压力较大时，接合球面应当研配，涂色检查时，接触面宽度应不小于 1 mm。

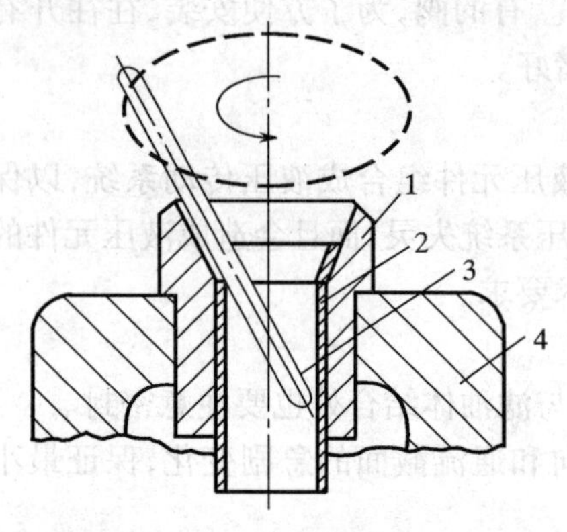

图 3-15-20　手动滚压扩口法

1—扩口模;2—管子;3—小棒;4—虎钳

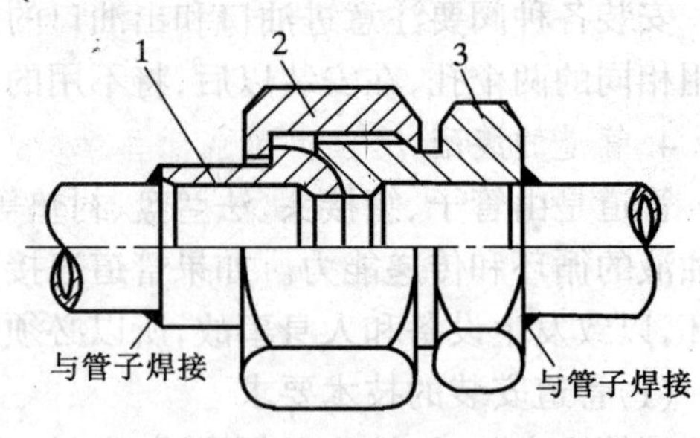

图 3-15-21　球形管接头的装配

(3)钢丝编织胶管接头的装配

钢丝编织胶管接头与胶管连接有两种形式:扣压式和可拆式。

扣压式管接头是使用专用模具扣压,适用于大批量生产。

可拆式管接头一般只用于胶管内径 $\phi4$ mm～$\phi6$mm 的钢丝编织胶管的连接,适用于小批生产和维修。装配时,如图 3-15-22 所示,将胶管 1 剥去一定长度的外胶层,剥离处倒 15°角,剥外胶层时切勿损伤钢丝层。然后装入接头外套 2 中,胶管端部与外套螺纹部分应留有 1 mm 的距离,见图 3-15-38b,并在胶管外露端做标记。最后把接头芯 3 拧入接头外套 2 及胶管 1 中。于是,胶管便被挤入接头外套 2 和接头芯 3 的槽中,使胶管与接头芯及接头套紧密连接,能防止泄漏。装完后,根据标记查看胶管是否有退离外套现象,如无退出情况,再查看内胶层是否有切伤和堆积扭曲现象,如无异状,则装配符合要求。

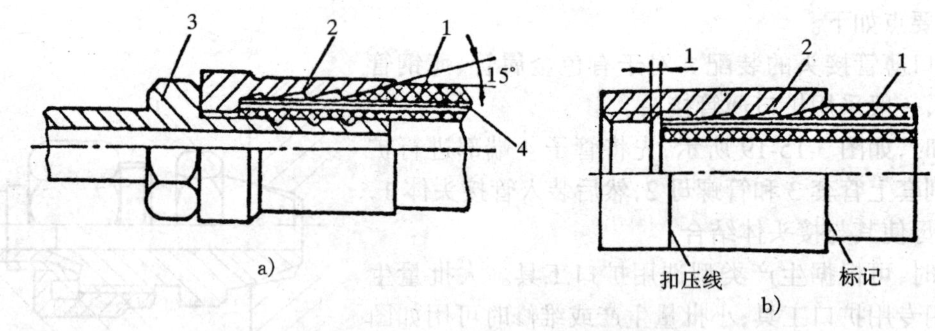

图 3-15-22　钢丝编织胶管接头的装配

a)可拆式管接头　b)装配方法

1—胶管;2—接头外套;3—接头芯;4—钢丝层

15-3　轴承的装配与调整

一、精密滑动轴承的装配与调整

滑动轴承的主要优点是:润滑油膜阻尼性好,有良好的抗振性,运动平稳、可靠,噪声小,适用于高速和高精度机械。滑动轴承根据油膜压力形成方法的不同,可分为动压滑动轴承和静压滑动轴承。它们的共同特点是两滑动表面被油膜隔开,即处于液体润滑摩擦状态,因此轴和轴承摩擦和磨损都极小,其寿命长。

(一)液体动压润滑轴承的装配与调整

轴在高速旋转时,依靠油的粘性和油与轴的附着力,把油带入轴承的楔形空间,建立起压力油膜,使轴颈与孔间的滑动表面完全隔开。用这种方式实现润滑的轴承称为液体动压润滑轴承。

1.动压润滑状态的建立

轴在静止状态时,由于轴的自重而处在轴承中的最低位置,见图 3-15-23a,轴颈与轴瓦局部表面直接接触。当轴颈按箭头方向旋转时,依靠油的粘性和油与轴的附着力,轴带着油层一起旋转,油在楔形油隙中产生挤压而提高压力,即产生动压。但转速不高,动压不足以使轴颈顶起,轴与轴承仍处在接触摩擦状态。由于摩擦力方向与轴颈表面的圆周速度方向相反,迫使轴沿轴承表面瞬时向左滚动、偏移,即"爬高",见图 3-15-23b。当轴的转速足够高时,轴便在轴承中浮起,形成了动压润滑,见图 3-15-23c。

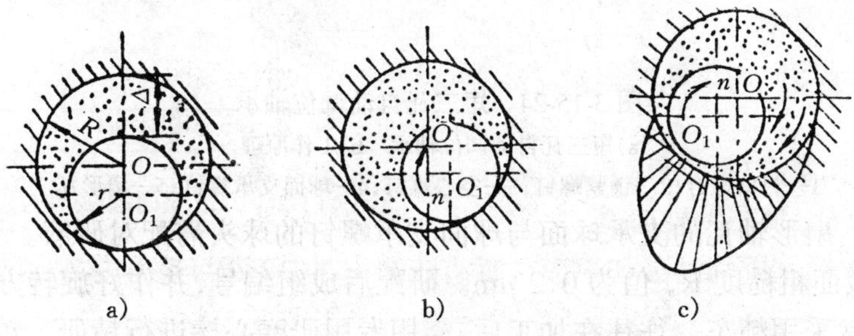

图 3-15-23　液体动压润滑的建立

a)静止状态　b)低转速　c)高转速

2.形成液体动压润滑的条件

①轴颈应有足够高的转速。

②轴颈与轴承间隙必须适当(一般为 0.01 d～0.03 d,d 为轴颈直径)。

③轴颈与轴承应具有一定的精度(尺寸、形状及相互位置精度)和较细的表面粗糙度。

④润滑油的粘度适当,有足够的供油量。

3.多瓦式动压轴承的装配和调整

多瓦式动压轴承在工作时,可产生多个油膜。其类型有二、三、四、六油楔动压轴承。这种轴承的油膜刚度好、工作稳定性好,很多磨床主轴用这种支承。

(1)多瓦式动压轴承的工作原理。

图 3-15-24 所示,为 3 个瓦块,每个瓦块由球头销支承,其支点偏离瓦块中心约 0.4 B～0.45 B。当主轴旋转时在油压作用下,3 块轴瓦各自绕球面支承螺钉的球头摆动而形成楔形油隙,使主轴浮在 3 块轴瓦中间。当主轴受外载荷而欲产生径向偏移时,由于楔形隙缝将变小,其油膜压力将升高;而在它的相反方向,油楔隙将变大,油膜压力将降低。所以可有一个使主轴恢复到中心位置的趋势,从而保证主轴的旋转精度。

(2)多瓦式动压轴承的装配与调整。

现以短三瓦为例,介绍其装配与调整过程。

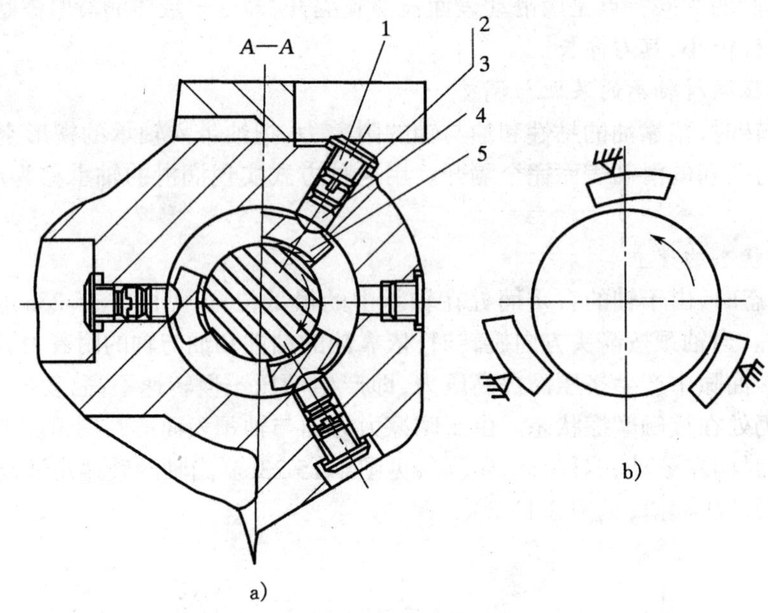

图 3-15-24　短三瓦自动调位轴承

a)短三瓦自动调位轴承　b)工作原理

1—封口螺钉;2—锁紧螺钉;3—空心螺钉;4—球面支承螺钉;5—扇形瓦

1)研磨轴瓦　扇形轴瓦的支承球面与球面支承螺钉的球头需配对研磨。要求其接触率达到 70%～80%,表面粗糙度 R_a 值为 0.2 μm。研配后成组编号,并作好旋转方向的标记。

轴瓦内孔通常采用精车。往往在加工后,需用专用研磨心棒进行精研。精研时,将研磨心棒夹在车床上,选用氧化铬研剂,在心棒旋转的同时,轴瓦在其上作少量的轴向移动。需注意研磨心棒的旋转方向要与轴瓦上标注的箭头方向一致。

2)轴与轴承的装配　装配前要仔细清洗轴、轴瓦和球面支承螺钉等零件,测量瓦块的厚度,选择 6 块厚度相同的瓦块(厚度差不超过 0.1 mm)与球面支承螺钉成对装入。注意主轴的旋转方向及瓦块上的旋转方向标记,不可装反。

在壳体两端装工艺套,见图 3-15-25a。工艺套的外径可比箱体孔小 0.005 mm～0.008 mm;内径比主轴轴颈大 0.003mm～0.006mm。调节球面支承螺钉,使各瓦块刚好与主轴接触,并保证两端工艺套都能进出自如,转动灵活,即可判断主轴、轴瓦与壳体三者同轴度达到要求。

3)轴和轴承间隙的调整　见图 3-15-25b 所示,对三件组成式球头支承螺钉,调整轴承间隙时,应先旋入球头螺钉,前、后轴承同时交替调整并逐步刚好旋紧,直至轴不能用手转动。然后旋入空心螺钉,碰到球头支承螺钉后倒旋退回约 2 mm～3 mm,再旋入锁紧螺钉,用力拧紧。由于球面螺钉螺纹之间的空隙关系,被拉紧后要缩回一段距离,于是瓦块与轴之间便产生了一定的间隙。用手转动轴感到灵活、均匀为宜。轴与轴瓦的间隙可以在轴的前、后端,靠近工艺套处用百分表进行测量。用手轻轻抬动上、下轴,百分表的示值差,即为它们的径向间隙差,如符合规定要求,则调整结束。再拧上封口螺钉,以防止轴承中润滑油的泄漏。

(二)液体静压轴承的装配

液体静压轴承,是靠外界供给一定压力的润滑油,进入轴承的油腔,形成油膜将轴浮起,并

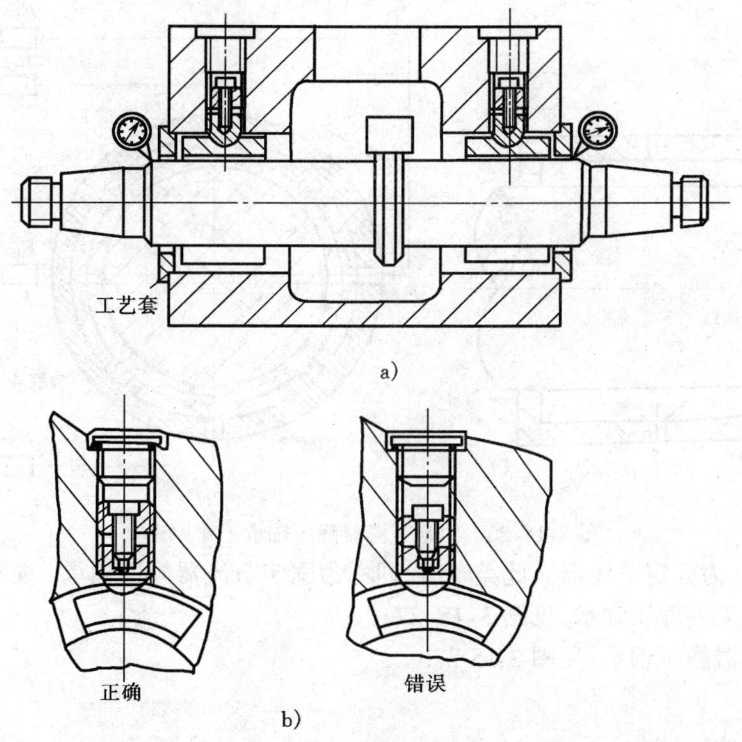

图 3-15-25　轴和轴承的装配与间隙调整

a)轴和轴承的装配　b)间隙调整

保证轴颈在任何速度(包括转速为零)和预定负荷下轴与轴承处于液体摩擦状态。其优点是:油膜的形成与转速无关,可在极低的速度下正常工作;启动和正常运转时功耗均很小,承载能力大;轴心位置稳定、刚度大、抗振性好;旋转精度高,而且能长期保持精度。

液体静压轴承的缺点是需要有一套可靠的供油系统。

1. 液体静压轴承的工作原理

(1)固定节流器静压轴承工作原理

如图 3-15-26 所示,该系统由油路系统、节流阀及轴承三大部分构成。来自油路系统的压力油 p_s,经 4 个节流器(R_{G1}、R_{G2},R_{G3}、R_{G4}),分别流入轴承的 4 个油腔(油腔 1、2、3、4)。油腔中的油经过两端间隙 h_0 流回油池。

当轴为空载荷时,如果 4 个节流器阻力相同,则 4 个油腔的压力相同,即 $p_{r1}=p_{r2}=p_{r3}=p_{r4}$,轴颈被浮在中间。

当轴受外载荷作用时,轴颈将沿载荷方向产生一定的位移。例如位移向下,则上油腔 1 的回油间隙 h_0 增大,回油阻力减小,上油腔的压力 p_{r1} 下降;而下油腔 3,其压力 p_{r3} 升高。此时,在油腔的上、下方形成压力差。该压力作用在轴颈上并与外载荷平衡,使轴处于新的平衡位置。

为了平衡外载荷变化(ΔW),轴颈必须偏一定的距离(即偏心距 Δe,此值经合理设计可极微小)。通常把外载荷的变化与轴颈偏心距的变化的比值 $\Delta W/\Delta e$,称为静压轴承的刚度。

上述系统的油腔压力变化,是在节流器阻力不变的情况下,通过回油阻力的改变而达到

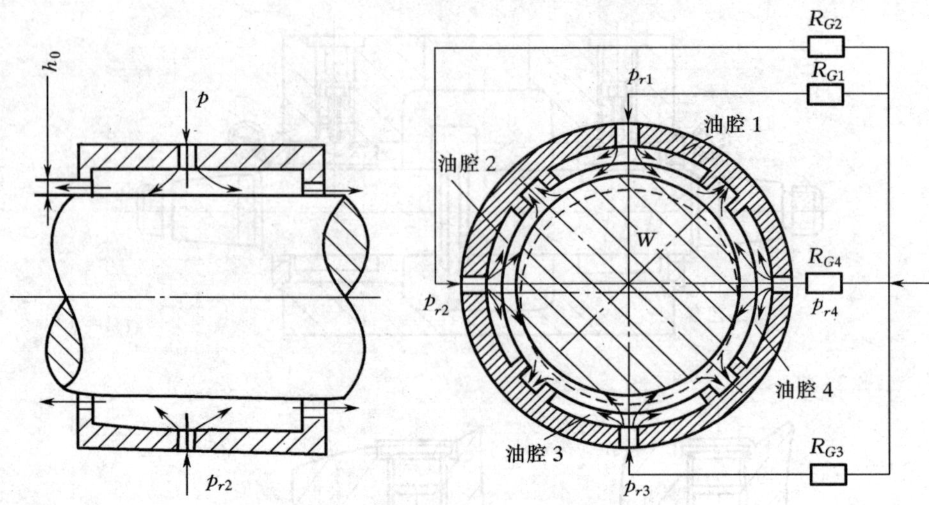

图 3-15-26　固定节流器静压轴承工作原理

的，这种节流器称为固定节流器。此类轴承，即称为固定节流器静压轴承。常用的形式如下：

①毛细管节流器静压轴承，见图 3-15-27a；

②小孔节流器静压轴承，见图 3-15-27b。

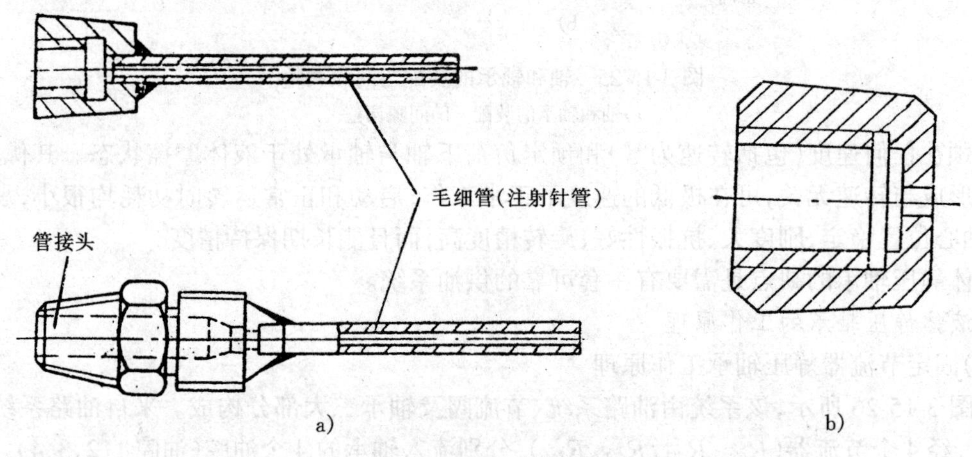

图 3-15-27　固定节流器

a)毛细管节流器　b)小孔节流器

(2)可变节流器静压轴承工作原理

见图 3-15-28 所示，来自油路系统的压力油 p_s，通过薄膜两侧流入轴承油腔。当轴没有受到载荷时，$p_{r1}=p_{r2}$，轴浮在轴承中间，薄膜处于平直状态。

当轴受外载荷 W 作用时，轴颈偏移(如图向下偏)，使上油腔间隙增大，回油阻力减小，油腔压力下降；下油腔间隙减小，回油阻力增大，油腔压力升高。产生的压力差为 $p_{r3}-p_{r1}$。此压力差除了平衡载荷外，同时还使节流器中薄膜的变形量为 δ。此时油腔 1 的节流间隙 G_{01} 减小，节流阻力增大，使 p_{r1} 更进一步降低；反之，油腔 3 的节流间隙 G_{03} 增大，节流阻力减小，使 p_{r3} 更进一步升高。因此，平衡载荷的力又多了一个由可变节流器阻力变化而形成的反馈力，所以轴心的实际偏移量比用固定节流器时要小，从而提高了轴承的刚度和旋转精度。它适用于重载或工作载荷变化范围大的精密机床和重型机床。

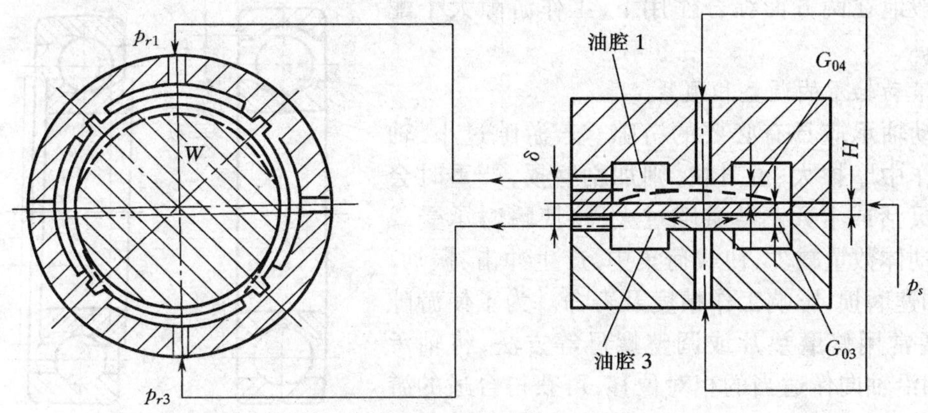

图 3-15-28　薄膜反馈节流静压轴承工作原理

可变节流器常用的形式有：

①薄膜反馈节流器；

②滑阀节流器。

2. 静压轴承的装配

①把轴、轴承、箱体、管路等有关零件的毛刺清除干净，并彻底清洗。由于节流孔很小，要仔细清洗。清洗时不要使用棉纱，可使用绸子，以防堵塞。

②管路不许有漏油现象，系统内不许有空气，否则会引起压力波动。液压油应按说明书严格掌握。

③静压轴承的外圆与轴承壳体孔的配合，应保证一定的过盈量，防止因各油孔或油槽互通，从而引起各油腔之间互通。

④静压轴承装入壳体内孔后，可用研磨法保证前、后轴承孔的同轴度，以及与轴颈的配合间隙的要求。

⑤装配后接上供油系统。在启动前，先用手转动轴，感觉轻便灵活，方可启动。

二、精密滚动轴承的装配与调整

滚动轴承与轴颈、壳体孔的装配质量直接影响装配体的回转精度和使用寿命。因此，装配时必须掌握装配技术，保证装配精度要求。

（一）滚动轴承游隙的调整和预紧

1. 滚动轴承的游隙

滚动轴承的游隙按方向可分为：径向游隙，见图 3-15-29a 所示；轴向游隙，见图 3-15-29b 所示。将一个套圈固定，另一套圈沿径向或轴向的最大活动量称为游隙。

根据滚动轴承所处的状态不同，径向游隙分为原始游隙、配合游隙和工作游隙。

①原始游隙是指轴承在未安装时自由状态下的游隙。新轴承的原始游隙，有专门的表格可查阅。

②配合游隙是指轴承安装到轴颈上和壳体孔内以后存在的游隙。由于配合游隙的大小与轴承配合量有直接关系，所以配合游隙总是小于原始游隙。

③工作游隙是指轴承在工作状态时的游隙。轴承在工作状态时，由于内外圈的温度差，以

及在工作负荷的作用下,滚动体和套圈产生弹性变形。一般地在两方面综合作用下,工作游隙大于配合游隙。

2. 滚动轴承的调整和预紧

滚动轴承应具有必要的游隙。若游隙过小,轴承在工作中摩擦大、温升快,则加剧磨损,严重时会运转不灵活或卡死。若游隙过大,将使瞬时承受载荷的滚动体数量减少,使载荷集中,产生冲击、振动、噪声,加速磨损,影响工作精度及寿命。为了使游隙适当,通常用修磨垫片或调整螺母等方法,将轴承内、外圈沿轴向作适当的相对位移,可获得合适的游隙。

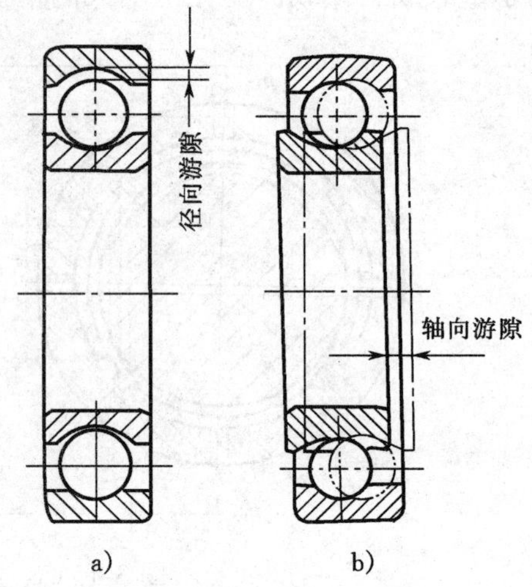

图 3-15-29　滚动轴承的游隙
a)径向游隙　b)轴向游隙

对于高速和高精度机械,在安装滚动轴承时,往往设有调整和预紧机构。滚动轴承的预紧是指在安装轴承时,预先给轴承一轴向载荷,不仅完全消除轴承的游隙,而且使滚动体与内、外圈产生弹性变形,见图 3-15-30 所示。预紧后,滚动体与内、外圈间接触面积增大,同时承载的滚动体数量增加,则受力均匀,防止工作时内、外圈之间产生相对位移,提高了轴承的刚度和抗振性,延长了使用寿命。

滚动轴承的预紧可分为径向预紧和轴向预紧。

①径向预紧通常采取胀大轴承内圈来实现。对于圆锥孔轴承,可使内圈在锥度轴颈上作轴向移动,如图 3-15-31 所示;对于圆柱孔轴承,则采取增加与轴的配合过盈量来实现。

②轴向预紧都是依靠内、外圈之间相对移动来实现。常用的方法见表 3-15-5。

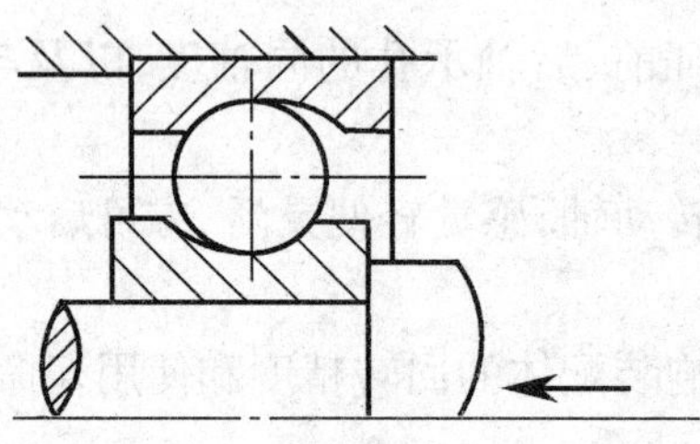

图 3-15-30　滚动轴承预紧的基本原理

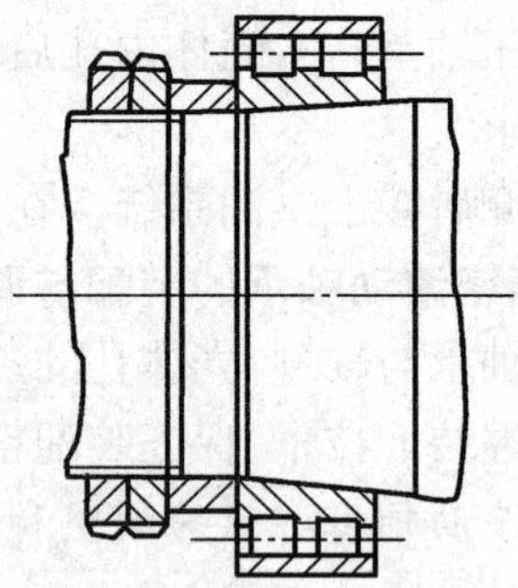

图 3-15-31　调整内锥孔轴承的轴向位置进行预紧

预紧力的大小应适当。对不同种类和不同最高转速的轴承,预紧力应不同。当预加载荷已由设计确定时,便可用专用工具、百分表或感觉法测出在一定预紧力工作下,轴承内、外圈之间的相对位移量,从而得出加垫圈或磨窄轴承等方法所需的数值。

如图 3-15-32 所示,把轴承内圈套入圆柱体的轴肩上,外端面固定在套筒的端面上,在内圈施加已确定的预加载荷,然后用百分表测出轴承内、外圈轴向位移量 Δh_1 和 Δh_2。每隔 120°测一次,取其平均值,即可确定装配前轴承端面应加垫圈的厚度值,或轴承端面应磨窄的数值。

表 3-15-5　常见轴向预紧的方法

预紧方法	图　　例
磨窄成对使用的轴承内圈或外圈	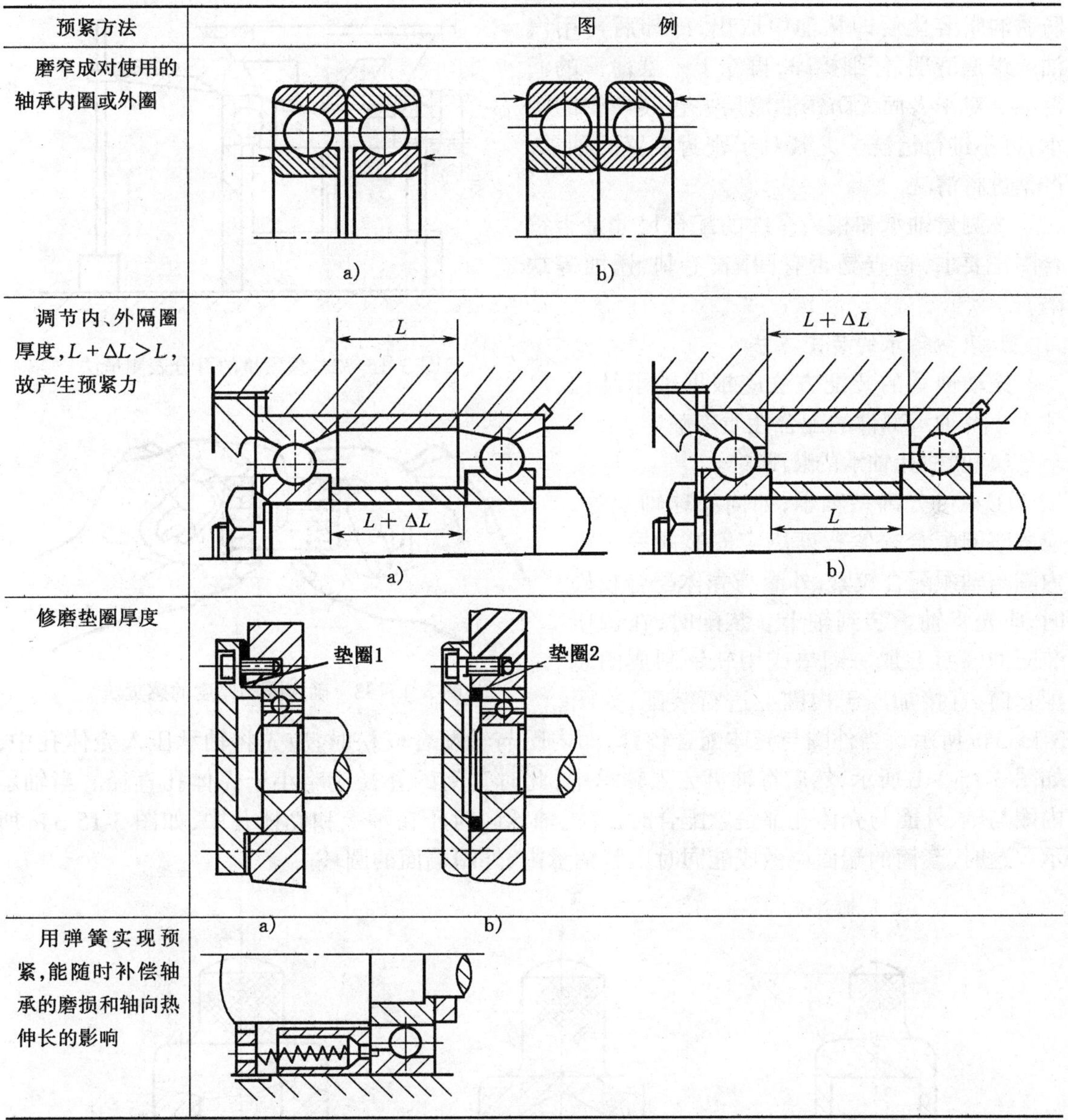 a)　b)
调节内、外隔圈厚度，$L+\Delta L>L$，故产生预紧力	a)　b)
修磨垫圈厚度	a)　b)
用弹簧实现预紧，能随时补偿轴承的磨损和轴向热伸长的影响	

在预紧力较小或仅希望消除轴承内部游隙时，可采用感觉法，也可获得比较正确的预加负荷。如图 3-15-33 所示，用双手的大姆指和食指直接压紧轴承的外圈或内圈（压力相当于预紧力），用手指拨动内、外圈隔套，如松紧程度一样，则内、外隔套厚度差即符合预紧要求，否则在研磨平板上研磨阻力稍大的一个，直至符合要求。

（二）滚动轴承的装配

滚动轴承与轴颈、壳体孔的装配质量直接影响装配体的回转精度和使用寿命。因此，装配时要严格按装配工艺要求进行。

1. 装配前的准备工作

①清洗轴承和有关零件。轴承是用防锈油封存的，可用汽油或煤油清洗。如果用厚油和

防锈油脂封存的，可用轻质矿物油加热溶解清洗（油温不超过 100 ℃）。把轴承浸入油内，待防锈油脂溶化后即从油中取出，冷却后再用汽油或煤油清洗，仔细擦净，再涂上一层薄薄的润滑油。对于表面无防锈油涂层并包装严密的轴承，可不进行清洗。尤其对于密封装置的轴承，严禁进行清洗。

②测量轴承和相关零件的配合尺寸是否符合图样要求，检查是否有凹陷、毛刺、锈蚀等缺陷。

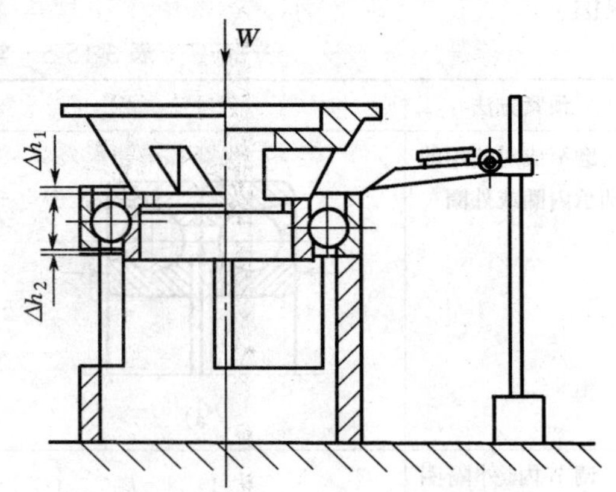

图 3-15-32　预紧量的百分表测量法

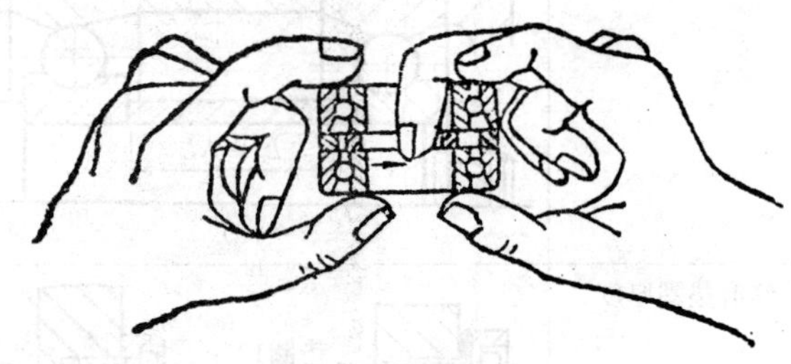

图 3-15-33　确定隔圈厚度的感觉法

2. 滚动轴承的装配方法

滚动轴承的装配方法应根据轴承结构、尺寸大小及轴承部件的配合性质来确定。

(1)圆柱孔轴承的装配

①不可分离型轴承，如向心球轴承等，应按座圈配合松紧程度决定安装顺序。当内圈与轴颈配合较紧，外圈与壳体配合较松时，应先将轴承装到轴上。装配时，在待压装圈的端面上加一铜垫或用软钢制成的装配套筒，直接加压于内圈上进行装配，如图 3-15-34a 所示。当外圈与壳体配合较紧，而内圈与轴配合较松时，应先将轴承压入壳体孔中，如图 3-15-34b 所示，然后将轴再装入轴承中，此时套筒的外径应略小于壳体孔直径。当轴承内圈与轴、外圈与壳体孔都是紧配合时，应把轴承同时压在轴上和壳体孔中，如图 3-15-34c 所示。这时，套筒的端面应做成能同时压紧轴承内、外圈端面的圆环。

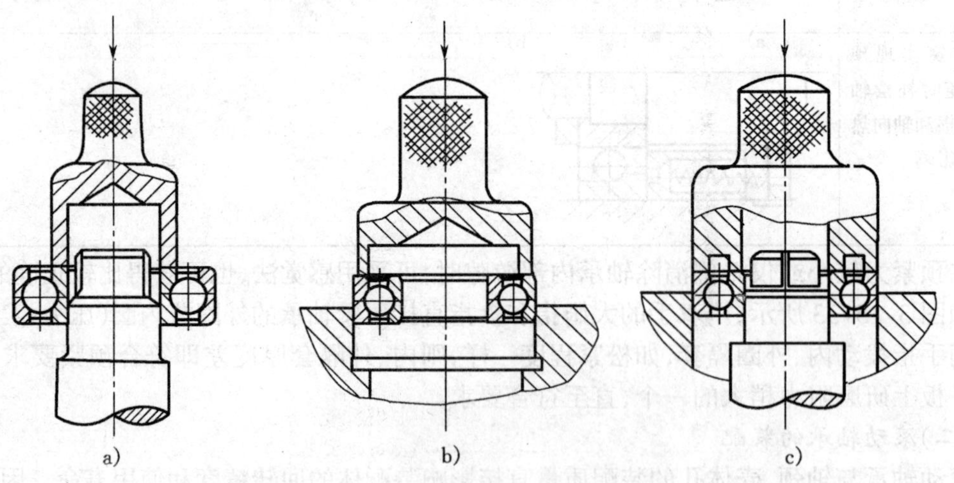

图 3-15-34　用压入法安装圆柱孔轴承

a)内圈紧时先装在轴上　b)外圈紧时先装入壳体中　c)内外圈都紧时同时装

②分离型轴承，如圆锥滚子轴承，因其内、外圈可分离，可以分别把内圈装到轴上，外圈装

到壳体孔中，然后将轴组一起装入外圈孔中，最后调整它们之间的游隙。

③座圈压入方法的选择，主要由配合过盈量的大小来确定。当配合过盈量较小时，可用铜棒在轴承内圈(或外圈)端面均匀敲入或用套筒加压。严格禁止直接用手锤敲打轴承座圈。当配合过盈量较大时，可用压力机械压入。一般常用杠杆齿条式或螺旋式压力机，还可采用油压机装压轴承。

④对于过盈量大或精密轴承装配时，可采用热胀法(又称红套法)。即将轴承放入油中加热，一般加热温度为 80 ℃～110 ℃。对于较大轴承采用将轴承放在格网上加热，如图 3-15-35a 所示。对于小型轴承可以挂在吊钩上加热，如图 3-15-35b 所示。

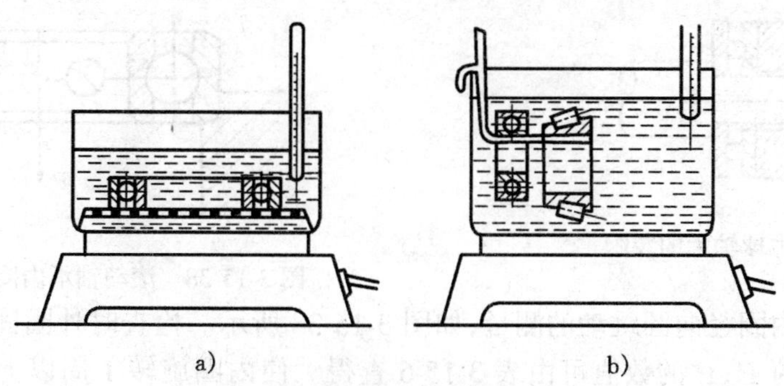

图 3-15-35　轴承在油箱中的加热方法

a)大轴承加温　b)小轴承加温

近年来，采用感应加热器(又称轴承加热器)加热轴承，应用较广泛。该法比油加热法节能、安全、操作方便、效率高。对于小型、薄壁、精密、过盈较小的轴承也可采用冷缩法。

对于带有密封装置的轴承，内部已充满润滑油脂，则不能采用热胀法、冷缩法进行装配，以防破坏原有的润滑状态。

(2)圆锥孔轴承的装配

圆锥孔轴承内孔为 1:12 的锥度孔。根据安装及使用要求不同，可直接装在有锥度的轴颈上，如图 3-15-36a 所示；或装到紧定套上，如图 3-15-36b 所示；或装到退卸套上，如图 3-15-52c 所示。

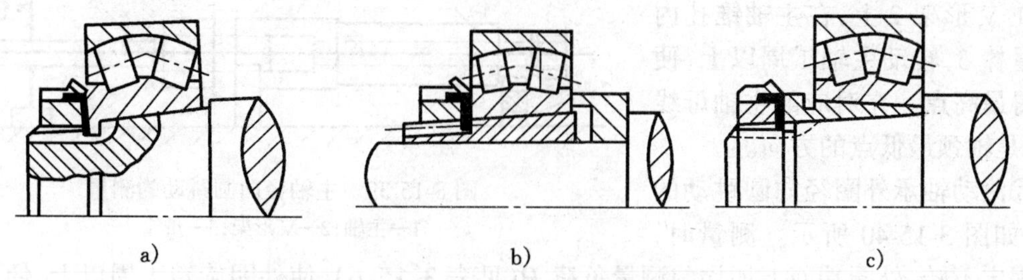

图 3-15-36　圆锥孔轴承的装配

a)装在轴上　b)装在紧定套上　c)装到退卸套上

(3)推力球轴承的装配

推力球轴承有松环和紧环之分。松环的内孔比紧环内孔大，与轴配合有间隙，能与轴相对转动。紧环与轴配合较紧，与轴相对静止，如图 3-15-37 所示。装配时要使紧环靠在转动零件的平面上,松环靠在静止零件的平面上。

3.滚动轴承的定向装配

对于精度要求高的主轴部件,安装滚动轴承时,应采用定向装配法。滚动轴承的定向装配,就是使轴承内圈的偏心(径向圆跳动)与轴颈的偏心、轴承外圈的偏心与壳体孔的偏心都分别配置于同一轴向截面内,并按一定的方向装配,使相关零件的制造偏差相互补偿、抵消至最小值的装配方法。它提高主轴的旋转精度。定向装配前要测出滚动轴承及其相配零件配合表面的径向圆跳动和方向,并作标记。

(1)装配件径向圆跳动的测量

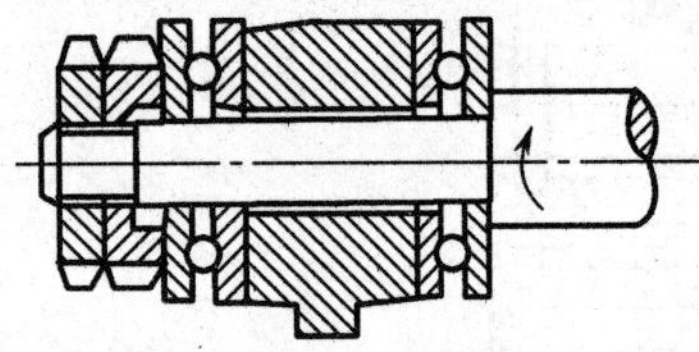

图 3-15-37 推力球轴承的装配

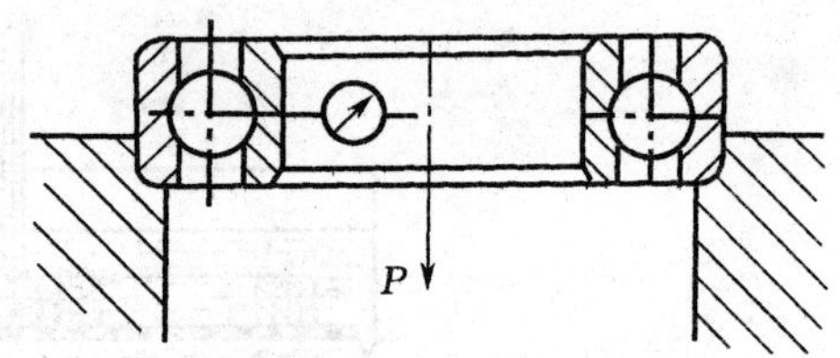

图 3-15-38 滚动轴承内圈径向圆跳动的测量

①滚动轴承内圈径向圆跳动的测量,如图 3-15-38 所示。检查时外圈固定不动,内圈上加一均匀的测量负荷 P,P 的数值可由表 3-15-6 查得。使内圈旋转 1 周以上,便可测得内圈孔表面的径向圆跳动的最大值及其方向。

表 3-15-6 测量滚动轴承圆跳动所加的负荷

轴承公称直径(mm)		检查时所加负荷(N)	
超过	至	角接触球轴承	深沟球轴承
	30	40	15
30	50	80	20
50	80	120	30
80	120	150	50
120		200	60

②轴颈径向圆跳动的测量,如图 3-15-39 所示。将主轴 1 的两轴颈放在 V 形架 2 上,在主轴锥孔内插入量棒 3,转动主轴 1 周以上,便可测得最高点。在对应的主轴母线上,便是轴颈最低点的方向。

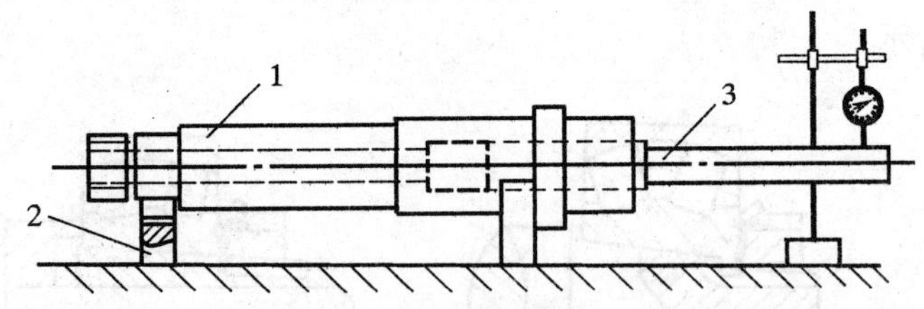

图 3-15-39 主轴径向圆跳动的测量

1—主轴;2—V 形架;3—量棒

③滚动轴承外圈径向圆跳动的测量,如图 3-15-40 所示。测量时,内圈固定不转,外圈端面上加均匀测量负荷 P(见表 3-15-6),使外圈旋转 1 周以上,便可测得外圈的径向圆跳动最大值及方向。

(2)滚动轴承定向装配

通过以上径向圆跳动测量后,当前、后两个滚动轴承的径向圆跳动量不等时,应使前轴承的径向圆跳动量比后轴承的小。装配时,应使滚动轴承内圈的最高点与主轴轴颈的最低点相对应,使滚动轴承外圈的最高点与壳体孔的最低点相对应。但由于一般壳体为箱体部件,由于测量孔偏差较费时间，通常可只将前、后轴承外圈的最大径向跳动点在箱体孔内装成一条直线即可。

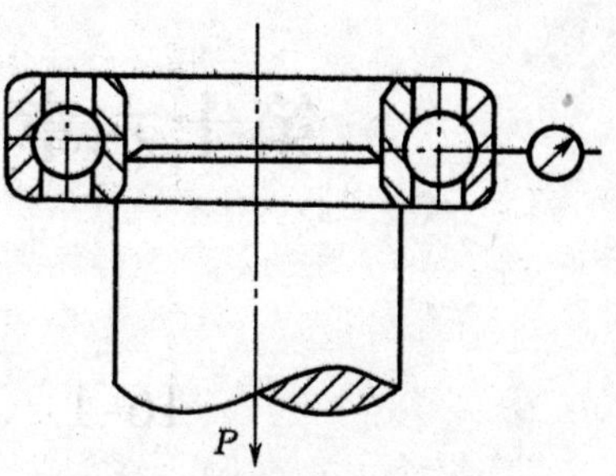

图 3-15-40　滚动轴承外圈径向圆跳动的测量

第十六章　卧式车床的装配与调整

16-1　卧式车床的精度和试车验收

一、卧式车床的精度标准

为了保证机床的制造质量，保证工件达到所需的加工精度和表面粗糙度，国家对各类通用机床都规定了精度标准及其检验方法。卧式车床精度检验项目，根据 GB4020—83 标准规定，内容包括：几何精度的检验项目、检验方法、采用的检验工具和允差值；工作精度的检验项目、检验性质、试件尺寸、切削条件和允差值。金属切削机床精度检验的通则(JB2670—82)还规定了有关检验方法的定义、检验工具的使用、公差的一般原理以及检验前的准备工作等，使机床几何精度和工作精度的检验方法标准化。在装修机床之前，必须做到全面熟悉和掌握。

1. 几何精度标准

卧式车床几何精度的检验项目共有 15 项。GB4020—83 中规定，以 G1，G2，G3，……，G15 为序号表示，其具体内容见表 3-16-1。

表 3-16-1　卧式车床的几何精度标准

序号	检验项目	允　差　(mm)		检验工具
		$D_a<800$	$800<D_a<1250$	
G1	导轨调平 a. 纵向导轨在垂直平面内的直线度	$DC<500$		精密水平仪或光学仪器
		0.01(凸)	0.015(凸)	
		$500<DC<1000$		
		0.02(凸)	0.025(凸)	
		局部公差 在任意 250 测量长度上		
		0.0075	0.01	
		$DC>1000$ 最大工件长度每增加 1000，允差增加		
		0.01	0.015	
		局部公差 在任意 500 测量长度上为		
		0.015	0.02	
	b. 横向导轨的平行度	0.04/1000		精密水平仪

续表

<table>
<tr><th rowspan="2">序号</th><th rowspan="2">检验项目</th><th colspan="2">允　差　(mm)</th><th rowspan="2">检验工具</th></tr>
<tr><th>D_a＜800</th><th>800＜D_a＜1250</th></tr>
<tr><td rowspan="4">G2</td><td rowspan="4">溜板移动在水平面内的直线度
(尽可能在两顶尖间轴线和刀尖所确定的平面内检验)</td><td colspan="2">DC＜500</td><td rowspan="4">a. 指示器和检验棒或指示器和平尺(仅适用于DC小于或等于2000mm)
b. 钢丝和显微镜或光学仪器</td></tr>
<tr><td>0.015</td><td>0.02</td></tr>
<tr><td colspan="2">500＜DC＜1000
0.02　　0.025</td></tr>
<tr><td colspan="2">DC＜1000
最大工件长度每增加1000,允差增加
0.005
最大允差
0.03　　0.05</td></tr>
<tr><td rowspan="2">G3</td><td rowspan="2">尾座移动对溜板移动的平行度:
a. 在垂直平面内
b. 在水平面内</td><td colspan="2">DC＜1500
a和b　0.03　|　a和b　0.04
局部公差
在任意500测量长度上为
0.02</td><td rowspan="2">指示器</td></tr>
<tr><td colspan="2">DC＞1500
a和b　0.04
局部公差
在任意500测量长度上为0.03</td></tr>
<tr><td>G4</td><td>a. 主轴的轴向窜动
b. 主轴轴肩支承面的跳动</td><td>a. 0.01
b. 0.02</td><td>a. 0.015
b. 0.02</td><td>指示器和专用检具</td></tr>
<tr><td></td><td></td><td colspan="2">(包括轴向窜动)</td><td></td></tr>
<tr><td>G5</td><td>主轴定心轴颈的径向跳动</td><td>0.01</td><td>0.015</td><td>指示器</td></tr>
<tr><td>G6</td><td>主轴锥孔轴线的径向跳动:
a. 靠近主轴端面
b. 距主轴端面L处(L等于D_a/2或不超过300 mm。对于D_a＞800 mm的车床测量长度应增加至500 mm)</td><td>a. 0.01
b. 在300测量长度上为0.02</td><td>a. 0.015
b. 在500测量长度上为0.05</td><td>指示器和检验棒</td></tr>
<tr><td>G7</td><td>主轴轴线对溜板移动的平行度:
a. 在垂直平面内
b. 在水平面内
(测量长度为D_a/2或不超过300mm;对于D_a＞800mm的车床,测量长度应增加至500mm)</td><td>a. 在300测量长度上为0.03

(只许向上偏)

b. 在300测量长度上为0.015

(只许向前偏)</td><td>a. 在500测量长度上为0.04

b. 在500测量长度上为0.03</td><td>指示器和检验棒</td></tr>
<tr><td>G8</td><td>顶尖的跳动</td><td>0.015</td><td>0.02</td><td>指示器和专用顶尖</td></tr>
</table>

续表

序号	检验项目	允差(mm)		检验工具
		D_a<800	800<D_a<1250	
G9	尾座套筒轴线对溜板移动的平行度： a.在垂直平面内 b.在水平面内	a.在100测量长度上为0.015 (只许向上偏) b.在100测量长度上为0.01 (只许向前偏)	a.在100测量长度上为0.02 b.在100测量长度上为0.015	指示器
G10	尾座套筒锥孔轴线对溜板移动的平行度： a.在垂直平面内 b.在水平面内 (测量长度为 $D_a/2$ 或不超过300 mm；对于 D_a>800 mm的车床，其测量长度应增加至500 mm)	a.在300测量长度上为0.03 (只许向上偏) b.在300测量长度上为0.03 (只许向前偏)	a.在500测量长度上为0.05 b.在500测量长度上为0.05	指示器和检验棒
G11	床头和尾座两顶尖的等高度	0.04 (只许尾座高)	0.06	指示器和检验棒
G12	小刀架移动对主轴轴线的平行度	在300测量长度上为0.04		指示器和检验棒
G13	横刀架横向移动对主轴轴线的垂直度	0.02/300 (偏差方向 α>90°)		指示器和平盘或平尺
G14	丝杠的轴向窜动	0.015	0.02	指示器和钢球
G15	由丝杠所产生的螺距累积误差	DC<2000 a.在任意300测量长度上为0.04 DC>2060 最大工件长度每增加1000，允差增加0.005 最大允差 0.05 b.在任意60测量长度上为0.015		标准丝杠和电传感器长度规、指示器和专用检具

注：DC 表示最大工件长度；D_a 表示最大工件回转直径。

2.工作精度标准

普通车床的工作精度标准共有3个项目，分别以P1、P2、P3表示，见表3-16-2。

表 3-16-2　普通车床工作精度标准

序号	检验性质	切削条件	检验项目	允差（mm） $D_a<800$	允差（mm） $800<D_a<1250$	检验工具
P1	精车夹在卡盘中的圆柱试件①（试件也可插在主轴锥孔中）	在圆柱面上车削 3 段直径；当 $l_1<50$ mm 时可车削两段直径	精车外圆的精度： a. 圆度 b. 圆柱度（任何锥度都应当大直径靠近床头端）	a 0.01 b 在 300 测量长度上为 0.03 两个相邻台的直径差（只有两个台时除外）不应大于最外面两个台直径差的 75%	 0.02 0.04	千分尺或精密检验工具
*P*2	精车夹在卡盘中的盘形试件②	精车垂直于主轴的端面（可车两个或 3 个 20 mm 宽的平面，其中之一为中心平面）	精车端面的平面度	300 直径上为 0.02 （只许凹）		平尺和块规或指示器
*P*3	精车两顶尖间圆柱试件③的 60°普通螺纹	试件螺距应与母丝杠螺距相同，直径应尽可能接近母丝杠的直径	精车 300 mm 长螺纹的螺距误差	*DC*≤2000 a. 在 300 测量长度上为 0.04 *DC*＞2000 最大工件长度每增加 1000，允差增加 0.005 最大允差 0.05 b. 在任意 50 测量长度上为 0.015		专用精密检查工具

注：①试件材料为钢材；②试件材料为铸铁；③试件材料为钢材。

二、精度检验方法

1. 检验序号 G1 ——导轨调平

1）G1a ——纵向导轨在垂直平面内的直线度　如图 3-16-1 所示，在滑板上靠近前导轨处纵向放一水平仪，等距离移动滑板检验。将水平仪的读数依次排列，画出导轨误差曲线，其两端点连线的最大坐标值就是导轨全长的直线度误差。曲线上任意局部测量长度的两端点连线的坐标差值，就是导轨的局部误差。也可将水平仪直接放在导轨上进行检验。

2）G1b ——横向导轨的平行度　如图 3-16-2 所示，在溜板上放一水平仪，等距离移动溜板检验（移动距离同 G1a）。水平仪在全部测量长度上读数的最大代数差值，就是导轨的平行度误差。

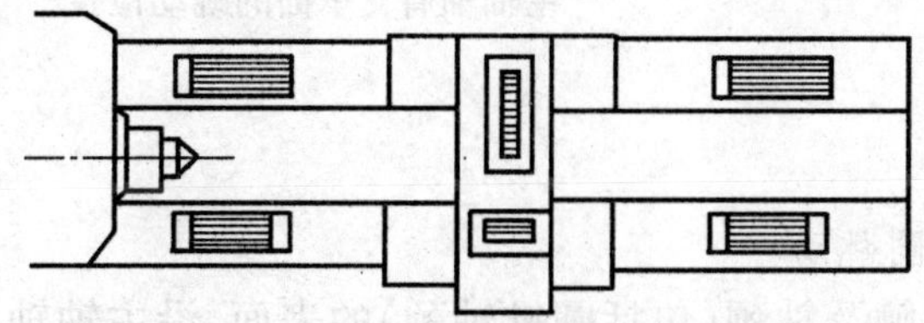

图 3-16-1　导轨在垂直平面内的直线度检验

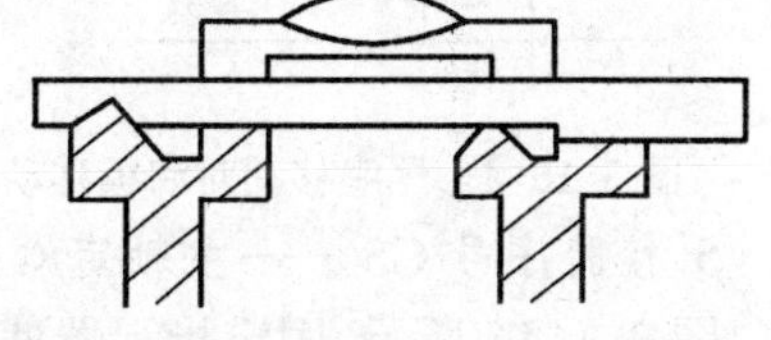

图 3-16-2　横向导轨的平行度检验

2. 检验序号 G2 ——溜板移动在水平面内的直线度

①图 3-16-3a 所示，将指示器（如百分表）固定在溜板上，使其测头触及主轴和尾座的顶尖

间的检验棒表面。调整尾座,使指示器在检验棒两端的读数相等,移动溜板在全部行程上检验,指示器读数的最大代数差值就是直线度误差。

②图 3-16-3b 所示,用钢丝和显微镜检验。在机床中心高的位置上绷紧一根钢丝,显微镜固定在溜板上,调整钢丝,使显微镜在钢丝两端的读数相等。等距离移动溜板,在全部行程上检验,显微镜读数的最大代数差值就是直线度误差。

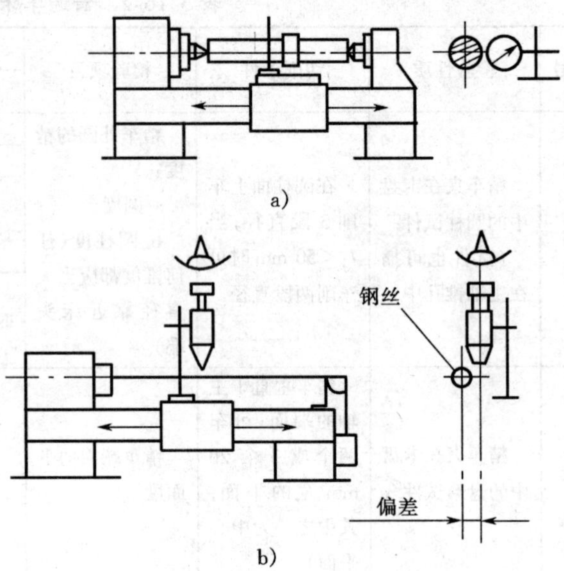

图 3-16-3　溜板移动在水平面内的直线度检验
a)用百分表检验　b)用显微镜检验

3. 检验序号 G3 ——尾座移动对溜板移动的平行度

图 3-16-4 所示,将指示器固定在溜板上,使其测头触及近尾座体端面的顶尖套上,在垂直和水平面内,锁紧顶尖套,使尾座与溜板一起移动,在溜板全部行程上检验。a、b 的误差分别计算,指示器在任意 500 mm 行程上和全部行程上读数的最大差值,就是局部长度和全长上的平行度误差。

4. 检验序号 G4 ——主轴的轴向窜动及主轴轴肩支承面的跳动

①图 3-16-5 所示,指示器固定在溜板上,使其测头触及插入主轴锥孔的检验棒端部钢球上,沿主轴轴线加一力 F,慢速旋转主轴检验。指示器读数的最大差值就是主轴轴向窜动误差。

②图 3-16-5 所示,指示器固定在溜板上,使其测头触及主轴轴肩支承面上,沿主轴轴线加一力 F,慢速旋转主轴。指示器读数的最大差值就是轴肩支承面的跳动误差。

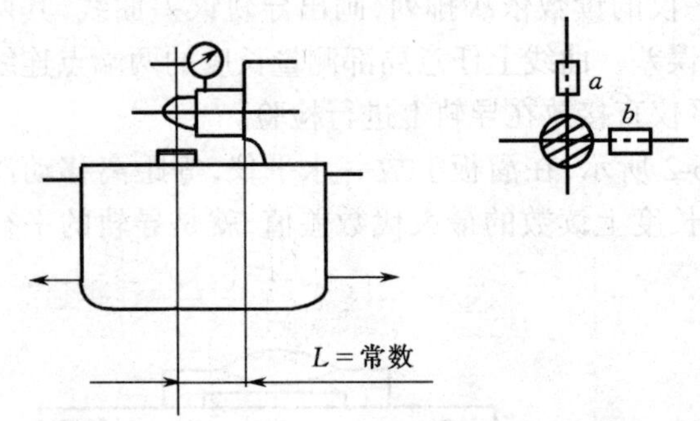

图 3-16-4　尾座移动对溜板移动的平行度

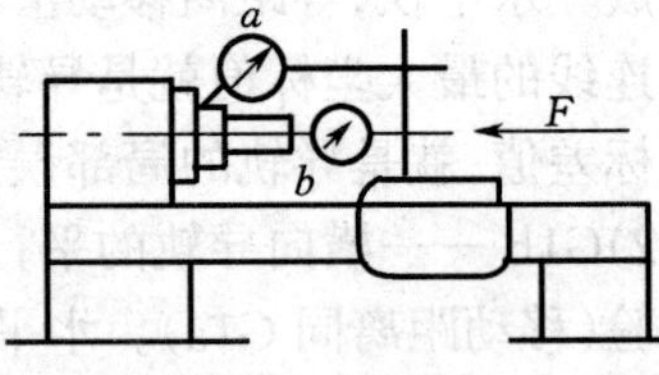

图 3-16-5　主轴轴向窜动及主轴轴肩支承面的跳动检验

5. 检验序号 G5 ——主轴定心轴颈的径向圆跳动

图 3-16-6 所示,固定指示器使其测头垂直触及轴颈(包括圆锥轴颈)的表面,沿主轴轴心加一力 F,旋转主轴检验,指示器读数的最大差值就是径向圆跳动误差。

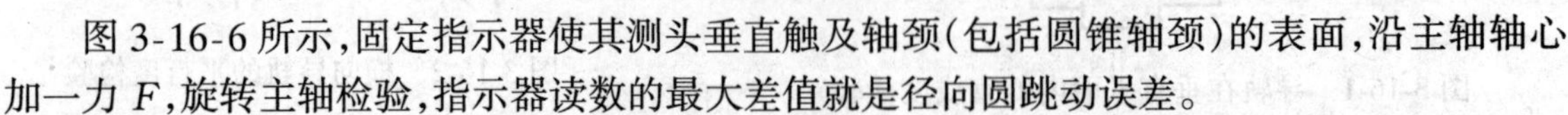

6. 检验序号 G6 ——主轴锥孔轴线的径向圆跳动

图 3-16-7 所示,将检验棒插入主轴锥孔内,固定指示器在溜板上,使其测头触及检验棒表

面。a——靠近主轴端面；b——距主轴端面 L 处(见表 3-16-1)。旋转主轴检验。

拔出检验棒，相对主轴旋转 90°，重新插入主轴锥孔中，依次重复检验 3 次，a、b 的误差分别计算。4 次测量结果的平均值就是径向圆跳动误差。

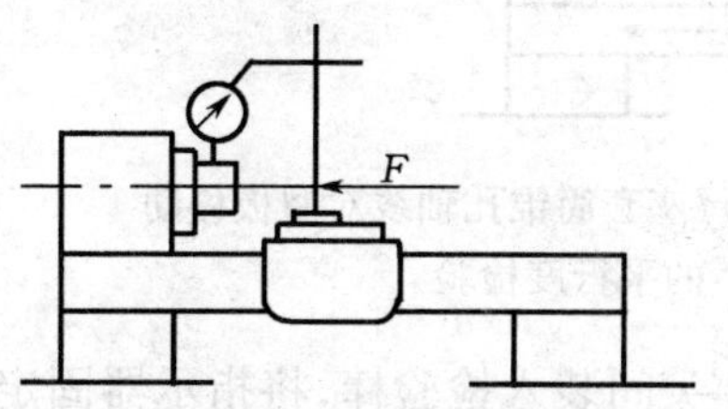

图 3-16-6　主轴定心轴颈的径向圆跳动检验

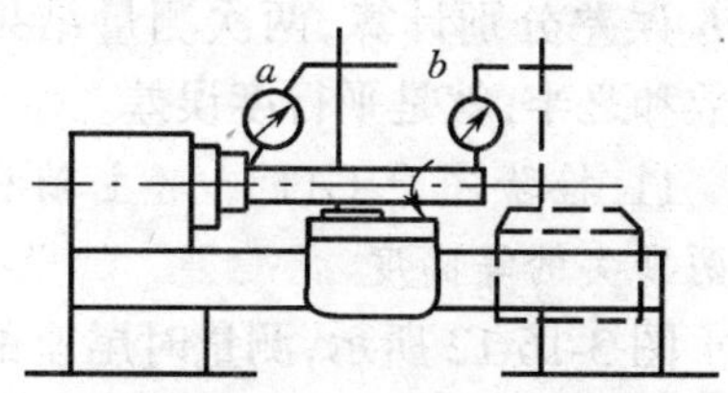

图 3-16-7　主轴锥孔轴线的径向圆跳动检验

7. 检验序号 G7 ——主轴轴线对溜板移动的平行度

图 3-16-8 所示，指示器固定在溜板上，使其测头触及检验棒的表面。a——在垂直平面内；b——在水平面内。移动溜板检验。为消除检验棒轴线与旋转轴线不重合对测量的影响，必须旋转主轴 180°，再同样检验一次，a、b 误差分别计算。两次测量结果的代数和之半，就是平行度误差。

8. 检验序号 G8 ——顶尖的跳动

图 3-16-9 所示，顶尖插入主轴孔内，固定指示器，使其测头垂直触及顶尖锥面上，沿主轴轴线加一力 F，旋转主轴检验，指示器读数除以 $\cos\alpha$（α 为锥体半角）后，就是顶尖跳动误差。

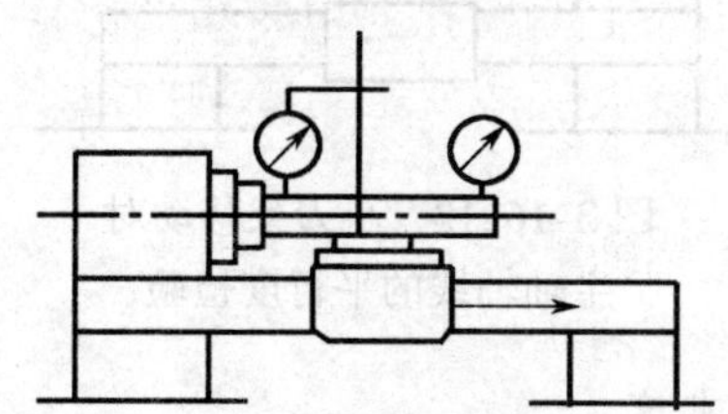

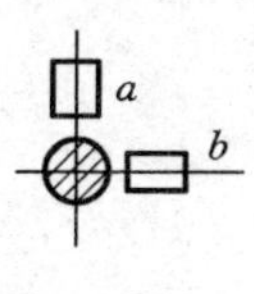

图 3-16-8　主轴轴线对溜板移动的平行度检验

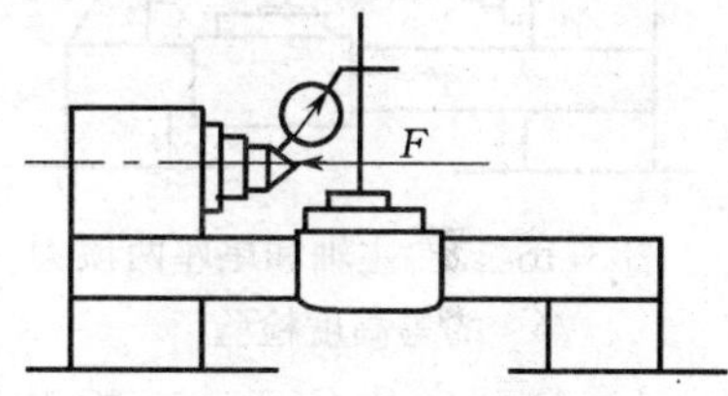

图 3-16-9　顶尖的跳动检验

9. 检验序号 G9 ——尾座套筒轴线对溜板移动的平行度

图 3-16-10 所示，将尾座紧固在检验位置，当 DC 小于或等于 500 mm 时，尾座应紧固在床身导轨的末端。当 DC 大于 500 mm 时，尾座应紧固在 $DC/2$ 处，但最大不大于 2000 mm。尾座顶尖套伸出量，约为最大伸出长度的一半，并锁紧。将指示器固定在溜板上，使其测头触及尾座套筒的表面。a——在垂直平面内；b——在水平面内。移动溜板检验，a、b 误差分别计算。指示器读数的最大差值，就是平行度的误差。

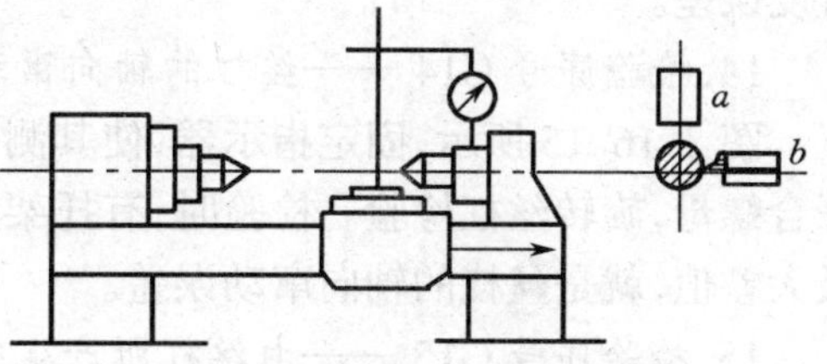

图 3-16-10　尾座套筒轴线对溜板移动的平行度检验

10. 检验 G10 ——尾座套筒锥孔轴线对溜板移动的平行度

图 3-16-11 所示，测量时尾座的位置同 G9，顶尖套筒退入尾座孔内，并锁紧。在尾座套筒锥孔中，插入检验棒，将指示器固定在溜板上，使其测头触及检验棒表面。a——在垂直平面

内；b——在水平面内。移动溜板检验。拔出检验棒，旋转180°，重新插入尾座顶尖套锥孔内，重复检验一次。a、b误差分别计算，两次测量结果的代数和之半，就是平行度误差。

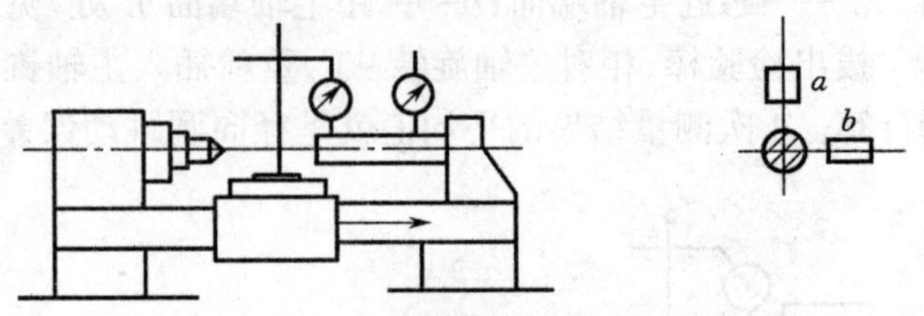

图 3-16-11　尾座套筒锥孔轴线对溜板移动的平行度检验

11. 检验序号 G11 ——主轴和尾座两顶尖的等高度

图 3-16-12 所示，测量时尾座的位置同 G9，顶尖套筒退入尾座孔内，并锁紧。在主轴与尾座顶尖间装入检验棒，将指示器固定在溜板上，使其测头在垂直平面内触及检验棒，移动溜板在检验棒的两极限位置上检验。指示器在检验棒的两端读数之差值，就是等高度误差。

12. 检验序号 G12 ——小刀架移动对主轴轴线的平行度

图 3-16-13 所示，用指示器和检验棒进行。将检验棒插入主轴锥孔内，指示器固定在溜板上，使其测头在水平面内触及检验棒。调整小刀架，使指示器在检验棒的两端读数相等。再将指示器测头在垂直平面内触及检验棒，移动小刀架检验。将主轴旋转180°，再同样检验一次。两次测量结果的代数和之半，就是平行度误差。

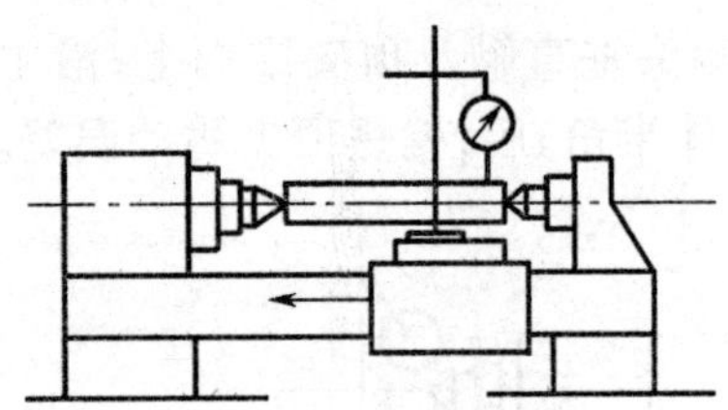

图 3-16-12　主轴和尾座两顶尖的等高度检验

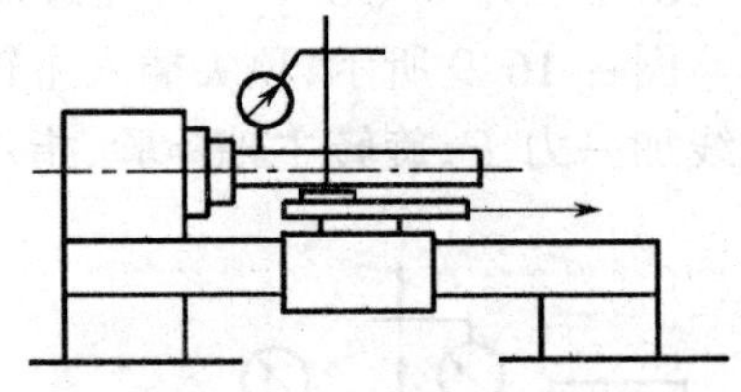

图 3-16-13　小刀架移动对主轴轴线的平行度检验

13. 检验序号 G13 ——横刀架横向移动对主轴轴线的垂直度

图 3-16-14 所示，将平盘固定在主轴上，指示器固定在横刀架上，使其测头触及平盘，移动横刀架进行检验。将主轴旋转180°，再同样检验一次。两次测量结果的代数和之半，就是垂直度误差。

14. 检验序号 G14 ——丝杠的轴向窜动

图 3-16-15 所示，固定指示器，使其测头触及丝杠顶尖孔内的钢球，在丝杠的中段处闭合开合螺母，旋转丝杠检验。检验时，有托架的丝杠应在装有托架的状态下检验。指示器读数的最大差值，就是丝杠的轴向窜动误差。

15. 检验序号 G15 ——由丝杠所产生的螺距累积误差

图 3-16-16 所示，将不小于 300 mm 长度标准丝杠装在主轴与尾座的两顶尖间，电传感器固定在刀架上，使其触头触及螺纹的侧面，移动溜板进行检验。由传感器在任意 300 mm 和任意 60 mm 测量长度内读数的差值，就是丝杠所产生的螺距累积误差。

也可用专用长度规检验。

16. 检验序号 P1 ——精车外圆的精度

图 3-16-17 所示，精车后在 3 段直径上检验圆度和圆柱度，用千分尺或精密检验工具进行

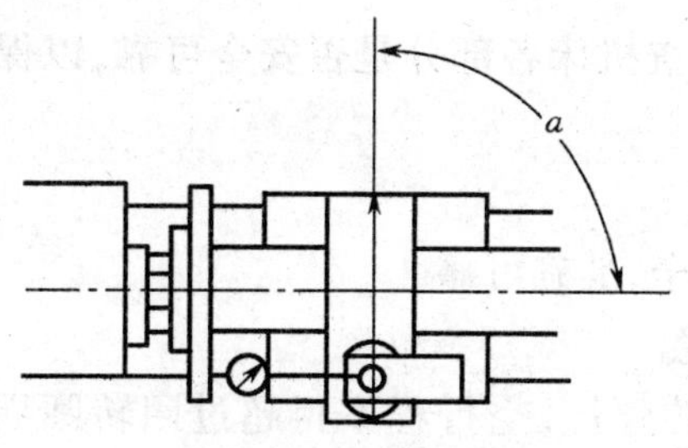

图 3-16-14　横刀架横向移动对主轴轴线的垂直度检验

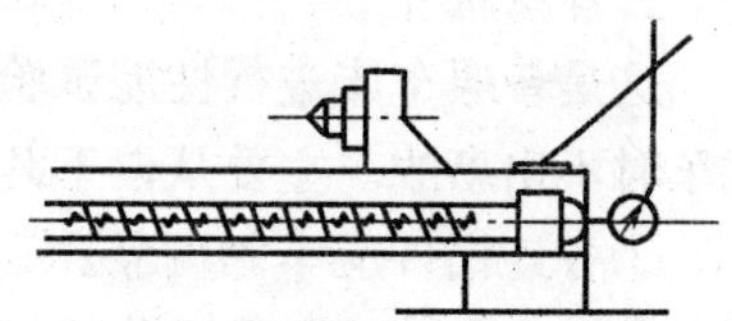

图 3-16-15　丝杠的轴向窜动检验

图 3-16-16　丝杠产生的螺距累积误差的检验

测量。a——圆度误差，以试件同一横剖面内的最大与最小直径之差计。b——圆柱度误差，以试件任意轴向剖面内最大与最小直径之差计。

17. 检验 P2 ——精车端面的平面度

图 3-16-18 所示，用平尺和块规检验，也可用指示器检验。测量时指示器放在横刀架上，使其测头触及端面的后部半径上，移动刀架检验。指示器读数的最大差值之半，就是平面度误差。

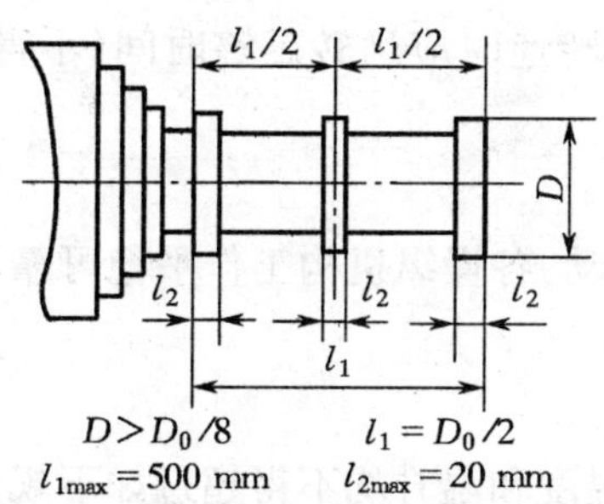

图 3-16-17　精车外圆的精度检验及试件尺寸

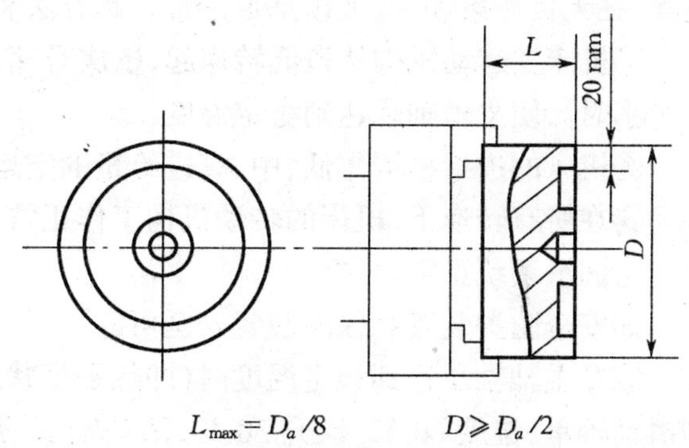

图 3-16-18　精车端面的平面度检验及试件尺寸

18. 检验 P3 ——精车 300 mm 长螺纹的螺距误差

图 3-16-19 所示，将专用精密检验工具固定在溜板上，使其测头触及螺纹的侧面，移动溜板进行检验。在精车 300 mm 和任意 50 mm 的测量长度内检验工具读数的差值就是螺纹所产生的螺距累积误差，同时螺纹表面应清洁，无缺陷与波纹。

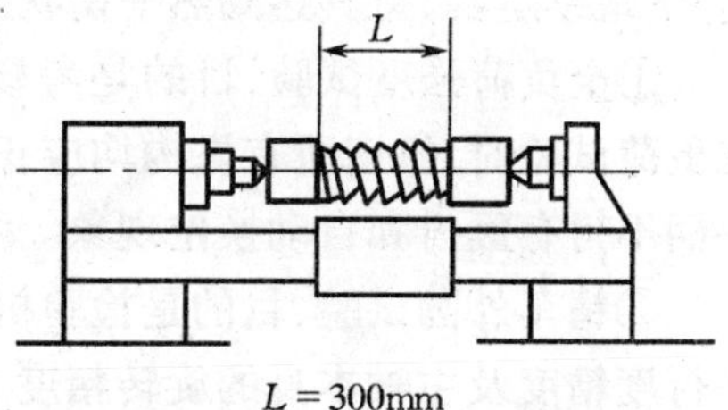

图 3-16-19　精车 300mm 长螺纹的螺距误差检验及试件尺寸

三、试车验收规定

车床总装配后，必须进行试车和验收。普通车床的试车和验收主要包括静态检查、空运转试验、负荷试验和精度检验 4 个方面。

1.静态检查

这是普通车床进行性能试验之前的检查。目的是检查机床各部分是否安全可靠,以保证试车时不出事故。主要从以下几方面检查。

①各连接件应牢固可靠。

②转动各传动件及操作手柄,做到运转灵活,操纵安全,准确可靠。

③各滑动导轨在行程范围内移动时,轻重应均匀平稳。

④移动机构的反向空行程量应尽量小。直接传动的丝杠,空行程不得超过回转圆周的1/30 转;间接传动的丝杠,不得超过 1/20 转。

⑤顶尖套在尾座孔中作全长伸缩,应滑动灵活而无阻滞。手轮转动轻快,锁紧机构灵敏无卡死现象。

⑥开合螺母机构的开合准确可靠,无阻滞或过松的感觉。

⑦安全离合器应灵活可靠。

⑧润滑系统标记清楚,油线清晰,润滑油清洁畅通。

⑨电器设备启动、停止应安全可靠。

2.空运转试验

车床在静态检查后进行空运转试验。目的是检查机床各部分机构,如传动系统和润滑系统等,在无负荷条件下,工作是否正常。其方法和要求如下。

①机床主运动机构从最低转速起,依次升速运转,在最高转速时应运转足够时间(不得少于半小时),使主轴轴承达到稳定温度。

②机床的进给机构作低、中、高进给量的空运转。

③在所有转速下,机床的转动机构工作正常,无显著的振动,各操纵机构工作平稳可靠。

④润滑系统正常、可靠。

⑤安全防护装置和保险装置安全可靠。

⑥在主轴轴承达到稳定温度时(即热平衡状态),轴承的温度和温升均不得超过如下规定:即滑动轴承,温度 60 ℃,温升 30 ℃;滚动轴承,温度 70 ℃,温升 40 ℃。

3.负荷试验

机床通过空运转试验合格后,将其调至中速(最高转速的 1/2 或者高于 1/2 的相邻一级转速)下继续运转,待其达到热平衡状态时,即可进行负荷试验。

①全负荷强度试验,目的是考核机床主传动系统能否承受设计允许的最大扭矩和功率。在负荷试验时,机床所有机构均应正常工作,主轴转速不得比空转时的转速降低 5% 以上,各手柄不得有颤抖和自动换位现象。

②精车外圆试验,目的是检验机床在正常工作温度下,机床主轴轴心线与溜板移动方向的平行度精度及主轴本身的旋转精度。其具体方法见本节精度检验 P1。

③精车端面试验,目的是检验机床在正常工作温度下,机床横溜板移动方向对主轴轴线的垂直度精度及横溜板移动时本身的直线度精度。其具体方法见本节精度检验 P2。

④切槽实验,目的是考核车床主轴系统及刀架系统的抗振性能,不应有明显的振动。

⑤精车螺纹试验,目的是检查车床加工螺纹传动系统的准确性。具体方法见本节精度检验 P3。

4.精度检验

完成上述各项试验之后，在机床处于热平衡状态下，应根据机床几何精度的验收标准，进行全面检验。此时必须注意：在精度检验过程中，不应对影响精度的机构或零件进行调整，否则，应对检验过的有关项目要进行复检。同时，在复检前，还要进行机床的空运转，使其达到稳定的温度。

16-2　卧式车床的总装配工艺

总装配工作是将有关零件、组件和部件按规定的技术要求和精度标准组合成机器的过程。总装配工作包括零件、组件和部件相互之间的连接，以及连接过程中相对位置的调整、校正和固定。这通常需要使用各种量具、量仪及一些工艺装备，还要进行修刮、配刮、钻孔和攻丝、配铰定位销孔等加工。

一、装配顺序的确定原则

有关零件、组件和部件达到本身的精度和满足总装配所提出的技术要求后即可进入总装配。其装配顺序，一般可按下列原则进行。

①首先选择总装配基准。普通车床总装配基准一般为床身导轨面。其上安装着车床的各主要部件，而且床身导轨面是检验机床各项精度的检验基准。因此机床的总装配应该从床身开始，并保证所选择基面的平面度、平行度和垂直度的要求。

②在不相互影响装配精度时，其装配顺序以简单、方便为原则。其原则是：先下后上，先内后外，先难后易，先重大后轻小，先精密后一般。

③在相互影响装配精度时，应该先确定一个公共的装配基准，然后再按要求达到各有关精度。

④关于通过刮削来达到装配精度的导轨部件，其装配刮削顺序可参考床身导轨刮削方法中的介绍(见后述)。

二、总装配工艺

下面着重介绍卧式车床总装配中一些主要工序的装配和调试方法。

(一)床身与床脚的安装

1.床身导轨的作用及技术要求

机床导轨是用来承载和起导向作用的，是机床各运动部件相对运动的导向面，是保证刀具和工件相对运动的关键。普通车床床身导轨的截面图如图3-9-28所示。

床身与床脚用螺钉连接，是车床总装配的基础部件。床身导轨精加工通常也是在床身和床脚结合后再进行，最终达到要求如下。

(1)床身导轨的几何精度

1)溜板导轨的直线度　在垂直平面内，全长为0.03 mm，在任意500 mm测量长度为0.015 mm，只许凸；在水平面内，全长上为0.025 mm。

2)溜板导轨的平行度(床身导轨的扭曲度)　全长上为(0.04/1000)mm。

3)溜板导轨与尾座导轨的平行度　在垂直平面与水平面内均为全长0.04 mm，任意500 mm测量长度上为0.03 mm。

4)溜板导轨对床身齿条安装面的平行度　全长上为0.03 mm，在任意500 mm测量长度上为 0.02 mm。

(2)导轨的接触精度

为保证导轨副的接触刚度和运动精度,导轨的两配合面必须有良好的接触,可用涂色法检查。对于刮削导轨,以导轨表面 25 mm×25mm 范围内接触点不少于 10 点为指标。磨削导轨则以接触面积大小来评定接触精度的高低。

(3)导轨的表面粗糙度

一般刮削导轨表面粗糙度在 $R_a 1.6\ \mu m$ 以下;磨削导轨表面粗糙度在 $R_a 0.8\ \mu m$ 以下。

(4)导轨的硬度

一般导轨表面硬度应在 HB 170 以上,在全长范围内硬度一致。与其相配合件的硬度应比导轨硬度稍低。

(5)导轨的稳定性

导轨在使用中应不变形。除采用刚度大的结构外,还应进行良好的时效处理,以消除内应力,减少变形。

2.床身与床脚的装配工艺

(1)床身装到床脚上

首先清除结合面的毛刺,并倒角。在床身、床脚连接螺钉上垫上等高垫圈,以保证结合面平稳贴合,防止床身紧固时产生变化。同时在结合面间加 1 mm~2 mm 厚纸垫,以防止漏油。

(2)床身导轨的刮削方法

床身与床脚结合后导轨需再进行精加工。精加工方法有刮研法、精刨代刮法和以磨代刮法 3 种。

刮削导轨前,将调整垫铁置于床脚地脚螺钉附近,并将工件放在调整垫铁上,用水平仪调整床身处于自然水平位置,各垫铁受力均匀,这样可以保证刮削时精度稳定和测量方便。床身放置稳定后,便可以开始刮削。其刮削方法和步骤,参阅第三篇 9-4。

(二)溜板配刮与床身拼装

溜板部件是保证刀架直线运动的关键。溜板上、下导轨面分别与刀架下滑座及床身导轨配刮完成。

首先将溜板放在床身导轨上,将刀架下滑座和溜板的燕尾导轨表面进行配刮。然后以床身导轨为基准,刮研溜板与床身配合的表面,至接触点在两端每 25 mm×25 mm 内有 10 点~12 点,逐步过渡到中间有 8 点以上。并保证溜板上、下导轨的垂直度,同时使其方向只许后端偏向床头。

溜板与床身的拼装,还需要刮研床身的下导轨面及配刮溜板两侧压板。床身上、下导轨面要平行,以达到溜板与床身导轨在全长上能均匀结合,平稳地运动。拼装时如图 3-16-20 所示,装上两侧压板并调整到适当的配合,推研溜板,按接触情况刮研两侧面压板。要求接触点为每 25 mm×25 mm 内有 6~8 点。全部螺钉调整紧固后用 200 N~300 N 力推动溜板在导轨全长上移动应无阻滞现象。用 0.03 mm 塞尺检查,插入深度不大于 20 mm。

(三)安装溜板箱

将溜板箱与溜板结合,保证溜板箱的开合螺母轴心线与床身导轨的平行度要求,以及溜板箱横向进给传动齿轮副的啮合侧隙。如图 3-16-21 所示,将一张厚 0.08 mm 的纸放在齿轮啮合处,转动齿轮时印痕呈现将断与不断的状态为正常侧隙。此外,也可通过控制横向进给手轮

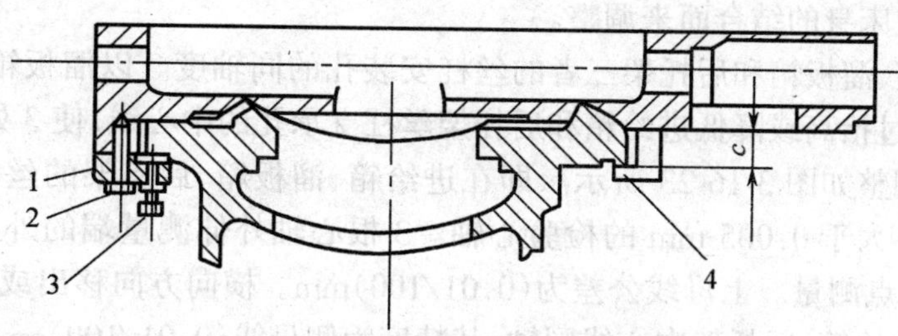

图 3-16-20　床身与溜板的拼装

1—外侧压板；2—紧固螺钉；3—调节螺钉；4—内侧压板

的空转量不超过 1/30 转来检查。溜板箱与溜板的位置确定后，用销钉定位，并用螺钉紧固。

（四）安装齿条

溜板箱位置校正后，便可安装齿条。检验小齿轮与齿条的啮合侧隙，正常的啮合侧隙为 0.08 mm。侧隙的变化量与齿条径向尺寸的变化量，对齿形角为 20°的渐开线齿轮有如下关系：

$$\Delta C_n = 2\Delta A\sin 20° \approx 0.684\Delta A$$

式中　ΔC_n——侧隙的变化量；

ΔA——齿条顶面的补偿量。

所以可用上式确定对齿条顶面的实际补偿量，即以此确定齿条的安装位置和厚度尺寸，来达到侧隙要求。

由于加工工艺的限制，齿条由几根拼装而成。为保证相邻齿条接合处的齿距精度，装拼时，应用标准齿条进行跨接校正，并在齿条结合面之间，留有 0.5 mm 左右间隙，如图 3-16-22 所示。

齿条安装后，必须在溜板行程的全长上检查纵向进给小齿轮与齿条的啮合间隙，间隙应一致。齿条位置调好后，每条齿条都配两个定位销钉，以确定其安装位置。

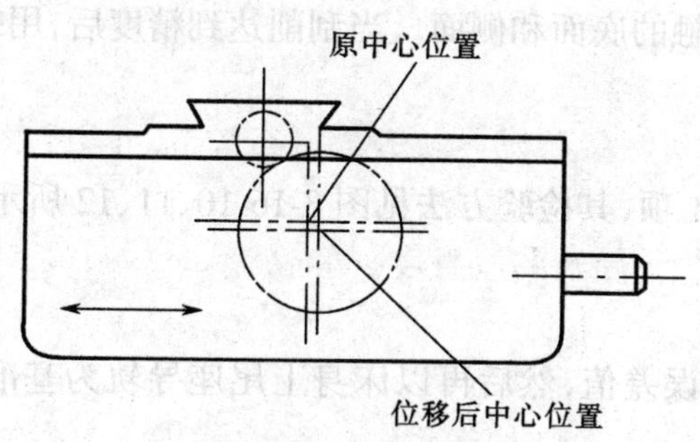

图 3-16-21　溜板箱横向进给齿轮副侧隙调整

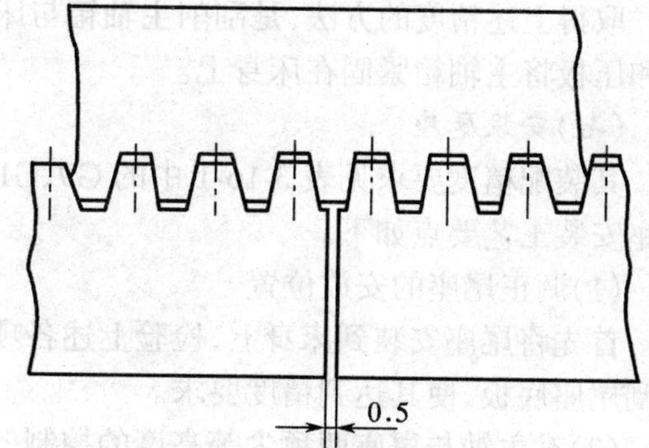

图 3-16-22　齿条跨接校正

（五）安装进给箱和后托架

安装进给箱和托架主要是为保证进给箱、溜板箱、后支架上安装丝杠的三孔同轴度，并保证丝杠与床身导轨的平行度。其安装步骤如下。

①首先调正进给箱及后托架安装孔中心线与床身导轨的平行度。其值：上母线为(0.02/100)mm，只许前端向上偏；侧母线为(0.01/100)mm，只许向床身方向偏。若超差，通过刮削

进给箱和后托架与床身的结合面来调整。

②调整进给箱、溜板箱和后托架三者的丝杠安装孔的同轴度。以溜板箱上的开合螺母孔中心线为基准,通过抬高或降低进给箱和后托架丝杠支承孔的中心线,使3处支承孔同轴。其安装时的测量与调整如图3-16-23所示。即在进给箱、溜板箱、后支架的丝杠支承孔中,各装入1根配合间隙不大于0.005 mm的检验心轴。3根心轴外伸测量端的外径相等,其精度在Ⅰ、Ⅱ、Ⅲ3个支承点测量。上母线公差为(0.01/100)mm。横向方向移出或推进溜板箱,使开合螺母中心线与进给箱、后托架中心线同轴,其精度为侧母线(0.01/100)mm。

调整合格后,进给箱、溜板箱和后托架即可钻铰定位销孔,用锥销定位。

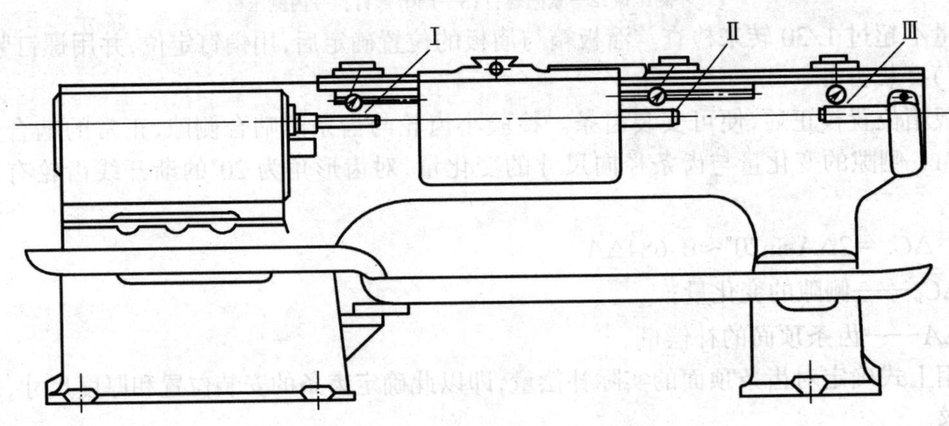

图3-16-23　测量丝杠三点同轴度

(六)安装主轴箱

主轴箱是以底平面及凸块侧面与床身的接触来保证正确的安装位置。底面是用来控制主轴轴线与床身导轨在垂直平面内的平行度;凸块侧面是控制主轴轴线在水平面内与床身导轨的平行度。主轴安装主要是保证这两个方向的平行度。其装配精度要求见表3-16-1中的G7项,其检验方法见图3-16-8所示。

取得上述精度的方法,是刮削主轴箱与床身接触的底面和侧面。当刮削达到精度后,用螺钉和压板将主轴箱紧固在床身上。

(七)安装尾座

其装配精度要求见表3-16-1中的G9、G10、G11项,其检验方法见图3-16-10、11、12所示。尾座安装工艺要点如下。

(1)调正尾座的安放位置

首先将尾座安装到床身上,检验上述各项精度误差值,然后再以床身上尾座导轨为基准,配刮尾座底板,使其达到精度要求。

(2)对主轴与尾座两顶尖等高度的控制

对主轴与尾座两顶尖等高度的控制必须考虑两个因素。第一,主轴随工作温度的升高将使主轴抬起;第二,尾座刮削后用压板紧固,一般要被压低0.01 mm左右。所以,为保证机床在冷热状态下,主轴与尾座两顶尖在等高公差的范围内,须将装配时的等高公差压缩在规定公差的1/2左右。而且在机床冷态未压紧尾座检验时,压缩在公差带的下限,使尾座顶尖高于主轴顶尖尺寸在0.03 mm~0.05 mm之内。

等高度的装配检查,在装配修整过程中,可用两根直径相等的300 mm检验棒,分别测量主轴和尾座锥孔中心线的高度，但最后的等高度必须在两顶尖中间用 1 根长检验棒进行精度检查，如图 3-16-12 所示。

(八)安装刀架

将小刀架部件装配在刀架下滑座上。通过调整和刮削小刀架的小滑板与刀架下滑座的结合面，达到小刀架移动时，对主轴中心线的平行度要求。其要求见表 3-6-1 中的 G12，其检验方法见图 3-16-13 所示。

(九)安装丝杠和光杠

安装丝杠、光杠后检验如下精度。

应保证开合螺母闭合后，丝杠的上母线和侧母线与床身导轨的等距度，其允差值分别为 0.15 mm。测量时用专用测量工具在丝杠两端和中间 3 处测量，3 个位置中对导轨相对距离的最大差值，就是等距度误差。测量时开合螺母应闭合，溜板箱应在床身中间位置，这样可排除丝杠重量、弯曲等因素对测量的影响。

(十)安装其他部件

①安装电动机，调整好 V 带中心平面的位置精度和预紧程度。

②安装挂轮架及其安全防护装置。

③完成操纵系统与主轴箱的传动连接系统。

④安装电气系统和冷却系统。

第十七章　中高级钳工的综合训练及考核工件

17-1　中高级钳工应会内容

一、中级钳工应会内容

①在 100 mm×50 mm 范围内锉刮加工平面、曲面，尺寸公差 0.03 mm，表面粗糙度 R_a1.6 μm。

②锯削 φ50 mm 圆钢，尺寸公差 0.6 mm。

③錾削 50 mm×50 mm 各种型面，尺寸公差 0.6 mm。

④根据工件材料和孔的要求刃磨钻头，在台钻、立钻、摇臂钻上加工各类孔，达到图纸要求。

⑤在同一平面钻铰 3～5 个孔，公差等级 IT7，表面粗糙度 R_a0.8 μm。位置度公差 φ0.1 mm。

⑥刮研 1500 mm×1000 mm 平板或边长为 350 mm 方箱，精度达到 1 级。

⑦复杂零件或箱体类零件划线。

⑧研磨 100 mm×100 mm 平面，尺寸公差 0.004 mm，表面粗糙度 R_a0.05 μm。

⑨装配高精度滚动轴承。

⑩装配 M1432 万能外圆磨床的内孔磨具，符合技术要求。

⑪M7150 平面磨床主轴箱的装配、调整，符合技术要求。

⑫CA6140 卧式车床主轴箱的装配，符合技术要求。

⑬按照《卧式车床精度标准》(GB 4020—83)，对卧式车床进行系统的检查。

⑭装配导轨磨床，符合技术要求。

⑮装配 7.25kW 柴油机，符合技术要求。

⑯高精度工具、检具的使用保管和维护保养；正确使用和经常维护保养各类设备。

⑰安全文明生产：正确执行安全技术操作规程；按企业有关文明生产的规定，做到工作地整洁，工件、工具摆放整齐。

二、高级钳工应会内容

①在 100 mm×50 mm 范围内锉刮加工各种平面，尺寸公差在 0.02 mm 以内，表面粗糙度 R_a1.6 μm。

②锯削、錾削加工，尺寸公差 0.5 mm。

③在同一平面上钻铰 5～8 个孔，公差等级 IT7，表面粗糙度 R_a0.8 μm，位置度公差 φ0.08 mm。

④刮研各种平板、方箱及其他各种研具，精度达到 1 级以上，并进行各项精度的检查。

⑤进行各种复杂形状工件的超精研磨，尺寸公差 0.002 mm，表面粗糙度 R_a0.05 μm。

⑥高精度、形状复杂工件的加工，公差等级和表面粗糙度均符合技术要求。

⑦刮削精密机床导轨，在 25 mm×25 mm 范围内接触点不少于 16 点，表面粗糙度 R_a0.8 μm，直线度公差每米长度内 0.01 mm～0.015 mm。

⑧装配齿轮磨床，符合技术要求。

⑨装配大型高速内燃机，符合其机械安装精度的技术要求。

⑩程控机床、数控机床等设备的装配，符合各部件机械安装精度的技术要求。

⑪工、夹具的使用与维护保养；各种相关与辅助设备的检修、调整、验收。

⑫安全文明生产：正确执行安全技术操作规程；按企业有关文明生产的规定，做到工作地整洁，工件、工具摆放整齐。

17-2　中高级钳工的综合训练及考核实例

一、中级钳工的训练与考核实例

中级钳工的训练与考核实例如图 3-17-1 及图 3-17-2 所示。它们的评分标准分别列于表 3-17-1，表 3-17-2。

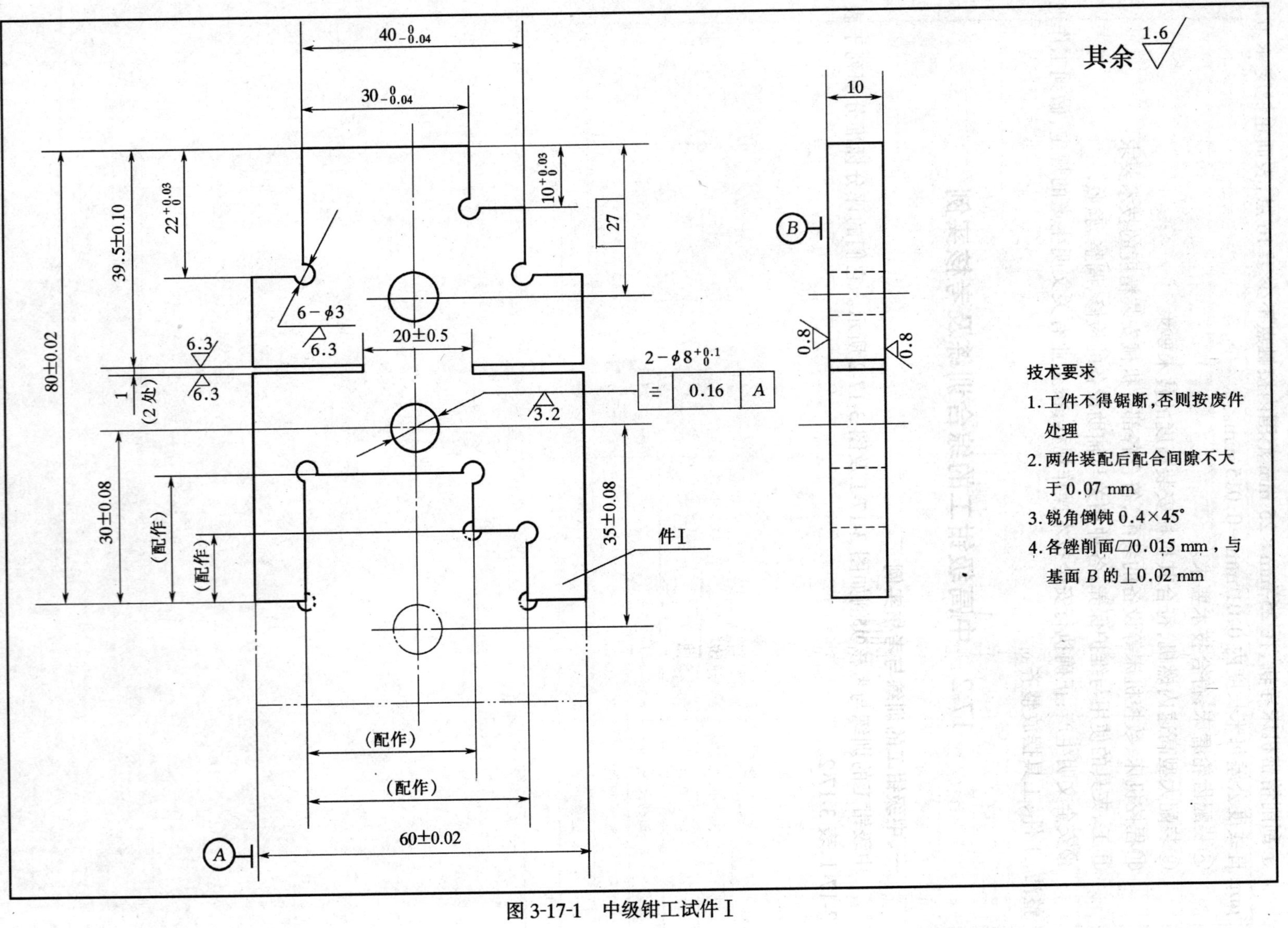

图 3-17-1　中级钳工试件 I

表 3-17-1　中级钳工试件Ⅰ评分标准

序号	检测项目	技术要求	应得分	评分标准	实得分
1	试件尺寸	80 ± 0.02	$1\times2=2$	超差全扣	
2	试件尺寸	$22^{+0.03}_{0}$	$1\times3=3$	超差全扣	
3	试件尺寸	39.5 ± 1	$1\times2=2$	超差全扣	
4	试件尺寸	$10^{+0.03}_{0}$	$1\times3=3$	超差全扣	
5	试件尺寸	$40^{0}_{-0.04}$	$11\times3=3$	超差全扣	
6	试件尺寸	$40^{0}_{-0.04}$	$1\times3=3$	超差全扣	
7	试件尺寸	$\phi8^{+0.1}_{0}$	$2\times2.5=5$	超差全扣	
8	试件尺寸	30 ± 0.08	$1\times4=4$	超差全扣	
9	试件尺寸	35 ± 0.08	$1\times6=6$	超差全扣	
10	试件尺寸	⌯ 0.16 *A*	$2\times5=10$	超差全扣	
11	试件尺寸	▱ 0.015	$16\times0.5=8$	超差全扣	
12	试件尺寸	⊥ 0.02	$16\times0.5=8$	超差全扣	
13	目　测	1.6▽ 面	$16\times0.5=8$	超差全扣	
14	目　测	3.2▽ 孔	$2\times1=2$	超差全扣	
15	试件尺寸	配合间隙	$7\times3=21$	超差全扣	
16	试件尺寸	锐角倒钝	$1\times1=1$	超差全扣	
17	试件尺寸	$\phi3$	$6\times0.5=3$	超差全扣	
18	试件尺寸	60 ± 0.02	$1\times2=2$	超差全扣	
19	试件尺寸	20 ± 0.5	$1\times1=1$	超差全扣	
20	试件尺寸	文明生产	$1\times5=5$	超差全扣	

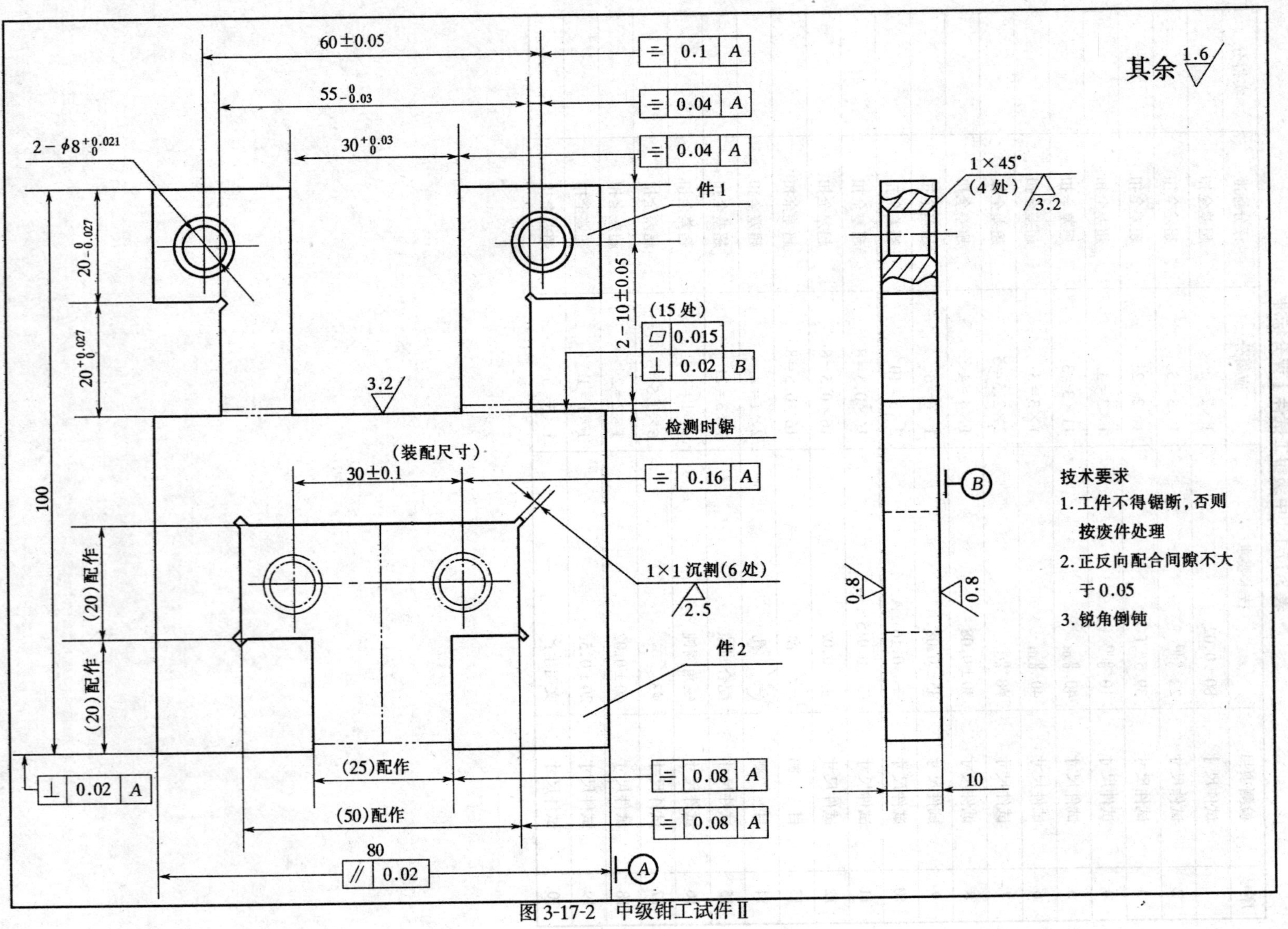

图 3-17-2　中级钳工试件Ⅱ

表 3-17-2　中级钳工试件Ⅱ评分标准

序号	检测项目	技术要求	应得分	评分标准	实得分
1	试件尺寸	$55_{-0.03}^{0}$	1×5=5	超差全扣	
2	试件尺寸	$30_{0}^{+0.03}$	1×5=5	超差全扣	
3	试件尺寸	$20_{-0.027}^{0}$	1×5=5	超差全扣	
4	试件尺寸	$20_{0}^{+0.027}$	1×5=5	超差全扣	
5	试件尺寸	60±0.05	1×4=4	超差全扣	
6	试件尺寸	30±0.1	1×4=4	超差全扣	
7	试件尺寸	10±0.05	2×4=8	超差全扣	
8	试件尺寸	ϕ8±0.021	2×4=8	超差全扣	
9	试件尺寸	1×1　沉割	1×1=1	超差全扣	
10	试件尺寸	⌯ | 0.04 | A	2×3=6	超差全扣	
11	试件尺寸	⌯ | 0.1 | A	1×3=3	超差全扣	
12	试件尺寸	⌯ | 0.16 | A	1×3=3	超差全扣	
13	试件尺寸	⌯ | 0.08 | A	2×3=6	超差全扣	
14	试件尺寸	⊥ | 0.02 | A	1×3=3	超差全扣	
15	试件尺寸	▱ | 0.02	1×3=3	超差全扣	
16	试件尺寸	▱ | 0.015	（15处）3	超差全扣	
14	试件尺寸	⊥ | 0.02 | A	（15处）3	超差全扣	
18	试件尺寸	配合间隙	1×18=18	超差全扣	
19	目　测	1.6▽（15处）	3	超差全扣	
20	目　测	1.6▽　孔	1	超差全扣	
21	目　测	孔角 1×45° 3.2▽	4×0.75=3		

二、高级钳工的训练及考核实例

高级钳工的训练及考核实例如图 3-17-3 和图 3-17-4 所示。它们的评分标准列于表 3-17-3 和表 3-17-4。

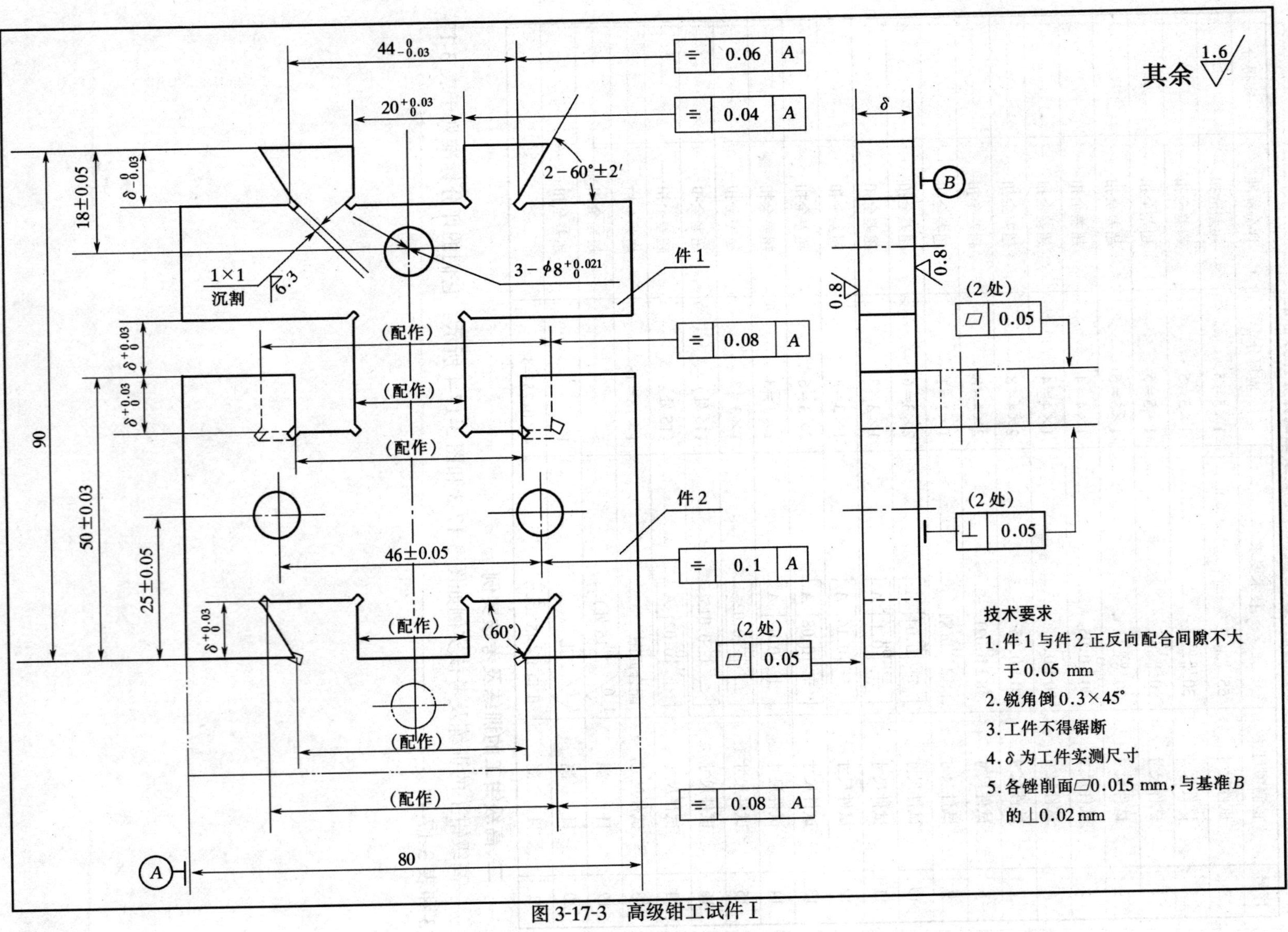

图 3-17-3　高级钳工试件 I

表 3-17-3　高级钳工试件Ⅰ评分标准

序号	检测项目	技术要求	应得分	评分标准	实得分
1	试件尺寸	$\delta^{+0.03}_{0}$	6×1.5=9	超差全扣	
2	试件尺寸	$\delta^{0}_{-0.03}$	3×1=3	超差全扣	
3	试件尺寸	50±0.03	1×2=2	超差全扣	
4	试件尺寸	$44^{0}_{-0.03}$	1×2=2	超差全扣	
5	试件尺寸	$20^{+0.03}_{0}$	1×2=2	超差全扣	
6	试件尺寸	$\phi 8^{+0.021}_{0}$	3×1=3	超差全扣	
7	试件尺寸	18±0.05	1×2=2	超差全扣	
8	试件尺寸	25±0.05	2×2=4	超差全扣	
9	试件尺寸	46±0.05	1×2=2	超差全扣	
10	试件尺寸	⌯ 0.06 A	1×2=2	超差全扣	
11	试件尺寸	⌯ 0.04 A	1×2=2	超差全扣	
12	试件尺寸	⌯ 0.1 A	1×2=2	超差全扣	
13	试件尺寸	⌯ 0.08 A	2×3=6	超差全扣	
14	试件尺寸	▱ 0.015	23×0.2≈5	超差全扣	
15	试件尺寸	⊥ 0.02	21×0.1≈2	超差全扣	
16	试件尺寸	▱ 0.05	4×1=4	超差全扣	
17	试件尺寸	⊥ 0.05	2×1=2	超差全扣	
18	试件尺寸	1×1 沉割	14×0.1≈1	超差全扣	
19	目　测	1.6▽ 面	23×0.1≈2	超差全扣	
20	目　测	1.6▽ 孔	3×0.4≈1	超差全扣	
21	试件尺寸	锐角倒钝	1×1=1	超差全扣	
22	试件尺寸	平面配合间隙	18×1.5=27	超差全扣	
23	试件尺寸	立体配合间隙	18×0.5=9	超差全扣	
24	试件尺寸	文明生产	1×5=5	超差全扣	

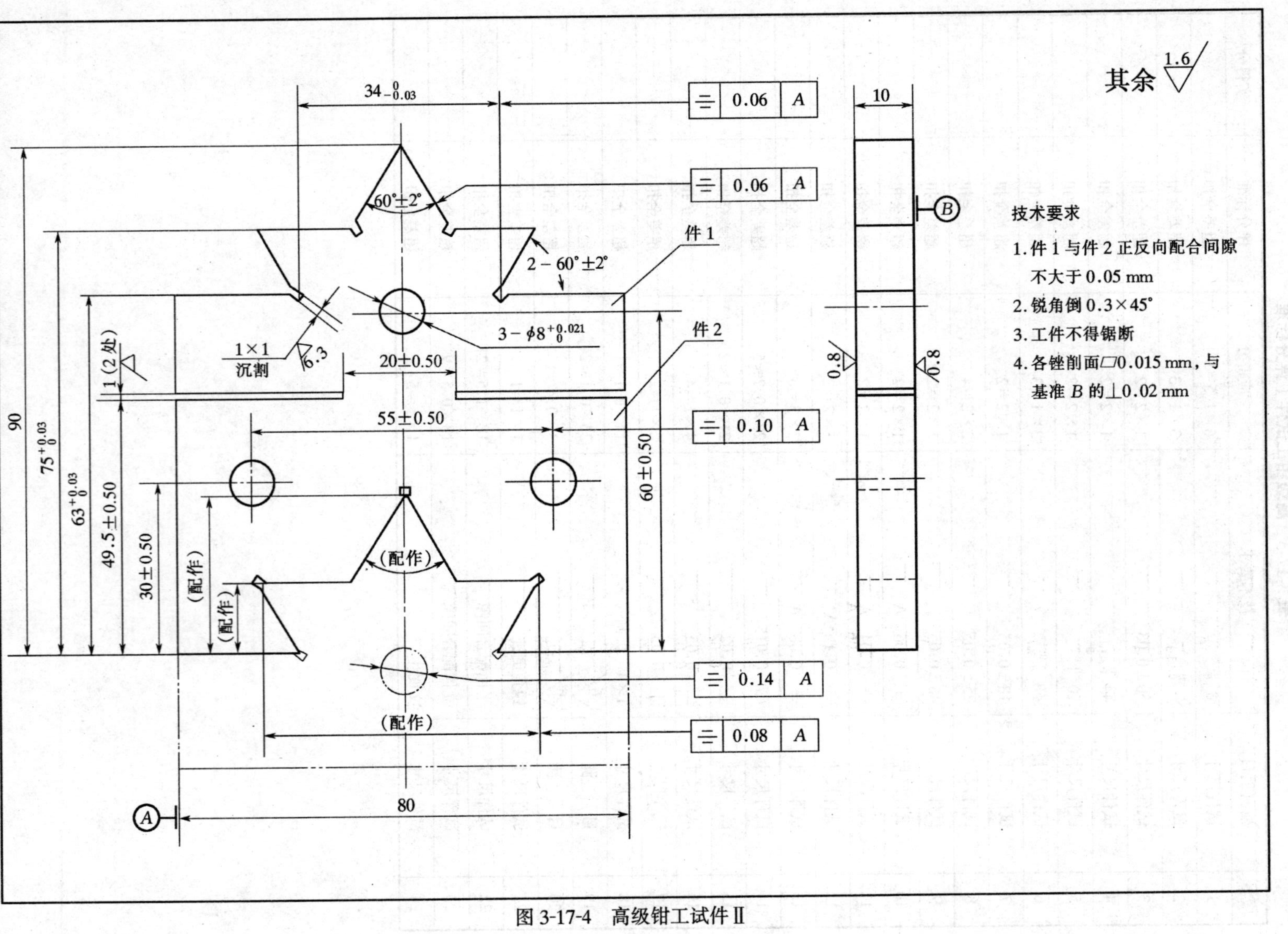

图 3-17-4　高级钳工试件Ⅱ

表 3-17-4　高级钳工试件Ⅱ评分标准

序号	检测项目	技术要求	应得分	评分标准	实得分
1	试件尺寸	49.5 ± 0.5	$1\times1=1$	超差全扣	
2	试件尺寸	$63^{+0.03}_{0}$	$1\times3=3$	超差全扣	
3	试件尺寸	$75^{+0.03}_{0}$	$1\times3=3$	超差全扣	
4	试件尺寸	$34^{0}_{-0.03}$	$1\times3=3$	超差全扣	
5	试件尺寸	20 ± 0.5	$1\times1=1$	超差全扣	
6	试件尺寸	$\phi8^{+0.021}_{0}$	$3\times2=6$	超差全扣	
7	试件尺寸	55 ± 0.05	$1\times4=4$	超差全扣	
8	试件尺寸	30 ± 0.05	$1\times3=3$	超差全扣	
9	试件尺寸	60 ± 0.05	$1\times3=3$	超差全扣	
10	试件尺寸	$60° \pm 2'$	$3\times2=6$	超差全扣	
11	试件尺寸	⌯ 0.06 A	$2\times4=8$	超差全扣	
12	试件尺寸	⌯ 0.10 A	$1\times4=4$	超差全扣	
13	试件尺寸	⌯ 0.14 A	$1\times4=4$	超差全扣	
14	试件尺寸	⌯ 0.08 A	$1\times4=4$	超差全扣	
15	试件尺寸	▱ 0.08 A	$14\times0.5=7$	超差全扣	
16	试件尺寸	⊥ 0.02	$14\times0.5=7$	超差全扣	
17	试件尺寸	1.6▽ 面	$14\times0.5=7$	超差全扣	
18	试件尺寸	1.6▽ 孔	$3\times1=3$	超差全扣	
19	试件尺寸	1×1 沉割	$7\times0.2\approx1$	超差全扣	
20	试件尺寸	锐角倒钝	$1\times1=1$	超差全扣	
21	试件尺寸	配合间隙	16×1	超差全扣	
22	试件尺寸	文明生产	$1\times5=5$	超差全扣	

主要参考书目

1 顾维邦.金属切削机床概论.北京:机械工业出版社,1992
2 陆剑中.金属切削原理与刀具.北京:机械工业出版社,1990
3 劳动部培训司.车工工艺学.北京:中国劳动出版社,1993
4 国家机械工业委员会.中级车工工艺学.北京:机械工业出版社,1994
5 国家机械工业委员会.高级车工工艺学.北京:机械工业出版社,1994
6 劳动部培训司.车工生产实习.北京:中国劳动出版社,1993
7 机械电子工业部.车工工艺学.北京:机械工业出版社,1992
8 劳动部培训司.高级车工技能训练.北京:中国劳动出版社,1993
9 劳动部培训司.钳工工艺学.北京:机械工业出版社,1989
10 国家机械工业委员会.中级钳工工艺学.北京:机械工业出版社,1994
11 国家机械工业委员会.高级钳工工艺学.北京:机械工业出版社,1994
12 劳动部培训司.高级钳工技能训练.北京:中国劳动出版社,1991
13 劳动部培训司.钳工生产实习.北京:中国劳动出版社,1985
14 顾崇衔.机械制造工艺学.西安:陕西科技出版社,1993.4
15 国家机械工业委员会.计量仪器.北京:机械工业出版社,1988